Lineare Algebra

Howard Anton

# Lineare Algebra

## Einführung · Grundlagen · Übungen

Aus dem Amerikanischen von Anke Walz
Mit 180 Abbildungen

Spektrum Akademischer Verlag Heidelberg · Berlin · Oxford

Originaltitel: Elementary Linear Algebra
Aus dem Amerikanischen von Anke Walz

Amerikanische Originalausgable bei John Wiley & Sons Inc., New York


Titelbild : © THE IMAGE BANK / Michel Tcherevkoff

Die Deutsche Bibliothek – CIP-Einheitsaufnahme
**Anton, Howard**:
Lineare Algebra : Einführung, Grundlagen, Übungen / Howard
Anton. Aus dem Amerikan. von Anke Walz, - Heidelberg ;
Berlin ; Oxford : Spektrum, Akad. Verl., 1995
Einheitssacht.: Elementary linear algebra ⟨dt.⟩
ISBN 3-86025-137-6



Lektorat: Sonja Schmöcker, Berlin
Produktion: PRODUserv Springer Produktions-Gesellschaft, Berlin
Einbandgestaltlung: Kurt Bitsch, Birkenau
Satz: Thomson Press, Indien.
Druck und Verarbeitung: Franz Spiegel Buch GmbH, Ulm

Spektrum Akademischer Verlag Heidelberg · Berlin · Oxford

*Für meine Frau Pat*
*und meine Kinder*
*Brian, David und Lauren*

# Vorwort zur deutschen Ausgabe

Howard Antons Lehrbuch gehört – mit bislang sieben englischsprachigen Ausgaben und der nunmehr ersten deutschsprachigen Edition – zu den erfolgreichsten Einführungen in das Gebiet der linearen Algebra, die sich an Studenten der Anfangssemester richtet.

Antons Anliegen ist, die Grundlagen der linearen Algebra so verständlich wie möglich darzustellen. Folgerichtig stehen didaktische Überlegungen gegenüber formalen im Vordergrund. Kenntnisse der Analysis werden nicht generell vorausgesetzt, sind jedoch für einige besonders gekennzeichnete Beispiele und Übungsaufgaben nötig.

Anfänger sollen dem Fortgang der Darlegungen folgen können. Mithin werden grundlegende Beweise von pädagogischem Wert verständlich und ausführlich im laufenden Text behandelt. Schwierige, aber für den mathematisch interessierten Leser unverzichtbare Beweise, finden sich dagegen am Ende des jeweiligen Kapitels.

Anton folgt in der Anordnung der Kapitel dem „pädagogischen Axiom", stets vom Bekannten zum Unbekannten, vom Konkreten zum Abstrakten fortzuschreiten und der Anschaulichkeit zu dienen. Dabei besteht eines seiner wesentlichen Ziele in der Darstellung von Zusammenhängen zwischen den einzelnen Kapiteln, beispielsweise der Verknüpfung zwischen linearen Gleichungssystemen, Matrizen, Determinanten, Vektoren, linearen Transformationen und Eigenwerten.

Auf dem Wege zur siebenten englischsprachigen Auflage wurde das Werk durch vielfältige Anregungen zahlloser Helfer bereichert. Besonderer Dank gilt der Verlegerin der Originalausgabe, Barbara Holland, die zum Konzept der siebenten Auflage beitrug, sowie Ann Berlin, Lucille Buonocore und Nancy Prinz vom Wiley Production Department, ferner Lilian Bradey, Joan Caratiello, Sharon Prendergast, dem Hudson River Studio und schließlich Mildred Jaggard für einfühlsame Assistenz.

Juni 1994 Gert Wangermann

# Inhalt

# 1 Lineare Gleichungssysteme und Matrizen

## 1.1 Einführung in die linearen Gleichungssysteme

*Das Studium linearer Gleichungssysteme und ihrer Lösungen ist eines der wichtigsten Themen der linearen Algebra. Wir werden zunächst einige grundlegende Begriffe vorstellen sowie eine Methode zur Lösung der Systeme diskutieren.*

### Lineare Gleichungen

Eine Gerade in der $xy$-Ebene kann algebraisch durch eine Gleichung der Form

$$a_1 x + a_2 y = b$$

dargestellt werden. Eine derartige Gleichung nennen wir linear mit den Variablen $x$ und $y$. Allgemein hat eine ***lineare Gleichung*** mit $n$ Variablen (oder ***Unbekannten***) $x_1, x_2, \ldots, x_n$ die Gestalt

$$a_1 x_1 + a_2 x_2 + \cdots + a_n x_n = b,$$

wobei $a_1, a_2, \ldots, a_n$ und $b$ reelle Konstanten sind.

**Beispiel 1** Die folgenden Gleichungen sind linear:

$$x + 3y = 7 \qquad x_1 - 2x_2 - 3x_3 + x_4 = 7$$
$$y = \tfrac{1}{2}x + 3z + 1 \qquad x_1 + x_2 + \cdots + x_n = 1.$$

Man beachte, daß eine lineare Gleichung keine Produkte oder Wurzeln ihrer Variablen enthält. Alle Unbekannten stehen nur in der ersten Potenz und erscheinen nicht als Argumente von trigonometrischen, logarithmischen oder Exponentialfunktionen. Die folgenden Gleichungen sind *nicht* linear:

$$x + 3y^2 = 7 \qquad 3x + 2y - z + xz = 4$$
$$y - \sin x = 0 \qquad \sqrt{x_1} + 2x_2 + x_3 = 1.$$

Eine ***Lösung*** der linearen Gleichung $a_1 x_1 + a_2 x_2 + \cdots + a_n x_n = b$ besteht aus $n$ Zahlen $s_1, s_2, \ldots, s_n$ mit der Eigenschaft, daß die Gleichung durch die Substitution $x_1 = s_1, x_2 = s_2, \ldots, x_n = s_n$ erfüllt wird. Die Gesamtheit aller Lösungen heißt ***Lösungsmenge*** oder ***allgemeine Lösung*** der Gleichung.

**Beispiel 2** Man finde die Lösungsmenge der Gleichungen

a) $4x - 2y = 1$ b) $x_1 - 4x_2 + 7x_3 = 5$.

*Lösung a)* Um Lösungen der Gleichung a) zu finden, können wir $x$ einen beliebigen Wert zuweisen und nach $y$ auflösen; alternativ können wir auch irgendeinen Wert für $y$ wählen und dann nach $x$ auflösen. Der erste Ansatz liefert uns, wenn wir $x$ die Zahl $t$ zuordnen,

$$x = t, \quad y = 2t - \tfrac{1}{2}.$$

Diese Formeln beschreiben die Lösungsmenge in Abhängigkeit von $t$. Einzelne Lösungen erhalten wir durch Einsetzen entsprechender Zahlenwerte für $t$. Beispielsweise liefert $t = 3$ die Lösung $x = 3, y = \frac{11}{2}$; mit $t = -\frac{1}{2}$ ergibt sich $x = -\frac{1}{2}, y = -\frac{3}{2}$. Schlagen wir stattdessen den zweiten Lösungsweg ein und ersetzen $y$ durch $t$, so erhalten wir

$$x = \tfrac{1}{2}t + \tfrac{1}{4}, \quad y = t.$$

Obwohl diese Formeln sich von den obenstehenden unterscheiden, beschreiben sie dieselbe Lösungsmenge, wenn $t$ die reellen Zahlen durchläuft. Zum Beispiel liefert hier $t = \frac{11}{2}$ genau die Lösung $x = 3, y = \frac{11}{2}$, die wir oben für $t = 3$ erhalten haben.

*Lösung b)* Um die Lösungsmenge von b) zu finden, belegen wir zwei der Variablen mit beliebigen Werten und lösen nach der dritten auf. Identifizieren wir also $x_2$ und $x_3$ mit $s$ und $t$, so erhalten wir nach Umstellen der Gleichung

$$x_1 = 5 + 4s - 7t, \quad x_2 = s, \quad x_3 = t.$$

## Lineare Systeme

Eine endliche Menge linearer Gleichungen mit den Variablen $x_1, x_2, \ldots, x_n$ heißt ***lineares Gleichungssystem*** oder kurz ***lineares System***. Eine Folge von Zahlen $s_1, s_2, \ldots, s_n$ heißt ***Lösung*** des Systems, wenn sie alle vorkommenden Gleichungen löst. Beispielsweise hat das System

$$\begin{aligned} 4x_1 - x_2 + 3x_3 &= -1 \\ 3x_1 + x_2 + 9x_3 &= -4 \end{aligned}$$

die Lösung $x_1 = 1, x_2 = 2, x_3 = -1$, da diese Werte beide Gleichungen erfüllen. Die Zahlen $x_1 = 1, x_2 = 8, x_3 = 1$, die nur die erste Gleichung lösen, sind keine Lösung des Systems.

Nicht jedes lineare Gleichungssystem besitzt Lösungen. Multiplizieren wir etwa die zweite Gleichung von

$$\begin{aligned} x + y &= 4 \\ 2x + 2y &= 6 \end{aligned}$$

mit $\frac{1}{2}$, so erhalten wir das äquivalente System

$$x + y = 4$$
$$x + y = 3$$

dessen Geichungen einander widersprechen. Offensichtlich ist dieses System nicht lösbar.

Ein System, das keine Lösung besitzt, heißt ***inkonsistent***, während wir lösbare Systeme als ***konsistent*** bezeichnen. Um die unterschiedlichen Möglichkeiten zu untersuchen, die beim Lösen linearer Gleichungssysteme auftreten können, betrachten wir ein allgemeines System von zwei Gleichungen mit den Variablen $x$ und $y$:

$$a_1x + b_1y = c_1 \quad a_1 \neq 0 \quad \text{oder} \quad b_1 \neq 0$$
$$a_2x + b_2y = c_2 \quad a_2 \neq 0 \quad \text{oder} \quad b_2 \neq 0.$$

Die Graphen dieser Gleichungen sind zwei Geraden $l_1$ und $l_2$. Da ein Punkt $(x, y)$ genau dann auf einer Geraden liegt, wenn seine Komponenten $x$ und $y$ die zugehörige Gleichung erfüllen, entsprechen die Lösungen unseres Gleichungssystems gerade den Schnittpunkten von $l_1$ und $l_2$. Daraus ergeben sich drei Möglichkeiten (Abbildung 1.1):

- $l_1$ und $l_2$ sind parallel. Dann existieren keine Schnittpunkte, also hat das Gleichungssystem keine Lösung.
- $l_1$ und $l_2$ schneiden sich in genau einem Punkt. Das Gleichungssystem hat dann eine eindeutig bestimmte Lösung.
- $l_1$ und $l_2$ stimmen überein. Es gibt unendlich viele Schnittpunkte und damit unendlich viele Lösungen des Gleichungssystems.

Wir werden später zeigen, daß für *jedes* beliebige lineare System genau diese drei Fälle in Betracht kommen:

*Ein lineares Gleichungssystem hat entweder keine, genau eine oder unendlich viele Lösungen.*

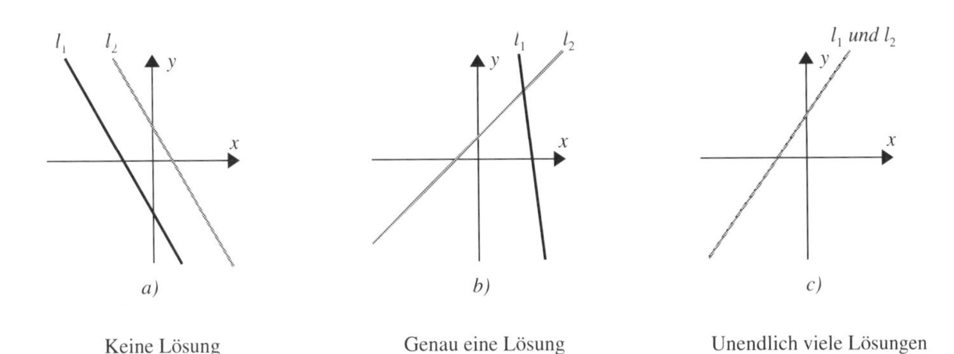


**Abb. 1.1**

Allgemein schreiben wir ein System von $m$ linearen Gleichungen mit $n$ Unbekannten als

$$\begin{array}{ccccccccc} a_{11}x_1 & + & a_{12}x_2 & + & \cdots & + & a_{1n}x_n & = & b_1 \\ a_{21}x_1 & + & a_{22}x_2 & + & \cdots & + & a_{2n}x_n & = & b_2 \\ \vdots & & \vdots & & & & \vdots & & \vdots \\ a_{m1}x_1 & + & a_{m2}x_2 & + & \cdots & + & a_{mn}x_n & = & b_m, \end{array}$$

wobei $x_1, x_2, \ldots, x_n$ Variablen und die $a$'s und $b$'s Konstanten bezeichnen. So hat ein System von drei Gleichungen mit vier Unbekannten die allgemeine Form

$$\begin{aligned} a_{11}x_1 + a_{12}x_2 + a_{13}x_3 + a_{14}x_4 &= b_1 \\ a_{21}x_1 + a_{22}x_2 + a_{23}x_3 + a_{24}x_4 &= b_2 \\ a_{31}x_1 + a_{32}x_2 + a_{33}x_3 + a_{34}x_4 &= b_3. \end{aligned}$$

Die doppelte Indexierung der Koeffizienten erlaubt es, diese Zahlen innerhalb des Systems zu lokalisieren. Der erste Index von $a_{ij}$ gibt an, in welcher Gleichung der Koeffizient steht, während der zweite Index der Nummer der zugehörigen Variablen entspricht. Also erscheint $a_{12}$ in der ersten Gleichung als Faktor vor $x_2$.

## Erweiterte Matrizen

Indem wir uns die Positionen von „+", „$x$" und „=" merken, können wir ein System von $m$ Gleichungen mit $n$ Unbekannten durch das folgende rechteckige Zahlenschema darstellen:

$$\begin{bmatrix} a_{11} & a_{12} & \cdots & a_{1n} & b_1 \\ a_{21} & a_{22} & \cdots & a_{2n} & b_2 \\ \vdots & \vdots & & \vdots & \vdots \\ a_{m1} & a_{m2} & \cdots & a_{mn} & b_m \end{bmatrix}.$$

Dieses Schema heißt ***erweiterte Matrix*** des Systems. (In der Mathematik bezeichnet der Begriff *Matrix* immer ein rechteckiges Zahlenschema. Matrizen erscheinen in vielen Zusammenhängen, wir werden sie bald genauer untersuchen.) Als erweiterte Matrix des Gleichungssystems

$$\begin{aligned} x_1 + \phantom{4}x_2 + 2x_3 &= 9 \\ 2x_1 + 4x_2 - 3x_3 &= 1 \\ 3x_1 + 6x_2 - 5x_3 &= 0 \end{aligned}$$

erhält man also

$$\begin{bmatrix} 1 & 1 & 2 & 9 \\ 2 & 4 & -3 & 1 \\ 3 & 6 & -5 & 0 \end{bmatrix}.$$

**Bemerkung.** Beim Aufstellen der erweiterten Matrix müssen die Unbekannten in allen Gleichungen in derselben Reihenfolge auftreten.

Die grundlegende Lösungsmethode für lineare Gleichungssysteme basiert darauf, daß man das gegebene System durch ein neues ersetzt, dessen Lösung mit der des ursprünglichen Systems übereinstimmt, aber leichter zu bestimmen ist. Im allgemeinen erhält man dieses neue System in mehreren Schritten, indem man mit Hilfe der folgenden drei Operationen die Unbekannten systematisch eliminiert:

1. Multiplikation einer Gleichung mit einer von Null verschiedenen Konstanten,
2. Vertauschen von zwei Gleichungen,
3. Addition eines Vielfachen einer Gleichung zu einer anderen Gleichung.

Da die Zeilen der erweiterten Matrix den Gleichungen des zugehörigen Systems entsprechen, liefern die oben genannten Schritte folgende Zeilenoperationen innerhalb der erweiterten Matrix:

1. Multiplikation einer Zeile mit einer von Null verschiedenen Konstanten,
2. Vertauschen von zwei Zeilen,
3. Addition eines Vielfachen einer Zeile zu einer anderen Zeile.

## Elementare Zeilenumformungen

Diese Regeln bezeichnet man als ***elementare Zeilenumformungen***. Das folgende Beispiel zeigt, wie die Operationen beim Lösen linearer Gleichungssysteme eingesetzt werden können. Da wir im nächsten Abschitt eine allgemeine Lösungsmethode herleiten werden, ist es hier nicht von Belang, *warum* die einzelnen Schritte durchgeführt werden. Der Leser sollte sich vielmehr auf die Rechnungen und deren Erläuterungen konzentrieren.

**Beispiel 3** In der linken Spalte lösen wir ein lineares Gleichungssystem durch Manipulation der Gleichungen, in der rechten Spalte führen wir die entsprechenden Zeilenoperationen für die zugehörige erweiterte Matrix durch.

$$\begin{aligned} x + \phantom{4}y + 2z &= 9 \\ 2x + 4y - 3z &= 1 \\ 3x + 6y - 5z &= 0 \end{aligned} \qquad \begin{bmatrix} 1 & 1 & 2 & 9 \\ 2 & 4 & -3 & 1 \\ 3 & 6 & -5 & 0 \end{bmatrix}.$$

Addition des $(-2)$fachen der ersten Gleichung zur zweiten liefert

Addition des $(-2)$fachen der ersten Zeile zur zweiten liefert

$$\begin{aligned} x + \phantom{4}y + 2z &= 9 \\ 2y - 7z &= -17 \\ 3x + 6y - 5z &= 0. \end{aligned} \qquad \begin{bmatrix} 1 & 1 & 2 & 9 \\ 0 & 2 & -7 & -17 \\ 3 & 6 & -5 & 0 \end{bmatrix}.$$

Addition des (−3)fachen der ersten Gleichung zur dritten:

$$\begin{aligned} x + y + 2z &= 9 \\ 2y - 7z &= -17 \\ 3y - 11z &= -27. \end{aligned}$$

Addition des (−3)fachen der ersten Zeile zur dritten:

$$\begin{bmatrix} 1 & 1 & 2 & 9 \\ 0 & 2 & -7 & -17 \\ 0 & 3 & -11 & -27 \end{bmatrix}.$$

Multiplikation der zweiten Gleichung mit $\frac{1}{2}$:

$$\begin{aligned} x + y + 2z &= 9 \\ y - \tfrac{7}{2}z &= -\tfrac{17}{2} \\ 3y - 11z &= -27. \end{aligned}$$

Multiplikation der zweiten Zeile mit $\frac{1}{2}$:

$$\begin{bmatrix} 1 & 1 & 2 & 9 \\ 0 & 1 & -\frac{7}{2} & -\frac{17}{2} \\ 0 & 3 & -11 & -27 \end{bmatrix}.$$

Addition des (−3)fachen der zweiten Gleichung zur dritten:

$$\begin{aligned} x + y + 2z &= 9 \\ y - \tfrac{7}{2}z &= -\tfrac{17}{2} \\ -\tfrac{1}{2}z &= -\tfrac{3}{2}. \end{aligned}$$

Addition des (−3)fachen der zweiten Zeile zur dritten:

$$\begin{bmatrix} 1 & 1 & 2 & 9 \\ 0 & 1 & -\frac{7}{2} & -\frac{17}{2} \\ 0 & 0 & -\frac{1}{2} & -\frac{3}{2} \end{bmatrix}.$$

Durch Multiplikation der dritten Gleichung mit −2 erhält man:

$$\begin{aligned} x + y + 2z &= 9 \\ y - \tfrac{7}{2}z &= -\tfrac{17}{2} \\ z &= 3. \end{aligned}$$

Durch Multiplikation der dritten Zeile mit −2 erhält man:

$$\begin{bmatrix} 1 & 1 & 2 & 9 \\ 0 & 1 & -\frac{7}{2} & -\frac{17}{2} \\ 0 & 0 & 1 & 3 \end{bmatrix}.$$

Addition des (−1)fachen der zweiten Gleichung zur ersten:

$$\begin{aligned} x + \tfrac{11}{2}z &= \tfrac{35}{2} \\ y - \tfrac{7}{2}z &= -\tfrac{17}{2} \\ z &= 3. \end{aligned}$$

Addition des (−1)fachen der zweiten Zeile zur ersten:

$$\begin{bmatrix} 1 & 0 & \frac{11}{2} & \frac{35}{2} \\ 0 & 1 & -\frac{7}{2} & -\frac{17}{2} \\ 0 & 0 & 1 & 3 \end{bmatrix}.$$

Addition des $(-\frac{11}{2})$fachen der dritten Gleichung zur ersten und des $\frac{7}{2}$fachen der dritten zur zweiten liefert dann:

$$\begin{aligned} x &= 1 \\ y &= 2 \\ z &= 3. \end{aligned}$$

Addition des $(-\frac{11}{2})$fachen der dritten Zeile zur ersten und des $\frac{7}{2}$fachen der dritten zur zur zweiten liefert:

$$\begin{bmatrix} 1 & 0 & 0 & 1 \\ 0 & 1 & 0 & 2 \\ 0 & 0 & 1 & 3 \end{bmatrix}.$$

Die Lösung des Systems ist jetzt offensichtlich

$$x = 1, \quad y = 2, \quad z = 3.$$

## Übungen zu 1.1

**1.** Welche der folgenden Gleichungen mit den Unbekannten $x_1, x_2$ und $x_3$ sind linear?

a) $x_1 + 5x_2 - \sqrt{2}x_3 = 1$ b) $x_1 + 3x_2 + x_1x_3 = 2$

c) $x_1 = -7x_2 + 3x_3$ d) $x_1^{-2} + x_2 + 8x_3 = 5$

e) $x_1^{3/5} - 2x_2 + x_3 = 4$ f) $\pi x_1 - \sqrt{2}x_2 + \frac{1}{3}x_3 = 7^{1/3}$

**2.** Sei $k$ eine reelle Konstante. Welche der folgenden Gleichungen sind linear?

a) $x_1 - x_2 + x_3 = \sin k$ b) $kx_1 - \frac{1}{k}x_2 = 9$

c) $2^k x_1 + 7x_2 - x_3 = 0$

**3.** Man bestimme die Lösungsmengen der folgenden linearen Gleichungen.

a) $7x - 5y = 3$ b) $3x_1 - 5x_2 + 4x_3 = 7$

c) $-8x_1 + 2x_2 - 5x_3 + 6x_4 = 1$ d) $3v - 8w + 2x - y + 4z = 0$

**4.** Man stelle die erweiterte Matrix folgender Systeme auf.

a)
$$\begin{aligned} 3x_1 - 2x_2 &= -1 \\ 4x_1 + 5x_2 &= 3 \\ 7x_1 + 3x_2 &= 2 \end{aligned}$$

b)
$$\begin{aligned} 2x_1 \qquad + 2x_3 &= 1 \\ 3x_1 - x_2 + 4x_3 &= 7 \\ 6x_1 + x_2 - x_3 &= 0 \end{aligned}$$

c)
$$\begin{aligned} x_1 + 2x_2 \qquad - x_4 + x_5 &= 1 \\ 3x_2 + x_3 \qquad - x_5 &= 2 \\ x_3 + 7x_4 \qquad &= 1 \end{aligned}$$

d)
$$\begin{aligned} x_1 \qquad &= 1 \\ x_2 \quad &= 2 \\ x_3 &= 3 \end{aligned}$$

**5.** Welche linearen Gleichungssysteme entsprechen den folgenden erweiterten Matrizen?

a) $\begin{bmatrix} 2 & 0 & 0 \\ 3 & -4 & 0 \\ 0 & 1 & 1 \end{bmatrix}$ b) $\begin{bmatrix} 3 & 0 & -2 & 5 \\ 7 & 1 & 4 & -3 \\ 0 & -2 & 1 & 7 \end{bmatrix}$

c) $\begin{bmatrix} 7 & 2 & 1 & -3 & 5 \\ 1 & 2 & 4 & 0 & 1 \end{bmatrix}$ d) $\begin{bmatrix} 1 & 0 & 0 & 0 & 7 \\ 0 & 1 & 0 & 0 & -2 \\ 0 & 0 & 1 & 0 & 3 \\ 0 & 0 & 0 & 1 & 4 \end{bmatrix}$

**6.** a) Welche lineare Gleichung mit den Unbekannten $x$ und $y$ hat die allgemeine Lösung $x = 5 + 2t, y = t$?

b) Man zeige, daß die allgemeine Lösung der Gleichung aus Teil a) auch durch $x = t, y = \frac{1}{2}t - \frac{5}{2}$ dargestellt werden kann.

**7.** Die in Abbildung 1.2 dargestellte Kurve $y = ax^2 + bx + c$ verläuft durch die Punkte $(x_1, y_1), (x_2, y_2)$ und $(x_3, y_3)$. Man zeige, daß die Koeffizienten $a, b$ und $c$ das durch die folgende Matrix dargestellte lineare Gleichungssystem lösen.

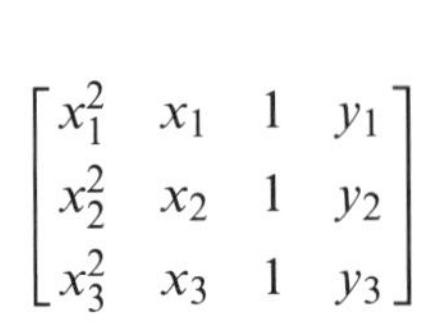

$$\begin{bmatrix} x_1^2 & x_1 & 1 & y_1 \\ x_2^2 & x_2 & 1 & y_2 \\ x_3^2 & x_3 & 1 & y_3 \end{bmatrix}$$

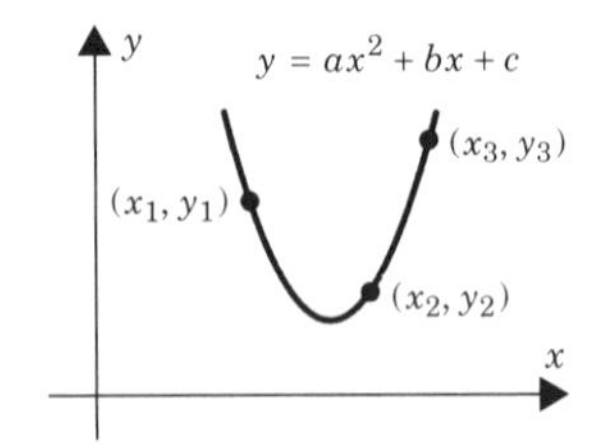


**Abb. 1.2**

**8.** Für welche(s) $k$ hat das folgende Gleichungssystem keine, genau eine oder unendlich viele Lösungen?

$$\begin{aligned} x - y &= 3 \\ 2x - 2y &= k \end{aligned}$$

**9.** Man betrachte das Gleichungssystem

$$\begin{aligned} ax + by &= k \\ cx + dy &= l \\ ex + fy &= m \end{aligned}$$

Welche Lage müssen die Geraden $ax + by = k, cx + dy = l$ und $ex + fy = m$ zueinander haben, wenn das System

a) keine Lösung,
b) genau eine Lösung,
c) unendlich viele Lösungen besitzt?

**10.** Man zeige: Wenn das Gleichungssystem aus Übung 9 konsistent ist, kann mindestens eine der Gleichungen weggelassen werden, ohne die Lösungsmenge zu ändern.

**11.** Seien in Aufgabe 9 $k = l = m = 0$. Man zeige, daß das System konsistent ist. Wo liegt der Schnittpunkt der drei Geraden, wenn das System eindeutig lösbar ist?

**12.** Man betrachte das System

$$\begin{aligned} x + y + 2z &= a \\ x \quad\;\; + z &= b \\ 2x + y + 3z &= c \end{aligned}$$

und beweise: Wenn das System konsistent ist, muß $c = a + b$ gelten.

**13.** Man beweise: Haben die beiden linearen Gleichungen $x_1 + kx_2 = c$ und $x_1 + lx_2 = d$ die gleiche Lösungsmenge, so sind sie identisch.

# 1.2 Gaußsches Eliminationsverfahren

*Wir entwickeln ein Lösungsverfahren für lineare Gleichungssysteme. Die grundlegende Idee ist, die erweiterte Matrix in eine einfache Form zu bringen, die es erlaubt, das Gleichungssystem durch „Hinsehen" zu lösen.*

## Reduzierte Zeilenstufenform

In Beispiel 3 des letzten Abschnitts haben wir das vorgegebene lineare System dadurch gelöst, daß wir die erweiterte Matrix zu

$$\begin{bmatrix} 1 & 0 & 0 & 1 \\ 0 & 1 & 0 & 2 \\ 0 & 0 & 1 & 3 \end{bmatrix}$$

umgeformt haben, so daß die Lösung des Systems offensichtlich war. Diese Matrix befindet sich in ***reduzierter Zeilenstufenform***, welche durch folgende Eigenschaften charakterisiert ist:

**1.** Wenn eine Zeile nicht nur aus Nullen besteht, so ist die erste von Null verschiedene Zahl eine Eins. (Sie wird als ***führende Eins*** bezeichnet.)
**2.** Alle Zeilen, die ausschließlich Nullen enthalten, stehen am Ende der Matrix.
**3.** In zwei aufeinanderfolgenden Zeilen, die nichtverschwindende Elemente besitzen, steht die führende Eins der unteren Zeile rechts von der führenden Eins der oberen Zeile.
**4.** Eine Spalte, die eine führende Eins enthält, hat keine weiteren von Null verschiedenen Einträge.

Eine Matrix, die nur die Bedingungen **1**, **2** und **3** erfüllt (aber nicht notwendig Bedingung **4**), hat ***Zeilenstufenform***.

**Beispiel 1** Die folgenden Matrizen sind in reduzierter Zeilenstufenform:

$$\begin{bmatrix} 1 & 0 & 0 & 4 \\ 0 & 1 & 0 & 7 \\ 0 & 0 & 1 & -1 \end{bmatrix}, \begin{bmatrix} 1 & 0 & 0 \\ 0 & 1 & 0 \\ 0 & 0 & 1 \end{bmatrix}, \begin{bmatrix} 0 & 1 & -2 & 0 & 1 \\ 0 & 0 & 0 & 1 & 3 \\ 0 & 0 & 0 & 0 & 0 \\ 0 & 0 & 0 & 0 & 0 \end{bmatrix}, \begin{bmatrix} 0 & 0 \\ 0 & 0 \end{bmatrix}.$$

Die folgenden Matrizen haben Zeilenstufenform:

$$\begin{bmatrix} 1 & 4 & 3 & 7 \\ 0 & 1 & 6 & 2 \\ 0 & 0 & 1 & 5 \end{bmatrix}, \begin{bmatrix} 1 & 1 & 0 \\ 0 & 1 & 0 \\ 0 & 0 & 0 \end{bmatrix}, \begin{bmatrix} 0 & 1 & 2 & 6 & 0 \\ 0 & 0 & 1 & -1 & 0 \\ 0 & 0 & 0 & 0 & 1 \end{bmatrix}.$$

Der Leser sollte sich davon überzeugen, daß die angegebenen Matrizen die notwendigen Bedingungen erfüllen.

**Bemerkung.** Wie man im vorangehenden Beispiel sieht, stehen unter einer führenden Eins nur Nullen, wenn die Matrix in Zeilenstufenform vorliegt; hat die Matrix reduzierte Zeilenstufenform, so stehen auch über einer führenden Eins nur Nullen.

Nachdem man die erweiterte Matrix eines linearen Gleichungssystems durch elementare Zeilenoperationen auf reduzierte Zeilenstufenform gebracht hat, läßt sich die Lösungsmenge des Systems sofort – im schlimmsten Fall nach einigen leichten Umformungen – ablesen. Das folgende Beispiel soll diesen Sachverhalt veranschaulichen.

**Beispiel 2** Wir gehen davon aus, daß die erweiterte Matrix eines linearen Gleichungssystems durch Zeilenumformungen auf die gegebene reduzierte Zeilenstufenform gebracht wurde, und bestimmen daraus die Lösung des Systems.

$$\text{a)}\ \begin{bmatrix} 1 & 0 & 0 & 5 \\ 0 & 1 & 0 & -2 \\ 0 & 0 & 1 & 4 \end{bmatrix} \qquad \text{b)}\ \begin{bmatrix} 1 & 0 & 0 & 4 & -1 \\ 0 & 1 & 0 & 2 & 6 \\ 0 & 0 & 1 & 3 & 2 \end{bmatrix}$$

$$\text{c)}\ \begin{bmatrix} 1 & 6 & 0 & 0 & 4 & -2 \\ 0 & 0 & 1 & 0 & 3 & 1 \\ 0 & 0 & 0 & 1 & 5 & 2 \\ 0 & 0 & 0 & 0 & 0 & 0 \end{bmatrix} \qquad \text{d)}\ \begin{bmatrix} 1 & 0 & 0 & 0 \\ 0 & 1 & 2 & 0 \\ 0 & 0 & 0 & 1 \end{bmatrix}$$

*Lösung a).* Aus dem zugehörigen Gleichungssystem

$$\begin{aligned} x_1 \qquad\quad &= 5 \\ x_2 \qquad &= -2 \\ x_3 &= 4 \end{aligned}$$

ergibt sich sofort $x_1 = 5, x_2 = -2, x_3 = 4$.

*Lösung b).* Als zugehöriges Gleichungssystem ergibt sich

$$\begin{aligned} x_1 \qquad\quad + 4x_4 &= -1 \\ x_2 \quad + 2x_4 &= 6 \\ x_3 + 3x_4 &= 2. \end{aligned}$$

Da $x_1, x_2$ und $x_3$ den führenden Einsen der erweiterten Matrix entsprechen, bezeichnen wir sie als ***führende Variablen***, die übrigen Variablen (hier $x_4$) nennen wir ***freie Variablen***. Durch Auflösen der Gleichung nach den führenden Variablen erhalten wir

$$\begin{aligned} x_1 &= -1 - 4x_4 \\ x_2 &= 6 - 2x_4 \\ x_3 &= 2 - 3x_4. \end{aligned}$$

Da $x_4$ einen beliebigen Wert $t$ annehmen kann, hat das System unendlich viele Lösungen, die sich durch

$$x_1 = -1 - 4t, \quad x_2 = 6 - 2t, \quad x_3 = 2 - 3t, \quad x_4 = t$$

beschreiben lassen.

*Lösung c).* Wir betrachten das Gleichungssystem

$$\begin{aligned} x_1 + 6x_2 \qquad\qquad + 4x_5 &= -2 \\ x_3 \qquad + 3x_5 &= \phantom{-}1 \\ x_4 + 5x_5 &= \phantom{-}2. \end{aligned}$$

Die führenden Variablen sind $x_1, x_3$ und $x_4$, während $x_2$ und $x_5$ frei sind. Durch Auflösen nach den führenden Variablen ergibt sich

$$\begin{aligned} x_1 &= -2 - 6x_2 - 4x_5 \\ x_3 &= \phantom{-}1 \qquad\quad - 3x_5 \\ x_4 &= \phantom{-}2 \qquad\quad - 5x_5. \end{aligned}$$

$x_2$ und $x_5$ können beliebige Werte $s$ und $t$ annehmen, also gibt es unendlich viele Lösungen:

$$x_1 = -2 - 6s - 4t, \quad x_2 = s, \quad x_3 = 1 - 3t, \quad x_4 = 2 - 5t, \quad x_5 = t.$$

*Lösung d).* Die letzte Zeile der Matrix entspricht der Gleichung

$$0x_1 + 0x_2 + 0x_3 = 1.$$

Da diese Gleichung nie erfüllt werden kann, ist das System nicht lösbar.

## Gauß-Elimination

Wir haben gerade gesehen, wie leicht es ist, ein lineares Gleichungssystem zu lösen, dessen erweiterte Matrix zur reduzierten Zeilenstufenform umgeformt ist. Jetzt werden wir ein schrittweises Verfahren angeben, mit dem jede Matrix in diese Form gebracht werden kann. Zur Veranschaulichung werden wir die einzelnen Schritte auf die folgende Matrix anwenden, um sie in die gewünschte Gestalt zu verwandeln:

$$\begin{bmatrix} 0 & 0 & -2 & 0 & 7 & 12 \\ 2 & 4 & -10 & 6 & 12 & 28 \\ 2 & 4 & -5 & 6 & -5 & -1 \end{bmatrix}$$

**Schritt 1.** Man bestimme die am weitesten links stehende Spalte, die von Null verschiedene Elemente enthält.

$$\begin{bmatrix} 0 & 0 & -2 & 0 & 7 & 12 \\ 2 & 4 & -10 & 6 & 12 & 28 \\ 2 & 4 & -5 & 6 & -5 & -1 \end{bmatrix}$$

↑ **Erste nichtverschwindende Spalte**

**Schritt 2.** Ist die oberste Zahl der in Schritt 1 gefundenen Spalte eine Null, so vertausche man die erste Zeile mit einer geeigneten anderen Zeile.

$$\begin{bmatrix} 2 & 4 & -10 & 6 & 12 & 28 \\ 0 & 0 & -2 & 0 & 7 & 12 \\ 2 & 4 & -5 & 6 & -5 & -1 \end{bmatrix}$$

Die erste und zweite Zeile der Matrix wurden vertauscht.

**Schritt 3.** Ist $a$ das erste Element der in Schritt 1 gefundenen Spalte, so multipliziere man die erste Zeile mit $\frac{1}{a}$, um eine führende Eins zu erzeugen.

$$\begin{bmatrix} 1 & 2 & -5 & 3 & 6 & 14 \\ 0 & 0 & -2 & 0 & 7 & 12 \\ 2 & 4 & -5 & 6 & -5 & -1 \end{bmatrix}$$

Die erste Zeile der Matrix wurde mit $\frac{1}{2}$ multipliziert.

**Schritt 4.** Man addiere passende Vielfache der ersten Zeile zu den übrigen. Zeilen, um unterhalb der führenden Eins Nullen zu erzeugen.

$$\begin{bmatrix} 1 & 2 & -5 & 3 & 6 & 14 \\ 0 & 0 & -2 & 0 & 7 & 12 \\ 0 & 0 & 5 & 0 & -17 & -29 \end{bmatrix}$$

Das $(-2)$fache der ersten Zeile wurde zur dritten addiert.

**Schritt 5.** Man wende die ersten vier Schritte auf die Untermatrix an, die durch Streichen der ersten Zeile entsteht und wiederhole dieses Verfahren, bis die Matrix Zeilenstufenform hat.

$$\begin{bmatrix} 1 & 2 & -5 & 3 & 6 & 14 \\ 0 & 0 & -2 & 0 & 7 & 12 \\ 0 & 0 & 5 & 0 & -17 & -29 \end{bmatrix}$$

↑ **Erste nichtverschwindende Spalte der Untermatrix**

$$\begin{bmatrix} 1 & 2 & -5 & 3 & 6 & 14 \\ 0 & 0 & 1 & 0 & \frac{7}{2} & -6 \\ 0 & 0 & 5 & 0 & -17 & -29 \end{bmatrix}$$

Die erste Zeile der Untermatrix wurde mit $-\frac{1}{2}$ multipliziert, um eine führende Eins zu erhalten.

$$\begin{bmatrix} 1 & 2 & -5 & 3 & 6 & 14 \\ 0 & 0 & 1 & 0 & -\frac{7}{2} & -6 \\ 0 & 0 & 0 & 0 & \frac{1}{2} & 1 \end{bmatrix}$$

Das $(-5)$fache der ersten Zeile der Untermatrix wurde zur zweiten addiert. Das liefert eine Null unter der führenden Eins.

$$\begin{bmatrix} 1 & 2 & -5 & 3 & 6 & 14 \\ 0 & 0 & 1 & 0 & -\frac{7}{2} & -6 \\ 0 & 0 & 0 & 0 & \frac{1}{2} & 1 \end{bmatrix}$$

Die erste Zeile der Untermatrix wird „gestrichen", um wieder mit Schritt 1 anzufangen.

↑ **Erste nichtverschwindende Spalte der neuen Untermatrix**

$$\begin{bmatrix} 1 & 2 & -5 & 3 & 6 & 14 \\ 0 & 0 & 1 & 0 & -\frac{7}{2} & -6 \\ 0 & 0 & 0 & 0 & 1 & 2 \end{bmatrix}$$

Die erste (und einzige) Zeile der Untermatrix wurde mit 2 multipliziert, um eine führende Eins zu erzeugen.

Die Matrix liegt jetzt in Zeilenstufenform vor. Um die reduzierte Zeilenstufenform zu erhalten, benötigen wir einen zusätzlichen Schritt.

**Schritt 6.** Mit der letzten nichtverschwindenden Zeile beginnend, addiere man geeignete Vielfache jeder Zeile zu den darüberliegenden Zeilen, um über den führenden Einsen Nullen zu erzeugen.

$$\begin{bmatrix} 1 & 2 & -5 & 3 & 6 & 14 \\ 0 & 0 & 1 & 0 & 0 & 1 \\ 0 & 0 & 0 & 0 & 1 & 2 \end{bmatrix}$$

Das ($\frac{7}{2}$)fache der dritten Zeile wurde zur zweiten addiert.

$$\begin{bmatrix} 1 & 2 & -5 & 3 & 0 & 2 \\ 0 & 0 & 1 & 0 & 0 & 1 \\ 0 & 0 & 0 & 0 & 1 & 2 \end{bmatrix}$$

Das (-6)fache der dritten Zeile wurde zur ersten addiert.

$$\begin{bmatrix} 1 & 2 & 0 & 3 & 0 & 7 \\ 0 & 0 & 1 & 0 & 0 & 1 \\ 0 & 0 & 0 & 0 & 1 & 2 \end{bmatrix}$$

Das 5fache der zweiten Zeile wurde zur ersten addiert.

Die letzte Matrix hat reduzierte Zeilenstufenform.

Das oben beschriebene Verfahren zum Erzeugen der reduzierten Zeilenstufenform heißt ***Gauß-Jordan-Elimination***.* Die Schritte 1 bis 5 liefern die Zeilenstufenform und werden als ***Gauß-Elimination*** bezeichnet.

---

* Karl Friedrich Gauß (1777–1855) – deutscher Mathematiker und Wissenschaftler. Zuweilen als „Prinz der Mathematik" bezeichnet, gilt Gauß wie auch Isaac Newton und Archimedes als einer der drei größten Mathematiker. In der gesamten Geschichte der Mathematik war wohl nie ein Kind so frühreif wie Gauß, der sich ohne fremde Hilfe die Grundzüge der Arithmetik erarbeitete. Als er noch nicht drei Jahre alt war, wurden seine Eltern auf seine Begabung aufmerksam. Sein Vater bereitete gerade die wöchentliche Lohnabrechnung der ihm unterstellten Arbeiter vor, wobei ihn der Junge still beobachtete. Am Ende der langwierigen Rechnung machte Gauß seinen Vater auf einen Fehler im Ergebnis aufmerksam und nannte ihm die Summe, die er selbst im Kopf ausgerechnet hatte. Zur Verblüffung seiner Eltern ergab eine Überprüfung der

**Bemerkung.** Eine Matrix kann auf *verschiedene Zeilenstufenformen* gebracht werden, je nachdem, welche Zeilenumformungen man anwendet. Dagegen ist ihre *reduzierte Zeilenstufenform eindeutig*; man kann also auf eine gegebene Matrix unterschiedliche Folgen von Zeilenoperationen anwenden und erhält stets das gleiche Ergebnis. (Ein Beweis kann in „The Reduced Row Enchelon Form of a Matrix is Unique: A Simple Proof" von Thomas Yuster, *Mathematics Magazine*, 57(1984)2, S. 93–94, nachgelesen werden).

**Beispiel 3** Man löse durch Gauß-Jordan-Elimination:

$$\begin{aligned}
x_1 + 3x_2 - 2x_3 \qquad\quad + 2x_5 \qquad\quad &= 0\\
2x_1 + 6x_2 - 5x_3 - 2x_4 + 4x_5 - 3x_6 &= -1\\
5x_3 + 10x_4 \qquad + 15x_6 &= 5\\
2x_1 + 6x_2 \qquad + 8x_4 + 4x_5 + 18x_6 &= 6.
\end{aligned}$$

*Lösung.* Die erweiterte Matrix des Systems ist

$$\begin{bmatrix} 1 & 3 & -2 & 0 & 2 & 0 & 0\\ 2 & 6 & -5 & -2 & 4 & -3 & -1\\ 0 & 0 & 5 & 10 & 0 & 15 & 5\\ 2 & 6 & 0 & 8 & 4 & 18 & 6 \end{bmatrix}.$$

---

Rechnung, daß Gauß recht hatte.

In seiner Doktorarbeit erbrachte Gauß den ersten vollständigen Beweis des Fundamentalsatzes der Algebra, nach dem die Anzahl der Lösungen einer polynomialen Gleichung mit ihrem Grad übereinstimmt. Im Alter von 19 Jahren löste er ein von Euklid aufgeworfenes Problem, indem er mit Zirkel und Lineal einem Kreis ein regelmäßiges 17-Eck einbeschrieb. 1801 veröffentlichte er im Alter von 24 Jahren seine erste große Arbeit, *Disquisitiones Arithmeticae*, die als eines der bedeutendsten Werke der Mathematik gilt. Darin formulierte er die grundlegenden Konzepte der Zahlentheorie (welche die Eigenschaften ganzer Zahlen beschreibt) und legte so den Grundstein dieses Forschungsgebietes. Neben vielen anderen Neuerungen entdeckte Gauß die „Gaußsche Glockenkurve", die in der Wahrscheinlichkeitstheorie von großer Bedeutung ist, fand die erste geometrische Interpretation der komplexen Zahlen, festigte deren grundlegende Rolle in der Mathematik, entwickelte Methoden zur intrinsischen Beschreibung von Flächen durch die auf ihnen verlaufenden Kurven, begründete die Theorie konformer (winkelerhaltender) Abbildungen und entdeckte die nichteuklidische Geometrie, und zwar 30 Jahre, bevor andere diese Ideen veröffentlichten. In der Physik leistete er wichtige Beiträge zur Linsen- und Kapillartheorie und entwickelte gemeinsam mit Wilhelm Weber Grundlagen des Elektromagnetismus. Er erfand das Heliotrop, das zweiadrige Magnetometer sowie einen Elektrotelegraphen.

Gauß war tief religiös und aristokratisch erzogen. Er beherrschte Fremdsprachen mit Leichtigkeit, las viel und beschäftigte sich gern mit Minerologie und Botanik. Er verabscheute es zu unterrichten und war im allgemeinen kühl und abweisend gegenüber anderen Mathematikern, vermutlich weil er ihrer Arbeit weit voraus war. Es wird angenommen, daß es die mathematische Forschung um 50 Jahre vorangebracht hätte, wenn Gauß alle seine Entdeckungen veröffentlicht hätte. Er war zweifellos der größte Mathematiker der Neuzeit.

*Wilhelm Jordan* (1842–1899) war ein deutscher Ingenieur, der sich auf Geodäsie spezialisiert hatte. Seinen Beitrag zum Lösen linearer Gleichungssysteme veröffentlichte er 1888 in seinem bekannten Werk *Handbuch der Vermessungskunde*.

Durch Addition des $(-2)$fachen der ersten Zeile zur zweiten erhält man

$$\begin{bmatrix} 1 & 3 & -2 & 0 & 2 & 0 & 0 \\ 0 & 0 & -1 & -2 & 0 & -3 & -1 \\ 0 & 0 & 5 & 10 & 0 & 15 & 5 \\ 0 & 0 & 4 & 8 & 0 & 18 & 6 \end{bmatrix}.$$

Multiplikation der zweiten Zeile mit $-1$, Addition des $(-5)$fachen der zweiten Zeile zur dritten sowie des $(-4)$fachen der zweiten Zeile zur vierten liefern

$$\begin{bmatrix} 1 & 3 & -2 & 0 & 2 & 0 & 0 \\ 0 & 0 & 1 & 2 & 0 & 3 & 1 \\ 0 & 0 & 0 & 0 & 0 & 0 & 0 \\ 0 & 0 & 0 & 0 & 0 & 6 & 2 \end{bmatrix}.$$

Nach Vertauschen der dritten und vierten Zeile und Multiplikation der neuen dritten Zeile mit $\frac{1}{6}$ erhält man die Zeilenstufenform

$$\begin{bmatrix} 1 & 3 & -2 & 0 & 2 & 0 & 0 \\ 0 & 0 & 1 & 2 & 0 & 3 & 1 \\ 0 & 0 & 0 & 0 & 0 & 1 & \frac{1}{3} \\ 0 & 0 & 0 & 0 & 0 & 0 & 0 \end{bmatrix}.$$

Durch Addition des $(-3)$fachen der dritten Zeile zur zweiten und des Zweifachen der neuen zweiten Zeile zur ersten kommt man schließlich zur reduzierten Zeilenstufenform

$$\begin{bmatrix} 1 & 3 & 0 & 4 & 2 & 0 & 0 \\ 0 & 0 & 1 & 2 & 0 & 0 & 0 \\ 0 & 0 & 0 & 0 & 0 & 1 & \frac{1}{3} \\ 0 & 0 & 0 & 0 & 0 & 0 & 0 \end{bmatrix},$$

die dem Gleichungssystem

$$\begin{aligned} x_1 + 3x_2 \qquad + 4x_4 + 2x_5 \qquad &= 0 \\ x_3 + 2x_4 \qquad &= 0 \\ x_6 &= \tfrac{1}{3} \end{aligned}$$

entspricht (Wir haben die letzte Gleichung $0x_1 + 0x_2 + 0x_2 + 0x_3 + 0x_4 + 0x_5 + 0x_6 = 0$ weggelassen, da sie von den Lösungen der verbleibenden Gleichungen automatisch erfüllt wird.) Durch Auflösen der Gleichungen nach den führenden Variablen erhalten wir

$$\begin{aligned} x_1 &= -3x_2 - 4x_4 - 2x_5 \\ x_3 &= -2x_4 \\ x_6 &= \tfrac{1}{3}. \end{aligned}$$

Wenn wir den freien Variablen $x_2, x_4$ und $x_5$ die Werte $r, s$ und $t$ zuordnen, ergibt sich die allgemeine Lösung aus den Gleichungen

$$x_1 = -3r - 4s - 2t, \quad x_2 = r, \quad x_3 = -2s, \quad x_4 = s, \quad x_5 = t, \quad x_6 = \tfrac{1}{3}.$$

## Rückwärtssubstitution

**Beispiel 4** Es ist zuweilen günstiger, die erweiterte Matrix mittels Gauß-Elimination auf Zeilenstufenform zu bringen, ohne das gesamte Verfahren bis zur reduzierten Zeilenstufenform durchzuführen. Das Gleichungssystem, das man dabei erhält, kann dann durch sogenannte ***Rückwärtssubstitution*** gelöst werden. Wir veranschaulichen dieses Verfahren an dem in Beispiel 3 gegebenen Gleichungssystem. Mit den oben durchgeführten Rechnungen ergibt sich die erweiterte Matrix in Zeilenstufenform zu

$$\begin{bmatrix} 1 & 3 & -2 & 0 & 2 & 0 & 0 \\ 0 & 0 & 1 & 2 & 0 & 3 & 1 \\ 0 & 0 & 0 & 0 & 0 & 1 & \frac{1}{3} \\ 0 & 0 & 0 & 0 & 0 & 0 & 0 \end{bmatrix}.$$

Um das dazu gehörende Gleichungssystem

$$\begin{aligned} x_1 + 3x_2 - 2x_3 \qquad + 2x_5 \qquad &= 0 \\ x_3 + 2x_4 \qquad + 3x_6 &= 1 \\ x_6 &= \tfrac{1}{3} \end{aligned}$$

zu lösen, gehen wir folgendermaßen vor:

**Schritt 1.** Auflösen der Gleichungen nach den führenden Variablen.

$$\begin{aligned} x_1 &= -3x_2 + 2x_3 - 2x_5 \\ x_3 &= 1 - 2x_4 - 3x_6 \\ x_6 &= \tfrac{1}{3}. \end{aligned}$$

**Schritt 2.** Von der letzten Gleichung nach oben fortschreitend wird jede Gleichung in die übrigen eingesetzt.

Durch Einsetzen von $x_6 = \frac{1}{3}$ in die zweite Gleichung erhalten wir

$$\begin{aligned} x_1 &= -3x_2 + 2x_3 - 2x_5 \\ x_3 &= -2x_4 \\ x_6 &= \tfrac{1}{3}. \end{aligned}$$

Einsetzen von $x_3 = -2x_4$ in die erste Gleichung liefert

$$\begin{aligned} x_1 &= -3x_2 - 4x_4 - 2x_5 \\ x_3 &= -2x_4 \\ x_6 &= \tfrac{1}{3}. \end{aligned}$$

**Schritt 3.** Falls freie Variable vorkommen, werden ihnen beliebige Werte zugewiesen.

Wir identifizieren $x_2, x_4$ und $x_5$ mit $r, s$ und $t$ und erhalten dadurch die allgemeine Lösung

$$x_1 = -3r - 4s - 2t, \quad x_2 = r, \quad x_3 = -2s, \quad x_4 = s, \quad x_5 = t, \quad x_6 = \tfrac{1}{3}.$$

Dieses Ergebnis hatten wir bereits in Beispiel 3 erhalten.

**Bemerkung.** Die beliebigen Werte, die den freien Variablen zugewiesen werden, nennt man auch ***Parameter***. Wir werden sie im allgemeinen mit den Buchstaben $r, s, t, \ldots$ bezeichnen, allerdings kann jeder Buchstabe, der nicht schon als Variablenname vergeben ist, verwendet werden.

**Beispiel 5** Man löse

$$\begin{aligned} x + \phantom{4}y + 2z &= 9 \\ 2x + 4y - 3z &= 1 \\ 3x + 6y - 5z &= 0 \end{aligned}$$

durch Gauß-Elimination und Rückwärtssubstitution.

*Lösung.* Es handelt sich hier um das bereits in Abschnitt 1.1, Beispiel 3, betrachtete System. Wie dort läßt sich die erweiterte Matrix

$$\begin{bmatrix} 1 & 1 & 2 & 9 \\ 2 & 4 & -3 & 1 \\ 3 & 6 & -5 & 0 \end{bmatrix}$$

in die Zeilenstufenform

$$\begin{bmatrix} 1 & 1 & 2 & 9 \\ 0 & 1 & -\frac{7}{2} & -\frac{17}{2} \\ 0 & 0 & 1 & 3 \end{bmatrix}$$

bringen. Das zugehörige Gleichungssystem

$$\begin{aligned} x + y + 2z &= 9 \\ y - \tfrac{7}{2}z &= -\tfrac{17}{2} \\ z &= 3 \end{aligned}$$

wird nach den führenden Variablen aufgelöst.

$$\begin{aligned} x &= 9 - y - 2z \\ y &= -\tfrac{17}{2} + \tfrac{7}{2}z \\ z &= 3 \end{aligned}$$

Durch Einsetzen der letzten Gleichung in die anderen ergibt sich

$$\begin{aligned} x &= 3 - y \\ y &= 2 \\ z &= 3. \end{aligned}$$

Einsetzen der zweiten Gleichung in die erste führt schließlich zu

$$\begin{aligned} x &= 1 \\ y &= 2 \\ z &= 3. \end{aligned}$$

Dasselbe Ergebnis haben wir auch durch Gauß-Jordan-Elimination erhalten.

## Homogene lineare Gleichungssysteme

Ein lineares Gleichungssystem heißt ***homogen***, wenn alle konstanten Terme gleich null sind. Es hat also die allgemeine Form

$$\begin{array}{ccccccccc} a_{11}x_1 & + & a_{12}x_2 & + & \cdots & + & a_{1n}x_n & = & 0 \\ a_{21}x_1 & + & a_{22}x_2 & + & \cdots & + & a_{2n}x_n & = & 0 \\ \vdots & & \vdots & & & & \vdots & & \vdots \\ a_{m1}x_1 & + & a_{m2}x_2 & + & \cdots & + & a_{mn}x_n & = & 0. \end{array}$$

Ein homogenes Gleichungssystem ist konsistent, da es immer die Lösung $x_1 = x_2 = \ldots = x_n = 0$ hat. Diese Lösung heißt ***triviale Lösung***; gibt es darüber hinaus weitere Lösungen, so werden sie als ***nichttrivial*** bezeichnet.

Da jedes homogene System trivial lösbar ist, muß genau eine der folgenden Aussagen wahr sein:

- Das System hat nur die triviale Lösung.
- Das System hat, zusätzlich zur trivialen Lösung, unendlich viele nichttriviale Lösungen.

Betrachten wir speziell ein homogenes System von zwei Gleichungen mit zwei Unbekannten,

$$\begin{array}{lll} a_1x + b_1y = 0 & a_1 \neq 0 \quad \text{oder} & b_1 \neq 0 \\ a_2x + b_2y = 0 & a_2 \neq 0 \quad \text{oder} & b_2 \neq 0, \end{array}$$

so liefern die Gleichungen zwei Geraden durch den Ursprung; die triviale Lösung entspricht ihrem Schnittpunkt (Abbildung 1.3).

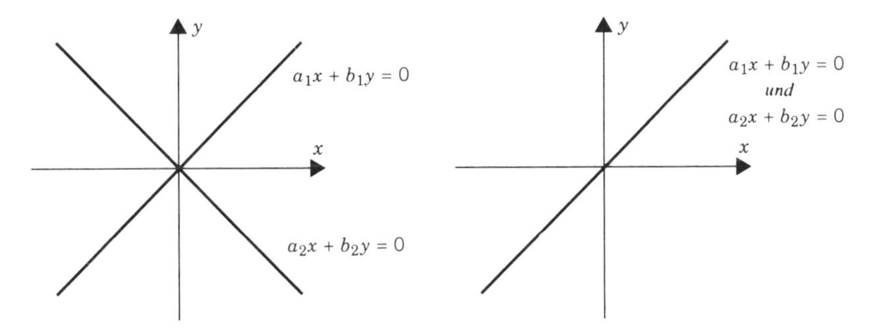


**Abb. 1.3**

Sobald ein homogenes System mehr Unbekannte als Gleichungen hat, besitzt es nichttriviale Lösungen. Um das einzusehen, betrachten wir ein System von vier Gleichungen mit fünf Unbekannten.

**Beispiel 6** Man löse das folgende homogene System durch Gauß-Jordan-Elimination.

$$\begin{aligned} 2x_1 + 2x_2 - x_3 \qquad\quad + x_5 &= 0 \\ -x_1 - x_2 + 2x_3 - 3x_4 + x_5 &= 0 \\ x_1 + x_2 - 2x_3 \qquad\quad - x_5 &= 0 \\ x_3 + x_4 + x_5 &= 0. \end{aligned} \tag{1}$$

*Lösung.* Die erweiterte Matrix des Systems ist

$$\begin{bmatrix} 2 & 2 & -1 & 0 & 1 & 0 \\ -1 & -1 & 2 & -3 & 1 & 0 \\ 1 & 1 & -2 & 0 & -1 & 0 \\ 0 & 0 & 1 & 1 & 1 & 0 \end{bmatrix}.$$

Durch Transformation auf die reduzierte Zeilenstufenform erhalten wir

$$\begin{bmatrix} 1 & 1 & 0 & 0 & 1 & 0 \\ 0 & 0 & 1 & 0 & 1 & 0 \\ 0 & 0 & 0 & 1 & 0 & 0 \\ 0 & 0 & 0 & 0 & 0 & 0 \end{bmatrix}$$

und als zugehöriges Gleichungssystem

$$\begin{aligned} x_1 + x_2 \qquad\quad + x_5 &= 0 \\ x_3 \quad + x_5 &= 0 \\ x_4 \qquad &= 0. \end{aligned} \tag{2}$$

Auflösen nach den führenden Variablen liefert

$$\begin{aligned} x_1 &= -x_2 - x_5 \\ x_3 &= -x_5 \\ x_4 &= 0, \end{aligned}$$

so daß wir die allgemeine Lösung

$$x_1 = -s - t, \quad x_2 = s, \quad x_3 = -t, \quad x_4 = 0, \quad x_5 = t$$

erhalten. Man beachte, daß $s = t = 0$ die triviale Lösung ergibt.

Beispiel 6 veranschaulicht zwei wichtige Aspekte beim Lösen homogener Gleichungssysteme. Erstens verändert keine der elementaren Zeilenumformungen die letzte Spalte der erweiterten Matrix, welche nur Nullen enthält. Daher muß das System, das der auf reduzierte Zeilenstufenform gebrachten erweiterten Matrix entspricht, homogen sein [siehe (2)]. Zweitens hat das reduzierte System höchstens soviele Gleichungen wie das urspüngliche, je nachdem, ob die reduzierte Zeilenstufenmatrix Nullzeilen enthält [siehe (1) und (2)]. Hat also das gegebene homogene System $m$ Gleichungen mit $n$ Unbekannten, wobei $m < n$, und die reduzierte Zeilenstufenform der erweiterten Matrix $r$ nichtverschwindende Zeilen, so ist $r < n$. Das Gleichungssystem, das dieser Matrix entspricht, hat folglich die Gestalt

$$\begin{array}{llr} \cdots x_{k_1} & + \sum(\ ) = 0 & \\ \quad \cdots x_{k_2} & + \sum(\ ) = 0 & \\ \qquad \ddots & \quad \vdots & (3) \\ \qquad\quad x_{kr} & + \sum(\ ) = 0, & \end{array}$$

wobei $x_{k_1}, \ldots, x_{k_r}$ die führenden Variablen sind und $\sum(\ )$ (möglicherweise unterschiedliche) Summen in den $n - r$ freien Variablen bezeichnet [vergleiche (2) und (3)]. Auflösen nach den führenden Variablen liefert

$$\begin{aligned} x_{k1} &= -\sum(\ ) \\ x_{k2} &= -\sum(\ ) \\ &\vdots \\ x_{k_r} &= -\sum(\ ). \end{aligned}$$

Wie in Beispiel 6 identifizieren wir die freien Variablen auf der rechten Seite mit beliebigen Werten und erhalten dadurch unendlich viele Lösungen des Systems. Zusammenfassend ergibt sich der folgende Satz:

**Satz 1.2.1.** *Ein homogenes lineares Gleichungssystem, das mehr Unbekannte als Gleichungen enthält, hat unendlich viele Lösungen.*

**Bemerkung.** Man beachte, daß sich Satz 1.2.1 nur auf homogene Systeme bezieht. Ein nichthomogenes System mit mehr Unbekannten als Gleichungen kann inkonsistent sein (siehe Übung 34). Wir werden allerdings später zeigen, daß ein derartiges inhomogenes System unendlich viele Lösungen hat, sofern es konsistent ist.

## Lösen linearer Systeme mit Computern

Viele Anwendungen führen zu sehr großen linearen Systemen, die mit Computern gelöst werden müssen. Die dazu verwendeten Algorithmen basieren meistens auf Gauß- oder Gauß-Jordan-Elimination, deren Struktur leicht modifiziert wird, um folgenden Aspekten Rechnung zu tragen:

- Vermeiden von Rundungsfehlern,
- Reduzieren des benötigten Speicherplatzes,
- Erhöhung der Rechengeschwindigkeit.

Wir werden uns in Kapitel 9 eingehender mit diesem Thema befassen. Es kann allerdings auch schon zum jetzigen Zeitpunkt empfehlenswert sein, sich mit Abänderungen der Eliminationsverfahren zu beschäftigen. So liefern unsere Rechnungen viele Brüche, die sich in manchem Fall durch geeignete Abwandlungen der Zeilenumformungen vermeiden lassen. Der Leser kann sich, nachdem er mit der grundlegenden Eliminationsmethode vertraut ist, in Übung 18 mit den entsprechenden Techniken auseinandersetzen.

## Übungen zu 1.2

**1.** Welche der folgenden $3 \times 3$-Matrizen liegen in reduzierter Zeilenstufenform vor?

$$\text{a)} \begin{bmatrix} 1 & 0 & 0 \\ 0 & 1 & 0 \\ 0 & 0 & 1 \end{bmatrix} \quad \text{b)} \begin{bmatrix} 1 & 0 & 0 \\ 0 & 1 & 0 \\ 0 & 0 & 0 \end{bmatrix} \quad \text{c)} \begin{bmatrix} 0 & 1 & 0 \\ 0 & 0 & 1 \\ 0 & 0 & 0 \end{bmatrix} \quad \text{d)} \begin{bmatrix} 1 & 0 & 0 \\ 0 & 0 & 1 \\ 0 & 0 & 0 \end{bmatrix}$$

$$\text{e)} \begin{bmatrix} 1 & 0 & 0 \\ 0 & 0 & 0 \\ 0 & 0 & 1 \end{bmatrix} \quad \text{f)} \begin{bmatrix} 0 & 1 & 0 \\ 1 & 0 & 0 \\ 0 & 0 & 0 \end{bmatrix} \quad \text{g)} \begin{bmatrix} 1 & 1 & 0 \\ 0 & 1 & 0 \\ 0 & 0 & 0 \end{bmatrix} \quad \text{h)} \begin{bmatrix} 1 & 0 & 2 \\ 0 & 1 & 3 \\ 0 & 0 & 0 \end{bmatrix}$$

$$\text{i)} \begin{bmatrix} 0 & 0 & 1 \\ 0 & 0 & 0 \\ 0 & 0 & 0 \end{bmatrix} \quad \text{j)} \begin{bmatrix} 0 & 0 & 0 \\ 0 & 0 & 0 \\ 0 & 0 & 0 \end{bmatrix}$$

**2.** Welche der folgenden 3 × 3-Matrizen haben Zeilenstufenform?

a) $\begin{bmatrix} 1 & 0 & 0 \\ 0 & 1 & 0 \\ 0 & 0 & 1 \end{bmatrix}$ b) $\begin{bmatrix} 1 & 2 & 0 \\ 0 & 1 & 0 \\ 0 & 0 & 0 \end{bmatrix}$ c) $\begin{bmatrix} 1 & 0 & 0 \\ 0 & 1 & 0 \\ 0 & 2 & 0 \end{bmatrix}$ d) $\begin{bmatrix} 1 & 3 & 4 \\ 0 & 0 & 0 \\ 0 & 0 & 0 \end{bmatrix}$

e) $\begin{bmatrix} 1 & 5 & -3 \\ 0 & 1 & 1 \\ 0 & 0 & 0 \end{bmatrix}$ f) $\begin{bmatrix} 1 & 2 & 3 \\ 0 & 0 & 0 \\ 0 & 0 & 1 \end{bmatrix}$

**3.** Man charakterisiere die Form der folgenden Matrizen:

a) $\begin{bmatrix} 1 & 2 & 0 & 3 & 0 \\ 0 & 0 & 1 & 1 & 0 \\ 0 & 0 & 0 & 0 & 1 \\ 0 & 0 & 0 & 0 & 0 \end{bmatrix}$ b) $\begin{bmatrix} 1 & 0 & 0 & 5 \\ 0 & 0 & 1 & 3 \\ 0 & 1 & 0 & 4 \end{bmatrix}$ c) $\begin{bmatrix} 1 & 0 & 3 & 1 \\ 0 & 1 & 2 & 4 \end{bmatrix}$

d) $\begin{bmatrix} 1 & -7 & 5 & 5 \\ 0 & 1 & 3 & 2 \end{bmatrix}$ e) $\begin{bmatrix} 1 & 3 & 0 & 2 & 0 \\ 1 & 0 & 2 & 2 & 0 \\ 0 & 0 & 0 & 0 & 1 \\ 0 & 0 & 0 & 0 & 0 \end{bmatrix}$ f) $\begin{bmatrix} 0 & 0 \\ 0 & 0 \\ 0 & 0 \end{bmatrix}$

**4.** Die folgenden Matrizen sind auf reduzierte Zeilenstufenform gebrachte erweiterte Matrizen von linearen Gleichungssystemen. Man löse das zugehörige System.

a) $\begin{bmatrix} 1 & 0 & 0 & -3 \\ 0 & 1 & 0 & 0 \\ 0 & 0 & 0 & 7 \end{bmatrix}$ b) $\begin{bmatrix} 1 & 0 & 0 & -7 & 8 \\ 0 & 1 & 0 & 3 & 2 \\ 0 & 0 & 1 & 1 & -5 \end{bmatrix}$

c) $\begin{bmatrix} 1 & -6 & 0 & 0 & 3 & -2 \\ 0 & 0 & 1 & 0 & 4 & 7 \\ 0 & 0 & 0 & 1 & 5 & 8 \\ 0 & 0 & 0 & 0 & 0 & 0 \end{bmatrix}$ d) $\begin{bmatrix} 1 & -3 & 0 & 0 \\ 0 & 0 & 1 & 0 \\ 0 & 0 & 0 & 1 \end{bmatrix}$

**5.** Man betrachte die folgenden auf Zeilenstufenform transformierten erweiterten Matrizen und löse die zugehörigen linearen Gleichungssysteme:

a) $\begin{bmatrix} 1 & -3 & 4 & 7 \\ 0 & 1 & 2 & 2 \\ 0 & 0 & 1 & 5 \end{bmatrix}$ b) $\begin{bmatrix} 1 & 0 & 8 & -5 & 6 \\ 0 & 1 & 4 & -9 & 3 \\ 0 & 0 & 1 & 1 & 2 \end{bmatrix}$

c) $\begin{bmatrix} 1 & 7 & -2 & 0 & -8 & -3 \\ 0 & 0 & 1 & 1 & 6 & 5 \\ 0 & 0 & 0 & 1 & 3 & 9 \\ 0 & 0 & 0 & 0 & 0 & 0 \end{bmatrix}$ d) $\begin{bmatrix} 1 & -3 & 7 & 1 \\ 0 & 1 & 4 & 0 \\ 0 & 0 & 0 & 1 \end{bmatrix}$

**6.** Man löse die folgenden Gleichungssysteme durch Gauß-Jordan-Elimination:

a) $$\begin{aligned} x_1 + x_2 + 2x_3 &= 8 \\ -x_1 - 2x_2 + 3x_3 &= 1 \\ 3x_1 - 7x_2 + 4x_3 &= 10 \end{aligned}$$

b) $$\begin{aligned} 2x_1 + 2x_2 + 2x_3 &= 0 \\ -2x_1 + 5x_2 + 2x_3 &= 1 \\ 8x_1 + x_2 + 4x_3 &= -1 \end{aligned}$$

c) $$\begin{aligned} x - y + 2z - w &= -1 \\ 2x + y - 2z - 2w &= -2 \\ -x + 2y - 4z + w &= 1 \\ 3x - 3w &= -3 \end{aligned}$$

d) $$\begin{aligned} -2b + 3c &= 1 \\ 3a + 6b - 3c &= -2 \\ 6a + 6b + 3c &= 5 \end{aligned}$$

**7.** Man löse die Systeme aus Aufgabe 6 durch Gauß-Elimination.

**8.** Man löse die folgenden Gleichungssysteme durch Gauß-Jordan-Elimination:

a) $$\begin{aligned} 2x_1 - 3x_2 &= -2 \\ 2x_1 + x_2 &= 1 \\ 3x_1 + 2x_2 &= 1 \end{aligned}$$

b) $$\begin{aligned} 3x_1 + 2x_2 - x_3 &= -15 \\ 5x_1 + 3x_2 + 2x_3 &= 0 \\ 3x_1 + x_2 + 3x_3 &= 11 \\ -6x_1 - 4x_2 + 2x_3 &= 30 \end{aligned}$$

c) $$\begin{aligned} 4x_1 - 8x_2 &= 12 \\ 3x_1 - 6x_2 &= 9 \\ -2x_1 + 4x_2 &= -6 \end{aligned}$$

d) $$\begin{aligned} 10y - 4z + w &= 1 \\ x + 4y - z + w &= 2 \\ 3x + 2y + z + 2w &= 5 \\ -2x - 8y + 2z - 2w &= -4 \\ x - 6y + 3z &= 1 \end{aligned}$$

**9.** Man löse die Systeme aus Aufgabe 8 durch Gauß-Elimination.

**10.** Man löse die folgenden Systeme durch Gauß-Jordan-Elimination:

a) $$\begin{aligned} 5x_1 - 2x_2 + 6x_3 &= 0 \\ -2x_1 + x_2 + 3x_3 &= 1 \end{aligned}$$

b) $$\begin{aligned} x_1 - 2x_2 + x_3 - 4x_4 &= 1 \\ x_1 + 3x_2 + 7x_3 + 2x_4 &= 2 \\ x_1 - 12x_2 - 11x_3 - 16x_4 &= 5 \end{aligned}$$

c) $$\begin{aligned} w + 2x - y &= 4 \\ x - y &= 3 \\ w + 3x - 2y &= 7 \\ 2u + 4v + w + 7x &= 7 \end{aligned}$$

**11.** Man löse die in Aufgabe 10 angegebenen Systeme durch Gauß-Elimination.

**12.** Man bestimme ohne explizite Rechnungen, welche der folgenden homogenen Systeme nichttriviale Lösungen haben.

a) $$\begin{aligned} 2x_1 - 3x_2 + 4x_3 - x_4 &= 0 \\ 7x_1 + x_2 - 8x_3 + 9x_4 &= 0 \\ 2x_1 + 8x_2 + x_3 - x_4 &= 0 \end{aligned}$$

b) $$\begin{aligned} x_1 + 3x_2 - x_3 &= 0 \\ x_2 - 8x_3 &= 0 \\ 4x_3 &= 0 \end{aligned}$$

c) $$\begin{aligned} a_{11}x_1 + a_{12}x_2 + a_{13}x_3 &= 0 \\ a_{21}x_1 + a_{22}x_2 + a_{23}x_3 &= 0 \end{aligned}$$

d) $$\begin{aligned} 3x_1 - 2x_2 &= 0 \\ 6x_1 - 4x_2 &= 0 \end{aligned}$$

**13.** Man löse die folgenden homogenen Gleichungssysteme:

a) $$\begin{aligned} 2x_1 + x_2 + 3x_3 &= 0 \\ x_1 + 2x_2 \phantom{+ 3x_3} &= 0 \\ x_2 + x_3 &= 0 \end{aligned}$$

b) $$\begin{aligned} 3x_1 + x_2 + x_3 + x_4 &= 0 \\ 5x_1 - x_2 + x_3 - x_4 &= 0 \end{aligned}$$

c) $$\begin{aligned} 2x + 2y + 4z &= 0 \\ w - y - 3z &= 0 \\ 2w + 3x + y + z &= 0 \\ -2w + x + 3y - 2z &= 0 \end{aligned}$$

**14.** Man löse die Systeme:

a) $$\begin{aligned} 2x - y - 3z &= 0 \\ -x + 2y - 3z &= 0 \\ x + y + 4z &= 0 \end{aligned}$$

b) $$\begin{aligned} v + 3w - 2x &= 0 \\ 2u + v - 4w + 3x &= 0 \\ 2u + 3v + 2w - x &= 0 \\ -4u - 3v + 5w - 4x &= 0 \end{aligned}$$

c) $$\begin{aligned} x_1 + 3x_2 \phantom{+ 2x_3} + x_4 &= 0 \\ x_1 + 4x_2 + 2x_3 \phantom{+ x_4} &= 0 \\ -2x_2 - 2x_3 - x_4 &= 0 \\ 2x_1 - 4x_2 + x_3 + x_4 &= 0 \\ x_1 - 2x_2 - x_3 + x_4 &= 0 \end{aligned}$$

**15.** Man löse die folgenden Systeme:

a) $$\begin{aligned} 2I_1 - I_2 + 3I_3 + 4I_4 &= 9 \\ I_1 - 2I_3 + 7I_4 &= 11 \\ 3I_1 - 3I_2 + I_3 + 5I_4 &= 8 \\ 2I_1 + I_2 + 4I_3 + 4I_4 &= 10 \end{aligned}$$

b) $$\begin{aligned} Z_3 + Z_4 + Z_5 &= 0 \\ -Z_1 - Z_2 + 2Z_3 - 3Z_4 + Z_5 &= 0 \\ Z_1 + Z_2 - 2Z_3 - Z_5 &= 0 \\ 2Z_1 + 2Z_2 - Z_3 + Z_5 &= 0 \end{aligned}$$

**16.** Man löse die folgenden Systeme, wobei $a, b$ und $c$ reelle Konstanten bezeichnen.

a)
$$\begin{aligned} 2x + \phantom{6}y &= a \\ 3x + 6y &= b \end{aligned}$$

b)
$$\begin{aligned} x_1 + x_2 + \phantom{2}x_3 &= a \\ 2x_1 \phantom{+ x_2} + 2x_3 &= b \\ 3x_2 + 3x_3 &= c \end{aligned}$$

**17.** Für welche Werte von $a$ hat das folgende System keine, genau eine oder unendlich viele Lösungen?

$$\begin{aligned} x + 2y - \phantom{(a^2 - 14)}3z &= 4 \\ 3x - y + \phantom{(a^2 - 14)}5z &= 2 \\ 4x + y + (a^2 - 14)z &= a + 2 \end{aligned}$$

**18.** Man transformiere

$$\begin{bmatrix} 2 & 1 & 3 \\ 0 & -2 & 7 \\ 3 & 4 & 5 \end{bmatrix}$$

auf reduzierte Zeilenstufenform, ohne Brüche zu erzeugen.

**19.** Man bestimme zwei unterschiedliche Zeilenstufenformen von

$$\begin{bmatrix} 1 & 3 \\ 2 & 7 \end{bmatrix}.$$

**20.** Man löse das folgende nichtlineare Gleichungssystem für die Unbekannten $\alpha, \beta$ und $\gamma$, wobei $0 \leq \alpha \leq 2\pi, 0 \leq \beta \leq 2\pi$ und $0 \leq \gamma < \pi$.

$$\begin{aligned} 2\sin\alpha - \phantom{2}\cos\beta + 3\tan\gamma &= 3 \\ 4\sin\alpha + 2\cos\beta - 2\tan\gamma &= 2 \\ 6\sin\alpha - 3\cos\beta + \phantom{3}\tan\gamma &= 9 \end{aligned}$$

**21.** Man löse das folgende nichtlineare Gleichungssystem nach $x, y$ und $z$ auf.

$$\begin{aligned} x^2 + y^2 + \phantom{2}z^2 &= 6 \\ x^2 - y^2 + 2z^2 &= 2 \\ 2x^2 + y^2 - \phantom{2}z^2 &= 3 \end{aligned}$$

**22.** Man zeige, daß das folgende nichtlineare System für $0 \leq \alpha \leq 2\pi, 0 \leq \beta \leq 2\pi$ und $0 \leq \gamma \leq 2\pi$ genau achtzehn Lösungen hat.

$$\begin{aligned} \sin\alpha + 2\cos\beta + 3\tan\gamma &= 0 \\ 2\sin\alpha + 5\cos\beta + 3\tan\gamma &= 0 \\ -\sin\alpha - 5\cos\beta + 5\tan\gamma &= 0 \end{aligned}$$

**23.** Für welche Werte von $\lambda$ hat das folgende Gleichungssystem nichttriviale Lösungen?

$$\begin{aligned}(\lambda-3)x+\qquad y&=0\\ x+(\lambda-3)y&=0\end{aligned}$$

**24.** Man betrachte das Gleichungssystem

$$\begin{aligned}ax+by&=0\\ cx+dy&=0\\ ex+fy&=0\end{aligned}$$

und untersuche die Lage der Geraden $ax+by=0, cx+dy=0$ und $ex+fy=0$ zueinander, wenn das System
a) nur die triviale Lösung, b) nichttriviale Lösungen besitzt.

**25.** Abbildung 1.4 zeigt den Graphen der kubischen Gleichung $y=ax^3+bx^2+cx+d$. Man bestimme die Koeffizienten $a, b, c$ und $d$.

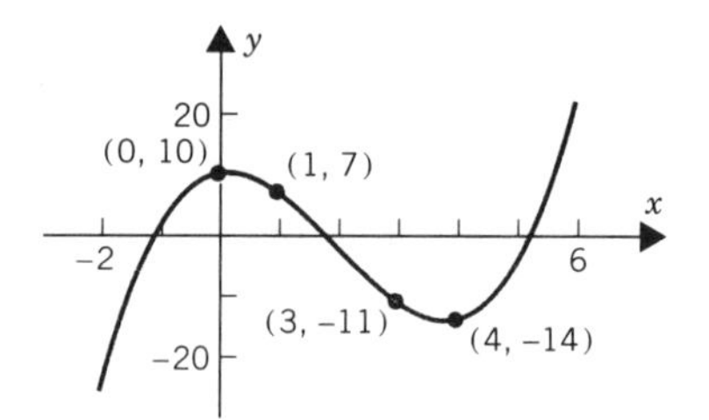


**Abb. 1.4**

**26.** Drei Punkte in der Ebene, die nicht auf einer Geraden liegen, bestimmen einen eindeutig festgelegten Kreis. Ein Kreis in der $xy$-Ebene wird durch eine Gleichung der Form

$$ax^2+ay^2+bx+cy+d=0$$

beschrieben. Man bestimme eine Gleichung für den Kreis in Abbildung 1.5.

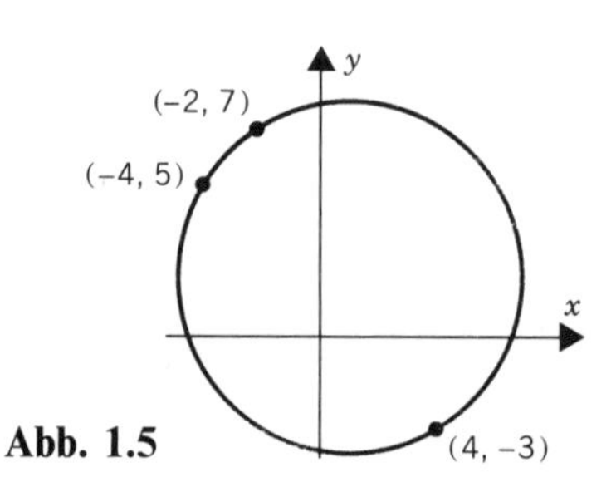


**Abb. 1.5**

**27.** Man beschreibe die reduzierte Zeilenstufenform von

$$\begin{bmatrix}a & b & c\\ d & e & f\\ g & h & i\end{bmatrix}.$$

**28.** Man zeige: Für $ad - bc \neq 0$ ergibt sich die reduzierte Zeilenstufenform von

$$\begin{bmatrix} a & b \\ c & d \end{bmatrix} \quad \text{zu} \quad \begin{bmatrix} 1 & 0 \\ 0 & 1 \end{bmatrix}.$$

**29.** Man zeige unter Verwendung von Aufgabe 28: Ist $ad - bc \neq 0$, so hat das Gleichungssystem

$$\begin{aligned} ax + by &= k \\ cx + dy &= l \end{aligned}$$

genau eine Lösung.

**30.** Man löse das System

$$\begin{aligned} 2x_1 - \phantom{2}x_2 \phantom{{}+x_3} &= \lambda x_1 \\ 2x_1 + \phantom{2}x_2 + x_3 &= \lambda x_2 \\ -2x_1 + 2x_2 + x_3 &= \lambda x_3 \end{aligned}$$

für a) $\lambda = 1$ b) $\lambda = 2$

nach $x_1, x_2$, und $x_3$ auf.

**31.** Man betrachte das Gleichungssystem

$$\begin{aligned} ax + by &= 0 \\ cx + dy &= 0. \end{aligned}$$

a) Man zeige: Mit $x = x_0, y = y_0$ ist für jede Konstante $k$ auch $x = kx_0, y = ky_0$ eine Lösung des Systems.
b) Man zeige: Sind $x = x_0, y = y_0$ und $x = x_1, y = y_1$ zwei Lösungen des Systems, so ist auch $x = x_0 + x_1, y = y_0 + y_1$ eine Lösung.

**32.** Man betrachte die Systeme

$$\text{I)}\ \begin{aligned} ax + by &= k \\ cx + dy &= l \end{aligned} \qquad \text{II)}\ \begin{aligned} ax + by &= 0 \\ cx + dy &= 0. \end{aligned}$$

a) Man zeige: Sind $x = x_1, y = y_1$ und $x = x_2, y = y_2$ Lösungen von I, so ist $x = x_1 - x_2, y = y_1 - y_2$ eine Lösung von II.
b) Man zeige: Ist $x = x_1, y = y_1$ eine Lösung von I und $x = x_0, y = y_0$ eine Lösung von II, so ist $x = x_1 + x_0, y = y_1 + y_0$ eine Lösung von I.

**33.** a) Man begründe, warum die führenden Variablen in (3) nicht als $x_1, x_2, \ldots, x_r$, sondern als $x_{k_1}, \ldots, x_{k_r}$ bezeichnet werden müssen.
b) Das Gleichungssystem (2) ist ein Spezialfall von (3). Man bestimme $r$, $x_{k_1}, \ldots, x_{k_r}$ und die in (3) mit $\sum()$ bezeichneten Summen.

**34.** Man gebe ein inkonsistentes lineares System an, das mehr Unbekannte als Gleichungen hat.

## 1.3 Matrizen und Matrixoperationen

*Rechteckige Anordnungen reeller Zahlen tauchen – außer als erweiterte Matrizen linearer Gleichungssysteme – in vielen Zusammenhängen auf. Wir werden sie hier als selbständige Objekte behandeln und einige Eigenschaften zusammenstellen, die uns später von Nutzen sein werden.*

### Matrizen – Schreibweisen und Begriffe

**Definition.** Eine *Matrix* ist ein rechteckiges Zahlenschema. Die Zahlen werden als Elemente der Matrix bezeichnet.

**Beispiel 1** Die folgenden Schemata sind Matrizen.

$$\begin{bmatrix} 1 & 2 \\ 3 & 0 \\ -1 & 4 \end{bmatrix}, \quad [2 \quad 1 \quad 0 \quad -3], \quad \begin{bmatrix} -\sqrt{2} & \pi & e \\ 3 & \frac{1}{2} & 0 \\ 0 & 0 & 0 \end{bmatrix}, \quad \begin{bmatrix} 1 \\ 3 \end{bmatrix}, \quad [4].$$

Das ***Format*** einer Matrix wird durch die Anzahl ihrer Zeilen (horizontale Reihen) und Spalten (vertikale Reihen) festgelegt. Die erste Matrix in Beispiel 1 hat drei Zeilen und zwei Spalten, ihre Größe beträgt also 3 mal 2, wofür wir $3 \times 2$ schreiben. Die erste Zahl gibt stets die Anzahl der Zeilen, die zweite die Anzahl der Spalten an. Daher haben die übrigen Matrizen aus Beispiel 1 die Größen $1 \times 4$, $3 \times 3$, $2 \times 1$ und $1 \times 1$. Besteht eine Matrix aus einer einzigen Spalte, so heißt sie ***Spaltenmatrix*** oder ***Spaltenvektor***; analog wird eine Matrix mit nur einer Zeile als ***Zeilenmatrix*** oder ***Zeilenvektor*** bezeichnet. So ist die $2 \times 1$-Matrix in Beispiel 1 eine Spaltenmatrix und die $1 \times 4$-Matrix eine Zeilenmatrix. Die $1 \times 1$-Matrix ist sowohl Zeilen- als auch Spaltenmatrix. (Auf die genaue Bedeutung des Begriffs *Vektor* werden wir später eingehen.)

**Bemerkung.** Es ist üblich, $1 \times 1$-Matrizen ohne Klammern zu schreiben, wir werden also 4 statt [4] schreiben. Es ist zwar nicht zu unterscheiden, ob 4 die Zahl „vier" oder die $1 \times 1$-Matrix mit dem Element „vier" bezeichnet, aber das führt selten zu ernsthaften Problemen, wenn man den Kontext beachtet, in dem das Symbol auftaucht.

Wir bezeichnen Matrizen mit Großbuchstaben und numerische Größen mit Kleinbuchstaben; beispielsweise schreiben wir

$$A = \begin{bmatrix} 2 & 1 & 7 \\ 3 & 4 & 2 \end{bmatrix} \quad \text{oder} \quad C = \begin{bmatrix} a & b & c \\ d & e & f \end{bmatrix}.$$

Im Zusammenhang mit Matrizen bezeichnet man Zahlen meistens als ***Skalare.*** Bis zum Kapitel 10 werden wir als Skalare *ausschließlich reelle Zahlen* zulassen, dort werden wir komplexe Skalare behandeln.

Ist $A$ eine Matrix, so bezeichnet $a_{ij}$ das Element in der $i$-ten Zeile und $j$-ten Spalte von $A$. Eine $3 \times 4$-Matrix wird allgemein durch

$$A = \begin{bmatrix} a_{11} & a_{12} & a_{13} & a_{14} \\ a_{21} & a_{22} & a_{23} & a_{24} \\ a_{31} & a_{32} & a_{33} & a_{34} \end{bmatrix}$$

beschrieben, eine $m \times n$-Matrix schreiben wir allgemein als

$$A = \begin{bmatrix} a_{11} & a_{12} & \cdots & a_{1n} \\ a_{21} & a_{22} & \cdots & a_{2n} \\ \vdots & \vdots & & \vdots \\ a_{m1} & a_{m2} & \cdots & a_{mn} \end{bmatrix}, \tag{1}$$

wofür wir auch die Schreibweisen

$$[a_{ij}]_{m \times n} \quad \text{oder} \quad [a_{ij}]$$

benutzen, je nachdem, ob die Größe der Matrix gerade von Interesse ist. Üblicherweise benutzen wir den gleichen Buchstaben für eine Matrix und ihre Elemente. So bezeichnet $b_{ij}$ das Element in Zeile $i$ und Spalte $j$ einer Matrix $B$, $c_{ij}$ das entsprechende Element von $C$.

Zuweilen schreiben wir das Element in der $i$-ten Zeile und $j$-ten Spalte von $A$ als $(A)_{ij}$, also

$$(A)_{ij} = a_{ij}$$

für die in (1) beschriebene Matrix. Ist speziell

$$A = \begin{bmatrix} 2 & -3 \\ 7 & 0 \end{bmatrix},$$

so sind $(A)_{11} = 2, (A)_{12} = -3, (A)_{21} = 7$ und $(A)_{22} = 0$.

Zeilen- und Spaltenmatrizen spielen eine besondere Rolle, sie werden oft mit fettgedruckten Kleinbuchstaben bezeichnet. Da es nicht notwendig ist, ihre Elemente doppelt zu indexieren, können wir die $1 \times n$-Zeilenmatrix $\mathbf{a}$ und die $m \times 1$-Spaltenmatrix $\mathbf{b}$ als

$$\mathbf{a} = [a_1 \quad a_2 \cdots a_n] \quad \text{und} \quad \mathbf{b} = \begin{bmatrix} b_1 \\ b_2 \\ \vdots \\ b_m \end{bmatrix}$$

schreiben.

Eine Matrix $A$ mit $n$ Zeilen und $n$ Spalten heißt ***quadratische Matrix der Ordnung n***, die Elemente $a_{11}, a_{22}, \ldots, a_{nn}$ bilden die ***Hauptdiagonale*** von $A$.

$$\begin{bmatrix} a_{11} & a_{12} & \cdots & a_{1n} \\ a_{21} & a_{22} & \cdots & a_{2n} \\ \vdots & \vdots & & \vdots \\ a_{n1} & a_{n2} & \cdots & a_{nn} \end{bmatrix}$$

**Abb. 1.6**

## Matrixoperationen

Bisher haben wir Matrizen nur verwendet, um das Lösen linearer Gleichungssysteme abzukürzen. Für andere Anwendungen ist es sinnvoll, über eine „Matrixarithmetik" zu verfügen, welche die Addition, Subtraktion und Multiplikation von Matrizen beschreibt. Diese Operationen werden wir im folgenden entwickeln.

**Definition.** Zwei Matrizen sind ***gleich***, wenn sie dieselbe Größe haben und die einander entsprechenden Elemente übereinstimmen.

Mit der oben eingeführten Schreibweise bedeutet das: Haben $A = [a_{ij}]$ und $B = [b_{ij}]$ dieselbe Größe, so gilt genau dann $A = B$, wenn für alle $i$ und $j$ $(A)_{ij} = (B)_{ij}$ beziehungsweise $a_{ij} = b_{ij}$ gilt.

**Beispiel 2** Man betrachte die Matrizen

$$A = \begin{bmatrix} 2 & 1 \\ 3 & x \end{bmatrix} \quad B = \begin{bmatrix} 2 & 1 \\ 3 & 5 \end{bmatrix} \quad C = \begin{bmatrix} 2 & 1 & 0 \\ 3 & 4 & 0 \end{bmatrix}.$$

Die einander entsprechenden Elemente von $A$ und $B$ stimmen genau für $x = 5$ überein, nur in diesem Fall ist $A = B$. Da $A$ und $C$ von unterschiedlichem Format sind, ist unabhängig von $x$ immer $A \neq C$.

**Definition.** Sind $A$ und $B$ zwei Matrizen gleichen Formats, so ist ihre ***Summe*** $A + B$ diejenige Matrix, die durch Addition der einander entsprechenden Elemente entsteht; die ***Differenz*** $A - B$ erhält man durch Subtraktion der Elemente in $B$ von den entsprechenden Elementen in $A$. Matrizen unterschiedlichen Formates können nicht addiert oder subtrahiert werden.

Damit ergibt sich für die $m \times n$-Matrizen $A = [a_{ij}]$ und $B = [b_{ij}]$

$$(A + B)_{ij} = (A)_{ij} + (B)_{ij} = a_{ij} + b_{ij} \quad \text{und} \quad (A - B)_{ij} = (A)_{ij} - (B)_{ij} = a_{ij} - b_{ij}.$$

**Beispiel 3** Mit

$$A = \begin{bmatrix} 2 & 1 & 0 & 3 \\ -1 & 0 & 2 & 4 \\ 4 & -2 & 7 & 0 \end{bmatrix} \quad B = \begin{bmatrix} -4 & 3 & 5 & 1 \\ 2 & 2 & 0 & -1 \\ 3 & 2 & -4 & 5 \end{bmatrix} \quad C = \begin{bmatrix} 1 & 1 \\ 2 & 2 \end{bmatrix}$$

ergeben sich

$$A + B = \begin{bmatrix} -2 & 4 & 5 & 4 \\ 1 & 2 & 2 & 3 \\ 7 & 0 & 3 & 5 \end{bmatrix} \quad \text{und} \quad A - B = \begin{bmatrix} 6 & -2 & -5 & 2 \\ -3 & -2 & 2 & 5 \\ 1 & -4 & 11 & -5 \end{bmatrix},$$

während $A + C, B + C, A - C$ und $B - C$ nicht definiert sind.

**Definition.** Ist $A$ eine Matrix und $c$ ein Skalar, so ist das ***Produkt*** $cA$ die Matrix, die durch Multiplikation jedes Elements von $A$ mit der Zahl $c$ entsteht.

Für $A = [a_{ij}]$ ist also

$$(cA)_{ij} = c(A)_{ij} = ca_{ij}.$$

**Beispiel 4** Für die Matrizen

$$A = \begin{bmatrix} 2 & 3 & 4 \\ 1 & 3 & 1 \end{bmatrix} \quad B = \begin{bmatrix} 0 & 2 & 7 \\ -1 & 3 & -5 \end{bmatrix} \quad C = \begin{bmatrix} 9 & -6 & 3 \\ 3 & 0 & 12 \end{bmatrix}$$

sind

$$2A = \begin{bmatrix} 4 & 6 & 8 \\ 2 & 6 & 2 \end{bmatrix} \quad (-1)B = \begin{bmatrix} 0 & -2 & -7 \\ 1 & -3 & 5 \end{bmatrix} \quad \tfrac{1}{3}C = \begin{bmatrix} 3 & -2 & 1 \\ 1 & 0 & 4 \end{bmatrix}.$$

Allgemein schreibt man $-B$ für das Produkt $(-1)B$.

Für Matrizen $A_1, A_2, \ldots, A_n$ derselben Größe und Skalare $c_1, c_2, \ldots, c_n$ heißt der Ausdruck

$$c_1A_1 + c_2A_2 + \cdots + c_nA_n.$$

***Linearkombination*** von $A_1, A_2, \ldots, A_n$ mit den ***Koeffizienten*** $c_1, c_2, \ldots, c_n$. Für die Matrizen aus Beispiel 4 ist

$$\begin{aligned} 2A - B + \tfrac{1}{3}C &= 2A + (-1)B + \tfrac{1}{3}C \\ &= \begin{bmatrix} 4 & 6 & 8 \\ 2 & 6 & 2 \end{bmatrix} + \begin{bmatrix} 0 & -2 & -7 \\ 1 & -3 & 5 \end{bmatrix} + \begin{bmatrix} 3 & -2 & 1 \\ 1 & 0 & 4 \end{bmatrix} \\ &= \begin{bmatrix} 7 & 2 & 2 \\ 4 & 3 & 11 \end{bmatrix} \end{aligned}$$

eine Linearkombination von $A, B$ und $C$ mit den Koeffizienten $2, -1$ und $\frac{1}{3}$.

Wir haben bisher nur die Multiplikation einer Matrix mit einem Skalar definiert, aber nicht die Multiplikation zweier Matrizen. Da Matrizen addiert und subtrahiert werden, indem man die einander entsprechenden Elemente addiert und subtrahiert, ist es naheliegend, zwei Matrizen zu multiplizieren, indem man einfach die einander entsprechenden Elemente multipliziert. Es stellte sich jedoch heraus, daß diese Definition für die meisten Probleme nicht geeignet ist. Empirisch kamen die Mathematiker zu der folgenden Definition, die zwar weniger natürlich erscheint, aber sehr nützlich ist.

**Definition.** Ist $A$ eine $m \times r$-Matrix und $B$ eine $r \times n$-Matrix, so ist das ***Produkt*** $AB$ die folgendermaßen definierte $m \times n$-Matrix: Um das Element in Zeile $i$ und Spalte $j$ von $AB$ zu bestimmen, multipliziert man paarweise die Elemente der $i$-ten Zeile von $A$ und der $j$-ten Spalte von $B$ und addiert die entstehenden Produkte.

**Beispiel 5** Man betrachte die Matrizen

$$A = \begin{bmatrix} 1 & 2 & 4 \\ 2 & 6 & 0 \end{bmatrix} \quad B = \begin{bmatrix} 4 & 1 & 4 & 3 \\ 0 & -1 & 3 & 1 \\ 2 & 7 & 5 & 2 \end{bmatrix}.$$

$A$ ist eine $2 \times 3$-Matrix, $B$ eine $3 \times 4$-Matrix, also ist das Produkt $AB$ eine $2 \times 4$-Matrix. Um beispielsweise das Element in Zeile 2 und Spalte 3 zu berechnen, betrachten wir die zweite Zeile von $A$ und die dritte Spalte von $B$. Dann multiplizieren wir die einander entsprechenden Elemente und addieren diese Produkte. Folgende schematische Darstellung soll das veranschaulichen:

$$\begin{bmatrix} 1 & 2 & 4 \\ 2 & 6 & 0 \end{bmatrix} \begin{bmatrix} 4 & 1 & 4 & 3 \\ 0 & -1 & 3 & 1 \\ 2 & 7 & 5 & 2 \end{bmatrix} = \begin{bmatrix} \square & \square & \square & \square \\ \square & \square & \boxed{26} & \square \end{bmatrix}$$

$$(2 \cdot 4) + (6 \cdot 3) + (0 \cdot 5) = 26.$$

Das Element in der ersten Zeile und vierten Spalte des Produktes wird folgendermaßen berechnet.

$$\begin{bmatrix} 1 & 2 & 4 \\ 2 & 6 & 0 \end{bmatrix} \begin{bmatrix} 4 & 1 & 4 & 3 \\ 0 & -1 & 3 & 1 \\ 2 & 7 & 5 & 2 \end{bmatrix} = \begin{bmatrix} \square & \square & \square & \boxed{13} \\ \square & \square & \square & \square \end{bmatrix}$$

$$(1 \cdot 3) + (2 \cdot 1) + (4 \cdot 2) = 13.$$

Die restlichen Elemente ergeben sich durch die Rechnungen

$$
\begin{aligned}
(1\cdot 4)+(2\cdot 0)+(4\cdot 2) &= 12\\
(1\cdot 1)-(2\cdot 1)+(4\cdot 7) &= 27\\
(1\cdot 4)+(2\cdot 3)+(4\cdot 5) &= 30\\
(2\cdot 4)+(6\cdot 0)+(0\cdot 2) &= 8\\
(2\cdot 1)-(6\cdot 1)+(0\cdot 7) &= -4\\
(2\cdot 3)+(6\cdot 1)+(0\cdot 2) &= 12
\end{aligned}
\qquad
AB = \begin{bmatrix} 12 & 27 & 30 & 13\\ 8 & -4 & 26 & 12 \end{bmatrix}.
$$

Nach Definition der Matrixmultiplikation kann das Produkt $AB$ nur dann gebildet werden, wenn die Anzahl der Spalten des ersten Faktors $A$ mit der Zahl der Zeilen des zweiten Faktors $B$ übereinstimmt; andernfalls ist das Produkt nicht definiert. Ein bequemer Weg, festzustellen, ob ein Matrixprodukt definiert ist, besteht darin, die Größen der beiden Faktoren nebeneinander zu schreiben. Wenn die inneren Zahlen (wie in Abbildung 1.7) übereinstimmen, ist das Produkt definiert. Die äußeren Zahlen geben die Größe des Produktes an.

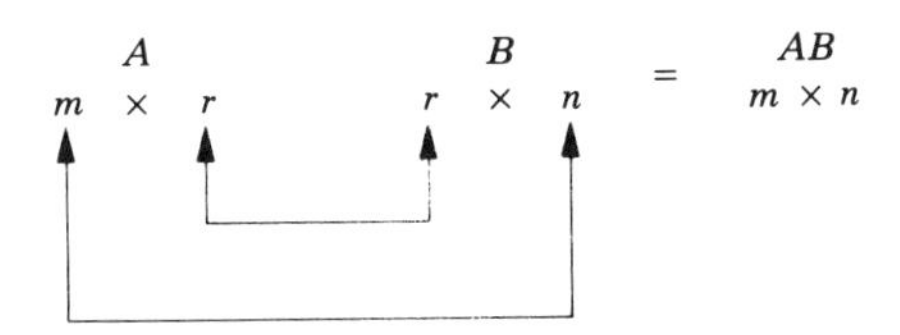


**Abb. 1.7**

**Beispiel 6** Gegeben seien Matrizen $A, B$ und $C$ der folgenden Formate

$$
\begin{array}{ccc} A & B & C\\ 3\times 4 & 4\times 7 & 7\times 3. \end{array}
$$

Dann ist $AB$ eine $3 \times 7$-Matrix, $CA$ eine $7 \times 4$-Matrix und $BC$ eine $4 \times 3$-Matrix. Die Produkte $AC, CB$ und $BA$ sind nicht definiert.

Ist $A = [a_{ij}]$ eine $m \times r$- und $B = [b_{ij}]$ eine $r \times n$-Matrix, so berechnet man das Element $(AB)_{ij}$ ihres Produkts nach der Formel

$$
(AB)_{ij} = a_{i1}b_{1j} + a_{i2}b_{2j} + a_{i3}b_{3j} + \cdots + a_{ir}b_{rj}. \tag{2}
$$

(Man beachte den eingefärbten Bereich in Abbildung 1.8)

$$
AB = \begin{bmatrix} a_{11} & a_{12} & \cdots & a_{1r}\\ a_{21} & a_{22} & \cdots & a_{2r}\\ \vdots & \vdots & & \vdots\\ a_{i1} & a_{i2} & \cdots & a_{ir}\\ \vdots & \vdots & & \vdots\\ a_{m1} & a_{m2} & \cdots & a_{mr} \end{bmatrix}
\begin{bmatrix} b_{11} & b_{12} & \cdots & b_{1j} & \cdots & b_{1n}\\ b_{21} & b_{22} & \cdots & b_{2j} & \cdots & b_{2n}\\ \vdots & \vdots & & \vdots & & \vdots\\ b_{r1} & b_{r2} & \cdots & b_{rj} & \cdots & b_{rn} \end{bmatrix}
$$

**Abb. 1.8**

## Partitionierte Matrizen

Durch Einfügen horizontaler und vertikaler Trennungslinien kann eine Matrix in kleinere Matrizen zerlegt oder ***partitioniert*** werden. Zur Veranschaulichung haben wir drei Partitionen einer $3 \times 4$-Matrix dargestellt – in die vier ***Untermatrizen*** $A_{11}, A_{12}, A_{21}$ und $A_{22}$, in ihre Zeilen $\mathbf{r}_1, \mathbf{r}_2$ und $\mathbf{r}_3$ sowie in ihre Spalten $\mathbf{c}_1, \mathbf{c}_2, \mathbf{c}_3$ und $\mathbf{c}_4$:

$$A = \left[\begin{array}{ccc|c} a_{11} & a_{12} & a_{13} & a_{14} \\ a_{21} & a_{22} & a_{23} & a_{24} \\ \hline a_{31} & a_{32} & a_{33} & a_{34} \end{array}\right] = \begin{bmatrix} A_{11} & A_{12} \\ A_{21} & A_{22} \end{bmatrix}$$

$$A = \left[\begin{array}{cccc} a_{11} & a_{12} & a_{13} & a_{14} \\ \hline a_{21} & a_{22} & a_{23} & a_{24} \\ \hline a_{31} & a_{32} & a_{33} & a_{34} \end{array}\right] = \begin{bmatrix} \mathbf{r}_1 \\ \mathbf{r}_2 \\ \mathbf{r}_3 \end{bmatrix}$$

$$A = \left[\begin{array}{c|c|c|c} a_{11} & a_{12} & a_{13} & a_{14} \\ a_{21} & a_{22} & a_{23} & a_{24} \\ a_{31} & a_{32} & a_{33} & a_{34} \end{array}\right] = [\mathbf{c}_1 \quad \mathbf{c}_2 \quad \mathbf{c}_3 \quad \mathbf{c}_4].$$

## Spalten- und zeilenweise Matrixmultiplikation

Die folgenden Formeln ermöglichen es, einzelne Zeilen oder Spalten eines Matrixproduktes $AB$ zu betrachten, ohne die gesamte Matrix zu berechnen. Die Beweise überlassen wir dem Leser.

$$j\text{-te Spalte von } AB = A[\, j\text{-te Spalte von } B] \tag{3}$$

$$i\text{-te Zeile von } AB = [i\text{-te Zeile von } A]B. \tag{4}$$

**Beispiel 7** Für $A$ und $B$ aus Beispiel 5 ergibt sich mit (3) als zweite Spalte von $AB$

$$\begin{bmatrix} 1 & 2 & 4 \\ 2 & 6 & 0 \end{bmatrix} \begin{bmatrix} 1 \\ -1 \\ 7 \end{bmatrix} = \begin{bmatrix} 27 \\ -4 \end{bmatrix}.$$

zweite Spalte von $B$

zweite Spalte von $AB$

Die erste Zeile von $AB$ ist nach (4)

$$[1 \quad 2 \quad 4] \begin{bmatrix} 4 & 1 & 4 & 3 \\ 0 & -1 & 3 & 1 \\ 2 & 7 & 5 & 2 \end{bmatrix} = [12 \quad 27 \quad 30 \quad 13].$$

erste Zeile von $A$

erste Zeile von $AB$

Sind $\mathbf{a}_1, \mathbf{a}_2, \ldots, \mathbf{a}_m$ die Zeilen von $A$ und $\mathbf{b}_1, \mathbf{b}_2, \ldots, \mathbf{b}_n$ die Spalten von $B$, so folgt aus (3) und (4)

$$AB = A[\mathbf{b}_1 \mid \mathbf{b}_2 \mid \cdots \mid \mathbf{b}_m] = [A\mathbf{b}_1 \mid A\mathbf{b}_2 \mid \cdots \mid A\mathbf{b}_n] \tag{5}$$

*spaltenweise Berechnung von AB*

$$AB = \begin{bmatrix} \mathbf{a}_1 \\ \mathbf{a}_2 \\ \vdots \\ \mathbf{a}_m \end{bmatrix} B = \begin{bmatrix} \mathbf{a}_1 B \\ \mathbf{a}_2 B \\ \vdots \\ \mathbf{a}_m B \end{bmatrix}. \tag{6}$$

*zeilenweise Berechnung von AB*

**Bemerkung.** Die Formeln (5) und (6) ergeben sich als Spezialfälle einer Multiplikationsvorschrift für partitionierte Matrizen (siehe Übungen 15–17).

## Matrixprodukte als Linearkombinationen

Durch Untersuchung der Zeilen und Spalten von Matrizen erhalten wir einen anderen Zugang zur Multiplikation. So ergibt sich aus

$$A = \begin{bmatrix} a_{11} & a_{12} & \cdots & a_{1n} \\ a_{21} & a_{22} & \cdots & a_{2n} \\ \vdots & \vdots & & \vdots \\ a_{m1} & a_{m2} & \cdots & a_{mn} \end{bmatrix} \quad \text{und} \quad \mathbf{x} = \begin{bmatrix} x_1 \\ x_2 \\ \vdots \\ x_n \end{bmatrix}$$

das Produkt

$$A\mathbf{x} = \begin{bmatrix} a_{11}x_1 + a_{12}x_2 + \cdots + a_{1n}x_n \\ a_{21}x_1 + a_{22}x_2 + \cdots + a_{2n}x_n \\ \vdots \qquad \vdots \qquad \vdots \\ a_{m1}x_1 + a_{m2}x_2 + \cdots + a_{mn}x_n \end{bmatrix}$$

$$= x_1 \begin{bmatrix} a_{11} \\ a_{21} \\ \vdots \\ a_{m1} \end{bmatrix} + x_2 \begin{bmatrix} a_{12} \\ a_{22} \\ \vdots \\ a_{m2} \end{bmatrix} + \cdots + x_n \begin{bmatrix} a_{1n} \\ a_{2n} \\ \vdots \\ a_{mn} \end{bmatrix}. \tag{7}$$

Das bedeutet, daß *das Produkt $A\mathbf{x}$ aus einer Matrix $A$ mit einer Spaltenmatrix* $\mathbf{x}$ *eine Linearkombination der Spalten von $A$ ist, deren Koeffizienten die Elemente von* $\mathbf{x}$ *sind.* Außerdem *ist das Produkt* $\mathbf{y}A$ *einer Zeilenmatrix* $\mathbf{y}$ *mit einer Matrix $A$ die Linearkombination der Zeilen von $A$ mit den Elementen von* $\mathbf{y}$ *als Koeffizienten.* Den Beweis überlassen wir dem Leser.

**Beispiel 8** Das Produkt

$$\begin{bmatrix} -1 & 3 & 2 \\ 1 & 2 & -3 \\ 2 & 1 & -2 \end{bmatrix} \begin{bmatrix} 2 \\ -1 \\ 3 \end{bmatrix} = \begin{bmatrix} 1 \\ -9 \\ -3 \end{bmatrix}$$

läßt sich schreiben als

$$2 \begin{bmatrix} -1 \\ 1 \\ 2 \end{bmatrix} - 1 \begin{bmatrix} 3 \\ 2 \\ 1 \end{bmatrix} + 3 \begin{bmatrix} 2 \\ -3 \\ -2 \end{bmatrix} = \begin{bmatrix} 1 \\ -9 \\ -3 \end{bmatrix}.$$

Das Matrixprodukt

$$[1 \quad -9 \quad -3] \begin{bmatrix} -1 & 3 & 2 \\ 1 & 2 & -3 \\ 2 & 1 & -2 \end{bmatrix} = [-16 \quad -18 \quad 35]$$

entspricht der Linearkombination

$$1[-1 \quad 3 \quad 2] - 9[1 \quad 2 \quad -3] - 3[2 \quad 1 \quad -2] = [-16 \quad -18 \quad 35].$$

Allgemein gilt: *Die j-te Spalte des Produkts AB ergibt sich als Linearkombination der Spalten von A, deren Koeffizienten die Elemente der j-ten Spalte von B sind.*

**Beispiel 9** Nach Beispiel 5 ist

$$AB = \begin{bmatrix} 1 & 2 & 4 \\ 2 & 6 & 0 \end{bmatrix} \begin{bmatrix} 4 & 1 & 4 & 3 \\ 0 & -1 & 3 & 1 \\ 2 & 7 & 5 & 2 \end{bmatrix} = \begin{bmatrix} 12 & 27 & 30 & 13 \\ 8 & -4 & 26 & 12 \end{bmatrix}.$$

Die Spalten von $AB$ sind Linearkombinationen der Spalten von $A$:

$$\begin{aligned} \begin{bmatrix} 12 \\ 8 \end{bmatrix} &= 4 \begin{bmatrix} 1 \\ 2 \end{bmatrix} + 0 \begin{bmatrix} 2 \\ 6 \end{bmatrix} + 2 \begin{bmatrix} 4 \\ 0 \end{bmatrix} \\ \begin{bmatrix} 27 \\ -4 \end{bmatrix} &= \begin{bmatrix} 1 \\ 2 \end{bmatrix} - \begin{bmatrix} 2 \\ 6 \end{bmatrix} + 7 \begin{bmatrix} 4 \\ 0 \end{bmatrix} \\ \begin{bmatrix} 30 \\ 26 \end{bmatrix} &= 4 \begin{bmatrix} 1 \\ 2 \end{bmatrix} + 3 \begin{bmatrix} 2 \\ 6 \end{bmatrix} + 5 \begin{bmatrix} 4 \\ 0 \end{bmatrix} \\ \begin{bmatrix} 13 \\ 12 \end{bmatrix} &= 3 \begin{bmatrix} 1 \\ 2 \end{bmatrix} + \begin{bmatrix} 2 \\ 6 \end{bmatrix} + 2 \begin{bmatrix} 4 \\ 0 \end{bmatrix}. \end{aligned}$$

## Matrixform eines linearen Systems

Um den Zusammenhang zwischen der Matrixmultiplikation und der Behandlung linearer Gleichungssysteme herzustellen, betrachten wir ein beliebiges System von $m$ linearen Gleichungen mit $n$ Unbekannten.

$$\begin{array}{ccccc} a_{11}x_1 + a_{12}x_2 + \cdots + & a_{1n}x_n & = & b_1 \\ a_{21}x_1 + a_{22}x_2 + \cdots + & a_{2n}x_n & = & b_2 \\ \vdots \quad\quad \vdots & \vdots & & \vdots \\ a_{m1}x_1 + a_{m2}x_2 + \cdots + & a_{mn}x_n & = & b_m. \end{array}$$

Da zwei Matrizen genau dann gleich sind, wenn ihre einander entsprechenden Elemente übereinstimmen, können wir die $m$ Gleichungen des Systems durch eine einzige Matrixgleichung ersetzen.

$$\begin{bmatrix} a_{11}x_1 + a_{12}x_2 + \cdots + a_{1n}x_n \\ a_{21}x_1 + a_{22}x_2 + \cdots + a_{2n}x_n \\ \vdots \quad\quad \vdots \quad\quad\quad \vdots \\ a_{m1}x_1 + a_{m2}x_2 + \cdots + a_{mn}x_n \end{bmatrix} = \begin{bmatrix} b_1 \\ b_2 \\ \vdots \\ b_m \end{bmatrix}.$$

Die $m \times 1$-Matrix auf der linken Seite kann auch als Produkt geschrieben werden, man erhält

$$\begin{bmatrix} a_{11} & a_{12} & \cdots & a_{1n} \\ a_{21} & a_{22} & \cdots & a_{2n} \\ \vdots & \vdots & & \vdots \\ a_{m1} & a_{m2} & \cdots & a_{mn} \end{bmatrix} \begin{bmatrix} x_1 \\ x_2 \\ \vdots \\ x_n \end{bmatrix} = \begin{bmatrix} b_1 \\ b_2 \\ \vdots \\ b_m \end{bmatrix}.$$

Wir bezeichnen diese Matrizen mit $A, \mathbf{x}$ und $\mathbf{b}$ und ersetzen das gegebene System von $m$ Gleichungen mit $n$ Unbekannten durch eine einzige Matrixgleichung

$$A\mathbf{x} = \mathbf{b}.$$

Die Matrix $A$ in Gleichung (1) heißt ***Koeffizientenmatrix*** des Systems. Die erweiterte Matrix ergibt sich durch Anfügen von $\mathbf{b}$ an $A$, also

$$[A \quad \mathbf{b}] = \begin{bmatrix} a_{11} & a_{12} & \cdots & a_{1n} & b_1 \\ a_{21} & a_{22} & \cdots & a_{2n} & b_2 \\ \vdots & \vdots & & \vdots & \vdots \\ a_{m1} & a_{m2} & \cdots & a_{mn} & b_m \end{bmatrix}.$$

## Transponierte Matrix

Wir beschließen den Abschnitt mit der Definition von zwei Matrixoperationen, die keine Analogien zur Arithmetik reeller Zahlen erlauben.

**Definition.** Ist $A$ eine $m \times n$-Matrix, so ergibt sich ihre ***Transponierte*** $A^T$ durch Vertauschen der Zeilen mit den Spalten von $A$ als die $n \times m$-Matrix, deren $i$-te Spalte für alle $i = 1, 2, \ldots, n$ die $i$-te Zeile von $A$ ist.

**Beispiel 10** Die folgenden Beispiele sind Matrizen mit ihren Transponierten.

$$A = \begin{bmatrix} a_{11} & a_{12} & a_{13} & a_{14} \\ a_{21} & a_{22} & a_{23} & a_{24} \\ a_{31} & a_{32} & a_{33} & a_{34} \end{bmatrix} \quad B = \begin{bmatrix} 2 & 3 \\ 1 & 4 \\ 5 & 6 \end{bmatrix} \quad C = [1 \quad 3 \quad 5] \quad D = [4]$$

$$A^T = \begin{bmatrix} a_{11} & a_{21} & a_{31} \\ a_{12} & a_{22} & a_{32} \\ a_{13} & a_{23} & a_{33} \\ a_{14} & a_{24} & a_{34} \end{bmatrix} \quad B^T = \begin{bmatrix} 2 & 1 & 5 \\ 3 & 4 & 6 \end{bmatrix} \quad C^T = \begin{bmatrix} 1 \\ 3 \\ 5 \end{bmatrix} \quad D^T = [4].$$

Man beachte, daß nicht nur die Spalten von $A^T$ die Zeilen von $A$ sind, sondern auch die Zeilen von $A^T$ gerade die Spalten von $A$ sind. Das Element der $i$-ten Zeile und $j$-ten Spalte von $A^T$ findet sich in der $j$-ten Zeile und $i$-ten Spalte von $A$:

$$(A^T)_{ij} = (A)_{ji}.$$

Man bemerke, daß nur die Indizes vertauscht wurden.

Die Transponierte einer quadratischen Matrix $A$ erhält man durch Vertauschen der Elemente, die symmetrisch zur Hauptdiagonalen liegen (Abbildung 1.9). Das entspricht einer „Spiegelung“ von $A$ an der Diagonalen.

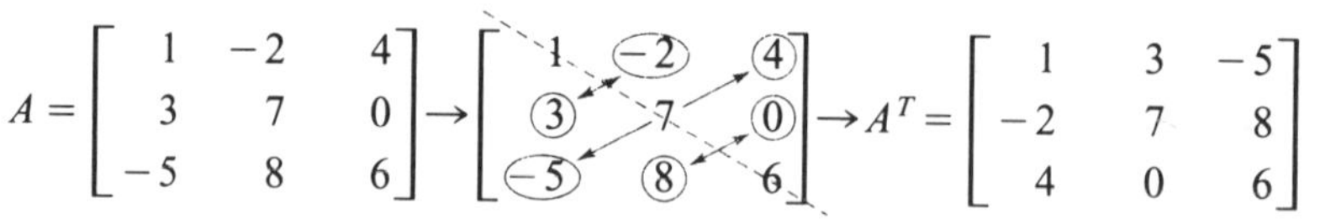

$$A = \begin{bmatrix} 1 & -2 & 4 \\ 3 & 7 & 0 \\ -5 & 8 & 6 \end{bmatrix} \rightarrow \begin{bmatrix} 1 & (-2) & (4) \\ (3) & 7 & (0) \\ (-5) & (8) & 6 \end{bmatrix} \rightarrow A^T = \begin{bmatrix} 1 & 3 & -5 \\ -2 & 7 & 8 \\ 4 & 0 & 6 \end{bmatrix}$$

Spiegelung der Elemente an der Hauptdiagonalen

**Abb. 1.9**

## Spur einer quadratischen Matrix

**Definition.** Ist $A$ eine quadratische Matrix, so erhält man die ***Spur von*** $A$, $\mathrm{sp}(A)$, als Summe der Hauptdiagonalelemente von $A$. Die Spur einer nichtquadratischen Matrix ist nicht definiert.

**Beispiel 11**

$$A = \begin{bmatrix} a_{11} & a_{12} & a_{13} \\ a_{21} & a_{22} & a_{23} \\ a_{31} & a_{32} & a_{33} \end{bmatrix} \quad B = \begin{bmatrix} -1 & 2 & 7 & 0 \\ 3 & 5 & -8 & 4 \\ 1 & 2 & 7 & -3 \\ 4 & -2 & 1 & 0 \end{bmatrix}$$

$$\mathrm{sp}(A) = a_{11} + a_{22} + a_{33} \qquad \mathrm{sp}(B) = -1 + 5 + 7 + 0 = 11.$$

## Übungen zu 1.3

**1.** Gegeben seien die Matrizen $A, B, C, D$ und $E$ der folgenden Größen:

| $A$ | $B$ | $C$ | $D$ | $E$ |
|---|---|---|---|---|
| $(4 \times 5)$ | $(4 \times 5)$ | $(5 \times 2)$ | $(4 \times 2)$ | $(5 \times 4)$ |

Man entscheide, welche der folgenden Matrizen definiert sind, und gebe die Größe der entsprechenden Matrix an.

a) $BA$ b) $AC + D$ c) $AE + B$ d) $AB + B$
e) $E(A + B)$ f) $E(AC)$ g) $E^T A$ h) $(A^T + E)D$

**2.** Man löse die folgende Matrixgleichung für $a, b, c$ und $d$.

$$\begin{bmatrix} a-b & b+c \\ 3d+c & 2a-4d \end{bmatrix} = \begin{bmatrix} 8 & 1 \\ 7 & 6 \end{bmatrix}$$

Man betrachte in den Aufgaben 3–6 die Matrizen

$$A = \begin{bmatrix} 3 & 0 \\ -1 & 2 \\ 1 & 1 \end{bmatrix}, \quad B = \begin{bmatrix} 4 & -1 \\ 0 & 2 \end{bmatrix}, \quad C = \begin{bmatrix} 1 & 4 & 2 \\ 3 & 1 & 5 \end{bmatrix},$$

$$D = \begin{bmatrix} 1 & 5 & 2 \\ -1 & 0 & 1 \\ 3 & 2 & 4 \end{bmatrix}, \quad E = \begin{bmatrix} 6 & 1 & 3 \\ -1 & 1 & 2 \\ 4 & 1 & 3 \end{bmatrix}$$

und berechne (falls möglich) die folgenden Ausdrücke:

**3.** a) $D + E$ b) $D - E$ c) $5A$ d) $-7C$
e) $2B - C$ f) $4E - 2D$ g) $-3(D + 2E)$ h) $A - A$
i) $\mathrm{sp}(D)$ j) $\mathrm{sp}(D - 3E)$ k) $4\mathrm{sp}(7B)$ l) $\mathrm{sp}(A)$

**4.** a) $2A^T + C$ b) $D^T - E^T$ c) $(D - E)^T$ d) $B^T + 5C^T$
e) $\frac{1}{2}C^T - \frac{1}{4}A$ f) $B - B^T$ g) $2E^T - 3D^T$ h) $(2E^T - 3D^T)^T$

**5.** a) $AB$ b) $BA$ c) $(3E)D$ d) $(AB)C$
e) $A(BC)$ f) $CC^T$ g) $(DA)^T$ h) $(C^T B)A^T$
i) $\mathrm{sp}(DD^T)$ j) $\mathrm{sp}(4E^T - D)$ k) $\mathrm{sp}(C^T A^T + 2E^T)$

**6.** a) $(2D^T - E)A$ b) $(4B)C + 2B$ c) $(-AC)^T + 5D^T$
d) $(BA^T - 2C)^T$ e) $B^T(CC^T - A^T A)$ f) $D^T E^T - (ED)^T$

**7.** Seien

$$A = \begin{bmatrix} 3 & -2 & 7 \\ 6 & 5 & 4 \\ 0 & 4 & 9 \end{bmatrix} \quad \text{und} \quad B = \begin{bmatrix} 6 & -2 & 4 \\ 0 & 1 & 3 \\ 7 & 7 & 5 \end{bmatrix}.$$

Man bestimme mit dem in Beispiel 7 gezeigten Verfahren

a) die erste Zeile von $AB$,
b) die dritte Zeile von $AB$,
c) die zweite Spalte von $AB$,
d) die erste Spalte von $BA$,
e) die dritte Zeile von $AA$,
f) die dritte Spalte von $AA$.

**8.** Seien $A$ und $B$ wie in Aufgabe 7 gegeben.

a) Man schreibe die Spalten von $AB$ als Linearkombination der Spalten von $A$.
b) Man schreibe die Spalten von $BA$ als Linearkombination der Spalten von $B$.

**9.** Seien

$$\mathbf{y} = [y_1 \quad y_2 \quad \cdots \quad y_m] \quad \text{und} \quad A = \begin{bmatrix} a_{11} & a_{12} & \cdots & a_{1n} \\ a_{21} & a_{22} & \cdots & a_{2n} \\ \vdots & \vdots & & \vdots \\ a_{m1} & a_{m2} & \cdots & a_{mn} \end{bmatrix}.$$

Man zeige, daß das Produkt $\mathbf{y}A$ eine Linearkombination der Zeilen von $A$ mit Koeffizienten aus $\mathbf{y}$ ist.

**10.** Seien $A$ und $B$ aus Aufgabe 7 gegeben.

a) Man schreibe die Zeilen von $AB$ als Linearkombination der Zeilen von $B$.
b) Man schreibe die Zeilen von $BA$ als Linearkombination der Zeilen von $A$.

**11.** Seien $C, D$ und $E$ wie in Aufgabe 3. Man bestimme $(C(DE))_{23}$ mit möglichst wenigen Rechenschritten.

**12.** a) Man zeige: Ist sowohl $AB$ als auch $BA$ definiert, so sind beide Produkte quadratisch.
b) Man zeige: Ist für eine $m \times n$-Matrix $A$ das Produkt $A(BA)$ definiert, so ist $B$ eine $n \times m$-Matrix.

**13.** Man bestimme jeweils Matrizen $A, \mathbf{x}$ und $\mathbf{b}$, so daß das vorliegende lineare Gleichungssystem als Matrixgleichung $A\mathbf{x} = \mathbf{b}$ geschrieben werden kann.

a)
$$\begin{aligned} 2x_1 - 3x_2 + 5x_3 &= 7 \\ 9x_1 - x_2 + x_3 &= -1 \\ x_1 + 5x_2 + 4x_3 &= 0 \end{aligned}$$

b)
$$\begin{aligned} 4x_1 \qquad - 3x_3 + x_4 &= 1 \\ 5x_1 + x_2 \qquad - 8x_4 &= 3 \\ 2x_1 - 5x_2 + 9x_3 - x_4 &= 0 \\ 3x_2 - x_3 + 7x_4 &= 2 \end{aligned}$$

**14.** Man schreibe die folgenden Matrixgleichungen als Gleichungssysteme.

a) $\begin{bmatrix} 3 & -1 & 2 \\ 4 & 3 & 7 \\ -2 & 1 & 5 \end{bmatrix} \begin{bmatrix} x_1 \\ x_2 \\ x_3 \end{bmatrix} = \begin{bmatrix} 2 \\ -1 \\ 4 \end{bmatrix}$ b) $\begin{bmatrix} 3 & -2 & 0 & 1 \\ 5 & 0 & 2 & -2 \\ 3 & 1 & 4 & 7 \\ -2 & 5 & 1 & 6 \end{bmatrix} \begin{bmatrix} w \\ x \\ y \\ z \end{bmatrix} = \begin{bmatrix} 0 \\ 0 \\ 0 \\ 0 \end{bmatrix}$

**15.** Sind die Matrizen $A$ und $B$ in Untermatrizen zerlegt,

$$A = \left[\begin{array}{c|c} A_{11} & A_{12} \\ \hline A_{21} & A_{22} \end{array}\right] \quad \text{und} \quad B = \left[\begin{array}{c|c} B_{11} & B_{12} \\ \hline B_{21} & B_{22} \end{array}\right],$$

so ergibt sich $AB$ als

$$AB = \left[\begin{array}{c|c} A_{11}B_{11} + A_{12}B_{21} & A_{11}B_{12} + A_{12}B_{22} \\ \hline A_{21}B_{11} + A_{22}B_{21} & A_{21}B_{12} + A_{22}B_{22} \end{array}\right]$$

unter der Voraussetzung, daß alle Untermatrizen die „passende" Größe haben. Diese Methode wird als ***Blockmultiplikation*** bezeichnet. Man berechne die folgenden Produkte durch Blockmultiplikation und überprüfe die Ergebnisse durch direkte Multiplikation.

a) $A = \left[\begin{array}{cc|cc} -1 & 2 & 1 & 5 \\ 0 & -3 & 4 & 2 \\ \hline 1 & 5 & 6 & 1 \end{array}\right] \quad B = \left[\begin{array}{cc|c} 2 & 1 & 4 \\ -3 & 5 & 2 \\ \hline 7 & -1 & 5 \\ 0 & 3 & -3 \end{array}\right]$

b) $A = \left[\begin{array}{ccc|c} -1 & 2 & 1 & 5 \\ \hline 0 & -3 & 4 & 2 \\ 1 & 5 & 6 & 1 \end{array}\right] \quad B = \left[\begin{array}{cc|c} 2 & 1 & 4 \\ -3 & 5 & 2 \\ 7 & -1 & 5 \\ \hline 0 & 3 & -3 \end{array}\right]$

**16.** Man berechne folgende Produkte durch Blockmultiplikation.

a) $\begin{bmatrix} 3 & -1 & 0 & -3 \\ 2 & 1 & 4 & 5 \end{bmatrix} \left[\begin{array}{ccc} 2 & -4 & 1 \\ 3 & 0 & 2 \\ 1 & -3 & 5 \\ \hline 2 & 1 & 4 \end{array}\right]$ b) $\left[\begin{array}{cc} 2 & -5 \\ 1 & 3 \\ 0 & 5 \\ \hline 1 & 4 \end{array}\right] \begin{bmatrix} 2 & -1 & 3 & -4 \\ 0 & 1 & 5 & 7 \end{bmatrix}$

c) $\left[\begin{array}{ccc|cc} 1 & 0 & 0 & 0 & 0 \\ 0 & 1 & 0 & 0 & 0 \\ 0 & 0 & 1 & 0 & 0 \\ \hline 0 & 0 & 0 & 2 & 0 \\ 0 & 0 & 0 & -1 & 2 \end{array}\right] \left[\begin{array}{cc} 3 & 3 \\ -1 & 4 \\ 1 & 5 \\ \hline 2 & -2 \\ 1 & 6 \end{array}\right]$

**17.** Man bestimme folgende Produkte durch Blockmultiplikation, sofern die angegebenen Partitionen das erlauben.

a) $A = \left[\begin{array}{ccc|c} -1 & 2 & 1 & 5 \\ 0 & -3 & 4 & 2 \\ \hline 1 & 5 & 6 & 1 \end{array}\right] \quad B = \left[\begin{array}{cc|c} 2 & 1 & 4 \\ -3 & 5 & 2 \\ \hline 7 & -1 & 5 \\ 0 & 3 & -3 \end{array}\right]$

b) $A = \left[\begin{array}{cccc} -1 & 2 & 1 & 5 \\ 0 & -3 & 4 & 2 \\ \hline 1 & 5 & 6 & 1 \end{array}\right] \quad B = \left[\begin{array}{c|c|c} 2 & 1 & 4 \\ -3 & 5 & 2 \\ 7 & -1 & 5 \\ 0 & 3 & -3 \end{array}\right]$

**18.** a) Man zeige: Wenn $A$ eine Nullzeile hat, hat auch das Produkt $AB$ eine Nullzeile (sofern es definiert ist).
b) Man formuliere und beweise ein analoges Ergebnis für die Spalten von $AB$.

**19.** Sei $A$ eine $m \times n$-Matrix. 0 bezeichne die $m \times n$-Matrix, die nur aus Nullen besteht. Man zeige: Ist $kA = 0$, so ist $k = 0$ oder $A = 0$.

**20.** Sei $I$ die $n \times n$-Matrix mit den Elementen

$$\begin{cases} 1 & \text{falls} \quad i = j \\ 0 & \text{falls} \quad i \neq j. \end{cases}$$

Man zeige, daß für jede $n \times n$-Matrix $A$ $AI = IA = A$ gilt.

**21.** Man finde jeweils eine $6 \times 6$-Matrix $[a_{ij}]$, die die angegebene Bedingung erfüllt, und verwende dabei für die nichtverschwindenden Elemente Buchstaben statt Zahlen, um ein allgemeines Ergebnis zu erhalten.

a) $a_{ij} = 0$ für $i \neq j$ b) $a_{ij} = 0$ für $i > j$

c) $a_{ij} = 0$ für $i < j$ d) $a_{ij} = 0$ für $|i - j| > 1$

**22.** Man bestimme eine $4 \times 4$-Matrix $A = [a_{ij}]$, die die gegebenen Bedingungen erfüllt.

a) $a_{ij} = i + j$ b) $a_{ij} = i^{j-1}$ c) $a_{ij} = \begin{cases} 1 & \text{für} \quad |i - j| > 1 \\ -1 & \text{für} \quad |i - j| \leq 1 \end{cases}$

**23.** Man zeige: Für eine $m \times n$-Matrix $A$ gilt

$$\operatorname{sp}(AA^T) = \operatorname{sp}(A^T A) = s,$$

wobei $s$ die Summe der Quadrate aller Elemente von $A$ ist.

**24.** Man zeige mit Aufgabe 23:

a) Ist $A$ eine $m \times n$-Matrix mit $AA^T = 0$ oder $A^T A = 0$, so folgt $A = 0$.
b) Ist $A$ eine $n \times n$-Matrix mit $A = A^T$ und $A^2 = 0$, so folgt $A = 0$.

## 1.4 Regeln der Matrixarithmetik

*In diesem Abschnitt werden einige Eigenschaften der arithmetischen Matrixoperationen behandelt. Wir werden sehen, daß viele der bekannten Rechenregeln für reelle Zahlen auch für Matrizen gelten, einige jedoch ausgenommen werden müssen.*

## Eigenschaften der Matrixoperationen

Für reelle Zahlen $a$ und $b$ gilt stets $ab = ba$, das sogenannte *Kommutativgesetz der Multiplikation*. Betrachten wir dagegen Matrizen $A$ und $B$, so kann aus verschiedenen Gründen $AB \neq BA$ sein. Zunächst kann $AB$ definiert, aber $BA$ undefiniert sein. Das ist beispielsweise dann der Fall, wenn $A$ eine $2 \times 3$-Matrix und $B$ eine $3 \times 4$-Matrix ist. Auch wenn beide Produkte definiert sind, müssen sie nicht dieselbe Größe haben; das trifft für eine $2 \times 3$-Matrix $A$ und eine $3 \times 2$-Matrix $B$ zu. Schließlich kann auch dann $AB \neq BA$ gelten, wenn $AB$ und $BA$ definiert sind und dieselbe Größe haben, wie das folgende Beispiel zeigt.

**Beispiel 1** Man betrachte die Matrizen

$$A = \begin{bmatrix} -1 & 0 \\ 2 & 3 \end{bmatrix}, \qquad B = \begin{bmatrix} 1 & 2 \\ 3 & 0 \end{bmatrix}.$$

Durch Multiplikation erhält man

$$AB = \begin{bmatrix} -1 & -2 \\ 11 & 4 \end{bmatrix}, \qquad BA = \begin{bmatrix} 3 & 6 \\ -3 & 0 \end{bmatrix}.$$

Also gilt hier $AB \neq BA$.

Obwohl das Kommutativgesetz der Multiplikation für Matrizen falsch ist, gelten viele der bekannten Arithmetikregeln auch für Matrizen. Einige der wichtigsten sind in folgendem Satz zusammengefaßt.

**Satz 1.4.1.** *Seien alle Matrizen so gewählt, daß die Operationen definiert sind. Dann gelten folgende Rechenregeln.*

*a)* $A + B = B + A$ *(Kommutativgesetz der Addition)*
*b)* $A + (B + C) = (A + B) + C$ *(Assoziativgesetz der Addition)*
*c)* $A(BC) = (AB)C$ *(Assoziativgesetz der Multiplikation)*
*d)* $A(B + C) = AB + AC$ *(linkes Distributivgesetz)*
*e)* $(B + C)A = BA + CA$ *(rechtes Distributivgesetz)*
*f)* $A(B - C) = AB - AC$ *g)* $(B - C)A = BA - CA$
*h)* $a(B + C) = aB + aC$ *i)* $a(B - C) = aB - aC$
*j)* $(a + b)C = aC + bC$ *k)* $(a - b)C = aC - bC$
*l)* $a(bC) = (ab)C$ *m)* $a(BC) = (aB)C = B(aC)$

Jede dieser Aussagen betrifft die Gleichheit von Matrizen. Es muß daher jeweils gezeigt werden, daß die Matrizen auf beiden Seiten dieselbe Größe haben und die einander entsprechenden Elemente übereinstimmen. Mit Ausnahme des Assoziativgesetzes aus Teil c) folgen alle Beweise dem gleichen Prinzip. Zur Veranschaulichung werden wir Teil d) beweisen. Der vergleichsweise komplizierte Beweis von c) wird in den Übungen behandelt.

**Beweis d)** Wir haben zu zeigen, daß $A(B+C)$ und $AB+AC$ dieselbe Größe haben und ihre Elemente übereinstimmen. Um $A(B+C)$ zu bilden, müssen $B$ und $C$ Matrizen derselben Größe $m \times n$ sein, $A$ kann dann eine $r \times m$-Matrix sein. Damit sind $A(B+C)$ und $AB+AC$ $r \times n$-Matrizen, sie haben also dasselbe Format.

Sind $A = [a_{ij}], B = [a_{ij}]$ und $C = [c_{ij}]$, so bleibt

$$[A(B+C)]_{ij} = [AB+AC]_{ij}$$

für alle $i$ und $j$ zu zeigen. Nach Definition gilt aber

$$\begin{aligned}[A(B+C)]_{ij} &= a_{i1}(b_{1j}+c_{1j}) + a_{i2}(b_{2j}+c_{2j}) + \cdots + a_{im}(b_{mj}+c_{mj}) \\ &= (a_{i1}b_{1j} + a_{i1}b_{2j} + \cdots + a_{im}b_{mj}) + (a_{i1}c_{1j} + a_{i2}c_{2j} + \cdots + a_{im}c_{mj}) \\ &= [AB]_{ij} + [AC_{ij}] = [AB+AC]_{ij}. \quad \square\end{aligned}$$

**Bemerkung.** Obwohl wir die Addition und Multiplikation nur für Paare von Matrizen definiert haben, erlauben uns die Assoziativgesetze b) und c), Summen und Produkte von drei Matrizen in der Form $A+B+C$ und $ABC$ ohne Klammern zu schreiben, da das Endergebnis durch Klammern nicht beeinflußt wird. Allgemein gilt: *In einer beliebigen Summe oder einem beliebigen Produkt von Matrizen können an jeder Stelle Klammern eingefügt oder weggelassen werden, ohne das Ergebnis zu ändern.*

**Beispiel 2** Zur Veranschaulichung des Assoziativgesetzes der Matrixmultiplikation betrachten wir

$$A = \begin{bmatrix} 1 & 2 \\ 3 & 4 \\ 0 & 1 \end{bmatrix} \quad B = \begin{bmatrix} 4 & 3 \\ 2 & 1 \end{bmatrix} \quad C = \begin{bmatrix} 1 & 0 \\ 2 & 3 \end{bmatrix}.$$

Es sind

$$AB = \begin{bmatrix} 1 & 2 \\ 3 & 4 \\ 0 & 1 \end{bmatrix} \begin{bmatrix} 4 & 3 \\ 2 & 1 \end{bmatrix} = \begin{bmatrix} 8 & 5 \\ 20 & 13 \\ 2 & 1 \end{bmatrix} \quad \text{und} \quad BC = \begin{bmatrix} 4 & 3 \\ 2 & 1 \end{bmatrix} \begin{bmatrix} 1 & 0 \\ 2 & 3 \end{bmatrix} = \begin{bmatrix} 10 & 9 \\ 4 & 3 \end{bmatrix},$$

also

$$(AB)C = \begin{bmatrix} 8 & 5 \\ 20 & 13 \\ 2 & 1 \end{bmatrix} \begin{bmatrix} 1 & 0 \\ 2 & 3 \end{bmatrix} = \begin{bmatrix} 18 & 15 \\ 46 & 39 \\ 4 & 3 \end{bmatrix}$$

sowie

$$A(BC) = \begin{bmatrix} 1 & 2 \\ 3 & 4 \\ 0 & 1 \end{bmatrix} \begin{bmatrix} 10 & 9 \\ 4 & 3 \end{bmatrix} = \begin{bmatrix} 18 & 15 \\ 46 & 39 \\ 4 & 3 \end{bmatrix}.$$

Damit ist $(AB)C = A(BC)$, was schon aus Satz 1.4.1 c) folgt.

## Nullmatrizen

Eine Matrix, deren Elemente alle null sind, etwa

$$\begin{bmatrix} 0 & 0 \\ 0 & 0 \end{bmatrix}, \quad \begin{bmatrix} 0 & 0 & 0 \\ 0 & 0 & 0 \\ 0 & 0 & 0 \end{bmatrix}, \quad \begin{bmatrix} 0 & 0 & 0 & 0 \\ 0 & 0 & 0 & 0 \end{bmatrix}, \quad \begin{bmatrix} 0 \\ 0 \\ 0 \\ 0 \end{bmatrix}, \quad [0],$$

heißt ***Nullmatrix***. Sie wird mit 0 bezeichnet. Ist ihr Format von Interesse, so schreiben wir $0_{m \times n}$ für die $m \times n$-Nullmatrix.

Ist $A$ irgendeine Matrix und 0 die Nullmatrix desselben Formats, so gilt offenbar $0 + A = A + 0 = A$. Die Nullmatrix spielt hier also diesselbe Rolle wie die Zahl 0 in den skalaren Gleichungen $a + 0 = 0 + a = a$.

Da wir bereits wissen, daß nicht alle Rechenregeln für reelle Zahlen auch für Matrizen gelten, wäre es unsinnig anzunehmen, daß sich alle Eigenschaften der reellen Zahl 0 auf die Nullmatrizen übertragen lassen. Wir betrachten beispielsweise die folgenden Aussagen aus der reellen Zahlenarithmetik.

- Ist $ab = ac$ und $a \neq 0$, so ist $b = c$. (Kürzungsregel)
- Ist $ad = 0$, so ist wenigstens einer der Faktoren auf der linken Seite 0.

Wie das folgende Beispiel zeigt, gelten die entsprechenden Ergebnisse nicht für Matrizen.

**Beispiel 3** Für die Matrizen

$$A = \begin{bmatrix} 0 & 1 \\ 0 & 2 \end{bmatrix} \quad B = \begin{bmatrix} 1 & 1 \\ 3 & 4 \end{bmatrix} \quad C = \begin{bmatrix} 2 & 5 \\ 3 & 4 \end{bmatrix} \quad D = \begin{bmatrix} 3 & 7 \\ 0 & 0 \end{bmatrix}$$

gilt

$$AB = AC = \begin{bmatrix} 3 & 4 \\ 6 & 8 \end{bmatrix}.$$

Obwohl $A \neq 0$ ist, darf man $A$ *nicht* aus der Gleichung $AB = AC$ kürzen, um $B = C$ zu erhalten. Die Kürzungsregel gilt also nicht für Matrizen. Außerdem ist $AD = 0$, aber $A \neq 0$ und $D \neq 0$.

Dennoch gibt es etliche bekannte Eigenschaften der reellen Zahl 0, die auch für Nullmatrizen gelten. Einige der wichtigeren sind im folgenden Satz zusammengefaßt, dessen Beweis dem Leser als Übung überlassen wird.

**Satz 1.4.2.** *Seien die Matrixformate jeweils so gewählt, daß alle Operationen definiert sind. Dann gelten die folgenden Rechenregeln*

*a)* $A + 0 = 0 + A = A$

*b)* $A - A = 0$

*c)* $0 - A = -A$

*d)* $A0 = 0; \quad 0A = 0.$

## Einheitsmatrizen

Besonders interessant sind quadratische Matrizen mit Einsen in der Hauptdiagonalen und Nullen außerhalb, etwa

$$\begin{bmatrix} 1 & 0 \\ 0 & 1 \end{bmatrix}, \quad \begin{bmatrix} 1 & 0 & 0 \\ 0 & 1 & 0 \\ 0 & 0 & 1 \end{bmatrix}, \quad \begin{bmatrix} 1 & 0 & 0 & 0 \\ 0 & 1 & 0 & 0 \\ 0 & 0 & 1 & 0 \\ 0 & 0 & 0 & 1 \end{bmatrix} \quad \text{und so weiter.}$$

Sie heißen ***Einheitsmatrizen*** und werden mit $I$ bezeichnet. Spielt das Format eine Rolle, so schreiben wir $I_n$ für die $n \times n$-Einheitsmatrix.

Ist $A$ eine $m \times n$-Matrix, so gilt

$$AI_n = A \quad \text{und} \quad I_m A = A,$$

was im nächsten Beispiel verdeutlicht werden soll. Folglich übernimmt die Einheitsmatrix in der Matrixarithmetik die Rolle der Zahl 1 in der Gleichung $a \cdot 1 = 1 \cdot a = a$.

**Beispiel 4** Ist

$$A = \begin{bmatrix} a_{11} & a_{12} & a_{13} \\ a_{21} & a_{22} & a_{23} \end{bmatrix},$$

so gilt

$$I_2 A = \begin{bmatrix} 1 & 0 \\ 0 & 1 \end{bmatrix} \begin{bmatrix} a_{11} & a_{12} & a_{13} \\ a_{21} & a_{22} & a_{23} \end{bmatrix} = \begin{bmatrix} a_{11} & a_{12} & a_{13} \\ a_{21} & a_{22} & a_{23} \end{bmatrix} = A,$$

außerdem

$$AI_3 = \begin{bmatrix} a_{11} & a_{12} & a_{13} \\ a_{21} & a_{22} & a_{23} \end{bmatrix} \begin{bmatrix} 1 & 0 & 0 \\ 0 & 1 & 0 \\ 0 & 0 & 1 \end{bmatrix} = \begin{bmatrix} a_{11} & a_{12} & a_{13} \\ a_{21} & a_{22} & a_{23} \end{bmatrix} = A.$$

Einheitsmatrizen begegnet man schon im Zusammenhang mit der reduzierten Zeilenstufenform *quadratischer* Matrizen.

**Satz 1.4.3.** *Die reduzierte Zeilenstufenform $R$ einer $n \times n$-Matrix $A$ enthält entweder eine Nullzeile oder ist die Einheitsmatrix $I_n$.*

**Beweis.** Man betrachte

$$R = \begin{bmatrix} r_{11} & r_{12} & \cdots & r_{1n} \\ r_{21} & r_{22} & \cdots & r_{2n} \\ \vdots & \vdots & & \vdots \\ r_{n1} & r_{n2} & \cdots & r_{nn} \end{bmatrix}.$$

Enthält die letzte Zeile von Null verschiedene Elemente, so hat die Matrix keine Nullzeile. Folglich gibt es in jeder Zeile eine führende Eins, die auf der Hauptdiagonalen steht. Da jede Spalte sonst nur Nullen enthält, muß $R = I_n$ sein. Damit besitzt $R$ entweder eine Nullzeile oder ist die Einheitsmatrix. □

### Die Inverse einer Matrix

**Definition.** Sei $A$ eine quadratische Matrix. Gibt es eine Matrix $B$ mit $AB = BA = I$, so heißt $A$ ***invertierbar***. $B$ wird als ***Inverse*** von $A$ bezeichnet.

**Beispiel 5** Die Matrix

$$B = \begin{bmatrix} 3 & 5 \\ 1 & 2 \end{bmatrix} \quad \text{ist eine Inverse von} \quad A = \begin{bmatrix} 2 & -5 \\ -1 & 3 \end{bmatrix},$$

da

$$AB = \begin{bmatrix} 2 & -5 \\ -1 & 3 \end{bmatrix} \begin{bmatrix} 3 & 5 \\ 1 & 2 \end{bmatrix} = \begin{bmatrix} 1 & 0 \\ 0 & 1 \end{bmatrix} = I$$

und

$$BA = \begin{bmatrix} 3 & 5 \\ 1 & 2 \end{bmatrix} \begin{bmatrix} 2 & -5 \\ -1 & 3 \end{bmatrix} = \begin{bmatrix} 1 & 0 \\ 0 & 1 \end{bmatrix} = I.$$

**Beispiel 6** Die Matrix

$$A = \begin{bmatrix} 1 & 4 & 0 \\ 2 & 5 & 0 \\ 3 & 6 & 0 \end{bmatrix}$$

ist nicht invertierbar. Um das zu zeigen, betrachten wir eine beliebige $3 \times 3$-Matrix

$$B = \begin{bmatrix} b_{11} & b_{12} & b_{13} \\ b_{21} & b_{22} & b_{23} \\ b_{31} & b_{32} & b_{33} \end{bmatrix}.$$

Die dritte Spalte des Produkts $BA$ ist

$$\begin{bmatrix} b_{11} & b_{12} & b_{13} \\ b_{21} & b_{22} & b_{23} \\ b_{31} & b_{32} & b_{33} \end{bmatrix} \begin{bmatrix} 0 \\ 0 \\ 0 \end{bmatrix} = \begin{bmatrix} 0 \\ 0 \\ 0 \end{bmatrix},$$

so daß

$$BA \neq I = \begin{bmatrix} 1 & 0 & 0 \\ 0 & 1 & 0 \\ 0 & 0 & 1 \end{bmatrix}.$$

## Eigenschaften der Inversen

Es ist naheliegend, sich zu fragen, ob eine invertierbare Matrix mehr als eine Inverse besitzen kann. Der folgende Satz zeigt, daß das nicht möglich ist – *jede invertierbare Matrix hat genau eine Inverse.*

**Satz 1.4.4.** *Sind $B$ und $C$ Inverse der Matrix $A$, so ist $B = C$.*

**Beweis.** Da $B$ eine Inverse zu $A$ ist, gilt $BA = I$. Multiplizieren wir beide Seiten von rechts mit $C$, so folgt $(BA)C = IC = C$. Andererseits ist $(BA)C = B(AC) = BI = B$, woraus $C = B$ folgt. □

Als Folge dieses wichtigen Satzes können wir jetzt von „der" Inversen einer Matrix $A$ reden, die wir als $A^{-1}$ bezeichnen. Es gilt also

$$AA^{-1} = I \quad \text{und} \quad A^{-1}A = I.$$

Damit entspricht die Inverse von $A$ dem Kehrwert $a^{-1}$ einer rellen Zahl in den arithmetischen Beziehungen $aa^{-1} = a^{-1}a = 1$.

Der nächste Abschnitt liefert uns eine Methode zur Inversenberechnung für beliebig große quadratische Matrizen. Hier begnügen wir uns damit, $2 \times 2$-Matrizen zu betrachten.

**Satz 1.4.5.** *Die Matrix*

$$A = \begin{bmatrix} a & b \\ c & d \end{bmatrix}$$

*ist für $ad - bc \neq 0$ invertierbar. In diesem Fall gilt*

$$A^{-1} = \frac{1}{ad - bc}\begin{bmatrix} d & -b \\ -c & a \end{bmatrix} = \begin{bmatrix} \frac{d}{ad-bc} & -\frac{b}{ad-bc} \\ -\frac{c}{ad-bc} & \frac{a}{ad-bc} \end{bmatrix}.$$

**Beweis.** Der Leser möge sich davon überzeugen, daß $AA^{-1} = A^{-1}A = I_2$ gilt. □

**Satz 1.4.6.** *Für invertierbare Matrizen $A$ und $B$ gleicher Größe gilt*

*a) $AB$ ist invertierbar.*
*b) $(AB)^{-1} = B^{-1}A^{-1}$.*

**Beweis.** Wenn wir zeigen, daß $(AB)(B^{-1}A^{-1}) = (B^{-1}A^{-1})(AB) = I$ gilt, können wir sowohl die Invertierbarkeit von $AB$ als auch die Gleichung $(AB)^{-1} = B^{-1}A^{-1}$ folgern. Nun ist aber $(AB)(B^{-1}A^{-1}) = A(BB^{-1})A^{-1} = AIA^{-1} = AA^{-1} = I$. Analog zeigt man $(B^{-1}A^{-1})(AB) = I$. □

Obwohl wir es nicht beweisen werden, kann das Ergebnis auf drei oder mehr Faktoren übertragen werden. Es gilt also allgemein:

*Ein Produkt invertierbarer Matrizen ist invertierbar. Die Inverse des Produktes ist das Produkt der Inversen in umgekehrter Reihenfolge.*

**Beispiel 7** Für

$$A = \begin{bmatrix} 1 & 2 \\ 1 & 3 \end{bmatrix} \quad B = \begin{bmatrix} 3 & 2 \\ 2 & 2 \end{bmatrix} \quad AB = \begin{bmatrix} 7 & 6 \\ 9 & 8 \end{bmatrix}$$

gilt nach Satz 1.4.5

$$A^{-1} = \begin{bmatrix} 3 & -2 \\ -1 & 1 \end{bmatrix} \quad B^{-1} = \begin{bmatrix} 1 & -1 \\ -1 & \frac{3}{2} \end{bmatrix} \quad (AB)^{-1} = \begin{bmatrix} 4 & -3 \\ -\frac{9}{2} & \frac{7}{2} \end{bmatrix}.$$

Mit

$$B^{-1}A^{-1} = \begin{bmatrix} 1 & -1 \\ -1 & \frac{3}{2} \end{bmatrix} \begin{bmatrix} 3 & -2 \\ -1 & 1 \end{bmatrix} = \begin{bmatrix} 4 & -3 \\ -\frac{9}{2} & \frac{7}{2} \end{bmatrix}$$

erhalten wir $(AB)^{-1} = B^{-1}A^{-1}$, was dem Ergebnis von Satz 1.4.6 entspricht.

## Potenzen einer Matrix

Als nächstes definieren wir Potenzen quadratischer Matrizen und untersuchen ihre Eigenschaften.

**Definition.** Für eine quadratische Matrix $A$ definieren wir die nichtnegativen ganzzahligen Potenzen zu

$$A^0 = I \qquad A^n = \underbrace{AA \cdots A}_{\text{n Faktoren}} \quad (n > 0).$$

Ist $A$ außerdem invertierbar, so definieren wir ihre negativen ganzen Potenzen zu

$$A^{-n} = (A^{-1})^n = \underbrace{A^{-1}A^{-1} \cdots A^{-1}}_{\text{n Faktoren}}.$$

Es gelten die üblichen Potenzgesetze, die wir bereits für reelle Zahlen kennen.

**Satz 1.4.7.** *Für eine quadratische Matrix $A$ und ganze Zahlen $r$ und $s$ gilt*

$$A^r A^s = A^{r+s} \qquad (A^r)^s = A^{rs}.$$

Der nächste Satz liefert nützliche Eigenschaften für negative Exponenten.

**Satz 1.4.8.** *Ist $A$ invertierbar, so gelten:*

*a)* $A^{-1}$ *ist invertierbar und* $(A^{-1})^{-1} = A$.
*b)* $A^n$ *ist invertierbar und* $(A^n)^{-1} = (A^{-1})^n$ *für* $n = 0, 1, 2, \ldots$.
*c) Für jeden nichtverschwindenden Skalar* $k$ *ist* $kA$ *invertierbar mit* $(kA)^{-1} = \frac{1}{k}A^{-1}$.

**Beweis a).** Wegen $AA^{-1} = A^{-1}A = I$ ist $A^{-1}$ invertierbar mit $(A^{-1})^{-1} = A$.

**Beweis b).** Dieser Teil wird dem Leser als Übungsaufgabe gestellt.

**Beweis c).** Ist $k$ ein von Null verschiedener Skalar, so gilt mit Satz 1.4.1 l) und m)

$$(kA)\left(\tfrac{1}{k}A^{-1}\right) = \tfrac{1}{k}(kA)A^{-1} = \left(\tfrac{1}{k}k\right)AA^{-1} = (1)I = I.$$

Auf ähnliche Weise erhalten wir $(\frac{1}{k}A^{-1})(kA) = I$, also ist $kA$ invertierbar mit $(kA)^{-1} = \frac{1}{k}A^{-1}$. □

**Beispiel 8** Man betrachte die Matrizen

$$A = \begin{bmatrix} 1 & 2 \\ 1 & 3 \end{bmatrix} \quad \text{und} \quad A^{-1} = \begin{bmatrix} 3 & -2 \\ -1 & 1 \end{bmatrix}$$

aus Beispiel 7. Dann sind

$$A^3 = \begin{bmatrix} 1 & 2 \\ 1 & 3 \end{bmatrix}\begin{bmatrix} 1 & 2 \\ 1 & 3 \end{bmatrix}\begin{bmatrix} 1 & 2 \\ 1 & 3 \end{bmatrix} = \begin{bmatrix} 11 & 30 \\ 15 & 41 \end{bmatrix}$$

$$A^{-3} = (A^{-1})^3 = \begin{bmatrix} 3 & -2 \\ -1 & 1 \end{bmatrix}\begin{bmatrix} 3 & -2 \\ -1 & 1 \end{bmatrix}\begin{bmatrix} 3 & -2 \\ -1 & 1 \end{bmatrix} = \begin{bmatrix} 41 & -30 \\ -15 & 11 \end{bmatrix}.$$

## Matrixpolynome

Für eine $m \times m$-Matrix $A$ und ein Polynom

$$p(x) = a_0 + a_1x + \cdots + a_nx^n \tag{1}$$

definieren wir

$$p(A) = a_0I + a_1A + \cdots + a_nA^n$$

mit der $m \times m$-Einheitsmatrix $I$. $p(A)$ ist also die $m \times m$-Matrix, die durch Einsetzen von $A$ für $x$ in (1) entsteht, wobei $a_0$ durch $a_0I$ ersetzt wird.

**Beispiel 9** Für

$$p(x) = 2x^2 - 3x + 4 \quad \text{und} \quad A = \begin{bmatrix} -1 & 2 \\ 0 & 3 \end{bmatrix}$$

ist

$$p(A) = 2A^2 - 3A + 4I = 2\begin{bmatrix} -1 & 2 \\ 0 & 3 \end{bmatrix}^2 - 3\begin{bmatrix} -1 & 2 \\ 0 & 3 \end{bmatrix} + 4\begin{bmatrix} 1 & 0 \\ 0 & 1 \end{bmatrix}$$

$$= \begin{bmatrix} 2 & 8 \\ 0 & 18 \end{bmatrix} - \begin{bmatrix} -3 & 6 \\ 0 & 9 \end{bmatrix} + \begin{bmatrix} 4 & 0 \\ 0 & 4 \end{bmatrix} = \begin{bmatrix} 9 & 2 \\ 0 & 13 \end{bmatrix}.$$

## Eigenschaften der Transponierten

Der nächste Satz faßt die wichtigsten Eigenschaften der Transponierten zusammen.

**Satz 1.4.9.** *Die Matrixformate seien jeweils so gewählt, daß alle auftauchenden Operationen definiert sind. Dann gilt*

*a)* $((A)^T)^T = A$,

*b)* $(A + B)^T = A^T + B^T$ *und* $(A - B)^T = A^T - B^T$,

*c)* $(kA)^T = kA^T$ *für jeden Skalar* $k$,

*d)* $(AB)^T = B^T A^T$.

Mit der Tatsache, daß die Transponierte einer Matrix durch Austauschen der Zeilen und Spalten entsteht, erweisen sich a), b) und c) als trivial. Teil a) besagt, daß zweifaches Vertauschen wieder die ursprüngliche Matrix liefert; aus Teil b) entnehmen wir, daß die Reihenfolge von Addition und Zeilen- und Spaltenaustausch keine Rolle spielt; während Teil c) festhält, daß die Multiplikation mit einem Skalar sowohl vor als auch nach der Vertauschung der Zeilen und Spalten durchgeführt werden kann. Da Teil d) nicht so leicht einzusehen ist, werden wir einen Beweis angeben.

**Beweis d).** Für

$$A = [a_{ij}]_{m \times r} \quad \text{und} \quad B = [b_{ij}]_{r \times n}$$

sind die Ausdrücke $(AB)^T$ und $B^T A^T$ wohldefiniert und haben dasselbe Format $n \times m$ (den Nachweis überlassen wir dem Leser). Es bleibt also nur zu zeigen, daß die Elemente beider Matrizen übereinstimmen, das heißt

$$\left((AB)^T\right)_{ij} = (B^T A^T)_{ij}. \tag{2}$$

Mit Formel (8) aus Abschnitt 1.3 und der Definition der Matrixmultiplikation ergibt sich für die linke Seite

$$\left((AB)^T\right)_{ij} = (AB)_{ji} = a_{j1}b_{1i} + a_{j2}b_{2i} + \cdots + a_{jr}b_{ri}. \tag{3}$$

Sind $a'_{ij}$ und $b'_{ij}$ die Elemente von $A^T$ und $B^T$, so gilt

$$a'_{ij} = a_{ji} \quad \text{und} \quad b'_{ij} = b_{ji},$$

also ergibt sich die rechte Seite von (2) zu

$$\begin{aligned}(B^T A^T)_{ij} &= b'_{i1}a'_{1j} + b'_{i2}a'_{2j} + \cdots + b'_{ir}a'_{rj} \\ &= b_{1i}a_{j1} + b_{2i}a_{j2} + \cdots + b_{ri}a_{jr} \\ &= a_{j1}b_{1i} + a_{j2}b_{2i} + \cdots + a_{jr}b_{ri},\end{aligned}$$

woraus die Behauptung folgt. □

Ohne Beweis stellen wir fest, daß Teil d) auf mehr als zwei Faktoren ausgedehnt werden kann. Das liefert folgendes Ergebnis:

*Die Transponierte eines Produktes von Matrizen ist das Produkt der Transponierten in umgekehrter Reihenfolge.*

**Bemerkung.** Man beachte die Übereinstimmung dieses Ergebnisses mit dem aus Satz 1.4.6 gefolgerten Resultat.

## Invertierbarkeit der Transponierten

Der folgende Satz liefert eine Beziehung zwischen der Inversen einer Matrix und der Inversen ihrer Transponierten.

**Satz 1.4.10.** *Mit $A$ ist auch $A^T$ invertierbar, und es gilt*

$$(A^T)^{-1} = (A^{-1})^T. \qquad (4)$$

**Beweis.** Es genügt, die Gleichung

$$A^T(A^{-1})^T = (A^{-1})^T A^T = I$$

zu beweisen. Nach Satz 1.4.9 d) folgt mit $I^T = I$

$$\begin{aligned}A^T(A^{-1})^T &= (A^{-1}A)^T = I^T = I \\ (A^{-1})^T A^T &= (AA^{-1})^T = I^T = I,\end{aligned}$$

womit die Behauptung gezeigt ist. □

**Beispiel 10** Man betrachte die Matrizen

$$A = \begin{bmatrix} -5 & -3 \\ 2 & 1 \end{bmatrix} \qquad A^T = \begin{bmatrix} -5 & 2 \\ -3 & 1 \end{bmatrix}.$$

Nach Satz 1.4.5 sind

$$A^{-1} = \begin{bmatrix} 1 & 3 \\ -2 & -5 \end{bmatrix} \qquad (A^T)^{-1} = \begin{bmatrix} 1 & -2 \\ 3 & -5 \end{bmatrix}$$

in Übereinstimmung mit Satz 1.4.10.

## Übungen zu 1.4

**1.** Seien

$$A = \begin{bmatrix} 2 & -1 & 3 \\ 0 & 4 & 5 \\ -2 & 1 & 4 \end{bmatrix}, \quad B = \begin{bmatrix} 8 & -3 & -5 \\ 0 & 1 & 2 \\ 4 & -7 & 6 \end{bmatrix},$$

$$C = \begin{bmatrix} 0 & -2 & 3 \\ 1 & 7 & 4 \\ 3 & 5 & 9 \end{bmatrix}, \quad a = 4, \quad b = -7.$$

Man zeige

a) $A + (B + C) = (A + B) + C$ b) $(AB)C = A(BC)$

c) $(a + b)C = aC + bC$ d) $a(B - C) = aB - aC$

**2.** Man zeige für die Matrizen und Skalare aus Aufgabe 1:

a) $a(BC) = (aB)C = B(aC)$ b) $A(B - C) = AB - AC$

c) $(B + C)A = BA + CA$ d) $a(bC) = (ab)C$

**3.** Man zeige für die Matrizen und Skalare aus Aufgabe 1:

a) $(A^T)^T = A$ b) $(A + B)^T = A^T + B^T$

c) $(aC)^T = aC^T$ d) $(AB)^T = B^T A^T$

**4.** Man berechne mit Satz 1.4.5 die Inversen von

$$A = \begin{bmatrix} 3 & 1 \\ 5 & 2 \end{bmatrix}, \quad B = \begin{bmatrix} 2 & -3 \\ 4 & 4 \end{bmatrix}, \quad C = \begin{bmatrix} 2 & 0 \\ 0 & 3 \end{bmatrix}.$$

**5.** Man zeige, daß die Matrizen aus Aufgabe 4 die Gleichungen $(AB)^{-1} = B^{-1}A^{-1}$ und $(ABC)^{-1} = C^{-1}B^{-1}A^{-1}$ erfüllen.

**6.** Seien $A$ und $B$ quadratische Matrizen gleichen Formats. Gilt dann $(AB)^2 = A^2B^2$? Man begründe die Antwort.

**7.** Man berechne jeweils die Matrix $A$.

a) $A^{-1} = \begin{bmatrix} 2 & -1 \\ 3 & 5 \end{bmatrix}$ b) $(7A)^{-1} = \begin{bmatrix} -3 & 7 \\ 1 & -2 \end{bmatrix}$

c) $(5A^T)^{-1} = \begin{bmatrix} -3 & -1 \\ 5 & 2 \end{bmatrix}$ d) $(I + 2A)^{-1} = \begin{bmatrix} -1 & 2 \\ 4 & 5 \end{bmatrix}$

**8.** Die Matrix $A$ sei gegeben durch

$$\begin{bmatrix} 2 & 0 \\ 4 & 1 \end{bmatrix}$$

Man berechne $A^3, A^{-3}$ und $A^2 - 2A + I$.

**9.** Sei $A$ gegeben durch

$$\begin{bmatrix} 3 & 1 \\ 2 & 1 \end{bmatrix}$$

Man bestimme $p(A)$ für

a) $p(x) = x - 2$ b) $p(x) = 2x^2 - x + 1$ c) $p(x) = x^3 - 2x + 4$.

**10.** Seien $p_1(x) = x^2 - 9,\ p_2(x) = x + 3$ und $p_3(x) = x - 3$.

a) Man zeige, daß die Matrix $A$ aus Aufgabe 9 die Gleichung $p_1(A) = p_2(A)p_3(A)$ erfüllt.
b) Man zeige, daß die Gleichung in Teil a) für jede quadratische Matrix $A$ gilt.

**11.** Man berechne die Inverse von

$$\begin{bmatrix} \cos\theta & \sin\theta \\ -\sin\theta & \cos\theta \end{bmatrix}.$$

**12.** a) Man bestimme $2 \times 2$-Matrizen $A$ und $B$ mit $(A + B)^2 \neq A^2 + 2AB + B^2$.
b) Man zeige: Für quadratische Matrizen A und B mit AB = BA gilt

$$(A + B)^2 = A^2 + 2A + B^2.$$

c) Man bestimme eine Formel für $(A + B)^2$, die für beliebige quadratische Matrizen $A$ und $B$ gleichen Formats gilt.

**13.** Man betrachte die Matrix

$$A = \begin{bmatrix} a_{11} & 0 & 0 & \cdots & 0 \\ 0 & a_{22} & 0 & \cdots & 0 \\ \vdots & \vdots & \vdots & & \vdots \\ 0 & 0 & 0 & \cdots & a_{nn} \end{bmatrix}$$

mit $a_{11}a_{22}\cdots a_{nn} \neq 0$. Man zeige, daß $A$ invertierbar ist, und berechne ihre Inverse.

**14.** Die quadratische Matrix $A$ genüge der Gleichung $A^2 - 3A + I = 0$. Man zeige, daß $A^{-1} = 3I - A$ ist.

**15.** a) Man zeige, daß eine Matrix, die eine Nullzeile enthält, nicht invertierbar ist.

b) Man zeige, daß eine Matrix, die eine Nullspalte enthält, nicht invertierbar ist.

**16.** Ist die Summe von zwei invertierbaren Matrizen invertierbar?

**17.** Seien $A$ und $B$ quadratische Matrizen mit $AB = 0$. Man zeige: Ist $A$ invertierbar, so folgt $B = 0$.

**18.** Warum haben wir in Satz 1.4.2 d) nicht $A0 = 0 = 0A$ geschrieben?

**19.** Die reelle Gleichung $a^2 = 1$ hat genau zwei Lösungen. Man bestimme mindestens acht verschiedene $3 \times 3$-Matrizen, die die Gleichung $A^2 = I$ erfüllen. [**Hinweis.** Man betrachte die Lösungen, die außerhalb der Diagonalen nur Nullen enthalten.]

**20.** a) Man bestimme eine $3 \times 3$-Matrix $A \neq 0$ mit $A^T = A$.
b) Man gebe eine $3 \times 3$-Matrix $A \neq 0$ an mit $A^T = -A$.

**21.** Eine quadratische Matrix $A$ heißt ***symmetrisch***, wenn $A^T = A$ gilt; sie heißt ***schiefsymmetrisch***, falls $A^T = -A$ ist. Man zeige für eine quadratische Matrix $B$:

a) $BB^T$ und $B + B^T$ sind symmetrisch.
b) $B - B^T$ ist schiefsymmetrisch.

**22.** Gilt für eine quadratische Matrix $A$ und eine natürliche Zahl $n$ stets $(A^n)^T = (A^T)^n$? Man begründe die Antwort.

**23.** Sei $A$ die Matrix

$$\begin{bmatrix} 1 & 0 & 1 \\ 1 & 1 & 0 \\ 0 & 1 & 1 \end{bmatrix}.$$

Man bestimme, ob $A$ invertierbar ist, und berechne gegebenenfalls ihre Inverse. [**Hinweis.** Man löse die Matrixgleichung $AX = I$ durch Gleichsetzen der einander entsprechenden Elemente beider Seiten.]

**24.** Man beweise

a) Satz 1.4.1 b),
b) Satz 1.4.1 i),
c) Satz 1.4.1 m).

**25.** Man beweise Satz 1.4.1 f) durch Anwenden von 1.4.1 d) und m) auf die Matrizen $A, B$ und $(-1)C$.

**26.** Man beweise Satz 1.4.2.

**27.** Man betrachte die Potenzgesetze $A^r A^s = A^{r+s}$ und $(A^r)^s = A^{rs}$.

a) Man zeige: Ist $A$ eine quadratische Matrix, so gelten diese Gleichungen für alle nichtnegativen ganzen Zahlen $r$ und $s$.
b) Man zeige: Ist $A$ invertierbar, so gelten die Regeln für alle ganzen Zahlen $r$ und $s$.

**28.** Man zeige: Ist $A$ invertierbar und $k \neq 0$ ein Skalar, so gilt für alle ganzen Zahlen $n$ die Gleichung $(kA)^n = k^n A^n$.

**29.** a) Man zeige, daß für invertierbare $A$ aus $AB = AC$ stets $B = C$ folgt.
b) Warum ist das in a) gezeigte Ergebnis kein Widerspruch zu Beispiel 3?

**30.** Man beweise Satz 1.4.1 c). [**Hinweis.** Man betrachte die $m \times n$-Matrix $A$, die $n \times p$-Matrix $B$ und die $p \times q$-Matrix $C$. Auf der linken Seite ergeben sich die Elemente $l_{ij} = a_{i1}[BC]_{1j} + a_{i2}[BC]_{2j} + \cdots + a_{in}[BC]_{nj}$, während auf der rechten Seite $r_{ij} = [AB]_{i1}c_{1j} + [AB]_{i2}c_{2j} + \cdots + [AB]_{ip}c_{pj}$ steht. Man zeige, daß $l_{ij} = r_{ij}$ ist.]

## 1.5 Elementarmatrizen und Inversenberechnung

*Wir stellen ein Verfahren zur Berechnung der Inversen einer Matrix vor. Außerdem werden grundlegende Eigenschaften invertierbarer Matrizen behandelt.*

### Elementarmatrizen

**Definition.** Eine $n \times n$-Matrix heißt *Elementarmatrix*, wenn sie durch eine einzige elementare Zeilenoperation aus der Einheitsmatrix $I_n$ hervorgeht.

**Beispiel 1** Wir haben vier Elementarmatrizen mit den zugehörigen Zeilenoperationen zusammengestellt.

$$\begin{bmatrix} 1 & 0 \\ 0 & -3 \end{bmatrix} \qquad \begin{bmatrix} 1 & 0 & 0 & 0 \\ 0 & 0 & 0 & 1 \\ 0 & 0 & 1 & 0 \\ 0 & 1 & 0 & 0 \end{bmatrix} \qquad \begin{bmatrix} 1 & 0 & 3 \\ 0 & 1 & 0 \\ 0 & 0 & 1 \end{bmatrix} \qquad \begin{bmatrix} 1 & 0 & 0 \\ 0 & 1 & 0 \\ 0 & 0 & 1 \end{bmatrix}$$

| Multiplikation der zweiten Zeile von $I_2$ mit $-3$. | Vertauschen der zweiten und vierten Zeile von $I_4$. | Addition des Dreifachen der dritten Zeile von $I_3$ zur ersten Zeile. | Multiplikation der ersten Zeile von $I_3$ mit 1. |
|---|---|---|---|

Wird eine Matrix $A$ von *links* mit einer Elementarmatrix $E$ multipliziert, so entspricht das einer elementaren Zeilenoperation für $A$. Das ist auch der Inhalt des folgenden Satzes, den wir ohne Beweis angeben.

**Satz 1.5.1.** *Die Elementarmatrix $E$ sei aus der Einheitsmatrix $I_m$ durch eine elementare Zeilenoperation hervorgegangen. Ist nun $A$ irgendeine $m \times n$-Matrix, so ist das Produkt $EA$ gerade die Matrix, die durch Anwenden derselben Zeilenoperation auf $A$ entsteht.*

**Beispiel 2** Man betrachte die Matrix

$$A = \begin{bmatrix} 1 & 0 & 2 & 3 \\ 2 & -1 & 3 & 6 \\ 1 & 4 & 4 & 0 \end{bmatrix}$$

und die Elementarmatrix

$$E = \begin{bmatrix} 1 & 0 & 0 \\ 0 & 1 & 0 \\ 3 & 0 & 1 \end{bmatrix}$$

die aus $I_3$ durch Addition des Dreifachen der ersten Zeile zur dritten Zeile hervorgeht. Das Produkt

$$EA = \begin{bmatrix} 1 & 0 & 2 & 3 \\ 2 & -1 & 3 & 6 \\ 4 & 4 & 10 & 9 \end{bmatrix}$$

ist dann die Matrix, die aus $A$ durch Addition des Dreifachen der ersten Zeile zur dritten entsteht.

**Bemerkung**. Satz 1.5.1 eignet sich vor allem für theoretische Betrachtungen, also für die Entwicklung von Aussagen über Matrizen und lineare Gleichungssyteme. Für praktische Berechnungen ist es sinnvoller, Zeilenoperationen durchzuführen, anstatt mit Elementarmatrizen zu multiplizieren.

Zu jeder elementaren Zeilenoperation, die aus einer Einheitsmatrix $I$ eine Elementarmatrix $E$ erzeugt, gibt es eine ***inverse Zeilenoperation,*** die $E$ wieder in $I$ zurückverwandelt. Erhalten wir zum Beispiel $E$ durch Multiplikation der $i$-ten Zeile von $I$ mit einer Konstanten $c \neq 0$, so liefert die Multiplikation der $i$-ten Zeile von $E$ mit $\frac{1}{c}$ wieder die Einheitsmatrix $I$. Die verschiedenen Fälle sind in Tabelle 1.1 zusammengefaßt.

**Tabelle 1.1**

| **Zeilenoperation zur Erzeugung von $E$ aus $I$** | **Inverse Zeilenoperation** |
|---|---|
| Multiplikation der $i$-ten Zeile mit $c \neq 0$ | Multiplikation der $i$-ten Zeile mit $1/c$ |
| Vertauschen von $i$-ter und $j$-ter Zeile | Vertauschen von $i$-ter und $j$-ter Zeile |
| Addition des $c$-fachen der $i$-ten zur $j$-ten Zeile | Addition des $(-c)$-fachen der $i$-ten zur $j$-ten Zeile |

**Beispiel 3** In jedem der folgenden Beispiele wird die $2 \times 2$-Einheitsmatrix einer elementaren Zeilenoperation unterworfen. Durch Anwenden der inversen Operation auf die entstehende Elementarmatrix $E$ wird dann wieder $I_2$ erzeugt.

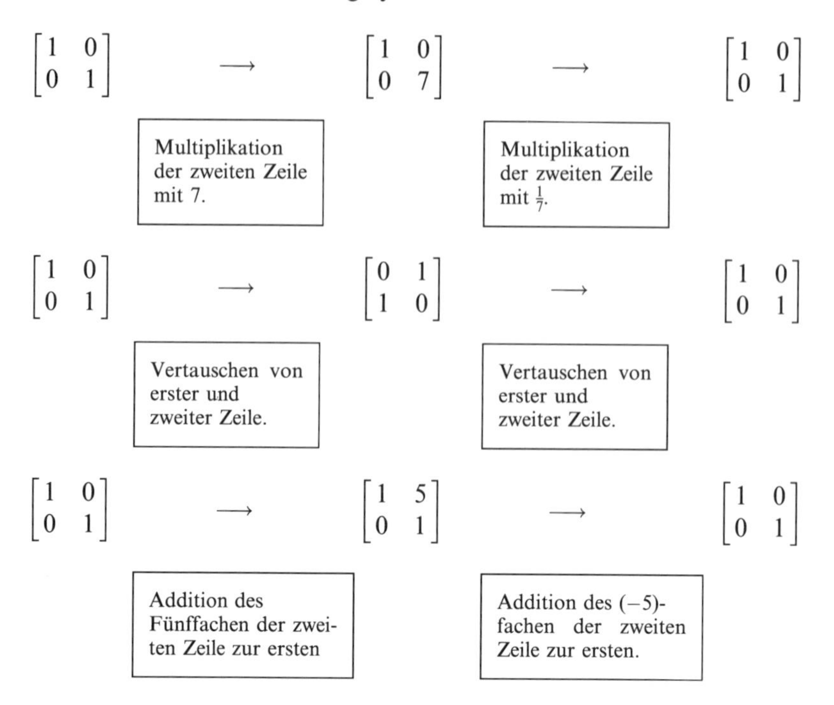


Im nächsten Satz wird eine wichtige Eigenschaft von Elementarmatrizen behandelt.

**Satz 1.5.2.** *Jede Elementarmatrix ist invertierbar. Ihre Inverse ist wieder eine Elementarmatrix.*

**Beweis.** Die Elementarmatrix $E$ entstehe aus der Einheitsmatrix $I$ durch eine geeignete Zeilenoperation. Sei $E_0$ die Matrix, die aus $I$ durch die entsprechende inverse Operation hervorgeht. Unter Beachtung der Tatsache, daß inverse Zeilenoperationen sich gegenseitig aufheben, folgt mit Satz 1.5.1

$$E_0E = I \qquad \text{und} \qquad EE_0 = I.$$

Also ist die Elementarmatrix $E_0$ die Inverse von $E$. □

Im folgenden Satz werden wichtige Zusammenhänge zwischen Invertierbarkeit, homogenen linearen Systemen, reduzierten Zeilenstufenformen und Elementarmatrizen behandelt, die wir noch häufig verwenden werden.

**Satz 1.5.3.** *Für eine $n \times n$-Matrix $A$ sind folgende Aussagen äquivalent:*

*a) $A$ ist invertierbar.*
*b) $A\mathbf{x} = \mathbf{0}$ hat nur die triviale Lösung.*
*c) Die reduzierte Zeilenstufenform von $A$ ist $I_n$.*
*d) $A$ läßt sich als Produkt von Elementarmatrizen schreiben.*

**Beweis**. Wir beweisen die behauptete Äquivalenz durch die Implikationskette *a*) $\Rightarrow$ *b*) $\Rightarrow$ *c*) $\Rightarrow$ *d*) $\Rightarrow$ *a*).

*a*) $\Rightarrow$ *b*): Sei $A$ invertierbar und $\mathbf{x}_0$ eine Lösung von $A\mathbf{x} = \mathbf{0}$. Dann ist $A\mathbf{x}_0 = \mathbf{0}$. Multiplikation dieser Gleichung mit $A^{-1}$ liefert $A^{-1}(A\mathbf{x}_0) = \mathbf{0}$, also $(A^{-1}A)\mathbf{x}_0 = \mathbf{0}$, woraus $I\mathbf{x}_0 = \mathbf{0}$ und schließlich $\mathbf{x}_0 = \mathbf{0}$ folgt. Folglich hat $A\mathbf{x} = \mathbf{0}$ nur die triviale Lösung.

*b*) $\Rightarrow$ *c*): Sei $A\mathbf{x} = \mathbf{0}$ die Matrixform des Gleichungssystems

$$\begin{aligned} a_{11}x_1 + a_{12}x_2 + \cdots + a_{1n}x_n &= 0 \\ a_{21}x_1 + a_{22}x_2 + \cdots + a_{2n}x_n &= 0 \\ \vdots \qquad \vdots \qquad\qquad \vdots \quad &\;\; \vdots \\ a_{n1}x_1 + a_{n2}x_2 + \cdots + a_{nn}x_n &= 0 . \end{aligned} \tag{1}$$

Unter der Voraussetzung, daß das System nur trivial lösbar ist, erhalten wir durch das Gauß-Jordan-Eliminationsverfahren das Gleichungssystems

$$\begin{aligned} x_1 \qquad\qquad &= 0 \\ x_2 \qquad &= 0 \\ \ddots \quad & \\ x_n &= 0, \end{aligned} \tag{2}$$

das der reduzierten Zeilenstufenform der erweiterten Matrix entspricht. Somit kann die erweiterte Matrix

$$\begin{bmatrix} a_{11} & a_{12} & \cdots & a_{1n} & 0 \\ a_{21} & a_{22} & \cdots & a_{2n} & 0 \\ \vdots & \vdots & & \vdots & \vdots \\ a_{n1} & a_{n2} & \cdots & a_{nn} & 0 \end{bmatrix}$$

des Systems (1) durch elementare Zeilenoperationen in die erweiterte Matrix

$$\begin{bmatrix} 1 & 0 & 0 & \cdots & 0 & 0 \\ 0 & 1 & 0 & \cdots & 0 & 0 \\ 0 & 0 & 1 & \cdots & 0 & 0 \\ \vdots & \vdots & \vdots & & \vdots & \vdots \\ 0 & 0 & 0 & \cdots & 1 & 0 \end{bmatrix}$$

überführt werden. Unter Vernachlässigung der letzten Spalte dieser Matrizen (die ausschließlich Nullen enthält) sehen wir, daß $A$ nach einer endlichen Folge elementarer Zeilenoperationen die reduzierte Zeilenstufenform $I_n$ annimmt.

*c*) $\Rightarrow$ *d*): Hat $A$ die reduzierte Zeilenstufenform $I_n$, so geht $A$ nach einer endlichen Folge von elementaren Zeilenoperationen in $I_n$ über. Nach Satz 1.5.1 kann jede dieser Operationen durch Multiplikation von links mit einer geeigneten Elementarmatrix ausgeführt werden. Folglich existieren Elementarmatrizen $E_1, E_2, \ldots, E_k$ mit

$$E_k \cdots E_2 E_1 A = I_n. \tag{3}$$

Nach Satz 1.5.2 sind $E_1, E_2, \ldots, E_k$ invertierbar. Multiplizieren wir beide Seiten der Gleichung (3) von links nacheinander mit $E_k^{-1}, \ldots, E_2^{-1}, E_1^{-1}$, so erhalten wir

$$A = E_1^{-1}E_2^{-1} \cdots E_k^{-1}I_n = E_1^{-1}E_2^{-1} \cdots E_k^{-1}. \quad (4)$$

Also läßt sich $A$ als Produkt von Elementarmatrizen schreiben.

*d*) $\Rightarrow$ *a*): Da Elementarmatrizen nach Satz 1.5.2 invertierbar sind, ist $A$ als Produkt invertierbarer Matrizen wegen Satz 1.4.6 selbst invertierbar. □

## Zeilenäquivalenz

Geht die Matrix $B$ durch endlich viele elementare Zeilenoperationen aus $A$ hervor, so erhalten wir offenbar wieder die Matrix $A$, wenn wir $B$ den inversen Operationen in umgekehrter Reihenfolge unterwerfen. Matrizen, die sich durch eine Folge elementarer Zeilenoperationen ineinander umwandeln lassen, heißen ***zeilenäquivalent***. Damit folgt aus Teil a) und c) des vorhergehenden Satzes: Eine $n \times n$-Matrix ist genau dann invertierbar, wenn sie zeilenäquivalent zur $n \times n$-Einheitsmatrix ist.

## Ein Verfahren zur Matrixinversion

Als erste Anwendung von Satz 1.5.3 entwicklen wir eine Methode zur Bestimmung der Inversen einer invertierbaren Matrix. Indem wir beide Seiten von (4) invertieren, ergibt sich $A^{-1} = E_k \ldots E_2E_1$ oder

$$A^{-1} = E_k \ \ldots E_2E_1I_n. \quad (5)$$

Wir erhalten also $A^{-1}$, indem wir $I_n$ von links der Reihe nach mit den Elementarmatrizen $E_1, E_2, \ldots, E_k$ multiplizieren. Da jede dieser Multiplikationen einer Zeilenoperation entspricht, folgt durch Vergleich von (3) und (5), daß *die Folge von Zeilenoperationen, die $A$ nach $I_n$ überführt, gleichzeitig $I_n$ in $A^{-1}$ verwandelt.* Das liefert folgendes Ergebnis:

*Wir erhalten die Inverse einer invertierbaren Matrix $A$, indem wir eine Folge elementarer Zeilenoperationen bestimmen, die $A$ zur Einheitsmatrix umformt, und diese Folge dann auf $I_n$ anwenden.*

Eine einfache Methode, dieses Verfahren umzusetzen, ist im folgenden Beispiel dargestellt:

**Beispiel 4** Man bestimme die Inverse von

$$A = \begin{bmatrix} 1 & 2 & 3 \\ 2 & 5 & 3 \\ 1 & 0 & 8 \end{bmatrix}.$$

*Lösung.* Wir wollen $A$ durch Zeilenoperationen zur Einheitsmatrix umwandeln und gleichzeitig mit denselben Operationen $I$ in $A^{-1}$ überführen. Dazu schreiben wir die Einheitsmatrix rechts neben $A$ und erhalten die Matrix

$$[\,A \mid I\,],$$

auf die wir geeignete Zeilenoperationen anwenden, bis die linke Seite die Gestalt von $I$ hat; gleichzeitig ergibt sich auf der rechten Seite $A^{-1}$, so daß wir schließlich die Matrix

$$[\,I \mid A^{-1}\,]$$

erhalten.

Im einzelnen benötigen wir die folgenden Rechnungen:

$$\left[\begin{array}{rrr|rrr} 1 & 2 & 3 & 1 & 0 & 0 \\ 2 & 5 & 3 & 0 & 1 & 0 \\ 1 & 0 & 8 & 0 & 0 & 1 \end{array}\right]$$

$$\left[\begin{array}{rrr|rrr} 1 & 2 & 3 & 1 & 0 & 0 \\ 0 & 1 & -3 & -2 & 1 & 0 \\ 0 & -2 & 5 & -1 & 0 & 1 \end{array}\right]$$

Wir addierten das $(-2)$fache der ersten Zeile zur zweiten und das $(-1)$fache der ersten Zeile zur dritten.

$$\left[\begin{array}{rrr|rrr} 1 & 2 & 3 & 1 & 0 & 0 \\ 0 & 1 & -3 & -2 & 1 & 0 \\ 0 & 0 & -1 & -5 & 2 & 1 \end{array}\right]$$

Wir addierten das Zweifache der zweiten Zeile zur dritten.

$$\left[\begin{array}{rrr|rrr} 1 & 2 & 3 & 1 & 0 & 0 \\ 0 & 1 & -3 & -2 & 1 & 0 \\ 0 & 0 & 1 & 5 & -2 & -1 \end{array}\right]$$

Wir multiplizierten die dritte Zeile mit $-1$.

$$\left[\begin{array}{rrr|rrr} 1 & 2 & 0 & -14 & 6 & 3 \\ 0 & 1 & 0 & 13 & -5 & -3 \\ 0 & 0 & 1 & 5 & -2 & -1 \end{array}\right]$$

Wir addierten das Dreifache der dritten Zeile zur zweiten und das $(-3)$fache der dritten Zeile zur ersten.

$$\left[\begin{array}{rrr|rrr} 1 & 0 & 0 & -40 & 16 & 9 \\ 0 & 1 & 0 & 13 & -5 & -3 \\ 0 & 0 & 1 & 5 & -2 & -1 \end{array}\right]$$

Wir addierten das $(-2)$fache der zweiten Zeile zur ersten.

$$A^{-1}\begin{bmatrix} -40 & 16 & 9 \\ 13 & -5 & -3 \\ 5 & -2 & -1 \end{bmatrix}.$$

Häufig ist nicht von vornherein klar, ob eine gegebene Matrix invertierbar ist. Ist eine $n \times n$-Matrix $A$ nicht invertierbar, so existiert keine Folge elementarer Zeilenoperationen, die $A$ in $I_n$ verwandelt [Satz 1.5.3 c)]. Anders ausgedrückt enthält die reduzierte Zeilenstufenform von $A$ mindestens eine Nullzeile. Wenden wir also die im vorangegangenen Beispiel beschriebene Methode auf eine nicht invertierbare Matrix an, erhalten wir während der Berechnungen eine Nullzeile auf der *linken Seite.* Wir können dann schließen, daß die gegebene Matrix nicht invertierbar ist, und die Prozedur abbrechen.

**Beispiel 5** Man betrachte

$$A = \begin{bmatrix} 1 & 6 & 4 \\ 2 & 4 & -1 \\ -1 & 2 & 5 \end{bmatrix}.$$

Das Verfahren aus Beispiel 4 liefert hier

$$\left[\begin{array}{rrr|rrr} 1 & 6 & 4 & 1 & 0 & 0 \\ 2 & 4 & -1 & 0 & 1 & 0 \\ -1 & 2 & 5 & 0 & 0 & 1 \end{array}\right]$$

$$\left[\begin{array}{rrr|rrr} 1 & 6 & 4 & 1 & 0 & 0 \\ 0 & -8 & -9 & -2 & 1 & 0 \\ 0 & 8 & 9 & 1 & 0 & 1 \end{array}\right]$$

Das $(-2)$fache der ersten Zeile wurde zur zweiten und die erste Zeile zur dritten addiert.

$$\left[\begin{array}{rrr|rrr} 1 & 6 & 4 & 1 & 0 & 0 \\ 0 & -8 & -9 & -2 & 1 & 0 \\ 0 & 0 & 0 & -1 & 1 & 1 \end{array}\right].$$

Die zweite Zeile wurde zur dritten addiert.

Da die linke Seite jetzt eine Nullzeile enthält, ist $A$ nicht invertierbar.

**Beispiel 6** In Beispiel 4 haben wir nachgewiesen, daß

$$A = \begin{bmatrix} 1 & 2 & 3 \\ 2 & 5 & 3 \\ 1 & 0 & 8 \end{bmatrix}$$

invertierbar ist. Wegen Satz 1.5.3 hat dann das Gleichungssystem

$$\begin{aligned} x_1 + 2x_2 + 3x_3 &= 0 \\ 2x_1 + 5x_2 + 3x_3 &= 0 \\ x_1 \qquad + 8x_3 &= 0 \end{aligned}$$

nur die triviale Lösung.

## Übungen zu 1.5

**1.** Welche der folgenden Matrizen sind Elementarmatrizen?

a) $\begin{bmatrix} 1 & 0 \\ -5 & 1 \end{bmatrix}$ b) $\begin{bmatrix} -5 & 1 \\ 1 & 0 \end{bmatrix}$ (c) $\begin{bmatrix} 1 & 0 \\ 0 & \sqrt{3} \end{bmatrix}$ d) $\begin{bmatrix} 0 & 0 & 1 \\ 0 & 1 & 0 \\ 1 & 0 & 0 \end{bmatrix}$

e) $\begin{bmatrix} 1 & 1 & 0 \\ 0 & 0 & 1 \\ 0 & 0 & 0 \end{bmatrix}$ f) $\begin{bmatrix} 1 & 0 & 0 \\ 0 & 1 & 9 \\ 0 & 0 & 1 \end{bmatrix}$ g) $\begin{bmatrix} 2 & 0 & 0 & 2 \\ 0 & 1 & 0 & 0 \\ 0 & 0 & 1 & 0 \\ 0 & 0 & 0 & 1 \end{bmatrix}$.

**2.** Man bestimme eine Zeilenoperation, die die gegebene Elementarmatrix in eine Einheitsmatrix umwandelt.

a) $\begin{bmatrix} 1 & 0 \\ -3 & 1 \end{bmatrix}$ b) $\begin{bmatrix} 1 & 0 & 0 \\ 0 & 1 & 0 \\ 0 & 0 & 3 \end{bmatrix}$

c) $\begin{bmatrix} 0 & 0 & 0 & 1 \\ 0 & 1 & 0 & 0 \\ 0 & 0 & 1 & 0 \\ 1 & 0 & 0 & 0 \end{bmatrix}$ d) $\begin{bmatrix} 1 & 0 & -\frac{1}{7} & 0 \\ 0 & 1 & 0 & 0 \\ 0 & 0 & 1 & 0 \\ 0 & 0 & 0 & 1 \end{bmatrix}$.

**3.** Gegeben seien die Matrizen

$$A = \begin{bmatrix} 3 & 4 & 1 \\ 2 & -7 & -1 \\ 8 & 1 & 5 \end{bmatrix}, \quad B = \begin{bmatrix} 8 & 1 & 5 \\ 2 & -7 & -1 \\ 3 & 4 & 1 \end{bmatrix}, \quad C = \begin{bmatrix} 3 & 4 & 1 \\ 2 & -7 & -1 \\ 2 & -7 & 3 \end{bmatrix}.$$

Man bestimme Elementarmatrizen $E_1, E_2, E_3$ und $E_4$ mit

a) $E_1A = B$ b) $E_2B = A$ c) $E_3A = C$ d) $E_4C = A$.

**4.** Gibt es für die Matrizen aus Aufgabe 3 eine Elementarmatrix $E$ mit $EB = C$? Man begründe die Antwort.

Man berechne in den Aufgaben 5–7 jeweils die Inverse der gegebenen Matrix, sofern das möglich ist. Man benutze dazu das in den Beispielen 4 und 5 dargestellte Verfahren und überprüfe das Ergebnis durch Ausmultiplizieren.

**5.** a) $\begin{bmatrix} 1 & 4 \\ 2 & 6 \end{bmatrix}$ b) $\begin{bmatrix} -3 & 6 \\ 4 & 5 \end{bmatrix}$ c) $\begin{bmatrix} 6 & -4 \\ -3 & 2 \end{bmatrix}$.

**6.** a) $\begin{bmatrix} 3 & 4 & -1 \\ 1 & 0 & 3 \\ 2 & 5 & -4 \end{bmatrix}$ b) $\begin{bmatrix} -1 & 3 & -4 \\ 2 & 4 & 1 \\ -4 & 2 & -9 \end{bmatrix}$ c) $\begin{bmatrix} 1 & 0 & 1 \\ 0 & 1 & 1 \\ 1 & 1 & 0 \end{bmatrix}$

d) $\begin{bmatrix} 2 & 6 & 6 \\ 2 & 7 & 6 \\ 2 & 7 & 7 \end{bmatrix}$ e) $\begin{bmatrix} 1 & 0 & 1 \\ -1 & 1 & 1 \\ 0 & 1 & 0 \end{bmatrix}$.

**7.** a) $\begin{bmatrix} \frac{1}{5} & \frac{1}{5} & -\frac{2}{5} \\ \frac{1}{5} & \frac{1}{5} & \frac{1}{10} \\ \frac{1}{5} & -\frac{4}{5} & \frac{1}{10} \end{bmatrix}$ b) $\begin{bmatrix} \sqrt{2} & 3\sqrt{2} & 0 \\ -4\sqrt{2} & \sqrt{2} & 0 \\ 0 & 0 & 1 \end{bmatrix}$ c) $\begin{bmatrix} 1 & 0 & 0 & 0 \\ 1 & 3 & 0 & 0 \\ 1 & 3 & 5 & 0 \\ 1 & 3 & 5 & 7 \end{bmatrix}$

$$\text{d)}\begin{bmatrix} -8 & 17 & 2 & \frac{1}{3} \\ 4 & 0 & \frac{2}{5} & -9 \\ 0 & 0 & 0 & 0 \\ -1 & 13 & 4 & 2 \end{bmatrix} \quad \text{e)}\begin{bmatrix} 0 & 0 & 2 & 0 \\ 1 & 0 & 0 & 1 \\ 0 & -1 & 3 & 0 \\ 2 & 1 & 5 & -3 \end{bmatrix}.$$

**8.** Man ermittle die Inversen der folgenden $4 \times 4$-Matrizen, wobei $k_1, k_2, k_3, k_4$ und $k$ von Null verschiedene Skalare sind.

$$\text{a)}\begin{bmatrix} k_1 & 0 & 0 & 0 \\ 0 & k_2 & 0 & 0 \\ 0 & 0 & k_3 & 0 \\ 0 & 0 & 0 & k_4 \end{bmatrix} \quad \text{b)}\begin{bmatrix} 0 & 0 & 0 & k_1 \\ 0 & 0 & k_2 & 0 \\ 0 & k_3 & 0 & 0 \\ k_4 & 0 & 0 & 0 \end{bmatrix} \quad \text{c)}\begin{bmatrix} k & 0 & 0 & 0 \\ 1 & k & 0 & 0 \\ 0 & 1 & k & 0 \\ 0 & 0 & 1 & k \end{bmatrix}.$$

**9.** Sei

$$A = \begin{bmatrix} 1 & 0 \\ -5 & 2 \end{bmatrix}.$$

a) Man bestimme Elementarmatrizen $E_1$ und $E_2$ mit $E_2 E_1 A = I$.
b) Man stelle $A^{-1}$ als Produkt zweier Elementarmatrizen dar.
c) Man schreibe $A$ als Produkt von zwei Elementarmatrizen.

**10.** Man führe die unten beschriebenen Zeilenoperationen an

$$\begin{bmatrix} 2 & -1 & 0 \\ 4 & 5 & -3 \\ 1 & -4 & 7 \end{bmatrix}$$

durch. Man multipliziere dazu die Matrix von links mit einer geeigneten Elementarmatrix und überprüfe das Ergebnis durch direktes Ausführen der Zeilenoperationen:

a) Vertauschen von erster und dritter Zeile,
b) Multiplikation der zweiten Zeile mit $\frac{1}{3}$,
c) Addition des Zweifachen der zweiten Zeile zur ersten.

**11.** Man schreibe die Matrix

$$A = \begin{bmatrix} 0 & 1 & 7 & 8 \\ 1 & 3 & 3 & 8 \\ -2 & -5 & 1 & -8 \end{bmatrix}$$

als Produkt $A = EFGR$ der Elementarmatrizen $E, F, G$ und einer Zeilenstufenmatrix $R$.

**12.** Man zeige: Ist

$$A = \begin{bmatrix} 1 & 0 & 0 \\ 0 & 1 & 0 \\ a & b & c \end{bmatrix}$$

eine Elementarmatrix, so ist mindestens ein Element in der dritten Zeile null.

**13.** Man zeige, daß

$$A = \begin{bmatrix} 0 & a & 0 & 0 & 0 \\ b & 0 & c & 0 & 0 \\ 0 & d & 0 & e & 0 \\ 0 & 0 & f & 0 & g \\ 0 & 0 & 0 & h & 0 \end{bmatrix}$$

nicht invertierbar ist.

**14.** Man beweise, daß es zu jeder $m \times n$-Matrix $A$ eine invertierbare Matrix $C$ gibt, so daß $CA$ reduzierte Zeilenstufenform hat.

**15.** Man zeige: Ist $A$ invertierbar und ist $B$ zeilenäquivalent zu $A$, so ist auch $B$ invertierbar.

**16.** a) Man zeige: Zwei $m \times n$-Matrizen $A$ und $B$ sind genau dann zeilenäquivalent, wenn ihre reduzierten Zeilenstufenformen übereinstimmen.

b) Man zeige, daß $A$ und $B$ zeilenäquivalent sind, und gebe eine Folge elementarer Zeilenumformungen an, die $A$ nach $B$ überführt.

$$A = \begin{bmatrix} 1 & 2 & 3 \\ 1 & 4 & 1 \\ 2 & 1 & 9 \end{bmatrix} \qquad B = \begin{bmatrix} 1 & 0 & 5 \\ 0 & 2 & -2 \\ 1 & 1 & 4 \end{bmatrix}$$

**17.** Man beweise Satz 1.5.1.

# 1.6 Weitere Ergebnisse über Gleichungssysteme und Invertierbarkeit

*Wir kommen zu weiteren Resultaten über lineare Gleichungssysteme und Invertierbarkeit von Matrizen, die zu einer völlig neuen Lösungsmethode für Systeme von n Gleichungen mit n Unbekannten führen.*

### Ein grundlegender Satz

Wir beginnen mit dem Beweis eines schon früher erwähnten, fundamentalen Ergebnisses.

**Satz 1.6.1.** *Ein lineares Gleichungssystem hat entweder keine, genau eine oder unendlich viele Lösungen.*

**Beweis.** Ist $A\mathbf{x} = \mathbf{b}$ ein lineares Gleichungssystem, so trifft genau einer der folgenden Fälle zu: a) das System hat keine Lösung, b) das System hat genau eine Lösung oder c) das System hat mehr als eine Lösung. Wir müssen also nur zeigen, daß im Fall c) bereits unendlich viele Lösungen existieren.

Seien also $\mathbf{x}_1$ und $\mathbf{x}_2$ zwei verschiedene Lösungen von $A\mathbf{x} = \mathbf{b}$. Dann ist $\mathbf{x}_0 = \mathbf{x}_1 - \mathbf{x}_2$ nicht die Nullmatrix, außerdem gilt

$$A\mathbf{x}_0 = A(\mathbf{x}_1 - \mathbf{x}_2) = A\mathbf{x}_1 - A\mathbf{x}_2 = \mathbf{b} - \mathbf{b} = 0.$$

Ist nun $k$ irgendein Skalar, so gilt

$$\begin{aligned} A(\mathbf{x}_1 + k\mathbf{x}_0) &= A\mathbf{x}_1 + A(k\mathbf{x}_0) = A\mathbf{x}_1 + k(A\mathbf{x}_0) \\ &= \mathbf{b} + k\mathbf{0} = \mathbf{b} + \mathbf{0} = \mathbf{b}, \end{aligned}$$

also ist $\mathbf{x}_1 + k\mathbf{x}_0$ eine Lösung von $A\mathbf{x} = \mathbf{b}$. Da $\mathbf{x}_0$ nicht Null ist und $k$ unendlich viele verschiedene Werte annehmen kann, hat $A\mathbf{x} = \mathbf{b}$ unendlich viele Lösungen.
□

## Lösen linearer Systeme durch Matrixinvertierung

Bisher haben wir zwei Lösungsmethoden für lineare Gleichungssysteme entwikkelt, Gauß- und Gauß-Jordan-Elimination. Im folgenden Satz wird auf eine weitere Methode hingewiesen.

**Satz 1.6.2.** *Sei $A$ eine invertierbare $n \times n$-Matrix. Dann hat das Gleichungssystem $A\mathbf{x} = \mathbf{b}$ für jede $n \times 1$-Matrix $\mathbf{b}$ genau eine Lösung, nämlich $\mathbf{x} = A^{-1}\mathbf{b}$.*

**Beweis.** Wegen $A(A^{-1}\mathbf{b}) = \mathbf{b}$ ist $\mathbf{x} = A^{-1}\mathbf{b}$ eine Lösung des Systems. Um zu zeigen, daß es keine weiteren Lösungen gibt, betrachten wir eine beliebige Lösung $\mathbf{x}_0$ und zeigen, daß $\mathbf{x}_0 = A^{-1}\mathbf{b}$ gilt.

Sei $\mathbf{x}_0$ eine Lösung des Systems. Dann ist $A\mathbf{x}_0 = \mathbf{b}$. Multiplizieren wir beide Seiten dieser Gleichung mit $A^{-1}$, so erhalten wir $\mathbf{x}_0 = A^{-1}\mathbf{b}$. □

**Beispiel 1** Man betrachte das lineare System

$$\begin{aligned} x_1 + 2x_2 + 3x_3 &= 5 \\ 2x_1 + 5x_2 + 3x_3 &= 3 \\ x_1 \qquad\quad + 8x_3 &= 17, \end{aligned}$$

das der Matrixgleichung $A\mathbf{x} = \mathbf{b}$ mit

$$A = \begin{bmatrix} 1 & 2 & 3 \\ 2 & 5 & 3 \\ 1 & 0 & 8 \end{bmatrix} \qquad \mathbf{x} = \begin{bmatrix} x_1 \\ x_2 \\ x_3 \end{bmatrix} \qquad \mathbf{b} = \begin{bmatrix} 5 \\ 3 \\ 17 \end{bmatrix}$$

entspricht. In Beispiel 4 des vorigen Abschnitts haben wir gezeigt, daß $A$ invertierbar ist, wobei

$$A^{-1} = \begin{bmatrix} -40 & 16 & 9 \\ 13 & -5 & -3 \\ 5 & -2 & -1 \end{bmatrix}.$$

Nach Satz 1.6.2 erhalten wir also die Lösung

$$\mathbf{x} = A^{-1}\mathbf{b} = \begin{bmatrix} -40 & 16 & 9 \\ 13 & -5 & -3 \\ 5 & -2 & -1 \end{bmatrix} \begin{bmatrix} 5 \\ 3 \\ 17 \end{bmatrix} = \begin{bmatrix} 1 \\ -1 \\ 2 \end{bmatrix}$$

oder $x_1 = 1, x_2 = -1, x_3 = 2$.

**Bemerkung.** Man beachte, daß die in Beispiel 1 vorgestellte Lösungsmethode nur angewendet werden kann, wenn die Anzahl der Gleichungen mit der Anzahl der Unbekannten übereinstimmt und die Koeffizientenmatrix invertierbar ist.

### Lösen mehrerer Systeme mit gleicher Koeffizientenmatrix

Man hat gelegentlich die Aufgabe, eine Folge von Systemen

$$A\mathbf{x} = \mathbf{b}_1, \quad A\mathbf{x} = \mathbf{b}_2, \quad A\mathbf{x} = \mathbf{b}_3, \quad \ldots, \quad A\mathbf{x} = \mathbf{b}_k$$

mit derselben Koeffizientenmatrix $A$ zu lösen. Ist $A$ invertierbar, so kann man die Lösungen

$$\mathbf{x}_1 = A^{-1}\mathbf{b}_1, \quad \mathbf{x}_2 = A^{-1}\mathbf{b}_2, \quad \mathbf{x}_3 = A^{-1}\mathbf{b}_3, \quad \ldots, \quad \mathbf{x}_k = A^{-1}\mathbf{b}_k$$

durch eine Matrixinvertierung und $k$ Matrixmultiplikationen berechnen. Es ist aber effizienter, die Matrix

$$[A \mid \mathbf{b}_1 \mid \mathbf{b}_2 \mid \cdots \mid \mathbf{b}_k] \tag{1}$$

zu bilden, indem man $A$ um die $k$ Matrizen $\mathbf{b}_1, \mathbf{b}_2, \ldots, \mathbf{b}_k$ „erweitert". Durch Umformen von (1) zur reduzierten Zeilenstufenform können die $k$ Systeme mit einer einzigen Gauß-Jordan-Elimination gelöst werden. Diese Methode ist auch dann anwendbar, wenn $A$ nicht invertierbar ist.

**Beispiel 2** Man löse die Systeme

a)
$$\begin{aligned} x_1 + 2x_2 + 3x_3 &= 4 \\ 2x_1 + 5x_2 + 3x_3 &= 5 \\ x_1 \phantom{+ 5x_2} + 8x_3 &= 9 \end{aligned}$$

b)
$$\begin{aligned} x_1 + 2x_2 + 3x_3 &= 1 \\ 2x_1 + 5x_2 + 3x_3 &= 6 \\ x_1 \phantom{+ 5x_2} + 8x_3 &= -6. \end{aligned}$$

*Lösung*. Die beiden Systeme haben dieselbe Koeffizientenmatrix. Diese Matrix erweitern wir um die rechten Seiten der Systeme und erhalten

$$\left[\begin{array}{ccc|c|c} 1 & 2 & 3 & 4 & 1 \\ 2 & 5 & 3 & 5 & 6 \\ 1 & 0 & 8 & 9 & -6 \end{array}\right].$$

Als reduzierte Zeilenstufenform ergibt sich

$$\left[\begin{array}{ccc|c|c} 1 & 0 & 0 & 1 & 2 \\ 0 & 1 & 0 & 0 & 1 \\ 0 & 0 & 1 & 1 & -1 \end{array}\right].$$

(Der Leser möge das nachrechnen.) Aus den beiden letzten Spalten kann man ablesen, daß System a) die Lösung $x_1 = 1, x_2 = 0, x_3 = 1$ und System b) die Lösung $x_1 = 2, x_2 = 1, x_3 = -1$ hat.

**Eigenschaften invertierbarer Matrizen**

Wollen wir die Invertierbarkeit einer $n \times n$-Matrix $A$ zeigen, so müssen wir eine $n \times n$-Matrix $B$ finden, welche die Gleichungen

$$AB = I \quad \text{und} \quad BA = I$$

erfüllt. In dem folgenden Satz wird gezeigt, daß für eine $n \times n$-Matrix $B$, die eine dieser Bedingungen erfüllt, automatisch auch die andere gilt.

**Satz 1.6.3.** *Sei $A$ eine quadratische Matrix.*

*a) Ist $B$ eine quadratische Matrix mit $BA = I$, so ist $B = A^{-1}$.*
*b) Ist $B$ eine quadratische Matrix mit $AB = I$, so ist $B = A^{-1}$.*

Wir werden Teil a) beweisen; der Beweis von Teil b) soll in einer Übungsaufgabe erfolgen.

**Beweis a).** Sei $BA = I$. Wenn wir zeigen können, daß $A$ invertierbar ist, so folgt durch Multiplikation der Gleichung $BA = I$ mit $A^{-1}$

$$BAA^{-1} = IA^{-1} \quad \text{oder} \quad BI = IA^{-1} \quad \text{oder} \quad B = A^{-1},$$

womit der Beweis erbracht wäre.

Um die Invertierbarkeit von $A$ zu zeigen, reicht es nachzuweisen, daß $A\mathbf{x} = \mathbf{0}$ nur die triviale Lösung besitzt (siehe Satz 1.5.3). Sei also $\mathbf{x}_0$ irgendeine Lösung dieses Systems. Multiplizieren wir beide Seiten der Gleichung $A\mathbf{x}_0 = \mathbf{0}$ von links mit $B$, so erhalten wir $BA\mathbf{x}_0 = B\mathbf{0}$ oder $I\mathbf{x}_0 = \mathbf{0}$, also $\mathbf{x}_0 = \mathbf{0}$. Damit hat das Gleichungssystem $A\mathbf{x} = \mathbf{0}$ nur die triviale Lösung. □

Wir können jetzt den vier äquivalenten Aussagen in Satz 1.5.3 zwei weitere hinzufügen.

**Satz 1.6.4.** *Sei $A$ eine $n \times n$-Matrix. Die folgenden Aussagen sind äquivalent:*

*a)* *$A$ ist invertierbar.*
*b)* *$A\mathbf{x} = \mathbf{0}$ hat nur die triviale Lösung.*
*c)* *Die reduzierte Zeilenstufenform von $A$ ist $I_n$.*
*d)* *$A$ läßt sich als Produkt von Elementarmatrizen schreiben.*
*e)* *$A\mathbf{x} = \mathbf{b}$ ist für jede $n \times 1$-Matrix $\mathbf{b}$ konsistent.*
*f)* *Für jede $n \times 1$-Matrix $\mathbf{b}$ hat das System $A\mathbf{x} = \mathbf{b}$ genau eine Lösung.*

**Beweis.** Da wir in Satz 1.5.3 gezeigt haben, daß a), b), c) und d) zueinander äquivalent sind, reicht es, die Implikationen *a)* $\Rightarrow$ *f)* $\Rightarrow$ *e)* $\Rightarrow$ *a)* zu beweisen.

*a)* $\Rightarrow$ *f)*: Das wurde bereits in Satz 1.6.2 gezeigt.

*f)* $\Rightarrow$ *e)*: Die Folgerung ist trivial, da jedes lösbare System konsistent ist.

*e)* $\Rightarrow$ *a)*: Da $A\mathbf{x} = \mathbf{b}$ für jede $n \times 1$-Matrix $\mathbf{b}$ konsistent ist, sind insbesondere die Systeme

$$A\mathbf{x} = \begin{bmatrix} 1 \\ 0 \\ 0 \\ \vdots \\ 0 \end{bmatrix}, \qquad A\mathbf{x} = \begin{bmatrix} 0 \\ 1 \\ 0 \\ \vdots \\ 0 \end{bmatrix}, \qquad \ldots, \qquad A\mathbf{x} = \begin{bmatrix} 0 \\ 0 \\ 0 \\ \vdots \\ 1 \end{bmatrix}$$

konsistent. Seien $\mathbf{x}_1, \mathbf{x}_2, \ldots, \mathbf{x}_n$ Lösungen dieser Systeme und sei $C$ die $n \times n$-Matrix, deren Spalten gerade aus diesen Lösungen bestehen. $C$ hat also die Gestalt

$$C = [\mathbf{x}_1 \mid \mathbf{x}_2 \mid \cdots \mid \mathbf{x}_n].$$

Wie bereits aus Abschnitt 1.3 bekannt, besteht das Produkt $AC$ dann aus den Spalten

$$A\mathbf{x}_1, A\mathbf{x}_2, \cdots, A\mathbf{x}_n$$

also ist

$$AC = [A\mathbf{x}_1 \quad A\mathbf{x}_2 \quad \cdots \quad A\mathbf{x}_n] = \begin{bmatrix} 1 & 0 & \cdots & 0 \\ 0 & 1 & \cdots & 0 \\ 0 & 0 & \cdots & 0 \\ \vdots & \vdots & & \vdots \\ 0 & 0 & \cdots & 1 \end{bmatrix} = I.$$

Nach Satz 1.6.3 b) folgt $C = A^{-1}$; also ist $A$ invertierbar. □

Wir haben bereits gesehen, daß ein Matrixprodukt invertierbar ist, wenn die Faktoren invertierbar sind. Der nächste Satz besagt, daß auch die Umkehrung dieses Ergebnisses wahr ist.

**Satz 1.6.5.** *Seien $A$ und $B$ quadratische Matrizen derselben Größe. Ist $AB$ invertierbar, so sind auch $A$ und $B$ invertierbar.*

Die folgende Frage wird uns später häufig in unterschiedlichen Zusammenhängen begegnen.

***Eine grundsätzliche Fragestellung.*** Man bestimme zu einer gegebenen $m \times n$-Matrix $A$ alle $m \times 1$-Matrizen $\mathbf{b}$, für die das Gleichungssystem $A\mathbf{x} = \mathbf{b}$ konsistent ist.

Für invertierbare $A$ ist das Problem durch Satz 1.6.2 vollständig gelöst, da dann das System $A\mathbf{x} = \mathbf{b}$ für jede $m \times 1$-Matrix $\mathbf{b}$ die eindeutig bestimmte Lösung $\mathbf{x} = A^{-1}\mathbf{b}$ hat. Ist $A$ nicht invertierbar (also beispielsweise nicht quadratisch), so kann Satz 1.6.2 nicht angewendet werden. In diesen Fällen muß $\mathbf{b}$ bestimmte Bedingungen erfüllen, damit $A\mathbf{x} = \mathbf{b}$ konsistent ist. Das folgende Beispiel zeigt, wie derartige Einschränkungen durch Gauß-Elimination bestimmt werden können.

**Beispiel 3** Welche Voraussetzungen müssen $b_1, b_2$ und $b_3$ erfüllen, damit das Gleichungssystem

$$\begin{aligned} x_1 + x_2 + 2x_3 &= b_1 \\ x_1 \phantom{+ x_2} + \phantom{2}x_3 &= b_2 \\ 2x_1 + x_2 + 3x_3 &= b_3 \end{aligned}$$

konsistent ist?

*Lösung.* Wir bringen die erweiterte Matrix

$$\begin{bmatrix} 1 & 1 & 2 & b_1 \\ 1 & 0 & 1 & b_2 \\ 2 & 1 & 3 & b_3 \end{bmatrix}$$

des Systems auf Zeilenstufenform:

$$\begin{bmatrix} 1 & 1 & 2 & b_1 \\ 0 & -1 & -1 & b_2 - b_1 \\ 0 & -1 & -1 & b_3 - 2b_1 \end{bmatrix}$$

Das $(-1)$fache der ersten Zeile wurde zur zweiten addiert, außerdem wurde das $(-2)$fache der ersten Zeile zur dritten addiert.

$$\begin{bmatrix} 1 & 1 & 2 & b_1 \\ 0 & 1 & 1 & b_1 - b_2 \\ 0 & -1 & -1 & b_3 - 2b_1 \end{bmatrix}$$

Die zweite Zeile wurde mit $-1$ multipliziert.

$$\begin{bmatrix} 1 & 1 & 1 & b_2 \\ 0 & 1 & 1 & b_1 - b_2 \\ 0 & 0 & 0 & b_3 - b_2 - b_1 \end{bmatrix}$$

Die zweite Zeile wurde zur dritten addiert.

An der dritten Zeile der letzten Matrix kann man ablesen, daß das System genau dann eine Lösung hat, wenn $b_1, b_2$ und $b_3$ die Bedingung

$$b_3 - b_2 - b_1 = 0 \quad \text{oder} \quad b_3 = b_1 + b_2$$

erfüllen. Mit anderen Worten: $A\mathbf{x} = \mathbf{b}$ ist genau dann konsistent, wenn $\mathbf{b}$ die Gestalt

$$\mathbf{b} = \begin{bmatrix} b_1 \\ b_2 \\ b_1 + b_2 \end{bmatrix}$$

hat, wobei $b_1$ und $b_2$ beliebig sind.

**Beispiel 4** Für welche $b_1, b_2$ und $b_3$ ist das Gleichungssystem

$$\begin{aligned} x_1 + 2x_2 + 3x_3 &= b_1 \\ 2x_1 + 5x_2 + 3x_3 &= b_2 \\ x_1 \qquad\;\; + 8x_3 &= b_3 \end{aligned}$$

konsistent?

*Lösung*. Die erweiterte Matrix

$$\begin{bmatrix} 1 & 2 & 3 & b_1 \\ 2 & 5 & 3 & b_2 \\ 1 & 0 & 8 & b_3 \end{bmatrix}$$

läßt sich auf die Zeilenstufenform

$$\begin{bmatrix} 1 & 0 & 0 & -40b_1 + 16b_2 + 9b_3 \\ 0 & 1 & 0 & 13b_1 - 5b_2 - 3b_3 \\ 0 & 0 & 1 & 5b_1 - 2b_2 - b_3 \end{bmatrix} \tag{2}$$

bringen. (Der Leser möge das nachrechnen.)

In diesem Fall sind $b_1, b_2$ und $b_3$ keinen Beschränkungen unterworfen; das gegebene System $A\mathbf{x} = \mathbf{b}$ hat für jedes $\mathbf{b}$ die eindeutig bestimmte Lösung

$$x_1 = -40b_1 + 16b_2 + 9b_3, \quad x_2 = 13b_1 - 5b_2 - 3b_3, \quad x_3 = 5b_1 - 2b_2 - b_3. \tag{3}$$

**Bemerkung.** Da das in Beispiel 4 betrachtete System $A\mathbf{x} = \mathbf{b}$ für alle $\mathbf{b}$ konsistent ist, folgt mit Satz 1.6.4, daß $A$ invertierbar ist. Wir überlassen es dem Leser, sich davon zu überzeugen, daß sich die Formeln in (3) auch durch direkte Berechnung von $\mathbf{x} = A^{-1}\mathbf{b}$ ergeben.

## Übungen zu 1.6

Man löse die in den Aufgaben 1–8 angegebenen Systeme mit Satz 1.6.2 durch Inversion der Koeffizientenmatrix.

**1.** $\begin{aligned} x_1 + x_2 &= 2 \\ 5x_1 + 6x_2 &= 9 \end{aligned}$

**2.** $\begin{aligned} 4x_1 - 3x_2 &= -3 \\ 2x_1 - 5x_2 &= 9 \end{aligned}$

**3.** $\begin{aligned} x_1 + 3x_2 + x_3 &= 4 \\ 2x_1 + 2x_2 + x_3 &= -1 \\ 2x_1 + 3x_2 + x_3 &= 3 \end{aligned}$

**4.**
$$\begin{aligned} 5x_1 + 3x_2 + 2x_3 &= 4 \\ 3x_1 + 3x_2 + 2x_3 &= 2 \\ x_2 + x_3 &= 5 \end{aligned}$$

**5.**
$$\begin{aligned} x + y + z &= 5 \\ x + y - 4z &= 10 \\ -4x + y + z &= 0 \end{aligned}$$

**6.**
$$\begin{aligned} - x - 2y - 3z &= 0 \\ w + x + 4y + 4z &= 7 \\ w + 3x + 7y + 9z &= 4 \\ -w - 2x - 4y - 6z &= 6 \end{aligned}$$

**7.**
$$\begin{aligned} 3x_1 + 5x_2 &= b_1 \\ x_1 + 2x_2 &= b_2 \end{aligned}$$

**8.**
$$\begin{aligned} x_1 + 2x_2 + 3x_3 &= b_1 \\ 2x_1 + 5x_2 + 5x_3 &= b_2 \\ 3x_1 + 5x_2 + 8x_3 &= b_3 \end{aligned}$$

**9.** Man löse das folgende allgemeine System mit Satz 1.6.2.

$$\begin{aligned} x_1 + 2x_2 + x_3 &= b_1 \\ x_1 - x_2 + x_3 &= b_2 \\ x_1 + x_2 &= b_3 \end{aligned}$$

Man berechne unter Verwendung der gefundenen Formeln die Lösung für

a) $b_1 = -1,\ b_2 = 3,\ b_3 = 4$ b) $b_1 = 5,\ b_2 = 0,\ b_3 = 0$
c) $b_1 = -1,\ b_2 = -1,\ b_3 = 3$.

**10.** Man löse die Systeme aus Aufgabe 9 mit der Methode aus Beispiel 2.

Man verwende die Methode aus Beispiel 2, um in den Aufgaben 11–14 alle Teilaufgaben simultan zu lösen.

**11.**
$$\begin{aligned} x_1 - 5x_2 &= b_1 \\ 3x_1 + 2x_2 &= b_2 \end{aligned}$$

a) $b_1 = 1,\quad b_2 = 4$
b) $b_1 = -2,\quad b_2 = 5$

**12.**
$$\begin{aligned} - x_1 + 4x_2 + x_3 &= b_1 \\ x_1 + 9x_2 - 2x_3 &= b_2 \\ 6x_1 + 4x_2 - 8x_3 &= b_3 \end{aligned}$$

a) $b_1 = 0,\quad b_2 = 1,\quad b_3 = 0$
b) $b_1 = -3,\quad b_2 = 4,\quad b_3 = -5$

**13.**
$$\begin{aligned} 4x_1 - 7x_2 &= b_1 \\ x_1 + 2x_2 &= b_2 \end{aligned}$$

a) $b_1 = 0,\quad b_2 = 1$
b) $b_1 = -4,\quad b_2 = 6$
c) $b_1 = -1,\quad b_2 = 3$
d) $b_1 = -5,\quad b_2 = 1$

**14.**
$$\begin{aligned} x_1 + 3x_2 + 5x_3 &= b_1 \\ -x_1 - 2x_2 &= b_2 \\ 2x_1 + 5x_2 + 4x_3 &= b_3 \end{aligned}$$

a) $b_1 = 1,\ b_2 = 0,\ b_3 = -1$
b) $b_1 = 0,\ b_2 = 1,\ b_3 = 1$
c) $b_1 = -1,\ b_2 = -1,\ b_3 = 0$

**15.** Die Methode aus Beispiel 2 läßt sich auch auf Gleichungssysteme mit unendlich vielen Lösungen anwenden. Man löse damit die folgenden Systeme simultan.

a)
$$\begin{aligned} x_1 - 2x_2 + x_3 &= -2 \\ 2x_1 - 5x_2 + x_3 &= 1 \\ 3x_1 - 7x_2 + 2x_3 &= -1 \end{aligned}$$

b)
$$\begin{aligned} x_1 - 2x_2 + x_3 &= 1 \\ 2x_1 - 5x_2 + x_3 &= -1 \\ 3x_1 - 7x_2 + 2x_3 &= 0 \end{aligned}$$

Man ermittle in den Aufgaben 16–19 jeweils Bedingungen für $b$, damit die Systeme konsistent sind.

**16.**
$$\begin{aligned} 6x_1 - 4x_2 &= b_1 \\ 3x_1 - 2x_2 &= b_2 \end{aligned}$$

**17.**
$$\begin{aligned} x_1 - 2x_2 + 5x_3 &= b_1 \\ 4x_1 - 5x_2 + 8x_3 &= b_2 \\ -3x_1 + 3x_2 - 3x_3 &= b_3 \end{aligned}$$

**18.**
$$\begin{aligned} x_1 - 2x_2 - x_3 &= b_1 \\ -4x_1 + 5x_2 + 2x_3 &= b_2 \\ -4x_1 + 7x_2 + 4x_3 &= b_3 \end{aligned}$$

**19.**
$$\begin{aligned} x_1 - x_2 + 3x_3 + 2x_4 &= b_1 \\ -2x_1 + x_2 + 5x_3 + x_4 &= b_2 \\ -3x_1 + 2x_2 + 2x_3 - x_4 &= b_3 \\ 4x_1 - 3x_2 + x_3 + 3x_4 &= b_4 \end{aligned}$$

**20.** Man betrachte die Matrizen

$$A = \begin{bmatrix} 2 & 1 & 2 \\ 2 & 2 & -2 \\ 3 & 1 & 1 \end{bmatrix} \quad \text{und} \quad \mathbf{x} = \begin{bmatrix} x_1 \\ x_2 \\ x_3 \end{bmatrix}.$$

a) Man zeige, daß die Gleichung $A\mathbf{x} = \mathbf{x}$ auch als $(A - I)\mathbf{x} = \mathbf{0}$ geschrieben werden kann, und löse sie dann nach $\mathbf{x}$ auf.

b) Man löse $A\mathbf{x} = 4\mathbf{x}$.

**21.** Man löse folgende Matrixgleichung für $X$.

$$\begin{bmatrix} 1 & -1 & 1 \\ 2 & 3 & 0 \\ 0 & 2 & -1 \end{bmatrix} X - \begin{bmatrix} 2 & -1 & 5 & 7 & 8 \\ 4 & 0 & -3 & 0 & 1 \\ 3 & 5 & -7 & 2 & 1 \end{bmatrix}.$$

**22.** Man entscheide ohne explizite Rechnung, ob das gegebene homogene System nichttriviale Lösungen besitzt. Ist die zugehörige Matrix invertierbar?

a)
$$\begin{aligned} 2x_1 + x_2 - 3x_3 + x_4 &= 0 \\ 5x_2 + 4x_3 + 3x_4 &= 0 \\ x_3 + 2x_4 &= 0 \\ 3x_4 &= 0 \end{aligned} \qquad \begin{bmatrix} 2 & 1 & -3 & 1 \\ 0 & 5 & 4 & 3 \\ 0 & 0 & 1 & 2 \\ 0 & 0 & 0 & 3 \end{bmatrix}$$

b) $$\begin{aligned} 5x_1 + x_2 + 4x_3 + x_4 &= 0 \\ 2x_3 - x_4 &= 0 \\ x_3 + x_4 &= 0 \\ 7x_4 &= 0 \end{aligned} \qquad \begin{bmatrix} 5 & 1 & 4 & 1 \\ 0 & 0 & 2 & -1 \\ 0 & 0 & 1 & 1 \\ 0 & 0 & 0 & 7 \end{bmatrix}$$

**23.** Sei $A\mathbf{x} = \mathbf{0}$ ein homogenes System von $n$ linearen Gleichungen mit $n$ Unbekannten, das nur trivial lösbar ist. Man zeige, daß für jede natürliche Zahl $k$ das System $A^k\mathbf{x} = \mathbf{0}$ nur die triviale Lösung besitzt.

**24.** Sei $A\mathbf{x} = \mathbf{0}$ ein homogenes System von $n$ Gleichungen mit $n$ Unbekannten und sei $Q$ eine invertierbare $n \times n$-Matrix. Man zeige: $A\mathbf{x} = \mathbf{0}$ hat genau dann nur die triviale Lösung, wenn $(QA)\mathbf{x} = \mathbf{0}$ nur die triviale Lösung hat.

**25.** Sei $\mathbf{x}_1$ eine Lösung des Gleichungssystems $A\mathbf{x} = \mathbf{b}$. Man zeige, daß nur $\mathbf{x} = \mathbf{x}_0 + \mathbf{x}_1$ das System löst, wobei $\mathbf{x}_0$ die Gleichung $A\mathbf{x}_0 = \mathbf{0}$ erfüllt.

**26.** Man verwende Teil a) von Satz 1.6.3, um Teil b) zu zeigen.

## 1.7 Diagonal-, Dreiecks- und symmetrische Matrizen

*Wir betrachten spezielle Formen von Matrizen, die uns später in den unterschiedlichsten Zusammenhängen begegnen werden.*

### Diagonalmatrizen

Quadratische Matrizen, die nur in der Hauptdiagonalen von Null verschiedene Elemente aufweisen, also beispielsweise

$$\begin{bmatrix} 2 & 0 \\ 0 & -5 \end{bmatrix} \quad \begin{bmatrix} 1 & 0 & 0 \\ 0 & 1 & 0 \\ 0 & 0 & 1 \end{bmatrix} \quad \begin{bmatrix} 6 & 0 & 0 & 0 \\ 0 & -4 & 0 & 0 \\ 0 & 0 & 0 & 0 \\ 0 & 0 & 0 & 8 \end{bmatrix},$$

heißen ***Diagonalmatrizen.*** Allgemein haben sie die Form

$$D = \begin{bmatrix} d_1 & 0 & \cdots & 0 \\ 0 & d_2 & \cdots & 0 \\ \vdots & \vdots & & \vdots \\ 0 & 0 & \cdots & d_n \end{bmatrix}. \tag{1}$$

Eine Diagonalmatrix ist genau dann invertierbar, wenn alle ihre Hauptdiagonalelemente von Null verschieden sind; in diesem Fall ergibt sich als Inverse

$$D^{-1} = \begin{bmatrix} 1/d_1 & 0 & \cdots & 0 \\ 0 & 1/d_2 & \cdots & 0 \\ \vdots & \vdots & & \vdots \\ 0 & 0 & \cdots & 1/d_n \end{bmatrix},$$

wie man durch Überprüfen der Gleichungen $DD^{-1} = D^{-1}D = I$ beweist.

Potenzen von Diagonalmatrizen sind leicht zu bestimmen; der Leser sollte sich davon überzeugen, daß für die Matrix $D$ aus (1) und eine natürliche Zahl $k$

$$D^k = \begin{bmatrix} d_1^k & 0 & \cdots & 0 \\ 0 & d_2^k & \cdots & 0 \\ \vdots & \vdots & & \vdots \\ 0 & 0 & \cdots & d_n^k \end{bmatrix}$$

gilt.

**Beispiel 1** Für

$$A = \begin{bmatrix} 1 & 0 & 0 \\ 0 & -3 & 0 \\ 0 & 0 & 2 \end{bmatrix}$$

sind

$$A^{-1} = \begin{bmatrix} 1 & 0 & 0 \\ 0 & -\frac{1}{3} & 0 \\ 0 & 0 & \frac{1}{2} \end{bmatrix} \quad A^5 = \begin{bmatrix} 1 & 0 & 0 \\ 0 & -243 & 0 \\ 0 & 0 & 32 \end{bmatrix} \quad A^{-5} = \begin{bmatrix} 1 & 0 & 0 \\ 0 & -\frac{1}{243} & 0 \\ 0 & 0 & \frac{1}{32} \end{bmatrix}.$$

Auch die Multiplikation einer beliebigen Matrix $A$ mit einer Diagonalmatrix $D$ erweist sich als unkompliziert. So sind

$$\begin{bmatrix} d_1 & 0 & 0 \\ 0 & d_2 & 0 \\ 0 & 0 & d_3 \end{bmatrix} \begin{bmatrix} a_{11} & a_{12} & a_{13} & a_{14} \\ a_{21} & a_{22} & a_{23} & a_{24} \\ a_{31} & a_{32} & a_{33} & a_{34} \end{bmatrix} = \begin{bmatrix} d_1a_{11} & d_1a_{12} & d_1a_{13} & d_1a_{14} \\ d_2a_{21} & d_2a_{22} & d_2a_{23} & d_2a_{24} \\ d_3a_{31} & d_3a_{32} & d_3a_{33} & d_3a_{34} \end{bmatrix}$$

$$\begin{bmatrix} a_{11} & a_{12} & a_{13} \\ a_{21} & a_{22} & a_{23} \\ a_{31} & a_{32} & a_{33} \\ a_{41} & a_{42} & a_{43} \end{bmatrix} \begin{bmatrix} d_1 & 0 & 0 \\ 0 & d_2 & 0 \\ 0 & 0 & d_3 \end{bmatrix} = \begin{bmatrix} d_1a_{11} & d_2a_{12} & d_3a_{13} \\ d_1a_{21} & d_2a_{22} & d_3a_{23} \\ d_1a_{31} & d_2a_{32} & d_3a_{33} \\ d_1a_{41} & d_2a_{42} & d_3a_{43} \end{bmatrix}.$$

Wie man sieht, *entspricht die linksseitige Multiplikation mit einer Diagonalmatrix der Multiplikation der Zeilen von $A$ mit den Diagonalelementen von $D$, die rechtsseitige Multiplikation ergibt sich durch Multiplikation der Spalten von $A$ mit den Diagonalelementen von $D$.*

## Dreiecksmatrizen

Eine quadratische Matrix, die oberhalb der Hauptdiagonalen nur Nullen enthält, heißt *untere Dreiecksmatrix;* sind alle Elemente unter der Diagonalen null, so heißt sie *obere Dreiecksmatrix*. Eine Matrix, die eine dieser Eigenschaften hat, wird als *Dreiecksmatrix* bezeichnet.

**Beispiel 2**

$$\begin{bmatrix} a_{11} & a_{12} & a_{13} & a_{14} \\ 0 & a_{22} & a_{23} & a_{24} \\ 0 & 0 & a_{33} & a_{34} \\ 0 & 0 & 0 & a_{44} \end{bmatrix} \qquad \begin{bmatrix} a_{11} & 0 & 0 & 0 \\ a_{21} & a_{22} & 0 & 0 \\ a_{31} & a_{32} & a_{33} & 0 \\ a_{41} & a_{42} & a_{43} & a_{44} \end{bmatrix}$$

obere $4 \times 4$-Dreiecksmatrix

untere $4 \times 4$-Dreiecksmatrix

**Bemerkung.** Diagonalmatrizen haben sowohl obere als auch untere Dreiecksform, da alle Elemente außerhalb der Hauptdiagonalen null sind. *Quadratische* Zeilenstufenmatrizen haben stets obere Dreiecksgestalt, da unter den führenden Einsen nur Nullen stehen.

Es folgen einige nützliche Charakterisierungen von Dreiecksmatrizen. (Der Leser kann sich davon überzeugen, wenn er sie an den Matrizen aus Beispiel 2 nachprüft.)

Sei eine quadratische Matrix $A = [a_{ij}]$ gegeben.

- $A$ ist genau dann eine obere Dreiecksmatrix, wenn die ersten $i - 1$ Elemente der $i$-ten Zeile null sind.
- ist genau dann eine untere Dreiecksmatrix, wenn die ersten $j - 1$ Elemente der $j$-ten Spalte null sind.
- $A$ ist genau dann eine obere Dreiecksmatrix, wenn $a_{ij} = 0$ für $i > j$ gilt.
- $A$ ist genau dann eine untere Dreiecksmatrix, wenn $a_{ij} = 0$ für $i < j$ gilt.

Der nächste Satz liefert grundlegende Eigenschaften von Dreiecksmatrizen.

**Satz 1.7.1.**

a) *Die Transponierte einer unteren Dreiecksmatrix ist eine obere Dreiecksmatrix und umgekehrt.*
b) *Das Produkt unterer (oberer) Dreiecksmatrizen ist wieder eine untere (obere) Dreiecksmatrix.*
c) *Eine Dreiecksmatrix ist genau dann invertierbar, wenn ihre Diagonalelemente von Null verschieden sind.*
d) *Die Inverse einer unteren (oberen) Dreiecksmatrix ist eine obere (untere) Dreiecksmatrix.*

Teil a) ist evident angesichts der Tatsache, daß das Transponieren einer Spiegelung der Matrix an ihrer Hauptdiagonalen entspricht; den formalen Beweis übergehen wir. Die Teile c) und d) werden wir im nächsten Kapitel beweisen, wo uns effizientere Methoden zur Verfügung stehen; wir behandeln hier nur Teil b).

**Beweis b).** Wir betrachten untere Dreiecksmatrizen, der andere Fall wird analog bewiesen. Seien also $A = [a_{ij}]$ und $B = [b_{ij}]$ untere $n \times n$-Dreiecksmatrizen und sei $C = [c_{ij}] = AB$ ihr Produkt. Wir müssen zeigen, daß für $i < j$ $c_{ij} = 0$ gilt. Nach Definition der Matrixmultiplikation ist

$$c_{ij} = a_{i1}b_{1j} + a_{i2}b_{2j} + \cdots a_{in}b_{nj}.$$

Für $i < j$ können wir die Summanden umordnen zu

$$c_{ij} = \underbrace{a_{i1}b_{1j} + a_{i2}b_{2j} + \cdots + a_{ij-1}b_{j-ij}}_{\substack{\text{Zeilenindex von b} \\ < \text{Spaltenindex von b}}} + \underbrace{a_{ij}b_{jj} + \cdots + a_{in}b_{nj}}_{\substack{\text{Zeilenindex von a} \\ < \text{Spaltenindex von a}}}.$$

Da $A$ und $B$ untere Dreiecksgestalt haben, sind im ersten Teil der Summe alle $b$'s null; außerdem verschwinden die $a$'s im zweiten Teil. Damit ist aber $c_{ij} = 0$, womit der Beweis erbracht ist. □

**Beispiel 3** Man betrachte die oberen Dreiecksmatrizen

$$A = \begin{bmatrix} 1 & 3 & -1 \\ 0 & 2 & 4 \\ 0 & 0 & 5 \end{bmatrix} \qquad B = \begin{bmatrix} 3 & -2 & 2 \\ 0 & 0 & -1 \\ 0 & 0 & 1 \end{bmatrix}.$$

Nach Satz 1.7.1 c) ist $A$ invertierbar, während $B$ keine Inverse besitzt. Mit dem Verfahren aus Abschnitt 1.5 ergibt sich

$$A^{-1} = \begin{bmatrix} 1 & -\frac{3}{2} & \frac{7}{5} \\ 0 & \frac{1}{2} & -\frac{2}{5} \\ 0 & 0 & \frac{1}{5} \end{bmatrix}.$$

Die Inverse von $A$ hat also ebenfalls obere Dreiecksgestalt (siehe Satz 1.7.1 d)). Weiter ergibt sich das Produkt

$$AB = \begin{bmatrix} 3 & -2 & -2 \\ 0 & 0 & 2 \\ 0 & 0 & 5 \end{bmatrix}$$

als obere Dreiecksmatrix, was nach Satz 1.7.1 b) zu erwarten war.

## Symmetrische Matrizen

Wie nennen eine quadratische Matrix ***symmetrisch,*** wenn $A = A^T$ gilt.

**Beispiel 4** Die folgenden Matrizen sind symmetrisch.

$$\begin{bmatrix} 7 & -3 \\ -3 & 5 \end{bmatrix} \quad \begin{bmatrix} 1 & 4 & 5 \\ 4 & -3 & 0 \\ 5 & 0 & 7 \end{bmatrix} \quad \begin{bmatrix} d_1 & 0 & 0 & 0 \\ 0 & d_2 & 0 & 0 \\ 0 & 0 & d_3 & 0 \\ 0 & 0 & 0 & d_4 \end{bmatrix}.$$

Symmetrische Matrizen sind leicht zu erkennen: Da das Transponieren einer Spiegelung an der Diagonalen entspricht, müssen alle Elemente einer symmetrischen Matrix spiegelbildlich bezüglich der Hauptdiagonalen angeordnet sein; insbesondere sind die Diagonalelemente keinen Einschränkungen unterworfen (Abbildung 1.10).

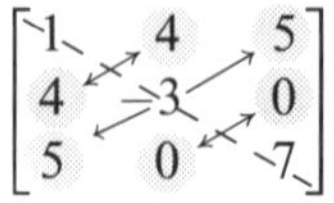

$$\begin{bmatrix} 1 & 4 & 5 \\ 4 & -3 & 0 \\ 5 & 0 & 7 \end{bmatrix}$$

**Abb. 1.10**

Anders ausgedrückt: $A = [a_{ij}]$ ist genau dann symmetrisch, wenn $a_{ij} = a_{ji}$ für alle $i$ und $j$ gilt. Wie in Beispiel 4 dargestellt, sind Diagonalmatrizen immer symmetrisch.

Der folgende Satz behandelt die wichtigsten algebraischen Eigenschaften symmetrischer Matrizen. Der Beweis ergibt sich aus Satz 1.4.9 und soll als Übungsaufgabe erfolgen.

**Satz 1.7.2.** *Seien $A$ und $B$ symmetrische Matrizen derselben Größe und $k$ ein Skalar, dann gilt:*

*a) $A^T$ ist symmetrisch,*
*b) $A+B$ und $A-B$ sind symmetrisch,*
*c) $kA$ ist symmetrisch.*

**Bemerkung.** Die Symmetrie der Faktoren überträgt sich nur in Spezialfällen auf das Produkt zweier Matrizen. Sind $A$ und $B$ symmetrisch, so gilt nach Satz 1.4.9 d)

$$(AB)^T = B^T A^T = BA,$$

woraus wegen der Nichtkommutativität der Multiplikation keine Symmetrie folgt, es sei denn, $A$ und $B$ ***kommutieren,*** was bedeutet, daß sie die Gleichung $AB = BA$ erfüllen. Wir halten fest: *Das Produkt zweier symmetrischer Matrizen ist genau dann symmetrisch, wenn die Faktoren kommutieren.*

**Beispiel 5** Wir betrachten ein *nichtsymmetrisches* sowie ein *symmetrisches* Matrizenprodukt, wobei alle Faktoren symmetrisch sind. Es folgt, daß die Matrizen der ersten Gleichung – im Unterschied zu den Faktoren der zweiten – nicht kommutieren.

$$\begin{bmatrix} 1 & 2 \\ 2 & 3 \end{bmatrix}\begin{bmatrix} -4 & 1 \\ 1 & 0 \end{bmatrix} = \begin{bmatrix} -2 & 1 \\ -5 & 2 \end{bmatrix}$$

$$\begin{bmatrix} 1 & 2 \\ 2 & 3 \end{bmatrix} \begin{bmatrix} -4 & 3 \\ 3 & -1 \end{bmatrix} = \begin{bmatrix} 2 & 1 \\ 1 & 3 \end{bmatrix}$$

Natürlich gibt es symmetrische Matrizen, die keine Inverse besitzen (beispielsweise die Nullmatrix). Die Symmetrie einer *invertierbaren* Matrix überträgt sich allerdings auch auf ihre Inverse.

**Satz 1.7.3.** *Ist $A$ eine invertierbare, symmetrische Matrix, so ist auch $A^{-1}$ symmetrisch.*

**Beweis.** Sei $A$ symmetrisch und invertierbar. Nach Satz 1.4.10 folgt wegen $A = A^T$

$$(A^{-1})^T = (A^T)^{-1} = A^{-1},$$

also ist $A^{-1}$ symmetrisch. □

## Matrizen der Form $AA^T$ und $A^TA$

In vielen Anwendungen begegnet man Matrixprodukten der Gestalt $AA^T$ und $A^TA$. Für eine $m \times n$-Matrix $A$ hat $A^T$ das Format $n \times m$, also ist $AA^T$ eine $m \times m$- und $A^TA$ eine $n \times n$-Matrix, so daß beide Produkte quadratisch sind. Außerdem sind sie wegen

$$(AA^T)^T = (A^T)^T A^T = AA^T \quad \text{und} \quad (A^TA)^T = A^T(A^T)^T = A^TA$$

immer symmetrisch.

**Beispiel 6** Sei $A$ die $2 \times 3$-Matrix

$$A = \begin{bmatrix} 1 & -2 & 4 \\ 3 & 0 & -5 \end{bmatrix}.$$

Dann sind

$$A^TA = \begin{bmatrix} 1 & 3 \\ -2 & 0 \\ 4 & -5 \end{bmatrix} \begin{bmatrix} 1 & -2 & 4 \\ 3 & 0 & -5 \end{bmatrix} = \begin{bmatrix} 10 & -2 & -11 \\ -2 & 4 & -8 \\ -11 & -8 & 41 \end{bmatrix}$$

$$AA^T = \begin{bmatrix} 1 & -2 & 4 \\ 3 & 0 & -5 \end{bmatrix} \begin{bmatrix} 1 & 3 \\ -2 & 0 \\ 4 & -5 \end{bmatrix} = \begin{bmatrix} 21 & -17 \\ -17 & 34 \end{bmatrix}$$

(wie erwartet) symmetrisch.

Wir werden uns später eingehend mit der Invertierbarkeit dieser Produkte beschäftigen. Für *quadratische* Matrizen $A$ können wir jetzt schon folgenden Satz beweisen.

**Satz 1.7.4.** *Wenn $A$ eine invertierbare Matrix ist, dann sind auch $AA^T$ und $A^TA$ invertierbar.*

**Beweis.** Mit $A$ ist nach Satz 1.4.10 auch $A^T$ invertierbar. Damit sind $AA^T$ und $A^TA$ als Produkte invertierbarer Matrizen invertierbar. □

## Übungen zu 1.7

**1.** Man gebe die Inversen der folgenden Matrizen an, sofern sie existieren.

a) $\begin{bmatrix} 2 & 0 \\ 0 & -5 \end{bmatrix}$ b) $\begin{bmatrix} 4 & 0 & 0 \\ 0 & 0 & 0 \\ 0 & 0 & 5 \end{bmatrix}$ c) $\begin{bmatrix} -1 & 0 & 0 \\ 0 & 2 & 0 \\ 0 & 0 & \frac{1}{3} \end{bmatrix}$

**2.** Man bestimme folgende Produkte durch „Hinsehen".

a) $\begin{bmatrix} 3 & 0 & 0 \\ 0 & -1 & 0 \\ 0 & 0 & 2 \end{bmatrix} \begin{bmatrix} 2 & 1 \\ -4 & 1 \\ 2 & 5 \end{bmatrix}$ b) $\begin{bmatrix} 2 & 0 & 0 \\ 0 & -1 & 0 \\ 0 & 0 & 4 \end{bmatrix} \begin{bmatrix} 4 & -1 & 3 \\ 1 & 2 & 0 \\ -5 & 1 & -2 \end{bmatrix} \begin{bmatrix} -3 & 0 & 0 \\ 0 & 5 & 0 \\ 0 & 0 & 2 \end{bmatrix}$

**3.** Man bestimme (ohne Rechnung) $A^2, A^{-2}$ und $A^{-k}$.

a) $A = \begin{bmatrix} 1 & 0 \\ 0 & -2 \end{bmatrix}$ b) $A = \begin{bmatrix} \frac{1}{2} & 0 & 0 \\ 0 & \frac{1}{3} & 0 \\ 0 & 0 & \frac{1}{4} \end{bmatrix}$

**4.** Man untersuche die Matrizen auf Symmetrie.

a) $\begin{bmatrix} 2 & -1 \\ 1 & 2 \end{bmatrix}$ b) $\begin{bmatrix} 3 & 4 \\ 4 & 0 \end{bmatrix}$ c) $\begin{bmatrix} 2 & -1 & 3 \\ -1 & 5 & 1 \\ 3 & 1 & 7 \end{bmatrix}$ d) $\begin{bmatrix} 0 & 0 & 1 \\ 0 & 2 & 0 \\ 3 & 0 & 0 \end{bmatrix}$

**5.** Welche der folgenden Dreiecksmatrizen sind invertierbar?

a) $\begin{bmatrix} -1 & 2 & 4 \\ 0 & 3 & 0 \\ 0 & 0 & 5 \end{bmatrix}$ b) $\begin{bmatrix} 0 & 1 & -2 & 5 \\ 0 & 1 & 5 & 6 \\ 0 & 0 & -3 & 1 \\ 0 & 0 & 0 & 5 \end{bmatrix}$

**6.** Man bestimme alle $a, b$ und $c$, für die $A$ symmetrisch ist.

$$A = \begin{bmatrix} 2 & a-2b+2c & 2a+b+c \\ 3 & 5 & a+c \\ 0 & -2 & 7 \end{bmatrix}$$

**7.** Man bestimme alle $a$ und $b$, für die weder $A$ noch $B$ invertierbar ist.

$$A = \begin{bmatrix} a+b-1 & 0 \\ 0 & 3 \end{bmatrix} \qquad B = \begin{bmatrix} 5 & 0 \\ 0 & 2a-3b-7 \end{bmatrix}$$

**8.** Man entscheide anhand der gegebenen Gleichung, ob die Matrizen auf der linken Seite kommutieren.

a) $\begin{bmatrix} 1 & -3 \\ -3 & 2 \end{bmatrix} \begin{bmatrix} 4 & 1 \\ 1 & 2 \end{bmatrix} = \begin{bmatrix} 1 & -5 \\ -10 & 1 \end{bmatrix}$ b) $\begin{bmatrix} 2 & -1 \\ -1 & 3 \end{bmatrix} \begin{bmatrix} 3 & 2 \\ 2 & 1 \end{bmatrix} = \begin{bmatrix} 4 & 3 \\ 3 & 1 \end{bmatrix}$

**9.** Man zeige, daß $A$ und $B$ für $a - d = 7b$ kommutieren.

$$A = \begin{bmatrix} 2 & 1 \\ 1 & -5 \end{bmatrix} \qquad B = \begin{bmatrix} a & b \\ b & d \end{bmatrix}$$

**10.** Man bestimme eine Diagonalmatrix $A$ mit

a) $A^5 = \begin{bmatrix} 1 & 0 & 0 \\ 0 & -1 & 0 \\ 0 & 0 & -1 \end{bmatrix}$ b) $A^{-2} = \begin{bmatrix} 9 & 0 & 0 \\ 0 & 4 & 0 \\ 0 & 0 & 1 \end{bmatrix}$.

**11.** a) Man schreibe $A$ als Produkt $A = BD$ mit einer Diagonalmatrix $D$.

$$A = \begin{bmatrix} 3a_{11} & 5a_{12} & 7a_{13} \\ 3a_{21} & 5a_{22} & 7a_{23} \\ 3a_{31} & 5a_{32} & 7a_{33} \end{bmatrix}$$

b) Ist die in a) gefundene Zerlegung eindeutig? Man begründe die Antwort.

**12.** Man prüfe Satz 1.7.1 b) für die Matrizen

$$A = \begin{bmatrix} -1 & 2 & 5 \\ 0 & 1 & 3 \\ 0 & 0 & -4 \end{bmatrix} \qquad B = \begin{bmatrix} 2 & -8 & 0 \\ 0 & 2 & 1 \\ 0 & 0 & 3 \end{bmatrix}.$$

**13.** Man prüfe Satz 1.7.1 d) für die Matrizen aus Aufgabe 12.

**14.** Man kontrolliere Satz 1.7.3 für die Matrix

a) $A = \begin{bmatrix} 2 & -1 \\ -1 & 3 \end{bmatrix}$ b) $A = \begin{bmatrix} 1 & -2 & 3 \\ -2 & 1 & -7 \\ 3 & -7 & 4 \end{bmatrix}$.

**15.** Man zeige für eine symmetrische Matrix $A$:

a) $A^2$ ist symmetrisch.
b) $2A^2 - 3A + I$ ist symmetrisch.

**16.** Sei $A$ symmetrisch.

a) Man zeige, daß $A^k$ für jede natürliche Zahl $k$ symmetrisch ist.
b) Ist $p(A)$ für jedes Polynom $p(x)$ symmetrisch? Man begründe die Antwort.

**17.** Sei $A$ eine obere Dreiecksmatrix und $p(x)$ ein Polynom. Ist dann auch $p(A)$ obere Dreiecksmatrix? Man begründe die Antwort.

**18.** Man beweise: Aus $A^T A = A$ folgt $A$ ist symmetrisch und $A = A^2$.

**19.** Wieviele unterschiedliche Elemente kann eine symmetrische $n \times n$-Matrix höchstens haben?

**20.** Ist die $n \times n$-Matrix $A = [a_{ij}]$ symmetrisch?

a) $a_{ij} = i^2 + j^2$ b) $a_{ij} = i^2 - j^2$

c) $a_{ij} = 2i + 2j$ d) $a_{ij} = 2i^2 + 2j^3$

**21.** Welches Kriterium muß eine Formel für $a_{ij}$ erfüllen, damit $A = [a_{ij}]$ symmetrisch ist?

**22.** Eine quadratische Matrix $A$ heißt ***schiefsymmetrisch***, wenn $A^T = -A$ ist. Man beweise:

a) Ist $A$ schiefsymmetrisch und invertierbar, so ist auch $A^{-1}$ schiefsymmetrisch.
b) Mit $A$ und $B$ sind auch die Matrizen $A^T, A + B, A - B$ und $kA$ (wobei $k$ ein Skalar ist) schiefsymmetrisch.
c) Jede quadratische Matrix kann als Summe einer symmetrischen und einer schiefsymmetrischen Matrix dargestellt werden.

**23.** Wir haben oben gezeigt, daß das Produkt symmetrischer Matrizen genau dann symmetrisch ist, wenn die Faktoren kommutieren. Läßt sich dieses Ergebnis auch auf schiefsymmetrische Matrizen übertragben? [*Anmerkung*: Zur Begriffsbildung siehe Aufgabe 22.]

**24.** Läßt sich eine $n \times n$-Matrix $A$ als $A = LU$ mit einer unteren Dreiecksmatrix $L$ und einer oberen Dreiecksmatrix $U$ darstellen, so kann das Gleichungssystem $A\mathbf{x} = \mathbf{b}$ folgendermaßen gelöst werden:

**Schritt 1.** Mit $U\mathbf{x} = \mathbf{y}$ läßt sich $LU\mathbf{x} = \mathbf{b}$ als $L\mathbf{y} = \mathbf{b}$ auffassen. Man löse dieses System nach $\mathbf{y}$ auf.
**Schritt 2.** Man löse das System $U\mathbf{x} = \mathbf{y}$ nach $\mathbf{x}$ auf.

Man bestimme damit die Lösungen folgender Gleichungssysteme.

a) $$\begin{bmatrix} 1 & 0 & 0 \\ -2 & 3 & 0 \\ 2 & 4 & 1 \end{bmatrix} \begin{bmatrix} 2 & -1 & 3 \\ 0 & 1 & 2 \\ 0 & 0 & 4 \end{bmatrix} \begin{bmatrix} x_1 \\ x_2 \\ x_3 \end{bmatrix} = \begin{bmatrix} 1 \\ -2 \\ 0 \end{bmatrix}$$

b) $$\begin{bmatrix} 2 & 0 & 0 \\ 4 & 1 & 0 \\ -3 & -2 & 3 \end{bmatrix} \begin{bmatrix} 3 & -5 & 2 \\ 0 & 4 & 1 \\ 0 & 0 & 2 \end{bmatrix} \begin{bmatrix} x_1 \\ x_2 \\ x_3 \end{bmatrix} = \begin{bmatrix} 4 \\ -5 \\ 2 \end{bmatrix}.$$

## Ergänzende Übungen zu Kapitel 1

**1.** Man löse die folgenden Gleichungen mit Gauß-Jordan-Elimination nach $x'$ und $y'$ auf.

$$x = \tfrac{3}{5}x' - \tfrac{4}{5}y'$$
$$y = \tfrac{4}{5}x' + \tfrac{3}{5}y'.$$

**2.** Man stelle das folgende System mit Gauß-Jordan-Elimination nach $x'$ und $y'$ um.

$$x = x'\cos\theta\, y'\sin\theta$$
$$y = x'\sin\theta + y'\cos\theta$$

**3.** Man bestimme ein homogenes lineares System mit zwei Gleichungen, die keine Vielfachen voneinander sind, so daß

$$x_1 = 1, \quad x_2 = -1, \quad x_3 = 1, \quad x_4 = 2$$

und

$$x_1 = 2, \quad x_2 = 0, \quad x_3 = 3, \quad x_4 = -1$$

dieses System lösen.

**4.** Eine Schachtel enthalte 13 Münzen (Ein-, Fünf- und Zehnpfennigstücke) im Wert von 83 Pfennig. Wieviele Münzen jeder Sorte befinden sich in der Schachtel?

**5.** Man ermittle natürliche Zahlen $x, y$ und $z$ mit

$$\begin{aligned} x + y + z &= 9 \\ x + 5y + 10z &= 44. \end{aligned}$$

**6.** Für welche $a$ hat das folgende System keine, genau eine oder unendlich viele Lösungen?

$$\begin{aligned} x_1 + x_2 + x_3 &= 4 \\ x_3 &= 2 \\ (a^2 - 4)x_3 &= a - 2 \end{aligned}$$

**7.** Sei

$$\begin{bmatrix} a & 0 & b & 2 \\ a & a & 4 & 4 \\ 0 & a & 2 & b \end{bmatrix}$$

die erweiterte Matrix eines linearen Systems. Für welche $a$ und $b$ hat das System

a) eine eindeutige,
b) eine einparametrige,
c) eine zweiparametrige,
d) keine Lösung?

**8.** Man löse nach $x, y$ und $z$ auf.

$$\begin{aligned} xy - 2\sqrt{y} + 3zy &= 8 \\ 2xy - 3\sqrt{y} + 2zy &= 7 \\ -xy + \sqrt{y} + 2zy &= 4 \end{aligned}$$

**9.** Man ermittle eine Matrix $K$ mit $AKB = C$, wobei

$$A = \begin{bmatrix} 1 & 4 \\ -2 & 3 \\ 1 & -2 \end{bmatrix}, \quad B = \begin{bmatrix} 2 & 0 & 0 \\ 0 & 1 & -1 \end{bmatrix}, \quad C = \begin{bmatrix} 8 & 6 & -6 \\ 6 & -1 & 1 \\ -4 & 0 & 0 \end{bmatrix}.$$

**10.** Wie müssen die Koeffizienten $a, b$ und $c$ gewählt werden, damit das Gleichungssystem

$$\begin{aligned} ax + by - 3z &= -3 \\ -2x - by + cz &= -1 \\ ax + 3y - cz &= -3 \end{aligned}$$

die Lösung $x = 1, y = -1$ und $z = 2$ hat?

**11.** Man löse nach $X$ auf.

a) $X \begin{bmatrix} -1 & 0 & 1 \\ 1 & 1 & 0 \\ 3 & 1 & -1 \end{bmatrix} = \begin{bmatrix} 1 & 2 & 0 \\ -3 & 1 & 5 \end{bmatrix}$ b) $X \begin{bmatrix} 1 & -1 & 2 \\ 3 & 0 & 1 \end{bmatrix} = \begin{bmatrix} -5 & -1 & 0 \\ 6 & -3 & 7 \end{bmatrix}$

c) $\begin{bmatrix} 3 & 1 \\ -1 & 2 \end{bmatrix} X - X \begin{bmatrix} 1 & 4 \\ 2 & 0 \end{bmatrix} = \begin{bmatrix} 2 & -2 \\ 5 & 4 \end{bmatrix}$

**12.** a) Man schreibe die Gleichungen

$$\begin{aligned} y_1 &= x_1 - x_2 + x_3 \\ y_2 &= 3x_1 + x_2 - 4x_3 \\ y_3 &= -2x_1 - 2x_2 + 3x_3 \end{aligned} \quad \text{und} \quad \begin{aligned} z_1 &= 4y_1 - y_2 + y_3 \\ z_2 &= -3y_1 + 5y_2 - y_3 \end{aligned}$$

als $\mathbf{y} = A\mathbf{x}$ und $\mathbf{z} = B\mathbf{y}$ in Matrixform und bestimme damit eine direkte Beziehung $\mathbf{z} = C\mathbf{x}$ zwischen $\mathbf{z}$ und $\mathbf{x}$.

b) Man verwende die Gleichung $\mathbf{z} = C\mathbf{x}$ aus a), um $z_1$ und $z_2$ in Abhängigkeit von $x_1, x_2$ und $x_3$ darzustellen.

c) Man überprüfe das Ergebnis aus b) durch direktes Einsetzen der Gleichungen für $y_1, y_2$ und $y_3$ in die Formeln für $z_1$ und $z_2$.

**13.** Wieviele Multiplikationen und Additionen sind notwendig, um das Matrixprodukt $AB$ einer $m \times n$-Matrix $A$ und einer $n \times p$-Matrix $B$ zu berechnen?

**14.** Sei $A$ eine quadratische Matrix.

a) Man zeige daß aus $A^4 = 0$ die Beziehung $(I - A)^{-1} = I + A + A^2 + A^3$ folgt.

b) Man zeige: Ist $A^{n+1} = 0$, so ist $(I - A)^{-1} = I + A + A^2 + \cdots + A^n$.

**15.** Man bestimme $a, b$ und $c$, so daß der Graph des Polynoms $p(x) = ax^2 + bx + c$ durch die Punkte $(1, 2), (-1, 6)$ und $(2, 3)$ verläuft.

**16.** (*Für Leser mit Analysiskenntnissen.*) *Man ermittle* $a, b$ *und* $c$, *so daß der Graph des Polynoms* $p(x) = ax^2 + bx + c$ *durch* $(-1, 0)$ *verläuft und in* $(2, -9)$ *eine waagerechte Tangente hat.*

**17.** Sei $J_n$ die $n \times n$-Matrix, deren Elemente alle 1 sind. Man zeige

$$(I - J_n)_1^{-1} = I - \frac{1}{n-1} J_n.$$

**18.** Man zeige: Ist $A$ eine quadratische Matrix mit $A^3 + 4A^2 - 2A + 7I = 0$, so erfüllt auch $A^T$ diese Gleichung.

**19.** Man zeige: Ist $B$ invertierbar, so gilt $AB^{-1} = B^{-1}A$ genau dann, wenn $AB = BA$ ist.

**20.** Man beweise: Ist $A$ invertierbar, so sind $A + B$ und $I + BA^{-1}$ entweder beide invertierbar oder beide nicht invertierbar.

**21.** Man zeige für $n \times n$-Matrizen $A$ und $B$:

a) $\text{sp}(A + B) = \text{sp}(A) + \text{sp}(B)$  b) $\text{sp}(kA) = k\ \text{sp}(A)$

c) $\text{sp}(A^T) = \text{sp}(A)$  d) $\text{sp}(AB) = \text{sp}(BA)$

**22.** Man zeige unter Verwendung von Aufgabe 21, daß es keine quadratischen Matrizen $A$ und $B$ mit

$$AB - BA = I$$

gibt.

**23.** Man beweise: Ist $A$ eine $m \times n$-Matrix, und ist $\mathbf{b}$ diejenige $n \times 1$-Matrix, deren Elemente alle gleich $\frac{1}{n}$ sind, so ist

$$A\mathbf{b} = \begin{bmatrix} \bar{r}_1 \\ \bar{r}_2 \\ \vdots \\ \bar{r}_m \end{bmatrix},$$

wobei $\bar{r}_i$ das arithmetische Mittel der Elemente der $i$-ten Zeile von $A$ ist.

**24.** (*Für Leser mit Analysiskenntnissen.*) *Die Elemente der Matrix*

$$C = \begin{bmatrix} c_{11}(x) & c_{12}(x) & \cdots & c_{1n}(x) \\ c_{21}(x) & c_{22}(x) & \cdots & c_{2n}(x) \\ \vdots & \vdots & & \vdots \\ c_{m1}(x) & c_{m2}(x) & \cdots & c_{mn}(x) \end{bmatrix}$$

seien differenzierbare Funktionen von $x$. Wir definieren dann

$$\frac{\mathrm{d}C}{\mathrm{d}x} = \begin{bmatrix} c'_{11}(x) & c'_{12}(x) & \cdots & c'_{ln}(x) \\ c'_{21}(x) & c'_{22}(x) & \cdots & c'_{2n}(x) \\ \vdots & \vdots & & \vdots \\ c'_{m1}(x) & c'_{m2}(x) & \cdots & c'_{mn}(x) \end{bmatrix}$$

Man zeige: Haben die Matrizen $A$ und $B$ differenzierbare Funktionen von $x$ als Elemente und sind ihre Formate so gewählt, daß die angegebenen Operationen definiert sind, so gilt

a) $\dfrac{\mathrm{d}}{\mathrm{d}x}(kA) = k\dfrac{\mathrm{d}A}{\mathrm{d}x}$ b) $\dfrac{\mathrm{d}}{\mathrm{d}x}(A+B) = \dfrac{\mathrm{d}A}{\mathrm{d}x} + \dfrac{\mathrm{d}B}{\mathrm{d}x}$

c) $\dfrac{\mathrm{d}}{\mathrm{d}x}(AB) = \dfrac{\mathrm{d}A}{\mathrm{d}x}B + A\dfrac{\mathrm{d}B}{\mathrm{d}x}$.

**25.** (*Für Leser mit Analysiskenntnissen.*) Man zeige mit Aufgabe 24 c):

$$\frac{\mathrm{d}A^{-1}}{\mathrm{d}x} = -A^{-1}\frac{\mathrm{d}A}{\mathrm{d}x}A^{-1}.$$

Welche Voraussetzungen gehen hier ein?

**26.** Man bestimme $A, B$ und $C$ so, daß

$$\frac{x^2+x-2}{(3x-1)(x^2+1)} = \frac{A}{3x-1} + \frac{Bx+C}{x^2+1}.$$

[*Hinweis*: Man multipliziere mit $(3x-1)(x^2+1)$ und vergleiche die Koeffizienten der Polynome auf beiden Seiten.]

**27.** Ist $\mathbf{p}$ eine $n \times 1$-Matrix mit $\mathbf{p}^T\mathbf{p} = 1$, so heißt $H = I - 2\mathbf{p}\mathbf{p}^T$ die ***Householder-Matrix*** zu $\mathbf{p}$ (nach dem amerikanischen Mathematiker A.S. Householder).

a) Man zeige, daß für $\mathbf{p}^T = [\frac{3}{4}\ \frac{1}{6}\ \frac{1}{4}\ \frac{5}{12}\ \frac{5}{12}]$ die Gleichung $\mathbf{p}^T\mathbf{p} = 1$ gilt, und berechne die zugehörige Householder-Matrix.

b) Man beweise, daß für eine Householder-Matrix $H$ stets $H = H^T$ und $H^TH = I$ gilt.

c) Man verifiziere die Gleichungen aus b) für die in a) berechnete Householder-Matrix.

**28.** Man prüfe die folgenden Gleichungen (unter der Annahme, daß die angegebenen inversen Matrizen existieren).

a) $(C^{-1}+D^{-1})^{-1} = C(C+D)^{-1}D$ b) $(I+CD)^{-1}C = C(I+DC)^{-1}$

c) $(C+DD^T)^{-1}D = C^{-1}D(I+D^TC^{-1}D)^{-1}$

**29.** a) Man zeige, daß für $a \neq b$ die folgende Gleichung gilt:

$$a^n + a^{n-1}b + a^{n-2}b^2 + \cdots + ab^{n-1} + b^n = \frac{a^{n+1}-b^{n+1}}{a-b}.$$

b) Man bestimme mit a) die Matrix $A^n$ für

$$A = \begin{bmatrix} a & 0 & 0 \\ 0 & b & 0 \\ 1 & 0 & c \end{bmatrix}.$$

# 2 Determinanten

## 2.1 Die Determinantenfunktion

*Wir sind vertraut mit Funktionen vom Typ* $f(x) = \sin x$ *oder* $f(x) = x^2$*, die einer reellen Variablen* $x$ *einen reellen Wert* $f(x)$ *zuordnen. Da* $x$ *und* $f(x)$ *als reell vorausgesetzt werden, spricht man von „reellwertigen Funktionen einer reellen Variablen". Im folgenden Abschnitt untersuchen wir die* ***Determinantenfunktion*** *als „reellwertige Funktion einer Matrixvariablen", was bedeutet, daß einer Matrix* $X$ *eine reelle Zahl* $f(X)$ *zugeordnet wird. Die Untersuchung von Determinantenfunktionen hat wichtige Anwendungen in der Theorie linearer Gleichungssysteme, außerdem führt sie uns zu einer expliziten Formel für die Inverse einer Matrix.*
Wir wissen nach Satz 1.4.5, daß die Matrix

$$A = \begin{bmatrix} a & b \\ c & d \end{bmatrix}$$

für $ad - bc \neq 0$ invertierbar ist. Der Ausdruck $ad - bc$ taucht häufig auf, er heißt *Determinante* der $2 \times 2$-Matrix $A$ und wird als $\det(A)$ bezeichnet. Damit erhalten wir als Inverse von $A$

$$A^{-1} = \frac{1}{\det(A)} \begin{bmatrix} d & -b \\ -c & a \end{bmatrix}.$$

Wir wollen diesen Begriff jetzt auf Matrizen höherer Ordnung übertragen. Zur Vorbereitung dieses Konzepts beschäftigen wir uns zuerst mit Permutationen.

### Permutationen

> **Definition.** Eine ***Permutation*** der Menge $\{1, 2, \ldots, n\}$ ist eine Anordnung dieser Zahlen ohne Auslassungen oder Wiederholungen.

**Beispiel 1** Es gibt sechs verschiedene Permutationen der Menge $\{1, 2, 3\}$, nämlich

$$\begin{array}{lll} (1, 2, 3) & (2, 1, 3) & (3, 1, 2) \\ (1, 3, 2) & (2, 3, 1) & (3, 2, 1). \end{array}$$

Um Permutationen systematisch aufzulisten, benutzt man günstigerweise einen *Permutationsbaum*. Diese Methode wird im nächsten Beispiel dargestellt.

**Beispiel 2** Man bestimme alle Permutationen der Menge $\{1, 2, 3, 4\}$.

*Lösung*. Man betrachte Abbildung 2.1. Die vier mit 1, 2, 3, 4 bezeichneten Punkte in der obersten Reihe der Abbildung beschreiben die Möglichkeiten, die erste Zahl der Permutation zu wählen.

Von jedem dieser Punkte gehen drei Äste aus, welche die Wahlmöglichkeiten für die zweite Zahl darstellen. Betrachten wir also die durch $(2, -, -, -)$ begonnene Permutation, dann stehen für die zweite Stelle 1, 3 und 4 zur Auswahl. Die zwei Äste, die von jedem der Punkte in der zweiten Reihe ausgehen, stehen für die Wahlmöglichkeiten der dritten Position. Beginnt die Permutation mit $(2, 3, -, -)$, so können wir die dritte Stelle als 1 oder 4 wählen.

Schließlich repräsentiert der einzelne Ast, der von jedem Punkt der dritten Reihe ausgeht, die Möglichkeit, die für die vierte Position bleibt. Haben wir also die Permutation mit $(2, 3, 4, -)$ begonnen, so müssen wir als letzte Zahl 1 wählen. Wir erhalten die verschiedenen Permutationen, indem wir alle Wege durch den „Baum" von der ersten bis zur letzten Reihe durchgehen. Das ergibt folgende Liste

(1, 2, 3, 4) (2, 1, 3, 4) (3, 1, 2, 4) (4, 1, 2, 3)
(1, 2, 4, 3) (2, 1, 4, 3) (3, 1, 4, 2) (4, 1, 3, 2)
(1, 3, 2, 4) (2, 3, 1, 4) (3, 2, 1, 4) (4, 2, 1, 3)
(1, 3, 4, 2) (2, 3, 1, 4) (3, 2, 4, 1) (4, 2, 3, 1)
(1, 4, 2, 3) (2, 4, 1, 3) (3, 4, 1, 2) (4, 3, 1, 2)
(1, 4, 3, 2) (2, 4, 3, 1) (3, 4, 2, 1) (4, 3, 2, 1).

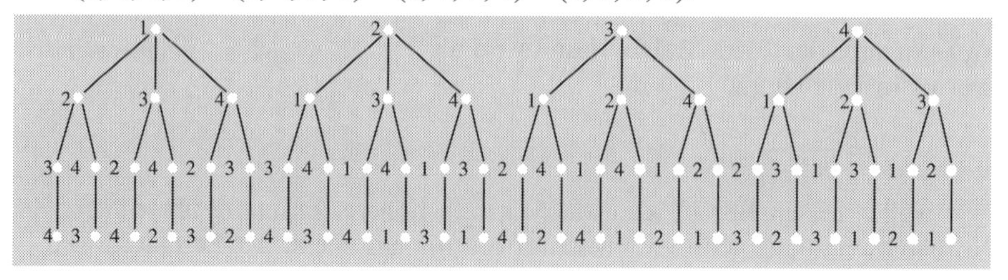


**Abb. 2.1**

Das Beispiel zeigt, daß es 24 Permutationen von $\{1, 2, 3, 4\}$ gibt. Dieses Ergebnis hätten wir auch ohne Hinschreiben der einzelnen Permutationen durch folgende Überlegung erhalten können. Zu jeder der vier Wahlmöglichkeiten für die erste Stelle gibt es drei Alternativen, die zweite Position zu besetzen, so daß wir $4 \cdot 3$ Wege haben, die beiden ersten Zahlen zu wählen. Die Besetzung der dritten Stelle kann dann auf zwei verschiedene Arten erfolgen, insgesamt sind das $4 \cdot 3 \cdot 2$ Möglichkeiten für die drei ersten Positionen. Da schließlich nur noch eine einzige Zahl für die letzte Stelle bleibt, gibt es $4 \cdot 3 \cdot 2 \cdot 1 = 24$ Wege, die Permutation zu bilden. Allgemein erlaubt die Menge $\{1, 2, \ldots, n\}$ genau $n(n-1) \cdots 2 \cdot 1 = n!$ verschiedene Anordnungen.

Wir schreiben eine Permutation der Menge $\{1, 2, \ldots, n\}$ gewöhnlich als $(j_1, j_2, \ldots, j_n)$, wobei $j_i$ die $i$-te Zahl der Permutation angibt. Eine ***Inversion*** ist ein Zahlenpaar, dessen natürliche Reihenfolge durch die Permutation

vertauscht wurde. Die Anzahl der Inversionen in der Permutation $(j_1, j_2, \dots, j_n)$ kann folgendermaßen bestimmt werden:
1) Man bestimme die Anzahl der Zahlen, die kleiner als $j_1$ sind.
2) Man bestimme die Anzahl der Zahlen, die kleiner als $j_2$ sind, aber in der Permutation erst nach $j_2$ stehen.

Der zweite Schritt wird der Reihe nach für $j_3, \dots, j_{n-1}$ durchgeführt. Die Summe der in jedem Schritt gefundenen Anzahl ist die Gesamtzahl der Inversionen.

**Beispiel 3** Man bestimme die Anzahl der Inversionen in den folgenden Permutationen:

$$\text{a) } (6,1,3,4,5,2) \qquad \text{b) } (2,4,1,3) \qquad \text{c) } (1,2,3,4).$$

*Lösung.*

a) Die Permutation enthält $5+0+1+1+1=8$ Inversionen.
b) Die Zahl der Inversionen beträgt $1+2+0=3$.
c) Es treten keine Inversionen auf.

**Definition.** Eine Permutation heißt ***gerade,*** wenn sie eine gerade Anzahl von Inversionen enthält; sie heißt ***ungerade***, wenn die Anzahl ihrer Inversionen ungerade ist.

**Beispiel 4** Die folgende Tabelle gibt die Permutationen von $\{1,2,3\}$ an und unterscheidet sie als gerade oder ungerade.

| Permutationen | Anzahl der Inversionen | Klassifizierung |
|---|---|---|
| (1, 2, 3) | 0 | gerade |
| (1, 3, 2) | 1 | ungerade |
| (2, 1, 3) | 1 | ungerade |
| (2, 3, 1) | 2 | gerade |
| (3, 1, 2) | 2 | gerade |
| (3, 2, 1) | 3 | ungerade |

## Definition der Determinante

Ein ***elementares Produkt*** aus einer $n \times n$-Matrix $A$ entsteht durch Multiplikation von $n$ Elementen von $A$, wobei keine zwei Faktoren in der derselben Zeile oder Spalte stehen.

**Beispiel 5** Man bestimme alle elementaren Produkte aus den Matrizen

$$\text{a) } \begin{bmatrix} a_{11} & a_{12} \\ a_{21} & a_{22} \end{bmatrix} \qquad \text{b) } \begin{bmatrix} a_{11} & a_{12} & a_{13} \\ a_{21} & a_{22} & a_{23} \\ a_{31} & a_{32} & a_{33} \end{bmatrix}.$$

*Lösung a).* Da jedes elementare Produkt aus zwei Faktoren besteht, die in verschiedenen Zeilen stehen, hat es die Form

$$a_{1\_}a_{2\_},$$

wobei die Spaltenindizes vorerst weggelassen wurden. Die beiden Faktoren dürfen nicht in derselben Spalte stehen, also sind $a_{11}a_{22}$ und $a_{12}a_{21}$ die einzigen elementaren Produkte.

*Lösung b).* Jedes elementare Produkt hat drei Faktoren, die alle in unterschiedlichen Zeilen der Matrix stehen, also ergibt sich die Form

$$a_{1\_}a_{2\_}a_{3\_}.$$

Da alle Faktoren in verschiedenen Spalten stehen, darf keine doppelt vorkommen, daher müssen die Spaltenindizes eine Permutation der Menge $\{1, 2, 3\}$ sein. Die $3! = 6$ Möglichkeiten liefern die elementaren Produkte:

$$\begin{array}{lll} a_{11}a_{22}a_{33} & a_{12}a_{21}a_{33} & a_{13}a_{21}a_{32} \\ a_{11}a_{23}a_{32} & a_{12}a_{23}a_{31} & a_{13}a_{22}a_{31}. \end{array}$$

Wie dieses Beispiel zeigt, hat eine $n \times n$-Matrix $A$ $n!$ elementare Produkte der Form $a_{1j_1}a_{2j_2}\cdots a_{nj_n}$, wobei $(j_1, j_2, \ldots, j_n)$ eine Permutation der Menge $\{1, 2, \ldots, n\}$ ist. Durch Multiplikation eines solchen Produkts mit $+1$ oder $-1$ erhalten wir ein ***vorzeichenbehaftetes elementares Produkt*** aus $A$, dabei wählen wir $+$ für eine gerade und $-$ für eine ungerade Permutation $(j_1, j_2, \ldots, j_n)$.

**Beispiel 6** Man bestimme alle vorzeichenbehafteten elementaren Produkte aus

$$\text{a)} \begin{bmatrix} a_{11} & a_{12} \\ a_{21} & a_{22} \end{bmatrix} \qquad \text{b)} \begin{bmatrix} a_{11} & a_{12} & a_{13} \\ a_{21} & a_{22} & a_{23} \\ a_{31} & a_{32} & a_{33} \end{bmatrix}.$$

*Lösung.*

| | Elementares Produkt | Zugehörige Permutation | Klassifizierung | Vorzeichenbehaftetes elementares Produkt |
|---|---|---|---|---|
| a) | $a_{11}a_{22}$ | (1, 2) | gerade | $a_{11}a_{22}$ |
| | $a_{12}a_{21}$ | (2, 1) | ungerade | $-a_{12}a_{21}$ |
| b) | $a_{11}a_{22}a_{33}$ | (1, 2, 3) | gerade | $a_{11}a_{22}a_{33}$ |
| | $a_{11}a_{23}a_{32}$ | (1, 3, 2) | ungerade | $-a_{11}a_{23}a_{32}$ |
| | $a_{12}a_{21}a_{33}$ | (2, 1, 3) | ungerade | $-a_{12}a_{21}a_{33}$ |
| | $a_{12}a_{23}a_{31}$ | (2, 3, 1) | gerade | $a_{12}a_{23}a_{31}$ |
| | $a_{13}a_{21}a_{32}$ | (3, 1, 2) | gerade | $a_{13}a_{21}a_{32}$ |
| | $a_{13}a_{22}a_{31}$ | (3, 2, 1) | ungerade | $-a_{13}a_{22}a_{31}$ |

Nun können wir die Determinantenfunktion definieren.

> **Definition.** Sei $A$ eine quadratische Matrix. Wir bezeichnen die ***Determinantenfunktion*** mit det, wobei wir $\det(A)$ als Summe aller vorzeichenbehafteten elementaren Produkte aus $A$ definieren. Die so berechnete Zahl nennen wir ***Determinante von A***

## Berechnung von 2 × 2- und 3 × 3-Determinanten

**Beispiel 7** Mit Hilfe von Beispiel 6 erhalten wir

a) $$\det\begin{bmatrix} a_{11} & a_{12} \\ a_{21} & a_{22} \end{bmatrix} = a_{11}a_{22} - a_{12}a_{21},$$

b) $$\det\begin{bmatrix} a_{11} & a_{12} & a_{13} \\ a_{21} & a_{22} & a_{23} \\ a_{31} & a_{32} & a_{33} \end{bmatrix} = \begin{aligned} &a_{11}a_{22}a_{33} + a_{12}a_{23}a_{31} + a_{13}a_{21}a_{32} \\ &-a_{13}a_{22}a_{31} - a_{12}a_{21}a_{33} - a_{11}a_{23}a_{32}. \end{aligned}$$

Es ist nützlich, die beiden Formeln griffbereit zu haben. Mit der in Abbildung 2.2 gezeigten Methode fällt es leichter, sich diese unhandlichen Ausdrücke zu merken. Die erste Formel aus Beispiel 7 erhält man aus Abbildung 2.2a, indem man vom Produkt der Elemente entlang des rechtsgerichteten Pfeiles das Produkt der Elemente des nach links weisenden Pfeiles subtrahiert. Um die zweite Gleichung zu erhalten, kopiert man zuerst die erste und zweite Spalte der Matrix wie in Abbildung 2.2b. Zur Berechnung der Determinante summiert man die Produkte entlang der nach rechts weisenden Pfeile und subtrahiert die Produkte entlang der linksgerichteten Pfeile.

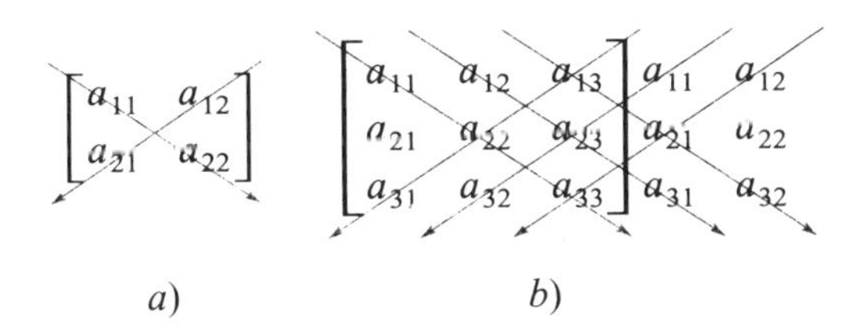


**Abb. 2.2**

**Beispiel 8** Man berechne die Determinanten von

$$A = \begin{bmatrix} 3 & 1 \\ 4 & -2 \end{bmatrix} \quad \text{und} \quad B = \begin{bmatrix} 1 & 2 & 3 \\ -4 & 5 & 6 \\ 7 & -8 & 9 \end{bmatrix}.$$

*Lösung*. Nach Abbildung 2.2a ist

$$\det(A) = (3)(-2) - (1)(4) = -10.$$

Mit Abbildung 2.2b erhält man

$$\det(B) = (45) + (84) + (96) - (105) - (-48) - (-72) = 240$$

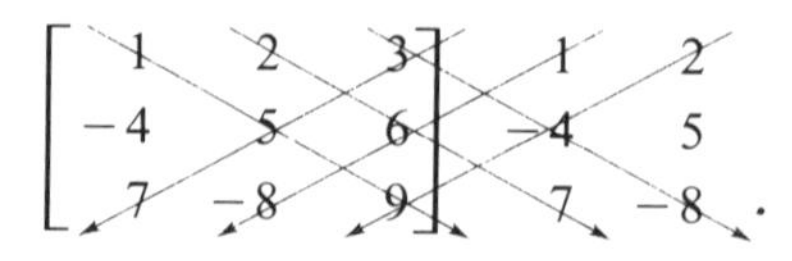

**Warnung.** Wir möchten darauf hinweisen, daß die in Abbildung 2.2 beschriebenen Methoden für Determinanten größerer Matrizen nicht funktionieren.

Die Bestimmung von Determinanten anhand der Definition führt in der Praxis zu Problemen. Tatsächlich erfordert die direkte Berechnung einer $4 \times 4$-Determinante $4! = 24$ vorzeichenbehaftete elementare Produkte, für eine $10 \times 10$-Determinante werden schon $10! = 3\,628\,800$ dieser Terme benötigt. Selbst die schnellsten Computer können die in der Definition angegebene Rechenvorschrift für eine $25 \times 25$-Determinante nicht in vertretbarer Zeit umsetzen. Wir werden uns daher in diesem Kapitel vorwiegend mit denjenigen Eigenschaften von Determinanten beschäftigen, die sich zur Vereinfachung der Berechnungsvorschrift verwenden lassen.

## Begriffe und Schreibweisen

Zum Abschluß dieses Abschnittes wollen wir einige Begriffe und Notationen einführen. Zunächst halten wir fest, daß wir $\det(A)$ auch als $|A|$ bezeichnen. Damit können wir beispielsweise die Determinante einer $3 \times 3$-Matrix als

$$\det\begin{bmatrix} a_{11} & a_{12} & a_{13} \\ a_{21} & a_{22} & a_{23} \\ a_{31} & a_{32} & a_{33} \end{bmatrix} \quad \text{oder} \quad \begin{vmatrix} a_{11} & a_{12} & a_{13} \\ a_{21} & a_{22} & a_{23} \\ a_{31} & a_{32} & a_{33} \end{vmatrix}$$

schreiben. Für die Determinante der Matrix $A$ aus Beispiel 8 ergibt sich mit dieser Schreibweise

$$\begin{vmatrix} 3 & 1 \\ 4 & -2 \end{vmatrix} = -10.$$

**Bemerkung.** Genau genommen ist die Determinante einer Matrix eine Zahl. Es hat sich jedoch ein gewisser „Mißbrauch“ dieses Begriffs eingebürgert, indem die Bezeichnung „Determinante“ auch für die Matrix benutzt wird, deren Determinante berechnet wird. Wir meinen also mit

$$\begin{vmatrix} 3 & 1 \\ 4 & -2 \end{vmatrix}$$

eine $2 \times 2$-Determinante und bezeichnen 3 als das Element in der ersten Zeile und ersten Spalte der Determinante.

Die Determinante von $A$ wird oft symbolisch als

$$\det(A) = \sum \pm\, a_{1j_1} a_{2j_2} \cdots a_n j_n \tag{1}$$

geschrieben, wobei $\Sigma\pm$ bedeutet, daß die Summe über alle Permutationen $(j_1, j_2, \ldots, j_n)$ gebildet wird und die Vorzeichen jedes Terms entsprechend gewählt werden. Diese Schreibweise ist nützlich, wenn besonders auf die Definition der Determinante hingewiesen werden soll.

## Übungen zu 2.1

**1.** Man bestimme die Anzahl der Inversionen der folgenden Permutationen von $\{1,2,3,4,5\}$:

a) (4 1 3 5 2) b) (5 3 4 2 1) c) (3 2 5 4 1)

d) (5 4 3 2 1) e) (1 2 3 4 5) f) (1 4 2 3 5)

**2.** Sind die Permutationen aus Aufgabe 1 gerade oder ungerade?

Man berechne die Determinanten in den Übungen 3–12.

**3.** $\begin{vmatrix} 3 & 5 \\ -2 & 4 \end{vmatrix}$ **4.** $\begin{vmatrix} 4 & 1 \\ 8 & 2 \end{vmatrix}$ **5.** $\begin{vmatrix} -5 & 6 \\ -7 & -2 \end{vmatrix}$ **6.** $\begin{vmatrix} \sqrt{2} & \sqrt{6} \\ 4 & \sqrt{3} \end{vmatrix}$

**7.** $\begin{vmatrix} a-3 & 5 \\ -3 & a-2 \end{vmatrix}$ **8.** $\begin{vmatrix} -2 & 7 & 6 \\ 5 & 1 & -2 \\ 3 & 8 & 4 \end{vmatrix}$ **9.** $\begin{vmatrix} -2 & 1 & 4 \\ 3 & 5 & -7 \\ 1 & 6 & 2 \end{vmatrix}$

**10.** $\begin{vmatrix} -1 & 1 & 2 \\ 3 & 0 & -5 \\ 1 & 7 & 2 \end{vmatrix}$ **11.** $\begin{vmatrix} 3 & 0 & 0 \\ 2 & -1 & 5 \\ 1 & 9 & -4 \end{vmatrix}$ **12.** $\begin{vmatrix} c & -4 & 3 \\ 2 & 1 & c^2 \\ 4 & c-1 & 2 \end{vmatrix}$

**13.** Man bestimme alle $\lambda$, für die $\det(A) = 0$ ist.

a) $\begin{bmatrix} \lambda-2 & 1 \\ -5 & \lambda+4 \end{bmatrix}$ b) $\begin{bmatrix} \lambda-4 & 0 & 0 \\ 0 & \lambda & 2 \\ 0 & 3 & \lambda \quad 1 \end{bmatrix}$

**14.** Man klassifiziere alle Permutationen von $\{1,2,3,4\}$ als gerade oder ungerade.

**15.** Man stelle mit den Ergebnissen von Aufgabe 14 eine Formel für $4 \times 4$-Determinanten auf.

**16.** Man berechne unter Verwendung der Formel aus Aufgabe 15:

$$\begin{vmatrix} 4 & -9 & 9 & 2 \\ -2 & 5 & 6 & 4 \\ 1 & 2 & -5 & -3 \\ 1 & -2 & 0 & -2 \end{vmatrix}.$$

**17.** Man berechne mit Hilfe der Determinantendefinition:

$$\text{a)}\ \begin{vmatrix} 0 & 0 & 0 & 0 & -3 \\ 0 & 0 & 0 & -4 & 0 \\ 0 & 0 & -1 & 0 & 0 \\ 0 & 2 & 0 & 0 & 0 \\ 5 & 0 & 0 & 0 & 0 \end{vmatrix} \qquad \text{b)}\ \begin{vmatrix} 5 & 0 & 0 & 0 & 0 \\ 0 & 0 & 0 & 0 & -4 \\ 0 & 0 & 3 & 0 & 0 \\ 0 & 0 & 0 & 1 & 0 \\ 0 & -2 & 0 & 0 & 0 \end{vmatrix}.$$

**18.** Man löse nach $x$ auf.

$$\begin{vmatrix} x & -1 \\ 3 & 1-x \end{vmatrix} = \begin{vmatrix} 1 & 0 & -3 \\ 2 & x & -6 \\ 1 & 3 & x-5 \end{vmatrix}$$

**19.** Man zeige, daß der Wert der Determinante

$$\begin{vmatrix} \sin\theta & \cos\theta & 0 \\ -\cos\theta & \sin\theta & 0 \\ \sin\theta - \cos\theta & \sin\theta + \cos\theta & 1 \end{vmatrix}$$

nicht von $\theta$ abhängt.

**20.** Man zeige, daß die Matrizen

$$A = \begin{bmatrix} a & b \\ 0 & c \end{bmatrix} \qquad \text{und} \qquad B = \begin{bmatrix} d & e \\ 0 & f \end{bmatrix}$$

genau dann kommutieren, wenn

$$\begin{vmatrix} b & a-c \\ e & d-f \end{vmatrix} = 0$$

gilt.

## 2.2 Determinantenberechnung durch Zeilenoperationen

*Wir zeigen, daß die Determinante einer Matrix berechnet werden kann, indem man die Matrix auf Zeilenstufenform bringt. Diese Methode ist deswegen so wichtig, weil sie die langwierigen Rechnungen vermeidet, die bei direkter Anwendung der Determinantendefinition entstehen.*

## Ein fundamentaler Satz

Wir beginnen mit einem grundlegenden Ergebnis der Determinantentheorie.

**Satz 2.2.1.** *Sei $A$ eine quadratische Matrix.*

*a) Enthält $A$ eine Nullzeile oder -spalte, so ist* $\det(A) = 0$.
*b)* $\det(A) = \det(A^T)$.

**Beweis a).** Da ein elementares Produkt aus $A$ einen Faktor aus jeder Zeile und jeder Spalte enthält, tritt in jedem dieser Produkte ein Element aus der Nullzeile oder -spalte auf, so daß es den Wert null annehmen muß. $\det(A)$ ist die Summe aller vorzeichenbehafteten elementaren Produkte, also gilt $\det(A) = 0$. □

Wir lassen den Beweis von Teil b) weg, wollen aber darauf hinweisen, daß $A$ und $A^T$ dieselben elementaren Produkte liefern, da diese aus jeder Zeile und Spalte je einen Faktor enthalten. Man kann sogar zeigen, daß auch die entsprechenden Vorzeichen übereinstimmen, woraus $\det(A) = \det(A^T)$ folgt. Die dafür benötigten Ergebnisse über Permutationen stehen uns hier nicht zur Verfügung.

**Bemerkung.** Wegen Satz 2.2.1 b) gilt fast jeder Satz über Determinanten, der sich auf die Zeilen der Matrix bezieht, auch dann, wenn man „Zeile" durch „Spalte" ersetzt. Ein solches Ergebnis läßt sich dadurch beweisen, daß man die bekannte Formulierung auf die Transponierte der Matrix anwendet.

## Determinanten von Dreiecksmatrizen

Aufgrund des folgenden Satzes lassen sich Determinanten von Dreiecksmatrizen unabhängig von ihrer Größe leicht berechnen.

**Satz 2.2.2.** *Sei $A$ eine $n \times n$-Dreiecksmatrix (also eine obere oder untere Dreiecks- oder eine Diagonalmatrix). Dann ist* $\det(A)$ *das Produkt der Elemente auf der Hauptdiagonalen; das heißt* $\det(A) = a_{11}a_{22}\cdots a_{nn}$.

Der Einfachheit halber beweisen wir den Satz nur für untere $4 \times 4$-Dreiecksmatrizen

$$A = \begin{bmatrix} a_{11} & 0 & 0 & 0 \\ a_{21} & a_{22} & 0 & 0 \\ a_{31} & a_{32} & a_{33} & 0 \\ a_{41} & a_{42} & a_{43} & a_{44} \end{bmatrix}.$$

Im Beweis für $n \times n$-Matrizen argumentiert man ähnlich. Durch Anwendung von Satz 2.2.1 b) erhält man das Ergebnis für obere Dreiecksmatrizen, die sich als Transponierte unterer Dreiecksmatrizen mit denselben Diagonalelementen ergeben.

**Beweis von Satz 2.2.2 (für untere $4 \times 4$-Dreiecksmatrizen).** Das einzige nicht notwendig verschwindende elementare Produkt aus $A$ ist $a_{11}a_{22}a_{33}a_{44}$. Um diese Tatsache einzusehen, betrachtet man ein beliebiges elementares Produkt $a_{1j_1}a_{2j_2}a_{3j_3}a_{4j_4}$. Damit dieses Produkt nicht null ist, muß wegen $a_{12} = a_{13} = a_{14} = 0$ $j_1 = 1$ sein. Damit ist $j_2 \neq 1$, da keine zwei Faktoren in derselben Spalte stehen dürfen. Weiter ist $a_{23} = a_{24} = 0$, also muß man $j_2 = 2$ wählen, damit das Produkt nicht verschwindet. Führt man diese Argumentation weiter, so erhält man $j_3 = 3$ und $j_4 = 4$. Das zugehörige vorzeichenbehaftete elementare Produkt erhält man durch Multiplikation von $a_{11}a_{22}a_{33}a_{44}$ mit $+1$, also ist

$$\det(A) = a_{11}a_{22}a_{33}a_{44}. \quad \square$$

**Beispiel 1**

$$\begin{vmatrix} 2 & 7 & -3 & 8 & 3 \\ 0 & -3 & 7 & 5 & 1 \\ 0 & 0 & 6 & 7 & 6 \\ 0 & 0 & 0 & 9 & 8 \\ 0 & 0 & 0 & 0 & 4 \end{vmatrix} = (2)(-3)(6)(9)(4) = -1296.$$

## Auswirkungen elementarer Zeilenumformungen auf Determinanten

Im nächsten Satz sehen wir, wie eine elementare Zeilenumformung in einer Matrix den Wert ihrer Determinante beeinflußt.

**Satz 2.2.3.** *Sei $A$ eine $n \times n$-Matrix.*

*a) Ist $B$ die Matrix, die durch Multiplikation einer Zeile oder Spalte von $A$ mit einer Konstanten $k$ entsteht, so ist* $\det(B) = k\det(A)$.

*b) Entsteht $B$ aus $A$ durch Vertauschung von zwei Zeilen oder Spalten, so ist* $\det(B) = -\det(A)$.

*c) Für die Matrix $B$, die aus $A$ durch Addition eines Vielfachen einer Zeile oder Spalte zu einer anderen hervorgeht, gilt* $\det(B) = \det(A)$.

Man führt den Beweis, indem man die Determinanten mit Formel (1), Abschnitt 2.1, ermittelt und die Gleichungen nachrechnet. Wir beschränken uns hier darauf, den Satz exemplarisch für $3 \times 3$-Matrizen darzustellen.

**Beispiel 2**

| Determinantengleichung | Zeilenoperation |
|---|---|
| $\begin{vmatrix} ka_{11} & ka_{12} & ka_{13} \\ a_{21} & a_{22} & a_{23} \\ a_{31} & a_{32} & a_{33} \end{vmatrix} = k \begin{vmatrix} a_{11} & a_{12} & a_{13} \\ a_{21} & a_{22} & a_{23} \\ a_{31} & a_{32} & a_{33} \end{vmatrix}$ <br> $\mathbf{det}(\boldsymbol{B}) = \boldsymbol{k}\ \mathbf{det}(\boldsymbol{A})$ | Multiplikation der ersten Zeile von $A$ mit $k$ |
| $\begin{vmatrix} a_{21} & a_{22} & a_{23} \\ a_{11} & a_{12} & a_{13} \\ a_{31} & a_{32} & a_{33} \end{vmatrix} = - \begin{vmatrix} a_{11} & a_{12} & a_{13} \\ a_{21} & a_{22} & a_{23} \\ a_{31} & a_{32} & a_{33} \end{vmatrix}$ <br> $\mathbf{det}(\boldsymbol{B}) = -\mathbf{det}(\boldsymbol{A})$ | Vertauschen der beiden ersten Zeilen von $A$. |
| $\begin{vmatrix} a_{11}+ka_{21} & a_{12}+ka_{22} & a_{13}+ka_{23} \\ a_{21} & a_{22} & a_{23} \\ a_{31} & a_{32} & a_{33} \end{vmatrix} = \begin{vmatrix} a_{11} & a_{12} & a_{13} \\ a_{21} & a_{22} & a_{23} \\ a_{31} & a_{32} & a_{33} \end{vmatrix}$ <br> $\mathbf{det}(\boldsymbol{B}) = \mathbf{det}(\boldsymbol{A})$. | Addition des $k$-fachen der zweiten Zeile von $A$ zur ersten Zeile. |

Wir beweisen die letzte der Gleichungen und überlassen die übrigen dem Leser. Mit Beispiel 7, Abschnitt 2.1, ist

$$\begin{aligned}\det(B) &= (a_{11}+ka_{21})a_{22}a_{33} + (a_{12}+ka_{22})a_{23}a_{31} + (a_{13}+ka_{23})a_{21}a_{32} \\ &\quad - a_{31}a_{22}(a_{13}+ka_{23}) - a_{33}a_{21}(a_{12}+ka_{22}) - a_{32}a_{23}(a_{11}+ka_{21}) \\ &= \det(A) + k(a_{21}a_{22}a_{33} + a_{22}a_{23}a_{31} + a_{23}a_{21}a_{32} \\ &\quad - a_{31}a_{22}a_{23} - a_{33}a_{21}a_{22} - a_{32}a_{23}a_{21}) \\ &= \det(A)+0 = \det(A).\end{aligned}$$

**Bemerkung.** Wie in Beispiel 2 dargestellt, können wir wegen Satz 2.2.3 a) einen „gemeinsamen Faktor" aus einer Zeile (oder Spalte) vor die Determinante ziehen.

## Determinanten von Elementarmatrizen

Wir erinnern uns daran, daß Elementarmatrizen durch eine elementare Zeilenumformung aus der Einheitsmatrix hervorgehen. Setzen wir in Satz 2.2.3 $A = I_n$ [also $\det(A) = \det(I_n) = 1$], so ist $B$ eine Elementarmatrix. Wir erhalten dann folgenden Satz:

**Satz 2.2.4.** *Sei $E$ eine $n \times n$-Elementarmatrix.*

*a) Entsteht $E$ aus $I_n$ durch Multiplikation einer Zeile mit $k$, so ist* $\det(E) = k$.

*b) Ergibt sich $E$ durch Vertauschen zweier Zeilen der Einheitsmatrix, so ist* $\det(E) = -1$.

*c) Erzeugt man $E$ durch Addition eines Vielfachen einer Zeile von $I_n$ zu einer anderen, so ist* $\det(E) = 1$.

**Beispiel 3** Die folgenden Determinanten lassen sich nach Satz 2.2.4 ohne Rechnung ermitteln.

$$\begin{vmatrix} 1 & 0 & 0 & 0 \\ 0 & 3 & 0 & 0 \\ 0 & 0 & 1 & 0 \\ 0 & 0 & 0 & 1 \end{vmatrix} = 3 \qquad \begin{vmatrix} 0 & 0 & 0 & 1 \\ 0 & 1 & 0 & 0 \\ 0 & 0 & 1 & 0 \\ 1 & 0 & 0 & 0 \end{vmatrix} = -1 \qquad \begin{vmatrix} 1 & 0 & 0 & 7 \\ 0 & 1 & 0 & 0 \\ 0 & 0 & 1 & 0 \\ 0 & 0 & 0 & 1 \end{vmatrix} = 1.$$

Multiplikation der zweiten Zeile von $I_4$ mit 3.

Vertauschen der ersten und letzten Zeile von $I_4$.

Addition des 7fachen der letzten Zeile von $I_4$ zur ersten.

## Determinanten mit zueinander proportionalen Zeilen oder Spalten

Enthält eine quadratische Matrix $A$ zwei proportionale Zeilen (oder Spalten), so kann man durch Addition eines geeigneten Vielfachen der einen Zeile (oder Spalte) zur anderen eine Nullzeile (oder Nullspalte) erzeugen. Da diese Umformung die Determinante nicht verändert, folgt mit Satz 2.2.1 a) $\det(A) = 0$. Damit haben wir folgenden Satz bewiesen.

**Satz 2.2.5.** *Für eine quadratische Matrix $A$, die zwei zueinander proportionale Zeilen oder Spalten hat, ist* $\det(A) = 0$.

**Beispiel 4** Wir erzeugen aus zwei proportionalen Zeilen eine Nullzeile:

$$\begin{vmatrix} 1 & 3 & -2 & 4 \\ 2 & 6 & -4 & 8 \\ 3 & 9 & 1 & 5 \\ 1 & 1 & 4 & 8 \end{vmatrix} = \begin{vmatrix} 1 & 3 & -2 & 4 \\ 0 & 0 & 0 & 0 \\ 3 & 9 & 1 & 5 \\ 1 & 1 & 4 & 8 \end{vmatrix} = 0$$

Da sich die ersten beiden Zeilen nur um den Faktor 2 unterscheiden, addieren wir das $(-2)$fache der ersten Zeile zur zweiten und erhalten dort eine Nullzeile.

Jede der folgenden Matrizen enthält proportionale Zeilen oder Spalten, also ergeben sich ihre Determinanten ohne weitere Rechnung zu null.

$$\begin{bmatrix} -1 & 4 \\ -2 & 8 \end{bmatrix} \quad \begin{bmatrix} 1 & -2 & 7 \\ -4 & 8 & 5 \\ 2 & -4 & 3 \end{bmatrix} \quad \begin{bmatrix} 3 & -1 & 4 & -5 \\ 6 & -2 & 5 & 2 \\ 5 & 8 & 1 & 4 \\ -9 & 3 & -12 & 15 \end{bmatrix}.$$

## Determinantenberechnung durch Zeilenreduktion

Wir werden jetzt eine Methode zur Determinantenbestimmung angeben, die den hohen Rechenaufwand vermeidet, der bei direkter Anwendung der Definition auftritt. Das Verfahren basiert auf der Idee, die gegebene Matrix durch elementare Zeilenumformungen in eine obere Dreiecksmatrix umzuwandeln und deren Determinante zu berechnen, aus der man dann die gesuchte Determinante ableiten kann. Im folgenden Beispiel wird die Methode vorgestellt.

**Beispiel 5** Man bestimme die Determinante von

$$A = \begin{bmatrix} 0 & 1 & 5 \\ 3 & -6 & 9 \\ 2 & 6 & 1 \end{bmatrix}.$$

*Lösung*. Durch Reduktion von $A$ zur Zeilenstufenform (die einer oberen Dreiecksmatrix entspricht) und Anwendung von Satz 2.2.3 erhalten wir

$$\det(A) = \begin{vmatrix} 0 & 1 & 5 \\ 3 & -6 & 9 \\ 2 & 6 & 1 \end{vmatrix} = -\begin{vmatrix} 3 & -6 & 9 \\ 0 & 1 & 5 \\ 2 & 6 & 1 \end{vmatrix}$$

Die erste und zweite Zeile von $A$ wurden vertauscht.

$$= -3\begin{vmatrix} 1 & -2 & 3 \\ 0 & 1 & 5 \\ 2 & 6 & 1 \end{vmatrix}$$

Der gemeinsame Faktor 3 wurde aus der ersten Zeile vor die Determinante gezogen.

$$= -3\begin{vmatrix} 1 & -2 & 3 \\ 0 & 1 & 5 \\ 0 & 10 & -5 \end{vmatrix}$$

Das $(-2)$fache der ersten Zeile wurde zur dritten Zeile addiert.

$$= -3\begin{vmatrix} 1 & -2 & 3 \\ 0 & 1 & 5 \\ 0 & 0 & -55 \end{vmatrix}$$

Das $(-10)$fache der zweiten Zeile wurde zur dritten addiert.

$$= (-3)(-55)\begin{vmatrix} 1 & -2 & 3 \\ 0 & 1 & 5 \\ 0 & 0 & 1 \end{vmatrix}$$

Der gemeinsame Faktor $-55$ wurde aus der letzten Zeile vorgezogen.

$$= (-3)(-55)(1) = 165.$$

**Bemerkung.** Die Zeilenreduktion eignet sich gut zur computergestützten Determinantenberechnung, da sie systematisch ist und leicht programmiert werden kann. Wir werden jedoch in den folgenden Abschnitten weitere Methoden entwickeln, die sich für die Berechnung ohne Computer besser eignen.

**Beispiel 6** Man bestimme $\det(A)$ für

$$A = \begin{bmatrix} 1 & 0 & 0 & 3 \\ 2 & 7 & 0 & 6 \\ 0 & 6 & 3 & 0 \\ 7 & 3 & 1 & -5 \end{bmatrix}.$$

*Lösung.* Wir könnten die Matrix durch Zeilenumformungen in Zeilenstufenform bringen, ziehen es aber vor, in einer einzigen Spaltenoperation (Addition des $(-3)$fachen der ersten Spalte zur vierten) eine untere Dreiecksmatrix zu erzeugen.

$$\det(A) = \det \begin{bmatrix} 1 & 0 & 0 & 0 \\ 2 & 7 & 0 & 0 \\ 0 & 6 & 3 & 0 \\ 7 & 3 & 1 & -26 \end{bmatrix} = (1)(7)(3)(-26) = -546$$

## Übungen zu 2.2

**1.** Man verifiziere die Gleichung $\det(A) = \det(A^T)$ für

a) $A = \begin{bmatrix} -2 & 3 \\ 1 & 4 \end{bmatrix}$ b) $\begin{bmatrix} 2 & -1 & 3 \\ 1 & 2 & 4 \\ 5 & -3 & 6 \end{bmatrix}$.

**2.** Man bestimme die folgenden Determinanten „durch Hinsehen".

a) $\begin{vmatrix} 3 & -17 & 4 \\ 0 & 5 & 1 \\ 0 & 0 & -2 \end{vmatrix}$ b) $\begin{vmatrix} \sqrt{2} & 0 & 0 & 0 \\ -8 & \sqrt{2} & 0 & 0 \\ 7 & 0 & -1 & 0 \\ 9 & 5 & 6 & 1 \end{vmatrix}$

c) $\begin{vmatrix} -2 & 1 & 3 \\ 1 & -7 & 4 \\ -2 & 1 & 3 \end{vmatrix}$ d) $\begin{vmatrix} 1 & -2 & 3 \\ 2 & -4 & 6 \\ 5 & -8 & 1 \end{vmatrix}$

**3.** Man bestimme die Determinanten der Elementarmatrizen.

a) $\begin{bmatrix} 1 & 0 & 0 & 0 \\ 0 & 1 & 0 & 0 \\ 0 & 0 & -5 & 0 \\ 0 & 0 & 0 & 1 \end{bmatrix}$ b) $\begin{bmatrix} 1 & 0 & 0 & 0 \\ 0 & 0 & 1 & 0 \\ 0 & 1 & 0 & 0 \\ 0 & 0 & 0 & 1 \end{bmatrix}$ c) $\begin{bmatrix} 1 & 0 & 0 & 0 \\ 0 & 1 & 0 & -9 \\ 0 & 0 & 1 & 0 \\ 0 & 0 & 0 & 1 \end{bmatrix}$

Man berechne in den Übungen 4–11 jeweils die Determinante durch Reduktion der gegebenen Matrix auf Zeilenstufenform.

**4.** $\begin{bmatrix} 3 & 6 & -9 \\ 0 & 0 & -2 \\ -2 & 1 & 5 \end{bmatrix}$ **5.** $\begin{bmatrix} 0 & 3 & 1 \\ 1 & 1 & 2 \\ 3 & 2 & 4 \end{bmatrix}$ **6.** $\begin{bmatrix} 1 & -3 & 0 \\ -2 & 4 & 1 \\ 5 & -2 & 2 \end{bmatrix}$

**7.** $\begin{bmatrix} 3 & -6 & 9 \\ -2 & 7 & -2 \\ 0 & 1 & 5 \end{bmatrix}$ **8.** $\begin{bmatrix} 1 & -2 & 3 & 1 \\ 5 & -9 & 6 & 3 \\ -1 & 2 & -6 & -2 \\ 2 & 8 & 6 & 1 \end{bmatrix}$ **9.** $\begin{bmatrix} 2 & 1 & 3 & 1 \\ 1 & 0 & 1 & 1 \\ 0 & 2 & 1 & 0 \\ 0 & 1 & 2 & 3 \end{bmatrix}$

**10.** $\begin{bmatrix} 0 & 1 & 1 & 1 \\ \frac{1}{2} & \frac{1}{2} & 1 & \frac{1}{2} \\ \frac{2}{3} & \frac{1}{3} & \frac{1}{3} & 0 \\ -\frac{1}{3} & \frac{2}{3} & 0 & 0 \end{bmatrix}$ **11.** $\begin{bmatrix} 1 & 3 & 1 & 5 & 3 \\ -2 & -7 & 0 & -4 & 2 \\ 0 & 0 & 1 & 0 & 1 \\ 0 & 0 & 2 & 1 & 1 \\ 0 & 0 & 0 & 1 & 1 \end{bmatrix}$

**12.** Man berechne für

$$\begin{vmatrix} a & b & c \\ d & e & f \\ g & h & i \end{vmatrix} = -6$$

a) $\begin{vmatrix} d & e & f \\ g & h & i \\ a & b & c \end{vmatrix}$ b) $\begin{vmatrix} 3a & 3b & 3c \\ -d & -e & -f \\ 4g & 4h & 4i \end{vmatrix}$ c) $\begin{vmatrix} a+g & b+h & c+i \\ d & e & f \\ g & h & i \end{vmatrix}$

d) $\begin{vmatrix} -3a & -3b & -3c \\ d & e & f \\ g-4d & h-4e & i-4f \end{vmatrix}$.

**13.** Man zeige durch Zeilenreduktion:

$$\begin{vmatrix} 1 & 1 & 1 \\ a & b & c \\ a^2 & b^2 & c^2 \end{vmatrix} = (b-a)(c-a)(c-b).$$

**14.** Man zeige analog zu Satz 2.2.2:

a) $\det \begin{bmatrix} 0 & 0 & a_{13} \\ 0 & a_{22} & a_{23} \\ a_{31} & a_{32} & a_{33} \end{bmatrix} = -a_{13}a_{22}a_{31}$

b) $\det \begin{bmatrix} 0 & 0 & 0 & a_{14} \\ 0 & 0 & a_{23} & a_{24} \\ 0 & a_{32} & a_{33} & a_{34} \\ a_{41} & a_{42} & a_{43} & a_{44} \end{bmatrix} = a_{14}a_{23}a_{32}a_{41}.$

**15.** Man beweise folgende Spezialfälle von Satz 2.2.3:

a) $$\begin{vmatrix} ka_{11} & ka_{12} & ka_{13} \\ a_{21} & a_{22} & a_{23} \\ a_{31} & a_{32} & a_{33} \end{vmatrix} = k \begin{vmatrix} a_{11} & a_{12} & a_{13} \\ a_{21} & a_{22} & a_{23} \\ a_{31} & a_{32} & a_{33} \end{vmatrix}$$

b) $$\begin{vmatrix} a_{21} & a_{22} & a_{23} \\ a_{11} & a_{12} & a_{13} \\ a_{31} & a_{32} & a_{33} \end{vmatrix} = - \begin{vmatrix} a_{11} & a_{12} & a_{13} \\ a_{21} & a_{22} & a_{23} \\ a_{31} & a_{32} & a_{33} \end{vmatrix}.$$

# 2.3 Eigenschaften der Determinantenfunktion

*Wir werden einige grundlegende Eigenschaften der Determinantenfunktion entwickeln, um weitere Einblicke in die Beziehung zwischen einer quadratischen Matrix und ihrer Determinante zu erhalten. Als unmittelbare Konsequenz ergibt sich ein wichtiges Kriterium für die Invertierbarkeit einer Matrix.*

## Grundlegende Eigenschaften von Determinanten

Seien $A, B$ $n \times n$-Matrizen und $k$ ein Skalar. Wir wollen untersuchen, welcher Zusammenhang zwischen

$$\det(kA), \quad \det(A+B), \quad \det(AB)$$

und $\det(A)$, $\det(B)$ besteht.

Da ein gemeinsamer Faktor aus irgendeiner Zeile vor die Determinante gezogen werden kann und jede der $n$ Zeilen von $kA$ den Faktor $k$ enthält, ergibt sich

$$\det(kA) = k^n \det(A). \tag{1}$$

So ist beispielsweise

$$\begin{vmatrix} ka_{11} & ka_{12} & ka_{13} \\ ka_{21} & ka_{22} & ka_{23} \\ ka_{31} & ka_{32} & ka_{33} \end{vmatrix} = k^3 \begin{vmatrix} a_{11} & a_{12} & a_{13} \\ a_{21} & a_{22} & a_{23} \\ a_{31} & a_{32} & a_{33} \end{vmatrix}.$$

Leider gibt es keine einfache, allgemein gültige Beziehung zwischen $\det(A)$, $\det(B)$ und $\det(A+B)$. Insbesondere stimmen $\det(A+B)$ und $\det(A)+\det(B)$ gewöhnlich nicht überein, was am folgenden Beispiel klar wird.

**Beispiel 1** Man betrachte

$$A = \begin{bmatrix} 1 & 2 \\ 2 & 5 \end{bmatrix} \qquad B = \begin{bmatrix} 3 & 1 \\ 1 & 3 \end{bmatrix} \qquad A+B = \begin{bmatrix} 4 & 3 \\ 3 & 8 \end{bmatrix}.$$

Es sind $\det(A) = 1$, $\det(B) = 8$ und $\det(A+B) = 23$, also $\det(A+B) \neq \det(A) + \det(B)$.

Trotz der unterschiedlichen Ergebnisse können wir eine wichtige Formel über die Summe von Determinanten herleiten, die sich oft als nützlich erweist. Dazu betrachten wir die beiden $2 \times 2$-Matrizen, die sich nur in der zweiten Zeile voneinander unterscheiden:

$$A = \begin{bmatrix} a_{11} & a_{12} \\ a_{21} & a_{22} \end{bmatrix} \quad \text{und} \quad B = \begin{bmatrix} a_{11} & a_{12} \\ b_{21} & b_{22} \end{bmatrix}.$$

Wegen

$$\begin{aligned} \det(A) + \det(B) &= (a_{11}a_{22} - a_{12}a_{21}) + (a_{11}b_{22} - a_{12}b_{21}) \\ &= a_{11}(a_{22} + b_{22}) - a_{12}(a_{21} + b_{21}) \\ &= \det \begin{bmatrix} a_{11} & a_{12} \\ a_{21} + b_{21} & a_{22} + b_{22} \end{bmatrix} \end{aligned}$$

ist

$$\det \begin{bmatrix} a_{11} & a_{12} \\ a_{21} & a_{22} \end{bmatrix} + \det \begin{bmatrix} a_{11} & a_{12} \\ b_{21} & b_{22} \end{bmatrix} = \det \begin{bmatrix} a_{11} & a_{12} \\ a_{21} + b_{21} & a_{22} + b_{22} \end{bmatrix}.$$

Wir haben damit einen Spezialfall des folgenden allgemeinen Ergebnisses gezeigt:

**Satz 2.3.1.** *Seien $A$, $B$ und $C$ $n \times n$-Matrizen, die sich nur in einer einzigen Zeile (Spalte), etwa in der $r$-ten, unterscheiden, wobei sich die $r$-te Zeile (Spalte) von $C$ als Summe der $r$-ten Zeilen (Spalten) von $A$ und $B$ ergibt. Dann gilt*

$$\det(C) = \det(A) + \det(B).$$

**Beispiel 2** Durch Berechnung der Determinanten verifiziert man

$$\det \begin{bmatrix} 1 & 7 & 5 \\ 2 & 0 & 3 \\ 1+0 & 4+1 & 7+(-1) \end{bmatrix} = \det \begin{bmatrix} 1 & 7 & 5 \\ 2 & 0 & 3 \\ 1 & 4 & 7 \end{bmatrix} + \det \begin{bmatrix} 1 & 7 & 5 \\ 2 & 0 & 3 \\ 0 & 1 & -1 \end{bmatrix}.$$

## Determinante eines Matrixproduktes

Angesichts der Kompliziertheit der Definitionen von Matrixprodukten und Determinanten erscheint es unwahrscheinlich, eine einfache Beziehung zwischen der Determinante eines Matrixproduktes und den Determinanten der Faktoren zu finden. Um so überraschender ist das folgende Ergebnis: Für quadratische Matrizen $A$ und $B$ derselben Größe gilt

$$\det(AB) = \det(A)\det(B). \tag{2}$$

Der Beweis ist recht schwierig, also werden wir zuerst einige vorbereitende Sätze herleiten. Wir beginnen damit, daß wir (2) für eine Elementarmatrix $A$ beweisen. Da dieses Resultat nur der Hinführung zum eigentlichen Beweis dient, nennen wir es Lemma.

**Lemma 2.3.2.** *Für eine $n \times n$-Matrix $B$ und eine $n \times n$-Elementarmatrix $E$ gilt*

$$\det(EB) = \det(E)\det(B).$$

**Beweis.** Da $E$ durch verschiedene Zeilenumformungen entstehen kann, unterscheiden wir drei Fälle.

*Fall 1.* Ergibt sich $E$ durch Multiplikation einer Zeile von $I_n$ mit $k$, so erhält man nach Satz 1.5.1 die Matrix $EB$, indem man eine Zeile von $B$ mit $k$ multipliziert. Satz 2.2.3 a) liefert

$$\det(EB) = k \det(B).$$

Nach Satz 2.2.4 a) ist $\det(E) = k$, also

$$\det(EB) = \det(E)\det(B).$$

*Fall 2 und 3.* Wenn $E$ aus $I_n$ durch Zeilenvertauschung oder Addition eines Vielfachen einer Zeile zu einer anderen entsteht, dann ergibt sich die Behauptung analog zu Fall 1. Wir überlassen es dem Leser, die Details auszuarbeiten. □

**Bemerkung.** Für eine $n \times n$-Matrix $B$ und $n \times n$-Elementarmatrizen $E_1, E_2, \ldots, E_r$ folgt durch mehrfaches Anwenden von Lemma 2.3.2

$$\det(E_1 E_2 \cdots E_r B) = \det(E_1)\det(E_2) \cdots \det(E_r)\det(B), \tag{3}$$

also beispielsweise

$$\det(E_1 E_2 B) = \det(E_1)\det(E_2 B) = \det(E_1)\det(E_2)\det(B).$$

## Determinantentest zur Invertierbarkeit

Der nächste Satz ist einer der wichtigsten der linearen Algebra. Er liefert uns ein Determinantenkriterium für die Invertierbarkeit einer Matrix und wird im Beweis von (2) verwendet werden.

**Satz 2.3.3.** *Eine quadratische Matrix $A$ ist genau dann invertierbar, wenn $\det(A) \neq 0$ gilt.*

**Beweis.** Sei $R$ die reduzierte Zeilenstufenform von $A$. Wir werden zuerst zeigen, daß genau dann $\det(A) = 0$ ist, wenn $\det(R) = 0$ gilt. Seien dazu $E_1, E_2, \ldots, E_r$ die Elementarmatrizen, mit denen sich $A$ in $R$ überführen läßt, also

$$R = E_r \cdots E_2 E_1 A$$

und nach (3)

$$\det(R) = \det(E_r) \cdots \det(E_2)\det(E_1)\det(A). \tag{4}$$

Nach Satz 2.2.4 sind die Determinanten der Elementarmatrizen von Null verschieden, womit unsere Zwischenbehauptung bewiesen ist. (Man beachte, daß die Multiplikation einer Zeile mit Null *keine* zulässige Zeilenumformung darstellt, so daß wir von $k \neq 0$ in Satz 2.2.4 a) ausgehen können.) Wir kommen nun zum eigentlichen Beweis.

Ist $A$ invertierbar, so gilt $R = I$ nach Satz 1.6.4, also $\det(R) = 1 \neq 0$ und folglich $\det(A) \neq 0$. Umgekehrt zieht $\det(A) \neq 0$ $\det(R) \neq 0$ nach sich, also enthält $R$ keine Nullzeile. Mit Satz 1.4.3 ist $R = I$, also ist $A$ nach Satz 1.6.4 invertierbar. □

Zusammen mit Satz 2.2.5 folgt, daß eine Matrix mit zwei proportionalen Zeilen oder Spalten nicht invertierbar ist.

**Beispiel 3** Da die erste und dritte Zeile von

$$A = \begin{bmatrix} 1 & 2 & 3 \\ 1 & 0 & 1 \\ 2 & 4 & 6 \end{bmatrix}$$

proportional sind, ist $\det(A) = 0$. Also ist $A$ nicht invertierbar.

Wir können uns jetzt dem zentralen Satz dieses Abschnitts zuwenden.

**Satz 2.3.4** (***Determinantenmultiplikationssatz***). *Seien $A$ und $B$ quadratische Matrizen der gleichen Größe. Dann gilt*

$$\det(AB) = \det(A)\det(B).$$

**Beweis.** Wir unterscheiden zwei Fälle, je nachdem, ob $A$ invertierbar ist oder nicht. Ist $A$ nicht invertierbar, ist nach Satz 1.6.5 auch $AB$ nicht invertierbar, so daß nach Satz 2.3.3 $\det(A) = \det(AB) = 0$ und damit $\det(AB) = \det(A)\det(B)$ gilt.

Ist $A$ invertierbar, so gibt es nach Satz 1.6.4 Elementarmatrizen $E_1, E_2, \ldots, E_r$ mit

$$A = E_1 E_2 \cdots E_r, \tag{5}$$

also ist

$$AB = E_1 E_2 \cdots E_r B,$$

woraus mit (3)

$$\det(AB) = \det(E_1)\det(E_2)\cdots\det(E_r)\det(B)$$

und

$$\det(AB) = \det(E_1E_2\cdots E_r)\det(B)$$

folgt. Nach (5) ergibt sich daraus $\det(AB) = \det(A)\det(B)$. □

**Beispiel 4** Für die Matrizen

$$A = \begin{bmatrix} 3 & 1 \\ 2 & 1 \end{bmatrix}, \qquad B = \begin{bmatrix} -1 & 3 \\ 5 & 8 \end{bmatrix}, \qquad AB = \begin{bmatrix} 2 & 17 \\ 3 & 14 \end{bmatrix}$$

gilt

$$\det(A) = 1, \qquad \det(B) = -23 \quad \text{und} \quad \det(AB) = -23,$$

also ist $\det(AB) = \det(A)\det(B)$.

Der folgende Satz behandelt den Zusammenhang zwischen der Determinante einer Matrix und der Determinante ihrer Inversen.

**Satz 2.3.5.** *Für eine invertierbare Matrix A ist*

$$\det(A^{-1}) = \frac{1}{\det(A)}.$$

**Beweis.** Aus $A^{-1}A = I$ folgt $\det(A^{-1}A) = \det(I)$ und damit $\det(A^{-1})\det(A) = 1$. Wegen $\det(A) \neq 0$ können wir diese Gleichung durch $\det(A)$ dividieren, womit die Behauptung bewiesen ist. □

## Lineare Systeme der Gestalt $A\mathbf{x} = \lambda\mathbf{x}$

In vielen Anwendungen begegnet man Systemen von $n$ Gleichungen mit $n$ Unbekannten, die sich als

$$A\mathbf{x} = \lambda\mathbf{x} \tag{6}$$

mit einem Skalar $\lambda$ schreiben lassen. Tatsächlich handelt es sich um homogene Systeme, da sie sich zu $\lambda\mathbf{x} - A\mathbf{x} = \mathbf{0}$ oder

$$(\lambda I - A)\mathbf{x} = \mathbf{0} \tag{7}$$

umformen lassen. Wir geben zunächst ein Beispiel an.

**Beispiel 5** Das lineare System

$$\begin{aligned} x_1 + 3x_2 &= \lambda x_1 \\ 4x_1 + 2x_2 &= \lambda x_2 \end{aligned}$$

hat die Matrixform

$$\begin{bmatrix} 1 & 3 \\ 4 & 2 \end{bmatrix} \begin{bmatrix} x_1 \\ x_2 \end{bmatrix} = \lambda \begin{bmatrix} x_1 \\ x_2 \end{bmatrix},$$

die der Gleichung (6) mit

$$A = \begin{bmatrix} 1 & 3 \\ 4 & 2 \end{bmatrix} \quad \text{und} \quad \mathbf{x} = \begin{bmatrix} x_1 \\ x_2 \end{bmatrix}$$

entspricht. Weitere Umformung ergibt

$$\lambda \begin{bmatrix} x_1 \\ x_2 \end{bmatrix} - \begin{bmatrix} 1 & 3 \\ 4 & 2 \end{bmatrix} \begin{bmatrix} x_1 \\ x_2 \end{bmatrix} = \begin{bmatrix} 0 \\ 0 \end{bmatrix}$$

oder

$$\lambda \begin{bmatrix} 1 & 0 \\ 0 & 1 \end{bmatrix} \begin{bmatrix} x_1 \\ x_2 \end{bmatrix} - \begin{bmatrix} 1 & 3 \\ 4 & 2 \end{bmatrix} \begin{bmatrix} x_1 \\ x_2 \end{bmatrix} = \begin{bmatrix} 0 \\ 0 \end{bmatrix}$$

und schließlich

$$\begin{bmatrix} \lambda - 1 & -3 \\ -4 & \lambda - 2 \end{bmatrix} \begin{bmatrix} x_1 \\ x_2 \end{bmatrix} = \begin{bmatrix} 0 \\ 0 \end{bmatrix},$$

was sich als Formel (7) mit

$$\lambda I - A = \begin{bmatrix} \lambda - 1 & -3 \\ -4 & \lambda - 2 \end{bmatrix}$$

erweist.
Man interessiert sich vorrangig dafür, für welche $\lambda$ diese Systeme nichttriviale Lösungen haben; diese Zahlen heißen ***charakteristische Werte*** oder ***Eigenwerte*** von $A$. Ist $\lambda$ ein Eigenwert, so heißen die nichttrivialen Lösungen von (7) ***Eigenvektoren*** von $A$ zu $\lambda$.

Nach Satz 2.3.3 hat das System $(\lambda I - A)\mathbf{x} = \mathbf{0}$ genau dann eine nichttriviale Lösung, wenn

$$\det(\lambda I - A) = 0. \tag{8}$$

Dies ist die ***charakteristische Gleichung*** von $A$; ihre Lösungen $\lambda$ sind gerade die Eigenwerte von $A$.

Wir werden Eigenwerte und Eigenvektoren wieder aufgreifen und ihre geometrischen und analytischen Eigenschaften später detailliert untersuchen.

**Beispiel 6** Man bestimme die Eigenwerte und zugehörigen Eigenvektoren der Matrix $A$ aus Beispiel 5.

*Lösung.* Die charakteristische Gleichung von $A$ ist

$$\det(\lambda I - A) = \begin{vmatrix} \lambda - 1 & -3 \\ -4 & \lambda - 2 \end{vmatrix}$$

oder

$$\lambda^2 - 3\lambda - 10 = 0.$$

Durch Faktorisierung ergibt sich $(\lambda + 2)(\lambda - 5) = 0$, also hat $A$ die Eigenwerte $\lambda = -2$ und $\lambda = 5$.

Nach Definition ist

$$\mathbf{x} = \begin{bmatrix} x_1 \\ x_2 \end{bmatrix}$$

genau dann ein Eigenvektor von $A$, wenn $\mathbf{x}$ eine nichttriviale Lösung von $(\lambda I - A)\mathbf{x} = \mathbf{0}$ ist. Das entspricht dem Gleichungssystem

$$\begin{bmatrix} \lambda - 1 & -3 \\ -4 & \lambda - 2 \end{bmatrix} \begin{bmatrix} x_1 \\ x_2 \end{bmatrix} = \begin{bmatrix} 0 \\ 0 \end{bmatrix}, \tag{9}$$

woraus sich für $\lambda = -2$

$$\begin{bmatrix} -3 & -3 \\ -4 & -4 \end{bmatrix} \begin{bmatrix} x_1 \\ x_2 \end{bmatrix} = \begin{bmatrix} 0 \\ 0 \end{bmatrix}$$

ergibt, das die Lösungen

$$x_1 = -t \quad \text{und} \quad x_2 = t$$

hat. Die Eigenvektoren zu $\lambda = -2$ sind also die von Null verschiedenen Vektoren der Form

$$\mathbf{x} = \begin{bmatrix} x_1 \\ x_2 \end{bmatrix} = \begin{bmatrix} -t \\ t \end{bmatrix}.$$

Analog liefert (9) für $\lambda = 5$ das System

$$\begin{bmatrix} 4 & -3 \\ -4 & 3 \end{bmatrix} \begin{bmatrix} x_1 \\ x_2 \end{bmatrix} = \begin{bmatrix} 0 \\ 0 \end{bmatrix}.$$

Der Leser möge sich selbst davon überzeugen, daß sich die Eigenvektoren zu $\lambda = 5$ als nichttriviale Lösungen

$$\mathbf{x} = \begin{bmatrix} -\frac{3}{4}t \\ t \end{bmatrix}$$

ergeben.

## Zusammenfassung

Nachdem wir in Satz 1.6.4 zur Invertierbarkeit einer Matrix $A$ fünf äquivalente Aussagen zusammengefaßt hatten, wollen wir diesen Abschnitt damit beschließen, daß wir die Liste um das Ergebnis aus Satz 2.3.3 erweitern. Wir stellen dadurch eine Beziehung zwischen allen wichtigen Themen her, die wir bisher behandelt haben.

**Satz 2.3.6.** *Für eine $n \times n$-Matrix $A$ sind folgende Aussagen äquivalent:*

*a)* *$A$ ist invertierbar.*
*b)* *$A\mathbf{x} = \mathbf{0}$ hat nur die triviale Lösung.*
*c)* *Die reduzierte Zeilenstufenform von $A$ ist $I_n$.*
*d)* *$A$ läßt sich als Produkt von Elementarmatrizen darstellen.*
*e)* *$A\mathbf{x} = \mathbf{b}$ ist für jede $n \times 1$-Matrix $\mathbf{b}$ konsistent.*
*f)* *$A\mathbf{x} = \mathbf{b}$ hat für jede $n \times 1$-Matrix $\mathbf{b}$ genau eine Lösung.*
*g)* $\det(A) \neq 0$.

## Übungen zu 2.3

**1.** Man überprüfe die Gleichung $\det(kA) = k^n \det(A)$ für die Matrizen

a) $A = \begin{bmatrix} -1 & 2 \\ 3 & 4 \end{bmatrix}$; $k = 2$ b) $A = \begin{bmatrix} 2 & -1 & 3 \\ 3 & 2 & 1 \\ 1 & 4 & 5 \end{bmatrix}$; $k = -2$.

**2.** Man verifiziere $\det(AB) = \det(A)\det(B)$ für

$$A = \begin{bmatrix} 2 & 1 & 0 \\ 3 & 4 & 0 \\ 0 & 0 & 2 \end{bmatrix} \quad \text{und} \quad B = \begin{bmatrix} 1 & -1 & 3 \\ 7 & 1 & 2 \\ 5 & 0 & 1 \end{bmatrix}.$$

**3.** Man erläutere, warum offensichtlich $\det(A) = 0$ gilt.

$$A = \begin{bmatrix} -2 & 8 & 1 & 4 \\ 3 & 2 & 5 & 1 \\ 1 & 0 & 7 & 0 \\ 4 & -6 & 4 & -3 \end{bmatrix}$$

**4.** Man entscheide mit Satz 2.3.3, welche der folgenden Matrizen invertierbar ist.

a) $\begin{bmatrix} 1 & 0 & -1 \\ 9 & -1 & 4 \\ 8 & 9 & -1 \end{bmatrix}$ b) $\begin{bmatrix} 4 & 2 & 8 \\ -2 & 1 & -4 \\ 3 & 1 & 6 \end{bmatrix}$

c) $\begin{bmatrix} \sqrt{2} & -\sqrt{7} & 0 \\ 3\sqrt{2} & -3\sqrt{7} & 0 \\ 5 & -9 & 0 \end{bmatrix}$ d) $\begin{bmatrix} -3 & 0 & 1 \\ 5 & 0 & 6 \\ 8 & 0 & 3 \end{bmatrix}$

**5.** Sei

$$A = \begin{bmatrix} a & b & c \\ d & e & f \\ g & h & i \end{bmatrix}$$

mit $\det(A) = -7$. Man bestimme

a) $\det(3A)$ b) $\det(A^{-1})$ c) $\det(2A^{-1})$ d) $\det((2A)^{-1})$

e) $\det \begin{bmatrix} a & g & d \\ b & h & e \\ c & i & f \end{bmatrix}$.

**6.** Man zeige ohne ausführliche Berechnung, daß $x = 0$ und $x = 2$ die Gleichung

$$\begin{vmatrix} x^2 & x & 2 \\ 2 & 1 & 1 \\ 0 & 0 & -5 \end{vmatrix} = 0$$

erfüllen.

**7.** Man zeige ohne direkte Berechnung

$$\det \begin{bmatrix} b+c & c+a & b+a \\ a & b & c \\ 1 & 1 & 1 \end{bmatrix} = 0.$$

Man beweise die Gleichungen in den Aufgaben 8–11, ohne die Determinanten explizit zu berechnen.

**8.** $$\begin{vmatrix} a_1 & b_1 & a_1 + b_1 + c_1 \\ a_2 & b_2 & a_2 + b_2 + c_2 \\ a_3 & b_3 & a_3 + b_3 + c_3 \end{vmatrix} = \begin{vmatrix} a_1 & b_1 & c_1 \\ a_2 & b_2 & c_2 \\ a_3 & b_3 & c_3 \end{vmatrix}$$

**9.** $$\begin{vmatrix} a_1 + b_1 & a_1 - b_1 & c_1 \\ a_2 + b_2 & a_2 - b_2 & c_2 \\ a_3 + b_3 & a_3 - b_3 & c_3 \end{vmatrix} = -2 \begin{vmatrix} a_1 & b_1 & c_1 \\ a_2 & b_2 & c_2 \\ a_3 & b_3 & c_3 \end{vmatrix}$$

**10.** $$\begin{vmatrix} a_1 + b_1 t & a_2 + b_2 t & a_3 + b_3 t \\ a_1 t + b_1 & a_2 t + b_2 & a_3 t + b_3 \\ c_1 & c_2 & c_3 \end{vmatrix} = (1 - t^2) \begin{vmatrix} a_1 & a_2 & a_3 \\ b_1 & b_2 & b_3 \\ c_1 & c_2 & c_3 \end{vmatrix}$$

**11.** $$\begin{vmatrix} a_1 & b_1 + ta_1 & c_1 + rb_1 + sa_1 \\ a_2 & b_2 + ta_2 & c_2 + rb_2 + sa_2 \\ a_3 & b_3 + ta_3 & c_3 + rb_3 + sa_3 \end{vmatrix} = \begin{vmatrix} a_1 & a_2 & a_3 \\ b_1 & b_2 & b_3 \\ c_1 & c_2 & c_3 \end{vmatrix}$$

**12.** Für welche Werte von $k$ ist $A$ nicht invertierbar?

a) $A = \begin{bmatrix} k-3 & -2 \\ -2 & k-2 \end{bmatrix}$ b) $A = \begin{bmatrix} 1 & 2 & 4 \\ 3 & 1 & 6 \\ k & 3 & 2 \end{bmatrix}$

**13.** Man zeige mit Satz 2.3.3, daß

$$\begin{bmatrix} \sin^2\alpha & \sin^2\beta & \sin^2\gamma \\ \cos^2\alpha & \cos^2\beta & \cos^2\gamma \\ 1 & 1 & 1 \end{bmatrix}$$

unabhängig von $\alpha, \beta$ und $\gamma$ nie invertierbar ist.

**14.** Man schreibe die Systeme als $(\lambda I - A)\mathbf{x} = \mathbf{0}$.

a) $\begin{aligned} x_1 + 2x_2 &= \lambda x_1 \\ 2x_1 + x_2 &= \lambda x_2 \end{aligned}$ b) $\begin{aligned} 2x_1 + 3x_2 &= \lambda x_1 \\ 4x_1 + 3x_2 &= \lambda x_2 \end{aligned}$ c) $\begin{aligned} 3x_1 + x_2 &= \lambda x_1 \\ -5x_1 - 3x_2 &= \lambda x_2 \end{aligned}$

**15.** Man bestimme

a) die charakteristische Gleichung,
b) die Eigenwerte,
c) die zugehörigen Eigenvektoren der Systeme in Aufgabe 14.

**16.** Seien $A$ und $B$ $n \times n$-Matrizen. Man zeige: Ist $A$ invertierbar, dann gilt $\det(B) = \det(A^{-1}BA)$.

**17.** a) Man schreibe

$$\begin{vmatrix} a_1 + b_1 & c_1 + d_1 \\ a_2 + b_2 & c_2 + d_2 \end{vmatrix}$$

als Summe von vier Determinanten, deren Elemente keine Summen mehr enthalten.

b) Man schreibe

$$\begin{vmatrix} a_1 + b_1 & c_1 + d_1 & e_1 + f_1 \\ a_2 + b_2 & c_2 + d_2 & e_2 + f_2 \\ a_3 + b_3 & c_3 + d_3 & e_3 + f_3 \end{vmatrix}$$

als Summe von acht Determinanten, in denen keine Summen mehr vorkommen.

**18.** Man zeige, daß eine quadratische Matrix $A$ genau dann invertierbar ist, wenn $A^T A$ invertierbar ist.

**19.** Man beweise die Fälle 2 und 3 von Lemma 2.3.2.

## 2.4 Kofaktorentwicklung, Cramersche Regel

*Wir behandeln ein Verfahren zur Determinantenbestimmung, das sich sehr gut zur Berechnung ohne Computer eignet und wichtige theoretische Erkenntnisse liefert. Es ergeben sich sowohl eine Formel für die Inverse einer Matrix als auch eine Methode zur Lösung bestimmter linearer Gleichungssysteme mit Hilfe von Determinanten.*

### Minore und Kofaktoren

**Definition.** Sei $A$ eine quadratische Matrix. Der ***Minor*** $M_{ij}$ ***des Elements*** $a_{ij}$ ist als Determinante derjenigen Untermatrix definiert, die sich durch Streichen der $i$-ten Zeile und $j$-ten Spalte aus $A$ ergibt. Die Zahl $(-1)^{i+j}M_{ij}$ heißt ***Kofaktor des Elements*** $a_{ij}$ und wird mit $C_{ij}$ bezeichnet.

**Beispiel 1** Sei

$$A = \begin{bmatrix} 3 & 1 & -4 \\ 2 & 5 & 6 \\ 1 & 4 & 8 \end{bmatrix}.$$

Der Minor zu $a_{11}$ ist

$$M_{11} = \begin{vmatrix} 3 & 1 & -4 \\ 2 & 5 & 6 \\ 1 & 4 & 8 \end{vmatrix} = \begin{vmatrix} 5 & 6 \\ 4 & 8 \end{vmatrix} = 16,$$

als Kofaktor dieses Elements ergibt sich

$$C_{11} = (-1)^{1+1}M_{11} = M_{11} = 16.$$

Analog erhält man den Minor von $a_{32}$

$$M_{32} = \begin{vmatrix} 3 & 1 & -4 \\ 2 & 5 & 6 \\ 1 & 4 & 8 \end{vmatrix} = \begin{vmatrix} 3 & -4 \\ 2 & 6 \end{vmatrix} = 26$$

sowie den Kofaktor

$$C_{32} = (-1)^{3+2}M_{32} = -M_{32} = -26.$$

Man beachte, daß sich der Kofaktor und der Minor eines Elements $a_{ij}$ höchstens im Vorzeichen unterscheiden, also $C_{ij} = \pm M_{ij}$. Eine schnelle Methode, zu entscheiden, ob man + oder – benutzen sollte, ergibt sich daraus, daß das Vorzeichen für $C_{ij}$ in der $i$-ten Zeile und $j$-ten Spalte des „Schachbretts"

$$\begin{bmatrix} + & - & + & - & + & \cdots \\ - & + & - & + & - & \cdots \\ + & - & + & - & + & \cdots \\ - & + & - & + & - & \cdots \\ \vdots & \vdots & \vdots & \vdots & \vdots & \end{bmatrix}$$

gefunden werden kann. Beispielsweise sind $C_{11} = M_{11}, C_{21} = -M_{21}, C_{12} = -M_{12}$, $C_{22} = M_{22}$ und so weiter.

## Kofaktorentwicklung

Man betrachte die $3 \times 3$-Matrix

$$A = \begin{bmatrix} a_{11} & a_{12} & a_{13} \\ a_{21} & a_{22} & a_{23} \\ a_{31} & a_{32} & a_{33} \end{bmatrix}.$$

In Beispiel 7, Abschnitt 2.1, haben wir gezeigt, daß

$$\begin{aligned} \det(A) &= a_{11}a_{22}a_{33} + a_{12}a_{23}a_{31} + a_{13}a_{21}a_{32} \\ &\quad - a_{13}a_{22}a_{31} - a_{12}a_{21}a_{33} - a_{11}a_{23}a_{32} \end{aligned} \tag{1}$$

ist, was wir auch schreiben können als

$$\det(A) = a_{11}(a_{22}a_{33} - a_{23}a_{32}) + a_{21}(a_{13}a_{32} - a_{12}a_{33}) + a_{31}(a_{12}a_{23} - a_{13}a_{22}).$$

Die Ausdrücke in den Klammern sind gerade die Kofaktoren $C_{11}, C_{21}$ und $C_{31}$ (der Leser möge das überprüfen), also ist

$$\det(A) = a_{11}C_{11} + a_{21}C_{21} + a_{31}C_{31}. \tag{2}$$

Gleichung (2) zeigt, daß die Determinante von $A$ durch Multiplikation der Elemente in der ersten Spalte mit ihren Kofaktoren und Addition dieser Produkte berechnet werden kann. Dieses Verfahren heißt ***Kofaktorentwicklung*** nach der ersten Spalte von $A$.

**Beispiel 2** Sei

$$A = \begin{bmatrix} 3 & 1 & 0 \\ -2 & -4 & 3 \\ 5 & 4 & 2 \end{bmatrix}.$$

Man berechne $\det(A)$ durch Kofaktorentwicklung nach der ersten Spalte.

*Lösung*. Nach (2) ist

$$\begin{aligned} \det(A) &= 3\begin{vmatrix} -4 & 3 \\ 4 & -2 \end{vmatrix} - (-2)\begin{vmatrix} 1 & 0 \\ 4 & -2 \end{vmatrix} + 5\begin{vmatrix} 1 & 0 \\ -4 & 3 \end{vmatrix} \\ &= 3(-4) - (-2)(-2) + 5(3) = -1. \end{aligned}$$

Durch verschiedene Umordnungen der Terme in (1) kann man auch andere Formeln als (2) erhalten. Es sollte keine Schwierigkeiten bereiten, die folgenden

Gleichungen nachzuprüfen (siehe Übung 28):

$$\begin{aligned}\det(A) &= a_{11}C_{11} + a_{12}C_{12} + a_{13}C_{13} \\ &= a_{11}C_{11} + a_{21}C_{21} + a_{31}C_{31} \\ &= a_{21}C_{21} + a_{22}C_{22} + a_{23}C_{23} \\ &= a_{12}C_{12} + a_{22}C_{22} + a_{32}C_{32} \\ &= a_{31}C_{31} + a_{32}C_{32} + a_{33}C_{33} \\ &= a_{13}C_{13} + a_{23}C_{23} + a_{33}C_{33}.\end{aligned} \tag{3}$$

Man beachte, daß in jeder Gleichung alle Elemente und Kofaktoren aus derselben Zeile oder Spalte kommen. Diese Formeln werden als ***Kofaktorentwicklungen*** für $\det(A)$ bezeichnet.
Das soeben für $3 \times 3$-Matrizen formulierte Ergebnis ist ein Spezialfall des folgenden Satzes, den wir ohne Beweis angeben.

**Satz 2.4.1.** *Man erhält die Determinante einer $n \times n$-Matrix, indem man die Elemente irgendeiner Zeile (oder Spalte) mit ihren Kofaktoren multipliziert und diese Produkte addiert; es gilt also für jedes $1 \leq i \leq n$ und jedes $1 \leq j \leq n$*

$$\det(A) = a_{1j}C_{1j} + a_{2j}C_{2j} + \cdots + a_{nj}C_{nj}$$

*(Kofaktorentwicklung nach der j-ten Spalte)*

*und*

$$\det(A) = a_{i1}C_{i1} + a_{i2}C_{i2} + \cdots + a_{in}C_{in}.$$

*(Kofaktorentwicklung nach den i-ten Zeile)*

**Beispiel 3** Sei $A$ die Matrix aus Beispiel 2. Man berechne $\det(A)$ durch Kofaktorentwicklung nach der ersten Zeile.

*Lösung.*

$$\det(A) = \begin{vmatrix} 3 & 1 & 0 \\ -2 & -4 & 3 \\ 5 & 4 & -2 \end{vmatrix} = 3\begin{vmatrix} -4 & 3 \\ 4 & -2 \end{vmatrix} - (1)\begin{vmatrix} -2 & 3 \\ 5 & -2 \end{vmatrix} + 0\begin{vmatrix} -2 & -4 \\ 5 & 4 \end{vmatrix}$$

$$= 3(-4) - (1)(-11) + 0 = -1$$

Das ist gerade das Ergebnis, das wir schon in Beispiel 2 erhalten haben.

**Bemerkung.** In diesem Beispiel war es nicht nötig, den letzten Kofaktor zu berechnen, da er mit null multipliziert wurde. Allgemein ist es am günstigsten, nach derjenigen Zeile oder Spalte zu entwickeln, die die größte Anzahl von Nullen enthält.

Eine effektive Methode zur Determinantenberechnung erhält man zuweilen durch Kombination von Kofaktorentwicklung und Zeilen- oder Spaltenumformungen. Das folgende Beispiel soll diese Idee verdeutlichen.

**Beispiel 4** Man berechne die Determinante von

$$A = \begin{bmatrix} 3 & 5 & -2 & 6 \\ 1 & 2 & -1 & 1 \\ 2 & 4 & 1 & 5 \\ 3 & 7 & 5 & 3 \end{bmatrix}.$$

*Lösung*. Durch Addition geeigneter Vielfache der zweiten Zeile zu den übrigen Zeilen erhalten wir

$$\det(A) = \begin{vmatrix} 0 & -1 & 1 & 3 \\ 1 & 2 & -1 & 1 \\ 0 & 0 & 3 & 3 \\ 0 & 1 & 8 & 0 \end{vmatrix}$$

$$= -\begin{vmatrix} -1 & 1 & 3 \\ 0 & 3 & 3 \\ 1 & 8 & 0 \end{vmatrix}$$

Kofaktorentwicklung nach der ersten Spalte.

$$= -\begin{vmatrix} -1 & 1 & 3 \\ 0 & 3 & 3 \\ 0 & 9 & 3 \end{vmatrix}$$

Addition der ersten Zeile zur dritten.

$$= -(-1)\begin{vmatrix} 3 & 3 \\ 9 & 3 \end{vmatrix}$$

Kofaktorentwicklung nach der ersten Spalte.

$$= -18.$$

## Adjunkte einer Matrix

Berechnen wir $\det(A)$ mit Kofaktorentwicklung, so multiplizieren wir die Elemente einer Zeile oder Spalte mit ihren Kofaktoren und addieren die Produkte. Es stellt sich heraus, daß die Summe der Produkte von Elementen einer Zeile mit den Kofaktoren einer *anderen* Zeile immer null ist. (Das gilt ebenso für die Spalten von $A$). Wir lassen den allgemeinen Beweis weg, wollen ihn aber für einen Spezialfall anhand des folgenden Beispiels andeuten.

**Beispiel 5** Sei

$$A = \begin{bmatrix} a_{11} & a_{12} & a_{13} \\ a_{21} & a_{22} & a_{23} \\ a_{31} & a_{32} & a_{33} \end{bmatrix}.$$

Wir betrachten den Ausdruck

$$a_{11}C_{31} + a_{12}C_{32} + a_{13}C_{33},$$

der sich als Summe der Produkte aus den Elementen der ersten Zeile mit den entsprechenden Kofaktoren der dritten Zeile ergibt. Wir zeigen, daß dieser Term null ist, indem wir folgenden Trick benutzen: Wir konstruieren die Matrix $A'$, indem wir die dritte Zeile von $A$ durch eine Kopie der ersten Zeile ersetzen, also

$$A' = \begin{bmatrix} a_{11} & a_{12} & a_{13} \\ a_{21} & a_{22} & a_{23} \\ a_{11} & a_{12} & a_{13} \end{bmatrix}.$$

Seien $C'_{31}, C'_{32}, C'_{33}$ die Kofaktoren der Elemente in der dritten Zeile von $A'$. Da $C_{31}, C_{32}, C_{33}, C'_{31}, C'_{32}, C'_{33}$ nur mit Elementen der beiden ersten Zeilen von $A$ und $A'$ berechnet werden und diese übereinstimmen, folgt

$$C_{31} = C'_{31}, \qquad C_{32} = C'_{32}, \qquad C_{33} = C'_{33}.$$

$A'$ hat zwei identische Zeilen, also ist

$$\det(A') = 0. \tag{4}$$

Andererseits erhalten wir durch Kofaktorentwicklung nach der dritten Zeile von $A'$

$$\det(A') = a_{11}C'_{31} + a_{12}C'_{32} + a_{13}C'_{33} = a_{11}C_{31} + a_{12}C_{32} + a_{13}C_{33}. \tag{5}$$

Mit (4) und (5) folgt

$$a_{11}C_{31} + a_{12}C_{32} + a_{13}C_{33} = 0.$$

**Definition.** Ist $A$ eine $n \times n$-Matrix und $C_{ij}$ der Kofaktor von $a_{ij}$, dann nennen wir

$$\begin{bmatrix} C_{11} & C_{12} & \cdots & C_{1n} \\ C_{21} & C_{22} & \cdots & C_{2n} \\ \vdots & \vdots & & \vdots \\ C_{n1} & C_{n2} & \cdots & C_{nn} \end{bmatrix}$$

***Kofaktormatrix von A.*** Ihre Transponierte heißt ***Adjunkte von A*** und wird als $\mathrm{adj}(A)$ bezeichnet.

**Beispiel 6** Sei

$$A = \begin{bmatrix} 3 & 2 & -1 \\ 1 & 6 & 3 \\ 2 & -4 & 0 \end{bmatrix}.$$

Die Kofaktoren von $A$ sind

$$\begin{array}{lll} C_{11} = 12 & C_{12} = 6 & C_{13} = -16 \\ C_{21} = 4 & C_{22} = 2 & C_{23} = 16 \\ C_{31} = 12 & C_{32} = -10 & C_{33} = 16, \end{array}$$

also haben wir die Kofaktormatrix

$$\begin{bmatrix} 12 & 6 & -16 \\ 4 & 2 & 16 \\ 12 & -10 & 16 \end{bmatrix}$$

und die Adjunkte

$$\operatorname{adj}(A) = \begin{bmatrix} 12 & 4 & 12 \\ 6 & 2 & -10 \\ -16 & 16 & 16 \end{bmatrix}.$$

Wir können jetzt eine Formel für die Inverse einer Matrix herleiten.

## Invertierungsformel für Matrizen

**Satz 2.4.2.** *Für eine invertierbare Matrix A ist*

$$A^{-1} = \frac{1}{\det(A)} \operatorname{adj}(A). \tag{6}$$

**Beweis.** Zuerst zeigen wir

$$A \operatorname{adj}(A) = \det(A) I.$$

Man betrachte dazu das Produkt

$$A \operatorname{adj}(A) = \begin{bmatrix} a_{11} & a_{12} & \cdots & a_{1n} \\ a_{21} & a_{22} & \cdots & a_{2n} \\ \vdots & \vdots & & \vdots \\ a_{i1} & a_{i2} & \cdots & a_{in} \\ \vdots & \vdots & & \vdots \\ a_{n1} & a_{n2} & \cdots & a_{nn} \end{bmatrix} \begin{bmatrix} C_{11} & C_{21} & \cdots & C_{j1} & \cdots & C_{n1} \\ C_{12} & C_{22} & \cdots & C_{j2} & \cdots & C_{n2} \\ \vdots & \vdots & & \vdots & & \vdots \\ C_{1n} & C_{2n} & \cdots & C_{jn} & \cdots & C_{nn} \end{bmatrix}.$$

Das Element in der $i$-ten Zeile und $j$-ten Spalte des Produktes $A \operatorname{adj}(A)$ ist

$$a_{i1}C_{j1} + a_{i2}C_{j2} + \cdots + a_{in}C_{jn}. \tag{7}$$

(Man beachte die eingefärbten Bereiche.)

Für $i = j$ ist (7) die Kofaktorentwicklung von $\det(A)$ nach der $i$-ten Zeile (Satz 2.4.1); für $i \neq j$ entsprechen die $a$'s und die Kofaktoren verschiedenen Zeilen von $A$, so daß sich dann für (7) der Wert null ergibt. Damit ist

$$A \operatorname{adj}(A) = \begin{bmatrix} \det(A) & 0 & \cdots & 0 \\ 0 & \det(A) & \cdots & 0 \\ \vdots & \vdots & & \vdots \\ 0 & 0 & \cdots & \det(A) \end{bmatrix} = \det(A) I. \tag{8}$$

Da $A$ invertierbar ist, gilt $\det(A) \neq 0$. Also können wir Gleichung (8) auch als

$$\frac{1}{\det(A)}[A\,\mathrm{adj}(A)] = I$$

oder

$$A\left[\frac{1}{\det(A)}\,\mathrm{adj}(A)\right] = I$$

schreiben. Multipliziert man beide Seiten von links mit $A^{-1}$, so ergibt sich

$$A^{-1} = \frac{1}{\det(A)}\,\mathrm{adj}(A). \quad \square$$

**Beispiel 7** Man berechne mit Formel (6) die Inverse der Matrix $A$ aus Beispiel 6.

*Lösung.* Man rechnet leicht nach, daß $\det(A) = 64$ ist. Also ergibt sich

$$A^{-1} = \frac{1}{\det(A)}\,\mathrm{adj}(A) = \frac{1}{64}\begin{bmatrix} 12 & 4 & 12 \\ 6 & 2 & -10 \\ -16 & 16 & 16 \end{bmatrix}$$

$$= \begin{bmatrix} \frac{12}{64} & \frac{4}{64} & \frac{12}{64} \\ \frac{6}{64} & \frac{2}{64} & -\frac{10}{64} \\ -\frac{16}{64} & \frac{16}{64} & \frac{16}{64} \end{bmatrix}.$$

## Anwendungen der Invertierungsformel

Obwohl die Methode des letzten Beispiels geeignet ist, $3 \times 3$-Matrizen auf dem Papier zu invertieren, ist der in Abschnitt 1.5 vorgestellte Invertierungsalgorithmus für größere Matrizen effizienter. Man sollte sich aber vergegenwärtigen, daß die Methode aus Abschnitt 1.5 nur ein Berechnungsverfahren ist, während Gleichung (6) eine neue Inversenformel darstellt, mit deren Hilfe man Eigenschaften der Inversen untersuchen kann.

In Abschnitt 1.7 haben wir auf den Beweis der folgenden Resultate verzichtet:

- **Satz 1.7.1 c)**. *Eine Dreiecksmatrix ist genau dann invertierbar, wenn ihre Diagonalelemente von Null verschieden sind.*
- **Satz 1.7.1 d)**. *Die Inverse einer oberen (unteren) Dreiecksmatrix ist wieder eine obere (untere) Dreiecksmatrix.*

Wir werden die Formel aus Satz 2.4.2 benutzen, um diese Behauptungen zu beweisen.

**Beweis von Satz 1.7.1 c).** Sei $A = [a_{ij}]$ eine Dreiecksmatrix mit den Diagonalelementen

$$a_{11}, a_{22}, \ldots, a_{nn}.$$

Nach den Sätzen 2.2.2 und 2.3.3 ist $A$ genau dann invertierbar, wenn

$$\det(A) = a_{11}a_{22}\cdots a_{nn} \neq 0,$$

was äquivalent dazu ist, daß alle Diagonalelemente von Null verschieden sind. □

Wir überlassen es dem Leser, zu zeigen, daß $A^{-1}$ die Diagonalelemente

$$\frac{1}{a_{11}}, \frac{1}{a_{22}}, \ldots, \frac{1}{a_{nn}}$$

hat (vergleiche Beispiel 3, Abschnitt 1.7).

**Beweis von Satz 1.7.1 d).** Wir beschränken uns auf obere Dreiecksmatrizen und überlassen den Beweis des anderen Falles dem Leser. Sei also $A$ eine invertierbare obere Dreiecksmatrix. Wegen

$$A^{-1} = \frac{1}{\det(A)}\operatorname{adj}(A)$$

genügt es zu zeigen, daß $\operatorname{adj}(A)$ obere Dreiecksform hat, oder äquivalent dazu, daß die Kofaktormatrix von $A$ eine untere Dreiecksmatrix ist. Dazu verifizieren wir, daß für $i < j$ (also über der Hauptdiagonalen) der Kofaktor $C_{ij}$ den Wert null annimmt. Es ist

$$C_{ij} = (-1)^{i+j}M_{ij},$$

also müssen wir nur die Minore $M_{ij}$ mit $i < j$ betrachten. Für die Matrix $B_{ij}$, die durch Streichen der $i$-ten Zeile und $j$-ten Spalte aus $A$ entsteht, gilt

$$M_{ij} = \det(B_{ij}). \tag{9}$$

Wegen $i < j$ hat $B_{ij}$ obere Dreiecksgestalt (Übung 32). Nach Voraussetzung sind die ersten $i$ Elemente der $(i+1)$-ten Zeile von $A$ Nullen, diese bleiben durch Streichen der $j$-ten Spalte wegen $i < j$ unverändert. Diese Zeile entspricht der $i$-ten Zeile von $B$, also hat $B$ eine Null auf der Hauptdiagonalen. Nach Satz 2.2.2 ist $\det(B_{ij}) = 0$, also $M_{ij} = 0$. □

## Cramersche Regel

Der nächste Satz liefert eine nützliche Formel für bestimmte Systeme von $n$ Gleichungen mit $n$ Unbekannten, die sogenannte ***Cramersche Regel**** (vgl. S. 121). Sie eignet sich zwar kaum für konkrete Berechnungen, liefert aber eine Möglichkeit, die Lösungen eines Systems zu untersuchen, ohne sie explizit zu berechnen.

**Satz 2.4.3 (*Cramersche Regel*).** *Ein lineares System* $A\mathbf{x} = \mathbf{b}$ *von* $n$ *Gleichungen und* $n$ *Unbekannten mit* $\det(A) \neq 0$ *ist eindeutig lösbar. Die Lösung ist gegeben durch*

$$x_1 = \frac{\det(A_1)}{\det(A)}, \quad x_2 = \frac{\det(A_2)}{\det(A)}, \quad \ldots, \quad x_n = \frac{\det(A_n)}{\det(A)},$$

*wobei die Matrix* $A_j$ *dadurch entsteht, daß die j-te Spalte von* $A$ *durch*

$$\mathbf{b} = \begin{bmatrix} b_1 \\ b_2 \\ \vdots \\ b_n \end{bmatrix}$$

*ersetzt wird.*

**Beweis.** Wegen $\det(A) \neq 0$ ist $A$ invertierbar, also ist nach Satz 1.6.2 $\mathbf{x} = A^{-1}\mathbf{b}$ die einzige Lösung von $A\mathbf{x} = \mathbf{b}$. Daraus folgt mit Satz 2.4.2

$$\mathbf{x} = A^{-1}\mathbf{b} = \frac{1}{\det(A)} \operatorname{adj}(A)\mathbf{b} = \frac{1}{\det(A)} \begin{bmatrix} C_{11} & C_{21} & \cdots & C_{n1} \\ C_{12} & C_{22} & \cdots & C_{n2} \\ \vdots & \vdots & & \vdots \\ C_{1n} & C_{2n} & \cdots & C_{nn} \end{bmatrix} \begin{bmatrix} b_1 \\ b_2 \\ \vdots \\ b_n \end{bmatrix}.$$

Durch Ausmultiplizieren der Matrizen ergibt sich

$$\mathbf{x} = \frac{1}{\det(A)} \begin{bmatrix} b_1C_{11} + b_2C_{21} + \cdots + b_nC_{n1} \\ b_1C_{12} + b_2C_{22} + \cdots + b_nC_{n2} \\ \vdots \qquad\qquad \vdots \qquad\quad \vdots \\ b_1C_{1n} + b_2C_{2n} + \cdots + b_nC_{nn} \end{bmatrix},$$

also erhalten wir als Element in der $j$-ten Zeile von $\mathbf{x}$

$$x_j = \frac{b_1C_{1j} + b_2C_{2j} + \cdots + b_nC_{nj}}{\det(A)}. \tag{10}$$

Sei nun

$$A_j = \begin{bmatrix} a_{11} & a_{12} & \cdots & a_{1j-1} & b_1 & a_{1j+1} & \cdots & a_{1n} \\ a_{21} & a_{22} & \cdots & a_{2j-1} & b_2 & a_{2j+1} & \cdots & a_{2n} \\ \vdots & \vdots & & \vdots & \vdots & \vdots & & \vdots \\ a_{n1} & a_{n2} & \cdots & a_{nj-1} & b_n & a_{nj+1} & \cdots & a_{nn} \end{bmatrix}.$$

Da sich $A_j$ und $A$ nur in der $j$-ten Spalte unterscheiden, sind die Kofaktoren von $b_1, b_2, \ldots, b_n$ in $A_j$ gerade die Kofaktoren der $j$-ten Spalte von $A$, so daß man $\det(A_j)$ zu

$$\det(A_j) = b_1C_{1j} + b_2C_{2j} + \cdots + b_nC_{nj}$$

entwickeln kann. Mit (10) folgt schließlich

$$x_j = \frac{\det(A_j)}{\det(A)}. \quad \square$$

**Beispiel 8** Man löse mit der Cramerschen Regel

$$\begin{aligned} x_1 + \phantom{4x_2} + 2x_3 &= 6 \\ -3x_1 + 4x_2 + 6x_3 &= 30 \\ -x_1 - 2x_2 + 3x_3 &= 8. \end{aligned}$$

*Lösung*. Aus

$$A = \begin{bmatrix} 1 & 0 & 2 \\ -3 & 4 & 6 \\ -1 & -2 & 3 \end{bmatrix} \qquad A_1 = \begin{bmatrix} 6 & 0 & 2 \\ 30 & 4 & 6 \\ 8 & -2 & 3 \end{bmatrix}$$

$$A_2 = \begin{bmatrix} 1 & 6 & 2 \\ -3 & 30 & 6 \\ -1 & 8 & 3 \end{bmatrix} \qquad A_3 = \begin{bmatrix} 1 & 0 & 6 \\ -3 & 4 & 30 \\ -1 & -2 & 8 \end{bmatrix}$$

erhalten wir

$$x_1 = \frac{\det(A_1)}{\det(A)} = \frac{-40}{44} = \frac{-10}{11}, \quad x_2 = \frac{\det(A_2)}{\det(A)} = \frac{72}{44} = \frac{18}{11},$$

$$x_3 = \frac{\det(A_3)}{\det(A)} = \frac{152}{44} = \frac{38}{11}.$$

**Bemerkung**. Die Lösung eines Systems von $n$ Gleichungen mit $n$ Unbekannten nach der Cramerschen Regel erfordert die Berechnung von $n+1$ $n \times n$-Determinanten. Für Systeme mit mehr als 3 Gleichungen ist die Gauß-Elimination

---

* *Gabriel Cramer* (1704–1752), Schweizer Mathematiker. Obwohl Cramer nicht zu den größten Mathematikern seiner Zeit gehörte, hat ihm seine Mitwirkung bei der Verbreitung mathematischer Ideen einen wohlverdienten Platz in der Mathematikgeschichte verschafft. Auf seinen ausgedehnten Reisen traf er viele der führenden Mathematiker seiner Zeit. Diese Kontakte und Freundschaften führten zu einer intensiven Korrespondenz, die der Übermittlung von Informationen über neue mathematische Entdeckungen diente.

In seinem bekanntesten Werk, *Introduction à l'analyse des lignes courbes algébriques* (1750), widmete sich Cramer der Untersuchung und Klassifizierung algebraischer Kurven; die Cramersche Regel erschien im Anhang. Obwohl diese Formel im Grunde schon bekannt war, trägt sie heute seinen Namen, da seine Notation wesentlich zur Vereinfachung und Verbreitung der Methode beitrug.

Überarbeitung sowie der Sturz von einer Kutsche führten wahrscheinlich 1752 zu seinem Tod. Cramer war offenbar ein gutmütiger und angenehmer Mensch, er hat jedoch nie geheiratet. Er hatte viele Interessen und schrieb über Rechts- und Staatsphilosophie sowie über Mathematikgeschichte. Daneben bekleidete er öffentliche Ämter, beteiligte sich an Militär- und Rüstungsprojekten seiner Regierung, war Berater bei Instandsetzungsarbeiten an Kirchen und forschte in Kirchenarchiven. Cramer erhielt viele Ehrungen für seine Arbeiten.

effektiver, da sie nur die Reduktion einer erweiterten $n \times (n+1)$-Matrix erfordert. Die Cramersche Regel gibt allerdings auch hier eine Lösungsformel, sofern die Koeffizientenmatrix invertierbar ist.

## Übungen zu 2.4

**1.** Sei

$$A = \begin{bmatrix} 1 & -2 & 3 \\ 6 & 7 & -1 \\ -3 & 1 & 4 \end{bmatrix}.$$

a) Man bestimme alle Minore von $A$.
b) Man bestimme alle Kofaktoren.

**2.** Sei

$$A = \begin{bmatrix} 4 & -1 & 1 & 6 \\ 0 & 0 & -3 & 3 \\ 4 & 1 & 0 & 14 \\ 4 & 1 & 3 & 2 \end{bmatrix}.$$

Man berechne

a) $M_{13}$ und $C_{13}$, b) $M_{23}$ und $C_{23}$, c) $M_{22}$ und $C_{22}$, d) $M_{21}$ und $C_{21}$.

**3.** Man berechne die Determinante der Matrix aus Aufgabe 1 durch Kofaktorentwicklung nach der

a) ersten Zeile, b) ersten Spalte, c) zweiten Zeile,
d) zweiten Spalte, e) dritten Zeile, f) dritten Spalte.

**4.** Man bestimme mit Satz 2.4.2

a) $\operatorname{adj}(A)$ b) $A^{-1}$

für die Matrix $A$ aus Aufgabe 1.

Man berechne in den Aufgaben 5–10 $\det(A)$ durch Kofaktorentwicklung.

**5.** $A = \begin{bmatrix} -3 & 0 & 7 \\ 2 & 5 & 1 \\ -1 & 0 & 5 \end{bmatrix}$ **6.** $A = \begin{bmatrix} 3 & 3 & 1 \\ 1 & 0 & -4 \\ 1 & -3 & 5 \end{bmatrix}$ **7.** $A = \begin{bmatrix} 1 & k & k^2 \\ 1 & k & k^2 \\ 1 & k & k^2 \end{bmatrix}$

**8.** $A = \begin{bmatrix} k+1 & k-1 & 7 \\ 2 & k-3 & 4 \\ 5 & k+1 & k \end{bmatrix}$ **9.** $A = \begin{bmatrix} 3 & 3 & 0 & 5 \\ 2 & 2 & 0 & -2 \\ 4 & 1 & -3 & 0 \\ 2 & 10 & 3 & 2 \end{bmatrix}$

**10.** $A = \begin{bmatrix} 4 & 0 & 0 & 1 & 0 \\ 3 & 3 & 3 & -1 & 0 \\ 1 & 2 & 4 & 2 & 3 \\ 9 & 4 & 6 & 2 & 3 \\ 2 & 2 & 4 & 2 & 3 \end{bmatrix}$

Man bestimme in den Aufgaben 11–14 $A^{-1}$ mit Satz 2.4.2.

**11.** $A = \begin{bmatrix} 2 & 5 & 5 \\ -1 & -1 & 0 \\ 2 & 4 & 3 \end{bmatrix}$ **12.** $A = \begin{bmatrix} 2 & 0 & 3 \\ 0 & 3 & 2 \\ -2 & 0 & -4 \end{bmatrix}$

**13.** $A = \begin{bmatrix} 2 & -3 & 5 \\ 0 & 1 & -3 \\ 0 & 0 & 2 \end{bmatrix}$ **14.** $A = \begin{bmatrix} 2 & 0 & 0 \\ 8 & 1 & 0 \\ -5 & 3 & 6 \end{bmatrix}$

**15.** Sei

$$A = \begin{bmatrix} 1 & 3 & 1 & 1 \\ 2 & 5 & 2 & 2 \\ 1 & 3 & 8 & 9 \\ 1 & 3 & 2 & 2 \end{bmatrix}.$$

a) Man berechne die Inverse von A mit Satz 2.4.2.
b) Man berechne $A^{-1}$ mit der Methode aus Abschnitt 1.5, Beispiel 4.
c) Welche Methode ist effizienter?

Man löse die Systeme der Aufgaben 16–21 mit der Cramerschen Regel, sofern sie sich anwenden läßt.

**16.** $\begin{aligned} 7x_1 - 2x_2 &= 3 \\ 3x_1 + x_2 &= 5 \end{aligned}$

**17.** $\begin{aligned} 4x + 5y \phantom{+ 2z} &= 2 \\ 11x + y + 2z &= 3 \\ x + 5y + 2z &= 1 \end{aligned}$

**18.** $\begin{aligned} x - 4y + z &= 6 \\ 4x - y + 2z &= -1 \\ 2x + 2y - 3z &= -20 \end{aligned}$

**19.** $\begin{aligned} x_1 - 3x_2 + x_3 &= 4 \\ 2x_1 - x_2 \phantom{+ x_3} &= -2 \\ 4x_1 \phantom{- 3x_2} - 3x_3 &= 0 \end{aligned}$

**20.** $\begin{aligned} -x_1 - 4x_2 + 2x_3 + x_4 &= -32 \\ 2x_1 - x_2 + 7x_3 + 9x_4 &= 14 \\ -x_1 + x_2 + 3x_3 + x_4 &= 11 \\ x_1 - 2x_2 + x_3 - 4x_4 &= -4 \end{aligned}$

**21.** $\begin{aligned} 3x_1 - x_2 + x_3 &= 4 \\ x_1 + 7x_2 - 2x_3 &= 1 \\ 2x_1 + 6x_2 - x_3 &= 5 \end{aligned}$

**22.** Man zeige, daß

$$A = \begin{bmatrix} \cos\theta & \sin\theta & 0 \\ -\sin\theta & \cos\theta & 0 \\ 0 & 0 & 1 \end{bmatrix}$$

für alle $\theta$ invertierbar ist und berechne dann $A^{-1}$ mit Satz 2.4.2.

**23.** Man löse das System mit der Cramerschen Regel nach $y$ auf, ohne $x, z$ und $w$ zu berechnen.

$$\begin{aligned} 4x + y + z + w &= 6 \\ 3x + 7y - z + w &= 1 \\ 7x + 3y - 5z + 8w &= -3 \\ x + y + z + 2w &= 3 \end{aligned}$$

**24.** Sei $A\mathbf{x} = \mathbf{b}$ das Gleichungssystem aus Aufgabe 23.

a) Man bestimme die Lösung mit der Cramerschen Regel.
b) Man löse das System mit Gauß-Jordan-Elimination.
c) Welches Verfahren erfordert weniger Rechenschritte?

**25.** Man zeige: Ist $\det(A) = 1$ und hat $A$ nur ganzzahlige Elemente, so enthält auch $A^{-1}$ nur ganze Zahlen.

**26.** Sei $A\mathbf{x} = \mathbf{b}$ ein System von $n$ Gleichungen und $n$ Unbekannten mit ganzzahligen Koeffizienten und Konstanten. Man zeige, daß für $\det(A) = 1$ die Lösung $\mathbf{x}$ ganzzahlige Elemente hat.

**27.** Man zeige: Ist $A$ eine invertierbare untere Dreiecksmatrix, so hat auch $A^{-1}$ untere Dreiecksgestalt.

**28.** Man beweise die erste und die letzte Kofaktorentwicklung in Formel (3).

**29.** Man beweise: Die Gleichung der Geraden durch die beiden voneinander verschiedenen Punkte $(a_1, b_1)$ und $(a_2, b_2)$ läßt sich ausdrücken als

$$\begin{vmatrix} x & y & 1 \\ a_1 & b_1 & 1 \\ a_2 & b_2 & 1 \end{vmatrix} = 0.$$

**30.** Man zeige, daß die Punkte $(x_1, y_1)$, $(x_2, y_2)$ und $(x_3, y_3)$ genau dann kollinear sind, wenn

$$\begin{vmatrix} x_1 & y_1 & 1 \\ x_2 & y_2 & 1 \\ x_3 & y_3 & 1 \end{vmatrix} = 0.$$

**31.** Man beweise: Die Gleichung der Ebene durch die nicht kollinearen Punkte $(a_1, b_1, c_1)$, $(a_2, b_2, c_2)$ und $(a_3, b_3, c_3)$ läßt sich schreiben als

$$\begin{vmatrix} x & y & z & 1 \\ a_1 & b_1 & c_1 & 1 \\ a_2 & b_2 & c_2 & 1 \\ a_3 & b_3 & c_3 & 1 \end{vmatrix} = 0.$$

**32.** Die Matrix $B_{ij}$ entstehe aus der oberen Dreiecksmatrix $A$ durch Streichen der $i$-ten Zeile und $j$-ten Spalte. Man zeige, daß $B_{ij}$ für $i < j$ obere Dreiecksform hat.

## Ergänzende Übungen zu Kapitel 2

**1.** Man verwende die Cramersche Regel, um $x'$ und $y'$ durch $x$ und $y$ auszudrücken.

$$x = \tfrac{3}{5}x' - \tfrac{4}{5}y'$$
$$y = \tfrac{4}{5}x' + \tfrac{3}{5}y'$$

**2.** Man löse das Gleichungssystem mit der Cramerschen Regel nach $x'$ und $y'$ auf.

$$x = x'\cos\theta - y'\sin\theta$$
$$y = x'\sin\theta + y'\cos\theta^{\cdot}$$

**3.** Man zeige durch Untersuchung der Koeffizientenmatrix, daß das folgende System genau dann eine nichttriviale Lösung hat, wenn $\alpha = \beta$ gilt.

$$x + y + \alpha z = 0$$
$$x + y + \beta z = 0$$
$$\alpha x + \beta y + z = 0$$

**4.** Sei $A$ eine $3 \times 3$-Matrix, deren Elemente nur die Werte 1 und 0 annehmen. Wie groß kann $|A|$ höchstens sein?

**5.** a) Man zeige durch trigonometrische Argumente, daß für das Dreieck in Abbildung 2.3

$$b \cos \gamma + c \cos \beta = a$$
$$c \cos \alpha + a \cos \gamma = b$$
$$a \cos \beta + b \cos \alpha = c$$

gilt und folgere daraus mit der Cramerschen Regel

$$\cos \alpha = \frac{b^2 + c^2 - a^2}{2bc}.$$

b) Man benutze die Cramersche Regel, um ähnliche Formeln für $\cos\beta$ und $\cos\gamma$ zu erhalten.

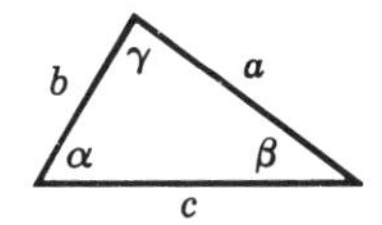


**Abb. 2.3**

**6.** Man zeige mit Hilfe von Determinanten, daß das System

$$\begin{aligned} x - 2y &= \lambda x \\ x - \phantom{2}y &= \lambda y \end{aligned}$$

für alle $\lambda$ nur die triviale Lösung $x = 0, y = 0$ hat.

**7.** Man zeige: Mit $A$ ist auch $\operatorname{adj}(A)$ invertierbar und

$$[\operatorname{adj}(A)]^{-1} = \frac{1}{\det(A)} A = \operatorname{adj}(A^{-1}).$$

**8.** Man beweise: Für eine $n \times n$-Matrix $A$ ist $\det[\operatorname{adj}(A)] = [\det(A)]^{n-1}$.

**9.** (*Für Leser mit Analysiskenntnissen.*) Man zeige: Sind $f_1(x), f_2(x), g_1(x)$ und $g_2(x)$ differenzierbare Funktionen, so ergibt sich die Ableitung von

$$W = \begin{vmatrix} f_1(x) & f_2(x) \\ g_1(x) & g_2(x) \end{vmatrix} \quad \text{zu} \quad \frac{\mathrm{d}W}{\mathrm{d}x} = \begin{vmatrix} f'_1(x) & f'_2(x) \\ g_1(x) & g_2(x) \end{vmatrix} + \begin{vmatrix} f_1(x) & f_2(x) \\ g'_1(x) & g'_2(x) \end{vmatrix}.$$

**10.** a) Der Flächeninhalt des Dreiecks $ABC$ in Abbildung 2.4 kann ausgedrückt werden als

Fläche $ABC$ = Fläche $ADEC$ + Fläche $CEFB$ − Fläche $ADFB$.

Der Flächeninhalt eines Trapezes ist die Hälfte des Produktes aus der Höhe und der Summe der parallelen Seiten. Man zeige, daß daraus folgt

$$\text{Fläche } ABC = \frac{1}{2} \begin{vmatrix} x_1 & y_1 & 1 \\ x_2 & y_2 & 1 \\ x_3 & y_3 & 1 \end{vmatrix}.$$

[*Anmerkung*. Um diese Formel zu erhalten, durchläuft man die Ecken entgegen dem Uhrzeigersinn, wenn man von $(x_1, y_1)$ über $(x_2, y_2)$ zu $(x_3, y_3)$ geht. Bei Orientierung im Uhrzeigersinn ergibt die Determinante den negativen Flächeninhalt.]

b) Man berechne mit dem Ergebnis aus a) den Flächeninhalt des Dreiecks mit den Eckpunkten $(3, 3), (4, 0)$ und $(-2, -1)$.

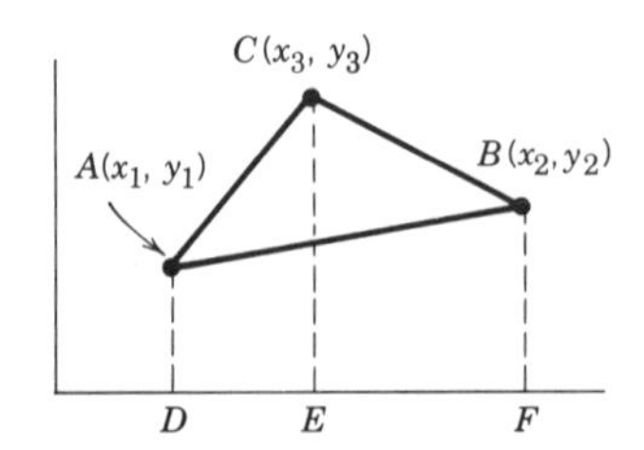


**Abb. 2.4**

**11.** Man beweise: Ist die Summe der Elemente in jeder Zeile der $n \times n$-Matrix $A$ null, so ist $\det(A) = 0$. [*Hinweis*. Man betrachte das Produkt $AX$ für die $n \times 1$-Matrix $X$, deren Elemente alle den Wert 1 haben.]

**12.** Sei $A$ eine $n \times n$-Matrix, und sei $B$ diejenige Matrix, die die Zeilen von $A$ in umgekehrter Reihenfolge enthält. Welche Beziehung besteht zwischen $\det(A)$ und $\det(B)$?

**13.** Wie ändert sich $A^{-1}$, wenn

a) die $i$-te und $j$-te Zeile von $A$ vertauscht werden,
b) die $i$-te Zeile von $A$ mit einem nichtverschwindenden Skalar $c$ multipliziert wird,
c) das $c$-fache der $i$-ten Zeile von $A$ zur $j$-ten Zeile addiert wird?

**14.** Sei $A$ eine $n \times n$-Matrix. $B_1$ entstehe durch Addition einer Zahl $t$ zu jedem Element der $i$-ten Zeile von $A$, $B_2$ durch Subtraktion von $t$ zu jedem Element der $i$-ten Zeile von $A$. Man zeige, daß $\det(A) = \frac{1}{2}[\det(B_1) + \det(B_2)]$ ist.

**15.** Sei

$$A = \begin{bmatrix} a_{11} & a_{12} & a_{13} \\ a_{21} & a_{22} & a_{23} \\ a_{31} & a_{32} & a_{33} \end{bmatrix}.$$

a) Man schreibe $\det(\lambda I - A)$ als Polynom $p(\lambda) = \lambda^3 + b\lambda^2 + c\lambda + d$.
b) Man schreibe die Koeffizienten $b$ und $d$ in Abhängigkeit von $\det(A)$ und $\mathrm{sp}(A)$.

**16.** Man zeige ohne direkte Berechnung der Determinante:

$$\begin{vmatrix} \sin\alpha & \cos\alpha & \sin(\alpha+\delta) \\ \sin\beta & \cos\beta & \sin(\beta+\delta) \\ \sin\gamma & \cos\gamma & \sin(\gamma+\delta) \end{vmatrix} = 0.$$

**17.** Man zeige, daß

$$\begin{vmatrix} 2 & 1 & 3 & 7 & 5 \\ 3 & 8 & 7 & 9 & 8 \\ 3 & 4 & 1 & 6 & 2 \\ 4 & 0 & 2 & 2 & 3 \\ 7 & 9 & 1 & 5 & 4 \end{vmatrix}$$

durch 19 teilbar ist, ohne die Determinante auszurechnen. Dabei verwende man die Tatsache, daß 21 375, 38 798, 34 162, 40 223 und 79 154 Vielfache von 19 sind.

**18.** Man berechne die Eigenwerte und zugehörigen Eigenvektoren der folgenden Gleichungssysteme.

a)
$$\begin{aligned} x_2 + 9x_3 &= \lambda x_1 \\ x_1 + 4x_2 - 7x_3 &= \lambda x_2 \\ x_1 \qquad - 3x_3 &= \lambda x_3 \end{aligned}$$

b)
$$\begin{aligned} x_2 + x_3 &= \lambda x_1 \\ x_1 \qquad - x_3 &= \lambda x_2 \\ x_1 + 5x_2 + 3x_3 &= \lambda x_3 \end{aligned}$$

# 3 Vektoren in der Ebene und im Raum

Die Leser, die mit dem folgenden bereits vertraut sind, können sofort zu Kapitel 4 übergehen.

## 3.1 Einführung in die Geometrie von Vektoren

*Eine Reihe physikalischer Werte (die sogenannten* ***skalaren*** *Größen), wie Flächeninhalt, Länge, Masse und Temperatur, sind schon durch die Angabe ihres Betrages vollständig beschrieben.* ***Vektorielle*** *Größen hingegen benötigen zusätzlich die Angabe ihrer Richtung. Beispielsweise wird Windbewegung durch Geschwindigkeit und Richtung angegeben, etwa als 20 km/h Nordost. Diese Angaben kann man zum sogenannten Windgeschwindigkeitsvektor zusammenfassen. Weitere vektorielle Größen sind Kraft und Verschiebung. Im folgenden Abschnitt werden wir Vektoren in der Ebene und im Raum geometrisch einführen, einige arithmetische Operationen für Vektoren definieren und deren grundlegende Eigenschaften erörtern.*

### Geometrische Vektoren

In der Ebene und im Raum lassen sich Vektoren geometrisch als gerichtete Strekken oder Pfeile darstellen; die Richtung des Vektors entspricht dann der Pfeilrichtung, sein Betrag der Pfeillänge. Das Pfeilende heißt ***Anfangspunkt***, die Pfeilspitze ***Endpunkt*** des Vektors. Wir bezeichnen Vektoren immer mit fettgedruckten Kleinbuchstaben (also $\mathbf{a}, \mathbf{k}, \mathbf{v}, \mathbf{w}$ und $\mathbf{x}$). Alle auftretenden Zahlen nennen wir ***Skalare*** (womit ausschließlich reelle Zahlen gemeint sind), und bezeichnen sie mit kursiven Kleinbuchstaben ($a, k, v, w$ und $x$.) Sind, wie in Abbildung 3.1a, $A$ der Anfangs- und $B$ der Endpunkt eines Vektors $\mathbf{v}$, so schreiben wir

$$\mathbf{v} = \overrightarrow{AB}.$$

Vektoren heißen ***äquivalent***, wenn ihre Länge und ihre Richtung übereinstimmen (Abbildung 3.1b). Da wir Vektoren ausschließlich durch Länge und Richtung charakterisieren, werden wir äquivalente Vektoren als ***gleich*** betrachten, auch wenn sie verschiedene Positionen haben. Daher schreiben wir

$$\mathbf{v} = \mathbf{w}$$

für äquivalente Vektoren $\mathbf{v}$ und $\mathbf{w}$.

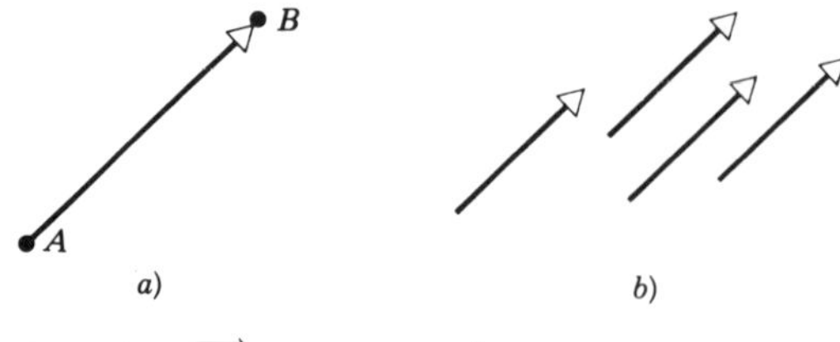


**Abb. 3.1** Der Vektor $\overrightarrow{AB}$ Äquivalente Vektoren

> **Definition.** Die ***Summe*** $\mathbf{v}+\mathbf{w}$ zweier Vektoren $\mathbf{v}$ und $\mathbf{w}$ ist der folgendermaßen bestimmte Vektor: Man ordnet $\mathbf{v}$ und $\mathbf{w}$ so an, daß der Anfangspunkt von $\mathbf{w}$ mit dem Endpunkt von $\mathbf{v}$ zusammenfällt. Der Vektor $\mathbf{v}+\mathbf{w}$ entspricht dann dem Pfeil vom Anfangspunkt von $\mathbf{v}$ zum Endpunkt von $\mathbf{w}$ (Abbildung 3.2a).

Abbildung 3.2b zeigt die Summen $\mathbf{v}+\mathbf{w}$ und $\mathbf{w}+\mathbf{v}$. Offensichtlich gilt

$$\mathbf{v}+\mathbf{w}=\mathbf{w}+\mathbf{v}.$$

Haben $\mathbf{v}$ und $\mathbf{w}$ denselben Anfangspunkt, so ist die Summe gerade die Diagonale des dadurch bestimmten Parallelogramms.

Der Vektor der Länge Null heißt ***Nullvektor*** und wird als $\mathbf{0}$ bezeichnet. Wir definieren

$$\mathbf{0}+\mathbf{v}=\mathbf{v}+\mathbf{0}=\mathbf{v}$$

für alle Vektoren $\mathbf{v}$. Da der Nullvektor keine natürliche Richtung besitzt, werden wir ihm jeweils die Richtung zuordnen, die der aktuellen Problemstellung am angemessensten ist.

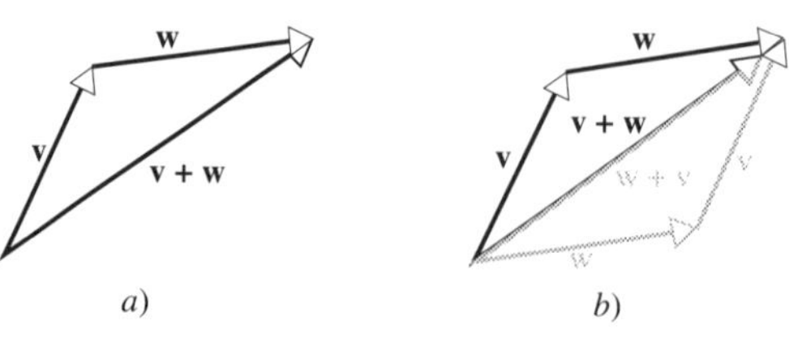


**Abb. 3.2** Die Summe $\mathbf{v}+\mathbf{w}$ $\mathbf{v}+\mathbf{w}=\mathbf{w}+\mathbf{v}$

Ist $\mathbf{v}$ ein vom Nullvektor verschiedener Vektor, so definieren wir den dazu ***negativen Vektor*** $-\mathbf{v}$ als den Vektor mit dem gleichen Betrag wie $\mathbf{v}$, aber mit entgegengesetzter Richtung (Abbildung 3.3).

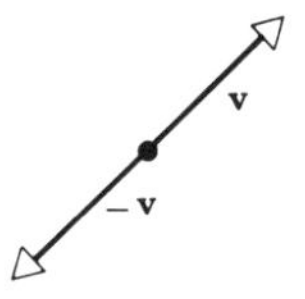


**Abb. 3.3** Der zu v negative Vektor hat die gleiche Länge wie $\mathbf{v}$, aber die entgegengesetzte Richtung.

Für diesen Vektor gilt

$$\mathbf{v} + (-\mathbf{v}) = \mathbf{0}.$$

(Warum?) Zusätzlich definieren wir $-\mathbf{0} = \mathbf{0}$. Die Subtraktion von Vektoren wird folgendermaßen erkärt:

**Definition.** Die ***Differenz*** zweier Vektoren $\mathbf{v}$ und $\mathbf{w}$ ist definiert als

$$\mathbf{v} - \mathbf{w} = \mathbf{v} + (-\mathbf{w})$$

(Abbildung 3.4a).

Haben $\mathbf{v}$ und $\mathbf{w}$ denselben Anfangspunkt, so stellt der vom Endpunkt von $\mathbf{w}$ zum Endpunkt von $\mathbf{v}$ weisende Pfeil die Differenz $\mathbf{v} - \mathbf{w}$ dar (Abbildung 3.4b).

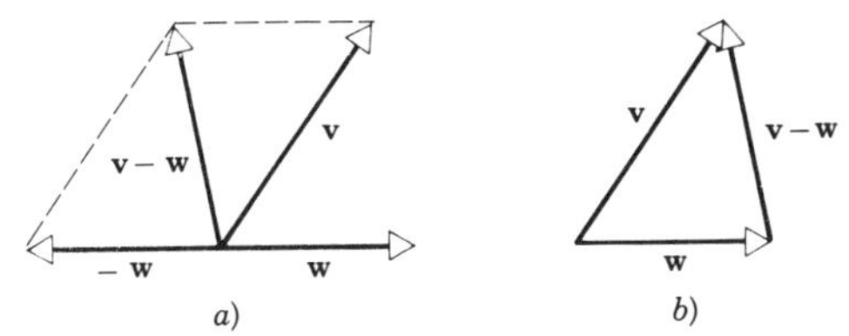


**Abb. 3.4**

**Definition.** Seien $\mathbf{v}$ ein vom Nullvektor verschiedener Vektor und $k$ ein nichtverschwindender Skalar. Das ***Produkt*** $k\mathbf{v}$ ist der Vektor, dessen Länge sich als das $|k|$-fache der Länge von $\mathbf{v}$ ergibt; seine Richtung stimmt für $k > 0$ mit der von $\mathbf{v}$ überein, für $k < 0$ ist sie entgegengesetzt. Weiter definieren wir $k\mathbf{v} = \mathbf{0}$, wenn $k = 0$ oder $\mathbf{v} = \mathbf{0}$ ist.

Abbildung 3.5 stellt die Beziehung zwischen einem Vektor $\mathbf{v}$ und seinen Vielfachen $\frac{1}{2}\mathbf{v}$, $(-1)\mathbf{v}$, $2\mathbf{v}$, $(-3)\mathbf{v}$ dar. Man sieht, daß $(-1)\mathbf{v}$ und $\mathbf{v}$ dieselbe Länge haben und in entgegengesetzte Richtungen zeigen. $(-1)\mathbf{v}$ ist also negativ zu $\mathbf{v}$; das heißt

$$(-1)\mathbf{v} = -\mathbf{v}.$$

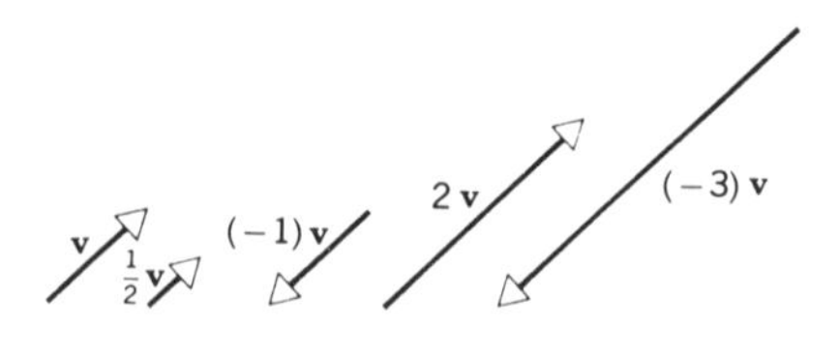


**Abb. 3.5**

Ein Vektor der Gestalt $k\mathbf{v}$ heißt ***skalares Vielfaches*** von $\mathbf{v}$. Aus Abbildung 3.5 ist ersichtlich, daß Vektoren, die sich als skalare Vielfache voneinander darstellen lassen, parallel sind. Umgekehrt kann man zeigen, daß parallele, von Null verschiedene Vektoren sich als skalare Vielfache voneinander darstellen lassen; den Beweis lassen wir weg.

## Vektoren in Koordinatensystemen

Bei der Behandlung von Vektoren erweist sich die Einführung rechtwinkliger Koordinaten oft als zweckmäßig. Wir beschränken uns zunächst auf den zweidimensionalen Raum (die Ebene). Sei $\mathbf{v}$ ein Vektor in der Ebene, dessen Anfangspunkt im Ursprung eines rechtwinkligen Koordinatensystems liegt (Abbildung 3.6). Die Koordinaten $(v_1, v_2)$ seines Endpunkts sind die ***Komponenten*** von $\mathbf{v}$, was wir als

$$\mathbf{v} = (v_1, v_2)$$

schreiben.

Legt man die Anfangspunkte äquivalenter Vektoren $\mathbf{v}$ und $\mathbf{w}$ in den Ursprung, so fallen offensichtlich ihre Endpunkte zusammen (da die Vektoren die gleiche Länge und den gleichen Betrag haben); die Vektoren haben also übereinstimmende Komponenten. Umgekehrt sind Vektoren mit gleichen Komponenten äquivalent, da sie sich in Betrag und Länge nicht unterscheiden. Zusammenfassend sind die Vektoren

$$\mathbf{v} = (v_1, v_2) \quad \text{und} \quad \mathbf{w} = (w_1, w_2)$$

genau dann äquivalent, wenn

$$v_1 = w_1 \quad \text{und} \quad v_2 = w_2.$$

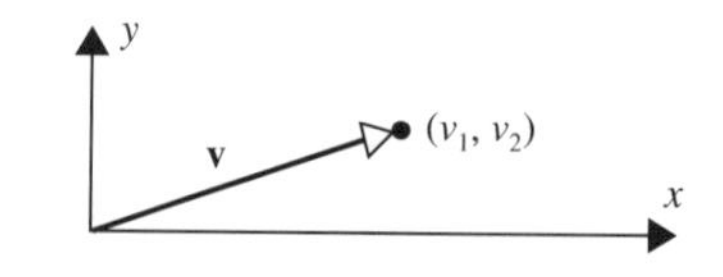


**Abb. 3.6** $v_1$ und $v_2$ sind die Komponenten von $\mathbf{v}$

Die bisher eingeführten Operationen Vektoraddition und Multiplikation mit Skalaren lassen sich sehr einfach auf die Komponentenschreibweise übertragen. Für

$$\mathbf{v} = (v_1, v_2) \quad \text{und} \quad \mathbf{w} = (w_1, w_2)$$

gilt, wie in Abbildung 3.7 dargestellt,

$$\mathbf{v} + \mathbf{w} = (v_1 + w_1, v_2 + w_2). \tag{1}$$

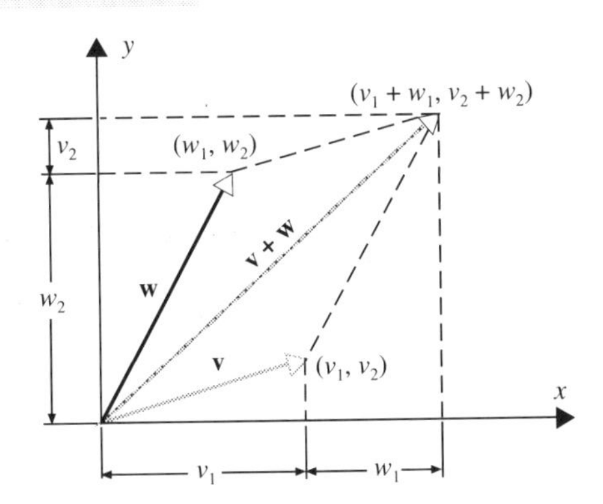


**Abb. 3.7**

Für $\mathbf{v} = (v_1, v_2)$ und einen Skalar $k$ zeigt man mit Hilfe eines geometrischen Arguments, das die Eigenschaften ähnlicher Dreiecke ausnutzt (Übung 15):

$$k\mathbf{v} = (kv_1, kv_2). \tag{2}$$

(Abbildung 3.8). So sind beispielsweise für $\mathbf{v} = (1, -2)$ und $\mathbf{w} = (7, 6)$

$$\mathbf{v} + \mathbf{w} = (1, -2) + (7, 6) = (1 + 7, -2 + 6) = (8, 4),$$

und

$$4\mathbf{v} = 4(1, -2) = (4(1), 4(-2)) = (4, -8).$$

Wegen $\mathbf{v} - \mathbf{w} = \mathbf{v} + (-1)\mathbf{w}$ ergibt sich aus den Gleichungen (1) und (2)

$$\mathbf{v} - \mathbf{w} = (v_1 - w_1, v_2 - w_2).$$

(Der Leser möge das verifizieren.)

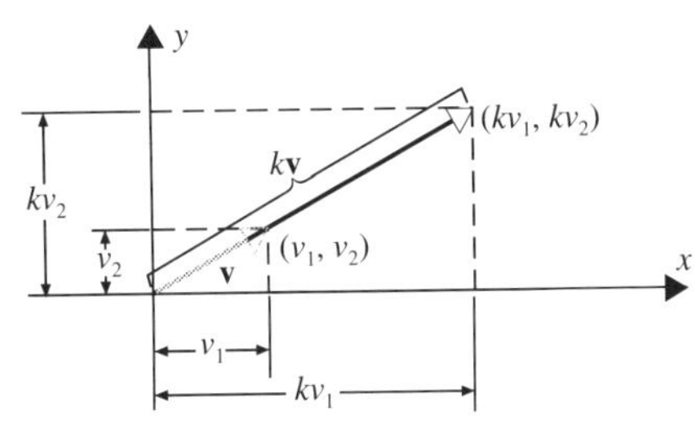


**Abb. 3.8**

## Vektoren im Raum

Analog zur Beschreibung von Vektoren in der Ebene durch Zahlenpaare kann man Vektoren im dreidimensionalen Raum nach Einführung eines ***rechtwinkligen Koordinatensystems*** durch Tripel reeller Zahlen darstellen. Zur Konstruktion des Koordinatensystems wählt man einen Punkt $O$ (den ***Ursprung***) und drei aufeinander senkrecht stehende Geraden (die ***Koordinatenachsen***), die sich im Ursprung schneiden. Die Achsen werden als $x, y$, und $z$ bezeichnet, jede von ihnen wird mit einer positiven Richtung und einer Längeneinheit zur Abstandsmessung versehen (Abbildung 3.9a). Je zwei Koordinatenachsen definieren eine Ebene, diese ***Koordinatenebenen*** werden als $xy$-, $xz$- und $yz$-***Ebene*** bezeichnet. Jedem Punkt $P$ im Raum ordnen wir ein Zahlentripel $(x, y, z)$ als ***Koordinaten*** zu: Man legt durch $P$ drei zu den Koordinatenebenen parallele Ebenen und bezeichnet ihre Schnittpunkte mit den Koordinatenachsen mit $X, Y$ und $Z$ (Abbildung 3.9b).

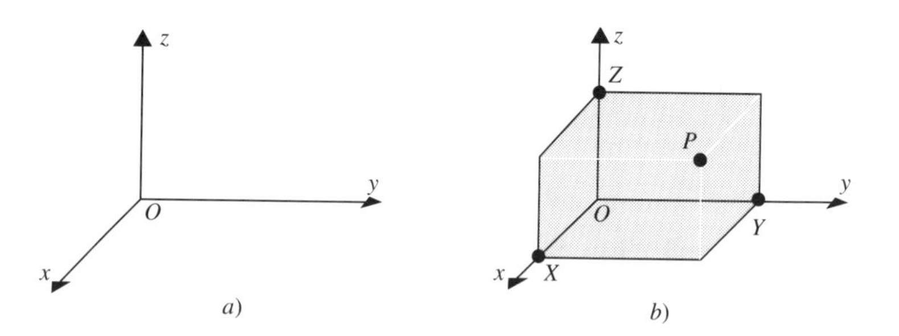


**Abb. 3.9**

Die Koordinaten von $P$ werden dann als die mit Vorzeichen versehenen Längen

$$x = OX, \quad y = OY, \quad z = OZ$$

definiert. In Abbildung 3.10 sind die Punkte mit den Koordinaten $(4, 5, 6)$ und $(-3, 2, -4)$ dargestellt.

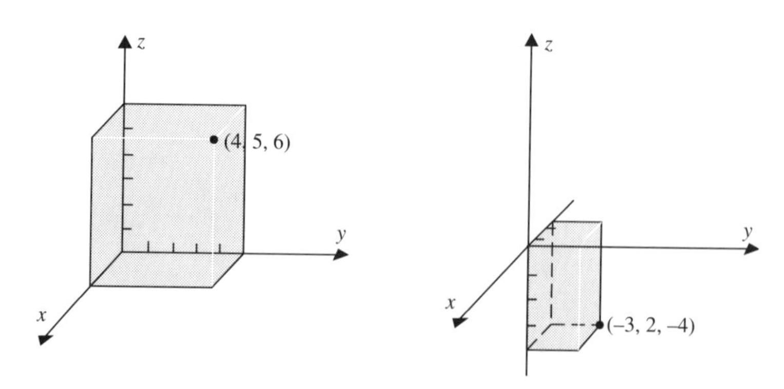


**Abb. 3.10**

Die rechtwinkligen Koordinatensysteme im dreidimensionalen Raum werden in ***Rechts-*** und ***Linkssysteme*** unterschieden. Dazu betrachtet man eine gewöhnliche Schraube, die in Richtung der positiven $z$-Achse zeigt, und dreht die $x$-Achse um 90° zur $y$-Achse. Im Rechtssystem wird dabei die Schraube in die positive $z$-Richtung „hineingedreht" (Abbildung 3.11a), während sie im Linkssystem „herausgedreht" wird (Abbildung 3.11b).

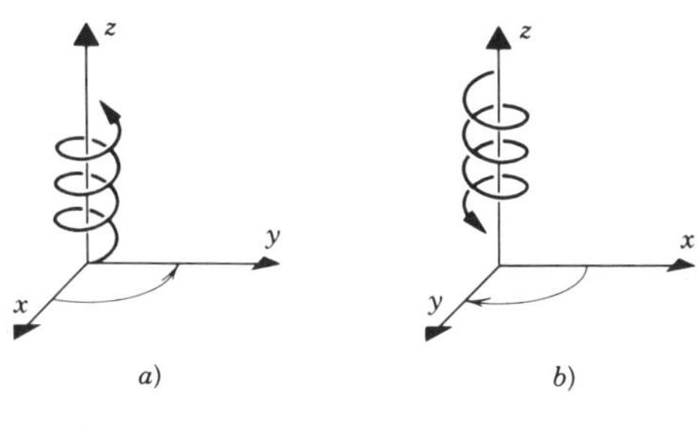


**Abb. 3.11** Rechtssystem Linkssystem

**Bemerkung.** Wir benutzen hier ausschließlich Rechtssysteme.

Liegt wie in Abbildung 3.12 der Anfangspunkt eines Vektors $\mathbf{v}$ im Ursprung eines dreidimensionalen rechtwinkligen Koordinatensystems, so nennen wir die Koordinaten des Endpunktes ***Komponenten*** von $\mathbf{v}$ und schreiben

$$\mathbf{v} = (v_1, v_2, v_3).$$

Für Vektoren $\mathbf{v} = (v_1, v_2, v_3)$ und $\mathbf{w} = (w_1, w_2, w_3)$ im Raum kann man – mit ähnlichen Argumenten wie im ebenen Fall – folgendes Ergebnis herleiten:

$\mathbf{v}$ und $\mathbf{w}$ sind genau dann äquivalent, wenn $v_1 = w_1, v_2 = w_2$ und $v_3 = w_3$ gilt.

$\mathbf{v} + \mathbf{w} = (v_1 + w_1, v_2 + w_2, v_3 + w_3)$

$k\mathbf{v} = (kv_1, kv_2, kv_3)$ für jeden Skalar $k$.

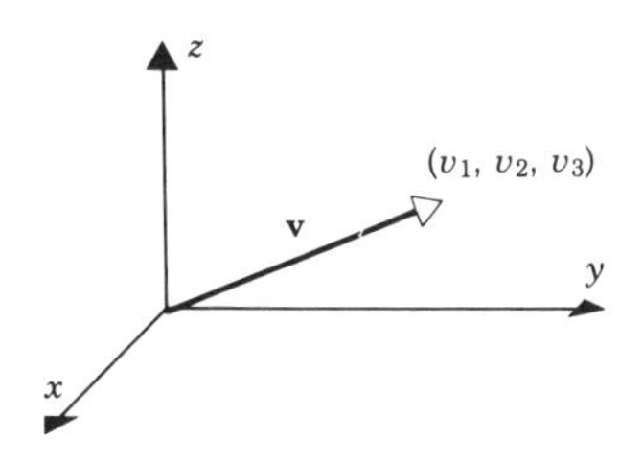


**Abb. 3.12**

**Beispiel 1** Für $\mathbf{v} = (1, -3, 2)$ und $\mathbf{w} = (4, 2, 1)$ sind

$$\mathbf{v} + \mathbf{w} = (5, -1, 3), \quad 2\mathbf{v} = (2, -6, 4), \quad -\mathbf{w} = (-4, -2, -1)$$

$$\mathbf{v} - \mathbf{w} = \mathbf{v} + (-\mathbf{w}) = (-3, -5, 1).$$

Der Anfangspunkt eines Vektors muß nicht im Ursprung liegen. Für den Vektor $\overrightarrow{P_1P_2}$ mit Anfangspunkt $P_1(x_1, y_1, z_1)$ und Endpunkt $P_2(x_2, y_2, z_2)$ ist

$$\overrightarrow{P_1P_2} = (x_2 - x_1, y_2 - y_1, z_2 - z_1).$$

Wir erhalten also seine Komponenten, indem wir die Koordinaten des Anfangspunktes von denen des Endpunktes subtrahieren. Das zeigt auch Abbildung 3.13: $\overrightarrow{P_1P_2}$ ist die Differenz der Vektoren $\overrightarrow{OP_2}$ und $\overrightarrow{OP_1}$, womit sich

$$\overrightarrow{P_1P_2} = \overrightarrow{OP_2} - \overrightarrow{OP_1} = (x_2, y_2, z_2) - (x_1, y_1, z_1) = (x_2 - x_1, y_2 - y_1, z_2 - z_1)$$

ergibt.

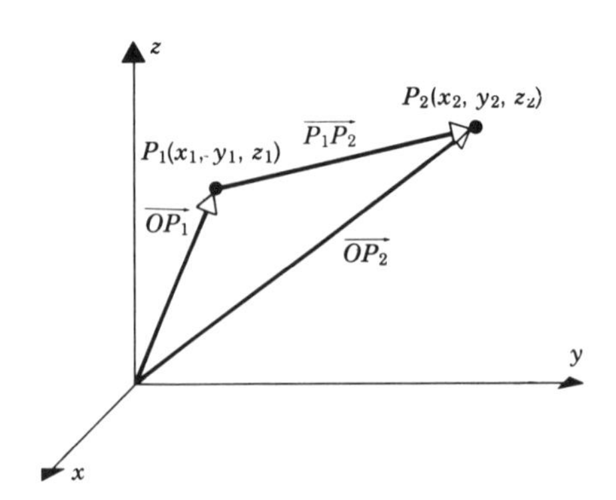


**Abb. 3.13**

**Beispiel 2** Der Vektor $\mathbf{v} = \overrightarrow{P_1P_2}$ mit $P_1(2, -1, 4)$ und $P_2(7, 5, -8)$ hat die Komponenten

$$\mathbf{v} = (7 - 2, 5 - (-1), (-8) - 4) = (5, 6, -12).$$

In der Ebene ergibt sich der Vektor mit Anfangspunkt $P_1(x_1, y_1)$ und Endpunkt $P_2(x_2, y_2)$ zu

$$\overrightarrow{P_1P_2} = (x_2 - x_1, y_2 - y_1).$$

## Verschiebung der Achsen

Viele Probleme lassen sich leichter lösen, wenn man die Koordinatenachsen verschiebt, um ein zum gegebenen System paralleles Koordinatensystem zu erhalten.

In Abbildung 3.14a haben wir das $xy$-Koordinatensystem so verschoben, daß der Ursprung des neuen $x'y'$-Systems im Punkt $(k, l)$ des $xy$-Systems liegt. Jeder Punkt $P$ der Ebene hat dann sowohl $xy$- als $x'y'$-Koordinaten, die sich unter Zuhilfenahme des Vektors $\overrightarrow{O'P}$ zueinander in Beziehung setzen lassen (Abbildung 3.14b): Im $xy$-System hat $\overrightarrow{O'P}$ den Anfangspunkt $(k, l)$ und den Endpunkt $(x, y)$, also ist $\overrightarrow{O'P} = (x - k, y - l)$. Das $x'y'$-System liefert als Anfangspunkt $(0, 0)$ und als Endpunkt $(x', y')$, also $\overrightarrow{O'P} = (x', y')$. Daraus ergeben sich die ***Verschiebungs-*** oder ***Translationsgleichungen***

$$x' = x - k \quad y' = y - l.$$

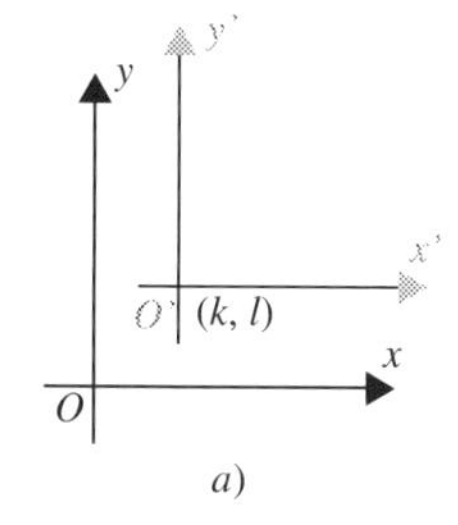


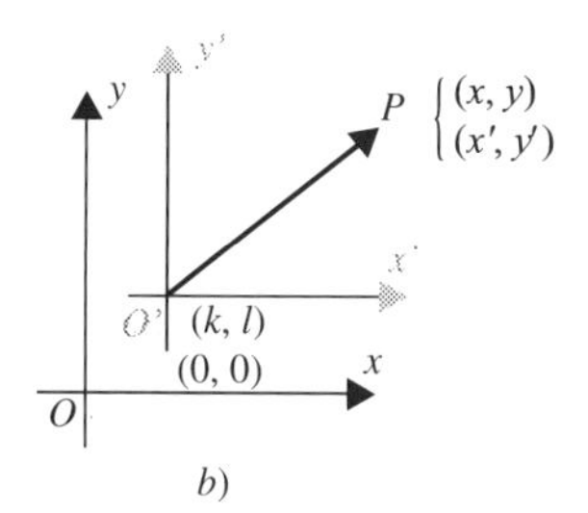


**Abb. 3.14**

**Beispiel 3** Ein $xy$-Koordinatensystem wird in ein $x'y'$-System verschoben, dessen Ursprung die $xy$-Koordinaten $(k, l) = (4, 1)$ hat.

a) Man bestimme die $x'y'$-Koordinaten des Punktes mit den $xy$-Koordinaten $P(2, 0)$.
b) Man finde die $xy$-Koordinaten des Punktes, der die $x'y'$-Koordinaten $Q(-1, 5)$ hat.

*Lösung a)*. Aus den Verschiebungsgleichungen

$$x' = x - 4 \quad y' = y - 1$$

ergeben sich die $x'y'$-Koordinaten von $P(2, 0)$ zu $x' = 2 - 4 = -2$ und $y' = 0 - 1 = -1$.

*Lösung b)*. Die Verschiebungsgleichungen aus a) kann man schreiben als

$$x = x' + 4 \quad y = y' + 1,$$

so daß man für $Q$ die $xy$-Koordinaten $x = -1 + 4 = 3$ und $y = 5 + 1 = 6$ erhält.

Im dreidimensionalen Raum gelten die Verschiebungsgleichungen

$$x' = x - k \quad y' = y - l \quad z' = z - m,$$

wobei $(k, l, m)$ die $xyz$-Koordinaten des $x'y'z'$-Ursprungs sind.

## Übungen zu 3.1

**1.** Man zeichne in einem Rechtssystem die folgenden Punkte ein.

a) $(3,4,5)$ b) $(-3,4,5)$ c) $(3,-4,5)$ d) $(3,4,-5)$
e) $(-3,-4,5)$ f) $(-3,4,-5)$ g) $(3,-4,-5)$ h) $(-3,-4,-5)$
i) $(-3,0,0)$ j) $(3,0,3)$ k) $(0,0,-3)$ l) $(0,3,0)$

**2.** Man skizziere folgende Vektoren mit Anfangspunkt im Ursprung.

a) $\mathbf{v}_1 = (3,6)$ b) $\mathbf{v}_2 = (-4,-8)$ c) $\mathbf{v}_3 = (-4,-3)$ d) $\mathbf{v}_4 = (5,-4)$
e) $\mathbf{v}_5 = (3,0)$ f) $\mathbf{v}_6 = (0,-7)$ g) $\mathbf{v}_7 = (3,4,5)$ h) $\mathbf{v}_8 = (3,3,0)$
i) $\mathbf{v}_9 = (0,0,-3)$

**3.** Man bestimme die Komponenten des Vektors $\overrightarrow{P_1P_2}$.

a) $P_1(4,8), P_2(3,7)$ b) $P_1(3,-5), P_2(-4,-7)$
c) $P_1(-5,0), P_2(-3,1)$ d) $P_1(0,0), P_2(a,b)$
e) $P_1(3,-7,2), P_2(-2,5,-4)$ f) $P_1(-1,0,2), P_2(0,-1,0)$
g) $P_1(a,b,c), P_2(0,0,0)$ h) $P_1(0,0,0), P_2(a,b,c)$

**4.** Man bestimme zu $\mathbf{v} = (6,7,-3)$ einen von Null verschiedenen Vektor $\mathbf{u}$ mit Anfangspunkt $P(-1,3,-5)$, so daß die Richtungen von $\mathbf{u}$ und $\mathbf{v}$

a) gleich,
b) einander entgegengesetzt sind.

**5.** Man bestimme zu $\mathbf{v} = (4,-2,-1)$ einen von Null verschiedenen Vektor $\mathbf{u}$ mit Endpunkt $Q(3,0,-5)$, so daß $\mathbf{u}$ und $\mathbf{v}$

a) gleiche,
b) entgegengesetzte Richtung haben.

**6.** Seien $\mathbf{u} = (-3,1,2), \mathbf{v} = (4,0,-8)$ und $\mathbf{w} = (6,-1,-4)$. Man berechne die Komponenten von

a) $\mathbf{v} - \mathbf{w}$ b) $6\mathbf{u} + 2\mathbf{v}$ c) $-\mathbf{v} + \mathbf{u}$
d) $5(\mathbf{v} - 4\mathbf{u})$ e) $-3(\mathbf{v} - 8\mathbf{w})$ f) $(2\mathbf{u} - 7\mathbf{w}) - (8\mathbf{v} + \mathbf{u})$.

**7.** Seien $\mathbf{u}, \mathbf{v}, \mathbf{w}$ die Vektoren wie in Aufgabe 6. Man bestimme die Komponenten des durch

$$2\mathbf{u} - \mathbf{v} + \mathbf{x} = 7\mathbf{x} + \mathbf{w}$$

gegebenen Vektors $\mathbf{x}$.

**8.** Seien $\mathbf{u}, \mathbf{v}, \mathbf{w}$ wie in Aufgabe 6 gegeben. Man berechne Skalare $c_1, c_2, c_3$ mit

$$c_1\mathbf{u} + c_2\mathbf{v} + c_3\mathbf{w} = (2,0,4).$$

**9.** Man zeige, daß es keine Skalare $c_1, c_2, c_3$ gibt, die

$$c_1(-2,9,6) + c_2(-3,2,1) + c_3(1,7,5) = (0,5,4)$$

erfüllen.

**10.** Man finde alle Skalare $c_1, c_2, c_3$ mit

$$c_1(1,2,0) + c_2(2,1,1) + c_3(0,3,1) = (0,0,0).$$

**11.** Die Punkte $P$ und $Q$ seien gegeben durch $(2,3,-2)$ und $(7,-4,1)$.

a) Man bestimme den Mittelpunkt der Strecke $\overline{PQ}$.
b) Man finde den Punkt auf $\overline{PQ}$, der von $P$ dreimal weiter entfernt ist als von $Q$.

**12.** Das $x'y'$-Koordinatensystem entstehe aus dem $xy$-Koordinatensystem durch Verlegung des Ursprungs in den Punkt $(2,-3)$.

a) Man bestimme die $x'y'$-Koordinaten des Punktes $P$ mit $xy$-Koordinaten $(7,5)$.
b) Man bestimme die $xy$-Koordinaten des Punktes $Q$, der im $x'y'$-System durch $(-3,6)$ gegeben ist.
c) Man zeichne die Koordinatensysteme und die Punkte $P$ und $Q$.

**13.** Das $x'y'z'$-Koordinatensystem gehe durch Verschiebung aus dem $xyz$-System hervor. Der Vektor $\mathbf{v} = (v_1, v_2, v_3)$ sei durch seine $xyz$-Komponenten gegeben. Man zeige, daß $\mathbf{v}$ im $x'y'z'$-Koordinatensystem die gleichen Komponenten hat.

**14.** Man bestimme die Komponenten der Vektoren $\mathbf{u}, \mathbf{v}, \mathbf{u}+\mathbf{v}$ und $\mathbf{u}-\mathbf{v}$ aus Abbildung 3.15.

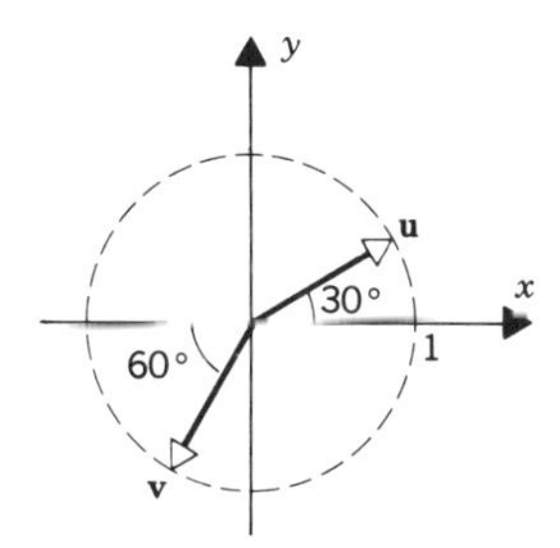


**Abb. 3.15**

**15.** Sei $\mathbf{v} = (v_1, v_2)$ ein Vektor in der Ebene. Es ist ein geometrischer Beweis dafür anzugeben, daß $k\mathbf{v} = (kv_1, kv_2)$ gilt. (Es genügt, sich auf die in Abbildung 3.8 dargestellte Situation und $k > 0$ zu beschränken. Der allgemeine Beweis erfordert die Betrachtung mehrerer Fälle, je nach Vorzeichen von $k$ und der Lage von $\mathbf{v}$.)

## 3.2 Norm eines Vektors, Vektorarithmetik

*Wir behandeln elementare Regeln der Vektorarithmetik.*

### Eigenschaften der Vektoroperationen

Der folgende Satz enthält die wichtigsten Rechenregeln für Vektoren in der Ebene und im Raum.

**Satz 3.2.1.** *Für Vektoren* $\mathbf{u}, \mathbf{v}$ *und* $\mathbf{w}$ *im zwei- oder dreidimensionalen Raum und Skalare* $k, l$ *gelten die Regeln:*

*a)* $\mathbf{u} + \mathbf{v} = \mathbf{v} + \mathbf{u}$ *b)* $(\mathbf{u} + \mathbf{v}) + \mathbf{w} = \mathbf{u} + (\mathbf{v} + \mathbf{w})$

*c)* $\mathbf{u} + \mathbf{0} = \mathbf{0} + \mathbf{u} = \mathbf{u}$ *d)* $\mathbf{u} + (-\mathbf{u}) = \mathbf{0}$

*e)* $k(l\mathbf{u}) = (kl)\mathbf{u}$ *f)* $k(\mathbf{u} + \mathbf{v}) = k\mathbf{u} + k\mathbf{v}$

*g)* $(k + l)\mathbf{u} = k\mathbf{u} + l\mathbf{u}$ *h)* $l\mathbf{u} = \mathbf{u}$.

Bevor wir uns dem Beweis zuwenden, wollen wir eine Bemerkung zur Vorgehensweise machen. Wir haben Vektoren bisher auf zwei verschiedene Arten betrachtet; einerseits *geometrisch* (als Pfeile oder gerichtete Strecken), andererseits *analytisch* (als Zahlenpaare oder -tripel). Demgemäß können wir die Formeln in Satz 3.2.1 sowohl geometrisch als auch algebraisch beweisen. Wir werden beide Methoden an Gleichung b) demonstrieren, die restlichen Beweise werden dem Leser als Übungsaufgabe überlassen.

**Analytischer Beweis von b).** Wir betrachten Vektoren im Raum (im ebenen Fall verläuft der Beweis ähnlich). Sind $\mathbf{u} = (u_1, u_2, u_3), \mathbf{v} = (v_1, v_2, v_3)$ und $\mathbf{w} = (w_1, w_2, w_3)$, so gilt

$$\begin{aligned}
(\mathbf{u} + \mathbf{v}) + \mathbf{w} &= [(u_1, u_2, u_3) + (v_1, v_2, v_3)] + (w_1, w_2, w_3) \\
&= (u_1 + v_1, u_2 + v_2, u_3 + v_3) + (w_1, w_2, w_3) \\
&= ([u_1 + v_1] + w_1, [u_2 + v_2] + w_2, [u_3 + v_3] + w_3) \\
&= (u_1 + [v_1 + w_1], u_2 + [v_2 + w_2], u_3 + [v_3 + w_3]) \\
&= (u_1, u_2, u_3) + (v_1 + w_1, v_2 + w_2, v_3 + w_3) \\
&= \mathbf{u} + (\mathbf{v} + \mathbf{w}).
\end{aligned}$$

**Geometrischer Beweis von b).** Seien $\mathbf{u} = \overrightarrow{PQ}, \mathbf{v} = \overrightarrow{QR}$ und $\mathbf{w} = \overrightarrow{RS}$ (Abbildung 3.16). Dann gelten

$$\mathbf{v} + \mathbf{w} = \overrightarrow{QS} \quad \text{und} \quad \mathbf{u} + (\mathbf{v} + \mathbf{w}) = \overrightarrow{PS}$$

sowie

$$\mathbf{u}+\mathbf{v}=\overrightarrow{PR} \quad \text{und} \quad (\mathbf{u}+\mathbf{v})+\mathbf{w}=\overrightarrow{PS},$$

also

$$\mathbf{u}+(\mathbf{v}+\mathbf{w})=(\mathbf{u}+\mathbf{v})+\mathbf{w}.$$

**Bemerkung.** Die soeben bewiesene Gleichung rechtfertigt den Term $\mathbf{u}+\mathbf{v}+\mathbf{w}$, da sich die Summe durch Klammersetzung nicht ändert. Hängt man die durch $\mathbf{u}, \mathbf{v}$ und $\mathbf{w}$ gekennzeichneten Pfeile aneinander, so erstreckt sich $\mathbf{u}+\mathbf{v}+\mathbf{w}$ vom Anfangspunkt von $\mathbf{u}$ zum Endpunkt von $\mathbf{w}$ (Abbildung 3.16).

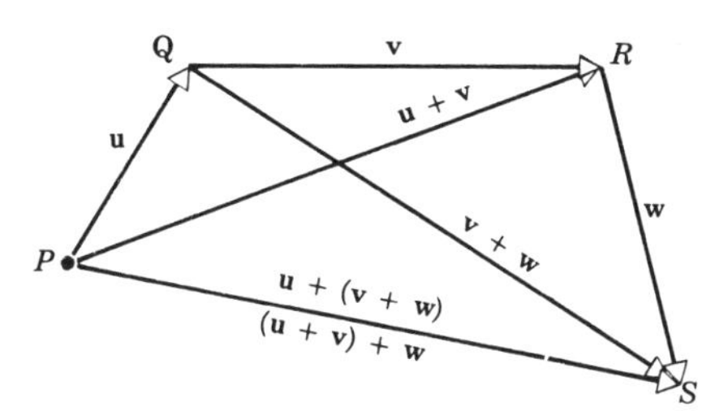


**Abb. 3.16** Die Vektoren $\mathbf{u}+(\mathbf{v}+\mathbf{w})$ und $(\mathbf{u}+\mathbf{v})+\mathbf{w}$ sind gleich.

## Norm eines Vektors

Die ***Norm*** eines Vektors $\mathbf{u}$, kurz $\|\mathbf{u}\|$, ist seine ***Länge***. Nach dem Satz von Pythagoras gilt für den ebenen Vektor $\mathbf{u}=(u_1, u_2)$

$$\|\mathbf{u}\|=\sqrt{u_1^2+u_2^2}. \tag{1}$$

(Abbildung 3.17a). Ist $\mathbf{u}=(u_1, u_2, u_3)$ ein Vektor im Raum, so folgt durch zweifache Anwendung des Satzes von Pythagoras (Abbildung 3.17b)

$$\begin{aligned}\|\mathbf{u}\|^2 &= (OR)^2+(RP)^2\\ &= (OQ)^2+(OS)^2+(RP)^2\\ &= u_1^2+u_2^2+u_3^2\end{aligned}$$

und damit

$$\|\mathbf{u}\|=\sqrt{u_1^2+u_2^2+u_3^2}. \tag{2}$$

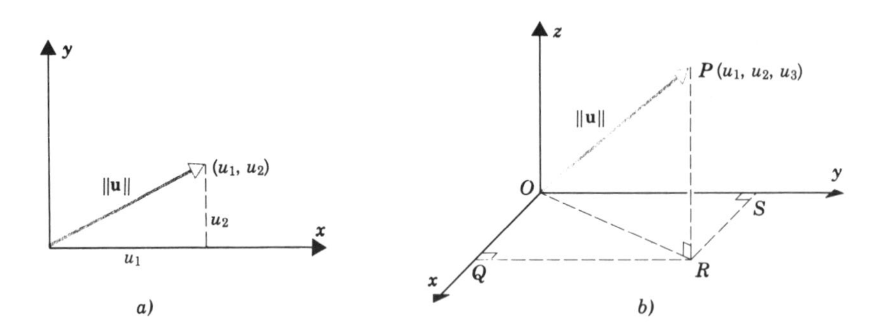


**Abb. 3.17**

Ein Vektor der Norm 1 heißt ***Einheitsvektor***.

Der ***Abstand*** $d$ zweier Punkte $P_1(x_1, y_1, z_1)$ und $P_2(x_2, y_2, z_2)$ im Raum ist die Norm ihres Verbindungsvektors $\overrightarrow{P_1P_2}$ (Abbildung 3.18). Mit

$$\overrightarrow{P_1P_2} = (x_2 - x_1, y_2 - y_1, z_2 - z_1)$$

ist

$$d = \sqrt{(x_2 - x_1)^2 + (y_2 - y_1)^2 + (z_2 - z_1)^2}. \tag{3}$$

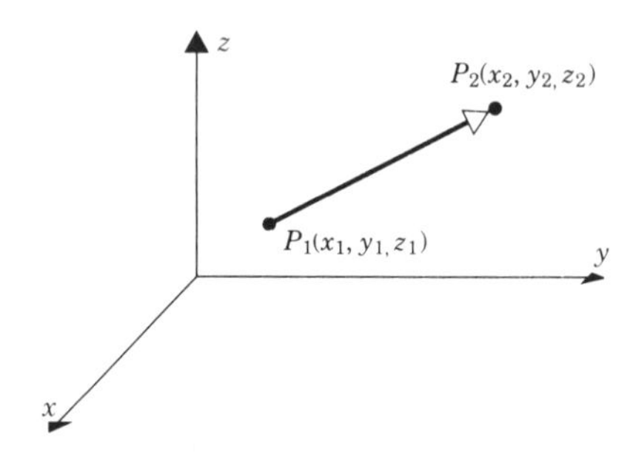


**Abb. 3.18** Der Abstand der Punkte $P_1$ und $P_2$ ist die Länge des Vektors $\overrightarrow{P_1P_2}$.

Analog ergibt sich der Abstand der Punkte $P_1(x_1, y_1)$ und $P_2(x_2, y_2)$ in der Ebene zu

$$d = \sqrt{(x_2 - x_1)^2 + (y_2 - y_1)^2}. \tag{4}$$

**Beispiel 1** Der Vektor $\mathbf{u} = (-3, 2, 1)$ hat die Norm

$$\|\mathbf{u}\| = \sqrt{(-3)^2 + (2)^2 + (1)^2} = \sqrt{14}.$$

Der Abstand der Punkte $P_1(2,-1,-5)$ und $P_2(4,-3,1)$ ist

$$d=\sqrt{(4-2)^2+(-3+1)^2+(1+5)^2}=\sqrt{44}=2\sqrt{11}.$$

Nach der Definition hat das Produkt $k\mathbf{u}$ die $|k|$-fache Länge von $\mathbf{u}$. Das liefert die Formel

$$\|k\,\mathbf{u}\|=|k|\|\mathbf{u}\|, \qquad (5)$$

die sowohl in der Ebene als auch im Raum gilt.

## Übungen zu 3.2

**1.** Man bestimme die Norm von $\mathbf{v}$.

a) $\mathbf{v}=(4,-3)$ b) $\mathbf{v}=(2,3)$ c) $\mathbf{v}=(-5,0)$
d) $\mathbf{v}=(2,2,2)$ e) $\mathbf{v}=(-7,2,-1)$ f) $\mathbf{v}=(0,6,0)$

**2.** Man berechne den Abstand der Punkte $P_1$ und $P_2$.

a) $P_1(3,4), P_2(5,7)$ b) $P_1(-3,6), P_2(-1,-4)$
c) $P_1(7,-5,1), P_2(-7,-2,-1)$ d) $P_1(3,3,3), P_2(6,0,3)$

**3.** Seien $\mathbf{u}=(2,-2,3), \mathbf{v}=(1,-3,4)$ und $\mathbf{w}=(3,6,-4)$. Man berechne folgende Ausdrücke:

a) $\|\mathbf{u}+\mathbf{v}\|$ b) $\|\mathbf{u}\|+\|\mathbf{v}\|$ c) $\|-2\mathbf{u}\|+2\|\mathbf{u}\|$
d) $\|3\mathbf{u}-5\mathbf{v}+\mathbf{w}\|$ e) $\dfrac{1}{\|\mathbf{w}\|}\mathbf{w}$ f) $\left\|\dfrac{1}{\|\mathbf{w}\|}\mathbf{w}\right\|$.

**4.** Man bestimme zu $\mathbf{v}=(-1,2,5)$ alle Skalare $k$ mit $\|k\mathbf{v}\|=4$.

**5.** Man zeige, daß $\mathbf{u}=(7,-3,1), \mathbf{v}=(9,6,6), \mathbf{w}=(2,1,-8), k=-2$ und $l=5$ die folgenden Gleichungen aus Satz 3.2.1 erfüllen.

a) Teil *b)*
b) Teil *e)*
c) Teil *f)*
d) Teil *g)*

**6.** a) Man zeige, daß für $\mathbf{v}\neq\mathbf{0}$

$$\frac{1}{\|\mathbf{v}\|}\mathbf{v}$$

ein Einheitsvektor ist.

b) Man bestimme mit Teil a) einen Einheitsvektor in Richtung von $\mathbf{v} = (3, 4)$.
c) Man finde einen Einheitsvektor mit zu $\mathbf{v} = (-2, 3, -6)$ entgegengesetzter Richtung.

**7.** a) Man zeige, daß für den Vektor $\mathbf{v} = (v_1, v_2)$ aus Abbildung 3.19 $v_1 = \|\mathbf{v}\|\cos\theta$ und $v_2 = \|\mathbf{v}\|\sin\theta$ gilt.
b) Seien $\mathbf{u}$ und $\mathbf{v}$ wie in Abbildung 3.20 definiert. Man berechne mit den Formeln aus Teil a) die Komponenten von $4\mathbf{u} - 5\mathbf{v}$.

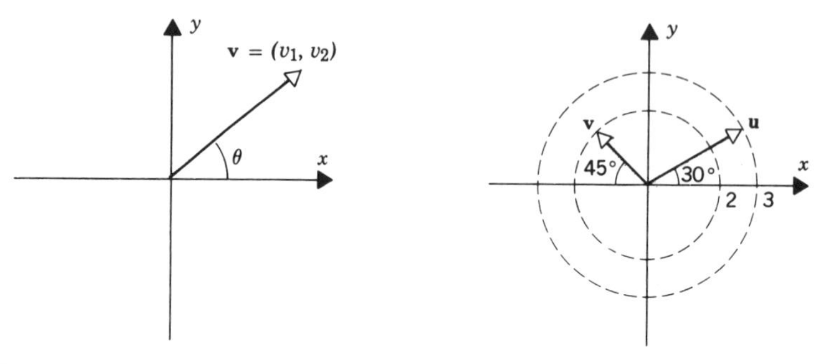


**Abb. 3.19** **Abb. 3.20**

**8.** Seien $\mathbf{p}_0 = (x_0, y_0, z_0)$ und $\mathbf{p} = (x, y, z)$. Man beschreibe die Menge aller Punkte $(x, y, z)$ mit $\|\mathbf{p} - \mathbf{p}_0\| = 1$.

**9.** Seien $\mathbf{u}$ und $\mathbf{v}$ Vektoren in der Ebene oder im Raum. Man gebe einen geometrischen Beweis für die Ungleichung $\|\mathbf{u} + \mathbf{v}\| \leq \|\mathbf{u}\| + \|\mathbf{v}\|$ an.

**10.** Man gebe analytische Beweise für die Teile a), c) und e) von Satz 3.2.1 an.

**11.** Man beweise Satz 3.2.1 d), g), h) analytisch.

**12.** Man zeige Satz 3.2.1 f) mit geometrischen Argumenten.

# 3.3 Inneres euklidisches Produkt, Projektionen

*Wir stellen eine Möglichkeit vor, Vektoren in der Ebene oder im Raum miteinander zu multiplizieren, und erörtern einige geometrische Anwendungen.*

## Skalarprodukt von Vektoren

Seien $\mathbf{u}$ und $\mathbf{v}$ von Null verschiedene Vektoren in der Ebene oder im Raum, die den gleichen Anfangspunkt haben. Als ***Winkel zwischen* u *und* v** bezeichnen wir den durch die gerichteten Strecken $\mathbf{u}$ und $\mathbf{v}$ eingeschlossenen Winkel $\theta$, der die Ungleichung $0 \leq \theta \leq \pi$ erfüllt (Abbildung 3.21).

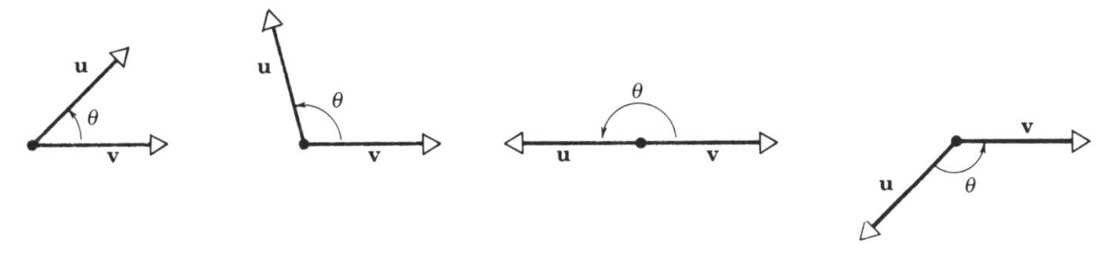


**Abb. 3.21** Für den Winkel $\theta$ zwischen $\mathbf{u}$ und $\mathbf{v}$ gilt $0 < \theta \leq \pi$.

**Definition.** Seien $\mathbf{u}$ und $\mathbf{v}$ zwei- oder dreidimensionale Vektoren, die den Winkel $\theta$ einschließen. Das ***Skalarprodukt*** oder ***innere euklidische Produkt*** $\mathbf{u} \cdot \mathbf{v}$ ist definiert als

$$\mathbf{u} \cdot \mathbf{v} = \begin{cases} \|\mathbf{u}\| \, \|\mathbf{v}\| \cos\theta & \text{für } \mathbf{u} \neq \mathbf{0} \text{ und } \mathbf{v} \neq \mathbf{0} \\ 0 & \text{für } \mathbf{u} = \mathbf{0} \text{ oder } \mathbf{v} = \mathbf{0}. \end{cases} \tag{1}$$

**Beispiel 1** Die Vektoren $\mathbf{u} = (0, 0, 1)$ und $\mathbf{v} = (0, 2, 2)$ schließen einen Winkel von 45° ein (Abbildung 3.22), also ist

$$\mathbf{u} \cdot \mathbf{v} = \|\mathbf{u}\|\|\mathbf{v}\| \cos\theta = (\sqrt{0^2 + 0^2 + 1^2})(\sqrt{0^2 + 2^2 + 2^2})\left(\frac{1}{\sqrt{2}}\right) = 2.$$

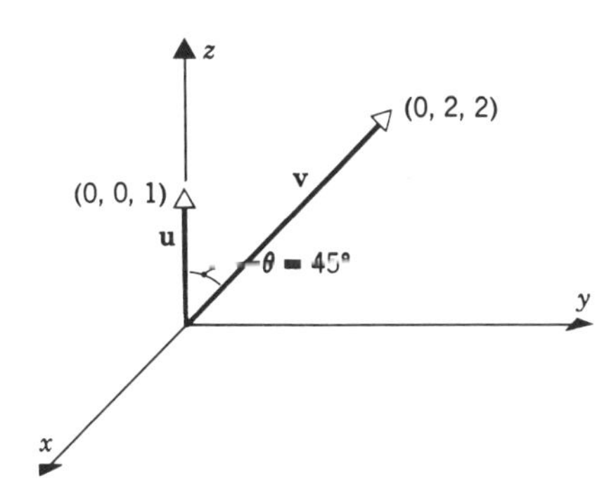


**Abb. 3.22**

## Berechnung des Skalarprodukts durch die Komponenten

Für praktische Berechnungen ist es wünschenswert, das Skalarprodukt zweier Vektoren durch ihre Komponenten auszudrücken. Wir werden eine solche Formel für Vektoren im Raum herleiten, der ebene Fall ergibt sich analog.

Seien $\mathbf{u} = (u_1, u_2, u_3)$ und $\mathbf{v} = (v_1, v_2, v_3)$ von Null verschiedene Vektoren, die den Winkel $\theta$ einschließen (Abbildung 3.23). Nach dem Kosinussatz gilt

$$\|\overrightarrow{PQ}\|^2 = \|\mathbf{u}\|^2 + \|\mathbf{v}\|^2 - 2\|\mathbf{u}\|\|\mathbf{v}\|\cos\theta. \tag{2}$$

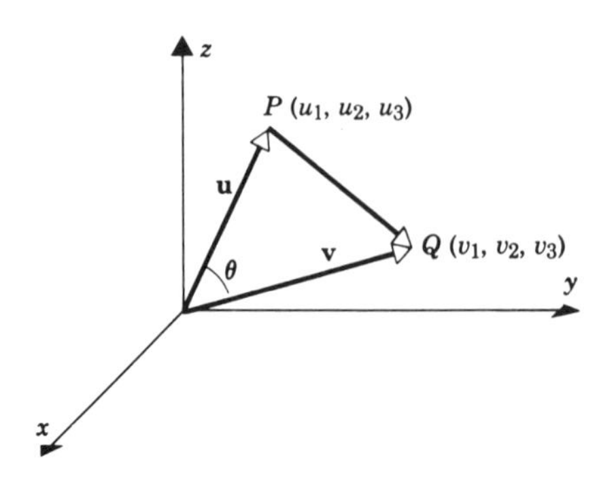


**Abb. 3.23**

Mit $\overrightarrow{PQ} = \mathbf{v} - \mathbf{u}$ ergibt sich

$$\|\mathbf{u}\|\|\mathbf{v}\|\cos\theta = \tfrac{1}{2}(\|\mathbf{u}\|^2 + \|\mathbf{v}\|^2 - \|\mathbf{v} - \mathbf{u}\|^2)$$

oder

$$\mathbf{u} \cdot \mathbf{v} = \tfrac{1}{2}(\|\mathbf{u}\|^2 + \|\mathbf{v}\|^2 - \|\mathbf{v} - \mathbf{u}\|^2).$$

Setzen wir in diese Gleichung

$$\|\mathbf{u}\|^2 = u_1^2 + u_2^2 + u_3^2, \quad \|\mathbf{v}\|^2 = v_1^2 + v_2^2 + v_3^2$$

und

$$\|\mathbf{v} - \mathbf{u}\|^2 = (v_1 - u_1)^2 + (v_2 - u_2)^2 + (v_3 - u_3)^2$$

ein, so erhalten wir nach entsprechender Vereinfachung

$$\mathbf{u} \cdot \mathbf{v} = u_1 v_1 + u_2 v_2 + u_3 v_3. \tag{3}$$

Analog ergibt sich für ebene Vektoren $\mathbf{u} = (u_1, u_2)$ und $\mathbf{v} = (v_1, v_2)$ die Formel

$$\mathbf{u} \cdot \mathbf{v} = u_1 v_1 + u_2 v_2. \tag{4}$$

## Winkelbestimmung

Für von Null verschiedene Vektoren $\mathbf{u}$ und $\mathbf{v}$ ergibt sich aus (1)

$$\cos\theta = \frac{\mathbf{u} \cdot \mathbf{v}}{\|\mathbf{u}\|\|\mathbf{v}\|}. \tag{5}$$

**Beispiel 2** Man betrachte

$$\mathbf{u} = (2, -1, 1) \quad \text{und} \quad \mathbf{v} = (1, 1, 2).$$

Man berechne $\mathbf{u} \cdot \mathbf{v}$ und bestimme den Winkel $\theta$ zwischen $\mathbf{u}$ und $\mathbf{v}$.

*Lösung.*

$$\mathbf{u} \cdot \mathbf{v} = u_1 v_1 + u_2 v_2 + u_3 v_3 = (2)(1) + (-1)(1) + (1)(2) = 3.$$

Weiter ist $\|\mathbf{u}\| = \|\mathbf{v}\| = \sqrt{6}$, also nach (5)

$$\cos\theta = \frac{\mathbf{u} \cdot \mathbf{v}}{\|\mathbf{u}\|\|\mathbf{v}\|} = \frac{3}{\sqrt{6}\sqrt{6}} = \frac{1}{2}.$$

Daraus ergibt sich $\theta = 60°$.

**Beispiel 3** Man bestimme den Winkel zwischen der Diagonalen und der Kante eines Würfels.

*Lösung.* Sei $k$ die Kantenlänge des Würfels. Wir führen das in Abbildung 3.24 dargestellte Koordinatensystem ein.

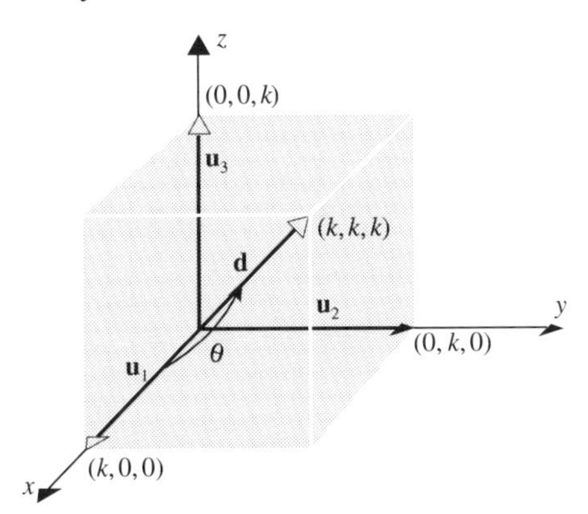


**Abb. 3.24**

Sind $\mathbf{u}_1 = (k, 0, 0)$, $\mathbf{u}_2 = (0, k, 0)$ und $\mathbf{u}_3 = (0, 0, k)$, so beschreibt

$$\mathbf{d} = (k, k, k) = \mathbf{u}_1 + \mathbf{u}_2 + \mathbf{u}_3$$

cinc Diagonale des Würfels. Für den Winkel $\theta$ zwischen $\mathbf{d}$ und der Kante $\mathbf{u}_1$ gilt

$$\cos\theta = \frac{\mathbf{u}_1 \cdot \mathbf{d}}{\|\mathbf{u}_1\|\|\mathbf{d}\|} = \frac{k^2}{(k)(\sqrt{3k^2})} = \frac{1}{\sqrt{3}},$$

also ist

$$\theta = \cos^{-1}\left(\frac{1}{\sqrt{3}}\right) \approx 54°44'.$$

Der folgende Satz zeigt, wie man Eigenschaften des Winkels zwischen zwei Vektoren bereits an ihrem Skalarprodukt ablesen kann, außerdem stellt er die Verbindung zwischen der Norm und dem Skalarprodukt her.

**Satz 3.3.1.** *Seien* $\mathbf{u}$ *und* $\mathbf{v}$ *Vektoren in der Ebene oder im Raum.*

*a)* $\mathbf{v}\cdot\mathbf{v} = \|\mathbf{v}\|^2$, *das heißt* $\|\mathbf{v}\| = (\mathbf{v}\cdot\mathbf{v})^{1/2}$.
*b) Sind* $\mathbf{u}$ *und* $\mathbf{v}$ *verschieden von Null, so gilt für den von ihnen eingeschlossenen Winkel* $\theta$:

$$\begin{aligned} &\theta \text{ ist spitz} && \Leftrightarrow \mathbf{u}\cdot\mathbf{v} > 0 \\ &\theta \text{ ist stumpf} && \Leftrightarrow \mathbf{u}\cdot\mathbf{v} < 0 \\ &\theta = \tfrac{\pi}{2} && \Leftrightarrow \mathbf{u}\cdot\mathbf{v} = 0. \end{aligned}$$

**Beweis a).** Da $\mathbf{v}$ mit sich selbst den Winkel $\theta = 0$ einschließt, ist

$$\mathbf{v}\cdot\mathbf{v} = \|\mathbf{v}\|\|\mathbf{v}\|\cos\theta = \|\mathbf{v}\|^2\cos 0 = \|\mathbf{v}\|^2.$$

**Beweis b).** Aus $0 \le \theta \le \pi$ folgt: $\theta$ ist genau dann spitz, wenn $\cos\theta > 0$. $\theta$ ist genau dann stumpf, wenn $\cos\theta < 0$ ist und $\theta = \frac{\pi}{2} \Leftrightarrow \cos\theta = 0$. Wegen $\|\mathbf{u}\| > 0$ und $\|\mathbf{v}\| > 0$ hat das Skalarprodukt $\mathbf{u}\cdot\mathbf{v} = \|\mathbf{u}\|\|\mathbf{v}\|\cos\theta$ dasselbe Vorzeichen wie $\cos\theta$, woraus die Behauptung folgt. □

**Beispiel 4** Für $\mathbf{u} = (1,-2,3), \mathbf{v} = (-3,4,2)$ und $\mathbf{w} = (3,6,3)$ gilt

$$\begin{aligned} \mathbf{u}\cdot\mathbf{v} &= (1)(-3) + (-2)(4) + (3)(2) = -5 \\ \mathbf{v}\cdot\mathbf{w} &= (-3)(3) + (4)(6) + (2)(3) = 21 \\ \mathbf{u}\cdot\mathbf{w} &= (1)(3) + (-2)(6) + (3)(3) = 0. \end{aligned}$$

Also schließt $\mathbf{u}$ mit $\mathbf{v}$ einen stumpfen und $\mathbf{v}$ mit $\mathbf{w}$ einen spitzen Winkel ein, während $\mathbf{u}$ und $\mathbf{w}$ senkrecht aufeinander stehen.

## Orthogonale Vektoren

Zueinander senkrechte Vektoren heißen ***orthogonal***. Wir vereinbaren, daß der Nullvektor senkrecht zu jedem Vektor ist, und erhalten dann mit Satz 3.3.1 b): *Zwei Vektoren* $\mathbf{u}$ *und* $\mathbf{v}$ *sind genau dann orthogonal, wenn* $\mathbf{u}\cdot\mathbf{v} = 0$ *ist*. Wir benutzen die Schreibweise $\mathbf{u} \perp \mathbf{v}$.

**Beispiel 5** Man zeige, daß der ebene Vektor $\mathbf{n} = (a,b) \neq \mathbf{0}$ senkrecht zur Geraden $ax + by + c = 0$ ist.

*Lösung.* Für zwei verschiedene Punkte $P_1(x_1,y_1)$ und $P_2(x_2,y_2)$ auf der Geraden gilt

$$\begin{aligned} ax_1 + by_1 + c &= 0 \\ ax_2 + by_2 + c &= 0. \end{aligned} \tag{6}$$

Der Vektor $\overrightarrow{P_1P_2} = (x_2 - x_1, y_2 - y_1)$ liegt auf der Geraden (Abbildung 3.25), wir müssen also nur zeigen, daß $\mathbf{n}$ und $\overrightarrow{P_1P_2}$ orthogonal sind. Durch Subtraktion der beiden Gleichungen in (6) folgt

$$a(x_2 - x_1) + b(y_2 - y_1) = 0$$

beziehungsweise

$$(a, b) \cdot (x_2 - x_1, y_2 - y_1) = 0 \quad \text{oder} \quad \mathbf{n} \cdot \overrightarrow{P_1P_2} = 0.$$

Damit ist $\mathbf{n} \perp \overrightarrow{P_1P_2}$.

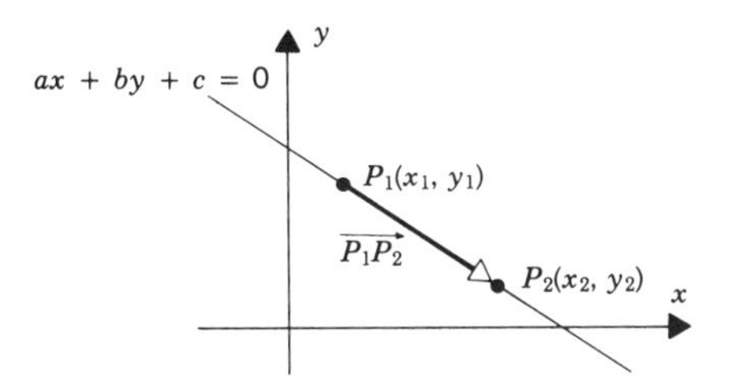


**Abb. 3.25**

Im folgenden Satz werden die wichtigsten Eigenschaften des Skalarprodukts zusammengefaßt, die uns in weiteren Berechnungen von Nutzen sein werden.

**Satz 3.3.2.** *Seien* $\mathbf{u}, \mathbf{v}$ *und* $\mathbf{w}$ *Vektoren im zwei- oder dreidimensionalen Raum und* $k$ *ein Skalar. Dann gelten*

*a)* $\mathbf{u} \cdot \mathbf{v} = \mathbf{v} \cdot \mathbf{u}$

*b)* $\mathbf{u} \cdot (\mathbf{v} + \mathbf{w}) = \mathbf{u} \cdot \mathbf{v} + \mathbf{u} \cdot \mathbf{w}$

*c)* $k(\mathbf{u} \cdot \mathbf{v}) = (k\mathbf{u}) \cdot \mathbf{v} = \mathbf{u} \cdot (k\mathbf{v})$

*d)* $\mathbf{v} \cdot \mathbf{v} > 0$ für $\mathbf{v} \neq 0$, und $\mathbf{v} \cdot \mathbf{v} = 0$ für $\mathbf{v} = 0$.

**Beweis.** Wir beweisen Teil c) im dreidimensionalen Fall, den Rest überlassen wir dem Leser als Übung. Für $\mathbf{u} = (u_1, u_2, u_3)$ und $\mathbf{v} = (v_1, v_2, v_3)$ ist

$$\begin{aligned} k(\mathbf{u} \cdot \mathbf{v}) &= k(u_1v_1 + u_2v_2 + u_3v_3) \\ &= (ku_1)v_1 + (ku_2)v_2 + (ku_3)v_3 \\ &= (k\mathbf{u}) \cdot \mathbf{v}. \end{aligned}$$

Analog ergibt sich

$$k(\mathbf{u} \cdot \mathbf{v}) = \mathbf{u} \cdot (k\mathbf{v}). \quad \square$$

## Orthogonalprojektionen

In einer Reihe von Anwendungen interessiert man sich für die „Zerlegung“ eines Vektors $\mathbf{u}$ in einen zu einem vorgegebenen Vektor $\mathbf{a}$ parallelen und einen dazu senkrechten Summanden. Dazu verlegt man $\mathbf{u}$ und $\mathbf{a}$ in den gemeinsamen Anfangspunkt $Q$ und fällt das Lot vom Endpunkt von $\mathbf{u}$ auf die Gerade durch $\mathbf{a}$ (Abbildung 3.26). Man betrachte dann den Verbindungsvektor $\mathbf{w}_1$ von $Q$ zum Lotfußpunkt und

$$\mathbf{w}_2 = \mathbf{u} - \mathbf{w}_1.$$

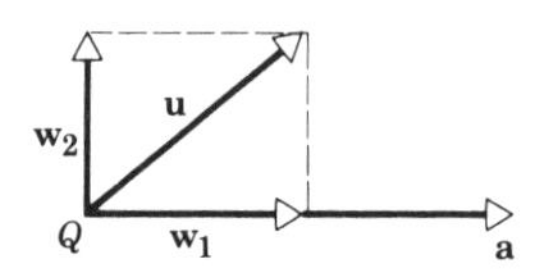

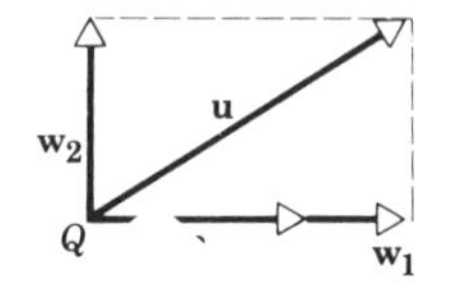

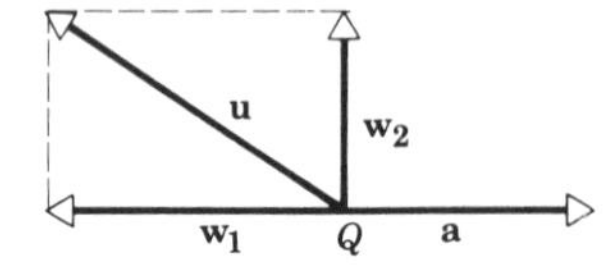


**Abb. 3.26** $\mathbf{u} = \mathbf{w}_1 + \mathbf{w}_2$, wobei $\mathbf{w}_1$ parallel und $\mathbf{w}_2$ senkrecht zu $\mathbf{a}$ ist.

Wie in Abbildung 3.26 dargestellt, ist $\mathbf{w}_1$ parallel und $\mathbf{w}_2$ senkrecht zu $\mathbf{a}$, außerdem

$$\mathbf{w}_1 + \mathbf{w}_2 = \mathbf{w}_1 + (\mathbf{u} - \mathbf{w}_1) = \mathbf{u}.$$

Der Vektor $\mathbf{w}_1$ heißt ***Orthogonalprojektion von*** $\mathbf{u}$ ***auf*** $\mathbf{a}$ oder ***Vektorkomponente von*** $\mathbf{u}$ ***entlang*** $\mathbf{a}$ und wird mit

$$\text{proj}_{\mathbf{a}}\,\mathbf{u} \tag{7}$$

bezeichnet. Dementsprechend heißt $\mathbf{w}_2$ ***Vektorkomponente von*** $\mathbf{u}$ ***senkrecht zu*** $\mathbf{a}$. Mit $\mathbf{w}_2 = \mathbf{u} - \mathbf{w}_1$ und (7) gilt für diesen Vektor

$$\mathbf{w}_2 = \mathbf{u} - \text{proj}_{\mathbf{a}}\,\mathbf{u}.$$

Der folgende Satz liefert Formeln, mit denen wir $\text{proj}_{\mathbf{a}}\,\mathbf{u}$ und $\mathbf{u} - \text{proj}_{\mathbf{a}}\,\mathbf{u}$ berechnen können.

**Satz 3.3.3.** *Für Vektoren* $\mathbf{u}$ *und* $\mathbf{a}$ *in der Ebene oder im Raum mit* $\mathbf{a} \neq \mathbf{0}$ *gilt:*

$$\text{proj}_{\mathbf{a}}\,\mathbf{u} = \frac{\mathbf{u} \cdot \mathbf{a}}{\|\mathbf{a}\|^2}\mathbf{a} \qquad (\textit{Vektorkomponente von } \mathbf{u} \textit{ entlang } \mathbf{a})$$

$$\mathbf{u} - \text{proj}_{\mathbf{a}}\,\mathbf{u} = \mathbf{u} - \frac{\mathbf{u} \cdot \mathbf{a}}{\|\mathbf{a}\|^2}\mathbf{a} \qquad (\textit{Vektorkomponente von } \mathbf{u} \textit{ senkrecht zu } \mathbf{a}).$$

**Beweis.** Seien $\mathbf{w}_1 = \text{proj}_{\mathbf{a}}\,\mathbf{u}$ und $\mathbf{w}_2 = \mathbf{u} - \text{proj}_{\mathbf{a}}\,\mathbf{u}$. $\mathbf{w}_1$ ist parallel zu $\mathbf{a}$, hat also als skalares Vielfaches die Gestalt $\mathbf{w}_1 = k\mathbf{a}$. Damit ist

$$\mathbf{u} = \mathbf{w}_1 + \mathbf{w}_2 = k\mathbf{a} + \mathbf{w}_2, \tag{8}$$

woraus sich mit 3.3.1 a) und 3.3.2

$$\mathbf{u}\cdot\mathbf{a} = (k\mathbf{a}+\mathbf{w}_2)\cdot\mathbf{a} = k\|\mathbf{a}\|^2 + \mathbf{w}_2\cdot\mathbf{a} \tag{9}$$

ergibt. Da $\mathbf{w}_2$ senkrecht zu $\mathbf{a}$ ist, gilt $\mathbf{w}_2 \cdot \mathbf{a} = 0$, also

$$k = \frac{\mathbf{u}\cdot\mathbf{a}}{\|\mathbf{a}^2\|}.$$

Wegen $\text{proj}_{\mathbf{a}}\,\mathbf{u} = \mathbf{w}_1 = k\mathbf{a}$ erhalten wir

$$\text{proj}_{\mathbf{a}}\,\mathbf{u} = \frac{\mathbf{u}\cdot\mathbf{a}}{\|\mathbf{a}\|^2}\mathbf{a}. \quad \square$$

**Beispiel 6** Seien $\mathbf{u} = (2,-1,3)$ und $\mathbf{a} = (4,-1,2)$. Man bestimme die Vektorkomponenten von $\mathbf{u}$ entlang $\mathbf{a}$ und senkrecht zu $\mathbf{a}$.

*Lösung.*

$$\mathbf{u}\cdot\mathbf{a} = (2)(4)+(-1)(-1)+(3)(2) = 15$$
$$\|\mathbf{a}\|^2 = 4^2+(-1)^2+2^2 = 21,$$

also ist die Vektorkomponente von $\mathbf{u}$ entlang $\mathbf{a}$

$$\text{proj}_{\mathbf{a}}\,\mathbf{u} = \frac{\mathbf{u}\cdot\mathbf{a}}{\|\mathbf{a}\|^2}\mathbf{a} = \tfrac{15}{21}(4,-1,2) = (\tfrac{20}{7}, -\tfrac{5}{7}, \tfrac{10}{7})$$

und senkrecht zu $\mathbf{a}$

$$\mathbf{u} - \text{proj}_{\mathbf{a}}\,\mathbf{u} = (2,-1,3) - (\tfrac{20}{7}, -\tfrac{5}{7}, \tfrac{10}{7}) = (-\tfrac{6}{7}, -\tfrac{2}{7}, \tfrac{11}{7}).$$

Zur Probe kann der Leser nachrechnen, daß $\mathbf{u} - \text{proj}_{\mathbf{a}}\,\mathbf{u}$ senkrecht zu $\mathbf{a}$ ist.

Die Norm der Orthogonalprojektion von $\mathbf{u}$ auf $\mathbf{a}$ erhält man durch

$$\|\text{proj}_{\mathbf{a}}\,\mathbf{u}\| = \left\|\frac{\mathbf{u}\cdot\mathbf{a}}{\|\mathbf{a}\|^2}\mathbf{a}\right\|$$

$$= \left|\frac{\mathbf{u}\cdot\mathbf{a}}{\|\mathbf{a}\|^2}\right|\|\mathbf{a}\| \qquad \boxed{\text{Formel (5) aus Abschnitt 3.2}}$$

$$= \frac{|\mathbf{u}\cdot\mathbf{a}|}{\|\mathbf{a}\|^2}\|\mathbf{a}\| \qquad \boxed{\text{da } \|\mathbf{a}\|^2 > 0}$$

Damit ist

$$\|\text{proj}_{\mathbf{a}}\,\mathbf{u}\| = \frac{|\mathbf{u}\cdot\mathbf{a}|}{\|\mathbf{a}\|}. \tag{10}$$

Für den Winkel $\theta$ zwischen $\mathbf{u}$ und $\mathbf{a}$ gilt $\mathbf{u}\cdot\mathbf{a} = \|\mathbf{u}\|\|\mathbf{a}\|\cos\theta$, also ist

$$\|\text{proj}_{\mathbf{a}}\,\mathbf{u}\| = \|\mathbf{u}\|\,|\cos\theta|. \tag{11}$$

(Der Leser möge das nachrechnen.) Die geometrische Interpretation dieser Gleichung läßt sich Abbildung 3.27 entnehmen.

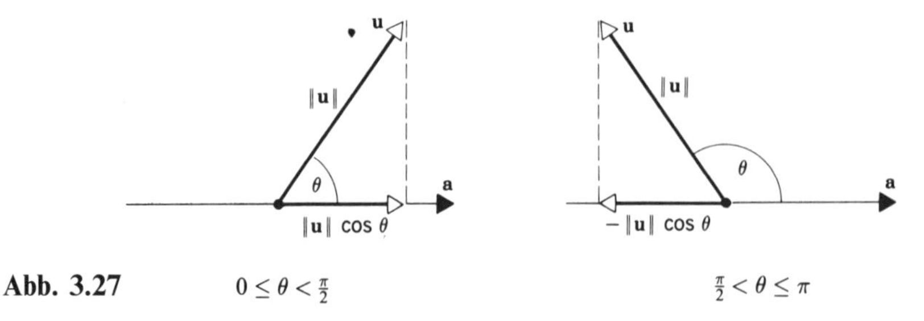


**Abb. 3.27** $0 \leq \theta < \frac{\pi}{2}$ $\frac{\pi}{2} < \theta \leq \pi$

Als Anwendung dieser Ergebnisse entwickeln wir eine Formel für den Abstand eines Punktes zu einer Geraden.

**Beispiel 7** Man berechne den Abstand $D$ zwischen dem Punkt $P_0(x_0, y_0)$ und der Geraden $ax + by + c = 0$.

*Lösung*. Der Anfangspunkt $Q(x_1, y_1)$ des Vektors

$$\mathbf{n} = (a, b)$$

liege auf der Geraden.

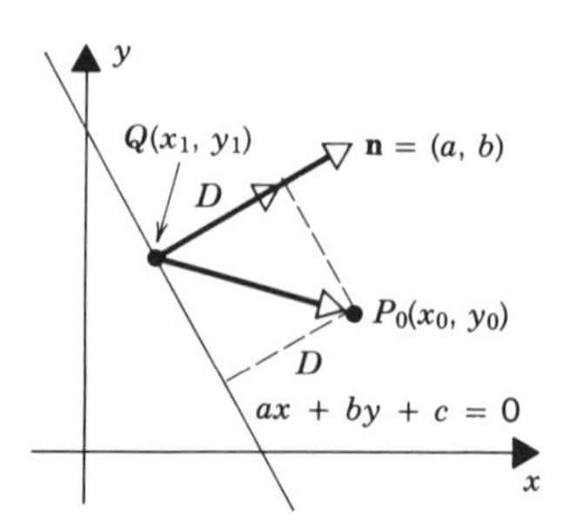


**Abb. 3.28**

Nach Beispiel 5 steht $\mathbf{n}$ senkrecht auf der Geraden (Abbildung 3.28). Wir erhalten $D$ als Länge der Orthogonalprojektion von $\overrightarrow{QP_0}$ auf $\mathbf{n}$, also gilt nach (10)

$$D = \|\text{proj}_{\mathbf{n}}\, \overrightarrow{QP_0}\| = \frac{|\overrightarrow{QP_0} \cdot \mathbf{n}|}{\|\mathbf{n}\|}.$$

Mit

$$\overrightarrow{QP_0} = (x_0 - x_1, y_0 - y_1)$$

$$\overrightarrow{QP_0} \cdot \mathbf{n} = a(x_0 - x_1) + b(y_0 - y_1)$$

$$\|\mathbf{n}\| = \sqrt{a^2 + b^2}$$

ergibt sich daraus

$$D = \frac{|a(x_0 - x_1) + b(y_0 - y_1)|}{\sqrt{a^2 + b^2}}. \tag{12}$$

Da $Q(x_1, y_1)$ auf der Geraden liegt, erfüllen die Koordinaten von $Q$ die Gleichung

$$ax_1 + by_1 + c = 0$$

oder

$$c = -ax_1 - by_1.$$

Einsetzen in (12) liefert schließlich

$$D = \frac{|ax_0 + by_0 + c|}{\sqrt{a^2 + b^2}}. \tag{13}$$

**Beispiel 8** Nach (13) ergibt sich der Abstand von $(1, -2)$ zur Geraden $3x + 4y - 6 = 0$ als

$$D = \frac{|(3)(1) + 4(-2) - 6|}{\sqrt{3^2 + 4^2}} = \frac{|-11|}{\sqrt{25}} = \frac{11}{5}.$$

## Übungen zu 3.3

**1.** Man berechne das Skalarprodukt $\mathbf{u} \cdot \mathbf{v}$.

a) $\mathbf{u} = (2, 3)$, $\mathbf{v} = (5, -7)$ b) $\mathbf{u} = (-6, -2)$, $\mathbf{v} = (4, 0)$
c) $\mathbf{u} = (1, -5, 4)$, $\mathbf{v} = (3, 3, 3)$ d) $\mathbf{u} = (-2, 2, 3)$, $\mathbf{v} = (1, 7, -4)$

**2.** Man berechne für die in Aufgabe 1 gegebenen Vektoren jeweils den Kosinus des eingeschlossenen Winkels $\theta$.

**3.** Man entscheide, ob $\mathbf{u}$ und $\mathbf{v}$ einen spitzen, stumpfen oder rechten Winkel einschließen.

a) $\mathbf{u} = (6, 1, 4)$, $\mathbf{v} = (2, 0, -3)$ b) $\mathbf{u} = (0, 0, -1)$, $\mathbf{v} = (1, 1, 1)$
c) $\mathbf{u} = (-6, 0, 4)$, $\mathbf{v} = (3, 1, 6)$ d) $\mathbf{u} = (2, 4, -8)$, $\mathbf{v} = (5, 3, 7)$

**4.** Man berechne die Orthogonalprojektion von $\mathbf{u}$ auf $\mathbf{a}$.

a) $\mathbf{u} = (6, 2)$, $\mathbf{a} = (3, -9)$ b) $\mathbf{u} = (-1, -2)$, $\mathbf{a} = (-2, 3)$
c) $\mathbf{u} = (3, 1, -7)$, $\mathbf{a} = (1, 0, 5)$ d) $\mathbf{u} = (1, 0, 0)$, $\mathbf{a} = (4, 3, 8)$

**5.** Man finde in Aufgabe 4 die Vektorkomponente von $\mathbf{u}$ senkrecht zu $\mathbf{a}$.

**6.** Man berechne $\|\text{proj}_{\mathbf{a}}\,\mathbf{u}\|$.

a) $\mathbf{u} = (1, -2)$, $\mathbf{a} = (-4, -3)$ b) $\mathbf{u} = (5, 6)$, $\mathbf{a} = (2, -1)$
c) $\mathbf{u} = (3, 0, 4)$, $\mathbf{a} = (2, 3, 3)$ d) $\mathbf{u} = (3, -2, 6)$, $\mathbf{a} = (1, 2, -7)$

**7.** Man verifiziere Satz 3.3.2 für $\mathbf{u} = (5, -2, 1), \mathbf{v} = (1, 6, 3)$ und $k = -4$.

**8.** a) Man zeige, daß $\mathbf{v} = (a, b)$ und $\mathbf{w} = (-b, a)$ orthogonal sind.
b) Man bestimme mit a) zwei zu $\mathbf{v} = (2, -3)$ senkrechte Vektoren.
c) Man finde zwei zu $(-3, 4)$ orthogonale Einheitsvektoren.

**9.** Seien $\mathbf{u} = (3, 4), \mathbf{v} = (5, -1)$ und $\mathbf{w} = (7, 1)$. Man berechne die folgenden Ausdrücke.

a) $\mathbf{u} \cdot (7\mathbf{v} + \mathbf{w})$ b) $\|(\mathbf{u} \cdot \mathbf{w})\mathbf{w}\|$ c) $\|\mathbf{u}\|(\mathbf{v} \cdot \mathbf{w})$ d) $(\|\mathbf{u}\|\mathbf{v}) \cdot \mathbf{w}$

**10.** Man begründe, warum die folgenden Terme sinnlos sind.

a) $\mathbf{u} \cdot (\mathbf{v} \cdot \mathbf{w})$ b) $(\mathbf{u} \cdot \mathbf{v}) + \mathbf{w}$ c) $\|\mathbf{u} \cdot \mathbf{v}\|$ d) $k \cdot (\mathbf{u} + \mathbf{v})$

**11.** Man bestimme den Kosinus der Innenwinkel des von den Punkten $(0, -1), (1, -2)$ und $(4, 1)$ aufgespannten Dreiecks.

**12.** Man zeige, daß $A(3, 0, 2)$, $B(4, 3, 0)$ und $C(8, 1, -1)$ ein rechtwinkliges Dreieck aufspannen. An welcher Ecke liegt der rechte Winkel?

**13.** Seien $\mathbf{a} \cdot \mathbf{b} = \mathbf{a} \cdot \mathbf{c}$ für $\mathbf{a} \neq \mathbf{0}$ Folgt daraus $\mathbf{b} = \mathbf{c}$? Man begründe die Antwort.

**14.** Seien $\mathbf{p} = (2, k)$ und $\mathbf{q} = (3, 5)$. Man bestimme $k$ so, daß $\mathbf{p}$ und $\mathbf{q}$

a) parallel sind,
b) orthogonal sind,
c) den Winkel $\frac{\pi}{3}$ einschließen,
d) den Winkel $\frac{\pi}{4}$ einschließen.

**15.** Man berechne mit Formel (13) den Abstand zwischen dem Punkt und der Geraden.

a) $4x + 3y + 4 = 0; (-3, 1)$
b) $y = -4x + 2; (2, -5)$
c) $3x + y = 5; (1, 8)$

**16.** Man beweise die Gleichung $\|\mathbf{u} + \mathbf{v}\|^2 + \|\mathbf{u} - \mathbf{v}\|^2 = 2\|\mathbf{u}\|^2 + 2\|\mathbf{v}\|^2$.

**17.** Man beweise die Identität $\mathbf{u} \cdot \mathbf{v} = \frac{1}{4}\|\mathbf{u} + \mathbf{v}\|^2 - \frac{1}{4}\|\mathbf{u} - \mathbf{v}\|^2$.

**18.** Man bestimme den Winkel zwischen der Diagonalen und einer Seite eines Würfels.

**19.** Seien $\mathbf{i}, \mathbf{j}$ und $\mathbf{k}$ Einheitsvektoren in Richtung der positiven $x$-, $y$- und $z$-Achse eines rechtwinkligen Koordinatensystems im Raum. Die Winkel $\alpha, \beta$

und $\gamma$ zwischen einem Vektor $\mathbf{v} = (a, b, c) \neq \mathbf{0}$ und $\mathbf{i}, \mathbf{j}$ und $\mathbf{k}$ heißen ***Richtungswinkel*** von $\mathbf{v}$ (Abbildung 3.29), $\cos\alpha, \cos\beta$ und $\cos\gamma$ werden jeweils als ***Richtungskosinus*** bezeichnet.

a) Man zeige $\cos\alpha = \frac{a}{\|\mathbf{v}\|}$.
b) Man bestimme $\cos\beta$ und $\cos\gamma$.
c) Man zeige, daß $\frac{\mathbf{v}}{\|\mathbf{v}\|} = (\cos\alpha, \cos\beta, \cos\gamma)$ ist.
d) Man beweise die Gleichung $\cos^2\alpha + \cos^2\beta + \cos^2\gamma = 1$.

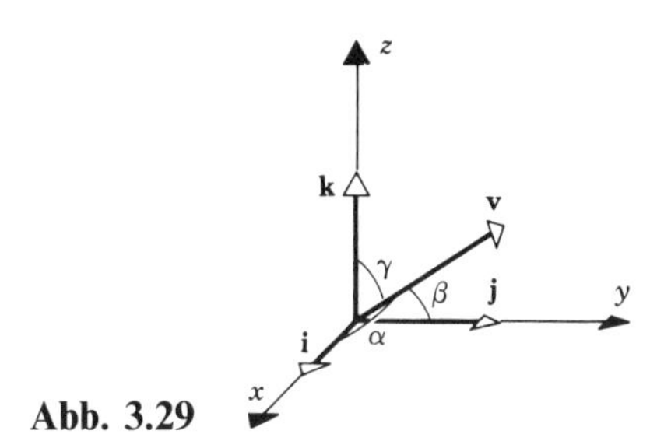

**Abb. 3.29**

**20.** Man betrachte einen Quader mit den Abmessungen $10\,\text{cm} \times 15\,\text{cm} \times 25\,\text{cm}$ und berechne mit Aufgabe 19 näherungsweise die Winkel, die eine Diagonale mit den Kanten des Quaders einschließt. [*Anmerkung.* Es empfiehlt sich, einen Taschenrechner zu benutzen.]

**21.** Man zeige, daß zwei Vektoren $\mathbf{v}_1$ und $\mathbf{v}_2$ im Raum genau dann aufeinander senkrecht stehen, wenn ihre Richtungswinkel die Gleichung

$$\cos\alpha_1 \cos\alpha_2 + \cos\beta_1 \cos\beta_2 + \cos\gamma_1 \cos\gamma_2 = 0$$

erfüllen.

**22.** Man zeige: Aus $\mathbf{v} \perp \mathbf{w}_1$ und $\mathbf{v} \perp \mathbf{w}_2$ folgt $\mathbf{v} \perp k_1\mathbf{w}_1 + k_2\mathbf{w}_2$ für alle Skalare $k_1, k_2$.

**23.** Seien $\mathbf{u}$ und $\mathbf{v}$ von Null verschiedene zwei- oder dreidimensionale Vektoren mit $k = \|\mathbf{u}\|$ und $l = \|\mathbf{v}\|$. Man zeige, daß $\mathbf{w} = l\mathbf{u} + k\mathbf{v}$ den Winkel zwischen $\mathbf{u}$ und $\mathbf{v}$ halbiert.

# 3.4 Kreuzprodukt

*In vielen geometrischen und physikalischen Anwendungen der Vektorrechnung begegnet man der Aufgabe, zu zwei gegebenen räumlichen Vektoren einen dritten zu finden, der auf beiden senkrecht steht. Im folgenden Abschnitt führen wir eine Vektormultiplikation ein, mit der dieses Problem gelöst werden kann.*

## Kreuzprodukt von Vektoren

**Definition.** Sind $\mathbf{u} = (u_1, u_2, u_3)$ und $\mathbf{v} = (v_1, v_2, v_3)$ Vektoren im Raum, so ist ihr Kreuzprodukt $\mathbf{u} \times \mathbf{v}$ definiert durch

$$\mathbf{u} \times \mathbf{v} = (u_2 v_3 - u_3 v_2, u_3 v_1 - u_1 v_3, u_1 v_2 - u_2 v_1)$$

oder in Determinantenschreibweise

$$\mathbf{u} \times \mathbf{v} = \left( \begin{vmatrix} u_2 & u_3 \\ v_2 & v_3 \end{vmatrix}, - \begin{vmatrix} u_1 & u_3 \\ v_1 & v_3 \end{vmatrix}, \begin{vmatrix} u_1 & u_2 \\ v_1 & v_2 \end{vmatrix} \right). \tag{1}$$

**Bemerkung.** Anstatt sich Formel (1) zu merken, kann man das Kreuzprodukt $\mathbf{u} \times \mathbf{v}$ leicht mit folgender Konstruktion berechnen:

- Man bilde die $2 \times 3$-Matrix

$$\begin{bmatrix} u_1 & u_2 & u_3 \\ v_1 & v_2 & v_3 \end{bmatrix},$$

deren Zeilen die Komponenten der Vektoren $\mathbf{u}$ und $\mathbf{v}$ enthalten.
- Die erste Komponente des Kreuzprodukts $\mathbf{u} \times \mathbf{v}$ erhält man als Determinante der Untermatrix, die durch Streichen der ersten Spalte entsteht; die zweite Komponente ist das Negative der Determinante, die sich durch Streichen der zweiten Spalte ergibt; die dritte Komponente ist schließlich wieder die Determinante nach Streichen der dritten Spalte.

**Beispiel 1** Man berechne $\mathbf{u} \times \mathbf{v}$ für $\mathbf{u} = (1, 2, -2)$ und $\mathbf{v} = (3, 0, 1)$.

*Lösung.*

$$\begin{bmatrix} 1 & 2 & -2 \\ 3 & 0 & 1 \end{bmatrix}$$

$$\mathbf{u} \times \mathbf{v} = \left( \begin{vmatrix} 2 & -2 \\ 0 & 1 \end{vmatrix}, - \begin{vmatrix} 1 & -2 \\ 3 & 1 \end{vmatrix}, \begin{vmatrix} 1 & 2 \\ 3 & 0 \end{vmatrix} \right)$$
$$= (2, -7, -6)$$

Der wesentliche Unterschied zwischen Skalar- und Kreuzprodukt besteht darin, daß die Skalarmultiplikation eine Zahl erzeugt, während das Kreuzprodukt einen Vektor liefert. Im folgenden Satz wird die Beziehung zwischen beiden Operationen hergestellt und außerdem verdeutlicht, daß $\mathbf{u} \times \mathbf{v}$ senkrecht auf $\mathbf{u}$ und $\mathbf{v}$ steht.

**Satz 3.4.1.** *Für Vektoren* $\mathbf{u}, \mathbf{v}$ *und* $\mathbf{w}$ *im Raum gilt:*

*a)* $\mathbf{u} \cdot (\mathbf{u} \times \mathbf{v}) = 0$ ($\mathbf{u} \times \mathbf{v}$ *steht senkrecht auf* $\mathbf{u}$)
*b)* $\mathbf{v} \cdot (\mathbf{u} \times \mathbf{v}) = 0$ ($\mathbf{u} \times \mathbf{v}$ *steht senkrecht auf* $\mathbf{v}$)
*c)* $\|\mathbf{u} \times \mathbf{v}\|^2 = \|\mathbf{u}\|^2\|\mathbf{v}\|^2 - (\mathbf{u} \cdot \mathbf{v})^2$ (*Lagrange-Identität**)
*d)* $\mathbf{u} \times (\mathbf{v} \times \mathbf{w}) = (\mathbf{u} \cdot \mathbf{w})\mathbf{v} - (\mathbf{u} \cdot \mathbf{v})\mathbf{w}$ (*Beziehung zwischen Kreuz- und Skalarprodukt*)
*e)* $(\mathbf{u} \times \mathbf{v}) \times \mathbf{w} = (\mathbf{u} \cdot \mathbf{w})\mathbf{v} - (\mathbf{v} \cdot \mathbf{w})\mathbf{u}$ (*Beziehung zwischen Kreuz- und Skalarprodukt*).

**Beweis a).** Mit $\mathbf{u} = (u_1, u_2, u_3)$ und $\mathbf{v} = (v_1, v_2, v_3)$ ist

$$\begin{aligned}
\mathbf{u} \cdot (\mathbf{u} \times \mathbf{v}) &= (u_1, u_2, u_3) \cdot (u_2v_3 - u_3v_2, u_3v_1 - u_1v_3, u_1v_2 - u_2v_1) \\
&= u_1(u_2v_3 - u_3v_2) + u_2(u_3v_1 - u_1v_3) + u_3(u_1v_2 - u_2v_1) \\
&= 0.
\end{aligned}$$

**Beweis b).** Analog zu a).

**Beweis c).** Mit

$$\|\mathbf{u} \times \mathbf{v}\|^2 = (u_2v_3 - u_3v_2)^2 + (u_3v_1 - u_1v_3)^2 + (u_1v_2 - u_2v_1)^2 \tag{2}$$

und

$$\|\mathbf{u}\|^2\|\mathbf{v}\|^2 - (\mathbf{u} \cdot \mathbf{v})^2 = (u_1^2 + u_2^2 + u_3^2)(v_1^2 + v_2^2 + v_3^2) - (u_1v_1 + u_2v_2 + u_3v_3)^2 \tag{3}$$

---

**Joseph Louis Lagrange* (1736–1813), französisch-italienischer Mathematiker und Astronom. Lagrange wurde als Sohn eines Beamten unter dem Namen Giuseppe Lodovico Lagrangia in Turin geboren. Obwohl sein Vater eine juristische Laufbahn für ihn vorgesehen hatte, interessierte sich Lagrange hauptsächlich für Mathematik und Astronomie, auf die er durch eine Denkschrift des Astronomen Halley aufmerksam geworden war.
Nachdem er mit 16 Jahren seine mathematischen Studien als Autodidakt begonnen hatte, wurde er mit 19 Professor an der Königlichen Artillerieschule in Turin. Im folgenden Jahr löste er eine Reihe bekannter Probleme mit Hilfe einer neuen Methode, die schließlich zur Variationsrechnung weiterentwickelt wurde. Diese Neuerungen und ihre Anwendung auf Probleme der Himmelsmechanik waren so bedeutend, daß viele Zeitgenossen den 25jährigen für den größten lebenden Mathematiker hielten. In einer seiner berühmtesten Arbeiten, *Mécanique Analytique*, reduzierte er die Theoretische Mechanik auf wenige Formeln, aus denen sich alle anderen Gleichungen ableiten lassen.
Es ist historisch interessant, daß Lagranges Vater sich in Finanzgeschäften verspekuliert hatte, so daß die Familie sehr bescheiden lebte. Lagrange selbst bemerkte, daß er sich wohl kaum der Mathematik zugewandt hätte, wenn er in vermögenden Verhältnissen aufgewachsen wäre.
Napoleon, ein großer Bewunderer des Wissenschaftlers, überhäufte ihn mit Ehrungen. Trotz seines Ruhms war Lagrange scheu und bescheiden. Nach seinem Tod wurde er feierlich im Pantheon beigesetzt.

folgt die Behauptung nach Ausmultiplizieren der rechten Seiten.

**Beweis d).** Siehe Übung 26.

**Beweis e).** Siehe Übung 27. □

**Beispiel 2** Für

$$\mathbf{u} = (1, 2, -2) \quad \text{und} \quad \mathbf{v} = (3, 0, 1)$$

ist nach Beispiel 1

$$\mathbf{u} \times \mathbf{v} = (2, -7, -6).$$

Wegen

$$\mathbf{u} \cdot (\mathbf{u} \times \mathbf{v}) = (1)(2) + (2)(-7) + (-2)(-6) = 0$$

und

$$\mathbf{v} \cdot (\mathbf{u} \times \mathbf{v}) = (3)(2) + (0)(-7) + (1)(-6) = 0$$

ist $\mathbf{u} \times \mathbf{v}$ orthogonal zu $\mathbf{u}$ und $\mathbf{v}$, was dem Ergebnis von Satz 3.4.1 entspricht.

Im nächsten Satz sind einige Rechenregeln für das Kreuzprodukt zusammengestellt.

**Satz 3.4.2.** *Seien* $\mathbf{u}, \mathbf{v}$ *und* $\mathbf{w}$ *Vektoren im Raum, und k ein Skalar. Dann gelten:*

*a)* $\mathbf{u} \times \mathbf{v} = -(\mathbf{v} \times \mathbf{u})$
*b)* $\mathbf{u} \times (\mathbf{v} + \mathbf{w}) = (\mathbf{u} \times \mathbf{v}) + (\mathbf{u} \times \mathbf{w})$
*c)* $(\mathbf{u} + \mathbf{v}) \times \mathbf{w} = (\mathbf{u} \times \mathbf{w}) + (\mathbf{v} \times \mathbf{w})$
*d)* $k(\mathbf{u} \times \mathbf{v}) = (k\mathbf{u}) \times \mathbf{v} = \mathbf{u} \times (k\mathbf{v})$
*e)* $\mathbf{u} \times \mathbf{0} = \mathbf{0} \times \mathbf{u} = \mathbf{0}$
*f)* $\mathbf{u} \times \mathbf{u} = \mathbf{0}$.

Der Beweis folgt aus (1) unter Verwendung der Determinantenrechenregeln. So erhält man beispielsweise Teil a) folgendermaßen:

**Beweis a).** Vertauscht man $\mathbf{u}$ und $\mathbf{v}$ im Kreuzprodukt, so werden in (1) die Zeilen der drei Determinanten miteinander vertauscht. Dadurch ändert sich das Vorzeichen jeder Komponente, so daß sich $\mathbf{u} \times \mathbf{v} = -(\mathbf{v} \times \mathbf{u})$ ergibt. □

Die übrigen Beweise werden dem Leser als Übungsaufgabe überlassen.

**Beispiel 3** Man betrachte die Vektoren

$$\mathbf{i} = (1, 0, 0) \qquad \mathbf{j} = (0, 1, 0) \qquad \mathbf{k} = (0, 0, 1),$$

$\mathbf{i}, \mathbf{j}$ und $\mathbf{k}$ haben die Länge 1 und liegen auf den Koordinatenachsen (Abbildung 3.30). Wir bezeichnen sie als ***Standard-*** oder ***kanonische Einheitsvektoren*** im Raum.

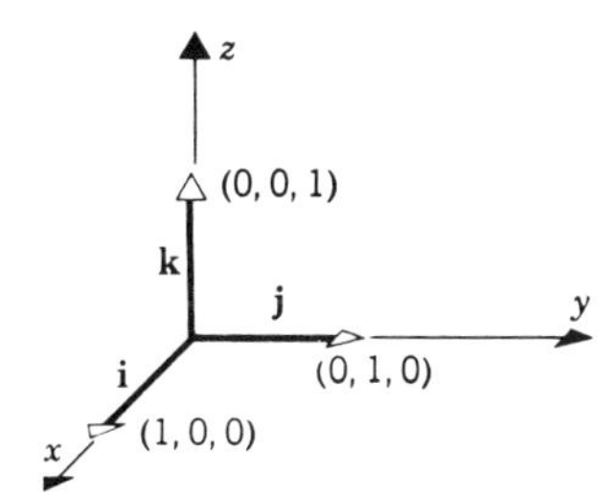


**Abb. 3.30** Die Standardeinheitsvektoren

Jeder Vektor $\mathbf{v} = (v_1, v_2, v_3)$ läßt sich schreiben als

$$\mathbf{v} = (v_1, v_2, v_3) = v_1(1,0,0) + v_2(0,1,0) + v_3(0,0,1) = v_1\mathbf{i} + v_2\mathbf{j} + v_3\mathbf{k}.$$

Beispielsweise ist

$$(2, -3, 4) = 2\mathbf{i} - 3\mathbf{j} + 4\mathbf{k}.$$

Nach (1) ergibt sich

$$\mathbf{i} \times \mathbf{j} = \left( \begin{vmatrix} 0 & 0 \\ 1 & 0 \end{vmatrix}, -\begin{vmatrix} 1 & 0 \\ 0 & 0 \end{vmatrix}, \begin{vmatrix} 1 & 0 \\ 0 & 1 \end{vmatrix} \right) = (0,0,1) = \mathbf{k}.$$

Weiter gelten die folgenden, leicht nachzuprüfenden Gleichungen:

$$\begin{array}{lll} \mathbf{i} \times \mathbf{i} = \mathbf{j} \times \mathbf{j} = \mathbf{k} \times \mathbf{k} = \mathbf{0} & & \\ \mathbf{i} \times \mathbf{j} = \mathbf{k} & \mathbf{j} \times \mathbf{k} = \mathbf{i} & \mathbf{k} \times \mathbf{i} = \mathbf{j} \\ \mathbf{j} \times \mathbf{i} = -\mathbf{k} & \mathbf{k} \times \mathbf{j} = -\mathbf{i} & \mathbf{i} \times \mathbf{k} = -\mathbf{j}. \end{array}$$

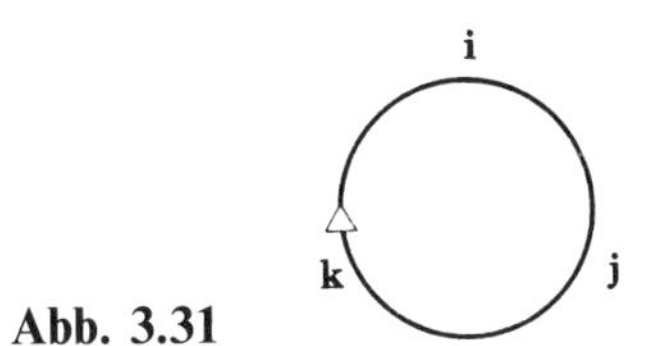


**Abb. 3.31**

Diese kann man sich mit Abbildung 3.31 leicht einprägen. Durchläuft man das Diagramm im Uhrzeigersinn, so ergibt sich das Kreuzprodukt zweier aufeinanderfolgender Vektoren jeweils als der verbleibende Einheitsvektor, durchläuft man es entgegen dem Uhrzeigersinn, so muß man das Vorzeichen ändern.

## Determinantenformel des Kreuzprodukts

Das Kreuzprodukt läßt sich formal auch als 3 × 3-Determinante schreiben:

$$\mathbf{u} \times \mathbf{v} = \begin{vmatrix} \mathbf{i} & \mathbf{j} & \mathbf{k} \\ u_1 & u_2 & u_3 \\ v_1 & v_2 & v_3 \end{vmatrix} = \begin{vmatrix} u_2 & u_3 \\ v_2 & v_3 \end{vmatrix} \mathbf{i} - \begin{vmatrix} u_1 & u_3 \\ v_1 & v_3 \end{vmatrix} \mathbf{j} + \begin{vmatrix} u_1 & u_2 \\ v_1 & v_2 \end{vmatrix} \mathbf{k}. \tag{4}$$

So ist für $\mathbf{u} = (1, 2, -2)$ und $\mathbf{v} = (3, 0, 1)$

$$\mathbf{u} \times \mathbf{v} = \begin{vmatrix} \mathbf{i} & \mathbf{j} & \mathbf{k} \\ 1 & 2 & -2 \\ 3 & 0 & 1 \end{vmatrix} = 2\mathbf{i} - 7\mathbf{j} - 6\mathbf{k}.$$

(Übereinstimmung mit Beispiel 1).

**Warnung.** Das Kreuzprodukt ist nicht assoziativ, das heißt, die Gleichung $\mathbf{u} \times (\mathbf{v} \times \mathbf{w}) = (\mathbf{u} \times \mathbf{v}) \times \mathbf{w}$ ist allgemein falsch. Beispielsweise sind

$$\mathbf{i} \times (\mathbf{j} \times \mathbf{j}) = \mathbf{i} \times \mathbf{0} = \mathbf{0}$$

und

$$(\mathbf{i} \times \mathbf{j}) \times \mathbf{j} = \mathbf{k} \times \mathbf{j} = -\mathbf{i},$$

also

$$\mathbf{i} \times (\mathbf{j} \times \mathbf{j}) \neq (\mathbf{i} \times \mathbf{j}) \times \mathbf{j}.$$

Nach Satz 3.4.1 ist $\mathbf{u} \times \mathbf{v}$ senkrecht zu $\mathbf{u}$ und $\mathbf{v}$. Sind $\mathbf{u}$ und $\mathbf{v}$ von Null verschieden, so ergibt sich die Richtung von $\mathbf{u} \times \mathbf{v}$ nach der Rechten-Hand-Regel* (Abbildung 3.32): Sei $\theta$ der Winkel zwischen $\mathbf{u}$ und $\mathbf{v}$. Wir drehen den Vektor $\mathbf{u}$ um $\theta$, bis er mit $\mathbf{v}$ zusammenfällt. Wölben wir nun die Finger der rechten Hand in Richtung dieser Drehung, so zeigt der Daumen (ungefähr) in Richtung von $\mathbf{u} \times \mathbf{v}$.

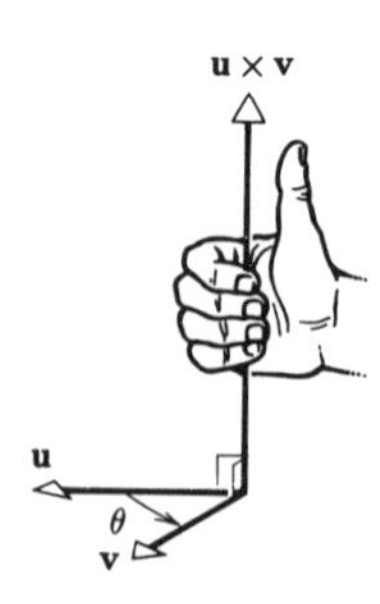


**Abb. 3.32**

---

*Wir erinnern daran, daß wir ausschließlich Rechtssysteme betrachten. Für Linkssysteme gilt die entsprechende Linke-Hand-Regel.

Der Leser kann diese Regel an den folgenden Beispielen üben:

$$\mathbf{i} \times \mathbf{j} = \mathbf{k} \quad \mathbf{j} \times \mathbf{k} = \mathbf{i} \quad \mathbf{k} \times \mathbf{i} = \mathbf{j}.$$

## Geometrische Interpretation des Kreuzprodukts

Seien $\mathbf{u}$ und $\mathbf{v}$ Vektoren im Raum. Die Norm ihres Kreuzprodukts $\mathbf{u} \times \mathbf{v}$ hat eine nützliche geometrische Bedeutung. Nach der Lagrange-Identität gilt

$$\|\mathbf{u} \times \mathbf{v}\|^2 = \|\mathbf{u}\|^2 \|\mathbf{v}\|^2 - (\mathbf{u} \cdot \mathbf{v})^2. \tag{5}$$

Für den Winkel $\theta$ zwischen $\mathbf{u}$ und $\mathbf{v}$ ist $\mathbf{u} \cdot \mathbf{v} = \|\mathbf{u}\| \|\mathbf{v}\| \cos\theta$, so daß

$$\begin{aligned} \|\mathbf{u} \times \mathbf{v}\|^2 &= \|\mathbf{u}\|^2 \|\mathbf{v}\|^2 - \|\mathbf{u}\|^2 \|\mathbf{v}\|^2 \cos^2\theta \\ &= \|\mathbf{u}\|^2 \|\mathbf{v}\|^2 (1 - \cos^2\theta) \\ &= \|\mathbf{u}\|^2 \|\mathbf{v}\|^2 \sin^2\theta \end{aligned}$$

und damit

$$\|\mathbf{u} \times \mathbf{v}\| = \|\mathbf{u}\| \|\mathbf{v}\| \sin\theta. \tag{6}$$

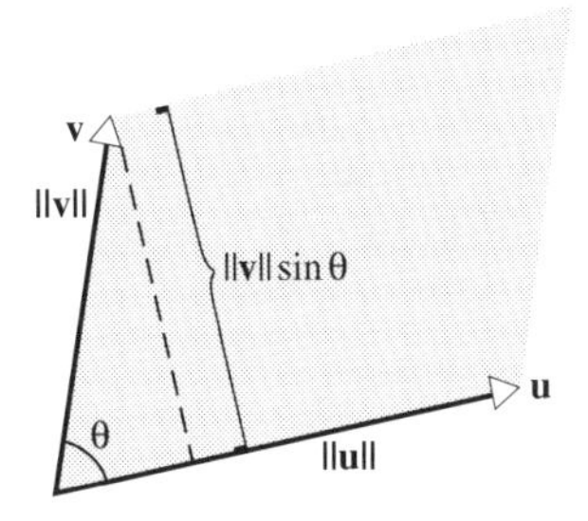


**Abb. 3.33**

Nun ist $\|\mathbf{v}\| \sin\theta$ gerade die Höhe des von $\mathbf{u}$ und $\mathbf{v}$ aufgespannten Parallelogramms (Abbildung 3.33), also ergibt sich dessen Flächeninhalt zu

$$A = \text{Grundseite} \cdot \text{Höhe} = \|\mathbf{u}\| \|\mathbf{v}\| \sin\theta = \|\mathbf{u} \times \mathbf{v}\|.$$

Dieses Ergebnis gilt ebenso für kollineare Vektoren $\mathbf{u}$ und $\mathbf{v}$. In diesem Fall ist der Flächeninhalt des Parallelogramms gleich null, andererseits folgt aus $\theta = 0$ auch $\mathbf{u} \times \mathbf{v} = 0$. Zusammenfassend haben wir folgenden Satz bewiesen:

**Satz 3.4.3.** *Sind* $\mathbf{u}$ *und* $\mathbf{v}$ *Vektoren im Raum, so ist* $\|\mathbf{u} \times \mathbf{v}\|$ *der Flächeninhalt des von ihnen aufgespannten Parallelogramms.*

**Beispiel 4** Man berechne den Flächeninhalt des Dreiecks mit den Eckpunkten $P_1(2, 2, 0), P_2(-1, 0, 2)$ und $P_3(0, 4, 3)$.

*Lösung.* Der gesuchte Flächeninhalt ist die Hälfte der von den Vektoren $\overrightarrow{P_1P_2}$ und $\overrightarrow{P_1P_3}$ aufgespannten Parallelogrammfläche (Abbildung 3.34). Nach Beispiel 2, Abschnitt 3.1, sind $\overrightarrow{P_1P_2} = (-3, -2, 2)$ und $\overrightarrow{P_1P_3} = (-2, 2, 3)$, also

$$\overrightarrow{P_1P_2} \times \overrightarrow{P_1P_3} = (-10, 5, -10).$$

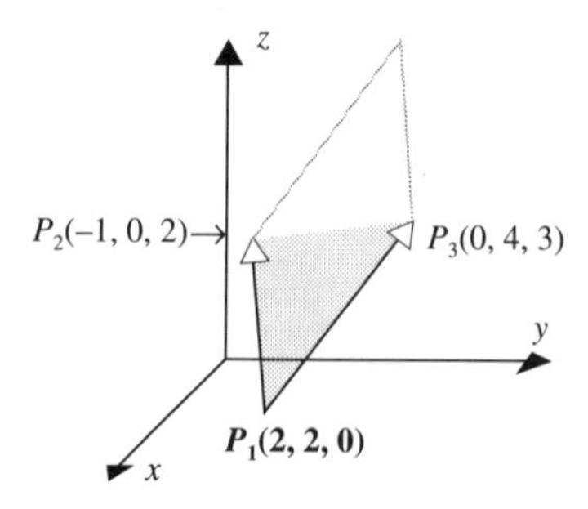


**Abb. 3.34**

Der Flächeninhalt des Dreiecks beträgt dann

$$A = \tfrac{1}{2}\|\overrightarrow{P_1P_2} \times \overrightarrow{P_1P_3}\| = \tfrac{1}{2}(15) = \tfrac{15}{2}.$$

## Spatprodukt

**Definition.** Seien $\mathbf{u}, \mathbf{v}$ und $\mathbf{w}$ Vektoren im Raum. Die Zahl

$$\mathbf{u} \cdot (\mathbf{v} \times \mathbf{w})$$

heißt ***Spatprodukt*** von $\mathbf{u}, \mathbf{v}$ und $\mathbf{w}$.

Sind $\mathbf{u} = (u_1, u_2, u_3), \mathbf{v} = (v_1, v_2, v_3)$ und $\mathbf{w} = (w_1, w_2, w_3)$, so ergibt sich ihr Spatprodukt als

$$\mathbf{u} \cdot (\mathbf{v} \times \mathbf{w}) = \begin{vmatrix} u_1 & u_2 & u_3 \\ v_1 & v_2 & v_3 \\ w_1 & w_2 & w_3 \end{vmatrix}, \tag{7}$$

denn nach (4) ist

$$\begin{aligned} \mathbf{u} \cdot (\mathbf{v} \times \mathbf{w}) &= \mathbf{u} \cdot \left( \begin{vmatrix} v_2 & v_3 \\ w_2 & w_3 \end{vmatrix} \mathbf{i} - \begin{vmatrix} v_1 & v_3 \\ w_1 & w_3 \end{vmatrix} \mathbf{j} + \begin{vmatrix} v_1 & v_2 \\ w_1 & w_2 \end{vmatrix} \mathbf{k} \right) \\ &= \begin{vmatrix} v_2 & v_3 \\ w_2 & w_3 \end{vmatrix} u_1 - \begin{vmatrix} v_1 & v_3 \\ w_1 & w_3 \end{vmatrix} u_2 + \begin{vmatrix} v_1 & v_2 \\ w_1 & w_2 \end{vmatrix} u_3 \\ &= \begin{vmatrix} u_1 & u_2 & u_3 \\ v_1 & v_2 & v_3 \\ w_1 & w_2 & w_3 \end{vmatrix}. \end{aligned}$$

**Beispiel 5** Man berechne das Spatprodukt von

$$\mathbf{u} = 3\mathbf{i} - 2\mathbf{j} - 5\mathbf{k} \quad \mathbf{v} = \mathbf{i} + 4\mathbf{j} - 4\mathbf{k} \quad \mathbf{w} = 3\mathbf{j} + 2\mathbf{k}.$$

*Lösung.* Nach (7) ist

$$\begin{aligned}\mathbf{u} \cdot (\mathbf{v} \times \mathbf{w}) &= \begin{vmatrix} 3 & -2 & -5 \\ 1 & 4 & -4 \\ 0 & 3 & 2 \end{vmatrix} \\ &= 3\begin{vmatrix} 4 & -4 \\ 3 & 2 \end{vmatrix} - (-2)\begin{vmatrix} 1 & -4 \\ 0 & 2 \end{vmatrix} + (-5)\begin{vmatrix} 1 & 4 \\ 0 & 3 \end{vmatrix} \\ &= 60 + 4 - 15 = 49.\end{aligned}$$

**Bemerkung.** Da das Kreuzprodukt zwischen einem Skalar und einem Vektor nicht definiert ist, hat der Ausdruck $(\mathbf{u} \cdot \mathbf{v}) \times \mathbf{w}$ keinen Sinn; wir könnten also das Spatprodukt auch ohne Klammern als $\mathbf{u} \cdot \mathbf{v} \times \mathbf{w}$ schreiben. Aus Gründen der Übersichtlichkeit werden wir jedoch weiter die Schreibweise $\mathbf{u} \cdot (\mathbf{v} \times \mathbf{w})$ benutzen.

Nach (7) ist

$$\mathbf{u} \cdot (\mathbf{v} \times \mathbf{w}) = \mathbf{w} \cdot (\mathbf{u} \times \mathbf{v}) = \mathbf{v} \cdot (\mathbf{w} \times \mathbf{u}),$$

da sich die entsprechenden Determinanten durch jeweils zwei Zeilenvertauschungen ineinander überführen lassen. (Der Leser möge das verifizieren.) Diese Gleichungen kann man sich anhand von Abbildung 3.35 merken, indem man die Vektoren $\mathbf{u}, \mathbf{v}$ und $\mathbf{w}$ im Uhrzeigersinn entlang der Eckpunkte des Dreiecks verschiebt.

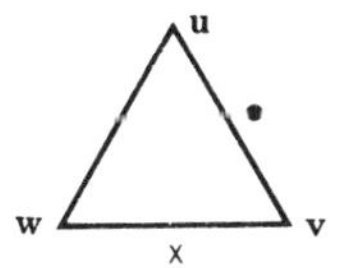


**Abb. 3.35**

## Geometrische Interpretation der Determinante

Der folgende Satz behandelt die geometrische Bedeutung von $2 \times 2$- und $3 \times 3$-Determinanten.

**Satz 3.4.4.**

*a) Der Absolutbetrag von*

$$\det\begin{bmatrix} u_1 & u_2 \\ v_1 & v_2 \end{bmatrix}$$

*gibt den Flächeninhalt des von den ebenen Vektoren* $\mathbf{u} = (u_1, u_2)$ *und* $\mathbf{v} = (v_1, v_2)$ *aufgespannten Parallelogramms an (Abbildung 3.36a).*

*b) Der Betrag der Zahl*

$$\det\begin{bmatrix} u_1 & u_2 & u_3 \\ v_1 & v_2 & v_3 \\ w_1 & w_2 & w_3 \end{bmatrix}$$

*entspricht dem Volumen des Parallelepipeds, das von den räumlichen Vektoren* $\mathbf{u} = (u_1, u_2, u_3)$, $\mathbf{v} = (v_1, v_2, v_3)$ *und* $\mathbf{w} = (w_1, w_2, w_3)$ *aufgespannt wird (Abbildung 3.36b).*

**Beweis a).** Wir wollen Satz 3.4.3 anwenden, der sich aber auf Vektoren im Raum bezieht. Um dieses „Dimensionsproblem" zu lösen, betrachten wir $\mathbf{u}$ und

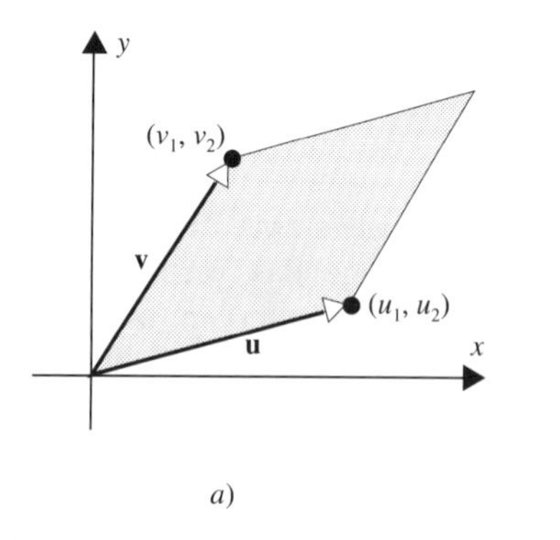


*a)*

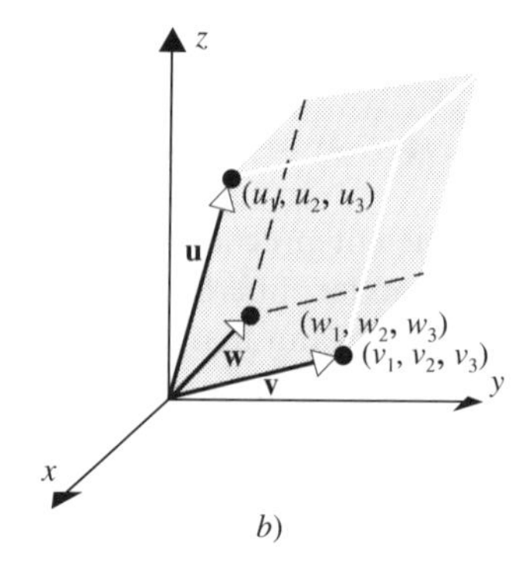


*b)*

**Abb. 3.36**

$\mathbf{v}$ als Vektoren in der $xy$-Ebene eines $xyz$-Koordinatensystems (Abbildung 3.37a), das heißt $\mathbf{u} = (u_1, u_2, 0)$ und $\mathbf{v} = (v_1, v_2, 0)$. Dann ist

$$\mathbf{u} \times \mathbf{v} = \begin{vmatrix} \mathbf{i} & \mathbf{j} & \mathbf{k} \\ u_1 & u_2 & 0 \\ v_1 & v_2 & 0 \end{vmatrix} = \begin{vmatrix} u_1 & u_2 \\ v_1 & v_2 \end{vmatrix} \mathbf{k} = \det\begin{bmatrix} u_1 & u_2 \\ v_1 & v_2 \end{bmatrix} \mathbf{k}.$$

Da $\|\mathbf{k}\| = 1$, ergibt sich mit Satz 3.4.3 der Flächeninhalt des von $\mathbf{u}$ und $\mathbf{v}$ aufgespannten Parallelogramms zu

$$A = \|\mathbf{u} \times \mathbf{v}\| = \left\|\det\begin{bmatrix} u_1 & u_2 \\ v_1 & v_2 \end{bmatrix} \mathbf{k}\right\| = \left|\det\begin{bmatrix} u_1 & u_2 \\ v_1 & v_2 \end{bmatrix}\right| \|\mathbf{k}\| = \left|\det\begin{bmatrix} u_1 & u_2 \\ v_1 & v_2 \end{bmatrix}\right|.$$

**Beweis b).** Sei wie in Abbildung 3.37b das von $\mathbf{v}$ und $\mathbf{w}$ aufgespannte Parallelogramm die Grundseite des Parallelepipeds. Nach Satz 3.4.3 ergibt sich der Flächeninhalt dieser Seite zu $\|\mathbf{v} \times \mathbf{w}\|$, die Höhe $h$ ist die Länge der Orthogonalprojektion von $\mathbf{u}$ auf $\mathbf{v} \times \mathbf{w}$, also nach Abschnitt 3.3

$$h = \|\text{proj}_{\mathbf{v}\times\mathbf{w}}\mathbf{u}\| = \frac{|\mathbf{u} \cdot (\mathbf{v} \times \mathbf{w})|}{\|\mathbf{v} \times \mathbf{w}\|}.$$

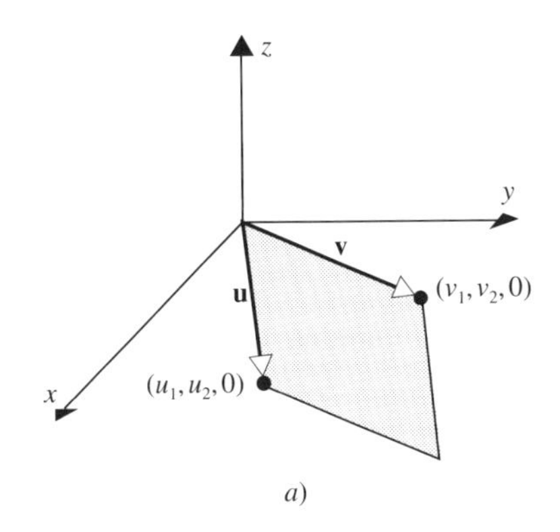


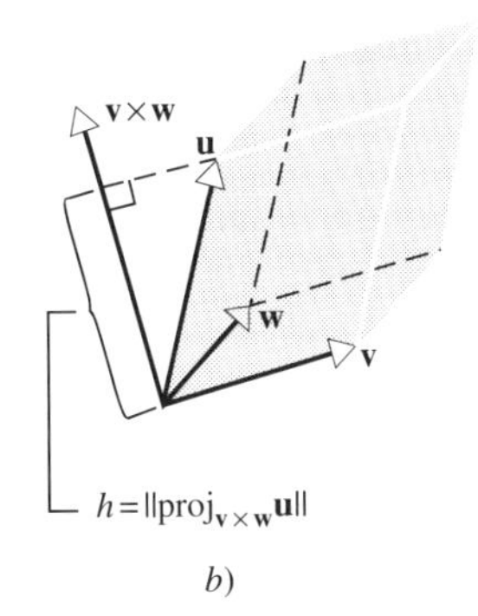


**Abb. 3.37**

Das gesuchte Volumen ist dann

$$V = \text{Grundfläche} \cdot \text{Höhe} = \|\mathbf{v} \times \mathbf{w}\| \frac{|\mathbf{u} \cdot (\mathbf{v} \times \mathbf{w})|}{\|\mathbf{v} \times \mathbf{w}\|} = |\mathbf{u} \cdot (\mathbf{v} \times \mathbf{w})|,$$

also folgt mit (7)

$$V = \left| \det \begin{bmatrix} u_1 & u_2 & u_3 \\ v_1 & v_2 & v_3 \\ w_1 & w_2 & w_3 \end{bmatrix} \right|.$$

**Bemerkung.** Für das Volumen des von $\mathbf{u}, \mathbf{v}$ und $\mathbf{w}$ aufgespannten Parallelepipeds gilt

$$V = \begin{bmatrix} \text{Volumen des von } \mathbf{u}, \mathbf{v} \text{ und } \mathbf{w} \\ \text{erzeugten Parallelepipeds} \end{bmatrix} = |\mathbf{u} \cdot (\mathbf{v} \times \mathbf{w})|. \tag{8}$$

Zusammen mit Satz 3.3.1 b) ergibt das

$$\mathbf{u} \cdot (\mathbf{v} \times \mathbf{w}) = \pm V,$$

wobei das Vorzeichen davon abhängt, ob $\mathbf{u}$ mit $\mathbf{v} \times \mathbf{w}$ einen spitzen oder stumpfen Winkel einschließt.

Die Formel (8) liefert uns eine einfache Möglichkeit, festzustellen, ob drei gegebene Vektoren komplanar sind, das heißt, ob sie in derselben Ebene liegen. Drei nicht komplanare Vektoren spannen ein Parallelepiped positiven Volumens auf, also gilt genau dann $|\mathbf{u} \cdot (\mathbf{v} \times \mathbf{w})| = 0$, wenn $\mathbf{u}, \mathbf{v}$ und $\mathbf{w}$ in einer Ebene liegen. Damit haben wir folgendes Ergebnis:

**Satz 3.4.5.** *Drei Vektoren* $\mathbf{u} = (u_1, u_2, u_3)$, $\mathbf{v} = (v_1, v_2, v_3)$ *und* $\mathbf{w} = (w_1, w_2, w_3)$ *mit gleichem Anfangspunkt liegen genau dann in einer Ebene, wenn*

$$\mathbf{u} \cdot (\mathbf{v} \times \mathbf{w}) = \begin{vmatrix} u_1 & u_2 & u_3 \\ v_1 & v_2 & v_3 \\ w_1 & w_2 & w_3 \end{vmatrix} = 0.$$

## Koordinatenunabhängigkeit des Kreuzprodukts

Wir erinnern daran, daß wir zunächst Vektoren als gerichtete Strecken definiert haben, und danach Komponenten eingeführt haben, um die notwendigen Rechnungen zu vereinfachen. Vektoren existieren also unabhängig von Koordinatensystemen. Insbesondere sind die Komponenten nicht nur vom Vektor, sondern auch vom betrachteten Koordinatensystem abhängig. So hat der Vektor $\mathbf{v}$ in Abbildung 3.38 die $xy$-Komponenten $(1, 1)$, während er im $x'y'$-System die Darstellung $(\sqrt{2}, 0)$ hat.

Vor diesem Hintergrund müssen wir die Definition des Kreuzprodukts überprüfen. Wir haben $\mathbf{u} \times \mathbf{v}$ über die Komponenten von $\mathbf{u}$ und $\mathbf{v}$ eingeführt, also können wir bisher nicht ausschließen, daß $\mathbf{u}$ und $\mathbf{v}$ in verschiedenen Koordinatensystemen unterschiedliche Kreuzprodukte haben. Wir kennen jedoch folgende Tatsachen:

- $\mathbf{u} \times \mathbf{v}$ steht senkrecht auf $\mathbf{u}$ und $\mathbf{v}$.
- Die Orientierung von $\mathbf{u} \times \mathbf{v}$ ergibt sich nach der Rechten-Hand-Regel.
- $\|\mathbf{u} \times \mathbf{v}\| = \|\mathbf{u}\|\|\mathbf{v}\|\sin\theta$.

Durch diese Eigenschaften ist der Vektor $\mathbf{u} \times \mathbf{v}$ eindeutig festgelegt: die beiden ersten bestimmen seine Richtung, die dritte seine Länge. Die Komponenten von $\mathbf{u}$ und $\mathbf{v}$ gehen hier nicht ein, nur ihre Längen und ihre Lage zueinander; diese Größen bleiben beim Übergang von einem rechtsorientierten Korrdinatensystem zu einem anderen unverändert. Die Definition von $\mathbf{u} \times \mathbf{v}$ ist also ***koordinatenunabhängig*** oder ***koordinatenfrei***. Diese Tatsache ist besonders für Physiker und Ingenieure wichtig, die zur Lösung eines Problems häufig mehrere Koordinatensysteme benutzen.

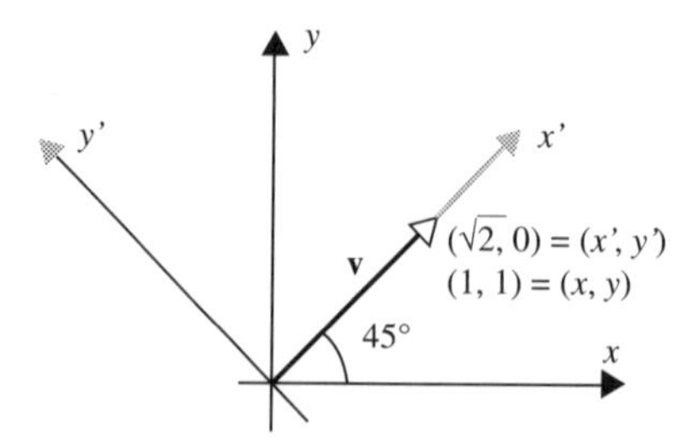


**Abb. 3.38**

**Beispiel 6** Wir betrachten zwei orthogonale Einheitsvektoren **u** und **v** (Abbildung 3.39a) und führen das in Abbildung 3.39b gezeigte $xyz$-System ein. Dann sind

$$\mathbf{u} = (1,0,0) = \mathbf{i} \quad \text{und} \quad \mathbf{v} = (0,1,0) = \mathbf{j},$$

also

$$\mathbf{u} \times \mathbf{v} = \mathbf{i} \times \mathbf{j} = \mathbf{k} = (0,0,1).$$

Betrachten wir hingegen das in Abbildung 3.39c dargestellte $x'y'z'$-System, so sind

$$\mathbf{u} = (0,0,1) = \mathbf{k} \quad \text{und} \quad \mathbf{v} = (1,0,0) = \mathbf{i},$$

und damit

$$\mathbf{u} \times \mathbf{v} = \mathbf{k} \times \mathbf{i} = \mathbf{j} = (0,1,0).$$

Wie man leicht sieht, entspricht der Vektor mit den $xyz$-Komponenten $(0,0,1)$ dem Vektor $(0,1,0)$ im $x'y'z'$-System, also ergibt sich $\mathbf{u} \times \mathbf{v}$ unabhängig davon, welches der beiden Koordinatensysteme wir bei der Berechnung verwenden.

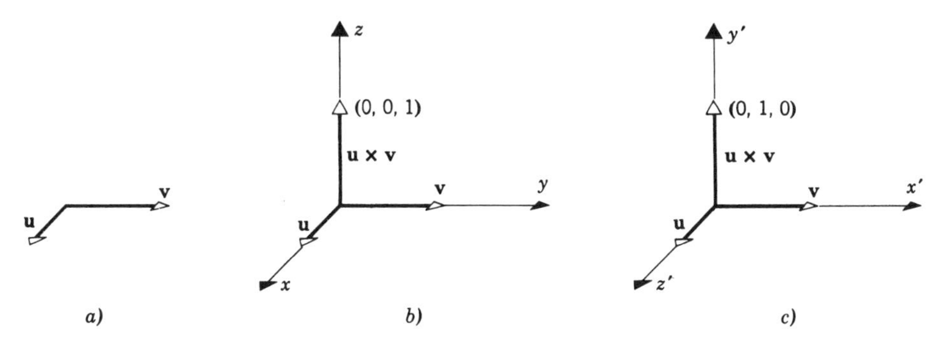


**Abb. 3.39**

## Übungen zu 3.4

**1.** Seien $\mathbf{u} = (3,2,-1)$, $\mathbf{v} = (0,2,-3)$ und $\mathbf{w} = (2,6,7)$. Man berechne

a) $\mathbf{v} \times \mathbf{w}$ b) $\mathbf{u} \times (\mathbf{v} \times \mathbf{w})$ c) $(\mathbf{u} \times \mathbf{v}) \times \mathbf{w}$
d) $(\mathbf{u} \times \mathbf{v}) \times (\mathbf{v} \times \mathbf{w})$ e) $\mathbf{u} \times (\mathbf{v} - 2\mathbf{w})$ f) $(\mathbf{u} \times \mathbf{v}) - 2\mathbf{w}$.

**2.** Man bestimme einen Vektor, der auf **u** und **v** senkrecht steht.

a) $\mathbf{u} = (-6,4,2), \mathbf{v} = (3,1,5)$ b) $\mathbf{u} = (-2,1,5), \mathbf{v} = (3,0,-3)$

**3.** Man berechne den Flächeninhalt des von **u** und **v** aufgespannten Parallelogramms.

a) $\mathbf{u} = (1,-1,2), \mathbf{v} = (0,3,1)$ b) $\mathbf{u} = (2,3,0), \mathbf{v} = (-1,2,-2)$
c) $\mathbf{u} = (3,-1,4), \mathbf{v} = (6,-2,8)$

**4.** Man bestimme den Flächeninhalt des durch $P, Q$ und $R$ gegebenen Dreiecks.

a) $P(2, 6, -1)$, $Q(1, 1, 1)$, $R(4, 6, 2)$ b) $P(1, -1, 2)$, $Q(0, 3, 4)$, $R(6, 1, 8)$

**5.** Man verifiziere Satz 3.4.1 für $\mathbf{u} = (4, 2, 1)$ und $\mathbf{v} = (-3, 2, 7)$.

**6.** Man verifiziere Satz 3.4.2 für $\mathbf{u} = (5, -1, 2), \mathbf{v} = (6, 0, -2), \mathbf{w} = (1, 2, -1)$ und $k = -5$.

**7.** Warum ist der Ausdruck $\mathbf{u} \times \mathbf{v} \times \mathbf{w}$ falsch?

**8.** Man berechne das Spatprodukt $\mathbf{u} \cdot (\mathbf{v} \times \mathbf{w})$.

a) $\mathbf{u} = (-1, 2, 4), \mathbf{v} = (3, 4, -2), \mathbf{w} = (-1, 2, 5)$
b) $\mathbf{u} = (3, -1, 6), \mathbf{v} = (2, 4, 3), \mathbf{w} = (5, -1, 2)$

**9.** Sei $\mathbf{u} \cdot (\mathbf{v} \times \mathbf{w}) = 3$. Man bestimme

a) $\mathbf{u} \cdot (\mathbf{w} \times \mathbf{v})$ b) $(\mathbf{v} \times \mathbf{w}) \cdot \mathbf{u}$ c) $\mathbf{w} \cdot (\mathbf{u} \times \mathbf{v})$
d) $\mathbf{v} \cdot (\mathbf{u} \times \mathbf{w})$ e) $(\mathbf{u} \times \mathbf{w}) \cdot \mathbf{v}$ f) $\mathbf{v} \cdot (\mathbf{w} \times \mathbf{w})$.

**10.** Man bestimme das Volumen des Parallelepipeds mit den Kanten $\mathbf{u}, \mathbf{v}$ und $\mathbf{w}$.

a) $\mathbf{u} = (2, -6, 2)$, $\mathbf{v} = (0, 4, -2)$, $\mathbf{w} = (2, 2, -4)$
b) $\mathbf{u} = (3, 1, 2)$, $\mathbf{v} = (4, 5, 1)$, $\mathbf{w} = (1, 2, 4)$

**11.** Sind $\mathbf{u}, \mathbf{v}$ und $\mathbf{w}$ komplanar?

a) $\mathbf{u} = (-1, -2, 1), \mathbf{v} = (3, 0, -2), \mathbf{w} = (5, -4, 0)$
b) $\mathbf{u} = (5, -2, 1), \mathbf{v} = (4, -1, 1), \mathbf{w} = (1, -1, 0)$
c) $\mathbf{u} = (4, -8, 1), \mathbf{v} = (2, 1, -2), \mathbf{w} = (3, -4, 12)$

**12.** Man bestimme alle zur $yz$-Ebene parallelen Einheitsvektoren, die orthogonal zu $(3, -1, 2)$ sind.

**13.** Man bestimme alle Einheitsvektoren in der durch $\mathbf{u} = (3, 0, 1)$ und $\mathbf{v} = (1, -1, 1)$ aufgespannten Ebene, die senkrecht auf $\mathbf{w} = (1, 2, 0)$ stehen.

**14.** Man zeige für $\mathbf{a} = (a_1, a_2, a_3)$, $\mathbf{b} = (b_1, b_2, b_3)$, $\mathbf{c} = (c_1, c_2, c_3)$ und $\mathbf{d} = (d_1, d_2, d_3)$:

$$(\mathbf{a} + \mathbf{d}) \cdot (\mathbf{b} \times \mathbf{c}) = \mathbf{a} \cdot (\mathbf{b} \times \mathbf{c}) + \mathbf{d} \cdot (\mathbf{b} \times \mathbf{c}).$$

**15.** Man vereinfache den Ausdruck $(\mathbf{u} + \mathbf{v}) \times (\mathbf{u} - \mathbf{v})$.

**16.** Man berechne den Sinus des Winkels zwischen $\mathbf{u} = (2, 3, -6)$ und $\mathbf{v} = (2, 3, 6)$.

**17.** a) Man bestimme den Flächeninhalt des durch die Punkte $A(1, 0, 1)$, $B(0, 2, 3)$ und $C(2, 1, 0)$ gegebenen Dreiecks.
b) Man bestimme mit a) die Höhe bezüglich der Grundseite $AB$.

**18.** Man betrachte eine Gerade und einen Punkt $P$, der nicht auf ihr liegt. Man zeige: Ist $\mathbf{u}$ ein Verbindungsvektor von einem Punkt der Geraden zu $P$ und

$\mathbf{v}$ ein zur Geraden paralleler Vektor, so ist $\|\mathbf{u} \times \mathbf{v}\|/\|\mathbf{v}\|$ der Abstand von der Geraden zu $P$.

**19.** Man berechne mit Aufgabe 18 den Abstand zwischen $P$ und der Geraden durch $A$ und $B$.

a) $P(-3, 1, 2)$ $A(1, 1, 0)$ $B(-2, 3-4)$

b) $P(4, 3, 0)$ $A(2, 1, -3)$ $B(0, 2, -1)$

**20.** Man beweise: Ist $\theta$ der Winkel zwischen $\mathbf{u}$ und $\mathbf{v}$, und gilt $\mathbf{u} \cdot \mathbf{v} \neq 0$, so ist $\tan\theta = \|\mathbf{u} \times \mathbf{v}\|/(\mathbf{u} \cdot \mathbf{v})$.

**21.** Man betrachte das Parallelepiped mit den Kanten $\mathbf{u} = (3, 2, 1), \mathbf{v} = (1, 1, 2)$ und $\mathbf{w} = (1, 3, 3)$.

a) Man bestimme den Flächeninhalt der von $\mathbf{u}$ und $\mathbf{w}$ aufgespannten Seite.

b) Man berechne den Winkel zwischen $\mathbf{u}$ und der von $\mathbf{v}$ und $\mathbf{w}$ aufgespannten Ebene. (*Hinweis.* Man betrachte die Winkel, die $\mathbf{u}$ mit in der Ebene liegenden Vektoren $\mathbf{u} - \text{proj}_{\mathbf{v}\times\mathbf{w}}\mathbf{u}$ und $-(\mathbf{u} - \text{proj}_{\mathbf{v}\times\mathbf{w}}\mathbf{u})$ einschließt. Der gesuchte Winkel $\theta$ erfüllt dann die Ungleichung $0 \leq \theta \leq \frac{\pi}{2}$.)

**22.** Man bestimme einen Vektor $\mathbf{n}$, der zur von den Punkten $A(0, -2, 1)$, $B(1, -1, -2)$ und $C(-1, 1, 0)$ aufgespannten Ebene senkrecht ist. (Man beachte die Bemerkung zu Aufgabe 21.)

**23.** Seien $\mathbf{m}$ und $\mathbf{n}$ die Vektoren, die im $xyz$-System in Abbildung 3.39 die Komponenten $(0, 0, 1)$ und $(0, 1, 0)$ haben.

a) Man bestimme die Komponenten von $\mathbf{m}$ und $\mathbf{n}$ im $x'y'z'$-System in Abbildung 3.39.

b) Man berechne $\mathbf{m} \times \mathbf{n}$ in $xyz$-Komponenten.

c) Man berechne $\mathbf{m} \times \mathbf{n}$ in $x'y'z'$-Komponenten.

d) Man zeige, daß die Ergebnisse in c) und d) übereinstimmen.

**24.** Man beweise die Gleichungen

a) $(\mathbf{u} + k\mathbf{v}) \times \mathbf{v} = \mathbf{u} \times \mathbf{v}$ b) $\mathbf{u} \cdot (\mathbf{v} \times \mathbf{z}) = -(\mathbf{u} \times \mathbf{z}) \cdot \mathbf{v}$.

**25.** Seien $\mathbf{u}, \mathbf{v}$ und $\mathbf{w}$ von Null verschiedene, paarweise nicht kollineare Vektoren im Raum mit demselben Anfangspunkt. Man beweise:

a) $\mathbf{u}\times(\mathbf{v} \times \mathbf{w})$ liegt in der von $\mathbf{v}$ und $\mathbf{w}$ aufgespannten Ebene.

b) $(\mathbf{u} \times \mathbf{v})\times\mathbf{w}$ liegt in der von $\mathbf{u}$ und $\mathbf{v}$ aufgespannten Ebene.

**26.** Man beweise Satz 3.4.1 d). [*Hinweis.* Man betrachte zuerst die Fälle $\mathbf{w} = \mathbf{i} = (1, 0, 0), \mathbf{w} = \mathbf{j} = (0, 1, 0)$ und $\mathbf{w} = \mathbf{k} = (0, 0, 1)$. Man beweise dann den allgemeinen Fall $\mathbf{w} = (w_1, w_2, w_3)$ mit der Darstellung $\mathbf{w} = w_1\mathbf{i} + w_2\mathbf{j} + w_3\mathbf{k}$.]

**27.** Man beweise Satz 3.4.1 e). [*Hinweis.* Man wende Satz 3.4.2 a) auf 3.4.1 d) an.]

**28.** Seien $\mathbf{u} = (1, 3, -1), \mathbf{v} = (1, 1, 2)$ und $\mathbf{w} = (3, -1, 2)$. Man berechne $\mathbf{u} \times (\mathbf{v} \times \mathbf{w})$ unter Verwendung von Aufgabe 26 und überprüfe das Ergebnis durch direktes Nachrechnen.

**29.** Man beweise: Liegen $\mathbf{a}, \mathbf{b}, \mathbf{c}$ und $\mathbf{d}$ in der selben Ebene, so gilt $(\mathbf{a} \times \mathbf{b}) \times (\mathbf{c} \times \mathbf{d}) = \mathbf{0}$.

**30.** Das Volumen eines Tetraeders ergibt sich nach der Formel $\frac{1}{3} \times$ Grundfläche $\times$ Höhe. Es ist zu beweisen, daß das in Abbildung 3.40 dargestellte Tetraeder den Rauminhalt $\frac{1}{6} |\mathbf{a} \cdot (\mathbf{b} \times \mathbf{c})|$ hat.

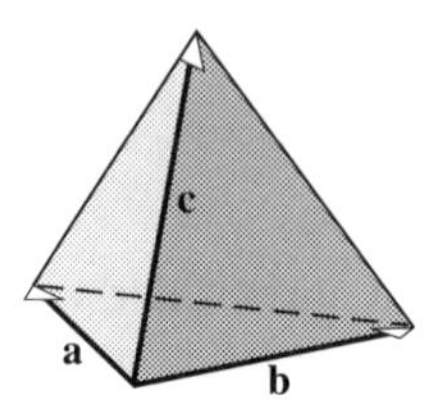


**Abb. 3.40**

**31.** Man berechne mit Aufgabe 30 das Volumen des Tetraeders mit den Eckpunkten $P, Q, R$ und $S$.

a) $P(-1, 2, 0)$, $Q(2, 1, -3)$, $R(1, 0, 1)$, $S(3, -2, 3)$

b) $P(0, 0, 0)$, $Q(1, 2, -1)$, $R(3, 4, 0)$, $S(-1, -3, 4)$

**32.** Man beweise Satz 3.4.2 a) und b).

**33.** Man beweise Satz 3.4.2 c) und d).

**34.** Man beweise Satz 3.4.2 e) und f).

# 3.5 Geraden und Ebenen im Raum

*Im folgenden Abschnitt werden wir mit Hilfe der Vektorrechnung Gleichungen ableiten, die Ebenen und Geraden im Raum beschreiben; diese benutzen wir zur Behandlung grundlegender geometrischer Fragestellungen.*

## Ebenen im Raum

Die ebene, analytische Geometrie beschreibt Geraden durch ihre Steigung und einen Punkt. Analog kann man Ebenen im Raum durch ihre Neigung und einen Punkt darstellen, dabei erweist es sich als günstig, die Neigung durch einen zur Ebene senkrechten, von Null verschiedenen Vektor (eine ***Normale***) anzugeben.

Wir wollen nun die Gleichung der Ebene herleiten, die durch den Punkt $P_0(x_0, y_0, z_0)$ verläuft und den Vektor $\mathbf{n} = (a, b, c)$ als Normale hat. Nach Abbildung 3.41 besteht diese Ebene genau aus den Punkten $P(x, y, z)$, für die $\overrightarrow{P_0P}$ senkrecht zu $\mathbf{n}$ ist, also

$$\mathbf{n} \cdot \overrightarrow{P_0P} = 0. \tag{1}$$

Mit $\overrightarrow{P_0P} = (x - x_0, y - y_0, z - z_0)$ erhalten wir die sogenannte ***Punkt-Normalen-Form*** der Ebenengleichung:

$$a(x - x_0) + b(y - y_0) + c(z - z_0) = 0. \tag{2}$$

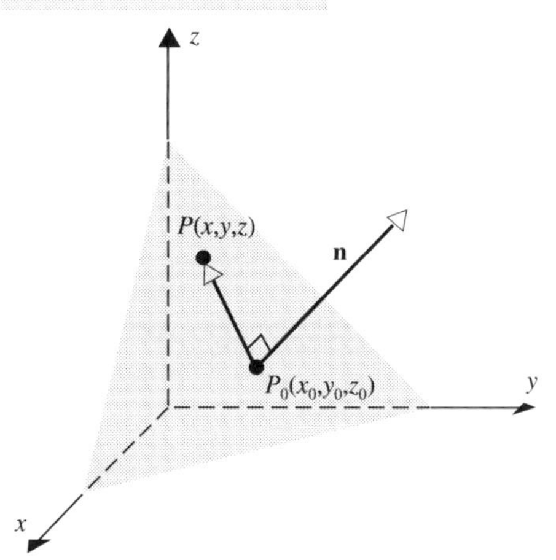


**Abb. 3.41**

**Beispiel 1** Man bestimme eine Gleichung für die zu $\mathbf{n} = (4, 2, -5)$ senkrechte Ebene durch $(3, -1, 7)$.

*Lösung*. Nach (2) erhält man als Punkt-Normalen-Form

$$4(x - 3) + 2(y + 1) - 5(z - 7) = 0.$$

Durch Ausmultiplizieren und Zusammenfassen ergibt sich aus (2) die Gleichung

$$ax + by + cz + d = 0$$

mit Konstanten $a, b, c$ und $d$, wobei $a, b$ und $c$ nicht alle verschwinden. Für Beispiel 1 ergibt sich damit

$$4x + 2y - 5z + 25 = 0.$$

Wie der folgende Satz zeigt, beschreibt jede Gleichung der Form $ax + by + cz + d = 0$ eine Ebene im Raum.

**Satz 3.5.1.** *Seien $a, b, c$ und $d$ Konstanten und $a, b, c$ nicht alle gleich null. Der Graph der Gleichung*

$$ax + by + cz + d = 0 \tag{3}$$

*ist eine zu $\mathbf{n} = (a, b, c)$ senkrechte Ebene.*

Gleichung (3) ist linear in $x, y$ und $z$; sie wird als ***allgemeine Form*** der Ebenengleichung bezeichnet.

**Beweis.** Nach unserer Voraussetzung sind $a, b$ und $c$ nicht alle null, so daß wir zunächst $a \neq 0$ annehmen können. Wir können dann (3) zu $a(x + \frac{d}{a}) + by + cz = 0$ umformen, womit wir die Punkt-Normalen-Form der Ebene durch $(-\frac{d}{a}, 0, 0)$ senkrecht zu $(a, b, c)$ erhalten.

Ist $a = 0$, so gilt $b \neq 0$ oder $c \neq 0$. Der Beweis ergibt sich in diesen Fällen analog. □

Wir haben in Kapitel 1 bereits bemerkt, daß die Lösungen des Gleichungssystems

$$\begin{aligned} ax + by &= k_1 \\ cx + dy &= k_2 \end{aligned}$$

den Schnittpunkten der Geraden $ax + by = k_1$ und $cx + dy = k_2$ in der $xy$-Ebene entsprechen. Ebenso erhält man die Lösungen von

$$\begin{aligned} ax + by + cz &= k_1 \\ dx + cy + fz &= k_2 \\ gx + hy + iz &= k_3 \end{aligned} \tag{4}$$

als Schnittpunkte der durch $ax + by + cz = k_1, dx + ey + fz = k_2$ und $gx + hy + iz = k_3$ gegebenen Ebenen.

In Abbildung 3.42 sind einige der Möglichkeiten dargestellt, die sich je nach Zahl der Lösungen von (4) ergeben.

**Beispiel 2** Man bestimme die Gleichung der Ebene durch die Punkte $P_1(1, 2, -1), P_2(2, 3, 1)$ und $P_3(3, -1, 2)$.
*Lösung.* Da die gegebenen Punkte in der Ebene liegen, müssen ihre Koordinaten die allgemeine Ebenengleichung $ax + by + cz + d = 0$ erfüllen. Daraus ergibt sich das System

$$\begin{aligned} a + 2b - c + d &= 0 \\ 2a + 3b + c + d &= 0 \\ 3a - b + 2c + d &= 0, \end{aligned}$$

das sich zu

$$a = -\tfrac{9}{16}t, \qquad b = -\tfrac{1}{16}t, \qquad c = \tfrac{5}{16}t, \qquad d = t$$

auflösen läßt. $t = -16$ liefert dann die Gleichung

$$9x + y - 5z - 16 = 0.$$

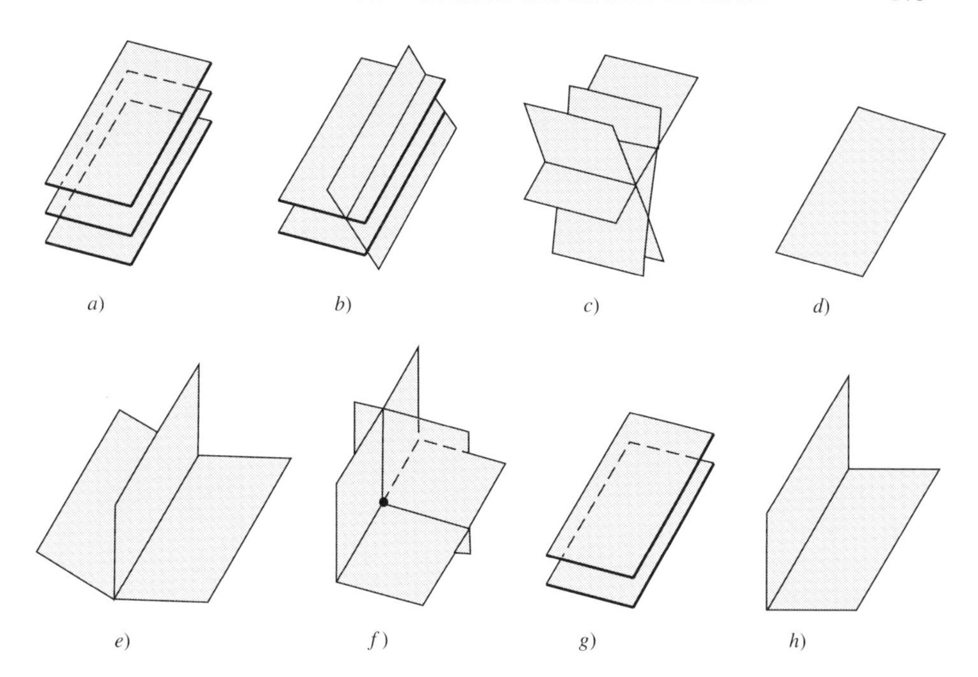


**Abb. 3.42** a) Keine Lösung (3 parallele Ebenen), b) Keine Lösung (2 parallele Ebenen), c) Keine Lösung (3 Ebenen ohne gemeinsamen Schnittpunkt), d) Unendlich viele Lösungen (3 gleiche Ebenen), e) Unendlich viele Lösungen (3 Ebenen mit gemeinsamer Schnittgeraden), f) Genau eine Lösung (3 Ebenen mit gemeinsamem Schnittpunkt), g) Keine Lösung (2 gleiche Ebenen, die zur dritten parallel sind), h) Unendlich viele Lösungen (2 gleiche Ebenen, die die dritte in einer Geraden schneiden).

Wählen wir eine andere Zahl für $t$, so ergibt sich ein Vielfaches dieser Gleichung; also erhalten wir für jedes $t \neq 0$ eine Lösung unseres Problems.

*Alternative Lösung*. Da $P_1(1,2,-1), P_2(2,3,1)$ und $P_3(3,-1,2)$ in der Ebene liegen, sind die Vektoren $\overrightarrow{P_1P_2} = (1,1,2)$ und $\overrightarrow{P_1P_3} = (2,-3,3)$ parallel zu ihr. Als Normale erhalten wir daraus $\overrightarrow{P_1P_2} \times \overrightarrow{P_1P_3} = (9,1,-5)$. Nun liegt $P_1$ in der Ebene, also ergibt sich in Punkt-Normalen-Form

$$9(x-1) + (y-2) - 5(z+1) = 0$$

oder in allgemeiner Form

$$9x + y - 5z - 16 = 0.$$

## Ebenengleichung in Vektorschreibweise

Mit Vektorschreibweise erhalten wir folgende Alternative zur Punkt-Normalen-Form einer Ebene: Seien (wie in Abbildung 3.43) $\mathbf{r} = (x,y,z)$ und $\mathbf{r}_0 = (x_0,y_0,z_0)$

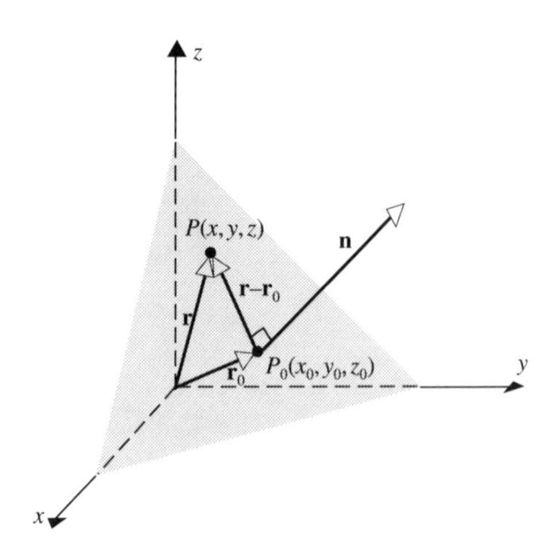


**Abb. 3.43**

die Verbindungsvektoren des Ursprungs mit den Punkten $P(x, y, z)$ und $P_0(x_0, y_0, z_0)$, und sei $\mathbf{n} = (a, b, c)$ ein Normalenvektor der Ebene.

Dann ist $\overrightarrow{P_0P} = \mathbf{r} - \mathbf{r}_0$, so daß wir aus (1) die sogenannte ***Vektorform*** der Ebenengleichung erhalten:

$$\mathbf{n} \cdot (\mathbf{r} - \mathbf{r}_0) = 0. \tag{5}$$

**Beispiel 3**

$$(-1, 2, 5) \cdot (x - 6, y - 3, z + 4) = 0$$

ist die Vektorgleichung der zu $\mathbf{n} = (-1, 2, 5)$ senkrechten Ebene durch $(6, 3, -4)$.

## Geraden im Raum

Sei $l$ eine Gerade im Raum, die parallel zum Vektor $\mathbf{v} = (a, b, c)$ durch den Punkt $P_0(x_0, y_0, z_0)$ verläuft. Ein Punkt $P(x, y, z)$ liegt genau dann auf $l$, wenn der Verbindungsvektor $\overrightarrow{P_0P}$ parallel zu $\mathbf{v}$ ist. Es gibt also eine Zahl $t$, so daß

$$\overrightarrow{P_0P} = t\mathbf{v} \tag{6}$$

oder in Komponentenschreibweise

$$(x - x_0, y - y_0, z - z_0) = (ta, tb, tc).$$

Das liefert $x - x_0 = ta, y - y_0 = tb$ und $z - z_0 = tc$, und damit

$$x = x_0 + ta, \qquad y = y_0 + tb, \qquad z = z_0 + tc.$$

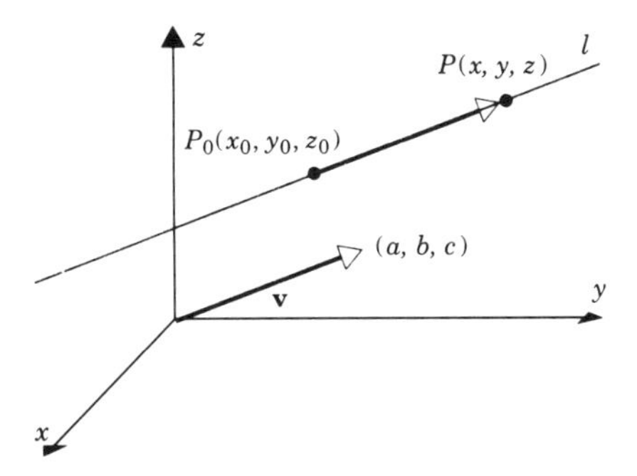


**Abb. 3.44** $\overrightarrow{P_0P}$ ist parallel zu **v**.

Durchläuft $t$ die reellen Zahlen, so erhalten wir alle Punkte $P(x, y, z)$ auf $l$.

$$x = x_0 + ta, \quad y = y_0 + tb, \quad z = z_0 + tc \qquad (-\infty < t < +\infty) \tag{7}$$

sind die ***Parametergleichungen*** für $l$.

**Beispiel 4** Die Gerade durch den Punkt $(1, 2, -3)$ parallel zu $\mathbf{v} = (4, 5, -7)$ wird durch die Parametergleichungen

$$x = 1 + 4t, \quad y = 2 + 5t, \quad z = -3 - 7t \qquad (-\infty < t < +\infty)$$

beschrieben.

**Beispiel 5**

a) Man bestimme Parametergleichungen der Geraden $l$ durch die Punkte $P_1(2, 4, -1)$ und $P_2(5, 0, 7)$.
b) In welchem Punkt schneidet $l$ die $xy$-Ebene?

*Lösung a).* $l$ verläuft durch $P_1(2, 4, -1)$ parallel zu $\overrightarrow{P_1P_2} = (3, -4, 8)$. Daraus ergeben sich die Gleichungen

$$x = 2 + 3t, \quad y = 4 - 4t, \quad z = -1 + 8t \qquad (-\infty < t < +\infty).$$

*Lösung b).* Für den gesuchten Schnittpunkt gilt $z = -1 + 8t = 0$, also $t = \frac{1}{8}$. Einsetzen von $t$ in die Parametergleichungen liefert

$$(x, y, z) = (\tfrac{19}{8}, \tfrac{7}{2}, 0).$$

**Beispiel 6** Man bestimme Parametergleichungen für die Schnittgerade der Ebenen

$$3x + 2y - 4z - 6 = 0 \quad \text{und} \quad x - 3y - 2z - 4 = 0.$$

*Lösung.* Die beiden Ebenen schneiden sich in den Punkten $(x, y, z)$, die das Gleichungssystem

$$\begin{aligned} 3x + 2y - 4z &= 6 \\ x - 3y - 2z &= 4 \end{aligned}$$

erfüllen. Da das System die Lösungen

$$x = \tfrac{26}{11} + \tfrac{16}{11}t, \qquad y = -\tfrac{6}{11} = \tfrac{2}{11}t, \qquad z = t$$

besitzt, ergeben sich die Parametergleichungen der Schnittgeraden zu

$$x = \tfrac{26}{11} + \tfrac{16}{11}t, \quad y = -\tfrac{6}{11} - \tfrac{2}{11}t, \quad z = t \qquad (-\infty < t < +\infty).$$

## Geradengleichungen in Vektorschreibweise

Wir können Geradengleichungen auch mit Vektoren schreiben. Seien dazu wie in Abbildung 3.43 $\mathbf{r} = (x, y, z)$ und $\mathbf{r_0} = (x_0, y_0, z_0)$ die Vektoren vom Ursprung zu den Punkten $P(x, y, z)$ und $P_0(x_0, y_0, z_0)$. Ist $\mathbf{v} = (a, b, c)$ ein zur Geraden $l$ paralleler Vektor (Abbildung 3.45), so ist wegen $\overrightarrow{P_0P} = \mathbf{r} - \mathbf{r}_0$

$$\mathbf{r} - \mathbf{r}_0 = t\,\mathbf{v}.$$

Daraus ergibt sich als ***Vektorgleichung*** einer Geraden im Raum

$$\mathbf{r} = \mathbf{r}_0 + t\,\mathbf{v} \qquad (-\infty < t < +\infty). \tag{8}$$

**Beispiel 7** Die Vektorgleichung

$$(x, y, z) = (-2, 0, 3) + t(4, -7, 1) \qquad (-\infty < t < +\infty)$$

beschreibt eine Gerade durch den Punkt $(-2, 0, 3)$, die parallel zum Vektor $(4, -7, 1)$ liegt.

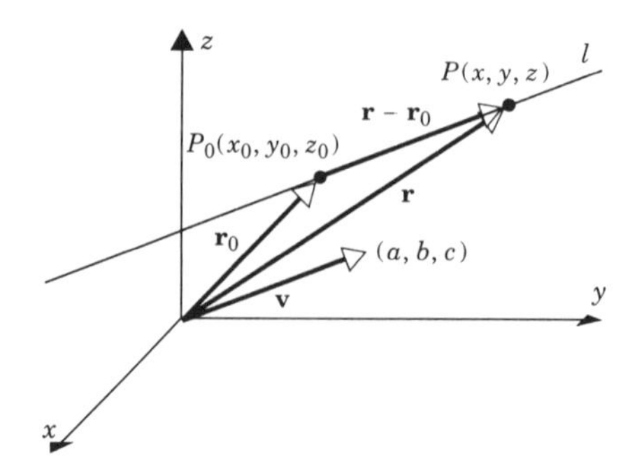


**Abb. 3.45**

## Abstandsmessung

Zum Schluß dieses Abschnitts behandeln wir zwei grundlegende „Abstandsprobleme“.

***Fragestellungen:***

a) Wie bestimmt man den Abstand zwischen einem Punkt und einer Ebene?
b) Wie bestimmt man den Abstand zweier paralleler Ebenen?

Wir können diese Fragen auf eine einzige reduzieren. Kennen wir eine Formel für den Abstand zwischen einem Punkt und einer Ebene, so erhalten wir den Abstand von zwei parallelen Ebenen, indem wir die bekannte Formel auf eine der Ebenen und einen beliebigen Punkt der anderen Ebene anwenden (Abbildung 3.46).

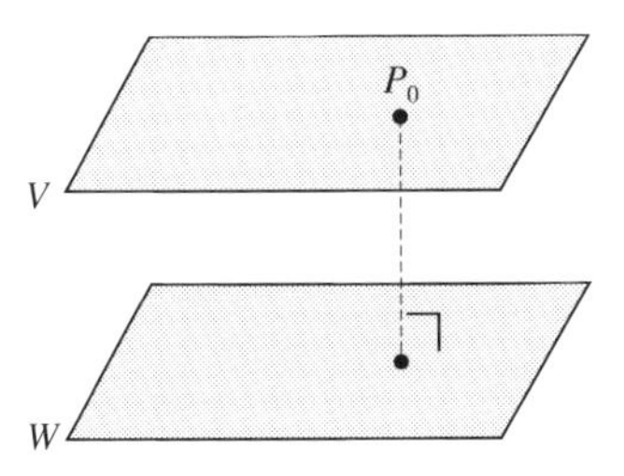


**Abb. 3.46** Der Abstand der parallelen Ebenen $V$ und $W$ ergibt sich als Abstand von $P_0$ zu $W$.

**Satz 3.5.2.** *Der Punkt $P_0(x_0, y_0, z_0)$ hat von der Ebene $ax + by + cz + d = 0$ den Abstand*

$$D = \frac{|ax_0 + by_0 + cz_0 + d|}{\sqrt{a^2 + b^2 + c^2}}. \tag{9}$$

**Beweis.** Sei $Q(x_1, y_1, z_1)$ ein Punkt der Ebene. Verschieben wir die Normale $\mathbf{n} = (a, b, c)$ in den Anfangspunkt $Q$, so entspricht nach Abbildung 3.47 der gesuchte Abstand gerade der Länge der Orthogonalprojektion von $\overrightarrow{QP_0}$ auf $\mathbf{n}$, also

$$D = \|\text{proj}_\mathbf{n}\, \overrightarrow{QP_0}\| = \frac{|\overrightarrow{QP_0} \cdot \mathbf{n}|}{\|\mathbf{n}\|}$$

nach Gleichung (10) aus Abschnitt 3.3. Mit

$$\overrightarrow{QP_0} = (x_0 - x_1, y_0 - y_1, z_0 - z_1)$$

$$\overrightarrow{QP_0} \cdot \mathbf{n} = a(x_0 - x_1) + b(y_0 - y_1) + c(z_0 - z_1)$$

$$\|\mathbf{n}\| = \sqrt{a^2 + b^2 + c^2}$$

folgt daraus

$$D = \frac{|a(x_0 - x_1) + b(y_0 - y_1) + c(z_0 - z_1)|}{\sqrt{a^2 + b^2 + c^2}}. \tag{10}$$

Da $Q(x_1, y_1, z_1)$ in der Ebene liegt, erfüllen seine Koordinaten die Gleichung

$$ax_1 + by_1 + cz_1 + d = 0$$

oder

$$d = -ax_1 - by_1 - cz_1.$$

Durch Einsetzen in (10) erhalten wir dann die Behauptung (9). □

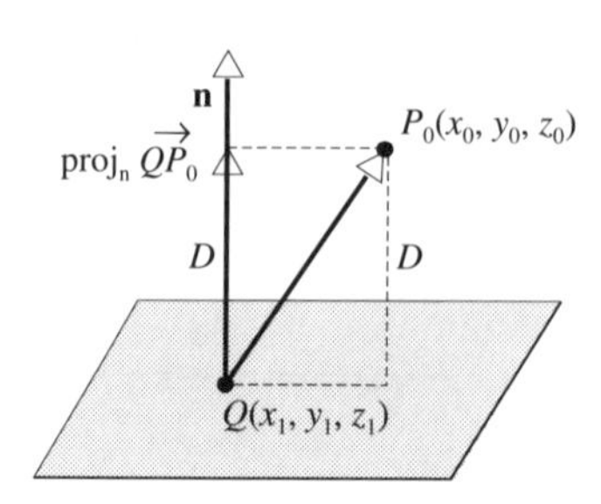


**Abb. 3.47**

**Bemerkung.** Man beachte die Ähnlichkeit mit Formel (13) aus Abschnitt 3.3, die den Abstand zwischen einem Punkt und einer Geraden in der Ebene angibt.

**Beispiel 8** Man bestimme den Abstand $D$ des Punktes $(1, -4, -3)$ zur Ebene $2x - 3y + 6z = -1$.

*Lösung.* Wir schreiben die Ebenengleichung als

$$2x - 3y + 6z + 1 = 0$$

und erhalten mit (9)

$$D = \frac{|(2)(1) + (-3)(-4) + 6(-3) + 1|}{\sqrt{2^2 + (-3)^2 + 6^2}} = \frac{|-3|}{7} = \frac{3}{7}.$$

Zwei Ebenen, die sich nicht schneiden, sind parallel zueinander. In diesem Fall können wir ihren Abstand berechnen.

**Beispiel 9** Die Ebenen

$$x + 2y - 2z = 3 \quad \text{und} \quad 2x + 4y - 4z = 7$$

sind parallel, da ihre Normalen $(1, 2, -2)$ und $(2, 4, -4)$ proportional zueinander sind. Man berechne den Abstand $D$ der Ebenen.

*Lösung.* Wir wählen irgendeinen Punkt der ersten Ebene und berechnen seinen Abstand zur zweiten. Setzen wir $y = z = 0$ in die Ebenengleichung $x + 2y - 2z = 3$ ein, so erhalten wir den Punkt $P_0(3, 0, 0)$. Nach (9) ergibt sich

$$D = \frac{|(2)(3) + 4(0) + (-4)(0) - 7|}{\sqrt{2^2 + 4^2 + (-4)^2}} = \frac{1}{6}.$$

## Übungen zu 3.5

**1.** Man bestimme eine Punkt-Normalen-Gleichung der Ebene durch $P$ senkrecht zu $\mathbf{n}$.

a) $P(-1,3,-2)$; $\mathbf{n} = (-2,1,-1)$ b) $P(1,1,4)$; $\mathbf{n} = (1,9,8)$

c) $P(2,0,0)$; $\mathbf{n} = (0,0,2)$ d) $P(0,0,0)$; $\mathbf{n} = (1,2,3)$

**2.** Man schreibe die Gleichungen aus Aufgabe 1 in allgemeiner Form.

**3.** Man bestimme eine Punkt-Normalen-Form.

a) $-3x + 7y + 2z = 10$ b) $x - 4z = 0$

**4.** Man stelle eine Gleichung für die Ebene durch die Punkte $P, Q$ und $R$ auf.

a) $P(-4,-1,-1)$, $Q(-2,0,1)$, $R(-1,-2,-3)$

b) $P(5,4,3)$, $Q(4,3,1)$, $R(1,5,4)$

**5.** Sind die gegebenen Ebenen parallel?

a) $4x - y + 2z = 5$ und $7x - 3y + 4z = 8$

b) $x - 4y - 3z - 2 = 0$ und $3x - 12y - 9z - 7 = 0$

c) $2y = 8x - 4z + 5$ und $x = \frac{1}{2}z + \frac{1}{4}y$

**6.** Verlaufen die Gerade und die Ebene parallel zueinander?

a) $x = -5 - 4t,\ y = 1 - t,\ z = 3 + 2t;\quad x + 2y + 3z - 9 = 0$

b) $x = 3t,\ y = 1 + 2t,\ z = 2 - t;\quad 4x - y + 2z = 1$

**7.** Stehen die beiden Ebenen senkrecht aufeinander?

a) $3x - y + z - 4 = 0,\ x + 2z = -1$

b) $x - 2y + 3z = 4,\ -2x + 5y + 4z = -1$

**8.** Schneidet die Gerade die Ebene im rechten Winkel?

a) $x = -2 - 4t,\ y = 3 - 2t,\ z = 1 + 2t;\quad 2x + y - z = 5$

b) $x = 2 + t,\ y = 1 - t,\ z = 5 + 3t;\quad 6x + 6y - 7 = 0$

**9.** Man bestimme Parametergleichungen für die Gerade, die parallel zu $\mathbf{n}$ durch $P$ verläuft.

a) $P(3,-1,2)$; $\mathbf{n} = (2,1,3)$ b) $P(-2,3,-3)$; $\mathbf{n} = (6,-6,-2)$

c) $P(2,2,6)$; $\mathbf{n} = (0,1,0)$ d) $P(0,0,0)$; $\mathbf{n} = (1,-2,3)$

**10.** Man stelle Parametergleichungen für die durch die beiden Punkte verlaufende Gerade auf.

a) $(5,-2,4)$, $(7,2,-4)$ b) $(0,0,0)$, $(2,-1,-3)$

**11.** Man bestimme Parametergleichungen der Schnittgeraden der beiden Ebenen.

a) $7x - 2y + 3z = -2$ und $-3x + y + 2z + 5 = 0$
b) $2x + 3y - 5z = 0$ und $y = 0$

**12.** Man bestimme die Vektorgleichung der Ebene, die senkrecht zu $\mathbf{n}$ durch $P_0$ verläuft.

a) $P_0(-1, 2, 4)$; $\mathbf{n} = (-2, 4, 1)$ b) $P_0(2, 0, -5)$; $\mathbf{n} = (-1, 4, 3)$
c) $P_0(5, -2, 1)$; $\mathbf{n} = (-1, 0, 0)$ d) $P_0(0, 0, 0)$; $\mathbf{n} = (a, b, c)$

**13.** Sind die folgenden Ebenen parallel?

a) $(-1, 2, 4) \cdot (x - 5, y + 3, z - 7) = 0$; $(2, -4, -80) \cdot (x+3, y+5, z-9) = 0$
b) $(3, 0, -1) \cdot (x + 1, y - 2, z - 3) = 0$; $(-1, 0, 3) \cdot (x + 1, y - z, z - 3) = 0$

**14.** Stehen die Ebenen senkrecht aufeinander?

a) $(-2, 1, 4) \cdot (x - 1, y, z + 3) = 0$; $(1, -2, 1) \cdot (x + 3, y - 5, z) = 0$
b) $(3, 0, -2) \cdot (x + 4, y - 7, z + 1) = 0$; $(1, 1, 1) \cdot (x, y, z) = 0$

**15.** Man bestimme die Vektorgleichung der Geraden durch $P_0$ parallel zu $\mathbf{v}$.

a) $P_0(-1, 2, 3)$; $\mathbf{v} = (7, -1, 5)$ b) $P_0(2, 0, -1)$; $\mathbf{v} = (1, 1, 1)$
c) $P_0(2, -4, 1)$; $\mathbf{v} = (0, 0, -2)$ d) $P_0(0, 0, 0)$; $\mathbf{v} = (a, b, c)$

**16.** Man zeige, daß die Gerade

$$x = 0, \quad y = t, \quad z = t \qquad (-\infty < t < +\infty)$$

a) in der Ebene $6x + 4y - 4z = 0$ liegt,
b) parallel unter der Ebene $5x - 3y + 3z = 1$ verläuft,
c) parallel über der Ebene $6x + 2y - 2z = 3$ liegt.

**17.** Man bestimme eine Gleichung der Ebene durch $(-2, 1, 7)$, die senkrecht zur Geraden $x - 4 = 2t, y + 2 = 3t, z = -5t$ liegt.

**18.** Man bestimme je eine Gleichung für

a) die $xy$-Ebene,
b) die $xz$-Ebene,
c) die $yz$-Ebene.

**19.** Man stelle eine Gleichung für die Ebene auf, die den Punkt $(x_0, y_0, z_0)$ enthält und parallel zur

a) $xy$-Ebene,
b) $xz$-Ebene,
c) $yz$-Ebene ist.

**20.** Man bestimme eine Gleichung der Ebene, die durch den Ursprung verläuft und zur Ebene $7x + 4y - 2z + 3 = 0$ parallel ist.

**21.** Man gebe eine Gleichung der zu $5x - 2y + z - 5 = 0$ parallelen Ebene, die durch den Punkt $(3, -6, 7)$ verläuft, an.

**22.** Man berechne den Schnittpunkt der Geraden

$$x - 9 = -5t, \quad y + 1 = -t, \quad z - 3 = t \qquad (-\infty < t < +\infty)$$

mit der Ebene $2x - 3y + 4z + 7 = 0$.

**23.** Man bestimme eine Gleichung für die Ebene, die senkrecht zu $2x - 4y + 2z = 9$ verläuft und die Gerade $x = -1 + 3t, y = 5 + 2t, z = 2 - t$ enthält.

**24.** Man gebe eine Gleichung der Ebene an, die den Punkt $(2, 4, -1)$ und die Schnittgerade der Ebenen $x - y - 4z = 2$ und $-2x + y + 2z = 3$ enthält.

**25.** Man zeige, daß die Punkte $(-1, -2, -3), (-2, 0, 1), (-4, -1, -1)$ und $(2, 0, 1)$ komplanar sind.

**26.** Man bestimme Parametergleichungen der Geraden durch $(-2, 5, 0)$, die parallel zu den Ebenen $2x + y - 4z = 0$ und $-x + 2y + 3z + 1 = 0$ liegt.

**27.** Man stelle eine Gleichung der Ebene durch $(-2, 1, 5)$ auf, die senkrecht auf $4x - 2y + 2z = -1$ und $3x + 3y - 6z = 5$ steht.

**28.** Man bestimme eine Gleichung für die zur Schnittgeraden von $4x + 2y + 2z = -1$ und $3x + 6y + 3z = 7$ senkrechte Ebene durch $(2, -1, 4)$.

**29.** Man gebe eine Gleichung der zur Ebene $8x - 2y + 6z = 1$ senkrechten, durch $P_1(-1, 2, 5)$ und $P_2(2, 1, 4)$ verlaufenden Ebene an.

**30.** Man zeige, daß die Geraden

$$x = 3 - 2t, \quad y = 4 + t, \quad z = 1 - t \qquad (-\infty < t < +\infty)$$

und

$$x = 5 + 2t, \quad y = 1 - t, \quad z = 7 + t \qquad (-\infty < t < +\infty)$$

parallel sind. Man gebe die Gleichung der durch sie festgelegten Ebene an.

**31.** Man bestimme die Ebene, die den Punkt $(1, -1, 2)$ und die Gerade $x = t$, $y = t + 1$, $z = -3 + 2t$ enthält

**32.** Welche Gleichung beschreibt die zur Schnittgeraden von $-x + 2y + z = 0$ und $x + z + 1 = 0$ parallele Ebene, die die Gerade $x = 1 + t, y = 3t, z = 2t$ enthält?

**33.** Man bestimme die Ebene, die von den Punkten $(-1, -4, -2)$ und $(0, -2, 2)$ den gleichen Abstand hat.

**34.** Man zeige, daß die Gerade

$$x - 5 = -t, \quad y + 3 = 2t, \quad z + 1 = -5t \qquad (-\infty < t < +\infty)$$

parallel zur Ebene $-3x + y + z - 9 = 0$ liegt.

**35.** Man bestimme den Schnittpunkt der Geraden

$$x - 3 = 4t, \quad y - 4 = t, \quad z - 1 = 0 \qquad (-\infty < t < +\infty)$$

und

$$x + 1 = 12t, \quad y - 7 = 6t, \quad z - 5 = 3t \qquad (-\infty < t < +\infty).$$

**36.** Welche Ebene enthält die Geraden aus Aufgabe 35?

**37.** Man bestimme Parametergleichungen für die Schnittgerade der Ebenen.

a) $-3x + 2y + z = -5$ und $7x + 3y - 2z = -2$

b) $5x - 7y + 2z = 0$ und $y = 0$

**38.** Man zeige, daß die Ebene, die die Koordinatenachsen in $x = a, y = b$ und $z = c$ (mit $a, b, c \neq 0$) schneidet, durch die Gleichung

$$\frac{x}{a} + \frac{y}{b} + \frac{z}{c} = 1$$

beschrieben wird.

**39.** Man berechne den Abstand zwischen Punkt und Ebene.

a) $(3, 1, -2)$; $x + 2y - 2z = 4$

b) $(-1, 2, 1)$; $2x + 3y - 4z = 1$

c) $(0, 3, -2)$; $x - y - z = 3$

**40.** Man bestimme den Abstand der zueinander parallelen Ebenen.

a) $3x - 4y + z = 1$ und $6x - 8y + 2z = 3$

b) $-4x + y - 3z = 0$ und $8x - 2y + 6z = 0$

c) $2x - y + z = 1$ und $2x - y + z = -1$

**41.** Seien $a, b$ und $c$ von Null verschieden. Man zeige, daß die Gerade

$$x = x_0 + at, \quad y = y_0 + bt, \quad z = z_0 + ct \qquad (-\infty < t < +\infty)$$

genau die Punkte $(x, y, z)$ enthält, für die diese sogenannten ***symmetrischen Gleichungen***

$$\frac{x - x_0}{a} = \frac{y - y_0}{b} = \frac{z - z_0}{c}$$

gelten.

**42.** Man bestimme symmetrische Gleichungen für die Geraden aus Aufgabe 9a) und 9b) (vergleiche Aufgabe 41).

**43.** Man finde zwei Ebenen, die sich in der angegebenen Geraden schneiden.

a) $x = 7 - 4t, \quad y = -5 - 2t, \quad z = 5 + t \qquad (-\infty < t < +\infty)$

b) $x = 4t, \quad y = 2t, \quad z = 7t \qquad (-\infty < t < +\infty)$

[*Hinweis*. Jede der beiden symmetrischen Gleichungen einer Geraden beschreibt eine Ebene, die die Gerade enthält.]

**44.** Zwei nicht parallele Ebenen im Raum legen als Schnittwinkel den spitzen Winkel $\theta$ ($0 \leq \theta \leq 90°$) und den stumpfen Winkel $180° - \theta$ fest (Abbildung 3.48a). Die Normalen $\mathbf{n}_1$ und $\mathbf{n}_2$ dieser Ebenen schließen einen dieser Schnittwinkel ein, abhängig von ihrer Richtung (Abbildung 3.48b). Man bestimme den Schnittwinkel $\theta$ der beiden Ebenen

a) $x = 0$ und $2x - y + z - 4 = 0$

b) $x + 2y - 2z = 5$ und $6x - 3y + 2z = 8$.

[*Anmerkung*. Es ist sinnvoll, einen Taschenrechner zu benutzen.]

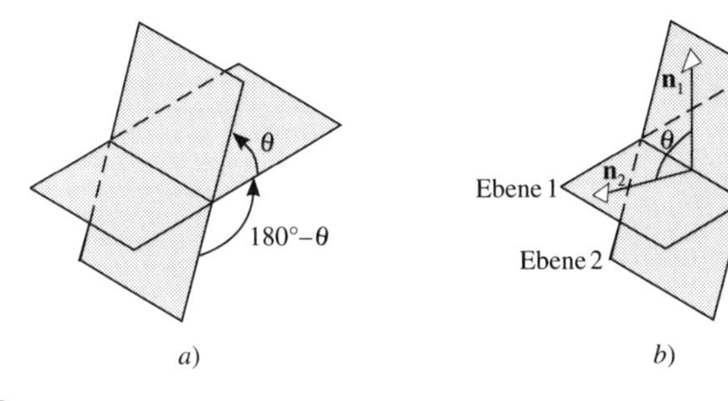


**Abb. 3.48**

**45.** Man bestimme den spitzen Schnittwinkel $\theta$ zwischen der Ebene $x - y - 3z = 5$ und der Geraden $x = 2 - t, y = 2t, z = 3t - 1$ (siehe Aufgabe 44).

# 4 Euklidische Vektorräume

## 4.1 Der $n$-dimensionale euklidische Raum

*Seit der Mitte des 17. Jahrhunderts benutzt man Zahlenpaare und -tripel zur Beschreibung von Punkten in der Ebene und im Raum. Mit Ende des 19. Jahrhunderts begannen Mathematiker und Physiker, mit größeren Zahlentupeln zu arbeiten; so beschreiben Quadrupel $(a_1, a_2, a_3, a_4)$ Punkte im „vierdimensionalen", und Quintupel $(a_1, a_2, a_3, a_4, a_5)$ Punkte im „fünfdimensionalen" Raum. Unsere geometrische Anschauung kann zwar nur den dreidimensionalen Raum erfassen, aber viele der bekannten Konzepte lassen sich auf höhere Dimensionen übertragen, sofern man sich auf analytische und numerische Aspekte beschränkt.*

### Vektoren im $n$-dimensionalen Raum

> **Definition.** Sei $n$ eine natürliche Zahl. Eine Auflistung $(a_1, a_2, \ldots, a_n)$ von $n$ reellen Zahlen heißt ***geordnetes n-Tupel***. Der ***n-dimensionale Raum*** $R^n$ ist die Menge aller geordneten $n$-Tupel.

2- und 3-Tupel werden meistens als ***geordnete Paare*** und ***Tripel*** bezeichnet. Da ein geordnetes 1-Tupel aus einer einzigen reellen Zahl besteht, identifizieren wir den Raum $R^1$ mit der Menge $\mathbf{R}$ der reellen Zahlen.

Wie wir im letzten Kapitel gesehen haben, läßt sich ein Tripel $(a_1, a_2, a_3)$ einerseits als Punkt mit den Koordinaten $a_1, a_2, a_3$ (Abbildung 4.1a), andererseits als Vektor mit den Komponenten $a_1, a_2, a_3$ (Abbildung 4.1b) auffassen. Diese zweifache geometrische Interpretation übertragen wir auf geordnete $n$-Tupel $(a_1, a_2, \ldots, a_n)$, die wir als „verallgemeinerte Punkte" und als „verallgemeinerte Vektoren" betrachten können. So beschreibt das 5-Tupel $(-2, 4, 0, 1, 6)$ sowohl einen Punkt als auch einen Vektor im $R^5$. Mathematisch gesehen ist diese Unterscheidung bedeutungslos.

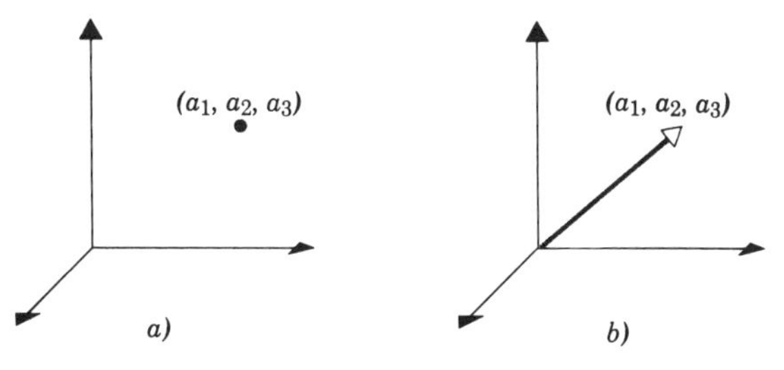


**Abb. 4.1** Das Tripel $(a_1, a_2, a_3)$ kann geometrisch als Punkt oder als Vektor gedeutet werden.

**Definition.** Seien $\mathbf{u} = (u_1, u_2, \ldots, u_n)$ und $\mathbf{v} = (v_1, v_2, \ldots, v_n)$ Vektoren im $R^n$ und $k$ ein Skalar. $\mathbf{u}$ und $\mathbf{v}$ heißen ***gleich***, wenn

$$u_1 = v_1,\ u_2 = v_2, \ldots, u_n = v_n.$$

Wir definieren ihre ***Summe*** $\mathbf{u} + \mathbf{v}$ durch

$$\mathbf{u} + \mathbf{v} = (u_1 + v_1,\ u_2 + v_2, \ldots, u_n + v_n)$$

und das ***skalare Vielfache*** $k\,\mathbf{u}$ als

$$k\,\mathbf{u} = (ku_1, ku_2, \ldots, ku_n).$$

Die so definierte Addition und Multiplikation heißen ***Standardoperationen*** auf $R^n$.

Der ***Nullvektor*** $\mathbf{0}$ im $R^n$ ist gegeben durch

$$\mathbf{0} = (0, 0, \ldots, 0).$$

Das ***Negative*** (oder ***additive Inverse***) $-\mathbf{u}$ eines Vektors $\mathbf{u} = (u_1, u_2, \ldots, u_n) \in R^n$ wird definiert durch

$$-\mathbf{u} = (-u_1,\ -u_2, \ldots,\ -u_n).$$

Damit erhält man als ***Differenz*** zweier Vektoren

$$\mathbf{v} - \mathbf{u} = \mathbf{v} + (-\mathbf{u}),$$

beziehungsweise in Komponentenschreibweise

$$\mathbf{v} - \mathbf{u} = (v_1 - u_1,\ v_2 - u_2, \ldots, v_n - u_n).$$

## Eigenschaften der Vektoroperationen im *n*-dimensionalen Raum

Der folgende Satz liefert die wichtigsten Rechenregeln für Vektoren im $R^n$. Der Beweis ist relativ einfach und soll in einer Übungsaufgabe erfolgen.

**Satz 4.1.1.** *Seien* $\mathbf{u}, \mathbf{v}$ *und* $\mathbf{w}$ *Vektoren im* $R^n$ *und* $k$ *sowie* $l$ *Skalare. Dann gelten*

*a)* $\mathbf{u} + \mathbf{v} = \mathbf{v} + \mathbf{u}$

*b)* $\mathbf{u} + (\mathbf{v} + \mathbf{w}) = (\mathbf{u} + \mathbf{v}) + \mathbf{w}$

*c)* $\mathbf{u} + 0 = 0 + \mathbf{u} = \mathbf{u}$

*d)* $\mathbf{u} + (-\mathbf{u}) = 0$; *also* $\mathbf{u} - \mathbf{u} = 0$

*e)* $k(l\mathbf{u}) = (kl)\mathbf{u}$

*f)* $k(\mathbf{u} + \mathbf{v}) = k\,\mathbf{u} + k\,\mathbf{v}$

*g)* $(k + l)\mathbf{u} = k\,\mathbf{u} + l\,\mathbf{u}$

*h)* $l\,\mathbf{u} = \mathbf{u}$.

Dieser Satz erlaubt uns, mit Vektoren zu rechnen, ohne auf ihre Komponenten zurückgreifen zu müssen. So können wir die Vektorgleichung $\mathbf{x}+\mathbf{u}=\mathbf{v}$ folgendermaßen nach $\mathbf{x}$ auflösen:

$$\begin{aligned}(\mathbf{x}+\mathbf{u})+(-\mathbf{u}) &= \mathbf{v}+(-\mathbf{u})\\ \mathbf{x}+(\mathbf{u}-\mathbf{u}) &= \mathbf{v}-\mathbf{u}\\ \mathbf{x}+\mathbf{0} &= \mathbf{v}-\mathbf{u}\\ \mathbf{x} &= \mathbf{v}-\mathbf{u}.\end{aligned}$$

Es ist sinnvoll, nachzuvollziehen, welche Rechenregeln in den einzelnen Schritten verwendet wurden.

## Der $n$-dimensionale euklidische Raum

Wir werden zunächst das in Abschnitt 3.3 für $R^2$ und $R^3$ angegebene innere Produkt auf $R^n$ übertragen, um anschließend Abstände, Normen und Winkel definieren zu können.

**Definition.** Seien $\mathbf{u}=(u_1, u_2, \ldots, u_n)$ und $\mathbf{v}=(v_1, v_2, \ldots, v_n)$ Vektoren im $R^n$. Das ***innere euklidische Produkt*** $\mathbf{u}\cdot\mathbf{v}$ wird definiert durch

$$\mathbf{u}\cdot\mathbf{v}=u_1v_1+u_2v_2+\cdots+u_nv_n.$$

Für $n=2$ und $n=3$ ergibt sich das bereits bekannte Skalarprodukt.

**Beispiel 1** Das innere euklidische Produkt der Vektoren

$$\mathbf{u}=(-1,3,5,7) \quad \text{und} \quad \mathbf{v}=(5,-4,7,0),$$

im $R^4$ ist

$$\mathbf{u}\cdot\mathbf{v}=(-1)(5)+(3)(-4)+(5)(7)+(7)(0)=18.$$

Da sich viele der in der Ebene und im Raum gängigen geometrischen Konzepte auch auf den $n$-dimensionalen Raum übertragen lassen, bezeichnet man den mit Addition, Skalarmultiplikation und innerem euklidischen Produkt versehenen $R^n$ als ***n-dimensionalen euklidischen Raum***.

Im folgenden Satz sind die vier wichtigsten arithmetischen Eigenschaften des inneren euklidischen Produkts zusammengefaßt.

**Satz 4.1.2.** *Für Vektoren* $\mathbf{u}, \mathbf{v}$ *und* $\mathbf{w}$ *im* $R^n$ *und einen Skalar* $k$ *gelten:*

*a)* $\mathbf{u}\cdot\mathbf{v}=\mathbf{v}\cdot\mathbf{u}$

*b)* $(\mathbf{u}+\mathbf{v})\cdot\mathbf{w}=\mathbf{u}\cdot\mathbf{w}+\mathbf{v}\cdot\mathbf{w}$

*c)* $(k\mathbf{u})\cdot\mathbf{v}=k(\mathbf{u}\cdot\mathbf{v})$

*d)* $\mathbf{v}\cdot\mathbf{v}\geq 0$. *Außerdem ist* $\mathbf{v}\cdot v=0$ *genau dann, wenn* $\mathbf{v}=0$.

Wir beweisen nur b) und d), der Rest wird dem Leser als Übungsaufgabe überlassen.

**Beweis b).** Seien $\mathbf{u} = (u_1, u_2, \ldots, u_n)$, $\mathbf{v} = (v_1, v_2, \ldots, v_n)$ und $\mathbf{w} = (w_1, w_2, \ldots, w_n)$. Dann gilt

$$\begin{aligned}(\mathbf{u}+\mathbf{v}) \cdot \mathbf{w} &= (u_1 + v_1,\ u_2 + v_2, \ldots, u_n + v_n) \cdot (w_1, w_2, \ldots, w_n) \\ &= (u_1 + v_1)w_1 + (u_2 + v_2)w_2 + \cdots + (u_n + v_n)w_n \\ &= (u_1 w_1 + u_2 w_2 + \cdots + u_n w_n) + (v_1 w_1 + v_2 w_2 + \cdots + v_n w_n) \\ &= \mathbf{u} \cdot \mathbf{w} + \mathbf{v} \cdot \mathbf{w}.\end{aligned}$$

**Beweis d).** Es ist $\mathbf{v} \cdot \mathbf{v} = v_1^2 + v_2^2 + \ldots + v_n^2 \geq 0$, wobei Gleichheit genau für $v_1 = v_2 = \cdots = v_n = 0$, also für $\mathbf{v} = \mathbf{0}$ gilt. □

**Beispiel 2** Nach Satz 4.1.2 können wir mit dem inneren euklidischen Produkt fast genauso rechnen wie mit reellen Zahlen. So ist

$$\begin{aligned}(3\mathbf{u} + 2\mathbf{v}) \cdot (4\mathbf{u} + \mathbf{v}) &= (3\mathbf{u}) \cdot (4\mathbf{u} + \mathbf{v}) + (2\mathbf{v}) \cdot (4\mathbf{u} + \mathbf{v}) \\ &= (3\mathbf{u}) \cdot (4\mathbf{u}) + (3\mathbf{u}) \cdot \mathbf{v} + (2\mathbf{v}) \cdot (4\mathbf{u}) + (2\mathbf{v}) \cdot \mathbf{v} \\ &= 12(\mathbf{u} \cdot \mathbf{u}) + 3(\mathbf{u} \cdot \mathbf{v}) + 8(\mathbf{v} \cdot \mathbf{u}) + 2(\mathbf{v} \cdot \mathbf{v}) \\ &= 12(\mathbf{u} \cdot \mathbf{u}) + 11(\mathbf{u} \cdot \mathbf{v}) + 2(\mathbf{v} \cdot \mathbf{v}),\end{aligned}$$

wobei der Leser nachprüfen sollte, welche Rechenregeln benutzt wurden.

## Norm und Abstand im euklidischen Raum

Wir definieren die ***euklidische Norm*** (oder ***euklidische Länge***) eines Vektors $\mathbf{u} = (u_1, u_2, \ldots, u_n)$ im $R^n$ durch

$$\|\mathbf{u}\| = (\mathbf{u} \cdot \mathbf{u})^{1/2} = \sqrt{u_1^2 + u_2^2 + \cdots + u_n^2}. \tag{1}$$

[Man beachte die Ähnlichkeit mit den Formeln (1) und (2), Abschnitt 3.2.]

Damit ergibt sich der ***euklidische Abstand*** der Punkte $\mathbf{u} = (u_1, u_2, \ldots, u_n)$ und $\mathbf{v} = (v_1, v_2, \ldots, v_n)$ im $R^n$ zu

$$d(\mathbf{u}, \mathbf{v}) = \|\mathbf{u} - \mathbf{v}\| = \sqrt{(u_1 - v_1)^2 + (u_2 - v_2)^2 + \cdots + (u_n - V_n)^2}. \tag{2}$$

[Man vergleiche (3) und (4), Abschnitt 3.2.]

**Beispiel 3** Für $\mathbf{u} = (1, 3, -2, 7)$ und $\mathbf{v} = (0, 7, 2, 2)$ ergeben sich im vierdimensionalen euklidischen Raum $R^4$

$$\|\mathbf{u}\| = \sqrt{(1)^2 + (3)^2 + (-2)^2 + (7)^2} = \sqrt{63} = 3\sqrt{7}$$

und

$$d(\mathbf{u}, \mathbf{v}) = \sqrt{(1-0)^2 + (3-7)^2 + (-2-2)^2 + (7-2)^2} = \sqrt{58}.$$

Der nächste Satz liefert eine der bedeutendsten Ungleichungen der linearen Algebra, die ***Cauchy-Schwarzsche Ungleichung**** (S. 191).

**Satz 4.1.3** (***Cauchy-Schwarzsche Ungleichung im $R^n$***). *Für Vektoren*

$\mathbf{u} = (u_1, u_2, \ldots, u_n)$ und $\mathbf{v} = (v_1, v_2, \ldots, v_n)$

*im $R^n$ gilt*

$$|\mathbf{u} \cdot \mathbf{v}| \leq \|\mathbf{u}\| \, \|\mathbf{v}\| \tag{3}$$

*oder in Komponentenschreibweise*

$$|u_1 v_1 + u_2 v_2 + \cdots + u_n v_n| \leq (u_1^2 + u_2^2 + \cdots + u_n^2)^{1/2} (v_1^2 + v_2^2 + \cdots + v_n^2)^{1/2}. \tag{4}$$

Wir lassen den Beweis an dieser Stelle weg, da wir die Ungleichung später aus einem allgemeineren Resultat ableiten können. Für $n = 2$ und $n = 3$ ist der Satz eine einfache Folgerung aus Gleichung (1), Abschnitt 3.3: Für zwei von Null verschiedene Vektoren **u** und **v** in der Ebene oder im Raum ist

$$|\mathbf{u} \cdot \mathbf{v}| = |\, \|\mathbf{u}\| \, \|\mathbf{v}\| \cos\theta| = \|\mathbf{u}\| \|\mathbf{v}\| \, |\cos\theta| \leq \|\mathbf{u}\| \, \|\mathbf{v}\|, \tag{5}$$

während für $\mathbf{u} = \mathbf{0}$ oder $\mathbf{v} = \mathbf{0}$ beide Seiten der Ungleichung verschwinden.

Die folgenden Sätze betreffen die Eigenschaften von Länge und Abstand im $n$-dimensionalen euklidischen Raum.

---

* *Augustin Louis* (*Baron de*) *Cauchy* (1789–1857), französischer Mathematiker. Cauchys Erziehung wurde zunächst von seinem Vater, einem Anwalt und Altphilologen, übernommen, bis er 1805 zum Studium der Ingenieurwissenschaften in die L'Ecole Polytechnique aufgenommen wurde, wo er sich aufgrund seines schlechten Gesundheitszustandes bald ausschließlich mit Mathematik beschäftigte. 1811 begann er sein Werk mit einer Reihe brillanter Lösungen schwieriger Probleme.
Seine Arbeit während der nächsten 35 Jahre war mit 700 Veröffentlichungen außergewöhnlich umfangreich. Er begründete die moderne Analysis und führte die Mathematik zu bis dahin unbekannter Präzision und formaler Strenge.
Cauchys Leben war eng verknüpft mit den politischen Unruhen seiner Zeit. Er war ein getreuer Anhänger der Bourbonen und verließ 1830 seine Familie, um Charles X, der ihn für seine Loyalität mit einem Adelstitel belohnte, ins Exil zu folgen. Schließlich kehrte er nach Frankreich zurück, wo er sich weigerte, eine Professur anzunehmen, bis die Regierung auf den damit verbundenen Treueschwur verzichtete.
Seine Persönlichkeit ist schwer einzuschätzen. Als gläubiger Katholik unterstützte er Wohltätigkeitsarbeit für ledige Mütter und Kriminelle. Es gibt aber auch negative Berichte über ihn, so beschrieb ihn der norwegische Mathematiker Abel als „verrückt, unendlich katholisch und bigott". Während er von manchen als guter Lehrer dargestellt wurde, bezeichneten andere seinen Unterricht als zielloses Abschweifen. Er soll eine ganze Vorlesung damit verbracht haben, die Wurzel aus 17 bis zur zehnten Dezimalstelle mit einer den Studenten vertrauten Methode zu berechnen. Wie dem auch sei, er war unbestritten auf jeden Fall einer der begabtesten Wissenschaftler der Geschichte.
*Herman Amandus Schwarz* (1843–1921), deutscher Mathematiker. Schwarz war in Berlin der führende Mathematiker zu Beginn des 20. Jahrhunderts. Da er sich vor allem der Lehre an der Universität verpflichtet fühlte und alle Probleme, schwierige wie triviale, mit derselben Sorgfalt behandelte, hielt sich die Zahl seiner Veröffentlichungen in Grenzen. Er beschäftigte sich hauptsächlich mit sehr speziellen, konkreten Problemen, wobei seine ausgefeilten Lösungsmethoden viele andere Mathematiker inspirierten. Die nach ihm benannte Ungleichung erschien 1885 in einer Arbeit über Flächen minimalen Inhalts.

**Satz 4.1.4.** *Seien* **u** *und* **v** *Vektoren im* $R^n$ *und* $k$ *ein Skalar. Dann gelten*

*a)* $\|\mathbf{u}\| \geq 0$

*b)* $\|\mathbf{u}\| = 0 \Leftrightarrow \mathbf{u} = \mathbf{0}$

*c)* $\|k\mathbf{u}\| = |k|\,\|\mathbf{u}\|$

*d)* $\|\mathbf{u}+\mathbf{v}\| \leq \|\mathbf{u}\| + \|\mathbf{v}\|$ (*Dreiecksungleichung*).

Die Teile a) und b) sollen in einer Übungsaufgabe bewiesen werden.

**Beweis c).** Mit $\mathbf{u} = (u_1, u_2, \ldots, u_n)$ und $k\mathbf{u} = (ku_1, ku_2, \ldots, ku_n)$ ist

$$\begin{aligned}\|k\,\mathbf{u}\| &= \sqrt{(ku_1)^2 + (ku_2)^2 + \cdots + (ku_n)^2} \\ &= |k|\sqrt{u_1^2 + u_2^2 + \cdots + u_n^2} \\ &= |k|\,\|\mathbf{u}\|.\end{aligned}$$

**Beweis d).**

$$\begin{aligned}\|\mathbf{u}+\mathbf{v}\|^2 &= (\mathbf{u}+\mathbf{v})\cdot(\mathbf{u}+\mathbf{v}) = (\mathbf{u}\cdot\mathbf{u}) + 2(\mathbf{u}\cdot\mathbf{v}) + (\mathbf{v}\cdot\mathbf{v}) \\ &= \|\mathbf{u}\|^2 + 2(\mathbf{u}\cdot\mathbf{v}) + \|\mathbf{v}\|^2 \\ &\leq \|\mathbf{u}\|^2 + 2|\mathbf{u}\cdot\mathbf{v}| + \|\mathbf{v}\|^2 \qquad \text{Eigenschaft des Absolutbetrags} \\ &\leq \|\mathbf{u}\|^2 + 2\|\mathbf{u}\|\,\|\mathbf{v}\| + \|\mathbf{v}\|^2 \qquad \text{Cauchy-Schwarzsche Ungleichung} \\ &= (\|\mathbf{u}\| + \|\mathbf{v}\|)^2.\end{aligned}$$

Die Behauptung ergibt sich dann durch Radizieren beider Seiten. □

Nach Teil c) verändert sich die Länge eines Vektors durch Multiplikation mit einem Skalar $k$ um den Faktor $|k|$ (Abbildung 4.2a). Die ***Dreiecksungleichung*** in d) verallgemeinert die aus der euklidischen Geometrie bekannte Tatsache, daß die Summe zweier Seiten eines Dreiecks nicht kleiner ist als die dritte Seite (Abbildung 4.2b).

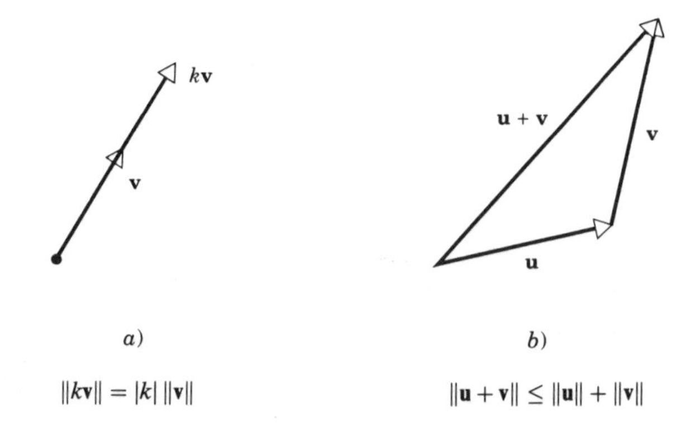


**Abb. 4.2** $\|k\mathbf{v}\| = |k|\,\|\mathbf{v}\|$ $\qquad$ $\|\mathbf{u}+\mathbf{v}\| \leq \|\mathbf{u}\| + \|\mathbf{v}\|$

**Satz 4.1.5.** *Für die Vektoren* $\mathbf{u}, \mathbf{v}$ *und* $\mathbf{w}$ *im* $R^n$ *und den Skalar* $k$ *gelten*

*a)* $d(\mathbf{u}, \mathbf{v}) \geq 0$

*b)* $d(\mathbf{u}, \mathbf{v}) = 0 \Leftrightarrow \mathbf{u} = \mathbf{v}$

*c)* $d(\mathbf{u}, \mathbf{v}) = d(\mathbf{v}, \mathbf{u})$

*d)* $d(\mathbf{u}, \mathbf{v}) \leq d(\mathbf{u}, \mathbf{w}) + d(\mathbf{w}, \mathbf{v})$ (*Dreiecksungleichung*).

Diese Resultate ergeben sich als direkte Folgerungen aus Satz 4.1.4. Wir überlassen die Beweise a) – c) dem Leser als Übung.

**Beweis d).** Nach (2) und Satz 4.1.4 d) ist

$$\begin{aligned} d(\mathbf{u}, \mathbf{v}) &= \|\mathbf{u} - \mathbf{v}\| = \|(\mathbf{u} - \mathbf{w}) + (\mathbf{w} - \mathbf{v})\| \\ &\leq \|\mathbf{u} - \mathbf{w}\| + \|\mathbf{w} - \mathbf{v}\| = d(\mathbf{u}, \mathbf{w}) + d(\mathbf{w}, \mathbf{v}). \quad \square \end{aligned}$$

Die *Dreiecksungleichung* geht auf die Tatsache zurück, daß in der euklidischen Geometrie die kürzeste Verbindung zwischen zwei Punkten eine Gerade ist (Abbildung 4.3).

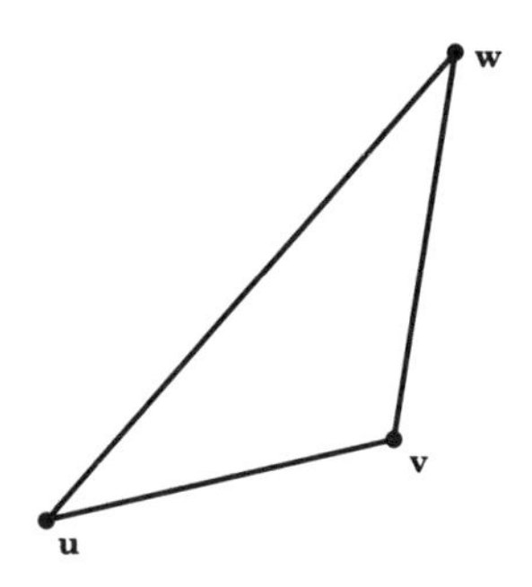


**Abb. 4.3** $d(\mathbf{u}, \mathbf{w}) \leq d(\mathbf{u}, \mathbf{v}) + d(\mathbf{v}, \mathbf{w})$

Während in Gleichung (1) die Norm mit Hilfe des inneren Produkts dargestellt wurde, ist es im folgenden Satz umgekehrt.

**Satz 4.1.6.** *Für Vektoren* $\mathbf{u}$ *und* $\mathbf{v}$ *im n-dimensionalen euklidischen Raum ist*

$$\mathbf{u} \cdot \mathbf{v} = \tfrac{1}{4}\|\mathbf{u} + \mathbf{v}\|^2 - \tfrac{1}{4}\|\mathbf{u} - \mathbf{v}\|^2. \tag{6}$$

**Beweis.**

$$\begin{aligned} \|\mathbf{u} + \mathbf{v}\|^2 &= (\mathbf{u} + \mathbf{v}) \cdot (\mathbf{u} + \mathbf{v}) = \|\mathbf{u}\|^2 + 2(\mathbf{u} \cdot \mathbf{v}) + \|\mathbf{v}\|^2 \\ \|\mathbf{u} - \mathbf{v}\|^2 &= (\mathbf{u} - \mathbf{v}) \cdot (\mathbf{u} - \mathbf{v}) = \|\mathbf{u}\|^2 - 2(\mathbf{u} \cdot \mathbf{v}) + \|\mathbf{v}\|^2. \end{aligned}$$

Daraus ergibt sich (6) durch einfache Rechnungen. $\square$

In den Übungen sind einige Anwendungsbeispiele dieses Satzes zusammengestellt.

## Orthogonalität

Analog zu den Definitionen für ebene und räumliche Vektoren in Abschnitt 3.3 wollen wir die Orthogonalität von Vektoren im $R^n$ einführen.

**Definition.** Zwei Vektoren $\mathbf{u}$ und $\mathbf{v}$ im $R^n$ heißen ***orthogonal***, wenn $\mathbf{u} \cdot \mathbf{v} = \mathbf{0}$ ist.

**Beispiel 4** Im euklidischen Raum $R^4$ sind

$$\mathbf{u} = (-2, 3, 1, 4) \quad \text{und} \quad \mathbf{v} = (1, 2, 0, -1)$$

orthogonal, da

$$\mathbf{u} \cdot \mathbf{v} = (-2)(1) + (3)(2) + (1)(0) + (4)(-1) = 0.$$

Auf die Eigenschaften orthogonaler Vektoren wollen wir hier noch nicht weiter eingehen. Wir weisen aber darauf hin, daß sich viele aus der ebenen und räumlichen Geometrie bekannte Tatsachen auf den $R^n$ übertragen lassen. So gilt für orthogonale Vektoren $\mathbf{u}$ und $\mathbf{v}$ im $R^2$ oder $R^3$, daß $\mathbf{u}, \mathbf{v}$ und $\mathbf{u} + \mathbf{v}$ ein rechtwinkliges Dreieck bilden (Abbildung 4.4). Nach dem Satz von Pythagoras folgt dann

$$\|\mathbf{u} + \mathbf{v}\|^2 = \|\mathbf{u}\|^2 + \|\mathbf{v}\|^2.$$

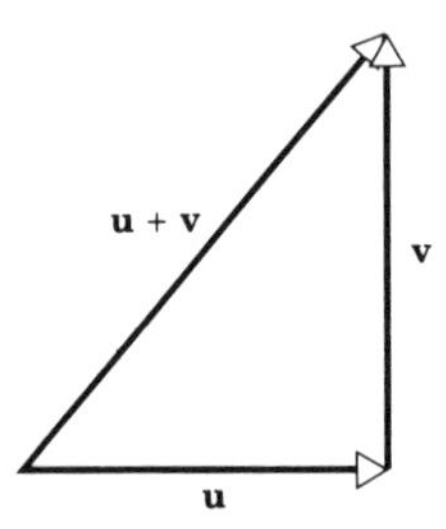


**Abb. 4.4**

Diesen Satz können wir auch für Vektoren im $R^n$ formulieren.

**Satz 4.1.7 (*Satz von Pythagoras im* $R^n$).** *Sind* $\mathbf{u}$ *und* $\mathbf{v}$ *orthogonale Vektoren im euklidischen Raum* $R^n$*, so gilt*

$$\|\mathbf{u} + \mathbf{v}\|^2 = \|\mathbf{u}\|^2 + \|\mathbf{v}\|^2.$$

**Beweis.**

$$\|\mathbf{u}+\mathbf{v}^2\| = (\mathbf{u}+\mathbf{v})\cdot(\mathbf{u}+\mathbf{v}) = \|\mathbf{u}\|^2 + 2(\mathbf{u}\cdot\mathbf{v}) + \|\mathbf{u}\|^2 = \|\mathbf{u}\|^2 + \|\mathbf{v}^2\|. \quad \square$$

## Andere Schreibweisen für Vektoren im $R^n$

Ein Vektor $\mathbf{u} = (u_1, u_2, \ldots, u_n)$ im $R^n$ kann auch als Zeilen- oder Spaltenmatrix geschrieben werden,

$$\mathbf{u} = \begin{bmatrix} u_1 \\ u_2 \\ \vdots \\ u_n \end{bmatrix} \quad \text{oder} \quad \mathbf{u} = [u_1 \quad u_2 \quad \cdots \quad u_n],$$

da die Matrixoperationen

$$\mathbf{u}+\mathbf{v} = \begin{bmatrix} u_1 \\ u_2 \\ \vdots \\ u_n \end{bmatrix} + \begin{bmatrix} v_1 \\ v_2 \\ \vdots \\ v_n \end{bmatrix} = \begin{bmatrix} u_1+v_1 \\ u_2+v_2 \\ \vdots \\ u_n+v_n \end{bmatrix}, \quad k\,\mathbf{u} = k\begin{bmatrix} u_1 \\ u_2 \\ \vdots \\ u_n \end{bmatrix} = \begin{bmatrix} ku_1 \\ ku_2 \\ \vdots \\ ku_n \end{bmatrix}$$

beziehungsweise

$$\begin{aligned} \mathbf{u}+\mathbf{v} &= [u_1 \quad u_2 \quad \cdots \quad u_n] + [v_1 \quad v_2 \quad \cdots \quad v_n] \\ &= [u_1+v_1 \quad u_2+v_2 \quad \cdots \quad u_n+v_n] \\ k\,\mathbf{u} &= k[u_1 \quad u_2 \quad \cdots \quad u_n] = [ku_1 \quad ku_2 \quad \cdots \quad ku_n] \end{aligned}$$

zum gleichen Ergebnis führen wie die Vektoroperationen

$$\begin{aligned} \mathbf{u}+\mathbf{v} &= (u_1, u_2, \ldots, u_n) + (v_1, v_2, \ldots, v_n) = (u_1+v_1, u_2+v_2, \ldots, u_n+v_n) \\ k\,\mathbf{u} &= k(u_1, u_2, \ldots, u_n) = (ku_1, ku_2, \ldots, ku_n). \end{aligned}$$

Diese Ergebnisse unterscheiden sich nur durch ihre Schreibweise.

## Das innere Produkt in Matrixschreibweise

Schreiben wir die Vektoren

$$\mathbf{u} = \begin{bmatrix} u_1 \\ u_2 \\ \vdots \\ u_n \end{bmatrix} \quad \text{und} \quad \mathbf{v} = \begin{bmatrix} v_1 \\ v_2 \\ \vdots \\ v_n \end{bmatrix}$$

als Spaltenmatrizen und lassen wie üblich die Klammern der $1 \times 1$-Matrizen weg, so ist

$$\mathbf{v}^T\mathbf{u} = [v_1 \quad v_2 \quad \cdots \quad v_n]\begin{bmatrix} u_1 \\ u_2 \\ \vdots \\ u_n \end{bmatrix} = [u_1v_1 + u_2v_2 + \cdots + u_nv_n] = [\mathbf{u}\cdot\mathbf{v}] = \mathbf{u}\cdot\mathbf{v},$$

womit wir folgende Gleichung bewiesen haben:

$$\mathbf{v}^T\mathbf{u} = \mathbf{u}\cdot\mathbf{v}. \tag{7}$$

Beispielsweise ergibt sich für

$$\mathbf{u} = \begin{bmatrix} -1 \\ 3 \\ 5 \\ 7 \end{bmatrix} \quad \text{und} \quad \mathbf{v} = \begin{bmatrix} 5 \\ -4 \\ 7 \\ 0 \end{bmatrix}$$

$$\mathbf{u}\cdot\mathbf{v} = \mathbf{v}^T\mathbf{u} = [5 \quad -4 \quad 7 \quad 0]\begin{bmatrix} -1 \\ 3 \\ 5 \\ 7 \end{bmatrix} = [18] = 18.$$

Für eine $n \times n$-Matrix $A$ folgt aus (7)

$$A\mathbf{u}\cdot\mathbf{v} = \mathbf{v}^T(A\mathbf{u}) = (\mathbf{v}^TA)\mathbf{u} = (A^T\mathbf{v})^T\mathbf{u} = \mathbf{u}\cdot A^T\mathbf{v}$$
$$\mathbf{u}\cdot A\mathbf{v} = (A\mathbf{v}^T\mathbf{u}) = (\mathbf{v}^TA^T)\mathbf{u} = \mathbf{v}^T(A^T\mathbf{u}) = A^T\mathbf{u}\cdot\mathbf{v}.$$

Die sich ergebenden Gleichungen

$$A\mathbf{u}\cdot\mathbf{v} = \mathbf{u}\cdot A^T\mathbf{v} \tag{8}$$

$$\mathbf{u}\cdot A\mathbf{v} = A^T\mathbf{u}\cdot\mathbf{v} \tag{9}$$

liefern uns eine wichtige Verbindung zwischen der Multiplikation mit $A$ und der Multiplikation mit $A^T$.

**Beispiel 5** Seien

$$A = \begin{bmatrix} 1 & -2 & 3 \\ 2 & 4 & 1 \\ -1 & 0 & 1 \end{bmatrix}, \quad \mathbf{u} = \begin{bmatrix} -1 \\ 2 \\ 4 \end{bmatrix}, \quad \mathbf{v} = \begin{bmatrix} -2 \\ 0 \\ 5 \end{bmatrix}.$$

Dann sind

$$A\mathbf{u} = \begin{bmatrix} 1 & -2 & 3 \\ 2 & 4 & 1 \\ -1 & 0 & 1 \end{bmatrix}\begin{bmatrix} -1 \\ 2 \\ 4 \end{bmatrix} = \begin{bmatrix} 7 \\ 10 \\ 5 \end{bmatrix}$$

$$A^T\mathbf{v} = \begin{bmatrix} 1 & 2 & -1 \\ -2 & 4 & 0 \\ 3 & 1 & 1 \end{bmatrix}\begin{bmatrix} -2 \\ 0 \\ 5 \end{bmatrix} = \begin{bmatrix} -7 \\ 4 \\ -1 \end{bmatrix},$$

also

$$Au \cdot v = 7(-2) + 10(0) + 5(5) = 11$$
$$u \cdot A^T v = (-1)(-7) + 2(4) + 4(-1) = 11.$$

Damit gilt, wie nach (8) zu erwarten, $A\mathbf{u} \cdot \mathbf{v} = \mathbf{u} \cdot A^T\mathbf{v}$. Der Leser möge selbst nachrechnen, daß auch (9) gilt.

## Matrixmultiplikation und inneres Produkt

Mit Hilfe des inneren Produkts ergibt sich ein anderer Zugang zur Matrixmultiplikation. Ist $A = [a_{ij}]$ eine $m \times r$-Matrix und $B = [b_{ij}]$ eine $r \times n$-Matrix, so ergibt sich das Element $(AB)_{ij}$ ihres Produkts

$$a_{i1}b_{1j} + a_{i2}b_{2j} + \cdots + a_{ir}b_{rj}$$

als inneres Produkt des $i$-ten Zeilenvektors von $A$

$$[a_{i1} \quad a_{i2} \quad \cdots \quad a_{ir}]$$

mit dem $j$-ten Spaltenvektor von $B$

$$\begin{bmatrix} b_{ij} \\ b_{2j} \\ \vdots \\ b_{rj} \end{bmatrix}.$$

Bezeichnen $\mathbf{r}_1, \mathbf{r}_2, \ldots, \mathbf{r}_m$ die Zeilenvektoren von $A$ und $\mathbf{c}_1, \mathbf{c}_2, \ldots, \mathbf{c}_n$ die Spaltenvektoren von $B$, so erhalten wir als Produkt

$$AB = \begin{bmatrix} \mathbf{r}_1 \cdot \mathbf{c}_1 & \mathbf{r}_1 \cdot \mathbf{c}_2 & \cdots & \mathbf{r}_1 \cdot \mathbf{c}_n \\ \mathbf{r}_2 \cdot \mathbf{c}_1 & \mathbf{r}_2 \cdot \mathbf{c}_2 & \cdots & \mathbf{r}_2 \cdot \mathbf{c}_n \\ \vdots & \vdots & & \vdots \\ \mathbf{r}_m \cdot \mathbf{c}_1 & \mathbf{r}_m \cdot \mathbf{c}_2 & \cdots & \mathbf{r}_m \cdot \mathbf{c}_n \end{bmatrix}. \tag{10}$$

Ein lineares System $A\mathbf{x} = \mathbf{b}$ läßt sich schreiben als

$$\begin{bmatrix} \mathbf{r}_1 \cdot \mathbf{x} \\ \mathbf{r}_2 \cdot \mathbf{x} \\ \vdots \\ \mathbf{r}_m \cdot \mathbf{x} \end{bmatrix} = \begin{bmatrix} b_1 \\ b_2 \\ \vdots \\ b_m \end{bmatrix}, \tag{11}$$

wobei $\mathbf{r}_1, \mathbf{r}_2, \ldots, \mathbf{r}_m$ die Zeilenvektoren von $A$ und $b_1, b_2, \ldots, b_m$ die Elemente von $\mathbf{b}$ sind.

**Beispiel 6** Wir haben ein lineares System durch innere Produkte ausgedrückt.

$$\begin{aligned} 3x_1 - 4x_2 + x_3 &= 1 \\ 2x_1 - 7x_2 - 4x_3 &= 5 \\ x_1 + 5x_2 - 8x_3 &= 0 \end{aligned} \qquad \begin{bmatrix} (3, -4, 1) \cdot (x_1, x_2, x_3) \\ (2, -7, -4) \cdot (x_1, x_2, x_3) \\ (1, 5, -8) \cdot (x_1, x_2, x_3) \end{bmatrix} = \begin{bmatrix} 1 \\ 5 \\ 0 \end{bmatrix}.$$

## Übungen zu 4.1

**1.** Seien $\mathbf{u} = (-3, 2, 1, 0)$, $\mathbf{v} = (4, 7, -3, 2)$ und $\mathbf{w} = (5, -2, 8, 1)$. Man berechne

a) $\mathbf{v} - \mathbf{w}$ b) $2\mathbf{u} + 7\mathbf{v}$ c) $-\mathbf{u} + (\mathbf{v} - 4\mathbf{w})$

d) $6(\mathbf{u} - 3\mathbf{v})$ e) $-\mathbf{v} - \mathbf{w}$ f) $(6\mathbf{v} - \mathbf{w}) - (4\mathbf{u} + \mathbf{v})$.

**2.** Seien $\mathbf{u}, \mathbf{v}$ und $\mathbf{w}$ wie in Aufgabe 1 gegeben. Man bestimme die Lösung $\mathbf{x}$ der Vektorgleichung $5\mathbf{x} - 2\mathbf{v} = 2(\mathbf{w} - 5\mathbf{x})$.

**3.** Seien $\mathbf{u}_1 = (-1, 3, 2, 0), \mathbf{u}_2 = (2, 0, 4, -1), \mathbf{u}_3 = (7, 1, 1, 4)$ und $\mathbf{u}_4 = (6, 3, 1, 2)$. Man bestimme Skalare $c_1, c_2, c_3$ und $c_4$ mit $c_1\mathbf{u}_1 + c_2\mathbf{u}_2 + c_3\mathbf{u}_3 + c_4\mathbf{u}_4 = (0, 5, 6, -3)$.

**4.** Man zeige, daß die Gleichung

$$c_1(1, 0, 1, 0) + c_2(1, 0, -2, 1) + c_3(2, 0, 1, 2) = (1, -2, 2, 3)$$

keine skalaren Lösungen $c_1, c_2, c_3$ hat.

**5.** Man berechne die euklidische Norm des jeweiligen Vektors.

a) $(-2, 5)$ b) $(1, 2, -2)$ c) $(3, 4, 0, -12)$ d) $(-2, 1, 1, -3, 4)$

**6.** Seien $\mathbf{u} = (4, 1, 2, 3)$, $\mathbf{v} = (0, 3, 8, -2)$ und $\mathbf{w} = (3, 1, 2, 2)$. Man berechne die Ausdrücke

a) $\|\mathbf{u} + \mathbf{v}\|$ b) $\|\mathbf{u}\| + \|\mathbf{v}\|$ c) $\| - 2\mathbf{u}\| + 2\|\mathbf{u}\|$

d) $\|3\mathbf{u} - 5\mathbf{v} + \mathbf{w}\|$ e) $\dfrac{1}{\|\mathbf{w}\|}\mathbf{w}$ f) $\left\|\dfrac{1}{\|\mathbf{w}\|}\mathbf{w}\right\|$.

**7.** Man zeige, daß für jeden von Null verschiedenen Vektor $\mathbf{v}$ im $R^n$ $\frac{1}{\|\mathbf{v}\|}\mathbf{v}$ die euklidische Norm 1 hat.

**8.** Sei $\mathbf{v} = (-2, 3, 0, 6)$. Man bestimme alle Skalare $k$ mit $\|k\,\mathbf{v}\| = 5$.

**9.** Man berechne das innere euklidische Produkt $\mathbf{u} \cdot \mathbf{v}$.

a) $\mathbf{u} = (2, 5)$, $\mathbf{v} = (-4, 3)$

b) $\mathbf{u} = (4, 8, 2)$, $\mathbf{v} = (0, 1, 3)$

c) $\mathbf{u} = (3, 1, 4, -5)$, $\mathbf{v} = (2, 2, -4, -3)$

d) $\mathbf{u} = (-1, 1, 0, 4, -3)$, $\mathbf{v} = (-2, -2, 0, 2, -1)$

**10.** a) Man ermittle zwei zu $(3, -1)$ orthogonale Einheitsvektoren im $R^2$.
b) Man zeige, daß es unendlich viele Einheitsvektoren im $R^3$ gibt, deren Skalarprodukt mit $(1, -3, 5)$ null ist.

**11.** Man bestimme den euklidischen Abstand zwischen $\mathbf{u}$ und $\mathbf{v}$.

a) $\mathbf{u} = (1, -2)$, $\mathbf{v} = (2, 1)$

b) $\mathbf{u} = (2, -2, 2)$, $\mathbf{v} = (0, 4, -2)$

c) $\mathbf{u} = (0, -2, -1, 1)$, $\mathbf{v} = (-3, 2, 4, 4)$

d) $\mathbf{u} = (3, -3, -2, 0, -3)$, $\mathbf{v} = (-4, 1, -1, 5, 0)$

**12.** Man verifiziere Satz 4.1.1 b), e), f) und g) für $\mathbf{u} = (2, 0, -3, 1)$, $\mathbf{v} = (4, 0, 3, 5)$, $\mathbf{w} = (1, 6, 2, -1)$, $k = 5$ und $l = -3$.

**13.** Man zeige, daß für $\mathbf{u}, \mathbf{v}, \mathbf{w}$ und $k$ aus Aufgabe 12 Satz 4.1.2, Teil b) und c), gilt.

**14.** Sind die gegebenen Vektoren orthogonal?

a) $\mathbf{u} = (-1, 3, 2)$, $\mathbf{v} = (4, 2, -1)$ b) $\mathbf{u} = (-2, -2, -2)$, $\mathbf{v} = (1, 1, 1)$

c) $\mathbf{u} = (u_1, u_2, u_3)$, $\mathbf{v} = (0, 0, 0)$ d) $\mathbf{u} = (-4, 6, -10, 1)$, $\mathbf{v} = (2, 1, -2, 9)$

e) $\mathbf{u} = (0, 3, -2, 1)$, $\mathbf{v} = (5, 2, -1, 0)$ f) $\mathbf{u} = (a, b)$, $\mathbf{v} = (-b, a)$

**15.** Für welche $k$ sind $\mathbf{u}$ und $\mathbf{v}$ orthogonal?

a) $\mathbf{u} = (2, 1, 3)$, $\mathbf{v} = (1, 7, k)$ b) $\mathbf{u} = (k, k, 1)$, $\mathbf{v} = (k, 5, 6)$

**16.** Man bestimme zwei Vektoren der Länge 1, die zu $\mathbf{u} = (2, 1, -4, 0)$, $\mathbf{v} = (-1, -1, 2, 2)$ und $\mathbf{w} = (3, 2, 5, 4)$ orthogonal sind.

**17.** Man zeige, daß $\mathbf{u}$ und $\mathbf{v}$ die Cauchy-Schwarzsche Ungleichung erfüllen.

a) $\mathbf{u} = (3, 2)$, $\mathbf{v} = (4, -1)$ b) $\mathbf{u} = (-3, 1, 0)$, $\mathbf{v} = (2, -1, 3)$

c) $\mathbf{u} = (-4, 2, 1)$, $\mathbf{v} = (8, -4, -2)$ d) $\mathbf{u} = (0, -2, 2, 1)$, $\mathbf{v} = (-1, -1, 1, 1)$

**18.** Man verifiziere die Gleichungen (8) und (9).

a) $A = \begin{bmatrix} 2 & -1 \\ 3 & 4 \end{bmatrix}$, $\mathbf{u} = \begin{bmatrix} 3 \\ 1 \end{bmatrix}$, $\mathbf{v} = \begin{bmatrix} -2 \\ 6 \end{bmatrix}$

b) $A = \begin{bmatrix} -1 & 2 & 4 \\ 3 & 1 & 0 \\ 5 & -2 & 3 \end{bmatrix}$, $\mathbf{u} = \begin{bmatrix} -1 \\ 2 \\ 5 \end{bmatrix}$, $\mathbf{v} = \begin{bmatrix} 0 \\ 2 \\ -4 \end{bmatrix}$

**19.** Man löse das lineare System nach $x_1, x_2$ und $x_3$ auf.

$$\begin{aligned} (1, -1, 4) \cdot (x_1, x_2, x_3) &= 10 \\ (3, 2, 0) \cdot (x_1, x_2, x_3) &= 1 \\ (4, -5, -1) \cdot (x_1, x_2, x_3) &= 7 \end{aligned}$$

**20.** Sei $\|\mathbf{u} + \mathbf{v}\| = 1$ und $\|\mathbf{u} - \mathbf{v}\| = 5$. Man berechne $\mathbf{u} \cdot \mathbf{v}$.

**21.** Seien $\mathbf{u}$ und $\mathbf{v}$ Vektoren im $R^n$ mit $\|\mathbf{u} + \mathbf{v}\| = \|\mathbf{u} - \mathbf{v}\|$. Man zeige mit Satz 4.1.7, daß $\mathbf{u}$ und $\mathbf{v}$ orthogonal sind. Wie läßt sich dieses Ergebnis geometrisch interpretieren?

**22.** Man beweise und interpretiere die Gleichung

$$\|\mathbf{u} + \mathbf{v}\|^2 + \|\mathbf{u} - \mathbf{v}\|^2 = 2\|\mathbf{u}\|^2 + 2\|\mathbf{v}\|^2$$

für Vektoren im $R^n$.

**23.** Man beweise: Sind $\mathbf{u}$ und $\mathbf{v}$ orthogonale Vektoren im $R^n$ mit $\|\mathbf{u}\| = \|\mathbf{v}\| = 1$, so ist $d(\mathbf{u}, \mathbf{v}) = \sqrt{2}$. Man veranschauliche das Ergebnis.

**24.** Man beweise folgende Verallgemeinerung von Satz 4.1.7: Für paarweise orthogonale Vektoren $\mathbf{v}_1, \mathbf{v}_2, \ldots, \mathbf{v}_r$ im $R^n$ gilt

$$\|\mathbf{v}_1 + \mathbf{v}_2 + \cdots + \mathbf{v}_r\|^2 = \|\mathbf{v}_1\|^2 + \|\mathbf{v}_2\|^2 + \cdots + \|\mathbf{v}_r\|^2.$$

**25.** Man zeige für eine invertierbare $n \times n$-Matrix $A$ und $n \times 1$-Matrizen $\mathbf{u}$ und $\mathbf{v}$:

$$[\mathbf{v}^T A^T A \mathbf{u}]^2 \leq (\mathbf{u}^T A^T A \mathbf{u})(\mathbf{v}^T A^T A \mathbf{v}).$$

**26.** Man zeige mit der Cauchy-Schwarzschen Ungleichung: Für alle reellen Zahlen $a, b$ und $\theta$ gilt

$$[a \cos\theta + b \sin\theta]^2 \leq a^2 + b^2.$$

**27.** Seien $\mathbf{u}, \mathbf{v}, \mathbf{w}$ Vektoren im $R^n$ und $k$ ein Skalar. Man beweise:

a) $\mathbf{u} \cdot (k\mathbf{v}) = k(\mathbf{u} \cdot \mathbf{v})$ b) $\mathbf{u} \cdot (\mathbf{v} + \mathbf{w}) = \mathbf{u} \cdot \mathbf{v} + \mathbf{u} \cdot \mathbf{w}$.

**28.** Man beweise Satz 4.1.1 a) – d).

**29.** Man beweise Satz 4.1.1 e) – h).

**30.** Man beweise Satz 4.1.2 a) und c).

**31.** Man beweise Satz 4.1.4 a) und b).

**32.** Man beweise Satz 4.1.5 a), b) und c).

**33.** Seien $a_1, a_2, \ldots, a_n$ positive reelle Zahlen. Die ebenen Vektoren $\mathbf{v}_1 = (a_1, 0)$ und $\mathbf{v}_2 = (0, a_2)$ bestimmen ein Rechteck mit dem Flächeninhalt $A = a_1 a_2$ (Abbildung 4.5a); die Vektoren $\mathbf{v}_1 = (a_1, 0, 0)$, $\mathbf{v}_2 = (0, a_2, 0)$ und $\mathbf{v}_3 = (0, 0, a_3)$ legen im $R^3$ einen Quader mit dem Volumen $V = a_1 a_2 a_3$ fest (Abbildung 4.5b). Der Flächeninhalt $A$ und das Volumen $V$ werden als ***euklidischer Inhalt*** des Rechtecks und des Quaders bezeichnet.

a) Wie könnte man den euklidischen Inhalt des durch die Vektoren

$$\mathbf{v}_1 = (a_1, 0, 0, \ldots, 0),\ \mathbf{v}_2 = (0, a_2, 0, \ldots, 0), \ldots,\ \mathbf{v}_n = (0, 0, 0, \ldots, a_n)$$

im $R^n$ aufgespannten „verallgemeinerten Quaders" definieren?

b) Welche euklidische Länge kann man der „Diagonalen" des Quaders zuordnen?

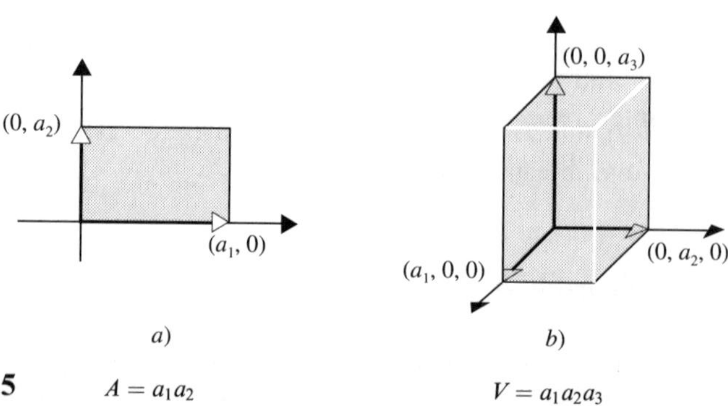


**Abb. 4.5** $A = a_1 a_2$ $V = a_1 a_2 a_3$

## 4.2 Lineare Transformationen von $R^n$ nach $R^m$

*Wir untersuchen Funktionen $\mathbf{w} = F(\mathbf{x})$, die jedem Vektor $\mathbf{x} \in R^n$ einen Vektor $\mathbf{w} \in R^m$ zuordnen. Dabei beschränken wir uns auf „lineare Transformationen", die nicht nur in der linearen Algebra, sondern auch in der Physik, der Technik und den Sozialwissenschaften sowie vielen Teilbereichen der Mathematik eine bedeutende Rolle spielen.*

### Funktionen von $R^n$ nach $R$

Eine ***Funktion*** ist eine Vorschrift $f$, die jedem Element $a$ einer Menge $A$ genau ein Element $b$ einer Menge $B$ zuweist. Wir schreiben $b = f(a)$ und bezeichnen $b$ als ***Bild*** oder ***Funktionswert*** von $f$ an der Stelle $a$. Die Mengen $A$ und $B$ heißen ***Definitions-*** und ***Zielmenge*** von $f$. Die Teilmenge von $B$, die genau aus den Funktionswerten von $f$ besteht, ist der ***Wertebereich*** von $f$. Am bekanntesten sind die ***reellwertigen Funktionen einer reellen Variablen***, für die $A$ und $B$ Mengen reeller Zahlen sind, sowie die Funktionen, die einem Vektor aus $R^2, R^3$ oder allgemein $R^n$ eine reelle Zahl zuordnen (siehe Tabelle 4.1).

**Tabelle 4.1**

| Form | Beispiel | Klassifizierung | Beschreibung |
|---|---|---|---|
| $f(x)$ | $f(x) = x^2$ | Reellwertige Funktion einer reellen Variablen | Funktion von **R** nach **R** |
| $f(x, y)$ | $f(x, y) = x^2 + y^2$ | Reellwertige Funktion von zwei reellen Variablen | Funktion von $R^2$ nach **R** |
| $f(x, y, z)$ | $f(x, y, z) = x^2 + y^2 + z^2$ | Reellwertige Funktion von drei reellen Variablen | Funktion von $R^3$ nach **R** |
| $f(x_1, x_2, \ldots, x_n)$ | $f(x_1, x_2, \ldots, x_n) = x_1^2 + x_2^2 + \cdots + x_n^2$ | Reellwertige Funktion von $n$ reellen Variablen | Funktion von $R^n$ nach **R** |

Zwei Funktionen $f_1$ und $f_2$ sind ***gleich***, wenn sie dieselbe Definitionsmenge $A$ haben und $f_1(a) = f_2(a)$ für alle $a \in A$ gilt.

### Funktionen von $R^n$ nach $R^m$

Eine Funktion $f$ mit Definitionsbereich $R^n$ und Zielmenge $R^m$ heißt ***Transformation*** von $R^n$ nach $R^m$. Man sagt, daß $f$ $R^n$ in $R^m$ ***abbildet*** und schreibt $f \colon R^n \to R^m$.

Die Funktionen in Tabelle 4.1 sind Transformationen mit $m = 1$. Ist $m = n$, so heißt $f: R^n \to R^n$ ***Operator*** auf $R^n$. Das erste Beispiel aus Tabelle 4.1 ist ein Operator auf $R$.

Seien $f_1, f_2, \ldots, f_m$ reellwertige Funktionen mit $n$ reellen Variablen, also

$$\begin{aligned} w_1 &= f_1(x_1, x_2, \ldots, x_n) \\ w_2 &= f_2(x_1, x_2, \ldots, x_n) \\ \vdots \quad & \quad \vdots \\ w_m &= f_m(x_1, x_2, \ldots, x_n). \end{aligned} \tag{1}$$

Durch diese Gleichungen wird jedem Punkt $(x_1, x_2, \ldots, x_n)$ im $R^n$ genau ein Wert $(w_1, w_2, \ldots, w_m)$ im $R^m$ zugeordnet, wir erhalten damit eine Transformation von $R^n$ nach $R^m$. Bezeichnen wir diese mit $T$, so ist $T: R^n \to R^m$ und

$$T(x_1, x_2, \ldots, x_n) = (w_1, w_2, \ldots, w_m).$$

**Beispiel 1** Die Gleichungen

$$\begin{aligned} w_1 &= x_1 + x_2 \\ w_2 &= 3x_1x_2 \\ w_3 &= x_1^2 - x_2^2 \end{aligned}$$

definieren eine Transformation $T: R^2 \to R^3$, die jedem Punkt $(x_1, x_2)$ den Wert

$$T(x_1, x_2) = (x_1 + x_2,\ 3x_1x_2, x_1^2 - x_2^2)$$

zuordnet, also beispielsweise

$$T(1, -2) = (-1, -6, -3).$$

## Lineare Transformationen von $R^n$ nach $R^m$

Sind die Gleichungen (1) linear, so heißt die dadurch definierte Transformation $T: R^n \to R^m$ ***lineare Transformation*** (oder ***linearer Operator***, falls $m = n$). $T$ ergibt sich also durch Gleichungen der Form

$$\begin{aligned} w_1 &= a_{11}x_1 + a_{12}x_2 + \cdots + a_{1n}x_n \\ w_2 &= a_{21}x_1 + a_{22}x_2 + \cdots + a_{2n}x_n \\ \vdots \quad & \quad \vdots \qquad \quad \vdots \qquad \qquad \qquad \vdots \\ w_m &= a_{m1}x_1 + a_{m2}x_2 + \cdots + a_{mn}x_n \end{aligned} \tag{2}$$

oder in Matrixschreibweise

$$\begin{bmatrix} w_1 \\ w_2 \\ \vdots \\ w_m \end{bmatrix} = \begin{bmatrix} a_{11} & a_{12} & \cdots & a_{1n} \\ a_{21} & a_{22} & \cdots & a_{2n} \\ \vdots & \vdots & & \vdots \\ a_{m1} & a_{m2} & \cdots & a_{mn} \end{bmatrix} \begin{bmatrix} x_1 \\ x_2 \\ \vdots \\ x_n \end{bmatrix}, \tag{3}$$

was wir kurz als

$$\mathbf{w} = A\mathbf{x} \tag{4}$$

schreiben. Die Matrix $A = [a_{ij}]$ heißt ***Standarddarstellungsmatrix*** der linearen Transformation $T$, während $T$ als ***Multiplikation mit*** $A$ bezeichnet wird.

**Beispiel 2** Die durch die Gleichungen

$$\begin{aligned} w_1 &= 2x_1 - 3x_2 + x_3 - 5x_4 \\ w_2 &= 4x_1 + x_2 - 2x_3 + x_4 \\ w_3 &= 5x_1 - x_2 + 4x_3 \end{aligned} \tag{5}$$

definierte lineare Transformation $T: R^4 \to R^3$ hat die Matrixform

$$\begin{bmatrix} w_1 \\ w_2 \\ w_3 \end{bmatrix} = \begin{bmatrix} 2 & -3 & 1 & -5 \\ 4 & 1 & -2 & 1 \\ 5 & -1 & 4 & 0 \end{bmatrix} \begin{bmatrix} x_1 \\ x_2 \\ x_3 \\ x_4 \end{bmatrix}. \tag{6}$$

Also ist

$$A = \begin{bmatrix} 2 & -3 & 1 & -5 \\ 4 & 1 & -2 & 1 \\ 5 & -1 & 4 & 0 \end{bmatrix}$$

die Standarddarstellungsmatrix von $T$. Der Funktionswert eines Punktes $(x_1, x_2, x_3, x_4)$ kann direkt aus den Gleichungen (5) oder durch Matrixmultiplikation mit (6) berechnet werden. Für $(x_1, x_2, x_3, x_4) = (1, -3, 0, 2)$ ergibt sich nach (5)

$$w_1 = 1, \quad w_2 = 3, \quad w_3 = 8$$

und mit (6)

$$\begin{bmatrix} w_1 \\ w_2 \\ w_3 \end{bmatrix} = \begin{bmatrix} 2 & -3 & 1 & -5 \\ 4 & 1 & -2 & 1 \\ 5 & -1 & 4 & 0 \end{bmatrix} \begin{bmatrix} 1 \\ -3 \\ 0 \\ 2 \end{bmatrix} = \begin{bmatrix} 1 \\ 3 \\ 8 \end{bmatrix}.$$

## Schreibweisen

Ist $T: R^n \to R^m$ die Multiplikation mit $A$, so schreiben wir manchmal $T_A$ statt $T$, also

$$T_A(\mathbf{x}) = A\mathbf{x}, \tag{7}$$

wobei wir den Vektor $\mathbf{x}$ als Spaltenmatrix auffassen.

Die Standardmatrix der linearen Transformation $T : R^n \to R^m$ bezeichnen wir als $[T]$. Damit ergibt sich (7) als

$$T(\mathbf{x}) = [T]\mathbf{x}. \tag{8}$$

Werden beide Notationen benutzt, so ist

$$[T_A] = A. \tag{9}$$

**Bemerkung.** Wir sollten über den Anmerkungen zur Schreibweise nicht vergessen, daß wir soeben eine wichtige Verbindung zwischen $m \times n$-Matrizen und linearen Transformationen von $R^n$ nach $R^m$ hergestellt haben. Zu jeder Matrix $A$ gehört eine lineare Transformation $T_A$ (die Multiplikation mit $A$), und jede lineare Transformation $T: R^n \to R^m$ entspricht einer $m \times n$-Matrix $[T]$ (der Standarddarstellungsmatrix von $T$).

## Die Geometrie linearer Transformationen

Je nachdem, ob wir $n$-Tupel als Punkte oder Vektoren auffassen, entspricht ein Operator $T: R^n \to R^n$ geometrisch der Umwandlung eines Punktes (oder Vektors) im $R^n$ in einen neuen Punkt (oder Vektor) (Abbildung 4.6).

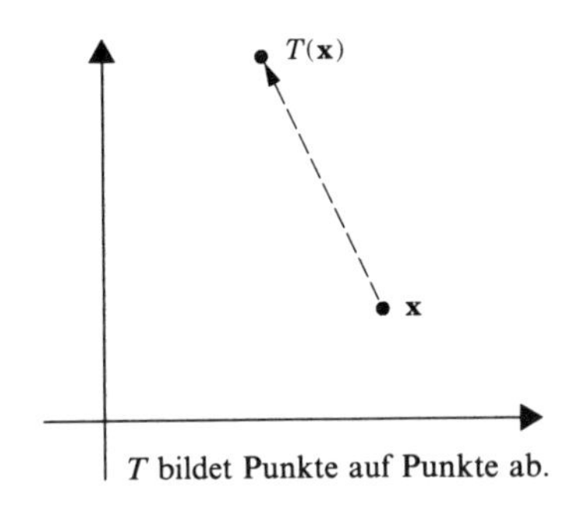

T bildet Punkte auf Punkte ab.

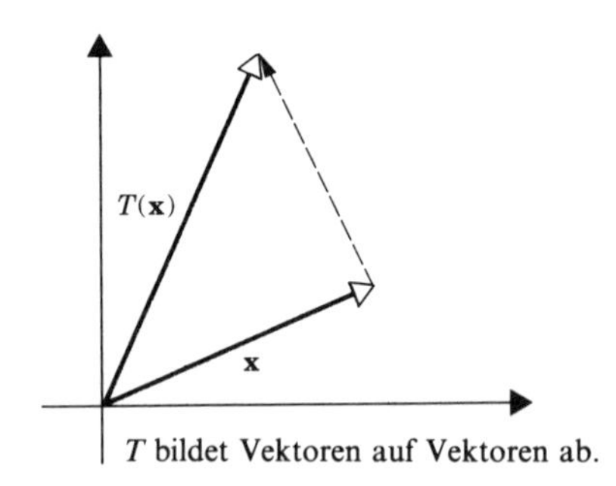

T bildet Vektoren auf Vektoren ab.

**Abb. 4.6**

**Beispiel 3** Sei 0 die $m \times n$-Nullmatrix und $\mathbf{0}$ der Nullvektor im $R^m$. Dann gilt für jeden Vektor $\mathbf{x} \in R^n$

$$T_0(\mathbf{x}) = 0\mathbf{x} = \mathbf{0},$$

also bildet die Multiplikation mit 0 jeden Vektor des $R^n$ in den Nullvektor des $R^m$ ab. $T_0$ heißt ***Nulltransformation*** von $R^n$ nach $R^m$ und wird gelegentlich mit 0 bezeichnet. Wir benutzen diese Schreibweise auch für die Nullmatrix, wobei aber aufgrund des Kontextes keine Verwechslung auftreten dürfte.

**Beispiel 4** Ist $I$ die $n \times n$-Einheitsmatrix, so gilt für jeden Vektor $\mathbf{x} \in R^n$

$$T_I(\mathbf{x}) = I\mathbf{x} = \mathbf{x}.$$

Die Multiplikation mit $I$ läßt also $\mathbf{x}$ unverändert. Wir bezeichnen $T_I$ als ***identischen Operator*** und schreiben ihn zuweilen als $I$, wobei wir darauf achten, daß es nicht zu Verwechslungen mit der Einheitsmatrix $I$ kommt.

Wir werden uns jetzt mit den wichtigsten linearen Operatoren auf $R^2$ und $R^3$ beschäftigen, den Spiegelungen, Projektionen und Rotationen.

## Reflexionsoperatoren

Sei $T: R^2 \to R^2$ der Operator, der jedem Vektor sein Spiegelbild bezüglich der $y$-Achse zuordnet (Abbildung 4.7).

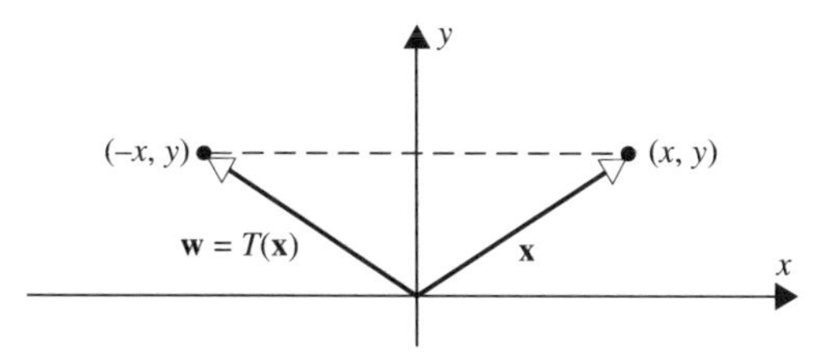


**Abb. 4.7**

Für $\mathbf{w} = T(\mathbf{x})$ ergeben sich die Komponenten

$$\begin{aligned} w_1 &= -x = -x + 0y \\ w_2 &= \phantom{-}y = 0x + y \end{aligned} \tag{10}$$

beziehungsweise

$$\begin{bmatrix} w_1 \\ w_2 \end{bmatrix} = \begin{bmatrix} -1 & 0 \\ 0 & 1 \end{bmatrix} \begin{bmatrix} x \\ y \end{bmatrix}. \tag{11}$$

$T$ ist ein linearer Operator mit der Darstellungsmatrix

$$[T] = \begin{bmatrix} -1 & 0 \\ 0 & 1 \end{bmatrix}.$$

Operatoren auf $R^2$ und $R^3$, die jeden Vektor auf sein Spiegelbild bezüglich einer festen Geraden oder Ebene abbilden, heißen ***Reflexionsoperatoren***; sie sind stets linear. Einige Beispiele sind in Tabelle 4.2 und Tabelle 4.3 (S. 204–205) zusammengestellt.

## Projektionsoperatoren

Wir betrachten den Operator $T: R^2 \to R^2$, der jedem Vektor seine Orthogonalprojektion auf die $x$-Achse zuweist (Abbildung 4.8).

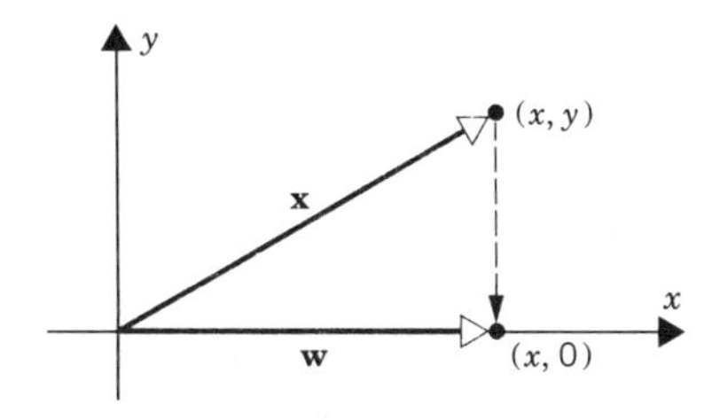


**Abb. 4.8**

**Tabelle 4.2**

| Operator | Veranschaulichung | Gleichungen | Standarddarstellungsmatrix |
|---|---|---|---|
| Spiegelung an der $y$-Achse | $y$; $(-x, y)$; $(x, y)$; $\mathbf{w} = T(\mathbf{x})$; $\mathbf{x}$; $x$ | $w_1 = -x$<br>$w_2 = \phantom{-}y$ | $\begin{bmatrix} -1 & 0 \\ 0 & 1 \end{bmatrix}$ |
| Spiegelung an der $x$-Achse | $y$; $(x, y)$; $\mathbf{x}$; $x$; $\mathbf{w} = T(\mathbf{x})$; $(x, -y)$ | $w_1 = \phantom{-}x$<br>$w_2 = -y$ | $\begin{bmatrix} 1 & 0 \\ 0 & -1 \end{bmatrix}$ |
| Spiegelung an der Geraden $y = x$ | $y$; $y = x$; $(y, x)$; $\mathbf{w} = T(\mathbf{x})$; $\mathbf{x}$; $(x, y)$; $x$ | $w_1 = y$<br>$w_2 = x$ | $\begin{bmatrix} 0 & 1 \\ 1 & 0 \end{bmatrix}$ |

Die Komponenten von $\mathbf{x}$ und $\mathbf{w} = T(\mathbf{x})$ sind

$$\begin{aligned} w_1 &= x = \phantom{0}x + 0y \\ w_2 &= 0 = 0x + 0y, \end{aligned} \tag{12}$$

woraus sich die Matrixgleichung

$$\begin{bmatrix} w_1 \\ w_2 \end{bmatrix} = \begin{bmatrix} 1 & 0 \\ 0 & 0 \end{bmatrix} \begin{bmatrix} x \\ y \end{bmatrix} \tag{13}$$

ergibt. Die Gleichungen (12) sind linear, also handelt es sich bei $T$ um einen linearen Operator, dessen Darstellungsmatrix nach (13) durch

$$[T] = \begin{bmatrix} 1 & 0 \\ 0 & 0 \end{bmatrix}$$

gegeben ist.

Allgemein bezeichnen wir Operatoren auf $R^2$ oder $R^3$, die jedem Vektor seine Orthogonalprojektion auf eine durch den Ursprung verlaufende Gerade oder Ebene zuordnen, als ***Projektions-*** oder ***Orthogonalprojektionsoperatoren***. Man kann zeigen, daß diese Abbildungen linear sind. Einige der wichtigsten Projektionen sind in den folgenden Tabellen aufgelistet.

**Tabelle 4.3**

| Operator | Veranschaulichung | Gleichungen | Standarddarstellungsmatrix |
|---|---|---|---|
| Spiegelung an der $xy$-Ebene | 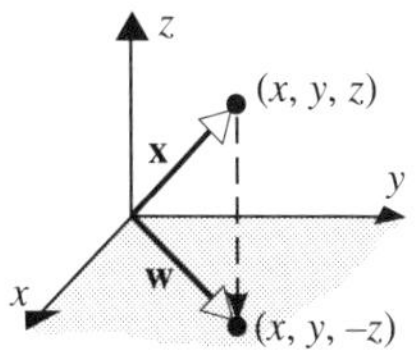 | $w_1 = x$<br>$w_2 = y$<br>$w_3 = -z$ | $\begin{bmatrix} 1 & 0 & 0 \\ 0 & 1 & 0 \\ 0 & 0 & -1 \end{bmatrix}$ |
| Spiegelung an der $xz$-Ebene | 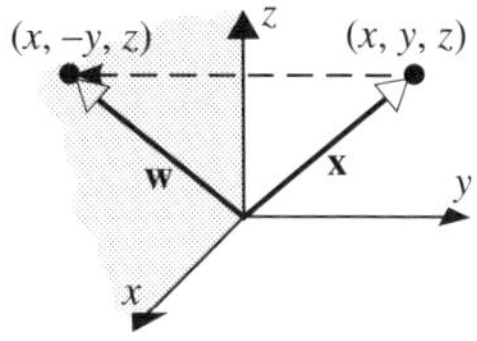 | $w_1 = x$<br>$w_2 = -y$<br>$w_3 = z$ | $\begin{bmatrix} 1 & 0 & 0 \\ 0 & -1 & 0 \\ 0 & 0 & 1 \end{bmatrix}$ |
| Spiegelung an der $yz$-Ebene | 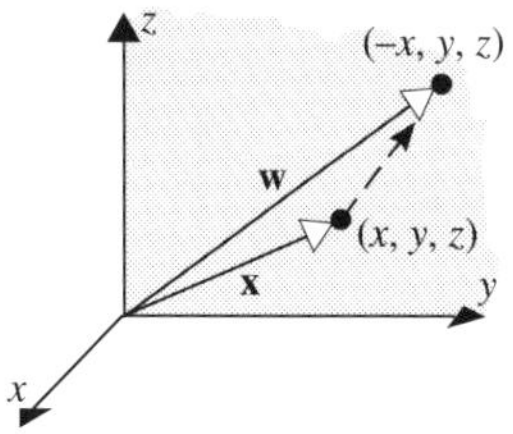 | $w_1 = -x$<br>$w_2 = y$<br>$w_3 = z$ | $\begin{bmatrix} -1 & 0 & 0 \\ 0 & 1 & 0 \\ 0 & 0 & 1 \end{bmatrix}$ |

**Tabelle 4.4**

| Operator | Veranschaulichung | Gleichungen | Standarddarstellungsmatrix |
|---|---|---|---|
| Orthogonalprojektion auf die $x$-Achse | 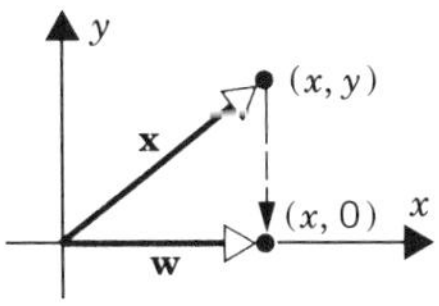 | $w_1 = x$<br>$w_2 - 0$ | $\begin{bmatrix} 1 & 0 \\ 0 & 0 \end{bmatrix}$ |
| Orthogonalprojektion auf die $y$-Achse | 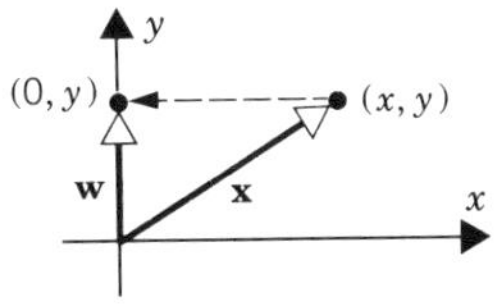 | $w_1 = 0$<br>$w_2 = y$ | $\begin{bmatrix} 0 & 0 \\ 0 & 1 \end{bmatrix}$ |

**Tabelle 4.5**

| Operator | Veranschaulichung | Gleichungen | Standarddarstellungsmatrix |
|---|---|---|---|
| Orthogonalprojektion auf die $xy$-Ebene | | $w_1 = x$<br>$w_2 = y$<br>$w_3 = 0$ | $\begin{bmatrix} 1 & 0 & 0 \\ 0 & 1 & 0 \\ 0 & 0 & 0 \end{bmatrix}$ |
| Orthogonalprojektion auf die $xz$-Ebene | | $w_1 = x$<br>$w_2 = 0$<br>$w_3 = z$ | $\begin{bmatrix} 1 & 0 & 0 \\ 0 & 0 & 0 \\ 0 & 0 & 1 \end{bmatrix}$ |
| Orthogonalprojektion auf die $yz$-Ebene | | $w_1 = 0$<br>$w_2 = y$<br>$w_3 = z$ | $\begin{bmatrix} 0 & 0 & 0 \\ 0 & 1 & 0 \\ 0 & 0 & 1 \end{bmatrix}$ |

## Rotationsoperatoren

Ein Operator auf $R^2$, der jeden Vektor um einen festen Winkel $\theta$ dreht, heißt ***Rotationsoperator*** (Tabelle 4.6). Um die zugehörigen Gleichungen abzuleiten, betrachten wir die Drehung entgegen dem Uhrzeigersinn um einen positiven Winkel $\theta$. Sei $\phi$ der Winkel zwischen dem Vektor $\mathbf{x}$ und der positiven $x$-Achse und $r$ die Länge von $\mathbf{x}$ und $\mathbf{w} = T(\mathbf{x})$ (Abbildung 4.9).

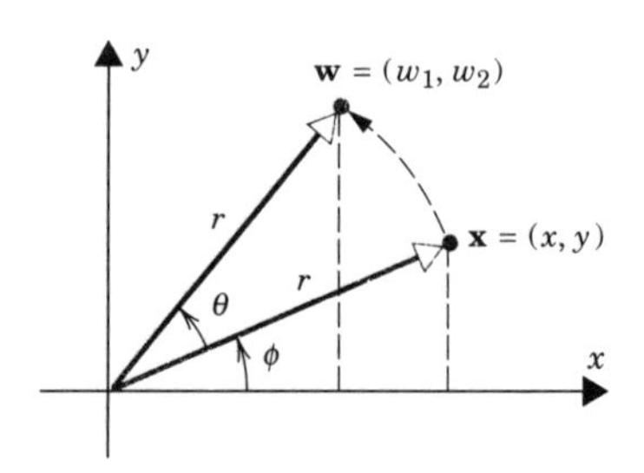


**Abb. 4.9**

Dann sind

$$x = r\cos\phi, \quad y = r\sin\phi \tag{14}$$

**Tabelle 4.6**

| Operator | Veranschaulichung | Gleichungen | Standarddarstellungsmatrix |
|---|---|---|---|
| Rotation um den Winkel $\theta$ | y; $(w_1, w_2)$; w; $\theta$; x; $(x, y)$ | $w_1 = x\cos\theta - y\sin\theta$ <br> $w_2 = x\sin\theta + y\cos\theta$ | $\begin{bmatrix} \cos\theta & -\sin\theta \\ \sin\theta & \cos\theta \end{bmatrix}$ |

und

$$w_1 = r\cos(\theta + \phi), \quad w_2 = r\sin(\theta + \phi), \tag{15}$$

woraus durch Anwendung der Additionstheoreme

$$\begin{aligned} w_1 &= r\cos\theta\cos\phi - r\sin\theta\sin\phi \\ w_2 &= r\sin\theta\cos\phi + r\cos\theta\sin\phi \end{aligned} \tag{16}$$

und schließlich

$$\begin{aligned} w_1 &= x\cos\theta - y\sin\theta \\ w_2 &= x\sin\theta + y\cos\theta \end{aligned}$$

folgt. Diese Gleichungen sind linear, also ist der Rotationsoperator $T$ linear. Als Darstellungsmatrix ergibt sich

$$[T] = \begin{bmatrix} \cos\theta & -\sin\theta \\ \sin\theta & \cos\theta \end{bmatrix}.$$

**Beispiel 5** Durch eine Drehung um den Winkel $\frac{\pi}{6} = 30°$ ergibt sich das Bild **w** des Vektors

$$\mathbf{x} = \begin{bmatrix} x \\ y \end{bmatrix}$$

zu

$$\mathbf{w} = \begin{bmatrix} \cos\pi/6 & -\sin\pi/6 \\ \sin\pi/6 & \cos\pi/6 \end{bmatrix} \begin{bmatrix} x \\ y \end{bmatrix} = \begin{bmatrix} \sqrt{3}/2 & -1/2 \\ 1/2 & \sqrt{3}/2 \end{bmatrix} \begin{bmatrix} x \\ y \end{bmatrix} = \begin{bmatrix} \frac{\sqrt{3}}{2}x - \frac{1}{2}y \\ \frac{1}{2}x + \frac{\sqrt{3}}{2}y \end{bmatrix}.$$

So wird

$$\mathbf{x} = \begin{bmatrix} 1 \\ 1 \end{bmatrix} \quad \text{auf} \quad \mathbf{w} = \begin{bmatrix} \frac{\sqrt{3} - 1}{2} \\ \frac{1 + \sqrt{3}}{2} \end{bmatrix}$$

abgebildet.

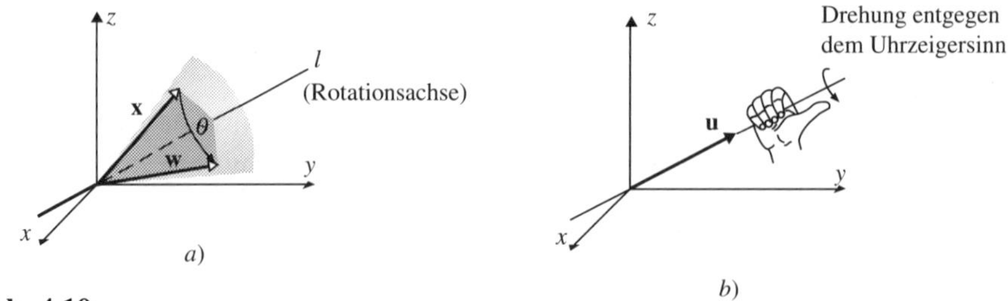


**Abb. 4.10**

Rotationen im $R^3$ beschreibt man gewöhnlich mit einem vom Ursprung ausgehenden Strahl, der ***Rotationsachse***. Während der Drehung bewegt sich der Vektor auf einem Kegelmantel (Abbildung 4.10a). Den Drehsinn des ***Rotationswinkels*** erhält man, wenn man entlang der Rotationsachse *zum Ursprung blickt*. So ergibt sich der Vektor **w** in Abbildung 4.10a durch Drehung von **x** um den

**Tabelle 4.7**

| Operator | Veranschaulichung | Gleichungen | Standarddarstellungsmatrix |
|---|---|---|---|
| Rotation um die $x$-Achse mit Drehwinkel $\theta$ gegen den Uhrzeigersinn | | $w_1 = x$<br>$w_2 = y\cos\theta - z\sin\theta$<br>$w_3 = y\sin\theta + z\cos\theta$ | $\begin{bmatrix} 1 & 0 & 0 \\ 0 & \cos\theta & -\sin\theta \\ 0 & \sin\theta & \cos\theta \end{bmatrix}$ |
| Rotation um die $y$-Achse mit Drehwinkel $\theta$ | | $w_1 = x\cos\theta + z\sin\theta$<br>$w_2 = y$<br>$w_3 = -x\sin\theta + z\cos\theta$ | $\begin{bmatrix} \cos\theta & 0 & \sin\theta \\ 0 & 1 & 0 \\ -\sin\theta & 0 & \cos\theta \end{bmatrix}$ |
| Rotation um die $z$-Achse mit Drehwinkel $\theta$ | | $w_1 = x\cos\theta - y\sin\theta$<br>$w_2 = x\sin\theta + y\cos\theta$<br>$w_3 = z$ | $\begin{bmatrix} \cos\theta & -\sin\theta & 0 \\ \sin\theta & \cos\theta & 0 \\ 0 & 0 & 1 \end{bmatrix}$ |

Winkel $\theta$ entgegen dem Uhrzeigersinn, die Rotationsachse ist mit $l$ bezeichnet. Wie im $R^2$ bezeichnen wir Winkel als *negativ*, wenn sie eine Drehung im Uhrzeigersinn erzeugen, sonst nennen wir sie *positiv*.

Im allgemeinen wird die Rotationsachse durch einen von Null verschiedenen Vektor **u** dargestellt, der in Richtung der Achse weist. Drehungen entgegen dem Uhrzeigersinn erkennt man mit einer Rechten-Hand-Regel (Abbildung 4.10b): Wenn der rechte Daumen in Richtung von **u** zeigt, wölben sich die Finger in positive Drehrichtung.

Ein ***Rotationsoperator*** im $R^3$ ist ein linearer Operator, der bei fester Rotationsachse jeden Vektor um einen vorgegebenen Winkel $\theta$ dreht. In Tabelle 4.7 haben wir die Rotationen um die positiven Koordinatenachsen beschrieben. Jeder dieser Operatoren läßt eine Komponente unverändert, die Gleichungen der übrigen Komponenten ergeben sich wie in der Ebene [siehe (16)]. So stimmen bei Rotation um die $z$-Achse die $z$-Komponenten von $\mathbf{x}$ und $\mathbf{w} = T(\mathbf{x})$ überein, während sich die $x$- und $y$-Komponenten nach Formel (16) transformieren.

Der Vollständigkeit halber geben wir die Darstellungsmatrix einer Rotation um den Winkel $\theta$ gegen den Uhrzeigersinn an, deren Rotationsachse durch einen *Einheitsvektor* $\mathbf{u} = (a, b, c)$ beschrieben wird.

$$\begin{bmatrix} a^2(1-\cos\theta)+\cos\theta & ab(1-\cos\theta)-c\sin\theta & ac(1-\cos\theta)+b\sin\theta \\ ab(1-\cos\theta)+c\sin\theta & b^2(1-\cos\theta)+\cos\theta & bc(1-\cos\theta)-a\sin\theta \\ ac(1-\cos\theta)-b\sin\theta & bc(1-\cos\theta)+a\sin\theta & c^2(1-\cos\theta)+\cos\theta \end{bmatrix} \tag{17}$$

Der Leser möge sich klarmachen, wie man die in Tabelle 4.7 aufgeführten Operatoren als Spezialfälle erhält.

## Dilations- und Kontraktionsoperatoren

Sei $k$ ein nichtnegativer Skalar. Der durch $T(\mathbf{x}) = k\mathbf{x}$ auf $R^2$ oder $R^3$ definierte Operator heißt ***Kontraktion um den Faktor*** $k$, falls $0 \leq k \leq 1$, und ***Dilation um den Faktor*** $k$, falls $k \geq 1$. Geometrisch gesehen staucht eine Kontraktion Vektoren um den Faktor $k$ (Abbildung 4.11a), eine Dilation wirkt als Streckung (Abbildung 4.11b). Der gesamte zwei- oder dreidimensionale Raum wird gleichmäßig bezüglich des Ursprungs gestreckt oder gestaucht.

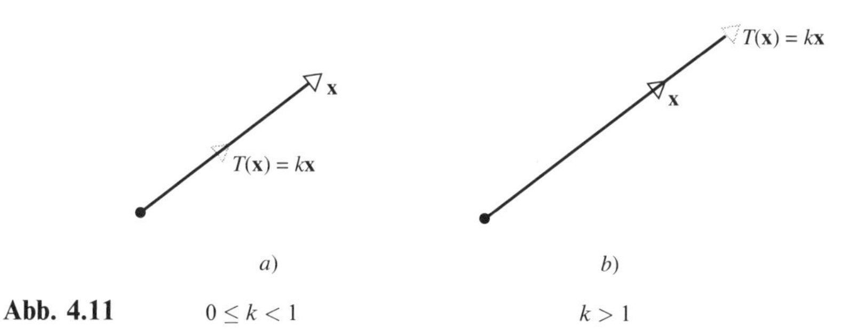


**Abb. 4.11** $0 \leq k < 1$ $k > 1$

Für $k = 0$ entspricht $T(\mathbf{x}) = k\,\mathbf{x}$ dem Nulloperator $T(\mathbf{x}) = \mathbf{0}$, der jeden Vektor zu einem Punkt zusammenschrumpft. Für $k = 1$ ist $T$ der identische Operator, der alle Vektoren unverändert läßt, wir können ihn sowohl als Kontraktion als auch als Dilation auffassen. In den Tabellen 4.8 und 4.9 sind die Kontraktions- und Dilationsoperatoren in der Ebene und im Raum zusammengestellt.

**Tabelle 4.8**

| Operator | Veranschaulichung | Gleichungen | Standarddarstellungsmatrix |
|---|---|---|---|
| Kontraktion im $R^2$ um den Faktor $k$ $(0 \leq k \leq 1)$ | 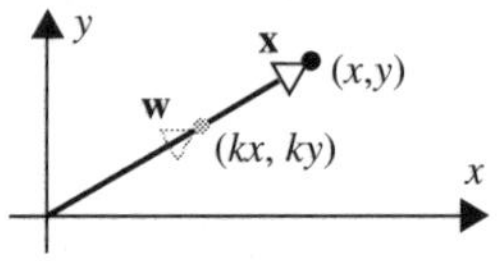 y, x, **x** $(x,y)$, **w** $(kx, ky)$ | $w_1 = kx$<br>$w_2 = ky$ | $\begin{bmatrix} k & 0 \\ 0 & k \end{bmatrix}$ |
| Dilation im $R^2$ um den Faktor $k$ $(k \geq 1)$ | 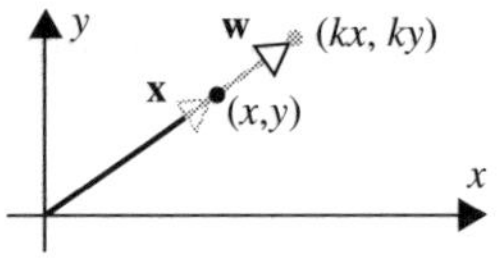 y, x, **w** $(kx, ky)$, **x** $(x,y)$ | $w_1 = kx$<br>$w_2 = ky$ | |

**Tabelle 4.9**

| Operator | Veranschaulichung | Gleichungen | Standarddarstellungsmatrix |
|---|---|---|---|
| Kontraktion im $R^3$ mit Faktor $k$ $(0 \leq k \leq 1)$ | 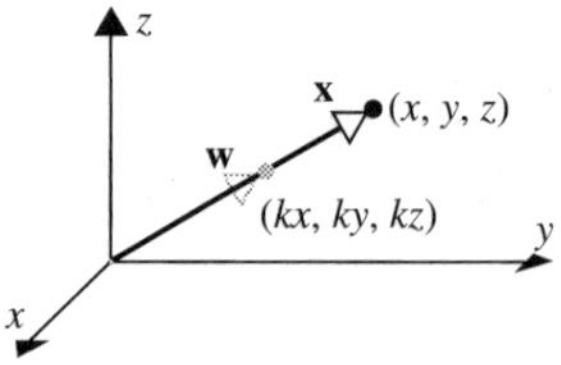 z, y, x, **x** $(x, y, z)$, **w** $(kx, ky, kz)$ | $w_1 = kx$<br>$w_2 = ky$<br>$w_3 = kz$ | $\begin{bmatrix} k & 0 & 0 \\ 0 & k & 0 \\ 0 & 0 & k \end{bmatrix}$ |
| Dilation im $R^3$ mit Faktor $k$ $(k \geq 1)$ | 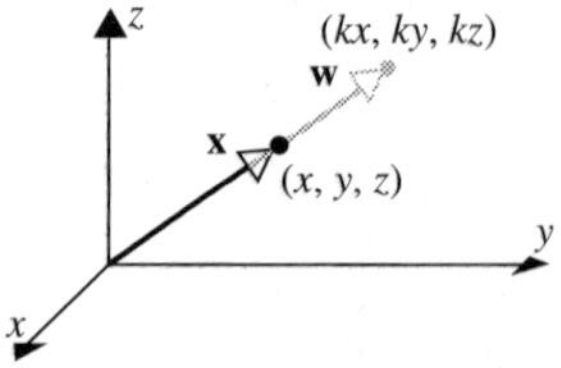 z, y, x, $(kx, ky, kz)$ **w**, **x** $(x, y, z)$ | $w_1 = kx$<br>$w_2 = ky$<br>$w_3 = kz$ | |

## Kompositionen linearer Transformationen

Seien $T_A: R^n \to R^k$ und $T_B: R^k \to R^m$ lineare Transformationen. Für $\mathbf{x} \in R^n$ ist $T_A(\mathbf{x})$ ein Vektor im $R^k$, dessen Bild unter $T_B$ sich als der Vektor $T_B(T_A(\mathbf{x})) \in R^m$ ergibt. Die Hintereinanderausführung von $T_A$ und $T_B$ ist folglich eine Transformation von $R^n$ nach $R^m$, die wir als ***Komposition von*** $T_B$ ***mit*** $T_A$ bezeichnen. Mit der Schreibweise $T_B \circ T_A$ (lies: „$T_B$ nach $T_A$") liefert das

$$(T_B \circ T_A)(\mathbf{x}) = T_B(T_A(\mathbf{x})). \tag{18}$$

Wegen

$$(T_B \circ T_A)(\mathbf{x}) = T_B(T_A(\mathbf{x})) = B(A\mathbf{x})(BA)\mathbf{x} \tag{19}$$

ist $T_B \circ T_A$ die Multiplikation mit $BA$ und damit eine lineare Transformation mit Darstellungsmatrix $BA$. Also gilt

$$T_B \circ T_A = T_{BA}. \tag{20}$$

**Bemerkung.** Nach Gleichung (20) *entspricht die Multiplikation von Matrizen der Komposition der zugehörigen linearen Transformationen.*

Wir können (20) auch anders formulieren. Für lineare Transformationen $T_1: R^n \to R^k$ und $T_2: R^k \to R^m$ ist

$$[T_2 \circ T_1] = [T_2][T_1]. \tag{21}$$

**Beispiel 6** Seien $T_1: R^2 \to R^2$ und $T_2: R^2 \to R^2$ Rotationen um die Winkel $\theta_1$ und $\theta_2$. Ein Vektor $\mathbf{x}$ wird durch die Komposition

$$(T_2 \circ T_1)(\mathbf{x}) = T_2(T_1(\mathbf{x}))$$

zuerst um den Winkel $\theta_1$ gedreht, das Ergebnis $T_1(\mathbf{x})$ wird um $\theta_2$ weitergedreht. Insgesamt entspricht $T_2 \circ T_1$ einer Drehung um $\theta_1 + \theta_2$ (Abbildung 4.12).

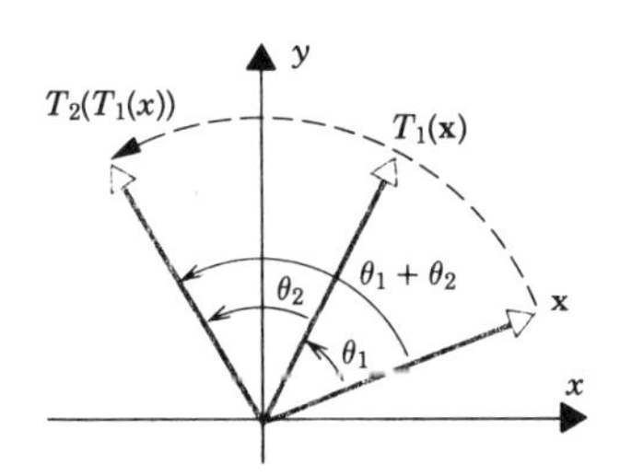


**Abb. 4.12**

Als Standarddarstellungsmatrizen haben wir

$$[T_1] = \begin{bmatrix} \cos\theta_1 & -\sin\theta_1 \\ \sin\theta_1 & \cos\theta_1 \end{bmatrix}, \quad [T_2] = \begin{bmatrix} \cos\theta_2 & -\sin\theta_2 \\ \sin\theta_2 & \cos\theta_2 \end{bmatrix},$$

$$[T_2 \circ T_1] = \begin{bmatrix} \cos(\theta_1 + \theta_2) & -\sin(\theta_1 + \theta_2) \\ \sin(\theta_1 + \theta_2) & \cos(\theta_1 + \theta_2) \end{bmatrix},$$

also ist

$$
\begin{aligned}
[T_2][T_1] &= \begin{bmatrix} \cos\theta_2 & -\sin\theta_2 \\ \sin\theta_2 & \cos\theta_2 \end{bmatrix} \begin{bmatrix} \cos\theta_1 & -\sin\theta_1 \\ \sin\theta_1 & \cos\theta_1 \end{bmatrix} \\
&= \begin{bmatrix} \cos\theta_2\cos\theta_1 - \sin\theta_2\sin\theta_1 & -(\cos\theta_2\sin\theta_1 + \sin\theta_2\cos\theta_1) \\ \sin\theta_2\cos\theta_1 + \cos\theta_2\sin\theta_1 & -\sin\theta_2\sin\theta_1 + \cos\theta_2\cos\theta_1 \end{bmatrix} \\
&= \begin{bmatrix} \cos(\theta_1+\theta_2) & -\sin(\theta_1+\theta_2) \\ \sin(\theta_1+\theta_2) & \cos(\theta_1+\theta_2) \end{bmatrix} \\
&= [T_2 \circ T_1].
\end{aligned}
$$

**Bemerkung.** Es ist wichtig, die Reihenfolge zu beachten, in der lineare Transformationen zusammengesetzt werden. Das ist nicht überraschend, da die entsprechende Multiplikation der Darstellungsmatrizen im allgemeinen nicht kommutativ ist.

**Beispiel 7** Sei $T_1: R^2 \to R^2$ die Spiegelung an der Geraden $y = x$ und $T_2: R^2 \to R^2$ die Orthogonalprojektion auf die $y$-Achse. Wie aus Abbildung 4.13 ersichtlich ist, hat ein Vektor $\mathbf{x}$ unterschiedliche Bilder unter den Kompositionen $T_1 \circ T_2$ und $T_2 \circ T_1$.

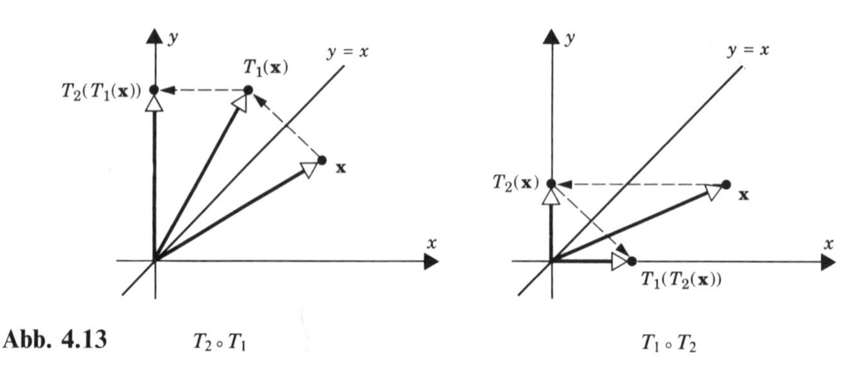


**Abb. 4.13** $T_2 \circ T_1$ $T_1 \circ T_2$

Das entspricht der Tatsache, daß die Darstellungsmatrizen $[T_1]$ und $[T_2]$ nicht kommutieren:

$$[T_1 \circ T_2] = [T_1][T_2] = \begin{bmatrix} 0 & 1 \\ 1 & 0 \end{bmatrix} \begin{bmatrix} 0 & 0 \\ 0 & 1 \end{bmatrix} = \begin{bmatrix} 0 & 1 \\ 0 & 0 \end{bmatrix},$$

$$[T_2 \circ T_1] = [T_2][T_1] = \begin{bmatrix} 0 & 0 \\ 0 & 1 \end{bmatrix} \begin{bmatrix} 0 & 1 \\ 1 & 0 \end{bmatrix} = \begin{bmatrix} 0 & 0 \\ 1 & 0 \end{bmatrix},$$

also $[T_2 \circ T_1] \neq [T_1 \circ T_2]$.

**Beispiel 8** Seien $T_1 : R^2 \to R^2$ und $T_2 : R^2 \to R^2$ die Reflexionsoperatoren bezüglich der $y$- und der $x$-Achse. Die Kompositionen $T_1 \circ T_2$ und $T_2 \circ T_1$

stimmen überein, sie bilden jeden Vektor $\mathbf{x} = (x, y)$ auf sein additives Inverses $-\mathbf{x} = (-x, -y)$ ab (Abbildung 4.14).

$$(T_1 \circ T_2)(x, y) = T_1(x, -y) = (-x, -y)$$
$$(T_2 \circ T_1)(x, y) = T_2(-x, y) = (-x, -y)$$

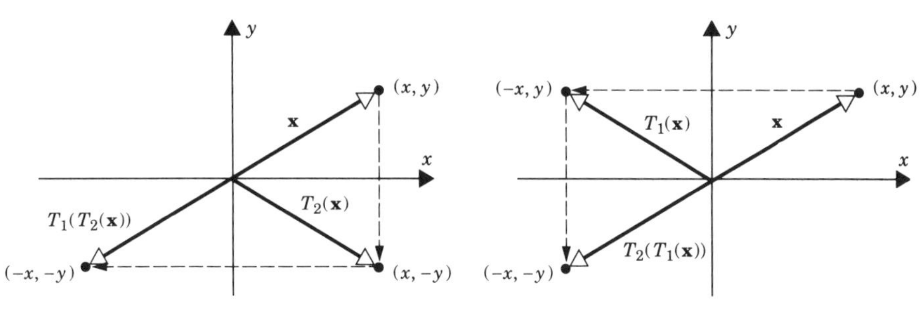


**Abb. 4.14** $T_1 \circ T_2$ $T_2 \circ T_1$

Die Gleichheit von $T_1 \circ T_2$ und $T_2 \circ T_1$ ist äquivalent dazu, daß die Matrizen $[T_1]$ und $[T_2]$ kommutieren:

$$[T_1 \circ T_2] = [T_1][T_2] = \begin{bmatrix} -1 & 0 \\ 0 & 1 \end{bmatrix} \begin{bmatrix} 1 & 0 \\ 0 & -1 \end{bmatrix} = \begin{bmatrix} -1 & 0 \\ 0 & -1 \end{bmatrix}$$
$$[T_2 \circ T_1] = [T_2][T_1] = \begin{bmatrix} 1 & 0 \\ 0 & -1 \end{bmatrix} \begin{bmatrix} -1 & 0 \\ 0 & 1 \end{bmatrix} = \begin{bmatrix} -1 & 0 \\ 0 & -1 \end{bmatrix}.$$

Der Operator $T(\mathbf{x}) = -\mathbf{x}$ auf $R^2$ oder $R^3$ heißt ***Reflexion am Ursprung***. Im ebenen Fall hat er die Standarddarstellungsmatrix

$$[T] = \begin{bmatrix} -1 & 0 \\ 0 & -1 \end{bmatrix}.$$

## Kompositionen von mehr als zwei linearen Transformationen

Sind

$$T_1 \cdot R^n \rightarrow R^k, \quad T_2 . R^k \rightarrow R^l, \quad T_3 : R^l \rightarrow R^m$$

linear, so wird durch

$$(T_3 \circ T_2 \circ T_1)(\mathbf{x}) = T_3(T_2(T_1(\mathbf{x})))$$

die lineare Transformation $(T_3 \circ T_2 \circ T_1) : R^n \rightarrow R^m$ definiert, deren Darstellungsmatrix sich nach

$$[T_3 \circ T_2 \circ T_1] = [T_3][T_2][T_1] \tag{22}$$

ergibt. Sind $A, B$ und $C$ die Standarddarstellungsmatrizen von $T_1, T_2$ und $T_3$, so ist

$$T_C \circ T_B \circ T_A = T_{CBA}. \tag{23}$$

**Beispiel 9** Sei $T: R^3 \to R^3$ der lineare Operator, der jeden Vektor um den Winkel $\theta$ im Uhrzeigersinn um die $z$-Achse rotiert, dann an der $yz$-Ebene spiegelt und schließlich auf die $xy$-Ebene projiziert. Man bestimme die Darstellungsmatrix von $T$.

*Lösung.* Wir erhalten $T$ als Komposition

$$T = T_C \circ T_B \circ T_A = T_{CBA},$$

wobei $T_A$ die Rotation um die $z$-Achse, $T_B$ die Spiegelung an der $yz$-Ebene und $T_C$ die Projektion auf die $xy$-Ebene beschreibt. Nach den Tabellen 4.3, 4.5 und 4.7 sind

$$[T_A] = \begin{bmatrix} \cos\theta & -\sin\theta & 0 \\ \sin\theta & \cos\theta & 0 \\ 0 & 0 & 1 \end{bmatrix}, \quad [T_B] = \begin{bmatrix} -1 & 0 & 0 \\ 0 & 1 & 0 \\ 0 & 0 & 1 \end{bmatrix}, \quad [T_C] = \begin{bmatrix} 1 & 0 & 0 \\ 0 & 1 & 0 \\ 0 & 0 & 0 \end{bmatrix},$$

also ergibt sich nach (22)

$$CBA = \begin{bmatrix} \cos\theta & -\sin\theta & 0 \\ \sin\theta & \cos\theta & 0 \\ 0 & 0 & 1 \end{bmatrix} \begin{bmatrix} 1 & 0 & 0 \\ 0 & 1 & 0 \\ 0 & 0 & 0 \end{bmatrix} \begin{bmatrix} -1 & 0 & 0 \\ 0 & 1 & 0 \\ 0 & 0 & 1 \end{bmatrix}$$

$$= \begin{bmatrix} -\cos\theta & \sin\theta & 0 \\ \sin\theta & \cos\theta & 0 \\ 0 & 0 & 0 \end{bmatrix}.$$

## Übungen zu 4.2

**1.** Man bestimme Definitions- und Wertebereich der durch das Gleichungssystem definierten Transformation und entscheide, ob sie linear ist.

a) $w_1 = 3x_1 - 2x_2 + 4x_3$
$w_2 = 5x_1 - 8x_2 + x_3$

b) $w_1 = 2x_1x_2 - x_2$
$w_2 = x_1 + 3x_1x_2$
$w_3 = x_1 + x_2$

c) $w_1 = 5x_1 - x_2 + x_3$
$w_2 = -x_1 + x_2 + 7x_3$
$w_3 = 2x_1 - 4x_2 - x_3$

d) $w_1 = x_1^2 - 3x_2 + x_3 - 2x_4$
$w_2 = 3x_1 - 4x_2 - x_3^2 + x_4$

**2.** Man bestimme die Standarddarstellungsmatrix der linearen Transformation.

a) $w_1 = 2x_1 - 3x_2 + x_4$
$w_2 = 3x_1 + 5x_2 - x_4$

b) $w_1 = 7x_1 + 2x_2 - 8x_3$
$w_2 = -x_2 + 5x_3$
$w_3 = 4x_1 + 7x_2 - x_3$

c) $\begin{aligned} w_1 &= -x_1 + x_2 \\ w_2 &= 3x_1 - 2x_2 \\ w_3 &= 5x_1 - 7x_2 \end{aligned}$

d) $\begin{aligned} w_1 &= x_1 \\ w_2 &= x_1 + x_2 \\ w_3 &= x_1 + x_2 + x_3 \\ w_4 &= x_1 + x_2 + x_3 + x_4 \end{aligned}$

**3.** Man bestimme die Standarddarstellungsmatrix der durch

$$\begin{aligned} w_1 &= 3x_1 + 5x_2 - x_3 \\ w_2 &= 4x_1 - x_2 + x_3 \\ w_3 &= 3x_1 + 2x_2 - x_3 \end{aligned}$$

definierten linearen Transformation $T: R^3 \to R^3$ und berechne $T(-1,2,4)$ durch direktes Einsetzen und durch Matrixmultiplikation.

**4.** Man bestimme die Standarddarstellungsmatrix von $T$.

a) $T(x_1, x_2) = (2x_1 - x_2, x_1 + x_2)$
b) $T(x_1, x_2) = (x_1, x_2)$
c) $T(x_1, x_2, x_3) = (x_1 + 2x_2 + x_3, x_1 + 5x_2, x_3)$
d) $T(x_1, x_2, x_3) = (4x_1, 7x_2, -8x_3)$

**5.** Man bestimme die Darstellungsmatrix von $T$.

a) $T(x_1, x_2) = (x_2, -x_1, x_1 + 3x_2, x_1 - x_2)$
b) $T(x_1, x_2, x_3, x_4) = (7x_1 + 2x_2 - x_3 + x_4, x_2 + x_3, -x_1)$
c) $T(x_1, x_2, x_3) = (0, 0, 0, 0, 0)$
d) $T(x_1, x_2, x_3, x_4) = (x_4, x_1, x_3, x_2, x_1 - x_3)$

**6.** Man berechne $T(\mathbf{x})$.

a) $[T] = \begin{bmatrix} 1 & 2 \\ 3 & 4 \end{bmatrix}; \mathbf{x} = \begin{bmatrix} 3 \\ -2 \end{bmatrix}$
b) $[T] = \begin{bmatrix} -1 & 2 & 0 \\ 3 & 1 & 5 \end{bmatrix}; \mathbf{x} = \begin{bmatrix} -1 \\ 1 \\ 3 \end{bmatrix}$

c) $[T] = \begin{bmatrix} -2 & 1 & 4 \\ 3 & 5 & 7 \\ 6 & 0 & -1 \end{bmatrix}; \mathbf{x} = \begin{bmatrix} x_1 \\ x_2 \\ x_3 \end{bmatrix}$
d) $[T] = \begin{bmatrix} -1 & 1 \\ 2 & 4 \\ 7 & 8 \end{bmatrix}; \mathbf{x} = \begin{bmatrix} x_1 \\ x_2 \end{bmatrix}$

**7.** Man berechne $T(\mathbf{x})$ mit der Darstellungsmatrix $[T]$ und durch direktes Einsetzen.

a) $T(x_1, x_2) = (-x_1 + x_2, x_2)$; $\mathbf{x} = (-1, 4)$
b) $T(x_1, x_2, x_3) = (2x_1 - x_2 + x_3, x_2 + x_3, 0)$; $\mathbf{x} = (2, 1, -3)$

**8.** Man bestimme das Spiegelbild von $(-1, 2)$ bezüglich

a) der $x$-Achse,
b) der $y$-Achse,
c) der Geraden $y = x$

durch Multiplikation mit der zugehörigen Darstellungsmatrix.

**9.** Man bestimme das Bild von $(2, -5, 3)$ bei Spiegelung an der

a) $xy$-Ebene,
b) $xz$-Ebene,
c) $yz$-Ebene

durch Multiplikation mit der entsprechenden Darstellungsmatrix.

**10.** Man berechne die Orthogonalprojektion von $(2, -5)$ auf

a) die $x$-Achse,
b) die $y$-Achse

durch Multiplikation mit der Standarddarstellungsmatrix.

**11.** Man berechne die Orthogonalprojektion von $(-2, 1, 3)$ auf

a) die $xy$-Ebene,
b) die $xz$-Ebene,
c) die $yz$-Ebene

durch Matrixmultiplikation.

**12.** Man berechne das Bild von $(3, -4)$ bei einer Drehung um

a) $\theta = 30°$,
b) $\theta = -60°$,
c) $\theta = 45°$,
d) $\theta = 90°$

durch Matrixmultiplikation.

**13.** Man bestimme das Bild von $(-2, 1, 2)$ bei einer Drehung entgegen dem Uhrzeigersinn von

a) 30° um die $x$-Achse,
b) 45° um die $y$-Achse,
c) 90° um die $z$-Achse,

mit Matrixmultiplikation.

**14.** Man berechne die Darstellungsmatrix der Rotation im $R^3$ um den Winkel $-60°$ im Uhrzeigersinn bezüglich der

a) $x$-Achse,
b) $y$-Achse,
c) $z$-Achse.

**15.** Man berechne das Bild von $(-2, 1, 2)$ bei einer Drehung von

a) $-30°$ um die $x$-Achse,
b) $-45°$ um die $y$-Achse,
c) $-90°$ um die $z$-Achse,

mit Matrixmultiplikation.

**16.** Man bestimme die Darstellungsmatrix der folgenden Kompositionen im $R^2$:

a) Drehung um 90°, gefolgt von einer Spiegelung an $y = x$,
b) Orthogonalprojektion auf die $y$-Achse, anschließend Kontraktion um $k = \frac{1}{2}$,
c) Spiegelung an der $x$-Achse und Dilation um den Faktor $k = 3$.

**17.** Man bestimme die Darstellungsmatrix der folgenden zusammengesetzten Operatoren auf $R^2$:

a) Rotation um 60°, dann Orthogonalprojektion auf die $x$-Achse und schließlich Spiegelung an der Geraden $y = x$;
b) Dilation mit dem Faktor $k = 2$, Rotation um 45° und Spiegelung an der $y$-Achse;
c) Drehung um 15°, dann eine Drehung um 105° und eine Drehung um 60°.

**18.** Man bestimme die Darstellungsmatrix der folgenden Kompositionen im $R^3$:

a) Spiegelung an der $yz$-Ebene und Orthogonalprojektion auf die $xz$-Ebene;
b) Drehung von 45° um die $y$-Achse und Dilation mit dem Faktor $k = \sqrt{2}$;
c) Projektion auf die $xy$-Ebene und Spiegelung an der $yz$-Ebene.

**19.** Man bestimme die Standarddarstellungsmatrizen der zusammengesetzten Operatoren auf $R^3$:

a) Zuerst eine Rotation von 30° um die $x$-Achse, dann eine Rotation von 30° um die $z$-Achse und schließlich eine Kontraktion mit Faktor $k = \frac{1}{4}$,
b) Reflexion an der $xy$-Ebene, dann an der $xz$-Ebene, gefolgt von einer Projektion auf die $yz$-Ebene,
c) Rotation von 270° um die $x$-Achse, 90° um die $y$-Achse und 180° um die $z$-Achse.

**20.** Gilt für die linearen Transformationen $T_1 : R^2 \to R^2$ und $T_2 : R^2 \to R^2$ $T_1 \circ T_2 = T_2 \circ T_1$?

a) $T_1$ und $T_2$ sind die Orthogonalprojektionen auf die $x$- und die $y$-Achse,
b) $T_1$ und $T_2$ sind Rotationen um die Winkel $\theta_1$ und $\theta_2$,
c) $T_1$ und $T_2$ sind die Spiegelungen an der $x$- und der $y$-Achse,
d) $T_1$ ist die Orthogonalprojektion auf die $x$-Achse und $T_2$ eine Drehung um den Winkel $\theta$.

**21.** Gilt für die Operatoren $T_1$ und $T_2$ auf $R^3$ $T_1 \circ T_2 = T_2 \circ T_1$?

a) $T_1$ ist eine Dilation mit dem Faktor $k$, $T_2$ eine Drehung um den Winkel $\theta$ mit der $z$-Achse als Rotationsachse.
b) $T_1$ und $T_2$ sind Rotationen mit Drehwinkel $\theta_1$ um die $x$-Achse und mit Drehwinkel $\theta_2$ um die $z$-Achse.

**22.** Die Orthogonalprojektionen auf die Koordinatenachsen des $R^3$ sind definiert durch

$$T_1(x, y, z) = (x, 0, 0), \quad T_2(x, y, z) = (0, y, 0), \quad T_3(x, y, z) = (0, 0, z).$$

a) Man zeige, daß $T_1, T_2$ und $T_3$ linear sind, und bestimme ihre Darstellungsmatrizen.
b) Sei $T: R^3 \to R^3$ eine Orthogonalprojektion auf eine Koordinatenachse. Man zeige, daß für beliebige Vektoren $\mathbf{x}$ aus $R^3$ $T(\mathbf{x})$ und $\mathbf{x} - T(\mathbf{x})$ orthogonal sind.

**23.** Man leite die Standardmatrizen in Tabelle 4.7 aus Formel (17) ab.

**24.** Man bestimme die Standardmatrix einer Drehung um den Winkel 90°, deren Rotationsachse durch $\mathbf{v} = (1, 1, 1)$ gegeben ist. [*Anmerkung*. Formel (17) gilt nur, wenn die Rotationsachse durch einen Einheitsvektor beschrieben wird.]

**25.** Man verifiziere Gleichung (21) für folgende Lineartransformationen.

a) $T_1(x_1, x_2) = (x_1 + x_2, x_1 - x_2)$ und $T_2(x_1, x_2) = (3x_1, 2x_1 + 4x_2)$
b) $T_1(x_1, x_2) = (4x_1, -2x_1 + x_2, -x_1 - 3x_2)$ und
$T_2(x_1, x_2, x_3) = (x_1 + 2x_2 - x_3, 4x_1 - x_3)$
c) $T_1(x_1, x_2, x_3) = (-x_1 + x_2, -x_2 + x_3, -x_3 + x_1)$ und
$T_2(x_1, x_2, x_3) = (-2x_1, 3x_3, -4x_2)$

**26.** Sei $A$ eine $2 \times 2$-Matrix mit $\det(A) = 1$, deren Spalten orthogonale Einheitsvektoren sind. Man kann zeigen, daß die Multiplikation mit $A$ eine Drehung im $R^2$ erzeugt. Man zeige, daß

$$A = \begin{bmatrix} -1/\sqrt{2} & -1/\sqrt{2} \\ 1/\sqrt{2} & -1/\sqrt{2} \end{bmatrix}$$

die gegebenen Voraussetzungen erfüllt, und bestimme den Rotationswinkel $\theta$.

**27.** Das Ergebnis aus Aufgabe 26 gilt auch im $R^3$: Ist $A$ eine $3 \times 3$-Matrix mit $\det(A) = 1$, deren Spalten paarweise orthogonale Einheitsvektoren sind, so beschreibt die Multiplikation mit $A$ eine Rotation. Man zeige mit Formel (17), daß der Drehwinkel $\theta$ die Gleichung

$$\cos\theta = \frac{\mathrm{sp}(A) - 1}{2}$$

erfüllt.

**28.** Erfüllt $A$ die Voraussetzungen von Aufgabe 27, so beschreibt für jeden beliebigen Vektor $\mathbf{x} \neq \mathbf{0}$

$$\mathbf{u} = A\mathbf{x} + A^T\mathbf{x} + [1 - \mathrm{sp}(A)]\mathbf{x}$$

die Rotationsachse, wenn $\mathbf{u}$ mit seinem Anfangspunkt im Ursprung liegt.

a) Man zeige, daß

$$A = \begin{bmatrix} \frac{1}{9} & -\frac{4}{9} & \frac{8}{9} \\ \frac{8}{9} & \frac{4}{9} & \frac{1}{9} \\ -\frac{4}{9} & \frac{7}{9} & \frac{4}{9} \end{bmatrix}$$

die Darstellungsmatrix einer Rotation im $R^3$ ist.

b) Man bestimme einen Einheitsvektor, der die Rotationsachse beschreibt.
c) Man berechne mit Aufgabe 27 den Drehwinkel um die in b) ermittelte Achse.

# 4.3 Eigenschaften linearer Transformationen

*Wir untersuchen lineare Operatoren mit invertierbarer Darstellungsmatrix. Außerdem entwickeln wir eine Charakterisierung linearer Transformationen und beschäftigen uns mit der geometrischen Bedeutung von Eigenvektoren.*

## Injektive lineare Transformationen

Wir betrachten lineare Transformationen, die unterschiedlichen Vektoren (oder Punkten) stets unterschiedliche Bilder zuordnen. Ist etwa $T: R^2 \to R^2$ die Rotation um den Winkel $\theta$, so gilt für Vektoren $\mathbf{u}$ und $\mathbf{v}$ mit $\mathbf{u} \neq \mathbf{v}$ offenbar $T(\mathbf{u}) \neq T(\mathbf{v})$ (Abbildung 4.15).

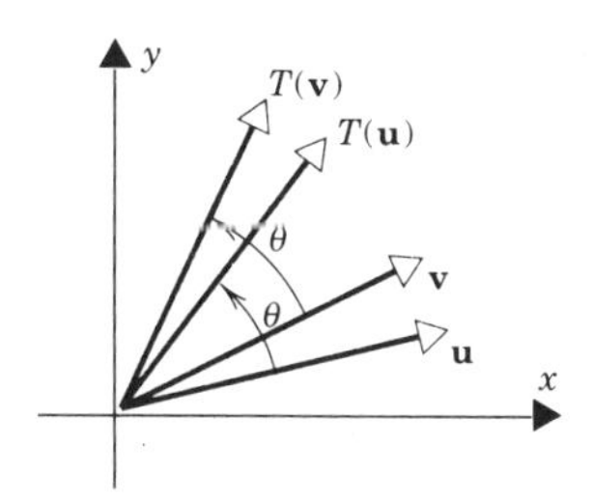


**Abb. 4.15** Die Rotation $T$ ordnet verschiedenen Vektoren $\mathbf{u}$ und $\mathbf{v}$ unterschiedliche Bilder $T(\mathbf{u})$ und $T(\mathbf{v})$ zu.

Im Unterschied dazu bildet die Orthogonalprojektion $T: R^3 \to R^3$ auf die $xy$-Ebene alle Punkte, die auf einer zur $z$-Achse parallelen Geraden liegen, auf dasselbe Bild ab (Abbildung 4.16).

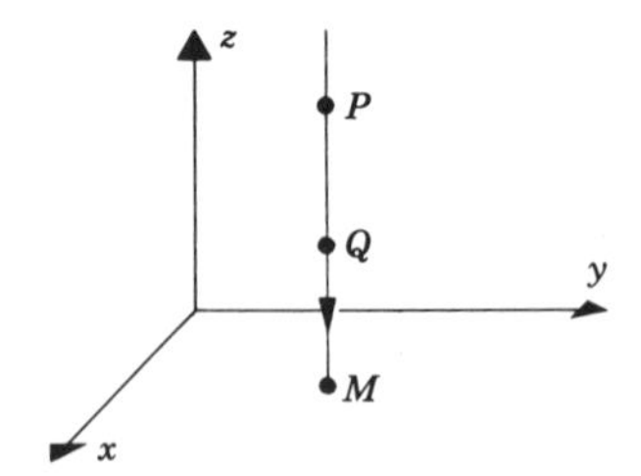


**Abb. 4.16** Die Punkte $P$ und $Q$ werden auf denselben Punkt $M$ projiziert.

**Definition.** Eine lineare Transformation $T: R^n \to R^m$ heißt ***injektiv***, wenn sie unterschiedlichen Vektoren (oder Punkten) im $R^n$ stets unterschiedliche Bilder im $R^m$ zuweist.

**Bemerkung.** Eine lineare Transformation $T$ ist genau dann injektiv, wenn es zu jedem Vektor $\mathbf{w}$ aus dem Wertebereich von $T$ *genau einen* Vektor $\mathbf{x}$ mit $T(\mathbf{x}) = \mathbf{w}$ gibt.

**Beispiel 1** Die Rotation aus Abbildung 4.15 ist injektiv, die Orthogonalprojektion aus Abbildung 4.16 hingegen nicht.

Sei $A$ eine $n \times n$-Matrix und $T_A: R^n \to R^n$ die Multiplikation mit $A$. Wir untersuchen, welche Auswirkungen die Invertierbarkeit von $A$ auf $T_A$ hat.

Nach Satz 2.3.6 sind die folgenden Aussagen äquivalent:

- $A$ ist invertierbar.
- Das System $A\mathbf{x} = \mathbf{w}$ ist für jede $n \times 1$-Matrix $\mathbf{w}$ konsistent.
- $A\mathbf{x} = \mathbf{w}$ hat für jede $n \times 1$-Matrix $\mathbf{w}$ genau eine Lösung.

Die letzte Aussage läßt sich noch abschwächen (siehe Übung 24), so daß wir folgende Äquivalenz erhalten:

- $A$ ist invertierbar.
- Das System $A\mathbf{x} = \mathbf{w}$ ist für jede $n \times 1$-Matrix $\mathbf{w}$ konsistent.
- Ist $A\mathbf{x} = \mathbf{w}$ konsistent, so ist die Lösung eindeutig.

Für die lineare Transformation $T_A$ lassen sich diese Feststellungen folgendermaßen formulieren:

- $A$ ist invertierbar.
- Zu jedem $\mathbf{w} \in R^n$ gibt es ein $\mathbf{x} \in R^n$ mit $T_A(\mathbf{x}) = \mathbf{w}$. (Der Wertebereich von $T_A$ ist der ganze $R^n$.)
- Zu jedem Vektor $\mathbf{w}$ aus dem Wertebereich von $T_A$ gibt es genau einen Vektor $\mathbf{x} \in R^n$ mit $T_A(\mathbf{x}) = \mathbf{w}$. ($T_A$ ist injektiv.)

Zusammenfassend ergibt sich folgender Satz:

**Satz 4.3.1.** *Sei $A$ eine $n \times n$-Matrix und $T_A: R^n \to R^n$ die Multiplikation mit $A$. Dann sind folgende Aussagen äquivalent:*

*a) $A$ ist invertierbar.*
*b) Der Wertebereich von $T_A$ ist $R^n$.*
*c) $T_A$ ist injektiv.*

**Beispiel 2** Sei $T: R^2 \to R^2$ der Rotationsoperator aus Abbildung 4.15. Da $T$ injektiv ist, ergibt sich $R^2$ als Wertebereich, außerdem ist die Darstellungsmatrix $[T]$ invertierbar. Ist $\mathbf{w}$ ein Vektor aus $R^2$, und entsteht $\mathbf{x}$ durch Rotation von $\mathbf{w}$ um den Winkel $-\theta$, so gilt offenbar $T(\mathbf{x}) = \mathbf{w}$, also ist $R^2$ der Wertebereich von $T$. Nach Tabelle 4.6, Abschnitt 4.2, ist

$$[T] = \begin{bmatrix} \cos\theta & -\sin\theta \\ \sin\theta & \cos\theta \end{bmatrix}$$

die Darstellungsmatrix von $T$, die wegen

$$\det[T] = \begin{vmatrix} \cos\theta & -\sin\theta \\ \sin\theta & \cos\theta \end{vmatrix} = \cos^2\theta + \sin^2\theta = 1 \neq 0$$

invertierbar ist.

**Beispiel 3** Die Projektion $T: R^3 \to R^3$ aus Abbildung 4.16 ist nicht injektiv. Da $T$ alle Vektoren auf die $xy$-Ebene abbildet, ist ein Vektor $\mathbf{w} \in R^3$, der nicht in dieser Ebene liegt, nicht im Wertebereich von $T$ enthalten; also ist der Wertebereich von $T$ nicht der gesamte Raum $R^3$. Außerdem ist die Standarddarstellungsmatrix

$$[T] = \begin{bmatrix} 1 & 0 & 0 \\ 0 & 1 & 0 \\ 0 & 0 & 0 \end{bmatrix}$$

aus Tabelle 4.5, Abschnitt 4.2, wegen $\det[T] = 0$ nicht invertierbar.

## Die Inverse eines injektiven linearen Operators

Die Darstellungsmatrix $A$ des injektiven linearen Operators $T_A: R^n \to R^n$ ist invertierbar, also ist auch $T_{A^{-1}}: R^n \to R^n$ ein linearer Operator. $T_{A^{-1}}$ heißt ***inverser Operator zu*** $T_A$, da sich $T_{A^{-1}}$ und $T_A$ „gegenseitig aufheben", indem für alle $\mathbf{x} \in R^n$

$$T_A(T_{A^{-1}}(\mathbf{x})) = AA^{-1}\mathbf{x} = I\mathbf{x} = \mathbf{x}$$

$$T_{A^{-1}}(T_A(\mathbf{x})) = A^{-1}A\mathbf{x} = I\mathbf{x} = \mathbf{x}$$

oder äquivalent dazu

$$T_A \circ T_{A^{-1}} = T_{AA^{-1}} = T_I$$
$$T_{A^{-1}} \circ T_A = T_{A^{-1}A} = T_I$$

gilt. $T_{A^{-1}}$ bildet also den Funktionswert **w** von **x** unter $T_A$ wieder auf **x** ab,

$$T_{A^{-1}}(\mathbf{w}) = T_{A^{-1}}(T_A(\mathbf{x})) = \mathbf{x}.$$

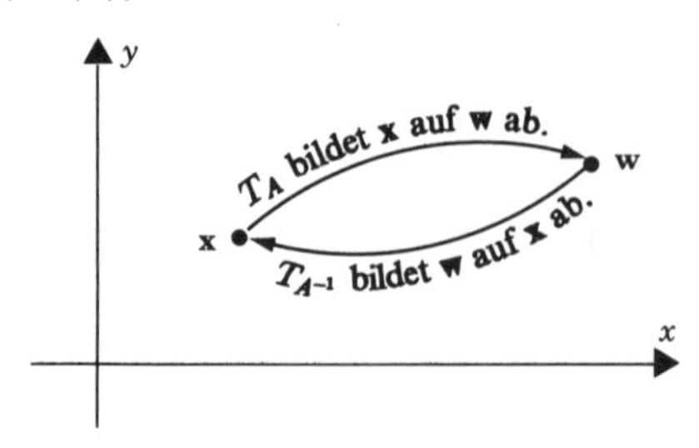


**Abb. 4.17**

Bezeichnen wir die Standarddarstellungsmatrix des injektiven Operators $T: R^n \to R^n$ mit $[T]$, so ergibt sich $[T^{-1}]$ als

$$[T^{-1}] = [T]^{-1}. \tag{1}$$

**Beispiel 4** Die Rotation $T: R^2 \to R^2$ um den Winkel $\theta$ hat nach Tabelle 4.6, Abschnitt 4.2, die Darstellungsmatrix

$$[T] = \begin{bmatrix} \cos\theta & -\sin\theta \\ \sin\theta & \cos\theta \end{bmatrix}. \tag{2}$$

Offensichtlich ist dann $T^{-1}$ die Rotation um $-\theta$, als Darstellungsmatrix ergibt sich

$$[T^{-1}] = [T]^{-1} = \begin{bmatrix} \cos\theta & \sin\theta \\ -\sin\theta & \cos\theta \end{bmatrix} = \begin{bmatrix} \cos(-\theta) & -\sin(-\theta) \\ \sin(-\theta) & \cos(-\theta) \end{bmatrix}.$$

**Beispiel 5** $T: R^2 \to R^2$ sei definiert durch die Gleichungen

$$w_1 = 2x_1 + x_2$$
$$w_2 = 3x_1 + 4x_2.$$

Man zeige, daß $T$ invertierbar ist, und berechne $T^{-1}(w_1, w_2)$.

*Lösung.* In Matrixform ergibt sich aus den Gleichungen

$$\begin{bmatrix} w_1 \\ w_2 \end{bmatrix} = \begin{bmatrix} 2 & 1 \\ 3 & 4 \end{bmatrix} \begin{bmatrix} x_1 \\ x_2 \end{bmatrix},$$

also hat $T$ die Darstellungsmatrix

$$[T] = \begin{bmatrix} 2 & 1 \\ 3 & 4 \end{bmatrix}.$$

$[T]$ ist invertierbar (also ist $T$ injektiv) und

$$[T^{-1}] = [T]^{-1} = \begin{bmatrix} \frac{4}{5} & -\frac{1}{5} \\ -\frac{3}{5} & \frac{2}{5} \end{bmatrix},$$

woraus wir den inversen Operator als

$$[T^{-1}]\begin{bmatrix} w_1 \\ w_2 \end{bmatrix} = \begin{bmatrix} \frac{4}{5} & -\frac{1}{5} \\ -\frac{3}{5} & \frac{2}{5} \end{bmatrix}\begin{bmatrix} w_1 \\ w_2 \end{bmatrix} = \begin{bmatrix} \frac{4}{5}w_1 & -\frac{1}{5}w_2 \\ -\frac{3}{5}w_1 & +\frac{2}{5}w_2 \end{bmatrix}$$

beziehungsweise

$$T^{-1}(w_1, w_2) = (\tfrac{4}{5}w_1 - \tfrac{1}{5}w_2,\ -\tfrac{3}{5}w_1 + \tfrac{2}{5}w_2)$$

erhalten.

## Linearität

Wir haben lineare Transformationen $T: R^n \to R^m$ dadurch definiert, daß die Gleichungen $\mathbf{w} = T(\mathbf{x})$ linear sind. Der folgende Satz liefert eine andere Charakterisierung, die wir später in allgemeineren Zusammenhängen verwenden werden.

**Satz 4.3.2.** *Eine Transformation $T: R^n \to R^m$ ist genau dann linear, wenn für alle Vektoren $\mathbf{v}$ und $\mathbf{w}$ aus $R^n$ und jeden Skalar $k$ gilt:*

*a)* $T(\mathbf{u} + \mathbf{v}) = T(\mathbf{u}) + T(\mathbf{v})$
*b)* $T(c\,\mathbf{u}) = cT(\mathbf{u})$.

**Beweis.** Ist $T$ eine lineare Transformation mit der Darstellungsmatrix $A$, so gilt nach den Rechenregeln für Matrizen

$$T(\mathbf{u} + \mathbf{v}) = A(\mathbf{u} + \mathbf{v}) = A\mathbf{u} + A\mathbf{v} = T(\mathbf{u}) + T(\mathbf{v})$$

und

$$T(c\,\mathbf{u}) = A(c\,\mathbf{u}) = c(A\mathbf{u}) = cT(\mathbf{u}).$$

Sei nun $T$ eine Transformation, die die Gleichungen a) und b) erfüllt. Wenn wir eine Matrix $A$ mit

$$T(\mathbf{x}) = A\mathbf{x} \tag{3}$$

für alle $\mathbf{x} \in R^n$ finden, so muß $T$ die Multiplikation mit $A$ und folglich linear sein. Zunächst wollen wir aber darauf hinweisen, daß sich Gleichung a) auf mehr als zwei Summanden anwenden läßt. So gilt für Vektoren $\mathbf{u}, \mathbf{v}$ und $\mathbf{w}$ aus $R^n$

$$T(\mathbf{u} + \mathbf{v} + \mathbf{w}) = T(\mathbf{u} + (\mathbf{v} + \mathbf{w})) = T(\mathbf{u}) + T(\mathbf{v} + \mathbf{w}) = T(\mathbf{u}) + T(\mathbf{v}) + T(\mathbf{w})$$

und allgemein für $\mathbf{v}_1, \mathbf{v}_2, \ldots, \mathbf{v}_k \in R^n$

$$T(\mathbf{v}_1 + \mathbf{v}_2 + \cdots + \mathbf{v}_k) = T(\mathbf{v}_1) + T(\mathbf{v}_2) + \cdots + T(\mathbf{v}_k).$$

Wir betrachten jetzt die Vektoren

$$\mathbf{e}_1 = \begin{bmatrix} 1 \\ 0 \\ 0 \\ \vdots \\ 0 \end{bmatrix}, \quad \mathbf{e}_2 = \begin{bmatrix} 0 \\ 1 \\ 0 \\ \vdots \\ 0 \end{bmatrix}, \ldots, \quad \mathbf{e}_n = \begin{bmatrix} 0 \\ 0 \\ 0 \\ \vdots \\ 1 \end{bmatrix} \tag{4}$$

und konstruieren $A$ aus den Spaltenvektoren $T(\mathbf{e}_1), T(\mathbf{e}_2), \ldots, T(\mathbf{e}_n)$:

$$A = [T(\mathbf{e}_1) \mid T(\mathbf{e}_2) \mid \cdots \mid T(\mathbf{e}_n)]. \tag{5}$$

Für einen Vektor

$$\mathbf{x} = \begin{bmatrix} x_1 \\ x_2 \\ \vdots \\ x_n \end{bmatrix}$$

ist das Produkt $A\mathbf{x}$ eine Linearkombination der Spalten von $A$ mit den Elementen von $\mathbf{x}$ als Koeffizienten (siehe Abschnitt 1.3), also

$$\begin{aligned} A\mathbf{x} &= x_1 T(\mathbf{e}_1) + x_2 T(\mathbf{e}_2) + \cdots + x_n T(\mathbf{e}_n) \\ &= T(x_1\mathbf{e}_1) + T(x_2\mathbf{e}_2) + \cdots + T(x_n\mathbf{e}_n) && \boxed{\text{Eigenschaft } b)} \\ &= T(x_1\mathbf{e}_1 + x_2\mathbf{e}_2 + \cdots + x_n\mathbf{e}_n) && \boxed{\text{Eigenschaft } a) \text{ für } n \text{ Summanden}} \\ &= T(\mathbf{x}), \end{aligned}$$

womit der Beweis erbracht ist. □

Die in (4) definierten Vektoren $\mathbf{e}_1, \mathbf{e}_2, \ldots, \mathbf{e}_n$ heißen ***Standardbasisvektoren*** des $R^n$. Für $n = 2$ und $n = 3$ sind sie die auf den Koordinatenachsen liegenden Einheitsvektoren (Abbildung 4.18).

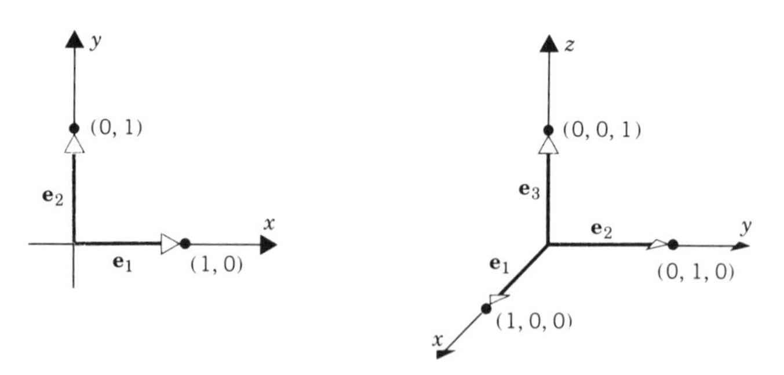


**Abb. 4.18** Standardbasis des $R^2$ Standardbasis des $R^3$

Der Beweis von Satz 4.3.2 enthält mit (5) eine Anleitung, nach der die Standarddarstellungsmatrix einer linearen Transformation $T: R^n \to R^m$ direkt berechnet werden kann. Wir wollen dieses Ergebnis hier nochmals festhalten.

**Satz 4.3.3.** *Sei $T : R^n \to R^m$ eine lineare Transformation, und seien $\mathbf{e}_1, \mathbf{e}_2, \ldots, \mathbf{e}_n$ die Standardbasisvektoren des $R^n$. Die Standarddarstellungsmatrix von T ist*

$$[T] = [T(\mathbf{e}_1) \mid T(\mathbf{e}_2) \mid \cdots \mid T(\mathbf{e}_n)]. \tag{6}$$

Formel (6) erweist sich als nützlich zur Berechnung der Darstellungsmatrizen und zur Untersuchung geometrischer Eigenschaften linearer Transformationen. Ist beispielsweise $T: R^3 \to R^3$ die Orthogonalprojektion auf die $xy$-Ebene, so ist nach Abbildung 4.18 offenbar

$$T(\mathbf{e}_1) = \mathbf{e}_1 = \begin{bmatrix} 1 \\ 0 \\ 0 \end{bmatrix}, \quad T(\mathbf{e}_2) = \mathbf{e}_2 = \begin{bmatrix} 0 \\ 1 \\ 0 \end{bmatrix}, \quad T(\mathbf{e}_3) = \mathbf{0} = \begin{bmatrix} 0 \\ 0 \\ 0 \end{bmatrix},$$

also mit (6)

$$[T] = \begin{bmatrix} 1 & 0 & 0 \\ 0 & 1 & 0 \\ 0 & 0 & 0 \end{bmatrix},$$

wie wir schon früher gesehen haben.

Ist $T_A : R^3 \to R^2$ die Multiplikation mit

$$A = \begin{bmatrix} -1 & 2 & 1 \\ 3 & 0 & 6 \end{bmatrix},$$

so ergeben sich aus (6) die Bilder der Standardbasisvektoren als Spalten von $A$:

$$T_A\left(\begin{bmatrix} 1 \\ 0 \\ 0 \end{bmatrix}\right) = \begin{bmatrix} -1 \\ 3 \end{bmatrix}, \quad T_A\left(\begin{bmatrix} 0 \\ 1 \\ 0 \end{bmatrix}\right) = \begin{bmatrix} 2 \\ 0 \end{bmatrix}, \quad T_A\left(\begin{bmatrix} 0 \\ 0 \\ 1 \end{bmatrix}\right) = \begin{bmatrix} 1 \\ 6 \end{bmatrix}.$$

**Beispiel 6** Der lineare Operator $T : R^2 \to R^2$ sei die Orthogonalprojektion auf die Gerade $l$, die durch den Ursprung verläuft und mit der positiven $x$-Achse den Winkel $\theta$ $(0 \leq \theta < \pi)$ einschließt (Abbildung 4.19a).

a) Man bestimme die Standarddarstellungsmatrix von $T$.
b) Man berechne die Orthogonalprojektion des Vektors $\mathbf{x} = (1, 5)$ auf die durch den Ursprung verlaufende Gerade, die mit der positiven $x$-Achse den Winkel $\theta = \frac{\pi}{6}$ einschließt.

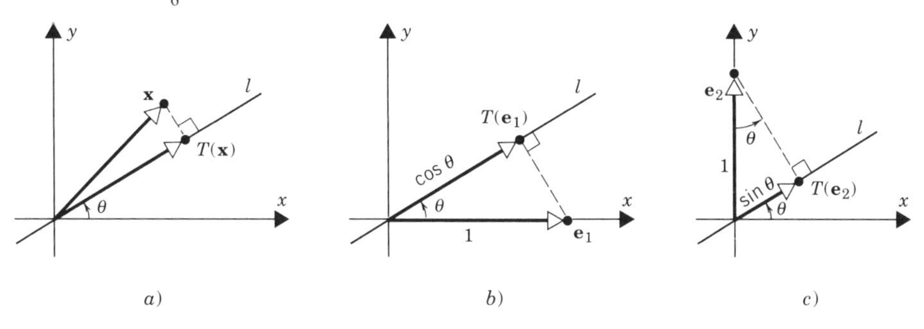


**Abb. 4.19**

*Lösung a).* Nach (6) ist

$$[T] = [T(\mathbf{e}_1) \mid T(\mathbf{e}_2)],$$

wobei $\mathbf{e}_1$ und $\mathbf{e}_2$ die Standardbasisvektoren des $R^2$ sind. Wir beschränken uns auf $0 \leq \theta \leq \frac{\pi}{2}$; der Fall $\frac{\pi}{2} < \theta < \pi$ ergibt sich ähnlich. Nach Abbildung 4.19b und 4.19c ist $\|T(\mathbf{e}_1)\| = \cos\theta$ und $\|T(\mathbf{e}_2)\| = \sin\theta$, also

$$T(\mathbf{e}_1) = \begin{bmatrix} \|T(\mathbf{e}_1)\| \cos\theta \\ \|T(\mathbf{e}_1)\| \sin\theta \end{bmatrix} = \begin{bmatrix} \cos^2\theta \\ \sin\theta\cos\theta \end{bmatrix}$$

$$T(\mathbf{e}_2) = \begin{bmatrix} \|T(\mathbf{e}_2)\| \cos\theta \\ \|T(\mathbf{e}_2)\| \sin\theta \end{bmatrix} = \begin{bmatrix} \sin\theta\cos\theta \\ \sin^2\theta \end{bmatrix},$$

woraus sich die Darstellungsmatrix

$$[T] = \begin{bmatrix} \cos^2\theta & \sin\theta\cos\theta \\ \sin\theta\cos\theta & \sin^2\theta \end{bmatrix}$$

ergibt.

*Lösung b).* Wegen $\sin\frac{\pi}{6} = \frac{1}{2}$ und $\cos\frac{\pi}{6} = \frac{\sqrt{3}}{2}$ läßt sich der Projektionsoperator nach a) durch

$$[T] = \begin{bmatrix} 3/4 & \sqrt{3}/4 \\ \sqrt{3}/4 & 1/4 \end{bmatrix}$$

darstellen, woraus

$$T\left(\begin{bmatrix} 1 \\ 5 \end{bmatrix}\right) = \begin{bmatrix} 3/4 & \sqrt{3}/4 \\ \sqrt{3}/4 & 1/4 \end{bmatrix} \begin{bmatrix} 1 \\ 5 \end{bmatrix} = \begin{bmatrix} \dfrac{3+5\sqrt{3}}{4} \\ \dfrac{\sqrt{3}+5}{4} \end{bmatrix}$$

beziehungsweise

$$T(1,5) = \left(\frac{3+5\sqrt{3}}{4}, \frac{\sqrt{3}+5}{4}\right)$$

folgt.

## Geometrische Interpretation der Eigenvektoren

Nach Abschnitt 2.3 heißt $\lambda$ *Eigenwert* der $n \times n$-Matrix $A$, wenn es einen Vektor $\mathbf{x} \neq \mathbf{0}$ mit

$$A\mathbf{x} = \lambda\mathbf{x} \quad \text{oder äquivalent dazu} \quad (\lambda I - A)\mathbf{x} = \mathbf{0}$$

gibt; $\mathbf{x}$ wird als zu $\lambda$ gehörender *Eigenvektor* von $A$ bezeichnet.
Wir definieren diese Begriffe jetzt für lineare Operatoren auf $R^n$.

**Definition.** Sei $T: R^n \to R^n$ ein linearer Operator. Ein Skalar $\lambda$ heißt ***Eigenwert von*** $T$, wenn es einen von Null verschiedenen Vektor $\mathbf{x} \in R^n$ gibt mit

$$T(\mathbf{x}) = \lambda \mathbf{x}. \tag{7}$$

Die nichttrivialen Lösungen $\mathbf{x}$ dieser Gleichung heißen ***Eigenvektoren von*** $T$ ***zu*** $\lambda$.

Für die Standarddarstellungsmatrix $A$ von $T$ ergibt sich aus (7)

$A\mathbf{x} = \lambda \mathbf{x}$, also gilt:

- Die Eigenwerte von $T$ sind gerade die Eigenwerte von $A$.
- $\mathbf{x}$ ist genau dann ein Eigenvektor von $T$ zum Eigenwert $\lambda$, wenn $\mathbf{x}$ Eigenvektor von $A$ zu $\lambda$ ist.

Ist $\mathbf{x}$ Eigenvektor von $A$ zum Eigenwert $\lambda$, so bildet die Multiplikation mit $A$ den Vektor auf ein skalares Vielfaches von sich ab. Im $R^2$ und $R^3$ bedeutet das, daß die Multiplikation mit $A$ jeden Eigenvektor $\mathbf{x}$ auf einen Vektor abbildet, der auf derselben Geraden wie $\mathbf{x}$ liegt (Abbildung 4.20).

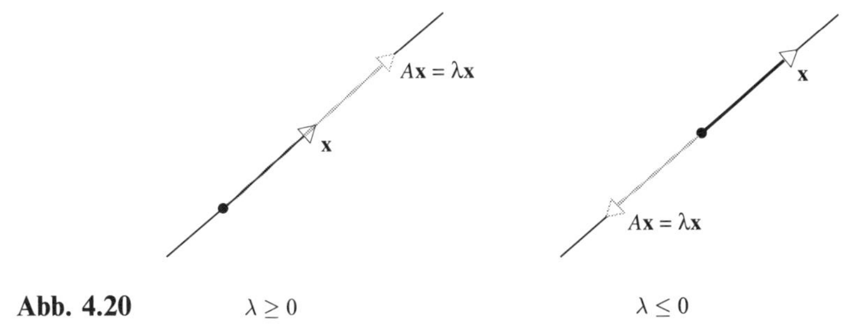


**Abb. 4.20**

Ist $\lambda \geq 0$, so bewirkt der Operator $A\mathbf{x} = \lambda \mathbf{x}$ eine Stauchung $(0 \leq \lambda \leq 1)$ oder eine Streckung $(\lambda \geq 1)$ von $\mathbf{x}$; für $\lambda \leq 0$ wird zuerst die Richtung von $\mathbf{x}$ umgekehrt, der daraus resultierende Vektor wird um den Faktor $|\lambda|$ gestaucht $(0 \leq |\lambda| \leq 1)$ oder gestreckt $(|\lambda| \geq 1)$.

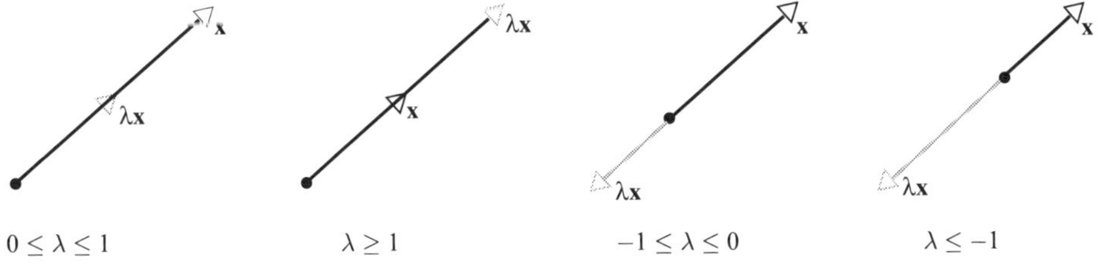


**Abb. 4.21**

**Beispiel 7** Sei $T: R^2 \to R^2$ die Rotation um einen Winkel $\theta$. Ist $\theta$ kein Vielfaches von $\pi$, so bildet $T$ offenbar keinen von Null verschiedenen Vektor $\mathbf{x}$ auf die gleiche Gerade ab; also hat $T$ keine (reellen) Eigenwerte. Hingegen wird jeder Vektor aus $R^2$ auf die Gerade abgebildet, auf der er selbst liegt, wenn $\theta$ ein Vielfaches von $\pi$ ist; in diesem Fall ist jedes $\mathbf{x} \neq \mathbf{0}$ Eigenvektor von $T$. Diese Feststellungen wollen wir auch algebraisch begründen. $T$ hat die Standarddarstellungsmatrix

$$A = \begin{bmatrix} \cos\theta & -\sin\theta \\ \sin\theta & \cos\theta \end{bmatrix},$$

deren Eigenwerte sich als Lösungen der charakteristischen Gleichung

$$\det(\lambda I - A) = \begin{vmatrix} \lambda - \cos\theta & \sin\theta \\ -\sin\theta & \lambda - \cos\theta \end{vmatrix} = 0$$

beziehungsweise

$$(\lambda - \cos\theta)^2 + \sin^2\theta = 0 \tag{8}$$

ergeben (siehe Abschnitt 2.3). Ist $\theta$ kein Vielfaches von $\pi$, so gilt $\sin^2\theta > 0$, also hat die Gleichung keine reellen Lösungen. In diesem Fall hat $A$ keine reellen Eigenwerte.* Läßt sich aber $\theta$ als Vielfaches von $\pi$ schreiben, so ist $\sin\theta = 0$ und $\cos\theta = \pm 1$. Für $\cos\theta = 1$ erhalten wir aus (8) die charakteristische Gleichung $(\lambda - 1)^2 = 0$, also ist $\lambda = 1$ der einzige Eigenwert von $A$, wobei

$$A = \begin{bmatrix} 1 & 0 \\ 0 & 1 \end{bmatrix} = I.$$

Daraus ergibt sich für $\mathbf{x} \in R^2$

$$T(\mathbf{x}) = A\mathbf{x} = I\mathbf{x} = \mathbf{x}.$$

Im Fall $\cos\theta = -1$ haben wir als charakteristische Gleichung $(\lambda + 1)^2 = 0$, so daß $\lambda = -1$ der einzige Eigenwert von

$$A = \begin{bmatrix} -1 & 0 \\ 0 & -1 \end{bmatrix} = -I$$

ist. Daraus folgt für alle $\mathbf{x} \in R^2$

$$T(\mathbf{x}) = A\mathbf{x} = -I\mathbf{x} = -\mathbf{x}.$$

**Beispiel 8** Sei $T: R^3 \to R^3$ die Orthogonalprojektion auf die $xy$-Ebene. Es ist anschaulich klar, daß die in der $xy$-Ebene liegenden Vektoren auf sich selbst abgebildet werden, also sind alle von Null verschiedenen Vektoren der Form $\mathbf{x} = (x, y, 0)$ Eigenvektoren von $T$ zum Eigenwert $\lambda = 1$. Die Vektoren auf der $z$-Achse werden auf $\mathbf{0}$ abgebildet, damit sind alle $\mathbf{x} = (x, 0, 0)$ mit $x \neq 0$

---

*In manchen Anwendungen ist es notwendig, komplexe Skalare und Vektorkomponenten zu betrachten, so daß auch komplexe Eigenwerte und -vektoren zulässig sind; diese haben hier keine geometrische Bedeutung. Wir werden später ausführlich darauf eingehen, bis dahin beschränken wir uns auf reelle Eigenwerte und Eigenvektorkomponenten.

Eigenvektoren von $T$ zum Eigenwert $\lambda = 0$. Andere Vektoren kommen als Eigenvektoren nicht in Frage, da sie nicht auf skalare Vielfache von sich selbst abgebildet werden.

Diese geometrischen Beobachtungen lassen sich algebraisch absichern. Nach Tabelle 4.5, Abschnitt 4.2, hat $T$ die Standarddarstellungsmatrix

$$A = \begin{bmatrix} 1 & 0 & 0 \\ 0 & 1 & 0 \\ 0 & 0 & 0 \end{bmatrix}.$$

Wir erhalten als charakteristische Gleichung von $A$

$$\det(\lambda I - A) = \begin{vmatrix} \lambda - 1 & 0 & 0 \\ 0 & \lambda - 1 & 0 \\ 0 & 0 & \lambda \end{vmatrix} = 0$$

beziehungsweise

$$(\lambda - 1)^2 \lambda = 0$$

mit den Lösungen $\lambda = 0$ und $\lambda = 1$.

Wie in Abschnitt 2.3 ausgeführt, sind die Eigenvektoren von $A$ zum Eigenwert $\lambda$ gerade die nichttrivialen Lösungen von

$$\begin{bmatrix} \lambda - 1 & 0 & 0 \\ 0 & \lambda - 1 & 0 \\ 0 & 0 & \lambda \end{bmatrix} \begin{bmatrix} x_1 \\ x_2 \\ x_3 \end{bmatrix} = \begin{bmatrix} 0 \\ 0 \\ 0 \end{bmatrix}. \tag{9}$$

Für $\lambda = 0$ erhalten wir das System

$$\begin{bmatrix} -1 & 0 & 0 \\ 0 & -1 & 0 \\ 0 & 0 & 0 \end{bmatrix} \begin{bmatrix} x_1 \\ x_2 \\ x_3 \end{bmatrix} = \begin{bmatrix} 0 \\ 0 \\ 0 \end{bmatrix},$$

das die Lösungen $x_1 = 0, x_2 = 0, x_3 = t$, also

$$\begin{bmatrix} x_1 \\ x_2 \\ x_3 \end{bmatrix} = \begin{bmatrix} 0 \\ 0 \\ t \end{bmatrix}$$

hat; das sind genau die Vektoren auf der $z$-Achse. Mit $\lambda = 1$ ergibt sich das System

$$\begin{bmatrix} 0 & 0 & 0 \\ 0 & 0 & 0 \\ 0 & 0 & 1 \end{bmatrix} \begin{bmatrix} x_1 \\ x_2 \\ x_3 \end{bmatrix} = \begin{bmatrix} 0 \\ 0 \\ 0 \end{bmatrix},$$

dessen Lösungen $x_1 = s, x_2 = t, x_3 = 0$ oder

$$\begin{bmatrix} x_1 \\ x_2 \\ x_3 \end{bmatrix} = \begin{bmatrix} s \\ t \\ 0 \end{bmatrix}$$

die Vektoren der $xy$-Ebene sind.

## Zusammenfassung

Wir verbinden die in Satz 2.3.6 aufgeführten, zur Invertierbarkeit einer Matrix äquivalenten Aussagen mit dem Ergebnis von Satz 4.3.1, um alle bisher behandelten Themen zueinander in Beziehung zu setzen.

**Satz 4.3.4.** *Sei $A$ eine $n \times n$-Matrix und $T_A : R^n \to R^n$ die Multiplikation mit $A$. Folgende Aussagen sind äquivalent:*

*a)* *$A$ ist invertierbar.*
*b)* *Das System $A\mathbf{x} = \mathbf{0}$ hat nur die triviale Lösung.*
c) *$A$ hat die reduzierte Zeilenstufenform $I_n$.*
*d)* *$A$ ist ein Produkt von Elementarmatrizen.*
*e)* *$A\mathbf{x} = \mathbf{b}$ ist für jede $n \times 1$-Matrix $\mathbf{b}$ konsistent.*
*f)* *$A\mathbf{x} = \mathbf{b}$ ist für jede $n \times 1$-Matrix $\mathbf{b}$ eindeutig lösbar.*
*g)* *$\det(A) \neq 0$.*
*h)* *Der Wertebereich von $T_A$ ist $R^n$.*
*i)* *$T_A$ ist injektiv.*

## Übungen zu 4.3

**1.** Man entscheide ohne Rechnung, ob der beschriebene lineare Operator injektiv ist.

a) Orthogonalprojektion auf die $x$-Achse im $R^2$,
b) Reflexion an der $y$-Achse im $R^2$,
c) Reflexion an der Geraden $y = x$ im $R^2$,
d) Kontraktion mit Faktor $k > 0$ im $R^2$,
e) Rotation um die $z$-Achse im $R^3$,
f) Reflexion an der $xy$-Ebene im $R^3$,
g) Dilation mit Faktor $k > 0$ im $R^3$.

**2.** Man bestimme die Standarddarstellungsmatrix und entscheide, ob der Operator injektiv ist.

a) $\begin{aligned} w_1 &= 8x_1 + 4x_2 \\ w_2 &= 2x_1 + x_2 \end{aligned}$ b) $\begin{aligned} w_1 &= 2x_1 - 3x_2 \\ w_2 &= 5x_1 + x_2 \end{aligned}$

c) $\begin{aligned} w_1 &= -x_1 + 3x_2 + 2x_3 \\ w_2 &= 2x_1 \phantom{{}+3x_2} + 4x_3 \\ w_3 &= x_1 + 3x_2 + 6x_3 \end{aligned}$ d) $\begin{aligned} w_1 &= x_1 + 2x_2 + 3x_3 \\ w_2 &= 2x_1 + 5x_2 + 3x_3 \\ 3w_3 &= x_1 \phantom{{}+5x_2} + 8x_3 \end{aligned}$

**3.** Man zeige, daß der Wertebereich des durch

$$w_1 = 4x_1 - 2x_2$$
$$w_2 = 2x_1 - x_2$$

definierten Operators nicht $R^2$ ist. Man gebe einen Vektor an, der nicht im Wertebereich liegt.

**4.** Man zeige, daß der Wertebereich des durch

$$\begin{aligned} w_1 &= x_1 - 2x_2 + x_3 \\ w_2 &= 5x_1 - x_2 + 3x_3 \\ w_3 &= 4x_1 + x_2 + 2x_3 \end{aligned}$$

definierten Operators nicht $R^3$ ist und gebe einen Vektor an, der nicht im Wertebereich liegt.

**5.** Man untersuche den gegebenen Operator $T: R^2 \to R^2$ auf Injektivität und gebe gegebenenfalls die Darstellungsmatrix des inversen Operators sowie $T^{-1}(w_1, w_2)$ an.

a) $\begin{aligned} w_1 &= x_1 + 2x_2 \\ w_2 &= -x_1 + x_2 \end{aligned}$ b) $\begin{aligned} w_1 &= 4x_1 - 6x_2 \\ w_2 &= -2x_1 + 3x_2 \end{aligned}$ c) $\begin{aligned} w_1 &= -x_2 \\ w_2 &= -x_1 \end{aligned}$ d) $\begin{aligned} w_1 &= 3x_1 \\ w_2 &= -5x_1 \end{aligned}$

**6.** Man untersuche den gegebenen Operator $T: R^3 \to R^3$ auf Injektivität und gebe gegebenenfalls die Darstellungsmatrix des inversen Operators sowie $T^{-1}(w_1, w_2, w_3)$ an.

a) $\begin{aligned} w_1 &= x_1 - 2x_2 + 2x_3 \\ w_2 &= 2x_1 + x_2 + x_3 \\ w_3 &= x_1 + x_2 \end{aligned}$ b) $\begin{aligned} w_1 &= x_1 - 3x_2 + 4x_3 \\ w_2 &= -x_1 + x_2 + x_3 \\ w_3 &= - 2x_2 + 5x_3 \end{aligned}$

c) $\begin{aligned} w_1 &= x_1 + 4x_2 - x_3 \\ w_2 &= 2x_1 + 7x_2 + x_3 \\ w_3 &= x_1 + 3x_2 \end{aligned}$ d) $\begin{aligned} w_1 &= x_1 + 2x_2 + x_3 \\ w_2 &= -2x_1 + x_2 + 4x_3 \\ w_3 &= 7x_1 + 4x_2 - 5x_3 \end{aligned}$

**7.** Man gebe den inversen Operator an.

a) Reflexion an der $x$-Achse im $R^2$,
b) Rotation um $\frac{\pi}{4}$ im $R^2$,
c) Dilation mit Faktor $k = 3$ im $R^2$,
d) Reflexion an der $yz$-Ebene im $R^3$,
e) Kontraktion mit Faktor $k = \frac{1}{5}$ im $R^3$.

Man entscheide mit Satz 4.3.2 in den Aufgaben 8 und 9, ob $T: R^2 \to R^2$ ein linearer Operator ist.

**8.** a) $T(x, y) = (2x, y)$ b) $T(x, y) = (x^2, y)$
c) $T(x, y) = (-y, x)$ d) $T(x, y) = (x, 0)$

**9.** a) $T(x, y) = (2x + y, x - y)$ b) $T(x, y) = (x + 1, y)$
c) $T(x, y) = (y, y)$ d) $T(x, y) = (\sqrt[3]{x}, \sqrt[3]{y})$

Man entscheide mit Satz 4.3.2, ob die in den Aufgaben 10 und 11 gegebenen Transformationen $T: R^3 \to R^2$ linear sind.

**10.** a) $T(x, y, z) = (x, x + y + z)$ b) $T(x, y, z) = (1, 1)$

**11.** a) $T(x, y, z) = (0, 0)$ b) $T(x, y, z) = (3x - 4y, 2x - 5z)$

**12.** Man bestimme mit Satz 4.3.3 die Standarddarstellungsmatrix folgender Operatoren:

a) Reflexionen im $R^2$ (Tabelle 4.2, Abschnitt 4.2),
b) Reflexionen im $R^3$ (Tabelle 4.3, Abschnitt 4.2),
c) Projektionen im $R^2$ (Tabelle 4.4, Abschnitt 4.2),
d) Projektionen im $R^3$ (Tabelle 4.5, Abschnitt 4.2),
e) Rotationen im $R^2$ (Tabelle 4.6, Abschnitt 4.2),
f) Dilationen und Kontraktionen im $R^3$ (Tabelle 4.9, Abschnitt 4.2).

**13.** Man bestimme die Darstellungsmatrix von $T: R^2 \to R^2$ mit Satz 4.3.3.

a) $T$ spiegelt die Orthogonalprojektion jedes Vektors auf die $x$-Achse an der $y$-Achse,
b) $T$ spiegelt zuerst an der Geraden $y = x$ und dann an der $x$-Achse,
c) $T$ streckt einen Vektor um den Faktor 3, spiegelt ihn dann an der Geraden $y = x$ und projiziert das Ergebnis auf die $y$-Achse.

**14.** Man bestimme die Darstellungsmatrix von $T: R^3 \to R^3$ mit Satz 4.3.3.

a) $T$ spiegelt Vektoren an der $xz$-Ebene und staucht das Ergebnis um den Faktor $k = \frac{1}{5}$,
b) $T$ projiziert jeden Vektor erst auf die $xz$- und dann auf die $xy$-Ebene,
c) $T$ spiegelt einen Vektor zuerst an der $xy$-, dann an der $xz$- und schließlich an der $yz$-Ebene.

**15.** Sei $T_A: R^3 \to R^3$ die Multiplikation mit

$$A = \begin{bmatrix} -1 & 3 & 0 \\ 2 & 1 & 2 \\ 4 & 5 & -3 \end{bmatrix}.$$

Man berechne für die Standardbasisvektoren $\mathbf{e}_1, \mathbf{e}_2$ und $\mathbf{e}_3$ die Ausdrücke

a) $T_A(\mathbf{e}_1), T_A(\mathbf{e}_2)$ und $T_A(\mathbf{e}_3)$ b) $T_A(\mathbf{e}_1 + \mathbf{e}_2 + \mathbf{e}_3)$ c) $T_A(7\mathbf{e}_3)$

**16.** Ist die Multiplikation mit $A$ injektiv?

a) $A = \begin{bmatrix} 1 & -1 \\ 2 & 0 \\ 3 & -4 \end{bmatrix}$ b) $A = \begin{bmatrix} 1 & 2 & 3 \\ -1 & 0 & -4 \end{bmatrix}$

**17.** Man bestimme mit Beispiel 6 die Orthogonalprojektion von $\mathbf{x}$ auf die Gerade, die durch den Ursprung verläuft und mit der positiven $x$-Achse den Winkel $\theta$ einschließt.

a) $\mathbf{x} = (-1, 2);\ \theta = 45°$ b) $\mathbf{x} = (1, 0);\ \theta = 30°$ c) $\mathbf{x} = (1, 5);\ \theta = 120°$

**18.** Man bestimme wie in Beispiel 8 die Eigenwerte und -vektoren von $T: R^2 \to R^2$ mit geometrischen und algebraischen Methoden.

a) $T$ ist die Spiegelung an der $x$-Achse,
b) $T$ ist die Spiegelung an der Geraden $y = x$,
c) $T$ ist die Orthogonalprojektion auf die $x$-Achse,
d) $T$ ist die Kontraktion um den Faktor $\frac{1}{2}$.

**19.** Man bestimme wie in Aufgabe 18 die Eigenwerte und -vektoren der folgendermaßen definierten Operatoren $T: R^3 \to R^3$:

a) Spiegelung an der $yz$-Ebene,
b) Orthogonalprojektion auf die $xz$-Ebene,
c) Dilation mit Faktor $k = 2$,
d) Rotation von 45° um die $z$-Achse.

**20.** a) Ist die Komposition injektiver Transformationen injektiv? Die Antwort ist zu begründen.
b) Kann die Komposition einer injektiven mit einer nichtinjektiven linearen Transformation injektiv sein? Die Antwort ist zu begründen.

**21.** Man zeige, daß $T(x, y) = (0, 0)$ einen linearen Operator auf $R^2$ definiert, hingegen $T(x, y) = (1, 1)$ nicht.

**22.** Man beweise, daß für eine lineare Transformation $T: R^n \to R^m$ $T(\mathbf{0}) = \mathbf{0}$ gilt. ($T$ bildet den Nullvektor des $R^n$ auf den Nullvektor des $R^m$ ab.)

**23.** Es sei $l$ die Gerade in der $xy$-Ebene, die durch den Ursprung verläuft und mit der positiven $x$-Achse den Winkel $\theta$ $(0 \leq \theta < \pi)$ einschließt, und sei $T: R^2 \to R^2$ die Spiegelung an $l$ (Abbildung 4.22).

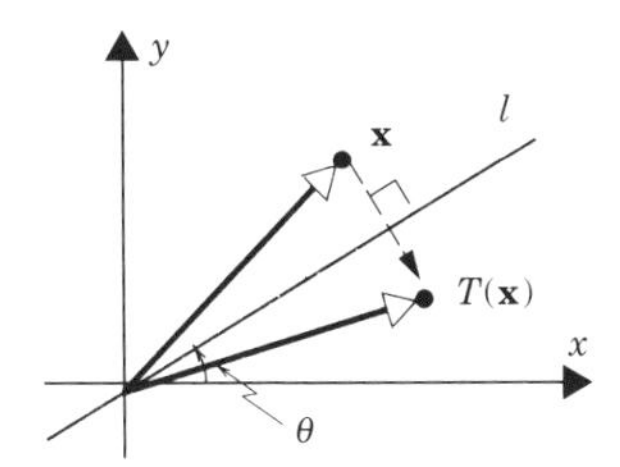


**Abb. 4.22**

a) Man bestimme mit der Methode aus Beispiel 6 die Standarddarstellungsmatrix von $T$.
b) Man berechne $T(\mathbf{x})$ für $\mathbf{x} = (1, 5)$ und $\theta = 30°$.

**24.** Man beweise: Eine $n \times n$-Matrix $A$ ist genau dann invertierbar, wenn das lineare System $A\mathbf{x} = \mathbf{w}$ für jeden Vektor $\mathbf{w}$, für den es konsistent ist, genau eine Lösung hat.

# 5 Allgemeine Vektorräume

## 5.1 Reelle Vektorräume

*Wir werden den Vektorbegriff verallgemeinern, indem wir einige Axiome aufstellen und alle Objekte, die ihnen genügen, als „Vektoren" bezeichnen. Die Axiome erhalten wir aus den für $R^n$ entwickelten Rechenregeln, also werden alle bisher betrachteten Vektoren Teil des neuen Konzepts sein, darüber hinaus können wir auch andere Objekte (etwa Matrizen und Funktionen) miteinbeziehen. Die folgenden Ausführungen sind keineswegs als mathematische Spielerei zu sehen, sondern liefern uns die Möglichkeit, die geometrische Anschauung aus Ebene und Raum auf andere Bereiche zu übertragen. So können wir zur Lösung von Problemen in allgemeinen Vektorräumen geometrische Ansätze verwenden, die sich bei Betrachtung ebener und räumlicher Vektoren ergeben, aber in abstrakten Matrizen- oder Funktionenräumen nicht ohne weiteres zur Verfügung stehen.*

### Vektorräume

**Definition.** Auf einer nichtleeren Menge $V$ seien eine ***Addition***, die je zwei Elementen $\mathbf{u}$ und $\mathbf{v}$ von $V$ ihre ***Summe*** $\mathbf{u}+\mathbf{v}$ zuordnet, und eine ***Multiplikation mit Skalaren***, die jedem Element $\mathbf{u}$ von $V$ und jedem Skalar $k$ das ***skalare Vielfache*** $k\mathbf{u}$ von $\mathbf{u}$ mit $k$ zuordnet, definiert. Gelten für alle Elemente $\mathbf{u}, \mathbf{v}$ und $\mathbf{w}$ von $V$ und alle Skalare $k$ und $l$ die folgenden Axiome, so heißt $V$ ***Vektorraum***; die Elemente von $V$ werden als ***Vektoren*** bezeichnet.

1) Gehören die Elemente $\mathbf{u}$ und $\mathbf{v}$ zu $V$, liegt auch $\mathbf{u}+\mathbf{v}$ in $V$.
2) $\mathbf{u}+\mathbf{v}=\mathbf{v}+\mathbf{u}$
3) $\mathbf{u}+(\mathbf{v}+\mathbf{w})=(\mathbf{u}+\mathbf{v})+\mathbf{w}$
4) Es gibt ein Element $\mathbf{0}$ in $V$, so daß für alle $\mathbf{u}\in V$ $\mathbf{0}+\mathbf{u}=\mathbf{u}+\mathbf{0}=\mathbf{u}$ gilt. ($\mathbf{0}$ heißt ***Nullvektor*** in $V$.)
5) Zu jedem $\mathbf{u}\in V$ gibt es ein ***negatives Element*** $-\mathbf{u}\in V$ mit $\mathbf{u}+(-\mathbf{u})=(-\mathbf{u})+\mathbf{u}=\mathbf{0}$. ($-\mathbf{u}$ heißt auch ***additives Inverses*** von $\mathbf{u}$.)
6) Ist $k$ ein Skalar und $\mathbf{u}$ ein Element aus $V$, so liegt $k\mathbf{u}$ in $V$.
7) $k(\mathbf{u}+\mathbf{v})=k\mathbf{u}+k\mathbf{v}$
8) $(k+l)\mathbf{u}=k\mathbf{u}+l\mathbf{u}$
9) $k(l\mathbf{u})=(kl)(\mathbf{u})$
10) $1\mathbf{u}=\mathbf{u}$

**Bemerkung.** Je nach Anwendung sind die Skalare reelle oder komplexe Zahlen, so daß wir ***reelle*** und ***komplexe Vektorräume*** unterscheiden. Wir betrachten zunächst nur reelle Skalare, bis wir uns in Kapitel 10 mit komplexen Vektorräumen beschäftigen.

Die Definition des Vektorraumes läßt offen, wie die Vektoren und die Rechenoperationen im einzelnen aussehen. Sie brauchen keine Ähnlichkeit mit den bisher betrachteten Objekten zu haben, solange sie die angegebenen Axiome erfüllen. Um diese Tatsache zu unterstreichen, kann man die Vektoraddition mit $\oplus$ und die Multiplikation mit Skalaren als $\odot$ bezeichnen, wir werden aber weiter die Symbole $+$ und $\cdot$ verwenden.

Wir wollen die Vielzahl der Möglichkeiten veranschaulichen, die unsere Definition bietet. Dazu geben wir jeweils eine nichtleere Menge $V$, eine Addition und eine Multiplikation mit Skalaren an und zeigen, daß alle Vektorraumaxiome erfüllt sind.

**Beispiel 1** $V = R^n$ mit den in Abschnitt 4.1 definierten Standardoperationen ist ein Vektorraum. Die Axiome 1 und 6 ergeben sich aus der Definition von Addition und Multiplikation, die übrigen Axiome folgen aus Satz 4.1.1.

Die wichtigsten Spezialfälle des vorangegangenen Beispiels sind die reellen Zahlen $\mathbf{R}$, die Ebene $R^2$ und der Raum $R^3$.

**Beispiel 2** Sei $V$ die Menge aller $2 \times 2$-Matrizen mit reellen Elementen. Man zeige, daß $V$ mit der Matrixaddition und der Multiplikation mit Skalaren ein Vektorraum ist.

*Lösung.* Wir werden die Vektorraumaxiome in leicht veränderter Reihenfolge nachweisen. Seien

$$\mathbf{u} = \begin{bmatrix} u_{11} & u_{12} \\ u_{21} & u_{22} \end{bmatrix} \quad \text{und} \quad \mathbf{v} = \begin{bmatrix} v_{11} & v_{12} \\ v_{21} & v_{22} \end{bmatrix}$$

beliebige Elemente von $V$. Wir zeigen zuerst, daß $\mathbf{u} + \mathbf{v}$ eine $2 \times 2$-Matrix ist, also in $V$ liegt. Nach Definition der Matrixaddition ist

$$\mathbf{u} + \mathbf{v} = \begin{bmatrix} u_{11} & u_{12} \\ u_{21} & u_{22} \end{bmatrix} + \begin{bmatrix} v_{11} & v_{12} \\ v_{21} & v_{22} \end{bmatrix} = \begin{bmatrix} u_{11} + v_{11} & u_{12} + v_{12} \\ u_{21} + v_{21} & u_{22} + v_{22} \end{bmatrix},$$

also ist Axiom 1 erfüllt. Ähnlich ergibt sich Axiom 6, denn für jede reelle Zahl $k$ ist

$$k\mathbf{u} = k\begin{bmatrix} u_{11} & u_{12} \\ u_{21} & u_{22} \end{bmatrix} = \begin{bmatrix} ku_{11} & ku_{12} \\ ku_{21} & ku_{22} \end{bmatrix}$$

eine $2 \times 2$-Matrix, also ein Element von $V$.

Axiom 2 folgt aus Satz 1.4.1 a) wegen

$$\mathbf{u} + \mathbf{v} = \begin{bmatrix} u_{11} & u_{12} \\ u_{21} & u_{22} \end{bmatrix} + \begin{bmatrix} v_{11} & v_{12} \\ v_{21} & v_{22} \end{bmatrix} = \begin{bmatrix} v_{11} & v_{12} \\ v_{21} & v_{22} \end{bmatrix} + \begin{bmatrix} u_{11} & u_{12} \\ u_{21} & u_{22} \end{bmatrix} = \mathbf{v} + \mathbf{u},$$

ebenso erhalten wir Axiome 3, 7, 8 und 9 aus Satz 1.4.1 b), h), j) und l).

Für die Axiome 4 und 5 definieren wir den Nullvektor in $V$ durch

$$\mathbf{0} = \begin{bmatrix} 0 & 0 \\ 0 & 0 \end{bmatrix}$$

und erhalten

$$\mathbf{0} + \mathbf{u} = \begin{bmatrix} 0 & 0 \\ 0 & 0 \end{bmatrix} + \begin{bmatrix} u_{11} & u_{12} \\ u_{21} & u_{22} \end{bmatrix} = \begin{bmatrix} u_{11} & u_{12} \\ u_{21} & u_{22} \end{bmatrix} = \mathbf{u}.$$

Analog ergibt sich $\mathbf{u} + \mathbf{0} = \mathbf{u}$. Setzen wir außerdem

$$-\mathbf{u} = \begin{bmatrix} -u_{11} & -u_{12} \\ -u_{21} & -u_{22} \end{bmatrix},$$

so ist

$$\mathbf{u} + (-\mathbf{u}) = \begin{bmatrix} u_{11} & u_{12} \\ u_{21} & u_{22} \end{bmatrix} + \begin{bmatrix} -u_{11} & -u_{12} \\ -u_{21} & -u_{22} \end{bmatrix} = \begin{bmatrix} 0 & 0 \\ 0 & 0 \end{bmatrix} = \mathbf{0}$$

sowie $(-\mathbf{u}) + \mathbf{u} = \mathbf{0}$. Schließlich ergibt sich Axiom 10 durch die Rechnung

$$1\mathbf{u} = 1\begin{bmatrix} u_{11} & u_{12} \\ u_{21} & u_{22} \end{bmatrix} = \begin{bmatrix} u_{11} & u_{12} \\ u_{21} & u_{22} \end{bmatrix} = \mathbf{u}.$$

**Beispiel 3** Mit den Überlegungen aus Beispiel 2 zeigt man, daß die Menge aller reellen $m \times n$-Matrizen mit den in Kapitel 1 definierten Operationen ein Vektorraum ist, den wir als $M_{mn}$ bezeichnen. Als Nullvektor in $M_{mn}$ erhalten wir die $m \times n$-Nullmatrix, das negative Element zu $U \in M_{mn}$ ist die Matrix $-U$.

**Beispiel 4** Sei $V$ die Menge aller auf $(-\infty, \infty)$ definierten reellwertigen Funktionen. Für zwei Elemente $\mathbf{f} = f(x)$ und $\mathbf{g} = g(x)$ aus $V$ und einen Skalar $k$ definieren wir die Summe $\mathbf{f} + \mathbf{g}$ und das skalare Vielfache $k\mathbf{f}$ durch

$$(\mathbf{f} + \mathbf{g})(x) = f(x) + g(x)$$
$$(k\mathbf{f})(x) = kf(x).$$

Man erhält den Funktionswert von $\mathbf{f} + \mathbf{g}$ an einer Stelle $x$ durch reelle Addition der Werte von $\mathbf{f}$ und $\mathbf{g}$ bei $x$ (Abbildung 5.1a), analog ergibt sich $k\mathbf{f}$ an der Stelle $x$ durch reelle Multiplikation von $k$ mit dem Funktionswert $f(x)$ (Abbildung 5.1b); die Operationen sind also *punktweise* definiert. $V$ ist ein Vektorraum (der Beweis soll in einer Übungsaufgabe erfolgen), wir bezeichnen ihn mit $F(-\infty, \infty)$. Für Vektoren $\mathbf{f}$ und $\mathbf{g}$ in diesem Raum gilt genau dann $\mathbf{f} = \mathbf{g}$, wenn $f(x) = g(x)$ für alle $x \in (-\infty, \infty)$ ist.

Der Nullvektor in $F(-\infty, \infty)$ ist die konstante Funktion, die jedes $x$ auf 0 abbildet, ihr Graph ist die $x$-Achse. Als negativer Vektor zu $\mathbf{f}$ ergibt sich $-\mathbf{f} = f(x)$, den man durch Spiegelung des Graphen von $\mathbf{f}$ an der $x$-Achse erhält (Abbildung 5.1c).

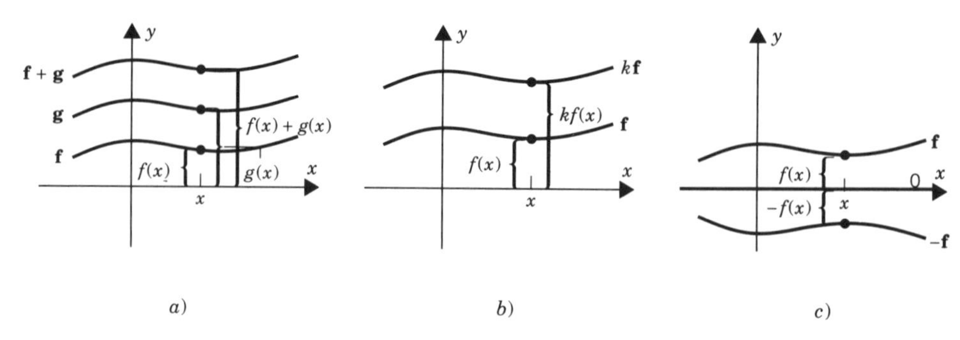


**Abb. 5.1**

**Bemerkung.** Wir können im letzten Beispiel auch die auf einem offenen oder abgeschlossenen Intervall $(a, b)$ oder $[a, b]$ definierten Funktionen betrachten. Wir erhalten dann ebenfalls einen Vektorraum, den wir als $F(a, b)$ oder $F[a, b]$ bezeichnen.

**Beispiel 5** Wir betrachten auf $V = R^2$ die übliche Addition

$$\mathbf{u} + \mathbf{v} = (u_1 + v_1, u_2 + v_2)$$

für $\mathbf{u} = (u_1, u_2), \mathbf{v} = (v_1, v_2)$ und definieren eine Multiplikation mit Skalaren durch

$$k\mathbf{u} = (ku_1, 0)$$

für $\mathbf{u} = (u_1, u_2) \in V$ und einen Skalar $k$. Für $\mathbf{u} = (2, 4), \mathbf{v} = (-3, 5)$ und $k = 7$ ergibt sich also

$$\mathbf{u} + \mathbf{v} = (2 + (-3), 4 + 5) = (-1, 9)$$
$$k\mathbf{u} = 7\mathbf{u} = (7 \cdot 2, 0) = (14, 0).$$

In den Übungen soll gezeigt werden, daß die Axiome 1–9 erfüllt sind. Axiom 10 gilt nicht für alle Vektoren $\mathbf{u}$, denn für $\mathbf{u} = (u_1, u_2)$ mit $u_2 = 0$ ist

$$1\mathbf{u} = 1(u_1, u_2) = (1 \cdot u_1, 0) = (u_1, 0) \neq \mathbf{u}.$$

$V$ ist also kein Vektorraum.

**Beispiel 6** Wir betrachten eine durch den Ursprung verlaufende Ebene $V$ im $R^3$ mit den Standardoperationen des $R^3$. Nach Beispiel 1 ist $R^3$ ein Vektorraum, also erfüllen seine Elemente (und damit auch die in $V$ liegenden) die Axiome 2, 3, 7, 8, 9 und 10. $V$ wird durch eine Gleichung der Form

$$ax + by + cz = 0 \tag{1}$$

beschrieben (vergleiche Satz 3.5.1). Für Vektoren $\mathbf{u} = (u_1, u_2, u_3)$ und $\mathbf{v} = (v_1, v_2, v_3)$ aus $V$ folgt $au_1 + bu_2 + cu_3 = 0$ und $av_1 + bv_2 + cv_3 = 0$, woraus sich durch Addition

$$a(u_1 + v_1) + b(u_2 + v_2) + c(u_3 + v_3) = 0$$

ergibt. Das bedeutet, daß die Komponenten von

$$\mathbf{u} + \mathbf{v} = (u_1 + v_1, u_2 + v_2, u_3 + v_3)$$

die Gleichung (1) erfüllen, also liegt die Summe $\mathbf{u} + \mathbf{v}$ in $V$, womit wir Axiom 1 bewiesen haben. Wir werden noch Axiom 5 verifizieren, die Axiome 4 und 6 überlassen wir dem Leser als Übung. Aus $au_1 + bu_2 + cu_3 = 0$ ergibt sich durch Multiplikation mit $-1$

$$a(-u_1) + b(-u_2) + c(-u_3) = 0,$$

also liegt mit $\mathbf{u}$ auch $-\mathbf{u} = (-u_1, -u_2, -u_3)$ in $V$. Damit haben wir gezeigt, daß $V$ ein Vektorraum ist.

**Beispiel 7** Die Menge $V$ enthalte nur ein Element, das wir mit $\mathbf{0}$ bezeichnen. Definieren wir

$$\mathbf{0} + \mathbf{0} = \mathbf{0}$$
$$k\mathbf{0} = \mathbf{0}$$

für alle Skalare $k$, so erfüllt $V$ die Vektorraumaxiome. $V$ heißt ***Nullvektorraum.***

## Eigenschaften von Vektoren

Wir werden später noch weitere Vektorräume als Beispiele erhalten. Zum Schluß dieses Abschnitts geben wir einen Satz an, in dem wichtige Vektoreigenschaften zusammengestellt werden.

**Satz 5.1.1.** *Sei $V$ ein Vektorraum, $\mathbf{u}$ ein Vektor aus $V$ und $k$ ein Skalar. Dann gelten:*

*a)* $0\mathbf{u} = \mathbf{0}$
*b)* $k\mathbf{0} = \mathbf{0}$
*c)* $(-1)\mathbf{u} = -\mathbf{u}$
*d) Aus* $k\mathbf{u} = \mathbf{0}$ *folgt* $k = 0$ *oder* $\mathbf{u} = \mathbf{0}$.

Wir beweisen a) und c); die übrigen Beweise sollen in einer Übungsaufgabe erfolgen.

**Beweis a).** Wir betrachten die Summe

$$0\mathbf{u} + 0\mathbf{u} = (0 + 0)\mathbf{u} \qquad \text{[Axiom 8]}$$
$$= 0\mathbf{u} \qquad \text{[Eigenschaft der Zahl 0].}$$

Nach Axiom 5 gibt es zu $0\mathbf{u}$ einen negativen Vektor $-0\mathbf{u}$. Durch Addition dieses Vektors zur oben betrachteten Gleichung ergibt sich

$$[0\mathbf{u} + 0\mathbf{u}] + (-0\mathbf{u}) = 0\mathbf{u} + (-0\mathbf{u}),$$

also ist

$$
\begin{aligned}
0\mathbf{u} + [0\mathbf{u} + (-0\mathbf{u})] &= 0\mathbf{u} + (-0\mathbf{u}) && \text{[Axiom 3]}\\
0\mathbf{u} + \mathbf{0} &= \mathbf{0} && \text{[Axiom 5]}\\
0\mathbf{u} &= \mathbf{0} && \text{[Axiom 4].}
\end{aligned}
$$

**Beweis c).** Wir müssen zeigen, daß $\mathbf{u} + (-1)\mathbf{u} = \mathbf{0}$ ist. Das folgt aber aus

$$
\begin{aligned}
\mathbf{u} + (-1)\mathbf{u} &= 1\mathbf{u} + (-1)\mathbf{u} && \text{[Axiom 10]}\\
&= (1 + (-1))\mathbf{u} && \text{[Axiom 8]}\\
&= 0\mathbf{u} && \text{[Eigenschaft reeller Zahlen]}\\
&= 0 && \text{[Teil a)].} \quad \square
\end{aligned}
$$

## Übungen zu 5.1

Man überprüfe für die Mengen in Aufgabe 1–13 alle Vektorraumaxiome.

**1.** Die Menge aller Tripel $(x, y, z)$ reeller Zahlen mit den Operationen

$$(x, y, z) + (x', y', z') = (x + x', y + y', z + z') \quad \text{und} \quad k(x, y, z) = (kx, y, z).$$

**2.** Die Menge aller reellen Zahlentripel $(x, y, z)$ mit

$$(x, y, z) + (x', y', z') = (x + x', y + y', z + z') \quad \text{und} \quad k(x, y, z) = (0, 0, 0).$$

**3.** Die Menge aller reellen Zahlenpaare $(x, y)$ mit

$$(x, y) + (x', y') = (x + x', y + y') \quad \text{und} \quad k(x, y) = (2kx, 2ky).$$

**4.** Die reellen Zahlen mit der Standardaddition und -multiplikation.

**5.** Alle reellen Zahlenpaare $(x, 0)$ mit den Standardoperationen des $R^2$.

**6.** Alle Paare $(x, y)$ reeller Zahlen, für die $x \geq 0$ gilt, mit den Standardoperationen des $R^2$.

**7.** Alle reellen $n$-Tupel $(x, x, \ldots, x)$ mit den Standardoperationen des $R^n$.

**8.** Die Menge aller reellen Zahlenpaare $(x, y)$ mit den Operationen

$$(x, y) + (x', y') = (x + x' + 1, y + y' + 1) \quad \text{und} \quad k(x, y) = (kx, ky).$$

**9.** Die Menge aller $2 \times 2$-Matrizen der Form

$$\begin{bmatrix} a & 1 \\ 1 & b \end{bmatrix}$$

mit der Matrixaddition und skalaren Multiplikation aus Kapitel 1.

**10.** Die $2 \times 2$-Matrizen

$$\begin{bmatrix} a & 0 \\ 0 & b \end{bmatrix}$$

mit den in Beispiel 2 definierten Operationen für $M_{22}$.

**11.** Die Menge aller auf $(-\infty, \infty)$ definierten reellwertigen Funktionen $\mathbf{f}$ mit $f(1) = 0$, zusammen mit den in Beispiel 4 definierten Operationen.

**12.** Alle $2 \times 2$-Matrizen der Gestalt

$$\begin{bmatrix} a & a+b \\ a+b & b \end{bmatrix}$$

mit Matrixaddition und Multiplikation mit Skalaren.

**13.** Die Menge, die als einziges Element den *Mond* enthält, mit den Operationen $Mond + Mond = Mond$ und $k(Mond) = Mond$ für alle Skalare $k$.

**14.** Man beweise, daß eine durch den Ursprung verlaufende Gerade im $R^3$ mit den Standardoperationen ein Vektorraum ist.

**15.** Man zeige, daß die reellen Zahlen mit den Operationen

$$x + y = xy \quad \text{und} \quad kx = x^k$$

einen Vektorraum bilden.

**16.** Man vervollständige Beispiel 4.

**17.** Man fülle die Lücken in Beispiel 6.

**18.** Man beweise Satz 5.1.1 b).

**19.** Man beweise Satz 5.1.1 d).

**20.** Man beweise, daß ein Vektorraum nicht mehr als einen Nullvektor enthalten kann.

**21.** Man zeige, daß es zu jedem Vektor genau einen negativen gibt.

**22.** Man verifiziere die Vektorraumaxiome 1–9 für den in Beispiel 5 angegebenen Raum.

# 5.2 Unterräume

*Wie wir in einigen Beispielen des letzten Abschnitts gesehen haben, können Vektorräume ineinander enthalten sein. Dieses Phänomen wollen wir jetzt genauer untersuchen.*

## Definition des Unterraumes

**Definition.** Eine Teilmenge $W$ eines Vektorraumes $V$ heißt ***Unterraum von*** $V$, wenn $W$ mit den Operationen auf $V$ ein Vektorraum ist.

Es ist nicht notwendig, alle Vektorraumaxiome für $W$ nachzuprüfen, da einige davon aus dem größeren Vektorraum $V$ übernommen werden können. So gilt etwa $\mathbf{u} + \mathbf{v} = \mathbf{v} + \mathbf{u}$ (Axiom 2) bereits für alle Vektoren aus $V$, folglich auch für die Elemente von $W$. Ebenso übertragen sich die Axiome 3, 7, 8, 9 und 10, so daß nur 1, 4, 5 und 6 für $W$ zu verifizieren sind. Nach dem folgenden Satz kann man sich sogar auf die Überprüfung der Axiome 1 und 6 beschränken.

**Satz 5.2.1.** *Sei $W$ eine nichtleere Teilmenge des Vektorraumes $V$. $W$ ist genau dann ein Unterraum von $V$, wenn folgende Bedingungen gelten:*

*a) Liegen $\mathbf{u}$ und $\mathbf{v}$ in $W$, liegt auch die Summe $\mathbf{u} + \mathbf{v}$ in $W$.*
*b) Mit $\mathbf{u}$ liegt für jeden Skalar $k$ das skalare Vielfache $k\mathbf{u}$ in $W$.*

**Beweis.** Ist $W$ ein Unterraum von $V$, so gelten alle Vektorraumaxiome in $W$, also insbesondere die Axiome 1 und 6, die mit den Bedingungen a) und b) übereinstimmen.

Nehmen wir umgekehrt an, daß $W$ die Bedingungen a) und b) (also die Axiome 1 und 6) erfüllt, so müssen wir die verbleibenden Vektorraumaxiome für $W$ verifizieren. Wie wir oben gesehen haben, übertragen sich die Axiome 2, 3, 7, 8, 9 und 10 aus dem darüberliegenden Vektorraum $V$, so daß wir uns nur noch mit 4 und 5 beschäftigen müssen.

Sei dazu $\mathbf{u}$ ein Vektor in $W$. Setzen wir in b) $k = 0$, so liegt $0\mathbf{u} = \mathbf{0}$ in $W$ (Axiom 4); mit $k = -1$ ist $(-1)\mathbf{u} = -\mathbf{u}$ ein Element von $W$ (Axiom 5). □

**Bemerkung.** Eine nichtleere Teilmenge $W$ eines Vektorraumes $V$ heißt ***abgeschlossen unter der Addition***, wenn sie Bedingung a), und ***abgeschlossen unter der Multiplikation mit Skalaren***, wenn sie Bedingung b) aus Satz 5.2.1 erfüllt. Also ist *$W$ genau dann ein Unterraum von $V$, wenn $W$ unter Addition und Multiplikation mit Skalaren abgeschlossen ist.*

**Beispiel 1** In Beispiel 6 des letzten Abschnitts haben wir gezeigt, daß eine durch den Ursprung verlaufende Ebene $W$ ein Unterraum des $R^3$ ist. Nach Satz 5.2.1 war es unnötig, dazu alle Vektorraumaxiome nachzuprüfen; es hätte vielmehr genügt, die Abgeschlossenheit der Ebene unter den Standardoperationen

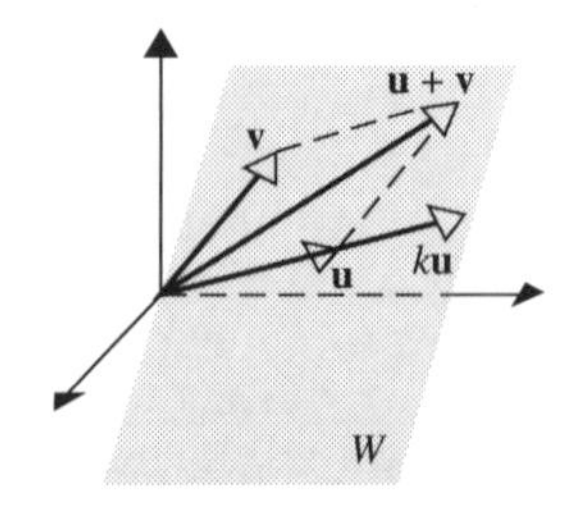


**Abb. 5.2** Die Vektoren $\mathbf{u} + \mathbf{v}$ und $k\mathbf{u}$ liegen in der gleichen Ebene wie $\mathbf{u}$ und $\mathbf{v}$.

nachzuweisen. Das kann durch geometrische Argumente erfolgen: Seien **u** und **v** Vektoren in der Ebene $W$. Da $\mathbf{u}+\mathbf{v}$ die Diagonale des von **u** und **v** aufgespannten Parallelogramms ist, liegt $\mathbf{u}+\mathbf{v}$ in $W$; außerdem liegt für einen Skalar $k$ der Vektor $k\mathbf{u}$ auf derselben Geraden wie **u**, also in $W$ (Abbildung 5.2). Folglich ist $W$ unter Addition und Multiplikation mit Skalaren abgeschlossen.

**Beispiel 2** Sei $W$ eine durch den Ursprung verlaufende Gerade im $R^3$. Man zeige, daß $W$ ein Unterraum des $R^3$ ist.

*Lösung.* Es ist anschaulich klar, daß Summen und skalare Vielfache von Vektoren aus $W$ wieder auf der Geraden $W$ liegen (Abbildung 5.3). Also ist $W$ abgeschlossen unter den Standardoperationen und damit ein Unterraum des $R^3$. In den Übungen soll der entsprechende algebraische Beweis mit Hilfe der Parametergleichungen von $W$ geführt werden.

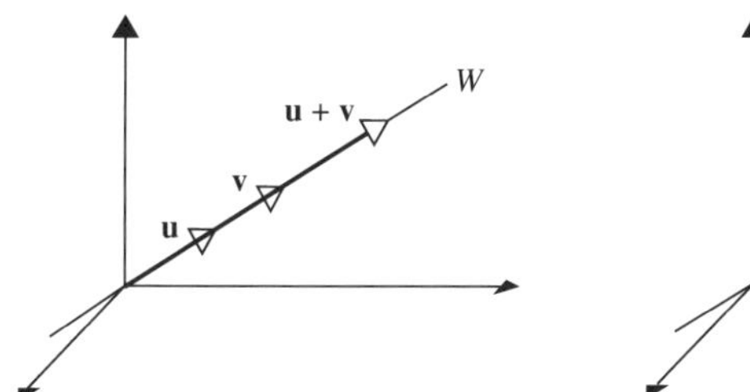


$W$ ist abgeschlossen unter der Addition.

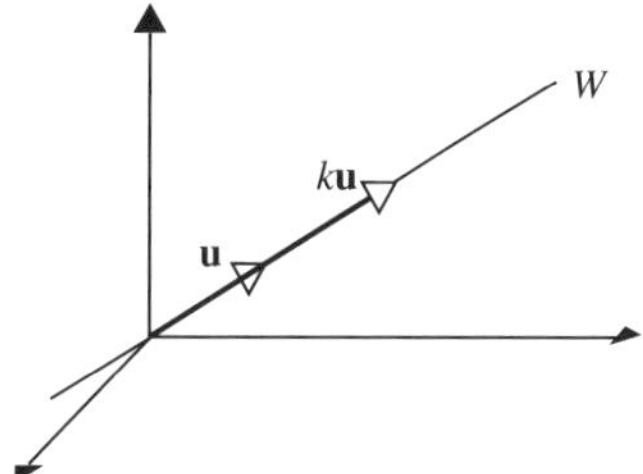


$W$ ist abgeschlossen unter der Multiplikation mit Skalaren.

**Abb. 5.3**

**Beispiel 3** Sei $W$ die Menge aller Punkte $(x, y)$ im $R^2$ mit $x \geq 0$ und $y \geq 0$. ($W$ ist dann der erste Quadrant in der Ebene.) $W$ ist nicht abgeschlossen unter der Multiplikation mit Skalaren, da beispielsweise $\mathbf{v} = (1, 1)$ in $W$ liegt, aber das skalare Vielfache $(-1)\mathbf{v} = -\mathbf{v} = (-1, -1)$ nicht (Abbildung 5.4). Also ist $W$ kein Unterraum des $R^2$.

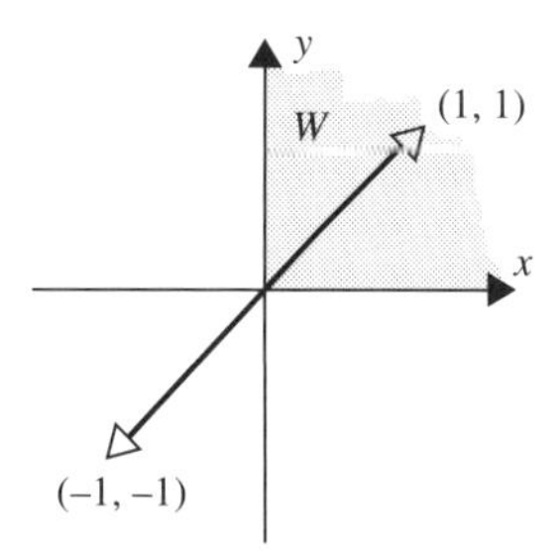


**Abb. 5.4** $W$ ist nicht abgeschlossen unter der Multiplikation mit Skalaren.

Jeder vom Nullraum verschiedene Vektorraum $V$ enthält mindestens zwei ***triviale Unterräume***: den ganzen Raum $V$ und den ***Nullunterraum*** $\{\mathbf{0}\}$, der nur den

Nullvektor aus $V$ enthält. Zusammen mit den Beispielen 1 und 2 erhalten wir folgende Unterräume von $R^2$ und $R^3$:

**Unterräume des** $R^2$

- $\{\mathbf{0}\}$
- Geraden durch den Ursprung
- $R^2$

**Unterräume des** $R^3$

- $\{\mathbf{0}\}$
- Geraden durch den Ursprung
- Ebenen durch den Ursprung
- $R^3$

Wir werden später zeigen, daß das bereits alle Unterräume von $R^2$ und $R^3$ sind.

**Beispiel 4** Nach Satz 1.7.2 sind Summen und skalare Vielfache symmetrischer Matrizen wieder symmetrisch, also ist die Menge der symmetrischen $n \times n$-Matrizen ein Unterraum von $M_{nn}$. Ebenso bilden die oberen $n \times n$-Dreiecksmatrizen, die unteren $n \times n$-Dreiecksmatrizen und die $n \times n$-Diagonalmatrizen Unterräume von $M_{nn}$, da sie bezüglich der Addition und Multiplikation mit Skalaren abgeschlossen sind.

**Beispiel 5** Sei $n$ eine natürliche Zahl und $P_n$ die Menge aller Polynome

$$p(x) = a_0 + a_1 x + \cdots + a_n x^n \tag{1}$$

mit reellen Koeffizienten $a_0, a_1, \ldots, a_n$, deren Grad höchstens $n$ ist. $P_n$ ist ein Unterraum von $F(-\infty, \infty)$, denn für die durch

$$p(x) = a_0 + a_1 x + \cdots + a_n x^n$$

und

$$q(x) = b_0 + b_1 x + \cdots + b_n x^n$$

gegebenen Polynome $\mathbf{p}$ und $\mathbf{q}$ sind

$$(\mathbf{p} + \mathbf{q})(x) = p(x) + q(x) = (a_0 + b_0) + (a_1 + b_1)x + \cdots + (a_n + b_n)x^n$$

und

$$(k\,\mathbf{p})(x) = kp(x) = (ka_0) + (ka_1)x + \cdots + (ka_n)x^n$$

wieder Elemente von $P_n$.

**Beispiel 6** (*Für Leser mit Analysiskenntnissen.*) Sind $\mathbf{f}$ und $\mathbf{g}$ stetige Funktionen auf $(-\infty, \infty)$ und $k$ eine Konstante, so sind auch $\mathbf{f} + \mathbf{g}$ und $k\mathbf{f}$ stetig. Die Menge $C(-\infty, \infty)$ der auf $(-\infty, \infty)$ definierten, stetigen Funktionen ist abgeschlossen unter Addition und Multiplikation mit Skalaren, also ein Unterraum von $F(-\infty, \infty)$. Mit $\mathbf{f}$ und $\mathbf{g}$ sind auch $\mathbf{f} + \mathbf{g}$ und $k\mathbf{f}$ differenzierbar, also ist die

Menge $C^1(-\infty, \infty)$ der einmal stetig differenzierbaren Funktionen auf $(-\infty, \infty)$ ebenfalls ein Unterraum von $F(-\infty, \infty)$. Da jede differenzierbare Funktion stetig ist, bildet $C^1(-\infty, \infty)$ sogar einen Unterraum von $C(-\infty, \infty)$.

Mit derselben Argumentation ergibt sich, daß die Menge $C^m(-\infty, \infty)$ der $m$-fach stetig differenzierbaren Funktionen auf $(-\infty, \infty)$ und die Menge $C^\infty(-\infty, \infty)$ der unendlich oft stetig differenzierbaren Funktionen auf $(-\infty, \infty)$ Unterräume von $C^1(-\infty, \infty)$ sind. Da Polynome beliebig oft differenzierbar sind, bildet $P_n$ einen Unterraum von $C^\infty(-\infty, \infty)$. Zusammenfassend erhalten wir die aufsteigende Kette von Unterräumen $P_n \subset C^\infty(-\infty, \infty) \subset C^m(-\infty, \infty) \subset C^1(-\infty, \infty) \subset C(-\infty, \infty) \subset F(-\infty, \infty)$ (Abbildung 5.5).

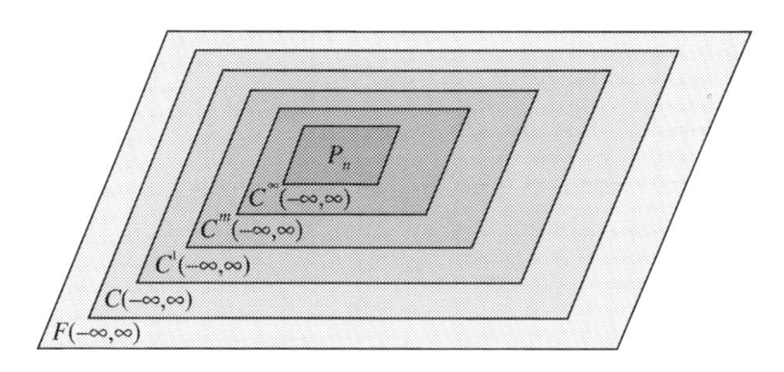


**Abb. 5.5**

**Bemerkung.** Wir können auch Intervalle $[a, b]$ oder $(a, b)$ anstelle von $(-\infty, \infty)$ betrachten. Wir erhalten die gleichen Ergebnisse für die Mengen $C[a, b], C^m[a, b]$ und $C^\infty[a, b]$ beziehungsweise $C(a, b), C^m(a, b)$ und $C^\infty(a, b)$.

## Lösungsräume homogener Systeme

Ein Vektor $\mathbf{x}$ heißt ***Lösungsvektor*** des linearen Gleichungssystems $A\mathbf{x} = \mathbf{b}$, wenn er die Gleichung erfüllt. Der folgende Satz besagt, daß die Lösungen eines *homogenen* Systems einen Vektorraum bilden, den wir als ***Lösungsraum*** des Systems bezeichnen.

**Satz 5.2.2.** *Ist $A\mathbf{x} = \mathbf{0}$ ein homogenes System von m Gleichungen mit n Unbekannten, so bildet die Menge der Lösungsvektoren einen Unterraum des $R^n$.*

**Beweis.** Die Menge $W$ der Lösungsvektoren ist nicht leer, da sie mindestens den Nullvektor $\mathbf{0}$ enthält. Wir müssen zeigen, daß $W$ unter den Standardoperationen des $R^n$ abgeschlossen ist. Sind $\mathbf{x}$ und $\mathbf{x}'$ Vektoren aus $W$ und $k$ ein Skalar, so gelten

$$A\mathbf{x} = \mathbf{0} \quad \text{und} \quad A\mathbf{x}' = \mathbf{0}$$

also

$$A(\mathbf{x} + \mathbf{x}') = A\mathbf{x} + A\mathbf{x}' = \mathbf{0} + \mathbf{0} = \mathbf{0}$$

und

$$A(k\mathbf{x}) = kA\mathbf{x} = k\mathbf{0} = \mathbf{0}.$$

Folglich sind $\mathbf{x}+\mathbf{x}'$ und $k\mathbf{x}$ Lösungsvektoren des Systems, also in $W$ enthalten. □

**Beispiel 7** Wir betrachten die Systeme

$$\text{a)} \begin{bmatrix} 1 & -2 & 3 \\ 2 & -4 & 6 \\ 3 & -6 & 9 \end{bmatrix} \begin{bmatrix} x \\ y \\ z \end{bmatrix} = \begin{bmatrix} 0 \\ 0 \\ 0 \end{bmatrix} \qquad \text{b)} \begin{bmatrix} 1 & -2 & 3 \\ -3 & 7 & -8 \\ -2 & 4 & -6 \end{bmatrix} \begin{bmatrix} x \\ y \\ z \end{bmatrix} = \begin{bmatrix} 0 \\ 0 \\ 0 \end{bmatrix}$$

$$\text{c)} \begin{bmatrix} 1 & -2 & 3 \\ -3 & 7 & -8 \\ 4 & 1 & 2 \end{bmatrix} \begin{bmatrix} x \\ y \\ z \end{bmatrix} = \begin{bmatrix} 0 \\ 0 \\ 0 \end{bmatrix} \qquad \text{d)} \begin{bmatrix} 0 & 0 & 0 \\ 0 & 0 & 0 \\ 0 & 0 & 0 \end{bmatrix} \begin{bmatrix} x \\ y \\ z \end{bmatrix} = \begin{bmatrix} 0 \\ 0 \\ 0 \end{bmatrix},$$

deren Lösungen Unterräume des $R^3$ bilden. Geometrisch gesehen handelt es sich also um den Ursprung, Geraden oder Ebenen durch den Ursprung oder den ganzen Raum.

*Lösung a).* Das System hat die Lösungen

$$x = 2s - 3t, \quad y = s, \quad z = t,$$

aus denen sich die Ebenengleichung

$$x = 2y - 3z \quad \text{oder} \quad x - 2y + 3z = 0$$

ergibt. Der Lösungsraum ist die zu $\mathbf{n} = (1, -2, 3)$ senkrechte Ebene durch den Ursprung.

*Lösung b).* Die Lösungen sind

$$x = -5t, \quad y = -t, \quad z = t,$$

wodurch eine durch den Ursprung verlaufende Gerade parallel zu $\mathbf{v} = (-5, -1, 1)$ beschrieben wird.

*Lösung c).* Das System hat nur die triviale Lösung $x = y = z = 0$, also ist der Lösungsraum $\{\mathbf{0}\}$.

*Lösung d).* Da für beliebige $r, s$ und $t$

$$x = r, \quad y = s, \quad z = t$$

das System löst, ist $R^3$ der Lösungsraum.

## Linearkombinationen

Wir übertragen das in Abschnitt 1.3 definierte Konzept auf abstrakte Vektoren.

**Definition.** Ein Vektor $\mathbf{w}$ heißt ***Linearkombination*** der Vektoren $\mathbf{v}_1, \mathbf{v}_2, \ldots, \mathbf{v}_r$, wenn es Skalare $k_1, k_2, \ldots, k_r$ gibt, so daß gilt:

$$\mathbf{w} = k_1\mathbf{v}_1 + k_2\mathbf{v}_2 + \cdots + k_r\mathbf{v}_r.$$

**Bemerkung.** Für $r = 1$ erhalten wir die Gleichung $\mathbf{w} = k_1\mathbf{v}_1$, also ist $\mathbf{w}$ eine Linearkombination des Vektors $\mathbf{v}_1$, wenn er ein skalares Vielfaches von $\mathbf{v}_1$ ist.

**Beispiel 8** Jeder Vektor $\mathbf{v} = (a, b, c)$ aus $R^3$ ist eine Linearkombination der Standardbasisvektoren

$$\mathbf{i} = (1, 0, 0), \quad \mathbf{j} = (0, 1, 0), \quad \mathbf{k} = (0, 0, 1),$$

denn

$$\mathbf{v} = (a, b, c) = a(1, 0, 0) + b(0, 1, 0) + c(0, 0, 1) = a\mathbf{i} + b\mathbf{j} + c\mathbf{k}.$$

**Beispiel 9** Seien $\mathbf{u} = (1, 2, -1)$ und $\mathbf{v} = (6, 4, 2)$. Man zeige, daß $\mathbf{w} = (9, 2, 7)$ eine Linearkombination von $\mathbf{u}$ und $\mathbf{v}$ ist, aber $\mathbf{w}' = (4, -1, 8)$ nicht.

*Lösung.* Um zu zeigen, daß $\mathbf{w}$ Linearkombination von $\mathbf{u}$ und $\mathbf{v}$ ist, müssen wir Skalare $k_1$ und $k_2$ bestimmen mit

$$(9, 2, 7) = k_1(1, 2, -1) + k_2(6, 4, 2)$$

oder

$$(9, 2, 7) = (k_1 + 6k_2, 2k_1 + 4k_2, -k_1 + 2k_2),$$

woraus sich das Gleichungssystem

$$\begin{aligned} k_1 + 6k_2 &= 9 \\ 2k_1 + 4k_2 &= 2 \\ -k_1 + 2k_2 &= 7 \end{aligned}$$

mit den Lösungen $k_1 = -3$ und $k_2 = 2$ ergibt. Also ist

$$\mathbf{w} = -3\mathbf{u} + 2\mathbf{v}.$$

Um $\mathbf{w}'$ als Linearkombination von $\mathbf{u}$ und $\mathbf{v}$ darzustellen, suchen wir $k_1$ und $k_2$ mit

$$(4, -1, 8) = k_1(1, 2, -1) + k_2(6, 4, 2)$$

beziehungsweise

$$(4, -1, 8) = (k_1 + 6k_2, 2k_1 + 4k_2, -k_1 + 2k_2),$$

woraus sich das inkonsistente System

$$\begin{aligned} k_1 + 6k_2 &= 4 \\ 2k_1 + 4k_2 &= -1 \\ -k_1 + 2k_2 &= 8 \end{aligned}$$

ergibt. (Der Leser möge das verifizieren.) $\mathbf{w}'$ ist also keine Linearkombination von $\mathbf{u}$ und $\mathbf{v}$.

## Lineare Hülle

Im allgemeinen läßt sich nicht jedes Element eines Vektorraumes $V$ als Linearkombination vorgegebener Vektoren $\mathbf{v}_1, \mathbf{v}_2, \ldots, \mathbf{v}_r$ darstellen. Wir untersuchen jetzt die Menge $W$ aller Linearkombinationen von $\mathbf{v}_1, \mathbf{v}_2, \ldots, \mathbf{v}_r$.

**Satz 5.2.3.** *Für Elemente $\mathbf{v}_1, \mathbf{v}_2, \ldots, \mathbf{v}_r$ eines Vektorraumes $V$ gilt:*

*a) Die Menge $W$ aller Linearkombinationen von $\mathbf{v}_1, \mathbf{v}_2, \ldots, \mathbf{v}_r$ bildet einen Unterraum von $V$.*
*b) $W$ ist der kleinste Unterraum von $V$, der $\mathbf{v}_1, \mathbf{v}_2, \ldots, \mathbf{v}_r$ enthält. (Das bedeutet, daß jeder Unterraum von $V$ mit $\mathbf{v}_1, \mathbf{v}_2, \ldots, \mathbf{v}_r$ auch $W$ enthält.)*

**Beweis a).** Wir zeigen, daß $W$ unter der Addition und der Multiplikation mit Skalaren abgeschlossen ist. Zunächst enthält $W$ wegen $\mathbf{0} = 0\mathbf{v}_1 + 0\mathbf{v}_2 + \cdots + 0\mathbf{v}_r$ mindestens den Nullvektor $\mathbf{0}$. Zwei Elemente $\mathbf{u}$ und $\mathbf{v}$ von $W$ lassen sich darstellen als

$$\mathbf{u} = c_1\mathbf{v}_1 + c_2\mathbf{v}_2 + \cdots + c_r\mathbf{v}_r$$

und

$$\mathbf{v} = k_1\mathbf{v}_1 + k_2\mathbf{v}_2 + \cdots + k_r\mathbf{v}_r$$

mit Skalaren $c_1, c_2, \ldots, c_r$ und $k_1, k_2, \ldots, k_r$. Damit sind

$$\mathbf{u} + \mathbf{v} = (c_1 + k_1)\mathbf{v}_1 + (c_2 + k_2)\mathbf{v}_2 + \cdots + (c_r + k_r)\mathbf{v}_r$$

und

$$k\mathbf{u} = (kc_1)\mathbf{v}_1 + (kc_2)\mathbf{v}_2 + \cdots + (kc_r)\mathbf{v}_r$$

für jeden Skalar $k$, folglich liegen $\mathbf{u} + \mathbf{v}$ und $k\mathbf{u}$ als Linearkombinationen von $\mathbf{v}_1, \mathbf{v}_2, \ldots, \mathbf{v}_r$ in $W$.

**Beweis b).** Jeder Vektor $\mathbf{v}_i, i = 1, 2, \ldots, r$, ist wegen

$$\mathbf{v}_i = 0\mathbf{v}_1 + 0\mathbf{v}_2 + \cdots + 1\mathbf{v}_i + \cdots + 0\mathbf{v}_r$$

Linearkombination von $\mathbf{v}_1, \mathbf{v}_2, \ldots, \mathbf{v}_r$, also in $W$ enthalten. Sei $W'$ ein Unterraum von $V$, der $\mathbf{v}_1, \mathbf{v}_2, \ldots, \mathbf{v}_r$ enthält. Da $W'$ unter den Operationen von $V$ abgeschlossen ist, liegen alle Linearkombination von $\mathbf{v}_1, \mathbf{v}_2, \ldots, \mathbf{v}_r$ (also alle Elemente von $W$) bereits in $W'$. □

**Definition.** Sei $S = \{\mathbf{v}_1, \mathbf{v}_2, \ldots, \mathbf{v}_r\}$ eine Teilmenge des Vektorraumes $V$ und $W$ der Unterraum von $V$, der aus den Linearkombinationen von $\mathbf{v}_1, \mathbf{v}_2, \ldots, \mathbf{v}_r$ besteht. $W$ wird von $\mathbf{v}_1, \mathbf{v}_2, \ldots, \mathbf{v}_r$ ***aufgespannt*** oder ***erzeugt*** und mit

$$W = \operatorname{span}(S) \quad \text{oder} \quad W = \operatorname{span}\{\mathbf{v}_1, \mathbf{v}_2, \ldots, \mathbf{v}_r\}$$

bezeichnet. Die Menge $S$ heißt ***Erzeugendensystem*** von $W$. $W$ heißt *lineare* ***Hülle*** von $\mathbf{v}_1, \mathbf{v}_2, \ldots, \mathbf{v}_r$.

**Beispiel 10** Zwei nicht kollineare Vektoren $\mathbf{v}_1$ und $\mathbf{v}_2$ im $R^3$ spannen eine Ebene durch den Ursprung auf (Abbildung 5.6a). Die lineare Hülle eines von Null verschiedenen Vektors $\mathbf{v}$ aus $R^2$ oder $R^3$ ist die zu $\mathbf{v}$ parallele Gerade durch den Ursprung (Abbildung 5.6b).

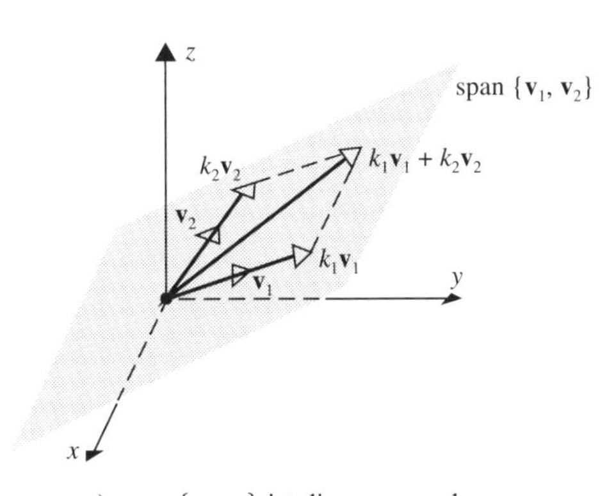


a) span $\{\mathbf{v}_1, \mathbf{v}_2\}$ ist die von $\mathbf{v}$ und $\mathbf{v}_2$ erzeugte Ebene durch den Ursprung.

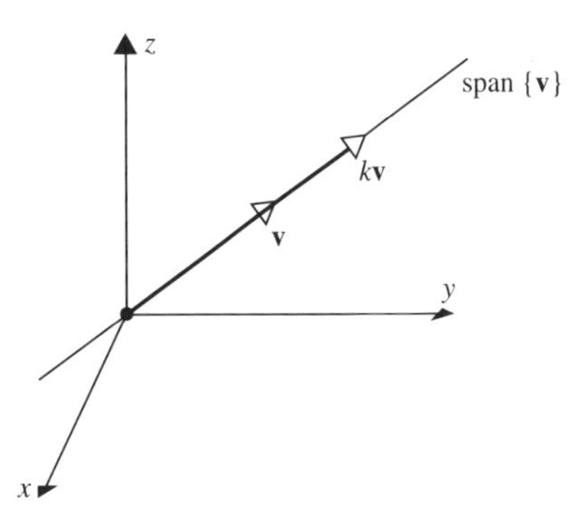


b) span $\{\mathbf{v}\}$ ist die von $\mathbf{v}$ erzeugte Gerade durch den Ursprung.

**Abb 5.6**

**Beispiel 11** Die Polynome $1, x, x^2, \ldots, x^n$ spannen den Vektorraum $P_n$ auf. Jedes Polynom $\mathbf{p}$ aus $P_n$ ist eine Linearkombination

$$\mathbf{p} = a_0 + a_1 x + \cdots + a_n x^n$$

von $1, x, x^2, \ldots, x^n$, also gilt

$$P_n = \text{span}\,\{1, x, x^2, \ldots, x^n\}.$$

**Beispiel 12** Spannen die Vektoren $\mathbf{v}_1 = (1, 1, 2), \mathbf{v}_2 = (1, 0, 1)$ und $\mathbf{v}_3 = (2, 1, 3)$ den gesamten $R^3$ auf?

*Lösung.* Wir müssen überprüfen, ob sich ein beliebiger Vektor $\mathbf{b} = (b_1, b_2, b_3)$ als Linearkombination

$$\mathbf{b} = k_1\mathbf{v}_1 + k_2\mathbf{v}_2 + k_3\mathbf{v}_3$$

schreiben läßt. In Komponentenschreibweise ergibt sich

$$(b_1, b_2, b_3) = k_1(1, 1, 2) + k_2(1, 0, 1) + k_3(2, 1, 3)$$

oder

$$(b_1, b_2, b_3) = (k_1 + k_2 + 2k_3, k_1 + k_3, 2k_1 + k_2 + 3k_3),$$

also

$$\begin{aligned} k_1 + k_2 + 2k_3 &= b_1 \\ k_1 \qquad + k_3 &= b_2 \\ 2k_1 + k_2 + 3k_3 &= b_3. \end{aligned}$$

Wir müssen feststellen, ob dieses System für alle $b_1, b_2, b_3$ konsistent ist, was nach Satz 4.3.4 äquivalent zur Invertierbarkeit der Koeffizientenmatrix

$$A = \begin{bmatrix} 1 & 1 & 2 \\ 1 & 0 & 1 \\ 2 & 1 & 3 \end{bmatrix}$$

ist. Wegen $\det(A) = 0$ ist das nicht der Fall, also spannen $\mathbf{v}_1, \mathbf{v}_2$ und $\mathbf{v}_3$ nicht den $R^3$ auf.

Die erzeugende Menge eines Unterraumes ist nicht eindeutig bestimmt. So wird die Ebene aus Abbildung 5.6 von jedem in ihr liegenden Paar nicht kollinearer Vektoren aufgespannt, während die Gerade von jedem von Null verschiedenen skalaren Vielfachen von $\mathbf{v}$ erzeugt wird.

**Satz 5.2.4.** *Für Teilmengen $S = \{\mathbf{v}_1, \mathbf{v}_2, \ldots, \mathbf{v}_r\}$ und $S' = \{\mathbf{w}_1, \mathbf{w}_2, \ldots, \mathbf{w}_k\}$ des Vektorraumes $V$ gilt genau dann*

$$\mathit{span}\,\{\mathbf{v}_1, \mathbf{v}_2, \ldots, \mathbf{v}_r\} = \mathit{span}\,\{\mathbf{w}_1, \mathbf{w}_2, \ldots, \mathbf{w}_k\},$$

*wenn jeder Vektor aus $S$ Linearkombination der Elemente von $S'$ ist und umgekehrt.*

Den Beweis überlassen wir dem Leser.

## Übungen zu 5.2

**1.** Welche der folgenden Mengen sind Unterräume des $R^3$?

a) Die Menge aller Vektoren $(a, 0, 0)$,
b) die Vektoren der Form $(a, 1, 1)$,
c) alle Vektoren $(a, b, c)$ mit $b = a + c$,
d) alle Vektoren $(a, b, c)$ mit $b = a + c + 1$.

**2.** Man entscheide mit Satz 5.2.1, ob Unterräume von $M_{22}$ vorliegen.

a) Die $2 \times 2$-Matrizen mit ganzzahligen Elementen,
b) die Matrizen

$$\begin{bmatrix} a & b \\ c & d \end{bmatrix} \quad \text{mit } a + b + c + d = 0,$$

c) alle $2 \times 2$-Matrizen $A$ mit $\det(A) = 0$.

**3.** Welche der folgenden Teilmengen von $P_3$ sind Unterräume?

a) Die Polynome $a_0 + a_1 x + a_2 x^2 + a_3 x^3$ mit $a_0 = 0$,
b) die Polynome $a_0 + a_1 x + a_2 x^2 + a_3 x^3$ mit $a_0 + a_1 + a_2 + a_3 = 0$,
c) die Polynome $a_0 + a_1 x + a_2 x^2 + a_3 x^3$ mit ganzzahligen Koeffizienten,

d) die Polynome $a_0 + a_1x$, wobei $a_0$ und $a_1$ reelle Zahlen sind.

**4.** Sind die folgenden Mengen Unterräume von $F(-\infty, \infty)$?

a) Alle Funktionen **f** mit $f(x) \leq 0$ für alle $x$,
b) alle Funktionen **f** mit $f(0) = 0$,
c) alle Funktionen **f** mit $f(0) = 2$,
d) alle konstanten Funktionen,
e) alle Funktionen der Gestalt $k_1 + k_2 \sin x$ mit Konstanten $k_1$ und $k_2$.

**5.** Welche der folgenden Mengen sind Unterräume von $M_{nn}$?

a) Alle $n \times n$-Matrizen $A$ mit $\operatorname{sp}(A) = 0$,
b) alle $n \times n$-Matrizen $A$ mit $A^T = -A$,
c) alle $n \times n$-Matrizen $A$, für die das System $A\mathbf{x} = \mathbf{0}$ nur trivial lösbar ist.

**6.** Ist der Lösungsraum von $A\mathbf{x} = \mathbf{0}$ eine Gerade oder eine Ebene durch den Ursprung oder nur der Ursprung selbst? Man gebe gegebenenfalls eine Parameterdarstellung an.

a) $A = \begin{bmatrix} -1 & 1 & 1 \\ 3 & -1 & 0 \\ 2 & -4 & -5 \end{bmatrix}$ b) $A = \begin{bmatrix} 1 & -2 & 3 \\ -3 & 6 & 9 \\ -2 & 4 & -6 \end{bmatrix}$

c) $A = \begin{bmatrix} 1 & 2 & 3 \\ 2 & 5 & 3 \\ 1 & 0 & 8 \end{bmatrix}$ d) $A = \begin{bmatrix} 1 & 2 & -6 \\ 1 & 4 & 4 \\ 3 & 10 & 6 \end{bmatrix}$

e) $A = \begin{bmatrix} 1 & -1 & 1 \\ 2 & -1 & 4 \\ 3 & 1 & 11 \end{bmatrix}$ f) $A = \begin{bmatrix} 1 & -3 & 1 \\ 2 & -6 & 2 \\ 3 & -9 & 3 \end{bmatrix}$

**7.** Welche Vektoren sind Linearkombinationen von $\mathbf{u} = (0, -2, 2)$ und $\mathbf{v} = (1, 3, -1)$?

a) $(2, 2, 2)$ b) $(3, 1, 5)$ c) $(0, 4, 5)$ d) $(0, 0, 0)$

**8.** Man schreibe die Vektoren als Linearkombination von $\mathbf{u} = (2, 1, 4)$, $\mathbf{v} = (1, -1, 3)$ und $\mathbf{w} = (3, 2, 5)$:

a) $(-9, -7, -15)$ b) $(6, 11, 6)$ c) $(0, 0, 0)$ d) $(7, 8, 9)$.

**9.** Man schreibe die Polynome als Linearkombination von $\mathbf{p}_1 = 2 + x + 4x^2$, $\mathbf{p}_2 = 1 - x + 3x^2$ und $\mathbf{p}_3 = 3 + 2x + 5x^2$:

a) $-9 - 7x - 15x^2$ b) $6 + 11x + 6x^2$ c) $0$ d) $7 + 8x + 9x^2$

**10.** Welche der Matrizen lassen sich als Linearkombination von

$$A = \begin{bmatrix} 4 & 0 \\ -2 & -2 \end{bmatrix}, \quad B = \begin{bmatrix} 1 & -1 \\ 2 & 3 \end{bmatrix}, \quad C = \begin{bmatrix} 0 & 2 \\ 1 & 4 \end{bmatrix}$$

darstellen?

a) $\begin{bmatrix} 6 & -8 \\ -1 & -8 \end{bmatrix}$ b) $\begin{bmatrix} 0 & 0 \\ 0 & 0 \end{bmatrix}$ c) $\begin{bmatrix} 6 & 0 \\ 3 & 8 \end{bmatrix}$ d) $\begin{bmatrix} -1 & 5 \\ 7 & 1 \end{bmatrix}$

**11.** Man entscheide, ob die gegebenen Vektoren ein Erzeugendensystem des $R^3$ bilden.

a) $\mathbf{v}_1 = (2, 2, 2)$, $\mathbf{v}_2 = (0, 0, 3)$, $\mathbf{v}_3 = (0, 1, 1)$

b) $\mathbf{v}_1 = (2, -1, 3)$, $\mathbf{v}_2 = (4, 1, 2)$, $\mathbf{v}_3 = (8, -1, 8)$

c) $\mathbf{v}_1 = (3, 1, 4)$, $\mathbf{v}_2 = (2, -3, 5)$, $\mathbf{v}_3 = (5, -2, 9)$, $\mathbf{v}_4 = (1, 4, -1)$

d) $\mathbf{v}_1 = (1, 2, 6)$, $\mathbf{v}_2 = (3, 4, 1)$, $\mathbf{v}_3 = (4, 3, 1)$, $\mathbf{v}_4 = (3, 3, 1)$

**12.** Seien $\mathbf{f} = \cos^2 x$ und $\mathbf{g} = \sin^2 x$. Welche Funktionen liegen in dem von $\mathbf{f}$ und $\mathbf{g}$ erzeugten Raum?

a) $\cos 2x$ b) $3 + x^2$ c) $1$ d) $\sin x$ e) $0$

**13.** Erzeugen $\mathbf{p}_1, \mathbf{p}_2, \mathbf{p}_3, \mathbf{p}_4$ den Raum $P_2$?

$$\mathbf{p}_1 = 1 - x + 2x^2 \qquad \mathbf{p}_2 = 3 + x$$

$$\mathbf{p}_3 = 5 - x + 4x^2 \qquad \mathbf{p}_4 = -2 - 2x + 2x^2$$

**14.** Seien $\mathbf{v}_1 = (2, 1, 0, 3)$, $\mathbf{v}_2 = (3, -1, 5, 2)$ und $\mathbf{v}_3 = (-1, 0, 2, 1)$. Welche Vektoren liegen in $\operatorname{span}\{\mathbf{v}_1, \mathbf{v}_2, \mathbf{v}_3\}$?

a) $(2, 3, -7, 3)$ b) $(0, 0, 0, 0)$ c) $(1, 1, 1, 1)$ d) $(-4, 6, -13, 4)$

**15.** Man stelle eine Gleichung der von $\mathbf{u} = (-1, 1, 1)$ und $\mathbf{v} = (3, 4, 4)$ erzeugten Ebene auf.

**16.** Man gebe die Parametergleichungen der von $\mathbf{u} = (3, -2, 5)$ erzeugten Gerade an.

**17.** Man zeige, daß der Lösungsraum eines nichthomogenen Systems von $m$ linearen Gleichungen und $n$ Unbekannten kein Unterraum von $R^n$ ist.

**18.** Man beweise Satz 5.2.4.

**19.** Man zeige mit Satz 5.2.4, daß

$$\mathbf{v}_1 = (1, 6, 4), \qquad \mathbf{v}_2 = (2, 4, -1), \qquad \mathbf{v}_3 = (-1, 2, 5)$$

und

$$\mathbf{w}_1 = (1, -2, -5), \qquad \mathbf{w}_2 = (0, 8, 9)$$

denselben Unterraum von $R^3$ aufspannen.

**20.** Eine Gerade $L$ im $R^3$, die durch den Ursprung verläuft, wird durch die Parametergleichungen $x = at, y = bt, z = ct$ beschrieben. Man zeige mit diesen Gleichungen, daß $L$ ein Unterraum des $R^3$ ist.

**21.** (*Für Leser mit Analysiskenntnissen.*) Man zeige, daß die folgenden Mengen Unterräume von $F(-\infty, \infty)$ sind:

a) Die stetigen Funktionen,
b) die differenzierbaren Funktionen,
c) die differenzierbaren Funktionen mit $\mathbf{f}' + 2\mathbf{f} = \mathbf{0}$.

**22.** (*Für Leser mit Analysiskenntnissen.*) Man zeige, daß die Menge der auf $[a, b]$ stetigen Funktionen $\mathbf{f} = f(x)$ mit

$$\int_a^b f(x)dx = 0$$

einen Unterraum von $C[a, b]$ bilden.

# 5.3 Lineare Unabhängigkeit

*Eine Menge S von Vektoren spannt genau dann den Raum V auf, wenn sich jedes Element von V als Linearkombination aus Elementen von S ergibt. Wir untersuchen jetzt Erzeugendensysteme, mit denen sich die Elemente von V sogar eindeutig darstellen lassen.*

## Definition der linearen Unabhängigkeit

**Definition.** Sei $S = \{\mathbf{v}_1, \mathbf{v}_2, \ldots, \mathbf{v}_r\}$ eine nichtleere Menge von Vektoren. Die Gleichung

$$k_1\mathbf{v}_1 + k_2\mathbf{v}_2 + \cdots + k_r\mathbf{v}_r = \mathbf{0}$$

hat mindestens die triviale Lösung

$$k_1 = 0, \quad k_2 = 0, \ldots, k_r = 0.$$

$S$ heißt ***linear unabhängig***, wenn dies die einzige Lösung ist; sonst heißt $S$ ***linear abhängig***.

**Beispiel 1** Die Menge $S = \{\mathbf{v}_1, \mathbf{v}_2, \mathbf{v}_3\}$ mit $\mathbf{v}_1 = (2, -1, 0, 3), \mathbf{v}_2 = (1, 2, 5, -1)$ und $\mathbf{v}_3 = (7, -1, 5, 8)$ ist linear abhängig, da $3\mathbf{v}_1 + \mathbf{v}_2 - \mathbf{v}_3 = \mathbf{0}$ gilt.

**Beispiel 2** Die Polynome

$$\mathbf{p}_1 = 1 - x, \quad \mathbf{p}_2 = 5 + 3x - 2x^2 \quad \text{und} \quad \mathbf{p}_3 = 1 + 3x - x^2$$

sind linear abhängig in $P_2$, da $3\mathbf{p}_1 - \mathbf{p}_2 + 2\mathbf{p}_3 = \mathbf{0}$.

**Beispiel 3** Seien $\mathbf{i} = (1, 0, 0)$, $\mathbf{j} = (0, 1, 0)$ und $\mathbf{k} = (0, 0, 1)$ die Standardbasisvektoren des $R^3$. Aus der Vektorgleichung

$$k_1\mathbf{i} + k_2\mathbf{j} + k_3\mathbf{k} = \mathbf{0}$$

ergibt sich

$$k_1(1,0,0) + k_2(0,1,0) + k_3(0,0,1) = (0,0,0)$$

oder

$$(k_1, k_2, k_3) = (0,0,0),$$

also hat die Gleichung nur die Lösung $k_1 = k_2 = k_3 = 0$, folglich ist $S = \{\mathbf{i}, \mathbf{j}, \mathbf{k}\}$ linear unabhängig. Analog zeigt man, daß die Vektoren

$$\mathbf{e}_1 = (1,0,0,\ldots,0), \quad \mathbf{e}_2 = (0,1,0,\ldots,0), \quad \ldots, \quad \mathbf{e}_n = (0,0,0,\ldots,1)$$

eine linear unabhängige Teilmenge des $R^n$ bilden.

**Beispiel 4** Man untersuche die Vektoren

$$\mathbf{v}_1 = (1,-2,3), \quad \mathbf{v}_2 = (5,6,-1), \quad \mathbf{v}_3 = (3,2,1)$$

auf lineare Unabhängigkeit.

*Lösung.* Die Vektorgleichung

$$k_1\mathbf{v}_1 + k_2\mathbf{v}_2 + k_3\mathbf{v}_3 = \mathbf{0}$$

liefert

$$k_1(1,-2,3) + k_2(5,6,-1) + k_3(3,2,1) = (0,0,0)$$

oder

$$(k_1 + 5k_2 + 3k_3, -2k_1 + 6k_2 + 2k_3, 3k_1 - k_2 + k_3) = (0,0,0).$$

Daraus ergibt sich das Gleichungssystem

$$\begin{aligned} k_1 + 5k_2 + 3k_3 &= 0 \\ -2k_1 + 6k_2 + 2k_3 &= 0 \\ 3k_1 - k_2 + k_3 &= 0. \end{aligned}$$

Die Menge $\{\mathbf{v}_1, \mathbf{v}_2, \mathbf{v}_3\}$ ist genau dann linear unabhängig, wenn dieses System nur die triviale Lösung hat. Durch Auflösen erhalten wir

$$k_1 = -\tfrac{1}{2}t, \quad k_2 = -\tfrac{1}{2}t, \quad k_3 = t,$$

also existieren nichttriviale Lösungen, so daß $\{\mathbf{v}_1, \mathbf{v}_2, \mathbf{v}_3\}$ linear abhängig ist. (Von der Existenz nichttrivialer Lösungen kann man sich auch überzeugen, indem man nachweist, daß die Determinante der Koeffizientenmatrix den Wert null hat.)

**Beispiel 5** Man zeige, daß die Menge der Polynome

$$1, x, x^2, \ldots, x^n$$

in $P_n$ linear unabhängig ist.

*Lösung.* Mit

$$\mathbf{p}_0 = 1, \quad \mathbf{p}_1 = x, \quad \mathbf{p}_2 = x^2, \quad \ldots, \quad \mathbf{p}_n = x^n$$

betrachten wir die Gleichung

$$a_0\mathbf{p}_0 + a_1\mathbf{p}_1 + a_2\mathbf{p}_2 + \cdots + a_n\mathbf{p}_n = \mathbf{0},$$

die äquivalent zu

$$a_0 + a_1x + a_2x^2 + \cdots + a_nx^n = 0 \qquad \text{für alle } x \in (-\infty, \infty) \tag{1}$$

ist. Wir wollen zeigen, daß für die Koeffizienten

$$a_0 = a_1 = a_2 = \cdots = a_n = 0$$

gilt. Das folgt aber schon aus der Tatsache, daß ein Polynom $n$-ten Grades höchstens $n$ verschiedene Nullstellen hat.

Die Begriffswahl suggeriert, daß die Vektoren einer linear abhängigen Menge in irgendeiner Weise voneinander „abhängen".

**Satz 5.3.1.** *Sei $S$ eine Menge von Vektoren, die mindestens zwei Elemente enthält.*

*a) $S$ ist genau dann linear abhängig, wenn mindestens einer der Vektoren aus $S$ als Linearkombination der anderen dargestellt werden kann.*
*b) $S$ ist genau dann linear unabhängig, wenn sich kein Element als Linearkombination der anderen schreiben läßt.*

Wir beweisen Teil a) und überlassen b) dem Leser.

**Beweis a).** $S = \{\mathbf{v}_1, \mathbf{v}_2, \ldots, \mathbf{v}_r\}$ enthalte mindestens zwei Elemente. Ist $S$ linear abhängig, so existieren Skalare $k_1, k_2, \ldots, k_r$, die nicht alle null sind, mit

$$k_1\mathbf{v}_1 + k_2\mathbf{v}_2 + \cdots + k_r\mathbf{v}_r = \mathbf{0}. \tag{2}$$

Ist etwa $k_1 \neq 0$, so ergibt sich $\mathbf{v}_1$ wegen

$$\mathbf{v}_1 = \left(-\frac{k_2}{k_1}\right)\mathbf{v}_2 + \cdots + \left(-\frac{k_r}{k_1}\right)\mathbf{v}_r$$

als Linearkombination von $\mathbf{v}_2, \ldots, \mathbf{v}_r$. Ebenso erhält man für $k_j \neq 0$ den Vektor $\mathbf{v}_j$ als Linearkombination der übrigen.

Wir setzen jetzt voraus, daß sich mindestens ein Element von $S$ als Linearkombination der anderen darstellen läßt, also beispielsweise

$$\mathbf{v}_1 = c_2\mathbf{v}_2 + c_3\mathbf{v}_3 + \cdots + c_r\mathbf{v}_r.$$

Daraus folgt

$$\mathbf{v}_1 - c_2\mathbf{v}_2 - c_3\mathbf{v}_3 - \cdots - c_r\mathbf{v}_r = \mathbf{0},$$

also hat die Gleichung

$$k_1\mathbf{v}_1 + k_2\mathbf{v}_2 + \cdots + k_r\mathbf{v}_r = \mathbf{0}$$

die nichttriviale Lösung

$$k_1 = 1, \quad k_2 = -c_2, \; \ldots, \; k_r = -c_r,$$

woraus die lineare Abhängigkeit von $S$ folgt. Im Fall, daß wir nicht $\mathbf{v}_1$, sondern einen der Vektoren $\mathbf{v}_j$ als Linearkombination darstellen können, ergibt sich der Beweis ähnlich. □

**Beispiel 6** Nach Beispiel 1 sind

$$\mathbf{v}_1 = (2, -1, 0, 3), \quad \mathbf{v}_2 = (1, 2, 5, -1) \quad \text{und} \quad \mathbf{v}_3 = (7, -1, 5, 8)$$

linear abhängig, so daß wir nach Satz 5.3.1 a) mindestens einen der Vektoren als Linearkombination der anderen schreiben können. Da die Vektoren die Gleichung $3\mathbf{v}_1 + \mathbf{v}_2 - \mathbf{v}_3 = \mathbf{0}$ erfüllen, gilt

$$\mathbf{v}_1 = -\tfrac{1}{3}\mathbf{v}_2 + \tfrac{1}{3}\mathbf{v}_3, \quad \mathbf{v}_2 = -3\mathbf{v}_1 + \mathbf{v}_3 \quad \text{und} \quad \mathbf{v}_3 = 3\mathbf{v}_1 + \mathbf{v}_2,$$

wir können also jeden Vektor als Linearkombination ausdrücken.

**Beispiel 7** Die Standardbasisvektoren $\mathbf{i} = (1, 0, 0)$, $\mathbf{j} = (0, 1, 0)$ und $\mathbf{k} = (0, 0, 1)$ sind linear unabhängig (siehe Beispiel 3), also läßt sich keiner aus den übrigen linearkombinieren. So liefert der Ansatz

$$\mathbf{k} = k_1\mathbf{i} + k_2\mathbf{j}$$

die Gleichung

$$(0, 0, 1) = k_1(1, 0, 0) + k_2(0, 1, 0)$$

oder

$$(0, 0, 1) = (k_1, k_2, 0),$$

die keine Lösungen $k_1, k_2$ hat. Wir können also $\mathbf{k}$ nicht als Linearkombination von $\mathbf{i}$ und $\mathbf{j}$ darstellen.

Im folgenden Satz werden zwei einfache, aber nützliche Tatsachen behandelt.

**Satz 5.3.2.**

*a) Eine Menge, die den Nullvektor enthält, ist linear abhängig.*
*b) Eine Menge mit zwei Elementen ist genau dann linear unabhängig, wenn keiner der Vektoren ein skalares Vielfaches des anderen ist.*

Wir beschränken uns darauf, Teil a) zu beweisen. Teil b) ist eine einfache Folgerung aus Satz 5.3.1, wir überlassen die Details dem Leser.

**Beweis a).** Sei $S = \{\mathbf{v}_1, \mathbf{v}_2, \ldots, \mathbf{v}_r, \mathbf{0}\}$. Dann läßt sich der Nullvektor als nichttriviale Linearkombination ausdrücken

$$0\mathbf{v}_1 + 0\mathbf{v}_2 + \cdots + 0\mathbf{v}_r + 1(\mathbf{0}) = \mathbf{0},$$

woraus sofort die lineare Abhängigkeit von $S$ folgt. □

**Beispiel 8** Die Menge $\{\mathbf{f}_1, \mathbf{f}_2\}$ der Funktionen $\mathbf{f}_1 = x$ und $\mathbf{f}_2 = \sin x$ aus $F(-\infty, \infty)$ ist linear unabhängig, da sich keines ihrer Elemente als konstantes Vielfaches des anderen schreiben läßt.

## Geometrische Bedeutung der linearen Unabhängigkeit

Die neu eingeführten Begriffe haben eine nützliche geometrische Interpretation in $R^2$ und $R^3$.

- Zwei Vektoren im $R^2$ oder $R^3$ sind genau dann linear unabhängig, wenn sie nicht auf einer Geraden liegen (Abbildung 5.7).

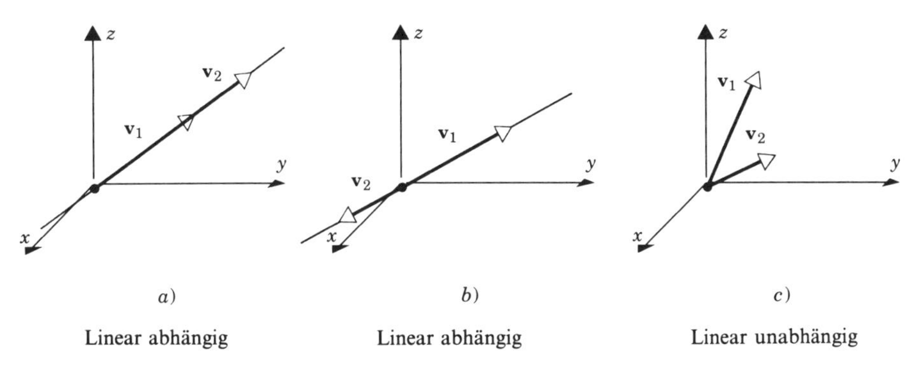


**Abb. 5.7**

- Drei Vektoren im $R^3$ sind genau dann linear unabhängig, wenn sie nicht in der gleichen Ebene liegen (Abbildung 5.8).

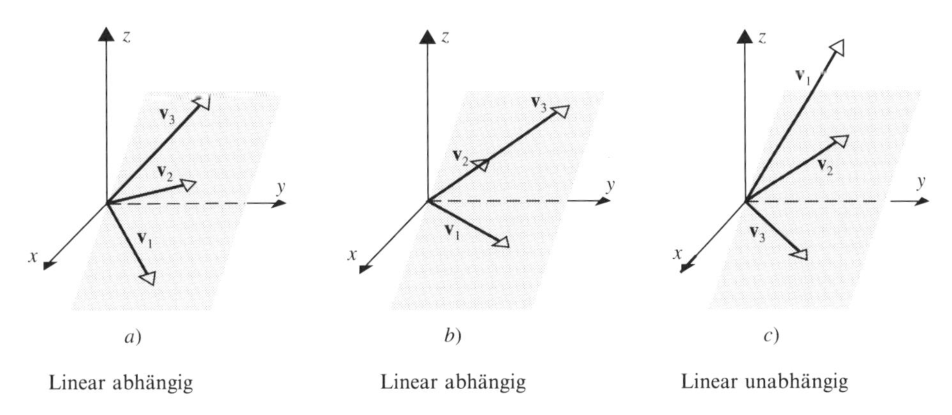


**Abb. 5.8**

Die erste Feststellung folgt direkt aus Satz 5.3.2 b). Geometrisch gesehen sind zwei Vektoren genau dann skalare Vielfache voneinander, wenn sie auf einer Geraden liegen. Das zweite Ergebnis erhält man mit Satz 5.3.1 b), da in einer linear unabhängigen Menge kein Vektor als Linearkombination der restlichen dargestellt werden kann. Im $R^3$ bedeutet das, daß keiner der Vektoren in der Ebene liegt, die von den beiden anderen erzeugt wird; äquivalent dazu ergibt sich, daß die drei Vektoren nicht in einer Ebene liegen (warum?).

Der nächste Satz zeigt, daß eine linear unabhängige Teilmenge des $R^n$ höchstens $n$ Elemente enthält.

**Satz 5.3.3.** *Sei $S = \{\mathbf{v}_1, \mathbf{v}_2, \ldots, \mathbf{v}_r\}$ eine Teilmenge des $R^n$. Ist $r > n$, so ist $S$ linear abhängig.*

**Beweis.** Seien

$$\begin{aligned} \mathbf{v}_1 &= (v_{11}, v_{12}, \ldots, v_{1n}) \\ \mathbf{v}_2 &= (v_{21}, v_{22}, \ldots, v_{2n}) \\ &\vdots \\ \mathbf{v}_r &= (v_{r1}, v_{r2}, \ldots, v_{rn}). \end{aligned}$$

Aus der Gleichung

$$k_1\mathbf{v}_1 + k_2\mathbf{v}_2 + \cdots + k_r\mathbf{v}_r = \mathbf{0}$$

ergibt sich durch Gleichsetzen der Komponenten

$$\begin{aligned} v_{11}k_1 + v_{21}k_2 + \cdots + v_{r1}k_r &= 0 \\ v_{12}k_1 + v_{22}k_2 + \cdots + v_{r2}k_r &= 0 \\ \vdots \qquad \vdots \qquad\qquad \vdots \quad &\ \ \vdots \\ v_{1n}k_1 + v_{2n}k_2 + \cdots + v_{rn}k_r &= 0. \end{aligned}$$

Dieses homogene System mit $n$ Gleichungen und den $r$ Unbekannten $k_1, k_2, \ldots, k_r$ hat nach Satz 1.2.1 nichttriviale Lösungen, also ist $S$ linear abhängig. □

**Bemerkung.** Aus dem letzten Satz folgt, daß eine Menge mit mehr als zwei Vektoren im $R^2$ sowie eine Menge mit mehr als drei Vektoren im $R^3$ linear abhängig ist.

# Für Leser mit Analysiskenntnissen

## Lineare Unabhängigkeit von Funktionen

Zuweilen läßt sich die lineare Abhängigkeit von Funktionen aus bekannten Identitäten ableiten. So erfüllen

$$\mathbf{f}_1 = \sin^2 x, \quad \mathbf{f}_2 = \cos^2 x \quad \text{und} \quad \mathbf{f}_3 = 5$$

die Gleichung

$$5\mathbf{f}_1 + 5\mathbf{f}_2 - \mathbf{f}_3 = 5\sin^2 x + 5\cos^2 x - 5 = 5(\sin^2 x + \cos^2 x) - 5 = \mathbf{0},$$

die den Nullvektor $\mathbf{0} \in F(-\infty, \infty)$ als nichttriviale Linearkombination darstellt. Daraus können wir schließen, daß $\{\mathbf{f}_1, \mathbf{f}_2, \mathbf{f}_3\}$ linear abhängig ist. Solche Identitäten sind nützlich, aber sie lassen sich nur in Spezialfällen anwenden. Es wäre wünschenswert, eine allgemeine Methode zur Feststellung linearer Abhängigkeit in $F(-\infty, \infty)$ zu kennen; ein derartiges Verfahren läßt sich aber nur unter zusätzlichen Voraussetzungen angeben.

Sind $\mathbf{f}_1 = f_1(x), \mathbf{f}_2 = f_2(x), \ldots, \mathbf{f}_n = f_n(x)$ auf $(-\infty, \infty)$ $(n-1)$-mal differenzierbare Funktionen, so heißt

$$W(x) = \begin{bmatrix} f_1(x) & f_2(x) & \cdots & f_n(x) \\ f'_1(x) & f'_2(x) & \cdots & f'_n(x) \\ \vdots & \vdots & & \vdots \\ f_1^{(n-1)}(x) & f_2^{(n-1)}(x) & \cdots & f_n^{(n-1)}(x) \end{bmatrix}$$

***Wronski-Matrix**** oder ***Wronski-Determinante*** von $\mathbf{f}_1, \mathbf{f}_2, \ldots, \mathbf{f}_n$. Mit ihrer Hilfe können wir entscheiden, ob $\{\mathbf{f}_1, \mathbf{f}_2, \ldots, \mathbf{f}_n\}$ eine linear unabhängige Teilmenge von $C^{(n-1)}(-\infty, \infty)$ ist.

Nehmen wir zunächst an, daß $\{\mathbf{f}_1, \mathbf{f}_2, \ldots, \mathbf{f}_n\}$ linear abhängig ist. Dann existieren Skalare $k_1, k_2, \ldots, k_n$, *die nicht alle verschwinden*, so daß für alle $x$

$$k_1 f_1(x) + k_2 f_2(x) + \cdots + k_n f_n(x) = 0$$

gilt. Durch sukzessives Differenzieren ergeben sich daraus die Gleichungen

$$\begin{aligned} k_1 f_1(x) &+ k_2 f_2(x) &+ \cdots + k_n f_n(x) &= 0 \\ k_1 f'_1(x) &+ k_2 f'_2(x) &+ \cdots + k_n f'_n(x) &= 0 \\ \vdots & \quad\vdots & \vdots \quad & \quad\vdots \\ k_1 f_1^{(n-1)}(x) &+ k_2 f_2^{(n-1)}(x) &+ \cdots + k_n f_n^{(n-1)}(x) &= 0. \end{aligned}$$

---

**Jozef Maria Hoëne Wrónski* (1776–1853), polnisch-französischer Mathematiker und Philosoph. Wrónski wuchs in Poznán und Warschau auf. Während des polnischen Aufstandes 1794 diente er als Artillerieoffizier in der preußischen Armee, geriet in russische Gefangenschaft und begann nach seiner Freilassung, an verschiedenen deutschen Universitäten Philosophie zu studieren.

1800 wurde er französischer Staatsbürger und ließ sich in Paris nieder, wo seine Forschungen im Bereich der Analysis zu umstrittenen Veröffentlichungen führten. Mehrere Jahre später scheiterte sein Plan, die geographischen Längenkreise auf See zu bestimmen, worauf er sich zunächst von der Mathematik zurückzog. Seine in den 30er Jahren des 19. Jahrhunderts durchgeführten Untersuchungen über die Wirtschaftlichkeit von Straßenfahrzeugen im Vergleich zur Bahn schlugen ebenfalls fehl; er verbrachte seine letzten Lebensjahre in Armut.

Seine mathematisches Werk ist zwar voller Fehler und Ungenauigkeiten, trotzdem enthält es interessante und nützliche Ideen und Ergebnisse.

Aus der linearen Abhängigkeit von $\mathbf{f}_1, \mathbf{f}_2, \ldots, \mathbf{f}_n$ folgt, daß das System

$$\begin{bmatrix} f_1(x) & f_2(x) & \cdots & f_n(x) \\ f'_1(x) & f'_2(x) & \cdots & f'_n(x) \\ \vdots & \vdots & & \vdots \\ f_1^{(n-1)}(x) & f_2^{(n-1)}(x) & \cdots & f_n^{(n-1)}(x) \end{bmatrix} \begin{bmatrix} k_1 \\ k_2 \\ \vdots \\ k_n \end{bmatrix} \begin{bmatrix} 0 \\ 0 \\ \vdots \\ 0 \end{bmatrix}$$

für *jedes* $x$ aus dem Intervall $(-\infty, \infty)$ eine nichttriviale Lösung hat; das bedeutet, daß die Determinante der Koeffizientenmatrix konstant null ist. Wir erhalten also folgenden Satz:

**Satz 5.3.4.** *Seien $\mathbf{f}_1, \mathbf{f}_2, \ldots, \mathbf{f}_n (n-1)$-mal stetig differenzierbare Funktionen auf $(-\infty, \infty)$, deren Wronski-Determinante nicht identisch null ist. Dann ist die Menge $\{\mathbf{f}_1, \mathbf{f}_2, \ldots, \mathbf{f}_n\}$ linear unabhängig in $C^{(n-1)}(-\infty, \infty)$.*

**Beispiel 9** Man zeige, daß $\mathbf{f}_1 = x$ und $\mathbf{f}_2 = \sin x$ in $C^1(-\infty, \infty)$ linear unabhängig sind.

*Lösung.* Die Wronski-Determinante von $\mathbf{f}_1$ und $\mathbf{f}_2$ ist

$$W(x) = \begin{vmatrix} x & \sin x \\ 1 & \cos x \end{vmatrix} = x \cos x - \sin x.$$

Da diese Funktion nicht konstant null ist (der Leser möge das nachprüfen), sind $\mathbf{f}_1$ und $\mathbf{f}_2$ nach Satz 5.3.4 linear unabhängig. (Wir kennen dieses Resultat bereits aus Beispiel 8.)

**Beispiel 10** Man zeige, daß $\mathbf{f}_1 = 1$, $\mathbf{f}_2 = e^x$ und $\mathbf{f}_3 = e^{2x}$ in $C^2(-\infty, \infty)$ linear unabhängig sind.

*Lösung.* Da die Wronski-Determinante

$$W(x) = \begin{vmatrix} 1 & e^x & e^{2x} \\ 0 & e^x & 2e^{2x} \\ 0 & e^x & 4e^{2x} \end{vmatrix} = 2e^3 x$$

nie den Wert null annimmt, sind $\mathbf{f}_1, \mathbf{f}_2$ und $\mathbf{f}_3$ linear unabhängig.

**Bemerkung.** Die Umkehrung von Satz 5.3.4 ist falsch. Ergibt sich als Wronski-Determinante von $\mathbf{f}_1, \mathbf{f}_2, \ldots, \mathbf{f}_n$ die Nullfunktion, so läßt sich daraus nichts über die lineare Abhängigkeit oder Unabhängigkeit von $\{\mathbf{f}_1, \mathbf{f}_2, \ldots, \mathbf{f}_n\}$ ableiten. Auf die Einzelheiten wollen wir hier nicht eingehen.

## Übungen zu 5.3

**1.** Warum sind folgende Vektoren offensichtlich linear abhängig?

a) $\mathbf{u}_1 = (-1, 2, 4)$ und $\mathbf{u}_2 = (5, -10, -20)$ im $R^3$

b) $\mathbf{u}_1 = (3, -1)$, $\mathbf{u}_2 = (4, 5)$, $\mathbf{u}_3 = (-4, 7)$ im $R^2$

c) $\mathbf{p}_1 = 3 - 2x + x^2$ und $\mathbf{p}_2 = 6 - 4x + 2x^2$ im $P_2$

d) $A = \begin{bmatrix} -3 & 4 \\ 2 & 0 \end{bmatrix}$ und $B = \begin{bmatrix} 3 & -4 \\ -2 & 0 \end{bmatrix}$ im $M_{22}$

**2.** Man überprüfe die folgenden Vektoren aus $R^3$ auf lineare Unabhängigkeit.

a) $(4, -1, 2)$, $(-4, 10, 2)$ b) $(-3, 0, 4)$, $(5, -1, 2)$, $(1, 1, 3)$

c) $(8, -1, 3)$, $(4, 0, 1)$ d) $(-2, 0, 1)$, $(3, 2, 5)$, $(6, -1, 1)$, $(7, 0, -2)$

**3.** Welche der folgenden Teilmengen des $R^4$ sind linear abhängig?

a) $(3, 8, 7, -3)$, $(1, 5, 3, -1)$, $(2, -1, 2, 6)$, $(1, 4, 0, 3)$

b) $(0, 0, 2, 2)$, $(3, 3, 0, 0)$, $(1, 1, 0, -1)$

c) $(0, 3, -3, -6)$, $(-2, 0, 0, -6)$, $(0, -4, -2, -2)$, $(0, -8, 4, -4)$

d) $(3, 0, -3, 6)$, $(0, 2, 3, 1)$, $(0, -2, -2, 0)$, $(-2, 1, 2, 1)$

**4.** Man überprüfe die Vektoren aus $P_2$ auf lineare Abhängigkeit.

a) $2 - x + 4x^2$, $3 + 6x + 2x^2$, $2 + 10x - 4x^2$

b) $3 + x + x^2$, $2 - x + 5x^2$, $4 - 3x^2$

c) $6 - x^2$, $1 + x + 4x^2$

d) $1 + 3x + 3x^2$, $x + 4x^2$, $5 + 6x + 3x^2$, $7 + 2x - x^2$

**5.** Liegen $\mathbf{v}_1$, $\mathbf{v}_2$ und $\mathbf{v}_3$ in einer Ebene?

a) $\mathbf{v}_1 = (2, -2, 0)$, $\mathbf{v}_2 = (6, 1, 4)$, $\mathbf{v}_3 = (2, 0, -4)$

b) $\mathbf{v}_1 = (-6, 7, 2)$, $\mathbf{v}_2 = (3, 2, 4)$, $\mathbf{v}_3 = (4, -1, 2)$

**6.** Liegen $\mathbf{v}_1$, $\mathbf{v}_2$ und $\mathbf{v}_3$ auf derselben Geraden?

a) $\mathbf{v}_1 = (-1, 2, 3)$, $\mathbf{v}_2 = (2, -4, -6)$, $\mathbf{v}_3 = (-3, 6, 0)$

b) $\mathbf{v}_1 = (2, -1, 4)$, $\mathbf{v}_2 = (4, 2, 3)$, $\mathbf{v}_3 = (2, 7, -6)$

c) $\mathbf{v}_1 = (4, 6, 8)$, $\mathbf{v}_2 = (2, 3, 4)$, $\mathbf{v}_3 = (-2, -3, -4)$

**7.** a) Man zeige, daß $\mathbf{v}_1 = (0, 3, 1, -1)$, $\mathbf{v}_2 = (6, 0, 5, 1)$ und $\mathbf{v}_3 = (4, -7, 1, 3)$ im $R^4$ linear abhängig sind.

b) Man stelle jeden der Vektoren als Linearkombination der anderen dar.

**8.** Für welche $\lambda$ sind die folgenden Vektoren linear abhängig?

$$\mathbf{v}_1 = (\lambda, -\tfrac{1}{2}, -\tfrac{1}{2}) \quad \mathbf{v}_2 = (-\tfrac{1}{2}, \lambda, -\tfrac{1}{2}) \quad \mathbf{v}_3 = (-\tfrac{1}{2}, -\tfrac{1}{2}, \lambda)$$

**9.** Man zeige: Ist $\{\mathbf{v}_1, \mathbf{v}_2, \mathbf{v}_3\}$ eine linear unabhängige Menge, sind auch die Mengen $\{\mathbf{v}_1, \mathbf{v}_2\}$, $\{\mathbf{v}_1, \mathbf{v}_3\}$, $\{\mathbf{v}_2, \mathbf{v}_3\}$, $\{\mathbf{v}_1\}$, $\{\mathbf{v}_2\}$ und $\{\mathbf{v}_3\}$ linear unabhängig.

**10.** Man beweise, daß jede nichtleere Teilmenge einer linear unabhängigen Menge $S = \{\mathbf{v}_1, \mathbf{v}_2, \ldots, \mathbf{v}_r\}$ selbst linear unabhängig ist.

**11.** Man zeige: Ist $\{\mathbf{v}_1, \mathbf{v}_2, \mathbf{v}_3\}$ eine linear abhängige Menge im Vektorraum $V$, ist für jeden Vektor $\mathbf{v}_4$ aus $V$ auch $\{\mathbf{v}_1, \mathbf{v}_2, \mathbf{v}_3, \mathbf{v}_4\}$ linear abhängig.

**12.** Sei $\{\mathbf{v}_1, \mathbf{v}_2, \ldots, \mathbf{v}_r\}$ eine linear abhängige Teilmenge des Vektorraums $V$, und es seien $\mathbf{v}_{r+1}, \ldots, \mathbf{v}_n$ beliebige Vektoren aus $V$. Man zeige, daß $\{\mathbf{v}_1, \mathbf{v}_2, \ldots, \mathbf{v}_r, \mathbf{v}_{r+1}, \ldots, \mathbf{v}_n\}$ linear abhängig ist.

**13.** Man zeige, daß eine Teilmenge von $P_2$ linear abhängig ist, wenn sie mehr als drei Elemente enthält.

**14.** Sei $\{\mathbf{v}_1, \mathbf{v}_2\}$ linear unabhängig und $\mathbf{v}_3$ ein Vektor, der nicht in $\operatorname{span}\{\mathbf{v}_1, \mathbf{v}_2\}$ liegt. Man zeige, daß $\{\mathbf{v}_1, \mathbf{v}_2, \mathbf{v}_3\}$ linear unabhängig ist.

**15.** Seien $\mathbf{u}$, $\mathbf{v}$ und $\mathbf{w}$ beliebige Vektoren. Man zeige, daß $\mathbf{u} - \mathbf{v}$, $\mathbf{v} - \mathbf{w}$ und $\mathbf{w} - \mathbf{u}$ linear abhängig sind.

**16.** Man beweise: Die lineare Hülle von zwei Vektoren im $R^3$ ist entweder eine Gerade durch den Ursprung, eine Ebene durch den Ursprung oder der Ursprung selbst.

**17.** Wann ist eine einelementige Menge linear unabhängig?

**18.** Sind die in Abbildung 5.9a und 5.9b dargestellten Vektoren $\mathbf{v}_1$, $\mathbf{v}_2$ und $\mathbf{v}_3$ linear unabhängig? Man begründe die Antwort.

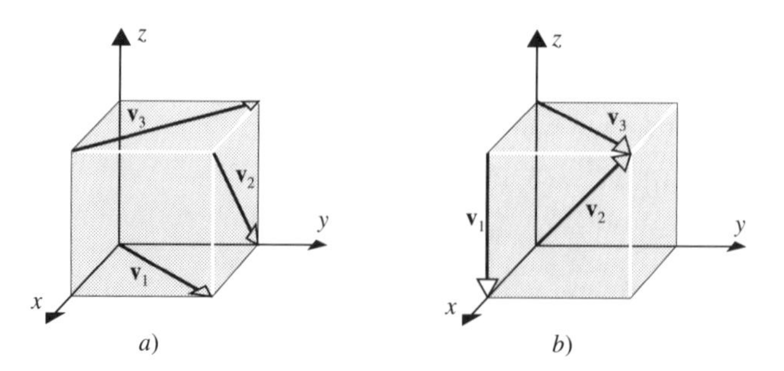


**Abb. 5.9**

**19.** Man entscheide mit Hilfe geeigneter Identitäten, ob die folgenden Vektoren in $F(-\infty, \infty)$ linear unabhängig sind.

a) $6, 3\sin^2 x, 2\cos^2 x$ b) $x, \cos x$ c) $1, \sin x, \sin 2x$

d) $\cos 2x, \sin^2 x, \cos^2 x$ e) $(3-x)^2, x^2 - 6x, 5$ f) $0, \cos^3 \pi x, \sin^5 3\pi x$

**20.** (*Für Leser mit Analysiskenntnissen.*) Man beweise mit Satz 5.3.4, daß die Funktionen linear unabhängig sind.

a) $1, x, e^x$ b) $\sin x, \cos x, x\sin x$ c) $e^x, xe^x, x^2e^x$ d) $1, x, x^2$

**21.** Man folgere Satz 5.3.1 b) aus Teil a) des Satzes.

**22.** Man beweise Satz 5.3.2 b).

# 5.4 Basis und Dimension

*Wir betrachten gewöhnlich Geraden als eindimensional, Ebenen als zweidimensional und den uns umgebenden Raum als dreidimensional. Diesen anschaulichen Dimensionsbegriff werden wir jetzt präzisieren.*

## Schiefwinklige Koordinatensysteme

Aus der ebenen Geometrie kennen wir das Verfahren, jeden Punkt $P$ mit seinen Koordinaten $(a, b)$ bezüglich eines rechtwinkligen Koordinatensystems zu identifizieren (Abbildung 5.10a). Da umgekehrt jedes Paar reeller Zahlen einem Punkt der Ebene entspricht, liefert das Koordinatensystem eine ***Isomorphie*** zwischen Punkten und Zahlenpaaren. Dafür ist es nicht notwendig, rechtwinklige Koordinaten zu betrachten; zwei beliebige nichtparallele Geraden können als Koordinatenachsen verwendet werden. In Abbildung 5.10b ist dargestellt, wie einem Punkt $P$ seine Koordinaten $(a, b)$ bezüglich nichtorthogonaler Achsen zugeordnet werden; Abbildung 5.10c zeigt den dreidimensionalen Fall, hier erzeugen drei nichtkomplanare Geraden ein Koordinatensystem.

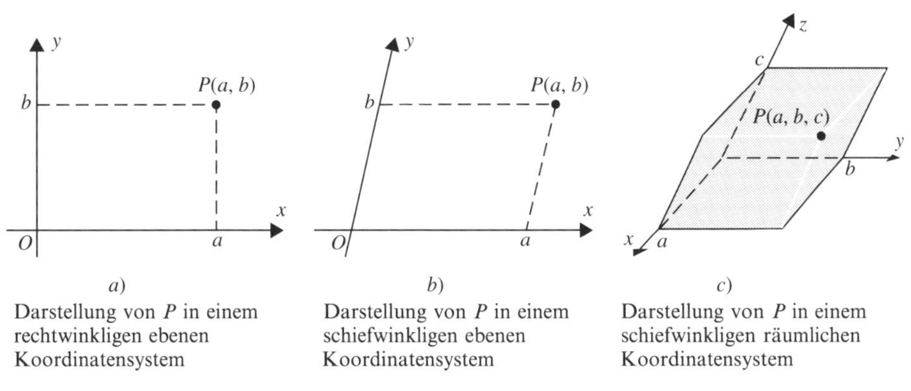


a) Darstellung von $P$ in einem rechtwinkligen ebenen Koordinatensystem

b) Darstellung von $P$ in einem schiefwinkligen ebenen Koordinatensystem

c) Darstellung von $P$ in einem schiefwinkligen räumlichen Koordinatensystem

**Abb. 5.10**

Um das soeben dargestellte Konzept auf allgemeine Vektorräume zu übertragen, ersetzen wir zuerst die in $R^2$ und $R^3$ gebräuchlichen Koordinatendarstellungen durch Linearkombinationen. Dazu identifizieren wir jede Koordinatenlinie mit einem Einheitsvektor, der in die positive Achsenrichtung weist. In Abbildung 5.11a sind das die Vektoren $\mathbf{v}_1$ und $\mathbf{v}_2$. Ist $P$ ein Punkt der Ebene, so ergibt sich $\overrightarrow{OP}$ als Linearkombination von $\mathbf{v}_1$ und $\mathbf{v}_2$

$$\overrightarrow{OP} = a\mathbf{v}_1 + b\mathbf{v}_2,$$

wobei $a$ und $b$ so gewählt wurden, daß $\overrightarrow{OP}$ die Diagonale des durch $a\mathbf{v}_1$ und $b\mathbf{v}_2$ aufgespannten Parallelogramms ist; offenbar sind $a$ und $b$ dann gerade die

Koordinaten von $P$ (vergleiche Abbildung 5.10b). Abbildung 5.11b zeigt, wie die Koordinaten $(a, b, c)$ des Punktes $P$ aus Abbildung 5.10c mit der Linearkombination von $\overrightarrow{OP}$ aus den Vektoren $\mathbf{v}_1$, $\mathbf{v}_2$ und $\mathbf{v}_3$ zusammenhängen.

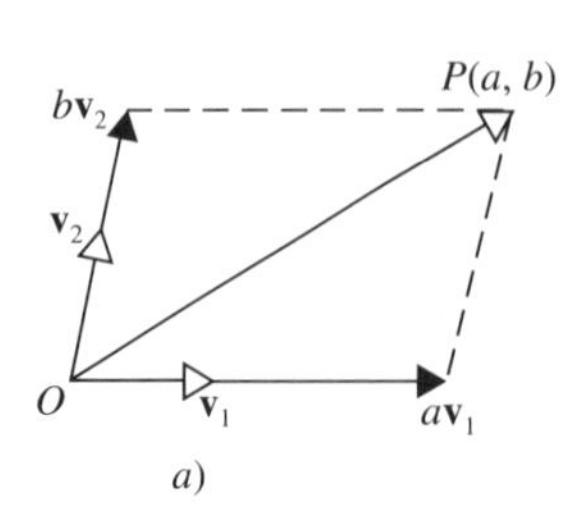


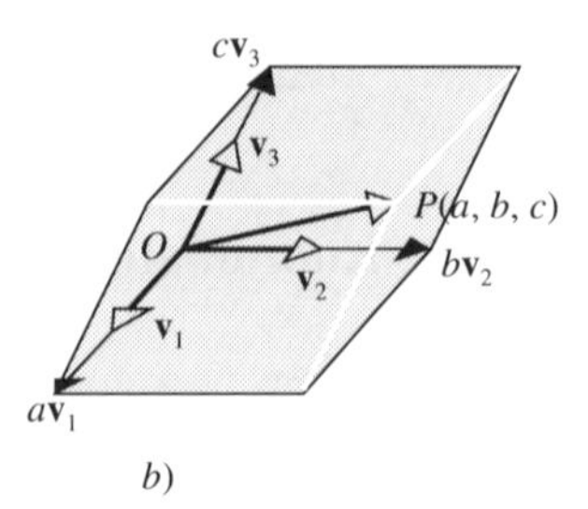


**Abb. 5.11**

Die mit den Koordinatenachsen verbundenen Vektoren heißen „Basisvektoren" (wir werden den Begriff später präzisieren). Obwohl wir bisher nur Einheitsvektoren betrachtet haben, lassen sich Koordinatenachsen durch Vektoren beliebiger positiver Länge beschreiben.

Die Maßeinheiten auf den Achsen sind ein wesentlicher Bestandteil von Koordinatensystemen. Man versucht in der Regel, alle Achsen mit derselben Einheitslänge zu versehen, dennoch ist es oft günstiger, unterschiedliche Skalen zu wählen (beispielsweise zur graphischen Darstellung physikalischer Meßwerte); diese werden durch die Längen der Basisvektoren angegeben (Abbildung 5.12). Kurz gesagt definiert die Richtung der Basisvektoren die positiven Koordinatenachsen, ihre Normen legen die Maßeinheiten fest.

Wir beginnen jetzt damit, die gerade formulierten Ideen für allgemeine Vektorräume zu präzisieren.

## Basis eines Vektorraumes

**Definition.** Eine Teilmenge $S = \{\mathbf{v}_1, \mathbf{v}_2, \ldots, \mathbf{v}_n\}$ eines Vektorraums $V$ heißt ***Basis*** von $V$, wenn sie folgende Bedingungen erfüllt:

a) $S$ ist linear unabhängig.
b) $S$ ist Erzeugendensystem für $V$.

Der folgende Satz zeigt, daß Basen verallgemeinerte Koordinatensysteme sind.

**Satz 5.4.1.** *Ist $S = \{\mathbf{v}_1, \mathbf{v}_2, \ldots, \mathbf{v}_n\}$ eine Basis des Vektorraumes $V$, so besitzt jeder Vektor $\mathbf{v} \in V$ eine eindeutig bestimmte Darstellung*
$\mathbf{v} = c_1\mathbf{v}_1 + c_2\mathbf{v}_2 + \cdots + c_n\mathbf{v}_n$.

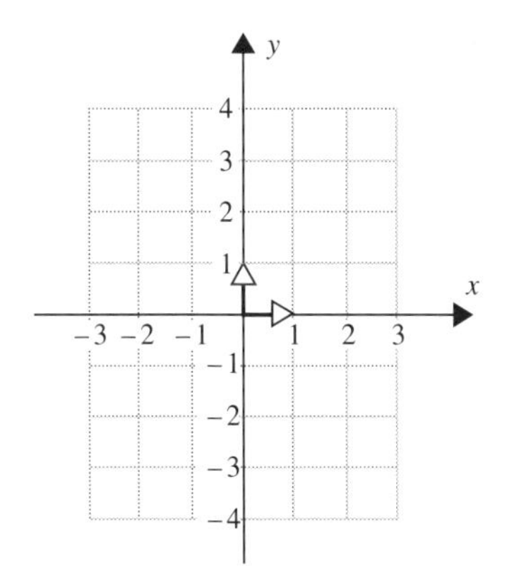


Einheitliche Skalierung, senkrechte Achsen

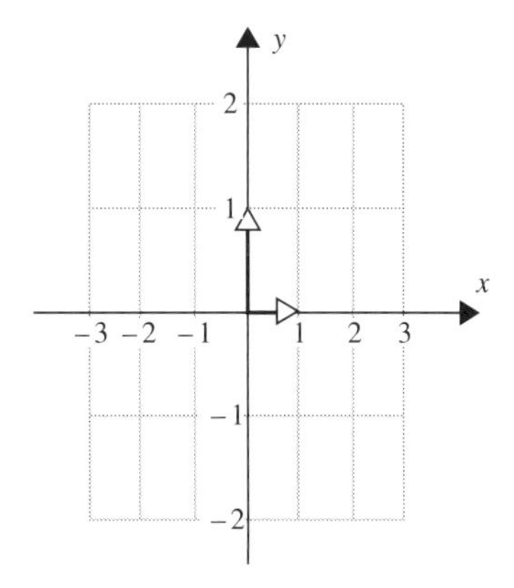


Unterschiedliche Skalen, senkrechte Achsen

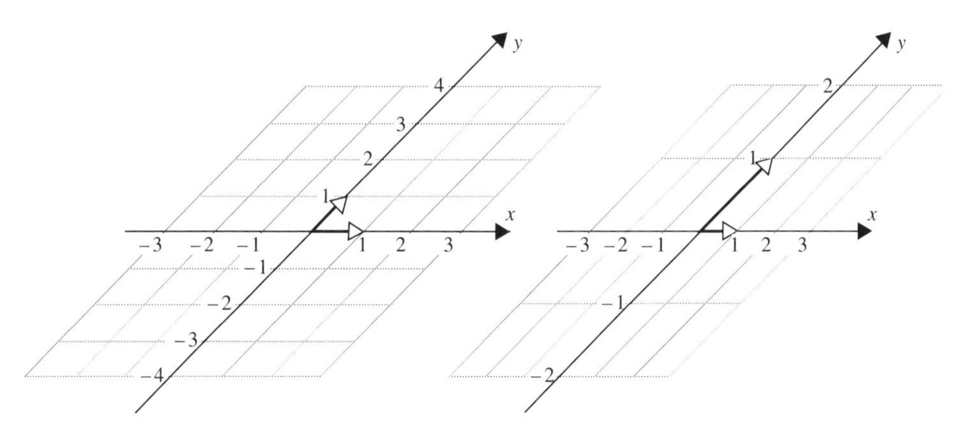


Einheitliche Skalierung, schiefe Achsen

Unterschiedliche Skalen, schiefe Achsen.

**Abb. 5.12**

**Beweis.** Aus Bedingung b) der Definition folgt, daß sich jeder Vektor aus $V$ als Linearkombination der Elemente von $S$ ausdrücken läßt. Um die ***Eindeutigkeit*** dieser Darstellung zu zeigen, schreiben wir den Vektor $\mathbf{v}$ als

$$\mathbf{v} = c_1\mathbf{v}_1 + c_2\mathbf{v}_2 + \cdots + c_n\mathbf{v}_n$$

und

$$\mathbf{v} = k_1\mathbf{v}_1 + k_2\mathbf{v}_2 + \cdots + k_n\mathbf{v}_n.$$

Durch Subtraktion dieser Gleichungen folgt

$$\mathbf{0} = (c_1 - k_1)\mathbf{v}_1 + (c_2 - k_2)\mathbf{v}_2 + \cdots + (c_n - k_n)\mathbf{v}_n.$$

Da $S$ linear unabhängig ist, ergibt sich

$$c_1 - k_1 = 0, \quad c_2 - k_2 = 0, \; \ldots, \; c_n - k_n = 0$$

oder

$$c_1 = k_1, \quad c_2 = k_2, \; \ldots, \; c_n = k_n,$$

also ist die Darstellung von $\mathbf{v}$ eindeutig. □

## Koordinatenvektoren

Hat der Vektor $\mathbf{v}$ aus $V$ bezüglich der Basis $S = \{\mathbf{v}_1, \mathbf{v}_2, \ldots, \mathbf{v}_n\}$ die Darstellung

$$\mathbf{v} = c_1\mathbf{v}_1 + c_2\mathbf{v}_2 + \cdots + c_n\mathbf{v}_n,$$

so heißen die Skalare $c_1, c_2, \ldots, c_n$ ***Koordinaten*** von $\mathbf{v}$ bezüglich $S$, der Vektor $(c_1, c_2, \ldots, c_n)$ aus $R^n$ heißt ***Koordinatenvektor*** von $\mathbf{v}$ bezüglich $S$ und wird als

$$(\mathbf{v})_S = (c_1, c_2, \ldots, c_n)$$

bezeichnet.

**Bemerkung.** Der Koordinatenvektor hängt nicht nur von der Menge der Basisvektoren, sondern auch von ihrer Reihenfolge ab.

**Beispiel 1** Im letzten Abschnitt haben wir gezeigt, daß $S = \{\mathbf{i}, \mathbf{j}, \mathbf{k}\}$ mit

$$\mathbf{i} = (1, 0, 0), \quad \mathbf{j} = (0, 1, 0) \quad \text{und} \quad \mathbf{k} = (0, 0, 1)$$

linear unabhängig ist. Außerdem läßt sich jeder Vektor $\mathbf{v} = (a, b, c)$ aus $R^3$ als Linearkombination

$$\mathbf{v} = (a, b, c) = a(1, 0, 0) + b(0, 1, 0) + c(0, 0, 1) = a\mathbf{i} + b\mathbf{j} + c\mathbf{k} \tag{1}$$

von $\mathbf{i}$, $\mathbf{j}$ und $\mathbf{k}$ schreiben. Also ist $S$ eine Basis, die sogenannte ***Standardbasis*** des $R^3$. Wie wir gerade gesehen haben, hat $\mathbf{v} = (a, b, c)$ bezüglich $S$ den Koordinatenvektor

$$(\mathbf{v})_S = (a, b, c),$$

also ist

$$\mathbf{v} = (\mathbf{v})_S.$$

Aus dieser Gleichung folgt, daß das rechtwinklige $xyz$-Koordinatensystem und die Standardbasis dieselbe Isomorphie zwischen Punkten des Raumes und Tripeln reeller Zahlen erzeugen (Abbildung 5.13).

Das letzte Beispiel ist ein Spezialfall des nun folgenden.

## Standardbasis des $R^n$

**Beispiel 2** In Beispiel 3 des letzten Abschnitts haben wir gezeigt, daß die aus den Vektoren

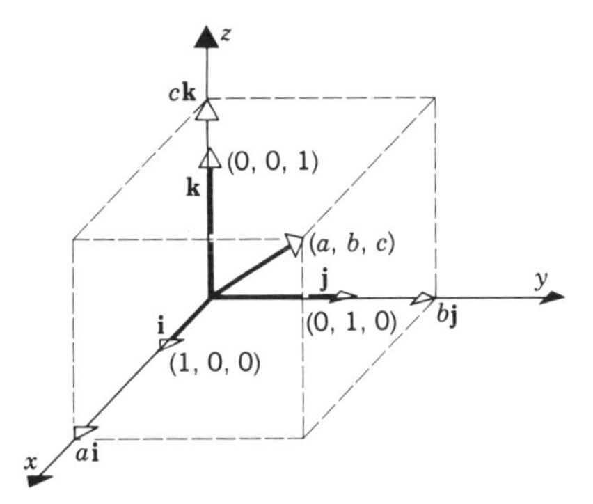


**Abb. 5.13**

$$\mathbf{e}_1 = (1, 0, 0, \ldots, 0), \quad \mathbf{e}_2 = (0, 1, 0, \ldots, 0), \; \ldots, \; \mathbf{e}_n = (0, 0, 0, \ldots, 1)$$

gebildete Menge

$$S = \{\mathbf{e}_1, \mathbf{e}_2, \ldots, \mathbf{e}_n\}$$

in $R^n$ linear unabhängig ist. Da jeder Vektor $\mathbf{v} = (v_1, v_2, \ldots, v_n)$ als

$$\mathbf{v} = v_1\mathbf{e}_1 + v_2\mathbf{e}_2 + \cdots + v_n\mathbf{e}_n \tag{2}$$

darstellbar ist, spannt $S$ den gesamten Raum auf. $S$ ist also eine Basis, die sogenannte ***Standardbasis*** des $R^n$. Als Koordinatenvektor von $\mathbf{v} = (v_1, v_2, \ldots, v_n)$ ergibt sich

$$(\mathbf{v})_S = (v_1, v_2, \ldots, v_n),$$

also stimmt der Vektor mit seinem Koordinatenvektor bezüglich der Standardbasis überein,

$$\mathbf{v} = (\mathbf{v})_S.$$

**Bemerkung.** Wie wir später sehen werden, stimmen Vektoren und Koordinatenvektoren im allgemeinen nicht überein. Die in den letzten Beispielen beobachtete Gleichheit liegt nur für die Standardbasis des $R^n$ vor.

**Bemerkung.** Die Standardbasisvektoren des $R^3$ werden gewöhnlich mit **i**, **j** und **k** bezeichnet, zuweilen schreiben wir auch $\mathbf{e}_1$, $\mathbf{e}_2$ und $\mathbf{e}_3$.

**Beispiel 3** Man zeige, daß $S = \{\mathbf{v}_1, \mathbf{v}_2, \mathbf{v}_3\}$ mit $\mathbf{v}_1 = (1, 2, 1)$, $\mathbf{v}_2 = (2, 9, 0)$ und $\mathbf{v}_3 = (3, 3, 4)$ eine Basis des $R^3$ ist.

*Lösung.* Wir müssen zuerst zeigen, daß $S$ ein Erzeugendensystem des $R^3$ ist. Dazu betrachten wir einen beliebigen Vektor $\mathbf{b} = (b_1, b_2, b_3)$, den wir als Linearkombination

$$\mathbf{b} = c_1\mathbf{v}_1 + c_2\mathbf{v}_2 + c_3\mathbf{v}_3$$

darstellen wollen. Indem wir die gegebenen Vektoren einsetzen, erhalten wir

$$(b_1, b_2, b_3) = c_1(1,2,1) + c_2(2,9,0) + c_3(3,3,4)$$

oder

$$(b_1, b_2, b_3) = (c_1 + 2c_2 + 3c_3, 2c_1 + 9c_2 + 3c_3, c_1 + 4c_3).$$

Wir haben also zu zeigen, daß das Gleichungssystem

$$\begin{aligned} c_1 + 2c_2 + 3c_3 &= b_1 \\ 2c_1 + 9c_2 + 3c_3 &= b_2 \\ c_1 \qquad\; + 4c_3 &= b_3 \end{aligned} \tag{3}$$

für alle $\mathbf{b} = (b_1, b_2, b_3)$ konsistent ist.

Für die lineare Unabhängigkeit von $S$ ist nachzuweisen, daß die Gleichung

$$c_1\mathbf{v}_1 + c_2\mathbf{v}_2 + c_3\mathbf{v}_3 = \mathbf{0} \tag{4}$$

$c_1 = c_2 = c_3 = 0$ impliziert. Wie oben erhalten wir das Gleichungssystem

$$\begin{aligned} c_1 + 2c_2 + 3c_3 &= 0 \\ 2c_1 + 9c_2 + 3c_3 &= 0 \\ c_1 \qquad\; + 4c_3 &= 0, \end{aligned} \tag{5}$$

das nur trivial lösbar sein darf. Nun haben die Systeme (3) und (5) dieselbe Koeffizientenmatrix

$$A = \begin{bmatrix} 1 & 2 & 3 \\ 2 & 9 & 3 \\ 1 & 0 & 4 \end{bmatrix}.$$

Nach Satz 4.3.4 ist die Invertierbarkeit von $A$ sowohl zur Lösbarkeit von (3) als auch zur eindeutigen Lösbarkeit von (5) äquivalent. Wegen

$$\det(A) = \begin{vmatrix} 1 & 2 & 3 \\ 2 & 9 & 3 \\ 1 & 0 & 4 \end{vmatrix} = -1$$

ist $A$ invertierbar, womit wir gezeigt haben, daß $S$ linear unabhängig ist und den ganzen Raum $R^3$ erzeugt, also eine Basis ist.

**Beispiel 4** Sei $S$ wie in Beispiel 3 gegeben.

a) Man bestimme den Koordinatenvektor von $\mathbf{v} = (5, -1, 9)$ bezüglich $S$.
b) Man berechne $\mathbf{v}$ mit $(\mathbf{v})_S = (-1, 3, 2)$.

*Lösung a).* Wir suchen Skalare $c_1, c_2, c_3$ mit

$$\mathbf{v} = c_1\mathbf{v}_1 + c_2\mathbf{v}_2 + c_3\mathbf{v}_3$$

beziehungsweise

$$(5, -1, 9) = c_1(1,2,1) + c_2(2,9,0) + c_3(3,3,4).$$

Das resultierende Gleichungssystem

$$\begin{aligned} c_1 + 2c_2 + 3c_3 &= 5 \\ 2c_1 + 9c_2 + 3c_3 &= -1 \\ c_1 \qquad + 4c_3 &= 9 \end{aligned}$$

hat die Lösung $c_1 = 1$, $c_2 = -1$, $c_3 = 2$ (der Leser möge das nachrechnen), also ist

$$(\mathbf{v})_S = (1, -1, 2).$$

*Lösung b).* Nach Definition des Koordinatenvektors gilt

$$\begin{aligned} \mathbf{v} &= (-1)\mathbf{v}_1 + 3\mathbf{v}_2 + 2\mathbf{v}_3 \\ &= (-1)(1,2,1) + 3(2,9,0) + 2(3,3,4) = (11,31,7). \end{aligned}$$

**Beispiel 5**

a) Man zeige, daß $\{1, x, x^2, \ldots, x^n\}$ eine Basis des Raumes $P_n$ aller Polynome der Gestalt $a_0 + a_1x + a_2x^2 + \cdots + a_nx^n$ ist.
b) Man bestimme den Koordinatenvektor von $\mathbf{p} = a_0 + a_1x + a_2x^2$ bezüglich der Basis $S = \{1, x, x^2\}$ von $P_2$.

*Lösung a).* Nach Beispiel 11, Abschnitt 5.2, und Beispiel 5, Abschnitt 5.3, ist $S$ ein linear unabhängiges Erzeugendensystem von $P_n$, also eine Basis. $S$ heißt ***Standardbasis von*** $P_n$.

*Lösung b).* Die Koordinaten von $\mathbf{p} = a_0 + a_1x + a_2x^2$ sind die skalaren Koeffizienten der Basisvektoren $1, x$ und $x^2$, also ist $(\mathbf{p})_S = (a_0, a_1, a_2)$.

**Beispiel 6** Die Menge $S = \{M_1, M_2, M_3, M_4\}$ mit

$$M_1 = \begin{bmatrix} 1 & 0 \\ 0 & 0 \end{bmatrix}, \quad M_2 = \begin{bmatrix} 0 & 1 \\ 0 & 0 \end{bmatrix}, \quad M_3 = \begin{bmatrix} 0 & 0 \\ 1 & 0 \end{bmatrix}, \quad M_4 = \begin{bmatrix} 0 & 0 \\ 0 & 1 \end{bmatrix}$$

ist eine Basis der Raumes $M_{22}$ der $2 \times 2$-Matrizen. Jede $2 \times 2$-Matrix

$$\begin{bmatrix} a & b \\ c & d \end{bmatrix}$$

läßt sich als Linearkombination

$$\begin{aligned} \begin{bmatrix} a & b \\ c & d \end{bmatrix} &= a\begin{bmatrix} 1 & 0 \\ 0 & 0 \end{bmatrix} + b\begin{bmatrix} 0 & 1 \\ 0 & 0 \end{bmatrix} + c\begin{bmatrix} 0 & 0 \\ 1 & 0 \end{bmatrix} + d\begin{bmatrix} 0 & 0 \\ 0 & 1 \end{bmatrix} \\ &= aM_1 + bM_2 + cM_3 + dM_4 \end{aligned}$$

schreiben, also ist $S$ Erzeugendensystem von $M_{22}$. Weiter ergibt sich aus der Gleichung

$$aM_1 + bM_2 + cM_3 + dM_4 = 0$$

$$a\begin{bmatrix} 1 & 0 \\ 0 & 0 \end{bmatrix} + b\begin{bmatrix} 0 & 1 \\ 0 & 0 \end{bmatrix} + c\begin{bmatrix} 0 & 0 \\ 1 & 0 \end{bmatrix} + d\begin{bmatrix} 0 & 0 \\ 0 & 1 \end{bmatrix} = \begin{bmatrix} 0 & 0 \\ 0 & 0 \end{bmatrix}$$

und damit

$$\begin{bmatrix} a & b \\ c & d \end{bmatrix} = \begin{bmatrix} 0 & 0 \\ 0 & 0 \end{bmatrix},$$

woraus $a = b = c = d = 0$ folgt. Damit ist $S$ linear unabhängig, also eine Basis von $M_{22}$. Sie wird als ***Standardbasis*** von $M_{22}$ bezeichnet. Allgemein enthält die Standardbasis von $M_{mn}$ $mn$ Matrizen, die jeweils eine einzige Eins und sonst Nullen als Elemente enthalten.

**Beispiel 7** Eine Menge $S = \{\mathbf{v}_1, \mathbf{v}_2, \ldots, \mathbf{v}_r\}$ von Vektoren spannt den Unterraum $\mathrm{span}(S)$ von $V$ auf. Ist $S$ *linear unabhängig*, so ist $S$ eine Basis von $\mathrm{span}(S)$.

## Dimension

**Definition.** Ein vom Nullraum verschiedener Vektorraum $V$ heißt ***endlich-dimensional***, wenn er eine endliche Basis hat; sonst heißt er ***unendlich-dimensional***. Wir definieren den Nullvektorraum als endlich-dimensional.

**Beispiel 8** Wegen der Beispiele 2, 5 und 6 sind $R^n$, $P_n$ und $M_{mn}$ endlich-dimensional. Die Vektorräume $F(-\infty, \infty)$, $C(-\infty, \infty)$, $C^m(-\infty, \infty)$ und $C^\infty(-\infty, \infty)$ sind unendlich-dimensional (siehe Übung 23).

Die folgenden Sätze liefern uns die Möglichkeit, die Dimension eines Vektorraumes zu definieren.

**Satz 5.4.2.** *Sei $S = \{\mathbf{v}_1, \mathbf{v}_2, \ldots, \mathbf{v}_n\}$ eine Basis des endlich-dimensionalen Vektorraumes $V$. Dann gilt:*

a) *Enthält eine Teilmenge von $V$ mehr als $n$ Elemente, so ist sie linear abhängig.*
b) *Jedes Erzeugendensystem von $V$ enthält mindestens $n$ Vektoren.*

**Beweis a).** Sei $S' = \{\mathbf{w}_1, \mathbf{w}_2, \ldots, \mathbf{w}_m\}$ eine $m$-elementige Teilmenge von $V$ mit $m > n$. Da $S = \{\mathbf{v}_1, \mathbf{v}_2, \ldots, \mathbf{v}_n\}$ eine Basis von $V$ ist, besitzen die Vektoren $\mathbf{w}_i$ aus $S'$ Darstellungen

$$\begin{aligned} \mathbf{w}_1 &= a_{11}\mathbf{v}_1 + a_{21}\mathbf{v}_2 + \cdots + a_{n1}\mathbf{v}_n \\ \mathbf{w}_2 &= a_{12}\mathbf{v}_1 + a_{22}\mathbf{v}_2 + \cdots + a_{n2}\mathbf{v}_n \\ &\vdots \\ \mathbf{w}_m &= a_{1m}\mathbf{v}_1 + a_{2m}\mathbf{v}_2 + \cdots + a_{nm}\mathbf{v}_n. \end{aligned} \tag{6}$$

Um die lineare Abhängigkeit von $S'$ zu zeigen, müssen wir den Nullvektor als nichttriviale Linearkombination

$$k_1\mathbf{w}_1 + k_2\mathbf{w}_2 + \cdots + k_m\mathbf{w}_m = \mathbf{0} \tag{7}$$

darstellen. Mit (6) erhalten wir die Gleichung

$$\begin{aligned}&(k_1a_{11}+k_2a_{12}+\cdots+k_ma_{1m})\mathbf{v}_1\\&\quad+(k_1a_{21}+k_2a_{22}+\cdots+k_ma_{2m})\mathbf{v}_2\\&\qquad\ddots\\&\qquad\quad+(k_1a_{n1}+k_2a_{n2}+\cdots+k_ma_{nm})\mathbf{v}_n=\mathbf{0},\end{aligned}$$

die uns wegen der linearen Unabhängigkeit von $S$ zum Gleichungssystem

$$\begin{aligned}a_{11}k_1+a_{12}k_2+\cdots+a_{1m}k_m&=0\\a_{21}k_1+a_{22}k_2+\cdots+a_{2m}k_m&=0\\\vdots\qquad\vdots\qquad\qquad\vdots\quad&\;\;\vdots\\a_{n1}k_1+a_{n2}k_2+\cdots+a_{nm}k_m&=0\end{aligned}\tag{8}$$

mit mehr Unbekannten als Gleichungen führt. Die geforderte Existenz nichttrivialer Lösungen folgt dann aus Satz 1.2.1.

**Beweis b).** Wir zeigen, daß die Menge $S'=\{\mathbf{w}_1,\mathbf{w}_2,\ldots,\mathbf{w}_m\}$ für $m<n$ kein Erzeugendensystem von $V$ ist. Diesen Beweis führen wir indirekt, indem wir annehmen, daß $S'$ den ganzen Raum $V$ erzeugt, und daraus einen Widerspruch zur linearen Unabhängigkeit von $S$ ableiten.

Ist $S'$ ein Erzeugendensystem von $V$, so läßt sich jedes Element von $V$ als Linearkombination von $\mathbf{w}_1,\mathbf{w}_2,\ldots,\mathbf{w}_m$ schreiben. Insbesondere haben die Basisvektoren $\mathbf{v}_1,\mathbf{v}_2,\ldots,\mathbf{v}_n$ eine solche Darstellung, etwa

$$\begin{aligned}\mathbf{v}_1&=a_{11}\mathbf{w}_1+a_{21}\mathbf{w}_2+\cdots+a_{m1}\mathbf{w}_m\\\mathbf{v}_2&=a_{12}\mathbf{w}_1+a_{22}\mathbf{w}_2+\cdots+a_{m2}\mathbf{w}_m\\\vdots\;&\quad\;\;\vdots\qquad\quad\vdots\qquad\qquad\;\vdots\\\mathbf{v}_n&=a_{1n}\mathbf{w}_1+a_{2n}\mathbf{w}_2+\cdots+a_{mn}\mathbf{w}_m.\end{aligned}\tag{9}$$

Das homogene Gleichungssystem

$$k_1\mathbf{v}_1+k_2\mathbf{v}_2+\cdots+k_n\mathbf{v}_n=\mathbf{0}\tag{10}$$

hat wegen $n>m$ nach Satz 1.2.1 eine nichttriviale Lösung $k_1,k_2,\ldots,k_n$. Unter Ausnutzung von (9) folgt

$$\begin{aligned}\mathbf{0}&=0\mathbf{w}_1+0\mathbf{w}_2+\cdots+0\mathbf{w}_m\\&=(a_{11}k_1+a_{12}k_2+\cdots+a_{1n}k_n)\mathbf{w}_1\\&\quad+(a_{21}k_1+a_{22}k_2+\cdots+a_{2n}k_n)\mathbf{w}_2\\&\qquad\ddots\\&\qquad\quad+(a_{m1}k_1+a_{m2}k_2+\cdots+a_{mn}k_n)\mathbf{w}_m\end{aligned}$$

$$\begin{aligned}
&= k_1(a_{11}\mathbf{w}_1 + a_{21}\mathbf{w}_2 + \cdots + a_{m1}\mathbf{w}_m \\
&\qquad + k_2(a_{12}\mathbf{w}_1 + a_{22}\mathbf{w}_2 + \cdots + a_{m2}\mathbf{w}_m \\
&\qquad\qquad \ddots \\
&\qquad\qquad + k_n(a_{1n}\mathbf{w}_1 + a_{2n}\mathbf{w}_2 + \cdots + a_{mn}\mathbf{w}_m \\
&= k_1\mathbf{v}_1 + k_2\mathbf{v}_2 + \cdots + k_n\mathbf{v}_n.
\end{aligned}$$

Wir haben also den Nullvektor als nichttriviale Linearkombination von $\mathbf{v}_1, \mathbf{v}_2, \ldots, \mathbf{v}_n$ dargestellt, was der linearen Unabhängigkeit von $S$ widerspricht. □

Ist $S = \{\mathbf{v}_1, \mathbf{v}_2, \ldots, \mathbf{v}_n\}$ eine Basis des Vektorraumes $V$, so enthalten nach dem letzten Satz alle linear unabhängigen Erzeugendensysteme von $V$ genau $n$ Vektoren; also sind alle Basen von $V$ gleichmächtig (sie haben die gleiche Anzahl von Elementen). Dieses Ergebnis, das eines der wichtigsten der linearen Algebra ist, wollen wir festhalten:

**Satz 5.4.3.** *Alle Basen eines endlich-dimensionalen Vektorraumes enthalten die gleiche Anzahl von Vektoren.*

Insbesondere haben alle Basen von $R^n$ $n$ Elemente, da seine Standardbasis nach Beispiel 2 aus $n$ Vektoren besteht. Es folgt, daß die Basen von $R^1 = R$ einelementig, die von $R^2$ zweielementig und schließlich die von $R^3$ dreielementig sind. Da wir diese Räume intuitiv als ein-, zwei- und dreidimensional bezeichnen, ist es naheliegend, die „Dimension" eines Vektorraumes durch die Größe seiner Basen zu erklären. Diese Überlegungen führen zu folgender Definition:

**Definition.** Die ***Dimension*** dim $(V)$ eines endlich-dimensionalen Vektorraumes $V$ ist die Anzahl der Elemente einer Basis von $V$. Ist $V$ der Nullvektorraum, so definieren wir $\dim(V) = 0$.

**Beispiel 9**

$\dim(R^n) = n$ [Die Standardbasis hat $n$ Elemente (Beispiel 2).]

$\dim(P_n) = n + 1$ [Die Standardbasis hat $n+1$ Elemente (Beispiel 5).]

$\dim(M_{mn}) = mn$ [Die Standardbasis hat $mn$ Elemente (Beispiel 6).]

**Beispiel 10** Man bestimme eine Basis und die Dimension des Lösungsraumes von

$$\begin{aligned}
2x_1 + 2x_2 - \phantom{2}x_3 \phantom{{}- 3x_4} + x_5 &= 0 \\
-x_1 - \phantom{2}x_2 + 2x_3 - 3x_4 + x_5 &= 0 \\
x_1 + \phantom{2}x_2 - 2x_3 \phantom{{}- 3x_4} - x_5 &= 0 \\
x_3 + \phantom{3}x_4 + x_5 &= 0.
\end{aligned}$$

*Lösung.* Nach Beispiel 1, Abschnitt 1.2, hat das System die allgemeine Lösung

$$x_1 = -s - t, \quad x_2 = s, \quad x_3 = -t, \quad x_4 = 0, \quad x_5 = t.$$

Damit ergeben sich die Lösungsvektoren

$$\begin{bmatrix} x_1 \\ x_2 \\ x_3 \\ x_4 \\ x_5 \end{bmatrix} = \begin{bmatrix} -s-t \\ s \\ -t \\ 0 \\ t \end{bmatrix} = \begin{bmatrix} -s \\ s \\ 0 \\ 0 \\ 0 \end{bmatrix} + \begin{bmatrix} -t \\ 0 \\ -t \\ 0 \\ t \end{bmatrix} = s\begin{bmatrix} -1 \\ 1 \\ 0 \\ 0 \\ 0 \end{bmatrix} + t\begin{bmatrix} -1 \\ 0 \\ -1 \\ 0 \\ 1 \end{bmatrix}$$

also spannen

$$\mathbf{v}_1 = \begin{bmatrix} -1 \\ 1 \\ 0 \\ 0 \\ 0 \end{bmatrix} \quad \text{und} \quad \mathbf{v}_2 = \begin{bmatrix} -1 \\ 0 \\ -1 \\ 0 \\ 1 \end{bmatrix}$$

den Lösungsraum auf; außerdem sind sie linear unabhängig (der Leser möge das nachrechnen). Damit ist $\{\mathbf{v}_1, \mathbf{v}_2\}$ eine Basis des Lösungsraumes, der die Dimension zwei hat.

## Einige wichtige Sätze

Wir widmen den Rest dieses Abschnitts der Entwicklung von Sätzen, die die Beziehung zwischen Erzeugendensystemen, linearer Unabhängigkeit, Basis und Dimension zeigen sollen. Sie sind nicht nur für das Verständnis des Vektorraumkonzepts, sondern auch in praktischen Anwendungen hilfreich.

**Satz 5.4.4.** *Sei $S$ eine nichtleere Teilmenge des Vektorraumes $V$.*

a) *Ist $S$ linear unabhängig und $\mathbf{v}$ ein Vektor aus $V$, der nicht in $span(S)$ liegt, so ist auch $S \cup \{\mathbf{v}\}$ linear unabhängig.*
b) *Sei $\mathbf{v}$ ein Vektor aus $S$, der sich als Linearkombination der anderen Elemente von $S$ darstellen läßt. Dann erzeugen $S$ und $S \setminus \{\mathbf{v}\}$ denselben Unterraum von $V$,*

$$span(S) = span(S \setminus \{\mathbf{v}\}).$$

Den Beweis verschieben wir auf das Ende des Abschnitts, hier begnügen wir uns mit einer Veranschaulichung für $V = R^3$:

a) Zwei linear unabhängige Vektoren im $R^3$ erzeugen eine Ebene durch den Ursprung. Nehmen wir einen dritten Vektor dazu, der nicht in dieser Ebene liegt (Abbildung 5.14a), so ist auch diese Menge linear unabhängig.

b) Eine linear abhängige Menge $S$, die aus drei nicht kollinearen Vektoren besteht, spannt eine Ebene durch den Ursprung auf (Abbildung 5.14b, 5.14c). Wir können einen der Vektoren, der sich als Linearkombination der anderen schreiben läßt, entfernen, ohne die lineare Hülle zu verändern.

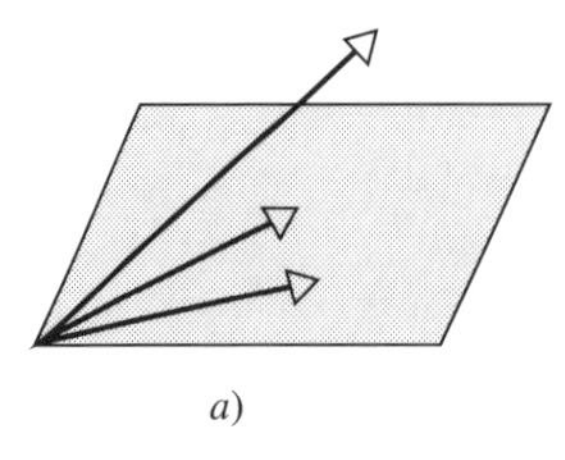

*a)*

Keiner der Vektoren liegt in der von den anderen aufgespannten Ebene.

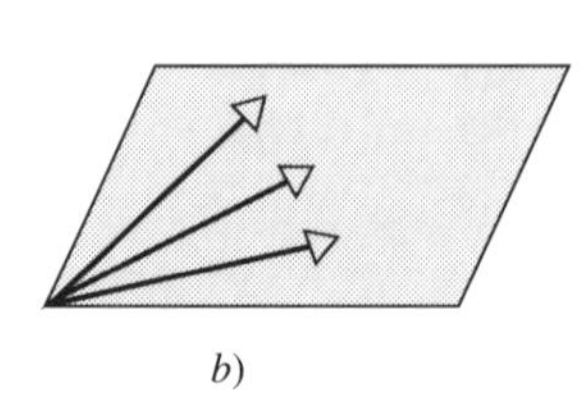

*b)*

Jeder der Vektoren kann entfernt werden, ohne die lineare Hülle zu ändern.

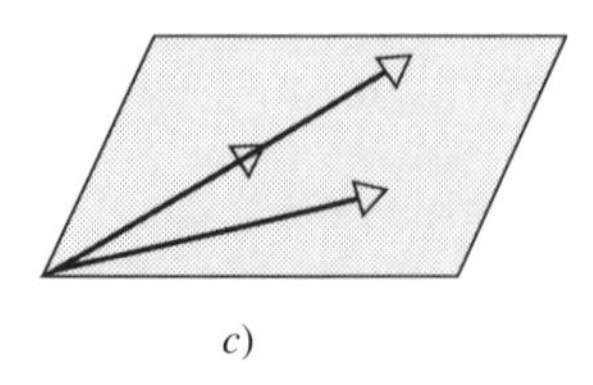

*c)*

Einer der kollinearen Vektoren kann entfernt werden, ohne die lineare Hülle zu ändern.

**Abb. 5.14**

Wollen wir beweisen, daß eine Menge $\{\mathbf{v}_1, \mathbf{v}_2, \ldots, \mathbf{v}_n\}$ eine Basis von $V$ ist, müssen wir zeigen, daß die Vektoren linear unabhängig sind und den Raum $V$ aufspannen. Wissen wir aber, daß die Anzahl der Vektoren mit der Dimension von $V$ übereinstimmt, so genügt es, eine der Bedingungen zu überprüfen.

**Satz 5.4.5.** *Sei $V$ ein n-dimensionaler Vektorraum und $S$ eine n-elementige Teilmenge von $V$. Dann sind folgende Aussagen äquivalent:*

*a) $S$ ist Basis von $V$.*
*b) $S$ ist Erzeugendensystem von $V$.*
*c) $S$ ist linear unabhängig.*

**Beweis.** Die Implikationen $a) \Rightarrow b)$ und $a) \Rightarrow c)$ sind trivial.

$b) \Rightarrow a)$. Wir zeigen, daß das Erzeugendensystem $S$ von $V$ linear unabhängig sein muß. Dazu nehmen wir an, daß $S$ linear abhängig ist, also einen Vektor $\mathbf{v}$ enthält, der sich als Linearkombination der übrigen schreiben läßt. Damit ist nach Satz 5.4.4 b) bereits die $(n-1)$-elementige Menge $S \backslash \{\mathbf{v}\}$ ein Erzeugendensystem des $n$-dimensionalen Vektorraumes $V$. Das ist wegen Satz 5.4.2 b) nicht möglich, also muß $S$ linear unabhängig sein.

$c) \Rightarrow a)$. Wir nehmen an, daß die linear unabhängige Menge $S$ kein Erzeugendensystem von $V$ ist. Dann gibt es einen Vektor $\mathbf{v}$ in $V$, der nicht in $\operatorname{span}(S)$ liegt, so daß nach Satz 5.4.4 a) die $(n+1)$-elementige Menge $S \cup \{\mathbf{v}\}$ linear unabhängig ist. Wegen $\dim(V) = n$ ist das nach Satz 5.4.2 a) nicht möglich, also ist $S$ ein Erzeugendensystem von $V$. $\square$

**Beispiel 11**

a) Man zeige (durch Hinsehen), daß $\mathbf{v}_1 = (-3, 7)$ und $\mathbf{v}_2 = (5, 5)$ eine Basis des $R^2$ bilden.
b) Man zeige, daß $\mathbf{v}_1 = (2, 0, -1)$, $\mathbf{v}_2 = (4, 0, 7)$ und $\mathbf{v}_3 = (-1, 1, 4)$ eine Basis des $R^3$ sind.

*Lösung a).* Offensichtlich ist keiner der Vektoren ein skalares Vielfaches des anderen, also sind sie linear unabhängig. Wegen $\dim(R^2) = 2$ folgt mit Satz 5.4.5, daß sie eine Basis bilden.

*Lösung b).* $\mathbf{v}_1$ und $\mathbf{v}_2$ sind linear unabhängig (warum?) und liegen in der $xz$-Ebene. Da $\mathbf{v}_3$ nicht in dieser Ebene liegt, ist die Menge $\{\mathbf{v}_1, \mathbf{v}_2, \mathbf{v}_3\}$ linear unabhängig, also eine Basis des dreidimensionalen Vektorraumes $R^3$.

Der folgende Satz zeigt, daß jedes Erzeugendensystem des endlich-dimensionalen Vektorraumes $V$ eine Basis enthält, während jede linear unabhängige Menge in einer Basis enthalten ist.

**Satz 5.4.6.** *Sei $S$ eine Teilmenge des endlich-dimensionalen Vektorraumes $V$, die keine Basis ist.*

*a) Ist $S$ ein Erzeugendensystem, so kann man $S$ durch Entfernen geeigneter Vektoren zu einer Basis von $V$ machen.*
*b) Ist $S$ linear unabhängig, so erhält man durch Hinzufügen geeigneter Vektoren zu $S$ eine Basis von $V$.*

**Beweis a).** Da $S$ keine Basis von $V$ ist, muß $S$ linear abhängig sein. Also läßt sich einer der Vektoren aus $S$ als Linearkombination der übrigen darstellen. Entfernen wir diesen Vektor aus $S$, so erhalten wir nach Satz 5.4.4 b) ein Erzeugendensystem $S'$ von $V$. Ist $S'$ linear unabhängig, so sind wir fertig; sonst entfernen wir einen geeigneten Vektor aus $S'$, um ein Erzeugendensystem $S''$ zu erhalten. Diesen Prozeß wiederholen wir so lange, bis wir ein linear unabhängiges Erzeugendensystem, also eine Basis von $V$ erhalten.

**Beweis b).** Sei $\dim(V) = n$. Nach Voraussetzung gibt es einen Vektor $\mathbf{v}$, der nicht in $\operatorname{span}(S)$ liegt. Wegen Satz 5.4.4 a) ist die Menge $S' = S \cup \{\mathbf{v}\}$ linear unabhängig. Falls $S'$ noch keine Basis von $V$ ist, fügen wir nach derselben Methode weitere Vektoren hinzu, bis wir eine Menge mit $n$ Elementen erhalten. Da die lineare Unabhängigkeit in jedem Schritt erhalten bleibt, ist diese Menge nach Satz 5.4.5 eine Basis von $V$. □

Zum Schluß des Abschnitts zeigen wir, daß die echten Unterräume eines Vektorraumes $V$ kleinere Dimension haben als $V$ selbst. Hat ein Unterraum dieselbe Dimension wie $V$, so ist er bereits der gesamte Raum. Abbildung 5.15 stellt diese Situation für den Vektorraum $R^3$ dar.

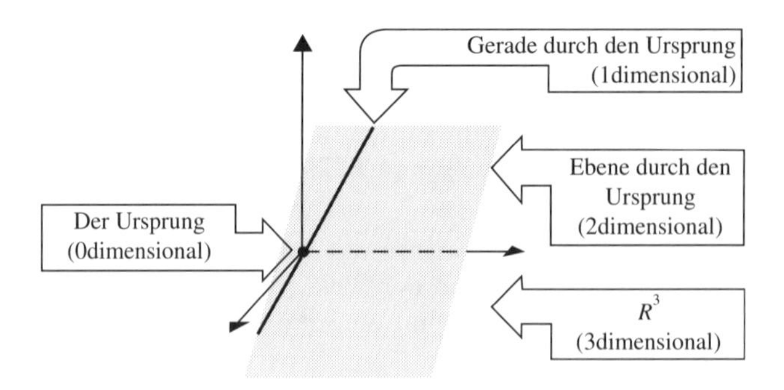


**Abb. 5.15**

**Satz 5.4.7.** *Für jeden Unterraum $W$ eines endlich-dimensionalen Vektorraumes $V$ ist $dim(W) \leq dim(V)$, wobei Gleichheit genau für $W = V$ gilt.*

**Beweis.** Sei $S = \{\mathbf{w}_1, \mathbf{w}_2, \ldots, \mathbf{w}_m\}$ eine Basis von $W$. Falls $S$ auch eine Basis von $V$ ist, gilt $\dim(W) = \dim(V) = m$. Sonst können wir nach Satz 5.4.6 b) durch Hinzufügen geeigneter Vektoren eine Basis von $V$ erzeugen, die dann mehr Elemente als $S$ hat. Hier folgt $\dim(W) < \dim(V)$, also ist insgesamt $\dim(W) \leq \dim(V)$.

Für $\dim(W) = \dim(V)$ ist $S$ als $m$-elementige linear unabhängige Menge im $m$-dimensionalen Vektorraum $V$ eine Basis von $V$ (Satz 5.4.5). Daraus folgt $W = V$ (warum?). □

## Zusätzliche Beweise

**Beweis von Satz 5.4.4 a).** Sei $S = \{\mathbf{v}_1, \mathbf{v}_2, \ldots, \mathbf{v}_r\}$ linear unabhängig und $\mathbf{v}$ ein Vektor, der nicht in $\text{span}(S)$ liegt. Aus der Gleichung

$$k_1\mathbf{v}_1 + k_2\mathbf{v}_2 + \cdots + k_r\mathbf{v}_r + k_{r+1}\mathbf{v} = \mathbf{0} \tag{11}$$

folgt zunächst $k_{r+1} = 0$, da wir sonst $\mathbf{v}$ als Linearkombination von $\mathbf{v}_1, \mathbf{v}_2, \ldots, \mathbf{v}_r$ darstellen könnten. Damit reduziert sich (11) zu

$$k_1\mathbf{v}_1 + k_2\mathbf{v}_2 + \cdots + k_r\mathbf{v}_r = \mathbf{0}, \tag{12}$$

woraus wegen der linearen Unabhängigkeit von $S$

$$k_1 = k_2 = \cdots = k_r = 0$$

folgt. (11) hat nur die triviale Lösung, also ist die Menge $S' = \{\mathbf{v}_1, \mathbf{v}_2, \ldots, \mathbf{v}_r, \mathbf{v}\}$ linear unabhängig.

**Beweis von Satz 5.4.4 b).** Sei $S = \{\mathbf{v}_1, \mathbf{v}_2, \ldots, \mathbf{v}_r\}$, wobei $\mathbf{v}_r$ die Darstellung

$$\mathbf{v}_r = c_1\mathbf{v}_1 + c_2\mathbf{v}_2 + \cdots + c_{r-1}\mathbf{v}_{r-1} \tag{13}$$

besitzt. Wir müssen zeigen, daß jeder Vektor aus span$(S)$ bereits von $\mathbf{v}_1, \mathbf{v}_2, \ldots, \mathbf{v}_{r-1}$ erzeugt wird. Sei also

$$\mathbf{w} = k_1\mathbf{v}_1 + k_2\mathbf{v}_2 + \cdots + k_{r-1}\mathbf{v}_{r-1} + k_r\mathbf{v}_r.$$

Nach (13) ergibt sich daraus

$$\mathbf{w} = k_1\mathbf{v}_1 + k_2\mathbf{v}_2 + \cdots + k_{r-1}\mathbf{v}_{r-1} + k_r(c_1\mathbf{v}_1 + c_2\mathbf{v}_2 + \cdots + c_{r-1}\mathbf{v}_{r-1}),$$

also ist $\mathbf{w}$ eine Linearkombination von $\mathbf{v}_1, \mathbf{v}_2, \ldots, \mathbf{v}_{r-1}$. □

## Übungen zu 5.4

**1.** Man begründe, warum die folgenden Mengen keine Basen der angegebenen Räume sind.

a) $\mathbf{u}_1 = (1, 2)$, $\mathbf{u}_2 = (0, 3)$, $\mathbf{u}_3 = (2, 7)$ aus $R^2$

b) $\mathbf{u}_1 = (-1, 3, 2)$, $\mathbf{u}_2 = (6, 1, 1)$ aus $R^3$

c) $\mathbf{p}_1 = 1 + x + x^2$, $\mathbf{p}_2 = x - 1$ aus $P_2$

d) $A = \begin{bmatrix} 1 & 1 \\ 2 & 3 \end{bmatrix}$, $B = \begin{bmatrix} 6 & 0 \\ -1 & 4 \end{bmatrix}$, $C = \begin{bmatrix} 3 & 0 \\ 1 & 7 \end{bmatrix}$,

$D = \begin{bmatrix} 5 & 1 \\ 4 & 2 \end{bmatrix}$, $E = \begin{bmatrix} 7 & 1 \\ 2 & 9 \end{bmatrix}$ aus $M_{22}$

**2.** Welche der folgenden Mengen sind Basen des $R^2$?

a) $(2, 1), (3, 0)$ b) $(4, 1), (-7, -8)$ c) $(0, 0), (1, 3)$ d) $(3, 9), (-4, -12)$

**3.** Welche der folgenden Mengen sind Basen des $R^3$?

a) $(1, 0, 0), (2, 2, 0), (3, 3, 3)$ b) $(3, 1, -4), (2, 5, 6), (1, 4, 8)$

c) $(2, -3, 1), (4, 1, 1), (0, -7, 1)$ d) $(1, 6, 4), (2, 4, -1), (-1, 2, 5)$

**4.** Welche der folgenden Mengen sind Basen von $P_2$?

a) $1 - 3x + 2x^2, 1 + x + 4x^2, 1 - 7x$

b) $4 + 6x + x^2, -1 + 4x + 2x^2, 5 + 2x - x^2$

c) $1 + x + x^2, x + x^2, x^2$

d) $-4 + x + 3x^2, 6 + 5x + 2x^2, 8 + 4x + x^2$

**5.** Man zeige, daß die Matrizen eine Basis von $M_{22}$ bilden.

$$\begin{bmatrix} 3 & 6 \\ 3 & -6 \end{bmatrix}, \quad \begin{bmatrix} 0 & -1 \\ -1 & 0 \end{bmatrix}, \quad \begin{bmatrix} 0 & -8 \\ -12 & -4 \end{bmatrix}, \quad \begin{bmatrix} 1 & 0 \\ -1 & 2 \end{bmatrix}$$

**6.** Sei $V = \text{span}\{\mathbf{v}_1, \mathbf{v}_2, \mathbf{v}_3\}$ mit $\mathbf{v}_1 = \cos^2 x$, $\mathbf{v}_2 = \sin^2 x$ und $\mathbf{v}_3 = \cos 2x$.

a) Man zeige, daß $\{\mathbf{v}_1, \mathbf{v}_2, \mathbf{v}_3\}$ keine Basis von $V$ ist.
b) Man bestimme eine Basis von $V$.

**7.** Man bestimme den Koordinatenvektor von $\mathbf{w}$ bezüglich der Basis $S = \{\mathbf{u}_1, \mathbf{u}_2\}$.

a) $\mathbf{u}_1 = (1, 0), \mathbf{u}_2 = (0, 1); \mathbf{w} = (3, -7)$
b) $\mathbf{u}_1 = (2, -4), \mathbf{u}_2 = (3, 8); \mathbf{w} = (1, 1)$
c) $\mathbf{u}_1 = (1, 1), \mathbf{u}_2 = (0, 2); \mathbf{w} = (a, b)$

**8.** Man bestimme den Koordinatenvektor $(\mathbf{v})_S$ bezüglich der Basis $S = \{\mathbf{v}_1, \mathbf{v}_2, \mathbf{v}_3\}$.

a) $\mathbf{v} = (2, -1, 3); \mathbf{v}_1 = (1, 0, 0), \mathbf{v}_2 = (2, 2, 0), \mathbf{v}_3 = (3, 3, 3)$
b) $\mathbf{v} = (5, -12, 3); \mathbf{v}_1 = (1, 2, 3), \mathbf{v}_2 = (-4, 5, 6), \mathbf{v}_3 = (7, -8, 9)$

**9.** Man berechne $(\mathbf{p})_S$ für die Basis $S = \{\mathbf{p}_1, \mathbf{p}_2, \mathbf{p}_3\}$.

a) $\mathbf{p} = 4 - 3x + x^2; \mathbf{p}_1 = 1, \mathbf{p}_2 = x, \mathbf{p}_3 = x^2$
b) $\mathbf{p} = 2 - x + x^2; \mathbf{p}_1 = 1 + x, \mathbf{p}_2 = 1 + x^2, \mathbf{p}_3 = x + x^2$

**10.** Man berechne $(A)_S$ für die Basis $S = \{A_1, A_2, A_3, A_4\}$.

$$A = \begin{bmatrix} 2 & 0 \\ -1 & 3 \end{bmatrix}, \quad A_1 = \begin{bmatrix} -1 & 1 \\ 0 & 0 \end{bmatrix},$$
$$A_2 = \begin{bmatrix} 1 & 1 \\ 0 & 0 \end{bmatrix}, \quad A_3 = \begin{bmatrix} 0 & 0 \\ 1 & 0 \end{bmatrix}, \quad A_4 = \begin{bmatrix} 0 & 0 \\ 0 & 1 \end{bmatrix}$$

Man bestimme in den Aufgaben 11–16 die Dimension und eine Basis des Lösungsraumes.

**11.**
$$\begin{aligned} x_1 + x_2 - x_3 &= 0 \\ -2x_1 - x_2 + 2x_3 &= 0 \\ -x_1 \phantom{{}- x_2} + x_3 &= 0 \end{aligned}$$

**12.**
$$\begin{aligned} 3x_1 + x_2 + x_3 + x_4 &= 0 \\ 5x_1 - x_2 + x_3 - x_4 &= 0 \end{aligned}$$

**13.**
$$\begin{aligned} x_1 - 4x_2 + 3x_3 - x_4 &= 0 \\ 2x_1 - 8x_2 + 6x_3 - 2x_4 &= 0 \end{aligned}$$

**14.**
$$\begin{aligned} x_1 - 3x_2 + x_3 &= 0 \\ 2x_1 - 6x_2 + 2x_3 &= 0 \\ 3x_1 - 9x_2 + 3x_3 &= 0 \end{aligned}$$

**15.**
$$\begin{aligned} 2x_1 + x_2 + 3x_3 &= 0 \\ x_1 \phantom{{}+ x_2} + 5x_3 &= 0 \\ x_2 + x_3 &= 0 \end{aligned}$$

**16.**
$$\begin{aligned} x + y + z &= 0 \\ 3x + 2y - 2z &= 0 \\ 4x + 3y - z &= 0 \\ 6x + 5y + z &= 0 \end{aligned}$$

**17.** Man bestimme eine Basis der folgenden Unterräume des $R^3$:

a) die Ebene $3x - 2y + 5z = 0$,
b) die Ebene $x - y = 0$,
c) die Gerade $x = 2t, y = -t, z = 4t$,
d) alle Vektoren $(a, b, c)$ mit $b = a + c$.

**18.** Man bestimme die Dimension folgender Unterräume von $R^4$:

a) alle Vektoren der Form $(a, b, c, 0)$,
b) alle Vektoren $(a, b, a - b, a + b)$,
c) alle Vektoren $(a, a, a, a)$.

**19.** Man berechne die Dimension des Unterraumes von $P_3$, der aus allen Polynomen $a_1x + a_2x^2 + a_3x^3$ besteht.

**20.** Welchen Standardbasisvektor kann man zu $\{\mathbf{v}_1, \mathbf{v}_2\}$ hinzufügen, um eine Basis von $R^3$ zu erhalten?

a) $\mathbf{v}_1 = (-1, 2, 3), \mathbf{v}_2 = (1, -2, -2)$ b) $\mathbf{v}_1 = (1, -1, 0), \mathbf{v}_2 = (3, 1, -2)$

**21.** Welche Standardbasisvektoren kann man zu $\{\mathbf{v}_1, \mathbf{v}_2\}$ hinzufügen, um eine Basis von $R^4$ zu erhalten?

$\mathbf{v}_1 = (1, -4, 2, -3), \quad \mathbf{v}_2 = (-3, 8, -4, 6)$

**22.** Sei $\{\mathbf{v}_1, \mathbf{v}_2, \mathbf{v}_3\}$ eine Basis des Vektorraumes $V$, und seien $\mathbf{u}_1 = \mathbf{v}_1$, $\mathbf{u}_2 = \mathbf{v}_1 + \mathbf{v}_2$ und $\mathbf{u}_3 = \mathbf{v}_1 + \mathbf{v}_2 + \mathbf{v}_3$. Man zeige, daß $\{\mathbf{u}_1, \mathbf{u}_2, \mathbf{u}_3\}$ eine Basis von $V$ ist.

**23.** Man zeige, daß es zu jeder natürlichen Zahl $n$ eine linear unabhängige Teilmenge von $F(-\infty, \infty)$ mit $n + 1$ Elementen gibt. [*Hinweis*. Man betrachte Polynome.]

**24.** Sei $S$ eine Basis des $n$-dimensionalen Vektorraumes $V$. Man zeige, daß $\mathbf{v}_1, \mathbf{v}_2, \ldots, \mathbf{v}_r$ genau dann linear unabhängig in $V$ sind, wenn ihre Koordinatenvektoren $(\mathbf{v}_1)_S, (\mathbf{v}_2)_S, \cdots, (\mathbf{v}_r)_S$ linear unabhängig in $R^n$ sind.

**25.** Seien $S$ und $V$ wie in Aufgabe 24 gegeben. Man zeige, daß $\{\mathbf{v}_1, \mathbf{v}_2, \ldots, \mathbf{v}_r\}$ genau dann ein Erzeugendensystem von $V$ ist, wenn $\{(\mathbf{v}_1)_S, (\mathbf{v}_2)_S, \cdots, (\mathbf{v}_r)_S\}$ den $R^n$ aufspannt.

**26.** Man bestimme eine Basis der linearen Hülle folgender Vektoren in $P_2$.

a) $-1 + x - 2x^2, \quad 3 + 3x + 6x^2, \quad 9$
b) $1 + x, \quad x^2, \quad -2 + 2x^2, \quad -3x$
c) $1 + x - 3x^2, \quad 2 + 2x - 6x^2, \quad 3 + 3x - 9x^2$

[*Hinweis*. Die Koordinatenvektoren sind bezüglich der Standardbasis $S$ von $P_2$ zu betrachten; man benutze Aufgabe 24 und 25.]

**27.** Abbildung 5.16 zeigt ein rechtwinkliges $xy$- und ein schiefwinkliges $x'y'$-Koordinatensystem, wobei alle Achsen die gleiche Skalierung haben. Man berechne die $x'y'$-Koordinaten der folgenden, durch ihre $xy$-Koordinaten gegebenen Punkte

a) $(1,1)$ b) $(1,0)$ c) $(0,1)$ d) $(a,b)$.

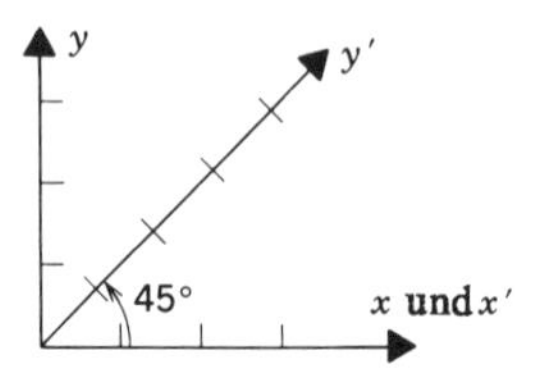


**Abb. 5.16**

**28.** Wir betrachten ein rechtwinkliges $xy$-Koordinatensystem, das durch die Einheitsvektoren **i** und **j** gegeben ist, sowie ein schiefwinkliges $x'y'$-System, das durch die Einheitsvektoren $\mathbf{u}_1$ und $\mathbf{u}_2$ gegeben ist (Abbildung 5.17). Man rechne die gegebenen $xy$-Koordinaten in $x'y'$-Koordinaten um.

a) $(\sqrt{3},1)$ b) $(1,0)$ c) $(0,1)$ d) $(a,b)$

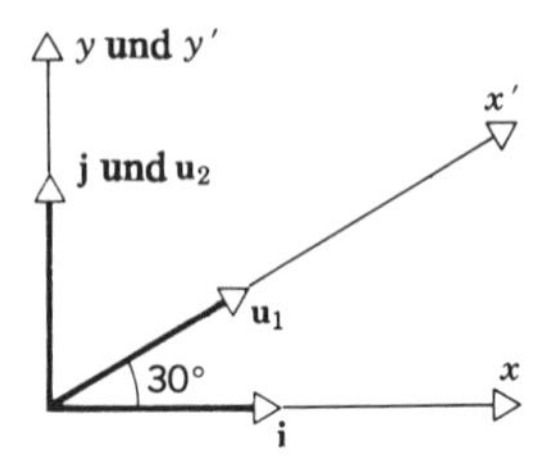


**Abb. 5.17**

# 5.5 Zeilen-, Spalten- und Nullraum

*Wir untersuchen drei Vektorräume, die bei der Behandlung von Matrizen auftauchen. Dabei ergeben sich interessante Beziehungen zwischen dem Lösungsraum und der Koeffizientenmatrix eines linearen Gleichungssystems.*

Nach der Einführung einiger Begriffe definieren wir die Vektorräume, die in diesem Abschnitt untersucht werden.

## Zeilen- und Spaltenvektoren

**Definition.** Sei

$$A = \begin{bmatrix} a_{11} & a_{12} & \cdots & a_{1n} \\ a_{21} & a_{22} & \cdots & a_{2n} \\ \vdots & \vdots & & \vdots \\ a_{m1} & a_{m2} & \cdots & a_{mn} \end{bmatrix}$$ eine $m \times n$-Matrix. Die Vektoren

$$\begin{aligned} \mathbf{r}_1 &= [a_{11} \quad a_{12} \quad \cdots \quad a_{1n}] \\ \mathbf{r}_2 &= [a_{21} \quad a_{22} \quad \cdots \quad a_{2n}] \\ &\vdots \\ \mathbf{r}_m &= [a_{m1} \quad a_{m2} \quad \cdots \quad a_{mn}] \end{aligned}$$ heißen ***Zeilenvektoren von A***,

$$\mathbf{c}_1 = \begin{bmatrix} a_{11} \\ a_{21} \\ \vdots \\ a_{m1} \end{bmatrix}, \quad \mathbf{c}_2 = \begin{bmatrix} a_{12} \\ a_{22} \\ \vdots \\ a_{m2} \end{bmatrix}, \quad \ldots, \quad \mathbf{c}_n = \begin{bmatrix} a_{1n} \\ a_{2n} \\ \vdots \\ a_{mn} \end{bmatrix}$$

sind die ***Spaltenvektoren von A***.

**Beispiel 1** Die $2 \times 3$-Matrix

$$A = \begin{bmatrix} 2 & 1 & 0 \\ 3 & -1 & 4 \end{bmatrix}$$

hat die Zeilenvektoren

$$\mathbf{r}_1 = [2 \quad 1 \quad 0] \quad \text{und} \quad \mathbf{r}_2 = [3 \quad -1 \quad 4]$$

und die Spaltenvektoren

$$\mathbf{c}_1 = \begin{bmatrix} 2 \\ 3 \end{bmatrix}, \quad \mathbf{c}_2 = \begin{bmatrix} 1 \\ -1 \end{bmatrix} \quad \text{und} \quad \mathbf{c}_3 = \begin{bmatrix} 0 \\ 4 \end{bmatrix}.$$

## Zeilen-, Spalten- und Nullraum

**Definition.** Sei $A$ eine $m \times n$-Matrix. Der von den Zeilenvektoren von $A$ aufgespannte Unterraum von $R^n$ heißt ***Zeilenraum von A***; die Spaltenvektoren spannen im $R^m$ den ***Spaltenraum von A*** auf. Der Lösungsraum des homogenen Gleichungssystems $A\mathbf{x} = \mathbf{0}$ heißt ***Nullraum von A*** und ist ein Unterraum von $R^n$.

Wir wollen vor allem die folgenden Fragen beantworten:

- Welche Beziehung besteht zwischen den Lösungen des Gleichungssystems $A\mathbf{x} = \mathbf{0}$ und dem Zeilen-, Spalten- und Nullraum von $A$?
- Wie hängen der Zeilenraum, der Spaltenraum und der Nullraum einer Matrix miteinander zusammen?

Wir betrachten zunächst das System $A\mathbf{x} = \mathbf{b}$ von $n$ Gleichungen mit $m$ Unbekannten. Mit

$$A = \begin{bmatrix} a_{11} & a_{12} & \cdots & a_{1n} \\ a_{21} & a_{22} & \cdots & a_{2n} \\ \vdots & \vdots & & \vdots \\ a_{m1} & a_{m2} & \cdots & a_{mn} \end{bmatrix} \quad \text{und} \quad \mathbf{x} = \begin{bmatrix} x_1 \\ x_2 \\ \vdots \\ x_n \end{bmatrix}$$

ist $A\mathbf{x}$ eine Linearkombination der Spaltenvektoren $\mathbf{c}_1, \mathbf{c}_2, \ldots, \mathbf{c}_n$ von $A$, deren Koeffizienten die Elemente $x_n, x_2, \ldots, x_n$ von $\mathbf{x}$ sind,

$$A\mathbf{x} = x_1\mathbf{c}_1 + x_2\mathbf{c}_2 + \cdots + x_n\mathbf{c}_n \tag{1}$$

(siehe Abschnitt 1.3, Formel (7)). Damit ergibt sich aus dem Gleichungssystem $A\mathbf{x} = \mathbf{b}$

$$x_1\mathbf{c}_1 + x_2\mathbf{c}_2 + \cdots + x_n\mathbf{c}_n = \mathbf{b}, \tag{2}$$

also ist das System genau dann konsistent, wenn $\mathbf{b}$ eine Linearkombination der Spaltenvektoren von $A$ ist. Wir erhalten damit folgenden Satz:

**Satz 5.5.1.** *Ein lineares Gleichungssystem $A\mathbf{x} = \mathbf{b}$ ist genau dann konsistent, wenn $\mathbf{b}$ im Spaltenraum von $A$ liegt.*

**Beispiel 2** Sei $A\mathbf{x} = \mathbf{b}$ gegeben durch

$$\begin{bmatrix} -1 & 3 & 2 \\ 1 & 2 & -3 \\ 2 & 1 & -2 \end{bmatrix} \begin{bmatrix} x_1 \\ x_2 \\ x_3 \end{bmatrix} = \begin{bmatrix} 1 \\ -9 \\ -3 \end{bmatrix}.$$

Man zeige, daß $\mathbf{b}$ im Spaltenraum von $A$ liegt, und stelle den Vektor als Linearkombination der Spaltenvektoren von $A$ dar.

*Lösung.* Durch Gauß-Elimination ergibt sich als Lösung

$$x_1 = 2, \quad x_2 = -1, \quad x_3 = 3$$

(der Leser möge das nachrechnen), also ist das System konsistent, $\mathbf{b}$ liegt dann wegen Satz 5.5.1 im Spaltenraum von $A$. Nach Gleichung (2) hat $\mathbf{b}$ die Darstellung

$$2\begin{bmatrix} -1 \\ 1 \\ 2 \end{bmatrix} - \begin{bmatrix} 3 \\ 2 \\ 1 \end{bmatrix} + 3\begin{bmatrix} 2 \\ -3 \\ -2 \end{bmatrix} = \begin{bmatrix} 1 \\ -9 \\ -3 \end{bmatrix}.$$

## Die Lösungen der Systeme $A\mathbf{x} = \mathbf{0}$ und $A\mathbf{x} = \mathbf{b}$

Der nächste Satz liefert eine Beziehung zwischen der Lösungsmenge eines nichthomogenen Gleichungssystems $A\mathbf{x} = \mathbf{b}$ und dem Lösungsraum des zugehörigen homogenen Systems $A\mathbf{x} = \mathbf{0}$.

**Satz 5.5.2.** *Sei $\mathbf{x}_0$ eine Lösung des nichthomogenen Gleichungssystems $A\mathbf{x} = \mathbf{b}$ und $\{\mathbf{v}_1, \mathbf{v}_2, \ldots, \mathbf{v}_k\}$ eine Basis des Nullraums von $A$. Ein Vektor $\mathbf{x}$ ist genau dann eine Lösung von $A\mathbf{x} = \mathbf{b}$, wenn er die Darstellung*

$$\mathbf{x} = \mathbf{x}_0 + c_1\mathbf{v}_1 + c_2\mathbf{v}_2 + \cdots + c_k\mathbf{v}_k \tag{3}$$

*mit Skalaren $c_1, c_2, \ldots, c_k$ besitzt.*

**Beweis.** Ist $\mathbf{x}$ eine Lösung des Systems, so gelten

$$A\mathbf{x}_0 = \mathbf{b} \quad \text{und} \quad A\mathbf{x} = \mathbf{b},$$

woraus durch Subtraktion

$$A\mathbf{x} - A\mathbf{x}_0 = \mathbf{0}$$

oder

$$A(\mathbf{x} - \mathbf{x}_0) = \mathbf{0}$$

folgt. Damit ist $\mathbf{x} - \mathbf{x}_0$ eine Lösung des homogenen Systems $A\mathbf{x} = \mathbf{0}$. Da $\mathbf{v}_1, \mathbf{v}_2, \ldots, \mathbf{v}_k$ eine Basis des Nullraumes von $A$ bilden, existieren Skalare $c_1, c_2, \ldots, c_k$ mit

$$\mathbf{x} - \mathbf{x}_0 = c_1\mathbf{v}_1 + c_2\mathbf{v}_2 + \cdots + c_k\mathbf{v}_k,$$

woraus wir die Darstellung

$$\mathbf{x} = \mathbf{x}_0 + c_1\mathbf{v}_1 + c_2\mathbf{v}_2 + \cdots + c_k\mathbf{v}_k$$

erhalten.
Sei nun $\mathbf{x}$ ein Vektor der Form (3). Dann gilt

$$A\mathbf{x} = A(\mathbf{x}_0 + c_1\mathbf{v}_1 + c_2\mathbf{v}_2 + \cdots + c_k\mathbf{v}_k),$$

also

$$A\mathbf{x} = A\mathbf{x}_0 + c_1(A\mathbf{v}_1) + c_2(A\mathbf{v}_2) + \cdots + c_k(A\mathbf{v}_k).$$

Nach Voraussetzung ist $A\mathbf{x}_0 = \mathbf{b}$, außerdem sind $\mathbf{v}_1, \mathbf{v}_2, \ldots, \mathbf{v}_k$ Lösungen des homogenen Systems $A\mathbf{x} = \mathbf{0}$, so daß

$$A\mathbf{x} = \mathbf{b} + \mathbf{0} + \mathbf{0} + \cdots + \mathbf{0} = \mathbf{b}$$

folgt. Damit ist $\mathbf{x}$ eine Lösung von $A\mathbf{x} = \mathbf{b}$. □

**Bemerkung.** Der Vektor $\mathbf{x}_0$ aus Formel (3) ist eine ***Teil-*** oder ***Partikularlösung***, die Summe $\mathbf{x}_0 + c_1\mathbf{v}_1 + c_2\mathbf{v}_2 + \cdots + c_k\mathbf{v}_k$ ist die ***allgemeine Lösung*** des Systems $A\mathbf{x} = \mathbf{b}$. Der Ausdruck $c_1\mathbf{v}_1 + c_2\mathbf{v}_2 + \cdots + c_k\mathbf{v}_k$ wird als ***allgemeine Lösung*** von

$A\mathbf{x} = \mathbf{0}$ bezeichnet. Wir haben also gerade bewiesen, daß sich *die allgemeine Lösung von* $A\mathbf{x} = \mathbf{b}$ *als Summe einer Teillösung des Systems und der allgemeinen Lösung von* $A\mathbf{x} = \mathbf{0}$ *ergibt.*

Wir wollen es nicht versäumen, Satz 5.5.2 für Gleichungssysteme mit zwei oder drei Unbekannten im $R^2$ und $R^3$ geometrisch zu deuten. Der Lösungsraum eines homogenen Systems $A\mathbf{x} = \mathbf{0}$ mit zwei Unbekannten ist ein Unterraum des $R^2$, also entweder der Ursprung, eine Gerade durch den Ursprung oder der ganze Raum. Nach Satz 5.5.2 ergibt sich die allgemeine Lösung des nichthomogenen Systems $A\mathbf{x} = \mathbf{b}$ durch Addition einer Teillösung $\mathbf{x}_0$ zu den Lösungen von $A\mathbf{x} = \mathbf{0}$. Geometrisch entspricht das einer Verschiebung des Lösungsraumes von $A\mathbf{x} = \mathbf{0}$ um $\mathbf{x}_0$, so daß wir den Punkt $\mathbf{x}_0$, eine Gerade durch $\mathbf{x}_0$ oder wieder den gesamten $R^2$ erhalten (Abbildung 5.18).

Analog ergibt sich die Lösungsmenge eines Systems mit drei Unbekannten durch Verschiebung eines Unterraumes von $R^3$ um eine Teillösung $\mathbf{x}_0$, man erhält also den Punkt $\mathbf{x}_0$, eine Gerade durch $\mathbf{x}_0$, eine Ebene durch $\mathbf{x}_0$ oder den ganzen Raum $R^3$.

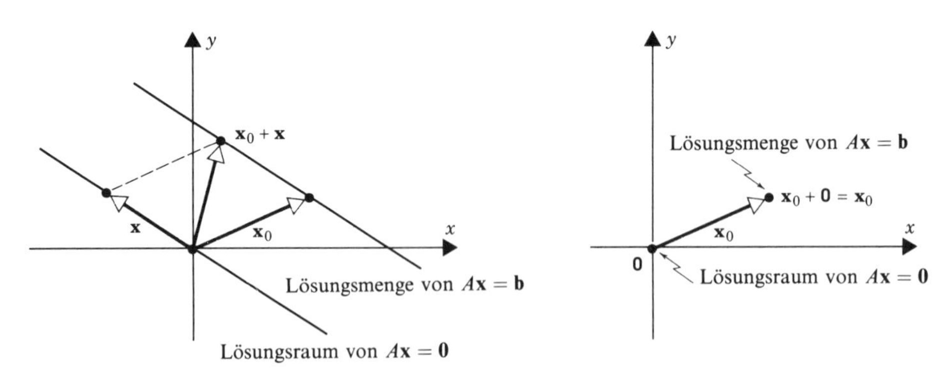


**Abb. 5.18** Der Lösungsraum von $A\mathbf{x} = \mathbf{0}$ wird um $\mathbf{x}_0$ verschoben.

**Beispiel 3** Nach Abschnitt 1.2, Beispiel 3, hat das nichthomogene System

$$\begin{aligned} x_1 + 3x_2 - 2x_3 \qquad\quad + 2x_5 \qquad\quad &= 0 \\ 2x_1 + 6x_2 - 5x_3 - 2x_4 + 4x_5 - 3x_6 &= -1 \\ 5x_3 + 10x_4 \qquad\quad + 15x_6 &= 5 \\ 2x_1 + 6x_2 \qquad\quad + 8x_4 + 4x_5 + 18x_6 &= 6 \end{aligned} \tag{4}$$

die Lösungen

$$x_1 = -3r - 4s - 2t, \quad x_2 = r, \quad x_3 = -2s, \quad x_4 = s, \quad x_5 = t, \quad x_6 = \tfrac{1}{3}.$$

In Vektorschreibweise ist

$$\begin{bmatrix} x_1 \\ x_2 \\ x_3 \\ x_4 \\ x_5 \\ x_6 \end{bmatrix} = \begin{bmatrix} -3r-4s-2t \\ r \\ -2s \\ s \\ t \\ \frac{1}{3} \end{bmatrix} = \begin{bmatrix} 0 \\ 0 \\ 0 \\ 0 \\ 0 \\ \frac{1}{3} \end{bmatrix} + r\begin{bmatrix} -3 \\ 1 \\ 0 \\ 0 \\ 0 \\ 0 \end{bmatrix} + s\begin{bmatrix} -4 \\ 0 \\ -2 \\ 1 \\ 0 \\ 0 \end{bmatrix} + t\begin{bmatrix} -2 \\ 0 \\ 0 \\ 0 \\ 1 \\ 0 \end{bmatrix}$$

die allgemeine Lösung des Systems, woraus sich

$$\mathbf{x}_0 = \begin{bmatrix} 0 \\ 0 \\ 0 \\ 0 \\ 0 \\ \frac{1}{3} \end{bmatrix}$$

als eine Teillösung sowie

$$\mathbf{x} = r\begin{bmatrix} -3 \\ 1 \\ 0 \\ 0 \\ 0 \\ 0 \end{bmatrix} + s\begin{bmatrix} -4 \\ 0 \\ -2 \\ 1 \\ 0 \\ 0 \end{bmatrix} + t\begin{bmatrix} -2 \\ 0 \\ 0 \\ 0 \\ 1 \\ 0 \end{bmatrix}$$

als allgemeine Lösung des zugehörigen homogenen Systems

$$\begin{aligned} x_1 + 3x_2 - 2x_3 \qquad\quad + 2x_5 \qquad\quad &= 0 \\ 2x_1 + 6x_2 - 5x_3 - 2x_4 + 4x_5 - 3x_6 &= 0 \\ 5x_3 + 10x_4 \qquad\quad + 15x_6 &= 0 \\ 2x_1 + 6x_2 \qquad\quad + 8x_4 + 4x_5 + 18x_6 &= 0 \end{aligned}$$

ergibt.

## Basen des Zeilen-, Spalten- und Nullraumes

Schon in Kapitel 1 haben wir elementare Zeilenumformungen zum Lösen von Gleichungssystemen eingesetzt, da sie (auf die erweiterte Matrix des Systems angewendet) die Lösungsmenge nicht ändern. Folglich lassen sie auch den Nullraum einer Matrix $A$ unverändert, der nach Definition gerade der Lösungsraum des Systems $A\mathbf{x} = \mathbf{0}$ ist. Wir halten diese Tatsache fest:

**Satz 5.5.3.** *Elementare Zeilenumformungen ändern den Nullraum einer Matrix nicht.*

**Beispiel 4** Man bestimme eine Basis des Nullraumes der Matrix

$$A = \begin{bmatrix} 2 & 2 & -1 & 0 & 1 \\ -1 & -1 & 2 & -3 & 1 \\ 1 & 1 & -2 & 0 & -1 \\ 0 & 0 & 1 & 1 & 1 \end{bmatrix}.$$

*Lösung.* Nach Definition ist der Nullraum von $A$ der Lösungsraum des homogenen Systems

$$\begin{aligned} 2x_1 + 2x_2 - \phantom{2}x_3 \phantom{{}-3x_4} + x_5 &= 0 \\ -x_1 - \phantom{2}x_2 + 2x_3 - 3x_4 + x_5 &= 0 \\ x_1 + \phantom{2}x_2 - 2x_3 \phantom{{}-3x_4} - x_5 &= 0 \\ x_3 + \phantom{3}x_4 + x_5 &= 0, \end{aligned}$$

der nach Abschnitt 5.4, Beispiel 10, die Basis

$$\mathbf{v}_1 = \begin{bmatrix} -1 \\ 1 \\ 0 \\ 0 \\ 0 \end{bmatrix} \quad \text{und} \quad \mathbf{v}_2 = \begin{bmatrix} -1 \\ 0 \\ -1 \\ 0 \\ 1 \end{bmatrix}$$

besitzt.

Wie wir gleich sehen werden, bleibt nicht nur der Nullraum einer Matrix unter elementaren Zeilenoperationen erhalten.

**Satz 5.5.4.** *Elementare Zeilenoperationen ändern den Zeilenraum einer Matrix nicht.*

**Beweis.** Die Matrix $B$ gehe aus $A$ durch eine elementare Zeilenumformung hervor. Seien $\mathbf{r}_1, \mathbf{r}_2, \ldots, \mathbf{r}_m$ und $\mathbf{r}'_1, \mathbf{r}'_2, \ldots, \mathbf{r}'_m$ die Zeilenvektoren von $A$ und $B$. Ergibt sich $B$ aus $A$ durch eine Zeilenvertauschung, dann ist $\{\mathbf{r}_1, \mathbf{r}_2, \ldots, \mathbf{r}_m\} = \{\mathbf{r}'_1, \mathbf{r}'_2, \ldots, \mathbf{r}'_m\}$, also stimmen die Zeilenräume von $A$ und $B$ überein. Ist $B$ durch Multiplikation einer Zeile von $A$ mit einer von Null verschiedenen Konstanten oder durch Addition eines Vielfachen einer Zeile zu einer anderen entstanden, so liegen $\mathbf{r}'_1, \mathbf{r}'_2, \ldots, \mathbf{r}'_m$ als Linearkombinationen von $\mathbf{r}_1, \mathbf{r}_2, \ldots, \mathbf{r}_m$ im Zeilenraum von $A$. Dieser Raum ist abgeschlossen unter Vektoraddition und Multiplikation mit Skalaren, also enthält er die gesamte lineare Hülle von $\mathbf{r}'_1, \mathbf{r}'_2, \ldots, \mathbf{r}'_m$, folglich nach Definition den Zeilenraum von $B$.

Da $A$ durch Anwenden der inversen Zeilenoperation aus $B$ entsteht, folgt mit denselben Argumenten, daß der Zeilenraum von $A$ im Zeilenraum von $B$ enthalten ist. Damit stimmen beide Räume überein. □

Nach den beiden letzten Sätzen könnte man vermuten, daß elementare Zeilenoperationen auch den Spaltenraum einer Matrix invariant lassen. Daß diese Überlegung falsch ist, sieht man an folgendem Beispiel: Da die Spalten von

$$A = \begin{bmatrix} 1 & 3 \\ 2 & 6 \end{bmatrix}$$

linear abhängig sind, wird der Spaltenraum vom ersten Spaltenvektor erzeugt. Durch Addition des $(-2)$fachen der ersten Zeile von $A$ zur zweiten ergibt sich die Matrix

$$B = \begin{bmatrix} 1 & 3 \\ 0 & 0 \end{bmatrix},$$

deren Spalten ebenfalls linear abhängig sind. Der Spaltenraum von $B$ wird vom ersten Spaltenvektor aufgespannt, er stimmt offenbar nicht mit dem von $A$ überein.

Obwohl sich der Spaltenraum einer Matrix durch elementare Zeilenumformungen ändern kann, bleiben die linearen Abhängigkeitsbeziehungen der Spaltenvektoren erhalten. Um diese Feststellung zu präzisieren, betrachten wir zwei $m \times n$-Matrizen, die durch eine elementare Zeilenumformung ineinander übergehen. Nach Satz 5.5.3 haben $A$ und $B$ denselben Nullraum, also stimmen die Lösungsmengen der homogenen Systeme

$$A\mathbf{x} = \mathbf{0} \quad \text{und} \quad B\mathbf{x} = \mathbf{0}$$

überein. Sind

$$\mathbf{c}_1, \mathbf{c}_2, \ldots, \mathbf{c}_n \quad \text{und} \quad \mathbf{c}'_1, \mathbf{c}'_2, \ldots, \mathbf{c}'_n$$

die Spaltenvektoren von $A$ und $B$, so ergeben sich die Gleichungssysteme zu

$$x_1\mathbf{c}_1 + x_2\mathbf{c}_2 + \cdots + x_n\mathbf{c}_n = \mathbf{0} \tag{5}$$

und

$$x_1\mathbf{c}'_1 + x_1\mathbf{c}'_2 + \cdots + x_n\mathbf{c}'_n = \mathbf{0}, \tag{6}$$

wobei (5) genau dann eine nichttriviale Lösung $x_1, x_2, \ldots, x_n$ hat, wenn (6) ebenfalls diese Lösung besitzt. Damit sind die Spaltenvektoren von $A$ genau dann linear unabhängig, wenn die Spaltenvektoren von $B$ linear unabhängig sind. Da man sich leicht überlegt, daß das auch für jede Teilmenge der Spaltenvektoren gilt, ergibt sich folgender Satz:

**Satz 5.5.5.** *Seien $\mathbf{c}_1, \mathbf{c}_2, \ldots, \mathbf{c}_n$ und $\mathbf{c}'_1, \mathbf{c}'_2, \ldots, \mathbf{c}'_n$ die Spaltenvektoren der zeilenäquivalenten $m \times n$-Matrizen $A$ und $B$.*

*a) Eine Menge $\{\mathbf{c}_{i1}, \ldots \mathbf{c}_{ik}\}$ der Spaltenvektoren von $A$ ist genau dann linear unabhängig, wenn die entsprechende Menge $\{\mathbf{c}'_{i1}, \ldots, \mathbf{c}'_{ik}\}$ der Spaltenvektoren von $B$ linear unabhängig ist.*

*b) $\{\mathbf{c}_{i1}, \ldots \mathbf{c}_{ik}\}$ ist genau dann eine Basis des Spaltenraumes von $A$, wenn $\{\mathbf{c}'_{i1}, \ldots, \mathbf{c}'_{ik}\}$ eine Basis des Spaltenraumes von $B$ ist.*

Mit dem folgenden Satz lassen sich Basen des Zeilen- und des Spaltenraumes einer Zeilenstufenmatrix leicht bestimmen.

**Satz 5.5.6.** *Sei R eine Matrix in Zeilenstufenform. Die nichtverschwindenden Zeilenvektoren von R enthalten eine führende Eins, sie bilden eine Basis des Zeilenraumes. Die Spaltenvektoren, die eine führende Eins enthalten, sind eine Basis des Spaltenraumes von R.*

Da der Satz angesichts konkreter Beispiele trivial erscheint, lassen wir den Beweis weg, er ergibt sich aus einer sorgfältigen Untersuchung der Elemente von $R$.

**Beispiel 5** Da

$$R = \begin{bmatrix} 1 & -2 & 5 & 0 & 3 \\ 0 & 1 & 3 & 0 & 0 \\ 0 & 0 & 0 & 1 & 0 \\ 0 & 0 & 0 & 0 & 0 \end{bmatrix}$$

eine Zeilenstufenmatrix ist, bilden

$$\begin{aligned} \mathbf{r}_1 &= [1 \quad -2 \quad 5 \quad 0 \quad 3] \\ \mathbf{r}_2 &= [0 \quad 1 \quad 3 \quad 0 \quad 0] \\ \mathbf{r}_3 &= [0 \quad 0 \quad 0 \quad 1 \quad 0] \end{aligned}$$

eine Basis des Zeilenraumes von $R$,

$$\mathbf{c}_1 = \begin{bmatrix} 1 \\ 0 \\ 0 \\ 0 \end{bmatrix}, \quad \mathbf{c}_2 = \begin{bmatrix} -2 \\ 1 \\ 0 \\ 0 \end{bmatrix}, \quad \mathbf{c}_4 = \begin{bmatrix} 0 \\ 0 \\ 1 \\ 0 \end{bmatrix}$$

sind eine Basis des Spaltenraumes.

**Beispiel 6** Man bestimme Basen des Zeilen- und des Spaltenraumes von

$$A = \begin{bmatrix} 1 & -3 & 4 & -2 & 5 & 4 \\ 2 & -6 & 9 & -1 & 8 & 2 \\ 2 & -6 & 9 & -1 & 9 & 7 \\ -1 & 3 & -4 & 2 & -5 & -4 \end{bmatrix}.$$

*Lösung.* $A$ läßt sich durch elementare Zeilenoperationen auf die Zeilenstufenform

$$R = \begin{bmatrix} 1 & -3 & 4 & -2 & 5 & 4 \\ 0 & 0 & 1 & 3 & -2 & -6 \\ 0 & 0 & 0 & 0 & 1 & 5 \\ 0 & 0 & 0 & 0 & 0 & 0 \end{bmatrix}$$

bringen (der Leser möge das verifizieren), wobei $R$ denselben Zeilenraum hat wie $A$. Nach Satz 5.5.6 bilden die Vektoren

$$\mathbf{r}_1 = [1 \quad -3 \quad 4 \quad -2 \quad 5 \quad 4]$$
$$\mathbf{r}_2 = [0 \quad 0 \quad 1 \quad 3 \quad -2 \quad -6]$$
$$\mathbf{r}_3 = [0 \quad 0 \quad 0 \quad 0 \quad 1 \quad 5]$$

eine Basis des Zeilenraumes. Wir können nicht davon ausgehen, daß auch die Spaltenräume von $A$ und $R$ übereinstimmen, also läßt sich eine Basis des Spaltenraumes von $A$ nicht *direkt* aus $R$ ablesen. Nach Satz 5.5.6 sind die Vektoren

$$\mathbf{c}'_1 = \begin{bmatrix} 1 \\ 0 \\ 0 \\ 0 \end{bmatrix}, \quad \mathbf{c}'_3 = \begin{bmatrix} 4 \\ 1 \\ 0 \\ 0 \end{bmatrix}, \quad \mathbf{c}'_5 = \begin{bmatrix} 5 \\ -2 \\ 1 \\ 0 \end{bmatrix}$$

eine Basis des Spaltenraumes von $R$, mit Satz 5.5.5 b) bilden die *entsprechenden* Spalten von $A$

$$\mathbf{c}_1 = \begin{bmatrix} 1 \\ 2 \\ 2 \\ -1 \end{bmatrix}, \quad \mathbf{c}_3 = \begin{bmatrix} 4 \\ 9 \\ 9 \\ -4 \end{bmatrix}, \quad \mathbf{c}_5 = \begin{bmatrix} 5 \\ 8 \\ 9 \\ -5 \end{bmatrix}$$

eine Basis des Spaltenraumes von $A$.

**Beispiel 7** Man bestimme eine Basis des von den Vektoren

$$\mathbf{v}_1 = (1, -2, 0, 0, 3), \qquad \mathbf{v}_2 = (2, -5, -3, -2, 6),$$
$$\mathbf{v}_3 = (0, 5, 15, 10, 0), \qquad \mathbf{v}_4 = (2, 6, 18, 8, 6)$$

aufgespannten Raumes.

*Lösung.* $\mathbf{v}_1$, $\mathbf{v}_2$, $\mathbf{v}_3$ und $\mathbf{v}_4$ spannen gerade den Zeilenraum von

$$\begin{bmatrix} 1 & -2 & 0 & 0 & 3 \\ 2 & -5 & -3 & -2 & 6 \\ 0 & 5 & 15 & 10 & 0 \\ 2 & 6 & 18 & 8 & 6 \end{bmatrix}$$

auf. Die Matrix läßt sich auf die Zeilenstufenform

$$\begin{bmatrix} 1 & -2 & 0 & 0 & 3 \\ 0 & 1 & 3 & 2 & 0 \\ 0 & 0 & 1 & 1 & 0 \\ 0 & 0 & 0 & 0 & 0 \end{bmatrix}$$

bringen, die die vom Nullvektor verschiedenen Zeilen

$$\mathbf{w}_1 = (1, -2, 0, 0, 3), \quad \mathbf{w}_2 = (0, 1, 3, 2, 0), \quad \mathbf{w}_3 = (0, 0, 1, 1, 0)$$

enthält. Diese Vektoren bilden eine Basis des Zeilenraumes, der mit $\operatorname{span}\{\mathbf{v}_1, \mathbf{v}_2, \mathbf{v}_3, \mathbf{v}_4\}$ übereinstimmt.

In Beispiel 6 haben wir eine Basis des Spaltenraumes von $A$ bestimmt, die nur aus Spaltenvektoren von $A$ bestand. Im Gegensatz dazu enthielt die Basis des Zeilenraumes nur Zeilenvektoren aus $R$. Das folgende Beispiel zeigt, wie man eine Basis des Zeilenraumes aus den Zeilenvektoren von $A$ konstruiert.

**Beispiel 8** Man bestimme eine Basis des Zeilenraumes von

$$A = \begin{bmatrix} 1 & -2 & 0 & 0 & 3 \\ 2 & -5 & -3 & -2 & 6 \\ 0 & 5 & 15 & 10 & 0 \\ 2 & 6 & 18 & 8 & 6 \end{bmatrix},$$

die nur Zeilenvektoren von $A$ enthält.

*Lösung.* Da der Zeilenraum von $A$ gerade der Spaltenraum von $A^T$ ist, behandeln wir das Problem, indem wir $A$ transponieren. Mit der Methode aus Beispiel 6 bestimmen wir eine Basis des Spaltenraumes von $A^T$, die nur Spalten von $A^T$ enthält. Aus diesen ergibt sich durch erneutes Transponieren die gewünschte Basis aus den Zeilen von $A$. Nun ist

$$A^T = \begin{bmatrix} 1 & 2 & 0 & 2 \\ -2 & -5 & 5 & 6 \\ 0 & -3 & 15 & 18 \\ 0 & -2 & 10 & 8 \\ 3 & 6 & 0 & 6 \end{bmatrix},$$

woraus sich als Zeilenstufenmatrix

$$\begin{bmatrix} 1 & 2 & 0 & 2 \\ 0 & 1 & -5 & -10 \\ 0 & 0 & 0 & 1 \\ 0 & 0 & 0 & 0 \\ 0 & 0 & 0 & 0 \end{bmatrix}$$

ergibt. Die führenden Einsen stehen in der ersten, zweiten und vierten Spalte, also bilden die entsprechenden Spaltenvektoren

$$\mathbf{c}_1 = \begin{bmatrix} 1 \\ -2 \\ 0 \\ 0 \\ 3 \end{bmatrix}, \quad \mathbf{c}_2 = \begin{bmatrix} 2 \\ -5 \\ -3 \\ -2 \\ 6 \end{bmatrix} \quad \text{und} \quad \mathbf{c}_4 = \begin{bmatrix} 2 \\ 6 \\ 18 \\ 8 \\ 6 \end{bmatrix}$$

von $A^T$ eine Basis des Spaltenraumes von $A^T$. Damit sind

$$\mathbf{r}_1 = [1 \quad -2 \quad 0 \quad 0 \quad 3], \quad \mathbf{r}_2 = [2 \quad -5 \quad -3 \quad -2 \quad 6]$$

und

$$\mathbf{r}_4 = [2 \quad 6 \quad 18 \quad 8 \quad 6]$$

Basisvektoren des Zeilenraumes von $A$.

Nach Satz 5.5.5 bleibt die lineare Abhängigkeit oder Unabhängigkeit der Spaltenvektoren unter elementaren Zeilenoperationen erhalten. Da die Koeffizienten $x_1, x_2, \ldots, x_n$ der Formeln (5) und (6) übereinstimmen, bleiben sogar die Abhängigkeitsgleichungen der Vektoren unverändert. Wir lassen den formalen Beweis weg, geben aber ein Beispiel an.

**Beispiel 9**

a) Man bestimme eine linear unabhängige Teilmenge der Vektoren

$$\mathbf{v}_1 = (1, -2, 0, 3), \quad \mathbf{v}_2 = (2, -5, -3, 6), \quad \mathbf{v}_3 = (0, 1, 3, 0),$$
$$\mathbf{v}_4 = (2, -1, 4, -7), \quad \mathbf{v}_5 = (5, -8, 1, 2),$$

die denselben Raum aufspannt.

b) Man stelle die verbleibenden Vektoren als Linearkombinationen der Basisvektoren dar.

*Lösung a).* Wir betrachten die Matrix mit den Spaltenvektoren $\mathbf{v}_1, \mathbf{v}_2, \ldots, \mathbf{v}_5$,

$$\begin{array}{c}\begin{bmatrix} 1 & 2 & 0 & 2 & 5 \\ -2 & -5 & 1 & -1 & -8 \\ 0 & -3 & 3 & 4 & 1 \\ 3 & 6 & 0 & -7 & 2 \end{bmatrix} \\ \begin{array}{ccccc} \uparrow & \uparrow & \uparrow & \uparrow & \uparrow \\ \mathbf{v}_1 & \mathbf{v}_2 & \mathbf{v}_3 & \mathbf{v}_4 & \mathbf{v}_5 \end{array}\end{array} \tag{7}$$

und bestimmen eine Basis ihres Spaltenraumes. Als *reduzierte* Zeilenstufenform ergibt sich

$$\begin{array}{c}\begin{bmatrix} 1 & 0 & 2 & 0 & 1 \\ 0 & 1 & -1 & 0 & 1 \\ 0 & 0 & 0 & 1 & 1 \\ 0 & 0 & 0 & 0 & 0 \end{bmatrix} \\ \begin{array}{ccccc} \uparrow & \uparrow & \uparrow & \uparrow & \uparrow \\ \mathbf{w}_1 & \mathbf{w}_2 & \mathbf{w}_3 & \mathbf{w}_4 & \mathbf{w}_5 \end{array}\end{array} \tag{8}$$

mit den Spaltenvektoren $\mathbf{w}_1, \mathbf{w}_2, \ldots, \mathbf{w}_5$. Nach Satz 5.5.6 ist

$$\{\mathbf{w}_1, \mathbf{w}_2, \mathbf{w}_4\}$$

eine Basis des Spaltenraumes von (8), die entsprechenden Vektoren

$$\{\mathbf{v}_1, \mathbf{v}_2, \mathbf{v}_4\}$$

sind dann die gesuchte Basis der linearen Hülle von $\mathbf{v}_1, \mathbf{v}_2, \ldots, \mathbf{v}_5$.

*Lösung b).* Wir schreiben zunächst $\mathbf{w}_3$ und $\mathbf{w}_5$ als Linearkombinationen von $\mathbf{w}_1$, $\mathbf{w}_2$ und $\mathbf{w}_4$. Wegen der reduzierten Zeilenstufenform erhalten wir durch Hinsehen die ***Abhängigkeitsgleichungen***

$$\mathbf{w}_3 = 2\mathbf{w}_1 - \mathbf{w}_2$$
$$\mathbf{w}_5 = \mathbf{w}_1 + \mathbf{w}_2 + \mathbf{w}_4,$$

woraus sich sofort die gewünschte Darstellung

$$\mathbf{v}_3 = 2\mathbf{v}_1 - \mathbf{v}_2$$
$$\mathbf{v}_5 = \mathbf{v}_1 + \mathbf{v}_2 + \mathbf{v}_4$$

ergibt.
Wir stellen die einzelnen Schritte dieses Verfahrens allgemein zusammen:

Sei $S = \{\mathbf{v}_1, \mathbf{v}_2, \dots, \mathbf{v}_k\}$ eine Menge von Vektoren im $R^n$. Wir suchen eine Teilmenge von $S$, die eine Basis von span$(S)$ bildet. Die verbleibenden Vektoren sollen als Linearkombinationen der Basisvektoren dargestellt werden.

**Schritt 1.** Man bilde die Matrix $A$ mit den Spaltenvektoren $\mathbf{v}_1, \mathbf{v}_2, \dots, \mathbf{v}_k$.

**Schritt 2.** Man transformiere $A$ auf reduzierte Zeilenstufenform $R$ mit den Spaltenvektoren $\mathbf{w}_1, \mathbf{w}_2, \dots, \mathbf{w}_k$.

**Schritt 3.** Man bestimme die Spalten von $R$, die führende Einsen enthalten. Die entsprechenden Spaltenvektoren von $A$ bilden die gesuchte Basis.

**Schritt 4.** Man schreibe die verbleibenden Spalten von $R$ als Linearkombination der in Schritt 3 gefundenen. (Da $R$ reduzierte Zeilenstufenform hat, ergeben sich die Abhängigkeitsgleichungen durch Hinsehen.) Man ersetze die Vektoren $\mathbf{w}_1, \mathbf{w}_2, \dots, \mathbf{w}_k$ in diesen Formeln durch $\mathbf{v}_1, \mathbf{v}_2, \dots, \mathbf{v}_k$.

## Übungen zu 5.5

**1.** Man bestimme die Zeilen- und Spaltenvektoren von

$$\begin{bmatrix} 2 & -1 & 0 & 1 \\ 3 & 5 & 7 & -1 \\ 1 & 4 & 2 & 7 \end{bmatrix}.$$

**2.** Man schreibe $A\mathbf{x}$ als Linearkombination der Spalten von $A$.

a) $\begin{bmatrix} 2 & 3 \\ -1 & 4 \end{bmatrix}\begin{bmatrix} 1 \\ 2 \end{bmatrix}$ b) $\begin{bmatrix} 4 & 0 & -1 \\ 3 & 6 & 2 \\ 0 & -1 & 4 \end{bmatrix}\begin{bmatrix} -2 \\ 3 \\ 5 \end{bmatrix}$

c) $\begin{bmatrix} -3 & 6 & 2 \\ 5 & -4 & 0 \\ 2 & 3 & -1 \\ 1 & 8 & 3 \end{bmatrix}\begin{bmatrix} -1 \\ 2 \\ 5 \end{bmatrix}$ d) $\begin{bmatrix} 2 & 1 & 5 \\ 6 & 3 & -8 \end{bmatrix}\begin{bmatrix} 3 \\ 0 \\ -5 \end{bmatrix}$

**3.** Man entscheide, ob $\mathbf{b}$ im Spaltenraum von $A$ liegt und stelle $\mathbf{b}$ gegebenenfalls als Linearkombination der Spalten von $A$ dar.

a) $A = \begin{bmatrix} 1 & 3 \\ 4 & -6 \end{bmatrix}$; $\mathbf{b} = \begin{bmatrix} -2 \\ 10 \end{bmatrix}$ b) $A = \begin{bmatrix} 1 & 1 & 2 \\ 1 & 0 & 1 \\ 2 & 1 & 3 \end{bmatrix}$; $\mathbf{b} = \begin{bmatrix} -1 \\ 0 \\ 2 \end{bmatrix}$

c) $A = \begin{bmatrix} 1 & -1 & 1 \\ 9 & 3 & 1 \\ 1 & 1 & 1 \end{bmatrix}$; $\mathbf{b} = \begin{bmatrix} 5 \\ 1 \\ -1 \end{bmatrix}$ d) $A = \begin{bmatrix} 1 & -1 & 1 \\ 1 & 1 & -1 \\ -1 & -1 & 1 \end{bmatrix}$; $\mathbf{b} = \begin{bmatrix} 2 \\ 0 \\ 0 \end{bmatrix}$

e) $A = \begin{bmatrix} 1 & 2 & 0 & 1 \\ 0 & 1 & 2 & 1 \\ 1 & 2 & 1 & 3 \\ 0 & 1 & 2 & 2 \end{bmatrix}$; $\mathbf{b} = \begin{bmatrix} 4 \\ 3 \\ 5 \\ 7 \end{bmatrix}$

**4.** Sei $x_1 = -1, x_2 = 2, x_3 = 4, x_4 = -3$ eine Lösung des Systems $A\mathbf{x} = \mathbf{b}$ und

$$x_1 = -3r + 4s, \quad x_2 = r - s, \quad x_3 = r, \quad x_4 = s$$

die Lösungsmenge des zugehörigen homogenen Systems.

a) Man gebe die allgemeine Lösung von $A\mathbf{x} = \mathbf{0}$ in Vektorschreibweise an.
b) Man bestimme die allgemeine Lösung von $A\mathbf{x} = \mathbf{b}$.

**5.** Man bestimme die allgemeine Lösung von $A\mathbf{x} = \mathbf{b}$ und $A\mathbf{x} = \mathbf{0}$ in Vektorschreibweise.

a) $\begin{aligned} x_1 - 3x_3 &= 1 \\ 2x_1 - 6x_2 &= 2 \end{aligned}$

b) $\begin{aligned} x_1 + x_2 + 2x_3 &= 5 \\ x_1 \qquad + x_3 &= -2 \\ 2x_1 + x_2 + 3x_3 &= 3 \end{aligned}$

c) $\begin{aligned} x_1 - 2x_2 + x_3 + 2x_4 &= -1 \\ 2x_1 - 4x_2 + 2x_3 + 4x_4 &= -2 \\ -x_1 + 2x_2 - x_3 - 2x_4 &= 1 \\ 3x_1 - 6x_2 + 3x_3 + 6x_4 &= -3 \end{aligned}$

d) $\begin{aligned} x_1 + 2x_2 - 3x_3 + x_4 &= 4 \\ -2x_1 + x_2 + 2x_3 + x_4 &= -1 \\ -x_1 + 3x_2 - x_3 + 2x_4 &= 3 \\ 4x_1 - 7x_2 \qquad - 5x_4 &= -5 \end{aligned}$

**6.** Man gebe eine Basis des Nullraumes von $A$ an.

a) $A = \begin{bmatrix} 1 & -1 & 3 \\ 5 & -4 & -4 \\ 7 & -6 & 2 \end{bmatrix}$ b) $A = \begin{bmatrix} 2 & 0 & -1 \\ 4 & 0 & -2 \\ 0 & 0 & 0 \end{bmatrix}$ c) $A = \begin{bmatrix} 1 & 4 & 5 & 2 \\ 2 & 1 & 3 & 0 \\ -1 & 3 & 2 & 2 \end{bmatrix}$

d) $A = \begin{bmatrix} 1 & 4 & 5 & 6 & 9 \\ 3 & -2 & 1 & 4 & -1 \\ -1 & 0 & -1 & -2 & -1 \\ 2 & 3 & 5 & 7 & 8 \end{bmatrix}$ e) $A = \begin{bmatrix} 1 & -3 & 2 & 2 & 1 \\ 0 & 3 & 6 & 0 & -3 \\ 2 & -3 & -2 & 4 & 4 \\ 3 & -6 & 0 & 6 & 5 \\ -2 & 9 & 2 & -4 & -5 \end{bmatrix}$

**7.** Man gebe eine Basis des Zeilen- und des Spaltenraumes der Zeilenstufenmatrix $A$ an.

a) $\begin{bmatrix} 1 & 0 & 2 \\ 0 & 0 & 1 \\ 0 & 0 & 0 \end{bmatrix}$ b) $\begin{bmatrix} 1 & -3 & 0 & 0 \\ 0 & 1 & 0 & 0 \\ 0 & 0 & 0 & 0 \\ 0 & 0 & 0 & 0 \end{bmatrix}$

c) $\begin{bmatrix} 1 & 2 & 4 & 5 \\ 0 & 1 & -3 & 0 \\ 0 & 0 & 1 & -3 \\ 0 & 0 & 0 & 1 \\ 0 & 0 & 0 & 0 \end{bmatrix}$ d) $\begin{bmatrix} 1 & 2 & -1 & 5 \\ 0 & 1 & 4 & 3 \\ 0 & 0 & 1 & -7 \\ 0 & 0 & 0 & 1 \end{bmatrix}$

**8.** Man bestimme Basen für die Zeilenräume der Matrizen aus Aufgabe 6.

**9.** Man bestimme Basen für die Spaltenräume der Matrizen aus Aufgabe 6.

**10.** Man bestimme Basen für die Zeilenräume der Matrizen aus Aufgabe 6, die nur Zeilenvektoren von $A$ enthalten.

**11.** Man gebe eine Basis für die lineare Hülle folgender Vektoren an:

a) $(1, 1, -4, -3)$, $(2, 0, 2, -2)$, $(2, -1, 3, 2)$
b) $(-1, 1, -2, 0)$, $(3, 3, 6, 0)$, $(9, 0, 0, 3)$
c) $(1, 1, 0, 0)$, $(0, 0, 1, 1)$, $(-2, 0, 2, 2)$, $(0, -3, 0, 3)$.

**12.** Man bestimme eine Teilmenge der gegebenen Vektoren, die eine Basis des aufgespannten Raumes ist, und stelle die übrigen Vektoren als Linearkombinationen dieser Basis dar.

a) $\mathbf{v}_1 = (1, 0, 1, 1)$, $\mathbf{v}_2 = (-3, 3, 7, 1)$, $\mathbf{v}_3 = (-1, 3, 9, 3)$, $\mathbf{v}_4 = (-5, 3, 5, -1)$
b) $\mathbf{v}_1 = (1, -2, 0, 3)$, $\mathbf{v}_2 = (2, -4, 0, 6)$, $\mathbf{v}_3 = (-1, 1, 2, 0)$, $\mathbf{v}_4 = (0, -1, 2, 3)$
c) $\mathbf{v}_1 = (1, -1, 5, 2)$, $\mathbf{v}_2 = (-2, 3, 1, 0)$, $\mathbf{v}_3 = (4, -5, 9, 4)$,
$\mathbf{v}_4 = (0, 4, 2, -3)$, $\mathbf{v}_5 = (-7, 18, 2, -8)$

**13.** Man zeige, daß die Zeilenvektoren einer invertierbaren $n \times n$-Matrix eine Basis des $R^n$ bilden.

**14.** Wir betrachten ein rechtwinkliges $xyz$-Koordinatensystem.

a) Man zeige, daß der Nullraum von

$$A = \begin{bmatrix} 0 & 1 & 0 \\ 1 & 0 & 0 \\ 0 & 0 & 0 \end{bmatrix}$$

aus allen Punkten der $z$-Achse besteht, und die $xy$-Ebene den Zeilenraum von $A$ bildet (Abbildung 5.19).

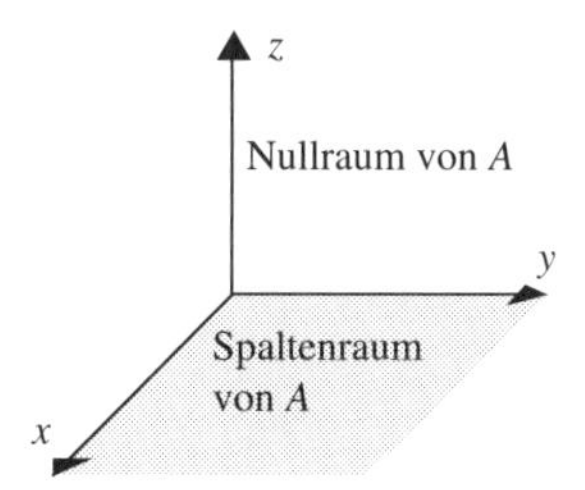


**Abb. 5.19**

b) Man bestimme eine $3 \times 3$-Matrix, deren Nullraum die $x$-Achse und deren Spaltenraum die $yz$-Ebene ist.

# 5.6 Rang und Defekt

*Wir untersuchen, welcher Zusammenhang zwischen den mit einer Matrix und ihrer Transponierten assoziierten Vektorräumen besteht. Es ergeben sich dabei interessante Konsequenzen für die Lösbarkeit linearer Systeme.*

## Die vier Fundamentalräume einer Matrix

Im Zusammenhang mit einer Matrix $A$ und ihrer Transponierten $A^T$ interessieren wir uns besonders für die folgenden Vektorräume:

- Zeilenraum von $A$
- Spaltenraum von $A$
- Nullraum von $A$
- Zeilenraum von $A^T$
- Spaltenraum von $A^T$
- Nullraum von $A^T$.

Bis auf die Notation stimmt der Spaltenraum von $A$ mit dem Zeilenraum von $A^T$ sowie der Zeilenraum von $A$ mit dem Spaltenraum von $A^T$ überein. Es verbleiben dann die folgenden vier Räume, die als ***Fundamentalräume von A bezeichnet werden:***

- Zeilenraum von $A$
- Spaltenraum von $A$
- Nullraum von $A$
- Nullraum von $A^T$.

Ist $A$ eine $m \times n$-Matrix, so sind der Zeilen- und der Nullraum von $A$ Unterräume des $R^n$, der Spaltenraum von $A$ und der Nullraum von $A^T$ sind im $R^m$ enthalten. Wir werden zunächst ihre Dimensionen untersuchen.

## Dimension von Zeilen- und Spaltenraum

In Beispiel 6, Abschnitt 5.5, haben wir gesehen, daß der Zeilen- und der Spaltenraum von

$$A = \begin{bmatrix} 1 & -3 & 4 & -2 & 5 & 4 \\ 2 & -6 & 9 & -1 & 8 & 2 \\ 2 & -6 & 9 & -1 & 9 & 7 \\ -1 & 3 & -4 & 2 & -5 & -4 \end{bmatrix}$$

die gleiche Anzahl von Basisvektoren – und damit die gleiche Dimension – haben. Daß dies kein Zufall ist, zeigt der folgende Satz.

**Satz 5.6.1.** *Der Zeilen- und der Spaltenraum einer Matrix $A$ haben dieselbe Dimension.*

**Beweis.** Ist $R$ die reduzierte Zeilenstufenform von $A$, so haben nach Satz 5.5.4 die Zeilenräume und nach Satz 5.5.5b) die Spaltenräume von $A$ und $R$ die gleiche Dimension. Wir brauchen also nur zu zeigen, daß die Dimensionen des Zeilen- und des Spaltenraumes von $R$ übereinstimmen. Aber das ist nach Satz 5.5.6 klar, da beide Dimensionen gleich der Anzahl der führenden Einsen in $R$ sind. □

Da die Dimensionen von Zeilen-, Spalten- und Nullraum eine wichtige Rolle spielen, führen wir zunächst weitere Bezeichnungen ein.

## Rang und Defekt

**Definition.** Die Dimension des Zeilen- und des Spaltenraumes einer Matrix $A$ heißt ***Rang von*** $A$ und wird mit $\operatorname{rang}(A)$ bezeichnet. Der ***Defekt von*** $A$, $\operatorname{def}(A)$, ist die Dimension ihres Nullraumes.

**Beispiel 1** Man bestimme Rang und Defekt von

$$A = \begin{bmatrix} -1 & 2 & 0 & 4 & 5 & -3 \\ 3 & -7 & 2 & 0 & 1 & 4 \\ 2 & -5 & 2 & 4 & 6 & 1 \\ 4 & -9 & 2 & -4 & -4 & 7 \end{bmatrix}.$$

*Lösung.* Der Zeilen- und der Spaltenraum der reduzierten Zeilenstufenform

$$\begin{bmatrix} 1 & 0 & -4 & -28 & -37 & 13 \\ 0 & 1 & -2 & -12 & -16 & 5 \\ 0 & 0 & 0 & 0 & 0 & 0 \\ 0 & 0 & 0 & 0 & 0 & 0 \end{bmatrix} \tag{1}$$

von $A$ ist zweidimensional, also ist $\text{rang}(A) = 2$. Um den Defekt zu bestimmen, berechnen wir den Lösungsraum von $A\mathbf{x} = \mathbf{0}$. Durch Gauß-Jordan-Elimination erhält man ein homogenes System mit Koeffizientenmatrix (1):

$$\begin{aligned} x_1 - 4x_3 - 28x_4 - 37x_5 + 13x_6 &= 0 \\ x_2 - 2x_3 - 12x_4 - 16x_5 + \phantom{1}5x_6 &= 0. \end{aligned}$$

Durch Auflösen nach den führenden Variablen ergibt sich

$$\begin{aligned} x_1 &= 4x_3 + 28x_4 + 37x_5 - 13x_6 \\ x_2 &= 2x_3 + 12x_4 + 16x_5 - \phantom{1}5x_6, \end{aligned} \tag{2}$$

also ist die allgemeine Lösung

$$\begin{aligned} x_1 &= 4r + 28s + 37t - 13u \\ x_2 &= 2r + 12s + 16t - 5u \\ x_3 &= r \\ x_4 &= s \\ x_5 &= t \\ x_6 &= u \end{aligned}$$

oder in Matrixschreibweise

$$\begin{bmatrix} x_1 \\ x_2 \\ x_3 \\ x_4 \\ x_5 \\ x_6 \end{bmatrix} = r\begin{bmatrix} 4 \\ 2 \\ 1 \\ 0 \\ 0 \\ 0 \end{bmatrix} + s\begin{bmatrix} 28 \\ 12 \\ 0 \\ 1 \\ 0 \\ 0 \end{bmatrix} + t\begin{bmatrix} 37 \\ 16 \\ 0 \\ 0 \\ 1 \\ 0 \end{bmatrix} + u\begin{bmatrix} -13 \\ -5 \\ 0 \\ 0 \\ 0 \\ 1 \end{bmatrix}. \tag{3}$$

Da die Vektoren auf der rechten Seite dieser Gleichung eine Basis des Lösungsraums bilden, ist $\text{def}(A) = 4$. Im folgenden Satz wird gezeigt, daß der Rang einer Matrix durch Transponieren unverändert bleibt.

**Satz 5.6.2.** *Für jede Matrix $A$ gilt $\text{rang}(A) = \text{rang}(A^T)$.*

**Beweis.**

$$\text{rang}(A) = \dim(\text{Zeilenraum } A) = \dim(\text{Spaltenraum } A^T) = \text{rang}(A^T). \quad \square$$

## Dimensionssatz

**Satz 5.6.3.** *(Dimensionssatz für Matrizen). Für eine Matrix $A$ mit $n$ Spalten gilt*

$$\text{rang}(A) + \text{def}(A) = n. \tag{4}$$

**Beweis.** $A$ hat $n$ Spalten, also ist $A\mathbf{x} = \mathbf{0}$ ein homogenes System mit $n$ Unbekannten. Es gilt

$$\begin{bmatrix} \text{Anzahl der} \\ \text{führenden Variablen} \end{bmatrix} + \begin{bmatrix} \text{Anzahl der} \\ \text{freien Variablen} \end{bmatrix} = n.$$

Die Anzahl der führenden Variablen entspricht der Anzahl der führenden Einsen in der reduzierten Zeilenstufenform von $A$, also ist

$$\operatorname{rang}(A) + \begin{bmatrix} \text{Anzahl der} \\ \text{freien Variablen} \end{bmatrix} = n.$$

Der Defekt von $A$ ist die Dimension des Lösungsraumes von $A\mathbf{x} = \mathbf{0}$, also gleich der Anzahl der Parameter in der allgemeinen Lösung von $A\mathbf{x} = \mathbf{0}$. Da diese mit der Zahl der freien Variablen übereinstimmt, folgt

$$\operatorname{rang}(A) + \operatorname{def}(A) = n. \quad \square$$

Der Beweis des letzten Satzes lieferte zwei interessante Ergebnisse, die wir festhalten wollen.

**Satz 5.6.4.** *Sei $A$ eine $m \times n$-Matrix.*

*a) Der Rang von $A$ ist die Anzahl der führenden Variablen in der Lösung von $A\mathbf{x} = \mathbf{0}$.*
*b) def($A$) ergibt sich als Anzahl der Parameter der Lösung von $A\mathbf{x} = \mathbf{0}$.*

**Beispiel 2** Die Matrix

$$A = \begin{bmatrix} -1 & 2 & 0 & 4 & 5 & -3 \\ 3 & -7 & 2 & 0 & 1 & 4 \\ 2 & -5 & 2 & 4 & 6 & 1 \\ 4 & -9 & 2 & -4 & -4 & 7 \end{bmatrix}$$

hat 6 Spalten, also ist

$$\operatorname{rang}(A) + \operatorname{def}(A) = 6.$$

Wie in Beispiel 1 erhalten wir $\operatorname{rang}(A) = 2$ und $\operatorname{def}(A) = 4$.

**Beispiel 3** Sei $A$ eine $5 \times 7$-Matrix mit Rang 3. Wieviele Parameter hat die Lösungsmenge von $A\mathbf{x} = \mathbf{0}$?

*Lösung.* Nach Gleichung (4) ist

$$\operatorname{def}(A) = n - \operatorname{rang}(A) = 7 - 3 = 4,$$

also hat die Lösung vier Parameter.

Sei $A$ eine $m \times n$-Matrix vom Rang $r$. Dann ist $A^T$ eine $n \times m$-Matrix vom gleichen Rang, also gilt nach Satz 5.6.3

$$\operatorname{def}(A) = n - r, \quad \operatorname{def}(A^T) = m - r.$$

Wir erhalten die folgende Tabelle:

| Fundamentalraum | Dimension |
|---|---|
| Zeilenraum von $A$ | $r$ |
| Spaltenraum von $A$ | $r$ |
| Nullraum von $A$ | $n - r$ |
| Nullraum von $A^T$ | $m - r$ |

## Maximaler Rang

Der Zeilenraum einer $m \times n$-Matrix $A$ ist als Unterraum des $R^n$ höchstens $n$-dimensional, ihr Spaltenraum liegt im $R^m$, so daß seine Dimension nicht höher als $m$ ist. Der Rang von $A$ ist also nicht größer als der kleinere der beiden Werte $m$ und $n$,

$$\text{rang}(A) \leq \min(m, n). \tag{5}$$

**Beispiel 4** Der Rang einer $7 \times 4$-Matrix $A$ ist nicht größer als 4, also sind die 7 Zeilenvektoren von $A$ linear abhängig. Ebenso ist der Rang einer $4 \times 7$-Matrix höchstens 4, also sind die 7 Spaltenvektoren linear abhängig.

## Lineare Systeme von $m$ Gleichungen mit $n$ Unbekannten

Wir haben bereits eine Reihe von Aussagen gefunden, die zur Lösbarkeit eines Gleichungssystems mit quadratischer Koeffizientenmatrix äquivalent sind (vergleiche Satz 4.3.4). Nun wollen wir ähnliche Bedingungen für beliebige Gleichungssysteme entwickeln.

**Satz 5.6.5.** *(Konsistenzsatz). Sei $A\mathbf{x} = \mathbf{b}$ ein lineares System von m Gleichungen mit n Unbekannten. Dann sind folgende Aussagen äquivalent:*

*a) $A\mathbf{x} = \mathbf{b}$ ist konsistent.*
*b) $\mathbf{b}$ liegt im Spaltenraum von $A$.*
*c) Die erweiterte Matrix $[A \,\vdots\, \mathbf{b}]$ und die Koeffizientenmatrix $A$ haben den gleichen Rang.*

**Beweis.** Wir zeigen die Äquivalenzen *a)* $\Leftrightarrow$ *b)* und *b)* $\Leftrightarrow$ *c)*.

*a)* $\Leftrightarrow$ *b)*. Man vergleiche Satz 5.5.1.

*b)* $\Rightarrow$ *c)*. Wir zeigen, daß $A$ und $[A \mid \mathbf{b}]$ denselben Spaltenraum erzeugen. Sind $\mathbf{c}_1, \mathbf{c}_2, \ldots, \mathbf{c}_n$ die Spaltenvektoren von $A$, so sind

$$\operatorname{span}\{\mathbf{c}_1, \mathbf{c}_2, \ldots, \mathbf{c}_n\} \quad \text{und} \quad \operatorname{span}\{\mathbf{c}_1, \mathbf{c}_2, \ldots, \mathbf{c}_n, \mathbf{b}\}$$

die Spaltenräume von $A$ und $[A \mid \mathbf{b}]$. Da $\mathbf{b}$ im Spaltenraum von $A$ liegt, sind die Vektoren $\mathbf{c}_1, \mathbf{c}_2, \ldots, \mathbf{c}_n, \mathbf{b}$ Linearkombinationen von $\mathbf{c}_1, \mathbf{c}_2, \ldots, \mathbf{c}_n$ und umgekehrt, also stimmen die Spaltenräume nach Satz 5.2.4 überein.

*c)* $\Rightarrow$ *b)*. Sei $\operatorname{rang}(A) = \operatorname{rang}([A \mid \mathbf{b}]) = r$. Nach Satz 5.4.4 hat der Spaltenraum eine Basis aus Spaltenvektoren $\mathbf{c}_{i1}, \ldots, \mathbf{c}_{ir}$ von $A$. Da diese Basisvektoren gleichzeitig im Spaltenraum von $[A \mid \mathbf{b}]$ liegen, bilden sie nach Satz 5.4.6 a) auch eine Basis dieses Raumes. Folglich ist $\mathbf{b}$ eine Linearkombination von $\mathbf{c}_{i1}, \ldots, \mathbf{c}_{ir}$ und liegt im Spaltenraum von $A$. $\square$

Die Gültigkeit des Satzes ist leicht einzusehen, wenn man sich klarmacht, daß der Rang einer Matrix die Anzahl der nichtverschwindenden Zeilen ihrer Zeilenstufenform ist. So ergibt sich für das System

$$\begin{aligned} x_1 - 2x_2 - 3x_3 + 2x_4 &= -4 \\ -3x_1 + 7x_2 - x_3 + x_4 &= -3 \\ 2x_1 - 5x_2 + 4x_3 - 3x_4 &= 7 \\ -3x_1 + 6x_2 + 9x_3 - 6x_4 &= -1 \end{aligned}$$

die erweiterte Matrix

$$A = \left[\begin{array}{rrrr|r} 1 & -2 & -3 & 2 & -4 \\ -3 & 7 & -1 & 1 & -3 \\ 2 & -5 & 4 & -3 & 7 \\ -3 & 6 & 9 & -6 & -1 \end{array}\right]$$

mit der reduzierten Zeilenstufenform

$$A = \left[\begin{array}{rrrr|r} 1 & 0 & -23 & 16 & 0 \\ 0 & 1 & -10 & 7 & 0 \\ 0 & 0 & 0 & 0 & 1 \\ 0 & 0 & 0 & 0 & 0 \end{array}\right].$$

Wegen der dritten Zeile

$$0 \quad 0 \quad 0 \quad 0 \quad 1$$

sieht man sofort, daß das System inkonsistent ist. Gleichzeitig ist klar, daß diese Zeile dazu beiträgt, daß die erweiterte Matrix weniger Nullzeilen hat als die Koeffizientenmatrix, damit ist $\operatorname{rang}(A) < \operatorname{rang}([A \mid \mathbf{b}])$.

Während wir im Konsistenzsatz nur einen einzigen Vektor $\mathbf{b}$ betrachtet haben, suchen wir jetzt Bedingungen, unter denen ein lineares System für *jeden* Vektor $\mathbf{b}$ konsistent ist.

**Satz 5.6.6.** *Sei $A$ eine $m \times n$-Matrix. Die folgenden Aussagen sind äquivalent:*

*a)* $A\mathbf{x} = \mathbf{b}$ *ist für jede $m \times 1$-Matrix* $\mathbf{b}$ *konsistent.*
*b) Der Spaltenraum von $A$ ist $R^m$.*
*c)* $\operatorname{rang}(A) = m$.

**Beweis.** Wir beweisen die beiden Äquivalenzen *a)* $\Leftrightarrow$ *b)* und *a)* $\Leftrightarrow$ *c)*.

*a)* $\Leftrightarrow$ *b).* Sind $\mathbf{c}_1, \mathbf{c}_2, \ldots, \mathbf{c}_n$ die Spaltenvektoren von $A$, so ergibt sich $A\mathbf{x} = \mathbf{b}$ nach Formel (2) aus Abschnitt 5.5 zu

$$x_1\mathbf{c}_1 + x_2\mathbf{c}_2 + \cdots + x_n\mathbf{c}_n = \mathbf{b}.$$

Folglich ist das System genau dann für jede $m \times 1$-Matrix $\mathbf{b}$ konsistent, wenn jedes $\mathbf{b}$ eine Linearkombination der Spaltenvektoren $\mathbf{c}_1, \mathbf{c}_2, \ldots, \mathbf{c}_n$ ist, oder äquivalent dazu, $R^m$ der Spaltenraum von $A$ ist.

*a)* $\Rightarrow$ *c).* Sei $A\mathbf{x} = \mathbf{b}$ für jede $m \times 1$-Matrix $\mathbf{b}$ konsistent. Dann liegen nach Satz 5.6.5 alle Vektoren $\mathbf{b}$ aus $R^m$ im Spaltenraum von $A$, woraus $\operatorname{rang}(A) = \dim(R^m) = m$ folgt.

*c)* $\Rightarrow$ *a).* Nach Voraussetzung ist der Spaltenraum von $A$ ein $m$-dimensionaler Unterraum von $R^m$, also mit Satz 5.4.7 b) der ganze Raum. Aus Satz 5.6.5 folgt dann, daß $A\mathbf{x} = \mathbf{b}$ für jeden Vektor $\mathbf{b}$ aus $R^m$ konsistent ist. □

Ein lineares System $A\mathbf{x} = \mathbf{b}$ von $m$ Gleichungen mit $n$ Unbekannten heißt ***überbestimmt***, wenn $m > n$ ist. Die Spaltenvektoren von $A$ bilden kein Erzeugendensystem des $R^m$; nach dem letzten Satz ist *ein überbestimmtes System* $A\mathbf{x} = \mathbf{b}$ *nicht für alle Vektoren* $\mathbf{b}$ *konsistent.*

**Beispiel 5** Das überbestimmte lineare System

$$\begin{aligned} x_1 - 2x_2 &= b_1 \\ x_1 - \phantom{2}x_2 &= b_2 \\ x_1 + \phantom{2}x_2 &= b_3 \\ x_1 + 2x_2 &= b_4 \\ x_1 + 3x_2 &= b_5 \end{aligned}$$

ist nicht für alle $b_1, b_2, \ldots, b_5$ konsistent. Um die Bedingungen zu finden, unter denen das System lösbar ist, bringen wir die erweiterte Matrix durch Gauß-Jordan-Elimination auf reduzierte Zeilenstufenform

$$\begin{bmatrix} 1 & 0 & 2b_2 - b_1 \\ 0 & 1 & b_2 - b_1 \\ 0 & 0 & b_3 - 3b_2 + 2b_1 \\ 0 & 0 & b_4 - 4b_2 + 3b_1 \\ 0 & 0 & b_5 - 5b_2 + 4b_1 \end{bmatrix}.$$

Das System ist genau dann lösbar, wenn $b_1, b_2, b_3, b_4$ und $b_5$ den aus den letzten drei Zeilen dieser Matrix resultierenden Gleichungen genügen,

$$\begin{aligned} 2b_1 - 3b_2 + b_3 \qquad\quad &= 0 \\ 3b_1 - 4b_2 \qquad + b_4 \qquad &= 0 \\ 4b_1 - 5b_2 \qquad\qquad + b_5 &= 0, \end{aligned}$$

woraus sich

$$b_1 = 5r - 4s, \quad b_2 = 4r - 3s, \quad b_3 = 2r - s, \quad b_4 = r, \quad b_5 = s$$

mit beliebigen Parametern $r$ und $s$ ergibt.

Wie man in Satz 5.5.2 sieht, haben die allgemeinen Lösungen von $A\mathbf{x} = \mathbf{b}$ und $A\mathbf{x} = \mathbf{0}$ die gleichen freien Parameter $c_1, c_2, \dots, c_k$. Deren Anzahl ist nach Satz 5.6.4 b) der Defekt von $A$. Zusammen mit dem Dimensionssatz für Matrizen erhalten wir daraus:

**Satz 5.6.7.** *Sei $A$ eine $m \times n$-Matrix vom Rang $r$. Ist das lineare System $A\mathbf{x} = \mathbf{b}$ konsistent, so enthält seine allgemeine Lösung $n - r$ Parameter.*

**Beispiel 6** Ist $A$ eine $5 \times 7$-Matrix mit $\operatorname{rang}(A) = 4$, so hängt die Lösung des Systems von $7 - 4 = 3$ Parametern ab, sofern sie existiert.

Wir kennen bereits einige Bedingungen, unter denen ein homogenes lineares System $A\mathbf{x} = \mathbf{0}$ von $n$ Gleichungen mit $n$ Unbekannten eindeutig lösbar ist (siehe Satz 4.3.4). Der nächste Satz verallgemeinert diese Aussage auf Systeme, deren Koeffizientenmatrix nicht quadratisch sein muß.

**Satz 5.6.8.** *Sei $A$ eine $m \times n$-Matrix. Folgende Aussagen sind äquivalent:*

*a) $A\mathbf{x} = \mathbf{0}$ hat nur die triviale Lösung.*
*b) Die Spaltenvektoren von $A$ sind linear unabhängig.*
*c) $A\mathbf{x} = \mathbf{b}$ hat für jede $m \times 1$-Matrix $\mathbf{b}$ höchstens eine Lösung.*

**Beweis.** Wir zeigen die Äquivalenzen *a)* $\Leftrightarrow$ *b)* und *a)* $\Leftrightarrow$ *c)*.

*a)* $\Leftrightarrow$ *b)*. Mit den Spaltenvektoren $\mathbf{c}_1, \mathbf{c}_2, \dots, \mathbf{c}_n$ von $A$ können wir das System $A\mathbf{x} = \mathbf{0}$ als

$$x_1\mathbf{c}_1 + x_2\mathbf{c}_2 + \cdots + x_n\mathbf{c}_n = \mathbf{0} \tag{6}$$

schreiben. Nun sind $\mathbf{c}_1, \mathbf{c}_2, \dots, \mathbf{c}_n$ genau dann linear unabhängig, wenn diese Gleichung nur die Lösung $x_1 = x_2 = \ldots = x_n = 0$ hat. Das ist äquivalent dazu, daß das homogene System $A\mathbf{x} = \mathbf{0}$ nur trivial lösbar ist.

*a)* $\Rightarrow$ *c)*. Sei $A\mathbf{x} = \mathbf{b}$ ein konsistentes System mit der Lösung $\mathbf{x}_0$. Da $A\mathbf{x} = \mathbf{0}$ nur die triviale Lösung $\mathbf{x} = \mathbf{0}$ hat, ergibt sich nach Satz 5.5.2 die allgemeine Lösung von $A\mathbf{x} = \mathbf{b}$ als $\mathbf{x}_0 + \mathbf{0} = \mathbf{x}_0$, also ist das System eindeutig lösbar. Ist hingegen $A\mathbf{x} = \mathbf{b}$ inkonsistent, so existieren keine Lösungen. Insgesamt folgt also Aussage c).

*c*) $\Rightarrow$ *a*). Setzen wir in c) $\mathbf{b} = \mathbf{0}$ ein, so ergibt sich, daß $A\mathbf{x} = \mathbf{0}$ höchstens eine Lösung hat. Andererseits hat das homogene System immer mindestens eine Lösung, also insgesamt genau die triviale Lösung. □

Ein lineares System mit $m$ Gleichungen und $n$ Unbekannten heißt ***unterbestimmt***, wenn $m < n$ ist. Nach Satz 5.6.7 enthält die Lösungsmenge eines derartigen Systems mindestens einen freien Parameter, sofern sie nichtleer ist (warum?); also *hat ein unterbestimmtes, konsistentes System unendlich viele Lösungen.* Außerdem müssen die Spalten von $A$ linear abhängig sein (warum?), damit existiert wegen Satz 5.6.8 *zu jeder $m \times n$-Matrix $A$ mit $m < n$ ein Vektor* $\mathbf{b}$ *aus $R^m$, so daß $A\mathbf{x} = \mathbf{b}$ unendlich viele Lösungen hat.*

**Bemerkung**. Als Folgerung aus Satz 5.6.8 hat jedes unterbestimmte homogene System unendlich viele Lösungen (vergleiche Satz 1.2.1).

**Beispiel 7** Sei $A$ eine $5 \times 7$-Matrix mit $\text{rang}(A) = r$. Das System $A\mathbf{x} = \mathbf{b}$ ist für alle $7 \times 1$-Matrizen $\mathbf{b}$ unterbestimmt. Folglich gibt es ein $\mathbf{b}$, so daß das System konsistent ist. Die zugehörige Lösungsmenge hat $7 - r$ Parameter.

## Zusammenfassung

Durch Anwendung der letzten Resultate auf quadratische Matrizen ergeben sich weitere Aussagen, die wir an Satz 4.3.4 anfügen können. Dadurch erhalten wir Einblick in den Zusammenhang zwischen den neu eingeführten Begriffen und den linearen Operatoren.

**Satz 5.6.9.** *Sei $A$ eine $n \times n$-Matrix und $T_A : R^n \to R^n$ die Multiplikation mit $A$. Folgende Aussagen sind äquivalent:*

*a)* *$A$ ist invertierbar.*
*b)* *$A\mathbf{x} = \mathbf{0}$ hat nur die triviale Lösung.*
*c)* *$A$ hat die reduzierte Zeilenstufenform $I_n$.*
*d)* *$A$ ist ein Produkt von Elementarmatrizen.*
*e)* *$A\mathbf{x} = \mathbf{b}$ ist für jede $n \times 1$-Matrix $\mathbf{b}$ konsistent.*
*f)* *$A\mathbf{x} = \mathbf{b}$ ist für jede $n \times 1$-Matrix $\mathbf{b}$ eindeutig lösbar.*
*g)* *$\det(A) \neq 0$.*
*h)* *Der Wertebereich von $T_A$ ist $R^n$.*
*i)* *$T_A$ ist injektiv.*
*j)* *Die Spaltenvektoren von $A$ sind linear unabhängig.*
*k)* *Die Zeilenvektoren von $A$ sind linear unabhängig.*
*l)* *Die Spaltenvektoren von $A$ erzeugen den Raum $R^n$.*
*m)* *Die Zeilenvektoren von $A$ erzeugen den Raum $R^n$.*
*n)* *Die Spaltenvektoren von $A$ bilden eine Basis des $R^n$.*
*o)* *Die Zeilenvektoren von $A$ bilden eine Basis des $R^n$.*
*p)* *$\text{rang}(A) = n$.*
*q)* *$\text{def}(A) = 0$.*

**Beweis.** Nach Satz 4.3.4 sind die Aussagen $a)-i)$ zueinander äquivalent. Wir zeigen die Implikationskette $b) \Rightarrow j) \Rightarrow k) \Rightarrow l) \Rightarrow m) \Rightarrow n) \Rightarrow o) \Rightarrow p) \Rightarrow q) \Rightarrow b)$ und erhalten daraus, daß die Aussagen $j)-q)$ zu $b)$ äquivalent sind.

$b) \Rightarrow j)$. Da $A\mathbf{x} = \mathbf{0}$ nur trivial lösbar ist, sind die Spaltenvektoren von $A$ nach Satz 5.6.8 linear unabhängig.

$j) \Rightarrow k) \Rightarrow l) \Rightarrow m) \Rightarrow n) \Rightarrow o)$. Diese Implikationen folgen aus Satz 5.4.5 unter Ausnutzung der Tatsache, daß $R^n$ $n$-dimensional ist. Die Einzelheiten sollen in einer Übungsaufgabe bewiesen werden.

$o) \Rightarrow p)$. Da die Zeilenvektoren von $A$ eine Basis des $R^n$ sind, ist der Zeilenraum von $A$ $n$-dimensional. Also ist $\operatorname{rang}(A) = n$.

$p) \Rightarrow q)$. Folgerung aus dem Dimensionssatz 5.6.3.

$q) \Rightarrow b)$. Aus $def(A) = 0$ folgt, daß der Lösungsraum von $A\mathbf{x} = \mathbf{0}$ nulldimensional ist. Er enthält also nur den Nullvektor als Lösung des Systems. □

## Übungen zu 5.6

**1.** Man verifiziere die Gleichung $\operatorname{rang}(A) = \operatorname{rang}(A^T)$.

$$A = \begin{bmatrix} 1 & 2 & 4 & 0 \\ -3 & 1 & 5 & 2 \\ -2 & 3 & 9 & 2 \end{bmatrix}$$

**2.** Man bestimme Rang und Defekt und verifiziere den Dimensionssatz für Matrizen.

a) $A = \begin{bmatrix} 1 & -1 & 3 \\ 5 & -4 & -4 \\ 7 & -6 & 2 \end{bmatrix}$ b) $A = \begin{bmatrix} 2 & 0 & -1 \\ 4 & 0 & -2 \\ 0 & 0 & 0 \end{bmatrix}$ c) $A = \begin{bmatrix} 1 & 4 & 5 & 2 \\ 2 & 1 & 3 & 0 \\ -1 & 3 & 2 & 2 \end{bmatrix}$

d) $A = \begin{bmatrix} 1 & 4 & 5 & 6 & 9 \\ 3 & -2 & 1 & 4 & -1 \\ -1 & 0 & -1 & -2 & -1 \\ 2 & 3 & 5 & 7 & 8 \end{bmatrix}$ e) $A = \begin{bmatrix} 1 & -3 & 2 & 2 & 1 \\ 0 & 3 & 6 & 0 & -3 \\ 2 & -3 & -2 & 4 & 4 \\ 3 & -6 & 0 & 6 & 5 \\ -2 & 9 & 2 & -4 & -5 \end{bmatrix}$

**3.** Man bestimme für die Matrizen aus Aufgabe 2 die Anzahl der führenden und der freien Variablen des Systems $A\mathbf{x} = \mathbf{0}$.

**4.** Man berechne die Dimension des Zeilen-, des Spalten- und des Nullraumes von $A$ und $A^T$.

| | a) | b) | c) | d) | e) | f) | g) |
|---|---|---|---|---|---|---|---|
| Format von $A$ | $3 \times 3$ | $3 \times 3$ | $3 \times 5$ | $5 \times 9$ | $9 \times 5$ | $4 \times 4$ | $6 \times 2$ |
| rang($A$) | 3 | 2 | 1 | 2 | 2 | 0 | 2 |

**5.** Man bestimme den maximalen Rang und den minimalen Defekt einer a) $4 \times 4$-Matrix, b) $3 \times 5$-Matrix, c) $5 \times 3$-Matrix.

**6.** Wie groß kann der Rang einer $m \times n$-Matrix $A$ höchstens sein? Wie groß ist der Defekt mindestens (siehe Aufgabe 5)?

**7.** Man entscheide, ob $A\mathbf{x} = \mathbf{b}$ konsistent ist und bestimme gegebenenfalls die Zahl der Parameter der allgemeinen Lösung.

| | a) | b) | c) | d) | e) | f) | g) |
|---|---|---|---|---|---|---|---|
| Format von $A$ | $3 \times 3$ | $3 \times 3$ | $3 \times 3$ | $5 \times 9$ | $5 \times 9$ | $4 \times 4$ | $6 \times 2$ |
| rang($A$) | 3 | 2 | 1 | 2 | 2 | 0 | 2 |
| rang$[A \mid \mathbf{b}]$ | 3 | 3 | 1 | 2 | 3 | 0 | 2 |

**8.** Man bestimme den Defekt der Matrizen aus Aufgabe 7 sowie die Parameterzahl der allgemeinen Lösung von $A\mathbf{x} = \mathbf{0}$.

**9.** Für welche $b_1, b_2, \ldots, b_5$ ist das überbestimmte System

$$\begin{aligned} x_1 - 3x_2 &= b_1 \\ x_1 - 2x_2 &= b_2 \\ x_1 + \phantom{3}x_2 &= b_3 \\ x_1 - 4x_2 &= b_4 \\ x_1 + 5x_2 &= b_5 \end{aligned}$$

konsistent?

**10.** Man zeige, daß die Matrix

$$A = \begin{bmatrix} a_{11} & a_{12} & a_{13} \\ a_{21} & a_{22} & a_{23} \end{bmatrix}$$

genau dann den Rang 2 hat, wenn mindestens eine der Determinanten

$$\begin{vmatrix} a_{11} & a_{12} \\ a_{21} & a_{22} \end{vmatrix}, \quad \begin{vmatrix} a_{11} & a_{13} \\ a_{21} & a_{23} \end{vmatrix}, \quad \begin{vmatrix} a_{12} & a_{13} \\ a_{22} & a_{23} \end{vmatrix}$$

von Null verschieden ist.

**11.** Der Nullraum einer $3 \times 3$-Matrix $A$ sei eine Gerade durch den Ursprung im $R^3$. Man beschreibe ihren Spalten- und Zeilenraum.

**12.** Wie hängt $\operatorname{rang}(A)$ von $t$ ab?

a) $A = \begin{bmatrix} 1 & 1 & t \\ 1 & t & 1 \\ t & 1 & 1 \end{bmatrix}$ b) $A = \begin{bmatrix} t & 3 & -1 \\ 3 & 6 & -2 \\ -1 & -3 & t \end{bmatrix}$

**13.** Man bestimme reelle Skalare $r$ und $s$, für die

$$\begin{bmatrix} 1 & 0 & 0 \\ 0 & r-2 & 2 \\ 0 & s-1 & r+2 \\ 0 & 0 & 3 \end{bmatrix}$$

den Rang 1 oder 2 hat.

**14.** Sei $A$ eine $3 \times 3$-Matrix, deren Spaltenraum eine Ebene durch den Ursprung ist. Man beschreibe den Zeilen- und den Nullraum von $A$.

**15.** a) Man zeige, daß die Spaltenvektoren einer $3 \times 5$-Matrix linear abhängig sind.

b) Man zeige, daß die Zeilenvektoren einer $5 \times 3$-Matrix linear abhängig sind.

**16.** Sei $A$ eine nichtquadratische Matrix. Man beweise, daß die Zeilenvektoren oder Spaltenvektoren von $A$ linear abhängig sein müssen (siehe Aufgabe 15).

**17.** Man zeige mit dem Ergebnis von Aufgabe 10, daß die Punkte $(x, y, z)$, für die

$$\begin{bmatrix} x & y & z \\ 1 & x & y \end{bmatrix}$$

den Rang 1 hat, eine Kurve mit $x = t, y = t^2, z = t^3$ beschreiben.

**18.** Man beweise, daß für $k \neq 0$ die Gleichung $\operatorname{rang}(A) = \operatorname{rang}(kA)$ gilt.

## Ergänzende Übungen zu Kapitel 5

**1.** Man berechne den Lösungsraum der folgenden Gleichungssysteme. Handelt es sich um den Ursprung, eine Gerade oder Ebene durch den Ursprung oder um den ganzen $R^3$?

a) $0x + 0y + 0z = 0$

b)
$$\begin{aligned} 2x - 3y + z &= 0 \\ 6x - 9y + 3z &= 0 \\ -4x + 6y - 2z &= 0 \end{aligned}$$

c)
$$\begin{aligned} x - 2y + 7z &= 0 \\ -4x + 8y + 5z &= 0 \\ 2x - 4y + 3z &= 0 \end{aligned}$$

d)
$$\begin{aligned} x + 4y + 8z &= 0 \\ 2x + 5y + 6z &= 0 \\ 3x + y - 4z &= 0 \end{aligned}$$

**2.** Für welche $s$ ist der Lösungsraum von

$$\begin{aligned} x_1 + \phantom{s}x_2 + sx_3 &= 0 \\ x_1 + sx_2 + \phantom{s}x_3 &= 0 \\ sx_1 + \phantom{s}x_2 + \phantom{s}x_3 &= 0 \end{aligned}$$

der Ursprung, eine Gerade oder Ebene durch den Ursprung oder der ganze Raum $R^3$?

**3.** a) Man schreibe $(4a, a-b, a+2b)$ als Linearkombination von $(4,1,1)$ und $(0,-1,2)$.
b) Man schreibe $(3a+b+3c, -a+4b-c, 2a+b+2c)$ als Linearkombination von $(3,-1,2)$ und $(1,4,1)$.
c) Man schreibe $(2a-b+4c, 3a-c, 4b+c)$ als Linearkombination aus drei von Null verschiedenen Vektoren.

**4.** Sei $W = \text{span}\{\mathbf{f}, \mathbf{g}\}$ mit $\mathbf{f} = \sin x$ und $\mathbf{g} = \cos x$.

a) Man zeige, daß $\mathbf{f}_1 = \sin(x+\theta)$ und $\mathbf{g}_1 = \cos(x+\theta)$ für jedes $\theta$ in $W$ liegen.
b) Man zeige, daß $\{\mathbf{f}_1, \mathbf{g}_1\}$ eine Basis von $W$ ist.

**5.** a) Man gebe zwei verschiedene Darstellungen von $\mathbf{v} = (1,1)$ als Linearkombination von $\mathbf{v}_1 = (1,-1)$, $\mathbf{v}_2 = (3,0)$ und $\mathbf{v}_3 = (2,1)$ an.
b) Wieso ergibt sich aus Teil a) kein Widerspruch zu Satz 5.4.1?

**6.** Sei $A$ eine $n \times n$-Matrix, und seien $\mathbf{v}_1, \mathbf{v}_2, \ldots, \mathbf{v}_n$ lineare unabhängige Vektoren aus $R^n$. Wann sind $A\mathbf{v}_1, A\mathbf{v}_2, \ldots, A\mathbf{v}_n$ linear unabhängig?

**7.** Muß eine Basis von $P_n$ für jedes $k = 0, 1, 2, \ldots, n$ ein Polynom vom Grad $k$ enthalten? Man begründe die Antwort.

**8.** Eine quadratische Matrix $A = [a_{ij}]$ mit

$$a_{i,j} = \begin{cases} 1 & \text{für } i+j \text{ gerade} \\ 0 & \text{für } i+j \text{ ungerade} \end{cases}$$

heißt „Schachbrettmatrix". Man bestimme Rang und Defekt der

a) $3 \times 3$-Schachbrettmatrix,
b) $4 \times 4$-Schachbrettmatrix,
c) $n \times n$-Schachbrettmatrix.

**9.** Wir betrachten quadratische Matrizen ungerader Ordnung, die auf beiden Diagonalen Einsen und sonst nur Nullen enthalten (sogenannte „$X$-Matrizen"). Man bestimme jeweils Rang und Defekt von

a) $\begin{bmatrix} 1 & 0 & 1 \\ 0 & 1 & 0 \\ 1 & 0 & 1 \end{bmatrix}$ b) $\begin{bmatrix} 1 & 0 & 0 & 0 & 1 \\ 0 & 1 & 0 & 1 & 0 \\ 0 & 0 & 1 & 0 & 0 \\ 0 & 1 & 0 & 1 & 0 \\ 1 & 0 & 0 & 0 & 1 \end{bmatrix}$ c) der $X$-Matrix der Ordnung $(2n+1) \times (2n+1)$.

**10.** Man zeige, daß die gegebenen Polynome einen Unterraum von $P_n$ bilden, und bestimme eine Basis dieses Raumes.

a) Die Polynome aus $P_n$ mit $p(-x) = p(x)$,
b) die Polynome aus $P_n$ mit $p(0) = 0$.

**11.** (*Für Leser mit Analysiskenntnissen.*) Man zeige, daß die Polynome höchstens $n$-ten Grades mit waagerechter Tangente an der Stelle $x = 0$ einen Unterraum von $P_n$ bilden. Man bestimme eine Basis.

**12.** *Eine Matrix $A$ ist genau dann vom Rang $r$, wenn sie eine $r \times r$-Untermatrix mit nichtverschwindender Determinante besitzt und alle größeren quadratischen Unterdeterminanten null sind.* (Untermatrizen von $A$ sind alle Matrizen, die durch Streichen von Spalten und/oder Zeilen aus $A$ entstehen, sowie die Matrix $A$ selbst.) Man berechne mit diesem Kriterium den Rang folgender Matrizen:

a) $\begin{bmatrix} 1 & 2 & 0 \\ 2 & 4 & -1 \end{bmatrix}$ b) $\begin{bmatrix} 1 & 2 & 3 \\ 2 & 4 & 6 \end{bmatrix}$

c) $\begin{bmatrix} 1 & 0 & 1 \\ 2 & -1 & 3 \\ 3 & -1 & 4 \end{bmatrix}$ d) $\begin{bmatrix} 1 & -1 & 2 & 0 \\ 3 & 1 & 0 & 0 \\ -1 & 2 & 4 & 0 \end{bmatrix}$.

**13.** Man bestimme den Rang von

$$\begin{bmatrix} 0 & 0 & 0 & 0 & 0 & a_{16} \\ 0 & 0 & 0 & 0 & 0 & a_{26} \\ 0 & 0 & 0 & 0 & 0 & a_{36} \\ 0 & 0 & 0 & 0 & 0 & a_{46} \\ a_{51} & a_{52} & a_{53} & a_{54} & a_{55} & a_{56} \end{bmatrix}$$

mit dem Kriterium aus Aufgabe 12.

**14.** Sei $S$ eine Basis des Vektorraumes $V$. Man zeige, daß für alle Vektoren $\mathbf{u}$ und $\mathbf{v}$ und alle Skalare $k$ gilt:

a) $(\mathbf{u} + \mathbf{v})_S = (\mathbf{u})_S + (\mathbf{v})_S$ b) $(k\mathbf{u})_S = k(\mathbf{u})_S$.

# 6 Vektorräume mit Skalarprodukt

## 6.1 Skalarprodukte

*In Abschnitt 4.1 haben wir das innere euklidische Produkt auf $R^n$ definiert, um Abstands- und Winkelbestimmung aus dem Anschauungsraum zu übertragen. Wir werden jetzt die wichtigsten Eigenschaften dieses Produkts als Axiome verwenden, um innere Produkte in allgemeinen Vektorräumen zu erklären.*

### Allgemeine innere Produkte

Wir bezeichnen das innere euklidische Produkt von Vektoren $\mathbf{u}$ und $\mathbf{v}$ aus $R^n$ als $\mathbf{u} \cdot \mathbf{v}$. Aus Gründen der Übersichtlichkeit benutzen wir für das jetzt zu definierende Produkt die Schreibweise $\langle \mathbf{u}, \mathbf{v} \rangle$. In dieser Notation dienen uns die Ergebnisse aus Satz 4.1.2 als Axiome.

**Definition.** Ein ***inneres*** oder ***Skalarprodukt*** auf einem reellen Vektorraum $V$ ist eine Funktion, die jedem Paar von Vektoren $\mathbf{u}$ und $\mathbf{v}$ aus $V$ eine reelle Zahl $\langle \mathbf{u}, \mathbf{v} \rangle$ zuordnet, so daß für alle Vektoren $\mathbf{u}$, $\mathbf{v}$ und $\mathbf{w}$ aus $V$ und alle Skalare $k$ gilt:

1) $\langle \mathbf{u}, \mathbf{v} \rangle = \langle \mathbf{v}, \mathbf{u} \rangle$ (Symmetrie)
2) $\langle \mathbf{u} + \mathbf{v}, \mathbf{w} \rangle = \langle \mathbf{u}, \mathbf{w} \rangle + \langle \mathbf{v}, \mathbf{w} \rangle$ (Additivität)
3) $\langle k\mathbf{u}, \mathbf{v} \rangle = k\langle \mathbf{u}, \mathbf{v} \rangle$ (Homogenität)
4) $\langle \mathbf{v}, \mathbf{v} \rangle \geq 0$ (Positivität)
$\langle \mathbf{v}, \mathbf{v} \rangle = 0 \Longleftrightarrow \mathbf{v} = \mathbf{0}$ (Nichtdegeneriertheit)

$V$ heißt dann ***reeller Vektorraum mit Skalarprodukt.***

**Bemerkung.** Da wir bis zum 10. Kapitel ausschließlich reelle Vektorräume betrachten werden, nennen wir die „reellen Vektorräume mit Skalarprodukt" im folgenden nur „Vektorräume mit Skalarprodukt".

Es ist nach unserer Wahl der Axiome klar, daß das innere euklidische Produkt auf $R^n$ ein Skalarprodukt im Sinne der neuen Definition ist.

**Beispiel 1** Durch

$$\langle \mathbf{u}, \mathbf{v} \rangle = \mathbf{u} \cdot \mathbf{v} = u_1 v_1 + u_2 v_2 + \cdots + u_n v_n$$

für $\mathbf{u} = (u_1, u_2, \ldots, u_n)$ und $\mathbf{v} = (v_1, v_2, \ldots, v_n)$ wird $\langle \mathbf{u}, \mathbf{v} \rangle$ als inneres euklidisches Produkt auf $R^n$ definiert. Die Gültigkeit der Axiome folgt aus Satz 4.1.2.

In manchen Anwendungen ist es sinnvoll, das innere euklidische Produkt zu modifizieren. Sind die ***Wichtungen***

$$w_1, w_2, \ldots, w_n,$$

positive reelle Zahlen, so wird für Vektoren $\mathbf{u} = (u_1, u_2, \ldots, u_n)$ und $\mathbf{v} = (v_1, v_2, \ldots, v_n)$ aus $R^n$ durch

$$\langle \mathbf{u}, \mathbf{v} \rangle = w_1 u_1 v_1 + w_2 u_2 v_2 + \cdots + w_n u_n v_n \tag{1}$$

ein Skalarprodukt auf $R^n$ definiert (siehe Übung 26); es wird als ***gewichtetes inneres euklidisches Produkt mit*** $w_1, w_2, \ldots, w_n$ bezeichnet.

Als mögliche Anwendung betrachten wir ein $m$-mal durchgeführtes physikalisches Experiment, das in jedem Durchgang einen der Werte

$$x_1, x_2, \ldots, x_n$$

als Ergebnis liefert. Nehmen wir an, daß der Wert $x_i$ in dem gesamten Versuch $f_i$-mal gemessen wird, so gilt für die Zahlen $f_1, f_2, \ldots, f_n$

$$f_1 + f_2 + \cdots + f_n = m.$$

Als ***arithmetisches Mittel*** $\bar{x}$ der Meßergebnisse erhalten wir dann

$$\bar{x} = \frac{f_1 x_1 + f_2 x_2 + \cdots + f_n x_n}{f_1 + f_2 + \cdots + f_n} = \frac{1}{m}(f_1 x_1 + f_2 x_2 + \cdots + f_n x_n). \tag{2}$$

Mit

$$\begin{aligned} \mathbf{f} &= (f_1, f_2, \ldots, f_n) \\ \mathbf{x} &= (x_1, x_2, \ldots, x_n) \\ w_1 = w_2 = \cdots = w_n &= 1/m \end{aligned}$$

ergibt sich der Mittelwert $\bar{x}$ als gewichtetes inneres Produkt

$$\bar{x} = \langle \mathbf{f}, \mathbf{x} \rangle = w_1 f_1 x_1 + w_2 f_2 x_2 + \cdots + w_n f_n x_n.$$

**Bemerkung.** Solange nichts anderes erwähnt wird, gehen wir im folgenden immer davon aus, daß $R^n$ mit dem gewohnten inneren euklidischen Produkt versehen ist.

**Beispiel 2** Seien $\mathbf{u} = (u_1, u_2)$ und $\mathbf{v} = (v_1, v_2)$ Vektoren aus $R^2$. Man zeige, daß das gewichtete Produkt

$$\langle \mathbf{u}, \mathbf{v} \rangle = 3u_1 v_1 + 2u_2 v_2$$

die Axiome des Skalarprodukts erfüllt.

*Lösung*. Das erste Axiom

$$\langle \mathbf{u}, \mathbf{v} \rangle = \langle \mathbf{v}, \mathbf{u} \rangle$$

gilt, da Vertauschen von **u** und **v** die rechte Seite der Definitionsgleichung offenbar nicht verändert.

Ist $\mathbf{w} = (w_1, w_2)$, so gilt

$$\begin{aligned}\langle \mathbf{u}+\mathbf{v}, \mathbf{w}\rangle &= 3(u_1+v_1)w_1 + 2(u_2+v_2)w_2\\ &= (3u_1w_1 + 2u_2w_2) + (3v_1w_1 + 2v_2w_2)\\ &= \langle \mathbf{u}, \mathbf{w}\rangle + \langle \mathbf{v}, \mathbf{w}\rangle,\end{aligned}$$

also ist das zweite Axiom erfüllt.

Weiter gilt für alle Skalare $k$

$$\begin{aligned}\langle k\,\mathbf{u}, \mathbf{v}\rangle &= 3(ku_1)v_1 + 2(ku_2)v_2\\ &= k(3u_1v_1 + 2u_2v_2)\\ &= k\langle \mathbf{u}, \mathbf{v}\rangle,\end{aligned}$$

womit wir das dritte Axiom nachgewiesen haben.

Schließlich ist

$$\langle \mathbf{v}, \mathbf{v}\rangle = 3v_1v_1 + 2v_2v_2 = 3v_1^2 + 2v_2^2,$$

so daß offenbar $\langle \mathbf{v}, \mathbf{v}\rangle \geq 0$ gilt; ferner ist genau dann $\langle \mathbf{v}, \mathbf{v}\rangle = 0$, wenn $v_1 = v_2 = 0$ und damit $\mathbf{v} = \mathbf{0}$ gilt. Das beweist die Gültigkeit des vierten Axioms.

## Länge und Abstand

Bevor wir weitere Beispiele angeben, wollen wir die in der Einleitung erwähnte Abstandsmessung einführen. In Abschnitt 4.1 haben wir die euklidische Norm oder Länge eines Vektors $\mathbf{u} = (u_1, u_2, \ldots, u_n)$ als

$$\|\mathbf{u}\| = (\mathbf{u}\cdot\mathbf{u})^{1/2}$$

und den euklidischen Abstand zweier Punkte $\mathbf{u} = (u_1, u_2, \ldots, u_n)$ und $\mathbf{v} = (v_1, v_2, \ldots, v_n)$ als

$$d(\mathbf{u}, \mathbf{v}) = \|\mathbf{u}-\mathbf{v}\| = [(\mathbf{u}-\mathbf{v})\cdot(\mathbf{u}-\mathbf{v})]^{1/2}$$

definiert. Indem wir das innere euklidische Produkt in diesen Formeln durch das neue Skalarprodukt ersetzen, erhalten wir:

**Definition**. Sei $V$ ein Vektorraum mit Skalarprodukt. Die ***Norm*** oder ***Länge*** eines Vektors $\mathbf{u}$ aus $V$ wird definiert als

$$\|\mathbf{u}\| = \langle \mathbf{u}, \mathbf{u}\rangle^{1/2}.$$

Der Abstand $d(\mathbf{u}, \mathbf{v})$ der Vektoren (Punkte) $\mathbf{u}$ und $\mathbf{v}$ aus $V$ ist gegeben durch

$$d(\mathbf{u}, \mathbf{v}) = \|\mathbf{u}-\mathbf{v}\|.$$

**Beispiel 3** Für $\mathbf{u} = (u_1, u_2, \ldots, u_n)$ und $\mathbf{v} = (v_1, v_2, \ldots, v_n)$ im $n$-dimensionalen euklidischen Raum $R^n$ liefert diese Definition die aus Abschnitt 4.1 bekannten Formeln

$$\|\mathbf{u}\| = \langle \mathbf{u}, \mathbf{u} \rangle^{1/2} = (\mathbf{u} \cdot \mathbf{u})^{1/2} = \sqrt{u_1^2 + u_2^2 + \cdots + u_n^2}$$

und

$$\begin{aligned} d(\mathbf{u}, \mathbf{v}) &= \|\mathbf{u} - \mathbf{v}\| = \langle \mathbf{u} - \mathbf{v}, \mathbf{u} - \mathbf{v} \rangle^{1/2} = [(\mathbf{u} - \mathbf{v}) \cdot (\mathbf{u} - \mathbf{v})]^{1/2} \\ &= \sqrt{(u_1 - v_1)^2 + (u_2 - v_2)^2 + \cdots + (u_n - v_n)^2}. \end{aligned}$$

**Beispiel 4** Wir wollen darauf hinweisen, daß Länge und Abstand von dem gerade betrachteten Skalarprodukt abhängen. So sind für $\mathbf{u} = (1, 0)$ und $\mathbf{v} = (0, 1)$ im zweidimensionalen euklidischen Raum $R^2$

$$\|\mathbf{u}\| = \sqrt{1^2 + 0^2} = 1$$

und

$$d(\mathbf{u}, \mathbf{v}) = \|\mathbf{u} - \mathbf{v}\| = \|(1, -1)\| = \sqrt{1^2 + (-1)^2} = \sqrt{2}.$$

Versehen wir den Raum mit dem gewichteten inneren Produkt

$$\langle \mathbf{u}, \mathbf{v} \rangle = 3u_1 v_1 + 2u_2 v_2$$

aus Beispiel 2, so ergeben sich

$$\|\mathbf{u}\| = \langle \mathbf{u}, \mathbf{u} \rangle^{1/2} = [3(1)(1) + 2(0)(0)]^{1/2} = \sqrt{3}$$

und

$$\begin{aligned} d(\mathbf{u}, \mathbf{v}) &= \|\mathbf{u} - \mathbf{v}\| = \langle (1, -1), (1, -1) \rangle^{1/2} \\ &= [3(1)(1) + 2(-1)(-1)]^{1/2} = \sqrt{5}. \end{aligned}$$

## Einheitskreise und -sphären

Die ***Einheitssphäre*** (auch ***Einheitskreis***) eines Vektorraumes $V$ mit Skalarprodukt ist die Menge aller Vektoren $\mathbf{u}$ aus $V$ mit

$$\|\mathbf{u}\| = 1.$$

In den euklidischen Räumen $R^2$ und $R^3$ liegen diese Punkte auf einer Kreislinie beziehungsweise einer Kugeloberfläche vom Radius 1 um den Ursprung.

**Beispiel 5**

a) Man skizziere in einem $xy$-Koordinatensystem den Einheitskreis des $R^2$ für das innere euklidische Produkt $\langle \mathbf{u}, \mathbf{v} \rangle = u_1 v_1 + u_2 v_2$.
b) Man skizziere den Einheitskreis des $R^2$ für das gewichtete innere euklidische Produkt $\langle \mathbf{u}, \mathbf{v} \rangle = \frac{1}{9} u_1 v_1 + \frac{1}{4} u_2 v_2$.

*Lösung a).* Für $\mathbf{u} = (x, y)$ ist $\|\mathbf{u}\| = \langle \mathbf{u}, \mathbf{u} \rangle^{\frac{1}{2}} = \sqrt{x^2 + y^2}$, also gilt für die Punkte des Einheitskreises $\sqrt{x^2 + y^2} = 1$ oder

$$x^2 + y^2 = 1.$$

Diese Gleichung beschreibt tatsächlich einen Kreis um den Ursprung mit dem Radius 1 (Abbildung 6.1a).

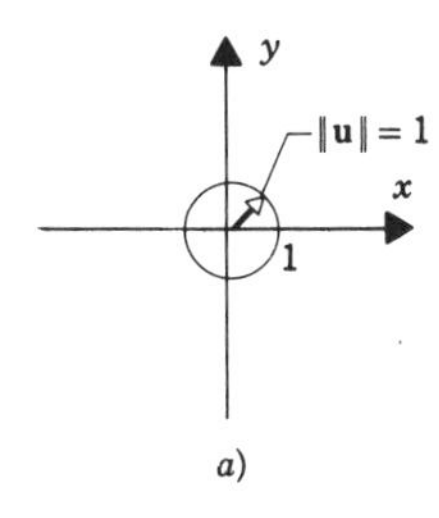


a)

Der Einheitskreis bezüglich der euklidischen Norm $\|\mathbf{u}\| = \sqrt{x^2 + y^2}$

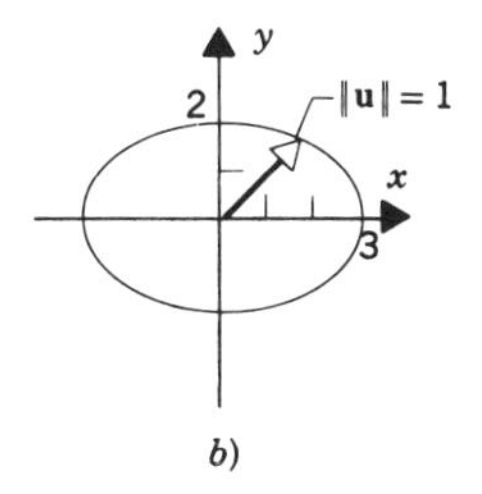


b)

Der Einheitskreis bezüglich der Norm $\|\mathbf{u}\| = \sqrt{\frac{1}{9}\,x^2 + \frac{1}{4}\,y^2}$

**Abb. 6.1**

*Lösung b).* Für $\mathbf{u} = (x, y)$ ist $\|\mathbf{u}\| = \langle \mathbf{u}, \mathbf{u} \rangle^{\frac{1}{2}} = \sqrt{\frac{1}{9}x^2 + \frac{1}{4}y^2}$, also erfüllen die Punkte der Einheitssphäre die Gleichung

$$\frac{x^2}{9} + \frac{y^2}{4} = 1,$$

die eine Ellipse beschreibt (Abbildung 6.1b).

Obwohl wir im letzten Beispiel gesehen haben, wie sehr die verallgemeinerte Abstandsmessung von der gewohnten euklidischen abweicht, lassen sich viele der gewohnten Gleichungen auch in diesem Konzept beweisen. Wir werden beispielsweise sehen, daß die Dreiecksungleichung (Abbildung 6.2a) und die Parallelogrammgleichung (Abbildung 6.2b) in allen Vektorräumen mit Skalarprodukt gelten.

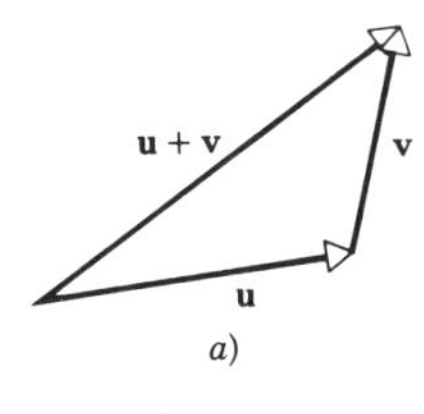


a)

$\|\mathbf{u} + \mathbf{v}\| \leq \|\mathbf{u}\| + \|\mathbf{v}\|$

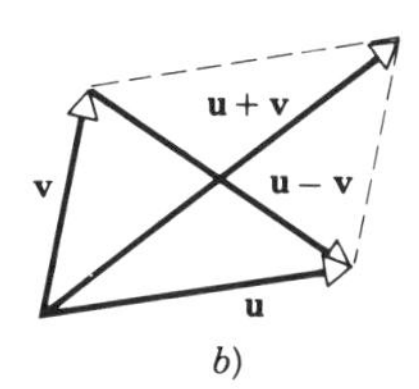


b)

$\|\mathbf{u} + \mathbf{v}\|^2 + \|\mathbf{u} - \mathbf{v}\|^2 = 2(\|\mathbf{u}\|^2 + \|\mathbf{v}\|^2)$

**Abb. 6.2**

## Von Matrizen erzeugte Skalarprodukte

Das euklidische und das gewichtete euklidische Skalarprodukt können als Spezialfälle einer besonderen Klasse von Skalarprodukten auf $R^n$ betrachtet werden, die wir jetzt untersuchen wollen. Sei $A$ eine invertierbare $n \times n$-Matrix und

$$\mathbf{u} = \begin{bmatrix} u_1 \\ u_2 \\ \vdots \\ u_n \end{bmatrix} \quad \text{und} \quad \mathbf{v} = \begin{bmatrix} v_1 \\ v_2 \\ \vdots \\ v_n \end{bmatrix}$$

als $n \times 1$-Matrizen geschriebene Vektoren aus $R^n$. Bezeichnet $\mathbf{u} \cdot \mathbf{v}$ das innere euklidische Produkt auf $R^n$, so wird durch

$$\langle \mathbf{u}, \mathbf{v} \rangle = A\mathbf{u} \cdot A\mathbf{v} \tag{3}$$

ein Skalarprodukt auf $R^n$ definiert (siehe Übung 30), das wir als das ***von*** $A$ ***erzeugte oder induzierte Skalarprodukt auf*** $R^n$ ***bezeichnen.***

In Abschnitt 4.1 haben wir das euklidische Produkt $\mathbf{u} \cdot \mathbf{v}$ als Matrixprodukt $\mathbf{v}^T\mathbf{u}$ geschrieben, damit ergibt sich

$$\langle \mathbf{u}, \mathbf{v} \rangle = (A\mathbf{v})^T A\mathbf{u}$$

oder

$$\langle \mathbf{u}, \mathbf{v} \rangle = \mathbf{v}^T A^T A\mathbf{u}. \tag{4}$$

**Beispiel 6** Setzen wir in (3) $A = I$, so erhalten wir

$$\langle \mathbf{u}, \mathbf{v} \rangle = I\mathbf{u} \cdot I\mathbf{v} = \mathbf{u} \cdot \mathbf{v},$$

also erzeugt die $n \times n$-Einheitsmatrix auf $R^n$ das innere euklidische Produkt.
Mit

$$A = \begin{bmatrix} \sqrt{3} & 0 \\ 0 & \sqrt{2} \end{bmatrix}$$

erhalten wir das gewichtete euklidische Produkt $\langle \mathbf{u}, \mathbf{v} \rangle = 3u_1v_1 + 2u_2v_2$ aus Beispiel 2, denn nach (4) ist das von $A$ erzeugte Skalarprodukt

$$\begin{aligned} \langle \mathbf{u}, \mathbf{v} \rangle &= [v_1 \quad v_2] \begin{bmatrix} \sqrt{3} & 0 \\ 0 & \sqrt{2} \end{bmatrix} \begin{bmatrix} \sqrt{3} & 0 \\ 0 & \sqrt{2} \end{bmatrix} \begin{bmatrix} u_1 \\ u_2 \end{bmatrix} \\ &= [v_1 \quad v_2] \begin{bmatrix} 3 & 0 \\ 0 & 2 \end{bmatrix} \begin{bmatrix} u_1 \\ u_2 \end{bmatrix} \\ &= 3u_1v_1 + 2u_2v_2. \end{aligned}$$

Wir überlassen es dem Leser, sich davon zu überzeugen, daß ein beliebiges gewichtetes Produkt

$$\langle \mathbf{u}, \mathbf{v} \rangle = w_1u_1v_1 + w_2u_2v_2 + \cdots w_nu_nv_n$$

auf $R^n$ durch die Matrix

$$A = \begin{bmatrix} \sqrt{w_1} & 0 & 0 & \cdots & 0 \\ 0 & \sqrt{w_2} & 0 & \cdots & 0 \\ \vdots & \vdots & \vdots & & \vdots \\ 0 & 0 & 0 & \cdots & \sqrt{w_n} \end{bmatrix} \tag{5}$$

erzeugt wird.

In den folgenden Beispielen betrachten wir Skalarprodukte auf anderen Vektorräumen als $R^n$.

**Beispiel 7** Definieren wir für die $2 \times 2$-Matrizen

$$U = \begin{bmatrix} u_1 & u_2 \\ u_3 & u_4 \end{bmatrix} \quad \text{und} \quad V = \begin{bmatrix} v_1 & v_2 \\ v_3 & v_4 \end{bmatrix}$$

$$\langle U, V \rangle = u_1 v_1 + u_2 v_2 + u_3 v_3 + u_4 v_4,$$

so ist $\langle U, V \rangle$ ein Skalarprodukt auf $M_{22}$. Beispielsweise ergibt sich für

$$U = \begin{bmatrix} 1 & 2 \\ 3 & 4 \end{bmatrix} \quad \text{und} \quad V = \begin{bmatrix} -1 & 0 \\ 3 & 2 \end{bmatrix}$$

als Skalarprodukt

$$\langle U, V \rangle = 1(-1) + 2(0) + 3(3) + 4(2) = 16.$$

Als Norm der Matrix $U$ erhalten wir

$$\|U\| = \langle U, U \rangle^{1/2} = \sqrt{u_1^2 + u_2^2 + u_3^2 + u_4^2},$$

so daß die Einheitssphäre aus allen $2 \times 2$-Matrizen $U$ besteht, deren Elemente die Gleichung

$$u_1^2 + u_2^2 + u_3^2 + u_4^2 = 1$$

erfüllen.

**Beispiel 8** Seien

$$\mathbf{p} = a_0 + a_1 x + a_2 x^2 \quad \text{und} \quad \mathbf{q} = b_0 + b_1 x + b_2 x^2$$

Polynome höchstens zweiten Grades. Durch

$$\langle \mathbf{p}, \mathbf{q} \rangle = a_0 b_0 + a_1 b_1 + a_2 b_2$$

wird ein Skalarprodukt auf $P_2$ definiert.

Die Norm des Polynoms $\mathbf{p}$ bezüglich dieses Skalarprodukts ist

$$\|\mathbf{p}\| = \langle \mathbf{p}, \mathbf{p} \rangle^{1/2} = \sqrt{a_0^2 + a_1^2 + a_2^2}$$

also enthält die Einheitssphäre alle Polynome aus $P_2$, für deren Koeffizienten

$$a_0^2 + a_1^2 + a_2^2 = 1$$

gilt.

**Beispiel 9** (*Für Leser mit Analysiskenntnissen.*) Wir definieren für zwei stetige Funktionen $\mathbf{f} = f(x)$ und $\mathbf{g} = g(x)$ aus $C[a,b]$

$$\langle \mathbf{f}, \mathbf{g} \rangle = \int_a^b f(x)g(x)\mathrm{d}x. \tag{6}$$

Durch Verifikation der Axiome beweisen wir, daß $\langle \mathbf{f}, \mathbf{g} \rangle$ ein Skalarprodukt auf $C[a,b]$ ist. Seien dazu $\mathbf{f} = f(x)$, $\mathbf{g} = g(x)$ und $\mathbf{s} = s(x)$ auf $[a,b]$ stetige Funktionen und $k$ ein Skalar.

1) $$\langle \mathbf{f}, \mathbf{g} \rangle = \int_a^b f(x)g(x)\mathrm{d}x = \int_a^b g(x)f(x)\mathrm{d}x = \langle \mathbf{g}, \mathbf{f} \rangle$$

2) $$\begin{aligned} \langle \mathbf{f} + \mathbf{g}, \mathbf{s} \rangle &= \int_a^b (f(x) + g(x))s(x)\mathrm{d}x \\ &= \int_a^b f(x)s(x)\mathrm{d}x + \int_a^b g(x)s(x)\mathrm{d}x \\ &= \langle \mathbf{f}, \mathbf{s} \rangle + \langle \mathbf{g}, \mathbf{s} \rangle \end{aligned}$$

3) $$\langle k\mathbf{f}, \mathbf{g} \rangle = \int_a^b kf(x)g(x)\mathrm{d}x = k\int_a^b f(x)g(x)\mathrm{d}x = k\langle \mathbf{f}, \mathbf{g} \rangle$$

4) Aus $f^2(x) \geq 0$ für alle $x \in [a,b]$ folgt

$$\langle \mathbf{f}, \mathbf{f} \rangle \int_a^b f^2(x)\mathrm{d}x \geq 0.$$

Da $f$ stetig und $f^2$ nichtnegativ ist, gilt genau dann $\int_a^b f^2(x)\,\mathrm{d}x = 0$, wenn für alle $x \in [a,b]$ $f(x) = 0$ ist. Also ist $\langle \mathbf{f}, \mathbf{f} \rangle = \int_a^b f^2(x)\,\mathrm{d}x = 0 \Leftrightarrow \mathbf{f} = \mathbf{0}$.

**Beispiel 10** (*Für Leser mit Analysiskenntnissen.*) Die Norm einer Funktion $\mathbf{f} = f(x)$ aus $C[a,b]$ bezüglich des in Beispiel 9 definierten Skalarprodukts ist

$$\|\mathbf{f}\| = \langle \mathbf{f}, \mathbf{f} \rangle^{1/2} = \sqrt{\int_a^b f^2(x)\mathrm{d}x}, \tag{7}$$

so daß die Einheitssphäre aus allen Funktionen $\mathbf{f} = f(x)$ mit $\|\mathbf{f}\| = 1$, also

$$\int_a^b f^2(x)\mathrm{d}x = 1$$

besteht.

**Bemerkung.** (*Für Leser mit Analysiskenntnissen.*) Da Polynome auf jedem Intervall $[a,b]$ stetig sind, wird durch (6) ein Skalarprodukt auf dem Unterraum $P_n$ von $C[a,b]$ definiert.

**Bemerkung.** (*Für Leser mit Analysiskenntnissen.*) Aus der Analysis kennen wir die Bogenlänge einer Kurve $y = f(x)$ auf dem Intervall $[a, b]$ als

$$L = \int_a^b \sqrt{1 + [f'(x)]^2} \mathrm{d}x \tag{8}$$

Wir wollen betonen, daß diese Bogenlänge nichts mit der in Beispiel 10 definierten Länge (Norm) der Funktion **f** zu tun hat.

## Eigenschaften des Skalarprodukts

**Satz 6.1.1.** *Seien* **u**, **v** *und* **w** *Elemente eines Vektorraumes mit Skalarprodukt und k ein Skalar. Dann gelten*

*a)* $\langle \mathbf{0}, \mathbf{v} \rangle = \langle \mathbf{v}, \mathbf{0} \rangle = 0$

*b)* $\langle \mathbf{u}, \mathbf{v} + \mathbf{w} \rangle = \langle \mathbf{u}, \mathbf{v} \rangle + \langle \mathbf{u}, \mathbf{w} \rangle$

*c)* $\langle \mathbf{u}, k\mathbf{v} \rangle = k\langle \mathbf{u}, \mathbf{v} \rangle$

*d)* $\langle \mathbf{u} - \mathbf{v}, \mathbf{w} \rangle = \langle \mathbf{u}, \mathbf{w} \rangle - \langle \mathbf{v}, \mathbf{w} \rangle$

*e)* $\langle \mathbf{u}, \mathbf{v} - \mathbf{w} \rangle = \langle \mathbf{u}, \mathbf{v} \rangle - \langle \mathbf{u}, \mathbf{w} \rangle$.

**Beweis.** Wir beschränken uns auf Teil b) und überlassen den restlichen Beweis dem Leser.

$$\begin{aligned} \langle \mathbf{u}, \mathbf{v} + \mathbf{w} \rangle &= \langle \mathbf{v} + \mathbf{w}, \mathbf{u} \rangle && \text{[Symmetrie]} \\ &= \langle \mathbf{v}, \mathbf{u} \rangle + \langle \mathbf{w}, \mathbf{u} \rangle && \text{[Additivität]} \\ &= \langle \mathbf{u}, \mathbf{v} \rangle + \langle \mathbf{u}, \mathbf{w} \rangle && \text{[Symmetrie]} \quad \square \end{aligned}$$

Das folgende Beispiel soll verdeutlichen, wie man Satz 6.1.1 in Rechnungen einsetzen kann. Wir empfehlen, die einzelnen Schritte sorgfältig nachzuvollziehen.

**Beispiel 11**

$$\begin{aligned} \langle \mathbf{u} - 2\mathbf{v}, 3\mathbf{u} + 4\mathbf{v} \rangle &= \langle \mathbf{u}, 3\mathbf{u} + 4\mathbf{v} \rangle - \langle 2\mathbf{v}, 3\mathbf{u} + 4\mathbf{v} \rangle \\ &= \langle \mathbf{u}, 3\mathbf{u} \rangle + \langle \mathbf{u}, 4\mathbf{v} \rangle - \langle 2\mathbf{v}, 3\mathbf{u} \rangle - \langle 2\mathbf{v}, 4\mathbf{v} \rangle \\ &= 3\langle \mathbf{u}, \mathbf{u} \rangle + 4\langle \mathbf{u}, \mathbf{v} \rangle - 6\langle \mathbf{v}, \mathbf{u} \rangle - 8\langle \mathbf{v}, \mathbf{v} \rangle \\ &= 3\|\mathbf{u}\|^2 + 4\langle \mathbf{u}, \mathbf{v} \rangle - 6\langle \mathbf{u}, \mathbf{v} \rangle - 8\|\mathbf{v}\|^2 \\ &= 3\|\mathbf{u}\|^2 - 2\langle \mathbf{u}, \mathbf{v} \rangle - 8\|\mathbf{v}\|^2. \end{aligned}$$

Satz 6.1.1 gilt für *alle* Vektorräume mit Skalarprodukt, so daß wir ihn auf die bisher behandelten Beispiele anwenden können. Obwohl es nicht notwendig ist, werden wir nachweisen, daß Teil b) des Satzes für von Matrizen induzierte

Skalarprodukte auf $R^n$ [Formel (3)] gilt.

$$\begin{aligned}\langle \mathbf{u}, \mathbf{v}+\mathbf{w}\rangle &= (\mathbf{v}+\mathbf{w})^T A^T A\mathbf{u} \\ &= (\mathbf{v}^T+\mathbf{w}^T)A^T A\mathbf{u} && \text{[Eigenschaft der Transponierten]} \\ &= (\mathbf{v}^T A^T A\mathbf{u}) + (\mathbf{w}^T A^T A\mathbf{u}) && \text{[Eigenschaft der Matrixmultiplikation]} \\ &= \langle \mathbf{u}, \mathbf{v}\rangle + \langle \mathbf{u}, \mathbf{w}\rangle.\end{aligned}$$

Wir überlassen es dem Leser, die übrigen Aussagen des Satzes für diesen Spezialfall nachzuprüfen.

## Übungen zu 6.1

**1.** $\langle \mathbf{u}, \mathbf{v}\rangle$ bezeichne das euklidische innere Produkt auf $R^2$. Man verifiziere für $\mathbf{u} = (3, -2)$, $\mathbf{v} = (4, 5)$, $\mathbf{w} = (-1, 6)$ und $k = -4$ die Gleichungen

a) $\langle \mathbf{u}, \mathbf{v}\rangle = \langle \mathbf{v}, \mathbf{u}\rangle$ b) $\langle \mathbf{u}+\mathbf{v}, \mathbf{w}\rangle = \langle \mathbf{u}, \mathbf{w}\rangle + \langle \mathbf{v}, \mathbf{w}\rangle$

c) $\langle \mathbf{u}, \mathbf{v}+\mathbf{w}\rangle = \langle \mathbf{u}, \mathbf{v}\rangle + \langle \mathbf{u}, \mathbf{w}\rangle$ d) $\langle k\mathbf{u}, \mathbf{v}\rangle = k\langle \mathbf{u}, \mathbf{v}\rangle = \langle \mathbf{u}, k\mathbf{v}\rangle$

e) $\langle \mathbf{0}, \mathbf{v}\rangle = \langle \mathbf{v}, \mathbf{0}\rangle = 0$.

**2.** Man wiederhole Aufgabe 1 für das gewichtete innere Produkt $\langle \mathbf{u}, \mathbf{v}\rangle = 4u_1v_1 + 5u_2v_2$.

**3.** Man berechne das Skalarprodukt $\langle \mathbf{u}, \mathbf{v}\rangle$ aus Beispiel 7.

a) $\mathbf{u} = \begin{bmatrix} 3 & -2 \\ 4 & 8 \end{bmatrix}$, $\mathbf{v} = \begin{bmatrix} -1 & 3 \\ 1 & 1 \end{bmatrix}$ b) $\mathbf{u} = \begin{bmatrix} 1 & 2 \\ -3 & 5 \end{bmatrix}$, $\mathbf{v} = \begin{bmatrix} 4 & 6 \\ 0 & 8 \end{bmatrix}$.

**4.** Man berechne das Skalarprodukt $\langle \mathbf{p}, \mathbf{q}\rangle$ aus Beispiel 8.

a) $\mathbf{p} = -2 + x + 3x^2$, $\mathbf{q} = 4 - 7x^2$ b) $\mathbf{p} = -5 + 2x + x^2$, $\mathbf{q} = 3 + 2x - 4x^2$

**5.** a) Man zeige mit Formel (3), daß $\langle \mathbf{u}, \mathbf{v}\rangle = 9u_1v_1 + 4u_2v_2$ das von

$$A = \begin{bmatrix} 3 & 0 \\ 0 & 2 \end{bmatrix}$$

erzeugte Skalarprodukt auf $R^2$ ist.

b) Man berechne das Skalarprodukt $\langle \mathbf{u}, \mathbf{v}\rangle$ aus Teil a) für $\mathbf{u} = (-3, 2)$ und $\mathbf{v} = (1, 7)$.

**6.** a) Man zeige mit Formel (3), daß $\langle \mathbf{u}, \mathbf{v}\rangle = 5u_1v_1 - u_1v_2 - u_2v_1 + 10u_2v_2$ das von

$$A = \begin{bmatrix} 2 & 1 \\ -1 & 3 \end{bmatrix}$$

erzeugte Skalarprodukt auf $R^2$ ist.

b) Man berechne das Skalarprodukt $\langle \mathbf{u}, \mathbf{v}\rangle$ aus Teil a) für $\mathbf{u} = (0, -3)$ und $\mathbf{v} = (6, 2)$.

**7.** Seien $\mathbf{u} = (u_1, u_2)$ und $\mathbf{v} = (v_1, v_2)$. Die angegebenen Gleichungen definieren Skalarprodukte auf $R^2$. Man ermittle jeweils die erzeugende Matrix.

a) $\langle \mathbf{u}, \mathbf{v}\rangle = 3u_1v_1 + 5u_2v_2$ b) $\langle \mathbf{u}, \mathbf{v}\rangle = 4u_1v_1 + 6u_2v_2$

**8.** Seien $\mathbf{u} = (u_1, u_2)$ und $\mathbf{v} = (v_1, v_2)$. Man zeige, daß die angegebenen Gleichungen Skalarprodukte auf $R^2$ definieren.

a) $\langle \mathbf{u}, \mathbf{v} \rangle = 3u_1v_1 + 5u_2v_2$ b) $\langle \mathbf{u}, \mathbf{v} \rangle = 4u_1v_1 + u_2v_1 + u_1v_2 + 4u_2v_2$

**9.** Seien $\mathbf{u} = (u_1, u_2, u_3)$ und $\mathbf{v} = (v_1, v_2, v_3)$. Man überprüfe die Skalarprodukt-Axiome für folgende Ausdrücke:

a) $\langle \mathbf{u}, \mathbf{v} \rangle = u_1v_1 + u_3v_3$ b) $\langle \mathbf{u}, \mathbf{v} \rangle = u_1^2v_1^2 + u_2^2v_2^2 + u_3^2v_3^2$

c) $\langle \mathbf{u}, \mathbf{v} \rangle = 2u_1v_1 + u_2v_2 + 4u_3v_3$ d) $\langle \mathbf{u}, \mathbf{v} \rangle = u_1v_1 - u_2v_2 + u_3v_3$.

**10.** Man berechne die Norm von $\mathbf{w} = (-1, 3)$ für

a) das innere euklidische Produkt auf $R^2$,
b) das gewichtete innere euklidische Produkt aus Beispiel 2,
c) das von der Matrix

$$A = \begin{bmatrix} 1 & 2 \\ -1 & 3 \end{bmatrix}$$

erzeugte Skalarprodukt auf $R^2$.

**11.** Man berechne den Abstand von $\mathbf{u} = (-1, 2)$ und $\mathbf{v} = (2, 5)$ für die Skalarprodukte aus Aufgabe 10.

**12.** Man berechne $\|\mathbf{p}\|$ in $P_2$ mit dem Skalarprodukt aus Beispiel 8.

a) $\mathbf{p} = -2 + 3x + 2x^2$ b) $\mathbf{p} = 4 - 3x^2$

**13.** Sei $M_{22}$ mit dem Skalarprodukt aus Beispiel 7 versehen. Man berechne $\|A\|$.

a) $A = \begin{bmatrix} -2 & 5 \\ 3 & 6 \end{bmatrix}$ b) $A = \begin{bmatrix} 0 & 0 \\ 0 & 0 \end{bmatrix}$

**14.** Sei $P_2$ mit dem Skalarprodukt aus Beispiel 8 versehen. Man berechne $d(\mathbf{p}, \mathbf{q})$.

$\mathbf{p} = 3 - x - x^2, \quad \mathbf{q} = 2 + 5x^2$

**15.** Sei $M_{22}$ mit dem Skalarprodukt aus Beispiel 7 versehen. Man berechne $d(A, B)$.

a) $A = \begin{bmatrix} 2 & 6 \\ 9 & 4 \end{bmatrix}, B = \begin{bmatrix} -4 & 7 \\ 1 & 6 \end{bmatrix}$ b) $A = \begin{bmatrix} -2 & 4 \\ 1 & 0 \end{bmatrix}, B = \begin{bmatrix} -5 & 1 \\ 6 & 2 \end{bmatrix}$.

**16.** Seien $\mathbf{u}, \mathbf{v}$ und $\mathbf{w}$ Vektoren mit

$$\langle \mathbf{u}, \mathbf{v} \rangle = 2, \quad \langle \mathbf{v}, \mathbf{w} \rangle = -3, \quad \langle \mathbf{u}, \mathbf{w} \rangle = 5, \quad \|\mathbf{u}\| = 1, \quad \|\mathbf{v}\| = 2, \quad \|\mathbf{w}\| = 7.$$

Man berechne die Ausdrücke

a) $\langle \mathbf{u} + \mathbf{v}, \mathbf{v} + \mathbf{w} \rangle$ b) $\langle 2\mathbf{v} - \mathbf{w}, 3\mathbf{u} + 2\mathbf{w} \rangle$ c) $\langle \mathbf{u} - \mathbf{v} - 2\mathbf{w}, 4\mathbf{u} + \mathbf{v} \rangle$

d) $\|\mathbf{u} + \mathbf{v}\|$ e) $\|2\mathbf{w} - \mathbf{v}\|$ f) $\|\mathbf{u} - 2\mathbf{v} + 4\mathbf{w}\|$.

**17.** (*Für Leser mit Analysiskenntnissen.*) Man betrachte den Vektorraum $P_2$ mit dem inneren Produkt

$$\langle \mathbf{p}, \mathbf{q} \rangle = \int_{-1}^{1} p(x)q(x)\mathrm{d}x.$$

a) Man berechne die Norm $\|\mathbf{p}\|$ für $\mathbf{p} = 1$, $\mathbf{p} = x$ und $\mathbf{p} = x^2$.
b) Man berechne $d(\mathbf{p}, \mathbf{q})$ für $\mathbf{p} = 1$ und $\mathbf{q} = x$.

**18.** Man skizziere den Einheitskreis des gegebenen Skalarprodukts im $R^2$.

a) $\langle \mathbf{u}, \mathbf{v} \rangle = \frac{1}{4}u_1v_1 + \frac{1}{16}u_2v_2$ b) $\langle \mathbf{u}, \mathbf{v} \rangle = 2u_1v_1 + u_2v_2$

**19.** Man bestimme ein gewichtetes inneres euklidisches Produkt auf $R^2$, dessen Einheitssphäre die in Abbildung 6.3 dargestellte Ellipse ist.

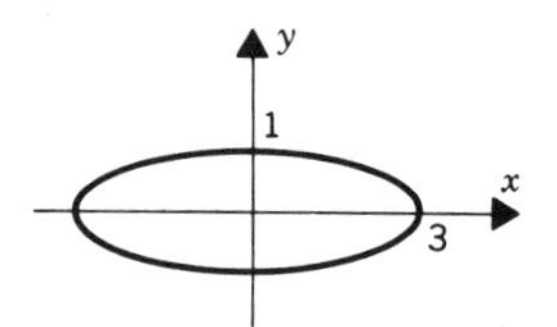


**Abb. 6.3**

**20.** Man zeige, daß die Parallelogrammgleichung in allen Vektorräumen mit Skalarprodukt gilt.

$$\|\mathbf{u} + \mathbf{v}\|^2 + \|\mathbf{u} - \mathbf{v}\|^2 = 2\|\mathbf{u}\|^2 + 2\|\mathbf{v}\|^2$$

**21.** Man zeige für alle Vektorräume mit Skalarprodukt:

$$\langle \mathbf{u}, \mathbf{v} \rangle = \frac{1}{4}\|\mathbf{u} + \mathbf{v}\|^2 - \frac{1}{4}\|\mathbf{u} - \mathbf{v}\|^2.$$

**22.** Man zeige, daß durch $\langle U, V \rangle = u_1v_1 + u_2v_3 + u_3v_2 + u_4v_4$ für

$$U = \begin{bmatrix} u_1 & u_2 \\ u_3 & u_4 \end{bmatrix} \quad \text{und} \quad V = \begin{bmatrix} v_1 & v_2 \\ v_3 & v_4 \end{bmatrix}$$

kein Skalarprodukt auf $M_{22}$ definiert wird.

**23.** Seien $\mathbf{p} = p(x)$ und $\mathbf{q} = q(x)$ Polynome in $P_2$. Man zeige, daß

$$\langle \mathbf{p}, \mathbf{q} \rangle = p(0)q(0) + p(\tfrac{1}{2})q(\tfrac{1}{2}) + p(1)q(1)$$

ein Skalarprodukt auf $P_2$ ist.

**24.** Man zeige, daß für das innere euklidische Produkt $\langle \mathbf{u}, \mathbf{v} \rangle$ auf $R^n$ und jede $n \times n$-Matrix $A$

$$\langle \mathbf{u}, A\mathbf{v} \rangle = \langle A^T\mathbf{u}, \mathbf{v} \rangle$$

gilt. [*Hinweis.* Man beachte die Gleichung $\langle \mathbf{u}, \mathbf{v} \rangle = \mathbf{u} \cdot \mathbf{v} = \mathbf{v}^T\mathbf{u}$.]

**25.** Man verifiziere die in Aufgabe 24 gezeigte Formel für $n = 3$ und

$$\mathbf{u} = \begin{bmatrix} -1 \\ 2 \\ 4 \end{bmatrix}, \quad \mathbf{v} = \begin{bmatrix} 3 \\ 0 \\ -2 \end{bmatrix}, \quad A = \begin{bmatrix} 1 & -2 & 1 \\ 3 & 4 & 0 \\ 5 & -1 & 2 \end{bmatrix}.$$

**26.** Seien $\mathbf{u} = (u_1, u_2, \ldots, u_n)$ und $\mathbf{v} = (v_1, v_2, \ldots, v_n)$ aus $R^n$. Man zeige, daß

$$\langle \mathbf{u}, \mathbf{v} \rangle = w_1 u_1 v_1 + w_2 u_2 v_2 + \cdots + w_n u_n v_n$$

ein Skalarprodukt auf $R^n$ definiert, wenn $w_1, w_2, \ldots, w_n$ positive reelle Zahlen sind.

**27.** (*Für Leser mit Analysiskenntnissen.*) Man berechne das Skalarprodukt

$$\langle \mathbf{p}, \mathbf{q} \rangle = \int_{-1}^{1} p(x) q(x) \mathrm{d}x$$

für folgende Vektoren aus $P_3$:

a) $\mathbf{p} = 1 - x + x^2 + 5x^3 \quad \mathbf{q} = x - 3x^2$ b) $\mathbf{p} = x - 5x^3 \quad \mathbf{q} = 2 + 8x^2$.

**28.** (*Für Leser mit Analysiskenntnissen.*) Man berechne

$$\langle \mathbf{f}, \mathbf{g} \rangle = \int_{0}^{1} f(x) g(x) \mathrm{d}x$$

für folgende Funktionen aus $C[0, 1]$:

a) $\mathbf{f} = \cos 2\pi x, \quad \mathbf{g} = \sin 2\pi x$

b) $\mathbf{f} = x, \quad \mathbf{g} = e^x$

c) $\mathbf{f} = \tan \frac{\pi}{4} x, \quad \mathbf{g} = 1.$

**29.** Man zeige für das Skalarprodukt aus Beispiel 7 $\langle U, V \rangle = \mathrm{sp}(U^T V)$.

**30.** Man beweise, daß Formel (3) ein Skalarprodukt auf $R^n$ definiert. [*Hinweis.* Man benutze die zu (3) äquivalente Gleichung (4).]

**31.** Man zeige, daß die Matrix (5) das gewichtete innere euklidische Produkt $\langle \mathbf{u}, \mathbf{v} \rangle = w_1 u_1 v_1 + w_2 u_2 v_2 + \cdots + w_n u_n v_n$ auf $R^n$ erzeugt.

**32.** Man beweise Satz 6.1.1 a) und d).

**33.** Man beweise Satz 6.1.1 c) und e).

## 6.2 Winkelbestimmung und Orthogonalität in Vektorräumen mit Skalarprodukt

*Wir definieren Winkel in beliebigen Vektorräumen mit Skalarprodukt und untersuchen die Anwendungen dieses Begriffs auf die Vektoren. Dabei erhalten wir eine wichtige geometrische Beziehung zwischen dem Nullraum und dem Spaltenraum einer Matrix.*

## Cauchy-Schwarzsche Ungleichung

Nach Abschnitt 3.3 gilt für den Winkel $\theta$ zwischen zwei vom Nullvektor verschiedenen Elementen **u** und **v** des $R^2$ oder $R^3$

$$\mathbf{u} \cdot \mathbf{v} = \|\mathbf{u}\| \|\mathbf{v}\| \cos\theta \tag{1}$$

oder

$$\cos\theta = \frac{\mathbf{u} \cdot \mathbf{v}}{\|\mathbf{u}\| \|\mathbf{v}\|}. \tag{2}$$

Wollen wir nun Winkel in beliebigen Vektorräumen mit einem Skalarprodukt definieren, so sollten sich diese Formeln als Spezialfälle im zwei- und dreidimensionalen euklidischen Raum ergeben. Das erreichen wir, indem wir den Winkel $\theta$ zwischen zwei von Null verschiedenen Vektoren als

$$\cos\theta = \frac{\langle \mathbf{u}, \mathbf{v} \rangle}{\|\mathbf{u}\| \|\mathbf{v}\|} \tag{3}$$

definieren. Nun gilt aber $|\cos\theta| \leq 1$ für alle Werte von $\theta$. Wir können also Formel (3) nur dann verwenden, wenn wir zuerst für alle von Null verschiedenen Vektoren

$$\left| \frac{\langle \mathbf{u}, \mathbf{v} \rangle}{\|\mathbf{u}\| \|\mathbf{v}\|} \right| \leq 1$$

zeigen. Für den $n$-dimensionalen euklidischen Raum kennen wir diese Ungleichung bereits (Satz 4.1.3), wir werden jetzt sehen, daß sie für alle Vektorräume mit Skalarprodukt gilt.

**Satz 6.2.1** (***Cauchy-Schwarzsche Ungleichung***). *Für Vektoren* **u** *und* **v** *aus einem Vektorraum mit Skalarprodukt gilt*

$$|\langle \mathbf{u}, \mathbf{v} \rangle| \leq \|\mathbf{u}\| \|\mathbf{v}\|. \tag{4}$$

**Beweis.** Für $\mathbf{u} = \mathbf{0}$ ist zunächst $\langle \mathbf{u}, \mathbf{v} \rangle = \langle \mathbf{u}, \mathbf{u} \rangle = 0$, also sind beide Seiten von (4) gleich. Sei nun $\mathbf{u} \neq \mathbf{0}$. Wir verwenden einen Trick, der zugegebenermaßen nicht auf der Hand liegt, und betrachten $a = \langle \mathbf{u}, \mathbf{u} \rangle$, $b = 2\langle \mathbf{u}, \mathbf{v} \rangle$ und $c = \langle \mathbf{v}, \mathbf{v} \rangle$. Wegen der Positivität des Skalarprodukts gilt für jede reelle Zahl $t$

$$\begin{aligned} 0 \leq \langle (t\mathbf{u} + \mathbf{v}), (t\mathbf{u} + \mathbf{v}) \rangle &= \langle \mathbf{u}, \mathbf{u} \rangle t^2 + 2\langle \mathbf{u}, \mathbf{v} \rangle t + \langle \mathbf{v}, \mathbf{v} \rangle \\ &= at^2 + bt + c, \end{aligned}$$

also hat das Polynom $at^2 + bt + c$ höchstens eine reelle Nullstelle. Für seine Diskriminante folgt $b^2 - 4ac \leq 0$, also ist $4\langle \mathbf{u}, \mathbf{u} \rangle^2 - 4\langle \mathbf{u}, \mathbf{u} \rangle \langle \mathbf{v}, \mathbf{v} \rangle \leq 0$. Daraus ergibt sich

$$\langle \mathbf{u}, \mathbf{v} \rangle^2 \leq \langle \mathbf{u}, \mathbf{u} \rangle \langle \mathbf{v}, \mathbf{v} \rangle,$$

woraus durch Radizieren

$$|\langle \mathbf{u}, \mathbf{v} \rangle| \leq \langle \mathbf{u}, \mathbf{u} \rangle^{1/2} \langle \mathbf{v}, \mathbf{v} \rangle^{1/2}$$

oder

$$|\langle \mathbf{u}, \mathbf{v} \rangle| \leq \|\mathbf{u}\| \|\mathbf{v}\|$$

folgt. □

Wir werden die Cauchy-Schwarzsche Ungleichung auch in den zu (4) äquivalenten Versionen

$$\langle \mathbf{u}, \mathbf{v} \rangle^2 \leq \langle \mathbf{u}, \mathbf{u} \rangle \langle \mathbf{v}, \mathbf{v} \rangle \tag{5}$$

$$\langle \mathbf{u}, \mathbf{v} \rangle^2 \leq \|\mathbf{u}\|^2 \|\mathbf{v}\|^2 \tag{6}$$

benutzen.

**Beispiel 1** Setzt man in Satz 6.2.1 für $\langle \mathbf{u}, \mathbf{v} \rangle$ das innere euklidische Produkt $\mathbf{u} \cdot \mathbf{v}$ ein, so ergibt sich die Cauchy-Schwarzsche Ungleichung auf $R^n$ (Satz 4.1.3).

## Eigenschaften von Länge und Abstand

Wir verallgemeinern die Sätze 4.1.4 und 4.1.5 für beliebige Vektorräume mit Skalarprodukt. Es spricht für unsere neuen Definitionen, daß sich diese grundlegenden, ursprünglich der Anschauung entnommenen Eigenschaften von Länge und Abstand ohne Einschränkungen übertragen lassen.

**Satz 6.2.2.** *Seien* $\mathbf{u}$ *und* $\mathbf{v}$ *Elemente eines Vektorraumes* $V$ *mit Skalarprodukt und* $k$ *ein Skalar, dann gilt:*

*a)* $\|\mathbf{u}\| \geq 0$

*b)* $\|\mathbf{u}\| = 0 \;\Leftrightarrow\; \mathbf{u} = \mathbf{0}$

*c)* $\|k\mathbf{u}\| = |k| \|\mathbf{u}\|$

*d)* $\|\mathbf{u} + \mathbf{v}\| \leq \|\mathbf{u}\| + \|\mathbf{v}\|$ *(Dreiecksungleichung).*

**Satz 6.2.3.** *Seien* $\mathbf{u}$, $\mathbf{v}$ *und* $\mathbf{w}$ *Elemente eines Vektorraumes* $V$ *mit Skalarprodukt und* $k$ *ein Skalar, dann gilt:*

*a)* $d(\mathbf{u}, \mathbf{v}) \geq 0$

*b)* $d(\mathbf{u}, \mathbf{v}) = 0 \;\Leftrightarrow\; \mathbf{u} = \mathbf{v}$

*c)* $d(\mathbf{u}, \mathbf{v}) = d(\mathbf{v}, \mathbf{u})$

*d)* $d(\mathbf{u}, \mathbf{v}) \leq d(\mathbf{u}, \mathbf{w}) + d(\mathbf{w}, \mathbf{v})$ *(Dreiecksungleichung).*

Wir beweisen nur Teil d) des ersten Satzes, die übrigen Aussagen überlassen wir dem Leser als Übung.

**Beweis von Satz 6.2.2 d).** Nach Definition ist

$$\begin{aligned}
\|\mathbf{u}+\mathbf{v}\|^2 &= \langle \mathbf{u}+\mathbf{v}, \mathbf{u}+\mathbf{v}\rangle \\
&= \langle \mathbf{u}, \mathbf{u}\rangle + 2\langle \mathbf{u}, \mathbf{v}\rangle + \langle \mathbf{v}, \mathbf{v}\rangle \\
&\leq \langle \mathbf{u}, \mathbf{u}\rangle + 2|\langle \mathbf{u}, \mathbf{v}\rangle| + \langle \mathbf{v}, \mathbf{v}\rangle \quad \text{[Eigenschaft des Absolutbetrags]} \\
&\leq \langle \mathbf{u}, \mathbf{u}\rangle + 2\|\mathbf{u}\|\|\mathbf{v}\| + \langle \mathbf{v}, \mathbf{v}\rangle \quad \text{[nach (4)]} \\
&= \|\mathbf{u}\|^2 + 2\|\mathbf{u}\|\|\mathbf{v}\| + \|\mathbf{v}\|^2 \\
&= (\|\mathbf{u}\| + \|\mathbf{v}\|)^2,
\end{aligned}$$

woraus durch Radizieren

$$\|\mathbf{u}+\mathbf{v}\| \leq \|\mathbf{u}\| + \|\mathbf{v}\|$$

folgt. □

## Winkel zwischen Vektoren

Wir benutzen jetzt die Cauchy-Schwarzsche Ungleichung, um Winkel in beliebigen Vektorräumen mit einem Skalarprodukt zu definieren. Für zwei von Null verschiedene Elemente **u** und **v** eines solchen Raumes ist nach (6)

$$\left[\frac{\langle \mathbf{u}, \mathbf{v}\rangle}{\|\mathbf{u}\|\|\mathbf{v}\|}\right]^2 \leq 1$$

oder

$$-1 \leq \frac{\langle \mathbf{u}, \mathbf{v}\rangle}{\|\mathbf{u}\|\|\mathbf{v}\|} \leq 1. \tag{7}$$

Durchläuft $\theta$ das Intervall $[0, \pi]$, so nimmt $\cos\theta$ jeden Wert zwischen 1 und $-1$ genau einmal an (Abbildung 6.4).

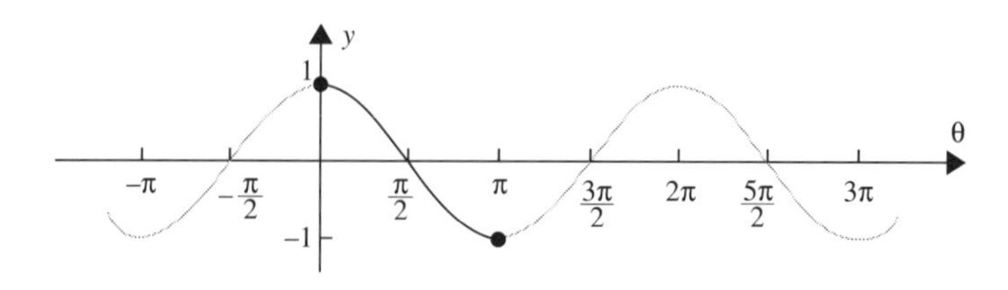


**Abb. 6.4**

Damit gibt es eine eindeutig bestimmte Zahl $\theta$ mit

$$\cos\theta = \frac{\langle \mathbf{u}, \mathbf{v}\rangle}{\|\mathbf{u}\|\|\mathbf{v}\|} \quad \text{und} \quad 0 \leq \theta \leq \pi, \tag{8}$$

die wir als ***Winkel zwischen* u *und* v** definieren. Für die euklidischen Räume $R^2$ und $R^3$ stimmt (8) mit der gewohnten Winkelmessung überein [Formel (2)].

**Beispiel 2** Man bestimme im euklidischen Raum $R^4$ den Kosinus des Winkels $\theta$ zwischen $\mathbf{u} = (4, 3, 1, -2)$ und $\mathbf{v} = (-2, 1, 2, 3)$.

*Lösung.* Wie man leicht nachrechnet, sind

$$\|\mathbf{u}\| = \sqrt{30}, \quad \|\mathbf{v}\| = \sqrt{18} \quad \text{und} \quad \langle \mathbf{u}, \mathbf{v} \rangle = -9,$$

also

$$\cos\theta = \frac{\langle \mathbf{u}, \mathbf{v} \rangle}{\|\mathbf{u}\| \|\mathbf{v}\|} = -\frac{9}{\sqrt{30}\sqrt{18}} = -\frac{3}{2\sqrt{15}}.$$

## Orthogonalität

Außer in den euklidischen Räumen $R^2$ und $R^3$ ist es selten notwendig, Winkel zwischen Vektoren auszurechnen – das vorangegangene Beispiel war also in erster Linie eine Rechenübung. Eine Ausnahme sind die *orthogonalen* Vektoren, die den Winkel $\theta = \frac{\pi}{2}$ bilden. Schließen die *von Null verschiedenen* Vektoren $\mathbf{u}$ und $\mathbf{v}$ den Winkel $\theta$ ein, so ist $\theta = \frac{\pi}{2}$ genau dann, wenn $\cos\theta = 0$ oder äquivalent dazu $\langle \mathbf{u}, \mathbf{v} \rangle = 0$ gilt. Vereinbaren wir zusätzlich, daß zwei Vektoren den Winkel $\frac{\pi}{2}$ festlegen, wenn einer von ihnen (oder beide) der Nullvektor ist, so kommen wir zu folgender Definition:

**Definition.** Zwei Vektoren $\mathbf{u}$ und $\mathbf{v}$ in einem Vektorraum mit Skalarprodukt *heißen* ***orthogonal***, wenn $\langle \mathbf{u}, \mathbf{v} \rangle = 0$ ist.

Der in Abschnitt 4.1 für den euklidischen Raum $R^n$ eingeführte Begriff ergibt sich wieder als Spezialfall aus dieser Definition. Wir wollen darauf hinweisen, daß Orthogonalität vom betrachteten Skalarprodukt abhängt.

**Beispiel 3** Betrachten wir das in Abschnitt 6.1, Beispiel 7, auf $M_{22}$ definierte Skalarprodukt, so sind

$$U = \begin{bmatrix} 1 & 0 \\ 1 & 1 \end{bmatrix} \quad \text{und} \quad V = \begin{bmatrix} 0 & 2 \\ 0 & 0 \end{bmatrix}$$

wegen

$$\langle U, V \rangle = 1(0) + 0(2) + 1(0) + 1(0) = 0$$

orthogonal.

**Beispiel 4** (*Für Leser mit Analysiskenntnissen.*) Wir versehen $P_2$ mit dem Skalarprodukt

$$\langle \mathbf{p}, \mathbf{q} \rangle = \int_{-1}^{1} p(x)q(x)\mathrm{d}x.$$

Für die Polynome

$$\mathbf{p} = x, \qquad \mathbf{q} = x^2$$

gilt dann

$$\|\mathbf{p}\| = \langle \mathbf{p}, \mathbf{p} \rangle^{1/2} = \left[\int_{-1}^{1} xx\,\mathrm{d}x\right]^{1/2} = \left[\int_{-1}^{1} x^2\mathrm{d}x\right]^{1/2} = \sqrt{\frac{2}{3}}$$

$$\|\mathbf{q}\| = \langle \mathbf{q}, \mathbf{q} \rangle^{1/2} = \left[\int_{-1}^{1} x^2x^2\mathrm{d}x\right]^{1/2} = \left[\int_{-1}^{1} x^4\mathrm{d}x\right]^{1/2} = \sqrt{\frac{2}{5}}$$

$$\langle \mathbf{p}, \mathbf{q} \rangle = \int_{-1}^{1} xx^2\mathrm{d}x = \int_{-1}^{1} x^3\mathrm{d}x = 0,$$

also sind $\mathbf{p} = x$ und $\mathbf{q} = x^2$ orthogonal bezüglich des gegebenen Skalarprodukts.

Wir verallgemeinern den Satz von Pythagoras von euklidischen auf beliebige Vektorräume mit Skalarprodukt.

**Satz 6.2.4** (***Verallgemeinerter Satz des Pythagoras***). *Für orthogonale Vektoren* $\mathbf{u}$ *und* $\mathbf{v}$ *in einem Vektorraum mit Skalarprodukt gilt*

$$\|\mathbf{u} + \mathbf{v}\|^2 = \|\mathbf{u}\|^2 + \|\mathbf{v}\|^2.$$

**Beweis.** Nach Voraussetzung gilt $\langle \mathbf{u}, \mathbf{v} \rangle = 0$, also ist

$$\begin{aligned}\|\mathbf{u} + \mathbf{v}\|^2 &= \langle (\mathbf{u} + \mathbf{v}),\ (\mathbf{u} + \mathbf{v}) \rangle = \|\mathbf{u}\|^2 + 2\langle \mathbf{u}, \mathbf{v} \rangle + \|\mathbf{v}\|^2 \\ &= \|\mathbf{u}\|^2 + \|\mathbf{v}\|^2. \quad \square\end{aligned}$$

**Beispiel 5** (*Für Leser mit Analysiskenntnissen.*) Nach Beispiel 4 sind die Polynome $\mathbf{p} = x$ und $\mathbf{q} = x^2$ bezüglich des Skalarprodukts

$$\langle \mathbf{p}, \mathbf{q} \rangle = \int_{-1}^{1} p(x)q(x)\,\mathrm{d}x$$

orthogonal in $P_2$. Aus Satz 6.2.4 folgt dann

$$\|\mathbf{p} + \mathbf{q}\|^2 = \|\mathbf{p}\|^2 + \|\mathbf{q}\|^2,$$

also

$$\|\mathbf{p} + \mathbf{q}\|^2 = \left(\sqrt{\frac{2}{3}}\right)^2 + \left(\sqrt{\frac{2}{5}}\right)^2 = \frac{2}{3} + \frac{2}{5} = \frac{16}{15}.$$

Wir prüfen das Ergebnis durch direkte Integration:

$$\|\mathbf{p}+\mathbf{q}\|^2 = \langle \mathbf{p}+\mathbf{q}, \mathbf{p}+\mathbf{q}\rangle = \int_{-1}^{1} (x+x^2)(x+x^2)\,\mathrm{d}x$$
$$= \int_{-1}^{1} x^2\mathrm{d}x + 2\int_{-1}^{1} x^3\mathrm{d}x + \int_{-1}^{1} x^4\mathrm{d}x = \frac{2}{3} + 0 + \frac{2}{5} = \frac{16}{15}.$$

## Orthogonale Komplemente

Sei $V$ eine durch den Ursprung verlaufende Ebene im dreidimensionalen Raum $R^3$. Die Menge aller Vektoren, die zu jedem Element von $V$ orthogonal sind, ist eine zu $V$ senkrechte Gerade $L$ durch den Ursprung (Abbildung 6.5). Wir nennen $V$ und $L$ *orthogonale Komplemente*.

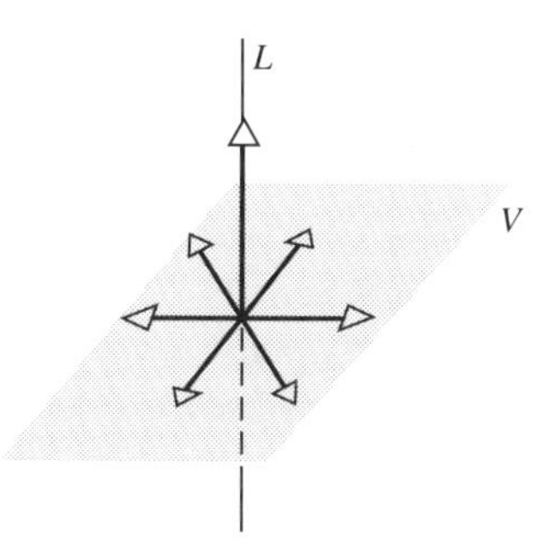


**Abb. 6.5** Jeder Vektor aus $L$ ist zu allen Elementen von $W$ orthogonal.

**Definition.** Sei $W$ ein Unterraum eines Raumes $V$ mit Skalarprodukt. Ein Vektor $\mathbf{u}$ aus $V$ heißt ***orthogonal zu** $W$*, wenn er zu jedem Element von $W$ orthogonal ist. Die Menge aller zu $W$ orthogonalen Vektoren heißt ***orthogonales Komplement von** $W$*.

Wir bezeichnen das orthogonale Komplement eines Unterraumes $W$ als $W^\perp$ (lies: „$W$ senkrecht"). Im folgenden Satz sind die grundlegenden Eigenschaften dieser Menge zusammengefaßt.

**Satz 6.2.5.** *Sei $V$ ein endlich-dimensionaler Vektorraum mit Skalarprodukt und $W$ ein Unterraum von $V$.*

*a) $W^\perp$ ist ein Unterraum von $V$.*
*b) Der Durchschnitt $W \cap W^\perp$ enthält nur den Nullvektor.*
*c) $W$ ist das orthogonale Komplement von $W^\perp$, das heißt $(W^\perp)^\perp = W$.*

Wir beweisen nur Teil a) und überlassen den restlichen Beweis dem Leser.

**Beweis a).** $W^\perp$ enthält mindestens den Nullvektor, da für jeden Vektor $\mathbf{w}$ aus $W$ $\langle \mathbf{0}, \mathbf{w} \rangle = 0$ gilt. Wir müssen nun zeigen, daß $W^\perp$ unter Addition und Multiplikation mit Skalaren abgeschlossen ist. Seien dazu $\mathbf{u}$ und $\mathbf{v}$ Elemente von $W^\perp$ und $k$ ein Skalar. Dann gilt für jeden Vektor $\mathbf{w}$ aus $W$ $\langle \mathbf{u}, \mathbf{w} \rangle = \langle \mathbf{v}, \mathbf{w} \rangle = 0$, also

$$\begin{aligned} \langle \mathbf{u} + \mathbf{v}, \mathbf{w} \rangle &= \langle \mathbf{u}, \mathbf{w} \rangle + \langle \mathbf{v}, \mathbf{w} \rangle = 0 + 0 = 0 \\ \langle k\mathbf{u}, \mathbf{w} \rangle &= k\langle \mathbf{u}, \mathbf{w} \rangle = k(0) = 0. \end{aligned}$$

Damit liegen auch $\mathbf{u} + \mathbf{v}$ und $k\mathbf{u}$ in $W^\perp$. □

**Bemerkung.** Ist $W^\perp$ das orthogonale Komplement von $W$, so ist nach Satz 6.2.5 c) $W$ das orthogonale Komplement von $W^\perp$. Aufgrund dieser Symmetrie bezeichnen wir $W$ und $W^\perp$ als ***orthogonale Komplemente.***

## Die geometrische Beziehung zwischen Nullraum und Zeilenraum einer Matrix

**Satz 6.2.6.** *Sei $A$ eine $m \times n$-Matrix.*

*a) Der Nullraum und der Zeilenraum von $A$ sind orthogonale Komplemente im $n$-dimensionalen euklidischen Raum $R^n$.*

*b) Der Nullraum von $A^T$ und der Spaltenraum von $A$ sind orthogonale Komplemente im $m$-dimensionalen euklidischen Raum $R^m$.*

**Beweis a).** Es ist zu zeigen, daß der Nullraum das orthogonale Komplement des Zeilenraumes von $A$ ist.

Wir betrachten zuerst einen Vektor $\mathbf{v}$ aus dem orthogonalen Komplement des Zeilenraumes von $A$. $\mathbf{v}$ ist orthogonal zu den Zeilenvektoren $r_1, r_2, \ldots, r_n$ von $A$, also

$$\mathbf{r}_1 \cdot \mathbf{v} = \mathbf{r}_2 \cdot \mathbf{v} = \cdots = \mathbf{r}_n \cdot \mathbf{v} = 0. \tag{9}$$

Aber nach Formel (11) aus Abschnitt 4.1 können wir das homogene System $A\mathbf{x} = \mathbf{0}$ als

$$\begin{bmatrix} \mathbf{r}_1 \cdot \mathbf{x} \\ \mathbf{r}_2 \cdot \mathbf{x} \\ \vdots \\ \mathbf{r}_n \cdot \mathbf{x} \end{bmatrix} = \begin{bmatrix} 0 \\ 0 \\ \vdots \\ 0 \end{bmatrix} \tag{10}$$

schreiben, so daß $\mathbf{v}$ wegen (9) eine Lösung dieses Systems ist. Damit liegt $\mathbf{v}$ im Nullraum von $A$.

Ist umgekehrt $\mathbf{v}$ ein Element des Nullraumes von $A$, so ist $A\mathbf{v} = \mathbf{0}$, und nach (10) gilt

$$\mathbf{r}_1 \cdot \mathbf{v} = \mathbf{r}_2 \cdot \mathbf{v} = \cdots = \mathbf{r}_n \cdot \mathbf{v} = 0.$$

Jeder Vektor $\mathbf{r}$ aus dem Zeilenraum von $A$ ist eine Linearkombination von $r_1, r_2, \ldots, r_n$, etwa

$$\mathbf{r} = c_1\mathbf{r}_1 + c_2\mathbf{r}_2 + \cdots + c_n\mathbf{r}_n.$$

Damit gilt

$$\begin{aligned}\mathbf{r} \cdot \mathbf{v} &= (c_1\mathbf{r}_1 + c_2\mathbf{r}_2 + \cdots + c_n\mathbf{r}_n) \cdot \mathbf{v} \\ &= c_1(\mathbf{r}_1 \cdot \mathbf{v}) + c_2(\mathbf{r}_2 \cdot \mathbf{v}) + \cdots + c_n(\mathbf{r}_n \cdot \mathbf{v}) \\ &= 0 + 0 + \cdots + 0 = 0,\end{aligned}$$

also ist $\mathbf{v}$ zu jedem Vektor $\mathbf{r}$ aus dem Zeilenraum von $A$ orthogonal.

**Beweis b).** Da der Zeilenraum von $A$ mit dem Spaltenraum von $A^T$ übereinstimmt, folgt die Behauptung durch Anwenden von Teil a) auf $A^T$. □

Im folgenden Beispiel wird gezeigt, wie man zu einem gegebenen Unterraum des $n$-dimensionalen euklidischen Raumes eine Basis des orthogonalen Komplements bestimmt.

**Beispiel 6** Sei $W$ der von den Vektoren

$$\mathbf{w}_1 = (2, 2, -1, 0, 1), \qquad \mathbf{w}_2 = (-1, -1, 2, -3, 1),$$
$$\mathbf{w}_3 = (1, 1, -2, 0, -1), \qquad \mathbf{w}_4 = (0, 0, 1, 1, 1)$$

im $R^5$ aufgespannte Unterraum. Man bestimme eine Basis von $W^\perp$.

*Lösung.* Der von $\mathbf{w}_1$, $\mathbf{w}_2$, $\mathbf{w}_3$ und $\mathbf{w}_4$ erzeugte Raum $W$ ist der Zeilenraum der Matrix

$$A = \begin{bmatrix} 2 & 2 & -1 & 0 & 1 \\ -1 & -1 & 2 & -3 & 1 \\ 1 & 1 & -2 & 0 & -1 \\ 0 & 0 & 1 & 1 & 1 \end{bmatrix}.$$

Nach Satz 6.2.6 a) ist dann $W^\perp$ der Nullraum von $A$. Nach Beispiel 4, Abschnitt 5.5, bilden

$$\mathbf{v}_1 = \begin{bmatrix} -1 \\ 1 \\ 0 \\ 0 \\ 0 \end{bmatrix} \quad \text{und} \quad \mathbf{v}_2 = \begin{bmatrix} -1 \\ 0 \\ -1 \\ 0 \\ 1 \end{bmatrix}$$

oder in anderer Schreibweise

$$\mathbf{v}_1 = (-1, 1, 0, 0, 0) \quad \text{und} \quad \mathbf{v}_2 = (-1, 0, -1, 0, 1)$$

eine Basis dieses Nullraumes. Zur Probe kann man nachrechnen, daß $\mathbf{v}_1$ und $\mathbf{v}_2$ zu $\mathbf{w}_1$, $\mathbf{w}_2$, $\mathbf{w}_3$ und $\mathbf{w}_4$ orthogonal sind.

## Zusammenfassung

Man überprüft leicht, daß der ganze Raum $V$ und der Nullvektorraum $\{\mathbf{0}\}$ orthogonale Komplemente sind. Daraus folgt für eine $n \times n$-Matrix $A$, daß $A\mathbf{x} = \mathbf{0}$ genau dann nur trivial lösbar ist, wenn das orthogonale Komplement des Nullraumes (also der Zeilenraum) von $A$ der ganze $R^n$ ist. Damit können wir Satz 5.6.9 um zwei weitere Aussagen erweitern.

**Satz 6.2.7.** *Sei $A$ eine $n \times n$-Matrix und $T_A : R^n \to R^n$ die Multiplikation mit $A$, dann sind die folgenden Aussagen äquivalent:*

*a) $A$ ist invertierbar.*
*b) $A\mathbf{x} = \mathbf{0}$ hat nur die triviale Lösung.*
*c) $A$ hat die reduzierte Zeilenstufenform $I_n$.*
*d) $A$ läßt sich als Produkt von Elementarmatrizen darstellen.*
*e) $A\mathbf{x} = \mathbf{b}$ ist für jede $n \times 1$-Matrix $\mathbf{b}$ konsistent.*
*f) $A\mathbf{x} = \mathbf{b}$ hat für jede $n \times 1$-Matrix $\mathbf{b}$ genau eine Lösung.*
*g) $det(A) \neq 0$.*
*h) Der Wertebereich von $T_A$ ist $R^n$.*
*i) $T_A$ ist injektiv.*
*j) Die Spaltenvektoren von $A$ sind linear unabhängig.*
*k) Die Zeilenvektoren von $A$ sind linear unabhängig.*
*l) Die Spaltenvektoren von $A$ spannen $R^n$ auf.*
*m) Die Zeilenvektoren von $A$ spannen $R^n$ auf.*
*n) Die Spaltenvektoren von $A$ bilden eine Basis des $R^n$.*
*o) Die Zeilenvektoren von $A$ bilden eine Basis des $R^n$.*
*p) $rang(A) = n$.*
*q) $def(A) = 0$.*
*r) Das orthogonale Komplement des Nullraumes von $A$ ist $R^n$.*
*s) Das orthogonale Komplement des Zeilenraumes von $A$ ist $\{\mathbf{0}\}$.*

## Übungen zu 6.2

**1.** Sind $\mathbf{u}$ und $\mathbf{v}$ orthogonal bezüglich des euklidischen inneren Produkts?

a) $\mathbf{u} = (-1, 3, 2)$, $\mathbf{v} = (4, 2, -1)$ b) $\mathbf{u} = (-2, -2, -2)$, $\mathbf{v} = (1, 1, 1)$
c) $\mathbf{u} = (u_1, u_2, u_3)$, $\mathbf{v} = (0, 0, 0)$ d) $\mathbf{u} = (-4, 6, -10, 1)$, $\mathbf{v} = (2, 1, -2, 9)$
e) $\mathbf{u} = (0, 3, -2, 1)$, $\mathbf{v} = (5, 2, -1, 0)$ f) $\mathbf{u} = (a, b)$, $\mathbf{v} = (-b, a)$

**2.** Seien $\mathbf{u} = (-1, 1, 0, 2)$, $\mathbf{w}_1 = (0, 0, 0, 0)$, $\mathbf{w}_2 = (1, -1, 3, 0)$ und $\mathbf{w}_3 = (4, 0, 9, 2)$ Vektoren aus dem euklidischen Raum $R^4$. Ist $\mathbf{u}$ orthogonal zu $W = \{\mathbf{w}_1, \mathbf{w}_2, \mathbf{w}_3\}$?

**3.** Man bestimme den Kosinus des Winkels zwischen $\mathbf{u}$ und $\mathbf{v}$ bezüglich des euklidischen inneren Produkts.

a) $\mathbf{u} = (1, -3)$, $\mathbf{v} = (2, 4)$ b) $\mathbf{u} = (-1, 0)$, $\mathbf{v} = (3, 8)$
c) $\mathbf{u} = (-1, 5, 2)$, $\mathbf{v} = (2, 4, -9)$ d) $\mathbf{u} = (4, 1, 8)$, $\mathbf{v} = (1, 0, -3)$
e) $\mathbf{u} = (1, 0, 1, 0)$, $\mathbf{v} = (-3, -3, -3, -3)$ f) $\mathbf{u} = (2, 1, 7, -1)$, $\mathbf{v} = (4, 0, 0, 0)$

**4.** $P_2$ sei mit dem Skalarprodukt aus Abschnitt 6.1, Beispiel 8, versehen. Man berechne den Kosinus des Winkels zwischen $\mathbf{p}$ und $\mathbf{q}$.

a) $\mathbf{p} = -1 + 5x + 2x^2$, $\quad \mathbf{q} = 2 + 4x - 9x^2$

b) $\mathbf{p} = x - x^2$, $\quad \mathbf{q} = 7 + 3x + 3x^2$

**5.** Man zeige, daß $\mathbf{p} = 1 - x + 2x^2$ und $\mathbf{q} = 2x + x^2$ bezüglich des Skalarprodukts aus Aufgabe 4 orthogonal sind.

**6.** Man betrachte $M_{22}$ mit dem Skalarprodukt aus Abschnitt 6.1, Beispiel 7, und bestimme den Kosinus des Winkels zwischen $A$ und $B$.

a) $A = \begin{bmatrix} 2 & 6 \\ 1 & -3 \end{bmatrix}$, $\quad B = \begin{bmatrix} 3 & 2 \\ 1 & 0 \end{bmatrix}$

b) $A = \begin{bmatrix} 2 & 4 \\ -1 & 3 \end{bmatrix}$, $\quad B = \begin{bmatrix} -3 & 1 \\ 4 & 2 \end{bmatrix}$

**7.** Man untersuche die gegebenen Matrizen auf Orthogonalität zu

$$A = \begin{bmatrix} 2 & 1 \\ -1 & 3 \end{bmatrix}$$

bezüglich des Skalarprodukts aus Aufgabe 6.

a) $\begin{bmatrix} -3 & 0 \\ 0 & 2 \end{bmatrix}$ b) $\begin{bmatrix} 1 & 1 \\ 0 & -1 \end{bmatrix}$ c) $\begin{bmatrix} 0 & 0 \\ 0 & 0 \end{bmatrix}$ d) $\begin{bmatrix} 2 & 1 \\ 5 & 2 \end{bmatrix}$

**8.** Für welche $k$ sind $\mathbf{u}$ und $\mathbf{v}$ bezüglich des euklidischen inneren Produkts auf $R^3$ orthogonal?

a) $\mathbf{u} = (2, 1, 3)$, $\mathbf{v} = (1, 7, k)$ b) $\mathbf{u} = (k, k, 1)$, $\mathbf{v} = (k, 5, 6)$

**9.** Man betrachte den euklidischen Raum $R^4$ und bestimme zwei Vektoren der Norm 1, die zu $\mathbf{u} = (2, 1, -4, 0)$, $\mathbf{v} = (-1, -1, 2, 2)$ und $\mathbf{w} = (3, 2, 5, 4)$ orthogonal sind.

**10.** Man verifiziere die Cauchy-Schwarzsche Ungleichung für die folgenden Vektoren im euklidischen Raum:

a) $\mathbf{u} = (3, 2)$, $\mathbf{v} = (4, -1)$ b) $\mathbf{u} = (-3, 1, 0)$, $\mathbf{v} = (2, -1, 3)$
c) $\mathbf{u} = (-4, 2, 1)$, $\mathbf{v} = (8, -4, -2)$ d) $\mathbf{u} = (0, -2, 2, 1)$, $\mathbf{v} = (-1, -1, 1, 1)$.

**11.** Man verifiziere die Cauchy-Schwarzsche Ungleichung für
a) $\mathbf{u} = (-2, 1)$ und $\mathbf{v} = (1, 0)$ bezüglich des inneren Produkts aus Abschnitt 6.1, Beispiel 2,

b) $U = \begin{bmatrix} -1 & 2 \\ 6 & 1 \end{bmatrix}$ und $V = \begin{bmatrix} 1 & 0 \\ 3 & 3 \end{bmatrix}$

bezüglich des Skalarprodukts aus Abschnitt 6.1, Beispiel 7,

c) $\mathbf{p} = -1 + 2x + x^2$ und $\mathbf{q} = 2 - 4x^2$ bezüglich des Skalarprodukts aus Abschnitt 6.1, Beispiel 8.

**12.** Sei $W$ die durch $y = 2x$ gegebene Gerade in $R^2$. Man bestimme eine Gleichung, die $W^\perp$ beschreibt.

**13.** a) Sei $W$ die Ebene $x - 2y - 3z = 0$ im $R^3$. Man bestimme Parametergleichungen für $W^\perp$.

b) Sei $W$ die Gerade im $R^3$ mit den Parametergleichungen

$$x = 2t, \quad y = -5t, \quad z = 4t \quad (-\infty < t < \infty).$$

Man bestimme eine Gleichung für $W^\perp$.

**14.** Sei

$$A = \begin{bmatrix} 1 & 2 & -1 & 2 \\ 3 & 5 & 0 & 4 \\ 1 & 1 & 2 & 0 \end{bmatrix}.$$

a) Man berechne Basen des Zeilen- und des Nullraumes von $A$.

b) Man verifiziere Satz 6.2.6 a) für die Matrix $A$.

**15.** Sei $A$ wie in Aufgabe 14 gegeben.

a) Man bestimme Basen des Spaltenraumes von $A$ und des Nullraumes von $A^T$.

b) Man verifiziere Satz 6.2.6 b) für $A$.

**16.** Man ermittle eine Basis für das orthogonale Komplement des von den gegebenen Vektoren im $R^n$ aufgespannten Unterraumes.

a) $\mathbf{v}_1 = (1, -1, 3), \ \mathbf{v}_2 = (5, -4, -4), \ \mathbf{v}_3 = (7, -6, 2)$

b) $\mathbf{v}_1 = (2, 0, -1), \ \mathbf{v}_2 = (4, 0, -2)$

c) $\mathbf{v}_1 = (1, 4, 5, 2), \ \mathbf{v}_2 = (2, 1, 3, 0), \ \mathbf{v}_3 = (-1, 3, 2, 2)$

d) $\mathbf{v}_1 = (1, 4, 5, 6, 9), \ \mathbf{v}_2 = (3, -2, 1, 4, -1), \ \mathbf{v}_3 = (-1, 0, -1, -2, -1),$
$\mathbf{v}_4 = (2, 3, 5, 7, 8)$

**17.** Sei $V$ ein Vektorraum mit Skalarprodukt. Man zeige, daß für zwei orthogonale Vektoren $\mathbf{u}$ und $\mathbf{v}$ aus $V$ mit $\|\mathbf{u}\| = \|\mathbf{v}\| = 1$ $\|\mathbf{u} - \mathbf{v}\| = \sqrt{2}$ gilt.

**18.** Sei $V$ ein Vektorraum mit Skalarprodukt. Man zeige: Ist $\mathbf{w}$ in $V$ orthogonal zu $\mathbf{u}_1$ und $\mathbf{u}_2$, so ist $\mathbf{w}$ für alle Skalare $k_1$ und $k_2$ orthogonal zu $k_1\mathbf{u}_1 + k_2\mathbf{u}_2$. Wie läßt sich dieses Ergebnis im euklidischen Raum $R^3$ geometrisch deuten?

**19.** Sei $V$ ein Vektorraum mit Skalarprodukt. Man zeige: Ist $\mathbf{w}$ in $V$ zu den Vektoren $\mathbf{u}_1, \mathbf{u}_2, \ldots, \mathbf{u}_r$ orthogonal, so liegt $\mathbf{w}$ im orthogonalen Komplement von $\operatorname{span}\{\mathbf{v}_1, \mathbf{v}_2, \ldots, \mathbf{v}_r\}$.

**20.** Sei $\{\mathbf{v}_1, \mathbf{v}_2, \ldots, \mathbf{v}_r\}$ eine Basis des mit Skalarprodukt versehenen Vektorraumes $V$. Man zeige, daß nur der Nullvektor zu allen Basisvektoren orthogonal ist.

**21.** Sei $\{\mathbf{w}_1, \mathbf{w}_2, \ldots, \mathbf{w}_k\}$ eine Basis des Unterraums $W$ von $V$. Man zeige, daß $W^\perp$ genau aus den Vektoren besteht, die zu jedem dieser Basisvektoren orthogonal sind.

**22.** Man zeige folgende Verallgemeinerung von Satz 6.2.4: Für paarweise orthogonale Vektoren $\mathbf{v}_1, \mathbf{v}_2, \ldots, \mathbf{v}_r$ aus dem mit Skalarprodukt versehenen Vektorraum $V$ gilt

$$\|\mathbf{v}_1 + \mathbf{v}_2 + \cdots + \mathbf{v}_r\|^2 = \|\mathbf{v}_1\|^2 + \|\mathbf{v}_2\|^2 + \cdots + \|\mathbf{v}_r\|^2.$$

**23.** Man beweise Satz 6.2.2 a)–c).

**24.** Man beweise Satz 6.2.3.

**25.** Man beweise Satz 6.2.5 b).

**26.** Seien $\mathbf{u}$ und $\mathbf{v}$ $n \times 1$-Matrizen und $A$ eine invertierbare $n \times n$-Matrix. Man zeige

$$[\mathbf{v}^T A^T A\mathbf{u}]^2 \leq (\mathbf{u}^T A^T A\mathbf{u})(\mathbf{v}^T A^T A\mathbf{v}).$$

**27.** Man beweise mit der Cauchy-Schwarzschen Ungleichung für alle reellen Zahlen $a, b$ und $\theta$:

$$[a \cos\theta + b \sin\theta]^2 \leq a^2 + b^2.$$

**28.** Man zeige für Vektoren $\mathbf{u} = (u_1, u_2, \ldots, u_n)$ und $\mathbf{v} = (v_1, v_2. \ldots, v_n)$ aus $R^n$ und positive reelle Zahlen $w_1, w_2, \ldots, w_n$:

$$|w_1u_1v_1 + w_2u_2v_2 + \cdots + w_nu_nv_n| \leq (w_1u_1^2 + w_2u_2^2 + \cdots + w_nu_n^2)^{1/2} \cdot (w_1v_1^2 + w_2u_2^2 + \cdots + w_mv_n^2)^{1/2}.$$

**29.** Man zeige, daß in der Cauchy-Schwarzschen Ungleichung genau dann Gleichheit gilt, wenn $\mathbf{u}$ und $\mathbf{v}$ linear abhängig sind.

**30.** (*Für Leser mit Analysiskenntnissen.*) Man betrachte $C[0, \pi]$ mit dem Skalarprodukt

$$\langle \mathbf{f}, \mathbf{g} \rangle = \int_0^\pi f(x)g(x)\mathrm{d}x$$

und $\mathbf{f}_n = \cos nx$ $(n = 0, 1, 2, \ldots)$. Man zeige, daß $\mathbf{f}_k$ und $\mathbf{f}_l$ für $k \neq l$ orthogonal sind.

**31.** (*Für Leser mit Analysiskenntnissen.*) Seien $f(x)$ und $g(x)$ auf $[0, 1]$ stetige Funktionen. Man beweise:

$$\text{a)} \left[\int_0^1 f(x)g(x)\mathrm{d}x\right]^2 \leq \left[\int_0^1 f^2(x)\mathrm{d}x\right]\left[\int_0^1 g^2(x)\mathrm{d}x\right]$$

$$\text{b)} \left[\int_0^1 [f(x) + g(x)]^2\mathrm{d}x\right]^{1/2} \leq \left[\int_0^1 f^2(x)\mathrm{d}x\right]^{1/2} + \left[\int_0^1 g^2(x)\mathrm{d}x\right]^{1/2}.$$

[*Hinweis.* Man verwende die Cauchy-Schwarzsche Ungleichung.]

**32.** (***Satz von Thales.***) Ein Dreieck sei so in einen Kreis einbeschrieben, daß eine Seite der Durchmesser des Kreises ist. Man zeige mit Hilfe der Vektorrechnung, daß das Dreieck rechtwinklig ist. [*Hinweis.* Dabei sind die Vektoren $\overrightarrow{AB}$ und $\overrightarrow{BC}$ in Abbildung 6.6 durch **u** und **v** auszudrücken.]

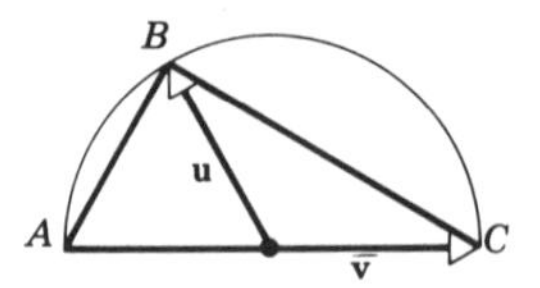


**Abb. 6.6**

**33.** Im euklidischen Raum $R^2$ haben $\mathbf{u} = (1, \sqrt{3})$ und $\mathbf{v} = (-1, \sqrt{3})$ die Länge 2 und schließen den Winkel 60° ein (Abbildung 6.7). Man bestimme ein gewichtetes euklidisches inneres Produkt, so daß **u** und **v** orthogonale Einheitsvektoren sind.

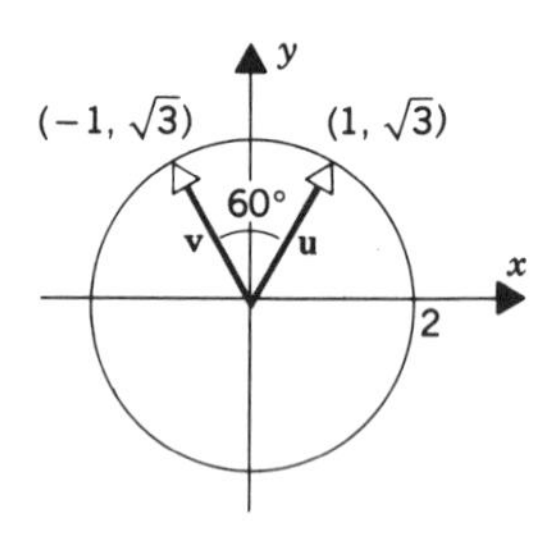


**Abb. 6.7**

# 6.3 Orthonormalbasen, Gram-Schmidtsches Orthogonalisierungsverfahren, $QR$-Zerlegung

*Gewöhnlich kann man zur Lösung eines Problems der Vektorrechnung irgendeine Basis des Vektorraumes wählen, die der Aufgabe angemessen scheint. In Vektorräumen mit Skalarprodukt ist es sinnvoll, Basen mit zueinander orthogonalen Elementen auszusuchen. Wir werden jetzt sehen, wie man eine solche Basis konstruiert.*

## Orthogonal- und Orthonormalbasen

**Definition.** Eine Menge von Vektoren in einem Raum mit Skalarprodukt heißt ***orthogonale Menge***, wenn ihre Elemente paarweise orthogonal sind. Haben sie außerdem die Länge 1, so heißt die Menge ***orthonormal.***

**Beispiel 1** Die Vektoren

$$\mathbf{u}_1 = (0,1,0), \quad \mathbf{u}_2 = (1,0,1), \quad \mathbf{u}_3 = (1,0,-1)$$

im euklidischen Raum $R^3$ bilden wegen $\langle \mathbf{u}_1, \mathbf{u}_2 \rangle = \langle \mathbf{u}_1, \mathbf{u}_3 \rangle = \langle \mathbf{u}_2, \mathbf{u}_3 \rangle = 0$ eine orthogonale Menge.

Für jeden von Null verschiedenen Vektor $\mathbf{v}$ gilt nach Satz 6.2.2 c)

$$\left\| \frac{1}{\|\mathbf{v}\|}\mathbf{v} \right\| = \left| \frac{1}{\|\mathbf{v}\|} \right| \|\mathbf{v}\| = \frac{1}{\|\mathbf{v}\|}\|\mathbf{v}\| = 1,$$

also hat der Vektor

$$\frac{1}{\|\mathbf{v}\|}\mathbf{v}$$

die Norm 1. Wir haben $\mathbf{v}$ ***normalisiert***, indem wir ihn mit dem Kehrwert seiner Norm multipliziert haben. Wir erhalten also aus einer orthogonalen Menge mit *von Null verschiedenen* Elementen eine orthonormale Menge, indem wir die Vektoren normalisieren.

**Beispiel 2** Für die Vektoren aus Beispiel 1 gilt

$$\|\mathbf{u}_1\| = 1, \quad \|\mathbf{u}_2\| = \sqrt{2}, \quad \|\mathbf{u}_3\| = \sqrt{2},$$

also ergeben sich die normalisierten Vektoren

$$\mathbf{v}_1 = \frac{\mathbf{u}_1}{\|\mathbf{u}_1\|} = (0,1,0), \quad \mathbf{v}_2 = \frac{\mathbf{u}_2}{\|\mathbf{u}_2\|} = \left(\frac{1}{\sqrt{2}}, 0, \frac{1}{\sqrt{2}}\right),$$
$$\mathbf{v}_3 = \frac{\mathbf{u}_3}{\|\mathbf{u}_3\|}\left(\frac{1}{\sqrt{2}}, 0, -\frac{1}{\sqrt{2}}\right),$$

für die

$$\langle \mathbf{v}_1, \mathbf{v}_2 \rangle = \langle \mathbf{v}_1, \mathbf{v}_3 \rangle = \langle \mathbf{v}_2, \mathbf{v}_3 \rangle = 0$$
$$\|\mathbf{v}_1\| = \|\mathbf{v}_2\| = \|\mathbf{v}_3\| = 1$$

gilt. (Der Leser möge das verifizieren.) Die Menge $S = \{\mathbf{v}_1, \mathbf{v}_2, \mathbf{v}_3\}$ ist orthonormal.

Eine Basis eines Vektorraumes mit Skalarprodukt, die aus orthonormalen Vektoren besteht, heißt ***Orthonormalbasis;*** enthält sie paarweise orthogonale Vektoren, so ist sie eine ***Orthogonalbasis***. Beispielsweise ist die Standardbasis des $R^3$

$$\mathbf{i} = (1,0,0), \quad \mathbf{j} = (0,1,0), \quad \mathbf{k} = (0,0,1)$$

eine Orthonormalbasis bezüglich des euklidischen inneren Produkts. Wir möchten daran erinnern, daß diese Basis ein rechtwinkliges Koordinatensystem definiert (vergleiche Abschnitt 5.4, Abbildung 4). Allgemein bilden die Vektoren

$$\mathbf{e}_1 = (1,0,0,\ldots,0), \quad \mathbf{e}_2 = (0,1,0,\ldots,0), \quad \ldots, \quad \mathbf{e}_n = (0,0,0,\ldots,1)$$

im euklidischen Raum $R^n$ eine Orthonormalbasis.

## Koordinaten bezüglich einer Orthonormalbasis

Der nächste Satz zeigt, wie einfach sich beliebige Vektoren als Linearkombinationen aus Elementen einer Orthonormalbasis darstellen lassen.

**Satz 6.3.1.** *Sei $S = \{\mathbf{v}_1, \mathbf{v}_2, \ldots, \mathbf{v}_n\}$ eine Orthonormalbasis von $V$. Dann gilt für jeden Vektor* $\mathbf{u}$ *aus* $V$

$$\mathbf{u} = \langle \mathbf{u}, \mathbf{v}_1 \rangle \mathbf{v}_1 + \langle \mathbf{u}, \mathbf{v}_2 \rangle \mathbf{v}_2 + \cdots + \langle \mathbf{u}, \mathbf{v}_n \rangle \mathbf{v}_n.$$

**Beweis.** Da $S$ eine Basis von $V$ ist, existieren Skalare $k_1, k_2, \ldots, k_n$ mit

$$\mathbf{u} = k_1\mathbf{v}_1 + k_2\mathbf{v}_2 + \cdots + k_n\mathbf{v}_n.$$

Wir zeigen, daß $k_i = \langle \mathbf{u}, \mathbf{v}_i \rangle$ für alle $i = 1, 2, \ldots, n$ ist. Es gilt für jeden Basisvektor $\mathbf{v}_i$

$$\begin{aligned}\langle \mathbf{u}, \mathbf{v}_i \rangle &= \langle k_1\mathbf{v}_1 + k_2\mathbf{v}_2 + \cdots + k_n\mathbf{v}_n, \mathbf{v}_i \rangle \\ &= k_1\langle \mathbf{v}_1, \mathbf{v}_i \rangle + k_2\langle \mathbf{v}_2, \mathbf{v}_i \rangle + \cdots + k_n\langle \mathbf{v}_n, \mathbf{v}_i \rangle.\end{aligned}$$

Aus der Orthonormalität von $S$ folgt

$$\langle \mathbf{v}_i, \mathbf{v}_i \rangle = \|\mathbf{v}_i\|^2 = 1 \quad \text{und} \quad \langle \mathbf{v}_j, \mathbf{v}_i \rangle = 0 \quad \text{für } j \neq i,$$

so daß

$$\langle \mathbf{u}, \mathbf{v}_i \rangle = k_i. \quad \square$$

Die Koeffizienten

$$\langle \mathbf{u}, \mathbf{v}_1 \rangle, \langle \mathbf{u}, \mathbf{v}_2 \rangle, \ldots, \langle \mathbf{u}, \mathbf{v}_n \rangle$$

sind die Koordinaten von $\mathbf{u}$ bezüglich der Orthonormalbasis $S = \{\mathbf{v}_1, \mathbf{v}_2, \ldots, \mathbf{v}_n\}$, also ist

$$(\mathbf{u})_S = (\langle \mathbf{u}, \mathbf{v}_1 \rangle, \langle \mathbf{u}, \mathbf{v}_2 \rangle, \ldots, \langle \mathbf{u}, \mathbf{v}_n \rangle)$$

der Koordinatenvektor von $\mathbf{u}$ bezüglich $S$.

**Beispiel 3** Die Vektoren

$$\mathbf{v}_1 = (0, 1, 0) \quad \mathbf{v}_2 = \left(-\tfrac{4}{5}, 0, \tfrac{3}{5}\right) \quad \mathbf{v}_3 = \left(\tfrac{3}{5}, 0, \tfrac{4}{5}\right)$$

bilden eine Orthonormalbasis $S = \{\mathbf{v}_1, \mathbf{v}_2, \mathbf{v}_3\}$ im euklidischen Raum $R^3$. Man schreibe $\mathbf{u} = (1, 1, 1)$ als Linearkombination der Basisvektoren und bestimme den Koordinatenvektor $(\mathbf{u})_S$.

*Lösung*. Wegen

$$\langle \mathbf{u}, \mathbf{v}_1 \rangle = 1, \langle \mathbf{u}, \mathbf{v}_2 \rangle = -\tfrac{1}{5} \quad \text{und} \quad \langle \mathbf{u}, \mathbf{v}_3 \rangle = \tfrac{7}{5}$$

gilt nach Satz 6.3.1

$$\mathbf{u} = \mathbf{v}_1 - \tfrac{1}{5}\mathbf{v}_2 + \tfrac{7}{5}\mathbf{v}_3$$

oder

$$(1,1,1) = (0,1,0) - \tfrac{1}{5}\left(-\tfrac{4}{5}, 0, \tfrac{3}{5}\right) + \tfrac{7}{5}\left(\tfrac{3}{5}, 0, \tfrac{4}{5}\right).$$

Als Koordinatenvektor erhält man

$$(\mathbf{u})_S = (\langle \mathbf{u}, \mathbf{v}_1\rangle, \langle \mathbf{u}, \mathbf{v}_2\rangle, \langle \mathbf{u}, \mathbf{v}_3\rangle) = \left(1, -\tfrac{1}{5}, \tfrac{7}{5}\right).$$

**Bemerkung.** Das letzte Beispiel zeigt die Vorzüge von Orthonormalbasen auf. Während es gewöhnlich die Lösung eines linearen Gleichungssystems erfordert, einen Vektor als Linearkombination gegebener Basisvektoren darzustellen, ist hier nur die Berechnung einiger Skalarprodukte nötig.

Durch die Koordinatenvektoren bezüglich einer Orthonormalbasis erhalten wir wieder einen Zugriff auf Gleichungen, die nur im $R^n$ gelten.

**Satz 6.3.2.** *Sei $V$ ein Vektorraum mit Skalarprodukt der Dimension $n$ und $S$ eine Orthonormalbasis von $V$. Sind*

$$(\mathbf{u})_S = (u_1, u_2, \ldots, u_n) \quad \text{und} \quad (\mathbf{v})_S = (v_1, v_2, \ldots, v_n)$$

*die Koordinatenvektoren von* **u** *und* **v**, *so gilt:*

*a)* $\|\mathbf{u}\| = \sqrt{u_1^2 + u_2^2 + \cdots + u_n^2}$

*b)* $d(\mathbf{u}, \mathbf{v}) = \sqrt{(u_1 - v_1)^2 + (u_2 - v_2)^2 + \cdots + (u_n - v_n)^2}$

*c)* $\langle \mathbf{u}, \mathbf{v}\rangle = u_1 v_1 + u_2 v_2 + \cdots + u_n v_n.$

Der Beweis wird dem Leser als Übung überlassen

**Bemerkung.** Nach Satz 6.3.2 ergibt sich die Norm eines Vektors als euklidische Norm seines Koordinatenvektors bezüglich einer Orthonormalbasis, das Skalarprodukt ist das euklidische innere Produkt der Koordinatenvektoren. Also können wir durch Verwenden von Orthonormalbasen viele Berechnungen in beliebigen Vektorräumen mit Skalarprodukt auf die bekannten Gleichungen im euklidischen Raum zurückführen.

**Beispiel 4** Die euklidische Norm von $\mathbf{u} = (1,1,1)$ ist

$$\|\mathbf{u}\| = (\mathbf{u} \cdot \mathbf{u})^{1/2} = \sqrt{1^2 + 1^2 + 1^2} = \sqrt{3}.$$

Der Koordinatenvektor von $\mathbf{u}$ bezüglich der Orthonormalbasis $S$ aus Beispiel 3 ist

$$(\mathbf{u})_S = \left(1, -\tfrac{1}{5}, \tfrac{7}{5}\right),$$

also können wir die Norm von $\mathbf{u}$ auch als

$$\|\mathbf{u}\| = \sqrt{1^2 + \left(-\tfrac{1}{5}\right)^2 + \left(\tfrac{7}{5}\right)^2} = \sqrt{\tfrac{75}{25}} = \sqrt{3}$$

berechnen.

## Koordinaten bezüglich einer Orthogonalbasis

Aus einer *Orthogonalbasis* $S = \{\mathbf{v}_1, \mathbf{v}_2, \ldots, \mathbf{v}_n\}$ erhalten wir durch Normalisieren die Orthonormalbasis

$$S' = \left\{\frac{\mathbf{v}_1}{\|\mathbf{v}_1\|}, \frac{\mathbf{v}_2}{\|\mathbf{v}_2\|}, \ldots, \frac{\mathbf{v}_n}{\|\mathbf{v}_n\|}\right\}.$$

Nach Satz 6.3.1 gilt dann für einen Vektor $\mathbf{u}$

$$\mathbf{u} = \left\langle \mathbf{u}, \frac{\mathbf{v}_1}{\|\mathbf{v}_1\|} \right\rangle \frac{\mathbf{v}_1}{\|\mathbf{v}_1\|} + \left\langle \mathbf{u}, \frac{\mathbf{v}_2}{\|\mathbf{v}_2\|} \right\rangle \frac{\mathbf{v}_2}{\|\mathbf{v}_2\|} + \cdots + \left\langle \mathbf{u}, \frac{\mathbf{v}_n}{\|\mathbf{v}_n\|} \right\rangle \frac{\mathbf{v}_n}{\|\mathbf{v}_n\|}.$$

Mit Satz 6.1.1 c) erhalten wir daraus die Darstellung von $\mathbf{u}$ als Linearkombination der Elemente von $S$:

$$\mathbf{u} = \frac{\langle \mathbf{u}, \mathbf{v}_1 \rangle}{\|\mathbf{v}_1\|^2} \mathbf{v}_1 + \frac{\langle \mathbf{u}, \mathbf{v}_2 \rangle}{\|\mathbf{v}_2\|^2} \mathbf{v}_2 + \cdots + \frac{\langle \mathbf{u}, \mathbf{v}_n \rangle}{\|\mathbf{v}_n\|^2} \mathbf{v}_n. \tag{1}$$

Offenbar liegen drei paarweise orthogonale Vektoren $\mathbf{v}_1$, $\mathbf{v}_2$ und $\mathbf{v}_3$ im $R^3$ nicht in derselben Ebene, sie sind also linear unabhängig. Wie der nächste Satz zeigt, gilt das für jede orthogonale Menge, die nicht den Nullvektor enthält.

**Satz 6.3.3.** Eine orthogonale Menge $S = \{\mathbf{v}_1, \mathbf{v}_2, \ldots, \mathbf{v}_n\}$ mit von Null verschiedenen Elementen ist linear unabhängig.

**Beweis.** Wir zeigen, daß aus der Gleichung

$$k_1\mathbf{v}_1 + k_2\mathbf{v}_2 + \cdots + k_n\mathbf{v}_n = \mathbf{0} \tag{2}$$

$k_1 = k_2 = \ldots = k_n = 0$ folgt. Zunächst gilt für jeden der Vektoren $\mathbf{v}_i$ aus $S$

$$\langle k_1\mathbf{v}_1 + k_2\mathbf{v}_2 + \cdots + k_n\mathbf{v}_n, \mathbf{v}_i \rangle = \langle \mathbf{0}, \mathbf{v}_i \rangle = 0$$

oder

$$k_1\langle \mathbf{v}_1, \mathbf{v}_i \rangle + k_2\langle \mathbf{v}_2, \mathbf{v}_i \rangle + \cdots + k_n\langle \mathbf{v}_n, \mathbf{v}_i \rangle = 0.$$

Da $S$ orthogonal ist, gilt $\langle \mathbf{v}_j, \mathbf{v}_i \rangle = 0$ für $i \neq j$, also folgt

$$k_i\langle \mathbf{v}_i, \mathbf{v}_i \rangle = 0.$$

Nach Voraussetzung ist $\mathbf{v}_i \neq \mathbf{0}$ und damit $\langle \mathbf{v}_i, \mathbf{v}_i \rangle \neq 0$, woraus wir $k_i = 0$ für alle $i = 1, 2, \ldots, n$ erhalten. Somit ist $S$ linear unabhängig. □

**Beispiel 5** In Beispiel 2 haben wir gezeigt, daß

$$\mathbf{v}_1 = (0, 1, 0), \quad \mathbf{v}_2 = \left(\frac{1}{\sqrt{2}}, 0, \frac{1}{\sqrt{2}}\right) \quad \text{und} \quad \mathbf{v}_3 = \left(\frac{1}{\sqrt{2}}, 0, -\frac{1}{\sqrt{2}}\right)$$

im euklidischen Raum $R^3$ eine orthonormale Menge $S = \{\mathbf{v}_1, \mathbf{v}_2, \mathbf{v}_3\}$ bilden. Nach Satz 6.3.3 ist $S$ linear unabhängig, woraus wegen Satz 5.4.6 a) folgt, daß $S$ eine Orthonormalbasis des $R^3$ ist.

## Orthogonalprojektionen

Die folgenden Sätze dienen der Vorbereitung eines allgemeinen Konstruktionsverfahrens für Orthogonal- und Orthonormalbasen.

Mit Hilfe der Ergebnisse aus Abschnitt 3.3 können wir offenbar jeden Vektor $\mathbf{u}$ aus $R^2$ oder $R^3$ in zwei Summanden

$$\mathbf{u} = \mathbf{w}_1 + \mathbf{w}_2$$

zerlegen, wobei $\mathbf{w}_1$ auf einer gegebenen Gerade oder Ebene $W$ durch den Ursprung und $\mathbf{w}_2$ in $W^\perp$ liegt (Abbildung 6.8). Diese Darstellung ist ein Spezialfall des folgendes Satzes, dessen Beweis wir erst am Ende des Abschnitts angeben werden.

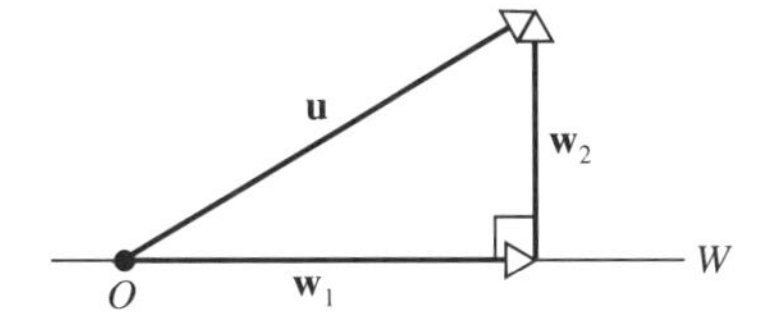


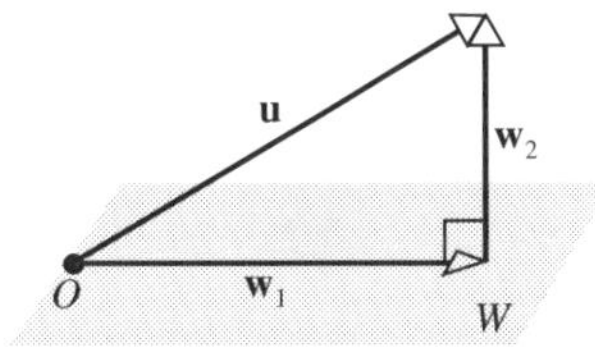


**Abb. 6.8**

**Satz 6.3.4** (***Projektionssatz***). *Sei $W$ ein endlich-dimensionaler Unterraum eines mit Skalarprodukt versehenen Vektorraumes $V$. Dann besitzt jeder Vektor $\mathbf{u}$ aus $V$ eine eindeutige Darstellung*

$$\mathbf{u} = \mathbf{w}_1 + \mathbf{w}_2, \tag{3}$$

*wobei $\mathbf{w}_1$ in $W$ und $\mathbf{w}_2$ in $W^\perp$ liegt.*

Der Vektor $\mathbf{w}_1$ heißt ***Orthogonalprojektion von* u *auf* $W$** und wird mit $\text{proj}_W \mathbf{u}$ bezeichnet; $\mathbf{w}_2$ ist die ***zu $W$ orthogonale Komponente von*** $\mathbf{u}$, wir schreiben dafür auch $\text{proj}_{W^\perp} \mathbf{u}$. Mit diesen Notationen gilt

$$\mathbf{u} = \text{proj}_W \mathbf{u} + \text{proj}_{W^\perp} \mathbf{u} \tag{4}$$

Wegen $\mathbf{w}_2 = \mathbf{u} - \mathbf{w}_1$ ist

$$\text{proj}_{W^\perp}\,\mathbf{u} = \mathbf{u} - \text{proj}_W\,\mathbf{u}$$

und damit

$$\mathbf{u} = \text{proj}_W\,\mathbf{u} + (\mathbf{u} - \text{proj}_W\,\mathbf{u}) \tag{5}$$

(Abbildung 6.9).

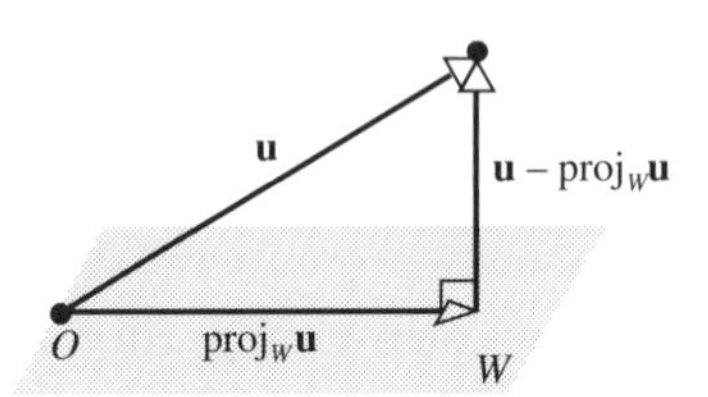


**Abb. 6.9**

Der folgende Satz gibt Berechnungsformeln für die Orthogonalprojektionen an, den Beweis überlassen wir dem Leser als Übungsaufgabe.

**Satz 6.3.5** *Sei $W$ ein endlich-dimensionaler Unterraum des Raumes $V$.*

*a) Ist $\{\mathbf{v}_1, \mathbf{v}_2, \ldots, \mathbf{v}_r\}$ eine Orthonormalbasis von $W$, so gilt für jeden Vektor $\mathbf{u}$ aus $V$*

$$\text{proj}_W\mathbf{u} = \langle\mathbf{u}, \mathbf{v}_1\rangle\mathbf{v}_1 + \langle\mathbf{u}, \mathbf{v}_2\rangle\mathbf{v}_2 + \cdots + \langle\mathbf{u}, \mathbf{v}_r\rangle\mathbf{v}_r. \tag{6}$$

*b) Ist $\{\mathbf{v}_1, \mathbf{v}_2, \ldots, \mathbf{v}_r\}$ eine Orthogonalbasis von $W$, so gilt für jeden Vektor $\mathbf{u}$ aus $V$*

$$\text{proj}_W\,\mathbf{u} = \frac{\langle\mathbf{u}, \mathbf{v}_1\rangle}{\|\mathbf{v}_1\|^2}\mathbf{v}_1 + \frac{\langle\mathbf{u}, \mathbf{v}_2\rangle}{\|\mathbf{v}_2\|^2}\mathbf{v}_2 + \cdots + \frac{\langle\mathbf{u}, \mathbf{v}_r\rangle}{\|\mathbf{v}_r\|^2}\mathbf{v}_r. \tag{7}$$

**Beispiel 6** Sei $W = \text{span}\{\mathbf{v}_1, \mathbf{v}_2\}$ für die orthonormalen Vektoren $\mathbf{v}_1 = (0, 1, 0)$ und $\mathbf{v}_2 = (-\frac{4}{5}, 0, \frac{3}{5})$ im euklidischen Raum $R^3$. Für $\mathbf{u} = (1, 1, 1)$ gilt nach (6)

$$\begin{aligned}\text{proj}_W\,\mathbf{u} &= \langle\mathbf{u}, \mathbf{v}_1\rangle\mathbf{v}_1 + \langle\mathbf{u}, \mathbf{v}_2\rangle\mathbf{v}_2\\ &= (1)(0, 1, 0) + \left(-\tfrac{1}{5}\right)\left(-\tfrac{4}{5}, 0, \tfrac{3}{5}\right)\\ &= \left(\tfrac{4}{25}, 1, -\tfrac{3}{25}\right)\end{aligned}$$

und

$$\text{proj}_{W^\perp}\,\mathbf{u} = \mathbf{u} - \text{proj}_W\,\mathbf{u} = (1, 1, 1) - \left(\tfrac{4}{25}, 1, -\tfrac{3}{25}\right) = \left(\tfrac{21}{25}, 0, \tfrac{28}{25}\right),$$

wobei $\text{proj}_{W^\perp}\mathbf{u}$ zu $\mathbf{v}_1$ und $\mathbf{v}_2$ orthogonal ist.

## Konstruktion von Orthogonal- und Orthonormalbasen

Nachdem wir uns von der Nützlichkeit der Orthonormalbasen überzeugt haben, werden wir jetzt als zentrales Ergebnis dieses Abschnitts zeigen, daß jeder Vektorraum mit Skalarprodukt eine solche Basis besitzt, sofern seine Dimension endlich und positiv ist. Der Beweis liefert uns sogar ein explizites Konstruktionsverfahren für Orthonormalbasen.

**Satz 6.3.6.** *Jeder endlich-dimensionale, vom Nullvektorraum verschiedene Raum $V$ mit Skalarprodukt besitzt eine Orthonormalbasis.*

**Beweis.** Sei $S = \{\mathbf{u}_1, \mathbf{u}_2, \ldots, \mathbf{u}_n\}$ eine beliebige Basis von $V$. Wir werden zeigen, daß $V$ eine orthogonale Basis $\{\mathbf{v}_1, \mathbf{v}_2, \ldots, \mathbf{v}_n\}$ besitzt, die gewünschte Orthonormalbasis ergibt sich daraus durch Normalisieren der Vektoren $\mathbf{v}_1, \mathbf{v}_2, \ldots, \mathbf{v}_n$.

**Schritt 1.** Man setze $\mathbf{v}_1 = \mathbf{u}_1$.

**Schritt 2.** Sei $W_1 = \operatorname{span}\{\mathbf{v}_1\}$. Wir erhalten den Vektor $\mathbf{v}_2$ als zu $W_1$ orthogonale Komponente von $\mathbf{u}_2$ (siehe Abbildung 6.10):

$$\mathbf{v}_2 = \mathbf{u}_2 - \operatorname{proj}_{W_1}\mathbf{u}_2 = \mathbf{u}_2 - \frac{\langle \mathbf{u}_2, \mathbf{v}_1\rangle}{\|\mathbf{v}_1\|^2}\mathbf{v}_1.$$

Wäre $\mathbf{v}_2 = \mathbf{0}$, so würde daraus

$$\mathbf{u}_2 = \frac{\langle \mathbf{u}_2, \mathbf{v}_1\rangle}{\|\mathbf{v}_1\|^2}\mathbf{v}_1 = \frac{\langle \mathbf{u}_2, \mathbf{v}_1\rangle}{\|\mathbf{u}_1\|^2}\mathbf{u}_1$$

folgen, was der linearen Unabhängigkeit von $S$ widerspricht; also ist $\mathbf{v}_2 \neq \mathbf{0}$.

**Schritt 3.** Sei $W_2 = \operatorname{span}\{\mathbf{v}_1, \mathbf{v}_2\}$ (Abbildung 6.11). Wir wählen $\mathbf{v}_3$ als zu $W_2$ orthogonale Komponente von $\mathbf{u}_3$:

$$\mathbf{v}_3 = \mathbf{u}_3 - \operatorname{proj}_{W_2}\mathbf{u}_3 = \mathbf{u}_3 - \frac{\langle \mathbf{u}_3, \mathbf{v}_1\rangle}{\|\mathbf{v}_1\|^2}\mathbf{v}_1 - \frac{\langle \mathbf{u}_3, \mathbf{v}_2\rangle}{\|\mathbf{v}_2\|^2}\mathbf{v}_2.$$

Wie im zweiten Schritt folgt $\mathbf{v}_3 \neq \mathbf{0}$ aus der linearen Unabhängigkeit von $S$. (Die Details überlassen wir dem Leser.)

**Schritt 4.** Mit $W_3 = \operatorname{span}\{\mathbf{v}_1, \mathbf{v}_2, \mathbf{v}_3\}$ setzen wir $\mathbf{v}_4$ als zu $W_3$ orthogonale Komponente von $\mathbf{u}_4$:

$$\mathbf{v}_4 = \mathbf{u}_4 - \operatorname{proj}_{W_3}\mathbf{u}_4 = \mathbf{u}_4 - \frac{\langle \mathbf{u}_4, \mathbf{v}_1\rangle}{\|\mathbf{v}_1\|^2}\mathbf{v}_1 - \frac{\langle \mathbf{u}_4, \mathbf{v}_2\rangle}{\|\mathbf{v}_2\|^2}\mathbf{v}_2 - \frac{\langle \mathbf{u}_4, \mathbf{v}_3\rangle}{\|\mathbf{v}_3\|^2}\mathbf{v}_3.$$

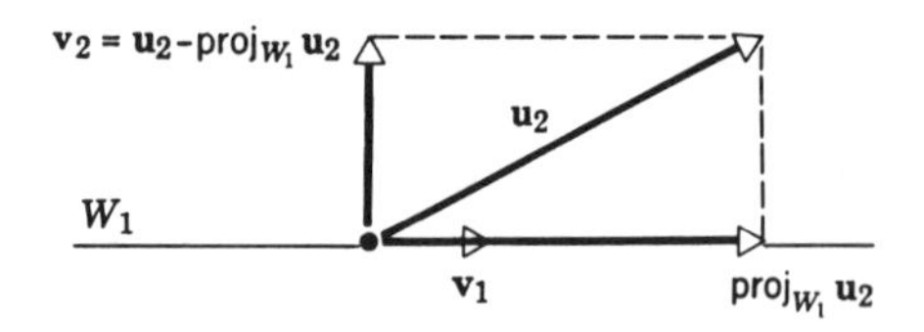


**Abb. 6.10**

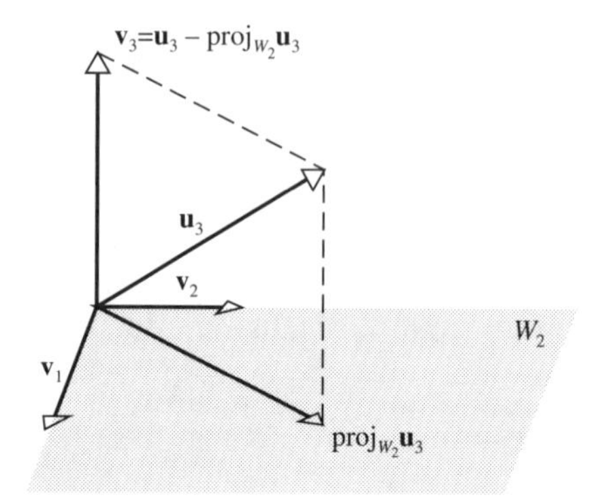


**Abb. 6.11**

Fahren wir nach dieser Methode fort, so erhalten wir nach $n$ Schritten eine orthogonale Menge $\{\mathbf{v}_1, \mathbf{v}_2, \ldots, \mathbf{v}_n\}$, die nach Satz 6.3.3 linear unabhängig ist. Wegen $\dim(V) = n$ haben wir damit eine Orthogonalbasis von $V$ konstruiert. □

Die soeben dargestellte Vorgehensweise, mit der aus einer vorgegebenen Basis eine Orthogonalbasis konstruiert wird, heißt ***Gram-Schmidtsches* Orthogonalisierungsverfahren.***

**Beispiel 7** Man konstruiere mit dem Gram-Schmidtschen Orthogonalisierungsverfahren aus $\mathbf{u}_1 = (1, 1, 1)$, $\mathbf{u}_2 = (0, 1, 1)$ und $\mathbf{u}_3 = (0, 0, 1)$ eine Orthogonalbasis $\{\mathbf{v}_1, \mathbf{v}_2, \mathbf{v}_3\}$ des euklidischen Raumes $R^3$. Danach normalisiere man diese Vektoren zu einer Orthonormalbasis $\{\mathbf{q}_1, \mathbf{q}_2, \mathbf{q}_3\}$.

---

* *Jörgen Pederson Gram* (1850–1916), dänischer Mathematiker. Er unterrichtete nie an einer Universität, sondern arbeitete für eine große dänische Versicherungsgesellschaft. Nebenbei promovierte er über „Reihenentwicklungen mit der Methode der kleinsten Quadrate“ und formulierte in dieser Arbeit seinen Beitrag zum Orthogonalisierungsverfahren. Sein Interesse für abstrakte Zahlentheorie brachte ihm später eine Goldmedaille der Königlichen Dänischen Gesellschaft der Wissenschaften ein. Daneben beschäftigte er sich mit dem Zusammenspiel von reiner und angewandter Mathematik.

*Erhardt Schmidt* (1876–1959), deutscher Mathematiker. Er promovierte 1905 in Göttingen, wo er bei David Hilbert studierte hatte. 1917 ging er nach Berlin, um an der Universität zu unterrichten. Sein wohl bedeutendstes Werk war die Entwicklung des Hilbertraumkonzepts, das in der Untersuchung unendlich-dimensionaler Vektorräume von grundlegender Bedeutung ist. Das nach ihm benannte Orthogonalisierungsverfahren veröffentlichte er 1907 in einer Arbeit über Integralgeichungen.

*Lösung.*

**Schritt 1.** $\mathbf{v}_1 = \mathbf{u}_1 = (1,1,1)$

**Schritt 2.** $\mathbf{v}_2 = \mathbf{u}_2 - \operatorname{proj}_{W_1}\mathbf{u}_2 = \mathbf{u}_2 - \frac{\langle \mathbf{u}_2, \mathbf{v}_1\rangle}{\|\mathbf{v}_1\|^2}\mathbf{v}_1$

$$= (0,1,1) - \tfrac{2}{3}(1,1,1) = \left(-\tfrac{2}{3}, \tfrac{1}{3}, \tfrac{1}{3}\right)$$

**Schritt 3.** $\mathbf{v}_3 = \mathbf{u}_3 - \operatorname{proj}_{W_2}\mathbf{u}_3 = \mathbf{u}_3 - \frac{\langle \mathbf{u}_3, \mathbf{v}_1\rangle}{\|\mathbf{v}_1\|^2}\mathbf{v}_1 - \frac{\langle \mathbf{u}_3, \mathbf{v}_2\rangle}{\|\mathbf{v}_2\|^2}\mathbf{v}_2$

$$= (0,0,1) - \tfrac{1}{3}(1,1,1) - \tfrac{1/3}{2/3}\left(-\tfrac{2}{3}, \tfrac{1}{3}, \tfrac{1}{3}\right)$$
$$= \left(0, -\tfrac{1}{2}, \tfrac{1}{2}\right)$$

Damit bilden

$$\mathbf{v}_1 = (1,1,1), \quad \mathbf{v}_2\left(-\tfrac{2}{3}, \tfrac{1}{3}, \tfrac{1}{3}\right), \quad \mathbf{v}_3 = \left(0, -\tfrac{1}{2}, \tfrac{1}{2}\right)$$

eine Orthogonalbasis des $R^3$. Mit

$$\|\mathbf{v}_1\| = \sqrt{3}, \quad \|\mathbf{v}_2\| = \frac{\sqrt{6}}{3}, \quad \|\mathbf{v}_3\| = \frac{1}{\sqrt{2}}$$

ergibt sich daraus die Orthonormalbasis

$$\mathbf{q}_1 = \frac{\mathbf{v}_1}{\|\mathbf{v}_1\|} = \left(\frac{1}{\sqrt{3}}, \frac{1}{\sqrt{3}}, \frac{1}{\sqrt{3}}\right), \quad \mathbf{q}_2 = \frac{\mathbf{v}_2}{\|\mathbf{v}_2\|} = \left(-\frac{2}{\sqrt{6}}, \frac{1}{\sqrt{6}}, \frac{1}{\sqrt{6}}\right),$$
$$\mathbf{q}_3 = \frac{\mathbf{v}_3}{\|\mathbf{v}_3\|} = \left(0, -\frac{1}{\sqrt{2}}, \frac{1}{\sqrt{2}}\right).$$

**Bemerkung.** Wir haben im letzten Beispiel mit dem Gram-Schmidt-Verfahren zuerst eine Orthogonalbasis konstruiert und deren Elemente erst am Schluß normalisiert. Man kann ebensogut jeden Vektor sofort normalisieren, diese Vorgehensweise wird als ***Gram-Schmidtsches Orthonormalisierungsverfahren*** bezeichnet. In den meisten Fällen werden die Rechnungen dann etwas mühsamer, weil mehr Wurzeln auftreten; das Ergebnis ist allerdings das gleiche.

Das Gram-Schmidtsche Orthonormalisierungsverfahren verwandelt jede beliebige Basis $\{\mathbf{u}_1, \mathbf{u}_2, \ldots, \mathbf{u}_n\}$ in eine Orthonormalbasis $\{\mathbf{q}_1, \mathbf{q}_2, \ldots, \mathbf{q}_n\}$; darüber hinaus gilt für alle $k = 2, \ldots, n$:

- $\{\mathbf{q}_1, \mathbf{q}_2, \ldots, \mathbf{q}_k\}$ ist eine Orthonormalbasis von $\operatorname{span}\{\mathbf{u}_1, \mathbf{u}_2, \ldots, \mathbf{u}_k\}$.
- $\mathbf{q}_k$ ist orthogonal zu $\{\mathbf{u}_1, \mathbf{u}_2, \ldots, \mathbf{u}_{k-1}\}$.

Der Beweis dieser Tatsachen ergibt sich unmittelbar aus dem Beweis von Satz 6.3.6.

## QR-Zerlegung

Wir betrachten das folgende Problem:

***Fragestellung.*** Welcher Zusammenhang besteht zwischen einer $m \times n$-Matrix $A$ mit linear unabhängigen Spalten und der Matrix $Q$, deren orthonormale Spalten aus denen von $A$ durch das Gram-Schmidt-Verfahren hervorgegangen sind ?

Seien $\mathbf{u}_1, \mathbf{u}_2, \ldots, \mathbf{u}_n$ die Spaltenvektoren von $A$ und $\mathbf{q}_1, \mathbf{q}_2, \ldots, \mathbf{q}_n$ die orthonormalen Spaltenvektoren von $Q$, also

$$A = [\mathbf{u}_1 \mid \mathbf{u}_2 \mid \cdots \mid \mathbf{u}_n] \quad \text{und} \quad Q = [\mathbf{q}_1 \mid \mathbf{q}_2 \mid \cdots \mid \mathbf{q}_n].$$

Nach Satz 6.3.1 haben $\mathbf{u}_1, \mathbf{u}_2, \ldots, \mathbf{u}_n$ die Darstellungen

$$\begin{aligned}
\mathbf{u}_1 &= \langle \mathbf{u}_1, \mathbf{q}_1 \rangle \mathbf{q}_1 + \langle \mathbf{u}_1, \mathbf{q}_2 \rangle \mathbf{q}_2 + \cdots + \langle \mathbf{u}_1, \mathbf{q}_n \rangle \mathbf{q}_n \\
\mathbf{u}_2 &= \langle \mathbf{u}_2, \mathbf{q}_1 \rangle \mathbf{q}_1 + \langle \mathbf{u}_2, \mathbf{q}_2 \rangle \mathbf{q}_2 + \cdots + \langle \mathbf{u}_2, \mathbf{q}_n \rangle \mathbf{q}_n \\
\vdots \quad & \quad \vdots \qquad\qquad\quad \vdots \qquad\qquad\qquad \vdots \\
\mathbf{u}_n &= \langle \mathbf{u}_n \mathbf{q}_1 \rangle \mathbf{q}_1 + \langle \mathbf{u}_1, \mathbf{q}_2 \rangle \mathbf{q}_2 + \cdots + \langle \mathbf{u}_n, \mathbf{q}_n \rangle \mathbf{q}_n.
\end{aligned}$$

Wie wir in Abschnitt 1.3 gesehen haben, ist die $j$-te Spalte eines Matrixprodukts eine Linearkombination der Spaltenvektoren des ersten Faktors, deren Koeffizienten in der $j$-ten Spalte des zweiten Faktors stehen. Damit ist

$$[\mathbf{u}_1 \mid \mathbf{u}_2 \mid \cdots \mid \mathbf{u}_n] = \mathbf{q}_1 \mid \mathbf{q}_2 \mid \cdots \mid \mathbf{q}_n] \begin{bmatrix} \langle \mathbf{u}_1, \mathbf{q}_1 \rangle & \langle \mathbf{u}_2, \mathbf{q}_1 \rangle & \cdots & \langle \mathbf{u}_n, \mathbf{q}_1 \rangle \\ \langle \mathbf{u}_1, \mathbf{q}_2 \rangle & \langle \mathbf{u}_2, \mathbf{q}_2 \rangle & \cdots & \langle \mathbf{u}_n, \mathbf{q}_2 \rangle \\ \vdots & \vdots & & \vdots \\ \langle \mathbf{u}_1, \mathbf{q}_n \rangle & \langle \mathbf{u}_2, \mathbf{q}_n \rangle & \cdots & \langle \mathbf{u}_n, \mathbf{q}_n \rangle \end{bmatrix}$$

oder kurz

$$A = QR. \tag{8}$$

Nun ist nach Konstruktion $\mathbf{q}_j$ für jedes $j \geq 2$ orthogonal zu $\mathbf{u}_1, \mathbf{u}_2, \ldots \mathbf{u}_{j-1}$, also ist $R$ die obere Dreiecksmatrix

$$R = \begin{bmatrix} \langle \mathbf{u}_1, \mathbf{q}_1 \rangle & \langle \mathbf{u}_2, \mathbf{q}_1 \rangle & \cdots & \langle \mathbf{u}_n, \mathbf{q}_1 \rangle \\ 0 & \langle \mathbf{u}_2, \mathbf{q}_2 \rangle & \cdots & \langle \mathbf{u}_n, \mathbf{q}_2 \rangle \\ \vdots & \vdots & & \vdots \\ 0 & 0 & \cdots & \langle \mathbf{u}_n, \mathbf{q}_n \rangle \end{bmatrix}. \tag{9}$$

Außerdem sind die Diagonalelemente von $R$ von Null verschieden (den Beweis überlassen wir dem Leser als Übungsaufgabe), so daß $R$ invertierbar ist. Damit ist $A$ das Produkt einer Matrix $Q$ mit orthonormalen Spaltenvektoren und einer invertierbaren oberen Dreiecksmatrix $R$; diese Darstellung heißt ***QR-Zerlegung von A***. Wir halten dieses Ergebnis fest.

**Satz 6.3.7.** (***QR-Zerlegung***) *Sei $A$ eine $m \times n$-Matrix mit linear unabhängigen Spaltenvektoren. Dann gibt es eine $m \times n$-Matrix $Q$ mit orthonormalen Spaltenvektoren und eine invertierbare obere $n \times n$-Dreiecksmatrix $R$ mit*

$$A = QR.$$

**Bemerkung.** Nach Satz 6.2.7 ist eine $n \times n$-Matrix $A$ genau dann invertierbar, wenn ihre Spaltenvektoren linear unabhängig sind. Folglich hat jede invertierbare Matrix eine $QR$-Zerlegung.

**Beispiel 8** Man bestimme die $QR$-Zerlegung von

$$A = \begin{bmatrix} 1 & 0 & 0 \\ 1 & 1 & 0 \\ 1 & 1 & 1 \end{bmatrix}.$$

*Lösung*. Wenden wir das Gram-Schmidtsche Orthonormalisierungsverfahren auf die Spaltenvektoren

$$\mathbf{u}_1 = \begin{bmatrix} 1 \\ 1 \\ 1 \end{bmatrix}, \quad \mathbf{u}_2 = \begin{bmatrix} 0 \\ 1 \\ 1 \end{bmatrix}, \quad \mathbf{u}_3 = \begin{bmatrix} 0 \\ 0 \\ 1 \end{bmatrix}$$

von $A$ an, so erhalten wir (nach Beispiel 7)

$$\mathbf{q}_1 = \begin{bmatrix} 1/\sqrt{3} \\ 1/\sqrt{3} \\ 1/\sqrt{3} \end{bmatrix}, \quad \mathbf{q}_2 = \begin{bmatrix} -2/\sqrt{6} \\ 1/\sqrt{6} \\ 1/\sqrt{6} \end{bmatrix}, \quad \mathbf{q}_3 = \begin{bmatrix} 0 \\ -1/\sqrt{2} \\ 1/\sqrt{2} \end{bmatrix}.$$

Damit ist

$$R = \begin{bmatrix} \langle \mathbf{u}_1, \mathbf{q}_1 \rangle & \langle \mathbf{u}_2, \mathbf{q}_1 \rangle & \langle \mathbf{u}_3, \mathbf{q}_1 \rangle \\ 0 & \langle \mathbf{u}_2, \mathbf{q}_2 \rangle & \langle \mathbf{u}_3, \mathbf{q}_2 \rangle \\ 0 & 0 & \langle \mathbf{u}_3, \mathbf{q}_3 \rangle \end{bmatrix} = \begin{bmatrix} 3/\sqrt{3} & 2/\sqrt{3} & 1/\sqrt{3} \\ 0 & 2/\sqrt{6} & 1/\sqrt{6} \\ 0 & 0 & 1/\sqrt{2} \end{bmatrix},$$

also hat $A$ die Zerlegung

$$\underset{A}{\begin{bmatrix} 1 & 0 & 0 \\ 1 & 1 & 0 \\ 1 & 1 & 1 \end{bmatrix}} = \underset{Q}{\begin{bmatrix} 1/\sqrt{3} & -2/\sqrt{6} & 0 \\ 1/\sqrt{3} & 1/\sqrt{6} & -1/\sqrt{2} \\ 1/\sqrt{3} & 1/\sqrt{6} & 1/\sqrt{2} \end{bmatrix}} \underset{R}{\begin{bmatrix} 3/\sqrt{3} & 2/\sqrt{3} & 1/\sqrt{3} \\ 0 & 2/\sqrt{6} & 1/\sqrt{6} \\ 0 & 0 & 1/\sqrt{2} \end{bmatrix}}.$$

## Anwendungen der $QR$-Zerlegung

Die $QR$-Zerlegung hat in den letzten Jahren in der numerischen linearen Algebra zunehmend an Bedeutung gewonnen. Sie wird in vielen wichtigen Berechnungsalgorithmen eingesetzt, beispielsweise zur Eigenwertberechnung sehr großer Matrizen.

## Zusätzlicher Beweis

**Beweis von Satz 6.3.4.** Wir zeigen zuerst die Existenz der Vektoren $\mathbf{w}_1$ und $\mathbf{w}_2$ und dann ihre Eindeutigkeit.

Nach dem Gram-Schmidt-Verfahren besitzt $W$ eine Orthonormalbasis $\{\mathbf{v}_1, \mathbf{v}_2, \ldots \mathbf{v}_n\}$. Wir setzen

$$\mathbf{w}_1 = \langle \mathbf{u}, \mathbf{v}_1 \rangle \mathbf{v}_1 + \langle \mathbf{u}, \mathbf{v}_2 \rangle \mathbf{v}_2 + \cdots + \langle \mathbf{u}, \mathbf{v}_n \rangle \mathbf{v}_n \tag{10}$$

und

$$\mathbf{w}_2 = \mathbf{u} - \mathbf{w}_1. \tag{11}$$

Offenbar ist $\mathbf{w}_1 + \mathbf{w}_2 = \mathbf{w}_1 + (\mathbf{u} - \mathbf{w}_1) = \mathbf{u}$, außerdem liegt $\mathbf{w}_1$ als Linearkombination von $\mathbf{v}_1, \mathbf{v}_2, \ldots, \mathbf{v}_n$ in $W$. Es bleibt zu zeigen, daß $\mathbf{w}_2$ orthogonal zu $W$ ist, also daß $\langle \mathbf{w}_2, \mathbf{w} \rangle = 0$ gilt. Für jeden Vektor $\mathbf{w}$ aus $W$ ist

$$\langle \mathbf{w}_2, \mathbf{w} \rangle = \langle \mathbf{u} - \mathbf{w}_1, \mathbf{w} \rangle = \langle \mathbf{u}, \mathbf{w} \rangle - \langle \mathbf{w}_1, \mathbf{w} \rangle. \tag{12}$$

Da $\mathbf{w}$ sich als Linearkombination

$$\mathbf{w} = k_1\mathbf{v}_1 + k_2\mathbf{v}_2 + \cdots + k_n\mathbf{v}_n$$

darstellen läßt, ergeben sich für die Summanden auf der rechten Seite von (12)

$$\begin{aligned}\langle \mathbf{u}, \mathbf{w} \rangle &= \langle \mathbf{u}, k_1\mathbf{v}_1 + k_2\mathbf{v}_2 + \cdots + k_n\mathbf{v}_n \rangle \\ &= k_1\langle \mathbf{u}, \mathbf{v}_1 \rangle + k_2\langle \mathbf{u}, \mathbf{v}_2 \rangle + \cdots + k_n\langle \mathbf{u}, \mathbf{v}_n \rangle\end{aligned}$$

und

$$\langle \mathbf{w}_1, \mathbf{w} \rangle = \langle \mathbf{u}, \mathbf{v}_1 \rangle k_1 + \langle \mathbf{u}, \mathbf{v}_2 \rangle k_2 + \cdots + \langle \mathbf{u}, \mathbf{v}_n \rangle k_n,$$

also ist $\langle \mathbf{w}_2, \mathbf{w} \rangle = 0$.

Um die Eindeutigkeit der Zerlegung zu zeigen, betrachten wir Vektoren $\mathbf{w}'_1$ aus $W$ und $\mathbf{w}'_2$ orthogonal zu $W$ mit

$$\mathbf{u} = \mathbf{w}'_1 + \mathbf{w}'_2. \tag{13}$$

Für die durch (10) und (11) gegebenen Vektoren $\mathbf{w}_1$ und $\mathbf{w}_2$ gilt

$$\mathbf{u} = \mathbf{w}_1 + \mathbf{w}_2,$$

also ist

$$\mathbf{0} = (\mathbf{w}'_1 - \mathbf{w}_1) + (\mathbf{w}'_2 - \mathbf{w}_2)$$

oder

$$\mathbf{w}_1 - \mathbf{w}'_1 = \mathbf{w}'_2 - \mathbf{w}_2. \tag{14}$$

Mit $\mathbf{w}_2$ und $\mathbf{w}_2'$ ist auch die Differenz $\mathbf{w}_2' - \mathbf{w}_2$ orthogonal zu $W$, denn für jedes Element $\mathbf{w}$ von $W$ ist

$$\langle \mathbf{w}, \mathbf{w}_2' - \mathbf{w}_2 \rangle = \langle \mathbf{w}, \mathbf{w}_2' \rangle - \langle \mathbf{w}, \mathbf{w}_2 \rangle = 0 - 0 = 0.$$

Andererseits liegt $\mathbf{w}_2' - \mathbf{w}_2$ nach (14) bereits selbst in $W$, da mit $\mathbf{w}_1$ und $\mathbf{w}_1'$ auch $\mathbf{w}_1 - \mathbf{w}_1'$ im Unterraum $W$ enthalten ist. Folglich ist $\mathbf{w}_2' - \mathbf{w}_2$ orthogonal zu sich selbst, das heißt

$$\langle \mathbf{w}_2' - \mathbf{w}_2, \mathbf{w}_2' - \mathbf{w}_2 \rangle = 0.$$

Wegen der Nichtdegeneriertheit des inneren Produkts ist $\mathbf{w}_2' - \mathbf{w}_2 = \mathbf{0}$, woraus $\mathbf{w}_2' = \mathbf{w}_2$ sowie mit (14) $\mathbf{w}_1' = \mathbf{w}_1$ folgt. □

## Übungen zu 6.3

**1.** Welche der folgenden Mengen sind im euklidischen Raum $R^2$ orthogonal?

a) $(0,1), (2,0)$ b) $(-1/\sqrt{2}, 1/\sqrt{2}), (1/\sqrt{2}, 1/\sqrt{2})$

c) $(-1/\sqrt{2}, -1/\sqrt{2}), (1/\sqrt{2}, 1/\sqrt{2})$ d) $(0,0), (0,1)$

**2.** Welche der Mengen aus Aufgabe 1 sind orthonormal bezüglich des euklidischen inneren Produkts?

**3.** Welche der folgenden Mengen sind im euklidischen Raum $R^3$ orthogonal?

a) $\left(\frac{1}{\sqrt{2}}, 0, \frac{1}{\sqrt{2}}\right), \left(\frac{1}{\sqrt{3}}, \frac{1}{\sqrt{3}}, -\frac{1}{\sqrt{3}}\right), \left(-\frac{1}{\sqrt{2}}, 0, \frac{1}{\sqrt{2}}\right)$

b) $\left(\frac{2}{3}, -\frac{2}{3}, \frac{1}{3}\right), \left(\frac{2}{3}, \frac{1}{3}, -\frac{2}{3}\right), \left(\frac{1}{3}, \frac{2}{3}, \frac{2}{3}\right)$

c) $(1,0,0), \left(0, \frac{1}{\sqrt{2}}, \frac{1}{\sqrt{2}}\right), (0,0,1)$

d) $\left(\frac{1}{\sqrt{6}}, \frac{1}{\sqrt{6}}, -\frac{2}{\sqrt{6}}\right), \left(\frac{1}{\sqrt{2}}, -\frac{1}{\sqrt{2}}, 0\right)$

**4.** Sind die Mengen aus Aufgabe 3 orthonormal im euklidischen Raum $R^3$?

**5.** Sind die folgenden Polynome aus $P_2$ orthonormal bezüglich des Skalarprodukts aus Abschnitt 6.1, Beispiel 8?

a) $\frac{2}{3} - \frac{2}{3}x + \frac{1}{3}x^2, \frac{2}{3} + \frac{1}{3}x - \frac{2}{3}x^2, \frac{1}{3} + \frac{2}{3}x + \frac{2}{3}x^2$ b) $1, \frac{1}{\sqrt{2}}x + \frac{1}{\sqrt{2}}x^2, x^2$

**6.** Sind die folgenden Matrizen aus $M_{22}$ orthonormal bezüglich des Skalarprodukts aus Abschnitt 6.1, Beispiel 7?

a) $\begin{bmatrix} 1 & 0 \\ 0 & 0 \end{bmatrix}, \begin{bmatrix} 0 & \frac{2}{3} \\ \frac{1}{3} & -\frac{2}{3} \end{bmatrix}, \begin{bmatrix} 0 & \frac{2}{3} \\ -\frac{2}{3} & \frac{1}{3} \end{bmatrix}, \begin{bmatrix} 0 & \frac{1}{3} \\ \frac{2}{3} & \frac{2}{3} \end{bmatrix}$

b) $\begin{bmatrix} 1 & 0 \\ 0 & 0 \end{bmatrix}, \begin{bmatrix} 0 & 1 \\ 0 & 0 \end{bmatrix}, \begin{bmatrix} 0 & 0 \\ 1 & 1 \end{bmatrix}, \begin{bmatrix} 0 & 0 \\ 1 & -1 \end{bmatrix}$

**7.** Man beweise, daß die gegebene Menge von Vektoren orthogonal ist bezüglich des euklidischen inneren Produkts. Man konstruiere daraus eine orthonormale Menge.

a) $(-1,2),(6,3)$ b) $(1,0,-1),(2,0,2),(0,5,0)$

c) $\left(\frac{1}{5},\frac{1}{5},\frac{1}{5}\right),\left(-\frac{1}{2},\frac{1}{2},0\right),\left(\frac{1}{3},\frac{1}{3},-\frac{2}{3}\right)$.

**8.** Seien $\mathbf{x} = (\frac{1}{\sqrt{5}}, -\frac{1}{\sqrt{5}})$ und $\mathbf{y} = (\frac{2}{\sqrt{30}}, \frac{3}{\sqrt{30}})$. Man zeige, daß $\{\mathbf{x}, \mathbf{y}\}$ bezüglich des Skalarprodukts $\langle \mathbf{u}, \mathbf{v} \rangle = 3u_1v_1 + 2u_2v_2$ orthonormal ist, aber bezüglich des euklidischen inneren Produkts nicht.

**9.** Man zeige, daß die Vektoren $\mathbf{v}_1 = (-\frac{3}{5},\frac{4}{5},0)$, $\mathbf{v}_2 = (\frac{4}{5},\frac{4}{5},0)$ und $\mathbf{v}_3 = (0,0,1)$ eine Orthonormalbasis des euklidischen Raumes $R^3$ bilden. Man schreibe mit Satz 6.3.1 die folgenden Vektoren als Linearkombination von $\mathbf{v}_1$, $\mathbf{v}_2$ und $\mathbf{v}_3$:

a) $(1,-1,2)$ b) $(3,-7,4)$ c) $\left(\frac{1}{7},-\frac{3}{7},\frac{5}{7}\right)$

**10.** Man zeige, daß

$$\mathbf{v}_1 = (1,-1,2,-1), \quad \mathbf{v}_2 = (-2,2,3,2), \quad \mathbf{v}_3 = (1,2,0,-1), \quad \mathbf{v}_4 = (1,0,0,1)$$

eine Orthogonalbasis des euklidischen Raumes $R^4$ bilden. Man stelle mit Formel (1) folgende Vektoren als Linearkombination von $\mathbf{v}_1, \mathbf{v}_2, \mathbf{v}_3, \mathbf{v}_4$ dar:

a) $(1,1,1,1)$ b) $(\sqrt{2},-3\sqrt{2},5\sqrt{2},-\sqrt{2})$ c) $\left(-\frac{1}{3},\frac{2}{3},-\frac{1}{3},\frac{4}{3}\right)$

**11.** Man bestimme mit Satz 6.3.1 den Koordinatenvektor von $\mathbf{w}$ bezüglich der gegebenen Orthonormalbasis im euklidischen Raum.

a) $\mathbf{w} = (3,7)$; $\mathbf{u}_1 = \left(\frac{1}{\sqrt{2}},-\frac{1}{\sqrt{2}}\right)$, $\mathbf{u}_2 = \left(\frac{1}{\sqrt{2}},\frac{1}{\sqrt{2}}\right)$

b) $\mathbf{w} = (-1,0,2)$; $\mathbf{u} = \left(\frac{2}{3},-\frac{2}{3},\frac{1}{3}\right)$, $\mathbf{u}_2 = \left(\frac{2}{3},\frac{1}{3},-\frac{2}{3}\right)$, $\mathbf{u}_3 = \left(\frac{1}{3},\frac{2}{3},\frac{2}{3}\right)$

**12.** Mit $\mathbf{w}_1 = (\frac{3}{5},-\frac{4}{5})$ und $\mathbf{w}_2 = (\frac{4}{5},\frac{3}{5})$ ist $S = \{\mathbf{w}_1, \mathbf{w}_2\}$ eine Orthonormalbasis des euklidischen Raumes $R^2$.

a) Man bestimme die Vektoren $\mathbf{u}$ und $\mathbf{v}$ mit $(\mathbf{u})_S = (1,1)$ und $(\mathbf{v})_S = (-1,4)$.
b) Man berechne $\|\mathbf{u}\|$, $d(\mathbf{u},\mathbf{v})$ und $\langle \mathbf{u}, \mathbf{v} \rangle$ durch direkte Rechnung und mit den in Satz 6.3.2 angegebenen Formeln.

**13.** $\mathbf{w}_1 = (0,-\frac{3}{5},\frac{4}{5})$, $\mathbf{w}_2 = (1,0,0)$ und $\mathbf{w}_3 = (0,\frac{4}{5},\frac{3}{5})$ bilden im euklidischen Raum eine Orthonormalbasis $S$.

a) Man bestimme $\mathbf{u}$, $\mathbf{v}$ und $\mathbf{w}$, die die Koordinatenvektoren $(\mathbf{u})_S = (-2,1,2)$, $(\mathbf{v})_S = (3,0,-2)$ und $(\mathbf{w})_S = (5,-4,1)$ haben.

b) Man bestimme $\|\mathbf{v}\|$, $d(\mathbf{u}, \mathbf{w})$ und $\langle \mathbf{w}, \mathbf{v} \rangle$ mit Satz 6.3.2 und überprüfe das Ergebnis durch direktes Nachrechnen.

**14.** Sei $S$ eine Orthonormalbasis eines vierdimensionalen Vektorraumes mit Skalarprodukt. Man berechne $\|\mathbf{u}\|$, $\|\mathbf{v} - \mathbf{w}\|$, $\|\mathbf{v} + \mathbf{w}\|$ und $\langle \mathbf{v}, \mathbf{w} \rangle$ aus den gegebenen Koordinatenvektoren.

a) $(\mathbf{u})_S = (-1, 2, 1, 3)$, $(\mathbf{v})_S(0, -3, 1, 5)$, $(\mathbf{w})_S(-2, -4, 3, 1)$

b) $(\mathbf{u})_S = (0, 0, -1, -1)$, $(\mathbf{v})_S(5, 5, -2, -2)$, $(\mathbf{w})_S = (3, 0, -3, 0)$

**15.** a) Man zeige, daß $\mathbf{v}_1 = (1, -2, 3, -4)$, $\mathbf{v}_2 = (2, 1, -4, -3)$, $\mathbf{v}_3 = (-3, 4, 1, -2)$ und $\mathbf{v}_4 = (4, 3, 2, 1)$ eine Orthogonalbasis des euklidischen Raumes $R^4$ bilden.

b) Man stelle den Vektor $\mathbf{u} = (-1, 2, 3, 7)$ als Linearkombination der Vektoren aus Teil a) dar.

**16.** Man wende im euklidischen Raum $R^2$ das Gram-Schmidtsche Orthonormalisierungsverfahren auf $\{\mathbf{u}_1, \mathbf{u}_2\}$ an.

a) $\mathbf{u}_1 = (1, -3)$, $\mathbf{u}_2 = (2, 2)$ b) $\mathbf{u}_1 = (1, 0)$, $\mathbf{u}_2 = (3, -5)$

**17.** Man wende im euklidischen Raum $R^3$ das Gram-Schmidtsche Orthonormalisierungsverfahren auf $\{\mathbf{u}_1, \mathbf{u}_2, \mathbf{u}_3\}$ an.

a) $\mathbf{u}_1 = (1, 1, 1)$, $\mathbf{u}_2 = (-1, 1, 0)$, $\mathbf{u}_3 = (1, 2, 1)$

b) $\mathbf{u}_1 = (1, 0, 0)$, $\mathbf{u}_2 = (3, 7, -2)$, $\mathbf{u}_3 = (0, 4, 1)$

**18.** Man wende im euklidischen Raum $R^4$ das Gram-Schmidtsche Orthonormalisierungsverfahren auf $\{\mathbf{u}_1, \mathbf{u}_2, \mathbf{u}_3, \mathbf{u}_4\}$ an.

$\mathbf{u}_1 = (0, 2, 1, 0)$, $\mathbf{u}_2 = (1, -1, 0, 0)$, $\mathbf{u}_3 = (1, 2, 0, -1)$, $\mathbf{u}_4 = (1, 0, 0, 1)$

**19.** Man bestimme eine Orthonormalbasis des von $(0, 1, 2)$, $(-1, 0, 1)$ und $(-1, 1, 3)$ aufgespannten Unterraumes des euklidischen Raumes $R^3$.

**20.** Man betrachte auf $R^3$ das Skalarprodukt $\langle \mathbf{u}, \mathbf{v} \rangle = u_1 v_1 + 2u_2 v_2 + 3u_3 v_3$. Man erzeuge mit dem Gram-Schmidt-Verfahren eine Orthonormalbasis aus $\mathbf{u}_1 = (1, 1, 1)$, $\mathbf{u}_2 = (1, 1, 0)$ und $\mathbf{u}_3 = (1, 0, 0)$.

**21.** $\mathbf{u}_1 = (\frac{4}{5}, 0, -\frac{3}{5})$ und $\mathbf{u}_2 = (0, 1, 0)$ spannen im $R^3$ eine Ebene durch den Ursprung auf. Man schreibe $\mathbf{w} = (1, 2, 3)$ als Summe $\mathbf{w} = \mathbf{w}_1 + \mathbf{w}_2$ mit einem in der Ebene liegenden Vektor $\mathbf{w}_1$ und einem dazu orthogonalen Vektor $\mathbf{w}_2$.

**22.** Man zerlege $\mathbf{w} = (1, 2, 3)$ wie in Aufgabe 21 bezüglich der durch $\mathbf{u}_1 = (1, 1, 1)$ und $\mathbf{u}_2 = (2, 0, -1)$ aufgespannten Ebene.

**23.** Sei $W$ der von $\mathbf{u}_1 = (-1, 0, 1, 2)$ und $\mathbf{u}_2 = (0, 1, 0, 1)$ im euklidischen Raum $R^4$ aufgespannte Unterraum. Man schreibe $\mathbf{w} = (-1, 2, 6, 0)$ als Summe $\mathbf{w} = \mathbf{w}_1 + \mathbf{w}_2$ mit $\mathbf{w}_1 \in W$ und $\mathbf{w}_2 \in W^{\perp}$.

**24.** Man ermittle die $QR$-Zerlegung.

a) $\begin{bmatrix} 1 & -1 \\ 2 & 3 \end{bmatrix}$ b) $\begin{bmatrix} 1 & 2 \\ 0 & 1 \\ 1 & 4 \end{bmatrix}$ c) $\begin{bmatrix} 1 & 1 \\ -2 & 1 \\ 2 & 1 \end{bmatrix}$

d) $\begin{bmatrix} 1 & 0 & 2 \\ 0 & 1 & 1 \\ 1 & 2 & 0 \end{bmatrix}$ e) $\begin{bmatrix} 1 & 2 & 1 \\ 1 & 1 & 1 \\ 0 & 3 & 1 \end{bmatrix}$ f) $\begin{bmatrix} 1 & 0 & 1 \\ -1 & 1 & 1 \\ 1 & 0 & 1 \\ -1 & 1 & 1 \end{bmatrix}$

**25.** Sei $\{\mathbf{v}_1, \mathbf{v}_2, \mathbf{v}_3\}$ eine Orthonormalbasis des Vektorraumes $V$. Man zeige, daß für jeden Vektor $\mathbf{w}$ aus $V$ $\|\mathbf{w}\|^2 = \langle \mathbf{w}, \mathbf{v}_1 \rangle^2 + \langle \mathbf{w}, \mathbf{v}_2 \rangle^2 + \langle \mathbf{w}, \mathbf{v}_3 \rangle^2$ gilt.

**26.** Sei $\{\mathbf{v}_1, \mathbf{v}_2, \ldots, \mathbf{v}_n\}$ eine Orthonormalbasis des Vektorraumes $V$. Man zeige, daß für jeden Vektor $\mathbf{w}$ aus $V$ die Gleichung $\|\mathbf{w}\|^2 = \langle \mathbf{w}, \mathbf{v}_1 \rangle^2 + \langle \mathbf{w}, \mathbf{v}_2 \rangle^2 + \cdots + \langle \mathbf{w}, \mathbf{v}_n \rangle^2$ gilt.

**27.** Man zeige, daß im dritten Beweisschritt von Satz 6.3.6 aus der linearen Unabhängigkeit von $\{\mathbf{u}_1, \mathbf{u}_2, \ldots, \mathbf{u_n}\}$ folgt $\mathbf{v}_3 \neq \mathbf{0}$.

**28.** Man zeige, daß die Diagonalelemente der Matrix $R$ aus Formel (9) von Null verschieden sind.

**29.** (*Für Leser mit Analysiskenntnissen.*) Man betrachte auf $P_2$ das Skalarprodukt

$$\langle \mathbf{p}, \mathbf{q} \rangle = \int_{-1}^{1} p(x)q(x)\mathrm{d}x.$$

Man konstruiere mit dem Gram-Schmidt-Verfahren aus der Standardbasis $\{1, x, x^2\}$ eine Orthonormalbasis von $P_2$. (Die Elemente dieser Orthonormalbasis sind die drei ersten ***normalisierten Legendre-Polynome.***)

**30.** (*Für Leser mit Analysiskenntnissen.*) Man schreibe mit Satz 6.3.1 die gegebenen Polynome als Linearkombinationen der in Aufgabe 29 berechneten normalisierten Legendre-Polynome.

a) $1 + x + 4x^2$ b) $2 - 7x^2$ c) $4 + 3x$

**31.** (*Für Leser mit Analysiskenntnissen.*) Man betrachte $P_2$ mit dem Skalarprodukt

$$\langle \mathbf{p}, \mathbf{q} \rangle = \int_{0}^{1} p(x)q(x)\mathrm{d}x.$$

Man wende das Gram-Schmidt-Verfahren auf die Standardbasis $\{1, x, x^2\}$ an.

**32.** Man beweise Satz 6.3.5.

**33.** Man beweise Satz 6.3.2 a).

**34.** Man beweise Satz 6.3.2 b).

**35.** Man beweise Satz 6.3.2 c).

# 6.4 Näherungslösungen

*Viele praktische Probleme in der Mathematik und anderen Wissenschaften lassen sich nicht exakt, sondern nur näherungsweise lösen. Wir werden jetzt Verfahren entwickeln, um mit Hilfe von Orthogonalprojektionen solche Approximationen zu erhalten.*

## Orthogonalprojektionen als Näherungen

Sei $P$ ein Punkt im dreidimensionalen Anschauungsraum und $W$ eine Ebene durch den Ursprung. Der Fußpunkt $Q$ von $P$ auf $W$ (Abbildung 6.12a) hat unter allen Punkten der Ebene den kleinsten Abstand zu $P$. Mit $\mathbf{u} = \overrightarrow{OP}$ ist $\overrightarrow{OQ} = \text{proj}_W \mathbf{u}$, also ist

$$\|\mathbf{u} - \text{proj}_W \mathbf{u}\|$$

der Abstand von $P$ zur Ebene $W$. Anders ausgedrückt minimiert $\mathbf{w} = \text{proj}_W \mathbf{u}$ den Abstand $\|\mathbf{u} - \mathbf{w}\|$ über alle Vektoren $\mathbf{w}$ aus $W$ (Abbildung 6.12b).

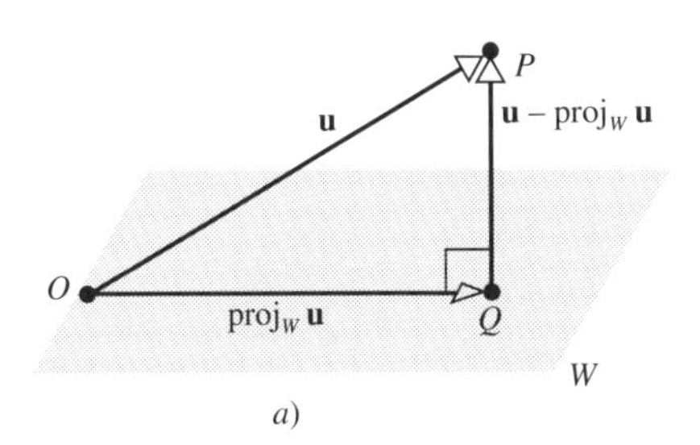


a)

$Q$ hat in $W$ den kleinsten Abstand zu $P$.

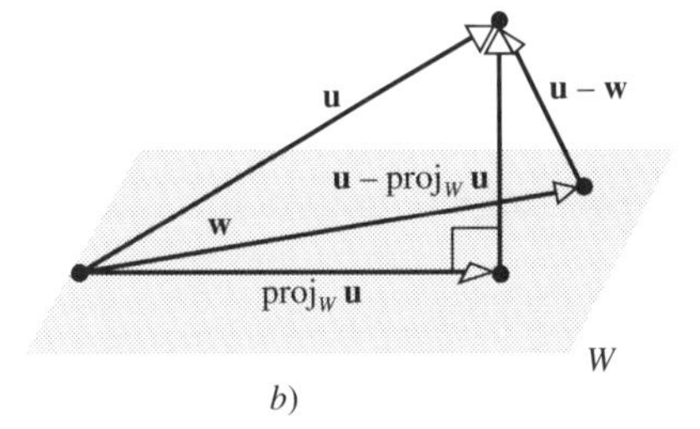


b)

$\|\mathbf{u} - \mathbf{w}\|$ wird minimal für $\mathbf{w} = \text{proj}_W \mathbf{u}$.

**Abb. 6.12**

Diese Eigenschaft der Orthogonalprojektion kann man auch anders interpretieren. Sei dazu $\mathbf{u}$ ein gegebener Vektor, den wir durch Elemente von $W$ approximieren (oder ersetzen) wollen. Dabei ergibt sich der „Fehler"

$$\mathbf{u} - \mathbf{w},$$

der nur dann verschwindet, wenn $\mathbf{u}$ bereits in $W$ liegt. Wir können aber durch

$$\mathbf{w} = \text{proj}_W \mathbf{u}$$

die Norm des Fehlervektors

$$\|\mathbf{u} - \mathbf{w}\| = \|\mathbf{u} - \text{proj}_W \mathbf{u}\|$$

so klein wie möglich machen, so daß $\text{proj}_W \mathbf{u}$ die „beste Näherung" von $\mathbf{u}$ durch Elemente von $W$ ist. Diese Idee wollen wir jetzt präzisieren.

**Satz 6.4.1.** *Sei $W$ ein endlich-dimensionaler Unterraum eines Vektorraumes $V$ mit Skalarprodukt und* $\mathbf{u}$ *ein Vektor aus $V$. Dann ist $\mathrm{proj}_W\mathbf{u}$ die beste Näherung von* $\mathbf{u}$ *in $W$, das heißt*

$$\|\mathbf{u} - \mathrm{proj}_W\mathbf{u}\| < \|\mathbf{u} - \mathbf{w}\|$$

*für jeden von $\mathrm{proj}_W\mathbf{u}$ verschiedenen Vektor* $\mathbf{w}$ *aus $W$.*

**Beweis.** Für jeden Vektor $\mathbf{w} \in W$ ist

$$\mathbf{u} - \mathbf{w} = (\mathbf{u} - \mathrm{proj}_W\mathbf{u}) + (\mathrm{proj}_W\mathbf{u} - \mathbf{w}). \tag{1}$$

Mit $\mathbf{w}$ und $\mathrm{proj}_W\mathbf{u}$ liegt auch die Differenz $\mathrm{proj}_W\mathbf{u} - \mathbf{w}$ im Unterraum $W$, außerdem ist $\mathbf{u} - \mathrm{proj}_W\mathbf{u}$ orthogonal zu $W$. Mit Satz 6.2.4 (Satz von Pythagoras) folgt

$$\|\mathbf{u} - \mathbf{w}\|^2 = \|\mathbf{u} - \mathrm{proj}_W\mathbf{u}\|^2 + \|\mathrm{proj}_W\mathbf{u} - \mathbf{w}\|^2.$$

Für $\mathbf{w} \neq \mathrm{proj}_W\mathbf{u}$ ist $\|\mathrm{proj}_W\mathbf{u} - \mathbf{w}\|^2$ positiv, also

$$\|\mathbf{u} - \mathbf{w}\|^2 > \|\mathbf{u} - \mathrm{proj}_W\mathbf{u}\|^2$$

und damit

$$\|\mathbf{u} - \mathbf{w}\| > \|\mathbf{u} - \mathrm{proj}_W\mathbf{u}\|. \quad \square$$

Mit den Anwendungen dieses Satzes werden wir uns später beschäftigen.

## Näherungslösungen für lineare Gleichungssysteme

Bisher haben wir uns hauptsächlich mit konsistenten Gleichungssystemen beschäftigt. In der Praxis trifft man jedoch oft auf inkonsistente Systeme. Geht etwa ein System $A\mathbf{x} = \mathbf{b}$ aus einem physikalischen Versuch hervor, so können bereits kleine Meßfehler die theoretisch garantierte Lösbarkeit des Systems zerstören. In diesem Fall beschränkt man sich darauf, Näherungslösungen $\mathbf{x}$ zu finden, für die die euklidische Norm des „Fehlervektors“ $\mathbf{f} = A\mathbf{x} - \mathbf{b}$ möglichst klein ist. Die Näherung ist um so schlechter, je größer $\|\mathbf{f}\|$ ist. Insbesondere gilt für eine exakte Lösung $\mathbf{x}$ des Systems $\mathbf{f} = A\mathbf{x} - \mathbf{b} = \mathbf{0}$. Wir entwickeln jetzt ein Verfahren, das solche Näherungslösungen liefert.

**Bemerkung.** Das oben genannte Konzept wird auch als *Methode der kleinsten Quadrate* bezeichnet. Um diese Bezeichnung zu verstehen, betrachte man den Fehlervektor $\mathbf{f} = (\mathbf{f}_1, \mathbf{f}_2, \ldots, \mathbf{f}_n)$. Für die Näherungslösung $\mathbf{x}$ des gegebenen Systems ist $\|\mathbf{f}\|$ minimal, was nichts anderes bedeutet, als daß die Summe der Quadrate $f_1^2 + f_2^2 + \cdots + f_n^2 = \|\mathbf{f}\|^2$ möglichst klein ist.

Sei also $A\mathbf{x} = \mathbf{b}$ ein System von $m$ Gleichungen mit $n$ Unbekannten. Wir suchen einen Vektor $\mathbf{x}$, der $\|A\mathbf{x} - \mathbf{b}\|$ bezüglich der euklidischen Norm im $R^m$ minimiert. ($\mathbf{x}$ heißt dann ***Näherungslösung des*** Systems.) Da $A\mathbf{x}$ für alle $n \times 1$-Matrizen $\mathbf{x}$ im Spaltenraum $W$ von $A$ liegt, ist $A\mathbf{x}$ eine Approximation von $\mathbf{b}$ im Sinne von Satz 6.4.1, sofern $\mathbf{x}$ eine Näherungslösung des Systems ist (Abbildung 6.13).

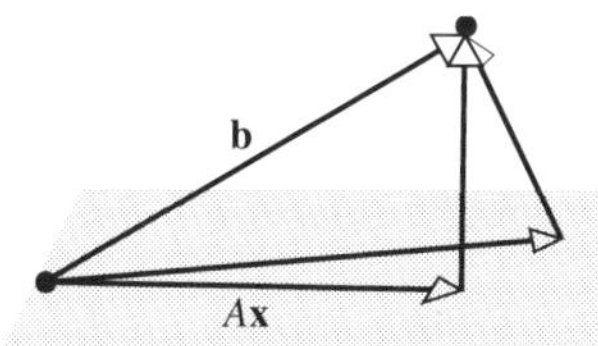


**Abb. 6.13** Eine Näherungslösung $\mathbf{x}$ liefert der Vektor $A\mathbf{x}$ in $W$, der den kleinsten Abstand zu $\mathbf{b}$ hat.

Damit erfüllt die Näherungslösung die Gleichung

$$A\mathbf{x} = \text{proj}_W \mathbf{b}. \tag{2}$$

Es ist zwar naheliegend, jetzt $\text{proj}_W \mathbf{u}$ zu berechnen und dann das konsistente System (2) zu lösen, aber diese Methode ist ineffizient. Nach Satz 6.3.4 ist

$$\mathbf{b} - A\mathbf{x} = \mathbf{b} - \text{proj}_W \mathbf{b}$$

orthogonal zu $W$, liegt also im Nullraum von $A^T$ (Satz 6.2.6), woraus sich

$$A^T(\mathbf{b} - A\mathbf{x}) = 0$$

oder

$$A^T A\mathbf{x} = A^T\mathbf{b} \tag{3}$$

ergibt. Dieses System heißt ***Normalsystem*** zu $A\mathbf{x} = \mathbf{b}$. Wie man sich leicht überlegt, hat das Normalsystem folgende Eigenschaften:

- Das Normalsystem besteht aus $n$ Gleichungen mit $n$ Unbekannten.
- Das Normalsystem ist konsistent, seine Lösungen sind die Näherungslösungen von $A\mathbf{x} = \mathbf{b}$.
- Das Normalsystem kann unendlich viele Lösungen haben.

Aus diesen Überlegungen ergibt sich der folgende Satz:

**Satz 6.4.2.** *Das Normalsystem*

$$A^T A\mathbf{x} = A^T\mathbf{b}$$

*eines linearen Gleichungssystems* $A\mathbf{x} = \mathbf{b}$ *ist konsistent. Alle seine Lösungen sind die Näherungslösungen des gegebenen Systems. Außerdem gilt für diese Lösungen*

$$\text{proj}_W \mathbf{b} = \mathbf{Ax},$$

*wobei* $W$ *der Spaltenraum von* $A$ *ist.*

## Eindeutigkeit von Näherungslösungen

Wir untersuchen, wann ein lineares System eine *eindeutige* Näherungslösung besitzt. Der folgende Satz dient zur Vorbereitung.

**Satz 6.4.3.** *Für eine $m \times n$-Matrix $A$ sind folgende Aussagen äquivalent:*

*a) Die Spaltenvektoren von $A$ sind linear unabhängig.*
*b) $A^T A$ ist invertierbar.*

**Beweis.** *a)* $\Rightarrow$ *b)* : Sei $\mathbf{x}$ eine Lösung des homogenen Systems $A^T A\mathbf{x} = \mathbf{0}$. Dann liegt $A\mathbf{x}$ sowohl im Nullraum von $A^T$ als auch im Spaltenraum von $A$. Diese Räume sind orthogonal zueinander, also muß nach Satz 6.2.5 b) $A\mathbf{x} = \mathbf{0}$ sein. Da die Spaltenvektoren von $A$ linear unabhängig sind, folgt daraus $\mathbf{x} = \mathbf{0}$ (Satz 5.6.8), also hat das System $A^T A\mathbf{x} = \mathbf{0}$ nur die triviale Lösung, was äquivalent zur Invertierbarkeit von $A^T A$ ist.

*b)* $\Rightarrow$ *a)* : Wegen Satz 5.6.8 genügt es zu zeigen, daß $A\mathbf{x} = \mathbf{0}$ nur die triviale Lösung hat. Ist $\mathbf{x}$ eine Lösung dieses homogenen Systems, so gilt $A^T A\mathbf{x} = A^T\mathbf{0} = \mathbf{0}$, also folgt $\mathbf{x} = \mathbf{0}$ aus der Invertierbarkeit von $A^T A$. □

Als direkte Folgerung ergibt sich der nächste Satz, dessen Beweis wir weglassen.

**Satz 6.4.4.** *Sei $A$ eine $m \times n$-Matrix mit linear unabhängigen Spaltenvektoren. Dann hat das System $A\mathbf{x} = \mathbf{b}$ für jede $n \times 1$-Matrix $\mathbf{b}$ die eindeutig bestimmte Näherungslösung*

$$\mathbf{x} = (A^T A)^{-1} A^T\mathbf{b}. \tag{4}$$

*Weiter gilt für die Orthogonalprojektion von $\mathbf{b}$ auf den Spaltenraum $W$ von $A$*

$$\operatorname{proj}_W \mathbf{b} = A\mathbf{x} = A(A^T A)^{-1} A^T\mathbf{b}. \tag{5}$$

**Bemerkung.** Die Gleichungen (4) und (5) sind zwar für die Theorie interessant, aber in der praktischen Anwendung zu unhandlich. Die Näherungslösungen von $A\mathbf{x} = \mathbf{b}$ berechnet man am effizientesten, indem man das zugehörige Normalsystem durch Gauß-Jordan-Elimination löst; mit dieser Lösung $\mathbf{x}$ ergibt sich die Orthogonalprojektion von $\mathbf{b}$ auf den Spaltenraum von $A$ als Produkt $A\mathbf{x}$.

**Beispiel 1** Man bestimme die Näherungslösung des durch

$$\begin{aligned} x_1 - \phantom{2}x_2 &= 4 \\ 3x_1 + 2x_2 &= 1 \\ -2x_1 + 4x_2 &= 3 \end{aligned}$$

gegebenen Systems $A\mathbf{x} = \mathbf{b}$ sowie die Orthogonalprojektion von $\mathbf{b}$ auf den Spaltenraum von $A$.

*Lösung.* Mit

$$A = \begin{bmatrix} 1 & -1 \\ 3 & 2 \\ -2 & 4 \end{bmatrix} \quad \text{und} \quad b = \begin{bmatrix} 4 \\ 1 \\ 3 \end{bmatrix}$$

sind

$$A^T A = \begin{bmatrix} 1 & 3 & -2 \\ -1 & 2 & 4 \end{bmatrix} \begin{bmatrix} 1 & -1 \\ 3 & 2 \\ -2 & 4 \end{bmatrix} = \begin{bmatrix} 14 & -3 \\ -3 & 21 \end{bmatrix},$$

$$A^T \mathbf{b} = \begin{bmatrix} 1 & 3 & -2 \\ -1 & 2 & 4 \end{bmatrix} \begin{bmatrix} 4 \\ 1 \\ 3 \end{bmatrix} = \begin{bmatrix} 1 \\ 10 \end{bmatrix},$$

also ergibt sich das (eindeutig lösbare) Normalsystem

$$\begin{bmatrix} 14 & -3 \\ -3 & 21 \end{bmatrix} \begin{bmatrix} x_1 \\ x_2 \end{bmatrix} = \begin{bmatrix} 1 \\ 10 \end{bmatrix}.$$

Daraus erhält man die gesuchte Näherungslösung

$$x_1 = \tfrac{17}{95}, \quad x_2 = \tfrac{143}{285}$$

und die Projektion von $\mathbf{b}$ auf den Spaltenraum von $A$ nach (5)

$$A\mathbf{x} = \begin{bmatrix} 1 & -1 \\ 3 & 2 \\ -2 & 4 \end{bmatrix} \begin{bmatrix} \frac{17}{95} \\ \frac{143}{285} \end{bmatrix} = \begin{bmatrix} -\frac{92}{285} \\ \frac{439}{285} \\ \frac{94}{57} \end{bmatrix}.$$

**Beispiel 2** Man berechne die Orthogonalprojektion von $\mathbf{u} = (-3, -3, 8, 9)$ auf den von

$$\mathbf{u}_1 = (3, 1, 0, 1), \quad \mathbf{u}_2 = (1, 2, 1, 1), \quad \mathbf{u}_3(-1, 0, 2, -1)$$

aufgespannten Unterraum $W$ des $R^4$.

*Lösung.* Man kann mit dem Gram-Schmidt-Verfahren eine Orthonormalbasis von $W$ konstruieren, um dann analog zu Beispiel 6 aus Abschnitt 6.3 die gesuchte Projektion zu berechnen. Wir werden hier eine günstigere Methode anwenden. $W$ ist der Spaltenraum von

$$A = \begin{bmatrix} 3 & 1 & -1 \\ 1 & 2 & 0 \\ 0 & 1 & 2 \\ 1 & 1 & -1 \end{bmatrix}.$$

Wir schreiben **u** als Spaltenvektor und bestimmen eine Näherungslösung **x** des Systems $A\mathbf{x} = \mathbf{u}$; mit dieser Näherungslösung ergibt sich dann $\text{proj}_W \mathbf{u} = A\mathbf{x}$. Aus

$$\begin{bmatrix} 3 & 1 & -1 \\ 1 & 2 & 0 \\ 0 & 1 & 2 \\ 1 & 1 & -1 \end{bmatrix} \begin{bmatrix} x_1 \\ x_2 \\ x_3 \end{bmatrix} = \begin{bmatrix} -3 \\ -3 \\ 8 \\ 9 \end{bmatrix}$$

erhalten wir mit

$$A^T A = \begin{bmatrix} 3 & 1 & 0 & 1 \\ 1 & 2 & 1 & 1 \\ -1 & 0 & 2 & -1 \end{bmatrix} \begin{bmatrix} 3 & 1 & -1 \\ 1 & 2 & 0 \\ 0 & 1 & 2 \\ 1 & 1 & -1 \end{bmatrix} = \begin{bmatrix} 11 & 6 & -4 \\ 6 & 7 & 0 \\ -4 & 0 & 6 \end{bmatrix}$$

$$A^T \mathbf{u} = \begin{bmatrix} 3 & 1 & 0 & 1 \\ 1 & 2 & 1 & 1 \\ -1 & 0 & 2 & -1 \end{bmatrix} \begin{bmatrix} -3 \\ -3 \\ 8 \\ 9 \end{bmatrix} = \begin{bmatrix} -3 \\ 8 \\ 10 \end{bmatrix}$$

das Normalsystem $A^T A\mathbf{x} = A^T \mathbf{u}$:

$$\begin{bmatrix} 11 & 6 & -4 \\ 6 & 7 & 0 \\ -4 & 0 & 6 \end{bmatrix} \begin{bmatrix} x_1 \\ x_2 \\ x_3 \end{bmatrix} = \begin{bmatrix} -3 \\ 8 \\ 10 \end{bmatrix}.$$

Daraus ergibt sich als Näherungslösung von $A\mathbf{x} = \mathbf{u}$

$$\mathbf{x} = \begin{bmatrix} x_1 \\ x_2 \\ x_3 \end{bmatrix} = \begin{bmatrix} -1 \\ 2 \\ 1 \end{bmatrix},$$

also ist

$$\text{proj}_W \mathbf{u} = A\mathbf{x} = \begin{bmatrix} 3 & 1 & -1 \\ 1 & 2 & 0 \\ 0 & 1 & 2 \\ 1 & 1 & -1 \end{bmatrix} \begin{bmatrix} -1 \\ 2 \\ 1 \end{bmatrix} = \begin{bmatrix} -2 \\ 3 \\ 4 \\ 0 \end{bmatrix}.$$

## Projektionsoperatoren

Wir erweitern die in Abschnitt 4.2 für $R^2$ und $R^3$ diskutierten Projektionsoperatoren auf höhere Dimensionen.

> **Definition.** Sei $W$ ein Unterraum des $R^m$. Die Transformation $P: R^m \to W$, die jedem Vektor **x** aus $R^m$ seine Orthogonalprojektion $\text{proj}_W \mathbf{x}$ auf $W$ zuordnet, heißt ***Orthogonalprojektion von $R^m$ auf $W$***.

Man macht sich leicht klar, daß Orthogonalprojektionen linear sind. Nach (5) ergibt sich die Standardmatrix

$$[P] = A(A^T A)^{-1} A^T, \tag{6}$$

wobei die Matrix $A$ so gewählt wird, daß ihre Spaltenvektoren eine Basis von $W$ sind.

**Beispiel 3** Die Orthogonalprojektion auf die $xy$-Ebene des $R^3$ hat nach Abschnitt 4.2, Tabelle 4.5, die Darstellungsmatrix

$$[P] = \begin{bmatrix} 1 & 0 & 0 \\ 0 & 1 & 0 \\ 0 & 0 & 0 \end{bmatrix}. \tag{7}$$

Die Spaltenvektoren von

$$A = \begin{bmatrix} 1 & 0 \\ 0 & 1 \\ 0 & 0 \end{bmatrix}$$

sind eine Basis der $xy$-Ebene. Wegen $A^T A = I_2$ ergibt sich nach Formel (6)

$$[P] = AA^T = \begin{bmatrix} 1 & 0 \\ 0 & 1 \\ 0 & 0 \end{bmatrix} \begin{bmatrix} 1 & 0 & 0 \\ 0 & 1 & 0 \end{bmatrix} = \begin{bmatrix} 1 & 0 & 0 \\ 0 & 1 & 0 \\ 0 & 0 & 0 \end{bmatrix}.$$

**Beispiel 4** Sei $l$ eine Gerade im $R^2$, die durch den Ursprung verläuft und mit der positiven $x$-Achse den Winkel $\theta$ einschließt. Man berechne die Standardbasis der Projektion $P$ von $R^2$ auf $l$.

*Lösung.* Der eindimensionale Unterraum $l$ des $R^2$ wird von $\mathbf{v} = (\cos\theta, \sin\theta)$ aufgespannt (Abbildung 6.14), also ist

$$A = \begin{bmatrix} \cos\theta \\ \sin\theta \end{bmatrix}.$$

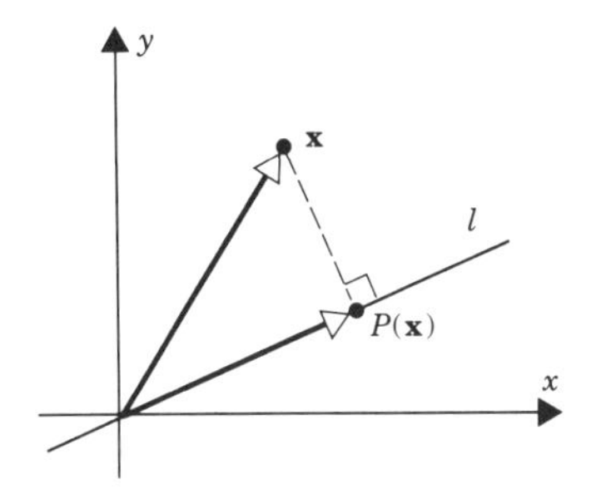


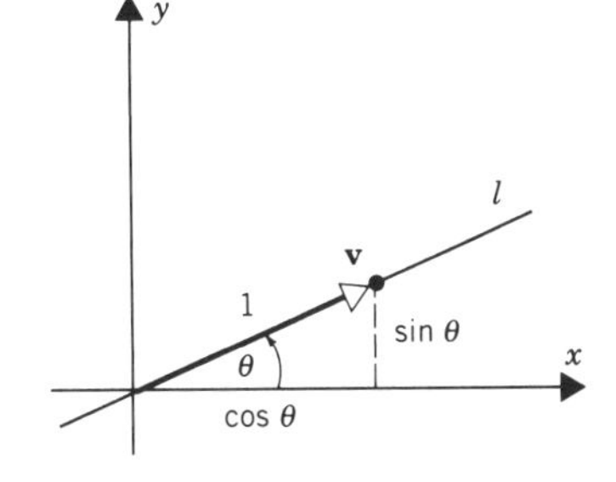


**Abb. 6.14**

Wegen $A^TA = I_1$ ergibt sich aus (6) die Darstellungsmatrix

$$[P] = AA^T = \begin{bmatrix} \cos\theta \\ \sin\theta \end{bmatrix} [\cos\theta \quad \sin\theta] = \begin{bmatrix} \cos^2\theta & \sin\theta\cos\theta \\ \sin\theta\cos\theta & \sin^2\theta \end{bmatrix}.$$

## Zusammenfassung

Durch Anfügen von Satz 6.4.3 an Satz 6.2.7 erhalten wir:

**Satz 6.4.5.** *Sei $A$ eine $n \times n$-Matrix und $T_A : R^n \to R^n$ die Multiplikation mit $A$. Dann sind folgende Aussagen äquivalent:*

*a) $A$ ist invertierbar.*
*b) $A\mathbf{x} = \mathbf{0}$ hat nur die triviale Lösung.*
*c) $A$ hat die reduzierte Zeilenstufenform $I_n$.*
*d) $A$ läßt sich als Produkt von Elementarmatrizen schreiben.*
*e) $A\mathbf{x} = \mathbf{b}$ ist für jede $n \times 1$-Matrix $\mathbf{b}$ konsistent.*
*f) $A\mathbf{x} = \mathbf{b}$ hat für jede $n \times 1$-Matrix $\mathbf{b}$ genau eine Lösung.*
*g) $det(A) \neq 0$.*
*h) Der Wertebereich von $T_A$ ist $R^n$.*
*i) $T_A$ ist injektiv.*
*j) Die Spaltenvektoren von $A$ sind linear unabhängig.*
*k) Die Zeilenvektoren von $A$ sind linear unabhängig.*
*l) Die Spaltenvektoren von $A$ spannen den Raum $R^n$ auf.*
*m) Die Zeilenvektoren von $A$ spannen den Raum $R^n$ auf.*
*n) Die Spaltenvektoren von $A$ bilden eine Basis des $R^n$.*
*o) Die Zeilenvektoren von $A$ bilden eine Basis des $R^n$.*
*p) $rang(A) = n$.*
*q) $def(A) = 0$.*
*r) Das orthogonale Komplement des Nullraumes von $A$ ist $R^n$.*
*s) Das orthogonale Komplement des Zeilenraumes von $A$ ist $\{\mathbf{0}\}$.*
*t) $A^TA$ ist invertierbar.*

## Übungen zu 6.4

**1.** Man bestimme das zugehörige Normalsystem.

a) $\begin{bmatrix} 1 & -1 \\ 2 & 3 \\ 4 & 5 \end{bmatrix} \begin{bmatrix} x_1 \\ x_2 \end{bmatrix} = \begin{bmatrix} 2 \\ -1 \\ 5 \end{bmatrix}$ b) $\begin{bmatrix} 2 & -1 & 0 \\ 3 & 1 & 2 \\ -1 & 4 & 5 \\ 1 & 2 & 4 \end{bmatrix} \begin{bmatrix} x_1 \\ x_2 \\ x_3 \end{bmatrix} = \begin{bmatrix} -1 \\ 0 \\ 1 \\ 2 \end{bmatrix}$

**2.** Man berechne $\det(A^T A)$ und entscheide mit Satz 6.4.3, ob die Spaltenvektoren von $A$ linear unabhängig sind.

a) $A = \begin{bmatrix} -1 & 3 & 2 \\ 2 & 1 & 3 \\ 0 & 1 & 1 \end{bmatrix}$, b) $A = \begin{bmatrix} 2 & -1 & 3 \\ 0 & 1 & 1 \\ -1 & 0 & -2 \\ 4 & -5 & 3 \end{bmatrix}$

**3.** Man berechne die Näherungslösung von $A\mathbf{x} = \mathbf{b}$ und die Orthogonalprojektion von $\mathbf{b}$ auf den Spaltenraum von $A$.

a) $A = \begin{bmatrix} 1 & 1 \\ -1 & 1 \\ -1 & 2 \end{bmatrix}$, $\mathbf{b} = \begin{bmatrix} 7 \\ 0 \\ -7 \end{bmatrix}$ b) $A = \begin{bmatrix} 2 & -2 \\ 1 & 1 \\ 3 & 1 \end{bmatrix}$, $\mathbf{b} = \begin{bmatrix} 2 \\ -1 \\ 1 \end{bmatrix}$

c) $A = \begin{bmatrix} 1 & 0 & -1 \\ 2 & 1 & -2 \\ 1 & 1 & 0 \\ 1 & 1 & -1 \end{bmatrix}$, $\mathbf{b} = \begin{bmatrix} 6 \\ 0 \\ 9 \\ 3 \end{bmatrix}$ d) $A = \begin{bmatrix} 2 & 0 & -1 \\ 1 & -2 & 2 \\ 2 & -1 & 0 \\ 0 & 1 & -1 \end{bmatrix}$, $\mathbf{b} = \begin{bmatrix} 0 \\ 6 \\ 0 \\ 6 \end{bmatrix}$

**4.** Man bestimme die Orthogonalprojektion von $\mathbf{u}$ auf $\text{span}\{\mathbf{v}_1, \mathbf{v}_2\}$.

a) $\mathbf{u} = (2, 1, 3)$; $\mathbf{v}_1 = (1, 1, 0)$, $\mathbf{v}_2 = (1, 2, 1)$
b) $\mathbf{u} = (1, -6, 1)$; $\mathbf{v}_1 = (-1, 2, 1)$; $\mathbf{v}_2 = (2, 2, 4)$

**5.** Man bestimme die Orthogonalprojektion von $\mathbf{u}$ auf $\text{span}\{\mathbf{v}_1, \mathbf{v}_2, \mathbf{v}_3\}$.

a) $\mathbf{u} = (6, 3, 9, 6)$; $\mathbf{v}_1(2, 1, 1, 1)$; $\mathbf{v}_2(1, 0, 1, 1)$; $\mathbf{v}_3(-2, -1, 0, -1)$
b) $\mathbf{u} = (-2, 0, 2, 4)$; $\mathbf{v}_1 = (1, 1, 3, 0)$,
$\mathbf{v}_2 = (-2, -1, -2, 1)$, $\mathbf{v}_3 = (-3, -1, 1, 3)$

**6.** Man berechne die Orthogonalprojektion von $\mathbf{u} = (5, 6, 2, 7)$ auf den Lösungsraum des Systems

$$\begin{aligned} x_1 + x_2 + x_3 \phantom{{}+x_4} &= 0 \\ 2x_2 + x_3 + x_4 &= 0. \end{aligned}$$

**7.** Man bestimme mit Formel (6) und nach Beispiel 3 die Standardmatrix der Orthogonalprojektion $P : R^2 \to R^2$ auf

a) die $x$-Achse,
b) die $y$-Achse.

[Anmerkung. Man vergleiche die Ergebnisse mit Tabelle 4.4 aus Abschnitt 4.2.]

**8.** Man bestimme mit Formel (6) die Darstellungsmatrix der Projektion $P : R^3 \to R^3$ auf

a) die $xz$-Ebene,
b) die $yz$-Ebene.

[Anmerkung. Man vergleiche die Ergebnisse mit Tabelle 4.5 aus Abschnitt 4.2.]

**9.** Sei $W$ die Ebene $5x - 3y + z = 0$.

a) Man bestimme eine Basis von $W$.
b) Man berechne mit Formel (6) die Darstellungsmatrix der Orthogonalprojektion von $R^3$ auf $W$.
c) Man berechne mit der Matrix aus b) die Orthogonalprojektion eines Punktes $P_0(x_0, y_0, z_0)$ auf $W$.
d) Man bestimme den Abstand des Punktes $P_0(1, -2, 4)$ zu $W$ und überprüfe das Ergebnis anhand von Satz 3.5.2.

**10.** Sei $W$ die Gerade

$$x = 2t, \quad y = -t, \quad z = 4t, \quad (-\infty < t < \infty).$$

a) Man bestimme eine Basis von $W$.
b) Man berechne mit Formel (6) die Darstellungsmatrix der Orthogonalprojektion von $R^3$ auf $W$.
c) Man berechne mit der Matrix aus b) die Orthogonalprojektion von $P_0(x_0, y_0, z_0)$ auf $W$.
d) Man bestimme den Abstand von $P_0(2, 1, -3)$ zu $W$.

**11.** Seien $A$ und $\mathbf{b}$ wie in Aufgabe 3 und $\bar{\mathbf{x}}$ eine Näherungslösung von $A\mathbf{x} = \mathbf{b}$. Man verifiziere, daß der *Fehlervektor* $A\bar{\mathbf{x}} - \mathbf{b}$ orthogonal zum Spaltenraum von $A$ ist.

**12.** Sei $A$ eine Matrix mit linear unabhängigen Spaltenvektoren, so daß das System $A\mathbf{x} = \mathbf{b}$ konsistent ist. Man zeige, daß die Näherungslösung und die exakte Lösung von $A\mathbf{x} = \mathbf{b}$ übereinstimmen.

**13.** Man zeige: Sind die Spalten von $A$ linear unabhängig und ist $\mathbf{b}$ orthogonal zum Spaltenraum von $A$, so hat $A\mathbf{x} = \mathbf{b}$ die Näherungslösung $\mathbf{x} = \mathbf{0}$.

**14.** Sei $P : R^n \to R^n$ die Orthogonalprojektion von $R^n$ auf einen Unterraum $W$.

a) Man beweise $[P]^2 = [P]$.
b) Was folgt aus a) für die Komposition $P \circ P$?
c) Man zeige, daß $[P]$ symmetrisch ist.
d) Man verifiziere a)–c) für die Matrizen aus Abschnitt 4.2, Tabelle 4.4 und 4.5.

**15.** Sei $A$ eine $m \times n$-Matrix mit linear unabhängigen Zeilen. Man bestimme die Standardmatrix der Orthogonalprojektion von $R^n$ auf den Zeilenraum von $A$. [*Hinweis.* Man beginne mit Formel (6).]

## 6.5 Orthogonale Matrizen, Basiswechsel

*Wir haben bereits erwähnt, daß man zur Lösung von Problemen der linearen Algebra unterschiedliche Basen verwendet, so daß man oft von einer Basis zu einer anderen übergeht. Da Basen verallgemeinerte Koordinatensysteme sind, entspricht dieses Vorgehen den bereits in* $R^2$ *und* $R^3$ *betrachteten Koordinatenwechseln. Wir untersuchen jetzt, wie sich derartige „Basiswechsel" durch Matrizen realisieren lassen. Dabei stoßen wir auf quadratische Matrizen mit orthonormalen Spaltenvektoren.*

## Orthogonale Matrizen

Wir betrachten Matrizen, deren Inverse sich besonders leicht berechnen lassen.

**Definition.** Eine quadratische Matrix $A$ mit der Eigenschaft

$$A^{-1} = A^T$$

heißt ***orthogonal.***

Offenbar ist eine quadratische Matrix $A$ genau dann orthogonal, wenn sie

$$AA^T = A^T A = I \tag{1}$$

oder nach Satz 1.6.3 *eine* der Gleichungen $AA^T = I$ oder $A^T A = I$ erfüllt.

**Beispiel 1** Die Matrix

$$A = \begin{bmatrix} \frac{3}{7} & \frac{2}{7} & \frac{6}{7} \\ -\frac{6}{7} & \frac{3}{7} & \frac{2}{7} \\ \frac{2}{7} & \frac{6}{7} & -\frac{3}{7} \end{bmatrix}$$

ist orthogonal, denn

$$A^T A = \begin{bmatrix} \frac{3}{7} & -\frac{6}{7} & \frac{2}{7} \\ \frac{2}{7} & \frac{3}{7} & \frac{6}{7} \\ \frac{6}{7} & \frac{2}{7} & -\frac{3}{7} \end{bmatrix} \begin{bmatrix} \frac{3}{7} & \frac{2}{7} & \frac{6}{7} \\ -\frac{6}{7} & \frac{3}{7} & \frac{2}{7} \\ \frac{2}{7} & \frac{6}{7} & -\frac{3}{7} \end{bmatrix} = \begin{bmatrix} 1 & 0 & 0 \\ 0 & 1 & 0 \\ 0 & 0 & 1 \end{bmatrix}.$$

**Beispiel 2** Die Rotation im $R^2$ um einen Winkel $\theta$ entgegen dem Uhrzeigersinn wird beschrieben durch

$$A = \begin{bmatrix} \cos\theta & -\sin\theta \\ \sin\theta & \cos\theta \end{bmatrix}.$$

Diese Matrix ist orthogonal für alle $\theta$, da

$$A^T A = \begin{bmatrix} \cos\theta & \sin\theta \\ -\sin\theta & \cos\theta \end{bmatrix} \begin{bmatrix} \cos\theta & -\sin\theta \\ \sin\theta & \cos\theta \end{bmatrix} = \begin{bmatrix} 1 & 0 \\ 0 & 1 \end{bmatrix}.$$

Tatsächlich sind alle Darstellungsmatrizen der in Abschnitt 4.2 behandelten Reflexions- und Rotationsoperatoren orthogonal. Bei genauerer Untersuchung der oben angegebenen orthogonalen Matrizen sieht man, daß ihre Spaltenvektoren bezüglich des inneren euklidischen Produkts orthonormal sind.

**Satz 6.5.1.** *Für eine $n \times n$-Matrix $A$ sind folgende Aussagen äquivalent:*

*a) $A$ ist orthogonal.*
*b) Die Zeilenvektoren von $A$ sind orthonormal bezüglich des inneren euklidischen Produkts auf $R^n$.*
*c) Die Spaltenvektoren von $A$ sind orthonormal bezüglich des inneren euklidischen Produkts auf $R^n$.*

**Beweis.** Wir beweisen die Äquivalenz der beiden ersten Aussagen, den Nachweis von *a)* $\Leftrightarrow$ *c)* überlassen wir dem Leser.

*a)* $\Leftrightarrow$ *b)*: Seien $\mathbf{r}_1, \mathbf{r}_2, \ldots, \mathbf{r}_n$ die Zeilenvektoren von $A$. Die Elemente $[AA^T]_{ij}$ des Matrixprodukts $AA^T$ ergeben sich als euklidisches inneres Produkt der $i$-ten Zeile von $A$ mit der $j$-ten Spalte von $A^T$, wobei die Spalten von $A^T$ gerade die Zeilen von $A$ sind. Damit folgt

$$AA^T = \begin{bmatrix} \mathbf{r}_1 \cdot \mathbf{r}_1 & \mathbf{r}_1 \cdot \mathbf{r}_2 & \cdots & \mathbf{r}_1 \cdot \mathbf{r}_n \\ \mathbf{r}_2 \cdot \mathbf{r}_1 & \mathbf{r}_2 \cdot \mathbf{r}_2 & \cdots & \mathbf{r}_2 \cdot \mathbf{r}_n \\ \vdots & \vdots & & \vdots \\ \mathbf{r}_n \cdot \mathbf{r}_1 & \mathbf{r}_n \cdot \mathbf{r}_2 & \cdots & \mathbf{r}_n \cdot \mathbf{r}_n \end{bmatrix},$$

also ist genau dann $AA^T = I$, wenn

$$\mathbf{r}_1 \cdot \mathbf{r}_1 = \mathbf{r}_2 \cdot \mathbf{r}_2 = \cdots = \mathbf{r}_n \cdot \mathbf{r}_n = 1$$

und

$$\mathbf{r}_i \cdot \mathbf{r}_j = 0 \quad \text{für} \quad i \neq j$$

gelten. Diese Bedingungen sind offenbar äquivalent dazu, daß $\{\mathbf{r}_1, \mathbf{r}_2, \ldots, \mathbf{r}_n\}$ im euklidischen Raum $R^n$ orthonormal sind. □

**Bemerkung.** Nach dem letzten Satz scheint es sinnvoll, orthogonale Matrizen als *orthonormal* zu bezeichnen. Wir werden jedoch den historisch begründeten Begriff benutzen.

## Eigenschaften orthogonaler Matrizen

**Satz 6.5.2**

*a) Die Inverse einer orthogonalen Matrix ist orthogonal.*
*b) Das Produkt orthogonaler Matrizen ist orthogonal.*
*c) Für eine orthogonale Matrix $A$ gilt $|\det(A)| = 1$.*

Den Beweis überlassen wir dem Leser als Übungsaufgabe.

**Beispiel 3** Die Spalten- und Zeilenvektoren von

$$A = \begin{bmatrix} 1/\sqrt{2} & -1/\sqrt{2} \\ -1/\sqrt{2} & 1/\sqrt{2} \end{bmatrix}$$

bilden Orthonormalbasen des $R^2$, also ist $A$ orthogonal. Außerdem gilt $\det(A) = 1$. (Der Leser möge das nachrechnen.) Durch Vertauschen der Zeilen von $A$ erhält man eine orthogonale Matrix mit der Determinante $\det = -1$.

## Orthogonale Operatoren

In Beispiel 2 haben wir festgestellt, daß die Standardmatrizen der Reflexions- und Rotationsoperatoren in $R^2$ und $R^3$ orthogonal sind. Wir werden diese Tatsache jetzt in einen allgemeineren Zusammenhang stellen.

**Satz 6.5.3.** *Für eine $n \times n$-Matrix $A$ sind folgende Aussagen äquivalent:*

*a) $A$ ist orthogonal.*
*b) $\|A\mathbf{x}\| = \|\mathbf{x}\|$ für alle $\mathbf{x} \in R^n$.*
*c) $A\mathbf{x} \cdot A\mathbf{y} = \mathbf{x} \cdot \mathbf{y}$ für alle $\mathbf{x}, \mathbf{y} \in R^n$.*

**Beweis.** Wir zeigen die Implikationskette *a)* $\Rightarrow$ *b)* $\Rightarrow$ *c)* $\Rightarrow$ *a)*.

*a)* $\Rightarrow$ *b)*: Aus der Orthogonalität von $A$ folgt $A^T A = I$, also ist nach Formel (8) aus Abschnitt 4.1

$$\|A\mathbf{x}\| = (A\mathbf{x} \cdot A\mathbf{x})^{1/2} = (\mathbf{x} \cdot A^T A\mathbf{x})^{1/2} = (\mathbf{x} \cdot \mathbf{x})^{1/2} = \|\mathbf{x}\|.$$

*b)* $\Rightarrow$ *c)*: Seien $\mathbf{x}$ und $\mathbf{y}$ Vektoren aus $R^n$. Nach Voraussetzung ist $\|A(\mathbf{x} \pm \mathbf{y})\| = \|\mathbf{x} \pm \mathbf{y}\|$, also gilt nach Satz 4.1.6

$$\begin{aligned} A\mathbf{x} \cdot A\mathbf{y} &= \tfrac{1}{4}\|A\mathbf{x} + A\mathbf{y}\|^2 - \tfrac{1}{4}\|A\mathbf{x} - A\mathbf{y}\|^2 = \tfrac{1}{4}\|A(\mathbf{x} + \mathbf{y})\|^2 - \tfrac{1}{4}\|A(\mathbf{x} - \mathbf{y})\|^2 \\ &= \tfrac{1}{4}\|\mathbf{x} + \mathbf{y}\|^2 - \tfrac{1}{4}\|\mathbf{x} - \mathbf{y}\|^2 = \mathbf{x} \cdot \mathbf{y}. \end{aligned}$$

*c)* $\Rightarrow$ *a)*: Seien $\mathbf{x}$ und $\mathbf{y}$ beliebige Vektoren aus $R^n$. Nach Voraussetzung ist $A\mathbf{x} \cdot A\mathbf{y} = \mathbf{x} \cdot \mathbf{y}$, also nach Abschnitt 4.1 Formel (8)

$$\mathbf{x} \cdot \mathbf{y} = \mathbf{x} \cdot A^T A\mathbf{y},$$

woraus sich

$$\mathbf{x} \cdot (A^T A\mathbf{y} - \mathbf{y}) = 0 \quad \text{oder} \quad \mathbf{x} \cdot (A^T A - I)\mathbf{y} = 0$$

ergibt. Da $\mathbf{x}$ beliebig ist, gilt diese Gleichung auch für

$$\mathbf{x} = (A^T A - I)\mathbf{y},$$

also ist

$$(A^T A - I)\mathbf{y} \cdot (A^T A - I)\mathbf{y} = 0$$

und damit

$$(A^T A - I)\mathbf{y} = \mathbf{0} \tag{2}$$

für jeden Vektor $\mathbf{y}$ (warum?). Damit ist $R^n$ der Lösungsraum des homogenen Gleichungssystems (2), folglich muß die Koeffizientenmatrix die Nullmatrix sein (warum?). Wir erhalten $A^T A = I$, also ist $A$ orthogonal. □

Die Multiplikation $T : R^n \to R^n$ mit einer orthogonalen Matrix $A$ heißt ***orthogonaler Operator auf*** $R^n$. Nach Satz 6.5.3 ist ein Operator genau dann orthogonal, wenn er alle Vektornormen invariant läßt. Damit ist klar, daß die Darstellungsmatrizen der Reflexionen und Rotationen auf $R^2$ und $R^3$ orthogonal sind.

## Koordinatenmatrizen

Sei $S = \{\mathbf{v}_1, \mathbf{v}_2, \ldots, \mathbf{v}_n\}$ eine Basis des Vektorraumes $V$. Nach Satz 5.4.1 läßt sich jeder Vektor $\mathbf{v}$ aus $V$ eindeutig als Linearkombination

$$\mathbf{v} = k_1\mathbf{v}_1 + k_2\mathbf{v}_2 + \cdots + k_n\mathbf{v}_n$$

darstellen, die Skalare $k_1, k_2, \ldots, k_n$ bilden den Koordinatenvektor

$$(\mathbf{v})_S = (k_1, k_2, \ldots, k_n)$$

von $\mathbf{v}$ bezüglich $S$. Für die folgenden Überlegungen verwenden wir diesen Vektor in der Form

$$[\mathbf{v}]_S = \begin{bmatrix} k_1 \\ k_2 \\ \vdots \\ k_n \end{bmatrix}.$$

Diese $n \times 1$-Matrix heißt ***Koordinatenmatrix*** von $\mathbf{v}$ bezüglich $S$.

## Basiswechsel

Sobald man in Anwendungen mit mehreren Koordinatensystemen arbeitet, muß man die Beziehungen zwischen den verschiedenen Koordinaten eines festen Punktes oder Vektors kennen. Da Basen beliebiger Vektorräume als verallgemeinerte Koordinatensysteme gesehen werden können, lösen wir dieses Problem jetzt in einem allgemeineren Rahmen.

***Das Problem des Basiswechsels.*** Seien $B$ und $B'$ zwei Basen eines Vektorraumes $V$. Welcher Zusammenhang besteht zwischen den Koordinatenmatrizen $[\mathbf{v}]_B$ und $[\mathbf{v}]_{B'}$ eines Vektors $\mathbf{v}$ aus $V$?

Der Einfachheit halber beschränken wir uns auf $\dim(V) = 2$, die Ausarbeitung des allgemeinen Falls überlassen wir dem Leser. Seien also

$$B = \{\mathbf{u}_1, \mathbf{u}_2\} \quad \text{und} \quad B' = \{\mathbf{u}_1', \mathbf{u}_2'\}$$

die beiden Basen sowie

$$[\mathbf{u}_1']_B = \begin{bmatrix} a \\ b \end{bmatrix} \quad \text{und} \quad [\mathbf{u}_2']_B = \begin{bmatrix} c \\ d \end{bmatrix} \tag{3}$$

die Koordinatenmatrizen der Elemente von $B'$ bezüglich $B$, also

$$\begin{aligned} \mathbf{u}_1' &= a\,\mathbf{u}_1 + b\,\mathbf{u}_2 \\ \mathbf{u}_2' &= c\,\mathbf{u}_1 + d\,\mathbf{u}_2. \end{aligned} \tag{4}$$

Hat der Vektor $\mathbf{v}$ bezüglich $B'$ die Koordinatenmatrix

$$[\mathbf{v}]_{B'} = \begin{bmatrix} k_1 \\ k_2 \end{bmatrix}, \tag{5}$$

so läßt er sich als Linearkombination

$$\mathbf{v} = k_1\mathbf{u}_1' + k_2\mathbf{u}_2' \tag{6}$$

schreiben, woraus sich mit (4) die Darstellung

$$\mathbf{v} = k_1(a\,\mathbf{u}_1 + b\,\mathbf{u}_2) + k_2(c\,\mathbf{u}_1 + d\,\mathbf{u}_2)$$

oder

$$\mathbf{v} = (k_1a + k_2c)\mathbf{u}_1 + (k_1b + k_2d)\mathbf{u}_2$$

ergibt. Die Koordinatenmatrix von $\mathbf{v}$ bezüglich $B$

$$[\mathbf{v}]_B = \begin{bmatrix} k_1a + k_2c \\ k_1b + k_2d \end{bmatrix}$$

läßt sich also als Produkt

$$[\mathbf{v}]_B = \begin{bmatrix} a & c \\ b & d \end{bmatrix} \begin{bmatrix} k_1 \\ k_2 \end{bmatrix}$$

oder

$$[\mathbf{v}]_B = \begin{bmatrix} a & c \\ b & d \end{bmatrix} [\mathbf{v}]_{B'}$$

schreiben. Wir haben damit gezeigt, daß sich die Koordinatenmatrix $[\mathbf{v}]_B$ bezüglich der Basis $B$ als Produkt der Koordinatenmatrix $[\mathbf{v}]_{B'}$ mit der Matrix

$$P = \begin{bmatrix} a & c \\ b & d \end{bmatrix}$$

ergibt, wobei die Spalten von $P$ die Koordinaten der Vektoren aus $B'$ bezüglich $B$ enthalten. Dieses Ergebnis wollen wir festhalten.

**Basiswechsel.** Seien $B = \{\mathbf{u}_1, \mathbf{u}_2, \ldots, \mathbf{u}_n\}$ und $B' = \{\mathbf{u}'_1, \mathbf{u}'_2, \ldots, \mathbf{u}'_n\}$ Basen eines Vektorraumes $V$. Dann gilt für die Koordinatenmatrizen $[\mathbf{v}]_B$ und $[\mathbf{v}]_{B'}$ eines Elements $\mathbf{v}$ aus $V$

$$[\mathbf{v}]_B = P[\mathbf{v}]_{B'}, \tag{7}$$

wobei die $n \times n$-Matrix $P$ aus den Spalten

$$[\mathbf{u}'_1]_B, [\mathbf{u}'_2]_B, \ldots, [\mathbf{u}'_n]_B$$

besteht.

## Übergangsmatrizen

Die Matrix

$$P = [[\mathbf{u}'_1]_B \mid [\mathbf{u}'_2]_B \mid \cdots \mid [\mathbf{u}'_n]_B] \tag{8}$$

heißt ***Übergangsmatrix von $B'$ nach $B$.***

**Beispiel 4** Man betrachte die von den Vektoren

$$\mathbf{u}_1 = (1,0); \quad \mathbf{u}_2 = (0,1); \quad \mathbf{u}'_1 = (1,1); \quad \mathbf{u}'_2 = (2,1)$$

gebildeten Basen $B = \{\mathbf{u}_1, \mathbf{u}_2\}$ und $B' = \{\mathbf{u}'_1, \mathbf{u}'_2\}$ des $R^2$.

a) Man bestimme die Übergangsmatrix von $B'$ nach $B$.
b) Man berechne mit (7) $[\mathbf{v}]_B$ für

$$[\mathbf{v}]_{B'} = \begin{bmatrix} -3 \\ 5 \end{bmatrix}.$$

*Lösung a).* Aus

$$\begin{aligned} \mathbf{u}'_1 &= \mathbf{u}_1 + \mathbf{u}_2 \\ \mathbf{u}'_2 &= 2\mathbf{u}_1 + \mathbf{u}_2 \end{aligned}$$

ergeben sich

$$[\mathbf{u}'_1]_B = \begin{bmatrix} 1 \\ 1 \end{bmatrix} \quad \text{und} \quad [\mathbf{u}'_2]_B = \begin{bmatrix} 2 \\ 1 \end{bmatrix}.$$

Die Übergangsmatrix von $B'$ nach $B$ ist dann

$$P = \begin{bmatrix} 1 & 2 \\ 1 & 1 \end{bmatrix}.$$

*Lösung b).* Mit (7) und Teil a) folgt

$$[\mathbf{v}]_B = \begin{bmatrix} 1 & 2 \\ 1 & 1 \end{bmatrix} \begin{bmatrix} -3 \\ 5 \end{bmatrix} = \begin{bmatrix} 7 \\ 2 \end{bmatrix}.$$

Von der Richtigkeit des Ergebnisses kann man sich leicht überzeugen, indem man $-3\mathbf{u}_1' + 5\mathbf{u}_2' = 7\mathbf{u}_1 + 2\mathbf{u}_2 = \mathbf{v} = (7, 2)$ nachrechnet.

**Beispiel 5** Wir betrachten die Basen $B$ und $B'$ aus Beispiel 4. Die Übergangsmatrix $Q$ von $B$ nach $B'$ enthält als Spalten die Koordinaten der Vektoren aus $B$ bezüglich $B'$. Man macht sich leicht klar, daß $\mathbf{u}_1$ und $\mathbf{u}_2$ die Darstellungen

$$\begin{aligned} \mathbf{u}_1 &= -\mathbf{u}_1' + \mathbf{u}_2' \\ \mathbf{u}_2 &= 2\mathbf{u}_1' - \mathbf{u}_2' \end{aligned}$$

besitzen, also

$$[\mathbf{u}_1]_{B'} = \begin{bmatrix} -1 \\ 1 \end{bmatrix} \quad \text{und} \quad [\mathbf{u}_2]_{B'} = \begin{bmatrix} 2 \\ -1 \end{bmatrix}.$$

Daraus ergibt sich als Übergangsmatrix von $B$ nach $B'$

$$Q = \begin{bmatrix} -1 & 2 \\ 1 & -1 \end{bmatrix}.$$

Multiplizieren wie die Übergangsmatrix $P$ von $B'$ nach $B$ (Beispiel 4) mit der Übergangsmatrix $Q$ von $B$ nach $B'$ (Beispiel 5), so erhalten wir

$$PQ = \begin{bmatrix} 1 & 2 \\ 1 & 1 \end{bmatrix} \begin{bmatrix} -1 & 2 \\ 1 & -1 \end{bmatrix} = \begin{bmatrix} 1 & 0 \\ 0 & 1 \end{bmatrix} = I,$$

also ist $Q = P^{-1}$. Diese Beobachtung führt zu folgendem Ergebnis.

**Satz 6.5.4.** *Für die Übergangsmatrix $P$ von einer Basis $B'$ zu einer Basis $B$ gilt:*

*a) $P$ ist invertierbar.*
*b) $P^{-1}$ ist die Übergangsmatrix von $B$ nach $B'$.*

**Beweis.** Sei $Q$ die Übergangsmatrix von $B$ nach $B'$. Es genügt, die Gleichung $PQ = I$ zu beweisen. Seien dazu $B = \{\mathbf{u}_1, \mathbf{u}_2, \ldots, \mathbf{u}_n\}$ und

$$PQ = \begin{bmatrix} c_{11} & c_{12} & \cdots & c_{1n} \\ c_{21} & c_{22} & \cdots & c_{2n} \\ \vdots & \vdots & & \vdots \\ c_{n1} & c_{n2} & \cdots & c_{nn} \end{bmatrix}.$$

Nach (7) gilt für jeden Vektor $\mathbf{x}$

$$[\mathbf{x}]_B = P[\mathbf{x}]_{B'}$$

und

$$[\mathbf{x}]_{B'} = Q[\mathbf{x}]_B,$$

woraus sich durch Einsetzen der zweiten Gleichung in die erste

$$[\mathbf{x}]_B = PQ[\mathbf{x}]_B \tag{9}$$

ergibt. Da der Vektor $\mathbf{x}$ beliebig war, können wir $\mathbf{x} = \mathbf{u}_1$ wählen und erhalten

$$\begin{bmatrix} 1 \\ 0 \\ \vdots \\ 0 \end{bmatrix} = \begin{bmatrix} c_{11} & c_{12} & \cdots & c_{1n} \\ c_{21} & c_{22} & \cdots & c_{2n} \\ \vdots & \vdots & & \vdots \\ c_{n1} & c_{n2} & \cdots & c_{nn} \end{bmatrix} \begin{bmatrix} 1 \\ 0 \\ \vdots \\ 0 \end{bmatrix}$$

oder

$$\begin{bmatrix} 1 \\ 0 \\ \vdots \\ 0 \end{bmatrix} = \begin{bmatrix} c_{11} \\ c_{21} \\ \vdots \\ c_{n1} \end{bmatrix}.$$

Analog ergibt sich mit $\mathbf{x} = \mathbf{u}_2, \ldots, \mathbf{u}_n$

$$\begin{bmatrix} c_{12} \\ c_{22} \\ \vdots \\ c_{n2} \end{bmatrix} = \begin{bmatrix} 0 \\ 1 \\ \vdots \\ 0 \end{bmatrix}, \ldots, \begin{bmatrix} c_{1n} \\ c_{2n} \\ \vdots \\ c_{nn} \end{bmatrix} = \begin{bmatrix} 0 \\ 0 \\ \vdots \\ 1 \end{bmatrix}.$$

Daraus folgt $PQ = I$. □

Zusammenfassend gilt mit der Übergangsmatrix $P$ von einer Basis $B'$ zu einer anderen Basis $B$ für jeden Vektor $\mathbf{v}$:

$$[\mathbf{v}]_B = P[\mathbf{v}]_{B'} \tag{10}$$

$$[\mathbf{v}]_{B'} = P^{-1}[\mathbf{v}]_B. \tag{11}$$

## Wechsel zwischen Orthonormalbasen

Wir betrachten jetzt wieder Vektorräume mit Skalarprodukt und untersuchen die Übergangsmatrix zwischen Orthonormalbasen.

**Satz 6.5.5.** *Seien $B$ und $B'$ Orthonormalbasen eines $n$-dimensionalen Vektorraumes $V$ mit Skalarprodukt. Die Übergangsmatrix $P$ von $B'$ nach $B$ ist orthogonal, das heißt*

$$P^{-1} = P^T.$$

**Beweis.** Nach Satz 6.5.3 b) reicht es zu zeigen, daß für jeden Vektor $\mathbf{x}$ aus $R^n$ $\|P\mathbf{x}\| = \|\mathbf{x}\|$ gilt.

Sei also $\mathbf{x}$ ein beliebiger Vektor aus $R^n$ und $\mathbf{u}$ das Element von $V$ mit $[\mathbf{u}]_{B'} = \mathbf{x}$. Da $B$ und $B'$ Orthonormalbasen sind, gilt mit Satz 6.3.2 a)

$$\|\mathbf{u}\| = \|[\mathbf{u}]_{B'}\| = \|[\mathbf{u}]_B\|,$$

also mit (10)

$$\|\mathbf{u}\| = \|[\mathbf{u}]_{B'}\| = \|P[\mathbf{u}]_{B'}\|, \tag{12}$$

wobei sich $\|\mathbf{u}\|$ auf das Skalarprodukt in $V$ bezieht und ansonsten die euklidischen Normen der Koordinatenvektoren in $R^n$ gemeint sind. Mit $[\mathbf{u}]_{B'} = \mathbf{x}$ folgt aus (12)

$$\|\mathbf{u}\| = \|\mathbf{x}\| = \|P\mathbf{x}\|,$$

also ist $P$ orthogonal. □

## Rotation der Koordinatenachsen

In Anwendungen betrachtet man häufig zwei- oder dreidimensionale rechtwinklige Koordinatensysteme, die durch Drehungen ineinander übergehen. Um den Zusammenhang zwischen den Koordinaten eines Punktes in den verschiedenen Systemen zu untersuchen, benutzen wir unsere Ergebnisse über Basiswechsel.

**Beispiel 6** Wir betrachten ein rechtwinkliges $xy$-Koordinatensystem in der Ebene, das durch Drehung um einen Winkel $\theta$ in ein $x'y'$-System übergeht. Jeder Punkt $Q$ hat dann Koordinaten $(x, y)$ im $xy$-System sowie Koordinaten $(x', y')$ im $x'y'$-System (Abbildung 6.15 a).

Sind $\mathbf{u}_1$, $\mathbf{u}_2$, $\mathbf{u}'_1$ und $\mathbf{u}'_2$ Einheitsvektoren in Richtung der positiven Koordinatenachsen (Abbildung 6.15b), so entspricht die Rotation des Koordinatensystems einem Basiswechsel von $B = \{\mathbf{u}_1, \mathbf{u}_2\}$ zu $B' = \{\mathbf{u}'_1, \mathbf{u}'_2\}$. Wir erhalten für die Koordinaten von $Q$

$$\begin{bmatrix} x' \\ y' \end{bmatrix} = P^{-1} \begin{bmatrix} x \\ y \end{bmatrix}, \tag{13}$$

wobei $P$ die Übergangsmatrix von $B'$ zu $B$ ist. Als Komponenten von $\mathbf{u}'_1$ bezüglich $B$ ergeben sich nach Abbildung 6.15 $\cos\theta$ und $\sin\theta$, also

$$[\mathbf{u}'_1]_B = \begin{bmatrix} \cos\theta \\ \sin\theta \end{bmatrix}.$$

Analog erhält man die Komponenten von $\mathbf{u}'_2$ aus Abbildung 6.15d als $\cos(\theta + \frac{\pi}{2}) = -\sin\theta$ und $\sin(\theta + \frac{\pi}{2}) = \cos\theta$, so daß

$$[\mathbf{u}'_2]_B = \begin{bmatrix} -\sin\theta \\ \cos\theta \end{bmatrix}.$$

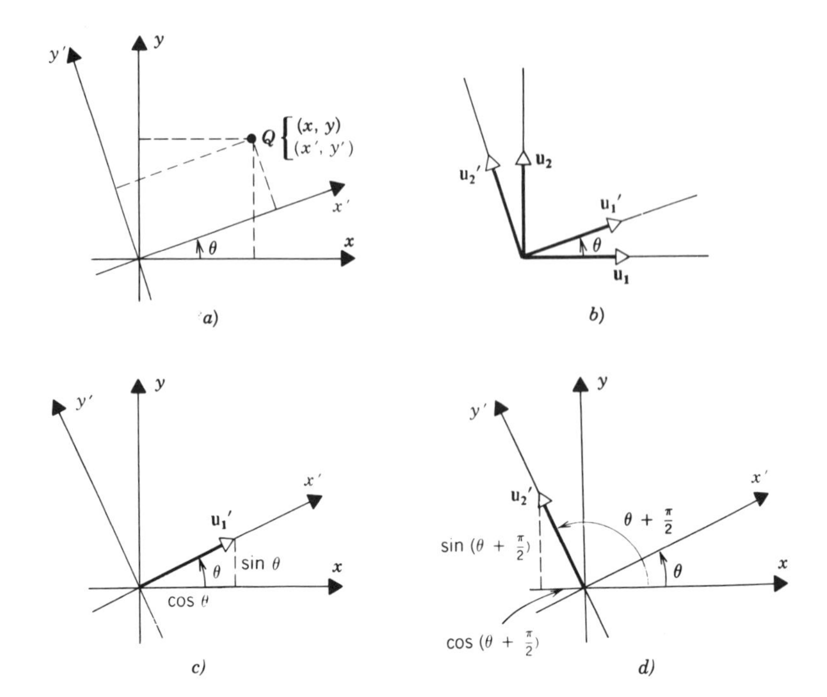


**Abb. 6.15**

Die daraus gebildete Übergangsmatrix

$$P = \begin{bmatrix} \cos\theta & -\sin\theta \\ \sin\theta & \cos\theta \end{bmatrix}$$

ist orthogonal, da $B$ und $B'$ Orthonormalbasen sind. Damit ist

$$P^{-1} = P^T = \begin{bmatrix} \cos\theta & \sin\theta \\ -\sin\theta & \cos\theta \end{bmatrix},$$

also ergeben sich die $x'y'$-Koordinaten des Punktes $Q$ als

$$\begin{bmatrix} x' \\ y' \end{bmatrix} = \begin{bmatrix} \cos\theta & \sin\theta \\ -\sin\theta & \cos\theta \end{bmatrix} \begin{bmatrix} x \\ y \end{bmatrix} \tag{14}$$

beziehungsweise

$$\begin{aligned} x' &= \phantom{-}x\cos\theta + y\sin\theta \\ y' &= -x\sin\theta + y\cos\theta. \end{aligned}$$

Beispielsweise ergibt sich für die Drehung der Koordinatenachsen um $\theta = \frac{\pi}{4}$ mit

$$\sin\frac{\pi}{4} = \cos\frac{\pi}{4} = \frac{1}{\sqrt{2}}$$

die Beziehung

$$\begin{bmatrix} x' \\ y' \end{bmatrix} = \begin{bmatrix} \frac{1}{\sqrt{2}} & \frac{1}{\sqrt{2}} \\ -\frac{1}{\sqrt{2}} & \frac{1}{\sqrt{2}} \end{bmatrix} \begin{bmatrix} x \\ y \end{bmatrix},$$

so daß der Punkt $Q$ mit den $xy$-Koordinaten $(2, -1)$ wegen

$$\begin{bmatrix} x' \\ y' \end{bmatrix} = \begin{bmatrix} \frac{1}{\sqrt{2}} & \frac{1}{\sqrt{2}} \\ -\frac{1}{\sqrt{2}} & \frac{1}{\sqrt{2}} \end{bmatrix} \begin{bmatrix} 2 \\ -1 \end{bmatrix} = \begin{bmatrix} \frac{1}{\sqrt{2}} \\ -\frac{3}{\sqrt{2}} \end{bmatrix}$$

die neuen Koordinaten $(x', y') = (\frac{1}{\sqrt{2}}, -\frac{3}{\sqrt{2}})$ hat.

**Bemerkung.** Die Übergangsmatrix $P$ im letzten Beispiel ist gerade die Standardmatrix des Rotationsoperators mit Drehwinkel $-\theta$ (Abschnitt 4.2, Tabelle 4.6). Das entspricht der Tatsache, daß eine Drehung der Achsen um $\theta$, die die Vektoren des $R^2$ unverändert läßt, nichts anderes bewirkt als eine Rotation der Vektoren um $-\theta$ bei festgehaltenen Koordinatenachsen.

**Beispiel 7** Ein rechtwinkliges $xyz$-Koordinatensystem im $R^3$ wird um die $z$-Achse mit einem Rotationswinkel $\theta$ entgegen dem Uhrzeigersinn gedreht (Abbildung 6.16).

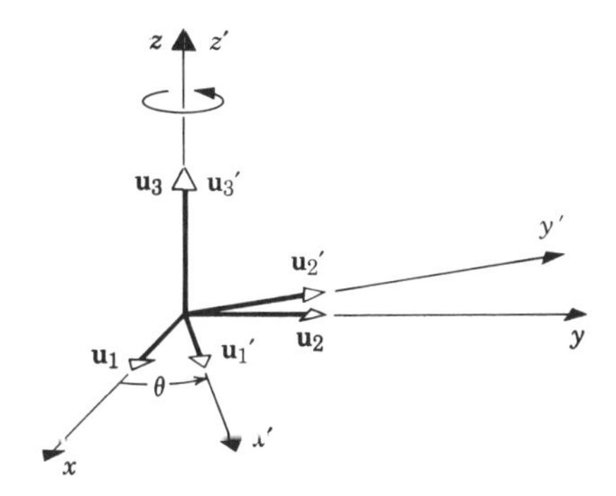


**Abb. 6.16**

Wir wählen die Einheitsvektoren $\mathbf{u}_1, \mathbf{u}_2, \mathbf{u}_3$ und $\mathbf{u}'_1, \mathbf{u}'_2, \mathbf{u}'_3$ in Richtung der positiven Koordinatenachsen. Die Rotation des Koordinatensystems entspricht dann einem Basiswechsel von $B = \{\mathbf{u}_1, \mathbf{u}_2, \mathbf{u}_3\}$ zu $B' = \{\mathbf{u}'_1, \mathbf{u}'_2, \mathbf{u}'_3\}$. Wie in Beispiel 6 sind

$$[\mathbf{u}'_1]_B = \begin{bmatrix} \cos\theta \\ \sin\theta \\ 0 \end{bmatrix} \quad \text{und} \quad [\mathbf{u}'_2]_B = \begin{bmatrix} -\sin\theta \\ \cos\theta \\ 0 \end{bmatrix},$$

außerdem

$$[\mathbf{u}_3']_B = \begin{bmatrix} 0 \\ 0 \\ 1 \end{bmatrix},$$

so daß wir

$$P = \begin{bmatrix} \cos\theta & -\sin\theta & 0 \\ \sin\theta & \cos\theta & 0 \\ 0 & 0 & 1 \end{bmatrix}$$

als Übergangsmatrix von $B'$ zu $B$ sowie

$$P^{-1} = \begin{bmatrix} \cos\theta & \sin\theta & 0 \\ -\sin\theta & \cos\theta & 0 \\ 0 & 0 & 1 \end{bmatrix}$$

als Übergangsmatrix von $B$ zu $B'$ erhalten. Der Zusammenhang zwischen den $x'y'z'$- und den $xyz$-Koordinaten eines Punktes $Q$ ergibt sich dann aus

$$\begin{bmatrix} x' \\ y' \\ z' \end{bmatrix} = \begin{bmatrix} \cos\theta & \sin\theta & 0 \\ -\sin\theta & \cos\theta & 0 \\ 0 & 0 & 1 \end{bmatrix} \begin{bmatrix} x \\ y \\ z \end{bmatrix}.$$

## Übungen zu 6.5

**1.** Man zeige, daß

$$A = \begin{bmatrix} \frac{4}{5} & 0 & -\frac{3}{5} \\ -\frac{9}{25} & \frac{4}{5} & -\frac{12}{25} \\ \frac{12}{25} & \frac{3}{5} & \frac{16}{25} \end{bmatrix}$$

orthogonal ist:

a) durch Berechnen von $A^T A$,
b) mit Satz 6.5.1 b),
c) mit Satz 6.5.1 c).

**2.** Man bestimme die Inverse der Matrix aus Aufgabe 1.

**3.** Welche der folgenden Matrizen sind orthogonal? Man bestimme gegebenenfalls die Inverse.

a) $\begin{bmatrix} 1 & 0 \\ 0 & 1 \end{bmatrix}$ b) $\begin{bmatrix} 1/\sqrt{2} & -1/\sqrt{2} \\ 1/\sqrt{2} & 1/\sqrt{2} \end{bmatrix}$ c) $\begin{bmatrix} 0 & 1 & 1/\sqrt{2} \\ 1 & 0 & 0 \\ 0 & 0 & 1/\sqrt{2} \end{bmatrix}$

d) $\begin{bmatrix} -1/\sqrt{2} & 1/\sqrt{6} & 1/\sqrt{3} \\ 0 & -2/\sqrt{6} & 1/\sqrt{3} \\ 1/\sqrt{2} & 1/\sqrt{6} & 1/\sqrt{3} \end{bmatrix}$ e) $\begin{bmatrix} \frac{1}{2} & \frac{1}{2} & \frac{1}{2} & \frac{1}{2} \\ \frac{1}{2} & -\frac{5}{6} & \frac{1}{6} & \frac{1}{6} \\ \frac{1}{2} & \frac{1}{6} & \frac{1}{6} & -\frac{5}{6} \\ \frac{1}{2} & \frac{1}{6} & -\frac{5}{6} & \frac{1}{6} \end{bmatrix}$

f) $\begin{bmatrix} 1 & 0 & 0 & 0 \\ 0 & 1/\sqrt{3} & -1/2 & 0 \\ 0 & 1/\sqrt{3} & 0 & 1 \\ 0 & 1/\sqrt{3} & 1/2 & 0 \end{bmatrix}$

**4.** Man zeige, daß die Rotations- und Reflexionsmatrizen aus Abschnitt 4.2, Tabelle 4.2 und 4.3, orthogonal sind.

**5.** Man bestimme die Koordinatenmatrix von $\mathbf{w}$ bezüglich der Basis $S = \{\mathbf{u}_1, \mathbf{u}_2\}$ im $R^2$.

a) $\mathbf{u}_1 = (1,0)$, $\mathbf{u}_2 = (0,1)$; $\mathbf{w} = (3,-7)$
b) $\mathbf{u}_1 = (2,-4)$, $\mathbf{u}_2 = (3,8)$; $\mathbf{w} = (1,1)$
c) $\mathbf{u}_1 = (1,1)$, $\mathbf{u}_2 = (0,2)$; $\mathbf{w} = (a,b)$

**6.** Man bestimme die Koordinatenmatrix von $\mathbf{v}$ bezüglich $S = \{\mathbf{v}_1, \mathbf{v}_2, \mathbf{v}_3\}$.

a) $\mathbf{v} = (2,-1,3)$; $\mathbf{v}_1 = (1,0,0)$, $\mathbf{v}_2 = (2,2,0)$, $\mathbf{v}_3 = (3,3,3)$
b) $\mathbf{v} = (5,-12,3)$; $\mathbf{v}_1 = (1,2,3)$, $\mathbf{v}_2 = (-4,5,6)$, $\mathbf{v}_3 = (7,-8,9)$

**7.** Man bestimme die Koordinatenmatrix von $\mathbf{p}$ bezüglich $S = \{\mathbf{p}_1, \mathbf{p}_2, \mathbf{p}_3\}$.

a) $\mathbf{p} = 4 - 3x + x^2$; $\mathbf{p}_1 = 1$, $\mathbf{p}_2 = x$, $\mathbf{p}_3 = x^2$
b) $\mathbf{p} = 2 - x + x^2$; $\mathbf{p}_1 = 1 + x$, $\mathbf{p}_2 = 1 + x^2$, $\mathbf{p}_3 = x + x^2$

**8.** Man bestimme die Koordinatenmatrix von $A$ bezüglich $S = \{A_1, A_2, A_3, A_4\}$.

$$A = \begin{bmatrix} 2 & 0 \\ -1 & 3 \end{bmatrix}, \quad A_1 = \begin{bmatrix} -1 & 1 \\ 0 & 0 \end{bmatrix}, \quad A_2 = \begin{bmatrix} 1 & 1 \\ 0 & 0 \end{bmatrix},$$
$$A_3 = \begin{bmatrix} 0 & 0 \\ 1 & 0 \end{bmatrix}, \quad A_4 = \begin{bmatrix} 0 & 0 \\ 0 & 1 \end{bmatrix}$$

**9.** Man betrachte die Koordinatenmatrizen

$$[\mathbf{w}]_S = \begin{bmatrix} 6 \\ -1 \\ 4 \end{bmatrix}, \quad [\mathbf{q}]_S = \begin{bmatrix} 3 \\ 0 \\ 4 \end{bmatrix}, \quad [B]_S \begin{bmatrix} -8 \\ 7 \\ 6 \\ 3 \end{bmatrix}.$$

a) Man bestimme $\mathbf{w}$ für die Basis $S$ aus Aufgabe 6a.
b) Man bestimme $\mathbf{q}$ für die Basis $S$ aus Aufgabe 7a.
c) Man bestimme $B$ für die Basis $S$ aus Aufgabe 8.

**10.** Seien $B = \{\mathbf{u}_1, \mathbf{u}_2\}$ und $B' = \{\mathbf{v}_1, \mathbf{v}_2\}$ die von den Vektoren

$$\mathbf{u}_1 = \begin{bmatrix} 1 \\ 0 \end{bmatrix}, \quad \mathbf{u}_2 \begin{bmatrix} 0 \\ 1 \end{bmatrix}, \quad \mathbf{v}_1 \begin{bmatrix} 2 \\ 1 \end{bmatrix} \quad \text{und} \quad \mathbf{v}_2 \begin{bmatrix} -3 \\ 4 \end{bmatrix}$$

gebildeten Basen des $R^2$.

a) Man berechne die Übergangsmatrix von $B'$ nach $B$.
b) Man berechne die Übergangsmatrix von $B$ nach $B'$.
c) Man bestimme die Koordinatenmatrix $[\mathbf{w}]_B$ für

$$\mathbf{w} = \begin{bmatrix} 3 \\ -5 \end{bmatrix}$$

und berechne dann $[\mathbf{w}]_{B'}$ mit Formel (11).
d) Man überprüfe das Ergebnis aus Teil c) durch direkte Berechnung von $[\mathbf{w}]_{B'}$.

**11.** Man wiederhole Aufgabe 10 mit

$$\mathbf{u}_1 = \begin{bmatrix} 2 \\ 2 \end{bmatrix}, \quad \mathbf{u}_2 = \begin{bmatrix} 4 \\ -1 \end{bmatrix}, \quad \mathbf{v}_1 = \begin{bmatrix} 1 \\ 3 \end{bmatrix}, \quad \mathbf{v}_2 = \begin{bmatrix} -1 \\ -1 \end{bmatrix}.$$

**12.** $B = \{\mathbf{u}_1, \mathbf{u}_2, \mathbf{u}_3\}$ und $B' = \{\mathbf{v}_1, \mathbf{v}_2, \mathbf{v}_3\}$ mit

$$\mathbf{u}_1 = \begin{bmatrix} -3 \\ 0 \\ -3 \end{bmatrix}, \quad \mathbf{u}_2 = \begin{bmatrix} -3 \\ 2 \\ -1 \end{bmatrix}, \quad \mathbf{u}_3 = \begin{bmatrix} 1 \\ 6 \\ -1 \end{bmatrix},$$
$$\mathbf{v}_1 = \begin{bmatrix} -6 \\ -6 \\ 0 \end{bmatrix}, \quad \mathbf{v}_2 = \begin{bmatrix} -2 \\ -6 \\ 4 \end{bmatrix}, \quad \mathbf{v}_3 = \begin{bmatrix} -2 \\ -3 \\ 7 \end{bmatrix}$$

sind Basen des $R^3$.

a) Man bestimme die Übergangsmatrix von $B$ nach $B'$.
b) Man berechne $[\mathbf{w}]_B$ für

$$\mathbf{w} = \begin{bmatrix} -5 \\ 8 \\ -5 \end{bmatrix}.$$

c) Man berechne $[\mathbf{w}]_{B'}$ direkt sowie mit Formel (11).

**13.** Man wiederhole Aufgabe 12 für

$$\mathbf{u}_1 = \begin{bmatrix} 2 \\ 1 \\ 1 \end{bmatrix}, \quad \mathbf{u}_2 = \begin{bmatrix} 2 \\ -1 \\ 1 \end{bmatrix}, \quad \mathbf{u}_3 = \begin{bmatrix} 1 \\ 2 \\ 1 \end{bmatrix},$$
$$\mathbf{v}_1 = \begin{bmatrix} 3 \\ 1 \\ -5 \end{bmatrix}, \quad \mathbf{v}_2 = \begin{bmatrix} 1 \\ 1 \\ -3 \end{bmatrix}, \quad \mathbf{v}_3 = \begin{bmatrix} -1 \\ 0 \\ 2 \end{bmatrix}.$$

**14.** Die Basen $B = \{\mathbf{p}_1, \mathbf{p}_2\}$ und $B' = \{\mathbf{q}_1, \mathbf{q}_2\}$ von $P_1$ seien gegeben durch

$$\mathbf{p}_1 = 6 + 3x, \quad \mathbf{p}_2 = 10 + 2x, \quad \mathbf{q}_1 = 2, \quad \mathbf{q}_2 = 3 + 2x.$$

a) Man bestimme die Übergangsmatrix von $B'$ nach $B$.
b) Man bestimme die Übergangsmatrix von $B$ nach $B'$.
c) Man berechne die Koordinatenmatrix $[\mathbf{p}]_B$ des Polynoms $\mathbf{p} = -4 + x$.
d) Man berechne $[\mathbf{p}]_{B'}$ direkt und mit Formel (11).

**15.** Sei $V$ der von $\mathbf{f}_1 = \sin x$ und $\mathbf{f}_2 = \cos x$ aufgespannte Vektorraum.

a) Man zeige, daß $\mathbf{g}_1 = 2 \sin x + \cos x$ und $\mathbf{g}_2 = 3 \cos x$ eine Basis von $V$ bilden.
b) Man bestimme die Übergangsmatrix von $B' = \{\mathbf{g}_1, \mathbf{g}_2\}$ zu $B = \{\mathbf{f}_1, \mathbf{f}_2\}$.
c) Man bestimme die Übergangsmatrix von $B$ nach $B'$.
d) Man berechne die Koordinatenmatrix $[\mathbf{h}]_B$ von $\mathbf{h} = 2 \sin x - 5 \cos x$ bezüglich $B$.
e) Man berechne $[\mathbf{h}]_{B'}$ direkt und mit Formel (11).

**16.** Ein rechtwinkliges $xy$-Koordinatensystem wird entgegen dem Uhrzeigersinn um den Winkel $\theta = \frac{3}{4}\pi$ gedreht, so daß wir ein $x'y'$-System erhalten.

a) Man bestimme die $x'y'$-Koordinaten des Punktes mit den $xy$-Koordinaten $(-2, 6)$.
b) Man bestimme die $xy$-Koordinaten des Punktes mit den $x'y'$-Koordinaten $(5, 2)$.

**17.** Man wiederhole Aufgabe 16 mit $\theta = \frac{\pi}{3}$.

**18.** Ein $x'y'z'$-Koordinatensystem entstehe aus dem rechtwinkligen $xyz$-System durch Drehung um die $z$-Achse mit dem Rotationswinkel $\theta = \frac{\pi}{4}$.

a) Man bestimme die $x'y'z'$-Koordinaten des Punktes mit den $xyz$-Koordinaten $(-1, 2, 5)$.
b) Man bestimme die $xyz$-Koordinaten des Punktes mit den $x'y'z'$-Koordinaten $(1, 6, -3)$.

**19.** Man wiederhole Aufgabe 18 für eine Drehung um die $y$-Achse mit dem Rotationswinkel $\theta = \frac{\pi}{3}$.

**20.** Man wiederhole Aufgabe 18 für eine Drehung um die $x$-Achse mit dem Rotationswinkel $\theta = \frac{3}{4}\pi$.

**21.** a) Ein $x'y'z'$-Koordinatensystem entstehe aus einem rechtwinkligen $xyz$-System durch Drehung um die $y$-Achse mit einem positivem Rotationswinkel $\theta$. Man bestimme die Matrix $A$ mit

$$\begin{bmatrix} x' \\ y' \\ z' \end{bmatrix} = A \begin{bmatrix} x \\ y \\ z \end{bmatrix}$$

für die $xyz$- und $x'y'z'$-Koordinaten eines Punktes $Q$.
b) Man wiederhole Teil a) für eine entsprechende Drehung um die $x$-Achse.

**22.** Ein rechtwinkliges $xyz$-Koordinatensystem wird um 60° entgegen dem Uhrzeigersinn um die $z$-Achse gedreht. Aus dem so entstandenen $x'y'z'$-

System erhalten wir das $x''y''z''$-System durch Drehung von 45° um die $y'$-Achse. Man bestimme die Matrix $A$, die den Zusammenhang

$$\begin{bmatrix} x'' \\ y'' \\ z'' \end{bmatrix} = A \begin{bmatrix} x \\ y \\ z \end{bmatrix}$$

zwischen den $xyz$- und den $x''y''z''$-Koordinaten eines Punktes herstellt.

**23.** Für welche $a$ und $b$ ist

$$\begin{bmatrix} a+b & b-a \\ a-b & b+a \end{bmatrix}$$

orthogonal?

**24.** Man zeige, daß eine $2 \times 2$-Matrix genau dann orthogonal ist, wenn sie die Gestalt

$$A = \begin{bmatrix} \cos\theta & -\sin\theta \\ \sin\theta & \cos\theta \end{bmatrix} \quad \text{oder} \quad A = \begin{bmatrix} \cos\theta & -\sin\theta \\ -\sin\theta & -\cos\theta \end{bmatrix}$$

mit $0 \leq \theta < 2\pi$ hat. [*Hinweis.* Man betrachte eine allgemeine $2 \times 2$-Matrix $A = (a_{ij})$ und benutze die Tatsache, daß die Spalten einer orthogonalen Matrix orthonormal sind.]

**25.** a) Man zeige mit dem Ergebnis aus Aufgabe 24, daß die Multiplikation mit einer orthogonalen $2 \times 2$-Matrix $A$ entweder eine Rotation oder eine Spiegelung an der $x$-Achse ist, der eine Rotation vorangeht.

b) Man zeige, daß die Multiplikation mit $A$ für $\det(A) = 1$ eine Rotation und für $\det(A) = -1$ eine Rotation mit anschließender Spiegelung ist.

**26.** Man beschreibe mit Aufgabe 25 die Multiplikation mit $A$ und bestimme jeweils den Rotationswinkel.

a) $A = \begin{bmatrix} -1/\sqrt{2} & 1/\sqrt{2} \\ -1/\sqrt{2} & -1/\sqrt{2} \end{bmatrix}$ b) $A = \begin{bmatrix} \sqrt{3}/2 & -1/2 \\ 1/2 & \sqrt{3}/2 \end{bmatrix}$

**27.** Analog zu Aufgabe 25 gilt für eine orthogonale $3 \times 3$-Matrix $A$: Die Multiplikation mit $A$ ist für $\det(A) = 1$ eine Rotation; ist $\det(A) = -1$, so folgt dieser Rotation eine Spiegelung an einer Koordinatenebene. Man bestimme, um welche Operation es sich bei der Multiplikation mit $A$ handelt.

a) $A = \begin{bmatrix} \frac{3}{7} & \frac{2}{7} & \frac{6}{7} \\ -\frac{6}{7} & \frac{3}{7} & \frac{2}{7} \\ \frac{2}{7} & \frac{6}{7} & -\frac{3}{7} \end{bmatrix}$ b) $A = \begin{bmatrix} \frac{2}{7} & \frac{3}{7} & \frac{6}{7} \\ \frac{3}{7} & -\frac{6}{7} & \frac{2}{7} \\ \frac{6}{7} & \frac{2}{7} & -\frac{3}{7} \end{bmatrix}$

**28.** Man zeige mit Aufgabe 27 und Satz 6.5.2 b), daß jede Komposition von Rotationen wieder eine Rotation ist.

**29.** Man vervollständige den Beweis von Satz 6.5.1.

## Ergänzende Übungen zu Kapitel 6

**1.** Der $R^4$ sei mit dem euklidischen inneren Produkt versehen.

a) Man bestimme einen Vektor, der zu $\mathbf{e}_1 = (1, 0, 0, 0)$ und $\mathbf{e}_4 = (0, 0, 0, 1)$ orthogonal ist, und mit $\mathbf{e}_2 = (0, 1, 0, 0)$ und $\mathbf{e}_3 = (0, 0, 1, 0)$ denselben Winkel einschließt.

b) Man bestimme einen zu $\mathbf{e}_1$ und $\mathbf{e}_4$ orthogonalen Einheitsvektor $\mathbf{x} = (x_1, x_2, x_3, x_4)$ mit $\cos\theta_2 = 2\cos\theta_3$, wobei $\theta_i$ den Winkel zwischen $\mathbf{x}$ und $\mathbf{e}_i$ bezeichnet.

**2.** Sei $\mathbf{x}$ ein von Null verschiedener Vektor aus $R^n$. Man zeige, daß die $n \times n$-Matrix

$$A = I_n - \frac{2}{\|\mathbf{x}\|^2}\mathbf{x}\mathbf{x}^T$$

symmetrisch und orthogonal ist.

**3.** Sei $A\mathbf{x} = \mathbf{0}$ ein System von $m$ Gleichungen mit $n$ Unbekannten. Man zeige, daß die $n \times 1$-Matrix

$$\mathbf{x} = \begin{bmatrix} x_1 \\ x_2 \\ \vdots \\ x_n \end{bmatrix}$$

genau dann eine Lösung des Systems ist, wenn der Vektor $\mathbf{x} = (x_1, x_2, \ldots, x_n)$ zu jedem Zeilenvektor von $A$ bezüglich des euklidischen inneren Produkts orthogonal ist.

**4.** Man zeige mit der Cauchy-Schwarzschen Ungleichung, daß für positive reelle Zahlen $a_1, a_2, \ldots, a_n$

$$(a_1 + a_2 + \cdots + a_n)\left(\frac{1}{a_1} + \frac{1}{a_2} + \cdots + \frac{1}{a_n}\right) \geq n^2$$

gilt.

**5.** Seien $\mathbf{x}$ und $\mathbf{y}$ Elemente eines Vektorraumes mit Skalarprodukt und $c$ eine reelle Zahl. Man zeige

$$\|c\mathbf{x} + \mathbf{y}\|^2 = c^2\|\mathbf{x}\|^2 + 2c\langle\mathbf{x}, \mathbf{y}\rangle + \|\mathbf{y}\|^2.$$

**6.** Man bestimme zwei Einheitsvektoren im euklidischen Raum $R^3$, die zu $\mathbf{u}_1 = (1, 1, -1)$, $\mathbf{u}_2 = (-2, -1, 2)$ und $\mathbf{u}_3 = (-1, 0, 1)$ orthogonal sind.

**7.** Man bestimme ein gewichtetes inneres Produkt auf $R^n$, so daß

$$\mathbf{v}_1 = (1, 0, 0, \ldots, 0)$$
$$\mathbf{v}_2 = (0, \sqrt{2}, 0, \ldots, 0)$$
$$\mathbf{v}_3 = (0, 0, \sqrt{3}, \ldots, 0)$$
$$\vdots$$
$$\mathbf{v}_n = (0, 0, 0, \ldots, \sqrt{n})$$

orthonormal sind.

**8.** Gibt es ein gewichtetes inneres Produkt auf $R^2$, so daß $(1, 2)$ und $(3, -1)$ orthonormal sind? Man begründe die Antwort.

**9.** Seien $C_{ij}$ die Kofaktoren einer orthogonalen Matrix $Q = (q_{ij})$. Man zeige, daß für jedes Element von $Q$ die Gleichung $q_{ij} = \det(Q)C_{ij}$ gilt.

**10.** Seien $\mathbf{u}$ und $\mathbf{v}$ Elemente eines Vektorraumes $V$ mit Skalarprodukt und $\theta$ der von ihnen eingeschlossene Winkel. $\mathbf{u}$, $\mathbf{v}$ und $\mathbf{u} - \mathbf{v}$ können als Seiten eines Dreiecks in $V$ betrachtet werden (Abbildung 6.17). Man beweise den Kosinussatz $\|\mathbf{u} - \mathbf{v}\|^2 = \|\mathbf{u}\|^2 + \|\mathbf{v}\|^2 - 2\|\mathbf{u}\|\|\mathbf{v}\| \cos\theta$.

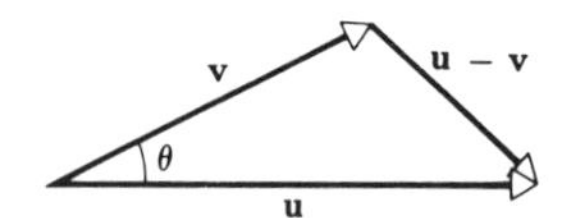


**Abb 6.17**

**11.** a) Drei Vektoren $(k, 0, 0)$, $(0, k, 0)$, $(0, 0, k)$ bilden im $R^3$ die Kanten eines Würfels mit der Diagonalen $(k, k, k)$. Ebenso kann man die Vektoren

$$(k, 0, 0, \ldots, 0), \quad (0, k, 0, \ldots, 0), \quad \ldots, \quad (0, 0, 0, \ldots, k)$$

als Kanten eines „Würfels" im $R^n$ mit der Diagonalen $(k, k, \ldots, k)$ auffassen. Man zeige, daß jede dieser Kanten mit der Diagonalen denselben Winkel $\theta$ mit $\cos\theta = \frac{1}{\sqrt{n}}$ einschließt.

b) (*Für Leser mit Analysiskenntnissen.*) Wie verhält sich $\theta$, wenn $\dim(R^n) = n$ gegen $+\infty$ strebt?

**12.** Seien $\mathbf{u}$ und $\mathbf{v}$ Elemente eines Vektorraumes mit Skalarprodukt.

a) Man zeige, daß genau dann $\|\mathbf{u}\| = \|\mathbf{v}\|$ gilt, wenn $\mathbf{u} + \mathbf{v}$ und $\mathbf{u} - \mathbf{v}$ orthogonal sind.

b) Man interpretiere das Ergebnis für den euklidischen Raum $R^2$ geometrisch.

**13.** Sei $\{\mathbf{v}_1, \mathbf{v}_2, \ldots, \mathbf{v}_n\}$ eine Orthonormalbasis des Vektorraums $V$ mit Skalarprodukt. Der Vektor $\mathbf{u}$ schließe mit dem $i$-ten Basisvektor $\mathbf{v}_i$ den Winkel $\alpha_i$ ein. Man zeige

$$\cos^2\alpha_1 + \cos^2\alpha_2 + \cdots + \cos^2\alpha_n = 1.$$

**14.** Seien $\langle \mathbf{u}, \mathbf{v} \rangle_1$ und $\langle \mathbf{u}, \mathbf{v} \rangle_2$ Skalarprodukte auf einem Vektorraum $V$. Man zeige, daß durch $\langle \mathbf{u}, \mathbf{v} \rangle = \langle \mathbf{u}, \mathbf{v} \rangle_1 + \langle \mathbf{u}, \mathbf{v} \rangle_2$ ein Skalarprodukt auf $V$ definiert wird.

**15.** Man zeige, daß jedes von einer orthogonalen Matrix auf $R^n$ erzeugte Skalarprodukt das innere euklidische Produkt ist.

**16.** Man bestimme $a, b$ und $c$, so daß

$$A = \begin{bmatrix} a & 1/\sqrt{2} & -1/\sqrt{2} \\ b & 1/\sqrt{6} & 1/\sqrt{6} \\ c & 1/\sqrt{3} & 1/\sqrt{3} \end{bmatrix}$$

orthogonal ist. Sind $a, b, c$ dadurch eindeutig bestimmt?

**17.** Man beweise Satz 6.2.5 c).

# 7 Eigenwerte, Eigenvektoren

## 7.1 Eigenwerte und Eigenvektoren

*Ist $A$ eine $n \times n$-Matrix und $\mathbf{x}$ ein Vektor aus $R^n$, so gibt es keine allgemeine geometrische Beziehung zwischen den Vektoren $\mathbf{x}$ und $A\mathbf{x}$ (Abbildung 7.1a). Häufig existieren jedoch von Null verschiedene Vektoren $\mathbf{x}$, so daß $\mathbf{x}$ und $A\mathbf{x}$ skalare Vielfache voneinander sind (Abbildung 7.1b). Solche Vektoren ergeben sich in natürlicher Weise bei der Untersuchung von Schwingungen, elektrischen Systemen, chemischen Reaktionen, mechanischem Druck sowie der Betrachtung von Problemen aus der Genetik, Quantenmechanik, Ökonomie und Geometrie. Hier zeigen wir, wie man diese Vektoren findet, und in den folgenden Abschnitten werden wir einige Anwendungen diskutieren.*

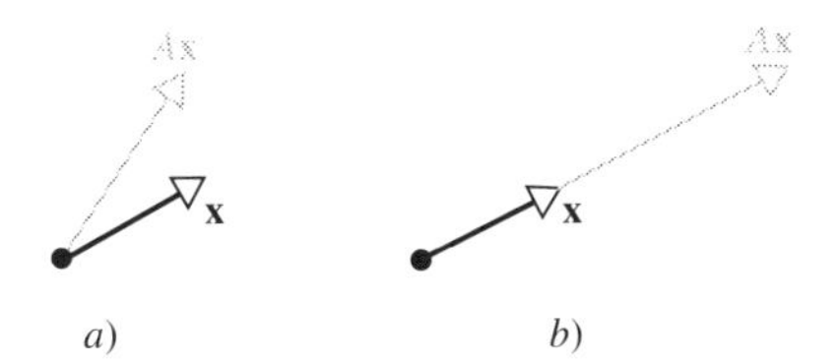


**Abb. 7.1**

### Eigenwerte und Eigenvektoren

Wir wollen zuerst die in den Abschnitten 2.3 und 4.3 angegebenen Definitionen auffrischen.

> **Definition.** Sei $A$ eine $n \times n$-Matrix. Ein von Null verschiedener Vektor $\mathbf{x} \in R^n$ heißt ***Eigenvektor*** von $A$, wenn $A\mathbf{x}$ ein skalares Vielfaches von $\mathbf{x}$ ist, das heißt
>
> $$A\mathbf{x} = \lambda\mathbf{x}$$
>
> für einen Skalar $\lambda$. Die Zahl $\lambda$ heißt dann ***Eigenwert*** von $A$.

Eigenwerte und -vektoren können im $R^2$ und $R^3$ geometrisch interpretiert werden. Ist $\mathbf{x}$ ein Eigenvektor von $A$ zum Eigenwert $\lambda$, also $A\mathbf{x} = \lambda\mathbf{x}$, so führt die

Multiplikation von $\mathbf{x}$ mit $A$ zu einer Streckung oder Stauchung von $\mathbf{x}$, wobei für negatives $\lambda$ noch eine Richtungsumkehrung dazukommt (Abbildung 7.2).

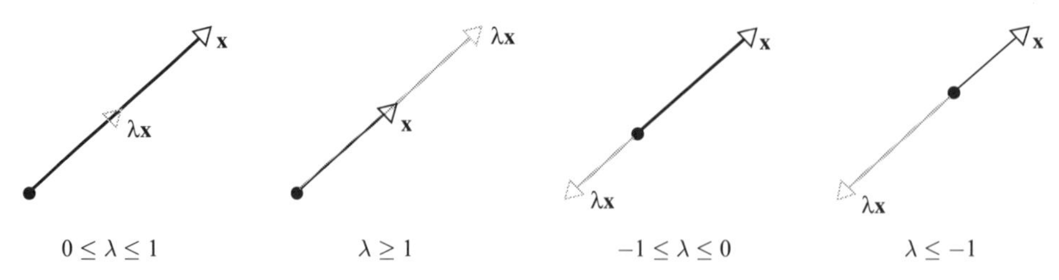


**Abb. 7.2**

**Beispiel 1** Der Vektor $\mathbf{x} = \begin{bmatrix} 1 \\ 2 \end{bmatrix}$ ist ein Eigenvektor der Matrix

$$A = \begin{bmatrix} 3 & 0 \\ 8 & -1 \end{bmatrix}$$

zum Eigenwert $\lambda = 3$, denn

$$A\mathbf{x} = \begin{bmatrix} 3 & 0 \\ 8 & -1 \end{bmatrix} \begin{bmatrix} 1 \\ 2 \end{bmatrix} = \begin{bmatrix} 3 \\ 6 \end{bmatrix} = 3\mathbf{x}.$$

Um die Eigenwerte einer $n \times n$-Matrix $A$ zu bestimmen, schreiben wir die Gleichung $A\mathbf{x} = \lambda\mathbf{x}$ als

$$A\mathbf{x} = \lambda I\mathbf{x}$$

oder äquivalent dazu

$$(\lambda I - A)\mathbf{x} = \mathbf{0}. \tag{1}$$

Damit $\lambda$ ein Eigenwert von $A$ ist, muß diese Gleichung eine nichttriviale Lösung besitzen. Nach Satz 6.2.7 ist das genau dann der Fall, wenn gilt:

$$\det(\lambda I - A) = 0.$$

Diese Gleichung heißt ***charakteristische Gleichung*** von $A$; ihre Lösungen sind die Eigenwerte von $A$. Entwickelt man $\det(\lambda I - A)$, so ergibt sich ein Polynom in $\lambda$, das als ***charakteristisches Polynom*** von $A$ bezeichnet wird.

Man kann zeigen, daß das charakteristische Polynom einer $n \times n$-Matrix $A$ den Grad $n$ und den Leitkoeffizienten 1 hat (Übung 15). Demzufolge hat das charakteristische Polynom einer $n \times n$-Matrix die Gestalt

$$\det(\lambda I - A) = \lambda^n + c_1\lambda^{n-1} + \cdots + c_n.$$

Da die charakteristische Gleichung

$$\lambda^n + c_1\lambda^{n-1} + \cdots + c_n = 0$$

nach dem Fundamentalsatz der Algebra höchstens $n$ verschiedene Lösungen hat, besitzt eine $n \times n$-Matrix höchstens $n$ unterschiedliche Eigenwerte.

In Abschnitt 2.3, Beispiel 6, haben wir die Eigenwerte einer $2 \times 2$-Matrix mit Hilfe ihrer charakteristischen Gleichung berechnet. Im folgenden Beispiel wird eine $3 \times 3$-Matrix behandelt.

**Beispiel 2** Man bestimme die Eigenwerte von

$$A = \begin{bmatrix} 0 & 1 & 0 \\ 0 & 0 & 1 \\ 4 & -17 & 8 \end{bmatrix}.$$

*Lösung.* Als charakteristisches Polynom von $A$ erhält man

$$\det(\lambda I - A) = \det \begin{bmatrix} \lambda & -1 & 0 \\ 0 & \lambda & -1 \\ -4 & 17 & \lambda - 8 \end{bmatrix} = \lambda^3 - 8\lambda^2 + 17\lambda - 4.$$

Die Eigenwerte von $A$ sind dann die Lösungen der kubischen Gleichung

$$\lambda^3 - 8\lambda^2 + 17\lambda - 4 = 0. \tag{2}$$

Wir suchen zunächst nach den ganzzahligen Lösungen. Diese Aufgabe erleichtern wir uns durch Ausnutzen der folgenden Tatsache: Die ganzzahligen Lösungen einer polynomialen Gleichung mit ganzzahligen Koeffizienten

$$\lambda^n + c_1\lambda^{n-1} + \cdots + c_n = 0$$

sind Teiler des konstanten Terms $c_n$, sofern sie existieren. Damit sind die einzigen in Frage kommenden ganzzahligen Lösungen von (2) Teiler von $-4$, also $\pm 1, \pm 2, \pm 4$. Durch Einsetzen dieser Werte in (2) erhält man $\lambda = 4$ als ganzzahlige Lösung. Folglich muß $\lambda - 4$ die linke Seite von (2) teilen. Dividiert man $\lambda^3 - 8\lambda^2 + 17\lambda - 4$ durch $\lambda - 4$, so ergibt sich (2) zu

$$(\lambda - 4)(\lambda^2 - 4\lambda + 1) = 0.$$

Die übrigen Lösungen von (2) müssen dann die quadratische Gleichung

$$\lambda^2 - 4\lambda + 1 = 0$$

erfüllen und können leicht berechnet werden. Damit hat $A$ die Eigenwerte

$$\lambda = 4, \quad \lambda = 2 + \sqrt{3}, \quad \text{und} \quad \lambda = 2 - \sqrt{3}.$$

## Eigenwerte von Dreiecksmatrizen

**Beispiel 3** Man bestimme die Eigenwerte der oberen Dreiecksmatrix

$$A = \begin{bmatrix} a_{11} & a_{12} & a_{13} & a_{14} \\ 0 & a_{22} & a_{23} & a_{24} \\ 0 & 0 & a_{33} & a_{34} \\ 0 & 0 & 0 & a_{44} \end{bmatrix}.$$

*Lösung.* Wir erinnern uns, daß die Determinante einer Dreiecksmatrix das Produkt ihrer Hauptdiagonalelemente ist (Satz 2.2.2), und erhalten

$$\det(\lambda I - A) = \det\begin{bmatrix} \lambda - a_{11} & -a_{12} & -a_{13} & -a_{14} \\ 0 & \lambda - a_{22} & -a_{23} & -a_{24} \\ 0 & 0 & \lambda - a_{33} & -a_{34} \\ 0 & 0 & 0 & \lambda - a_{44} \end{bmatrix}.$$

Damit ergibt sich die charakteristische Gleichung

$$(\lambda - a_{11})(\lambda - a_{22})(\lambda - a_{33})(\lambda - a_{44}) = 0,$$

die Eigenwerte sind also genau die Hauptdiagonalelemente von $A$

$$\lambda = a_{11}, \quad \lambda = a_{22}, \quad \lambda = a_{33}, \quad \lambda = a_{44}.$$

Aufgrund der Überlegungen im letzten Beispiel gilt offensichtlich der folgende allgemeine Satz.

**Satz 7.1.1.** *Ist $A$ eine $n \times n$-Dreiecksmatrix (also eine obere oder untere Dreiecksmatrix oder eine Diagonalmatrix), so sind die Eigenwerte von $A$ die Hauptdiagonalelemente von $A$.*

**Beispiel 4** Durch Hinschauen erhält man die Eigenwerte der unteren Dreiecksmatrix

$$A = \begin{bmatrix} \frac{1}{2} & 0 & 0 \\ -1 & \frac{2}{3} & 0 \\ 5 & -8 & -\frac{1}{4} \end{bmatrix}$$

als $\lambda = \frac{1}{2}, \lambda = \frac{2}{3}$ und $\lambda = -\frac{1}{4}$.

**Bemerkung.** Die in der Praxis auftretenden Matrizen sind oft so groß, daß die exakte Berechnung der Eigenwerte als Lösungen der charakteristischen Gleichung hoffnungslos ist. In diesen Fällen verwendet man geeignete Approximationsverfahren.

## Komplexe Eigenwerte

Die charakteristische Gleichung einer Matrix mit reellwertigen Elementen kann komplexe Lösungen haben. Beispielsweise hat die Matrix

$$A = \begin{bmatrix} -2 & -1 \\ 5 & 2 \end{bmatrix}$$

das charakteristische Polynom

$$\det(\lambda I - A) = \det\begin{bmatrix} \lambda + 2 & 1 \\ -5 & \lambda - 2 \end{bmatrix} = \lambda^2 + 1,$$

das zur charakteristischen Gleichung $\lambda^2 + 1 = 0$ mit den komplexen Lösungen $\lambda = i$ und $\lambda = -i$ führt. Die Tatsache, daß wir auch bei reellen Matrizen mit komplexen Eigenwerten rechnen müssen, mündet schließlich in der Betrachtung komplexer Vektorräume, auf die wir in Kapitel 10 eingehen werden. Hier betrachten wir nur Matrizen mit reellen Elementen, werden aber auch komplexe Eigenwerte zulassen.

Im folgenden Satz werden die bisherigen Überlegungen zusammengefaßt.

**Satz 7.1.2.** *Sei $A$ eine $n \times n$-Matrix und $\lambda$ eine reelle Zahl. Die folgenden Aussagen sind äquivalent:*

*a) $\lambda$ ist ein Eigenwert von $A$.*
*b) Das Gleichungssystem $(\lambda I - A)\mathbf{x} = \mathbf{0}$ hat nichttriviale Lösungen.*
*c) Es gibt einen von Null verschiedenen Vektor $\mathbf{x} \in R^n$ mit $A\mathbf{x} = \lambda\mathbf{x}$.*
*d) $\lambda$ ist eine Lösung der charakteristischen Gleichung $det(\lambda I - A) = 0$.*

## Bestimmung von Eigenraumbasen

Nach der Bestimmung der Eigenwerte befassen wir uns jetzt mit der Berechnung der zugehörigen Eigenvektoren. Die Eigenvektoren von $A$ zu einem Eigenwert $\lambda$ sind die von Null verschiedenen Vektoren $\mathbf{x}$, die die Gleichung $A\mathbf{x} = \lambda\mathbf{x}$ erfüllen. Äquivalent dazu kann man die Eigenvektoren zu einem Eigenwert $\lambda$ als die von Null verschiedenen Elemente des Lösungsraumes der Gleichung $(\lambda I - A)\mathbf{x} = \mathbf{0}$ auffassen. Wir bezeichnen diesen Lösungsraum als ***Eigenraum*** von $A$ zum ***Eigenwert*** $\lambda$.

**Beispiel 5** Man bestimme Basen der Eigenräume von

$$A = \begin{bmatrix} 0 & 0 & -2 \\ 1 & 2 & 1 \\ 1 & 0 & 3 \end{bmatrix}.$$

*Lösung.* Die charakteristische Gleichung von $A$ ist $\lambda^3 - 5\lambda^2 + 8\lambda - 4 = 0$ oder nach Faktorisierung $(\lambda - 1)(\lambda - 2)^2$ (der Leser möge das verifzieren); also hat $A$ die Eigenwerte $\lambda = 1$ und $\lambda = 2$ und besitzt zwei Eigenräume.
Nach Definition ist

$$\mathbf{x} = \begin{bmatrix} x_1 \\ x_2 \\ x_3 \end{bmatrix}$$

genau dann ein Eigenvektor von $A$ zu $\lambda$, wenn $\mathbf{x}$ eine nichttriviale Lösung von $(\lambda I - A)\mathbf{x} = \mathbf{0}$, das heißt von

$$\begin{bmatrix} \lambda & 0 & 2 \\ -1 & \lambda - 2 & -1 \\ -1 & 0 & \lambda - 3 \end{bmatrix} \begin{bmatrix} x_1 \\ x_2 \\ x_3 \end{bmatrix} = \begin{bmatrix} 0 \\ 0 \\ 0 \end{bmatrix} \tag{3}$$

ist.

Für $\lambda = 2$ ergibt sich (3) zu

$$\begin{bmatrix} 2 & 0 & 2 \\ -1 & 0 & -1 \\ -1 & 0 & -1 \end{bmatrix} \begin{bmatrix} x_1 \\ x_2 \\ x_3 \end{bmatrix} = \begin{bmatrix} 0 \\ 0 \\ 0 \end{bmatrix}.$$

Als Lösung erhält man (der Leser möge das nachrechnen)

$$x_1 = -s, \quad x_2 = t, \quad x_3 = s.$$

Damit sind die Eigenvektoren von $A$ zu $\lambda = 2$ die von Null verschiedenen Vektoren der Gestalt

$$\mathbf{x} = \begin{bmatrix} -s \\ t \\ s \end{bmatrix} = \begin{bmatrix} -s \\ 0 \\ s \end{bmatrix} + \begin{bmatrix} 0 \\ t \\ 0 \end{bmatrix} = s \begin{bmatrix} -1 \\ 0 \\ 1 \end{bmatrix} + t \begin{bmatrix} 0 \\ 1 \\ 0 \end{bmatrix}.$$

Da

$$\begin{bmatrix} -1 \\ 0 \\ 1 \end{bmatrix} \quad \text{und} \quad \begin{bmatrix} 0 \\ 1 \\ 0 \end{bmatrix}$$

linear unabhängig sind, bilden sie eine Basis des Eigenraumes zu $\lambda = 2$.

Für $\lambda = 1$ ergibt sich aus (3)

$$\begin{bmatrix} 1 & 0 & 2 \\ -1 & -1 & -1 \\ -1 & 0 & -2 \end{bmatrix} \begin{bmatrix} x_1 \\ x_2 \\ x_3 \end{bmatrix} = \begin{bmatrix} 0 \\ 0 \\ 0 \end{bmatrix}.$$

Die Lösungen dieser Gleichung sind (der Leser möge auch das nachrechnen)

$$x_1 = -2s, \quad x_2 = s, \quad x_3 = s.$$

Also sind die Eigenvektoren zu $\lambda = 1$ die von Null verschiedenen Vektoren der Form

$$\begin{bmatrix} -2s \\ s \\ s \end{bmatrix} = s \begin{bmatrix} -2 \\ 1 \\ 1 \end{bmatrix},$$

so daß

$$\begin{bmatrix} -2 \\ 1 \\ 1 \end{bmatrix}$$

den Eigenraum zu $\lambda = 1$ aufspannt.

## Eigenwerte von Potenzen einer Matrix

Hat man einmal die Eigenwerte und Eigenvektoren einer Matrix $A$ gefunden, so ist es einfach, die Eigenwerte und -vektoren einer positiven, ganzzahligen Potenz von $A$ zu berechnen. Ist beispielsweise $\lambda$ ein Eigenwert von $A$ und $\mathbf{x}$ ein zugehöriger Eigenvektor, so gilt

$$A^2\mathbf{x} = A(A\mathbf{x}) = A(\lambda\mathbf{x}) = \lambda(A\mathbf{x}) = \lambda(\lambda\mathbf{x}) = \lambda^2\mathbf{x},$$

woraus folgt, daß $\mathbf{x}$ Eigenvektor zum Eigenwert $\lambda^2$ von $A^2$ ist. Allgemein erhalten wir das folgende Ergebnis.

**Satz 7.1.3.** *Ist $k$ eine positive, ganze Zahl und $\mathbf{x}$ ein Eigenvektor der Matrix $A$ zum Eigenwert $\lambda$, so ist $\lambda^k$ ein Eigenwert von $A^k$ und $\mathbf{x}$ ein zugehöriger Eigenvektor.*

**Beispiel 6** In Beispiel 5 haben wir gezeigt, daß

$$A = \begin{bmatrix} 0 & 0 & -2 \\ 1 & 2 & 1 \\ 1 & 0 & 3 \end{bmatrix}$$

die Eigenwerte $\lambda = 2$ und $\lambda = 1$ besitzt. Nach Satz 7.1.3 sind dann $\lambda = 2^7 = 128$ und $\lambda = 1^7 = 1$ die Eigenwerte von $A^7$. Weiter haben wir gezeigt, daß

$$\begin{bmatrix} -1 \\ 0 \\ 1 \end{bmatrix} \quad \text{und} \quad \begin{bmatrix} 0 \\ 1 \\ 0 \end{bmatrix}$$

Eigenvektoren von $A$ zum Eigenwert $\lambda = 2$ sind, also sind sie nach Satz 7.1.3 auch Eigenvektoren von $A^7$ zu $\lambda = 2^7 = 128$. Analog ergibt sich, daß der Eigenvektor

$$\begin{bmatrix} -2 \\ 1 \\ 1 \end{bmatrix}$$

von $A$ zum Eigenwert $\lambda = 1$ ein Eigenvektor von $A^7$ zu $\lambda = 1^7 = 1$ ist.

## Eigenwerte und Invertierbarkeit

Der nächste Satz zeigt, wie man von den Eigenwerten einer Matrix auf ihre Invertierbarkeit schließen kann.

**Satz 7.1.4.** *Eine $n \times n$-Matrix $A$ ist genau dann invertierbar, wenn $\lambda = 0$ kein Eigenwert von $A$ ist.*

**Beweis.** Da $\lambda = 0$ genau dann die charakteristische Gleichung von $A$

$$\lambda^n + c_1\lambda^{n-1} + \cdots + c_n = 0$$

löst, wenn der konstante Term $c_n$ verschwindet, müssen wir zeigen, daß die Invertierbarkeit von $A$ äquivalent zu $c_n \neq 0$ ist. Nun gilt für jedes beliebige $\lambda$

$$\det(\lambda I - A) = \lambda^n + c_1\lambda^{n-1} + \cdots + c_n,$$

woraus mit $\lambda = 0$

$$\det(-A) = c_n \quad \text{oder} \quad (-1)^n \det(A) = c_n$$

folgt. Also ist $\det(A) = 0$ genau dann, wenn $c_n = 0$, woraus wir schließen können, daß $A$ genau dann invertierbar ist, wenn $c_n \neq 0$ gilt. □

**Beispiel 7** Die Matrix $A$ aus Beispiel 5 ist invertierbar, da sie nur die von Null verschiedenen Eigenwerte $\lambda = 1$ und $\lambda = 2$ hat.

## Zusammenfassung

Wir erweitern Satz 6.4.5 um eine weitere Aussage.

**Satz 7.1.5.** *Sei $A$ eine $n \times n$-Matrix und $T_A : R^n \to R^n$ die Multiplikation mit $A$. Dann sind folgende Aussagen äquivalent:*

*a) $A$ ist invertierbar.*
*b) $A\mathbf{x} = \mathbf{0}$ ist nur trivial lösbar.*
*c) $A$ hat die reduzierte Zeilenstufenform $I_n$.*
*d) $A$ läßt sich als Produkt von Elementarmatrizen schreiben.*
*e) $A\mathbf{x} = \mathbf{b}$ ist für jede $n \times 1$-Matrix $\mathbf{b}$ konsistent.*
*f) $A\mathbf{x} = \mathbf{b}$ hat für jede $n \times 1$-Matrix $\mathbf{b}$ genau eine Lösung.*
*g) $\det(A) \neq 0$.*
*h) Das Bild von $T_A$ ist $R^n$.*
*i) $T_A$ ist injektiv.*
*j) Die Spaltenvektoren von $A$ sind linear unabhängig.*
*k) Die Zeilenvektoren von $A$ sind linear unabhängig.*
*l) Die Spaltenvektoren von $A$ spannen den ganzen $R^n$ auf.*
*m) Die Zeilenvektoren von $A$ spannen den ganzen $R^n$ auf.*
*n) Die Spaltenvektoren von $A$ bilden eine Basis des $R^n$.*
*o) Die Zeilenvektoren von $A$ bilden eine Basis des $R^n$.*
*p) $\text{rang}(A) = n$.*
*q) $\text{def}(A) = 0$.*
*r) Das orthogonale Komplement des Nullraumes von $A$ ist $R^n$.*
*s) Das orthogonale Komplement des Zeilenraumes von $A$ ist $\{\mathbf{0}\}$.*
*t) $A^T A$ ist invertierbar.*
*u) $\lambda = 0$ ist kein Eigenwert von $A$.*

## Übungen zu 7.1

**1.** Man bestimme die charakteristischen Gleichungen der folgenden Matrizen.

a) $\begin{bmatrix} 3 & 0 \\ 8 & -1 \end{bmatrix}$ b) $\begin{bmatrix} 10 & -9 \\ 4 & -2 \end{bmatrix}$ c) $\begin{bmatrix} 0 & 3 \\ 4 & 0 \end{bmatrix}$

d) $\begin{bmatrix} -2 & -7 \\ 1 & 2 \end{bmatrix}$ e) $\begin{bmatrix} 0 & 0 \\ 0 & 0 \end{bmatrix}$ f) $\begin{bmatrix} 1 & 0 \\ 0 & 1 \end{bmatrix}$

**2.** Man bestimme die Eigenwerte der Matrizen aus Aufgabe 1.

**3.** Man bestimme Eigenraumbasen für die Matrizen aus Aufgabe 1.

**4.** Man stelle die charakteristischen Gleichungen der folgenden Matrizen auf:

a) $\begin{bmatrix} 4 & 0 & 1 \\ -2 & 1 & 0 \\ -2 & 0 & 1 \end{bmatrix}$ b) $\begin{bmatrix} 3 & 0 & -5 \\ \frac{1}{5} & -1 & 0 \\ 1 & 1 & -2 \end{bmatrix}$ c) $\begin{bmatrix} -2 & 0 & 1 \\ -6 & -2 & 0 \\ 19 & 5 & -4 \end{bmatrix}$

d) $\begin{bmatrix} -1 & 0 & 1 \\ -1 & 3 & 0 \\ -4 & 13 & -1 \end{bmatrix}$ e) $\begin{bmatrix} 5 & 0 & 1 \\ 1 & 1 & 0 \\ -7 & 1 & 0 \end{bmatrix}$ f) $\begin{bmatrix} 5 & 6 & 2 \\ 0 & -1 & -8 \\ 1 & 0 & 2 \end{bmatrix}$

**5.** Man berechne die Eigenwerte der Matrizen aus Aufgabe 4.

**6.** Man bestimme Eigenraumbasen für die Matrizen aus Aufgabe 4.

**7.** Man bestimme die charakteristischen Gleichungen der folgenden Matrizen:

a) $\begin{bmatrix} 0 & 0 & 2 & 0 \\ 1 & 0 & 1 & 0 \\ 0 & 1 & -2 & 0 \\ 0 & 0 & 0 & 1 \end{bmatrix}$ b) $\begin{bmatrix} 10 & -9 & 0 & 0 \\ 4 & -2 & 0 & 0 \\ 0 & 0 & -2 & -7 \\ 0 & 0 & 1 & 2 \end{bmatrix}$

**8.** Man bestimme die Eigenwerte der Matrizen aus Aufgabe 7.

**9.** Man bestimme Eigenraumbasen für die Matrizen aus Aufgabe 7.

**10.** Man finde die Eigenwerte der folgenden Matrizen durch Hinschauen:

a) $\begin{bmatrix} -1 & 6 \\ 0 & 5 \end{bmatrix}$ b) $\begin{bmatrix} 3 & 0 & 0 \\ -2 & 7 & 0 \\ 4 & 8 & 1 \end{bmatrix}$ c) $\begin{bmatrix} -\frac{1}{3} & 0 & 0 & 0 \\ 0 & -\frac{1}{3} & 0 & 0 \\ 0 & 0 & 1 & 0 \\ 0 & 0 & 0 & \frac{1}{2} \end{bmatrix}$

**11.** Man berechne die Eigenwerte von $A^9$ für

$$A = \begin{bmatrix} 1 & 3 & 7 & 11 \\ 0 & \frac{1}{2} & 3 & 8 \\ 0 & 0 & 0 & 4 \\ 0 & 0 & 0 & 2 \end{bmatrix}.$$

**12.** Man bestimme die Eigenwerte und Basen der Eigenräume von $A^{25}$ für

$$A = \begin{bmatrix} -1 & -2 & -2 \\ 1 & 2 & 1 \\ -1 & -1 & 0 \end{bmatrix}.$$

**13.** Sei $A$ eine $2 \times 2$-Matrix. Eine Gerade in $R^2$ durch den Ursprung heißt ***invariant*** unter $A$, wenn mit $\mathbf{x}$ auch $A\mathbf{x}$ auf ihr liegt. Man bestimme alle

Geraden in $R^2$ (sofern sie existieren), die unter der gegebenen Matrix invariant sind.

a) $A = \begin{bmatrix} 4 & -1 \\ 2 & 1 \end{bmatrix}$ b) $A = \begin{bmatrix} 0 & 1 \\ -1 & 0 \end{bmatrix}$ c) $A = \begin{bmatrix} 2 & 3 \\ 0 & 2 \end{bmatrix}$

**14.** Man bestimme $\det(A)$ aus dem gegebenen charakteristischen Polynom der Matrix $A$.

a) $p(\lambda) = \lambda^3 - 2\lambda^2 + \lambda + 5$ b) $p(\lambda) = \lambda^4 - \lambda^3 + 7$

[*Hinweis*. Beweis von Satz 7.1.4.]

**15.** Sei $A$ eine $n \times n$-Matrix.

a) Man zeige, daß das charakteristische Polynom von $A$ den Grad $n$ hat.
b) Man beweise, daß der Leitkoeffizient des charakteristischen Polynoms 1 ist.

**16.** Man zeige, daß sich die charakteristische Gleichung einer $2 \times 2$-Matrix $A$ als $\lambda^2 - \operatorname{sp}(A)\lambda + \det(A) = 0$ schreiben läßt.

**17.** Man zeige mit dem Ergebnis von Aufgabe 16, daß die charakteristische Gleichung von

$$A = \begin{bmatrix} a & b \\ c & d \end{bmatrix}$$

die Lösungen

$$\lambda = \tfrac{1}{2}\left[(a+d) \pm \sqrt{(a-d)^2 + 4bc}\,\right]$$

besitzt. Man zeige unter Verwendung dieses Ergebnisses, daß $A$

a) für $(a-d)^2 + 4bc > 0$ zwei verschiedene reelle Eigenwerte,
b) für $(a-d)^2 + 4bc = 0$ einen reellen Eigenwert,
c) für $(a-d)^2 + 4bc < 0$ keinen reellen Eigenwert besitzt.

**18.** Sei $A$ die Matrix aus Aufgabe 17. Man zeige für $(a-d)^2 + 4bc > 0$, daß

$$\begin{bmatrix} -b \\ a-\lambda_1 \end{bmatrix} \quad \text{und} \quad \begin{bmatrix} -b \\ a-\lambda_2 \end{bmatrix}$$

Eigenvektoren von $A$ zu den Eigenwerten

$$\lambda_1 = \tfrac{1}{2}\left[(a+d) + \sqrt{(a-d)^2 + 4bc}\,\right] \quad \text{und} \quad \lambda_2 = \tfrac{1}{2}\left[(a+d) - \sqrt{(a-d)^2 + 4bc}\,\right]$$

sind.

**19.** Man beweise: Sind $a, b, c$ und $d$ ganze Zahlen mit $a+b = c+d$, so hat

$$A = \begin{bmatrix} a & b \\ c & d \end{bmatrix}$$

die ganzzahligen Eigenwerte $\lambda_1 = a+b$ und $\lambda_2 = a-c$ (siehe Aufgabe 17).

**20.** Sei $\mathbf{x}$ ein Eigenvektor der invertierbaren Matrix $A$ zum Eigenwert $\lambda$. Man beweise, daß $\mathbf{x}$ dann auch Eigenvektor von $A^{-1}$ zum Eigenwert $\frac{1}{\lambda}$ ist.

**21.** Sei $\mathbf{x}$ Eigenvektor der Matrix $A$ zum Eigenwert $\lambda$ und $s$ ein Skalar. Man zeige, daß $\mathbf{x}$ Eigenvektor von $A - sI$ zum Eigenwert $\lambda - s$ ist.

**22.** Man bestimme die Eigenwerte und Basen der Eigenräume von

$$A = \begin{bmatrix} -2 & 2 & 3 \\ -2 & 3 & 2 \\ -4 & 2 & 5 \end{bmatrix}.$$

Man berechne mit den Aufgaben 20 und 21 die Eigenwerte und Basen der Eigenräume von

a) $A^{-1}$  b) $A - 3I$  c) $A + 2I$.

**23.** a) Man zeige, daß $A$ und $A^T$ dieselben Eigenwerte haben. [*Hinweis.* Man betrachte die charakteristische Gleichung $\det(\lambda I - A) = 0$.]
b) Man zeige, daß $A$ und $A^T$ unterschiedliche Eigenräume haben können. [*Hinweis.* Mit dem Ergebnis von Aufgabe 18 konstruiere man mit einer $2 \times 2$-Matrix ein Gegenbeispiel.]

# 7.2 Diagonalisierung

*Wir konstruieren Basen des $R^n$, die aus Eigenvektoren einer gegebenen $n \times n$-Matrix $A$ bestehen. Diese Basen können sowohl zur Untersuchung geometrischer Eigenschaften von $A$ als auch zur Vereinfachung unterschiedlicher numerischer Berechnungen herangezogen werden. Daneben sind sie in einer Vielzahl von Anwendungen von physikalischer Bedeutung; auf einige davon werden wir später noch eingehen.*

## Diagonalisierung einer Matrix

In diesem Abschnitt wollen wir zuerst beweisen, daß die beiden folgenden Probleme, die oberflächlich betrachtet sehr verschieden erscheinen, tatsächlich äquivalent sind.

***Das Eigenvektorproblem.*** Existiert zu einer gegebenen $n \times n$-Matrix $A$ eine Basis des $R^n$, die aus Eigenvektoren von $A$ besteht?

***Das Diagonalisierungsproblem.*** Existiert zu einer gegebenen $n \times n$-Matrix $A$ eine invertierbare Matrix $P$, so daß das Produkt $P^{-1}AP$ Diagonalgestalt hat?

Das zweite Problem legt folgende Begriffsbildung nahe.

**Definition.** Eine quadratische Matrix $A$ heißt ***diagonalisierbar***, wenn eine invertierbare Matrix $P$ existiert, so daß $P^{-1}AP$ Diagonalgestalt hat. Man sagt dann: Die Matrix $P$ ***diagonalisiert*** $A$.

Der folgende Satz zeigt, daß das Eigenvektorproblem und das Diagonalisierungsproblem äquivalent sind.

**Satz 7.2.1.** *Für eine $n \times n$-Matrix $A$ sind folgende Aussagen äquivalent:*

*a) $A$ ist diagonalisierbar.*
*b) $A$ hat $n$ linear unabhängige Eigenvektoren.*

**Beweis** *a)* $\Rightarrow$ *b)*: Da $A$ nach Voraussetzung diagonalisierbar ist, gibt es eine invertierbare Matrix

$$P = \begin{bmatrix} p_{11} & p_{12} & \cdots & p_{1n} \\ p_{21} & p_{22} & \cdots & p_{2n} \\ \vdots & \vdots & & \vdots \\ p_{n1} & p_{n2} & \cdots & p_{nn} \end{bmatrix},$$

so daß $P^{-1}AP$ Diagonalgestalt hat. Also ist $P^{-1}AP = D$ mit

$$D = \begin{bmatrix} \lambda_1 & 0 & \cdots & 0 \\ 0 & \lambda_2 & \cdots & 0 \\ \vdots & \vdots & & \vdots \\ 0 & 0 & \cdots & \lambda_n \end{bmatrix}.$$

Aus $P^{-1}AP = D$ folgt $AP = PD$, das heißt

$$AP = \begin{bmatrix} p_{11} & p_{12} & \cdots & p_{1n} \\ p_{21} & p_{22} & \cdots & p_{2n} \\ \vdots & \vdots & & \vdots \\ p_{n1} & p_{n2} & \cdots & p_{nn} \end{bmatrix} \begin{bmatrix} \lambda_1 & 0 & \cdots & 0 \\ 0 & \lambda_2 & \cdots & 0 \\ \vdots & \vdots & & \vdots \\ 0 & 0 & \cdots & \lambda_n \end{bmatrix}$$

$$= \begin{bmatrix} \lambda_1 p_{11} & \lambda_2 p_{12} & \cdots & \lambda_n p_{1n} \\ \lambda_1 p_{21} & \lambda_2 p_{22} & \cdots & \lambda_n p_{2n} \\ \vdots & \vdots & & \vdots \\ \lambda_1 p_{n1} & \lambda_2 p_{n2} & \cdots & \lambda_n p_{nn} \end{bmatrix}. \tag{1}$$

Bezeichnen nun $\mathbf{p}_1, \mathbf{p}_2, \ldots, \mathbf{p}_n$ die Spaltenvektoren von $P$, so sind nach (1) $\lambda_1 \mathbf{p}_1, \lambda_2 \mathbf{p}_2, \ldots, \lambda_n \mathbf{p}_n$ die Spalten von $AP$. Aber nach Formel (3) aus Abschnitt 1.3

werden die Spalten von $AP$ von $A\mathbf{p}_1, A\mathbf{p}_2, \ldots, A\mathbf{p}_n$ gebildet, also muß

$$A\mathbf{p}_1 = \lambda_1\mathbf{p}_1, \qquad A\mathbf{p}_2 = \lambda_2\mathbf{p}_2, \ \ldots, \ A\mathbf{p}_n = \lambda_n\mathbf{p}_n \tag{2}$$

gelten. Da $P$ invertierbar ist, sind alle Spaltenvektoren von $P$ von Null verschieden; somit folgt aus (2), daß $\lambda_1, \lambda_2, \ldots, \lambda_n$ Eigenwerte von $A$ und $\mathbf{p}_1, \mathbf{p}_2, \ldots, \mathbf{p}_n$ die zugehörigen Eigenvektoren sind. Weiter folgt aus der Invertierbarkeit von $P$ nach Satz 7.1.5, daß $\mathbf{p}_1, \mathbf{p}_2, \ldots, \mathbf{p}_n$ linear unabhängig sind. Also besitzt $A$ $n$ linear unabhängige Eigenvektoren.

*b)* $\Rightarrow$ *a)*: Seien $\mathbf{p}_1, \mathbf{p}_2, \ldots, \mathbf{p}_n$ die linear unabhängigen Eigenvektoren von $A$ zu den Eigenwerten $\lambda_1, \lambda_2, \ldots, \lambda_n$ und

$$P = \begin{bmatrix} p_{11} & p_{12} & \cdots & p_{1n} \\ p_{21} & p_{22} & \cdots & p_{2n} \\ \vdots & \vdots & & \vdots \\ p_{n1} & p_{n2} & \cdots & p_{nn} \end{bmatrix}$$

die aus $\mathbf{p}_1, \mathbf{p}_2, \ldots, \mathbf{p}_n$ als Spaltenvektoren gebildete Matrix. Nach Formel (3), Abschnitt 1.3, sind die Spalten von $AP$ die Vektoren

$$A\mathbf{p}_1, A\mathbf{p}_2, \ldots, A\mathbf{p}_n.$$

Es gilt aber

$$A\mathbf{p}_1 = \lambda_1\mathbf{p}_1, \quad A\mathbf{p}_2 = \lambda_2\mathbf{p}_2, \ \ldots, \ A\mathbf{p}_n = \lambda_n\mathbf{p}_n$$

und damit

$$AP = \begin{bmatrix} \lambda_1 p_{11} & \lambda_2 p_{12} & \cdots & \lambda_n p_{1n} \\ \lambda_1 p_{21} & \lambda_2 p_{22} & \cdots & \lambda_n p_{2n} \\ \vdots & \vdots & & \vdots \\ \lambda_1 p_{n1} & \lambda_2 p_{n2} & \cdots & \lambda_n p_{nn} \end{bmatrix}$$

$$= \begin{bmatrix} p_{11} & p_{12} & \cdots & p_{1n} \\ p_{21} & p_{22} & \cdots & p_{2n} \\ \vdots & \vdots & & \vdots \\ p_{n1} & p_{n2} & \cdots & p_{nn} \end{bmatrix} \begin{bmatrix} \lambda_1 & 0 & \cdots & 0 \\ 0 & \lambda_2 & \cdots & 0 \\ \vdots & \vdots & & \vdots \\ 0 & 0 & \cdots & \lambda_n \end{bmatrix} = PD, \tag{3}$$

wobei $D$ die Diagonalmatrix ist, auf deren Hauptdiagonalen die Eigenwerte $\lambda_1, \lambda_2, \ldots, \lambda_n$ von $A$ stehen. Da die Spaltenvektoren von $P$ linear unabhängig sind, ist $P$ invertierbar; also können wir Gleichung (3) umformen zu $P^{-1}AP = D$. Damit ist $A$ diagonalisierbar. □

## Verfahren zur Diagonalisierung einer Matrix

Der vorangehende Beweis liefert uns folgende Vorgehensweise zur Diagonalisierung einer $n \times n$-Matrix $A$.

**Schritt 1.** Man bestimme $n$ linear unabhängige Eigenvektoren $\mathbf{p}_1, \mathbf{p}_2, \ldots, \mathbf{p}_n$ von $A$.

**Schritt 2.** Man bilde die Matrix $P$ aus den Spaltenvektoren $\mathbf{p}_1, \mathbf{p}_2, \ldots, \mathbf{p}_n$.

**Schritt 3.** Das Produkt $P^{-1}AP$ ist dann eine Diagonalmatrix mit den Diagonalelementen $\lambda_1, \lambda_2, \ldots, \lambda_n$, wobei für $i = 1, 2, \ldots, n$ das Element $\lambda_i$ den Eigenwert zum Eigenvektor $\mathbf{p}_i$ bezeichnet.

Zur Durchführung des ersten Schrittes muß man entscheiden, ob $A$ $n$ linear unabhängige Eigenvektoren hat, und diese dann berechnen. Wir werden später sehen, daß es genügt, Basen der Eigenräume von $A$ anzugeben, da die Vereinigung dieser Basen linear unabhängig ist. Finden wir also $n$ Eigenraum-Basisvektoren von $A$, so ist $A$ diagonalisierbar, und wir können diese Vektoren zur Konstruktion von $P$ benutzen; andernfalls ist $A$ nicht diagonalisierbar.

**Beispiel 1** Man bestimme eine Matrix $P$, die

$$A = \begin{bmatrix} 0 & 0 & -2 \\ 1 & 2 & 1 \\ 1 & 0 & 3 \end{bmatrix}$$

diagonalisiert.

*Lösung.* Nach Beispiel 5 des vorigen Abschnitts ist die charakteristische Gleichung von $A$

$$(\lambda - 1)(\lambda - 2)^2 = 0.$$

Als Eigenraumbasen haben wir

$$\lambda = 2: \quad \mathbf{p}_1 = \begin{bmatrix} -1 \\ 0 \\ 1 \end{bmatrix}, \quad \mathbf{p}_2 = \begin{bmatrix} 0 \\ 1 \\ 0 \end{bmatrix}$$

$$\lambda = 1: \quad \mathbf{p}_3 = \begin{bmatrix} -2 \\ 1 \\ 1 \end{bmatrix}$$

berechnet. Da wir drei Basisvektoren gefunden haben, ist $A$ diagonalisierbar mit

$$P = \begin{bmatrix} -1 & 0 & -2 \\ 0 & 1 & 1 \\ 1 & 0 & 1 \end{bmatrix}.$$

Der Leser sollte zur Probe nachrechnen, daß

$$P^{-1}AP = \begin{bmatrix} 1 & 0 & 2 \\ 1 & 1 & 1 \\ -1 & 0 & -1 \end{bmatrix} \begin{bmatrix} 0 & 0 & -2 \\ 1 & 2 & 1 \\ 1 & 0 & 3 \end{bmatrix} \begin{bmatrix} -1 & 0 & -2 \\ 0 & 1 & 1 \\ 1 & 0 & 1 \end{bmatrix} = \begin{bmatrix} 2 & 0 & 0 \\ 0 & 2 & 0 \\ 0 & 0 & 1 \end{bmatrix}$$

gilt.

Es gibt keine festgelegte Reihenfolge für die Spaltenvektoren von $P$. Da das $i$-te Diagonalelement von $P^{-1}AP$ ein Eigenwert zum $i$-ten Spaltenvektor von $P$ ist, führt eine Permutation der Spalten von $P$ nur zu der entsprechenden Permutation der Elemente in der Hauptdiagonalen von $P^{-1}AP$. Hätten wir also im letzten Beispiel

$$P = \begin{bmatrix} -1 & -2 & 0 \\ 0 & 1 & 1 \\ 1 & 1 & 0 \end{bmatrix}$$

gewählt, so hätten wir als resultierende Diagonalmatrix

$$P^{-1}AP = \begin{bmatrix} 2 & 0 & 0 \\ 0 & 1 & 0 \\ 0 & 0 & 2 \end{bmatrix}$$

erhalten.

**Beispiel 2** Man bestimme eine Matrix $P$, die

$$A = \begin{bmatrix} 1 & 0 & 0 \\ 1 & 2 & 0 \\ -3 & 5 & 2 \end{bmatrix}$$

diagonalisiert.

*Lösung.* Aus dem charakteristischen Polynom

$$\det(\lambda I - A) = \begin{vmatrix} \lambda - 1 & 0 & 0 \\ -1 & \lambda - 2 & 0 \\ 3 & -5 & \lambda - 2 \end{vmatrix}$$

von $A$ ergibt sich die charakteristische Gleichung

$$(\lambda - 1)(\lambda - 2)^2 = 0,$$

also hat $A$ die Eigenwerte $\lambda = 1$ und $\lambda = 2$. Als Basen der Eigenräume ergeben sich

$$\lambda = 1: \quad \mathbf{p}_1 = \begin{bmatrix} \frac{1}{8} \\ -\frac{1}{8} \\ 1 \end{bmatrix},$$

$$\lambda = 2: \quad \mathbf{p}_2 = \begin{bmatrix} 0 \\ 0 \\ 1 \end{bmatrix}.$$

Also hat die $3 \times 3$-Matrix $A$ nur zwei Eigenraumbasisvektoren und ist folglich nicht diagonalisierbar.

*Alternative Lösung.* Möchte man nur feststellen, ob $A$ diagonalisierbar ist, ohne die diagonalisierende Matrix $P$ auszurechnen, so kann man auf die Bestimmung der Eigenraumbasen verzichten; es genügt, die Dimensionen der Eigenräume zu kennen. Für die gegebene Matrix $A$ ist der Eigenraum zu $\lambda = 1$ der Lösungsraum von

$$\begin{bmatrix} 0 & 0 & 0 \\ -1 & -1 & 0 \\ 3 & -5 & -1 \end{bmatrix} \begin{bmatrix} x_1 \\ x_2 \\ x_3 \end{bmatrix} = \begin{bmatrix} 0 \\ 0 \\ 0 \end{bmatrix}.$$

Die Koeffizientenmatrix hat den Rang 2, also den Defekt 1, woraus mit Satz 5.6.4 folgt, daß der Lösungsraum eindimensional ist.

Als Eigenraum zu $\lambda = 2$ erhalten wir den Lösungsraum von

$$\begin{bmatrix} 1 & 0 & 0 \\ -1 & 0 & 0 \\ 3 & -5 & 0 \end{bmatrix} \begin{bmatrix} x_1 \\ x_2 \\ x_3 \end{bmatrix} = \begin{bmatrix} 0 \\ 0 \\ 0 \end{bmatrix}.$$

Wieder hat die Koeffizientenmatrix den Rang 2, also ist der Eigenraum eindimensional. Insgesamt erhält man zwei Basisvektoren der Eigenräume von $A$, also ist $A$ nicht diagonalisierbar.

Wir haben oben angegeben, daß die Vereinigung der Basisvektoren aller Eigenräume von $A$ linear unabhängig ist. Diese Behauptung werden wir jetzt beweisen.

**Satz 7.2.2.** *Seien $\lambda_1, \lambda_2, \ldots, \lambda_k$ paarweise verschiedene Eigenwerte von $A$ und $\mathbf{v}_1, \mathbf{v}_2, \ldots, \mathbf{v}_k$ die zugehörigen Eigenvektoren. Dann ist die Menge $\{\mathbf{v}_1, \mathbf{v}_2, \ldots, \mathbf{v}_k\}$ linear unabhängig.*

**Beweis.** Wir führen die Annahme, daß $\mathbf{v}_1, \mathbf{v}_2, \ldots, \mathbf{v}_k$ linear abhängig sind, zu einem Widerspruch und folgern daraus ihre lineare Unabhängigkeit.

Da ein Eigenvektor nach Definition von Null verschieden ist, ist $\{\mathbf{v}_1\}$ linear unabhängig. Sei $r$ die größte ganze Zahl, für die $\{\mathbf{v}_1, \mathbf{v}_2, \ldots, \mathbf{v}_r\}$ linear unabhängig ist. Da nach unserer Annahme $\{\mathbf{v}_1, \mathbf{v}_2, \ldots, \mathbf{v}_k\}$ linear abhängig ist, gilt $1 \leq r < k$; außerdem ist $\{\mathbf{v}_1, \mathbf{v}_2, \ldots, \mathbf{v}_{r+1}\}$ linear abhängig. Also gibt es Skalare $c_1, c_2, \ldots, c_{r+1}$, die nicht alle verschwinden, so daß

$$c_1\mathbf{v}_1 + c_2\mathbf{v}_2 + \cdots + c_{r+1}\mathbf{v}_{r+1} = \mathbf{0}. \tag{4}$$

Multipliziert man beide Seiten dieser Gleichung mit $A$ und benutzt

$$A\mathbf{v}_1 = \lambda_1\mathbf{v}_1, \quad A\mathbf{v}_2 = \lambda_2\mathbf{v}_2, \quad \ldots, \quad A\mathbf{v}_{r+1} = \lambda_{r+1}\mathbf{v}_{r+1},$$

so ergibt sich

$$c_1\lambda_1\mathbf{v}_1 + c_2\lambda_2\mathbf{v}_2 + \cdots + c_{r+1}\lambda_{r+1}\mathbf{v}_{r+1} = \mathbf{0}. \tag{5}$$

Multipliziert man (4) mit $\lambda_{r+1}$ und subtrahiert das Ergebnis von Gleichung (5), so erhält man

$$c_1(\lambda_1 - \lambda_{r+1})\mathbf{v}_1 + c_2(\lambda_2 - \lambda_{r+1})\mathbf{v}_2 + \cdots + c_r(\lambda_r - \lambda_{r+1})\mathbf{v}_r = \mathbf{0}.$$

$\{\mathbf{v}_1, \mathbf{v}_2, \ldots, \mathbf{v}_r\}$ ist linear unabhängig, also folgt

$$c_1(\lambda_1 - \lambda_{r+1}) = c_2(\lambda_2 - \lambda_{r+1}) = \cdots = c_r(\lambda_r - \lambda_{r+1}) = 0.$$

Da $\lambda_1, \lambda_2, \ldots, \lambda_{r+1}$ paarweise verschieden sind, liefert das

$$c_1 = c_2 = \cdots = c_r = 0, \tag{6}$$

woraus sich

$$c_{r+1}\mathbf{v}_{r+1} = \mathbf{0}$$

ergibt. Da der Eigenvektor $\mathbf{v}_{r+1}$ nicht der Nullvektor sein kann, folgt daraus

$$c_{r+1} = 0. \tag{7}$$

Die Gleichungen (6) und (7) widersprechen der Tatsache, daß $c_1, c_2, \ldots, c_{r+1}$ nicht gleichzeitig verschwinden dürfen; damit ist der Beweis erbracht. □

**Bemerkung.** Satz 7.2.2 ergibt sich als Spezialfall eines allgemeineren Ergebnisses: Betrachten wir paarweise verschiedene Eigenwerte $\lambda_1, \lambda_2, \ldots, \lambda_k$ und wählen aus jedem der zugehörigen Eigenräume eine linear unabhängige Menge von Eigenvektoren, so ist die Vereinigung dieser Mengen dann wieder linear unabhängig. Wählen wir zum Beispiel drei beziehungsweise zwei linear unabhängige Vektoren aus zwei verschiedenen Eigenräumen, so erhalten wir eine Menge mit fünf linear unabhängigen Vektoren. Den Beweis dieser Aussage lassen wir weg.

Aus Satz 7.2.2 erhalten wir als nützliche Folgerung:

**Satz 7.2.3.** *Besitzt eine $n \times n$-Matrix $A$ $n$ paarweise verschiedene Eigenwerte, so ist $A$ diagonalisierbar.*

**Beweis.** Sind $\mathbf{v}_1, \mathbf{v}_2, \ldots, \mathbf{v}_n$ Eigenvektoren zu den paarweise verschiedenen Eigenwerten $\lambda_1, \lambda_2, \ldots, \lambda_n$, so sind sie nach Satz 7.2.2 linear unabhängig. Folglich ist $A$ nach Satz 7.2.1 diagonalisierbar. □

**Beispiel 3** In Beispiel 2 des vorigen Abschnitts haben wir gesehen, daß

$$A = \begin{bmatrix} 0 & 1 & 0 \\ 0 & 0 & 1 \\ 4 & -17 & 8 \end{bmatrix}$$

die drei verschiedenen Eigenwerte $\lambda = 4$, $\lambda = 2 + \sqrt{3}$ und $\lambda = 2 - \sqrt{3}$ besitzt; also ist $A$ diagonalisierbar zu

$$P^{-1}AP = \begin{bmatrix} 4 & 0 & 0 \\ 0 & 2+\sqrt{3} & 0 \\ 0 & 0 & 2-\sqrt{3} \end{bmatrix}.$$

Die diagonalisierende Matrix $P$ kann man mit den in Beispiel 1 eingeführten Methoden berechnen.

**Beispiel 4** Nach Satz 7.1.1 sind die Eigenwerte einer Dreiecksmatrix die Elemente ihrer Hauptdiagonalen. Also ist eine Dreiecksmatrix mit paarweise verschiedenen Hauptdiagonalelementen, wie etwa

$$A = \begin{bmatrix} -1 & 2 & 4 & 0 \\ 0 & 3 & 1 & 7 \\ 0 & 0 & 5 & 8 \\ 0 & 0 & 0 & -2 \end{bmatrix}$$

diagonalisierbar.

## Geometrische und algebraische Vielfachheit

Satz 7.2.3 bietet keine vollständige Charakterisierung diagonalisierbarer Matrizen, da diese nicht notwendig $n$ verschiedene Eigenwerte haben müssen (siehe Beispiel 1). Tatsächlich ist eine $n \times n$-Matrix genau dann diagonalisierbar, wenn die Summe der Dimensionen ihrer Eigenräume $n$ ist (vergleiche Beispiel 1 und Beispiel 2).

Wir können im Rahmen dieses Buches nicht auf die Details eingehen, sondern wollen nur ein zentrales Ergebnis der Diagonalisierbarkeitstheorie angeben: Man kann beweisen, daß die Dimension des Eigenraumes zum Eigenwert $\lambda_0$ höchstens so groß ist wie der Exponent des Faktors $(\lambda - \lambda_0)^k$ im charakteristischen Polynom von $A$. So haben die Matrizen aus den Beispielen 1 und 2 dasselbe charakteristische Polynom

$$(\lambda - 1)(\lambda - 2)^2,$$

also ist der Eigenraum zu $\lambda = 1$ höchstens (und damit genau) eindimensional, der zu $\lambda = 2$ höchstens zweidimensional. Während in Beispiel 1 beide Obergrenzen angenommen werden (was zur Diagonalisierbarkeit der Matrix führt), sind beide Eigenräume in Beispiel 2 nur eindimensional, die Matrix ist nicht diagonalisierbar.

Die Dimension des Eigenraumes zum Eigenwert $\lambda_0$ von $A$ heißt ***geometrische Vielfachheit*** von $\lambda_0$, die Anzahl der Faktoren $(\lambda - \lambda_0)$ im charakteristischen Polynom von $A$ ist die ***algebraische Vielfachheit*** von $\lambda_0$. Wir beschließen diesen kurzen Abriß über die Diagonalisierbarkeit einer Matrix mit folgendem Satz, den wir ohne Beweis angeben.

**Satz 7.2.4.** *Für eine quadratische Matrix $A$ gilt:*

*a) Die geometrische Vielfachheit eines Eigenwertes von $A$ ist nicht größer als seine algebraische Vielfachheit.*
*b) $A$ ist genau dann diagonalisierbar, wenn die geometrische Vielfachheit jedes Eigenwertes mit seiner algebraischen Vielfachheit übereinstimmt.*

## Berechnung von Matrixpotenzen

Es gibt zahlreiche Probleme in der angewandten Mathematik, die die Berechnung hoher Potenzen einer quadratischen Matrix erfordern. Wir wollen diesen Abschnitt damit beenden, daß wir zeigen, wie solche Berechnungen für diagonalisierbare Matrizen vereinfacht werden können.

Ist $A$ eine $n \times n$-Matrix und $P$ invertierbar, so ist

$$(P^{-1}AP)^2 = P^{-1}APP^{-1}AP = P^{-1}AIAP = P^{-1}A^2P.$$

Allgemein gilt für jede positive ganze Zahl $k$

$$(P^{-1}AP)^k = P^{-1}A^kP. \tag{8}$$

Ist $A$ diagonalisierbar und $P^{-1}AP = D$ die resultierende Diagonalmatrix, so folgt daraus

$$P^{-1}A^kP = (P^{-1}AP)^k = D^k, \tag{9}$$

also

$$A^k = PD^kP^{-1}. \tag{10}$$

Diese Gleichung beschreibt die $k$-te Potenz von $A$ mit Hilfe der $k$-ten Potenz der Diagonalmatrix $D$. Nun ist diese Matrix leicht zu berechnen; für

$$D = \begin{bmatrix} d_1 & 0 & \cdots & 0 \\ 0 & d_2 & \cdots & 0 \\ \vdots & \vdots & & \vdots \\ 0 & 0 & \vdots & d_n \end{bmatrix}$$

ist

$$D^k = \begin{bmatrix} d_1^k & 0 & \cdots & 0 \\ 0 & d_2^k & \cdots & 0 \\ \vdots & \vdots & & \vdots \\ 0 & 0 & \cdots & d_n^k \end{bmatrix}.$$

**Beispiel 5** Man berechne $A^{13}$ für

$$A = \begin{bmatrix} 0 & 0 & -2 \\ 1 & 2 & 1 \\ 1 & 0 & 3 \end{bmatrix}.$$

*Lösung.* In Beispiel 1 haben wir gesehen, daß $A$ durch

$$P = \begin{bmatrix} -1 & 0 & -2 \\ 0 & 1 & 1 \\ 1 & 0 & 1 \end{bmatrix}$$

diagonalisiert wird, wobei sich die Diagonalmatrix

$$D = P^{-1}AP = \begin{bmatrix} 2 & 0 & 0 \\ 0 & 2 & 0 \\ 0 & 0 & 1 \end{bmatrix}$$

ergibt. Also folgt mit (10)

$$A^{13} = PD^{13}P^{-1} = \begin{bmatrix} -1 & 0 & -2 \\ 0 & 1 & 1 \\ 1 & 0 & 1 \end{bmatrix} \begin{bmatrix} 2^{13} & 0 & 0 \\ 0 & 2^{13} & 0 \\ 0 & 0 & 1^{13} \end{bmatrix} \begin{bmatrix} 1 & 0 & 2 \\ 1 & 1 & 1 \\ -1 & 0 & -1 \end{bmatrix}$$
$$= \begin{bmatrix} -8190 & 0 & -16382 \\ 8191 & 8192 & 8191 \\ 8191 & 0 & 16383 \end{bmatrix}. \tag{11}$$

**Bemerkung.** Bei der im letzten Beispiel eingeführten Methode konzentriert sich der Rechenaufwand auf die Diagonalisierung von $A$. Hat man diese Arbeit einmal erledigt, kann man jede beliebige Potenz von $A$ berechnen. Um $A^{1000}$ zu berechnen, müssen wir in Gleichung (11) nur den Exponenten 13 durch 1000 ersetzen. Je höher die gesuchte Potenz von $A$ ist, desto effizienter ist die Methode.

## Übungen zu 7.2

**1.** Sei $A$ eine $6 \times 6$-Matrix mit charakteristischer Gleichung $\lambda^2(\lambda - 1) \cdot (\lambda - 2)^3 = 0$. Wie groß können die Dimensionen der Eigenräume von $A$ sein?

**2.** Sei

$$A = \begin{bmatrix} 4 & 0 & 1 \\ 2 & 3 & 2 \\ 1 & 0 & 4 \end{bmatrix}.$$

a) Man berechne die Eigenwerte von $A$.

b) Man bestimme für jeden Eigenwert $\lambda$ den Rang und den Defekt der Matrix $\lambda I - A$.

c) Ist $A$ diagonalisierbar? Man begründe die Antwort.

Man entscheide mit der Methode aus Aufgabe 2, ob die Matrizen in den Aufgaben 3–7 diagonalisierbar sind.

**3.** $\begin{bmatrix} 2 & 0 \\ 1 & 2 \end{bmatrix}$ **4.** $\begin{bmatrix} 2 & -3 \\ 1 & -1 \end{bmatrix}$ **5.** $\begin{bmatrix} 3 & 0 & 0 \\ 0 & 2 & 0 \\ 0 & 1 & 2 \end{bmatrix}$

**6.** $\begin{bmatrix} -1 & 0 & 1 \\ -1 & 3 & 0 \\ -4 & 13 & -1 \end{bmatrix}$ **7.** $\begin{bmatrix} 2 & -1 & 0 & 1 \\ 0 & 2 & 1 & -1 \\ 0 & 0 & 3 & 2 \\ 0 & 0 & 0 & 3 \end{bmatrix}$

Man bestimme in den Aufgaben 8–11 eine Matrix $P$, die $A$ diagonalisiert, und berechne $P^{-1}AP$.

**8.** $A = \begin{bmatrix} -14 & 12 \\ -20 & 17 \end{bmatrix}$ **9.** $A = \begin{bmatrix} 1 & 0 \\ 6 & -1 \end{bmatrix}$

**10.** $A = \begin{bmatrix} 1 & 0 & 0 \\ 0 & 1 & 1 \\ 0 & 1 & 1 \end{bmatrix}$ **11.** $A = \begin{bmatrix} 2 & 0 & -2 \\ 0 & 3 & 0 \\ 0 & 0 & 3 \end{bmatrix}$

Sind die Matrizen in den Aufgaben 12–17 diagonalisierbar? Man berechne gegebenenfalls eine diagonalisierende Matrix $P$ sowie $P^{-1}AP$.

**12.** $A = \begin{bmatrix} 19 & -9 & -6 \\ 25 & -11 & -9 \\ 17 & -9 & -4 \end{bmatrix}$ **13.** $A = \begin{bmatrix} -1 & 4 & -2 \\ -3 & 4 & 0 \\ -3 & 1 & 3 \end{bmatrix}$ **14.** $A = \begin{bmatrix} 5 & 0 & 0 \\ 1 & 5 & 0 \\ 0 & 1 & 5 \end{bmatrix}$

**15.** $A = \begin{bmatrix} 0 & 0 & 0 \\ 0 & 0 & 0 \\ 3 & 0 & 1 \end{bmatrix}$ **16.** $A = \begin{bmatrix} -2 & 0 & 0 & 0 \\ 0 & -2 & 0 & 0 \\ 0 & 0 & 3 & 0 \\ 0 & 0 & 1 & 3 \end{bmatrix}$

**17.** $A = \begin{bmatrix} -2 & 0 & 0 & 0 \\ 0 & -2 & 5 & -5 \\ 0 & 0 & 3 & 0 \\ 0 & 0 & 0 & 3 \end{bmatrix}$

**18.** Man berechne wie in Beispiel 5 $A^{10}$ für

$$A = \begin{bmatrix} 1 & 0 \\ -1 & 2 \end{bmatrix}.$$

**19.** Man berechne wie in Beispiel 5 $A^{11}$ für

$$A = \begin{bmatrix} -1 & 7 & -1 \\ 0 & 1 & 0 \\ 0 & 15 & -2 \end{bmatrix}.$$

**20.** Sei

$$A = \begin{bmatrix} 1 & -2 & 8 \\ 0 & -1 & 0 \\ 0 & 0 & -1 \end{bmatrix}.$$

Man berechne

a) $A^{1000}$ b) $A^{-1000}$ c) $A^{2301}$ d) $A^{-2301}$

**21.** Man berechne $A^n$ für eine natürliche Zahl $n$ und

$$A = \begin{bmatrix} 3 & -1 & 0 \\ -1 & 2 & -1 \\ 0 & -1 & 3 \end{bmatrix}.$$

**22.** Sei

$$A = \begin{bmatrix} a & b \\ c & d \end{bmatrix}.$$

Man zeige:

a) $A$ ist für $(a-d)^2 + 4bc > 0$ diagonalisierbar.
b) $A$ ist für $(a-d)^2 + 4bc < 0$ nicht diagonalisierbar.
[*Hinweis*. Man vergleiche Aufgabe 17 und 18 aus Abschnitt 7.1.]

**23.** Die Matrix $A$ aus Aufgabe 22 sei diagonalisierbar. Man berechne die diagonalisierende Matrix $P$.

**24.** Man zeige, daß der Rang einer diagonalisierbaren Matrix $A$ mit der Anzahl ihrer von Null verschiedenen Eigenwerte übereinstimmt.

**25.** Sei $A$ eine invertierbare Matrix, die durch $P$ diagonalisiert wird. Man zeige, daß auch $A^{-1}$ durch $P$ diagonalisiert wird.

# 7.3 Diagonalisierung mit orthogonalen Matrizen

*Wir beschäftigen uns mit Orthonormalbasen des euklidischen Raumes $R^n$, die aus Eigenvektoren einer gegebenen $n \times n$-Matrix $A$ bestehen. Unter Verwendung der Ergebnisse des letzten Abschnitts stoßen wir dabei auf symmetrische Matrizen.*

## Diagonalisierung mit orthogonalen Matrizen

Wir befassen uns mit den folgenden, zueinander äquivalenten Fragen:

- Existiert zu einer gegebenen $n \times n$-Matrix $A$ eine Orthonormalbasis des euklidischen Raumes $R^n$, die aus Eigenvektoren von $A$ besteht?

- Existiert zu einer gegebenen $n \times n$-Matrix $A$ eine orthogonale Matrix $P$, so daß $P^{-1}AP = P^TAP$ Diagonalgestalt hat? (Eine derartige Diagonalisierung wird als ***Hauptachsentransformation*** bezeichnet.)

Aus dem zweiten Problem ergibt sich sofort die Frage, wie man eine solche Matrix $P$ findet, falls sie existiert.

Zunächst folgt jedoch aus der Existenz einer orthogonalen Matrix $P$, die $A$ diagonalisiert, daß $A$ symmetrisch sein muß: Ist

$$P^TAP = D \tag{1}$$

eine Diagonalmatrix und $PP^T = P^TP = I$, so gilt

$$A = PDP^T. \tag{2}$$

Für die Diagonalmatrix $D$ gilt $D = D^T$, also ist

$$A^T = (PDT^T)^T = (P^T)^TD^TP^T = PDP^T = A.$$

## Diagonalisierbarkeitsbedingungen

Wir werden jetzt sehen, daß umgekehrt jede symmetrische Matrix $A$ durch eine orthogonale Matrix diagonalisiert werden kann. (*Orthogonalität* bezieht sich dabei stets auf das euklidische innere Produkt des $R^n$.)

**Satz 7.3.1.** *Für eine $n \times n$-Matrix $A$ sind folgende Aussagen äquivalent:*

*a) $A$ wird durch eine orthogonale Matrix diagonalisiert.*
*b) Es gibt eine Orthonormalbasis des $R^n$, die aus Eigenvektoren von $A$ besteht.*
*c) $A$ ist symmetrisch.*

**Beweis** *a)* $\Rightarrow$ *b)*: Sei $P$ eine orthogonale Matrix, die $A$ diagonalisiert. Wie im Beweis von Satz 7.2.1 gezeigt wurde, sind die Spalten von $P$ Eigenvektoren von $A$, die wegen der Orthogonalität von $P$ eine Orthonormalbasis des $R^n$ bilden.

*b)* $\Rightarrow$ *a)*: Sei $\{\mathbf{p}_1, \mathbf{p}_2, \dots, \mathbf{p}_n\}$ eine Orthonormalbasis des $R^n$, die aus Eigenvektoren von $A$ besteht. Die aus diesen Spalten gebildete Matrix $P$ ist orthogonal und diagonalisiert $A$ (siehe Beweis von Satz 7.2.1).

*a)* $\Rightarrow$ *c)*: Sei $P$ eine orthogonale Matrix, die $A$ diagonalisiert, und

$$D = P^{-1}AP$$

die resultierende Diagonalmatrix. Dann ist

$$A = PDP^{-1}$$

oder (da $P$ orthogonal ist)

$$A = PDP^T.$$

Daraus folgt

$$A^T = (PDP^T)^T = PD^T P^T = PDP^T = A,$$

also ist $A$ symmetrisch.

*c)* $\Rightarrow$ *a)*: Wir bleiben den Beweis schuldig, da er den Rahmen unserer Untersuchungen sprengt. □

## Eigenschaften symmetrischer Matrizen

Wir werden zuerst die Eigenwerte und -vektoren symmetrischer Matrizen untersuchen, um dann ein Verfahren zur Diagonalisierung mit einer orthogonalen Matrix zu entwickeln.

**Satz 7.3.2.** *Für eine symmetrische Matrix A gilt:*

*a) A hat nur reelle Eigenwerte.*
*b) Eigenvektoren zu verschiedenen Eigenwerten sind orthogonal.*

**Beweis a).** Wir verschieben diesen Beweis auf Abschnitt 10.6, wo wir komplexe Matrizen untersuchen.

**Beweis b).** Seien $\mathbf{v}_1$ und $\mathbf{v}_2$ Eigenvektoren von $A$ zu verschiedenen Eigenwerten $\lambda_1$ und $\lambda_2$. Nach Formel (8) aus Abschnitt 4.1 ist

$$A\mathbf{v}_1 \cdot \mathbf{v}_2 = \mathbf{v}_1 \cdot A^T\mathbf{v}_2 = \mathbf{v}_1 \cdot A\mathbf{v}_2. \tag{3}$$

Da $\mathbf{v}_1$ Eigenvektor zu $\lambda_1$ und $\mathbf{v}_2$ Eigenvektor zu $\lambda_2$ ist, folgt

$$\lambda_1\mathbf{v}_1 \cdot \mathbf{v}_2 = \mathbf{v}_1 \cdot \lambda_2\mathbf{v}_2$$

oder

$$(\lambda_1 - \lambda_2)(\mathbf{v}_1 \cdot \mathbf{v}_2) = 0. \tag{4}$$

Nach Voraussetzung ist $\lambda_1 - \lambda_2 \neq 0$, also gilt nach (4) $\mathbf{v}_1 \cdot \mathbf{v}_2 = 0$. □

**Bemerkung.** Wir wollen nochmals darauf hinweisen, daß wir nur Matrizen mit reellen Elementen betrachten. So werden wir in Kapitel 10 sehen, daß Satz 7.3.2 a) für komplexe Matrizen falsch ist.

## Diagonalisierung symmetrischer Matrizen

Mit dem vorangehenden Satz können wir jetzt ein Diagonalisierungsverfahren für symmetrische Matrizen angeben.

**Schritt 1.** Man bestimme Basen für jeden Eigenraum von $A$.

**Schritt 2.** Man wende auf jede dieser Basen das Gram-Schmidtsche Orthonormalisierungsverfahren an.

**Schritt 3.** Die Matrix $P$, deren Spalten die im zweiten Schritt berechneten Vektoren sind, ist orthogonal und diagonalisiert $A$.

Es ist klar, daß diese Methode das gewünschte Ergebnis liefert: Nach Satz 7.3.2 sind die Eigenvektoren aus *verschiedenen* Eigenräumen orthogonal, und das Gram-Schmidt-Verfahren garantiert die Orthonormalität der Eigenvektoren aus dem *gleichen* Eigenraum. Also ist die *gesamte* Menge der so konstruierten Eigenvektoren orthonormal.

**Beispiel 1** Man bestimme eine orthogonale Matrix $P$, die

$$A = \begin{bmatrix} 4 & 2 & 2 \\ 2 & 4 & 2 \\ 2 & 2 & 4 \end{bmatrix}$$

diagonalisiert.

*Lösung.* Aus der charakteristischen Gleichung von $A$

$$\det(\lambda I - A) = \det \begin{bmatrix} \lambda - 4 & -2 & -2 \\ -2 & \lambda - 4 & -2 \\ -2 & -2 & \lambda - 4 \end{bmatrix} = (\lambda - 2)^2(\lambda - 8) = 0$$

ergeben sich die Eigenwerte $\lambda = 2$ und $\lambda = 8$. Analog zu Beispiel 5 aus Abschnitt 7.1 zeigt man, daß

$$\mathbf{u}_1 = \begin{bmatrix} -1 \\ 1 \\ 0 \end{bmatrix} \quad \text{und} \quad \mathbf{u}_2 = \begin{bmatrix} -1 \\ 0 \\ 1 \end{bmatrix}$$

eine Basis des Eigenraumes zu $\lambda = 2$ bilden. Mit dem Gram-Schmidt-Verfahren ergeben sich aus $\{\mathbf{u}_1, \mathbf{u}_2\}$ die orthonormalen Vektoren

$$\mathbf{v}_1 = \begin{bmatrix} -1/\sqrt{2} \\ 1/\sqrt{2} \\ 0 \end{bmatrix} \quad \text{und} \quad \mathbf{v}_2 = \begin{bmatrix} -1/\sqrt{6} \\ -1/\sqrt{6} \\ 2/\sqrt{6} \end{bmatrix}.$$

Weiter ist

$$\mathbf{u}_3 = \begin{bmatrix} 1 \\ 1 \\ 1 \end{bmatrix}$$

eine Basis des Eigenraumes zu $\lambda = 8$, woraus sich mit dem Gram-Schmidt-Verfahren

$$\mathbf{v}_3 = \begin{bmatrix} 1/\sqrt{3} \\ 1/\sqrt{3} \\ 1/\sqrt{3} \end{bmatrix}$$

ergibt. Aus den Spaltenvektoren $\mathbf{v}_1$, $\mathbf{v}_2$ und $\mathbf{v}_3$ erhält man die orthogonale Matrix

$$P = \begin{bmatrix} -1/\sqrt{2} & -1/\sqrt{6} & 1/\sqrt{3} \\ 1/\sqrt{2} & -1/\sqrt{6} & 1/\sqrt{3} \\ 0 & 2/\sqrt{6} & 1/\sqrt{3} \end{bmatrix},$$

die $A$ diagonalisiert. (Zur Probe kann man nachrechnen, daß $P^TAP$ Diagonalgestalt hat.)

## Übungen zu 7.3

**1.** Man berechne die charakteristische Gleichung der folgenden symmetrischen Matrizen und bestimme „durch Hinsehen" die Dimensionen der Eigenräume.

a) $\begin{bmatrix} 1 & 2 \\ 2 & 4 \end{bmatrix}$ b) $\begin{bmatrix} 1 & -4 & 2 \\ -4 & 1 & -2 \\ 2 & -2 & -2 \end{bmatrix}$ c) $\begin{bmatrix} 1 & 1 & 1 \\ 1 & 1 & 1 \\ 1 & 1 & 1 \end{bmatrix}$

d) $\begin{bmatrix} 4 & 2 & 2 \\ 2 & 4 & 2 \\ 2 & 2 & 4 \end{bmatrix}$ e) $\begin{bmatrix} 4 & 4 & 0 & 0 \\ 4 & 4 & 0 & 0 \\ 0 & 0 & 0 & 0 \\ 0 & 0 & 0 & 0 \end{bmatrix}$ f) $\begin{bmatrix} 2 & -1 & 0 & 0 \\ -1 & 2 & 0 & 0 \\ 0 & 0 & 2 & -1 \\ 0 & 0 & -1 & 2 \end{bmatrix}$

Man berechne in den Aufgaben 2–9 eine orthogonale Matrix $P$, die $A$ diagonalisiert, sowie $P^{-1}AP$.

**2.** $A = \begin{bmatrix} 3 & 1 \\ 1 & 3 \end{bmatrix}$ **3.** $A = \begin{bmatrix} 6 & 2\sqrt{3} \\ 2\sqrt{3} & 7 \end{bmatrix}$ **4.** $A = \begin{bmatrix} 6 & -2 \\ -2 & 3 \end{bmatrix}$

**5.** $A = \begin{bmatrix} -2 & 0 & -36 \\ 0 & -3 & 0 \\ -36 & 0 & -23 \end{bmatrix}$ **6.** $A = \begin{bmatrix} 1 & 1 & 0 \\ 1 & 1 & 0 \\ 0 & 0 & 0 \end{bmatrix}$ **7.** $A = \begin{bmatrix} 2 & -1 & -1 \\ -1 & 2 & -1 \\ -1 & -1 & 2 \end{bmatrix}$

**8.** $A = \begin{bmatrix} 3 & 1 & 0 & 0 \\ 1 & 3 & 0 & 0 \\ 0 & 0 & 0 & 0 \\ 0 & 0 & 0 & 0 \end{bmatrix}$ **9.** $A = \begin{bmatrix} -7 & 24 & 0 & 0 \\ 24 & 7 & 0 & 0 \\ 0 & 0 & -7 & 24 \\ 0 & 0 & 24 & 7 \end{bmatrix}$

**10.** Man berechne für $b \neq 0$ eine orthogonale Matrix, die

$$\begin{bmatrix} a & b \\ b & a \end{bmatrix}$$

diagonalisiert.

**11.** Sei $A$ eine $m \times n$-Matrix. Man zeige, daß $A^TA$ $n$ orthonormale Eigenvektoren besitzt.

**12.** a) Sei $\mathbf{v}$ eine $n \times 1$-Matrix und $I$ die $n \times n$-Einheitsmatrix. Man zeige, daß es eine orthogonale Matrix gibt, die $I - \mathbf{v}\mathbf{v}^T$ diagonalisiert.
b) Man bestimme eine orthogonale Matrix $P$, die $I - \mathbf{v}\mathbf{v}^T$ für

$$\mathbf{v} = \begin{bmatrix} 1 \\ 0 \\ 1 \end{bmatrix}$$

diagonalisiert.

**13.** Man benutze Aufgabe 17 aus Abschnitt 7.1, um Satz 7.3.2 a) für $2 \times 2$-Matrizen zu beweisen.

## Ergänzende Übungen zu Kapitel 7

**1.** a) Man zeige, daß

$$A = \begin{bmatrix} \cos\theta & -\sin\theta \\ \sin\theta & \cos\theta \end{bmatrix}$$

für $0 < \theta < \pi$ keine Eigenwerte (also auch keine Eigenvektoren) hat.
b) Wie läßt sich dieses Ergebnis geometrisch deuten?

**2.** Man berechne die Eigenwerte von

$$A = \begin{bmatrix} 0 & 1 & 0 \\ 0 & 0 & 1 \\ k^3 & -3k^2 & 3k \end{bmatrix}.$$

**3.** a) Sei $D$ eine Diagonalmatrix mit nichtnegativen Elementen. Man gebe eine Matrix $S$ mit $S^2 = D$ an.
b) Sei $A$ eine diagonalisierbare Matrix mit nichtnegativen Eigenwerten. Man zeige, daß es eine Matrix $S$ mit $S^2 = A$ gibt.
c) Man bestimme $S$ mit $S^2 = A$ für

$$A = \begin{bmatrix} 1 & 3 & 1 \\ 0 & 4 & 5 \\ 0 & 0 & 9 \end{bmatrix}.$$

**4.** Sei $p(\lambda) = \det(\lambda I - A)$ das charakteristische Polynom der $n \times n$-Matrix $A$. Man zeige, daß der Koeffizient von $\lambda^{n-1}$ in $p(\lambda)$ mit $-\mathrm{sp}(A)$ übereinstimmt.

**5.** Man beweise, daß

$$A = \begin{bmatrix} a & b \\ 0 & a \end{bmatrix}$$

für $b \neq 0$ nicht diagonalisierbar ist.

**6.** Sei $A$ eine $n \times n$-Matrix mit der charakteristischen Gleichung

$$c_0 + c_1\lambda + c_2\lambda^2 + \cdots + c_{n-1}\lambda^{n-1} + \lambda^n = 0.$$

Nach dem ***Satz von Cayley-Hamilton*** gilt

$$c_0 I + c_1 A + c_2 A^2 + \cdots + c_{n-1}A^{n-1} + A^n = 0.$$

Man verifiziere diesen Satz für

a) $A = \begin{bmatrix} 3 & 6 \\ 1 & 2 \end{bmatrix}$ b) $A = \begin{bmatrix} 0 & 1 & 0 \\ 0 & 0 & 1 \\ 1 & -3 & 3 \end{bmatrix}$.

**7.** Man beweise den Satz von Cayley-Hamilton für $2 \times 2$-Matrizen. [*Hinweis.* Man nutze Aufgabe 16, Abschnitt 7.1.]

**8.** Mit dem Satz von Cayley-Hamilton lassen sich Matrixpotenzen berechnen. Ist etwa $A$ eine $2 \times 2$-Matrix mit charakteristischer Gleichung

$$c_0 + c_1\lambda + \lambda^2 = 0,$$

so gilt nach dem Satz von Cayley-Hamilton $c_0 I + c_1 A + A^2 = 0$, also

$$A^2 = -c_1 A - c_0 I.$$

Durch Multiplikation dieser Gleichung mit $A$ ergibt sich $A^3 = -c_1 A^2 - c_0 A$, also läßt sich $A^3$ als Summe aus niedrigeren Potenzen von $A$ berechnen. Ebenso liefert Multiplikation mit $A^2$ die Formel $A^4 = -c_1 A^3 - c_0 A^2$, sukzessive erhält man beliebig hohe Potenzen von $A$ als Summe niedrigerer Potenzen.

Man berechne auf diese Art

$$A^2, \quad A^3, \quad A^4 \quad \text{und} \quad A^5$$

für

$$A = \begin{bmatrix} 3 & 6 \\ 1 & 2 \end{bmatrix}.$$

**9.** Man berechne mit der Methode aus Aufgabe 8 $A^3$ und $A^4$ für

$$A = \begin{bmatrix} 0 & 1 & 0 \\ 0 & 0 & 1 \\ 1 & -3 & 3 \end{bmatrix}.$$

**10.** Man bestimme die Eigenwerte von

$$A = \begin{bmatrix} c_1 & c_2 & \cdots & c_n \\ c_1 & c_2 & \cdots & c_n \\ \vdots & \vdots & & \vdots \\ c_1 & c_2 & \cdots & c_n \end{bmatrix}.$$

**11.** a) In Abschnitt 7.1 haben wir gezeigt, daß der Leitkoeffizient des charakteristischen Polynoms einer $n \times n$-Matrix $A$ den Wert 1 hat. (Das charakteristische Polynom ist also ***normiert***.) Man zeige, daß die Matrix

$$\begin{bmatrix} 0 & 0 & 0 & \cdots & 0 & -c_0 \\ 1 & 0 & 0 & \cdots & 0 & -c_1 \\ 0 & 1 & 0 & \cdots & 0 & -c_2 \\ \vdots & \vdots & \vdots & & \vdots & \vdots \\ 0 & 0 & 0 & \cdots & 1 & -c_{n-1} \end{bmatrix}$$

das charakteristische Polynom $p(\lambda) = c_0 + c_1\lambda + \cdots + c_{n-1}\lambda^{n-1} + \lambda^n$ hat. (Damit ist jedes normierte Polynom charakteristisches Polynom einer geeigneten Matrix, die als ***Begleitmatrix*** des Polynoms bezeichnet wird.) [*Hinweis.* Man berechne die Determinante durch Addition eines geeigneten Vielfachen der zweiten Zeile zur ersten und Kofaktorentwicklung nach der ersten Spalte.]

b) Man gebe eine Matrix mit charakteristischem Polynom $p(\lambda) = 1 - 2\lambda + \lambda^2 + 3\lambda^3 + \lambda^4$ an.

**12.** Eine quadratische Matrix $A$ heißt ***nilpotent***, wenn es eine natürliche Zahl $n$ mit $A^n = 0$ gibt. Was gilt für die Eigenwerte einer nilpotenten Matrix?

**13.** Man beweise: Für ungerades $n$ hat die $n \times n$-Matrix $A$ mindestens einen reellen Eigenwert.

**14.** Man bestimme eine $3 \times 3$-Matrix $A$, so daß

$$\begin{bmatrix} 0 \\ 1 \\ -1 \end{bmatrix}, \quad \begin{bmatrix} 1 \\ -1 \\ 1 \end{bmatrix}, \quad \begin{bmatrix} 0 \\ 1 \\ 1 \end{bmatrix}$$

Eigenvektoren zu den Eigenwerten $\lambda = 0$, $\lambda = 1$ und $\lambda = -1$ sind.

**15.** Sei $A$ eine $4 \times 4$-Matrix mit den Eigenwerten $\lambda_1 = 1$, $\lambda_2 = -2$, $\lambda_3 = 3$ und $\lambda_4 = -3$.

a) Man berechne $\det(A)$ mit Aufgabe 14 aus Abschnitt 7.1.
b) Man berechne $\mathrm{sp}(A)$ mit Aufgabe 4.

**16.** Sei $A$ eine quadratische Matrix mit $A^3 = A$. Was kann man über die Eigenwerte von $A$ aussagen?

# 8 Lineare Transformationen

## 8.1 Allgemeine lineare Transformationen

*Nachdem wir in Kapitel 4 lineare Transformationen von $R^n$ nach $R^m$ untersucht haben, wollen wir dieses Konzept auf beliebige Vektorräume $V$ und $W$ übertragen. Die dabei entwickelten Resultate haben eine Vielzahl von Anwendungen sowohl in der Mathematik als auch in anderen Wissenschaften.*

### Definitionen und Bezeichnungen

Wir haben lineare Transformationen von $R^n$ nach $R^m$ als Funktionen eingeführt, für die

$$T(x_1, x_2, \ldots, x_n) = (w_1, w_2, \ldots, w_n)$$

ein lineares Gleichungssystem ist. Später haben wir gezeigt, daß $T: R^n \to R^m$ genau dann linear ist, wenn für alle Vektoren $\mathbf{u}$ und $\mathbf{v}$ aus $R^n$ und alle Skalare $c$ die Gleichungen

$$T(\mathbf{u}+\mathbf{v}) = T(\mathbf{u}) + T(\mathbf{v})$$
$$T(c\,\mathbf{u}) = cT(\mathbf{u})$$

gelten (Satz 4.3.2). Diese Bedingungen beziehen sich nicht mehr auf die spezielle Struktur der Räume $R^n$ und $R^m$, wir benutzen sie als Ausgangspunkt unserer Untersuchung von linearen Transformationen zwischen beliebigen Vektorräumen.

**Definition.** Seien $V$ und $W$ Vektorräume. Eine Funktion $T: V \to W$ heißt ***lineare Transformation*** von $V$ nach $W$, wenn für alle Vektoren $\mathbf{u}$ und $\mathbf{v}$ aus $V$ und alle Skalare $c$

a) $T(\mathbf{u}+\mathbf{v}) = T(\mathbf{u}) + T(\mathbf{v})$

b) $T(c\mathbf{u}) = cT(\mathbf{u})$

gelten. Ist $V = W$, so heißt die lineare Transformation $T: V \to V$ ***linearer Operator auf*** $V$.

**Bemerkung.** Eigenschaft a) wird als ***Additivität***, b) als ***Homogenität*** bezeichnet. Eine Funktion zwischen zwei Vektorräumen ist also genau dann linear, wenn sie additiv und homogen ist.

**Beispiel 1** Wegen Satz 4.3.2 sind die in Abschnitt 4.2 definierten linearen Transformationen von $R^n$ nach $R^m$ auch in diesem allgemeinen Zusammenhang lineare Transformationen. Wir werden sie als ***Matrixtransformationen*** bezeichnen, da sie sich durch Matrixmultiplikation realisieren lassen.

**Beispiel 2** Seien $V$ und $W$ beliebige Vektorräume. Die Abbildung $T : V \to W$ mit $T(\mathbf{v}) = \mathbf{0}$ für alle $\mathbf{v} \in V$ heißt ***Nulltransformation***. Da für alle $\mathbf{u}$ und $\mathbf{v}$ aus $V$ und alle Skalare $c$

$$T(\mathbf{u}+\mathbf{v}) = 0, \quad T(\mathbf{u}) = \mathbf{0}, \quad T(\mathbf{v}) = \mathbf{0} \quad \text{und} \quad T(k\mathbf{u}) = \mathbf{0}$$

und damit

$$T(\mathbf{u}+\mathbf{v}) = T(\mathbf{u}) + T(\mathbf{v}) \quad \text{und} \quad T(k\mathbf{u}) = kT(\mathbf{u})$$

gilt, ist $T$ linear.

**Beispiel 3** Sei $V$ ein Vektorraum. Die durch $I(\mathbf{v}) = \mathbf{v}$ definierte Abbildung $I : V \to V$ heißt ***Identitätsoperator*** auf $V$. Den Nachweis, daß $I$ linear ist, überlassen wir dem Leser.

**Beispiel 4** Sei $V$ ein Vektorraum und $k$ ein Skalar. Die Abbildung $T : V \to V$ mit

$$T(\mathbf{v}) = k\mathbf{v}$$

ist ein linearer Operator auf $V$. (Der Beweis soll in einer Übungsaufgabe erfolgen.) Für $k > 1$ heißt $T$ ***Dilation*** von $V$ mit Faktor $k$, für $0 < k < 1$ ***Kontraktion*** von $V$ mit Faktor $k$. Anschaulich entspricht die Dilation einer „Streckung", während die Kontraktion eine „Stauchung" der Vektoren bewirkt.

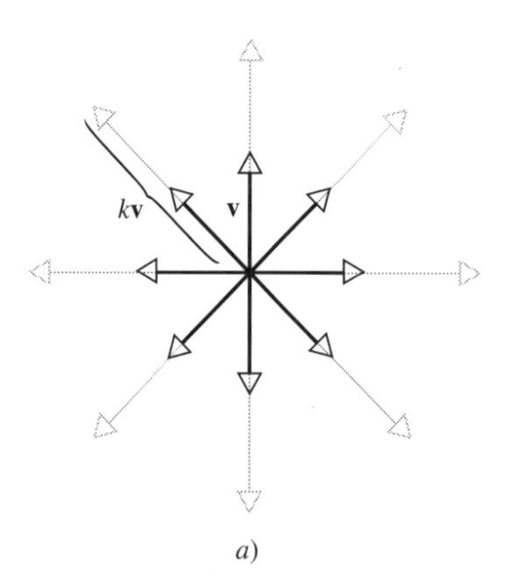


a)

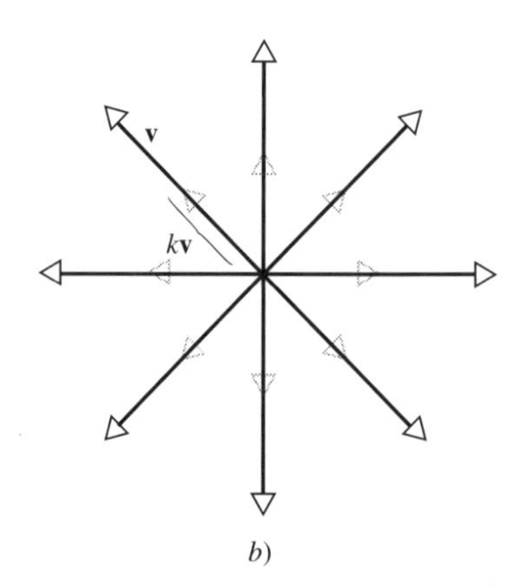


b)

**Abb. 8.1** Dilation von $V$ — Kontraktion von $V$

**Beispiel 5** Wir wollen die in Abschnitt 6.4 definierte Orthogonalprojektion von $R^m$ auf einen Unterraum $W$ auf allgemeine Vektorräume mit Skalarprodukt übertragen. Ist $W$ ein endlich-dimensionaler Unterraum des Vektorraumes $V$ mit Skalarprodukt, so wird durch

$$T(\mathbf{v}) = \mathrm{proj}_W \mathbf{v}$$

die ***Orthogonalprojektion von V auf W*** erklärt (Abbildung 8.2). Ist

$$S = \{\mathbf{w}_1, \mathbf{w}_2, \ldots, \mathbf{w}_r\}$$

eine Orthonormalbasis von $W$, so ist nach Satz 6.3.5

$$T(\mathbf{v}) = \mathrm{proj}_W \mathbf{v} = \langle \mathbf{v}, \mathbf{w}_1 \rangle \mathbf{w}_1 + \langle \mathbf{v}, \mathbf{w}_2 \rangle \mathbf{w}_2 + \cdots + \langle \mathbf{v}, \mathbf{w}_r \rangle \mathbf{w}_r.$$

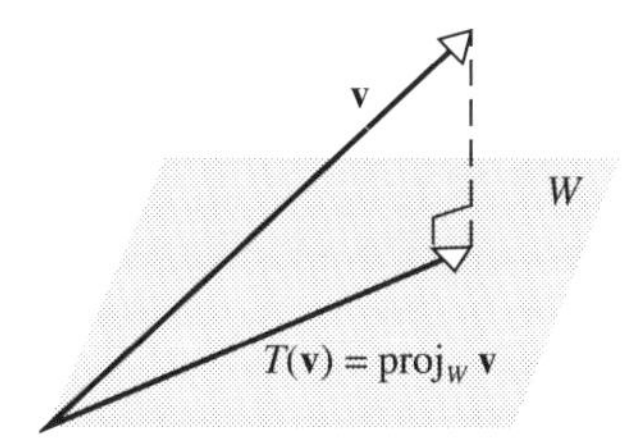


**Abb. 8.2** Orthogonalprojektion von $V$ auf $W$

Die Linearität von $T$ ergibt sich aus den Rechenregeln des Skalarprodukts, beispielsweise ist

$$\begin{aligned} T(\mathbf{u}+\mathbf{v}) &= \langle \mathbf{u}+\mathbf{v}, \mathbf{w}_1 \rangle \mathbf{w}_1 + \langle \mathbf{u}+\mathbf{v}, \mathbf{w}_2 \rangle \mathbf{w}_2 + \cdots + \langle \mathbf{u}+\mathbf{v}, \mathbf{w}_r \rangle \mathbf{w}_r \\ &= \langle \mathbf{u}, \mathbf{w}_1 \rangle \mathbf{w}_1 + \langle \mathbf{u}, \mathbf{w}_2 \rangle \mathbf{w}_2 + \cdots + \langle \mathbf{u}, \mathbf{w}_r \rangle \mathbf{w}_r \\ &\quad + \langle \mathbf{v}, \mathbf{w}_1 \rangle \mathbf{w}_1 + \langle \mathbf{v}, \mathbf{w}_2 \rangle \mathbf{w}_2 + \cdots + \langle \mathbf{v}, \mathbf{w}_r \rangle \mathbf{w}_r \\ &= T(\mathbf{u}) + T(\mathbf{v}). \end{aligned}$$

Analog erhält man $T(k\mathbf{u}) = kT(\mathbf{u})$.

**Beispiel 6** Wir betrachten den euklidischen Raum $R^3$ und die von den orthonormalen Vektoren $\mathbf{w}_1 = (1,0,0)$ und $\mathbf{w}_2 = (0,1,0)$ aufgespannte $xy$-Ebene. Als Spezialfall von Beispiel 5 ergibt sich die Orthogonalprojektion von $R^3$ auf die $xy$-Ebene durch

$$\begin{aligned} T(\mathbf{v}) &= \langle \mathbf{v}, \mathbf{w}_1 \rangle \mathbf{w}_1 + \langle \mathbf{v}, \mathbf{w}_2 \rangle \mathbf{w}_2 \\ &= x(1,0,0) + y(0,1,0) \\ &= (x, y, 0) \end{aligned}$$

für jeden Vektor $\mathbf{v} = (x, y, z)$ aus $R^3$ (Abbildung 8.3).

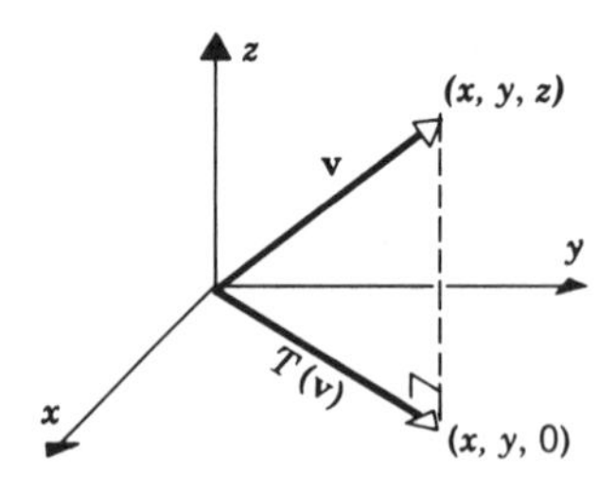


**Abb. 8.3** Orthogonalprojektion von $R^3$ auf die $xy$-Ebene

**Beispiel 7** Sei $S = \{\mathbf{w}_1, \mathbf{w}_2, \ldots, \mathbf{w}_n\}$ eine Basis des $n$-dimensionalen Vektorraumes $V$. Jeder Vektor $\mathbf{v} \in V$ hat eine eindeutig bestimmte Darstellung

$$(\mathbf{v})_S = (k_1, k_2, \ldots, k_n)$$

als Linearkombination der Basisvektoren; daraus erhalten wir seinen Koordinatenvektor bezüglich $S$

$$\mathbf{v} = k_1\mathbf{w}_1 + k_2\mathbf{w}_2 + \cdots + k_n\mathbf{w}_n.$$

Sei $T : V \to R^n$ die Funktion, die jedem Vektor $\mathbf{v}$ seinen Koordinatenvektor bezüglich $S$ zuordnet,

$$T(\mathbf{v}) = (\mathbf{v})_S = (k_1, k_2, \ldots, k_n).$$

Wir werden nachweisen, daß $T$ eine lineare Transformation ist. Seien dazu $\mathbf{u}$ und $\mathbf{v}$ Vektoren aus $V$ und $k$ ein Skalar. Aus den Darstellungen

$$\mathbf{u} = c_1\mathbf{w}_1 + c_2\mathbf{w}_2 + \cdots + c_n\mathbf{w}_n \quad \text{und} \quad \mathbf{v} = d_1\mathbf{w}_1 + d_2\mathbf{w}_2 + \cdots + d_n\mathbf{w}_n$$

erhalten wir die Koordinatenvektoren

$$(\mathbf{u})_S = (c_1, c_2, \ldots, c_n)$$
$$(\mathbf{v})_S = (d_1, d_2, \ldots, d_n).$$

Mit

$$\mathbf{u} + \mathbf{v} = (c_1 + d_1)\mathbf{w}_1 + (c_2 + d_2)\mathbf{w}_2 + \cdots + (c_n + d_n)\mathbf{w}_n$$
$$k\mathbf{u} = (kc_1)\mathbf{w}_1 + (kc_2)\mathbf{w}_2 + \cdots + (kc_n)\mathbf{w}_n$$

ergeben sich

$$(\mathbf{u} + \mathbf{v})_S = (c_1 + d_1, c_2 + d_2, \ldots, c_n + d_n)$$
$$(k\mathbf{u})_S = (kc_1, kc_2, \ldots, kc_n),$$

also gilt

$$(\mathbf{u} + \mathbf{v})_S = (\mathbf{u})_S + (\mathbf{v})_S \quad \text{und} \quad (k\mathbf{u})_S = k(\mathbf{u})_S.$$

Damit folgt

$$T(\mathbf{u} + \mathbf{v}) = T(\mathbf{u}) + T(\mathbf{v}) \quad \text{und} \quad T(k\mathbf{u}) = kT(\mathbf{u}),$$

also ist $T$ eine lineare Transformation.

**Bemerkung.** Wir hätten im letzten Beispiel statt der Koordinatenvektoren auch die Koordinatenmatrizen betrachten können, um

$$[\mathbf{u}+\mathbf{v}]_S = [\mathbf{u}]_S + [\mathbf{v}]_S$$

und

$$[k\mathbf{u}]_S = k[\mathbf{u}]_S$$

zu erhalten.

**Beispiel 8** Wir definieren die Transformation $T: P_n \to P_{n+1}$ für jedes Polynom $\mathbf{p} = p(x) = c_0 + c_1 x + \cdots + c_n x^n$ durch

$$T(\mathbf{p}) = T(p(x)) = xp(x) = c_0 x + c_1 x^2 + \cdots + c_n x^{n+1}.$$

$T$ ist linear, denn für alle Polynome $\mathbf{p}_1$ und $\mathbf{p}_2$ und Skalare $k$ gilt

$$\begin{aligned} T(\mathbf{p}_1 + \mathbf{p}_2) &= T(p_1(x) + p_2(x)) = x(p_1(x) + p_2(x)) \\ &= xp_1(x) + xp_2(x) = T(\mathbf{p}_1) + T(\mathbf{p}_2) \end{aligned}$$

und

$$T(k\mathbf{p}) = T(kp(x)) = x(kp(x)) = k(xp(x)) = kT(\mathbf{p}).$$

**Beispiel 9** Sei $\mathbf{p} = p(x) = c_0 + c_1 x + \cdots + c_n x^n$ ein Polynom, und seien $a$ und $b$ Skalare. Durch

$$T(\mathbf{p}) = T(p(x)) = p(ax+b) = c_0 + c_1(ax+b) + \cdots + c_n(ax+b)^n$$

wird ein linearer Operator $T$ auf $P_n$ definiert. (Den Beweis überlassen wir dem Leser als Übungsaufgabe.) Setzen wir beispielsweise $ax + b = 3x - 5$, so ergibt sich $T: P_2 \to P_2$ als

$$T(c_0 + c_1 x + c_2 x^2) = c_0 + c_1(3x-5) + c_2(3x-5)^2.$$

**Beispiel 10** Sei $\mathbf{v}_0$ ein Element des Vektorraumes $V$ mit Skalarprodukt. Wir definieren die Transformation $T: V \to R$ durch

$$T(\mathbf{v}) = \langle \mathbf{v}, \mathbf{v}_0 \rangle.$$

Aus den Eigenschaften des Skalarprodukts folgt

$$T(\mathbf{u}+\mathbf{v}) = \langle \mathbf{u}+\mathbf{v}, \mathbf{v}_0 \rangle = \langle \mathbf{u}, \mathbf{v}_0 \rangle + \langle \mathbf{v}, \mathbf{v}_0 \rangle = T(\mathbf{u}) + T(\mathbf{v})$$

und

$$T(k\mathbf{u}) = \langle k\mathbf{u}, \mathbf{v}_0 \rangle = k\langle \mathbf{u}, \mathbf{v}_0 \rangle = kT(\mathbf{u}),$$

also ist $T$ eine lineare Transformation.

**Beispiel 11** (*Für Leser mit Analysiskenntnissen.*) Seien $V = C^1(-\infty, \infty)$ und $W = F(-\infty, \infty)$ [vergleiche Abschnitt 5.2, Beispiel 6]. Wir definieren die ***Differentiationstransformation*** $D: V \to W$ durch

$$D(\mathbf{f}) = f'(x).$$

Die Linearität von $D$ ergibt sich aus den Ableitungsregeln

$$D(\mathbf{f}+\mathbf{g}) = D(\mathbf{f}) + D(\mathbf{g})$$

und

$$D(k\mathbf{f}) = kD(\mathbf{f}).$$

**Beispiel 12** (*Für Leser mit Analysiskenntnissen.*) Seien $V = C(-\infty,\infty)$ und $W = C^1(-\infty,\infty)$. Wir betrachten die Transformation $J: V \to W$, die jeder stetigen Funktion $\mathbf{f} = f(x)$ das Integral

$$\int_0^x f(t)\mathrm{d}t$$

zuordnet; also beispielsweise für $\mathbf{f} = x^2$

$$J(\mathbf{f}) = \int_0^x t^2\mathrm{d}t = \frac{t^3}{3}\bigg|_0^x = \frac{x^3}{3}$$

liefert. Nach den Integrationsregeln gilt

$$J(\mathbf{f}+\mathbf{g}) = \int_0^x (f(t)+g(t))\mathrm{d}t = \int_0^x f(t)\mathrm{d}t + \int_0^x g(t)\mathrm{d}t = J(\mathbf{f}) + J(\mathbf{g})$$

$$J(c\mathbf{f}) = \int_0^x cf(t)\mathrm{d}t = c\int_0^x f(t)\mathrm{d}t = cJ(\mathbf{f}),$$

also ist $J$ eine lineare Transformation.

**Beispiel 13** Sei $T: M_{nn} \to R$ die Determinantenfunktion, das heißt

$$T(A) = \det(A)$$

für alle $n \times n$-Matrizen $A$. Für $n > 1$ ist $T$ weder additiv noch homogen, also *nicht linear*. In Abschnitt 2.3, Beispiel 1, haben wir gesehen, daß allgemein

$$\det(A_1 + A_2) \neq \det(A_1)\det(A_2)$$

gilt; außerdem ist $\det(cA) = c^n\det(A)$ und damit im allgemeinen

$$\det(cA) \neq c\det(A).$$

## Eigenschaften linearer Transformationen

Ist $T: V \to W$ eine lineare Transformation, so gilt für alle Vektoren $\mathbf{v}_1$ und $\mathbf{v}_2$ und Skalare $c_1$ und $c_2$

$$T(c_1\mathbf{v}_1 + c_2\mathbf{v}_2) = T(c_1\mathbf{v}_1) + T(c_2\mathbf{v}_2) = c_1T(\mathbf{v}_1) + c_2T(\mathbf{v}_2).$$

Diese Eigenschaft läßt sich auf beliebig viele Summanden übertragen, es gilt für Vektoren $\mathbf{v}_1, \mathbf{v}_2, \ldots, \mathbf{v}_n$ und Skalare $c_1, c_2, \ldots, c_n$

$$T(c_1\mathbf{v}_1 + c_2\mathbf{v}_2 + \cdots + c_n\mathbf{v}_n) = c_1T(\mathbf{v}_1) + c_2T(\mathbf{v}_2) + \cdots + c_nT(\mathbf{v}_n), \tag{1}$$

also *bleiben Linearkombinationen in linearen Transformationen erhalten.*

Der nächste Satz liefert grundlegende Eigenschaften linearer Transformationen.

**Satz 8.1.1.** *Sei* $T: V \to W$ *eine lineare Transformation. Dann gilt für alle Vektoren* $\mathbf{v}, \mathbf{w} \in V$:

*a)* $T(\mathbf{0}) = \mathbf{0}$.
*b)* $T(-\mathbf{v}) = -T(\mathbf{v})$.
*c)* $T(\mathbf{v} - \mathbf{w}) = T(\mathbf{v}) - T(\mathbf{w})$.

**Beweis.** Wegen $0\mathbf{v} = \mathbf{0}$ folgt aus der Homogenität von $T$

$$T(\mathbf{0}) = T(0\mathbf{v}) = 0T(\mathbf{v}) = \mathbf{0}.$$

Weiter ist

$$T(-\mathbf{v}) = T((-1)\mathbf{v}) = (-1)T(\mathbf{v}) = -T(\mathbf{v}).$$

Schließlich gilt wegen $\mathbf{v} - \mathbf{w} = \mathbf{v} + (-1)\mathbf{w}$

$$\begin{aligned} T(\mathbf{v} - \mathbf{w}) &= T(\mathbf{v} + (-1)\mathbf{w}) \\ &= T(\mathbf{v}) + (-1)T(\mathbf{w}) \\ &= T(\mathbf{v}) - T(\mathbf{w}). \quad \square \end{aligned}$$

Nach Teil a) des vorigen Satzes wird der Nullvektor aus $V$ durch eine lineare Transformation $T: V \to W$ stets auf den Nullvektor in $W$ abgebildet. Diese Eigenschaft kann nützlich sein, wenn man nachweisen will, daß eine gegebene Transformation *nicht* linear ist. Ist beispielsweise $\mathbf{x}_0$ ein von Null verschiedener Vektor aus $R^2$, so verschiebt die Transformation

$$T(\mathbf{x}) = \mathbf{x} + \mathbf{x}_0$$

jeden Punkt $\mathbf{x}$ in Richtung von $\mathbf{x}_0$ um den Betrag $\|\mathbf{x}_0\|$ (Abbildung 8.4). Wegen $T(\mathbf{0}) = \mathbf{x}_0 \neq \mathbf{0}$ ist $T$ nicht linear.

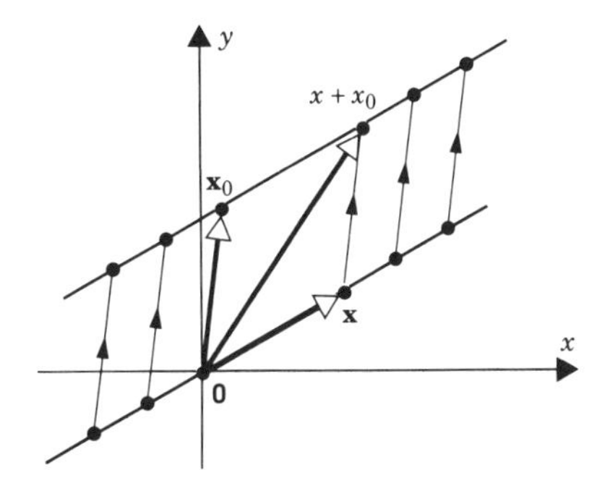


**Abb. 8.4** $T(\mathbf{x}) = \mathbf{x} + \mathbf{x}_0$ verschiebt jeden Punkt $\mathbf{x}$ um den Vektor $\mathbf{x}_0$.

## Auf Basen definierte lineare Transformationen

Nach Satz 4.3.3 läßt sich die Standardmatrix einer Matrixtransformation $T$ aus den Bildern der Standardbasisvektoren konstruieren. Das bedeutet, daß *eine Matrixtransformation durch die Bilder der Standardbasis bereits vollständig beschrieben wird.* Diese Tatsache läßt sich verallgemeinern: Sei $T: V \to W$ eine lineare Transformation und $\{\mathbf{v}_1, \mathbf{v}_2, \ldots, \mathbf{v}_n\}$ eine Basis von $V$. Dann läßt sich $T(\mathbf{v})$ für jedes $\mathbf{v} \in V$ aus den Bildern

$$T(\mathbf{v}_1), T(\mathbf{v}_2), \ldots, T(\mathbf{v}_n)$$

der Basisvektoren berechnen. Dazu schreiben wir zuerst $\mathbf{v}$ als Linearkombination

$$\mathbf{v} = c_1\mathbf{v}_1 + c_2\mathbf{v}_2 + \cdots + c_n\mathbf{v}_n$$

und erhalten daraus mit Formel (1)

$$T(\mathbf{v}) = c_1 T(\mathbf{v}_1) + c_2 T(\mathbf{v}_2) + \cdots + c_n T(\mathbf{v}_n).$$

Also ist *jede lineare Transformation bereits durch die Bilder einer Basis vollständig festgelegt.*

**Beispiel 14** Sei $S = \{\mathbf{v}_1, \mathbf{v}_2, \mathbf{v}_3\}$ die durch $\mathbf{v}_1 = (1,1,1)$, $\mathbf{v}_2 = (1,1,0)$ und $\mathbf{v}_3 = (1,0,0)$ gegebene Basis des $R^3$. Für die lineare Transformation $T: R^3 \to R^2$ gelte

$$T(\mathbf{v}_1) = (1,0), \quad T(\mathbf{v}_2) = (2,-1), \quad T(\mathbf{v}_3) = (4,3).$$

Man bestimme eine Gleichung für $T(x_1, x_2, x_3)$ und berechne damit $T(2,-3,5)$.

*Lösung.* Zuerst schreiben wir $\mathbf{x} = (x_1, x_2, x_3)$ als Linearkombination der Basisvektoren

$$(x_1, x_2, x_3) = c_1(1,1,1) + c_2(1,1,0) + c_3(1,0,0).$$

Daraus ergibt sich das Gleichungssystem

$$\begin{aligned} c_1 + c_2 + c_3 &= x_1 \\ c_1 + c_2 \phantom{{}+c_3} &= x_2 \\ c_1 \phantom{{}+c_2+c_3} &= x_3 \end{aligned}$$

mit der Lösung $c_1 = x_3,\ c_2 = x_2 - x_3,\ c_3 = x_1 - x_2$, also ist

$$\begin{aligned} (x_1, x_2, x_3) &= x_3(1,1,1) + (x_2 - x_3)(1,1,0) + (x_1 - x_2)(1,0,0) \\ &= x_3\mathbf{v}_1 + (x_2 - x_3)\mathbf{v}_2 + (x_1 - x_2)\mathbf{v}_3. \end{aligned}$$

Damit erhalten wir

$$\begin{aligned} T(x_1, x_2, x_3) &= x_3 T(\mathbf{v}_1) + (x_2 - x_3)T(\mathbf{v}_2) + (x_1 - x_2)T(\mathbf{v}_3) \\ &= x_3(1,0) + (x_2 - x_3)(2,-1) + (x_1 - x_2)(4,3) \\ &= (4x_1 - 2x_2 - x_3, 3x_1 - 4x_2 + x_3), \end{aligned}$$

also speziell

$$T(2,-3,5) = (9,23).$$

## Komposition linearer Transformationen

Wir übertragen die in Abschnitt 4.2 definierte Komposition von Matrixtransformationen auf allgemeine lineare Transformationen.

**Definition.** Seien $T_1 : U \to V$ und $T_2 : V \to W$ lineare Transformationen. Die ***Komposition von*** $T_2$ ***mit*** $T_1$ ist die durch

$$(T_2 \circ T_1)(\mathbf{u}) = T_2(T_1(\mathbf{u})) \tag{2}$$

definierte Funktion $(T_2 \circ T_1) : U \to W$, wobei $\mathbf{u} \in U$.

**Bemerkung.** Es ist wichtig, daß die Definitionsmenge $V$ von $T_2$ den Wertebereich von $T_1$ enthält, da sonst der Ausdruck $T_2(T_1(\mathbf{u}))$ nicht definiert ist (Abbildung 8.5).

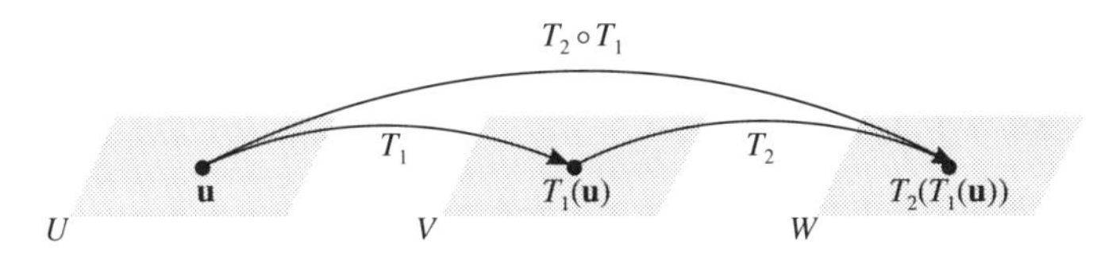


**Abb. 8.5** Komposition von $T_2$ mit $T_1$

Wie der nächste Satz zeigt, ist die Komposition linearer Transformationen wieder linear.

**Satz 8.1.2.** *Seien* $T_1 : U \to V$ *und* $T_2 : V \to W$ *lineare Transformationen. Dann ist auch* $(T_2 \circ T_1) : U \to W$ *eine lineare Transformation.*

**Beweis.** Seien $\mathbf{u}$ und $\mathbf{v}$ Vektoren aus $U$ und $c$ ein Skalar. Nach Definition von $T_2 \circ T_1$ folgt mit der Linearität von $T_1$ und $T_2$

$$\begin{aligned}(T_2 \circ T_1)(\mathbf{u}+\mathbf{v}) &= T_2(T_1(\mathbf{u}+\mathbf{v})) = T_2(T_1(\mathbf{u}) + T_1(\mathbf{v}))\\ &= T_2(T_1(\mathbf{u})) + T_2(T_1(\mathbf{v}))\\ &= (T_2 \circ T_1)(\mathbf{u}) + (T_2 \circ T_1)(\mathbf{v})\end{aligned}$$

und

$$\begin{aligned}(T_2 \circ T_1)(c\,\mathbf{u}) &= T_2(T_1(c\,\mathbf{u})) = T_2(cT_1(\mathbf{u}))\\ &= cT_2(T_1(\mathbf{u})) = c(T_2 \circ T_1)(\mathbf{u}),\end{aligned}$$

also ist $T_2 \circ T_1$ linear. □

**Beispiel 15** Wir haben bereits gesehen, daß $T_1 : P_1 \to P_2$ und $T_2 : P_2 \to P_2$ mit

$$T_1(p(x)) = xp(x) \quad \text{und} \quad T_2(p(x)) = p(2x+4)$$

lineare Transformationen sind. Als Komposition $(T_2 \circ T_1) : P_1 \to P_2$ ergibt sich daraus

$$(T_2 \circ T_1)(p(x)) = T_2(T_1(p(x))) = T_2(xp(x)) = (2x+4)p(2x+4).$$

Für $p(x) = c_0 + c_1 x$ ist also

$$\begin{aligned}(T_2 \circ T_1)(p(x)) &= (T_2 \circ T_1)(c_0 + c_1 x) = (2x+4)(c_0 + c_1(2x+4)) \\ &= c_0(2x+4) + c_1(2x+4)^2.\end{aligned}$$

**Beispiel 16** Sei $T : V \to V$ ein linearer Operator und $I : V \to V$ der Identitätsoperator aus Beispiel 3. Dann gilt für jeden Vektor $\mathbf{v}$

$$\begin{aligned}(T \circ I)(\mathbf{v}) &= T(I(\mathbf{v})) = T(\mathbf{v}) \\ (I \circ T)(\mathbf{v}) &= I(T(\mathbf{v})) = T(\mathbf{v}),\end{aligned}$$

also stimmen die Kompositionen $T \circ I$ und $I \circ T$ wieder mit $T$ überein:

$$\begin{aligned}T \circ I &= T \\ I \circ T &= T.\end{aligned} \tag{3}$$

Wir wollen zum Schluß noch anmerken, daß Kompositionen auch aus mehr als zwei linearen Transformationen gebildet werden können. Sind

$$T_1 : U \to V, \quad T_2 : V \to W \quad \text{und} \quad T_3 : W \to Y$$

lineare Transformationen, so wird die Komposition $(T_3 \circ T_2 \circ T_1) : U \to Y$ definiert durch

$$(T_3 \circ T_2 \circ T_1)(\mathbf{u}) = T_3(T_2(T_1(\mathbf{u}))). \tag{4}$$

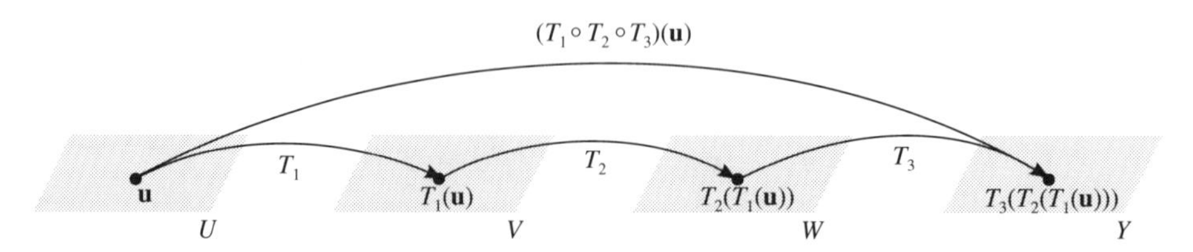


**Abb. 8.6** Komposition von drei linearen Transformationen

## Übungen zu 8.1

1. Man zeige, daß $T : R^2 \to R^2$ mit $T(x_1, x_2) = (x_1 + 2x_2, 3x_1 - x_2)$ ein linearer Operator ist.

2. Man zeige, daß $T : R^3 \to R^2$ mit $T(x_1, x_2, x_3) = (2x_1 - x_2 + x_3, x_2 - 4x_3)$ eine lineare Transformation ist.

Man untersuche die Transformationen in den Aufgaben 3–10 auf Linearität.

**3.** $T : V \to R$ mit $T(\mathbf{u}) = \|\mathbf{u}\|$ für einen Vektorraum $V$ mit Skalarprodukt.

**4.** $T : R^3 \to R^3$ mit $T(\mathbf{u}) = \mathbf{u} \times \mathbf{v}_0$ für einen vorgegebenen Vektor $\mathbf{v}_0$ aus $R^3$.

**5.** $T : M_{22} \to M_{23}$ mit $T(A) = AB$ für eine vorgegebene $2 \times 3$-Matrix $B$.

**6.** $T : M_{nn} \to R$, $T(A) = \mathrm{sp}(A)$.

**7.** $F : M_{mn} \to M_{nm}$, $F(A) = A^T$.

**8.** $T : M_{22} \to R$ mit

a) $T\left(\begin{bmatrix} a & b \\ c & d \end{bmatrix}\right) = 3a - 4b + c - d$ b) $T\left(\begin{bmatrix} a & b \\ c & d \end{bmatrix}\right) = a^2 + b^2$.

**9.** $T : P_2 \to P_2$ mit

a) $T(a_0 + a_1x + a_2x^2) = a_0 + a_1(x+1) + a_2(x+1)^2$

b) $T(a_0 + a_1x + a_2x^2) = (a_0 + 1) + (a_1 + 1)x + (a_2 + 1)x^2$.

**10.** $T : F(-\infty, \infty) \to F(-\infty, \infty)$ mit

a) $T(f(x)) = 1 + f(x)$ b) $T(f(x)) = f(x+1)$.

**11.** Man zeige, daß der in Beispiel 9 definierte Operator $T$ linear ist.

**12.** Sei $S = \{\mathbf{v}_1, \mathbf{v}_2\}$ die Basis des $R^2$ mit den Elementen $\mathbf{v}_1 = (1, 1)$ und $\mathbf{v}_2 = (1, 0)$, und sei $T : R^2 \to R^2$ der lineare Operator, so daß

$$T(\mathbf{v}_1) = (1, -2) \quad \text{und} \quad T(\mathbf{v}_2) = (-4, 1).$$

Man bestimme $T(x_1, x_2)$ und mit dieser Formel $T(5, -3)$.

**13.** Sei $S = \{\mathbf{v}_1, \mathbf{v}_2\}$ die Basis des $R^2$ mit den Elementen $\mathbf{v}_1 = (-2, 1)$ und $\mathbf{v}_2 = (1, 3)$, und sei $T : R^2 \to R^3$ die durch

$$T(\mathbf{v}_1) = (-1, 2, 0) \quad \text{und} \quad T(\mathbf{v}_2) = (0, -3, 5)$$

gegebene lineare Transformation. Man bestimme $T(x_1, x_2)$ und $T(2, -3)$.

**14.** Die Basis $S = \{\mathbf{v}_1, \mathbf{v}_2, \mathbf{v}_3\}$ des $R^3$ enthalte die Vektoren $\mathbf{v}_1 = (1, 1, 1)$, $\mathbf{v}_2 = (1, 1, 0)$ und $\mathbf{v}_3 = (1, 0, 0)$. Sei $T : R^3 \to R^3$ der lineare Operator mit

$$T(\mathbf{v}_1) = (2, -1, 4), \quad T(\mathbf{v}_2) = (3, 0, 1), \quad T(\mathbf{v}_3) = (-1, 5, 1).$$

Man berechne $T(x_1, x_2, x_3)$ und $T(2, 4, -1)$.

**15.** Sei $S = \{\mathbf{v}_1, \mathbf{v}_2, \mathbf{v}_3\}$ die durch $\mathbf{v}_1 = (1, 2, 1)$, $\mathbf{v}_2 = (2, 9, 0)$ und $\mathbf{v}_3 = (3, 3, 4)$ gebildete Basis des $R^3$, und sei $T : R^3 \to R^2$ die lineare Transformation mit

$$T(\mathbf{v}_1) = (1, 0), \quad T(\mathbf{v}_2) = (-1, 1), \quad T(\mathbf{v}_3) = (0, 1).$$

Man bestimme $T(x_1, x_2, x_3)$ und $T(7, 13, 7)$.

**16.** Seien $\mathbf{v}_1$, $\mathbf{v}_2$ und $\mathbf{v}_3$ Elemente eines Vektorraumes und $T : V \to R^3$ eine lineare Transformation mit

$$T(\mathbf{v}_1) = (1, -1, 2), \quad T(\mathbf{v}_2) = (0, 3, 2), \quad T(\mathbf{v}_3) = (-3, 1, 2).$$

Man berechne $T(2\mathbf{v}_1 - 3\mathbf{v}_2 + 4\mathbf{v}_3)$.

**17.** Man gebe den Definitions- und den Wertebereich von $T_2 \circ T_1$ sowie $(T_2 \circ T_1)(x, y)$ an.

a) $T_1(x, y) = (2x, 3y), T_2(x, y) = (x - y, x + y)$
b) $T_1(x, y) = (x - 3y, 0), T_2(x, y) = (4x - 5y, 3x - 6y)$
c) $T_1(x, y) = (2x, -3y, x + y), T_2(x, y, z) = (x - y, y + z)$
d) $T_1(x, y) = (x - y, y + z, x - z),\ T_2(x, y, z) = (0, x + y + z)$

**18.** Man gebe Definitions- und Zielmenge von $T_3 \circ T_2 \circ T_1$ sowie $(T_3 \circ T_2 \circ T_1)\cdot(x, y)$ an.

a) $T_1(x, y) = (-2y, 3x, x - 2y), T_2(x, y, z) = (y, z, x)$,
$T_3(x, y, z) = (x + z, y - z)$
b) $T_1(x, y) = (x + y, y, -x), T_2(x, y, z) = (0, x + y + z, 3y)$,
$T_3(x, y, z) = (3x + 2y, 4z - x - 3y)$

**19.** Die linearen Transformationen $T_1 : M_{22} \to R$ und $T_2 : M_{22} \to M_{22}$ seien definiert durch $T_1(A) = \text{sp}(A)$ und $T_2(A) = A^T$.

a) Man bestimme $(T_1 \circ T_2)(A)$ für $A = \begin{bmatrix} a & b \\ c & d \end{bmatrix}$.
b) Existiert auch $(T_2 \circ T_1)(A)$?

**20.** $T_1 : P_n \to P_n$ und $T_2 : P_n \to P_n$ seien gegeben durch $T_1(p(x)) = p(x - 1)$ und $T_2(p(x)) = p(x + 1)$. Man bestimme $(T_1 \circ T_2)(p(x))$ und $(T_2 \circ T_1)(p(x))$.

**21.** Sei $T_1 : V \to V$ die Dilation $T_1(\mathbf{v}) = 4\mathbf{v}$. Man bestimme einen linearen Operator $T_2 : V \to V$ mit $T_1 \circ T_2 = T_2 \circ T_1 = I$.

**22.** Seien $T_1 : P_2 \to P_2$ und $T_2 : P_2 \to P_3$ die durch $T_1(p(x)) = p(x + 1)$ und $T_2(p(x)) = xp(x)$ definierten linearen Transformationen. Man berechne $(T_2 \circ T_1)(a_0 + a_1x + a_2x^2)$.

**23.** Sei $q_0(x)$ ein Polynom vom Grad $m$. Die Funktion $T$ sei definiert durch $T(p(x)) = p(q_0(x))$ für alle Polynome $p(x)$ aus $P_n$.

a) Man zeige, daß $T$ linear ist.
b) Man bestimme den Wertebereich von $T$.

**24.** Seien $T_1$, $T_2$ und $T_3$ lineare Transformationen, für die $T_3 \circ T_2 \circ T_1$ definiert ist. Man zeige:

a) $T_3 \circ T_2 \circ T_1$ ist eine lineare Transformation.
b) $T_3 \circ T_2 \circ T_1 = (T_3 \circ T_2) \circ T_1$.
c) $T_3 \circ T_2 \circ T_1 = T_3 \circ (T_2 \circ T_1)$.

**25.** Sei $T : R^3 \to R^3$ die Orthogonalprojektion auf die $xy$-Ebene. Man zeige $T \circ T = T$.

**26.** a) Sei $T : V \to W$ linear und $k$ ein Skalar. Man definiere $(kT) : V \to W$ durch $(kT)(\mathbf{v}) = k(T(\mathbf{v}))$. Man zeige, daß $kT$ eine lineare Transformation ist.

b) Sei $T : R^2 \to R^2$ definiert durch $T(x_1, x_2) = (2x_1 - x_2, x_2 + x_1)$. Man bestimme $(3T)(x_1, x_2)$.

**27.** a) Seien $T_1 : V \to W$ und $T_2 : V \to W$ lineare Transformationen. Man zeige, daß die durch

$$(T_1 + T_2)(\mathbf{v}) = T_1(\mathbf{v}) + T_2(\mathbf{v})$$
$$(T_1 - T_2)(\mathbf{v}) = T_1(\mathbf{v}) - T_2(\mathbf{v})$$

definierten Funktionen $T_1 + T_2$ und $T_1 - T_2$ lineare Transformationen von $V$ nach $W$ sind.

b) Man bestimme $(T_1 + T_2)(x, y)$ und $(T_1 - T_2)(x, y)$ für $T_1 : R^2 \to R^2$, $T_1(x, y) = (2y, 3x)$ und $T_2 : R^2 \to R^2$, $T_2(x, y) = (y, x)$.

**28.** a) Seien $a_1, a_2, b_1$ und $b_2$ Skalare. Man beweise, daß

$$F(x, y) = (a_1 x + b_1 y, a_2 x + b_2 y)$$

ein linearer Operator auf $R^2$ ist.

b) Definiert $F(x, y) = (a_1 x^2 + b_1 y^2, a_2 x^2 + b_2 y^2)$ einen linearen Operator auf $R^2$? Man begründe die Antwort.

**29.** (*Für Leser mit Analysiskenntnissen.*) Seien

$$D(\mathbf{f}) = f'(x) \quad \text{und} \quad J(\mathbf{f}) = \int_0^x f(t)\mathrm{d}t$$

die linearen Transformationen aus Beispiel 11 und 12. Man bestimme $(J \circ D)(\mathbf{f})$ für

a) $\mathbf{f}(x) = x^2 + 3x + 2$ b) $\mathbf{f}(x) = \sin x$ c) $\mathbf{f}(x) = x$.

**30.** Sei $\{\mathbf{v}_1, \mathbf{v}_2, \ldots, \mathbf{v}_n\}$ eine Basis des Vektorraumes $V$ und $T : V \to W$ eine lineare Transformation mit $T(\mathbf{v}_1) = T(\mathbf{v}_2) = \ldots = T(\mathbf{v}_n) = \mathbf{0}$. Man zeige, daß $T$ die Nulltransformation ist.

**31.** Sei $\{\mathbf{v}_1, \mathbf{v}_2, \ldots, \mathbf{v}_n\}$ eine Basis des Vektorraumes $V$ und $T : V \to W$ eine lineare Transformation mit $T(\mathbf{v}_1) = \mathbf{v}_1, T(\mathbf{v}_2) = \mathbf{v}_2, \ldots, T(\mathbf{v}_n) = \mathbf{v}_n$. Man zeige, daß $T$ der Identitätsoperator ist.

## 8.2 Kern und Bild

*Wir übertragen die für Matrizen eingeführten Begriffe „Null- und Spaltenraum“ auf allgemeine lineare Transformationen.*

## Kern und Bild

Sei $A$ eine $m \times n$-Matrix. Der Nullraum von $A$ ist der Unterraum von $R^n$, der aus den Lösungen $\mathbf{x}$ von $A\mathbf{x} = \mathbf{0}$ gebildet wird; der Spaltenraum von $A$ besteht aus den Vektoren $\mathbf{b}$ aus $R^m$, für die $A\mathbf{x} = \mathbf{b}$ konsistent ist. Ist $T_A : R^n \to R^m$ die Multiplikation mit $A$, so enthält der Nullraum von $A$ genau die Vektoren, die von $T_A$ auf den Nullvektor $\mathbf{0}$ abgebildet werden; der Spaltenraum von $A$ ist die Menge aller Vektoren, die als Bilder von $T_A$ angenommen werden. Diese Betrachtungen führen zu folgender Definition:

**Definition.** Sei $T: V \to W$ eine lineare Transformation. Die Menge $K(T)$ aller Vektoren aus $V$, die von $T$ auf $\mathbf{0}$ abgebildet werden, heißt ***Kern*** von $T$. Das ***Bild*** von $T$ ist die Teilmenge $R(T)$ von $W$, die aus allen Vektoren besteht, die unter $T$ als Bilder von Vektoren aus $V$ auftreten.

**Beispiel 1** Sei $T_A : R^n \to R^m$ die Multiplikation mit einer $m \times n$-Matrix $A$. Wie wir oben gesehen haben, ist $K(T_A)$ der Nullraum und $R(T_A)$ der Spaltenraum von $A$.

**Beispiel 2** Sei $T: V \to W$ die Nulltransformation. Da $T$ jeden Vektor aus $V$ auf $\mathbf{0}$ abbildet, ist $K(T) = V$. $T$ nimmt außerdem nur den Wert $\mathbf{0}$ an, also ist $R(T) = \{\mathbf{0}\}$.

**Beispiel 3** Für den Identitätsoperator $I: V \to V$ ist $R(I) = V$ (jedes Element von $V$ wird als Bild unter $I$ angenommen) sowie $K(T) = \{\mathbf{0}\}$ ($I$ bildet nur den Nullvektor auf $\mathbf{0}$ ab).

**Beispiel 4** Sei $T: R^3 \to R^3$ die Orthogonalprojektion auf die $xy$-Ebene. Der Kern von $T$ enthält alle Vektoren, die von $T$ auf $\mathbf{0}$ abgebildet werden; also genau die Punkte der $z$-Achse (Abbildung 8.7a). Weiter ist klar, daß das Bild von $T$ in der $xy$-Ebene enthalten ist. Tatsächlich wird jeder Punkt $(x_0, y_0, 0)$ unter $T$ angenommen (Abbildung 8.7b), so daß $R(T)$ die ganze $xy$-Ebene ist.

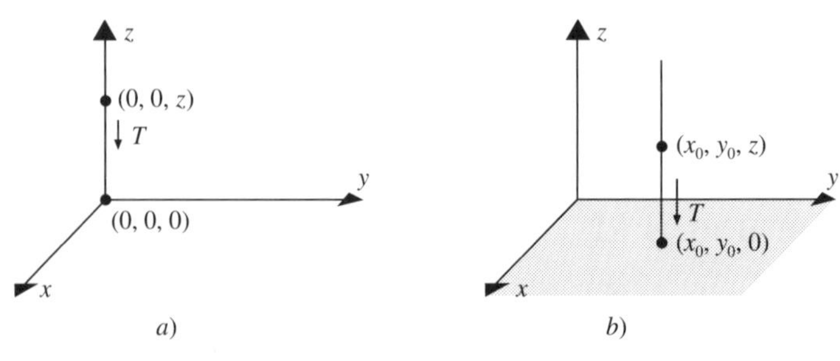


**Abb. 8.7** $K(T)$ ist die $z$-Achse $\quad$ $R(T)$ ist die $xy$-Ebene

**Beispiel 5** Sei $T : R^2 \to R^2$ die Rotation um den Winkel $\theta$ (Abbildung 8.8). Hier sind $R(T) = R^2$ und $K(T) = \{\mathbf{0}\}$ (warum?).

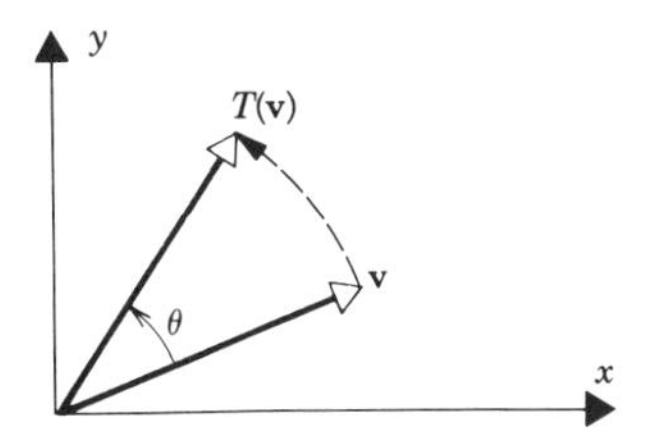


**Abb. 8.8**

**Beispiel 6** (*Für Leser mit Analysiskenntnissen.*) Sei $D: C^1(-\infty, \infty) \to F(-\infty, \infty)$ die Differentiationstransformation $D(f(x)) = f'(x)$. Der Kern von $D$ enthält alle Funktionen, deren Ableitung auf $(-\infty, \infty)$ verschwindet, also die konstanten Funktionen.

## Eigenschaften von Kern und Bild

In allen bisher betrachteten Beispielen waren $K(T)$ und $R(T)$ *Unterräume* von $V$ beziehungsweise $W$. In den Beispielen 2, 3 und 5 betraf das jeweils die trivialen Unterräume $\{\mathbf{0}\}$ und den ganzen Raum; in Beispiel 4 war $K(T)$ eine Gerade durch den Ursprung und $R(T)$ eine Ebene durch den Ursprung. Der folgende Satz zeigt, daß das kein Zufall ist.

**Satz 8.2.1.** *Für eine lineare Transformation $T : V \to W$ gilt:*

*a) $K(T)$ ist ein Unterraum von $V$.*
*b) $R(T)$ ist ein Unterraum von $W$.*

**Beweis a).** Wir müssen zeigen, daß $K(T)$ nichtleer und unter der Vektoraddition und der Multiplikation mit Skalaren abgeschlossen ist. Nach Satz 8.1.1 a) liegt der Nullvektor in $K(T)$. Seien $\mathbf{v}_1$ und $\mathbf{v}_2$ Vektoren aus $K(T)$ und $k$ ein Skalar. Dann gilt

$$T(\mathbf{v}_1 + \mathbf{v}_2) = T(\mathbf{v}_1) + T(\mathbf{v}_2) = \mathbf{0} + \mathbf{0} = \mathbf{0}$$

und

$$T(k\mathbf{v}_1) = kT(\mathbf{v}_1) = k\,\mathbf{0} = \mathbf{0},$$

also liegen $\mathbf{v}_1 + \mathbf{v}_2$ und $k\,\mathbf{v}_1$ in $K(T)$.

**Beweis b).** Wegen $T(\mathbf{0}) = \mathbf{0}$ enthält $R(T)$ mindestens den Nullvektor. Seien $\mathbf{w}_1$ und $\mathbf{w}_2$ Vektoren aus $R(T)$ und $k$ ein Skalar. Um zu zeigen, daß $\mathbf{w}_1 + \mathbf{w}_2$ und $k\mathbf{w}_1$

in $R(T)$ liegen, konstruieren wir Vektoren $\mathbf{a}$ und $\mathbf{b}$ aus $V$ mit $T(\mathbf{a}) = \mathbf{w}_1 + \mathbf{w}_2$ und $T(\mathbf{b}) = k\mathbf{w}_1$.

Da $\mathbf{w}_1$ und $\mathbf{w}_2$ im Bild von $T$ enthalten sind, gibt es Vektoren $\mathbf{a}_1$ und $\mathbf{a}_2$ aus $V$ mit $T(\mathbf{a}_1) = \mathbf{w}_1$ und $T(\mathbf{a}_2) = \mathbf{w}_2$. Mit $\mathbf{a} = \mathbf{a}_1 + \mathbf{a}_2$ und $\mathbf{b} = k\mathbf{a}_1$ folgt

$$T(\mathbf{a}) = T(\mathbf{a}_1 + \mathbf{a}_2) = T(\mathbf{a}_1) + T(\mathbf{a}_2) = \mathbf{w}_1 + \mathbf{w}_2$$

und

$$T(\mathbf{b}) = T(k\mathbf{a}_1) = kT(\mathbf{a}_1) = k\mathbf{w}_1. \quad \square$$

## Rang und Defekt linearer Transformationen

Nach Abschnitt 5.6 ist der Rang einer Matrix die Dimension ihres Spalten- oder Zeilenraumes, ihr Defekt die Dimension des Nullraumes. Wir werden diese Begriffe jetzt auf lineare Transformationen übertragen.

**Definition.** Sei $T: V \to W$ eine lineare Transformation. Der ***Rang*** von $T$, $\text{rang}(T)$, ist die Dimension von $R(T)$; die Dimension von $K(T)$ heißt ***Defekt*** von $T$ und wird mit $\text{def}(T)$ bezeichnet.

Für die Multiplikation $T_A : R^n \to R^m$ mit der $m \times n$-Matrix $A$ ist nach Beispiel 1 $K(T_A)$ der Nullraum, $R(T_A)$ der Spaltenraum von $A$. Wir erhalten damit folgenden Satz:

**Satz 8.2.2.** *Sei $A$ eine $m \times n$-Matrix und $T_A : R^n \to R^m$ die Multiplikation mit $A$, dann gilt:*

*a) $\text{def}(T_A) = \text{def}(A)$.*
*b) $\text{rang}(T_A) = \text{rang}(A)$.*

**Beispiel 7** Sei $T_A : R^6 \to R^4$ die Multiplikation mit

$$A = \begin{bmatrix} -1 & 2 & 0 & 4 & 5 & -3 \\ 3 & -7 & 2 & 0 & 1 & 4 \\ 2 & -5 & 2 & 4 & 6 & 1 \\ 4 & -9 & 2 & -4 & -4 & 7 \end{bmatrix}.$$

Man bestimme Rang und Defekt von $T_A$.

*Lösung.* In Abschnitt 5.6, Beispiel 1, haben wir für die gegebene Matrix $\text{rang}(A) = 2$ und $\text{def}(A) = 4$ berechnet. Nach Satz 8.2.2 ist dann $\text{rang}(T_A) = 2$ und $\text{def}(T_A) = 4$.

**Beispiel 8** Sei $T: R^3 \to R^3$ die Orthogonalprojektion auf die $xy$-Ebene. Nach Beispiel 4 ist $K(T)$ die $z$-Achse und $R(T)$ die $xy$-Ebene, woraus

$$\operatorname{def}(T) = 1 \quad \text{und} \quad \operatorname{rang}(T) = 2$$

folgt.

## Dimensionssatz für lineare Transformationen

Nach dem Dimensionssatz für Matrizen (Satz 5.6.3) gilt für jede Matrix $A$ mit $n$ Spalten

$$\operatorname{rang}(A) + \operatorname{def}(A) = n.$$

Diese Gleichung läßt sich auf beliebige lineare Transformationen übertragen.

**Satz 8.2.3.** (*Dimensionssatz für lineare Transformationen*). *Sei $T: V \to W$ eine lineare Transformation von einem $n$-dimensionalen Vektorraum $V$ in einen Vektorraum $W$. Dann gilt*

$$rang(T) + def(T) = n. \tag{1}$$

**Beweis.** Wir zeigen

$$\dim(R(T)) + \dim(K(T)) = n,$$

wobei wir uns auf den Fall $1 \leq \dim(K(T)) < n$ beschränken. (Die verbleibenden Fälle $\dim(K(T)) = 0$ und $\dim(K(T)) = n$ werden dem Leser als Übungsaufgabe überlassen.) Sei also $\dim(K(T)) = r$, und sei $\{\mathbf{v}_1, \mathbf{v}_2, \ldots, \mathbf{v}_r\}$ eine Basis von $K(T)$. Nach Satz 5.4.6 b) existieren $n - r$ Vektoren $\mathbf{v}_{r+1}, \ldots, \mathbf{v}_n$, so daß $\{\mathbf{v}_1, \ldots, \mathbf{v}_r, \mathbf{v}_{r+1}, \ldots, \mathbf{v}_n\}$ eine Basis von $V$ ist. Wenn wir jetzt zeigen, daß $S = \{T(\mathbf{v}_{r+1}), \ldots, T(\mathbf{v}_n)\}$ eine Basis von $R(T)$ ist, erhalten wir

$$\dim(R(T)) + \dim(K(T)) = (n - r) + r = n.$$

Ist $\mathbf{b}$ ein beliebiges Element von $R(T)$, so gibt es einen Vektor $\mathbf{v}$ aus $V$ mit $T(\mathbf{v}) = \mathbf{b}$. $\mathbf{v}$ hat bezüglich der Basis $\{\mathbf{v}_1, \ldots, \mathbf{v}_r, \mathbf{v}_{r+1}, \ldots, \mathbf{v}_n\}$ eine Darstellung

$$\mathbf{v} = c_1\mathbf{v}_1 + \cdots c_r\mathbf{v}_r + c_{r+1}\mathbf{v}_{r+1} + \cdots + c_n\mathbf{v}_n.$$

Da $\mathbf{v}_1, \ldots, \mathbf{v}_r$ im Kern von $T$ liegen, ist $T(\mathbf{v}_1) = \cdots = T(\mathbf{v}_r) = \mathbf{0}$, also

$$\mathbf{b} = T(\mathbf{v}) = c_{r+1}T(\mathbf{v}_{r+1}) + \cdots + c_nT(\mathbf{v}_n).$$

Damit ist $S$ ein Erzeugendensystem von $R(T)$.

Um zu zeigen, daß $S$ linear unabhängig ist, betrachten wir die Gleichung

$$k_{r+1}T(\mathbf{v}_{r+1}) + \cdots + k_nT(\mathbf{v}_n) = \mathbf{0} \tag{2}$$

und zeigen $k_{r+1} = \cdots = k_n = 0$.

Mit der Linearität von $T$ folgt

$$T(k_{r+1}\mathbf{v}_{r+1} + \cdots + k_n\mathbf{v}_n) = \mathbf{0},$$

also liegt $k_{r+1}\mathbf{v}_{r+1} + \cdots + k_n\mathbf{v}_n$ im Kern von $T$. Da $\{\mathbf{v}_1, \ldots, \mathbf{v}_r\}$ eine Basis von $K(T)$ ist, gibt es Skalare $k_1, \ldots, k_r$ mit

$$k_{r+1}\mathbf{v}_{r+1} + \cdots + k_n\mathbf{v}_n = k_1\mathbf{v}_1 + \cdots + k_r\mathbf{v}_r.$$

Aus der Gleichung

$$k_1\mathbf{v}_1 + \cdots + k_r\mathbf{v}_r - k_{r+1}\mathbf{v}_{r+1} - \cdots - k_n\mathbf{v}_n = \mathbf{0}$$

folgt wegen der linearen Unabhängigkeit von $\{\mathbf{v}_1, \ldots, \mathbf{v}_n\}$, daß alle Skalare $k_i$ verschwinden müssen, also insbesondere $k_{r+1} = \cdots = k_n = 0$. □

Satz 8.2.3 besagt, daß *die Summe aus Rang und Defekt einer linearen Transformation gleich der Dimension ihres Definitionsbereiches ist.*

**Bemerkung.** Ist $T_A : R^n \to R^m$ die Multiplikation mit einer $m \times n$-Matrix $A$, so hat der Definitionsbereich $R^n$ von $T_A$ die Dimension $n$. Damit ergibt sich Satz 5.6.3 als Spezialfall aus Satz 8.2.3.

**Beispiel 9** Sei $T : R^2 \to R^2$ der Rotationsoperator mit Drehwinkel $\theta$. Aus $K(T) = \{\mathbf{0}\}$ und $R(T) = R^2$ (siehe Beispiel 5) folgt

$$\operatorname{rang}(T) + \operatorname{def}(T) = 0 + 2 = 2.$$

## Übungen zu 8.2

**1.** Sei $T : R^2 \to R^2$ der durch

$$T(x, y) = (2x - y, -8x + 4y)$$

definierte lineare Operator. Welche der folgenden Vektoren liegen in $R(T)$?

a) $(1, -4)$ b) $(5, 0)$ c) $(-3, 12)$

**2.** Sei $T$ wie in Aufgabe 1 definiert. Welche der folgenden Vektoren liegen in $K(T)$?

a) $(5, 10)$ b) $(3, 2)$ c) $(1, 1)$

**3.** Die lineare Transformation $T : R^4 \to R^3$ sei gegeben durch

$$\begin{aligned} T(x_1, x_2, x_3, x_4) =&(4x_1 + x_2 - 2x_3 - 3x_4, 2x_1 + x_2 \\ &+ x_3 - 4x_4, 6x_1 - 9x_3 + 9x_4). \end{aligned}$$

Welche der folgenden Vektoren liegen in $R(T)$?

a) $(0, 0, 6)$ b) $(1, 3, 0)$ c) $(2, 4, 1)$

**4.** Sei $T$ wie in Aufgabe 3 gegeben. Welche der folgenden Vektoren liegen in $K(T)$?

a) $(3, -8, 2, 0)$ b) $(0, 0, 0, 1)$ c) $(0, -4, 1, 0)$

**5.** Sei $T: P_2 \to P_3$ definiert durch $T(p(x)) = xp(x)$. Welche der folgenden Vektoren liegen in $K(T)$?

a) $x^2$ b) $0$ c) $1+x$

**6.** Sei $T$ wie in Aufgabe 5 definiert. Welche der folgenden Vektoren liegen in $R(T)$?

a) $x+x^2$ b) $1+x$ c) $3-x^2$

**7.** Man bestimme eine Basis für den Kern

a) des Operators aus Aufgabe 1,
b) der Transformation aus Aufgabe 3,
c) der Transformation aus Aufgabe 5.

**8.** Man bestimme eine Basis für das Bild

a) des Operators aus Aufgabe 1,
b) der Transformation aus Aufgabe 3,
c) der Transformation aus Aufgabe 5.

**9.** Man verifiziere den Dimensionssatz 8.2.3 für

a) den Operator aus Aufgabe 1,
b) die Transformation aus Aufgabe 3,
c) die Transformation aus Aufgabe 5.

Sei in den Aufgaben 10–13 $T$ die Multiplikation mit $A$. Man bestimme

a) eine Basis von $R(T)$,
b) eine Basis von $K(T)$,
c) $\operatorname{rang}(T)$ und $\operatorname{def}(T)$,
d) $\operatorname{rang}(A)$ und $\operatorname{def}(A)$.

**10.** $A = \begin{bmatrix} 1 & -1 & 3 \\ 5 & 6 & -4 \\ 7 & 4 & 2 \end{bmatrix}$ **11.** $A = \begin{bmatrix} 2 & 0 & -1 \\ 4 & 0 & -2 \\ 0 & 0 & 0 \end{bmatrix}$

**12.** $A = \begin{bmatrix} 4 & 1 & 5 & 2 \\ 1 & 2 & 3 & 0 \end{bmatrix}$ **13.** $A = \begin{bmatrix} 1 & 4 & 5 & 0 & 9 \\ 3 & -2 & 1 & 0 & -1 \\ -1 & 0 & -1 & 0 & -1 \\ 2 & 3 & 5 & 1 & 8 \end{bmatrix}$

**14.** Man beschreibe den Wertebereich und den Nullraum der Orthogonalprojektion auf

a) die $xz$-Ebene,
b) die $yz$-Ebene,
c) die Ebene $y = x$.

**15.** Sei $V$ ein Vektorraum und $T: V \to V$ die Dilation $T(\mathbf{v}) = 3\mathbf{v}$.

a) Man bestimme $K(T)$.
b) Man bestimme $R(T)$.

**16.** Man bestimme den Defekt der gegebenen Transformation.

a) $T: R^5 \to R^7$ mit $\operatorname{rang}(T) = 3$,
b) $T: P_4 \to P_3$ mit $\operatorname{rang}(T) = 1$,
c) $T: R^3 \to R^3$ mit $R(T) = R^3$,
d) $T: M_{22} \to M_{22}$ mit $\operatorname{rang}(T) = 3$.

**17.** Sei $A$ eine $7 \times 6$-Matrix, für die das System $A\mathbf{x} = \mathbf{0}$ nur trivial lösbar ist. Man bestimme Rang und Defekt der Multiplikation $T_A : R^6 \to R^7$ mit $A$.

**18.** Sei $A$ eine $5 \times 7$-Matrix mit Rang 4.
a) Welche Dimension hat der Lösungsraum von $A\mathbf{x} = \mathbf{0}$?
b) Ist $A\mathbf{x} = \mathbf{b}$ für alle Vektoren $\mathbf{b}$ aus $R^5$ konsistent? Man begründe die Antwort.

**19.** Sei $T: R^3 \to V$ eine lineare Transformation von $R^3$ in einen beliebigen Vektorraum $V$. Man zeige, daß $K(T)$ der Ursprung, eine Gerade durch den Ursprung, eine Ebene durch den Ursprung oder der ganze Raum $R^3$ ist.

**20.** Sei $T: V \to R^3$ eine lineare Transformation von einem Vektorraum $V$ nach $R^3$. Man zeige, daß $R(T)$ der Ursprung, eine Gerade durch den Ursprung, eine Ebene durch den Ursprung oder der ganze Raum $R^3$ ist.

**21.** Sei $T: R^3 \to R^3$ die Multiplikation mit

$$\begin{bmatrix} 1 & 3 & 4 \\ 3 & 4 & 7 \\ -2 & 2 & 0 \end{bmatrix}.$$

a) Man zeige, daß $K(T)$ eine Gerade durch den Ursprung ist, und bestimme Parametergleichungen für diese Gerade.
b) Man zeige, daß $R(T)$ eine Ebene durch den Ursprung ist, und gebe eine Gleichung für die Ebene an.

**22.** Sei $\{\mathbf{v}_1, \mathbf{v}_2, \ldots, \mathbf{v}_n\}$ eine Basis von $V$ und $\mathbf{w}_1, \mathbf{w}_2, \ldots, \mathbf{w}_n$ Elemente von $W$. Man zeige, daß eine lineare Transformation $T: V \to W$ mit $T(\mathbf{v}_1) = \mathbf{w}_1$, $T(\mathbf{v}_2) = \mathbf{w}_2, \ldots, T(\mathbf{v}_n) = \mathbf{w}_n$ existiert.

**23.** Man beweise den Dimensionssatz 8.2.3 für

a) $\dim(K(T)) = 0$,
b) $\dim(K(T)) = n$.

**24.** Sei $T: V \to V$ ein linearer Operator auf einem endlich-dimensionalen Vektorraum $V$. Man zeige, daß genau dann $R(T) = V$ gilt, wenn $K(T) = \{\mathbf{0}\}$ ist.

**25.** (*Für Leser mit Analysiskenntnissen.*) Sei $D : P_3 \to P_2$ die Differentiationstransformation $D(p(x)) = p'(x)$. Man beschreibe $K(D)$.

**26.** (*Für Leser mit Analysiskenntnissen.*) Sei $J : P_1 \to R$ die Transformation $J(\mathbf{p}) = \int_{-1}^{1} p(x)\,\mathrm{d}x$. Man bestimme $K(J)$.

**27.** (*Für Leser mit Analysiskenntnissen.*) Sei $D : C^\infty(-\infty, \infty) \to C^\infty(-\infty, \infty)$ der Differentiationsoperator $D(\mathbf{f}) = f'(x)$. Man bestimme den Kern der Komposition $D \circ D$.

# 8.3 Inverse Transformationen

*Wir übertragen die in Abschnitt 4.3 diskutierten Eigenschaften injektiver Matrixtransformationen auf allgemeine lineare Transformationen.*

## Injektive lineare Transformationen

Nach Abschnitt 4.3 ist eine lineare Transformation von $R^n$ nach $R^m$ *injektiv*, wenn sie verschiedene Elemente des $R^n$ auf unterschiedliche Vektoren im $R^m$ abbildet. Dieser Begriff läßt sich problemlos verallgemeinern.

**Definition.** Eine lineare Transformation $T: V \to W$ heißt injektiv, wenn sie unterschiedlichen Vektoren aus $V$ verschiedene Bilder in $W$ zuordnet.

**Beispiel 1** Sei $A$ eine $n \times n$-Matrix und $T_A : R^n \to R^n$ die Multiplikation mit $A$. Nach Satz 4.3.1 ist $T_A$ genau dann injektiv, wenn $A$ invertierbar ist.

**Beispiel 2** Sei $T: P_n \to P_{n+1}$ die in Abschnitt 8.1, Beispiel 8, diskutierte Transformation

$$T(\mathbf{p}) = T(p(x)) = xp(x).$$

Die Polynome

$$\mathbf{p} = p(x) = c_0 + c_1x + \cdots + c_nx^n \quad \text{und} \quad \mathbf{q} = q(x) = d_0 + d_1x + \cdots + d_nx^n$$

sind genau dann verschieden, wenn ihre einander entsprechenden Koeffizienten nicht alle übereinstimmen. In diesem Fall weichen auch die Koeffizienten von

$$T(\mathbf{p}) = c_0x + c_1x^2 + \cdots + c_nx^{n+1} \quad \text{und} \quad T(\mathbf{q}) = d_0x + d_1x^2 + \cdots + d_nx^{n+1}$$

voneinander ab, so daß $T(\mathbf{p})$ und $T(\mathbf{q})$ nicht gleich sind. Folglich ist $T$ injektiv.

**Beispiel 3** (*Für Leser mit Analysiskenntnissen.*) Die Differentiationstransformation

$$D : C^1(-\infty, \infty) \to F(-\infty, \infty)$$

aus Abschnitt 8.1, Beispiel 11, ist *nicht injektiv*, da sie Funktionen, die sich um eine additive Konstante unterscheiden, auf dieselbe Ableitungsfunktion abbildet. So ist etwa

$$D(x^2) = D(x^2 + 1) = 2x.$$

Der folgende Satz liefert eine wichtige Beziehung zwischen einer injektiven Transformation und ihrem Kern.

**Satz 8.3.1.** *Sei $T : V \to W$ eine lineare Transformation. Folgende Aussagen sind äquivalent:*

*a) $T$ ist injektiv.*
*b) Der Kern von $T$ enthält nur den Nullvektor.*
*c) $def(T) = 0$.*

**Beweis.** Die Äquivalenz von b) und c) ist trivial, wir werden also nur *a)* $\Leftrightarrow$ *b)* beweisen.

*a)* $\Rightarrow$ *b)*: Sei $\mathbf{v}$ ein Element von $K(T)$, also $T(\mathbf{v}) = \mathbf{0}$. Da $K(T)$ mindestens den Nullvektor aus $V$ enthält, ist $T(\mathbf{0}) = \mathbf{0}$ und damit $T(\mathbf{v}) = T(\mathbf{0})$. Wegen der Injektivität von $T$ folgt $\mathbf{v} = \mathbf{0}$, also enthält $K(T)$ nur den Nullvektor.

*b)* $\Rightarrow$ *a)*: Seien $\mathbf{v}$ und $\mathbf{w}$ Vektoren aus $V$ mit

$$\mathbf{v} - \mathbf{w} \neq \mathbf{0}. \tag{1}$$

Wir müssen zeigen, daß $T(\mathbf{v})$ und $T(\mathbf{w})$ nicht gleich sind. Dazu nehmen wir an, daß sie übereinstimmen, und erhalten

$$\begin{aligned} T(\mathbf{v}) &= T(\mathbf{w}) \\ T(\mathbf{v}) - T(\mathbf{w}) &= \mathbf{0} \\ T(\mathbf{v} - \mathbf{w}) &= \mathbf{0}, \end{aligned}$$

also liegt $\mathbf{v} - \mathbf{w}$ im Kern von $T$. Wegen $K(T) = \{\mathbf{0}\}$ folgt daraus

$$\mathbf{v} - \mathbf{w} = \mathbf{0},$$

was der Wahl von $\mathbf{v}$ und $\mathbf{w}$ (1) widerspricht. Folglich ist $T$ injektiv. □

**Beispiel 4** Man untersuche die gegebene lineare Transformation durch Bestimmung ihres Kernes oder Defekts auf Injektivität.

a) $T : R^2 \to R^2$ ist die Rotation um den Winkel $\theta$.
b) $T : R^3 \to R^3$ ist die Orthogonalprojektion auf die $xy$-Ebene.
c) $T : R^6 \to R^4$ ist die Multiplikation mit

$$A = \begin{bmatrix} -1 & 2 & 0 & 4 & 5 & -3 \\ 3 & -7 & 2 & 0 & 1 & 4 \\ 2 & -5 & 2 & 4 & 6 & 1 \\ 4 & -9 & 2 & -4 & -4 & 7 \end{bmatrix}.$$

*Lösung a).* Nach Beispiel 5 aus Abschnitt 8.2 ist $K(T) = \{\mathbf{0}\}$, also ist $T$ injektiv.

*Lösung b).* Nach Beispiel 4, Abschnitt 8.2, enthält der Kern von $T$ von Null verschiedene Vektoren, also ist $T$ nicht injektiv.

*Lösung c).* Nach Beispiel 7, Abschnitt 8.2, ist $\operatorname{def}(T) = 4$, also ist $T$ nicht injektiv.

Im Fall, daß $T$ ein *linearer Operator* auf einem *endlich-dimensionalen* Vektorraum ist, läßt sich Satz 8.3.1 um eine weitere Aussage ergänzen.

**Satz 8.3.2.** *Sei $V$ ein endlich-dimensionaler Vektorraum und $T: V \to V$ ein linearer Operator. Die folgenden Aussagen sind äquivalent:*

*a) $T$ ist injektiv.*
*b) $K(T) = \{\mathbf{0}\}$.*
*c) $def(T) = 0$.*
*d) $R(T) = V$.*

**Beweis.** Wegen Satz 8.3.1 reicht es, die Äquivalenz von c) und d) zu zeigen.

*c)* $\Rightarrow$ *d)*: Seien $\dim(V) = n$ und $\operatorname{def}(T) = 0$. Wegen Satz 8.2.3 gilt dann

$$\operatorname{rang}(T) = n - \operatorname{def}(T) = n.$$

Nach Definition des Ranges von $T$ hat $R(T)$ die Dimension $n$, so daß mit Satz 5.4.7 $R(T) = V$ folgt.

*d)* $\Rightarrow$ *c)*: Aus $\dim(V) = n$ und $R(T) = V$ folgt $\operatorname{rang}(T) = \dim(R(T)) = n$, also gilt nach Satz 8.2.3

$$\operatorname{def}(T) = n - \operatorname{rang}(T) = n - n = 0. \quad \square$$

**Beispiel 5** Sei $T_A : R^4 \to R^4$ die Multiplikation mit

$$A = \begin{bmatrix} 1 & 3 & -2 & 4 \\ 2 & 6 & -4 & 8 \\ 3 & 9 & 1 & 5 \\ 1 & 1 & 4 & 8 \end{bmatrix}.$$

Man untersuche $T_A$ auf Injektivität.

*Lösung.* Wie wir in Beispiel 1 gesehen haben, ist $T_A$ genau dann injektiv, wenn $A$ invertierbar ist. Da die beiden ersten Zeilen von $A$ proportional sind, ist $\det(A) = 0$, also ist $A$ nicht invertierbar. Folglich ist $T_A$ nicht injektiv.

## Inverse lineare Transformationen

Nach Abschnitt 4.3 besitzt ein injektiver Matrixoperator $T_A : R^n \to R^n$ einen *inversen* Operator $T_{A^{-1}} : R^n \to R^n$, der die Wirkung von $T_A$ aufhebt (in dem Sinn, daß aus $\mathbf{w} = T_A(\mathbf{x})$ $T_{A^{-1}}(\mathbf{w}) = \mathbf{x}$ folgt). Wir werden dieses Konzept auf beliebige lineare Transformationen übertragen.

Wie wir wissen, ist das Bild $R(T)$ einer linearen Transformation $T: V \to W$ der Unterraum von $W$, der aus den Bildern der Vektoren von $V$ unter $T$ besteht. Ist $T$ injektiv, so gibt es zu jedem Vektor $\mathbf{w}$ aus $R(T)$ genau einen Vektor $\mathbf{v}$ in $V$ mit $T(\mathbf{v}) = \mathbf{w}$. Wir können also auf $R(T)$ eine Funktion $T^{-1}$ definieren, die $\mathbf{w}$ wieder auf $\mathbf{v}$ abbildet (Abbildung 8.9). $T^{-1}$ heißt ***inverse Transformation*** oder einfach ***Inverse zu T***.

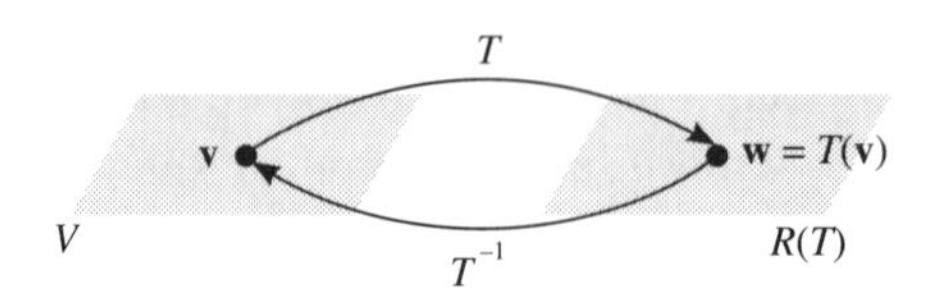


**Abb. 8.9** Die Inverse von $T$ bildet $T(\mathbf{v})$ auf $\mathbf{v}$ ab.

Man kann zeigen, daß $T^{-1}: R(T) \to V$ eine lineare Transformation ist (Übungsaufgabe 19); außerdem ist

$$T^{-1}(T(\mathbf{v})) = T^{-1}(\mathbf{w}) = \mathbf{v} \tag{2a}$$

$$T(T^{-1}(\mathbf{w})) = T(\mathbf{v}) = \mathbf{w}. \tag{2b}$$

$T$ und $T^{-1}$ *heben sich also gegenseitig auf.*

**Bemerkung.** Die Inverse einer injektiven Transformation $T: V \to W$ ist immer nur auf dem *Bild* von $T$ definiert, also eventuell nur auf einem Unterraum des Zielraumes $W$. Ist jedoch $V = W$, so folgt aus Satz 8.3.2 $R(T) = V$; also ist $T^{-1}$ auf dem ganzen Raum $V$ definiert.

**Beispiel 6** In Beispiel 2 haben wir gesehen, daß die durch

$$T(\mathbf{p}) = T(p(x)) = xp(x)$$

definierte lineare Transformation $T: P_n \to P_{n+1}$ injektiv ist; also hat $T$ eine Inverse $T^{-1}$. Nicht jedes Polynom aus $P_{n+1}$ liegt im Bild von $T$; nach

$$T(c_0 + c_1x + \cdots + c_nx^n) = c_0x + c_1x^2 + \cdots + c_nx^{n+1}$$

ist klar, daß $R(T)$ aus den Polynomen besteht, deren konstanter Term verschwindet. Die inverse Transformation $T^{-1}: R(T) \to P_n$ ergibt sich dann als

$$T^{-1}(c_0x + c_1x^2 + \cdots + c_nx^{n+1}) = c_0 + c_1x + \cdots + c_nx^n.$$

Beispielsweise ist für $n = 4$

$$T^{-1}(2x - x^2 + 5x^3 + 3x^4) = 2 - x + 5x^2 + 3x^3.$$

**Beispiel 7** Der lineare Operator $T: R^3 \to R^3$ sei definiert durch

$$T(x_1, x_2, x_3) = (3x_1 + x_2, -2x_1 - 4x_2 + 3x_3, 5x_1 + 4x_2 - 2x_3).$$

Man untersuche $T$ auf Injektivität und berechne gegebenenfalls $T^{-1}(x_1, x_2, x_3)$.

*Lösung.* Nach Satz 4.3.3 hat $T$ die Standardmatrix

$$[T] = \begin{bmatrix} 3 & 1 & 0 \\ -2 & -4 & 3 \\ 5 & 4 & -2 \end{bmatrix}.$$

$[T]$ ist invertierbar (der Leser möge das verifizieren), also ist $T$ injektiv. Nach Abschnitt 4.3, Formel (1), hat $T^{-1}$ die Standardmatrix

$$[T^{-1}] = [T]^{-1} = \begin{bmatrix} 4 & -2 & -3 \\ -11 & 6 & 9 \\ -12 & 7 & 10 \end{bmatrix},$$

so daß

$$T^{-1}\left(\begin{bmatrix} x_1 \\ x_2 \\ x_3 \end{bmatrix}\right) = [T^{-1}]\begin{bmatrix} x_1 \\ x_2 \\ x_3 \end{bmatrix} = \begin{bmatrix} 4 & -2 & -3 \\ -11 & 6 & 9 \\ -12 & 7 & 10 \end{bmatrix}\begin{bmatrix} x_1 \\ x_2 \\ x_3 \end{bmatrix}$$
$$= \begin{bmatrix} 4x_1 - 2x_2 - 3x_3 \\ -11x_1 + 6x_2 + 9x_3 \\ -12x_1 + 7x_2 + 10x_3 \end{bmatrix}.$$

Kehren wir zur horizontalen Vektorschreibweise zurück, so ist

$$T^{-1}(x_1, x_2, x_3) = (4x_1 - 2x_2 - 3x_3, -11x_1 + 6x_2 + 9x_3, -12x_1 + 7x_2 + 10x_3).$$

## Die Inverse einer Komposition

Im folgenden Satz wird gezeigt, daß die Komposition injektiver Transformationen wieder injektiv ist.

**Satz 8.3.3.** *Seien $T_1 : U \to V$ und $T_2 : V \to W$ injektive lineare Transformationen. Dann gilt:*

*a) $T_2 \circ T_1$ ist injektiv.*
*b) $(T_2 \circ T_1)^{-1} = T_1^{-1} \circ T_2^{-1}$.*

**Beweis a).** Wir zeigen, daß $T_2 \circ T_1$ unterschiedliche Vektoren aus $U$ auf unterschiedliche Vektoren in $W$ abbildet. Für zwei verschiedene Vektoren $\mathbf{u}$ und $\mathbf{v}$ aus $U$ sind auch $T_1(\mathbf{u})$ und $T_1(\mathbf{v})$ als Bilder unter der injektiven Transformation $T_1$ verschieden. Aus der Injektivität von $T_2$ folgt dann, daß auch

$$T_2(T_1(\mathbf{u})) \quad \text{und} \quad T_2(T_1(\mathbf{v}))$$

ungleich sind. Nach Definition von $T_2 \circ T_1$ bedeutet das aber, daß

$$(T_2 \circ T_1)(\mathbf{u}) \quad \text{und} \quad (T_2 \circ T_1)(\mathbf{v})$$

voneinander verschieden sind.

**Beweis b).** Wir zeigen, daß für jeden Vektor $\mathbf{w}$ aus $R(T_2 \circ T_1)$

$$(T_1 \circ T_2)^{-1}(\mathbf{w}) = (T_1^{-1} \circ T_2^{-1})(\mathbf{w})$$

gilt. Setzen wir also

$$\mathbf{u} = (T_2 \circ T_1)^{-1}(\mathbf{w}), \tag{3}$$

so ist

$$\mathbf{u} = (T_1^{-1} \circ T_2^{-1})(\mathbf{w})$$

zu zeigen. Nun gilt nach (3)

$$(T_2 \circ T_1)(\mathbf{u}) = \mathbf{w}$$

oder

$$T_2(T_1(\mathbf{u})) = \mathbf{w}.$$

Wenden wir auf beide Seiten dieser Gleichung zuerst $T_2^{-1}$ und dann $T_1^{-1}$ an, so folgt

$$\mathbf{u} = T_1^{-1}(T_2^{-1}(\mathbf{w})),$$

also ist

$$\mathbf{u} = (T_1^{-1} \circ T_2^{-1})(\mathbf{w}). \quad \square$$

Satz 8.3.3 b) besagt, daß *die Inverse einer Komposition sich als Komposition der Inversen in umgekehrter Reihenfolge ergibt*. Dieses Ergebnis gilt auch für Kompositionen aus mehr als zwei Transformationen, etwa

$$(T_3 \circ T_2 \circ T_1)^{-1} = T_1^{-1} \circ T_2^{-1} \circ T_3^{-1}. \tag{4}$$

Sind $T_A$, $T_B$ und $T_C$ Matrixoperatoren auf $R^n$, so ergibt sich aus (4)

$$(T_C \circ T_B \circ T_A)^{-1} = T_A^{-1} \circ T_B^{-1} \circ T_C^{-1}$$

und äquivalent dazu

$$(T_{\mathrm{CBA}})^{-1} = T_{A^{-1}B^{-1}C^{-1}}. \tag{5}$$

Damit ist *die Standardmatrix der Inversen einer Komposition das Produkt der Inversen der einzelnen Standardmatrizen in umgekehrter Reihenfolge*. Wir werden in den Übungen auf Anwendungen von (4) und (5) eingehen.

## Übungen zu 8.3

**1.** Man bestimme $K(T)$ und entscheide, ob $T$ injektiv ist.

a) $T: R^2 \to R^2$ mit $T(x, y) = (y, x)$.
b) $T: R^2 \to R^2$ mit $T(x, y) = (0, 2x + 3y)$.
c) $T: R^2 \to R^2$ mit $T(x, y) = (x + y, x - y)$.

d) $T: R^2 \to R^3$ mit $T(x, y) = (x, y, x + y)$.
e) $T: R^2 \to R^3$ mit $T(x, y) = (x - y, y - x, 2x - 2y)$.
f) $T: R^3 \to R^2$ mit $T(x, y, z) = (x + y + z, x - y - z)$.

**2.** Sei $T: R^2 \to R^2$ die Multiplikation mit $A$. Man entscheide, ob $T$ eine Inverse besitzt, und berechne gegebenenfalls

$$T^{-1}\left(\begin{bmatrix} x_1 \\ x_2 \end{bmatrix}\right).$$

a) $A = \begin{bmatrix} 5 & 2 \\ 2 & 1 \end{bmatrix}$ b) $A = \begin{bmatrix} 6 & -3 \\ 4 & -2 \end{bmatrix}$ c) $A = \begin{bmatrix} 4 & 7 \\ -1 & 3 \end{bmatrix}$

**3.** Sei $T: R^3 \to R^3$ die Multiplikation mit $A$. Man entscheide, ob $T$ eine Inverse besitzt, und berechne gegebenenfalls

$$T^{-1}\left(\begin{bmatrix} x_1 \\ x_2 \\ x_3 \end{bmatrix}\right).$$

a) $A = \begin{bmatrix} 1 & 5 & 2 \\ 1 & 2 & 1 \\ -1 & 1 & 0 \end{bmatrix}$ b) $A = \begin{bmatrix} 1 & 4 & -1 \\ 1 & 2 & 1 \\ -1 & 1 & 0 \end{bmatrix}$

c) $A = \begin{bmatrix} 1 & 0 & 1 \\ 0 & 1 & 1 \\ 1 & 1 & 0 \end{bmatrix}$ d) $A = \begin{bmatrix} 1 & -1 & 1 \\ 0 & 2 & -1 \\ 2 & 3 & 0 \end{bmatrix}$

**4.** Man entscheide, ob die Multiplikation mit $A$ injektiv ist.

a) $A = \begin{bmatrix} 1 & -2 \\ 2 & -4 \\ -3 & 6 \end{bmatrix}$ b) $A = \begin{bmatrix} 1 & 3 & 5 & 7 \\ 2 & -1 & 2 & 4 \\ -1 & 3 & 0 & 0 \end{bmatrix}$ c) $A = \begin{bmatrix} 4 & -2 \\ 1 & 5 \\ 5 & 3 \end{bmatrix}$

**5.** Sei $T: R^2 \to R^2$ die Orthogonalprojektion auf die Gerade $y = x$ (Abbildung 8.10).

a) Man bestimme $K(T)$.
b) Ist $T$ injektiv? Man begründe die Antwort.

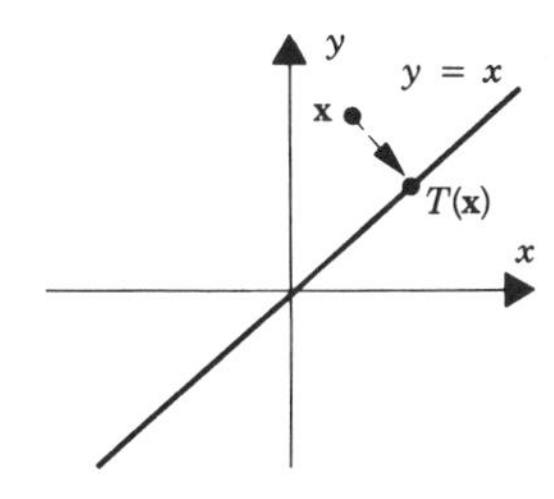


**Abb. 8.10**

**6.** Sei $T : R^2 \to R^2$ die durch $T(x, y) = (-x, y)$ definierte Spiegelung an der $y$-Achse (Abbildung 8.11).

a) Man bestimme $K(T)$.
b) Ist $T$ injektiv?

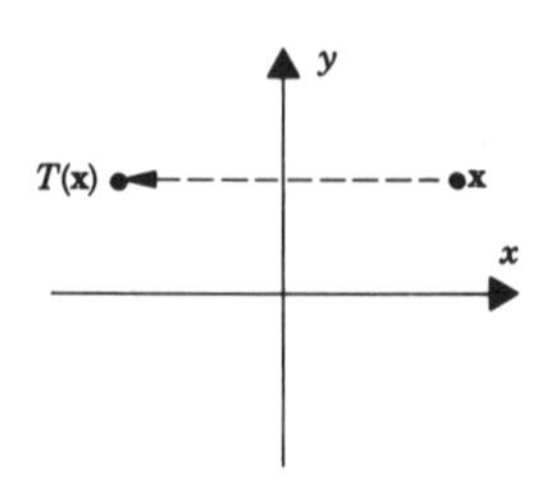


**Abb. 8.11**

**7.** Man entscheide, ob $T$ injektiv ist.

a) $T : R^m \to R^m$ mit $\operatorname{def}(T) = 0$,
b) $T : R^n \to R^n$ mit $\operatorname{rang}(T) = n - 1$,
c) $T : R^m \to R^n$ mit $n < m$,
d) $T : R^n \to R^n$ mit $R(T) = R^n$.

**8.** Ist $T$ injektiv?

a) $T : P_2 \to P_3$, $T(a_0 + a_1x + a_2x^2) = x(a_0 + a_1x + a_2x^2)$,
b) $T : P_2 \to P_2$, $T(p(x)) = p(x + 1)$.

**9.** Sei $A$ eine quadratische Matrix mit $\det(A) = 0$. Ist die Multiplikation mit $A$ injektiv? Man begründe die Antwort.

**10.** Man untersuche $T : R^n \to R^n$ auf Injektivität und berechne gegebenenfalls $T^{-1}(x_1, x_2, \ldots, x_n)$.

a) $T(x_1, x_2, \ldots, x_n) = (0, x_1, x_2, \ldots, x_{n-1})$
b) $T(x_1, x_2, \ldots, x_n) = (x_n, x_{n-1}, \ldots, x_2, x_1)$
c) $T(x_1, x_2, \ldots, x_n) = (x_2, x_3, \ldots, x_n, x_1)$

**11.** Sei $T : R^n \to R^n$ der durch

$$T(x_1, x_2, \ldots, x_n) = (a_1x_1, a_2x_2, \ldots, a_nx_n)$$

definierte lineare Operator.

a) Unter welchen Bedingungen hat $T$ eine Inverse?
b) Man berechne $T^{-1}(x_1, x_2, \ldots, x_n)$.

**12.** $T_1 : R^2 \to R^2$ und $T_2 : R^2 \to R^2$ seien definiert durch

$$T_1(x, y) = (x + y, x - y) \quad \text{und} \quad T_2(x, y) = (2x + y, x - 2y).$$

a) Man zeige, daß $T_1$ und $T_2$ injektiv sind.
b) Man bestimme $T_1^{-1}(x,y)$, $T_2^{-1}(x,y)$ und $(T_2 \circ T_1)^{-1}(x,y)$.
c) Man verifiziere die Gleichung $(T_2 \circ T_1)^{-1} = T_1^{-1} \circ T_2^{-1}$.

**13.** Seien $T_1 : P_2 \to P_3$ und $T_2 : P_3 \to P_3$ definiert durch

$$T_1(p(x)) = xp(x) \quad \text{und} \quad T_2(p(x)) = p(x+1).$$

a) Man berechne $T_1^{-1}(p(x))$, $T_2^{-1}(p(x))$ und $(T_2 \circ T_1)^{-1}(p(x))$.
b) Man verifiziere $(T_2 \circ T_1)^{-1} = T_1^{-1} \circ T_2^{-1}$.

**14.** Seien $T_A : R^3 \to R^3$, $T_B : R^3 \to R^3$ und $T_C : R^3 \to R^3$ die Spiegelungen an der $xy$-, der $xz$- und der $yz$-Ebene. Man verifiziere Formel (5).

**15.** Sei $T : P_1 \to R^2$ definiert durch

$$T(p(x)) = (p(0), p(1)).$$

a) Man berechne $T(1-2x)$.
b) Man zeige, daß $T$ eine lineare Transformation ist.
c) Man zeige, daß $T$ injektiv ist.
d) Man bestimme $T^{-1}(2,3)$ und skizziere den Graphen dieses Polynoms.

**16.** Seien $V$ und $W$ endlich-dimensionale Vektorräume mit $\dim(W) < \dim(V)$. Man zeige, daß es keine injektive lineare Transformation $T : V \to W$ gibt.

**17.** Man untersuche $T : M_{22} \to M_{22}$ auf Injektivität und berechne gegebenenfalls

$$T^{-1}\left(\begin{bmatrix} a & b \\ c & d \end{bmatrix}\right).$$

a) $T\left(\begin{bmatrix} a & b \\ c & d \end{bmatrix}\right) = \begin{bmatrix} a & 0 \\ 0 & d \end{bmatrix}$ b) $T\left(\begin{bmatrix} a & b \\ c & d \end{bmatrix}\right) = \begin{bmatrix} a & c \\ b & d \end{bmatrix}$

c) $T\left(\begin{bmatrix} a & b \\ c & d \end{bmatrix}\right) = \begin{bmatrix} d & -b \\ -c & a \end{bmatrix}$

**18.** Sei $T : R^2 \to R^2$ der durch $T(x,y) = (x+ky, -y)$ definierte lineare Operator. Man zeige, daß $T$ für jede reelle Zahl $k$ injektiv ist und daß $T^{-1} = T$ gilt.

**19.** Sei $T : V \to W$ eine injektive lineare Transformation. Man zeige, daß ihre Inverse $T^{-1} : R(T) \to V$ linear ist.

**20.** (*Für Leser mit Analysiskenntnissen.*) Sei $J : P_1 \to R$ die lineare Transformation $J(\mathbf{p}) = \int_{-1}^{1} p(x)\,\mathrm{d}x$. Ist $J$ injektiv? Man begründe die Antwort.

## 8.4 Matrixdarstellung linearer Transformationen

*Wir werden sehen, daß man mit ein wenig Phantasie lineare Transformationen zwischen beliebigen endlich-dimensionalen Vektorräumen als Matrixtransformationen darstellen kann, indem man anstelle von Vektoren die Koordinatenmatrizen bezüglich vorgegebener Basen betrachtet.*

## Darstellungsmatrizen linearer Transformationen

Sei $T: V \to W$ eine lineare Transformation von einem $n$-dimensionalen Vektorraum $V$ in einen $m$-dimensionalen Vektorraum $W$. Wählen wir Basen $B$ und $B'$ für $V$ und $W$, so ist die Koordinatenmatrix $[\mathbf{x}]_B$ eines Vektors $\mathbf{x}$ aus $V$ ein Element aus $R^n$, die Koordinatenmatrix $[T(\mathbf{x})]_{B'}$ liegt im $R^m$ (Abbildung 8.12).

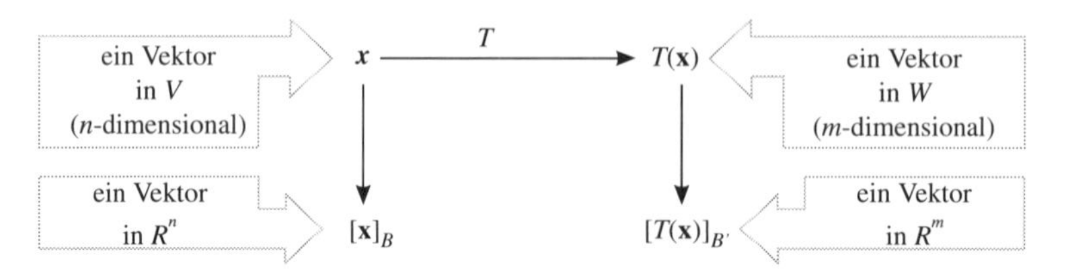


**Abb. 8.12**

Die Funktion von $R^n$ nach $R^m$, die dieses Diagramm vervollständigt, ist eine lineare Transformation, für deren Standardmatrix $A$

$$A[\mathbf{x}]_B = [T(\mathbf{x})]_{B'} \tag{1}$$

gilt. $A$ heißt ***Darstellungsmatrix von T bezüglich der Basen B und B'***.

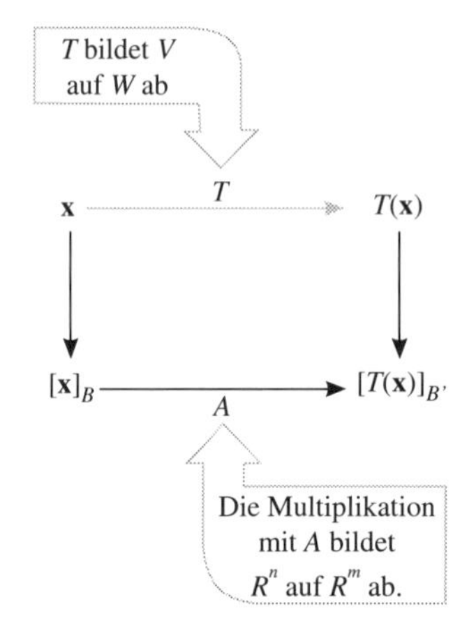


**Abb. 8.13**

Bevor wir Beispiele angeben, entwickeln wir ein Verfahren zur Konstruktion dieser Matrix. Seien dazu $B = \{\mathbf{u}_1, \mathbf{u}_2, \ldots, \mathbf{u}_n\}$ und $B' = \{\mathbf{v}_1, \mathbf{v}_2, \ldots, \mathbf{v}_m\}$, und sei

$$A = \begin{bmatrix} a_{11} & a_{12} & \cdots & a_{1n} \\ a_{21} & a_{22} & \cdots & a_{2n} \\ \vdots & \vdots & & \vdots \\ a_{m1} & a_{m2} & \cdots & a_{mn} \end{bmatrix}$$

die gesuchte $m \times n$-Matrix. Ersetzen wir in (1) den Vektor $\mathbf{x}$ durch die Basiselemente $\mathbf{u}_1, \mathbf{u}_2, \ldots, \mathbf{u}_n$, so erhalten wir für $A$ die Gleichungen

$$A[\mathbf{u}_1]_B = [T(\mathbf{u}_1)]_{B'}, \quad A[\mathbf{u}_2]_B = [T(\mathbf{u})_2]_{B'}, \; \ldots, \; A[\mathbf{u}_n]_B = [T(\mathbf{u}_n)]_{B'}, \tag{2}$$

woraus wegen

$$[\mathbf{u}_1]_B = \begin{bmatrix} 1 \\ 0 \\ 0 \\ \vdots \\ 0 \end{bmatrix}, \quad [\mathbf{u}_2]_B = \begin{bmatrix} 0 \\ 1 \\ 0 \\ \vdots \\ 0 \end{bmatrix}, \; \ldots, \; [\mathbf{u}_n]_B = \begin{bmatrix} 0 \\ 0 \\ 0 \\ \vdots \\ 1 \end{bmatrix}$$

$$A[\mathbf{u}_1]_B = \begin{bmatrix} a_{11} & a_{12} & \cdots & a_{1n} \\ a_{21} & a_{22} & \cdots & a_{2n} \\ \vdots & \vdots & & \vdots \\ a_{m1} & a_{m2} & \cdots & a_{mn} \end{bmatrix} \begin{bmatrix} 1 \\ 0 \\ 0 \\ \vdots \\ 0 \end{bmatrix} = \begin{bmatrix} a_{11} \\ a_{21} \\ \vdots \\ a_{m1} \end{bmatrix}$$

$$A[\mathbf{u}_2]_B = \begin{bmatrix} a_{11} & a_{12} & \cdots & a_{1n} \\ a_{21} & a_{22} & \cdots & a_{2n} \\ \vdots & \vdots & & \vdots \\ a_{m1} & a_{m2} & \cdots & a_{mn} \end{bmatrix} \begin{bmatrix} 0 \\ 1 \\ 0 \\ \vdots \\ 0 \end{bmatrix} = \begin{bmatrix} a_{12} \\ a_{22} \\ \vdots \\ a_{m2} \end{bmatrix}$$

$$\vdots$$

$$A[\mathbf{u}_n]_B = \begin{bmatrix} a_{11} & a_{12} & \cdots & a_{1n} \\ a_{21} & a_{22} & \cdots & a_{2n} \\ \vdots & \vdots & & \vdots \\ a_{m1} & a_{m2} & \cdots & a_{mn} \end{bmatrix} \begin{bmatrix} 0 \\ 0 \\ 0 \\ \vdots \\ 1 \end{bmatrix} = \begin{bmatrix} a_{1n} \\ a_{2n} \\ \vdots \\ a_{mn} \end{bmatrix}$$

folgt. Mit (2) ergibt sich daraus

$$\begin{bmatrix} a_{11} \\ a_{21} \\ \vdots \\ a_{m1} \end{bmatrix} = [T(\mathbf{u}_1)]_{B'}, \begin{bmatrix} a_{12} \\ a_{22} \\ \vdots \\ a_{m2} \end{bmatrix} = [T(\mathbf{u}_2)]_{B'}, \; \ldots, \; \begin{bmatrix} a_{1n} \\ a_{2n} \\ \vdots \\ a_{mn} \end{bmatrix} = [T(\mathbf{u}_n)]_{B'},$$

also sind die Spalten von $A$ die Koordinatenmatrizen von

$$T(\mathbf{u}_1), T(\mathbf{u}_2), \ldots, T(\mathbf{u}_n)$$

bezüglich der Basis $B'$,

$$A = \left[ [T(\mathbf{u}_1)]_{B'} \mid [T(\mathbf{u}_2)]_{B'} \mid \cdots \mid [T(\mathbf{u}_n)]_{B'} \right]. \tag{3}$$

Diese Darstellungsmatrix wird gewöhnlich als

$$[T]_{B',B}$$

bezeichnet, also erhalten wir

$$[T]_{B',B} = \left[[T(\mathbf{u}_1)]_{B'} \mid [T(\mathbf{u}_2)]_{B'} \mid \cdots \mid [T(\mathbf{u}_n)]_{B'}\right], \tag{4}$$

wobei für jeden Vektor $\mathbf{x}$ aus $V$

$$[T]_{B',B}[\mathbf{x}]_B = [T(\mathbf{x})]_{B'} \tag{4a}$$

gilt.

**Bemerkung.** Man beachte, daß der *rechte* Index in $[T]_{B',B}$ eine Basis des Definitionsbereichs von $T$ und der *linke* Index eine Basis des Wertebereichs von $T$ ist (Abbildung 8.14).

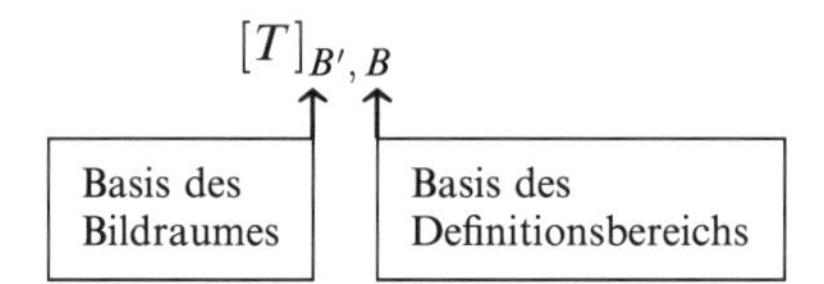


**Abb. 8.14**

Außerdem scheint sich der Index $B$ in Formel (4a) „wegzukürzen“ (Abbildung 8.15).

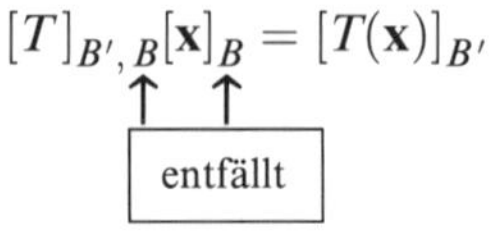

$$[T]_{B',B}[\mathbf{x}]_B = [T(\mathbf{x})]_{B'}$$

entfällt

**Abb. 8.15**

## Darstellungsmatrizen linearer Operatoren

Bei der Konstruktion der Darstellungsmatrix eines linearen Operators $T: V \to V$ wählt man gewöhnlich $B = B'$. Man erhält dann die ***Darstellungsmatrix von T bezüglich der Basis B***, die mit $[T]_B$ (statt $[T]_{B,B}$) bezeichnet wird. Für $B = \{\mathbf{u}_1, \mathbf{u}_2, \ldots, \mathbf{u}_n\}$ ergibt sich aus (4) und (4a)

$$[T]_B = \left[[T(\mathbf{u}_1)]_B \mid [T(\mathbf{u}_2)]_B \mid \cdots \mid [T(\mathbf{u}_n)]_B\right] \tag{5}$$

und

$$[T]_B[\mathbf{x}]_B = [T(\mathbf{x})]_B \, . \tag{5a}$$

Wegen (4a) und (5a) ist die *Koordinatenmatrix von* $T(\mathbf{x})$ *das Produkt der Darstellungsmatrix von* $T$ *mit der Koordinatenmatrix von* $\mathbf{x}$.

**Beispiel 1** Sei $T: P_1 \to P_2$ die durch

$$T(p(x)) = xp(x)$$

definierte lineare Transformation. Man bestimme die Darstellungsmatrix von $T$ bezüglich der Standardbasen

$$B = \{\mathbf{u}_1, \mathbf{u}_2\} \quad \text{und} \quad B' = \{\mathbf{v}_1, \mathbf{v}_2, \mathbf{v}_3\}$$

mit

$$\mathbf{u}_1 = 1, \quad \mathbf{u}_2 = x; \quad \mathbf{v}_1 = 1, \quad \mathbf{v}_2 = x, \quad \mathbf{v}_3 = x^2.$$

*Lösung.* Aus

$$T(\mathbf{u}_1) = T(1) = (x)(1) = x$$
$$T(\mathbf{u}_2) = T(x) = (x)(x) = x^2$$

ergeben sich die Koordinatenmatrizen von $T(\mathbf{u}_1)$ und $T(\mathbf{u}_2)$ bezüglich $B'$ als

$$[T(\mathbf{u}_1)]_{B'} = \begin{bmatrix} 0 \\ 1 \\ 0 \end{bmatrix}, \quad [T(\mathbf{u}_2)]_{B'} = \begin{bmatrix} 0 \\ 0 \\ 1 \end{bmatrix}.$$

Daraus konstruieren wir die Darstellungsmatrix von $T$ bezüglich $B$ und $B'$:

$$[T]_{B',B} = \left[[T(\mathbf{u}_1)]_{B'} \,\vdots\, [T(\mathbf{u}_2)]_{B'}\right] = \begin{bmatrix} 0 & 0 \\ 1 & 0 \\ 0 & 1 \end{bmatrix}.$$

**Beispiel 2** Sei $T: P_1 \to P_2$ die Transformation aus Beispiel 1. Man verifiziere Formel (4a) für die Darstellungsmatrix

$$[T]_{B',B} = \begin{bmatrix} 0 & 0 \\ 1 & 0 \\ 0 & 1 \end{bmatrix}.$$

*Lösung.* Für jeden Vektor $\mathbf{x} = p(x) = a + bx$ aus $P_1$ ist

$$T(\mathbf{x}) = xp(x) = ax + bx^2.$$

$\mathbf{x}$ und $T(\mathbf{x})$ haben bezüglich der Standardbasen $B$ und $B'$ aus Beispiel 1 die Darstellungen

$$[\mathbf{x}]_B = [ax + b]_B = \begin{bmatrix} a \\ b \end{bmatrix}$$

$$[T(\mathbf{x})]_{B'} = [ax + bx^2] = \begin{bmatrix} 0 \\ a \\ b \end{bmatrix},$$

also ist

$$[T]_{B',B}[\mathbf{x}]_B = \begin{bmatrix} 0 & 0 \\ 1 & 0 \\ 0 & 1 \end{bmatrix} \begin{bmatrix} a \\ b \end{bmatrix} = \begin{bmatrix} 0 \\ a \\ b \end{bmatrix} = [T(\mathbf{x})]_{B'}.$$

**Beispiel 3** Sei $T: R^2 \to R^3$ definiert durch

$$T\left(\begin{bmatrix} x_1 \\ x_2 \end{bmatrix}\right) = \begin{bmatrix} x_2 \\ -5x_1 + 13x_2 \\ -7x_1 + 16x_2 \end{bmatrix}.$$

Man bestimme die Darstellungsmatrix von $T$ bezüglich der Basen $B = \{\mathbf{u}_1, \mathbf{u}_2\}$ des $R^2$ und $B' = \{\mathbf{v}_1, \mathbf{v}_2, \mathbf{v}_3\}$ des $R^3$ mit

$$\mathbf{u}_1 = \begin{bmatrix} 3 \\ 1 \end{bmatrix}, \quad \mathbf{u}_2 = \begin{bmatrix} 5 \\ 2 \end{bmatrix}; \quad \mathbf{v}_1 = \begin{bmatrix} 1 \\ 0 \\ -1 \end{bmatrix}, \quad \mathbf{v}_2 = \begin{bmatrix} -1 \\ 2 \\ 2 \end{bmatrix}, \quad \mathbf{v}_3 = \begin{bmatrix} 0 \\ 1 \\ 2 \end{bmatrix}.$$

*Lösung.* Nach Definition von $T$ sind

$$T(\mathbf{u}_1) = \begin{bmatrix} 1 \\ -2 \\ -5 \end{bmatrix}, \quad T(\mathbf{u}_2) = \begin{bmatrix} 2 \\ 1 \\ -3 \end{bmatrix}.$$

Als Darstellungen bezüglich $\mathbf{v}_1$, $\mathbf{v}_2$ und $\mathbf{v}_3$ ergeben sich

$$T(\mathbf{u}_1) = \mathbf{v}_1 - 2\mathbf{v}_3, \quad T(\mathbf{u}_2) = 3\mathbf{v}_1 + \mathbf{v}_2 - \mathbf{v}_3$$

(der Leser möge das nachrechnen), also erhalten wir aus den Koordinatenmatrizen

$$[T(\mathbf{u}_1)]_{B'} = \begin{bmatrix} 1 \\ 0 \\ -2 \end{bmatrix}, \quad [T(\mathbf{u}_2)]_{B'} = \begin{bmatrix} 3 \\ 1 \\ -1 \end{bmatrix}$$

die Darstellungsmatrix

$$[T]_{B',B} = \left[[T(\mathbf{u}_1)]_{B'} \mid [T(\mathbf{u}_2)]_{B'}\right] = \begin{bmatrix} 1 & 3 \\ 0 & 1 \\ -2 & -1 \end{bmatrix}.$$

**Beispiel 4** Sei $T: R^2 \to R^2$ der lineare Operator

$$T\left(\begin{bmatrix} x_1 \\ x_2 \end{bmatrix}\right) = \begin{bmatrix} x_1 + x_2 \\ -2x_1 + 4x_2 \end{bmatrix}$$

und $B = \{\mathbf{u}_1, \mathbf{u}_2\}$ die Basis des $R^2$ mit den Elementen

$$\mathbf{u}_1 = \begin{bmatrix} 1 \\ 1 \end{bmatrix}, \quad \mathbf{u}_2 = \begin{bmatrix} 1 \\ 2 \end{bmatrix}.$$

a) Man bestimme $[T]_B$.
b) Man verifiziere Formel (5a) für jeden Vektor $\mathbf{x}$ im $R^2$.

*Lösung a).* Aus

$$T(\mathbf{u}_1) = \begin{bmatrix} 2 \\ 2 \end{bmatrix} = 2\mathbf{u}_1, \quad T(\mathbf{u}_2) = \begin{bmatrix} 3 \\ 6 \end{bmatrix} = 3\mathbf{u}_2$$

ergeben sich

$$[T(\mathbf{u}_1)]_B = \begin{bmatrix} 2 \\ 0 \end{bmatrix} \quad \text{und} \quad [T(\mathbf{u}_2)]_B = \begin{bmatrix} 0 \\ 3 \end{bmatrix},$$

also ist

$$[T]_B = \left[ [T(\mathbf{u}_1)]_B \,\vdots\, [T(\mathbf{u}_2)]_B \right] = \begin{bmatrix} 2 & 0 \\ 0 & 3 \end{bmatrix}.$$

*Lösung b).* Für einen beliebigen Vektor

$$\mathbf{x} = \begin{bmatrix} x_1 \\ x_2 \end{bmatrix} \tag{6}$$

aus $R^2$ ist

$$T(\mathbf{x}) = \begin{bmatrix} x_1 + x_2 \\ -2x_1 + 4x_2 \end{bmatrix}. \tag{7}$$

Um $[\mathbf{x}]_B$ und $[T(\mathbf{x})]_B$ zu erhalten, müssen wir die Vektoren als Linearkombinationen aus $\mathbf{u}_1$ und $\mathbf{u}_2$ darstellen; wir suchen also Skalare $k_1, k_2, c_1, c_2$ mit

$$\begin{bmatrix} x_1 \\ x_2 \end{bmatrix} = k_1 \begin{bmatrix} 1 \\ 1 \end{bmatrix} + k_2 \begin{bmatrix} 1 \\ 2 \end{bmatrix} \tag{8}$$

$$\begin{bmatrix} x_1 + x_2 \\ -2x_1 + 4x_2 \end{bmatrix} = c_1 \begin{bmatrix} 1 \\ 1 \end{bmatrix} + c_2 \begin{bmatrix} 1 \\ 2 \end{bmatrix}. \tag{9}$$

Daraus ergeben sich die Gleichungssysteme

$$\begin{aligned} k_1 + k_2 &= x_1 \\ k_1 + 2k_2 &= x_2 \end{aligned} \tag{10}$$

und

$$\begin{aligned} c_1 + c_2 &= x_1 + x_2 \\ c_1 + 2c_2 &= -2x_1 + 4x_2. \end{aligned} \tag{11}$$

Aus (10) erhält man

$$k_1 = 2x_1 - x_2, \quad k_2 = -x_1 + x_2,$$

also hat $\mathbf{x}$ die Koordinatenmatrix

$$[\mathbf{x}]_B = \begin{bmatrix} 2x_1 - x_2 \\ -x_1 + 3x_2 \end{bmatrix}.$$

(11) liefert

$$c_1 = 4x_1 - 2x_2, \quad c_2 = -3x_1 + 3x_2$$

und damit

$$[T(\mathbf{x})]_B = \begin{bmatrix} 4x_1 - 2x_2 \\ -3x_1 + 3x_2 \end{bmatrix}.$$

Folglich gilt

$$[T]_B[\mathbf{x}]_B = \begin{bmatrix} 2 & 0 \\ 0 & 3 \end{bmatrix} \begin{bmatrix} 2x_1 - x_2 \\ -x_1 + x_2 \end{bmatrix} = \begin{bmatrix} 4x_1 - 2x_2 \\ -3x_1 + 3x_2 \end{bmatrix} = [T(\mathbf{x})]_B .$$

## Darstellungsmatrizen der Identitätsoperatoren

**Beispiel 5** Sei $B = \{\mathbf{u}_1, \mathbf{u}_2, \dots, \mathbf{u}_n\}$ eine Basis des endlich-dimensionalen Vektorraumes $V$ und $I : V \to V$ der Identitätsoperator auf $V$. Dann gilt

$$I(\mathbf{u}_1) = \mathbf{u}_1,\ I(\mathbf{u}_2) = \mathbf{u}_2,\ \dots,\ I(\mathbf{u}_n) = \mathbf{u}_n,$$

also

$$[I(\mathbf{u}_1)]_B = \begin{bmatrix} 1 \\ 0 \\ 0 \\ \vdots \\ 0 \end{bmatrix}, \quad [I(\mathbf{u}_2)]_B = \begin{bmatrix} 0 \\ 1 \\ 0 \\ \vdots \\ 0 \end{bmatrix}, \quad \dots, \quad [I(\mathbf{u}_n)]_B \begin{bmatrix} 0 \\ 0 \\ 0 \\ \vdots \\ 1 \end{bmatrix}.$$

Als Darstellungsmatrix ergibt sich

$$[I]_B = \begin{bmatrix} 1 & 0 & \cdots & 0 \\ 0 & 1 & \cdots & 0 \\ 0 & 0 & \cdots & 0 \\ \vdots & \vdots & & \vdots \\ 0 & 0 & \cdots & 1 \end{bmatrix} = I.$$

Der Identitätsoperator wird bezüglich jeder Basis von $V$ durch die $n \times n$-Einheitsmatrix dargestellt. Dieses Ergebnis hätte man auch nach Formel (5a) erwarten können, mit der für jeden Vektor $\mathbf{x} \in V$ gilt

$$[I]_B[\mathbf{x}]_B = [I(\mathbf{x})]_B = [\mathbf{x}]_B,$$

woraus sich ebenfalls $[I]_B = I$ ableiten läßt.

Den Beweis des folgenden Satzes überlassen wir dem Leser als Übungsaufgabe.

**Satz 8.4.1.** *Eine Matrixtransformation $T : R^n \to R^m$ hat bezüglich der Standardbasen $B$ und $B'$ von $R^n$ und $R^m$ die Darstellungsmatrix*

$$[T]_{B',B} = [T]. \tag{12}$$

Wir erhalten also die in Kapitel 4 eingeführte Standarddarstellungsmatrix einer Transformation $T: R^n \to R^m$ als Spezialfall der hier untersuchten Darstellungsmatrizen. Formel (4a) läßt sich dann als

$$[T]\mathbf{x} = T(\mathbf{x})$$

schreiben.

## Bedeutung der Darstellungsmatrizen

Es gibt vor allem zwei Gründe, sich mit Darstellungsmatrizen linearer Transformationen zu befassen, einen theoretischen und einen eher praktisch orientierten.

- Die Struktur allgemeiner linearer Transformationen zwischen endlich-dimensionalen Vektorräumen läßt sich durch Betrachten ihrer Darstellungsmatrix leichter erfassen. Wir werden dieses Gebiet hier nur streifen.
- Die Bilder von Vektoren unter linearen Transformationen können durch Matrixmultiplikation berechnet werden, was insbesondere für die Realisierung auf dem Computer praktisch ist.

Um den zweiten Aspekt zu veranschaulichen, betrachten wir eine lineare Transformation $T: V \to W$. Wie in Abbildung 8.16 dargestellt, läßt sich $T(\mathbf{x})$ unter Verwendung von $[T]_{B',B}$ *indirekt* berechnen:

1) Man berechne die Koordinatenmatrix $[\mathbf{x}]_B$.
2) Man multipliziere $[\mathbf{x}]_B$ von links mit $[T]_{B',B}$, um $[T(\mathbf{x})]_{B'}$ zu erhalten.
3) Man bestimme $T(\mathbf{x})$ aus der Koordinatenmatrix $[T(\mathbf{x})]_{B'}$.

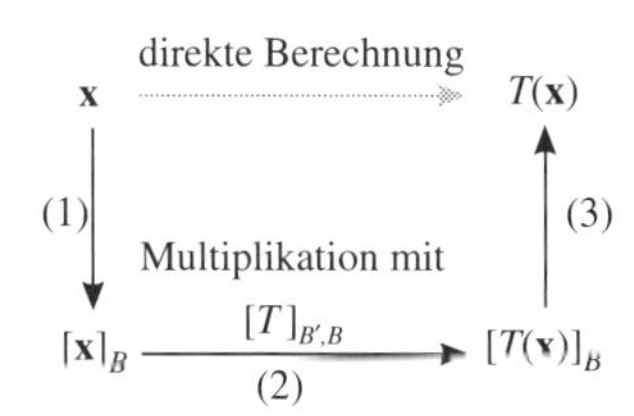


**Abb. 8.16**

**Beispiel 6** Sei $T: P_2 \to P_2$ der durch

$$T(p(x)) = p(3x - 5)$$

definierte lineare Operator, also $T(c_0+c_1x+c_2x^2)=c_0+c_1(3x-5)+c_2(3x-5)^2$.

a) Man bestimme $[T]_B$ bezüglich der Basis $B = \{1, x, x^2\}$.
b) Man berechne $T(1 + 2x + 3x^2)$ indirekt.
c) Man überprüfe das Ergebnis aus b) durch direkte Berechnung.

*Lösung a).* Nach Definition von $T$ ist

$$T(1) = 1, \quad T(x) = 3x - 5, \quad T(x^2) = (3x-5)^2 = 9x^2 - 30x + 25,$$

also erhalten wir die Koordinatenmatrizen

$$[T(1)]_B = \begin{bmatrix} 1 \\ 0 \\ 0 \end{bmatrix}, \quad [T(x)]_B = \begin{bmatrix} -5 \\ 3 \\ 0 \end{bmatrix}, \quad [T(x^2)]_B = \begin{bmatrix} 25 \\ -30 \\ 9 \end{bmatrix}.$$

Daraus folgt

$$[T]_B = \begin{bmatrix} 1 & -5 & 25 \\ 0 & 3 & -30 \\ 0 & 0 & 9 \end{bmatrix}.$$

*Lösung b).* $\mathbf{p} = 1 + 2x + 3x^2$ hat bezüglich $B$ die Koordinatenmatrix

$$[\mathbf{p}]_B = \begin{bmatrix} 1 \\ 2 \\ 3 \end{bmatrix}.$$

Mit (5a) ergibt sich

$$[T(1+2x+3x^2)]_B = [T(\mathbf{p})]_B = [T]_B[\mathbf{p}]_B = \begin{bmatrix} 1 & -5 & 25 \\ 0 & 3 & -30 \\ 0 & 0 & 9 \end{bmatrix} \begin{bmatrix} 1 \\ 2 \\ 3 \end{bmatrix} = \begin{bmatrix} 66 \\ -84 \\ 27 \end{bmatrix},$$

also ist

$$T(1+2x+3x^2) = 66 - 84x + 27x^2.$$

*Lösung c).* Mit der Definition von $T$ folgt

$$\begin{aligned} T(1+2x+3x^2) &= 1 + 2(3x-5) + 3(3x-5)^2 \\ &= 1 + 6x - 10 + 27x^2 - 90x + 75 \\ &= 66 - 84x + 27x^2 \end{aligned}$$

in Übereinstimmung mit Teil b).

## Darstellungsmatrizen von Kompositionen und inversen Transformationen

In den folgenden Sätzen (deren Beweise wir hier übergehen) werden Formel (21) aus Abschnitt 4.2 und Formel (1) aus Abschnitt 4.3 verallgemeinert.

**Satz 8.4.2.** *Seien $U$, $V$ und $W$ endlich-dimensionale Vektorräume mit den Basen $B$, $B''$ und $B'$. Dann gilt für lineare Transformationen $T_1 : U \to V$ und $T_2 : V \to W$*

$$[T_2 \circ T_1]_{B',B} = [T_2]_{B',B''}[T_1]_{B'',B}. \tag{13}$$

**Satz 8.4.3.** *Sei $B$ eine Basis des endlich-dimensionalen Vektorraumes $V$ und $T : V \to V$ ein linearer Operator. Folgende Aussagen sind äquivalent:*

*a)* *$T$ ist injektiv.*
*b)* *$[T]_B$ ist invertierbar.*

*Existiert die Inverse $T^{-1}$, so gilt für ihre Darstellungsmatrix*

$$[T^{-1}]_B = [T]_B^{-1}. \tag{14}$$

**Bemerkung.** Man beachte, daß die Basis $B''$ des mittleren Vektorraumes $V$ in Formel (13) „weggekürzt“ wird, so daß nur die Basen des Definitions- und des Wertebereichs der Komposition übrigbleiben (Abbildung 8.17).

$$[T_2 \circ T_1]_{B',B} = [T_2]_{B',B''}\ [T_1]_{B'',B}$$

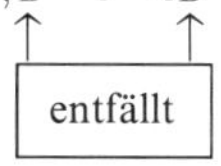

entfällt

**Abb. 8.17**

Damit ist folgende Verallgemeinerung von (13) auf Kompositionen aus drei linearen Transformationen naheliegend (Abbildung 8.18).

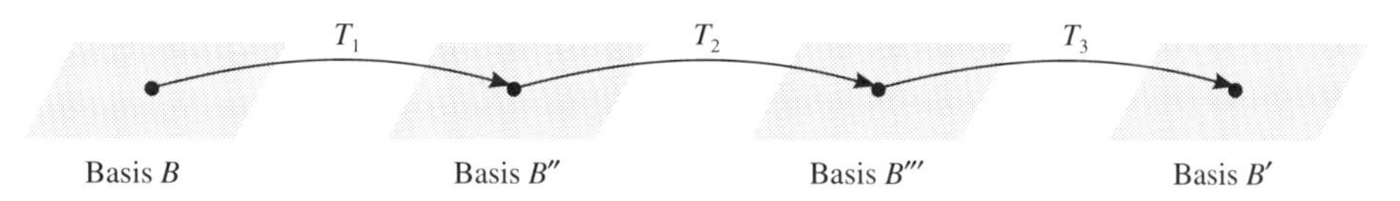


**Abb 8.18**

$$[T_3 \circ T_2 \circ T_1]_{B',B} = [T_3]_{B',B'''}[T_2]_{B''',B''}[T_1]_{B'',B} \tag{15}$$

Das nächste Beispiel soll die Idee von Satz 8.4.2 verdeutlichen.

**Beispiel 7** Sei $T_1 : P_1 \to P_2$ die lineare Transformation

$$T_1(p(x)) = xp(x)$$

und $T_2 : P_2 \to P_2$ der lineare Operator

$$T_2 p(x)) = p(3x - 5).$$

Als Komposition $(T_2 \circ T_1) : P_1 \to P_2$ ergibt sich dann

$$(T_2 \circ T_1)(p(x)) = T_2(T_1(p(x))) = T_2(xp(x)) = (3x - 5)p(3x - 5),$$

also für $p(x) = c_0 + c_1 x$

$$\begin{aligned}(T_2 \circ T_1)(c_0 + c_1 x) &= (3x - 5)(c_0 + c_1(3x - 5)) \\ &= c_0(3x - 5) + c_1(3x - 5)^2.\end{aligned} \tag{16}$$

Übertragen wir diese Angaben auf die Situation von Satz 8.4.2, so sind $U = P_1$ und $V = W = P_2$. Wir können dann $B' = B''$ setzen und erhalten aus (13)

$$[T_2 \circ T_1]_{B',B} = [T_2]_{B'}[T_1]_{B',B}. \tag{17}$$

Wählen wir die Standardbasen $B = \{1, x\}$ für $P_1$ und $B' = \{1, x, x^2\}$ für $P_2$, so sind nach Beispiel 1 und 6

$$[T_1]_{B',B} = \begin{bmatrix} 0 & 0 \\ 1 & 0 \\ 0 & 1 \end{bmatrix} \quad \text{und} \quad [T_2]_{B'} = \begin{bmatrix} 1 & -5 & 25 \\ 0 & 3 & -30 \\ 0 & 0 & 9 \end{bmatrix}.$$

Damit folgt aus (17)

$$[T_2 \circ T_1]_{B',B} = \begin{bmatrix} 1 & -5 & 25 \\ 0 & 3 & -30 \\ 0 & 0 & 9 \end{bmatrix} \begin{bmatrix} 0 & 0 \\ 1 & 0 \\ 0 & 1 \end{bmatrix} = \begin{bmatrix} -5 & 25 \\ 0 & -30 \\ 0 & 9 \end{bmatrix}. \tag{18}$$

Zur Probe werden wir $[T_2 \circ T_1]_{B',B}$ direkt mit Formel (4) berechnen. Mit $\mathbf{u}_1 = 1$ und $\mathbf{u}_2 = x$ gilt

$$[T_2 \circ T_1]_{B',B} = \left[ [(T_2 \circ T_1)(1)]_{B'} \;\vdots\; (T_2 \circ T_1)(x)]_{B'} \right]. \tag{19}$$

Nach (16) sind

$$(T_2 \circ T_1)(1) = 3x - 5 \quad \text{und} \quad (T_2 \circ T_1)(x) = (3x - 5)^2 = 9x^2 - 30x + 25,$$

woraus sich die Koordinatenmatrizen bezüglich $B'$

$$[(T_2 \circ T_1)(1)]_{B'} = \begin{bmatrix} -5 \\ 3 \\ 0 \end{bmatrix} \quad \text{und} \quad [(T_2 \circ T_1)(x)]_{B'} = \begin{bmatrix} 25 \\ -30 \\ 9 \end{bmatrix}$$

ergeben. Daraus erhalten wir schließlich

$$[T_2 \circ T_1]_{B',B} = \begin{bmatrix} -5 & 25 \\ 3 & -30 \\ 0 & 9 \end{bmatrix}$$

in Übereinstimmung mit (18).

## Übungen zu 8.4

**1.** Sei $T : P_2 \to P_3$ die lineare Transformation $T(p(x)) = xp(x)$.

a) Man bestimme die Darstellungsmatrix von $T$ bezüglich der Standardbasen

$$B = \{\mathbf{u}_1, \mathbf{u}_2, \mathbf{u}_3\} \quad \text{und} \quad B' = \{\mathbf{v}_1, \mathbf{v}_2, \mathbf{v}_3, \mathbf{v}_4\}$$

mit

$$\mathbf{u}_1 = 1, \quad \mathbf{u}_2 = x, \quad \mathbf{u}_3 = x^2,$$
$$\mathbf{v}_1 = 1, \quad \mathbf{v}_2 = x, \quad \mathbf{v}_3 = x^2, \quad \mathbf{v}_4 = x^3.$$

b) Man zeige, daß die Matrix $[T]_{B',B}$ aus Teil a) für jeden Vektor $\mathbf{x} = c_0 + c_1x + c_2x^2$ aus $P_2$ Formel (4a) erfüllt.

**2.** Sei $T : P_2 \to P_1$ die durch

$$T(a_0 + a_1x + a_2x^2) = (a_0 + a_1) - (2a_1 + 3a_2)x$$

definierte lineare Transformation.

a) Man bestimme $[T]_{B',B}$ bezüglich der Standardbasen $B = \{1, x, x^2\}$ und $B' = \{1, x\}$ von $P_2$ und $P_1$.
b) Man verifiziere Formel (4a) für die in Teil a) berechnete Darstellungsmatrix.

**3.** Sei $T : P_2 \to P_2$ der lineare Operator

$$T(a_0 + a_1x + a_2x^2) = a_0 + a_1(x-1) + a_2(x-1)^2.$$

a) Man bestimme die Darstellungsmatrix von $T$ bezüglich der Basis $B = \{1, x, x^2\}$ von $P_2$.
b) Man zeige, daß $[T]_B$ für jeden Vektor $\mathbf{x} = a_0 + a_1x + a_2x^2$ aus $P_2$ Formel (5a) erfüllt.

**4.** Sei $T : R^2 \to R^2$ der lineare Operator

$$T\left(\begin{bmatrix} x_1 \\ x_2 \end{bmatrix}\right) = \begin{bmatrix} x_1 - x_2 \\ x_1 + x_2 \end{bmatrix}$$

und $B = \{\mathbf{u}_1, \mathbf{u}_2\}$ die von

$$\mathbf{u}_1 = \begin{bmatrix} 1 \\ 1 \end{bmatrix} \quad \text{und} \quad \mathbf{u}_2 \begin{bmatrix} -1 \\ 0 \end{bmatrix}$$

gebildete Basis des $R^2$.

a) Man bestimme $[T]_B$.
b) Man verifiziere Formel (5a).

**5.** Sei $T : R^2 \to R^3$ definiert durch

$$T\left(\begin{bmatrix} x_1 \\ x_2 \end{bmatrix}\right) = \begin{bmatrix} x_1 + 2x_2 \\ -x_1 \\ 0 \end{bmatrix}.$$

a) Man bestimme $[T]_{B',B}$ für die Basen $B = \{\mathbf{u}_1, \mathbf{u}_2\}$ und $B' = \{\mathbf{v}_1, \mathbf{v}_2, \mathbf{v}_3\}$ mit

$$\mathbf{u}_1 = \begin{bmatrix} 1 \\ 3 \end{bmatrix}, \quad \mathbf{u}_2 = \begin{bmatrix} -2 \\ 4 \end{bmatrix}, \quad \mathbf{v}_1 = \begin{bmatrix} 1 \\ 1 \\ 1 \end{bmatrix}, \quad \mathbf{v}_2 = \begin{bmatrix} 2 \\ 2 \\ 0 \end{bmatrix}, \quad \mathbf{v}_3 = \begin{bmatrix} 3 \\ 0 \\ 0 \end{bmatrix}.$$

b) Man zeige, daß für jeden Vektor

$$\mathbf{x} = \begin{bmatrix} x_1 \\ x_2 \end{bmatrix}$$

aus $R^2$ Formel (4a) gilt.

**6.** Sei $T: R^3 \to R^3$ definiert durch $T(x_1, x_2, x_3) = (x_1 - x_2,\ x_2 - x_1,\ x_1 - x_3)$.

a) Man bestimme $[T]_B$ für $B = \{\mathbf{v}_1, \mathbf{v}_2, \mathbf{v}_3\}$ mit

$$\mathbf{v}_1 = (1, 0, 1), \quad \mathbf{v}_2 = (0, 1, 1), \quad \mathbf{v}_3 = (1, 1, 0).$$

b) Man verifiziere Formel (5a) für jeden Vektor $\mathbf{x} = (x_1, x_2, x_3)$ des $R^3$.

**7.** Sei $T: P_2 \to P_2$ definiert durch $T(p(x)) = p(2x + 1)$, also

$$T(c_0 + c_1 x + c_2 x^2) = c_0 + c_1(2x - 1) + c_2(2x + 1)^2.$$

a) Man bestimme $[T]_B$ bezüglich der Standardbasis $B = \{1, x, x^2\}$.
b) Man berechne $T(2 - 3x + 4x^2)$ indirekt (vergleiche Abbildung 8.16).
c) Man überprüfe das Ergebnis aus b) durch direkte Berechnung.

**8.** Sei $T: P_2 \to P_3$ die lineare Transformation $T(p(x)) = xp(x - 3)$, also

$$T(c_0 + c_1 x + c_2 x^2) = x(c_0 + c_1(x - 3) + c_2(x - 3)^2).$$

a) Man bestimme $[T]_{B',B}$ bezüglich der Basen $B = \{1, x, x^2\}$ und $B' = \{1, x, x^2, x^3\}$.
b) Man berechne $T(1 + x - x^2)$ indirekt (vergleiche Abbildung 8.16).
c) Man berechne $T(1 + x - x^2)$ direkt.

**9.** Seien $\mathbf{v}_1 = \begin{bmatrix} 1 \\ 3 \end{bmatrix}$ und $\mathbf{v}_2 = \begin{bmatrix} -1 \\ 4 \end{bmatrix}$.

$$A = \begin{bmatrix} 1 & 3 \\ -2 & 5 \end{bmatrix}$$

sei die Darstellungsmatrix von $T: R^2 \to R^2$ bezüglich der Basis $B = \{\mathbf{v}_1, \mathbf{v}_2\}$.

a) Man bestimme $[T(\mathbf{v}_1)]_B$ und $[T(\mathbf{v}_2)]_B$.
b) Man bestimme $T(\mathbf{v}_1)$ und $T(\mathbf{v}_2)$.
c) Man gebe eine Formel für $\left(\begin{bmatrix} x_1 \\ x_2 \end{bmatrix}\right)$ an.
d) Man berechne $T\left(\begin{bmatrix} 1 \\ 1 \end{bmatrix}\right)$ mit der Formel aus c).

**10.** Sei $A = \begin{bmatrix} 3 & -2 & 1 & 0 \\ 1 & 6 & 2 & 1 \\ -3 & 0 & 7 & 1 \end{bmatrix}$ die Darstellungsmatrix von $T: R^4 \to R^3$ bezüglich der Basen $B = \{\mathbf{v}_1, \mathbf{v}_2, \mathbf{v}_3, \mathbf{v}_4\}$ und $B' = \{\mathbf{w}_1, \mathbf{w}_2, \mathbf{w}_3\}$ mit

$$\mathbf{v}_1 = \begin{bmatrix} 0 \\ 1 \\ 1 \\ 1 \end{bmatrix}, \quad \mathbf{v}_2 = \begin{bmatrix} 2 \\ 1 \\ -1 \\ -1 \end{bmatrix}, \quad \mathbf{v}_3 = \begin{bmatrix} 1 \\ 4 \\ -1 \\ 2 \end{bmatrix}, \quad \mathbf{v}_4 = \begin{bmatrix} 6 \\ 9 \\ 4 \\ 2 \end{bmatrix},$$

$$\mathbf{w}_1 = \begin{bmatrix} 0 \\ 8 \\ 8 \end{bmatrix}, \quad \mathbf{w}_2 = \begin{bmatrix} -7 \\ 8 \\ 1 \end{bmatrix}, \quad \mathbf{w}_3 = \begin{bmatrix} -6 \\ 9 \\ 1 \end{bmatrix}.$$

a) Man bestimme $[T(\mathbf{v}_1)]_{B'}$, $[T(\mathbf{v}_2)]_{B'}$, $[T(\mathbf{v}_3)]_{B'}$ und $[T(\mathbf{v}_4)]_{B'}$.
b) Man berechne $T(\mathbf{v}_1)$, $T(\mathbf{v}_2)$, $T(\mathbf{v}_3)$ und $T(\mathbf{v}_4)$.
c) Man gebe eine Formel für $T\left(\begin{bmatrix} x_1 \\ x_2 \\ x_3 \\ x_4 \end{bmatrix}\right)$ an.
d) Man berechne $T\left(\begin{bmatrix} 2 \\ 2 \\ 0 \\ 0 \end{bmatrix}\right)$ mit der Formel aus c).

**11.** Sei $A = \begin{bmatrix} 1 & 3 & -1 \\ 2 & 0 & 5 \\ 6 & -2 & 4 \end{bmatrix}$ die Matrix von $T : P_2 \to P_2$ bezüglich der von $\mathbf{v}_1 = 3x + 3x^2$, $\mathbf{v}_2 = -1 + 3x + 2x^2$ und $\mathbf{v}_3 = 3 + 7x + 2x^2$ gebildeten Basis $B = \{\mathbf{v}_1, \mathbf{v}_2, \mathbf{v}_3\}$.

a) Man bestimme $[T(\mathbf{v}_1)]_B$, $[T(\mathbf{v}_2)]_B$ und $[T(\mathbf{v}_3)]_B$.
b) Man berechne $T(\mathbf{v}_1)$, $T(\mathbf{v}_2)$ und $T(\mathbf{v}_3)$.
c) Man gebe eine Formel für $T(a_0 + a_1x + a_2x^2)$ an.
d) Man berechne $T(1 + x^2)$ mit der Formel aus c).

**12.** Sei $T_1 : P_1 \to P_2$ die lineare Transformation

$$T_1(p(x)) = xp(x)$$

und $T_2 : P_2 \to P_2$ der lineare Operator

$$T_2(p(x)) = p(2x + 1).$$

$B = \{1, x\}$ und $B' = \{1, x, x^2\}$ seien die Standardbasen von $P_1$ und $P_2$.

a) Man bestimme $[T_2 \circ T_1]_{B',B}$, $[T_2]_{B'}$ und $[T_1]_{B',B}$.
b) Man gebe eine allgemeine Formel an, die die Beziehung der Matrizen aus Teil a) beschreibt.
c) Man verifiziere die Formel aus b) für die Matrizen von a).

**13.** Sei $T_1 : P_1 \to P_2$ die lineare Transformation

$$T_1(c_0 + c_1x) = 2c_0 - 3c_1x$$

und $T_2 : P_2 \to P_3$ die Transformation

$$T_1(c_0 + c_1x + c_2x^2) = 3c_0x + 3c_1x^2 + 3c_2x^3.$$

Seien $B = \{1, x\}$, $B'' = \{1, x, x^2\}$ und $B' = \{1, x, x^2, x^3\}$.

a) Man bestimme $[T_2 \circ T_1]_{B',B}$, $[T_2]_{B',B''}$ und $[T_1]_{B'',B}$.
b) Man gebe eine allgemeine Formel für die Beziehung zwischen den Darstellungsmatrizen von $T_1$, $T_2$ und $T_2 \circ T_1$ an.
c) Man verifiziere die in b) gefundene Formel für die Matrizen aus a).

**14.** Sei $T : V \to W$ die Nulltransformation. Man zeige, daß die Darstellungsmatrix von $T$ für alle Basen von $V$ und $W$ die Nullmatrix ist.

**15.** Sei $T : V \to V$ eine Kontraktion oder Dilation von $V$ (Abschnitt 8.1, Beispiel 4). Man zeige, daß die Darstellungsmatrix von $T$ für jede Basis von $V$ Diagonalgestalt hat.

**16.** Sei $B = \{\mathbf{v}_1, \mathbf{v}_2, \mathbf{v}_3, \mathbf{v}_4\}$ eine Basis des Vektorraumes $V$. Man bestimme die Darstellungsmatrix $[T]_B$ des durch $T(\mathbf{v}_1) = \mathbf{v}_2$, $T(\mathbf{v}_2) = \mathbf{v}_3$, $T(\mathbf{v}_3) = \mathbf{v}_4$, $T(\mathbf{v}_4) = \mathbf{v}_1$ definierten linearen Operators $T : V \to V$.

**17.** (*Für Leser mit Analysiskenntnissen.*) Sei $D : P_2 \to P_2$ der Differentiationsoperator $D(\mathbf{p}) = p'(x)$. Man bestimme in a) und b) die Darstellungsmatrix von $D$ bezüglich der Basis $B = \{\mathbf{p}_1, \mathbf{p}_2, \mathbf{p}_3\}$.

a) $\mathbf{p}_1 = 1, \quad \mathbf{p}_2 = x, \quad \mathbf{p}_3 = x^2.$
b) $\mathbf{p}_1 = 2, \quad \mathbf{p}_2 = 2 - 3x, \quad \mathbf{p}_3 = 2 - 3x + 8x^2.$
c) Man berechne $D(6 - 6x + 24x^2)$ mit der Matrix aus Teil a).
d) Man berechne $D(6 - 6x + 24x^2)$ mit der Matrix aus Teil b).

**18.** (*Für Leser mit Analysiskenntnissen.*) Sei $V$ der von $B = \{\mathbf{f}_1, \mathbf{f}_2, \mathbf{f}_3\}$ aufgespannte Unterraum von $C^\infty(-\infty, \infty)$. Man bestimme die Darstellungsmatrix des Differentiationsoperators $D : V \to V$ bezüglich der Basis $B$.

a) $\mathbf{f}_1 = 1, \quad \mathbf{f}_2 = \sin x, \quad \mathbf{f}_3 = \cos x$

b) $\mathbf{f}_1 = 1, \quad \mathbf{f}_2 = e^x, \quad \mathbf{f}_3 = \mathbf{e}^{2x}$

c) $\mathbf{f}_1 = e^{2x}, \quad \mathbf{f}_2 = xe^{2x}, \quad \mathbf{f}_3 = x^2e^{2x}$

**19.** Man beweise, daß die Darstellungsmatrix einer linearen Transformation $T : R^n \to R^m$ bezüglich der Standardbasen $B$ und $B'$ von $R^n$ und $R^m$ die Standardmatrix von $T$ ist.

## 8.5 Ähnlichkeit

*Die Darstellungsmatrix eines linearen Operators $T : V \to V$ hängt von der betrachteten Basis ab. Daraus ergibt sich die Aufgabe, eine Basis zu finden, für die die Darstellungsmatrix möglichst einfach ist, also zum Beispiel Dreiecks- oder Diagonalgestalt hat.*

### Basen, die „einfache" Darstellungsmatrizen erzeugen

Die Standardbasen liefern nicht unbedingt die einfachsten Darstellungsmatrizen linearer Operatoren. Beispielsweise ergibt sich die Matrix von $T : R^2 \to R^2$

$$T\left(\begin{bmatrix} x_1 \\ x_2 \end{bmatrix}\right) = \begin{bmatrix} x_1 + x_2 \\ -2x_1 + 4x_2 \end{bmatrix} \tag{1}$$

bezüglich der Standardbasis $B = \{\mathbf{e}_1, \mathbf{e}_2\}$ mit

$$\mathbf{e}_1 = \begin{bmatrix} 1 \\ 0 \end{bmatrix}, \quad \mathbf{e}_2 = \begin{bmatrix} 0 \\ 1 \end{bmatrix}$$

nach Satz 8.4.1 als

$$[T]_B = [T] = [T(\mathbf{e}_1) \mid T(\mathbf{e}_2)].$$

Wegen

$$T(\mathbf{e}_1) = \begin{bmatrix} 1 \\ -2 \end{bmatrix}, \quad T(\mathbf{e}_2) = \begin{bmatrix} 1 \\ 4 \end{bmatrix}$$

erhalten wir dann

$$[T]_B = \begin{bmatrix} 1 & 1 \\ -2 & 4 \end{bmatrix}. \tag{2}$$

Nach Beispiel 4 aus Abschnitt 8.4 wird $T$ bezüglich der Basis $B' = \{\mathbf{u}_1, \mathbf{u}_2\}$ mit

$$\mathbf{u}_1 = \begin{bmatrix} 1 \\ 1 \end{bmatrix}, \quad \mathbf{u}_2 = \begin{bmatrix} 1 \\ 2 \end{bmatrix} \tag{3}$$

durch die Diagonalmatrix

$$[T]_{B'} = \begin{bmatrix} 2 & 0 \\ 0 & 3 \end{bmatrix} \tag{4}$$

dargestellt, die aufgrund ihrer Gestalt „einfacher“ zu behandeln ist als die Standardmatrix (2).

Es gibt eine umfangreiche Theorie darüber, wie man durch geeignete Basiswahl möglichst einfache Darstellungsmatrizen linearer Operatoren findet. Dabei ist es nicht immer möglich, Diagonalgestalt zu erreichen, zuweilen muß man sich mit einer Dreiecksmatrix begnügen. Wir können dieses Gebiet hier nur streifen, aber nicht detailliert darauf eingehen. Wir beginnen das Problem zu lösen, indem wir zunächst die Darstellungsmatrix des Operators $T : V \to V$ bezüglich einer *beliebigen* Basis (etwa einer Standardbasis) von $V$ berechnen und dann die Basis wechseln, um eine „einfachere“ Darstellungsmatrix zu erhalten. Bevor wir die Einzelheiten dieser Idee erläutern, fassen wir die in Abschnitt 6.5 diskutierten Ergebnisse über Basiswechsel zusammen. Sind $B = \{\mathbf{u}_1, \mathbf{u}_2, \ldots, \mathbf{u}_n\}$ und $B' = \{\mathbf{u}'_1, \mathbf{u}'_2, \ldots, \mathbf{u}'_n\}$ Basen eines Vektorraumes $V$, so ist nach Formel (8), Abschnitt 6.5,

$$P = \left[ [\mathbf{u}'_1]_B \mid [\mathbf{u}'_2]_B \mid \cdots \mid [\mathbf{u}'_n]_B \right] \tag{5}$$

die *Übergangsmatrix* von $B'$ nach $B$, wobei für jeden Vektor $\mathbf{v} \in V$

$$P[\mathbf{v}]_{B'} = [\mathbf{v}]_B \tag{6}$$

gilt. Die Multiplikation mit $P$ bildet also die Koordinatenmatrix von $\mathbf{v}$ bezüglich $B'$ auf die Koordinatenmatrix bezüglich $B$ ab [Formel (7), Abschnitt 6.5]. Nach Satz 6.5.4 ist $P$ invertierbar, und $P^{-1}$ ist die Übergangsmatrix von $B$ nach $B'$.

## Übergangsmatrizen und Identitätsoperatoren

Im folgenden Satz wird eine andere Interpretation für die Übergangsmatrix zwischen Basen angegeben, indem sie als Darstellungsmatrix des Identitätsoperators betrachtet wird.

**Satz 8.5.1.** *Seien $B$ und $B'$ Basen des endlich-dimensionalen Vektorraumes $V$. Dann ist die Darstellungsmatrix $[I]_{B,B'}$ des Identitätsoperators $I: V \to V$ die Übergangsmatrix von $B'$ nach $B$.*

**Beweis.** Seien $B = \{\mathbf{u}_1, \mathbf{u}_2, \ldots, \mathbf{u}_n\}$ und $B' = \{\mathbf{u}_1', \mathbf{u}_2', \ldots, \mathbf{u}_n'\}$. Nach Definition von $I$ gilt $I(\mathbf{v}) = \mathbf{v}$ für alle $\mathbf{v} \in V$, also folgt mit Formel (4) aus Abschnitt 8.4 nach Vertauschung von $B$ und $B'$

$$[I]_{B,B'} = \left[[I(\mathbf{u}_1')]_B \mid [I(\mathbf{u}_2')]_B \mid \cdots \mid [I(\mathbf{u}_n')]_B\right] = \left[[\mathbf{u}_1']_B \mid [\mathbf{u}_2']_B \mid \cdots \mid [\mathbf{u}_n']_B\right].$$

Nach (5) gilt dann $[I]_{B,B'} = P$, wobei $P$ die Übergangsmatrix von $B'$ nach $B$ ist. □

Abbildung 8.19 soll der Veranschaulichung dieses Resultats dienen.

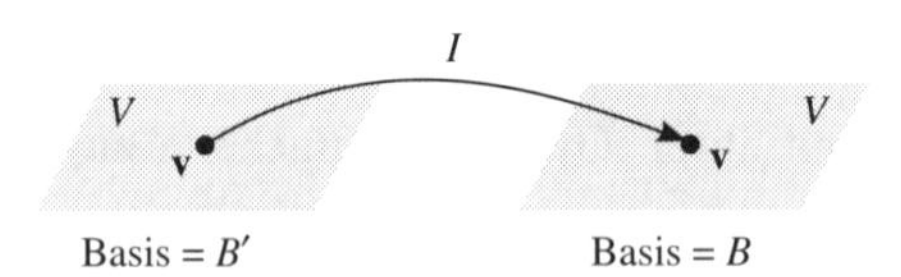


**Abb. 8.19** $[I]_{B,B'}$ ist die Übergangsmatrix von $B'$ nach $B$.

## Basiswechsel und Darstellungsmatrizen linearer Transformationen

Wir können uns jetzt der zentralen Frage dieses Abschnitts widmen.

**Problem.** Seien $B$ und $B'$ zwei Basen des endlich-dimensionalen Vektorraumes $V$, und sei $T: V \to V$ ein linearer Operator. Wir suchen den Zusammenhang zwischen den Darstellungsmatrizen $[T]_B$ und $[T]_{B'}$.

Zur Lösung betrachten wir die in Abbildung 8.20 dargestellte Komposition von drei linearen Operatoren auf $V$.

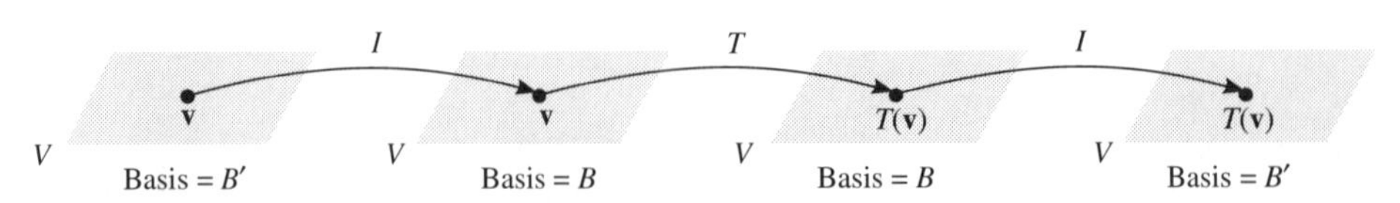


**Abb. 8.20**

Zuerst wird $\mathbf{v}$ durch den Identitätsoperator auf sich selbst, anschließend durch den Operator $T$ auf $T(\mathbf{v})$ abgebildet, auf diesen Vektor wird dann nochmals der Identitätsoperator angewendet. Die Komposition bildet also $\mathbf{v}$ auf $T(\mathbf{v})$ ab, das heißt

$$T = I \circ T \circ I. \tag{7}$$

Die beteiligten Transformationen operieren alle auf demselben Vektorraum $V$, wobei wir jedoch verschiedene Basen betrachten. Versehen wir wie in Abbildung 8.20 den ersten und letzten Vektorraum mit der Basis $B'$ und die beiden mittleren mit der Basis $B$, so folgt aus (7) mit Formel (15), Abschnitt 8.4,

$$[T]_{B',B'} = [I \circ T \circ I]_{B',B'} = [I]_{B',B}[T]_{B,B}[I]_{B,B'} \tag{8}$$

oder einfacher formuliert

$$[T]_{B'} = [I]_{B',B}[T]_B[I]_{B,B'}. \tag{9}$$

Nach Satz 8.5.1 ist $[I]_{B,B'}$ die Übergangsmatrix von $B'$ nach $B$, folglich ist $[I]_{B',B}$ die Übergangsmatrix von $B$ nach $B'$. Mit $P = [I]_{B,B'}$ gilt $P^{-1} = [I]_{B',B}$, also erhalten wir aus (9)

$$[T]_{B'} = P^{-1}[T]_B P.$$

Wir haben damit folgenden Satz bewiesen:

**Satz 8.5.2.** *Sei $T: V \to V$ ein linearer Operator auf einem endlich-dimensionalen Vektorraum $V$, und seien $B$ und $B'$ zwei Basen von $V$. Dann ist*

$$[T]_{B'} = P^{-1}[T]_B P, \tag{10}$$

*wobei $P$ die Übergangsmatrix von $B'$ nach $B$ ist.*

**Warnung.** Beim Anwenden von Satz 8.5.2 vergißt man leicht, ob $P$ die Übergangsmatrix von $B$ nach $B'$ (falsch) oder von $B'$ nach $B$ (richtig) ist. Hier kann es hilfreich sein, Formel (9) zu benutzen, in der die drei „inneren" sowie die beiden „äußeren" Indizes jeweils gleich sind:

$$[T]_{B'} = [I]_{B',B}[T]_B[I]_{B,B'}.$$

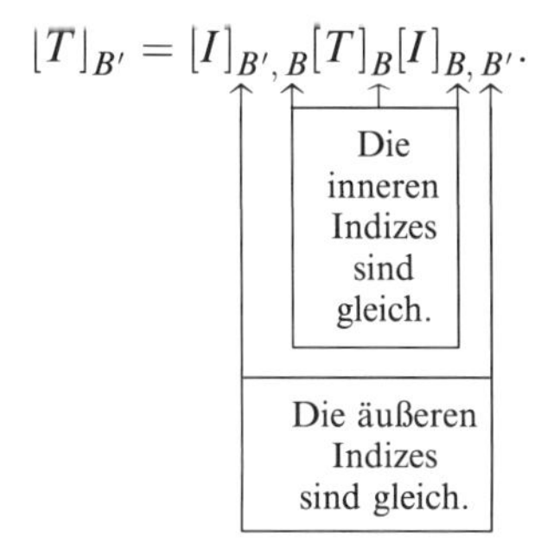


Nun muß man sich nur noch merken, daß $P = [I]_{B,B'}$ die Übergangsmatrix von $B'$ nach $B$, und $P^{-1} = [I]_{B',B}$ ihre Inverse ist.

**Beispiel 1** Sei $T: R^2 \to R^2$ definiert durch

$$T\left(\begin{bmatrix} x_1 \\ x_2 \end{bmatrix}\right) = \begin{bmatrix} x_1 + x_2 \\ -2x_1 + 4x_2 \end{bmatrix}.$$

Man bestimme die Darstellungsmatrizen von $T$ bezüglich der Standardbasis $B = \{\mathbf{e}_1, \mathbf{e}_2\}$ von $R^2$ und bezüglich der Basis $B' = \{\mathbf{u}_1', \mathbf{u}_2'\}$ mit

$$\mathbf{u}_1' = \begin{bmatrix} 1 \\ 1 \end{bmatrix} \quad \text{und} \quad \mathbf{u}_2' = \begin{bmatrix} 1 \\ 2 \end{bmatrix}.$$

*Lösung.* Wir haben zu Beginn dieses Abschnitts gezeigt, daß $T$ bezüglich $B$ die Darstellung

$$[T]_B = \begin{bmatrix} 1 & 1 \\ -2 & 4 \end{bmatrix}$$

hat. Um $[T]_{B'}$ mit Satz 8.5.2 zu berechnen, brauchen wir die Übergangsmatrix

$$P = [I]_{B,B'} = \left[ [\mathbf{u}_1']_B \mid [\mathbf{u}_2']_B \right]$$

[vergleiche (5)]. Wie man sofort sieht, sind

$$\mathbf{u}_1' = \mathbf{e}_1 + \mathbf{e}_2$$
$$\mathbf{u}_2' = \mathbf{e}_1 + 2\mathbf{e}_2,$$

also

$$[\mathbf{u}_1']_B = \begin{bmatrix} 1 \\ 1 \end{bmatrix} \quad \text{und} \quad [\mathbf{u}_2']_B = \begin{bmatrix} 1 \\ 2 \end{bmatrix}.$$

Daraus ergibt sich die Übergangsmatrix von $B'$ nach $B$

$$P = \begin{bmatrix} 1 & 1 \\ 1 & 2 \end{bmatrix}$$

mit der Inversen

$$P^{-1} = \begin{bmatrix} 2 & -1 \\ -1 & 1 \end{bmatrix}.$$

(Der Leser möge das nachrechnen.) Aus Satz 8.5.2 ergibt sich als Darstellungsmatrix von $T$ bezüglich $B'$

$$[T]_{B'} = P^{-1}[T]_B P = \begin{bmatrix} 2 & -1 \\ -1 & 1 \end{bmatrix} \begin{bmatrix} 1 & 1 \\ -2 & 4 \end{bmatrix} \begin{bmatrix} 1 & 1 \\ 1 & 2 \end{bmatrix} = \begin{bmatrix} 2 & 0 \\ 0 & 3 \end{bmatrix},$$

was mit (4) übereinstimmt.

## Ähnlichkeit

Gleichung (10) ist so wichtig, daß damit eine bestimmte Terminologie verbunden ist.

> **Definition.** Seien $A$ und $B$ quadratische Matrizen. $B$ heißt ***ähnlich zu*** $A$, wenn eine invertierbare Matrix $P$ mit $B = P^{-1}AP$ existiert.

**Bemerkung.** Wir können die Gleichung $B = P^{-1}AP$ auch als

$$A = PBP^{-1} = (P^{-1})^{-1}BP^{-1}$$

schreiben. Mit $Q = P^{-1}$ folgt daraus

$$A = Q^{-1}BQ,$$

also ist $A$ ähnlich zu $B$. Folglich ist $B$ genau dann ähnlich zu $A$, wenn $A$ ähnlich zu $B$ ist; wir können also sagen, daß $A$ ***und*** $B$ ***ähnlich zueinander*** sind.

## Ähnlichkeitsinvarianten

Ähnliche Matrizen haben oft gemeinsame Eigenschaften. Beispielsweise haben zwei ähnliche Matrizen $A$ und $B$ die gleiche Determinante, denn aus

$$B = P^{-1}AP$$

folgt

$$\begin{aligned}\det(B) &= \det(P^{-1}AP) = \det(P^{-1})\det(A)\det(P)\\ &= \frac{1}{\det(P)}\det(A)\det(P) = \det(A).\end{aligned}$$

Wir wollen solche Eigenschaften genauer untersuchen und beginnen mit folgender Definition.

> **Definition.** Eine Eigenschaft quadratischer Matrizen heißt ***ähnlichkeitsinvariant*** oder ***invariant unter Ähnlichkeit***, wenn mit einer Matrix auch jede zu ihr ähnliche Matrix diese Eigenschaft besitzt.

Nach dieser Definition ist die Determinante einer quadratischen Matrix eine Ähnlichkeitsinvariante. Weitere Beispiele sind in Tabelle 8.1 zusammengestellt, einige davon sollen in den Übungen bewiesen werden. Nach Satz 8.5.2 *sind zwei Darstellungsmatrizen eines linearen Operators* $T: V \to V$ *bezüglich verschiedener Basen ähnlich zueinander*. Hat also $[T]_B$ für eine Basis $B$ von $V$ eine unter Ähnlichkeit invariante Eigenschaft, so hat $[T]_{B'}$ für jede Basis $B'$ von $V$ dieselbe Eigenschaft. Beispielsweise gilt für zwei Basen $B$ und $B'$

$$\det([T]_B) = \det([T]_{B'}),$$

also hängt die Determinante nur von $T$, aber nicht von der für die Darstellungsmatrix gewählten Basis ab. Wir *definieren* dann die ***Determinante des linearen Operators*** $T$ als

$$\det(T) = \det([T]_B), \tag{11}$$

wobei $B$ eine beliebige Basis des endlich-dimensionalen Raumes $V$ ist.

**Tabelle 8.1.** Ähnlichkeitsinvarianten

| **Invariante** | **Beschreibung** |
|---|---|
| Determinante | $\det(A) = \det(P^{-1}AP)$ |
| Invertierbarkeit | $A$ ist genau dann invertierbar, wenn $P^{-1}AP$ invertierbar ist. |
| Rang | $\text{rang}(A) = \text{rang}(P^{-1}AP)$ |
| Defekt | $\text{def}\,(A) = \text{def}\,(P^{-1}AP)$ |
| Spur | $\text{sp}(A) = \text{sp}(P^{-1}AP)$ |
| Charakteristisches Polynom | $\det(\lambda I - A) = \det(\lambda I - P^{-1}AP)$ |
| Eigenwerte | $\lambda$ ist genau dann Eigenwert von $A$, wenn $\lambda$ Eigenwert von $P^{-1}AP$ ist. |
| Eigenraumdimension | Die Eigenräume von $A$ und $P^{-1}AP$ zum Eigenwert $\lambda$ haben dieselbe Dimension. |

**Beispiel 2** Sei $T: R^2 \to R^2$ definiert durch

$$T\left(\begin{bmatrix} x_1 \\ x_2 \end{bmatrix}\right) = \begin{bmatrix} x_1 + x_2 \\ -2x_1 + 4x_2 \end{bmatrix}.$$

Man bestimme $\det(T)$.

*Lösung.* Wir wählen eine Basis $B$ von $R^2$ und berechnen $\det([T]_B)$. Für die Standardbasis $B$ ist nach Beispiel 1

$$[T]_B = \begin{bmatrix} 1 & 1 \\ -2 & 4 \end{bmatrix}$$

und damit

$$\det(T) = \begin{vmatrix} 1 & 1 \\ -2 & 4 \end{vmatrix} = 6.$$

Für $B' = \{\mathbf{u}_1, \mathbf{u}_2\}$ aus Beispiel 1 erhält man

$$[T]_{B'} = \begin{bmatrix} 2 & 0 \\ 0 & 3 \end{bmatrix},$$

also ebenfalls

$$\det(T) = \begin{vmatrix} 2 & 0 \\ 0 & 3 \end{vmatrix} = 6.$$

## Ein geometrisches Beispiel

**Beispiel 3** Sei $l$ die durch den Ursprung verlaufende Gerade in der $xy$-Ebene, die mit der positiven $x$-Achse den Winkel $\theta$ einschließt, wobei $0 \leq \theta < \pi$ gilt. Der in Abbildung 8.21 dargestellte lineare Operator $T: R^2 \to R^2$ beschreibe die Spiegelung an $l$.

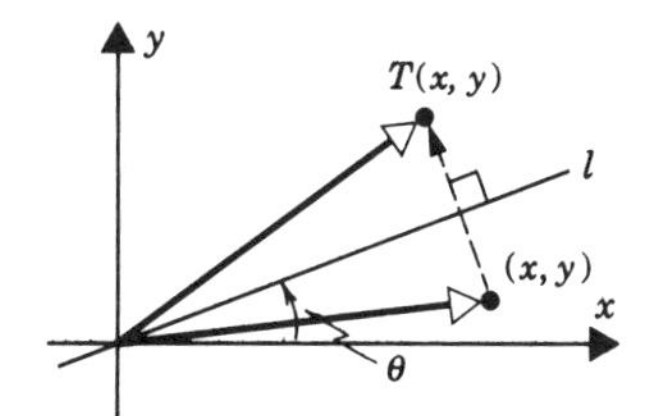


**Abb. 8.21**

a) Man bestimme die Standardmatrix von $T$.
b) Man bestimme das Spiegelbild von $\mathbf{x} = (1, 2)$ an der durch den Ursprung verlaufenden Geraden, die mit der positiven $x$-Achse den Winkel $\theta = \frac{\pi}{6}$ einschließt.

*Lösung a).* Wir könnten die Standardmatrix analog zu Abschnitt 4.3, Beispiel 5, nach der Formel

$$[T]_B = [T] = [T(\mathbf{e}_1) \mid T(\mathbf{e}_2)]$$

berechnen, wobei $B = \{\mathbf{e}_1, \mathbf{e}_2\}$ die Standardbasis von $R^2$ ist. Es ist allerdings einfacher, folgendermaßen vorzugehen: Wir bestimmen zuerst die Darstellungsmatrix $[T]_{B'}$ für die Orthonormalbasis

$$B' = \{\mathbf{u}_1', \mathbf{u}_2'\},$$

die einen zu $l$ parallelen Einheitsvektor $\mathbf{u}_1'$ und einen dazu senkrechten Einheitsvektor $\mathbf{u}_2'$ enthält (Abbildung 8.22).

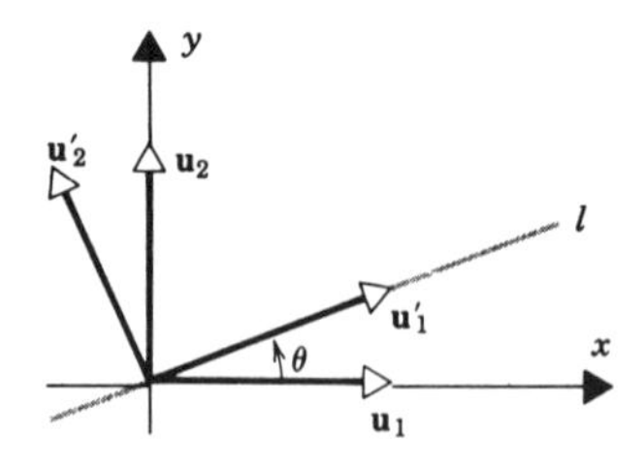


**Abb. 8.22**

Danach berechnen wir $[T]_B$ mit Hilfe eines Basiswechsels aus $[T]_{B'}$. Es sind also folgende Rechnungen durchzuführen:

$$T(\mathbf{u}_1') = \mathbf{u}_1' \quad \text{und} \quad T(\mathbf{u}_2') = -\mathbf{u}_2',$$

also

$$[T(\mathbf{u}_1')]_{B'} = \begin{bmatrix} 1 \\ 0 \end{bmatrix} \quad \text{und} \quad T[(\mathbf{u}_2')]_{B'} = \begin{bmatrix} 0 \\ -1 \end{bmatrix}$$

und damit

$$[T]_{B'} = \begin{bmatrix} 1 & 0 \\ 0 & -1 \end{bmatrix}.$$

Nach Beispiel 6 aus Abschnitt 6.5 ist die Übergangsmatrix von $B'$ nach $B$

$$P = \left[ [\mathbf{u}_1']_B \,\vdots\, [\mathbf{u}_2']_B \right] = \begin{bmatrix} \cos\theta & -\sin\theta \\ \sin\theta & \cos\theta \end{bmatrix}. \tag{12}$$

Wegen Formel (10) ist

$$[T]_B = P[T]_{B'}P^{-1},$$

also folgt mit (12)

$$\begin{aligned} [T] = P[T]_{B'}P^{-1} &= \begin{bmatrix} \cos\theta & -\sin\theta \\ \sin\theta & \cos\theta \end{bmatrix} \begin{bmatrix} 1 & 0 \\ 0 & -1 \end{bmatrix} \begin{bmatrix} \cos\theta & \sin\theta \\ -\sin\theta & \cos\theta \end{bmatrix} \\ &= \begin{bmatrix} \cos^2\theta - \sin^2\theta & 2\sin\theta\cos\theta \\ 2\sin\theta\cos\theta & \sin^2\theta - \cos^2\theta \end{bmatrix} \\ &= \begin{bmatrix} \cos 2\theta & \sin 2\theta \\ \sin 2\theta & -\cos 2\theta \end{bmatrix}. \end{aligned}$$

*Lösung b).* Nach Teil a) ist

$$T\left(\begin{bmatrix} x \\ y \end{bmatrix}\right) = \begin{bmatrix} \cos 2\theta & \sin 2\theta \\ \sin 2\theta & -\cos 2\theta \end{bmatrix} \begin{bmatrix} x \\ y \end{bmatrix},$$

also mit $\theta = \frac{\pi}{6}$

$$T\left(\begin{bmatrix} x \\ y \end{bmatrix}\right) = \begin{bmatrix} \frac{1}{2} & \frac{\sqrt{3}}{2} \\ \frac{\sqrt{3}}{2} & -\frac{1}{2} \end{bmatrix} \begin{bmatrix} x \\ y \end{bmatrix}.$$

Daraus ergibt sich

$$T\left(\begin{bmatrix} 1 \\ 2 \end{bmatrix}\right) = \begin{bmatrix} \frac{1}{2} & \frac{\sqrt{3}}{2} \\ \frac{\sqrt{3}}{2} & -\frac{1}{2} \end{bmatrix} \begin{bmatrix} 1 \\ 2 \end{bmatrix} = \begin{bmatrix} \frac{1}{2} + \sqrt{3} \\ \frac{\sqrt{3}}{2} - 1 \end{bmatrix}$$

oder in Vektorschreibweise $T(1, 2) = (\frac{1}{2} + \sqrt{3}, \frac{\sqrt{3}}{2} - 1)$.

## Eigenwerte linearer Operatoren

Wie für Matrizen kann man Eigenwerte und Eigenvektoren auch für lineare Operatoren erklären. Ein Skalar $\lambda$ heißt ***Eigenwert*** eines linearen Operators $T: V \to V$, wenn es einen von Null verschiedenen Vektor $\mathbf{x} \in V$ gibt mit $T(\mathbf{x}) = \lambda\mathbf{x}$; dieser Vektor $\mathbf{x}$ heißt dann ***Eigenvektor*** von $T$ ***zu*** $\lambda$. Damit ist ein von Null verschiedenes Element von $V$ genau dann ein Eigenvektor von $T$, wenn es im Kern von $\lambda I - T$ liegt (Übung 15). Der Kern des Operators $\lambda I - T$ heißt ***Eigenraum*** von $T$ zu $\lambda$. Ist $V$ ein endlich-dimensionaler Vektorraum und $B$ eine Basis von $V$, so gelten:

1. Die Eigenwerte von $T$ sind genau die Eigenwerte der Matrix $[T]_B$.
2. $\mathbf{x}$ ist genau dann ein Eigenvektor von $T$ zu $\lambda$, wenn die zugehörige Koordinatenmatrix $[\mathbf{x}]_B$ ein Eigenvektor von $[T]_B$ zu $\lambda$ ist.

Die Beweise lassen wir weg.

**Beispiel 4** Man bestimme die Eigenwerte und Basen der Eigenräume für den durch

$$T(a + bx + cx^2) = -2c + (a + 2b + c)x + (a + 3c)x^2$$

definierten linearen Operator $T: P_2 \to P_2$.

*Lösung.* Die Darstellungsmatrix von $T$ bezüglich der Standardbasis $B = \{1, x, x^2\}$ ist

$$[T]_B = \begin{bmatrix} 0 & 0 & -2 \\ 1 & 2 & 1 \\ 0 & 0 & 3 \end{bmatrix}.$$

(Der Leser möge das nachrechnen.) Nach Beispiel 5, Abschnitt 7.1, hat $T$ die Eigenwerte $\lambda = 1$ und $\lambda = 2$; der Eigenraum von $[T]_B$ zu $\lambda = 2$ hat die Basis $\{\mathbf{u}_1, \mathbf{u}_2\}$ mit

$$\mathbf{u}_1 = \begin{bmatrix} -1 \\ 0 \\ 1 \end{bmatrix}, \quad \mathbf{u}_2 = \begin{bmatrix} 0 \\ 1 \\ 0 \end{bmatrix}.$$

Der Eigenraum zu $\lambda = 1$ wird von

$$\mathbf{u}_3 = \begin{bmatrix} -2 \\ 1 \\ 1 \end{bmatrix}$$

erzeugt. $\mathbf{u}_1$, $\mathbf{u}_2$ und $\mathbf{u}_3$ sind die Koordinatenmatrizen von

$$\mathbf{p}_1 = -1 + x^2, \quad \mathbf{p}_2 = x, \quad \mathbf{p}_3 = -2 + x + x^2$$

bezüglich $B$. Damit hat der Eigenraum von $T$ zu $\lambda = 2$ die Basis

$$\{\mathbf{p}_1, \mathbf{p}_2\} = \{-1 + x^2, x\}$$

und zu $\lambda = 1$ die Basis

$$\{\mathbf{p}_3\} = \{-2 + x + x^2\}.$$

Zur Probe sollte man die Gleichungen $T(\mathbf{p}_1) = 2\mathbf{p}_1$, $T(\mathbf{p}_2) = 2\mathbf{p}_2$ und $T(\mathbf{p}_3) = \mathbf{p}_3$ nachrechnen.

**Beispiel 5** Sei $T: R^3 \to R^3$ der lineare Operator

$$T\left(\begin{bmatrix} x_1 \\ x_2 \\ x_3 \end{bmatrix}\right) = \begin{bmatrix} -2x_3 \\ x_1 + 2x_2 + x_3 \\ x_1 + 3x_2 \end{bmatrix}.$$

Man bestimme eine Basis $B'$ des $R^3$, so daß $[T]_{B'}$ Diagonalgestalt hat.

*Lösung.* Wir werden zuerst die Standardmatrix von $T$ berechnen und diese dann mit einem geeigneten Basiswechsel diagonalisieren. Für die Standardbasis $B = \{\mathbf{e}_1, \mathbf{e}_2, \mathbf{e}_3\}$ von $R^3$ ist

$$T(\mathbf{e}_1) = T\left(\begin{bmatrix} 1 \\ 0 \\ 0 \end{bmatrix}\right) = \begin{bmatrix} 0 \\ 1 \\ 1 \end{bmatrix}, \quad T(\mathbf{e}_2) = T\left(\begin{bmatrix} 0 \\ 1 \\ 0 \end{bmatrix}\right) = \begin{bmatrix} 0 \\ 2 \\ 0 \end{bmatrix},$$

$$T(\mathbf{e}_3) = T\left(\begin{bmatrix} 0 \\ 0 \\ 1 \end{bmatrix}\right) = \begin{bmatrix} -2 \\ 1 \\ 3 \end{bmatrix},$$

also hat $T$ die Standardmatrix

$$[T] = \begin{bmatrix} 0 & 0 & -2 \\ 1 & 2 & 1 \\ 1 & 0 & 3 \end{bmatrix}. \tag{13}$$

Wir suchen jetzt eine neue Basis $B' = \{\mathbf{u}'_1, \mathbf{u}'_2, \mathbf{u}'_3\}$, bezüglich derer die Darstellungsmatrix von $T$ Diagonalgestalt hat. Ist $P$ die Übergangsmatrix von der (noch unbekannten) Basis $B'$ zur Standardbasis $B$, so gilt nach Satz 8.5.2 für die Matrizen $[T]$ und $[T]_{B'}$

$$[T]_{B'} = P^{-1}[T]P. \tag{14}$$

In Abschnitt 7.2, Beispiel 1, haben wir nachgewiesen, daß

$$P = \begin{bmatrix} -1 & 0 & -2 \\ 0 & 1 & 1 \\ 1 & 0 & 1 \end{bmatrix}$$

die Matrix (13) diagonalisiert. Da wir $P$ als Übergangsmatrix von $B' = \{\mathbf{u}_1', \mathbf{u}_2', \mathbf{u}_3'\}$ nach $B = \{\mathbf{e}_1, \mathbf{e}_2, \mathbf{e}_3\}$ gewählt haben, besteht $P$ aus den Spalten $[\mathbf{u}_1']_B$, $[\mathbf{u}_2']_B$ und $[\mathbf{u}_3']_B$, also sind

$$[\mathbf{u}_1']_B = \begin{bmatrix} -1 \\ 0 \\ 1 \end{bmatrix}, \quad [\mathbf{u}_2']_B = \begin{bmatrix} 0 \\ 1 \\ 0 \end{bmatrix}, \quad [\mathbf{u}_3']_B = \begin{bmatrix} -2 \\ 1 \\ 1 \end{bmatrix}.$$

Aus diesen Koordinatenmatrizen erhalten wir die gesuchten Basisvektoren

$$\mathbf{u}_1' = (-1)\mathbf{e}_1 + (0)\mathbf{e}_2 + (1)\mathbf{e}_3 = \begin{bmatrix} -1 \\ 0 \\ 1 \end{bmatrix},$$

$$\mathbf{u}_2' = (0)\mathbf{e}_1 + (1)\mathbf{e}_2 + (0)\mathbf{e}_3 = \begin{bmatrix} 0 \\ 1 \\ 0 \end{bmatrix},$$

$$\mathbf{u}_3' = (-2)\mathbf{e}_1 + (1)\mathbf{e}_2 + (1)\mathbf{e}_3 = \begin{bmatrix} -2 \\ 1 \\ 1 \end{bmatrix}.$$

Wir werden zur Probe $[T]_{B'}$ direkt ausrechnen. Nach Definition von $T$ ist

$$T(\mathbf{u}_1') = \begin{bmatrix} -2 \\ 0 \\ 2 \end{bmatrix} = 2\mathbf{u}_1', \quad T(\mathbf{u}_2') = \begin{bmatrix} 0 \\ 2 \\ 0 \end{bmatrix} = 2\mathbf{u}_2', \quad T(\mathbf{u}_3') = \begin{bmatrix} -2 \\ 1 \\ 1 \end{bmatrix} = \mathbf{u}_3',$$

also

$$[T(\mathbf{u}_1')]_{B'} = \begin{bmatrix} 2 \\ 0 \\ 0 \end{bmatrix}, \quad [T(\mathbf{u}_2')]_{B'} = \begin{bmatrix} 0 \\ 2 \\ 0 \end{bmatrix}, \quad [T(\mathbf{u}_3')]_{B'} = \begin{bmatrix} 0 \\ 0 \\ 1 \end{bmatrix}.$$

Daraus ergibt sich die Darstellungsmatrix

$$[T]_{B'} = \Big[ [T(\mathbf{u}_1')]_{B'} \;\vdots\; [T(\mathbf{u}_2')]_{B'} \;\vdots\; [T(\mathbf{u}_3')_{B'} \Big] = \begin{bmatrix} 2 & 0 & 0 \\ 0 & 2 & 0 \\ 0 & 0 & 1 \end{bmatrix},$$

die sich wegen

$$P^{-1}[T]P = \begin{bmatrix} 1 & 0 & 2 \\ 1 & 1 & 1 \\ -1 & 0 & -1 \end{bmatrix} \begin{bmatrix} 0 & 0 & -2 \\ 1 & 2 & 1 \\ 1 & 0 & 3 \end{bmatrix} \begin{bmatrix} -1 & 0 & -2 \\ 0 & 1 & 1 \\ 1 & 0 & 1 \end{bmatrix}$$

$$= \begin{bmatrix} 2 & 0 & 0 \\ 0 & 2 & 0 \\ 0 & 0 & 1 \end{bmatrix}$$

auch aus (14) ergibt.

## Übungen zu 8.5

Man bestimme in den Aufgaben 1–7 die Darstellungsmatrix von $T$ bezüglich $B$ und benutze Satz 8.5.2, um $[T]_{B'}$ zu berechnen.

**1.** $T: R^2 \to R^2$ ist definiert durch

$$T\left(\begin{bmatrix} x_1 \\ x_2 \end{bmatrix}\right) = \begin{bmatrix} x_1 - 2x_2 \\ -x_2 \end{bmatrix}.$$

$B = \{\mathbf{u}_1, \mathbf{u}_2\}$ und $B' = \{\mathbf{v}_1, \mathbf{v}_2\}$ mit

$$\mathbf{u}_1 = \begin{bmatrix} 1 \\ 0 \end{bmatrix}, \quad \mathbf{u}_2 = \begin{bmatrix} 0 \\ 1 \end{bmatrix}, \quad \mathbf{v}_1 = \begin{bmatrix} 2 \\ 1 \end{bmatrix}, \quad \mathbf{v}_2 = \begin{bmatrix} -3 \\ 4 \end{bmatrix}.$$

**2.** $T: R^2 \to R^2$ ist definiert durch

$$T\left(\begin{bmatrix} x_1 \\ x_2 \end{bmatrix}\right) = \begin{bmatrix} x_1 + 7x_2 \\ 3x_1 - 4x_2 \end{bmatrix}.$$

$B = \{\mathbf{u}_1, \mathbf{u}_2\}$ und $B' = \{\mathbf{v}_1, \mathbf{v}_2\}$ mit

$$\mathbf{u}_1 = \begin{bmatrix} 2 \\ 2 \end{bmatrix}, \quad \mathbf{u}_2 = \begin{bmatrix} 4 \\ -1 \end{bmatrix}, \quad \mathbf{v}_1 = \begin{bmatrix} 1 \\ 3 \end{bmatrix}, \quad \mathbf{v}_2 = \begin{bmatrix} -1 \\ -1 \end{bmatrix}.$$

**3.** $T: R^2 \to R^2$ ist die Rotation um 45°; $B$ und $B'$ sind wie in Aufgabe 1 gegeben.

**4.** $T: R^3 \to R^3$ sei gegeben durch

$$T\left(\begin{bmatrix} x_1 \\ x_2 \\ x_3 \end{bmatrix}\right) = \begin{bmatrix} x_1 + 2x_2 - x_3 \\ -x_2 \\ x_1 + 7x_3 \end{bmatrix}.$$

$B$ ist die Standardbasis des $R^3$, und $B' = \{\mathbf{v}_1, \mathbf{v}_2, \mathbf{v}_3\}$ enthält die Vektoren

$$\mathbf{v}_1 = \begin{bmatrix} 1 \\ 0 \\ 0 \end{bmatrix}, \quad \mathbf{v}_2 = \begin{bmatrix} 1 \\ 1 \\ 0 \end{bmatrix}, \quad \mathbf{v}_3 = \begin{bmatrix} 1 \\ 1 \\ 1 \end{bmatrix}.$$

**5.** $T: R^3 \to R^3$ ist die Orthogonalprojektion auf die $xy$-Ebene; $B$ und $B'$ sind wie in Aufgabe 4 gegeben.

**6.** $T: R^2 \to R^2$ wird durch $T(\mathbf{x}) = 5\mathbf{x}$ definiert; $B$ und $B'$ sind wie in Aufgabe 2 gegeben.

**7.** $T : P_1 \to P_1$ wird definiert durch $T(a_0 + a_1 x) = a_0 + a_1(x+1)$; $B = \{\mathbf{p}_1, \mathbf{p}_2\}$ mit $\mathbf{p}_1 = 6 + 3x$, $\mathbf{p}_2 = 10 + 2x$ und $B' = \{\mathbf{q}_1, \mathbf{q}_2\}$ mit $\mathbf{q}_1 = 2$, $\mathbf{q}_2 = 3 + 2x$.

**8.** Man berechne $\det(T)$.

a) $T : R^2 \to R^2$, $T(x_1, x_2) = (3x_1 - 4x_2, -x_1 + 7x_2)$
b) $T : R^3 \to R^3$, $T(x_1, x_2, x_3) = (x_1 - x_2, x_2 - x_3, x_3 - x_1)$
c) $T : P_2 \to P_2$, $T(p(x)) = p(x-1)$

**9.** Man zeige, daß die folgenden Größen Ähnlichkeitsinvarianten sind:
a) Rang,
b) Defekt,
c) Invertierbarkeit.

**10.** Sei $T : P_4 \to P_4$ der durch $T(p(x)) = p(2x+1)$ definierte lineare Operator.

a) Man bestimme eine Darstellungsmatrix von $T$ und berechne mit Aufgabe 9 Rang und Defekt von $T$.
b) Man entscheide mit a), ob $T$ injektiv ist.

**11.** Man bestimme eine Basis von $R^2$, für die die Darstellungsmatrix von $T$ Diagonalgestalt hat.

a) $T\left(\begin{bmatrix} x_1 \\ x_2 \end{bmatrix}\right) = \begin{bmatrix} x_1 - x_2 \\ 2x_1 + 4x_2 \end{bmatrix}$ b) $T\left(\begin{bmatrix} x_1 \\ x_2 \end{bmatrix}\right) = \begin{bmatrix} 4x_1 - x_2 \\ -3x_1 + x_2 \end{bmatrix}$

**12.** Man bestimme eine Basis von $R^3$, für die die Darstellungsmatrix von $T$ Diagonalgestalt hat.

a) $T\left(\begin{bmatrix} x_1 \\ x_2 \\ x_3 \end{bmatrix}\right) = \begin{bmatrix} -2x_1 + x_2 - x_3 \\ x_1 - 2x_2 - x_3 \\ -x_1 - x_2 - 2x_3 \end{bmatrix}$ b) $T\left(\begin{bmatrix} x_1 \\ x_2 \\ x_3 \end{bmatrix}\right) = \begin{bmatrix} -x_2 + x_3 \\ -x_1 + x_3 \\ x_1 + x_2 \end{bmatrix}$

b) $T\left(\begin{bmatrix} x_1 \\ x_2 \\ x_3 \end{bmatrix}\right) = \begin{bmatrix} 4x_1 + x_3 \\ 2x_1 + 3x_2 + 2x_3 \\ x_1 + 4x_3 \end{bmatrix}$

**13.** Sei $T : P_2 \to P_2$ definiert durch

$$T(a_0 + a_1 x + a_2 x^2) = (5a_0 + 6a_1 + 2a_2) - (a_1 + 8a_2)x + (a_0 - 2a_2)x^2.$$

a) Man berechne die Eigenwerte von $T$.
b) Man bestimme Basen der Eigenräume von $T$.

**14.** Sei $T : M_{22} \to M_{22}$ definiert durch

$$T\left(\begin{bmatrix} a & b \\ c & d \end{bmatrix}\right) = \begin{bmatrix} 2c & a+c \\ b-2c & d \end{bmatrix}.$$

a) Man berechne die Eigenwerte von $T$.
b) Man bestimme Basen der Eigenräume von $T$.

**15.** Sei $\lambda$ ein Eigenwert des linearen Operators $T$. Man zeige, daß die Eigenvektoren von $T$ zu $\lambda$ genau die von Null verschiedenen Vektoren aus $K(\lambda I - T)$ sind.

**16.** Seien $A$ und $B$ ähnliche Matrizen. Man zeige, daß $A^2$ und $B^2$ ähnlich sind und verallgemeinere den Beweis für beliebige positive, ganzzahlige Potenzen $A^k$ und $B^k$.

**17.** Seien $C$ und $D$ $m \times n$-Matrizen, und sei $B = \{\mathbf{v}_1, \mathbf{v}_2, \ldots, \mathbf{v}_n\}$ eine Basis des Vektorraumes $V$. Man zeige: Gilt $C[\mathbf{x}]_B = D[\mathbf{x}]_B$ für alle $\mathbf{x} \in V$, so ist $C = D$.

**18.** Sei $l$ eine durch den Ursprung verlaufende Gerade in der $xy$-Ebene, die mit der positiven $x$-Achse den Winkel $\theta$ einschließt, und sei $T: R^2 \to R^2$ die Orthogonalprojektion von $R^2$ auf $l$ (Abbildung 8.23). Man zeige analog zu Beispiel 3:

$$T\left(\begin{bmatrix} x \\ y \end{bmatrix}\right) = \begin{bmatrix} \cos^2\theta & \sin\theta\cos\theta \\ \sin\theta\cos\theta & \sin^2\theta \end{bmatrix}\begin{bmatrix} x \\ y \end{bmatrix}.$$

[*Anmerkung*. Man vergleiche Abschnitt 4.3, Beispiel 5.]

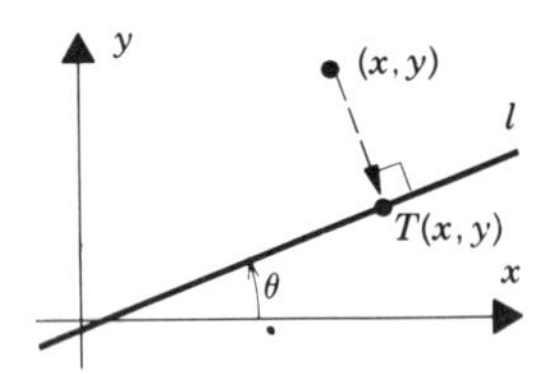


**Abb. 8.23**

## Ergänzende Übungen zu Kapitel 8

**1.** Sei $A$ eine $n \times n$-Matrix und $B$ eine von Null verschiedene $n \times 1$-Matrix. Wird durch $T(\mathbf{x}) = A\mathbf{x} + B$ ein linearer Operator auf $R^n$ definiert? Man begründe die Antwort.

**2.** Sei

$$A = \begin{bmatrix} \cos\theta & -\sin\theta \\ \sin\theta & \cos\theta \end{bmatrix}.$$

a) Man zeige, daß

$$A^2 = \begin{bmatrix} \cos 2\theta & -\sin 2\theta \\ \sin 2\theta & \cos 2\theta \end{bmatrix} \quad \text{und} \quad A^3 = \begin{bmatrix} \cos 3\theta & -\sin 3\theta \\ \sin 3\theta & \cos 3\theta \end{bmatrix}.$$

b) Wie könnte $A^n$ für eine beliebige natürliche Zahl $n$ aussehen?

c) Man betrachte den geometrischen Effekt der Multiplikation $T: R^2 \to R^2$ mit $A$ und beweise damit die Formel aus Teil b).

**3.** Sei $\mathbf{v}_0$ ein Element eines Vektorraumes $V$ mit Skalarprodukt. Man beweise, daß $T: V \to V$ mit $T(\mathbf{v}) = \langle \mathbf{v}, \mathbf{v}_0 \rangle \mathbf{v}_0$ ein linearer Operator auf $V$ ist.

**4.** Seien $\mathbf{v}_1, \mathbf{v}_2, \ldots, \mathbf{v}_m$ Vektoren aus $R^n$, und sei $T: R^n \to R^m$ definiert durch $T(\mathbf{x}) = (\mathbf{x} \cdot \mathbf{v}_1, \mathbf{x} \cdot \mathbf{v}_2, \ldots, \mathbf{x} \cdot \mathbf{v}_m)$, wobei $\mathbf{x} \cdot \mathbf{v}_i$ das euklidische innere Produkt ist.

a) Man zeige, daß $T$ eine lineare Transformation ist.
b) Man zeige, daß die Standardmatrix von $T$ aus den Zeilenvektoren $\mathbf{v}_1, \mathbf{v}_2, \ldots, \mathbf{v}_m$ besteht.

**5.** Sei $\{\mathbf{e}_1, \mathbf{e}_2, \mathbf{e}_3, \mathbf{e}_4\}$ die Standardbasis des $R^4$ und $T$ die durch

$$T(\mathbf{e}_1) = (1, 2, 1), \quad T(\mathbf{e}_2) = (0, 1, 0), \quad T(\mathbf{e}_3) = (1, 3, 0), \quad T(\mathbf{e}_4) = (1, 1, 1)$$

definierte lineare Transformation.

a) Man bestimme Basen für den Kern und das Bild von $T$.
b) Man berechne Rang und Defekt von $T$.

**6.** Sei $T: R^3 \to R^3$ definiert durch

$$T([x_1 \quad x_2 \quad x_3]) = [x_1 \quad x_2 \quad x_3] \begin{bmatrix} -1 & 2 & 4 \\ 3 & 0 & 1 \\ 2 & 2 & 5 \end{bmatrix}$$

(wobei wir die Vektoren aus $R^3$ als $1 \times 3$-Matrizen schreiben).

a) Man bestimme eine Basis von $K(T)$.
b) Man bestimme eine Basis von $R(T)$.

**7.** Sei $\{\mathbf{v}_1, \mathbf{v}_2, \mathbf{v}_3, \mathbf{v}_4\}$ eine Basis des Vektorraumes $V$. Der lineare Operator $T: V \to V$ sei definiert durch

$$\begin{aligned} T(\mathbf{v}_1) &= \mathbf{v}_1 + \mathbf{v}_2 + \mathbf{v}_3 + 3\mathbf{v}_4 \\ T(\mathbf{v}_2) &= \mathbf{v}_1 - \mathbf{v}_2 + 2\mathbf{v}_3 + 2\mathbf{v}_4 \\ T(\mathbf{v}_3) &= 2\mathbf{v}_1 - 4\mathbf{v}_2 + 5\mathbf{v}_3 + 3\mathbf{v}_4 \\ T(\mathbf{v}_4) &= -2\mathbf{v}_1 + 6\mathbf{v}_2 - 6\mathbf{v}_3 - 2\mathbf{v}_4. \end{aligned}$$

a) Man berechne Rang und Defekt von $T$.
b) Ist $T$ injektiv?

**8.** Seien $V$ und $W$ Vektorräume, $T, T_1, T_2$ lineare Transformationen von $V$ nach $W$ und $k$ ein Skalar. Wir definieren dann die Abbildungen

$$\begin{aligned} (T_1 + T_2)(\mathbf{x}) &= T_1(\mathbf{x}) + T_2(\mathbf{x}) \\ (kT)(\mathbf{x}) &= k(T(\mathbf{x})). \end{aligned}$$

a) Man zeige, daß $(T_1 + T_2): V \to W$ und $(kT): V \to W$ lineare Transformationen sind.
b) Man zeige, daß die Menge der linearen Transformationen von $V$ nach $W$ mit den in Teil a) definierten Operationen einen Vektorraum bildet.

**9.** Seien $A$ und $B$ ähnliche Matrizen. Man beweise:

a) $A^T$ und $B^T$ sind ähnlich.
b) Sind $A$ und $B$ invertierbar, so sind $A^{-1}$ und $B^{-1}$ ähnlich.

**10.** (***Fredholm-Alternative.***) Sei $T: V \to V$ ein linearer Operator aus dem $n$-dimensionalen Vektorraum $V$. Man beweise, daß genau eine der folgenden Aussagen gilt:

a) Die Gleichung $T(\mathbf{x}) = \mathbf{b}$ hat für jedes $\mathbf{b} \in V$ genau eine Lösung.
b) $\operatorname{def}(T) > 0$.

**11.** Der lineare Operator $T: M_{22} \to M_{22}$ sei definiert durch

$$T(X) = \begin{bmatrix} 1 & 1 \\ 0 & 0 \end{bmatrix} X + X \begin{bmatrix} 0 & 0 \\ 1 & 1 \end{bmatrix}.$$

Man bestimme Rang und Defekt von $T$.

**12.** Sei $B$ ähnlich zu $A$ und $C$ ähnlich zu $B$. Man zeige, daß $C$ ähnlich zu $A$ ist.

**13.** Sei $T: M_{22} \to M_{22}$ der durch $T(M) = M^T$ definierte lineare Operator. Man bestimme die Darstellungsmatrix von $T$ bezüglich der Standardbasis von $M_{22}$.

**14.** Sei

$$P = \begin{bmatrix} 2 & -1 & 3 \\ 1 & 1 & 4 \\ 0 & 1 & 2 \end{bmatrix}$$

die Übergangsmatrix von der Basis $B' = \{\mathbf{v}_1, \mathbf{v}_2, \mathbf{v}_3\}$ zu der Basis $B = \{\mathbf{u}_1, \mathbf{u}_2, \mathbf{u}_3\}$ des Vektorraumes $V$.

a) Man schreibe $\mathbf{v}_1, \mathbf{v}_2, \mathbf{v}_3$ als Linearkombination von $\mathbf{u}_1, \mathbf{u}_2, \mathbf{u}_3$.
b) Man schreibe $\mathbf{u}_1, \mathbf{u}_2, \mathbf{u}_3$ als Linearkombination von $\mathbf{v}_1, \mathbf{v}_2, \mathbf{v}_3$.

**15.** Der lineare Operator $T: V \to V$ sei durch seine Darstellungsmatrix

$$[T]_B = \begin{bmatrix} -3 & 4 & 7 \\ 1 & 0 & -2 \\ 0 & 1 & 0 \end{bmatrix}$$

bezüglich einer Basis $B = \{\mathbf{u}_1, \mathbf{u}_2, \mathbf{u}_3\}$ des Vektorraumes $V$ definiert. Man berechne $[T]_{B'}$ für die durch

$$\mathbf{v}_1 = \mathbf{u}_1, \quad \mathbf{v}_2 = \mathbf{u}_1 + \mathbf{u}_2, \quad \mathbf{v}_3 = \mathbf{u}_1 + \mathbf{u}_2 + \mathbf{u}_3$$

gegebene Basis $B' = \{\mathbf{v}_1, \mathbf{v}_2, \mathbf{v}_3\}$.

**16.** Man zeige, daß die Matrizen

$$\begin{bmatrix} 1 & 1 \\ -1 & 4 \end{bmatrix} \quad \text{und} \quad \begin{bmatrix} 2 & 1 \\ 1 & 3 \end{bmatrix}$$

ähnlich sind, aber

$$\begin{bmatrix} 3 & 1 \\ -6 & -2 \end{bmatrix} \quad \text{und} \quad \begin{bmatrix} -1 & 2 \\ 1 & 0 \end{bmatrix}$$

nicht.

**17.** Sei $T: V \to V$ ein linearer Operator und $B$ eine Basis von $V$, so daß für jeden Vektor $\mathbf{x} \in V$ gilt:

$$[T(\mathbf{x})]_B = \begin{bmatrix} x_1 - x_2 + x_3 \\ x_2 \\ x_1 - x_3 \end{bmatrix} \quad \text{für} \quad [\mathbf{x}]_B = \begin{bmatrix} x_1 \\ x_2 \\ x_3 \end{bmatrix}.$$

Man berechne $[T]_B$.

**18.** Sei $T: V \to V$ ein linearer Operator. Man zeige, daß $T$ genau dann injektiv ist, wenn $\det(T) \neq 0$ ist.

**19.** (*Für Leser mit Analysiskenntnissen.*)

a) Man zeige, daß die durch $D(\mathbf{f}) = f''(x)$ definierte Abbildung $D: C^2(-\infty, \infty) \to C(-\infty, \infty)$ eine lineare Transformation ist.
b) Man bestimme eine Basis für den Kern von $D$.
c) Man zeige, daß die Funktionen $\mathbf{f}$ mit $D(\mathbf{f}) = f(x)$ einen zweidimensionalen Unterraum von $C^2(-\infty, \infty)$ bilden, und bestimme eine Basis dieses Raumes.

**20.** Sei $T: P_2 \to R^3$ definiert durch

$$T(p(x)) = \begin{bmatrix} p(-1) \\ p(0) \\ p(1) \end{bmatrix}.$$

a) Man berechne $T(x^2 + 5x + 6)$.
b) Man zeige, daß $T$ eine lineare Transformation ist.
c) Man zeige, daß $T$ injektiv ist.
d) Man berechne

$$T^{-1}\left(\begin{bmatrix} 0 \\ 3 \\ 0 \end{bmatrix}\right).$$

e) Man skizziere den Graphen des in d) gefundenen Polynoms.

**21.** Seien $x_1, x_2, x_3$ reelle Zahlen mit $x_1 < x_2 < x_3$. $T \cdot P_2 \to R^3$ sei definiert durch

$$T(p(x)) = \begin{bmatrix} p(x_1) \\ p(x_2) \\ p(x_3) \end{bmatrix}.$$

a) Man zeige, daß $T$ eine lineare Transformation ist.
b) Man zeige, daß $T$ injektiv ist.
c) Man zeige für reelle Zahlen $a_1, a_2, a_3$

$$T^{-1}\left(\begin{bmatrix} a_1 \\ a_2 \\ a_3 \end{bmatrix}\right) = a_1 P_1(x) + a_2 P_2(x) + a_3 P_3(x),$$

wobei

$$P_1(x) = \frac{(x-x_2)(x-x_3)}{(x_1-x_2)(x_1-x_3)}, \quad P_2(x) = \frac{(x-x_1)(x-x_3)}{x_2-x_1)(x_2-x_3)},$$

$$P_3(x) = \frac{(x-x_1)(x-x_2)}{(x_3-x_1)(x_3-x_2)}.$$

d) Welcher Zusammenhang besteht zwischen dem Graphen der Funktion

$$a_1P_1(x) + a_2P_2(x) + a_3P_3(x)$$

und den Punkten $(x_1, a_1), (x_2, a_2), (x_3, a_3)$?

**22.** (*Für Leser mit Analysiskenntnissen.*) Seien $p(x)$ und $q(x)$ stetige Funktionen, und sei $L: C^2(-\infty, \infty) \to C(-\infty, \infty)$ definiert durch

$$L(y(x)) = y''(x) + p(x)y'(x) + q(x)y(x).$$

a) Man zeige, daß $L$ eine lineare Transformation ist.
b) Seien speziell $p(x) = 0$ und $q(x) = 1$. Man zeige, daß $\phi(x) = c_1 \sin x + c_2 \cos x$ für alle reellen Konstanten $c_1, c_2$ im Kern von $L$ liegt.

**23.** (*Für Leser mit Analysiskenntnissen.*) Sei $D: P_n \to P_n$ der Differentiationsoperator $D(\mathbf{p}) = \mathbf{p}'$. Man zeige, daß $D$ bezüglich der Standardbasis $B = \{1, x, x^2, \ldots, x^n\}$ durch die Matrix

$$\begin{bmatrix} 0 & 1 & 0 & 0 & \cdots & 0 \\ 0 & 0 & 2 & 0 & \cdots & 0 \\ 0 & 0 & 0 & 3 & \cdots & 0 \\ \vdots & \vdots & \vdots & \vdots & & \vdots \\ 0 & 0 & 0 & 0 & \cdots & n \\ 0 & 0 & 0 & 0 & \cdots & 0 \end{bmatrix}$$

dargestellt wird.

**24.** (*Für Leser mit Analysiskenntnissen.*) Die Vektoren

$$1, x-c, \frac{(x-c)^2}{2!}, \ldots, \frac{(x-c)^n}{n!}$$

bilden für jede reelle Zahl $c$ eine Basis von $P_n$. Man bestimme die Darstellungsmatrix des Operators $D$ aus Aufgabe 23 bezüglich dieser Basis.

**25.** (*Für Leser mit Analysiskenntnissen.*) Sei $J: P_n \to P_{n+1}$ die durch

$$J(\mathbf{p}) = \int (a_0 + a_1x + \cdots + a_nx^n)\mathrm{d}x = a_0x + \frac{a_1}{2}x^2 + \cdots + \frac{a_n}{n+1}x^{n+1}$$

für $\mathbf{p} = a_0 + a_1x + \cdots + a_nx^n$ definierte Integrationstransformation. Man bestimme die Darstellungsmatrix von $T$ bezüglich der Standardbasen von $P_n$ und $P_{n+1}$.

# 9 Anwendungen und Ergänzungen

## 9.1 Differentialgleichungen

*Viele Phänomene in der Physik, Chemie, Biologie und Ökonomie werden durch* ***Differentialgleichungen*** *beschrieben; das sind Gleichungen, die neben einer Funktion auch ihre Ableitungen enthalten. Wir werden jetzt sehen, wie sich bestimmte Differentialgleichungssysteme mit Mitteln der linearen Algebra lösen lassen. Dabei können wir das Gebiet nur oberflächlich behandeln. Es geht uns eher darum, die Anwendungsmöglichkeiten der linearen Algebra anzudeuten.*

### Terminologie

Eine der einfachsten Differentialgleichungen ist

$$y' = ay, \tag{1}$$

die die unbekannte Funktion $y = f(x)$ durch ihre Ableitung $y' = \mathrm{d}y/\mathrm{d}x$ und eine Konstante $a$ beschreibt. Wie die meisten Differentialgleichungen hat (1) unendlich viele Lösungen; diese haben die allgemeine Form

$$y = ce^{ax} \tag{2}$$

mit einer beliebigen Konstanten $c$. Jede dieser Funktionen erfüllt die Gleichung $y' = ay$, denn

$$y' = cae^{ax} = ay.$$

Umgekehrt ist jede Lösung von $y' = ay$ eine Funktion $ce^{ax}$ (Aufgabe 7). Wir nennen (2) dann die ***allgemeine Lösung*** von $y' = ay$.

Oft erzeugt ein physikalisches Problem nicht nur eine Differentialgleichung, sondern liefert eine zusätzliche Bedingung, mit der wir eine ***Partikularlösung*** erhalten können. Verlangen wir etwa, daß die Lösung von $y' = ay$ die Gleichung

$$y(0) = 3 \tag{3}$$

erfüllt, so setzen wir in der allgemeinen Lösung $y = 3$ und $x = 0$ ein. Daraus erhalten wir die Konstante $c$

$$3 = ce^0 = c,$$

also ist

$$y = 3e^{ax}$$

die eindeutig bestimmte Lösung von $y' = ay$, welche die Zusatzbedingung erfüllt. Eine Gleichung wie (3), die einen Funktionswert der Lösung festlegt, heißt ***Anfangsbedingung***; eine Differentialgleichung mit vorgegebener Anfangsbedingung heißt ***Anfangswertproblem.***

## Lineare Differentialgleichungssysteme erster Ordnung

Wir behandeln Differentialgleichungssysteme der Form

$$\begin{aligned} y'_1 &= a_{11}y_1 + a_{12}y_2 + \cdots + a_{1n}y_n \\ y'_2 &= a_{21}y_1 + a_{22}y_2 + \cdots + a_{2n}y_n \\ \vdots \quad & \quad \vdots \qquad \vdots \qquad\qquad \vdots \\ y'_n &= a_{n1}y_1 + a_{n2}y_2 + \cdots + a_{nn}y_n \end{aligned} \tag{4}$$

mit den zu bestimmenden Funktionen $y_1 = f_1(x), y_2 = f_2(x), \ldots, y_n = f_n(x)$, wobei die $a_{ij}$ Konstanten sind. In Matrixschreibweise ergibt sich aus (4)

$$\begin{bmatrix} y'_1 \\ y'_2 \\ \vdots \\ y'_n \end{bmatrix} = \begin{bmatrix} a_{11} & a_{12} & \cdots & a_{1n} \\ a_{21} & a_{22} & \cdots & a_{2n} \\ \vdots & \vdots & & \vdots \\ a_{n1} & a_{n2} & \cdots & a_{nn} \end{bmatrix} \begin{bmatrix} y_1 \\ y_2 \\ \vdots \\ y_n \end{bmatrix}$$

oder in Kurzform

$$Y' = AY.$$

**Beispiel 1**

a) Man schreibe das folgende System als Matrixgleichung:

$$\begin{aligned} y'_1 &= \phantom{-}3y_1 \\ y'_2 &= -2y_2 \\ y'_3 &= \phantom{-}5y_3. \end{aligned}$$

b) Man löse das System.

c) Welche Lösung erfüllt die Anfangsbedingung $y_1(0) = 1$, $y_2(0) = 4$, $y_3(0) = -2$?

*Lösung a).* Wir erhalten

$$\begin{bmatrix} y'_1 \\ y'_2 \\ y'_3 \end{bmatrix} = \begin{bmatrix} 3 & 0 & 0 \\ 0 & -2 & 0 \\ 0 & 0 & 5 \end{bmatrix} \begin{bmatrix} y_1 \\ y_2 \\ y_3 \end{bmatrix} \tag{5}$$

oder

$$Y' = \begin{bmatrix} 3 & 0 & 0 \\ 0 & -2 & 0 \\ 0 & 0 & 5 \end{bmatrix} Y.$$

*Lösung b).* Da in jeder Gleichung nur eine der Unbekannten vorkommt, können wir sie unabhängig voneinander lösen. Nach (2) hat das System die allgemeine Lösung

$$\begin{aligned} y_1 &= c_1 e^{3x} \\ y_2 &= c_2 e^{-2x} \\ y_3 &= c_3 e^{5x} \end{aligned}$$

oder in Matrixschreibweise

$$Y = \begin{bmatrix} y_1 \\ y_2 \\ y_3 \end{bmatrix} = \begin{bmatrix} c_1 e^{3x} \\ c_2 e^{-2x} \\ c_3 e^{5x} \end{bmatrix}.$$

*Lösung c).* Aus den Anfangsbedingungen ergeben sich

$$\begin{aligned} 1 &= y_1(0) = c_1 e^0 = c_1 \\ 4 &= y_2(0) = c_2 e^0 = c_2 \\ -2 &= y_3(0) = c_3 e^0 = c_3. \end{aligned}$$

Daraus erhalten wir die Partikularlösung

$$y_1 = e^{3x}, \qquad y_2 = 4e^{-2x}, \qquad y_3 = -2e^{5x}$$

oder

$$Y = \begin{bmatrix} y_1 \\ y_2 \\ y_3 \end{bmatrix} = \begin{bmatrix} e^{3x} \\ 4e^{-2x} \\ -2e^{5x} \end{bmatrix}.$$

Das Differentialgleichungssystem des letzten Beispiels ist leicht zu lösen, da die einzelnen Gleichungen nur eine unbekannte Funktion enthalten. Das ist darauf zurückzuführen, daß die Koeffizientenmatrix des Systems Diagonalgestalt hat. Diese Tatsache liefert einen Hinweis zur Lösung eines beliebigen Differentialgleichungssystems

$$Y' = AY$$

Man versucht, durch eine geeignete Substitution für $Y$ ein System mit diagonaler Koeffizientenmatrix zu erzeugen, dessen Lösung sich leichter bestimmen läßt. Aus dieser erhält man durch Rücksubstitution eine Lösung des ursprünglichen Systems. Wir betrachten die Substitution

$$\begin{aligned} y_1 &= p_{11}u_1 + p_{12}u_2 + \cdots + p_{1n}u_n \\ y_2 &= p_{21}u_1 + p_{22}u_2 + \cdots + p_{2n}u_n \\ &\vdots \qquad \vdots \qquad\quad \vdots \qquad\qquad\quad \vdots \\ y_n &= p_{n1}u_1 + p_{n2}u_2 + \cdots + p_{nn}u_n, \end{aligned} \tag{6}$$

die der Matrixgleichung

$$\begin{bmatrix} y_1 \\ y_2 \\ \vdots \\ y_n \end{bmatrix} = \begin{bmatrix} p_{11} & p_{12} & \cdots & p_{1n} \\ p_{21} & p_{22} & \cdots & p_{2n} \\ \vdots & \vdots & & \vdots \\ p_{n1} & p_{n2} & \cdots & p_{nn} \end{bmatrix} \begin{bmatrix} u_1 \\ u_2 \\ \vdots \\ u_n \end{bmatrix}$$

oder in Kurzform

$$Y = PU$$

entspricht. Die Konstanten $p_{ij}$ sollen so beschaffen sein, daß die Koeffizientenmatrix des neuen Systems mit den unbekannten Funktionen $u_1, u_2, \ldots, u_n$ Diagonalgestalt hat. Es ist

$$Y' = PU'$$

(der Beweis wird dem Leser als Übungsaufgabe überlassen), wir können also in das gegebene System

$$Y' = AY$$

$Y = PU$ und $Y' = PU'$ einsetzen:

$$PU' = A(PU).$$

Unter der Annahme, daß $P$ invertierbar ist, ergibt sich daraus

$$U' = (P^{-1}AP)U$$

oder

$$U' = DU$$

mit $D = P^{-1}AP$. Damit ist klar, daß wir für $P$ eine Matrix wählen, die $A$ diagonalisiert.

## Lösungsverfahren

Mit den soeben angestellten Überlegungen erhalten wir folgendes Lösungsverfahren für ein Differentialgleichungssystem

$$Y' = AY$$

mit diagonalisierbarer Koeffizientenmatrix $A$:

**Schritt 1.** Man bestimme eine Matrix $P$, die $A$ diagonalisiert.

**Schritt 2.** Die Substitution $Y = PU$ und $Y' = PU'$ erzeugt ein neues System $U' = DU$ mit der Diagonalmatrix $D = P^{-1}AP$.

**Schritt 3.** Man löse das System $U' = DU$.

**Schritt 4.** Man berechne $Y$ aus der Matrixgleichung $Y = PU$.

**Beispiel 2**

a) Man löse das System

$$\begin{aligned} y_1' &= y_1 + y_2 \\ y_2' &= 4y_1 + 2y_2. \end{aligned}$$

b) Man bestimme die Partikularlösung mit $y_1(0) = 1$ und $y_2(0) = 6$.

*Lösung a).* Das System hat die Koeffizientenmatrix

$$A = \begin{bmatrix} 1 & 1 \\ 4 & -2 \end{bmatrix}.$$

Gemäß Abschnitt 7.2 konstruieren wir die Spalten der diagonalisierenden Matrix $P$ aus linear unabhängigen Eigenvektoren von $A$. Wegen

$$\det(\lambda I - A) = \begin{vmatrix} \lambda - 1 & 1 \\ -4 & \lambda + 2 \end{vmatrix} = \lambda^2 + \lambda - 6 = (\lambda + 3)(\lambda - 2)$$

hat $A$ die Eigenwerte $\lambda = 2$ und $\lambda = -3$. Nach Definition ist

$$\mathbf{x} = \begin{bmatrix} x_1 \\ x_2 \end{bmatrix}$$

genau dann ein Eigenvektor von $A$ zu $\lambda$, wenn $\mathbf{x}$ eine nichttriviale Lösung des Systems $(\lambda I - A)\mathbf{x} = \mathbf{0}$ ist, also von

$$\begin{bmatrix} \lambda - 1 & -1 \\ -4 & \lambda + 2 \end{bmatrix} \begin{bmatrix} x_1 \\ x_2 \end{bmatrix} = \begin{bmatrix} 0 \\ 0 \end{bmatrix}.$$

Für $\lambda = 2$ erhalten wir das System

$$\begin{bmatrix} 1 & -1 \\ -4 & 4 \end{bmatrix} \begin{bmatrix} x_1 \\ x_2 \end{bmatrix} = \begin{bmatrix} 0 \\ 0 \end{bmatrix}$$

mit den Lösungen

$$x_1 = t \quad \text{und} \quad x_2 = t,$$

also

$$\begin{bmatrix} x_1 \\ x_2 \end{bmatrix} = \begin{bmatrix} t \\ t \end{bmatrix} = t \begin{bmatrix} 1 \\ 1 \end{bmatrix}.$$

Damit ist

$$\mathbf{p}_1 = \begin{bmatrix} 1 \\ 1 \end{bmatrix}$$

eine Basis des Eigenraumes von $A$ zu $\lambda = 2$. Analog ergibt sich

$$\mathbf{p}_2 = \begin{bmatrix} -\frac{1}{4} \\ 1 \end{bmatrix}$$

als Eigenraumbasis zu $\lambda = -3$ (die Details überlassen wir dem Leser). Mit

$$P = \begin{bmatrix} 1 & -\frac{1}{4} \\ 1 & 1 \end{bmatrix}$$

ist

$$D = P^{-1}AP = \begin{bmatrix} 2 & 0 \\ 0 & -3 \end{bmatrix},$$

also liefert die Substitution

$$Y = PU \quad \text{und} \quad Y' = PU'$$

das Differentialgleichungssystem

$$U' = DU = \begin{bmatrix} 2 & 0 \\ 0 & -3 \end{bmatrix} U \quad \text{oder} \quad \begin{aligned} u_1' &= \phantom{-}2u_1 \\ u_2' &= -3u_2\,, \end{aligned}$$

dessen Koeffizientenmatrix Diagonalgestalt hat. Nach (2) erhalten wir die Lösungen

$$\begin{aligned} u_1 &= c_1 e^{2x} \\ u_2 &= c_2 e^{-3x} \end{aligned} \quad \text{oder} \quad U = \begin{bmatrix} c_1 e^{2x} \\ c_2 e^{-3x} \end{bmatrix},$$

aus denen sich durch die Rücksubstitution $Y = PU$

$$Y = \begin{bmatrix} y_1 \\ y_2 \end{bmatrix} = \begin{bmatrix} 1 & -\frac{1}{4} \\ 1 & 1 \end{bmatrix} \begin{bmatrix} c_1 e^{2x} \\ c_2 e^{-3x} \end{bmatrix} = \begin{bmatrix} c_1 e^{2x} - \frac{1}{4} c_2 e^{-3x} \\ c_1 e^{2x} + \phantom{\frac{1}{4}} c_2 e^{-3x} \end{bmatrix}$$

oder

$$\begin{aligned} y_1 &= c_1 e^{2x} - \tfrac{1}{4} c_2 e^{-3x} \\ y_2 &= c_1 e^{2x} + \phantom{\tfrac{1}{4}} c_2 e^{-3x} \end{aligned} \tag{7}$$

ergibt.

*Lösung b).* Durch Einsetzen der Anfangsbedingungen in (7) ergibt sich das Gleichungssystem

$$\begin{aligned} c_1 - \tfrac{1}{4} c_2 &= 1 \\ c_1 + \phantom{\tfrac{1}{4}} c_2 &= 6 \end{aligned}$$

mit den Lösungen

$$c_1 = 2, \qquad c_2 = 4.$$

Aus (7) erhalten wir dann die Partikularlösung

$$\begin{aligned} y_1 &= 2e^{2x} - \phantom{4}e^{-3x} \\ y_2 &= 2e^{2x} + 4e^{-3x}. \end{aligned}$$

Wir haben hier nur Differentialgleichungssysteme $Y' = AY$ mit diagonalisierbarer Koeffizientenmatrix $A$ betrachtet. Auf die Methoden, die man zur Lösung von Systemen verwendet, die diese Voraussetzung nicht erfüllen, können wir hier nicht eingehen.

## Übungen zu 9.1

**1.** a) Man löse das System

$$\begin{aligned} y_1' &= y_1 + 4y_2 \\ y_2' &= 2y_1 + 3y_2. \end{aligned}$$

b) Man bestimme die Partikularlösungen, welche die Anfangsbedingungen $y_1(0) = 0$, $y_2(0) = 0$ erfüllen.

**2.** a) Man löse das System

$$\begin{aligned} y_1' &= y_1 + 3y_2 \\ y_2' &= 4y_1 + 5y_2. \end{aligned}$$

b) Man berechne die Partikularlösung mit $y_1(0) = 2$, $y_2'(0) = 1$.

**3.** a) Man löse das System

$$\begin{aligned} y_1' &= 4y_1 + y_3 \\ y_2' &= -2y_1 + y_2 \\ y_3' &= -2y_1 + y_3 \; . \end{aligned}$$

b) Welche Lösung erfüllt die Anfangsbedingungen $y_1(0) = -1$, $y_2(0) = 1$, $y_3(0) = 0$?

**4.** Man löse das Differentialgleichungssystem

$$\begin{aligned} y_1' &= 4y_1 + 2y_2 + 2y_3 \\ y_2' &= 2y_1 + 4y_2 + 2y_3 \\ y_3' &= 2y_1 + 2y_2 + 4y_3 \; . \end{aligned}$$

**5.** Man löse die Differentialgleichung $y'' - y' - 6y = 0$. [*Hinweis*. Man setze $y_1 = y$, $y_2 = y'$ und zeige, daß

$$\begin{aligned} y_1' &= y_2 \\ y_2' &= y'' = y' + 6y = 6y_1 + y_2.] \end{aligned}$$

**6.** Man löse die Differentialgleichung $y''' - 6y'' + 11y' - 6y = 0$. [*Hinweis*. Man setze $y_1 = y, y_2 = y', y_3 = y''$ und zeige, daß

$$\begin{aligned} y_1' &= y_2 \\ y_2' &= y_3 \\ y_3' &= 6y_1 - 11y_2 + 6y_3.] \end{aligned}$$

**7.** Man zeige, daß jede Lösung von $y' = ay$ die Gestalt $y = ce^{ax}$ hat. [*Hinweis*. Man zeige, daß $f(x)e^{-ax}$ für jede Lösung $y = f(x)$ der gegebenen Differentialgleichung konstant ist.]

**8.** Sei

$$Y = \begin{bmatrix} y_1 \\ y_2 \\ \vdots \\ y_n \end{bmatrix}$$

eine Lösung des Differentialgleichungssystems $Y' = AY$ mit diagonalisierbarer Koeffizientenmatrix $A$. Man zeige, daß jedes $y_i$ eine Linearkombination von $e^{\lambda_1 x}, e^{\lambda_2 x}, \ldots, e^{\lambda_n x}$ ist, wobei $\lambda_1, \lambda_2, \ldots, \lambda_n$ die Eigenwerte von $A$ sind.

## 9.2 Die Geometrie linearer Operatoren auf $R^2$

*In Abschnitt 4.2 haben wir uns mit einigen geometrischen Eigenschaften linearer Operatoren auf $R^2$ und $R^3$ beschäftigt. Wir werden jetzt die Transformationen der Ebene näher untersuchen; dabei ergeben sich unter anderem Resultate, die in der Computergraphik Anwendung finden.*

Ist $T: R^2 \to R^2$ durch die Standardmatrix

$$A = \begin{bmatrix} a & b \\ c & d \end{bmatrix}$$

gegeben, so gilt

$$T\left(\begin{bmatrix} x \\ y \end{bmatrix}\right) = \begin{bmatrix} a & b \\ c & d \end{bmatrix}\begin{bmatrix} x \\ y \end{bmatrix} = \begin{bmatrix} ax + by \\ cx + dy \end{bmatrix}. \tag{1}$$

Diese Gleichung läßt sich auf zwei Arten geometrisch veranschaulichen, da man die Elemente der Matrizen

$$\begin{bmatrix} x \\ y \end{bmatrix} \quad \text{und} \quad \begin{bmatrix} ax + by \\ cx + dy \end{bmatrix}$$

sowohl als Komponenten von Vektoren als auch als Koordinaten von Punkten betrachten kann. Mit der ersten Interpretation bildet $T$ Pfeile auf Pfeile ab, mit der zweiten Punkte auf Punkte (Abbildung 9.1). Beide Sichtweisen sind mathematisch gesehen gleichwertig, so daß man sich – je nach Geschmack – für eine von beiden entscheiden kann.

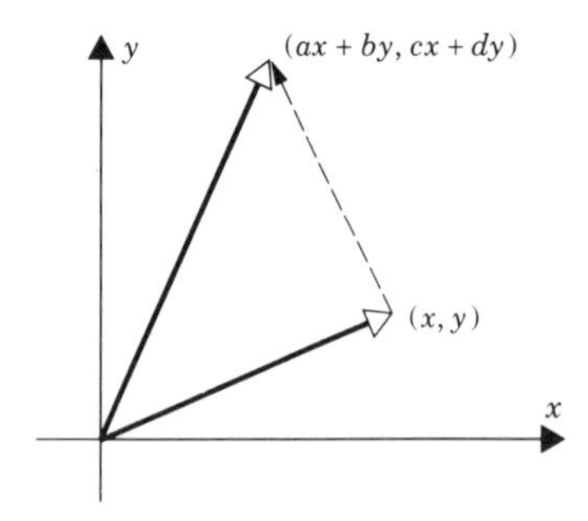


$T$ bildet Vektoren auf Vektoren ab.

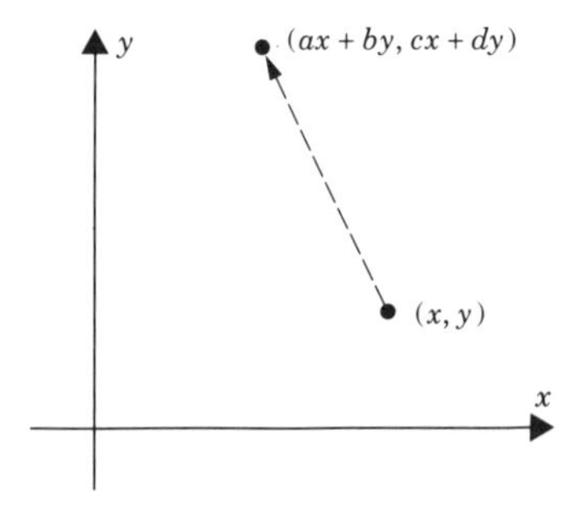


$T$ bildet Punkte auf Punkte ab.

**Abb. 9.1**

In den folgenden Betrachtungen werden wir davon ausgehen, daß die linearen Operatoren auf $R^2$ Punkte auf Punkte abbilden. Um die Geometrie der Abbildungen zu untersuchen, beschäftigt man sich mit ihrer Wirkung auf die Punkte einfacher ebener Figuren. In Tabelle 9.1 sind die Veränderungen eines teilweise eingefärbten Einheitsquadrats unter den schon früher betrachteten grundlegenden Operatoren dargestellt.

In Abschnitt 4.2 haben wir Reflexionen, Projektionen, Kontraktionen und Dilationen des $R^2$ untersucht. Wir werden jetzt weitere Operatoren auf $R^2$ einführen.

**Tabelle 9.1**

| Operator | Standard-darstellungsmatrix | Wirkung auf das Einheitsquadrat |
|---|---|---|
| Spiegelung an der $y$-Achse | $\begin{bmatrix} -1 & 0 \\ 0 & 1 \end{bmatrix}$ | (1, 1) (−1, 1) |
| Spiegelung an der $x$-Achse | $\begin{bmatrix} 1 & 0 \\ 0 & -1 \end{bmatrix}$ | (1, 1) (1, −1) |
| Spiegelung an der Geraden $y = x$ | $\begin{bmatrix} 0 & 1 \\ 1 & 0 \end{bmatrix}$ | (1, 1) (1, 1) |
| Rotation um einen positiven Winkel $\theta$ | $\begin{bmatrix} \cos\theta & -\sin\theta \\ \sin\theta & \cos\theta \end{bmatrix}$ | (1, 1) $(\cos\theta - \sin\theta, \sin\theta + \cos\theta)$ |

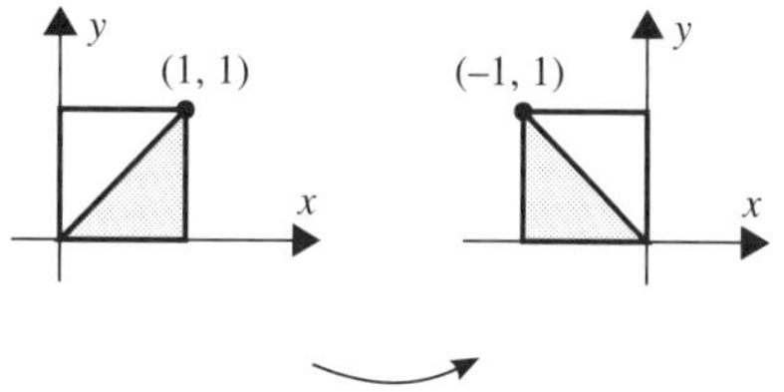

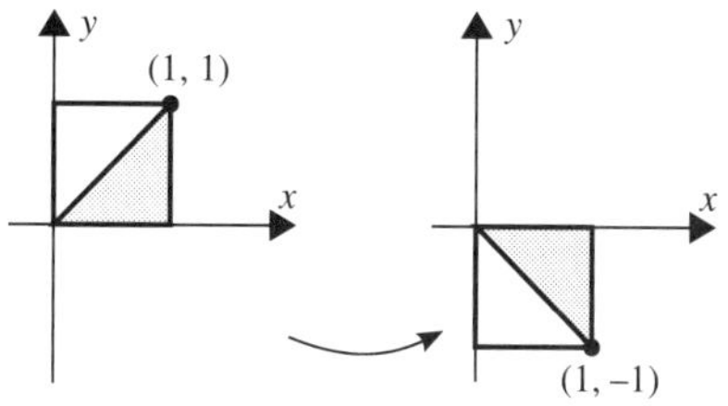

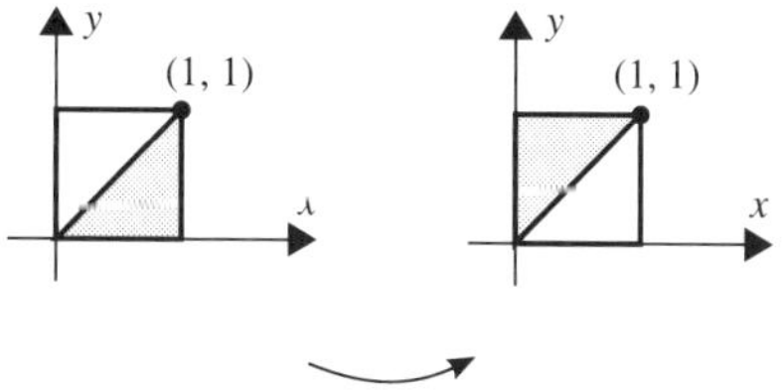

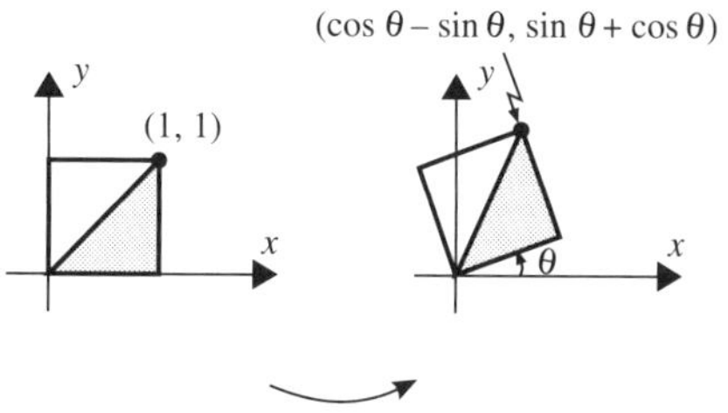

## Expansionen und Kompressionen

Multipliziert man die $x$-Koordinate jedes Punktes mit einer positiven Konstanten $k$, so wird eine ebene Figur in $x$-Richtung gedehnt oder gestaucht. Für $0 < k < 1$ erhalten wir eine Stauchung, für $k > 1$ eine Dehnung (Abbildung 9.2), der zugehörige Operator heißt ***Expansion*** (oder ***Kompression***) ***in x-Richtung mit Faktor*** $k$. Analog ergibt sich durch Multiplikation der $y$-Koordinaten mit $k$ eine ***Expansion*** (oder ***Kompression***) ***in y-Richtung mit Faktor*** $k$. Man kann zeigen, daß diese Abbildungen linear sind (Abbildung 9.2).

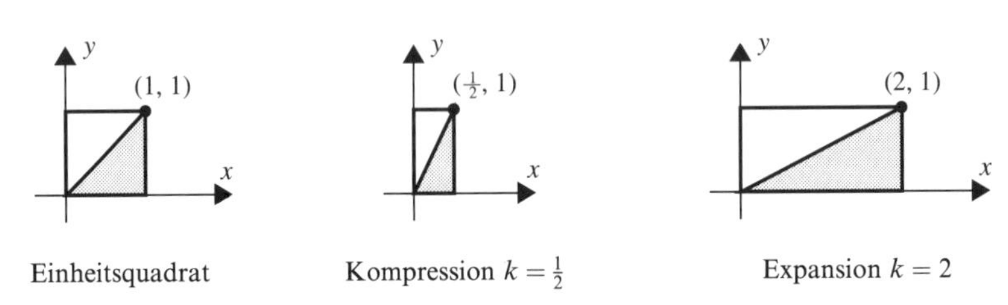


**Abb. 9.2**

Ist $T: R^2 \to R^2$ eine Expansion oder Kompression in $x$-Richtung mit Faktor $k$, so sind

$$T(\mathbf{e}_1) = T\left(\begin{bmatrix}1\\0\end{bmatrix}\right) = \begin{bmatrix}k\\0\end{bmatrix}, \qquad T(\mathbf{e}_2) = T\left(\begin{bmatrix}0\\1\end{bmatrix}\right) = \begin{bmatrix}0\\1\end{bmatrix},$$

also hat $T$ die Standardmatrix

$$\begin{bmatrix}k & 0\\0 & 1\end{bmatrix}.$$

Ebenso erhält man die Standardmatrix einer Expansion oder Kompression in $y$-Richtung

$$\begin{bmatrix}1 & 0\\0 & k\end{bmatrix}.$$

**Beispiel 1** Die $xy$-Ebene werde zuerst mit einem Faktor $k_1$ in $x$-Richtung gedehnt oder gestaucht, dann in $y$-Richtung mit Faktor $k_2$ gedehnt oder gestaucht. Man bestimme eine Matrix, die das Ergebnis beschreibt.

*Lösung.* Die einzelnen Operatoren werden durch

$$\begin{bmatrix}k_1 & 0\\0 & 1\end{bmatrix}, \qquad \begin{bmatrix}1 & 0\\0 & k_2\end{bmatrix}$$

dargestellt, also ergibt sich die Standardmatrix der Komposition als

$$A = \begin{bmatrix}1 & 0\\0 & k_2\end{bmatrix}\begin{bmatrix}k_1 & 0\\0 & 1\end{bmatrix} = \begin{bmatrix}k_1 & 0\\0 & k_2\end{bmatrix}. \tag{2}$$

Stimmen $k_1$ und $k_2$ überein, also $k_1 = k_2 = k$, so entspricht (2) der Standardmatrix

$$A = \begin{bmatrix} k & 0 \\ 0 & k \end{bmatrix}$$

einer Dilation oder Kontraktion der Ebene (Abschnitt 4.2, Tabelle 4.8).

## Scherungen

Eine ***Scherung in*** $x$***-Richtung mit Faktor*** $k$ ist eine Transformation, die jeden Punkt $(x, y)$ in $x$-Richtung um $ky$ in den Punkt $(x + ky, y)$ verschiebt. Die Punkte der $x$-Achse ändern sich dabei wegen $y = 0$ nicht. Je weiter man sich von der $x$-Achse entfernt, desto größer wird der Betrag von $ky$, um den der Punkt verschoben wird (Abbildung 9.3).

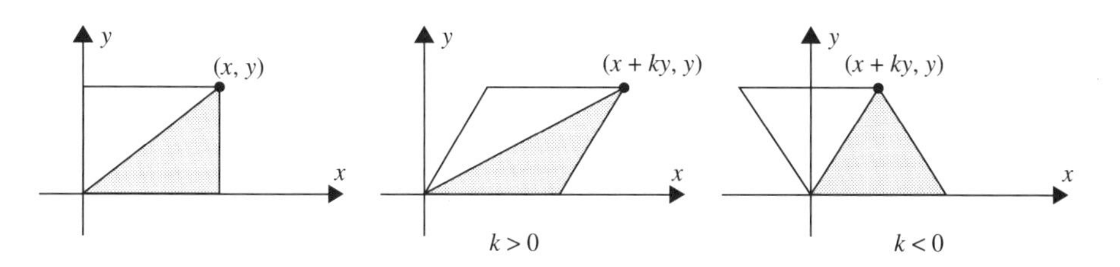


**Abb. 9.3**

Eine ***Scherung in*** $y$***-Richtung mit Faktor*** $k$ schiebt jeden Punkt $(x, y)$ parallel zur $y$-Achse in die Position $(x, y + kx)$. Diese Transformation läßt die Punkte der $y$-Achse unverändert; je weiter ein Punkt von dieser Achse entfernt ist, desto weiter wird er bewegt. Man kann zeigen, daß Scherungen lineare Transformationen sind. Für die Scherung $T: R^2 \to R^2$ in $x$-Richtung mit Faktor $k$ ist

$$T(\mathbf{e}_1) = T\left(\begin{bmatrix} 1 \\ 0 \end{bmatrix}\right) = \begin{bmatrix} 1 \\ 0 \end{bmatrix}, \qquad T(\mathbf{e}_2) = T\left(\begin{bmatrix} 0 \\ 1 \end{bmatrix}\right) = \begin{bmatrix} k \\ 1 \end{bmatrix},$$

also ergibt sich die Standardmatrix

$$\begin{bmatrix} 1 & k \\ 0 & 1 \end{bmatrix}.$$

Analog erhält man die Standardmatrix für eine Scherung in $y$-Richtung mit Faktor $k$

$$\begin{bmatrix} 1 & 0 \\ k & 1 \end{bmatrix}.$$

**Bemerkung.** Die Multiplikation mit der $2 \times 2$-Einheitsmatrix erzeugt den identischen Operator auf $R^2$. Wir können diesen Operator als Rotation um 0°, als Scherung in $x$- oder $y$-Richtung mit Faktor $k = 0$ sowie als Kompression oder Expansion in eine Koordinatenrichtung mit $k = 1$ auffassen.

**Beispiel 2**

a) Man bestimme die Matrixtransformation auf $R^2$, die jeden Punkt zuerst um den Faktor 2 in $x$-Richtung verzerrt und dann an $y = x$ spiegelt.
b) Man bestimme die Transformation auf $R^2$, die erst an der Geraden $y = x$ spiegelt und dann in $x$-Richtung um den Faktor 2 verzerrt.

*Lösung a).* Die Scherung hat die Standardmatrix

$$A_1 = \begin{bmatrix} 1 & 2 \\ 0 & 1 \end{bmatrix},$$

die Reflexion wird durch

$$A_2 = \begin{bmatrix} 0 & 1 \\ 1 & 0 \end{bmatrix}$$

beschrieben. Damit erhält man die gesuchte Matrixtransformation durch

$$A_2 A_1 = \begin{bmatrix} 0 & 1 \\ 1 & 0 \end{bmatrix} \begin{bmatrix} 1 & 2 \\ 0 & 1 \end{bmatrix} = \begin{bmatrix} 0 & 1 \\ 1 & 2 \end{bmatrix}.$$

*Lösung b).* Wie in a) ist

$$A_1 A_2 = \begin{bmatrix} 1 & 2 \\ 0 & 1 \end{bmatrix} \begin{bmatrix} 0 & 1 \\ 1 & 0 \end{bmatrix} = \begin{bmatrix} 2 & 1 \\ 1 & 0 \end{bmatrix}.$$

Da wir im letzten Beispiel $A_1 A_2 \neq A_2 A_1$ erhalten haben, lassen sich die Reflexion und die Scherung nicht miteinander vertauschen. Um diese Tatsache auch geometrisch zu verdeutlichen, haben wir in Abbildung 9.4 die Wirkung dieser Transformationen auf ein Einheitsquadrat dargestellt.

**Beispiel 3** Sei $T : R^2 \to R^2$ die Multiplikation mit einer *Elementarmatrix*. Man zeige, daß $T$ eine der folgenden Transformationen ist:

a) Scherung in eine Koordinatenrichtung,
b) Reflexion an $y = x$,
c) Kompression in eine Koordinatenrichtung,
d) Expansion in eine Koordinatenrichtung,
e) Reflexion an einer Koordinatenachse,
f) Kompression oder Expansion in eine Koordinatenrichtung, gefolgt von einer Spiegelung an einer Koordinatenachse.

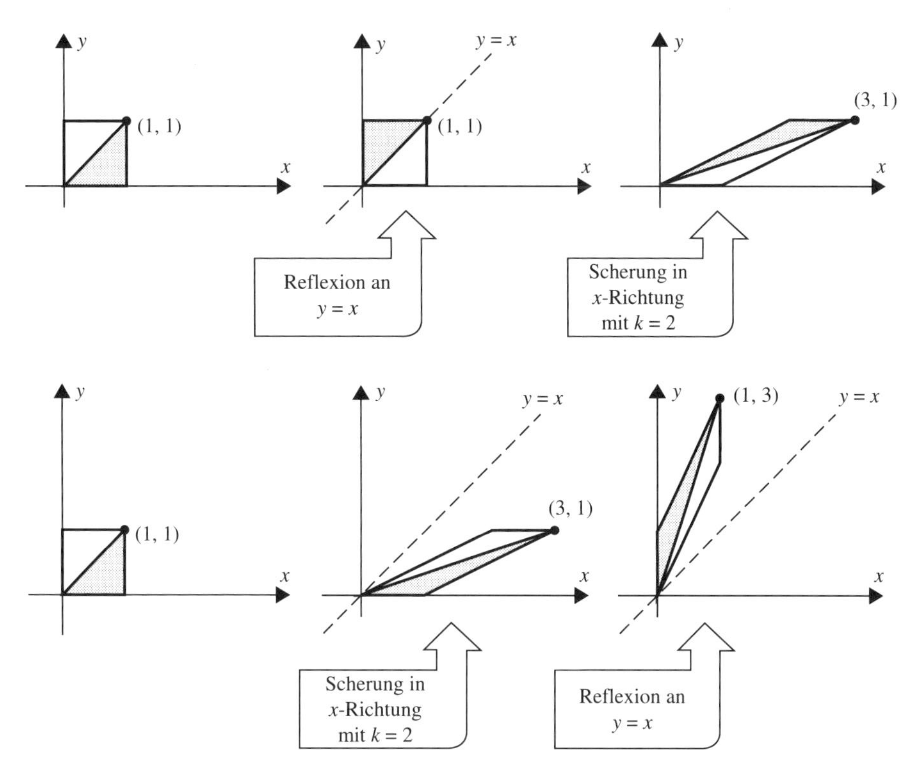


**Abb. 9.4**

*Lösung b).* Da jede $2 \times 2$-Elementarmatrix durch eine elementare Zeilenumformung aus der $2 \times 2$-Einheitsmatrix hervorgeht, kann es sich nur um eine der folgenden Matrizen handeln (der Leser möge das verifizieren):

$$\begin{bmatrix} 1 & 0 \\ k & 1 \end{bmatrix}, \quad \begin{bmatrix} 1 & k \\ 0 & 1 \end{bmatrix}, \quad \begin{bmatrix} 0 & 1 \\ 1 & 0 \end{bmatrix}, \quad \begin{bmatrix} k & 0 \\ 0 & 1 \end{bmatrix}, \quad \begin{bmatrix} 1 & 0 \\ 0 & k \end{bmatrix}.$$

Die beiden ersten Matrizen sind Scherungen in $y$- und $x$-Richtung, die dritte eine Reflexion an $y = x$. Für $k > 0$ sind die beiden letzten Matrizen Kompressionen (für $0 < k \leq 1$) oder Expansionen ($k \geq 1$) in $x$- und $y$-Richtung. Für $k < 0$ schreiben wir $k = -k_1$ mit $k_1 > 0$, damit erhalten wir für die beiden letzten Matrizen

$$\begin{bmatrix} k & 0 \\ 0 & 1 \end{bmatrix} = \begin{bmatrix} -k_1 & 0 \\ 0 & 1 \end{bmatrix} = \begin{bmatrix} -1 & 0 \\ 0 & 1 \end{bmatrix} \begin{bmatrix} k_1 & 0 \\ 0 & 1 \end{bmatrix} \tag{3}$$

$$\begin{bmatrix} 1 & 0 \\ 0 & k \end{bmatrix} = \begin{bmatrix} 1 & 0 \\ 0 & -k_1 \end{bmatrix} = \begin{bmatrix} 1 & 0 \\ 0 & -1 \end{bmatrix} \begin{bmatrix} 1 & 0 \\ 0 & k_1 \end{bmatrix}. \tag{4}$$

Wegen $k_1 > 0$ ist (3) eine Kompression oder Expansion in $x$-Richtung, gefolgt von einer Reflexion an der $y$-Achse; (4) ist eine Kompression oder Expansion in $y$-Richtung, gefolgt von einer Reflexion an der $x$-Achse. Für $k = -1$ sind (3) und (4) Reflexionen an der $y$- und der $x$-Achse.

Reflexionen, Rotationen, Expansionen, Kompressionen und Scherungen sind injektiv. Geometrisch ist das offensichtlich, den algebraischen Beweis kann man dadurch erbringen, daß man die Invertierbarkeit der zugehörigen Standardmatrizen nachweist.

**Beispiel 4** Es ist anschaulich klar, daß eine Kompression der Ebene in $y$-Richtung um den Faktor $\frac{1}{2}$ durch eine Expansion in dieselbe Richtung mit Faktor 2 rückgängig gemacht wird. Tatsächlich ergibt sich aus der Standardmatrix der Kompression in $y$-Richtung mit Faktor $\frac{1}{2}$

$$A = \begin{bmatrix} 1 & 0 \\ 0 & \frac{1}{2} \end{bmatrix}$$

die Inverse

$$A^{-1} = \begin{bmatrix} 1 & 0 \\ 0 & 2 \end{bmatrix},$$

die die Expansion in $y$-Richtung mit Faktor 2 beschreibt.

## Geometrische Eigenschaften linearer Operatoren auf $R^2$

Wir beenden den Abschnitt mit zwei Sätzen, die uns einen Einblick in die geometrischen Auswirkungen linearer Operatoren der Ebene geben.

**Satz 9.2.1.** *Die Multiplikation $T : R^2 \to R^2$ mit einer invertierbaren Matrix $A$ läßt sich geometrisch durch eine geeignete Folge von Scherungen, Kompressionen, Expansionen und Reflexionen realisieren.*

**Beweis**. Da die Matrix $A$ invertierbar ist, läßt sie sich durch eine endliche Folge von elementaren Zeilenumformungen zur Einheitsmatrix reduzieren. Jede Umformung entspricht der Multiplikation mit einer Elementarmatrix, also existieren Elementarmatrizen $E_1, E_2, \dots, E_k$ mit

$$E_k \cdots E_2 E_1 A = I.$$

Durch Auflösen dieser Gleichung nach $A$ folgt

$$A = E_1^{-1} E_2^{-1} \cdots E_k^{-1} I$$

oder

$$A = E_1^{-1} E_2^{-1} \cdots E_k^{-1}. \tag{5}$$

Damit ist $A$ ein Produkt von Elementarmatrizen, da nach Satz 1.5.2 mit $E_i$ auch $E_i^{-1}$ eine Elementarmatrix ist. Aus Beispiel 3 folgt dann die Behauptung. □

**Beispiel 5** Seien $k_1$ und $k_2$ positive, reelle Zahlen. Man stelle die Diagonalmatrix

$$A = \begin{bmatrix} k_1 & 0 \\ 0 & k_2 \end{bmatrix}$$

als Produkt von Elementarmatrizen dar und beschreibe die geometrische Wirkung der Multiplikation mit $A$.

*Lösung.* Nach Beispiel 1 ist

$$A = \begin{bmatrix} k_1 & 0 \\ 0 & k_2 \end{bmatrix} = \begin{bmatrix} 1 & 0 \\ 0 & k_2 \end{bmatrix} \begin{bmatrix} k_1 & 0 \\ 0 & 1 \end{bmatrix},$$

also ist die Multiplikation mit $A$ eine Expansion oder Kompression in $x$-Richtung mit Faktor $k_1$, gefolgt von einer Expansion oder Kompression in $y$-Richtung mit Faktor $k_2$.

**Beispiel 6** Man schreibe

$$A = \begin{bmatrix} 1 & 2 \\ 3 & 4 \end{bmatrix}$$

als Produkt von Elementarmatrizen und beschreibe den geometrischen Effekt der Multiplikation mit $A$.

*Lösung.* Wir reduzieren $A$ zur Einheitsmatrix:

$$\begin{bmatrix} 1 & 2 \\ 3 & 4 \end{bmatrix} \longrightarrow \begin{bmatrix} 1 & 2 \\ 0 & -2 \end{bmatrix} \longrightarrow \begin{bmatrix} 1 & 2 \\ 0 & 1 \end{bmatrix} \longrightarrow \begin{bmatrix} 1 & 0 \\ 0 & 1 \end{bmatrix}.$$

| Man addiere das $(-3)$fache der ersten Zeile zur zweiten. | Man multipliziere die zweite Zeile mit $-\frac{1}{2}$. | Man addiere das $(-2)$fache der zweiten Zeile zur ersten. |
|---|---|---|

Diese Zeilenoperationen lassen sich auch durch Multiplikation mit den Elementarmatrizen

$$E_1 = \begin{bmatrix} 1 & 0 \\ -3 & 1 \end{bmatrix}, \quad E_2 = \begin{bmatrix} 1 & 0 \\ 0 & -\frac{1}{2} \end{bmatrix}, \quad E_3 = \begin{bmatrix} 1 & -2 \\ 0 & 1 \end{bmatrix}$$

realisieren, also ist nach (5)

$$A = E_1^{-1} E_2^{-1} E_3^{-1} = \begin{bmatrix} 1 & 0 \\ 3 & 1 \end{bmatrix} \begin{bmatrix} 1 & 0 \\ 0 & -2 \end{bmatrix} \begin{bmatrix} 1 & 2 \\ 0 & 1 \end{bmatrix}.$$

Mit

$$\begin{bmatrix} 1 & 0 \\ 0 & -2 \end{bmatrix} = \begin{bmatrix} 1 & 0 \\ 0 & -1 \end{bmatrix} \begin{bmatrix} 1 & 0 \\ 0 & 2 \end{bmatrix}$$

ergibt sich daraus als geometrische Wirkung der Multiplikation mit $A$:

1) eine Scherung in $x$-Richtung um den Faktor 2,
2) dann eine Expansion in $y$-Richtung um den Faktor 2,
3) anschließend eine Reflexion an der $x$-Achse,
4) schließlich eine Scherung in $y$-Richtung mit Faktor 3.

Der Beweis des folgenden Satzes wird dem Leser als Übungsaufgabe überlassen.

**Satz 9.2.2.** *Sei $T : R^2 \to R^2$ die Multiplikation mit einer invertierbaren Matrix, dann gilt:*

*a) T bildet Geraden auf Geraden ab.*
*b) Das Bild einer Geraden durch den Ursprung unter T ist wieder eine Gerade durch den Ursprung.*
*c) Parallele Geraden werden von T auf parallele Geraden abgebildet.*
*d) T bildet eine Strecke $\overline{PQ}$ auf die Strecke $\overline{T(P)T(Q)}$ ab.*
*e) Drei Punkte sind genau dann kollinear, wenn ihre Bilder unter T kollinear sind.*

**Bemerkung**. Nach c), d) und e) bildet die Multiplikation mit einer invertierbaren $2 \times 2$-Matrix $A$ Dreiecke auf Dreiecke und Parallelogramme auf Parallelogramme ab.

**Beispiel 7** Man skizziere das Bild des Quadrats mit den Eckpunkten $P_1(0,0)$, $P_2(1,0)$, $P_3(0,1)$, $P_4(1,1)$ unter der Multiplikation mit

$$A = \begin{bmatrix} -1 & 2 \\ 2 & -1 \end{bmatrix}.$$

*Lösung*. Wegen

$$\begin{bmatrix} -1 & 2 \\ 2 & -1 \end{bmatrix}\begin{bmatrix} 0 \\ 0 \end{bmatrix} = \begin{bmatrix} 0 \\ 0 \end{bmatrix} \qquad \begin{bmatrix} -1 & 2 \\ 2 & -1 \end{bmatrix}\begin{bmatrix} 1 \\ 0 \end{bmatrix} = \begin{bmatrix} -1 \\ 2 \end{bmatrix}$$

$$\begin{bmatrix} -1 & 2 \\ 2 & -1 \end{bmatrix}\begin{bmatrix} 0 \\ 1 \end{bmatrix} = \begin{bmatrix} 2 \\ -1 \end{bmatrix} \qquad \begin{bmatrix} -1 & 2 \\ 2 & -1 \end{bmatrix}\begin{bmatrix} 1 \\ 1 \end{bmatrix} = \begin{bmatrix} 1 \\ 1 \end{bmatrix}$$

ist das Bild des Quadrats ein Parallelogramm mit den Ecken $(0,0), (-1,2)$, $(2,-1), (1,1)$ (Abbildung 9.5).

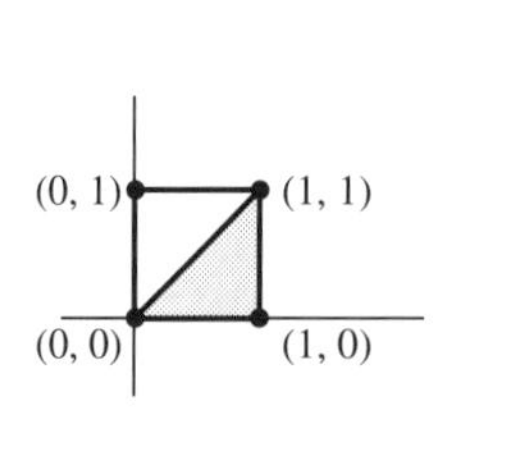


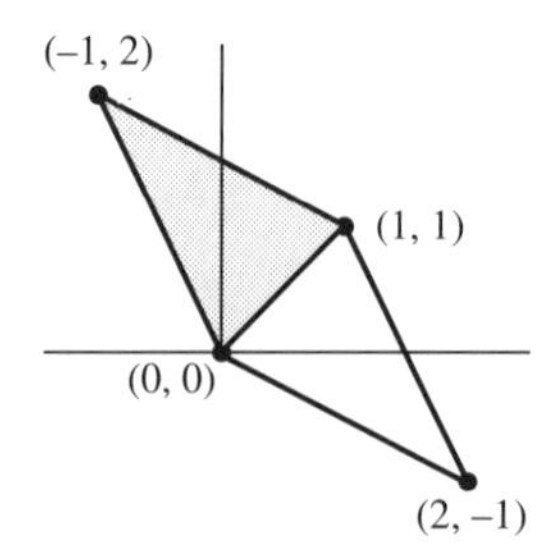


**Abb. 9.5**

**Beispiel 8** Nach Satz 9.2.2 bildet die invertierbare Matrix

$$A = \begin{bmatrix} 3 & 1 \\ 2 & 1 \end{bmatrix}$$

die Gerade $y = 2x + 1$ wieder auf eine Gerade ab. Man bestimme ihre Gleichung.

*Lösung.* Sei $(x, y)$ ein Punkt auf $y = 2x + 1$ und $(x', y')$ sein Bild unter der Multiplikation mit $A$. Dann sind

$$\begin{bmatrix} x' \\ y' \end{bmatrix} = \begin{bmatrix} 3 & 1 \\ 2 & 1 \end{bmatrix} \begin{bmatrix} x \\ y \end{bmatrix} \quad \text{und} \quad \begin{bmatrix} x \\ y \end{bmatrix} \begin{bmatrix} 3 & 1 \\ 2 & 1 \end{bmatrix}^{-1} \begin{bmatrix} x' \\ y' \end{bmatrix} = \begin{bmatrix} 1 & -1 \\ -2 & 3 \end{bmatrix} \begin{bmatrix} x' \\ y' \end{bmatrix},$$

also

$$\begin{aligned} x &= \phantom{-2}x' - y' \\ y &= -2x' + 3y'. \end{aligned}$$

Durch Einsetzen von $y = 2x + 1$ ergibt sich

$$-2x' + 3y' = 2(x' - y') + 1$$

oder äquivalent dazu

$$y' = \tfrac{4}{5}x' + \tfrac{1}{5}.$$

Also erfüllt $(x', y')$ die Gleichung

$$y = \tfrac{4}{5}x + \tfrac{1}{5},$$

die die gesuchte Gerade beschreibt.

## Übungen zu 9.2

**1.** Man bestimme die Standardmatrix der linearen Transformation $T : R^2 \to R^2$, die den Punkt $(x, y)$ auf

a) sein Spiegelbild an $y = -x$,
b) sein Spiegelbild am Ursprung,
c) seine Orthogonalprojektion auf die $x$-Achse,
d) seine Orthogonalprojektion auf die $y$-Achse abbildet (Abbildung 9.6).

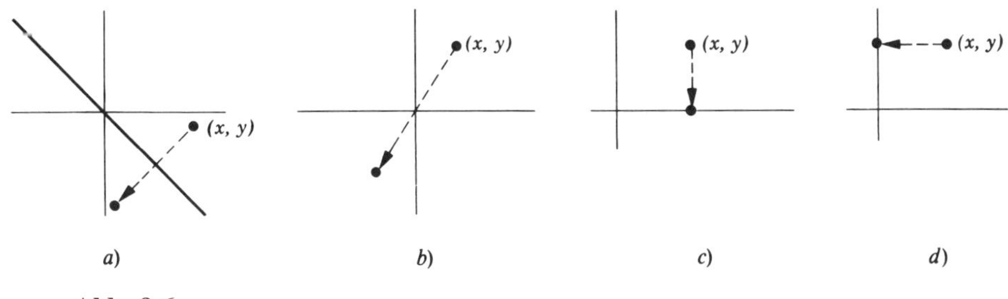


**Abb. 9.6**

**2.** Man berechne mit den Matrizen aus Aufgabe 1 $T(2, 1)$ und überprüfe das Ergebnis geometrisch durch Skizzieren der Punkte $(2, 1)$ und $T(2, 1)$.

**3.** Man bestimme die Standardmatrix des linearen Operators $T: R^3 \to R^3$, der den Punkt $(x, y, z)$ auf

a) sein Spiegelbild an der $xy$-Ebene,
b) sein Spiegelbild an der $xz$-Ebene,
c) sein Spiegelbild an der $yz$-Ebene abbildet.

**4.** Man berechne mit den Matrizen aus Aufgabe 3 $T(1, 1, 1)$ und überprüfe das Ergebnis durch Skizzieren der Vektoren $(1, 1, 1)$ und $T(1, 1, 1)$.

**5.** Man bestimme die Standardmatrix des Operators $T: R^3 \to R^3$, der

a) jeden Vektor um 90° entgegen dem Uhrzeigersinn um die $z$-Achse rotiert,
b) jeden Vektor um 90° entgegen dem Uhrzeigersinn um die $x$-Achse rotiert,
c) jeden Vektor um 90° entgegen dem Uhrzeigersinn um die $y$-Achse rotiert.

**6.** Man skizziere das Bild des durch die Eckpunkte $(0, 0), (1, 0), (1, 2), (0, 2)$ gegebenen Rechtecks unter

a) Reflexion an der $x$-Achse,
b) Reflexion an der $y$-Achse,
c) Kompression in $y$-Richtung mit Faktor $k = \frac{1}{4}$,
d) Expansion in $x$-Richtung um $k = 2$,
e) Scherung in $x$-Richtung mit $k = 3$,
f) Scherung in $y$-Richtung mit $k = 2$.

**7.** Man skizziere das Bild des Quadrats mit den Eckpunkten $(0, 0), (1, 0), (0, 1), (1, 1)$ unter Multiplikation mit

$$A = \begin{bmatrix} -3 & 0 \\ 0 & 1 \end{bmatrix}.$$

**8.** Man bestimme die Matrix, die den Punkt $(x, y)$ um

a) 45°
b) 90°
c) 180°
d) 270°
e) −30°

um den Ursprung rotiert.

**9.** Man bestimme die Standardmatrix der Scherung

a) mit Faktor $k = 4$ in $y$-Richtung,
b) mit Faktor $k = -2$ in $x$-Richtung.

**10.** Man bestimme die Standardmatrix der

a) Kompression um den Faktor $\frac{1}{3}$ in $y$-Richtung,
b) Expansion um den Faktor 6 in $x$-Richtung.

**11.** Man beschreibe die geometrische Wirkung der Multiplikation mit

a) $\begin{bmatrix} 3 & 0 \\ 0 & 1 \end{bmatrix}$ b) $\begin{bmatrix} 1 & 0 \\ 0 & -5 \end{bmatrix}$ c) $\begin{bmatrix} 1 & 4 \\ 0 & 1 \end{bmatrix}$.

**12.** Man stelle die Matrix als Produkt von Elementarmatrizen dar und beschreibe ihre geometrische Wirkung.

a) $\begin{bmatrix} 2 & 0 \\ 0 & 3 \end{bmatrix}$ b) $\begin{bmatrix} 1 & 4 \\ 2 & 9 \end{bmatrix}$ c) $\begin{bmatrix} 0 & -2 \\ 4 & 0 \end{bmatrix}$ d) $\begin{bmatrix} 1 & -3 \\ 4 & 6 \end{bmatrix}$

**13.** Man bestimme die Standardmatrix nach folgenden Operationen:

a) Kompression mit Faktor $\frac{1}{2}$ in $x$-Richtung, gefolgt von einer Expansion mit Faktor 5 in $y$-Richtung;
b) Expansion mit Faktor 5 in $y$-Richtung, dann Scherung mit Faktor 2 in $y$-Richtung;
c) Reflexion an der Geraden $y = x$, dann Rotation um 180°.

**14.** Man bestimme die Standardmatrix nach folgenden Operationen:

a) Reflexion an der $y$-Achse, dann Expansion mit Faktor 5 in $x$-Richtung und Reflexion an $y = x$;
b) Rotation um 30°, Scherung mit Faktor $-2$ in $y$-Richtung und Expansion mit Faktor 3 in $y$-Richtung.

**15.** Man zeige durch Matrixinversion:

a) Die Reflexion an $y = x$ ist zu sich selbst invers.
b) Die inverse Transformation zu einer Kompression entlang einer Achse ist eine Expansion in die gleiche Richtung.
c) Eine Spiegelung an einer Koordinatenachse ist zu sich selbst invers.
d) Eine Scherung in eine Koordinatenrichtung ist invers zu einer Scherung in derselben Richtung.

**16.** Man bestimme die Gleichung für das Bild der Geraden $y = -4x + 3$ unter Multiplikation mit

$$A = \begin{bmatrix} 4 & -3 \\ 3 & -2 \end{bmatrix}.$$

**17.** Man bestimme eine Gleichung für das Bild von $y = 2x$ unter

a) Scherung um Faktor 3 in $x$-Richtung,
b) Kompression mit Faktor $\frac{1}{2}$ in $y$-Richtung,
c) Spiegelung an $y = x$,
d) Spiegelung an der $y$-Achse,
e) Rotation um 60°.

**18.** Man bestimme die Standardmatrix einer Scherung in $x$-Richtung, die das Dreieck mit den Eckpunkten $(0, 0), (2, 1), (3, 0)$ auf ein rechtwinkliges Dreieck mit rechtem Winkel im Ursprung abbildet.

**19.** a) Man zeige, daß die Multiplikation mit

$$A = \begin{bmatrix} 3 & 1 \\ 6 & 2 \end{bmatrix}$$

jeden Punkt der Ebene auf die Gerade $y = 2x$ abbildet.

b) Nach a) werden die nichtkollinearen Punkte $(1,0), (0,1), (-1,0)$ auf eine Gerade abgebildet. Entsteht dadurch ein Widerspruch zu Satz 9.2.2 e)?

**20.** Man beweise Satz 9.2.2 a). [*Hinweis.* Eine Gerade in der Ebene wird durch eine Gleichung $Ax + By + C = 0$ mit $A \neq 0$ oder $B \neq 0$ beschrieben. Man zeige analog zu Beispiel 8, daß das Bild dieser Geraden unter Multiplikation mit der invertierbaren Matrix

$$\begin{bmatrix} a & b \\ c & d \end{bmatrix}$$

durch die Gleichung $A'x + B'y + C = 0$ mit

$$A' = (dA - cB)/(ad - bc) \quad \text{und} \quad B' = (-bA + aB)/(ad - bc)$$

gegeben wird. Man verifiziere, daß $A'$ und $B'$ nicht gleichzeitig Null sein können.]

**21.** Man beweise mit dem Hinweis aus Aufgabe 20 Satz 9.2.2 b) und c).

**22.** Man bestimme die Standardmatrizen der in Abbildung 9.7 beschriebenen linearen Operatoren $T: R^3 \to R^3$.

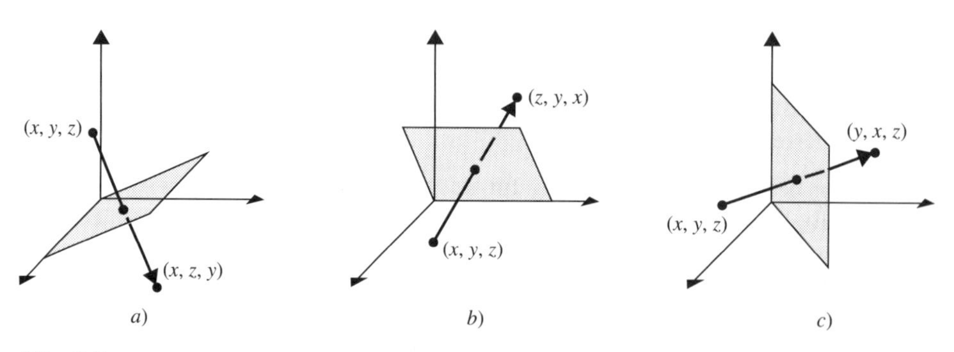


**Abb. 9.7**

**23.** Eine ***Scherung in*** $xy$***-Richtung mit Faktor*** $k$ im $R^3$ ist eine lineare Transformation, die jeden Punkt $(x, y, z)$ parallel zur $xy$-Ebene in den Punkt $(x + kz, y + kz, z)$ verschiebt (Abbildung 9.8).

a) Man bestimme die Standardmatrix der Scherung in $xy$-Richtung mit Faktor $k$.

b) Wie könnte man die Scherungen in $xz$- und in $yz$-Richtung mit Faktor $k$ definieren? Man bestimme die zugehörigen Standardmatrizen.

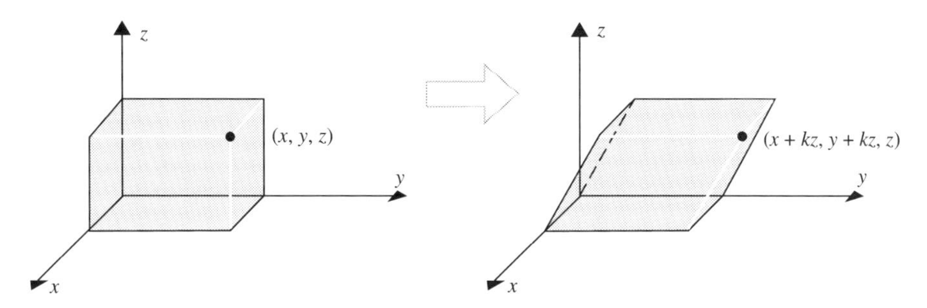


**Abb. 9.8**

**24.** Man ermittle ohne Rechnung (also durch Betrachtung der Geometrie der Transformationen) möglichst viele linear unabhängige Eigenvektoren und die zugehörigen Eigenwerte. Man überprüfe das Ergebnis durch Berechnung der Eigenwerte und Eigenraumbasen der jeweiligen Standardmatrix.

a) Reflexion an der $x$-Achse,
b) Reflexion an der $y$-Achse,
c) Reflexion an $y = x$,
d) Scherung in $x$-Richtung mit Faktor $k$,
e) Scherung in $y$-Richtung mit Faktor $k$,
f) Rotation um den Winkel $\theta$.

# 9.3 Methode der kleinsten Quadrate

*Wir verwenden unsere Ergebnisse über Orthogonalprojektionen in Vektorräumen mit Skalarprodukt, um eine Methode zu entwickeln, mit der eine Gerade oder eine Parabel an experimentell bestimmte Punkte der Ebene angepaßt werden kann.*

## Anpassen einer Kurve an Meßwerte

Ein allgemeines Problem experimenteller Arbeit besteht darin, eine mathematische Beziehung $y = f(x)$ zwischen zwei Variablen $x$ und $y$ zu bestimmen, die die unterschiedlichen, in Versuchen ermittelten Wertepaare

$$(x_1, y_1), (x_2, y_2), \ldots, (x_n, y_n)$$

möglichst gut beschreibt.

Aufgrund theoretischer Überlegungen (oder einfach durch die Lage der Punkte) entscheidet man über die allgemeine Form der Kurve $y = f(x)$.

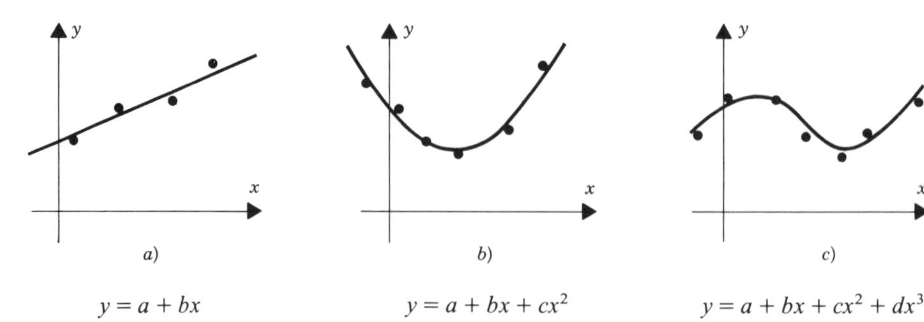


**Abb. 9.9**

Gebräuchlich sind
a) eine Gerade $y = a + bx$,
b) ein quadratisches Polynom $y = a + bx + cx^2$,
c) ein kubisches Polynom $y = a + bx + cx^2 + dx^3$.

Da die Punkte in Versuchen ermittelt wurden, ist mit Meßfehlern zu rechnen, die es im allgemeinen unmöglich machen, eine Kurve zu finden, die durch alle Punkte verläuft. Man wählt daher die Kurve (durch Bestimmung ihrer Koeffizienten) so, daß sie möglichst nahe an den Punkten liegt. Wir beginnen mit dem einfachsten Fall, dem Anpassen einer Geraden an Meßdaten.

## Approximation von Meßdaten durch eine Gerade

Wir wollen eine Gerade

$$y = a + bx$$

an gegebene Meßwerte

$$(x_1, y_1), (x_2, y_2), \ldots, (x_n, y_n)$$

anpassen. Sind die Meßdaten kollinear, so liegen sie auf der gesuchten Geraden, deren Koeffizienten dann die Gleichungen

$$\begin{aligned} y_1 &= a + bx_1 \\ y_2 &= a + bx_2 \\ &\vdots \\ y_n &= a + bx_n \end{aligned}$$

erfüllen. In Matrixform ergibt sich das System

$$\begin{bmatrix} 1 & x_1 \\ 1 & x_2 \\ \vdots & \vdots \\ 1 & x_n \end{bmatrix} \begin{bmatrix} a \\ b \end{bmatrix} = \begin{bmatrix} y_1 \\ y_2 \\ \vdots \\ y_n \end{bmatrix}$$

oder kurz $M\mathbf{v} = \mathbf{y}$ (1)

mit

$$\mathbf{y} = \begin{bmatrix} y_1 \\ y_2 \\ \vdots \\ y_n \end{bmatrix}, \qquad M = \begin{bmatrix} 1 & x_1 \\ 1 & x_2 \\ \vdots & \vdots \\ 1 & x_n \end{bmatrix}, \qquad \mathbf{v} = \begin{bmatrix} a \\ b \end{bmatrix}. \tag{2}$$

Sind die Meßpunkte nicht kollinear, so gibt es keine Koeffizienten $a$ und $b$, die (1) erfüllen, das System ist also inkonsistent. Wir suchen dann eine Näherungslösung

$$\mathbf{v} = \mathbf{v}^* = \begin{bmatrix} a^* \\ b^* \end{bmatrix}$$

des Systems und erhalten $y = a^* + b^*x$ als ***Näherungsgerade*** der gegebenen Meßwerte. Nach Abschnitt 6.4 wird die Näherungslösung $\mathbf{v}^*$ so bestimmt, daß sie

$$\|\mathbf{y} - M\mathbf{v}\| \tag{3}$$

minimiert. Wegen

$$\|\mathbf{y} - M\mathbf{v}\|^2 = (y_1 - a - bx_1)^2 + (y_2 - a - bx_2)^2 + \cdots + (y_n - a - bx_n)^2 \tag{4}$$

folgt mit

$$d_1 = |y_1 - a - bx_1|, \quad d_2 = |y_2 - a - bx_2|, \ldots, d_n = |y_n - a - bx_n|$$

$$\|\mathbf{y} - M\mathbf{v}\|^2 = d_1^2 + d_2^2 + \cdots + d_n^2. \tag{5}$$

Wie in Abbildung 9.10 dargestellt, ist $d_i$ der vertikale Abstand der Geraden $y = a + bx$ zum Punkt $(x_i, y_i)$, den wir als „Fehler“ oder „Abweichung“ des Punktes zur Geraden betrachten. Die beste Näherung $\mathbf{v}^*$ minimiert die Summe der Quadrate dieser Fehler, wir bezeichnen daher das Anpassungsverfahren als *Methode der kleinsten Quadrate.*

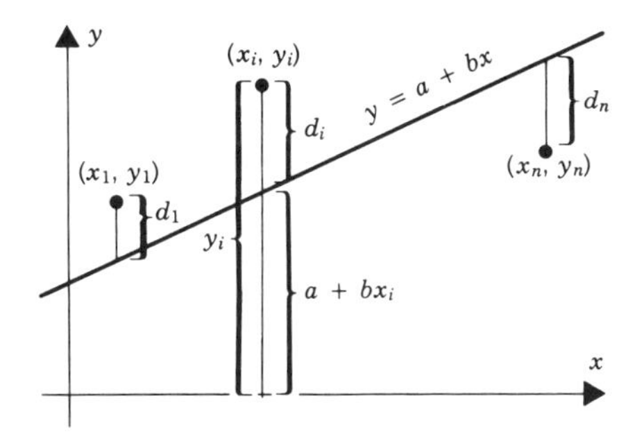


**Abb. 9.10** $d_i$ mißt den vertikalen Fehler der Näherungsgeraden.

## Normalgleichungen

Nach Satz 6.4.2 sind die Näherungslösungen von (1) gerade die exakten Lösungen des aus den ***Normalgleichungen*** bestehenden Systems

$$M^T M\mathbf{v} = M^T\mathbf{y}.$$

In den Übungen werden wir sehen, daß die Spaltenvektoren von $M$ genau dann linear unabhängig sind, wenn die $n$ Meßpunkte nicht alle auf einer zur $x$-Achse senkrechten Geraden liegen. In diesem Fall folgt aus Satz 6.4.4, daß die gesuchte Näherungslösung eindeutig ist und die Gleichung

$$\mathbf{v}^* = (M^T M)^{-1} M^T \mathbf{y}$$

erfüllt. Wir erhalten also folgenden Satz:

**Satz 9.3.1.** *Seien $(x_1, y_1), (x_2, y_2), \ldots, (x_n, y_n)$ Meßpunkte, die nicht alle auf derselben zur $x$-Achse senkrechten Geraden liegen, und seien*

$$M = \begin{bmatrix} 1 & x_1 \\ 1 & x_2 \\ \vdots & \vdots \\ 1 & x_n \end{bmatrix} \quad \text{und} \quad \mathbf{y} = \begin{bmatrix} y_1 \\ y_2 \\ \vdots \\ y_n \end{bmatrix}.$$

*Dann liefert die Methode der kleinsten Quadrate eine eindeutig bestimmte Näherungsgerade*

$$y = a^* + b^* x,$$

*deren Koeffizientenvektor*

$$\mathbf{v}^* = \begin{bmatrix} a^* \\ b^* \end{bmatrix}$$

*die Gleichung*

$$\mathbf{v}^* = (M^T M)^{-1} M^T \mathbf{y} \tag{6}$$

*erfüllt. Somit ist $\mathbf{v} = \mathbf{v}^*$ die einzige Lösung der Normalgleichungen*

$$M^T M \mathbf{v} = M^T \mathbf{y}. \tag{7}$$

**Beispiel 1** Man bestimme mit der Methode der kleinsten Quadrate die Näherungsgerade der Punkte $(0, 1)$, $(1, 3)$, $(2, 4)$, $(3, 4)$ (Abbildung 9.11).

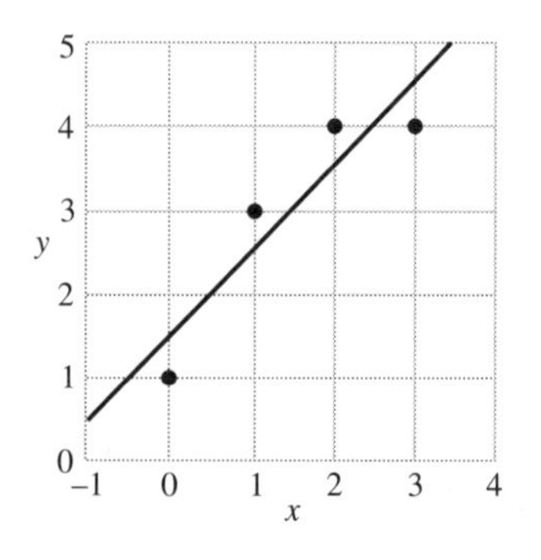


**Abb. 9.11**

*Lösung*. Mit

$$M = \begin{bmatrix} 1 & 0 \\ 1 & 1 \\ 1 & 2 \\ 1 & 3 \end{bmatrix}$$

$$M^T M = \begin{bmatrix} 4 & 6 \\ 6 & 14 \end{bmatrix}$$

$$(M^T M)^{-1} = \frac{1}{10} \begin{bmatrix} 7 & -3 \\ -3 & 2 \end{bmatrix}$$

$$\mathbf{v}^* = (M^T M)^{-1} M^T \mathbf{y} = \frac{1}{10} \begin{bmatrix} 7 & -3 \\ -3 & 2 \end{bmatrix} \begin{bmatrix} 1 & 1 & 1 & 1 \\ 0 & 1 & 2 & 3 \end{bmatrix} \begin{bmatrix} 1 \\ 3 \\ 4 \\ 4 \end{bmatrix} = \begin{bmatrix} 1,5 \\ 1 \end{bmatrix}$$

ergibt sich die Näherungsgerade $y = 1,5 + x$.

**Beispiel 2** Nach dem Hookeschen Gesetz hängt die Länge $x$ einer homogenen Feder linear von der auf sie angewandten Kraft $y$ ab. Wir können also $y = a + bx$ schreiben, wobei der Koeffizient $b$ die Federkonstante ist. Wir betrachten jetzt eine Feder, die in unbelastetem Zustand die Länge 6, 1 cm hat (also ist $x = 6,1$ für $y = 0$). Durch Anwenden der Kräfte 2 kp, 4 kp und 6 kp ergeben sich die Längen 7, 6 cm, 8, 7 cm und 10, 4 cm (Abbildung 9.12). Man bestimme die Federkonstante.

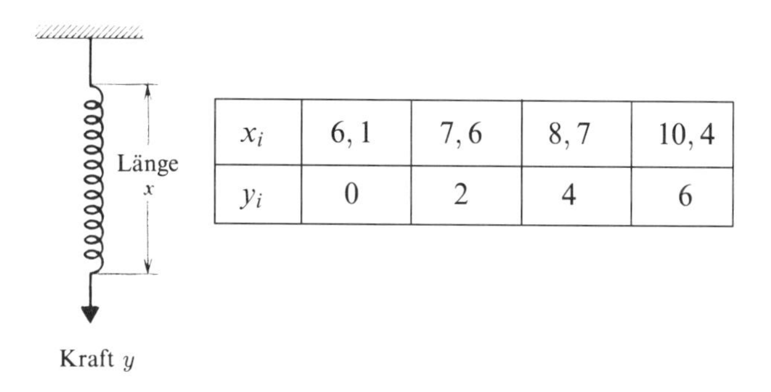


| $x_i$ | 6, 1 | 7, 6 | 8, 7 | 10, 4 |
|---|---|---|---|---|
| $y_i$ | 0 | 2 | 4 | 6 |

**Abb. 9.12**

*Lösung*. Mit

$$M = \begin{bmatrix} 1 & 6,1 \\ 1 & 7,6 \\ 1 & 8,7 \\ 1 & 10,4 \end{bmatrix}, \qquad \mathbf{y} = \begin{bmatrix} 0 \\ 2 \\ 4 \\ 6 \end{bmatrix}$$

erhalten wir

$$\mathbf{v}^* = \begin{bmatrix} a^* \\ b^* \end{bmatrix} = (M^T M)^{-1} M^T \mathbf{y} \simeq \begin{bmatrix} -8,6 \\ 1,4 \end{bmatrix},$$

wobei wir alle Zahlenwerte auf eine Dezimalstelle gerundet haben. Damit ergibt sich die Federkonstante als $b^* \simeq 1,4$ kp/cm.

## Anpassung von Polynomen an Meßdaten

Die Methode der kleinsten Quadrate, die wir zum Anpassen einer Geraden an gegebene Meßdaten benutzt haben, läßt sich problemlos auf Polynome höheren Grades verallgemeinern. Wir bestimmen ein Näherungspolynom $m$-ten Grades

$$y = a_0 + a_1 x + \cdots + a_m x^m \tag{8}$$

für die $n$ Punkte

$$(x_1, y_1), (x_2, y_2), \ldots, (x_n, y_n).$$

Durch Einsetzen der Werte $x_i$ und $y_i$ in (8) ergibt sich das lineare Gleichungssystem

$$\begin{aligned} y_1 &= a_0 + a_1 x_1 + \cdots + a_m x_1^m \\ y_2 &= a_0 + a_1 x_2 + \cdots + a_m x_2^m \\ &\vdots \\ y_n &= a_0 + a_1 x_n + \cdots + a_m x_n^m, \end{aligned}$$

also in Matrixform

$$M\mathbf{v} = \mathbf{y} \tag{9}$$

mit

$$\mathbf{y} = \begin{bmatrix} y_1 \\ y_2 \\ \vdots \\ y_n \end{bmatrix}, \quad M = \begin{bmatrix} 1 & x_1 & x_1^2 & \cdots & x_1^m \\ 1 & x_2 & x_2^2 & \cdots & x_2^m \\ \vdots & \vdots & \vdots & & \vdots \\ 1 & x_n & x_n^2 & \cdots & x_n^m \end{bmatrix}, \quad \mathbf{v} = \begin{bmatrix} a_0 \\ a_1 \\ \vdots \\ a_m \end{bmatrix}.$$

Wie zuvor liefern die Lösungen der Normalgleichungen

$$M^T M\mathbf{v} = M^T \mathbf{y}$$

Koeffizienten der Polynome, die

$$\|\mathbf{y} - M\mathbf{v}\|$$

minimieren. In den Übungen werden wir sehen, unter welchen Bedingungen $M^T M$ invertierbar ist, in diesem Fall haben die Normalgleichungen die eindeutig bestimmte Lösung

$$\mathbf{v}^* = (M^T M)^{-1} M^T \mathbf{y}.$$

**Beispiel 3** Das zweite Newtonsche Gesetz beschreibt den freien Fall eines Körpers in der Nähe der Erdoberfläche durch die Gleichung

$$s = s_0 + v_0 t + \tfrac{1}{2} g t^2, \tag{10}$$

wobei $s$ den vertikalen Abstand des Körpers zu einem festen Bezugspunkt, $s_0$ den Anfangswert von $s$ zur Zeit $t = 0$, $v_0$ die Anfangsgeschwindigkeit zur Zeit $t = 0$ und $g$ die Erdbeschleunigung bezeichnet.

Aus dieser Gleichung soll $g$ experimentell bestimmt werden. Dazu wird ein Körper mit unbekannter Anfangshöhe und -geschwindigkeit fallengelassen und sein vertikaler Abstand zu einem gegebenen Bezugspunkt zu verschiedenen Zeiten gemessen. Es ergeben sich für die Zeiten $t = 0{,}1$ s, 0,2 s, 0,3 s, 0,4 s, 0,5 s die Abstände $s = -0{,}055$ m, 0,095 m, 0,314 m, 0,756 m, 1,137 m. Man berechne daraus einen Näherungswert für $g$.

*Lösung.* Wir werden mit der Methode der kleinsten Quadrate ein Polynom

$$s = a_0 + a_1 t + a_2 t^2 \tag{11}$$

an die Meßpunkte

$$(0{,}1;\ -0{,}055), (0{,}2;\ 0{,}095), (0{,}3;\ 0{,}314), (0{,}4;\ 0{,}756), (0{,}5;\ 1{,}137)$$

anpassen. Mit den Rechnungen

$$M = \begin{bmatrix} 1 & t_1 & t_1^2 \\ 1 & t_2 & t_2^2 \\ 1 & t_3 & t_3^2 \\ 1 & t_4 & t_4^2 \\ 1 & t_5 & t_5^2 \end{bmatrix} = \begin{bmatrix} 1 & 0{,}1 & 0{,}01 \\ 1 & 0{,}2 & 0{,}04 \\ 1 & 0{,}3 & 0{,}09 \\ 1 & 0{,}4 & 0{,}16 \\ 1 & 0{,}5 & 0{,}25 \end{bmatrix}$$

$$y = \begin{bmatrix} s_1 \\ s_2 \\ s_3 \\ s_4 \\ s_5 \end{bmatrix} = \begin{bmatrix} -0,055 \\ 0,095 \\ 0,314 \\ 0,756 \\ 1,137 \end{bmatrix}$$

ergibt sich der Koeffizientenvektor

$$\mathbf{v}^* = \begin{bmatrix} a_0^* \\ a_1^* \\ a_2^* \end{bmatrix} = (M^T M)^{-1} M^T \mathbf{y} \simeq \begin{bmatrix} -0{,}122 \\ 0{,}107 \\ 0{,}491 \end{bmatrix}.$$

Nach (10) und (11) ist $a_2 = \frac{1}{2} g$, also erhalten wir den Näherungswert

$$g = 2a_2^* = 2(0,491) = 0,982\,\mathrm{m/s^2}.$$

Außerdem können wir die Anfangslage und -geschwindigkeit durch

$$s_0 = a_0^* = -0{,}122 \text{ m}$$
$$v_0 = a_1^* = 0{,}107 \text{ m/s}$$

abschätzen. Abbildung 9.13 zeigt die Meßwerte mit ihrer Näherungskurve.

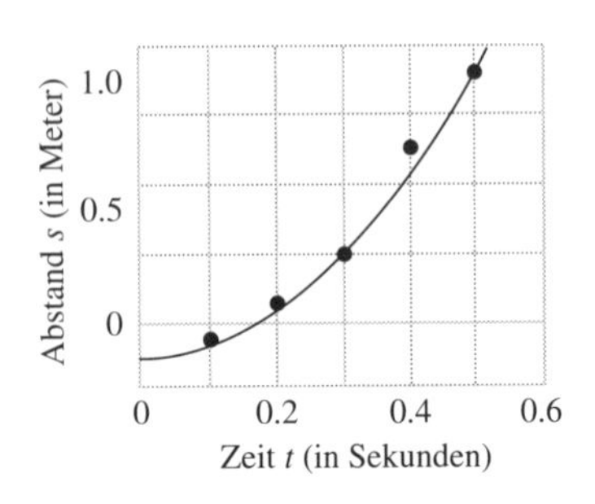


**Abb. 9.13**

## Übungen zu 9.3

**1.** Man bestimme eine Näherungsgerade für die Punkte $(0,0), (1,2), (2,7)$.

**2.** Man bestimme eine Näherungsgerade für die Punkte $(0,1), (2,0), (3,1), (3,2)$.

**3.** Man bestimme ein quadratisches Näherungspolynom für $(2,0), (3,-10), (5,-48), (6,-76)$.

**4.** Man bestimme ein kubisches Näherungspolynom für $(-1,-14), (0,-5), (1,-4), (2,1), (3,22)$.

**5.** Man zeige, daß die Spalten der Matrix $M$ aus Gleichung (2) genau dann linear unabhängig sind, wenn die Zahlen $x_1, x_2, \ldots, x_n$ nicht alle gleich sind.

**6.** Man zeige, daß die Spalten der $n \times (m+1)$-Matrix $M$ in Gleichung (9) linear unabhängig sind, wenn $n > m$ gilt und mindestens $m+1$ der Werte $x_1, x_2, \ldots, x_n$ voneinander verschieden sind.

**7.** Sei $M$ die Matrix aus Gleichung (9). Man zeige, daß die Bedingungen aus Aufgabe 6 hinreichend für die Invertierbarkeit von $M^T M$ sind.

**8.** Der Besitzer eines expandierenden Geschäfts hat in den ersten fünf Monaten des Jahres 4 000, 4 400, 5 200, 6 400 und 8 000 DM eingenommen. Er markiert diese Werte in einem geeigneten Koordinatensystem und vermutet, daß sich die weitere Entwicklung durch ein quadratisches Polynom abschätzen läßt. Man bestimme dieses Näherungspolynom und erstelle eine Prognose für den zwölften Monat des Jahres.

## 9.4 Approximationsprobleme, Fourierreihen

*Wir werden unser Wissen über Orthogonalprojektionen in Vektorräumen mit Skalarprodukt verwenden, um gegebene Funktionen durch einfachere zu approximieren. Derartigen Problemen begegnet man in vielen technischen und wissenschaftlichen Anwendungen.*

### Beste Approximation

Wir behandeln hier Spezialfälle des folgenden allgemeinen Problems:

***Approximationsproblem.*** Man bestimme die „beste Näherung" einer gegebenen stetigen Funktion $f$ auf einem Intervall $[a, b]$ mit Funktionen aus einem vorgegebenen Unterraum $W$ von $C[a, b]$.

Wir führen einige Beispiele für derartige Aufgabenstellungen an:

a) Man bestimme die beste Näherung von $e^x$ auf $[0, 1]$ durch ein Polynom der Form $a_0 + a_1 x + a_2 x^2$.
b) Man bestimme die beste Näherung von $\sin \pi x$ auf $[-1, 1]$ durch eine Funktion $a_0 + a_1 e^x + a_2 e^{2x} + a_3 e^{3x}$.
c) Man bestimme die beste Näherung von $x$ auf $[0, 2\pi]$ durch eine Funktion $a_0 + a_1 \sin x + a_2 \sin 2x + b_1 \cos x + b_2 \cos 2x$.

Im ersten Beispiel ist $W$ der Unterraum $P_2$ von $C[0, 1]$; im zweiten wird $W$ als Unterraum von $C[-1, 1]$ durch $1, e^x, e^{2x}, e^{3x}$ erzeugt. In Beispiel c) spannen $1$, $\sin x$, $\sin 2x$, $\cos x$, $\cos 2x$ $W$ als Unterraum von $C[0, 2\pi]$ auf.

### Fehlermessung

Bevor wir die oben angesprochenen Probleme lösen, müssen wir den Begriff „beste Näherung auf $[a, b]$" mathematisch präzisieren; dazu brauchen wir eine Methode zur Messung des Fehlers, der entsteht, wenn wir eine stetige Funktion auf $[a, b]$ durch eine andere ersetzen. Wollten wir $f(x)$ nur an einer Stelle $x_0$ durch $g(x)$ approximieren, so hätten wir dort den Fehler

$$\text{Fehler} = |f(x_0) - g(x_0)|,$$

der auch als ***Abweichung*** zwischen $f$ und $g$ bei $x_0$ bezeichnet wird (Abbildung 9.14). Wir wollen jedoch $f$ nicht nur in einem Punkt, sondern auf dem gesamten Intervall $[a, b]$ approximieren. Die Abweichung an einzelnen Punkten hilft uns dabei nicht weiter, da wir wahrscheinlich an verschiedenen Stellen unterschiedliche Näherungsfunktionen erhalten würden, ohne uns für eine „bessere" entscheiden zu können. Wir brauchen also eine Meßmethode für den „Gesamtfehler", der beim Ersetzen von $f$ durch $g$ entsteht. Eine Möglichkeit besteht darin, die Abweichung $|f(x) - g(x)|$ über $[a, b]$ zu integrieren,

$$\text{Fehler} = \int_a^b |f(x) - g(x)| \mathrm{d}x. \tag{1}$$

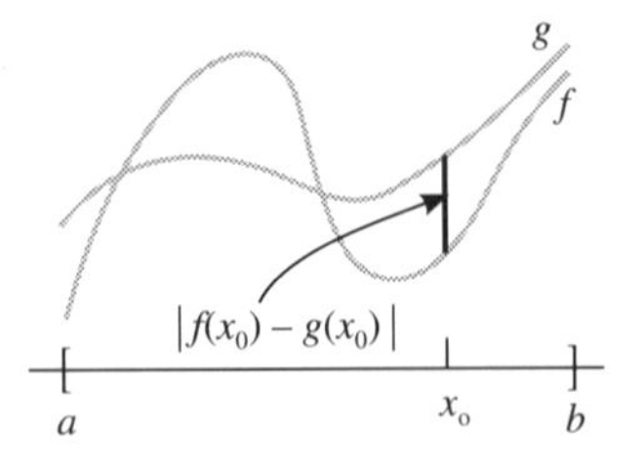


**Abb. 9.14** Abweichung von $f$ und $g$ bei $x_0$

Geometrisch ist (1) der Flächeninhalt zwischen den Graphen von $f$ und $g$ auf dem Intervall $[a,b]$ (Abbildung 9.15); je größer diese Fläche ist, desto größer ist der Approximationsfehler.

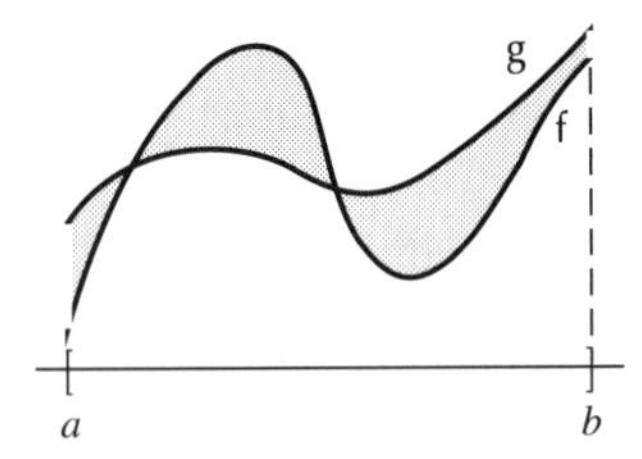


Der Flächeninhalt zwischen den Graphen von $f$ und $g$ mißt den Approximationsfehler.

**Abb. 9.15**

Formel (1) ist zwar naheliegend und geometrisch einleuchtend, wird aber selten verwendet. Stattdessen bevorzugen Mathematiker und andere Wissenschaftler eine andere Fehlermessung, den sogenannten ***mittleren quadratischen Fehler:***

$$\text{mittlerer quadratischer Fehler} = \int_a^b [f(x) - g(x)]^2 \mathrm{d}x.$$

Diese Formel berücksichtigt große Abweichungen stärker, da sie quadriert werden; davon abgesehen erlaubt sie es, die vorhandene Theorie über Vektorräume mit Skalarprodukt anzuwenden. Dazu betrachten wir eine auf $[a,b]$ stetige Funktion $\mathbf{f}$, die wir durch eine Funktion $\mathbf{g}$ aus einem Unterraum $W$ von $C[a,b]$ approximieren wollen. Versehen wir $C[a,b]$ mit dem Skalarprodukt

$$\langle \mathbf{f}, \mathbf{g} \rangle = \int_a^b f(x)g(x) \mathrm{d}x,$$

so folgt

$$\|\mathbf{f} - \mathbf{g}\|^2 = \langle \mathbf{f} - \mathbf{g}, \mathbf{f} - \mathbf{g} \rangle = \int_a^b [f(x) - g(x)]^2 \mathrm{d}x = \text{mittlerer quadratischer Fehler},$$

also wird der mittlere quadratische Fehler genau dann minimal, wenn $\|\mathbf{f}-\mathbf{g}\|^2$ möglichst klein ist. Damit können wir unser Approximationsproblem mathematisch genau formulieren:

***Approximation im quadratischen Mittel.*** Sei $\mathbf{f}$ eine auf $[a, b]$ stetige Funktion,

$$\langle \mathbf{f}, \mathbf{g} \rangle = \int_a^b f(x)g(x)\mathrm{d}x$$

das Skalarprodukt auf $C[a, b]$ und $W$ ein endlich-dimensionaler Unterraum von $C[a, b]$. Man bestimme eine Funktion $\mathbf{g}$ in $W$, die

$$\|\mathbf{f}-\mathbf{g}\|^2 = \int_a^b [f(x) - g(x)]^2\mathrm{d}x$$

minimiert.

Da $\|\mathbf{f}-\mathbf{g}\|^2$ und $\|\mathbf{f}-\mathbf{g}\|$ gleichzeitig minimal werden, ist das Approximationsproblem äquivalent zur Bestimmung einer Näherung $\mathbf{g}$ von $\mathbf{f}$ in $W$. Nach Satz 6.4.1 müssen wir also $\mathbf{g} = \mathrm{proj}_W \mathbf{f}$ wählen (Abbildung 9.16).

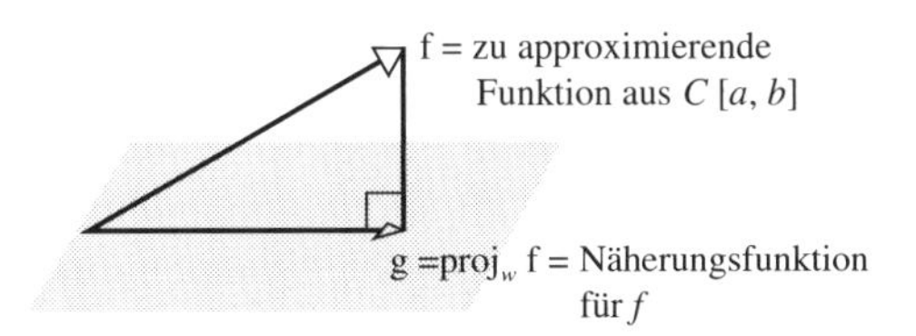


**Abb. 9.16**

Damit haben wir folgendes Ergebnis:

***Lösung des Approximationsproblems.*** Sei $\mathbf{f}$ eine auf $[a, b]$ stetige Funktion und $W$ ein endlich-dimensionaler Unterraum von $C[a, b]$. Dann ist $\mathbf{g} = \mathrm{proj}_W \mathbf{f}$ diejenige Funktion in $W$, die den mittleren quadratischen Fehler

$$\int_a^b [f(x) - g(x)]^2\mathrm{d}x$$

minimiert, wobei die Orthogonalprojektion bezüglich des Skalarprodukts

$$\langle \mathbf{f}, \mathbf{g} \rangle = \int_a^b f(x)g(x)\mathrm{d}x$$

berechnet wird. $\mathbf{g} = \mathrm{proj}_W \mathbf{f}$ heißt ***Approximationsfunktion im quadratischen Mittel*** von $\mathbf{f}$ in $W$.

## Fourierreihen

Eine Funktion der Gestalt

$$\begin{aligned} t(x) &= c_0 + c_1 \cos x + c_2 \cos 2x + \cdots + c_n \cos nx \\ &\quad + d_1 \sin x + d_2 \sin 2x + \cdots + d_n \sin nx \end{aligned} \tag{2}$$

heißt ***trigonometrisches Polynom;*** sind $c_n$ und $d_n$ nicht gleichzeitig null, so hat $t(x)$ die ***Ordnung*** $n$. Beispielsweise ist

$$t(x) = 2 + \cos x - 3\cos 2x + 7 \sin 4x$$

ein trigonometrisches Polynom mit

$$c_0 = 2, \quad c_1 = 1, \quad c_2 = -3, \quad d_1 = 0, \quad d_2 = 0, \quad d_3 = 0, \quad d_4 = 7;$$

$t(x)$ hat die Ordnung 4.

Nach (2) sind trigonometrische Polynome höchstens $n$-ter Ordnung Linearkombinationen von

$$1, \cos x, \cos 2x, \ldots, \cos nx, \sin x, \sin 2x, \ldots, \sin nx. \tag{3}$$

Man kann zeigen, daß diese $2n + 1$ Funktionen linear unabhängig sind; sie erzeugen also für jedes Intervall $[a, b]$ mit $a < b$ einen $(2n + 1)$-dimensionalen Unterraum $W$ von $C[a, b]$.

Wir wollen eine auf $[0, 2\pi]$ stetige Funktion $f(x)$ durch ein trigonometrisches Polynom höchstens $n$-ter Ordnung im quadratischen Mittel approximieren. Wie wir oben gesehen haben, ist diese Näherungsfunktion gerade die Orthogonalprojektion von $\mathbf{f}$ auf $W$. Mit einer Orthonormalbasis $\mathbf{g}_0, \mathbf{g}_1, \ldots, \mathbf{g}_{2n}$ für $W$ erhalten wir diese als

$$\operatorname{proj}_W \mathbf{f} = \langle \mathbf{f}, \mathbf{g}_0 \rangle \mathbf{g}_0 + \langle \mathbf{f}, \mathbf{g}_1 \rangle \mathbf{g}_1 + \cdots + \langle \mathbf{f}, \mathbf{g}_{2n} \rangle \mathbf{g}_{2n} \tag{4}$$

(siehe Satz 6.3.5). Diese Basis können wir mit dem Gram-Schmidt-Verfahren aus (3) berechnen, wobei wir das Skalarprodukt

$$\langle \mathbf{f}, \mathbf{g} \rangle = \int_0^{2\pi} f(x) g(x) \mathrm{d}x$$

betrachten. Es ergibt sich (Übung 6)

$$\begin{aligned} \mathbf{g}_0 &= \frac{1}{\sqrt{2\pi}}, \quad \mathbf{g}_1 = \frac{1}{\sqrt{\pi}} \cos x, \ \ldots, \ \mathbf{g}_n = \frac{1}{\sqrt{\pi}} \cos nx, \\ \mathbf{g}_{n+1} &= \frac{1}{\sqrt{\pi}} \sin x, \ \ldots, \ \mathbf{g}_{2n} = \frac{1}{\sqrt{\pi}} \sin nx. \end{aligned} \tag{5}$$

Mit den Bezeichnungen

$$\begin{aligned} a_0 &= \frac{2}{\sqrt{2\pi}} \langle \mathbf{f}, \mathbf{g}_0 \rangle, \quad a_1 = \frac{1}{\sqrt{\pi}} \langle \mathbf{f}, \mathbf{g}_1 \rangle, \ \ldots, \ a_n = \frac{1}{\sqrt{\pi}} \langle \mathbf{f}, \mathbf{g}_n \rangle \\ b_1 &= \frac{1}{\sqrt{\pi}} \langle \mathbf{f}, \mathbf{g}_{n+1} \rangle, \ \ldots, \ b_n = \frac{1}{\sqrt{\pi}} \langle \mathbf{f}, \mathbf{g}_{2n} \rangle \end{aligned}$$

ist dann

$$\operatorname{proj}_W \mathbf{f} = \frac{a_0}{2} + [a_1 \cos x + \cdots + a_n \cos nx] + [b_1 \sin x + \cdots + b_n \sin nx],$$

wobei

$$a_0 = \frac{2}{\sqrt{2\pi}}\langle \mathbf{f}, \mathbf{g}_0\rangle = \frac{2}{\sqrt{2\pi}}\int_0^{2\pi} f(x)\frac{1}{\sqrt{2\pi}}\mathrm{d}x = \frac{1}{\pi}\int_0^{2\pi} f(x)\mathrm{d}x$$

$$a_1 = \frac{1}{\sqrt{\pi}}\langle \mathbf{f}, \mathbf{g}_1\rangle = \frac{1}{\sqrt{\pi}}\int_0^{2\pi} f(x)\frac{1}{\sqrt{\pi}}\cos x\,\mathrm{d}x = \frac{1}{\pi}\int_0^{2\pi} f(x)\cos x\,\mathrm{d}x$$

$$\vdots$$

$$a_n = \frac{1}{\sqrt{\pi}}\langle \mathbf{f}, \mathbf{g}_n\rangle = \frac{1}{\sqrt{\pi}}\int_0^{2\pi} f(x)\frac{1}{\sqrt{\pi}}\cos nx\,\mathrm{d}x = \frac{1}{\pi}\int_0^{2\pi} f(x)\cos nx\,\mathrm{d}x$$

$$b_1 = \frac{1}{\sqrt{\pi}}\langle \mathbf{f}, \mathbf{g}_{n+1}\rangle = \frac{1}{\sqrt{\pi}}\int_0^{2\pi} f(x)\frac{1}{\sqrt{\pi}}\sin x\,\mathrm{d}x = \frac{1}{\pi}\int_0^{2\pi} f(x)\sin x\,\mathrm{d}x$$

$$\vdots$$

$$b_n = \frac{1}{\sqrt{\pi}}\langle \mathbf{f}, \mathbf{g}_{2n}\rangle = \frac{1}{\sqrt{\pi}}\int_0^{2\pi} f(x)\frac{1}{\sqrt{\pi}}\sin nx\,\mathrm{d}x = \frac{1}{\pi}\int_0^{2\pi} f(x)\sin nx\,\mathrm{d}x.$$

Die durch die Formeln

$$a_k = \frac{1}{\pi}\int_0^{2\pi} f(x)\cos kx\,\mathrm{d}x, \quad b_k = \frac{1}{\pi}\int_0^{2\pi} f(x)\sin kx\,\mathrm{d}x \tag{6}$$

gegebenen Zahlen $a_0, a_1, \ldots, a_n, b_1, \ldots, b_n$ heißen ***Fourierkoeffizienten**** von **f.**

**Beispiel 1** Man approximiere $f(x) = x$ auf $[0, 2\pi]$ im quadratischen Mittel mit

a) einem trigonometrischen Polynom höchstens zweiter Ordnung;
b) einem trigonometrischen Polynom höchstens $n$-ter Ordnung.

*Lösung a).*

$$a_0 = \frac{1}{\pi}\int_0^{2\pi} f(x)\mathrm{d}x = \frac{1}{\pi}\int_0^{2\pi} x\,\mathrm{d}x = 2\pi. \tag{7a}$$

Durch partielle Integration ergibt sich für $k = 1, 2, \ldots$

$$a_k = \frac{1}{\pi}\int_0^{2\pi} f(x)\cos kx\,\mathrm{d}x = \frac{1}{\pi}\int_0^{2\pi} x\cos kx\,\mathrm{d}x = 0 \tag{7b}$$

$$b_k = \frac{1}{\pi}\int_0^{2\pi} f(x)\sin kx\,\mathrm{d}x = \frac{1}{\pi}\int_0^{2\pi} x\sin kx\,\mathrm{d}x = -\frac{2}{k} \tag{7c}$$

---

* *Jean Baptiste Joseph Fourier* (1768–1830), französischer Mathematiker und Physiker. Er entwickelte die Fourierreihen und damit verwandte Konzepte bei seiner Arbeit über Wärmediffusion. Diese Entdeckung war eine der wichtigsten der Mathematik, sie spielt sowohl in mathematischen Forschungen als auch in technischen Gebieten eine bedeutende Rolle. Fourier verbrachte wegen seiner politischen Aktivitäten während der französischen Revolution einige Zeit im Gefängnis. Unter Napoleon genoß er hohes Ansehen und wurde zum Baron und Grafen ernannt.

(der Leser möge das verifizieren). Als Approximation von x auf $[0, 2\pi]$ erhalten wir

$$x \simeq \frac{a_0}{2} + a_1 \cos x + a_2 \cos 2x + b_1 \sin x + b_2 \sin 2x,$$

also nach (7a), (7b) und (7c)

$$x \simeq \pi - 2 \sin x - \sin 2x.$$

*Lösung b).* Die Approximation von $x$ auf $[0, 2\pi]$ durch ein trigonometrisches Polynom höchstens n-ter Ordnung ist

$$x \simeq \frac{a_0}{2} + [a_1 \cos x + \cdots + a_n \cos nx] + [b_1 \sin x + \cdots + b_n \sin nx],$$

also nach (7a), (7b) und (7c)

$$x \simeq \pi - 2\left(\sin x + \frac{\sin 2x}{2} + \frac{\sin 3x}{3} + \cdots + \frac{\sin nx}{n}\right).$$

In Abbildung 9.17 sind die Graphen der Geraden $f(x) = x$ und der Approximationsfunktionen bis zur vierten Ordnung skizziert.

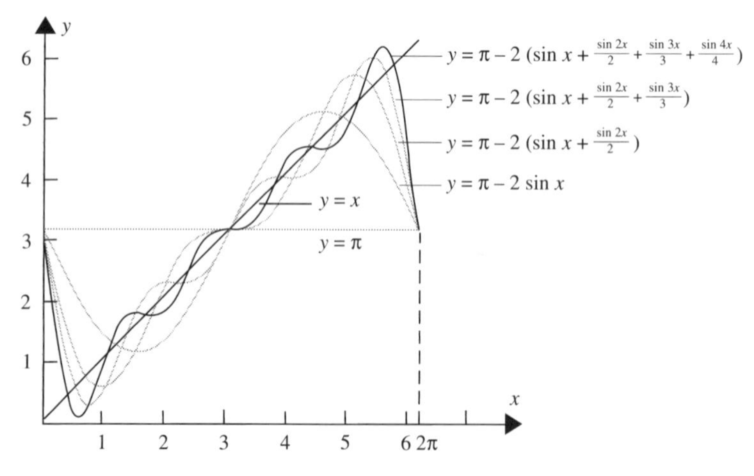


**Abb. 9.17**

Man erwartet nun, daß der mittlere quadratische Fehler um so kleiner wird, je höher die Ordnung der Approximation

$$f(x) \simeq \frac{a_0}{2} + \sum_{k=1}^{n} (a_k \cos kx + b_k \sin kx)$$

ist. Tatsächlich gilt für alle Funktionen $f \in C[a, b]$, daß der mittlere quadratische Fehler mit $n \to \infty$ gegen null konvergiert, also ist

$$f(x) = \frac{a_0}{2} + \sum_{k=1}^{\infty} (a_k \cos kx + b_k \sin kx).$$

Die rechte Seite dieser Gleichung heißt ***Fourierreihe*** von $f$ auf dem Intervall $[0, 2\pi]$. Diese Reihen sind in der Technik, der Wissenschaft und insbesondere in der Mathematik von großer Bedeutung.

## Übungen zu 9.4

**1.** Man approximiere $f(x) = 1 + x$ auf $[0, 2\pi]$ durch

a) ein trigonometrisches Polynom höchstens zweiter Ordnung;
b) ein trigonometrisches Polynom höchstens $n$-ter Ordnung.

**2.** Man approximiere $f(x) = x^2$ auf $[0, 2\pi]$ durch

a) ein trigonometrisches Polynom höchstens dritter Ordnung;
b) ein trigonometrisches Polynom höchstens $n$-ter Ordnung.

**3.** a) Man bestimme die Approximation im quadratischen Mittel von $x$ auf $[0, 1]$ durch eine Funktion der Form $a + be^x$.
b) Man berechne den mittleren quadratischen Fehler der Approximation.

**4.** a) Man approximiere $e^x$ auf $[0, 1]$ im quadratischen Mittel durch eine Funktion der Gestalt $a_0 + a_1 x$.
b) Man berechne den mittleren quadratischen Fehler der Approximation.

**5.** a) Man approximiere $\sin \pi x$ auf $[-1, 1]$ durch ein quadratisches Polynom $a_0 + a_1 x + a_2 x^2$.
b) Man berechne den mittleren quadratischen Fehler.

**6.** Man wende das Gram-Schmidtsche Orthonormalisierungsverfahren auf die Basis (3) an, um die Orthonormalbasis (5) zu erhalten.

**7.** Man verifiziere die Formeln (7a), (7b) und (7c).

**8.** Man berechne die Fourierreihe von $f(x) = \pi - x$ auf dem Intervall $[0, 2\pi]$.

# 9.5 Quadratische Formen

*Bisher haben wir hauptsächlich lineare Gleichungen*

$$a_1x_1 + a_2x_2 + \cdots + a_nx_n = b$$

betrachtet. Die linke Seite dieser Gleichung

$$a_1x_1 + a_2x_2 + \cdots + a_nx_n$$

*ist eine Funktion mit n Unbekannten und wird als* ***Linearform*** *bezeichnet. Sie enthält weder Produkte noch Potenzen ihrer Variablen. Wir werden jetzt Funktionen untersuchen, in denen Quadrate und Produkte von Argumenten vorkommen. Solchen Funktionen begegnet man in vielen Anwendungen wie in der Geometrie, bei mechanischen Schwingungen, in der Statistik und Elektrotechnik.*

## Quadratische Formen mit zwei Variablen

Eine ***quadratische Form mit zwei Variablen*** $x$ und $y$ ist eine Funktion der Gestalt

$$ax^2 + 2bxy + cy^2. \tag{1}$$

**Beispiel 1** Die folgenden Funktionen sind quadratische Formen in $x$ und $y$:

$$\begin{aligned} 2x^2 + 6xy - 7y^2 \quad & (a = 2, b = 3, c = -7) \\ 4x^2 - 5y^2 \quad & (a = 4, b = 0, c = -5) \\ xy \quad & (a = 0, b = \tfrac{1}{2}, c = 0). \end{aligned}$$

Lassen wir die Klammern der $1 \times 1$-Matrix weg, so ist

$$ax^2 + 2bxy + cy^2 = [x \quad y]\begin{bmatrix} a & b \\ b & c \end{bmatrix}\begin{bmatrix} x \\ y \end{bmatrix}. \tag{2}$$

(Das kann man leicht durch Matrixmultiplikation verifizieren.) Die $2 \times 2$-Matrix in (2) ist symmetrisch; ihre Diagonalelemente sind die Koeffizienten der quadratischen Terme, die beiden übrigen Elemente sind jeweils die Hälfte des zum Produkt $xy$ gehörenden Koeffizienten.

**Beispiel 2**

$$\begin{aligned} 2x^2 + 6xy - 7y^2 &= [x \quad y]\begin{bmatrix} 2 & 3 \\ 3 & -7 \end{bmatrix}\begin{bmatrix} x \\ y \end{bmatrix} \\ 4x^2 - 5y^2 &= [x \quad y]\begin{bmatrix} 4 & 0 \\ 0 & -5 \end{bmatrix}\begin{bmatrix} x \\ y \end{bmatrix} \\ xy &= [x \quad y]\begin{bmatrix} 0 & \frac{1}{2} \\ \frac{1}{2} & 0 \end{bmatrix}\begin{bmatrix} x \\ y \end{bmatrix}. \end{aligned}$$

## Quadratische Formen mit $n$ Variablen

Man kann quadratische Formen mit beliebig vielen Variablen erklären. Wir geben jetzt die allgemeine Definition an.

**Definition.** Eine ***quadratische Form*** mit den $n$ Variablen $x_1, x_2, \ldots, x_n$ hat die Gestalt

$$[x_1 \quad x_2 \quad \cdots \quad x_n]A\begin{bmatrix} x_1 \\ x_2 \\ \vdots \\ x_n \end{bmatrix}, \tag{3}$$

wobei $A$ eine symmetrische $n \times n$-Matrix ist.

Mit

$$\mathbf{x} = \begin{bmatrix} x_1 \\ x_2 \\ \vdots \\ x_n \end{bmatrix}$$

können wir (3) kurz als

$$\mathbf{x}^T A\mathbf{x} \tag{4}$$

schreiben. Durch Ausführen der Matrixmultiplikationen ergibt sich aus (4)

$$\mathbf{x}^T A\mathbf{x} = a_{11}x_1^2 + a_{22}x_2^2 + \cdots + a_{nn}x_n^2 + \sum_{i \neq j} a_{ij}x_ix_j,$$

wobei

$$\sum_{i \neq j} a_{ij}x_ix_j$$

die Summe aller Produkte $a_{ij}x_ix_j$ mit voneinander verschiedenen Variablen $x_i$ und $x_j$ bezeichnet. Die $a_{ij}x_ix_j$ heißen ***gemischte Terme*** oder ***gemischte Produkte*** der quadratischen Form.

Die Symmetrie der Matrix in der Darstellung quadratischer Formen ist zwar nützlich, aber nicht notwendig. Beispielsweise können wir den Koeffizienten des gemischten Terms in der quadratischen Form $2x^2 + 6xy - 7y^2$ aus Beispiel 2 in die Summen $5 + 1$ und $4 + 2$ zerlegen und erhalten damit

$$2x^2 + 6xy - 7y^2 = [x \quad y]\begin{bmatrix} 2 & 5 \\ 1 & -7 \end{bmatrix}\begin{bmatrix} x \\ y \end{bmatrix}$$

und

$$2x^2 + 6xy - 7y^2 = [x \quad y]\begin{bmatrix} 2 & 4 \\ 2 & -7 \end{bmatrix}\begin{bmatrix} x \\ y \end{bmatrix}.$$

Wir werden allerdings stets symmetrische Matrizen verwenden, da sie die einfachsten Ergebnisse liefern. Schreiben wir eine quadratische Form als $\mathbf{x}^T A\mathbf{x}$, so verstehen wir unter $A$ immer eine eine symmetrische Matrix, auch wenn wir es nicht erwähnen.

**Bemerkung.** Wegen der Symmetrie von $A$ können wir (4) mit dem euklidischen inneren Produkt schreiben:

$$\mathbf{x}^T A\mathbf{x} = \mathbf{x}^T(A\mathbf{x}) = \langle A\mathbf{x}, \mathbf{x}\rangle = \langle \mathbf{x}, A\mathbf{x}\rangle. \tag{5}$$

**Beispiel 3** Man betrachte die quadratische Form mit $x_1, x_2, x_3$:

$$x_1^2 + 7x_2^2 - 3x_3^2 + 4x_1x_2 - 2x_1x_3 + 6x_2x_3 = [x_1 \quad x_2 \quad x_3]\begin{bmatrix} 1 & 2 & -1 \\ 2 & 7 & 3 \\ -1 & 3 & -3 \end{bmatrix}\begin{bmatrix} x_1 \\ x_2 \\ x_3 \end{bmatrix}.$$

Die Koeffizienten der quadratischen Terme stehen auf der Hauptdiagonalen der $3 \times 3$-Matrix $A$, die der gemischten Produkte sind jeweils in zwei gleiche Summanden zerlegt, welche folgendermaßen in der Matrix auftauchen:

| **Koeffizient von** | **Positionen in der Matrix $A$** |
|---|---|
| $x_1x_2$ | $a_{12}$ und $a_{21}$ |
| $x_1x_3$ | $a_{13}$ und $a_{31}$ |
| $x_2x_3$ | $a_{23}$ und $a_{32}$. |

## Probleme mit quadratischen Formen

Die Untersuchung quadratischer Formen ist ein ausgedehntes Gebiet, das wir nur oberflächlich behandeln können. Die folgenden Fragen gehören zu den wichtigsten in diesem Zusammenhang betrachteten Problemen.

- Welches Maximum und Minimum hat die quadratische Form $\mathbf{x}^T A\mathbf{x}$ unter der Bedingung
  $$\|\mathbf{x}\| = (x_1^2 + x_2^2 + \cdots + x_n^2)^{1/2} = 1?$$
- Unter welchen Voraussetzungen für $A$ erfüllt die zugehörige quadratische Form für alle $\mathbf{x} \neq \mathbf{0}$ die Ungleichung $\mathbf{x}^T A\mathbf{x} > 0$?
- Sei $\mathbf{x}^T A\mathbf{x}$ eine quadratische Form mit zwei oder drei Variablen und $c$ eine Konstante. Wie sieht der Graph der Gleichung $\mathbf{x}^T A\mathbf{x} = c$ aus?
- Ist $P$ eine orthogonale Matrix, so erzeugt die Substitution $\mathbf{x} = P\mathbf{y}$ aus einer quadratischen Form $\mathbf{x}^T A\mathbf{x}$ den Ausdruck $(P\mathbf{y})^T A(P\mathbf{y}) = \mathbf{y}^T(P^T AP)\mathbf{y}$. Mit $A$ ist auch $P^T AP$ symmetrisch (der Leser möge das verifizieren), also ist $\mathbf{y}^T(P^T AP)\mathbf{y}$ wieder eine quadratische Form. Kann $P$ so gewählt werden, daß diese Form keine gemischten Terme enthält?

Wir werden in diesem Abschnitt die beiden ersten Fragen untersuchen, auf die verbleibenden werden wir später zurückkommen. Der folgende Satz löst das erste Problem; sein Beweis erfolgt am Ende des Abschnitts.

**Satz 9.5.1.** *Sei $A$ eine symmetrische $n \times n$-Matrix mit den Eigenwerten $\lambda_1 \geq \lambda_2 \geq \cdots \geq \lambda_n$. Dann gilt für alle $\mathbf{x}$ mit euklidischer Norm $\|\mathbf{x}\| = 1$:*

*a)* $\lambda_1 \geq \mathbf{x}^T A\mathbf{x} \geq \lambda_n$.
*b)* $\mathbf{x}^T A\mathbf{x} = \lambda_n$ *für einen Eigenvektor* $\mathbf{x}$ *zu* $\lambda_n$, *und* $\mathbf{x}^T A\mathbf{x} = \lambda_1$ *für einen Eigenvektor* $\mathbf{x}$ *zu* $\lambda_1$.

Aus diesem Satz folgt, daß die quadratische Form $\mathbf{x}^T A\mathbf{x}$ unter der Bedingung

$$\|\mathbf{x}\| = (x_1^2 + x_2^2 + \cdots + x_n^2)^{1/2} = 1$$

das Maximum $\lambda_1$ (größter Eigenwert von $A$) und das Minimum $\lambda_n$ (kleinster Eigenwert von $A$) annimmt.

**Beispiel 4** Man bestimme Maximum und Minimum von

$$x_1^2 + x_2^2 + 4x_1x_2$$

unter der Bedingung $x_1^2 + x_2^2 = 1$. Für welche $x_1, x_2$ werden diese Werte angenommen?

*Lösung.* Wir schreiben die quadratische Form als

$$x_1^2 + x_2^2 + 4x_1x_2 = \mathbf{x}^T A\mathbf{x} = [x_1 \quad x_2]\begin{bmatrix} 1 & 2 \\ 2 & 1 \end{bmatrix}\begin{bmatrix} x_1 \\ x_2 \end{bmatrix}$$

und erhalten als charakteristische Gleichung von $A$

$$\det(\lambda I - A) = \det\begin{bmatrix} \lambda - 1 & -2 \\ -2 & \lambda - 1 \end{bmatrix} = \lambda^2 - 2\lambda - 3 = (\lambda - 3)(\lambda + 1) = 0.$$

$A$ hat die Eigenwerte $\lambda = 3$ und $\lambda = -1$, die als Maximum und Minimum der quadratischen Form unter der Bedingung $\|\mathbf{x}\| = 1$ angenommen werden. Um die entsprechenden Werte für $x_1$ und $x_2$ zu finden, müssen wir Eigenvektoren von $A$ zu $\lambda = 3$ und $\lambda = -1$ bestimmen und normieren.

Der Leser möge sich davon überzeugen, daß

$$\lambda = 3: \begin{bmatrix} 1 \\ 1 \end{bmatrix}, \quad \lambda = -1: \begin{bmatrix} 1 \\ -1 \end{bmatrix}$$

Basen der Eigenräume von $A$ sind. Durch Normieren erhalten wir die Vektoren

$$\begin{bmatrix} 1/\sqrt{2} \\ 1/\sqrt{2} \end{bmatrix}, \begin{bmatrix} 1/\sqrt{2} \\ -1/\sqrt{2} \end{bmatrix}.$$

Damit nimmt die quadratische Form für $x_1^2 + x_2^2 = 1$ ihr Maximum $\lambda = 3$ für $x_1 = \frac{1}{\sqrt{2}}, x_2 = \frac{1}{\sqrt{2}}$ an; das Minimum $\lambda = -1$ wird für $x_1 = \frac{1}{\sqrt{2}}, x_2 = -\frac{1}{\sqrt{2}}$ erreicht. Da wir durch Multiplikation der berechneten Basisvektoren mit $-1$ wieder normierte Eigenvektoren von $A$ erhalten, wird das Maximum auch für $x_1 = -\frac{1}{\sqrt{2}}, x_2 = -\frac{1}{\sqrt{2}}$ und das Minimum für $x_1 = -\frac{1}{\sqrt{2}}, x_2 = \frac{1}{\sqrt{2}}$ angenommen.

## Positiv definite Matrizen und quadratische Formen

**Definition.** Eine quadratische Form $\mathbf{x}^T A\mathbf{x}$ heißt ***positiv definit***, wenn $\mathbf{x}^T A\mathbf{x} > 0$ für alle $\mathbf{x} \neq \mathbf{0}$ gilt. Eine symmetrische Matrix $A$ heißt ***positiv definit***, wenn $\mathbf{x}^T A\mathbf{x}$ positiv definit ist.

Der folgende Satz ist die wichtigste Charakterisierung positiv definiter Matrizen.

**Satz 9.5.2.** *Eine symmetrische Matrix $A$ ist genau dann positiv definit, wenn sie nur positive Eigenwerte besitzt.*

**Beweis.** Sei $\lambda$ ein Eigenwert der positiv definiten Matrix $A$ und $\mathbf{x}$ ein zugehöriger Eigenvektor. Dann ist $\mathbf{x} \neq \mathbf{0}$ und $A\mathbf{x} = \lambda\mathbf{x}$, also

$$0 < \mathbf{x}^T A\mathbf{x} = \mathbf{x}^T \lambda\mathbf{x} = \lambda\mathbf{x}^T\mathbf{x} = \lambda\|\mathbf{x}\|^2, \tag{6}$$

wobei $\|\mathbf{x}\|$ die euklidische Norm von $\mathbf{x}$ bezeichnet. Wegen $\|\mathbf{x}\|^2 > 0$ folgt $\lambda > 0$, was wir gerade beweisen wollten.

Sei nun umgekehrt $A$ eine Matrix mit positiven Eigenwerten. Wir müssen zeigen, daß für $\mathbf{x} \neq \mathbf{0}$ gilt $\mathbf{x}^T A\mathbf{x} > 0$. Ist $\mathbf{x}$ ein von Null verschiedener Vektor, so erhalten wir durch Normieren den Vektor $\mathbf{y} = \frac{\mathbf{x}}{\|\mathbf{x}\|}$ mit $\|\mathbf{y}\| = 1$. Nach Satz 9.5.1 gilt dann

$$\mathbf{y}^T A\mathbf{y} \geq \lambda_n > 0,$$

wobei $\lambda_n$ der kleinste Eigenwert von $A$ ist. Damit ist

$$\mathbf{y}^T A\mathbf{y} = \left(\frac{\mathbf{x}}{\|\mathbf{x}\|}\right)^T A\left(\frac{\mathbf{x}}{\|\mathbf{x}\|}\right) = \frac{1}{\|\mathbf{x}\|^2}\mathbf{x}^T A\mathbf{x} > 0,$$

woraus durch Multiplikation mit $\|\mathbf{x}\|^2$

$$\mathbf{x}^T A\mathbf{x} > 0$$

folgt. □

**Beispiel 5** In Abschnitt 7.3, Beispiel 1, haben wir gezeigt, daß die symmetrische Matrix

$$A = \begin{bmatrix} 4 & 2 & 2 \\ 2 & 4 & 2 \\ 2 & 2 & 4 \end{bmatrix}$$

die Eigenwerte $\lambda = 2$ und $\lambda = 8$ besitzt. Da diese Zahlen positiv sind, ist $A$ positiv definit, also gilt für alle $\mathbf{x} \neq \mathbf{0}$

$$\mathbf{x}^T A\mathbf{x} = 4x_1^2 + 4x_2^2 + 4x_3^2 + 4x_1x_2 + 4x_1x_3 + 4x_2x_3 > 0.$$

Wir werden jetzt ein Kriterium angeben, mit dem man entscheiden kann, ob eine Matrix positiv definit ist, ohne ihre Eigenwerte auszurechnen. Dazu führen wir zuerst einen neuen Begriff ein. Die ***Hauptminore*** einer quadratischen Matrix

$$A = \begin{bmatrix} a_{11} & a_{12} & \cdots & a_{1n} \\ a_{21} & a_{22} & \cdots & a_{2n} \\ \vdots & \vdots & & \vdots \\ a_{n1} & a_{n2} & \cdots & a_{nn} \end{bmatrix}$$

sind die Determinanten der Untermatrizen,

$$A_1 = [a_{11}], \quad A_2 = \begin{bmatrix} a_{11} & a_{12} \\ a_{21} & a_{22} \end{bmatrix}, \quad A_3 = \begin{bmatrix} a_{11} & a_{12} & a_{13} \\ a_{21} & a_{22} & a_{23} \\ a_{31} & a_{32} & a_{33} \end{bmatrix}, \ldots,$$

$$A_n = A = \begin{bmatrix} a_{11} & a_{12} & \cdots & a_{1n} \\ a_{21} & a_{22} & \cdots & a_{2n} \\ \vdots & \vdots & & \vdots \\ a_{n1} & a_{n2} & \cdots & a_{nn} \end{bmatrix},$$

die aus den ersten $r$ Zeilen und $r$ Spalten von $A$ (für $r = 1, 2, \ldots, n$) gebildet werden.

**Satz 9.5.3.** *Eine symmetrische Matrix ist genau dann positiv definit, wenn alle Hauptminore positiv sind.*

Den Beweis lassen wir weg.

**Beispiel 6** Die Matrix

$$A = \begin{bmatrix} 2 & -1 & -3 \\ -1 & 2 & 4 \\ -3 & 4 & 9 \end{bmatrix}$$

ist positiv definit, da ihre Hauptminore

$$|2| = 2, \qquad \begin{vmatrix} 2 & -1 \\ -1 & 2 \end{vmatrix} = 3, \qquad \begin{vmatrix} 2 & -1 & -3 \\ -1 & 2 & 4 \\ -3 & 4 & 9 \end{vmatrix} = 1$$

alle positiv sind. Damit sind die Eigenwerte von $A$ positiv, und für alle $\mathbf{x} \neq \mathbf{0}$ gilt $\mathbf{x}^T A\mathbf{x} > 0$.

**Bemerkung.** Die symmetrische Matrix $A$ und die quadratische Form $\mathbf{x}^T A\mathbf{x}$ heißen

***positiv semidefinit***, wenn $\mathbf{x}^T A\mathbf{x} \geq 0$ für alle $\mathbf{x}$,
***negativ definit,*** wenn $\mathbf{x}^T A\mathbf{x} < 0$ für alle $\mathbf{x} \neq \mathbf{0}$,
***negativ semidefinit***, wenn $\mathbf{x}^T A\mathbf{x} \leq 0$ für alle $\mathbf{x}$,
***indefinit,*** wenn $\mathbf{x}^T A\mathbf{x}$ sowohl positive als auch negative Werte annimmt.

Durch geeignete Abwandlung der Sätze 9.5.2 und 9.5.3 erhält man Charakterisierungen der soeben definierten Matrizen. Beispielsweise ist eine symmetrische Matrix $A$ genau dann positiv semidefinit, wenn sie nur nichtnegative Eigenwerte hat, was äquivalent zur Nichtnegativität ihrer Hauptminore ist.

**Beweis von Satz 9.5.1 a).** Da $A$ symmetrisch ist, gibt es nach Satz 7.3.1 eine Orthonormalbasis des $R^n$ aus Eigenvektoren von $A$. Sei $S = \{\mathbf{v}_1, \mathbf{v}_2, \ldots, \mathbf{v}_n\}$ eine solche Basis, wobei $\mathbf{v}_i$ ein Eigenvektor zum Eigenwert $\lambda_i$ ist. Bezeichnet $\langle\,,\,\rangle$ das euklidische innere Produkt, so gilt nach Satz 6.3.1 für jedes $\mathbf{x} \in R^n$

$$\mathbf{x} = \langle \mathbf{x}, \mathbf{v}_1 \rangle \mathbf{v}_1 + \langle \mathbf{x}, \mathbf{v}_2 \rangle \mathbf{v}_2 + \cdots + \langle \mathbf{x}, \mathbf{v}_n \rangle \mathbf{v}_n,$$

also

$$\begin{aligned} A\mathbf{x} &= \langle \mathbf{x}, \mathbf{v}_1\rangle A\mathbf{v}_1 + \langle \mathbf{x}, \mathbf{v}_2\rangle A\mathbf{v}_2 + \cdots + \langle \mathbf{x}, \mathbf{v}_n\rangle A\mathbf{v}_n \\ &= \langle \mathbf{x}, \mathbf{v}_1\rangle \lambda_1\mathbf{v}_1 + \langle \mathbf{x}, \mathbf{v}_2\rangle \lambda_2\mathbf{v}_2 + \cdots + \langle \mathbf{x}, \mathbf{v}_n\rangle \lambda_n\mathbf{v}_n \\ &= \lambda_1\langle \mathbf{x}, \mathbf{v}_1\rangle \mathbf{v}_1 + \lambda_2\langle \mathbf{x}, \mathbf{v}_2\rangle \mathbf{v}_2 + \cdots + \lambda_n\langle \mathbf{x}, \mathbf{v}_n\rangle \mathbf{v}_n. \end{aligned}$$

Daraus ergeben sich die Koordinatenvektoren von $\mathbf{x}$ und $A\mathbf{x}$ bezüglich der Basis $S$

$$\begin{aligned} (\mathbf{x})_S &= (\langle \mathbf{x}, \mathbf{v}_1\rangle, \langle \mathbf{x}, \mathbf{v}_2\rangle, \ldots, \langle \mathbf{x}, \mathbf{v}_n\rangle) \\ (A\mathbf{x})_S &= (\lambda_1\langle \mathbf{x}, \mathbf{v}_1\rangle, \lambda_2\langle \mathbf{x}, \mathbf{v}_2\rangle, \ldots, \lambda_n\langle \mathbf{x}, \mathbf{v}_n\rangle). \end{aligned}$$

Wegen $\|\mathbf{x}\| = 1$ erhalten wir mit Satz 6.3.2 a)

$$\begin{aligned} \|\mathbf{x}\|^2 &= \langle \mathbf{x}, \mathbf{v}_1\rangle^2 + \langle \mathbf{x}, \mathbf{v}_2\rangle^2 + \cdots + \langle \mathbf{x}, \mathbf{v}_n\rangle^2 = 1 \\ \langle \mathbf{x}, A\mathbf{x}\rangle &= \lambda_1\langle \mathbf{x}, \mathbf{v}_1\rangle^2 + \lambda_2\langle \mathbf{x}, \mathbf{v}_2\rangle^2 + \cdots + \lambda_n\langle \mathbf{x}, \mathbf{v}_n\rangle^2. \end{aligned}$$

Aus Formel (5) folgt dann $\mathbf{x}^T A\mathbf{x} \leq \lambda_1$:

$$\begin{aligned} \mathbf{x}^T A\mathbf{x} = \langle \mathbf{x}, A\mathbf{x}\rangle &= \lambda_1\langle \mathbf{x}, \mathbf{v}_1\rangle^2 + \lambda_2\langle \mathbf{x}, \mathbf{v}_2\rangle^2 + \cdots + \lambda_n\langle \mathbf{x}, \mathbf{v}_n\rangle^2 \\ &\leq \lambda_1\langle \mathbf{x}, \mathbf{v}_1\rangle^2 + \lambda_2\langle \mathbf{x}, \mathbf{v}_2\rangle^2 + \cdots + \lambda_n\langle \mathbf{x}, \mathbf{v}_n\rangle^2 \\ &= \lambda_1(\langle \mathbf{x}, \mathbf{v}_1\rangle^2 + \langle \mathbf{x}, \mathbf{v}_2\rangle^2 + \cdots + \langle \mathbf{x}, \mathbf{v}_n\rangle^2) \\ &= \lambda_1. \end{aligned}$$

Die Ungleichung $\lambda_n \leq \mathbf{x}^T A\mathbf{x}$ ergibt sich analog, die Details überlassen wir dem Leser.

**Beweis von Satz 9.5.1 b).** Ist $\mathbf{x}$ ein Eigenvektor von $A$ zum Eigenwert $\lambda_1$ mit $\|\mathbf{x}\| = 1$, so gilt

$$\mathbf{x}^T A\mathbf{x} = \langle \mathbf{x}, A\mathbf{x}\rangle = \langle \mathbf{x}, \lambda_1\mathbf{x}\rangle = \lambda_1\langle \mathbf{x}, \mathbf{x}\rangle = \lambda_1\|\mathbf{x}\|^2 = \lambda_1.$$

Analog erhält man $\mathbf{x}^T A\mathbf{x} = \lambda_n$ für einen normierten Eigenvektor $\mathbf{x}$ zu $\lambda_n$. □

## Übungen zu 9.5

**1.** Welche der folgenden Ausdrücke beschreiben quadratische Formen?

a) $x^2 - \sqrt{2}xy$ b) $5x_1^2 - 2x_2^3 + 4x_1x_2$
c) $4x_1^2 - 3x_2^2 + x_3^2 - 5x_1x_3$ d) $x_1^2 - 7x_2^2 + x_3^2 + 4x_1x_2x_3$
e) $x_1x_2 - 3x_1x_3 + 2x_2x_3$ f) $x_1^2 - 6x_2^2 + x_1 - 5x_2$
g) $(x_1 - 3x_2)^2$ h) $(x_1 - x_3)^2 + 2(x_1 + 4x_2)^2$

**2.** Man schreibe die quadratischen Formen als $\mathbf{x}^T A\mathbf{x}$ mit einer symmetrischen Matrix $A$.

a) $3x_1^2 + 7x_2^2$ b) $4x_1^2 - 9x_2^2 - 6x_1x_2$ c) $5x_1^2 + 5x_1x_2$ d) $-7x_1x_2$

**3.** Man schreibe die quadratischen Formen als $\mathbf{x}^T A\mathbf{x}$ mit einer symmetrischen Matrix $A$.

a) $9x_1^2 - x_2^2 + 4x_3^2 + 6x_1x_2 - 8x_1x_3 + x_2x_3$

b) $x_1^2 + x_2^2 - 3x_3^2 - 5x_1x_2 + 9x_1x_3$

c) $x_1x_2 + x_1x_3 + x_2x_3$

d) $\sqrt{2}x_1^2 - \sqrt{3}x_3^2 + 2\sqrt{2}x_1x_2 - 8\sqrt{3}x_1x_3$

e) $x_1^2 + x_2^2 - x_3^2 - x_4^2 + 2x_1x_2 - 10x_1x_4 + 4x_3x_4$

**4.** Man schreibe die quadratischen Formen ohne Matrizen.

a) $[x \quad y]\begin{bmatrix} 2 & -3 \\ -3 & 5 \end{bmatrix}\begin{bmatrix} x \\ y \end{bmatrix}$ b) $[x_1 \quad x_2]\begin{bmatrix} 7 & \frac{5}{2} \\ \frac{5}{2} & 0 \end{bmatrix}\begin{bmatrix} x_1 \\ x_2 \end{bmatrix}$

c) $[x \quad y \quad z]\begin{bmatrix} 1 & 0 & 0 \\ 0 & -3 & 0 \\ 0 & 0 & 5 \end{bmatrix}\begin{bmatrix} x \\ y \\ z \end{bmatrix}$ d) $[x_1 \quad x_2 \quad x_3]\begin{bmatrix} -2 & \frac{7}{2} & \frac{1}{2} \\ \frac{7}{2} & 0 & 6 \\ \frac{1}{2} & 6 & 3 \end{bmatrix}\begin{bmatrix} x_1 \\ x_2 \\ x_3 \end{bmatrix}$

e) $[x_1 \quad x_2 \quad x_3 \quad x_4]\begin{bmatrix} 0 & 1 & 1 & 1 \\ 1 & 0 & 1 & 1 \\ 1 & 1 & 0 & 1 \\ 1 & 1 & 1 & 0 \end{bmatrix}\begin{bmatrix} x_1 \\ x_2 \\ x_3 \\ x_4 \end{bmatrix}$

**5.** Man berechne Maximum und Minimum der quadratischen Form unter der Bedingung $x_1^2 + x_2^2 = 1$ und bestimme die Werte $x_1, x_2$, für die diese Extrema angenommen werden.

a) $5x_1^2 - x_2^2$ b) $7x_1^2 + 4x_2^2 + x_1x_2$

c) $5x_1^2 + 2x_2^2 - x_1x_2$ d) $2x_1^2 + x_2^2 + 3x_1x_2$

**6.** Man berechne Maximum und Minimum der quadratischen Form unter der Bedingung $x_1^2 + x_2^2 + x_3^2 = 1$ und bestimme die Werte $x_1, x_2, x_3$, für die diese Extrema angenommen werden.

a) $x_1^2 + x_2^2 + 2x_3^2 - 2x_1x_2 + 4x_1x_3 + 4x_2x_3$

b) $2x_1^2 + x_2^2 + x_3^2 + 2x_1x_3 + 2x_1x_2$

c) $3x_1^2 + 2x_2^2 + 3x_3^2 + 2x_1x_3$

**7.** Man entscheide mit Satz 9.5.2, welche der folgenden Matrizen positiv definit sind.

a) $\begin{bmatrix} 2 & 3 \\ 3 & 2 \end{bmatrix}$ b) $\begin{bmatrix} 5 & -1 \\ -1 & 5 \end{bmatrix}$ c) $\begin{bmatrix} 2 & -2 \\ -2 & -1 \end{bmatrix}$

**8.** Man entscheide mit Satz 9.5.3, ob die Matrizen aus Aufgabe 7 positiv definit sind.

**9.** Man entscheide mit Satz 9.5.2, welche der folgenden Matrizen positiv definit sind.

a) $\begin{bmatrix} 3 & -1 & 0 \\ -1 & 2 & -1 \\ 0 & -1 & 3 \end{bmatrix}$ b) $\begin{bmatrix} 0 & 1 & 1 \\ 1 & 0 & 1 \\ 1 & 1 & 0 \end{bmatrix}$ c) $\begin{bmatrix} 1 & 2 & 1 \\ 2 & 1 & 1 \\ 1 & 1 & 3 \end{bmatrix}$

**10.** Man entscheide mit Satz 9.5.3, ob die Matrizen aus Aufgabe 9 positiv definit sind.

**11.** Man klassifiziere die folgenden quadratischen Formen als positiv definit, positiv semidefinit, negativ definit, negativ semidefinit und indefinit.

a) $x_1^2 + x_2^2$ b) $-x_1^2 - 3x_2^2$ c) $(x_1 - x_2)^2$

d) $-(x_1 - x_2)^2$ e) $x_1^2 - x_2^2$ f) $x_1 x_2$

**12.** Man klassifiziere die folgenden Matrizen als positiv definit, positiv semidefinit, negativ definit, negativ semidefinit und indefinit.

a) $\begin{bmatrix} 3 & 0 & 0 \\ 0 & -2 & 0 \\ 0 & 0 & 1 \end{bmatrix}$ b) $\begin{bmatrix} -5 & 0 & 0 \\ 0 & 0 & 0 \\ 0 & 0 & 1 \end{bmatrix}$ c) $\begin{bmatrix} 6 & 7 & 1 \\ 7 & 9 & 2 \\ 1 & 2 & 1 \end{bmatrix}$

d) $\begin{bmatrix} -4 & 7 & 8 \\ 7 & -3 & 9 \\ 8 & 9 & -1 \end{bmatrix}$ e) $\begin{bmatrix} 0 & 0 & 0 \\ 0 & 0 & 0 \\ 0 & 0 & 0 \end{bmatrix}$ f) $\begin{bmatrix} 1 & 0 & 0 \\ 0 & 1 & 0 \\ 0 & 0 & 1 \end{bmatrix}$

**13.** Sei $\mathbf{x}^T A\mathbf{x}$ eine quadratische Form mit $x_1, x_2, \ldots, x_n$. Man definiere die Abbildung $T: R^n \to R$ durch $T(\mathbf{x}) = \mathbf{x}^T A\mathbf{x}$.

a) Man beweise $T(\mathbf{x} + \mathbf{y}) = T(\mathbf{x}) + 2\mathbf{x}^T A\mathbf{y} + T(\mathbf{y})$.
b) Man beweise $T(k\mathbf{x}) = k^2 T(\mathbf{x})$.
c) Ist $T$ eine lineare Transformation? Man begründe die Antwort.

**14.** Man bestimme alle $k$, für die die gegebene quadratische Form positiv definit ist.

a) $x_1^2 + kx_2^2 - 4x_1x_2$ b) $5x_1^2 + x_2^2 + kx_3^2 + 4x_1x_2 - 2x_1x_3 - 2x_2x_3$

c) $3x_1^2 + x_2^2 + 2x_3^2 + 2x_1x_3 + 2kx_2x_3$

**15.** Man schreibe die quadratische Form $(c_1x_1 + c_2x_2 + \cdots + c_nx_n)^2$ als $\mathbf{x}^T A\mathbf{x}$ mit einer symmetrischen Matrix $A$.

**16.** Sei $\mathbf{x} = (x_1, x_2, \ldots, x_n)$. In der Wahrscheinlichkeitstheorie wird die Zahl

$$\bar{x} = \frac{1}{n}(x_1 + x_2 + \cdots + x_n)$$

als ***Erwartungswert*** oder ***Mittelwert*** und

$$s_{\mathbf{x}}^2 = \frac{1}{n-1}[(x_1 - \bar{x})^2 + (x_2 - \bar{x})^2 + \cdots + (x_n - \bar{x})^2]$$

als ***Varianz*** bezeichnet.

a) Man schreibe die quadratische Form $s_{\mathbf{x}}^2$ als $\mathbf{x}^T A\mathbf{x}$ mit einer symmetrischen Matrix $A$.
b) Ist $s_{\mathbf{x}}^2$ positiv definit? Man begründe die Antwort.

**17.** Man zeige zur Vervollständigung des Beweises von Satz 9.5.1, daß $\lambda_n \leq \mathbf{x}^T A\mathbf{x}$ für $\|\mathbf{x}\| = 1$ und $\lambda_n = \mathbf{x}^T A\mathbf{x}$ für einen normierten Eigenvektor von $A$ zu $\lambda_n$ gilt.

## 9.6 Diagonalisierung quadratischer Formen, Kegelschnitte

*Wir zeigen in diesem Abschnitt, wie man die gemischten Produkte in quadratischen Formen entfernt. Mit diesen Ergebnissen untersuchen wir die Graphen von Kegelschnitten.*

### Diagonalisierung quadratischer Formen

Sei

$$\mathbf{x}^T A\mathbf{x} = [x_1 \quad x_2 \quad \cdots \quad x_n] \begin{bmatrix} a_{11} & a_{12} & \cdots & a_{1n} \\ a_{21} & a_{22} & \cdots & a_{2n} \\ \vdots & \vdots & & \vdots \\ a_{n1} & a_{n2} & \cdots & a_{nn} \end{bmatrix} \begin{bmatrix} x_1 \\ x_2 \\ \vdots \\ x_n \end{bmatrix} \tag{1}$$

eine quadratische Form, wobei $A$ symmetrisch ist. Nach Satz 7.3.1 gibt es eine orthogonale Matrix $P$, die $A$ diagonalisiert

$$P^T AP = D = \begin{bmatrix} \lambda_1 & 0 & \cdots & 0 \\ 0 & \lambda_2 & \cdots & 0 \\ \vdots & \vdots & & \vdots \\ 0 & 0 & \cdots & \lambda_n \end{bmatrix},$$

wobei $\lambda_1, \lambda_2, \ldots, \lambda_n$ die Eigenwerte von $A$ sind. Mit

$$\mathbf{y} = \begin{bmatrix} y_1 \\ y_2 \\ \vdots \\ y_n \end{bmatrix}$$

erhalten wir durch die Substitution $\mathbf{x} = P\mathbf{y}$

$$\mathbf{x}^T A\mathbf{x} = (P\mathbf{y})^T AP\mathbf{y} = \mathbf{y}^T P^T AP\mathbf{y} = \mathbf{y}^T D\mathbf{y}.$$

Die quadratische Form

$$\begin{aligned}\mathbf{y}^T D\mathbf{y} &= [y_1 \quad y_2 \quad \cdots \quad y_n]\begin{bmatrix}\lambda_1 & 0 & \cdots & 0\\ 0 & \lambda_2 & \cdots & 0\\ \vdots & \vdots & & \vdots\\ 0 & 0 & \cdots & \lambda_n\end{bmatrix}\begin{bmatrix}y_1\\ y_2\\ \vdots\\ y_n\end{bmatrix}\\ &= \lambda_1 y_1^2 + \lambda_2 y_2^2 + \cdots + \lambda_n y_n^2\end{aligned}$$

mit den neuen Variablen $y_1, y_2, \ldots, y_n$ enthält keine gemischten Terme. Damit haben wir folgenden Satz bewiesen:

**Satz 9.6.1.** *Sei $\mathbf{x}^T A\mathbf{x}$ eine quadratische Form mit den Variablen $x_1, x_2, \ldots, x_n$ und einer symmetrischen Matrix $A$. Ist $P$ eine orthogonale Matrix, die $A$ diagonalisiert, und definieren wir die neuen Variablen $y_1, y_2, \ldots, y_n$ durch $\mathbf{x} = P\mathbf{y}$, so erhalten wir*

$$\mathbf{x}^T A\mathbf{x} = \mathbf{y}^T D\mathbf{y} = \lambda_1 y_1^2 + \lambda_2 y_2^2 + \cdots + \lambda_n y_n^2,$$

*wobei $\lambda_1, \lambda_2, \ldots, \lambda_n$ die Eigenwerte von $A$ sind und*

$$D = P^T A P = \begin{bmatrix}\lambda_1 & 0 & \cdots & 0\\ 0 & \lambda_2 & \cdots & 0\\ \vdots & \vdots & & \vdots\\ 0 & 0 & \cdots & \lambda_n\end{bmatrix}.$$

Das im letzten Satz beschriebene Verfahren heißt ***Hauptachsentransformation*** oder ***Diagonalisierung der quadratischen Form.***

**Beispiel 1** Man diagonalisiere die quadratische Form $x_1^2 - x_3^2 - 4x_1x_2 + 4x_2x_3$.

*Lösung.* Wir schreiben die quadratische Form als

$$[x_1 \quad x_2 \quad x_3]\begin{bmatrix}1 & -2 & 0\\ -2 & 0 & 2\\ 0 & 2 & -1\end{bmatrix}\begin{bmatrix}x_1\\ x_2\\ x_3\end{bmatrix}.$$

Die $3 \times 3$-Matrix hat die charakteristische Gleichung

$$\begin{vmatrix}\lambda - 1 & 2 & 0\\ 2 & \lambda & -2\\ 0 & -2 & \lambda + 1\end{vmatrix} = \lambda^3 - 9\lambda = \lambda(\lambda + 3)(\lambda - 3) = 0,$$

aus der sich die Eigenwerte $\lambda = 0, \lambda = -3$ und $\lambda = 3$ ergeben. Die zugehörigen orthonormierten Eigenraumbasen sind

$$\lambda = 0: \begin{bmatrix} \frac{2}{3} \\ \frac{1}{3} \\ \frac{2}{3} \end{bmatrix}, \qquad \lambda = -3: \begin{bmatrix} -\frac{1}{3} \\ -\frac{2}{3} \\ \frac{2}{3} \end{bmatrix}, \qquad \lambda = 3: \begin{bmatrix} -\frac{2}{3} \\ \frac{2}{3} \\ \frac{1}{3} \end{bmatrix}$$

(der Leser möge das nachrechnen). Die gesuchte Substitution $\mathbf{x} = P\mathbf{y}$ ist dann

$$\begin{bmatrix} x_1 \\ x_2 \\ x_3 \end{bmatrix} = \begin{bmatrix} \frac{2}{3} & -\frac{1}{3} & -\frac{2}{3} \\ \frac{1}{3} & -\frac{2}{3} & \frac{2}{3} \\ \frac{2}{3} & \frac{2}{3} & \frac{1}{3} \end{bmatrix} \begin{bmatrix} y_1 \\ y_2 \\ y_3 \end{bmatrix}$$

oder

$$\begin{aligned} x_1 &= \tfrac{2}{3}y_1 - \tfrac{1}{3}y_2 - \tfrac{2}{3}y_3 \\ x_2 &= \tfrac{1}{3}y_1 - \tfrac{2}{3}y_2 + \tfrac{2}{3}y_3 \\ x_3 &= \tfrac{2}{3}y_1 + \tfrac{2}{3}y_2 + \tfrac{1}{3}y_3, \end{aligned}$$

woraus wir die neue quadratische Form

$$[y_1 \quad y_2 \quad y_3] \begin{bmatrix} 0 & 0 & 0 \\ 0 & -3 & 0 \\ 0 & 0 & 3 \end{bmatrix} \begin{bmatrix} y_1 \\ y_2 \\ y_3 \end{bmatrix}$$

oder

$$-3y_2^2 + 3y_3^2$$

erhalten, die keine gemischten Produkte mehr enthält.

**Bemerkung.** Es gibt andere Methoden, die gemischten Terme einer quadratischen Form zu eliminieren, etwa die ***Lagrange-*** und die ***Kronecker-Reduktion***. Wir werden hier nicht auf diese Verfahren eingehen.

## Kegelschnitte

Wir untersuchen Gleichungen der Gestalt

$$ax^2 + 2bxy + cy^2 + dx + ey + f = 0, \tag{2}$$

wobei $a, b, \ldots, f$ reelle Konstanten sind und mindestens eine der Zahlen $a, b, c$ von Null verschieden ist. Diese Gleichung heißt ***quadratische Gleichung*** in $x$ und $y$,

$$ax^2 + 2bxy + cy^2$$

ist die ***zugehörige quadratische Form.***

**Beispiel 2** Die quadratische Gleichung

$$3x^2 + 5xy - 7y^2 + 2x + 7 = 0$$

hat die Konstanten

$$a = 3, \quad b = \tfrac{5}{2}, \quad c = -7, \quad d = 2, \quad e = 0, \quad f = 7.$$

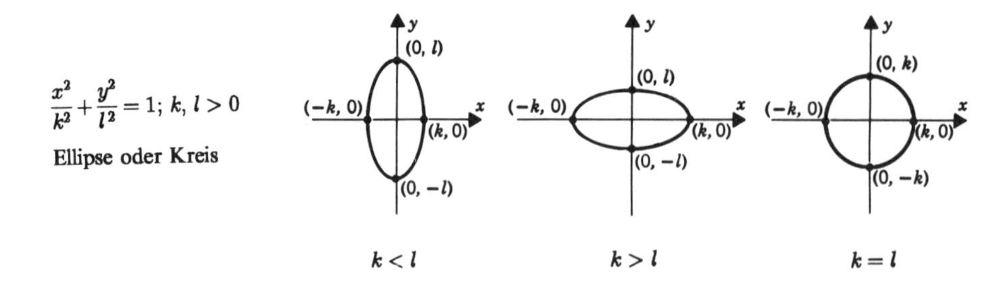


$\frac{x^2}{k^2}+\frac{y^2}{l^2}=1;\ k, l>0$
Ellipse oder Kreis

---

$\frac{x^2}{k^2}-\frac{y^2}{l^2}=1;\ k, l>0$
Hyperbel

(−k, 0) (k, 0)

---

$\frac{y^2}{k^2}-\frac{x^2}{l^2}=1;\ k, l>0$
Hyperbel

(0, k) (0, −k)

---

$y^2=kx$
Parabel

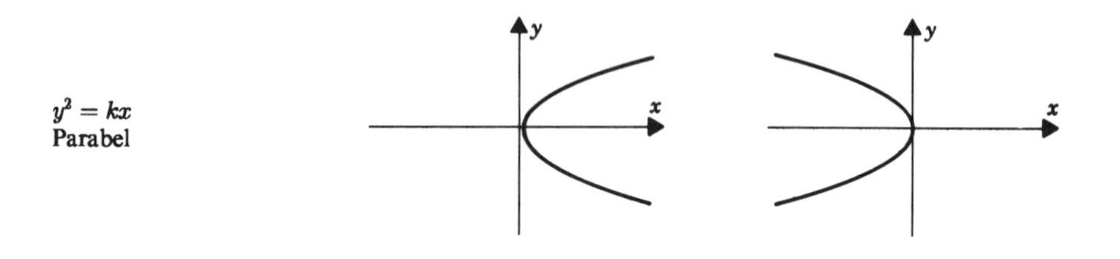


---

$x^2=ky$
Parabel

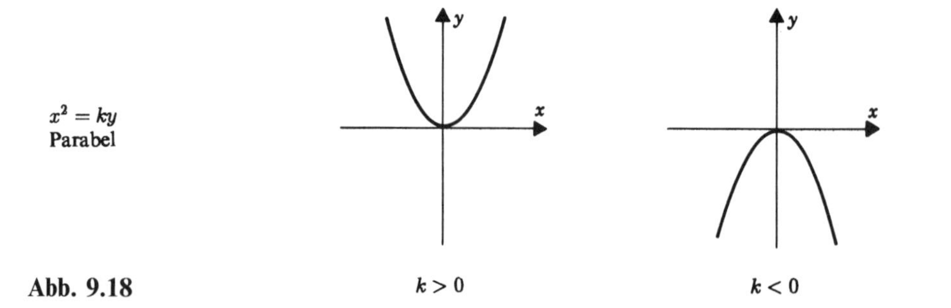


**Abb. 9.18**

**Beispiel 3**

| quadratische Gleichung | zugehörige quadratische Form |
|---|---|
| $3x^2 + 5xy - 7y^2 + 2x + 7 = 0$ | $3x^2 + 5xy - 7y^2$ |
| $4x^2 - 5y^2 + 8y + 9 = 0$ | $4x^2 - 5y^2$ |
| $xy + y = 0$ | $xy$ |

Die Graphen quadratischer Gleichungen in $x$ und $y$ heißen ***Kegelschnitte***. Am interessantesten sind Ellipsen, Kreise, Hyperbeln und Parabeln, die als ***nichtdegeneriert*** bezeichnet werden. Die übrigen Kegelschnitte sind ***degeneriert***, ihre Graphen bestehen beispielsweise aus einzelnen Punkten oder Geradenpaaren (siehe Übung 15).

Ein nichtdegenerierter Kegelschnitt befindet sich in ***Standardlage*** zu den Koordinatenachsen, wenn er durch eine der in Abbildung 9.18 aufgeführten Gleichungen beschrieben werden kann.

**Beispiel 4** Die Gleichung $\frac{x^2}{4} + \frac{y^2}{9} = 1$ hat die Form $\frac{x^2}{k^2} + \frac{y^2}{l^2} = 1$ mit $k = 2, l = 3$. Ihr Graph ist eine Ellipse in Standardlage, die die $x$-Achse in den Punkten $(-2, 0), (2, 0)$ und die $y$-Achse in $(0, -3), (0, 3)$ schneidet.

Die Gleichung $x^2 - 8y^2 = -16$ läßt sich als $\frac{y^2}{2} - \frac{x^2}{16} = 1$ schreiben, so daß sie die Gestalt $\frac{y^2}{k^2} - \frac{x^2}{l^2} = 1$ mit $k = \sqrt{2}, l = 4$ hat. Sie beschreibt eine Hyperbel in Standardlage, die die $y$-Achse in $(0, -\sqrt{2})$ und $(0, \sqrt{2})$ schneidet.

Aus der Gleichung $5x^2 + 2y = 0$ läßt sich durch $x^2 = -\frac{2}{5}y$ die Form $x^2 = ky$ mit $k = -\frac{2}{5}$ erhalten. Wegen $k < 0$ ist ihr Graph eine nach unten geöffnete Parabel in Standardlage.

## Die Rolle der gemischten Terme

Es fällt auf, daß die Standardgleichungen der Kegelschnitte in Abbildung 9.19 keine gemischten Terme enthalten. Taucht ein solcher $xy$-Term in der Gleichung eines nichtdegenerierten Kegelschnitts auf, so entspricht das einer Rotation gegenüber der Standardlage (Abbildung 9.19a). Außerdem erscheinen $x^2$ und $x$ sowie $y^2$ und $y$ nie gleichzeitig in den Standardgleichungen. Das Auftauchen solcher Kombinationen (bei gleichzeitiger Abwesenheit gemischter Produkte) entspricht einer Translation des Kegelschnitts aus der Standardlage heraus (Abbildung 9.19b).

Um den Graphen eines nichtdegenerierten Kegelschnitts zu bestimmen, der sich nicht in Standardlage befindet, kann man das $xy$-Koordinatensystem durch Rotation und Translation in ein $x'y'$-System überführen, in dem der Kegelschnitt Standardlage hat. In diesem System muß er eine der in Abbildung 9.18 aufgeführten Formen haben.

**Beispiel 5** Die quadratische Gleichung

$$2x^2 + y^2 - 12x - 4y + 18 = 0$$

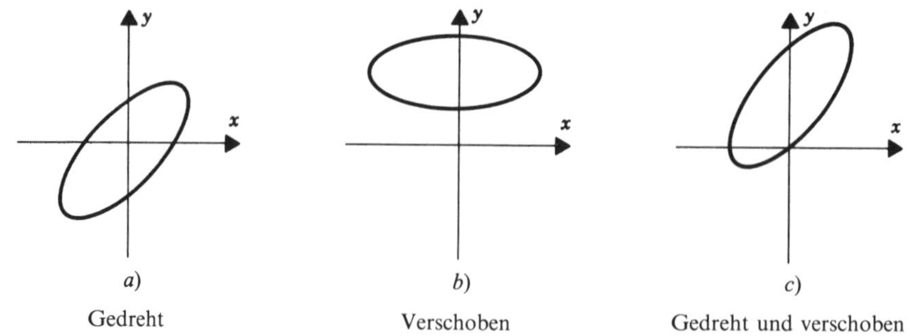


**Abb. 9.19**

enthält Terme mit $x^2, x, y^2$ und $y$, aber kein gemischtes Produkt $xy$. Sie beschreibt einen Kegelschnitt, der aus der Standardlage durch Translation entsteht. Um die Standardform zu bestimmen, verschieben wir das $xy$-Koordinatensystem. Zunächst sortieren wir die $x$- und $y$-Terme der Gleichung zu

$$(2x^2 - 12x) + (y^2 - 4y) + 18 = 0$$

oder

$$2(x^2 - 6x) + (y^2 - 4y) = -18.$$

Durch quadratische Ergänzung* der Klammern ergibt sich

$$2(x^2 - 6x + 9) + (y^2 - 4y + 4) = -18 + 18 + 4$$

oder

$$2(x-3)^2 + (y-2)^2 = 4. \tag{3}$$

Die Verschiebungsgleichungen

$$x' = x - 3, \quad y' = y - 2$$

beschreiben dann das $x'y'$-System, in dem (3) die Form

$$2x'^2 + y'^2 = 4$$

oder

$$\frac{x'^2}{2} + \frac{y'^2}{4} = 1$$

hat. Diese Gleichung beschreibt eine Ellipse, die sich im $x'y'$-System in Standardlage befindet (Abbildung 9.20).

---

* Zur quadratischen Ergänzung einer Summe $x^2 + px$ addiert und subtrahiert man die Konstante $(p/2)^2$ und erhält

$$x^2 + px = x^2 + px + \left(\frac{p}{2}\right)^2 - \left(\frac{p}{2}\right)^2 = \left(x + \frac{p}{2}\right)^2 - \left(\frac{p}{2}\right)^2.$$

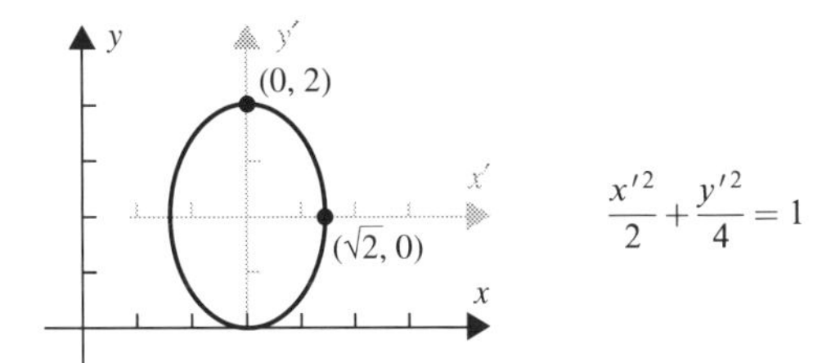


**Abb. 9.20**

## Eliminierung des gemischten Terms

Wir untersuchen jetzt Kegelschnitte, die durch Rotation aus der Standardlage hervorgegangen sind. Durch Weglassen der Klammern der $1 \times 1$-Matrizen erhalten wir aus (2) die Matrixgleichung

$$[x \quad y]\begin{bmatrix} a & b \\ b & c \end{bmatrix}\begin{bmatrix} x \\ y \end{bmatrix} + [d \quad e]\begin{bmatrix} x \\ y \end{bmatrix} + f = 0$$

oder

$$\mathbf{x}^T A\mathbf{x} + K\mathbf{x} + f = 0$$

mit

$$\mathbf{x} = \begin{bmatrix} x \\ y \end{bmatrix}, \qquad A = \begin{bmatrix} a & b \\ b & c \end{bmatrix}, \qquad K = [d \quad e].$$

Sei $C$ ein Kegelschnitt, der im $xy$-Koordinatensystem durch die Gleichung

$$\mathbf{x}^T A\mathbf{x} + K\mathbf{x} + f = 0 \tag{4}$$

beschrieben wird. Um die gemischten Produkte zu beseitigen, bringen wir das $xy$-System durch Rotation in ein geeignetes $x'y'$-System.

**Schritt 1.** Man bestimme eine orthogonale Matrix

$$P = \begin{bmatrix} p_{11} & p_{12} \\ p_{21} & p_{22} \end{bmatrix},$$

die die quadratische Form $\mathbf{x}^T A\mathbf{x}$ diagonalisiert.

**Schritt 2.** Es ist $\det(P) = 1$ (eventuell müssen dazu die Spalten von $P$ vertauscht werden), so daß die Koordinatentransformation

$$\mathbf{x} = P\mathbf{x}' \quad \text{oder} \quad \begin{bmatrix} x \\ y \end{bmatrix} = P\begin{bmatrix} x' \\ y' \end{bmatrix} \tag{5}$$

eine Rotation ist.

**Schritt 3.** Um die Gleichung von $C$ in $x'y'$-Koordinaten zu erhalten, setzen wir (5) in (4) ein, das liefert

$$(P\mathbf{x}')^T A(P\mathbf{x}') + K(P\mathbf{x}') + f = 0$$

oder

$$(\mathbf{x}')^T(P^T AP)\mathbf{x}' + (KP)\mathbf{x}' + f = 0. \tag{6}$$

Nach Konstruktion von $P$ ist

$$P^T AP = \begin{bmatrix} \lambda_1 & 0 \\ 0 & \lambda_2 \end{bmatrix},$$

wobei $\lambda_1$ und $\lambda_2$ die Eigenwerte von $A$ sind. Aus (6) ergibt sich damit

$$[x' \quad y'] \begin{bmatrix} \lambda_1 & 0 \\ 0 & \lambda_2 \end{bmatrix} \begin{bmatrix} x' \\ y' \end{bmatrix} + [d \quad e] \begin{bmatrix} p_{11} & p_{12} \\ p_{21} & p_{22} \end{bmatrix} \begin{bmatrix} x' \\ y' \end{bmatrix} + f = 0$$

oder

$$\lambda_1 x'^2 + \lambda_2 y'^2 + d'x' + e'y' + f = 0$$

(mit $d' = dp_{11} + ep_{21}$ und $e' = dp_{12} + ep_{22}$). Diese Gleichung enthält keine gemischten Terme.

Wir fassen unsere Überlegungen im folgenden Satz zusammen:

**Satz 9.6.2** ***(Hauptachsentransformation in $R^2$).*** *Sei*

$$ax^2 + 2bxy + cy^2 + dx + ey + f = 0$$

*die Gleichung eines Kegelschnitts $C$ und*

$$\mathbf{x}^T A\mathbf{x} = ax^2 + 2bxy + cy^2$$

*die zugehörige quadratische Form. Dann kann man das $xy$-System so drehen, daß $C$ im entstehenden $x'y'$-System durch die Gleichung*

$$\lambda_1 x'^2 + \lambda_2 y'^2 + d'x' + e'y' + f = 0$$

*beschrieben wird, wobei $\lambda_1, \lambda_2$ die Eigenwerte von $A$ sind. Die Rotation ergibt sich als Substitution*

$$\mathbf{x} = P\mathbf{x}',$$

*wobei $P$ eine orthogonale Matrix mit* $\det(P) = 1$ *ist, die die quadratische Form $\mathbf{x}^T A\mathbf{x}$ diagonalisiert.*

**Beispiel 6** Man beschreibe den Kegelschnitt $C$, der durch die Gleichung $5x^2 - 4xy + 8y^2 - 36 = 0$ gegeben ist.

*Lösung.* Wir schreiben die Gleichung als

$$\mathbf{x}^T A\mathbf{x} - 36 = 0 \tag{7}$$

mit

$$A = \begin{bmatrix} 5 & -2 \\ -2 & 8 \end{bmatrix}.$$

Die charakteristische Gleichung von $A$ ist

$$\det(\lambda I - A) = \det\begin{bmatrix} \lambda - 5 & 2 \\ 2 & \lambda - 8 \end{bmatrix} = (\lambda - 9)(\lambda - 4) = 0,$$

also hat $A$ die Eigenwerte $\lambda = 4$ und $\lambda = 9$. Die zugehörigen Orthonormalbasen der Eigenräume sind

$$\lambda = 4: \quad \mathbf{v}_1 = \begin{bmatrix} 2/\sqrt{5} \\ 1/\sqrt{5} \end{bmatrix}, \quad \lambda = 9: \quad \mathbf{v}_2 = \begin{bmatrix} -1/\sqrt{5} \\ 2/\sqrt{5} \end{bmatrix}$$

(der Leser möge das nachrechnen), also ist

$$P = \begin{bmatrix} 2/\sqrt{5} & -1/\sqrt{5} \\ 1/\sqrt{5} & 2/\sqrt{5} \end{bmatrix}$$

eine orthogonale Matrix, die $A$ diagonalisiert. Wegen $\det(P) = 1$ ist die Koordinatentransformation

$$\mathbf{x} = P\mathbf{x}' \tag{8}$$

eine Rotation. Wir erhalten dann durch Einsetzen in (7)

$$(P\mathbf{x}')^T A(P\mathbf{x}') - 36 = 0$$

oder

$$(\mathbf{x}')^T(P^T AP)\mathbf{x}' - 36 = 0.$$

Wegen

$$P^T AP = \begin{bmatrix} 4 & 0 \\ 0 & 9 \end{bmatrix}$$

können wir dafür

$$[x' \quad y']\begin{bmatrix} 4 & 0 \\ 0 & 9 \end{bmatrix}\begin{bmatrix} x' \\ y' \end{bmatrix} - 36 = 0$$

oder

$$4x'^2 + 9y'^2 - 36 = 0,$$

also

$$\frac{x'^2}{9} + \frac{y'^2}{4} = 1$$

schreiben. Diese Gleichung beschreibt die in Abbildung 9.21 skizzierte Ellipse, die dort eingezeichneten Vektoren $\mathbf{v}_1, \mathbf{v}_2$ sind die Spalten von $P$.

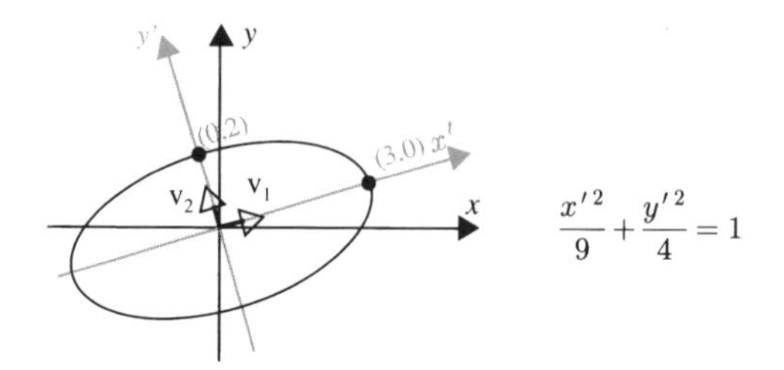


**Abb. 9.21**

**Beispiel 7** Man beschreibe den durch

$$5x^2 - 4xy + 8y^2 + \frac{20}{\sqrt{5}}x - \frac{80}{\sqrt{5}}y + 4 = 0$$

gegebenen Kegelschnitt $C$.

*Lösung*. Wir schreiben die Gleichung als

$$\mathbf{x}^T A\mathbf{x} + K\mathbf{x} + 4 = 0 \tag{9}$$

mit

$$A = \begin{bmatrix} 5 & -2 \\ -2 & 8 \end{bmatrix} \quad \text{und} \quad K = \begin{bmatrix} \frac{20}{\sqrt{5}} & -\frac{80}{\sqrt{5}} \end{bmatrix}.$$

Wie in Beispiel 6 ist

$$P = \begin{bmatrix} \frac{2}{\sqrt{5}} & -\frac{1}{\sqrt{5}} \\ \frac{1}{\sqrt{5}} & \frac{2}{\sqrt{5}} \end{bmatrix}$$

eine orthogonale Matrix mit $\det(P) = 1$, die $A$ diagonalisiert. Die Substitution $\mathbf{x} = P\mathbf{x}'$ liefert

$$(P\mathbf{x}')^T A(P\mathbf{x}') + K(P\mathbf{x}') + 4 = 0$$

oder

$$(\mathbf{x}')^T(P^T AP)\mathbf{x}' + (KP)\mathbf{x}' + 4 = 0. \tag{10}$$

Wegen

$$P^T AP = \begin{bmatrix} 4 & 0 \\ 0 & 9 \end{bmatrix} \quad \text{und} \quad KP = \begin{bmatrix} \frac{20}{\sqrt{5}} & -\frac{80}{\sqrt{5}} \end{bmatrix} \begin{bmatrix} \frac{2}{\sqrt{5}} & -\frac{1}{\sqrt{5}} \\ \frac{1}{\sqrt{5}} & \frac{2}{\sqrt{5}} \end{bmatrix} = [-8 \quad -36]$$

ergibt sich aus (10)

$$4x'^2 + 9y'^2 - 8x' - 36y' + 4 = 0. \tag{11}$$

Um diesen Kegelschnitt in Standardlage zu bringen, müssen wir das $x'y'$-System einer Translation unterwerfen. Analog zu Beispiel 5 erhalten wir aus

$$4(x'^2 - 2x') + 9(y'^2 - 4y') = -4$$

durch quadratische Ergänzung

$$4(x'^2 - 2x' + 1) + 9(y'^2 - 4y' + 4) = -4 + 4 + 36$$

oder

$$4(x' - 1)^2 + 9(y' - 2)^2 = 36. \tag{12}$$

Mit den Verschiebungsgleichungen

$$x'' = x' - 1, \quad y'' = y' - 2$$

ergibt sich (12) zu

$$4x''^2 + 9y''^2 = 36$$

oder

$$\frac{x''^2}{9} + \frac{y''^2}{4} = 1,$$

wodurch die in Abbildung 9.22 skizzierte Ellipse beschrieben wird. $\mathbf{v}_1$ und $\mathbf{v}_2$ sind dabei die Spaltenvektoren von $P$.

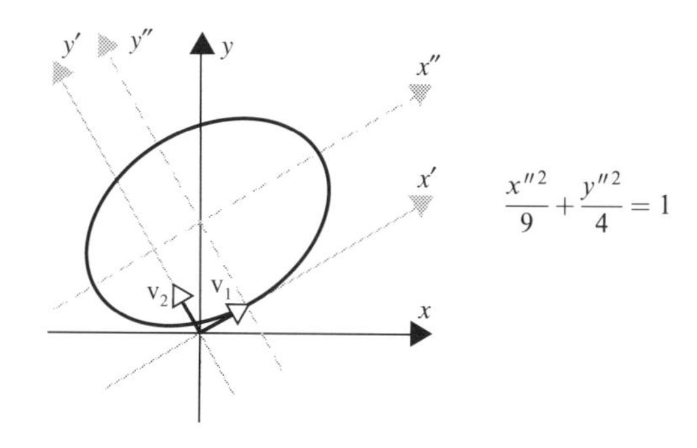


**Abb. 9.22**

## Übungen zu 9.6

**1.** Man eliminiere die gemischten Produkte der quadratischen Formen durch Hauptachsentransformation.

a) $2x_1^2 + 2x_2^2 - 2x_1x_2$ b) $5x_1^2 + 2x_2^2 + 4x_1x_2$

c) $2x_1x_2$ d) $-3x_1^2 + 5x_2^2 + 2x_1x_2$

**2.** Man diagonalisiere die quadratischen Formen.

a) $3x_1^2 + 4x_2^2 + 5x_3^2 + 4x_1x_2 - 4x_2x_3$

b) $2x_1^2 + 5x_2^2 + 5x_3^2 + 4x_1x_2 - 4x_1x_3 - 8x_2x_3$

c) $-5x_1^2 + x_2^2 - x_3^2 + 6x_1x_3 + 4x_1x_2$

d) $2x_1x_3 + 6x_2x_3$

**3.** Man bestimme die zugehörigen quadratischen Formen.

a) $2x^2 - 3xy + 4y^2 - 7x + 2y + 7 = 0$ b) $x^2 - xy + 5x + 8y - 3 = 0$

c) $5xy = 8$ d) $4x^2 - 2y^2 = 7$ e) $y^2 + 7x - 8y - 5 = 0$

**4.** Man bestimme die Matrizen der quadratischen Formen aus Aufgabe 3.

**5.** Man schreibe die quadratischen Gleichungen aus Aufgabe 3 in Matrixform $\mathbf{x}^T A\mathbf{x} + K\mathbf{x} + f = 0$.

**6.** Welche Kegelschnitte werden durch die folgenden Gleichungen beschrieben?

a) $2x^2 + 5y^2 = 20$ b) $4x^2 + 9y^2 = 1$ c) $x^2 - y^2 - 8 = 0$ d) $4y^2 - 5x^2 = 20$

e) $x^2 + y^2 - 25 = 0$ f) $7y^2 - 2x = 0$ g) $-x^2 = 2y$ h) $3x - 11y^2 = 0$

i) $y - x^2 = 0$ j) $x^2 - 3 = -y^2$

**7.** Die folgenden Kegelschnitte sind durch Translation aus ihrer Standardlage hervorgegangen. Man bestimme den Kegelschnitt und seine Standardgleichung im verschobenen Koordinatensystem.

a) $9x^2 + 4y^2 - 36x - 24y + 36 = 0$ b) $x^2 - 16y^2 + 8x + 128y = 256$

c) $y^2 - 8x - 14y + 49 = 0$ d) $x^2 + y^2 + 6x - 10y + 18 = 0$

e) $2x^2 - 3y^2 + 6x + 20y = -41$ f) $x^2 + 10x + 7y = -32$

**8.** Die folgenden nichtdegenerierten Kegelschnitte sind durch Rotation aus ihrer Standardlage hervorgegangen. Man bestimme den Kegelschnitt und seine Standardgleichung im rotierten Koordinatensystem.

a) $2x^2 - 4xy - y^2 + 8 = 0$ b) $x^2 + 2xy + y^2 + 8x + y = 0$

c) $5x^2 + 4xy + 5y^2 = 9$ d) $11x^2 + 24xy + 4y^2 - 15 = 0$

Man bestimme in den Aufgaben 9–14 die Standardlage des gegebenen Kegelschnitts durch Hauptachsentransformation. Man beschreibe den resultierenden Kegelschnitt und gebe seine Standardgleichung an.

**9.** $9x^2 - 4xy + 6y^2 - 10x - 20y = 5$

**10.** $3x^2 - 8xy - 12y^2 - 30x - 64y = 0$

**11.** $2x^2 - 4xy - y^2 - 4x - 8y = -14$

**12.** $21x^2 + 6xy + 13y^2 - 114x + 34y + 73 = 0$

**13.** $x^2 - 6xy - 7y^2 + 10x + 2y + 9 = 0$

**14.** $4x^2 - 20xy + 25y^2 - 15x - 6y = 0$

**15.** Der Graph einer quadratischen Gleichung mit $x$ und $y$ kann in bestimmten Fällen ein Punkt, eine Gerade oder ein Geradenpaar sein. Diese Kegelschnitte werden als ***degeneriert*** bezeichnet. Hat die Gleichung keine reellen Lösungen $x$ und $y$, so erzeugt sie einen ***imaginären*** Kegelschnitt, sie hat dann keinen Graphen in der $xy$-Ebene. Man skizziere die Graphen der folgenden degenerierten und imaginären Kegelschnitte, sofern das möglich ist.

a) $x^2 - y^2 = 0$
b) $x^2 + 3y^2 + 7 = 0$
c) $8x^2 + 7y^2 = 0$
d) $x^2 - 2xy + y^2 = 0$
e) $9x^2 + 12xy + 4y^2 - 52 = 0$
f) $x^2 + y^2 - 2x - 4y = -5$

# 9.7 Quadriken

*Wir übertragen die Diagonalisierungsmethoden des letzten Abschnitts auf quadratische Gleichungen mit drei Variablen und untersuchen die von diesen Gleichungen erzeugten Flächen im $R^3$.*

## Quadriken

Eine Gleichung der Form

$$ax^2 + by^2 + cz^2 + 2dxy + 2exz + 2fyz + gx + hy + iz + j = 0 \tag{1}$$

in der $a, b, \ldots, f$ nicht alle null sind, heißt ***quadratische Gleichung*** in $x$, $y$ und $z$; der Ausdruck

$$ax^2 + by^2 + cz^2 + 2dxy + 2exz + 2fyz$$

ist die ***zugehörige quadratische Form***.

| Fläche | Gleichung | Spur |
|---|---|---|
| Ellipsoid 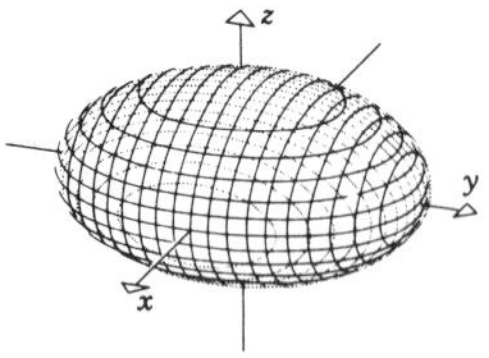 | $\frac{x^2}{l^2}+\frac{y^2}{m^2}+\frac{z^2}{n^2}=1$ | Die Spuren auf den Koordinatenebenen und dazu parallelen Ebenen sind Ellipsen. |
| Einschaliges Hyperboloid 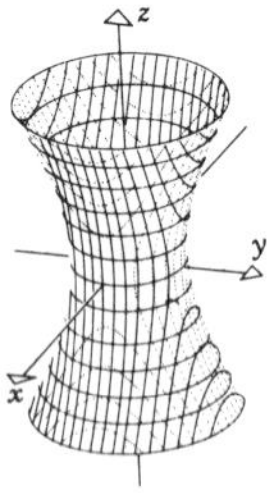 | $\frac{x^2}{l^2}+\frac{y^2}{m^2}-\frac{z^2}{n^2}=1$ | Die Spuren in der $xy$-Ebene und in dazu parallelen Ebenen sind Ellipsen. In der $yz$- und der $xz$-Ebene sowie in den dazu parallelen Ebenen ergeben sich Hyperbeln. |
| Zweischaliges Hyperboloid 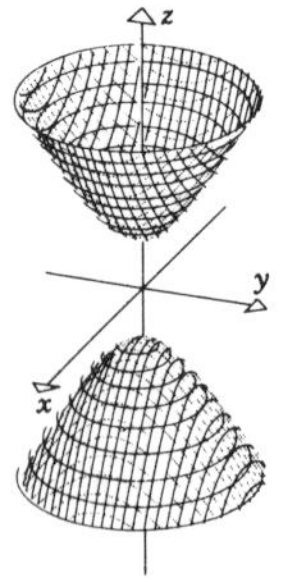 | $\frac{x^2}{l^2}+\frac{y^2}{m^2}-\frac{z^2}{n^2}=-1$ | Es gibt keine Spur auf der $xy$-Ebene. Auf den dazu parallelen Ebenen sind die Spuren Ellipsen. Auf den anderen Koordinaten- und ihren Parallelebenen ergeben sich Hyperbeln. |

**Abb. 9.23** (Fortsetzung auf S. 531)

| Fläche | Gleichung | Spur |
|---|---|---|
| Elliptischer Kegel 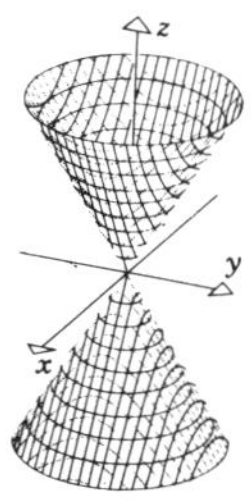 | $z^2 = \frac{x^2}{l^2} + \frac{y^2}{m^2}$ | Die Spur auf der $xy$-Ebene ist ein Punkt (der Ursprung), auf dazu parallelen Ebenen erhalten wir Ellipsen. Die Spuren auf der $yz$- und der $xz$-Ebene sind Geradenpaare, die sich im Ursprung schneiden; auf dazu parallelen Ebenen sind sie Hyperbeln. |
| Elliptisches Paraboloid 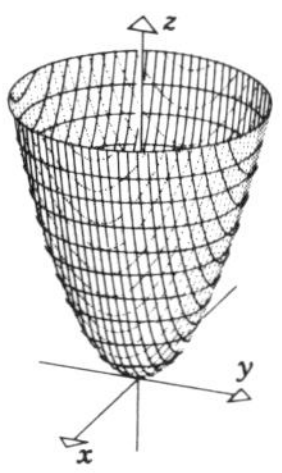 | $z = \frac{x^2}{l^2} + \frac{y^2}{m^2}$ | Die Spur in der $xy$-Ebene ist ein Punkt (der Ursprung). In den dazu parallelen, oberhalb liegenden Ebenen ergeben sich Ellipsen. Als Spuren in der $yz$- und $xz$-Ebene sowie in den dazu parallelen Ebenen ergeben sich Parabeln. |
| Hyperbolisches Paraboloid 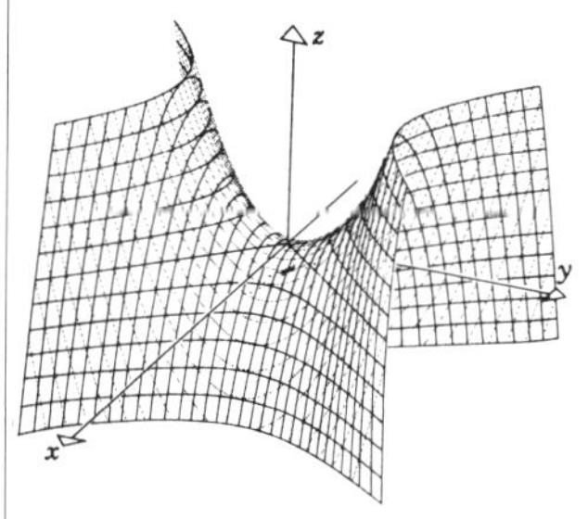 | $z = \frac{y^2}{m^2} - \frac{x^2}{l^2}$ | Die Spur in der $xy$-Ebene ist ein sich (im Ursprung) schneidendes Geradenpaar, auf den dazu parallelen Ebenen ergeben sich Hyperbeln, die sich oberhalb der $xy$-Ebene in $y$-Richtung, unterhalb in $x$-Richtung öffnen. Die Spuren in der $yz$- und der $xz$-Ebene sowie in den dazu parallelen Ebenen sind Parabeln. |

**Abb. 9.23**

In Matrixform ergibt sich für Gleichung (1)

$$[x \quad y \quad z]\begin{bmatrix} a & d & e \\ d & b & f \\ e & f & c \end{bmatrix}\begin{bmatrix} x \\ y \\ z \end{bmatrix} + [g \quad h \quad i]\begin{bmatrix} x \\ y \\ z \end{bmatrix} + j = 0$$

oder

$$\mathbf{x}^T A\mathbf{x} + K\mathbf{x} + j = 0$$

mit

$$\mathbf{x} = \begin{bmatrix} x \\ y \\ z \end{bmatrix}, \quad A = \begin{bmatrix} a & d & e \\ d & b & f \\ e & f & c \end{bmatrix}, \quad K = [g \quad h \quad i].$$

**Beispiel 1** Die quadratische Gleichung

$$3x^2 + 2y^2 - z^2 + 4xy + 3xz - 8yz + 7x + 2y + 3z - 7 = 0$$

hat die zugehörige quadratische Form

$$3x^2 + 2y^2 - z^2 + 4xy + 3xz - 8yz.$$

Der Graph einer quadratischen Gleichung mit $x, y, z$ heißt ***Quadrik*** oder ***Quadrikenfläche***. Die Gleichung hat dann die einfachste Form, wenn die Fläche sich in einer bestimmten ***Standardlage*** bezüglich der Koordinatenachsen befindet. Abbildung 9.23 zeigt die sechs verschiedenen Quadrikentypen und gibt ihre Standardgleichungen an. Wird eine Quadrikenfläche von einer Ebene geschnitten, so heißt die Schnittkurve ***Spur der Ebene auf der Quadrik***. Um die Skizzen in Abbildung 9.23 durchsichtiger zu machen, sind die Spuren der zu den Koordinatenebenen parallelen Ebenen eingezeichnet und beschrieben. Enthält eine quadratische Form gemischte Produkte $xy$, $xz$ oder $yz$, so geht die zugehörige Quadrik durch Rotation aus der Standardlage hervor; tauchen gleichzeitig $x^2$ und $x$, $y^2$ und $y$ oder $z^2$ und $z$ auf, so handelt es sich um eine Translation.

**Beispiel 2** Man beschreibe den Graphen der Gleichung

$$4x^2 + 36y^2 - 9z^2 - 16x - 216y + 304 = 0.$$

*Lösung*. Durch Umordnen der Summanden erhalten wir

$$4(x^2 - 4x) + 36(y^2 - 6y) - 9z^2 = -304,$$

woraus mit quadratischer Ergänzung

$$4(x^2 - 4x + 4) + 36(y^2 - 6y + 9) - 9z^2 = -304 + 16 + 324$$

oder

$$4(x - 2)^2 + 36(y - 3)^2 - 9z^2 = 36,$$

also schließlich

$$\frac{(x-2)^2}{9} + (y-3)^2 - \frac{z^2}{4} = 1$$

folgt. Mit den Translationsgleichungen

$$x' = x - 2, \quad y' = y - 3, \quad z' = z$$

ergibt sich die Standardgleichung

$$\frac{x'^2}{9} + y'^2 - \frac{z'^2}{4} = 1$$

eines einschaligen Hyperboloids.

## Eliminierung der gemischten Produkte

Um Quadriken zu erkennen, die aus der Standardlage durch Rotation hervorgegangen sind, geht man ähnlich wie bei Kegelschnitten vor. Sei $Q$ eine Quadrikenfläche, die in $xyz$-Koordinaten durch

$$\mathbf{x}^T A\mathbf{x} + K\mathbf{x} + j = 0 \tag{2}$$

beschrieben wird. Wir wollen die gegebenen Koordinatenachsen so drehen, daß die Gleichung der Quadrik im neuen $x'y'z'$-System keine gemischten Terme enthält. Analog zum letzten Abschnitt erhalten wir das folgende Verfahren:

**Schritt 1.** Man bestimme eine orthogonale Matrix $P$, die $\mathbf{x}^T A\mathbf{x}$ diagonalisiert.

**Schritt 2.** Nach eventueller Spaltenvertauschung in $P$ ist $\det(P) = 1$, also ist die Koordinatentransformation

$$\mathbf{x} = P\mathbf{x}' \quad \text{oder} \quad \begin{bmatrix} x \\ y \\ z \end{bmatrix} = P \begin{bmatrix} x' \\ y' \\ z' \end{bmatrix} \tag{3}$$

eine Rotation.

**Schritt 3.** Durch Einsetzen von (3) in (2) ergibt sich eine Gleichung der Quadrik im $x'y'z'$-System ohne gemischte Produkte. (Der Beweis wird wie bei den Kegelschnitten geführt, wir überlassen die Details dem Leser als Übung.)

Wir wollen dieses Ergebnis im folgenden Satz festhalten:

**Satz 9.7.1** ***(Hauptachsentransformation in $R^3$).*** *Sei*

$$ax^2 + by^2 + cz^2 + 2dxy + 2exz + 2fyz + gx + hy + iz + j = 0$$

*die Gleichung einer Quadrik $Q$ und*

$$\mathbf{x}^T A\mathbf{x} = ax^2 + by^2 + cz^2 + 2dxy + 2exz + 2fyz$$

*die zugehörige quadratische Form. Dann existiert eine Rotation der Koordinatenachsen, so daß $Q$ im daraus entstehenden $x'y'z'$-System durch die Gleichung*

$$\lambda_1 x'^2 + \lambda_2 y'^2 + \lambda_3 z'^2 + g'x' + h'y' + i'z' + j = 0$$

*beschrieben wird, wobei $\lambda_1, \lambda_2, \lambda_3$ die Eigenwerte von $A$ sind. Diese Rotation entspricht der Koordinatentransformation*

$$\mathbf{x} = P\mathbf{x}'$$

*mit einer orthogonalen Matrix $P$, die $\mathbf{x}^T A\mathbf{x}$ diagonalisiert und* $\det(P) = 1$ *erfüllt.*

**Beispiel 3** Man beschreibe die durch

$$4x^2 + 4y^2 + 4z^2 + 4xy + 4xz + 4yz - 3 = 0$$

gegebene Quadrik.

*Lösung.* Die quadratische Gleichung hat die Matrixform

$$\mathbf{x}^T A\mathbf{x} - 3 = 0 \tag{4}$$

mit

$$A = \begin{bmatrix} 4 & 2 & 2 \\ 2 & 4 & 2 \\ 2 & 2 & 4 \end{bmatrix}.$$

Wie in Abschnitt 7.3, Beispiel 1, hat $A$ die Eigenwerte $\lambda = 2$ und $\lambda = 8$; die orthogonale Matrix

$$P = \begin{bmatrix} -1/\sqrt{2} & -1/\sqrt{6} & 1/\sqrt{3} \\ 1/\sqrt{2} & -1/\sqrt{6} & 1/\sqrt{3} \\ 0 & 2/\sqrt{6} & 1/\sqrt{3} \end{bmatrix}$$

diagonalisiert $A$, wobei die beiden ersten Spalten von $P$ orthonormierte Eigenvektoren zu $\lambda = 2$ sind, die letzte Spalte ist ein normierter Eigenvektor zu $\lambda = 8$.

Wegen $\det(P) = 1$ (der Leser möge das nachrechnen) ist die Koordinatentransformation $\mathbf{x} = P\mathbf{x}'$ eine Rotation. Aus (4) ergibt sich dann

$$(P\mathbf{x}')^T A(P\mathbf{x}') - 3 = 0$$

oder

$$(\mathbf{x}')^T(P^TAP)\mathbf{x}' - 3 = 0. \qquad (5)$$

Mit

$$P^TAP = \begin{bmatrix} 2 & 0 & 0 \\ 0 & 2 & 0 \\ 0 & 0 & 8 \end{bmatrix}$$

erhalten wir

$$[x' \quad y' \quad z'] \begin{bmatrix} 2 & 0 & 0 \\ 0 & 2 & 0 \\ 0 & 0 & 8 \end{bmatrix} \begin{bmatrix} x' \\ y' \\ z' \end{bmatrix} - 3 = 0$$

oder

$$2x'^2 + 2y'^2 + 8z'^2 = 3,$$

was schließlich die Gleichung

$$\frac{x'^2}{3/2} + \frac{y'^2}{3/2} + \frac{z'^2}{3/8} = 1$$

für einen Ellipsoid in Standardlage liefert.

## Übungen zu 9.7

**1.** Man bestimme die zugehörige quadratische Form.

a) $x^2 + 2y^2 - z^2 + 4xy - 5yz + 7x + 2z = 3$

b) $3x^2 + 7z^2 + 2xy - 3xz + 4yz - 3x = 4$

c) $xy + xz + yz = 1$

d) $x^2 + y^2 - z^2 = 7$

e) $3z^2 + 3xz - 14y + 9 = 0$

f) $2z^2 + 2xz + y^2 + 2x - y + 3z = 0$

**2.** Man bestimme die Matrizen der quadratischen Formen aus Aufgabe 1.

**3.** Man schreibe die quadratischen Gleichungen aus Aufgabe 1 in Matrixform $\mathbf{x}^TA\mathbf{x} + K\mathbf{x} + j = 0$.

**4.** Man beschreibe die folgenden Quadriken:

a) $36x^2 + 9y^2 + 4z^2 - 36 = 0$

b) $2x^2 + 6y^2 - 3z^2 = 18$

c) $6x^2 - 3y^2 - 2z^2 - 6 = 0$

d) $9x^2 + 4y^2 - z^2 = 0$

e) $16x^2 + y^2 = 16z$

f) $7x^2 - 3y^2 + z = 0$

g) $x^2 + y^2 + z^2 = 25.$

**5.** Man bestimme die Verschiebungsgleichungen, die die gegebene Quadrik in Standardlage bringen. Um welche Quadrikenfläche handelt es sich?

a) $9x^2 + 36y^2 + 4z^2 - 18x - 144y - 24z + 153 = 0$

b) $6x^2 + 3y^2 - 2z^2 + 12x - 18y - 8z = -7$

c) $3x^2 - 3y^2 - z^2 + 42x + 144 = 0$

d) $4x^2 + 9y^2 - z^2 - 54y - 50z = 544$

e) $x^2 + 16y^2 + 2x - 32y - 16z - 15 = 0$

f) $7x^2 - 3y^2 + 126x + 72y + z + 135 = 0$

g) $x^2 + y^2 + z^2 - 2x + 4y - 6z = 11$

**6.** Man bestimme die Rotation $\mathbf{x} = P\mathbf{x}'$, die die gemischten Terme eliminiert. Man beschreibe die Quadrik und gebe ihre Gleichung im $x'y'z'$-System an.

a) $2x^2 + 3y^2 + 23z^2 + 72xz + 150 = 0$

b) $4x^2 + 4y^2 + 4z^2 + 4xy + 4xz + 4yz - 5 = 0$

c) $144x^2 + 100y^2 + 81z^2 - 216xz - 540x - 720z = 0$

d) $2xy + z = 0$

Man bringe die Quadriken in den Aufgaben 7–10 durch Hauptachsentransformation und Translation in Standardlage. Man beschreibe die Fläche und gebe ihre Standardgleichung an.

**7.** $2xy + 2xz + 2yz - 6x - 6y - 4z = -9$

**8.** $7x^2 + 7y^2 + 10z^2 - 2xy - 4xz + 4yz - 12x + 12y + 60z = 24$

**9.** $2xy - 6x + 10y + z - 31 = 0$

**10.** $2x^2 + 2y^2 + 5z^2 - 4xy - 2xz + 2yz + 10x - 26y - 2z = 0$

**11.** Man beweise Satz 9.7.1.

## 9.8 Vergleich der Lösungsverfahren für lineare Gleichungssysteme

*Wir untersuchen einige praktische Aspekte, die beim Lösen linearer Gleichungssysteme, der Invertierung von Matrizen und der Eigenwertberechnung auftreten. Wir haben diese Methoden zwar eingehend diskutiert, uns aber bisher nicht damit beschäftigt, wie sie sich zur Entwicklung von Computeralgorithmen einsetzen lassen.*

## Anzahl der Rechenoperationen

Da Computer nur eine begrenzte Anzahl von Dezimalstellen speichern können, müssen sie die meisten numerischen Größen aufrunden oder abschneiden. Beispielsweise behandelt ein Computer, der 8 Dezimalstellen verarbeitet, die Zahl $\frac{2}{3}$ als $0,66666667$ (aufgerundet) oder $0,66666666$ (abgeschnitten). Die Differenz zum exakten Wert wird als ***Rundungsfehler*** bezeichnet.

Beim Lösen von Problemen der linearen Algebra mit Hilfe von Computern ist man daran interessiert, die benötigte Zeit (und damit die Kosten) und die durch Rundungsfehler entstehenden Ungenauigkeiten des Ergebnisses gering zu halten. Ein effizienter Computeralgorithmus verwendet also möglichst wenige Rechenoperationen und vermeidet solche, die die Auswirkungen von Rundungsfehlern begünstigen.

Wir haben bisher vier Lösungsverfahren für lineare Systeme $A\mathbf{x} = \mathbf{b}$ von $n$ Gleichungen mit $n$ Unbekannten behandelt:

**1.** die Gauß-Elimination mit Rücksubstitution,
**2.** die Gauß-Jordan-Elimination,
**3.** die Berechnung von $A^{-1}$ und $\mathbf{x} = A^{-1}\mathbf{b}$,
**4.** die Cramersche Regel.

Um diese Verfahren im Hinblick auf die benötigte Rechenzeit vergleichen zu können, müssen wir die Anzahl der dabei jeweils ausgeführten Operationen bestimmen. Moderne Großrechner benötigen etwa 1,0 µs pro Multiplikation, 3,0 µs pro Division und 0,5 µs für eine Addition oder Subtraktion (1 µs = 1 Mikrosekunde = $10^{-6}$ s). Wir fassen in der folgenden Untersuchung Divisionen und Multiplikationen zu der Operation „Multiplikationen" (mit einer durchschnittlichen Rechenzeit von 2,0 µs) sowie Additionen und Subtraktionen zu der Operation „Additionen" (durchschnittliche Rechenzeit 0,5 µs) zusammen.

In Tabelle 9.2 sind die Rechenoperationen unserer vier Lösungsverfahren für Systeme $A\mathbf{x} = \mathbf{b}$ von $n$ Gleichungen mit $n$ Unbekannten, der Invertierung einer $n \times n$-Matrix $A$ und der Berechnung ihrer Determinante durch Zeilenreduktion zusammengestellt.

Man sieht leicht ein, weshalb die Gauß-Jordan- und die Gauß-Elimination die gleiche Anzahl von Rechenoperationen benötigen. Beide beginnen mit der Reduktion der erweiterten Matrix auf Zeilenstufenform (***Vorwärtsphase***). Die Gauß-Elimination liefert dann die Lösung durch Rücksubstitution, während das Gauß-Jordan-Verfahren die reduzierte Zeilenstufenform der erweiterten Matrix erzeugt (***Rückwärtsphase***). Da die zweite Phase in beiden Verfahren die gleiche Anzahl von Rechenoperationen benötigt, sind beide Methoden gleich schnell.

**Bemerkung.** Es gibt eine Variante des Gauß-Jordan-Verfahrens, die wir bisher nicht behandelt haben. Unsere Standardmethode erzeugt zuerst Nullen unterhalb der führenden Einsen und dann (ausgehend von dieser Zeilenstufenform) die Nullen oberhalb der führenden Einsen. Alternativ kann man auch Nullen über und unter einer führenden Eins erzeugen, sobald sie vorhanden ist; diese Methode

**Tabelle 9.2** Anzahl der Rechenoperationen für eine invertierbare $n \times n$-Matrix $A$

| Methode | Anzahl der Additionen | Anzahl der Multiplikationen |
|---|---|---|
| Lösen von $A\mathbf{x} = \mathbf{b}$ mit Gauß-Jordan-Elimination | $\frac{1}{3}n^3 + \frac{1}{2}n^2 - \frac{5}{6}n$ | $\frac{1}{3}n^3 + n^2 - \frac{1}{3}n$ |
| Lösen von $A\mathbf{x} = \mathbf{b}$ mit Gauß-Elimination | $\frac{1}{3}n^3 + \frac{1}{2}n^2 - \frac{5}{6}n$ | $\frac{1}{3}n^3 + n^2 - \frac{1}{3}n$ |
| Berechnung von $A^{-1}$ durch Reduktion von $[A \mid I]$ auf $[I \mid A^{-1}]$ | $n^3 - 2n^2 + n$ | $n^3$ |
| Lösen von $A\mathbf{x} = \mathbf{b}$ durch $\mathbf{x} = A^{-1}\mathbf{b}$ | $n^3 - n^2$ | $n^3 + n^2$ |
| Berechnung von $\det(A)$ durch Zeilenreduktion | $\frac{1}{3}n^3 - \frac{1}{2}n^2 + \frac{1}{6}n$ | $\frac{1}{3}n^3 + \frac{2}{3}n - 1$ |
| Lösen von $A\mathbf{x} = \mathbf{b}$ mit der Cramerschen Regel | $\frac{1}{3}n^4 - \frac{1}{6}n^3 - \frac{1}{3}n^2 + \frac{1}{6}n$ | $\frac{1}{3}n^4 + \frac{1}{3}n^3 + \frac{2}{3}n^2 + \frac{2}{3}n - 1$ |

erfordert

$$\frac{n^3}{2} - \frac{n}{2} \quad \text{Additionen und} \quad \frac{n^3}{2} + \frac{n^2}{2} \quad \text{Multiplikationen,}$$

ist also für $n \geq 3$ weniger effektiv als das von uns behandelte Verfahren.

Um zu zeigen, wie man die Werte in Tabelle 9.2 erhält, berechnen wir exemplarisch die Zahl der Operationen im Gauß-Jordan-Verfahren. Wir verwenden dabei die folgende Summenformel für die ersten $n$ natürlichen Zahlen und die ersten $n$ Quadratzahlen, deren Herleitung in den Übungen diskutiert wird:

$$1 + 2 + 3 + \cdots + n = \frac{n(n+1)}{2} \tag{1}$$

$$1^2 + 2^2 + 3^2 + \cdots + n^2 = \frac{n(n+1)(2n+1)}{6}. \tag{2}$$

Daneben brauchen wir Formeln für die Summe der ersten $n-1$ natürlichen Zahlen und die Quadrate der ersten $n-1$ natürlichen Zahlen, die wir aus (1) und (2) durch Ersetzen von $n$ durch $n-1$ erhalten:

$$1 + 2 + 3 + \cdots + (n-1) = \frac{(n-1)n}{2} \tag{3}$$

$$1^2 + 2^2 + 3^2 + \cdots + (n-1)^2 = \frac{(n-1)n(2n-1)}{6}. \tag{4}$$

## Rechenoperationen der Gauß-Jordan-Elimination

Sei $A\mathbf{x} = \mathbf{b}$ ein System von $n$ Gleichungen mit $n$ Unbekannten, wobei $A$ invertierbar ist, so daß das System eindeutig lösbar ist. Der Einfachheit halber nehmen wir an, daß sich die erweiterte Matrix $[A \mid \mathbf{b}]$ ohne Zeilenvertauschungen zur reduzierten Zeilenstufenform transformieren läßt. Diese Annahme kann man dadurch rechtfertigen, daß Zeilenvertauschungen im Computer als reine „Buchhaltungsprozesse" wesentlich weniger Zeit beanspruchen als tatsächliche Rechenoperationen.

Der erste Schritt des Gauß-Jordan-Verfahrens besteht nun darin, durch Multiplikation der ersten Zeile mit einer geeigneten Zahl eine führende Eins zu erzeugen. Wir benutzen die folgende schematische Darstellung:

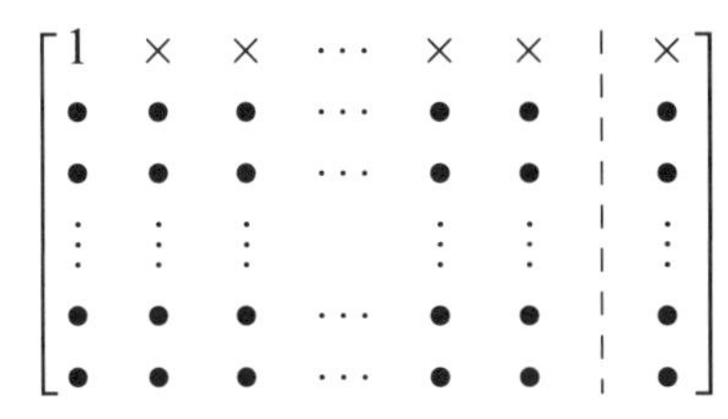

× bezeichnet das zu berechnende Element.
• wird im aktuellen Schritt nicht beachtet.
Die Matrix hat die Größe $n \times (n+1)$.

Die führende Eins muß dabei nicht berechnet, sondern nur gespeichert werden, so daß in der ersten Zeile $n$ zu berechnende Zahlen stehen.

Es folgt eine schematische Beschreibung der einzelnen Schritte und Rechenoperationen, die $[A \mid \mathbf{b}]$ auf Zeilenstufenform bringen.

**Schritt 1**

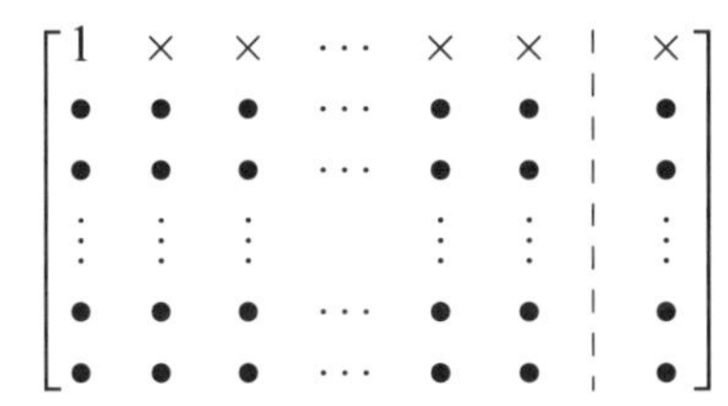

$n$ Multiplikationen
0 Additionen

**Schritt 1a**

$$\left[\begin{array}{cccccc|c} 1 & \bullet & \bullet & \cdots & \bullet & \bullet & \bullet \\ 0 & \times & \times & \cdots & \times & \times & \times \\ 0 & \times & \times & \cdots & \times & \times & \times \\ \vdots & \vdots & \vdots & & \vdots & \vdots & \vdots \\ 0 & \times & \times & \cdots & \times & \times & \times \\ 0 & \times & \times & \cdots & \times & \times & \times \end{array}\right]$$

$n$ Multiplikationen/Zeile
$n$ Additionen/Zeile
$n-1$ zu berechnende Zeilen

$n(n-1)$ Multiplikationen
$n(n-1)$ Additionen

**Schritt 2**

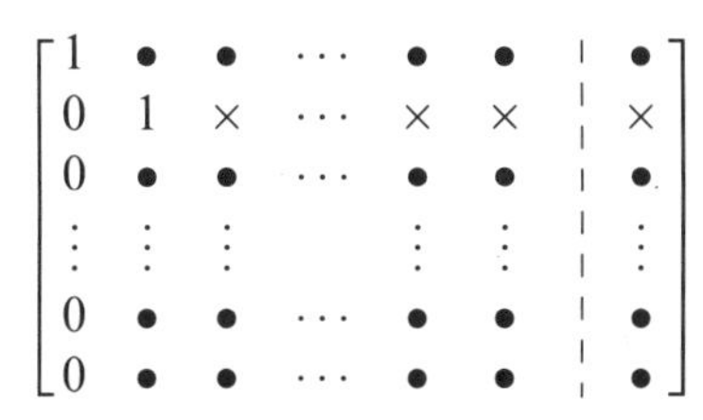

$n-1$ Multiplikationen
0 Additionen

**Schritt 2a**

$$\left[\begin{array}{cccccc|c} 1 & \bullet & \bullet & \cdots & \bullet & \bullet & \bullet \\ 0 & 1 & \bullet & \cdots & \bullet & \bullet & \bullet \\ 0 & 0 & \times & \cdots & \times & \times & \times \\ \vdots & \vdots & \vdots & & \vdots & \vdots & \vdots \\ 0 & 0 & \times & \cdots & \times & \times & \times \\ 0 & 0 & \times & \cdots & \times & \times & \times \end{array}\right]$$

$n-1$ Multiplikationen/Zeile
$n-1$ Additionen/Zeile
$n-2$ zu berechnende Zeilen

| $(n-1)(n-2)$ Multiplikationen<br>$(n-2)(n-2)$ Additionen |
|---|

**Schritt 3**

$$\left[\begin{array}{cccccc|c} 1 & \bullet & \bullet & \cdots & \bullet & \bullet & \bullet \\ 0 & 1 & \bullet & \cdots & \bullet & \bullet & \bullet \\ 0 & 0 & 1 & \cdots & \times & \times & \times \\ \vdots & \vdots & \vdots & & \vdots & \vdots & \vdots \\ 0 & 0 & \bullet & \cdots & \bullet & \bullet & \bullet \\ 0 & 0 & \bullet & \cdots & \bullet & \bullet & \bullet \end{array}\right]$$

| $n-2$ Multiplikationen<br>0 Additionen |
|---|

**Schritt 3a**

$$\left[\begin{array}{cccccc|c} 1 & \bullet & \bullet & \cdots & \bullet & \bullet & \bullet \\ 0 & 1 & \bullet & \cdots & \bullet & \bullet & \bullet \\ 0 & 0 & 1 & \cdots & \bullet & \bullet & \bullet \\ \vdots & \vdots & \vdots & & \vdots & \vdots & \vdots \\ 0 & 0 & 0 & \cdots & \times & \times & \times \\ 0 & 0 & 0 & \cdots & \times & \times & \times \end{array}\right]$$

$n-2$ Multiplikationen/Zeile
$n-2$ Additionen/Zeile
$n-3$ zu berechnende Zeilen

| $(n-2)(n-3)$ Multiplikationen<br>$(n-2)(n-3)$ Additionen |
|---|

**Schritt $(n-1)$**

$$\left[\begin{array}{cccccc|c} 1 & \bullet & \bullet & \cdots & \bullet & \bullet & \bullet \\ 0 & 1 & \bullet & \cdots & \bullet & \bullet & \bullet \\ 0 & 0 & 1 & \cdots & \bullet & \bullet & \bullet \\ \vdots & \vdots & \vdots & & \vdots & \vdots & \vdots \\ 0 & 0 & 0 & \cdots & 1 & \times & \times \\ 0 & 0 & 0 & \cdots & \bullet & \bullet & \bullet \end{array}\right]$$

| 2 Multiplikationen<br>0 Additionen |
|---|

**Schritt $(n-1)$a**

$$\left[\begin{array}{cccccc|c} 1 & \bullet & \bullet & \cdots & \bullet & \bullet & \bullet \\ 0 & 1 & \bullet & \cdots & \bullet & \bullet & \bullet \\ 0 & 0 & 1 & \cdots & \bullet & \bullet & \bullet \\ \vdots & \vdots & \vdots & & \vdots & \vdots & \vdots \\ 0 & 0 & 0 & \cdots & 1 & \bullet & \bullet \\ 0 & 0 & 0 & \cdots & 0 & \times & \times \end{array}\right]$$

2 Multiplikationen/Zeile
2 Additionen/Zeile
1 zu berechnende Zeile

| 2 Multiplikationen<br>2 Additionen |
|---|

**Schritt *n***

$$\left[\begin{array}{cccccc|c} 1 & \bullet & \bullet & \cdots & \bullet & \bullet & \bullet \\ 0 & 1 & \bullet & \cdots & \bullet & \bullet & \bullet \\ 0 & 0 & 1 & \cdots & \bullet & \bullet & \bullet \\ \vdots & \vdots & \vdots & & \vdots & \vdots & \vdots \\ 0 & 0 & 0 & \cdots & 1 & \bullet & \bullet \\ 0 & 0 & 0 & \cdots & 0 & 1 & \times \end{array}\right]$$

1 Multiplikation
0 Additionen

Damit erhalten wir als Gesamtzahl der Operationen in den einzelnen Schritten:

**Schritt 1 und 1a**

Multiplikationen: $n + n(n-1) = n^2$

Additionen: $n(n-1) = n^2 - n$

**Schritt 2 und 2a**

Multiplikationen: $(n-1) + (n-1)(n-2) = (n-1)^2$

Additionen: $(n-1)(n-2) = (n-1)^2 - (n-1)$

**Schritt 3 und 3a**

Multiplikationen: $(n-2) + (n-2)(n-3) = (n-2)^2$

Additionen: $(n-2)(n-3) = (n-2)^2 - (n-2)$

**Schritt $(n-1)$ und $(n-1)$a**

Multiplikationen: $4 (= 2^2)$

Additionen: $2 (= 2^2 - 2)$

**Schritt *n***

Multiplikationen: $1 (= 1^2)$

Additionen: $0 (= 1^2 - 1)$

Insgesamt werden bei der Reduktion von $[A \mid \mathbf{b}]$ auf Zeilenstufenform folgende Operationen benötigt:

Multiplikationen: $n^2 + (n-1)^2 + (n-2)^2 + \cdots 1^2$

Additionen: $[n^2 + (n-1)^2 + (n-2)^2 + \cdots + 1^2]$
$- [n + (n-1) + (n-2) + \cdots + 1]$

also mit (1) und (2)

$$\text{Multiplikationen:} \quad \frac{n(n+1)(2n+1)}{6} = \frac{n^3}{3} + \frac{n^2}{2} + \frac{n}{6} \tag{5}$$

$$\text{Additionen:} \quad \frac{n(n+1)(2n+1)}{6} - \frac{n(n+1)}{2} = \frac{n^3}{3} - \frac{n}{3}. \tag{6}$$

Damit ist die Vorwärtsphase abgeschlossen. Wir müssen jetzt die Zeilenstufenform von $[A \mid \mathbf{b}]$ durch Erzeugen von Nullen über den führenden Einsen auf reduzierte Zeilenstufenform bringen. Das erfordert folgende Rechnungen:

**Schritt 1**

$$\left[\begin{array}{cccccc:c} 1 & \bullet & \bullet & \cdots & \bullet & 0 & \times \\ 0 & 1 & \bullet & \cdots & \bullet & 0 & \times \\ 0 & 0 & 1 & \cdots & \bullet & 0 & \times \\ \vdots & \vdots & \vdots & & \vdots & \vdots & \vdots \\ 0 & 0 & 0 & \cdots & 1 & 0 & \times \\ 0 & 0 & 0 & \cdots & 0 & 1 & \bullet \end{array}\right]$$

$n-1$ Multiplikationen
$n-1$ Additionen

**Schritt 2**

$$\left[\begin{array}{cccccc:c} 1 & \bullet & \bullet & \cdots & 0 & 0 & \times \\ 0 & 1 & \bullet & \cdots & 0 & 0 & \times \\ 0 & 0 & 1 & \cdots & 0 & 0 & \times \\ \vdots & \vdots & \vdots & & \vdots & \vdots & \vdots \\ 0 & 0 & 0 & \cdots & 1 & 0 & \bullet \\ 0 & 0 & 0 & \cdots & 0 & 1 & \bullet \end{array}\right]$$

$n-2$ Multiplikationen
$n-2$ Additionen

**Schritt $(n-2)$**

$$\left[\begin{array}{cccccc:c} 1 & \bullet & 0 & \cdots & 0 & 0 & \times \\ 0 & 1 & 0 & \cdots & 0 & 0 & \times \\ 0 & 0 & 1 & \cdots & 0 & 0 & \bullet \\ \vdots & \vdots & \vdots & & \vdots & \vdots & \vdots \\ 0 & 0 & 0 & \cdots & 1 & 0 & \bullet \\ 0 & 0 & 0 & \cdots & 0 & 1 & \bullet \end{array}\right]$$

2 Multiplikationen
2 Additionen

**Schritt $(n-1)$**

$$\left[\begin{array}{cccccc:c} 1 & 0 & 0 & \cdots & 0 & 0 & \times \\ 0 & 1 & 0 & \cdots & 0 & 0 & \bullet \\ 0 & 0 & 1 & \cdots & 0 & 0 & \bullet \\ \vdots & \vdots & \vdots & & \vdots & \vdots & \vdots \\ 0 & 0 & 0 & \cdots & 1 & 0 & \bullet \\ 0 & 0 & 0 & \cdots & 0 & 1 & \bullet \end{array}\right]$$

1 Multiplikation
1 Addition

In der Rückwärtsphase werden folgende Operationen benötigt:

$$\text{Multiplikationen:} \quad (n-1)+(n-2)+\cdots+2+1$$
$$\text{Additionen:} \quad (n-1)+(n-2)+\cdots+2+1,$$

also mit (3)

$$\text{Multiplikationen:} \quad \frac{(n-1)n}{2}=\frac{n^2}{2}-\frac{n}{2} \tag{7}$$

$$\text{Additionen:} \quad \frac{(n-1)n}{2}=\frac{n^2}{2}-\frac{n}{2}. \tag{8}$$

Als Gesamtzahl der Rechenoperationen des Gauß-Jordan-Verfahrens ergibt sich aus (5), (6), (7) und (8)

$$\text{Multiplikationen:} \quad \left(\frac{n^3}{3}+\frac{n^2}{2}+\frac{n}{6}\right)+\left(\frac{n^2}{2}-\frac{n}{2}\right)=\frac{n^3}{3}+n^2-\frac{n}{3} \tag{9}$$

$$\text{Additionen:} \quad \left(\frac{n^3}{3}-\frac{n}{3}\right)+\left(\frac{n^2}{2}-\frac{n}{2}\right)=\frac{n^3}{3}+\frac{n^2}{2}-\frac{5n}{6}. \tag{10}$$

## Vergleich der Lösungsverfahren

Da man in praktischen Anwendungen linearen Systemen mit Tausenden von Gleichungen mit ebenso vielen Unbekannten begegnet, ist man besonders an dem Verhalten der Resultate in Tabelle 9.2 für große $n$ interessiert. Nun lassen sich Polynome für betragsmäßig große Variablen durch den Summanden mit dem höchsten Exponenten approximieren; es gilt für $a_k \neq 0$

$$a_0 + a_1 x + \cdots + a_k x^k \approx a_k x^k \quad \text{für große } x$$

(siehe Übung 12). Damit lassen sich die genauen Resultate aus Tabelle 9.2 für große $n$ durch die in Tabelle 9.3 aufgeführten Werte ersetzen.

**Tabelle 9.3** Ungefähre Anzahl der Rechenoperationen für große invertierbare $n \times n$-Matrizen

| Methode | Anzahl der Additionen | Anzahl der Multiplikationen |
|---|---|---|
| Lösen von $A\mathbf{x} = \mathbf{b}$ mit Gauß-Jordan-Elimination | $\approx \frac{n^3}{3}$ | $\approx \frac{n^3}{3}$ |
| Lösen von $A\mathbf{x} = \mathbf{b}$ mit Gauß-Elimination | $\approx \frac{n^3}{3}$ | $\approx \frac{n^3}{3}$ |
| Berechnung von $A^{-1}$ durch Reduktion von $[A \mid I]$ auf $[I \mid A^{-1}]$ | $\approx n^3$ | $\approx n^3$ |
| Lösen von $A\mathbf{x} = \mathbf{b}$ durch $\mathbf{x} = A^{-1}\mathbf{b}$ | $\approx n^3$ | $\approx n^3$ |
| Berechnung von $\det(A)$ durch Zeilenreduktion | $\approx \frac{n^3}{3}$ | $\approx \frac{n^3}{3}$ |
| Lösen von $A\mathbf{x} = \mathbf{b}$ mit der Cramerschen Regel | $\approx \frac{n^4}{3}$ | $\approx \frac{n^4}{3}$ |

Wie man sieht, sind Gauß- und Gauß-Jordan-Elimination für große Gleichungssysteme am effektivsten. Die Berechnung von $A^{-1}$ und $\mathbf{x} = A^{-1}\mathbf{b}$ erfolgt wesentlich langsamer, da sie die dreifache Anzahl von Operationen benötigt; die Cramersche Regel scheint praktisch unbrauchbar zu sein.

**Bemerkung.** Die oben angesprochene Variante des Gauß-Jordan-Verfahrens, die sofort Nullen ober- und unterhalb jeder führenden Eins erzeugt, benötigt

$$\frac{n^3}{2} - \frac{n}{2} \text{ Additionen} \quad \text{und} \quad \frac{n^3}{2} + \frac{n^2}{2} \text{ Multiplikationen.}$$

Für große $n$ erfordert das Verfahren $\approx n^3/3$ Multiplikationen, also 50% mehr als die Standardmethode. Dasselbe gilt für die Additionen.

Es ist naheliegend, nach Methoden zu fragen, die weniger als die $\approx n^3/3$ Additionen und Multiplikationen des Gauß- und Gauß-Jordan-Verfahrens benötigen. Tatsächlich wurden in den letzten Jahren Prozeduren entwickelt, die mit $\approx Cn^q$ Multiplikationen auskommen, wobei $q$ etwas größer als 2,5 ist. Allerdings werden sie in der Praxis kaum eingesetzt, da sie schwierig zu programmieren sind, sehr viele Additionen benötigen und die Konstante $C$ groß ist. Man kann also zur Zeit davon ausgehen, daß keine wesentlich besseren Verfahren als Gauß- und Gauß-Jordan-Elimination existieren.

## Übungen zu 9.8

1. Wieviele Additionen und Multiplikationen werden für die Berechnung des Produkts $AB$ einer $m \times n$-Matrix $A$ mit einer $n \times p$-Matrix $B$ benötigt?

2. Man bestimme mit Aufgabe 1 die Anzahl der Additionen und Multiplikationen in der Berechnung von $A^k$ für eine $n \times n$-Matrix $A$.

3. Sei $A$ eine $n \times n$-Matrix. Man vervollständige Tabelle 9.4 mit Hilfe der in Tabelle 9.2 aufgeführten Werte.

**Tabelle 9.4**

| | $n = 5$ | | $n = 10$ | | $n = 100$ | | $n = 1000$ | |
|---|---|---|---|---|---|---|---|---|
| | $+$ | $\times$ | $+$ | $\times$ | $+$ | $\times$ | $+$ | $\times$ |
| Lösen von $A\mathbf{x} = \mathbf{b}$ mit Gauß-Jordan-Elimination | | | | | | | | |
| Lösen von $A\mathbf{x} = \mathbf{b}$ mit Gauß-Elimination | | | | | | | | |
| Berechnung von $A^{-1}$ durch Reduktion von $[A \mid I]$ auf $[I \mid A^{-1}]$ | | | | | | | | |
| Lösen von $A\mathbf{x} = \mathbf{b}$ durch $\mathbf{x} = A^{-1}\mathbf{b}$ | | | | | | | | |
| Berechnung von $\det(A)$ durch Zeilenreduktion | | | | | | | | |
| Lösen von $A\mathbf{x} = \mathbf{b}$ mit der Cramerschen Regel | | | | | | | | |

4. Ein Computer benötigt für eine Multiplikation eine Rechenzeit 2,0 µs, für eine Addition 0,5 µs. Man fülle Tabelle 9.5 unter Nutzung der Ergebnisse von Übung 3 aus.

**Tabelle 9.5**

| | $n = 5$ | $n = 10$ | $n = 100$ | $n = 1000$ |
|---|---|---|---|---|
| | Rechenzeit (in Sekunden) | Rechenzeit (in Sekunden) | Rechenzeit (in Sekunden) | Rechenzeit (in Sekunden) |
| Lösen von $A\mathbf{x} = \mathbf{b}$ mit Gauß-Jordan-Elimination | | | | |
| Lösen von $A\mathbf{x} = \mathbf{b}$ mit Gauß-Elimination | | | | |
| Berechnung von $A^{-1}$ durch Reduktion von $[A \mid I]$ auf $[I \mid A^{-1}]$ | | | | |
| Lösen von $A\mathbf{x} = \mathbf{b}$ durch $\mathbf{x} = A^{-1}\mathbf{b}$ | | | | |
| Berechnung von $\det(A)$ durch Zeilenreduktion | | | | |
| Lösen von $A\mathbf{x} = \mathbf{b}$ mit der Cramerschen Regel | | | | |

**5.** Man beweise die Formel

$$1 + 2 + 3 + \cdots + n = \frac{n(n+1)}{2}$$

[*Hinweis.* Man schreibe die Summanden von $S_n = 1 + 2 + 3 + \cdots + n$ in richtiger und in umgekehrter Reihenfolge und addiere die beiden Ausdrücke.]

**6.** Man zeige mit Aufgabe 5

$$1 + 2 + 3 + \cdots + (n-1) = \frac{(n-1)n}{2}.$$

**7.** Man beweise

$$1^2 + 2^2 + 3^2 + \cdots + n^2 = \frac{n(n+1)(2n+1)}{6}$$

mit folgenden Schritten:

a) Man zeige $(k+1)^3 - k^3 = 3k^2 + 3k + 1$.

b) Man beweise

$$[2^3 - 1^3] + [3^3 - 2^3] + [4^3 - 3^3] + \cdots + [(n+1)^3 - n^3] = (n+1)^3 - 1.$$

c) Man zeige durch Anwenden von a) auf die linke Seite von b)

$$(n+1)^3 - 1 = 3[1^2 + 2^2 + 3^2 + \cdots + n^2] + 3[1 + 2 + 3 + \cdots + n] + n.$$

d) Man löse die Gleichung in c) nach $1^2 + 2^2 + 3^3 + \cdots + n^2$ auf und verwende Aufgabe 5.

**8.** Man zeige mit Aufgabe 7

$$1^2 + 2^2 + 3^2 + \cdots + (n-1)^2 = \frac{(n-1)n(2n-1)}{6}.$$

**9.** Sei $R$ die Zeilenstufenform einer invertierbaren $n \times n$-Matrix. Man zeige, daß das Lösen von $R\mathbf{x} = \mathbf{b}$ durch Rücksubstitution

$\frac{n^2}{2} - \frac{n}{2}$ Multiplikationen und

$\frac{n^2}{2} - \frac{n}{2}$ Additionen

erfordert.

**10.** Man zeige, daß für die Reduktion einer invertierbaren $n \times n$-Matrix auf die Form $I_n$

$\frac{n^3}{3} - \frac{n}{3}$ Multiplikationen und

$\frac{n^3}{3} - \frac{n^2}{2} + \frac{n}{6}$ Additionen

benötigt werden. [*Anmerkung*. Man kann davon ausgehen, daß keine Zeilenvertauschungen auftreten.]

**11.** Wir lösen ein lineares Gleichungssystem $A\mathbf{x} = \mathbf{b}$ mit invertierbarer $n \times n$-Koeffizientenmatrix $A$ durch die in den Bemerkungen besprochene Variante der Gauß-Jordan-Elimination, indem wir zu jeder führenden Eins sofort alle Nullen über und unter diesem Element erzeugen. Man zeige, daß für dieses Verfahren

$\frac{n^3}{2} + \frac{n^2}{2}$ Multiplikationen und

$\frac{n^3}{2} - \frac{n}{2}$ Additionen

benötigt werden. [*Anmerkung*. Man kann davon ausgehen, daß keine Zeilenvertauschungen auftreten.]

**12.** *(Für Leser mit Analysiskenntnissen.)* Man zeige für $p(x) = a_0 + a_1 x + \cdots a_k x^k$ mit $a_k \neq 0$

$$\lim_{x \to +\infty} \frac{p(x)}{a_k x^k} = 1.$$

[*Anmerkung*. Dieses Ergebnis rechtfertigt die Abschätzung $a_0 + a_1 x + \cdots + a_k x^k \approx a_k x^k$ für große $x$.]

## 9.9 *LU*-Zerlegung

*Mit Gauß- und Gauß-Jordan-Elimination werden lineare Gleichungssysteme gelöst, indem die erweiterte Matrix systematisch reduziert wird. Wir untersuchen jetzt eine andere Methode, die darauf beruht, daß die Koeffizientenmatrix in ein Produkt aus einer unteren und einer oberen Dreiecksmatrix zerlegt wird. Dieses Verfahren läßt sich sehr gut auf dem Computer realisieren und ist die Grundlage vieler gebräuchlicher Algorithmen.*

## Lösen linearer Gleichungssysteme durch Faktorisierung

Wir behandeln das Problem in zwei Schritten. Zuerst zeigen wir, wie sich das lineare System $A\mathbf{x} = \mathbf{b}$ lösen läßt, wenn die Koeffizientenmatrix bereits in faktorisierter Form vorliegt. Im nächsten Teil werden wir dann die Zerlegungen konstruieren.
Sei $A$ eine $n \times n$-Matrix, die sich als Produkt

$$A = LU$$

einer unteren $n \times n$-Dreiecksmatrix $L$ und einer oberen $n \times n$-Dreiecksmatrix $U$ schreiben läßt. Dann kann das Gleichungssystem $A\mathbf{x} = \mathbf{b}$ auf folgende Weise gelöst werden:

**Schritt 1.** Man schreibe das System $A\mathbf{x} = \mathbf{b}$ als

$$LU\mathbf{x} = \mathbf{b}. \tag{1}$$

**Schritt 2.** Man definiere die $n \times 1$-Matrix $\mathbf{y}$ durch

$$U\mathbf{x} = \mathbf{y}. \tag{2}$$

**Schritt 3.** Man setze (2) in (1) ein und löse das entstehende System $L\mathbf{y} = \mathbf{b}$ nach $\mathbf{y}$ auf.

**Schritt 4.** Man setze $\mathbf{y}$ in (2) ein und löse nach $\mathbf{x}$ auf.

Das Verfahren ersetzt das Problem, ein einzelnes Gleichungssystem $A\mathbf{x} = \mathbf{b}$ zu lösen, durch die Aufgabe, zwei Systeme $L\mathbf{y} = \mathbf{b}$ und $U\mathbf{x} = \mathbf{y}$ zu lösen; diese sind aber leichter zu behandeln, da $L$ und $U$ Dreiecksmatrizen sind. Das folgende Beispiel soll diese Idee verdeutlichen.

**Beispiel 1** Wir werden später die Zerlegung

$$\begin{bmatrix} 2 & 6 & 2 \\ -3 & -8 & 0 \\ 4 & 9 & 2 \end{bmatrix} = \begin{bmatrix} 2 & 0 & 0 \\ -3 & 1 & 0 \\ 4 & -3 & 7 \end{bmatrix} \begin{bmatrix} 1 & 3 & 1 \\ 0 & 1 & 3 \\ 0 & 0 & 1 \end{bmatrix}$$

nachvollziehen. Man löse damit das Gleichungssystem

$$\begin{bmatrix} 2 & 6 & 2 \\ -3 & -8 & 0 \\ 4 & 9 & 2 \end{bmatrix} \begin{bmatrix} x_1 \\ x_2 \\ x_3 \end{bmatrix} = \begin{bmatrix} 2 \\ 2 \\ 3 \end{bmatrix}. \tag{3}$$

*Lösung*. Wir schreiben (3) als

$$\begin{bmatrix} 2 & 0 & 0 \\ -3 & 1 & 0 \\ 4 & -3 & 7 \end{bmatrix} \begin{bmatrix} 1 & 3 & 1 \\ 0 & 1 & 3 \\ 0 & 0 & 1 \end{bmatrix} \begin{bmatrix} x_1 \\ x_2 \\ x_3 \end{bmatrix} = \begin{bmatrix} 2 \\ 2 \\ 3 \end{bmatrix} \tag{4}$$

und definieren $y_1, y_2, y_3$ durch

$$\begin{bmatrix} 1 & 3 & 1 \\ 0 & 1 & 3 \\ 0 & 0 & 1 \end{bmatrix} \begin{bmatrix} x_1 \\ x_2 \\ x_2 \end{bmatrix} = \begin{bmatrix} y_1 \\ y_2 \\ y_3 \end{bmatrix}. \tag{5}$$

Damit ergibt sich aus (3)

$$\begin{bmatrix} 2 & 0 & 0 \\ -3 & 1 & 0 \\ 4 & -3 & 7 \end{bmatrix} \begin{bmatrix} y_1 \\ y_2 \\ y_3 \end{bmatrix} = \begin{bmatrix} 2 \\ 2 \\ 3 \end{bmatrix}$$

oder äquivalent dazu

$$\begin{aligned} 2y_1 \phantom{{}- 3y_2 + 7y_3} &= 2 \\ -3y_1 + y_2 \phantom{{}+ 7y_3} &= 2 \\ 4y_1 - 3y_2 + 7y_3 &= 3. \end{aligned}$$

Dieses System lösen wir durch ***Vorwärtssubstitution***, die sich von der Rückwärtssubstitution nur dadurch unterscheidet, daß die Gleichungen von oben nach unten abgearbeitet werden. Es ergibt sich

$$y_1 = 1, \quad y_2 = 5, \quad y_3 = 2$$

(der Leser möge das verifizieren), also mit (5)

$$\begin{bmatrix} 1 & 3 & 1 \\ 0 & 1 & 3 \\ 0 & 0 & 1 \end{bmatrix} \begin{bmatrix} x_1 \\ x_2 \\ x_3 \end{bmatrix} = \begin{bmatrix} 1 \\ 5 \\ 2 \end{bmatrix}$$

oder

$$\begin{aligned} x_1 + 3x_2 + x_3 &= 1 \\ x_2 + 3x_3 &= 5 \\ x_3 &= 2. \end{aligned}$$

Durch Rücksubstitution erhalten wir

$$x_1 = 2, \quad x_2 = -1, \quad x_3 = 2.$$

## *LU*-Zerlegung

Wir wenden uns jetzt der Konstruktion der Zerlegung einer $n \times n$-Matrix zu. Dazu nehmen wir an, daß $A$ durch eine Folge von elementaren Zeilenoperationen auf die Zeilenstufenform $U$ reduziert wurde. Nach Satz 1.5.1 entspricht jede dieser

Umformungen der Multiplikation mit einer Elementarmatrix, also existieren Elementarmatrizen $E_1, E_2, \ldots, E_k$ mit

$$E_k \cdots E_2 E_1 A = U. \tag{6}$$

$E_1, E_2, \ldots, E_k$ sind wegen Satz 1.5.2 invertierbar, also erhalten wir durch sukzessive Multiplikation von (6) mit

$$E_k^{-1}, \ldots, E_2^{-1}, E_1^{-1}$$

die Gleichung

$$A = E_1^{-1} E_2^{-1} \cdots E_k^{-1} U. \tag{7}$$

In Übung 15 werden wir sehen, daß die durch

$$L = E_1^{-1} E_2^{-1} E_k^{-1} \tag{8}$$

definierte Matrix $L$ untere Dreiecksgestalt hat, wenn *$A$ ohne Zeilenvertauschungen zu $U$ umgeformt wurde*. Unter dieser Voraussetzung ergibt sich aus (7) die Zerlegung

$$A = LU$$

in eine untere und eine obere Dreiecksmatrix.

Im folgenden Satz sind diese Überlegungen festgehalten.

**Satz 9.9.1.** *Ist $A$ eine quadratische Matrix, die sich ohne Zeilenvertauschung auf die Zeilenstufenform $U$ bringen läßt, so gibt es eine Zerlegung $A = LU$ mit einer unteren Dreiecksmatrix $L$.*

**Definition.** Die Darstellung einer quadratischen Matrix $A$ als $A = LU$ mit einer unteren Dreiecksmatrix $L$ und einer oberen Dreiecksmatrix $U$ heißt ***LU*-Zerlegung** oder ***Dreieckszerlegung*** von $A$.

**Beispiel 2** Man berechne eine *LU*-Zerlegung von

$$A = \begin{bmatrix} 2 & 6 & 2 \\ -3 & -8 & 0 \\ 4 & 9 & 2 \end{bmatrix}.$$

*Lösung.* Wir reduzieren $A$ zur Zeilenstufenform $U$ und berechnen $L$ aus Formel (8). Dazu benötigen wir folgende Rechnungen:

| Reduktion auf Zeilenstufenform | Zugehörige Elementarmatrix | Inverse der Elementarmatrix |
|---|---|---|
| $\begin{bmatrix} 2 & 6 & 2 \\ -3 & -8 & 0 \\ 4 & 9 & 2 \end{bmatrix}$ | | |
| **Schritt 1** | $E_1 = \begin{bmatrix} \frac{1}{2} & 0 & 0 \\ 0 & 1 & 0 \\ 0 & 0 & 1 \end{bmatrix}$ | $E_1^{-1} = \begin{bmatrix} 2 & 0 & 0 \\ 0 & 1 & 0 \\ 0 & 0 & 1 \end{bmatrix}$ |
| $\begin{bmatrix} 1 & 3 & 1 \\ -3 & -8 & 0 \\ 4 & 9 & 2 \end{bmatrix}$ | | |
| **Schritt 2** | $E_2 = \begin{bmatrix} 1 & 0 & 0 \\ 3 & 1 & 0 \\ 0 & 0 & 1 \end{bmatrix}$ | $E_2^{-1} = \begin{bmatrix} 1 & 0 & 0 \\ -3 & 1 & 0 \\ 0 & 0 & 1 \end{bmatrix}$ |
| $\begin{bmatrix} 1 & 3 & 1 \\ 0 & 1 & 3 \\ 4 & 9 & 2 \end{bmatrix}$ | | |
| **Schritt 3** | $E_3 = \begin{bmatrix} 1 & 0 & 0 \\ 0 & 1 & 0 \\ -4 & 0 & 1 \end{bmatrix}$ | $E_3^{-1} = \begin{bmatrix} 1 & 0 & 0 \\ 0 & 1 & 0 \\ 4 & 0 & 1 \end{bmatrix}$ |
| $\begin{bmatrix} 1 & 3 & 1 \\ 0 & 1 & 3 \\ 0 & -3 & -2 \end{bmatrix}$ | | |
| **Schritt 4** | $E_4 = \begin{bmatrix} 1 & 0 & 0 \\ 0 & 1 & 0 \\ 0 & 3 & 1 \end{bmatrix}$ | $E_4^{-1} = \begin{bmatrix} 1 & 0 & 0 \\ 0 & 1 & 0 \\ 0 & -3 & 1 \end{bmatrix}$ |
| $\begin{bmatrix} 1 & 3 & 1 \\ 0 & 1 & 3 \\ 0 & 0 & 7 \end{bmatrix}$ | | |
| **Schritt 5** | $E_5 = \begin{bmatrix} 1 & 0 & 0 \\ 0 & 1 & 0 \\ 0 & 0 & \frac{1}{7} \end{bmatrix}$ | $E_5^{-1} = \begin{bmatrix} 1 & 0 & 0 \\ 0 & 1 & 0 \\ 0 & 0 & 7 \end{bmatrix}$ |
| $\begin{bmatrix} 1 & 3 & 1 \\ 0 & 1 & 3 \\ 0 & 0 & 1 \end{bmatrix}$ | | |

Wir erhalten

$$U = \begin{bmatrix} 1 & 3 & 1 \\ 0 & 1 & 3 \\ 0 & 0 & 1 \end{bmatrix}$$

und mit (8)

$$L = \begin{bmatrix} 2 & 0 & 0 \\ 0 & 1 & 0 \\ 0 & 0 & 1 \end{bmatrix} \begin{bmatrix} 1 & 0 & 0 \\ -3 & 1 & 0 \\ 0 & 0 & 1 \end{bmatrix} \begin{bmatrix} 1 & 0 & 0 \\ 0 & 1 & 0 \\ 4 & 0 & 1 \end{bmatrix} \begin{bmatrix} 1 & 0 & 0 \\ 0 & 1 & 0 \\ 0 & -3 & 1 \end{bmatrix} \begin{bmatrix} 1 & 0 & 0 \\ 0 & 1 & 0 \\ 0 & 0 & 7 \end{bmatrix}$$

$$= \begin{bmatrix} 2 & 0 & 0 \\ -3 & 1 & 0 \\ 4 & -3 & 7 \end{bmatrix},$$

also ist

$$\begin{bmatrix} 2 & 6 & 2 \\ -3 & -8 & 0 \\ 4 & 9 & 2 \end{bmatrix} = \begin{bmatrix} 2 & 0 & 0 \\ -3 & 1 & 0 \\ 4 & -3 & 7 \end{bmatrix} \begin{bmatrix} 1 & 3 & 1 \\ 0 & 1 & 3 \\ 0 & 0 & 1 \end{bmatrix}$$

eine Dreieckszerlegung von $A$.

## Konstruktionsverfahren der *LU*-Zerlegung

Wie wir im letzten Beispiel gesehen haben, ist die Berechnung von $L$ der aufwendigste Teil der $LU$-Zerlegung. Diese Arbeit kann man sich ersparen, wenn man die einzelnen Zeilenumformungen im Auge behält, die zur Reduktion von $A$ führen. Da wir vorausgesetzt haben, daß $U$ ohne Zeilenvertauschung aus $A$ entsteht, gibt es nur zwei mögliche Zeilenoperationen: die Multiplikation einer Zeile mit einer von Null verschiedenen Konstanten (um eine führende Eins zu erzeugen) und die Addition eines Vielfachen einer Zeile zu einer anderen (um Nullen unter der führenden Eins zu erhalten).

In Beispiel 2 wurden die führenden Einsen mit folgenden Multiplikatoren erzeugt:

1/2 für die erste Zeile,
1 für die zweite Zeile,
1/7 für die dritte Zeile.

Das sind gerade die Kehrwerte der Hauptdiagonalelemente von $L$.

$$L = \begin{bmatrix} \textcircled{2} & 0 & 0 \\ -3 & \textcircled{1} & 0 \\ 4 & -3 & \textcircled{7} \end{bmatrix}$$

Die Nullen unter der führenden Eins in der ersten Zeile wurden durch
 Addition des Dreifachen der ersten Zeile zur zweiten,
 Addition des (−4)fachen der ersten Zeile zur dritten erzeugt,
die Null unter der führenden Eins der zweiten Zeile durch
 Addition des Dreifachen der zweiten Zeile zur dritten.
Die Elemente von $L$ unter der Hauptdiagonalen sind die negativen Multiplikatoren dieser Operationen.

$$L = \begin{bmatrix} 2 & 0 & 0 \\ -3 & 1 & 0 \\ 4 & -3 & 7 \end{bmatrix}.$$

Diese Beobachtungen lassen sich auf jede quadratische Matrix $A$ übertragen, die sich ohne Zeilenvertauschung auf Zeilenstufenform bringen läßt, und führen zu folgendem Konstruktionsverfahren:

**Schritt 1.** Wir reduzieren $A$ ohne Zeilenvertauschung zur Zeilenstufenform $U$ und merken uns die Multiplikatoren, die die führenden Einsen und die Nullen darunter erzeugen.

**Schritt 2.** Man belege die Hauptdiagonale von $L$ mit den Kehrwerten der Multiplikatoren, die an der entsprechenden Position in $U$ eine führende Eins geliefert haben.

**Schritt 3.** Man schreibe unter die Hauptdiagonale die negativen Werte der Multiplikatoren, die zur Elimination der entsprechenden Position in $U$ benutzt wurden.

**Schritt 4.** Man bilde die Zerlegung $A = LU$.

**Beispiel 3** Man berechne eine $LU$-Zerlegung von

$$A = \begin{bmatrix} 6 & -2 & 0 \\ 9 & -1 & 1 \\ 3 & 7 & 5 \end{bmatrix}.$$

*Lösung*. Wir beginnen mit der Reduktion von $A$ auf Zeilenstufenform:

$$\begin{bmatrix} 6 & -2 & 0 \\ 9 & -1 & 1 \\ 3 & 7 & 5 \end{bmatrix}$$

$$\begin{bmatrix} \textcircled{1} & -\frac{1}{3} & 0 \\ 9 & -1 & 1 \\ 3 & 7 & 5 \end{bmatrix} \longleftarrow \text{Multiplikator} = \tfrac{1}{6}$$

$$\begin{bmatrix} 1 & -\frac{1}{3} & 0 \\ \textcircled{0} & 2 & 1 \\ \textcircled{0} & 8 & 5 \end{bmatrix} \begin{matrix} \\ \longleftarrow \text{Multiplikator} = -9 \\ \longleftarrow \text{Multiplikator} = -3 \end{matrix}$$

$$\begin{bmatrix} 1 & -\frac{1}{3} & 0 \\ 0 & \textcircled{1} & \frac{1}{2} \\ 0 & 8 & 5 \end{bmatrix} \begin{matrix} \\ \longleftarrow \text{Multiplikator} = \frac{1}{2} \\ \\ \end{matrix}$$

$$\begin{bmatrix} 1 & -\frac{1}{3} & 0 \\ 0 & 1 & \frac{1}{2} \\ 0 & \textcircled{0} & 1 \end{bmatrix} \begin{matrix} \\ \\ \longleftarrow \text{Multiplikator} = -8 \end{matrix}$$

$$\begin{bmatrix} 1 & -\frac{1}{3} & 0 \\ 0 & 1 & \frac{1}{2} \\ 0 & 0 & \textcircled{1} \end{bmatrix} \begin{matrix} \\ \\ \longleftarrow \text{Multiplikator} = 1 \end{matrix}$$

Konstruieren wir $L$ aus den Multiplikatoren, so ergibt sich die LU-Zerlegung

$$A = LU = \begin{bmatrix} 6 & 0 & 0 \\ 9 & 2 & 0 \\ 3 & 8 & 1 \end{bmatrix} \begin{bmatrix} 1 & -\frac{1}{3} & 0 \\ 0 & 1 & \frac{1}{2} \\ 0 & 0 & 1 \end{bmatrix}.$$

Wir beschließen diesen Abschnitt mit zwei wichtigen Fragen, die wir kurz diskutieren wollen.

**1.** Besitzt jede quadratische Matrix eine *LU*-Zerlegung?
**2.** Kann eine quadratische Matrix mehr als eine *LU*-Zerlegung haben?

Wir haben bereits gesehen, daß eine quadratische Matrix eine *LU*-Zerlegung hat, wenn sie sich ohne Zeilenvertauschung auf Zeilenstufenform reduzieren läßt. Im allgemeinen ist diese Bedingung sogar notwendig: eine Matrix, die sie nicht erfüllt, hat keine *LU*-Zerlegung. In diesem Fall ist es aber möglich, $A$ als Produkt

$$A = PLU$$

mit einer unteren Dreiecksmatrix $L$ und einer oberen Dreiecksmatrix $U$ darzustellen, wobei $P$ durch eine Zeilenpermutation aus der Einheitsmatrix $I_n$ hervorgeht (siehe Übung 17).

*LU*-Zerlegungen sind nicht eindeutig, wenn man keine weiteren Bedingungen an sie stellt. Ist beispielsweise

$$A = LU = \begin{bmatrix} l_{11} & 0 & 0 \\ l_{21} & l_{22} & 0 \\ l_{31} & l_{32} & l_{33} \end{bmatrix} \begin{bmatrix} 1 & u_{12} & u_{13} \\ 0 & 1 & u_{23} \\ 0 & 0 & 1 \end{bmatrix}$$

eine Zerlegung von $A$, in der die Diagonalelemente von $L$ von Null verschieden sind, so erhalten wir durch

$$A = \begin{bmatrix} 1 & 0 & 0 \\ l_{21}/l_{11} & 1 & 0 \\ l_{31}/l_{11} & l_{32}/l_{22} & 1 \end{bmatrix} \begin{bmatrix} l_{11} & 0 & 0 \\ 0 & l_{22} & 0 \\ 0 & 0 & l_{33} \end{bmatrix} \begin{bmatrix} 1 & u_{12} & u_{13} \\ 0 & 1 & u_{23} \\ 0 & 0 & 1 \end{bmatrix}$$

$$= \begin{bmatrix} 1 & 0 & 0 \\ l_{21}/l_{11} & 1 & 0 \\ l_{31}/l_{11} & l_{32}/l_{22} & 1 \end{bmatrix} \begin{bmatrix} l_{11} & l_{11}u_{12} & l_{11}u_{13} \\ 0 & l_{22} & l_{22}u_{23} \\ 0 & 0 & l_{33} \end{bmatrix}$$

eine weitere Dreieckszerlegung von $A$.

## Übungen zu 9.9

**1.** Man benutze wie in Beispiel 1 die $LU$-Zerlegung

$$\begin{bmatrix} 3 & -6 \\ -2 & 5 \end{bmatrix} = \begin{bmatrix} 3 & 0 \\ -2 & 1 \end{bmatrix} \begin{bmatrix} 1 & -2 \\ 0 & 1 \end{bmatrix},$$

um das System

$$\begin{aligned} 3x_1 - 6x_2 &= 0 \\ -2x_1 + 5x_2 &= 1 \end{aligned}$$

zu lösen.

**2.** Man benutze wie in Beispiel 1 die $LU$-Zerlegung

$$\begin{bmatrix} 3 & -6 & -3 \\ 2 & 0 & 6 \\ -4 & 7 & 4 \end{bmatrix} = \begin{bmatrix} 3 & 0 & 0 \\ 2 & 4 & 0 \\ -4 & -1 & 2 \end{bmatrix} \begin{bmatrix} 1 & -2 & -1 \\ 0 & 1 & 2 \\ 0 & 0 & 1 \end{bmatrix},$$

um das System

$$\begin{aligned} 3x_1 - 6x_2 - 3x_3 &= -3 \\ 2x_1 + \phantom{7x_2 +} 6x_3 &= -22 \\ -4x_1 + 7x_2 + 4x_3 &= 3 \end{aligned}$$

zu lösen.

Man bestimme in den Aufgaben 3–10 eine $LU$-Zerlegung der Koeffizientenmatrix und löse damit das Gleichungssystem.

**3.** $\begin{bmatrix} 2 & 8 \\ -1 & -1 \end{bmatrix} \begin{bmatrix} x_1 \\ x_2 \end{bmatrix} = \begin{bmatrix} -2 \\ -2 \end{bmatrix}$

**4.** $\begin{bmatrix} -5 & -10 \\ 6 & 5 \end{bmatrix} \begin{bmatrix} x_1 \\ x_2 \end{bmatrix} = \begin{bmatrix} -10 \\ 19 \end{bmatrix}$

**5.** $\begin{bmatrix} 2 & -2 & -2 \\ 0 & -2 & 2 \\ -1 & 5 & 2 \end{bmatrix} \begin{bmatrix} x_1 \\ x_2 \\ x_3 \end{bmatrix} = \begin{bmatrix} -4 \\ -2 \\ 6 \end{bmatrix}$

**6.** $\begin{bmatrix} -3 & 12 & -6 \\ 1 & -2 & 2 \\ 0 & 1 & 1 \end{bmatrix} \begin{bmatrix} x_1 \\ x_2 \\ x_3 \end{bmatrix} = \begin{bmatrix} -33 \\ 7 \\ -1 \end{bmatrix}$

**7.** $\begin{bmatrix} 5 & 5 & 10 \\ -8 & -7 & -9 \\ 0 & 4 & 26 \end{bmatrix} \begin{bmatrix} x_1 \\ x_2 \\ x_3 \end{bmatrix} = \begin{bmatrix} 0 \\ 1 \\ 4 \end{bmatrix}$ **8.** $\begin{bmatrix} -1 & -3 & -4 \\ 3 & 10 & -10 \\ -2 & -4 & 11 \end{bmatrix} \begin{bmatrix} x_1 \\ x_2 \\ x_3 \end{bmatrix} = \begin{bmatrix} -6 \\ -3 \\ 9 \end{bmatrix}$

**9.** $\begin{bmatrix} -1 & 0 & 1 & 0 \\ 2 & 3 & -2 & 6 \\ 0 & -1 & 2 & 0 \\ 0 & 0 & 1 & 5 \end{bmatrix} \begin{bmatrix} x_1 \\ x_2 \\ x_3 \\ x_4 \end{bmatrix} = \begin{bmatrix} 5 \\ -1 \\ 3 \\ 7 \end{bmatrix}$ **10.** $\begin{bmatrix} 2 & -4 & 0 & 0 \\ 1 & 2 & 12 & 0 \\ 0 & -1 & -4 & -5 \\ 0 & 0 & 2 & 11 \end{bmatrix} \begin{bmatrix} x_1 \\ x_2 \\ x_3 \\ x_4 \end{bmatrix} = \begin{bmatrix} 8 \\ 0 \\ 1 \\ 0 \end{bmatrix}$

**11.** Sei

$$A = \begin{bmatrix} 2 & 1 & -1 \\ -2 & -1 & 2 \\ 2 & 1 & 0 \end{bmatrix}.$$

a) Man bestimme eine *LU*-Zerlegung von $A$.
b) Man schreibe $A$ als Produkt $A = L_1 D U_1$ mit einer unteren Dreiecksmatrix $L_1$, auf deren Hauptdiagonale nur Einsen stehen, einer Diagonalmatrix $D$ und einer oberen Dreiecksmatrix $U_1$.
c) Man schreibe $A$ als Produkt $A = L_2 U_2$ mit einer unteren Dreiecksmatrix $L_2$, auf deren Hauptdiagonale nur Einsen stehen, und einer oberen Dreiecksmatrix $U_2$.

**12.** Man zeige, daß die Matrix

$$\begin{bmatrix} 0 & 1 \\ 1 & 0 \end{bmatrix}$$

keine Dreieckszerlegung besitzt.

**13.** Sei

$$A = \begin{bmatrix} a & b \\ c & d \end{bmatrix}$$

mit $a \neq 0$.

a) Man zeige, daß $A$ eine eindeutig bestimmte *LU*-Zerlegung besitzt, wobei die Diagonalelemente von $L$ den Wert 1 haben.
b) Man bestimme die in a) beschriebene Zerlegung.

**14.** Sei $A\mathbf{x} = \mathbf{b}$ ein lineares System von $n$ Gleichungen mit $n$ Unbekannten, dessen Koeffizientenmatrix $A$ invertierbar ist und sich ohne Zeilenvertauschungen auf Zeilenstufenform bringen läßt. Wieviele Additionen und Multiplikationen sind notwendig, um das Gleichungssystem mit der Methode aus Beispiel 1 zu lösen? [*Anmerkung*. Subtraktionen zählen als Additionen, Divisionen werden als Multiplikationen betrachtet.]

**15.** a) Man beweise: Sind $L_1$ und $L_2$ untere Dreiecksmatrizen, so ist auch das Produkt $L_1 L_2$ eine untere Dreiecksmatrix.

b) Das Ergebnis aus Teil a) läßt sich auf Produkte mit mehr als zwei Faktoren verallgemeinern. Man zeige damit, daß die Matrix $L$ in Gleichung (8) untere Dreiecksform hat (siehe Abschnitt 2.4, Übung 27).

**16.** Man zeige mit dem Ergebnis aus Aufgabe 15 b), daß das Produkt endlich vieler oberer Dreiecksmatrizen wieder eine obere Dreiecksmatrix ist. [*Hinweis.* Man betrachte die transponierten Matrizen.]

**17.** Man beweise: Ist $A$ eine $n \times n$-Matrix, so gibt es eine Zerlegung $A = PLU$ mit einer unteren Dreiecksmatrix $L$, einer oberen Dreiecksmatrix $U$ und einer Matrix $P$, die durch Zeilenvertauschungen aus $I_n$ hervorgegangen ist. [*Hinweis.* Sei $U$ die Zeilenstufenform von $A$. Man führe alle notwendigen Zeilenvertauschungen für $A$ vor der Reduktion durch.]

**18.** Man faktorisiere

$$A = \begin{bmatrix} 3 & -1 & 0 \\ 3 & -1 & 1 \\ 0 & 2 & 1 \end{bmatrix}$$

als $A = PLU$, wobei $P$ durch Zeilenpermutation aus $I_3$ entsteht, $L$ eine untere und $U$ eine obere Dreiecksmatrix ist.

# 10 Komplexe Vektorräume

## 10.1 Komplexe Zahlen

*Bisher haben wir nur Vektorräume mit reellen Skalaren betrachtet. In Anwendungen ist es oft sinnvoll, auch komplexe Zahlen als Skalare zuzulassen; derartige Räume werden als* ***komplexe Vektorräume*** *bezeichnet, während die bisher untersuchten* ***reelle Vektorräume*** *sind. Einer der Vorzüge komplexer Vektorräume besteht darin, daß alle Matrizen Eigenwerte besitzen, was bei der Beschränkung auf reelle Skalare nicht der Fall ist. Beispielsweise hat die Matrix*

$$A = \begin{bmatrix} -2 & -1 \\ 5 & 2 \end{bmatrix}$$

*das charakteristische Polynom*

$$\det(\lambda I - A) = \det \begin{bmatrix} \lambda + 2 & 1 \\ -5 & \lambda - 2 \end{bmatrix} = \lambda^2 + 1,$$

*so daß die charakteristische Gleichung $\lambda^2 + 1 = 0$ keine reellen Lösungen hat; folglich besitzt diese Matrix keine reellen Eigenwerte.*

*In den ersten drei Abschnitten werden wir die wichtigsten Eigenschaften komplexer Zahlen zusammenstellen, danach werden wir uns mit komplexen Vektorräumen befassen.*

### Komplexe Zahlen

Da für alle reellen Zahlen $x$ gilt $x^2 \geq 0$, hat die Gleichung

$$x^2 = -1$$

keine reellen Lösungen. Dieses Problem lösten Mathematiker im 18. Jahrhundert durch Einführung der „imaginären" Zahl

$$i = \sqrt{-1},$$

die die Gleichung

$$i^2 = (\sqrt{-1})^2 = -1$$

erfüllt und im übrigen wie eine reelle Zahl behandelt werden kann. Eine Summe

$$a + bi$$

mit reellen Zahlen $a$ und $b$ heißt „komplexe Zahl"; sie unterliegt den reellen Rechenregeln, wobei man die zusätzliche Eigenschaft $i^2 = -1$ berücksichtigt.

Zu Beginn des 19. Jahrhunderts begann man, komplexe Zahlen

$$a + bi$$

mit geordneten Paaren

$$(a, b)$$

reeller Zahlen zu identifizieren. Dabei kann man die Standardoperationen Addition, Subtraktion, Multiplikation und Division für diese Zahlenpaare so definieren, daß die gewohnten Rechenregeln sowie die Gleichung $i^2 = -1$ gelten. Ausgehend von dieser Vorstellung werden wir jetzt die komplexen Zahlen definieren.

**Definition.** Eine ***komplexe Zahl*** ist ein geordnetes Paar reeller Zahlen, das als $(a, b)$ oder $a + bi$ bezeichnet wird.

**Beispiel 1** Die folgende Tabelle enthält einige komplexe Zahlen in beiden Notationen:

| **Geordnetes Paar** | **Alternative Schreibweise** |
|---|---|
| $(3, 4)$ | $3 + 4i$ |
| $(-1, 2)$ | $-1 + 2i$ |
| $(0, 1)$ | $0 + i$ |
| $(2, 0)$ | $2 + 0i$ |
| $(4, -2)$ | $4 + (-2)i$ |

Der Einfachheit halber schreiben wir die drei letzten Zahlen als

$$0 + i = i, \quad 2 + 0i = 2, \quad 4 + (-2)i = 4 - 2i.$$

Geometrisch kann eine komplexe Zahl als Punkt oder als Vektor in der $xy$-Ebene aufgefaßt werden (Abbildung 10.1).

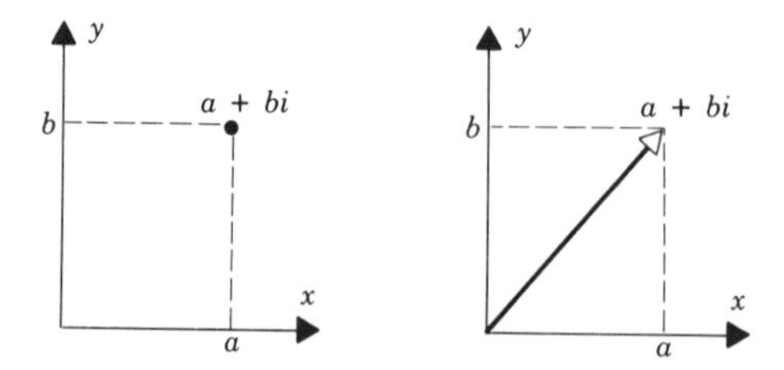


**Abb. 10.1** Eine komplexe Zahl kann als Punkt oder Vektor interpretiert werden.

**Beispiel 2** In Abbildung 10.2a werden komplexe Zahlen als Punkte dargestellt, in Abbildung 10.2b als Vektoren.

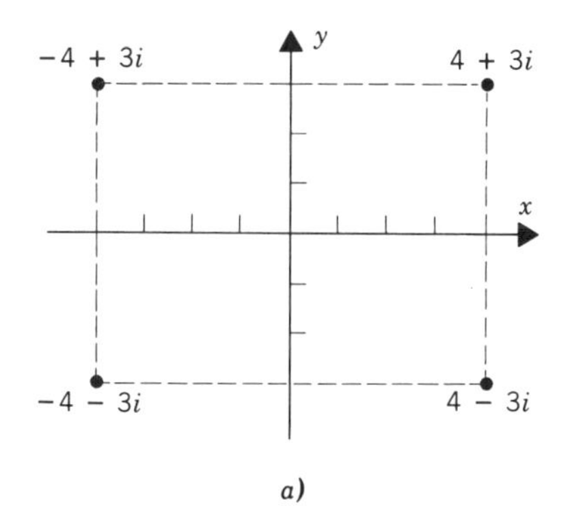


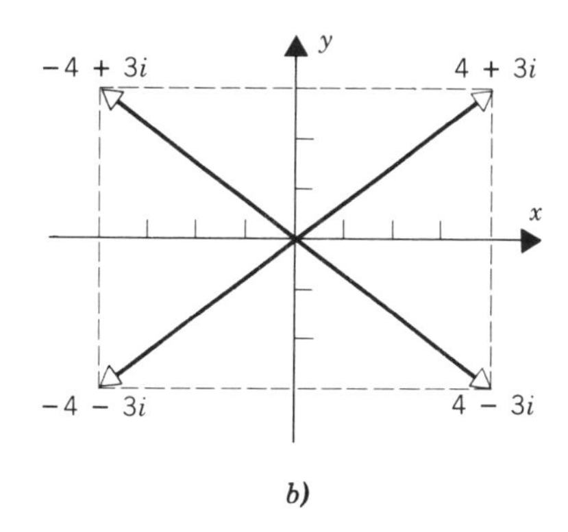


**Abb. 10.2**

## Die komplexe Ebene

Wir bezeichnen eine komplexe Zahl häufig mit einem einzigen Symbol, etwa als

$$z = a + bi$$

mit reellen Zahlen $a$ und $b$. $a$ heißt ***Realteil***, $b$ ***Imaginärteil*** von $z$, sie werden als $\mathrm{Re}(z)$ und $\mathrm{Im}(z)$ bezeichnet. Beispielsweise sind

$$\mathrm{Re}(4 - 3i) = 4 \quad \text{und} \quad \mathrm{Im}(4 - 3i) = -3.$$

Stellen wir komplexe Zahlen als Punkte oder Vektoren in einem $xy$-Koordinatensystem dar, so heißt die $x$-Achse ***reelle Achse***, die $y$-Achse ***imaginäre Achse***. Die gesamte Ebene wird als ***komplexe Ebene*** oder ***Gaußsche Zahlenebene*** bezeichnet (Abbildung 10.3).

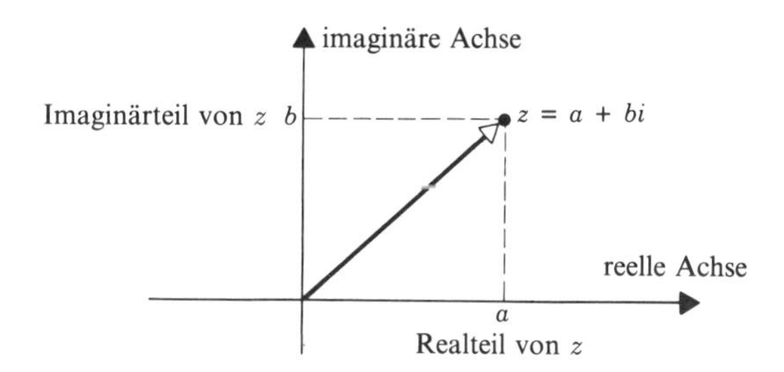


**Abb. 10.3**

## Rechenoperationen für komplexe Zahlen

Zwei Vektoren im $R^2$ sind genau dann gleich, wenn ihre einander entsprechenden Komponenten übereinstimmen. Auf analoge Weise bezeichnen wir komplexe

Zahlen als gleich, wenn ihre Real- und ihre Imaginärteile gleich sind:

> **Definition.** Zwei komplexe Zahlen $a + bi$ und $c + di$ sind ***gleich***,
>
> $$a + bi = c + di,$$
>
> wenn $a = c$ und $b = d$ gilt.

Für $b = 0$ ergibt sich die komplexe Zahl $a + bi$ als $a + 0i$, wofür wir einfach $a$ schreiben. Damit gilt für alle reellen Zahlen $a$

$$a = a = 0i,$$

wir können sie also als komplexe Zahl mit verschwindendem Imaginärteil auffassen. Geometrisch entsprechen die reellen Zahlen den Punkten der reellen Achse. Ist $a = 0$, so erhalten wir die komplexe Zahl $0 + bi$ oder einfach $bi$. Diese Zahlen entsprechen den Punkten der imaginären Achse, sie werden als ***rein imaginär*** bezeichnet.

Ebenso wie sich die Summe von Vektoren aus $R^2$ durch Addition der entsprechenden Komponenten ergibt, können wir komplexe Zahlen addieren, indem wir jeweils Real- und Imaginärteil addieren:

$$(a + bi) + (c + di) = (a + c) + (b + d)i. \tag{1}$$

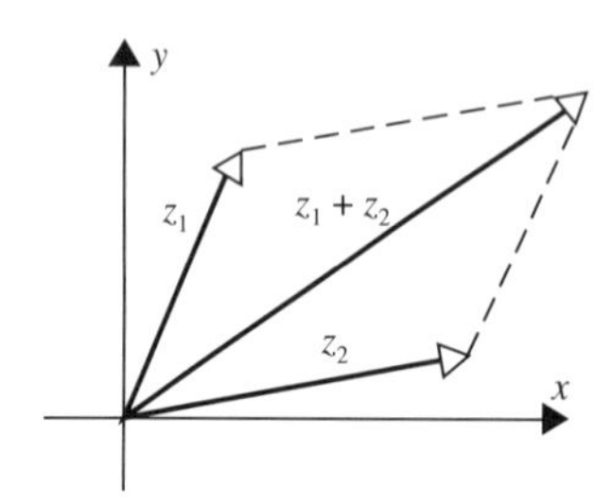


Die Summe von komplexen Zahlen

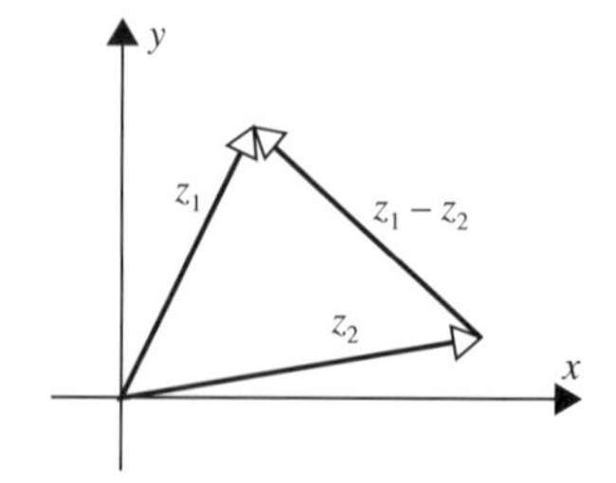


Die Differenz von komplexen Zahlen

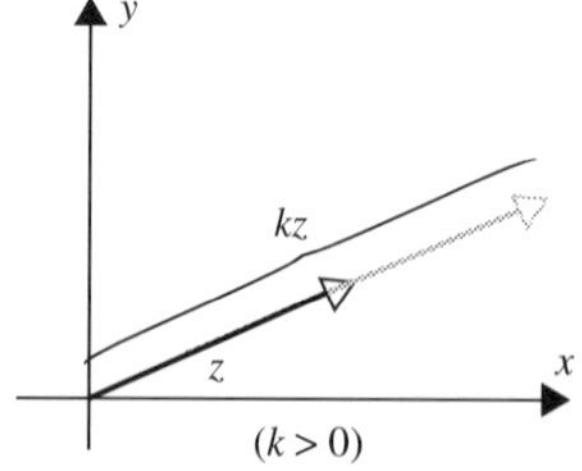


y
z
x
kz
$(k > 0)$

**Abb. 10.4** Das Produkt einer komplexen Zahl $z$ und einer reellen Zahl $k$.

Auch die Subtraktion und die Multiplikation mit *reellen* Zahlen läßt sich analog zur Vektorarithmetik definieren:

$$(a+bi)-(c+di)=(a-c)+(b-d)i \tag{2}$$

$$k(a+bi)=(ka)+(kb)i, \quad k \text{ reel.} \tag{3}$$

Mit der Addition, Subtraktion und Multiplikation mit reellen Zahlen übertragen sich auch die entsprechenden geometrischen Interpretationen von $R^2$ auf die komplexe Ebene (siehe Abbildung 10.4).

Nach (3) ist $(-1)z+z=0$ (der Leser möge das nachrechnen), also schreiben wir $(-1)z=-z$ und nennen diese Zahl ***negativ*** zu $z$.

**Beispiel 3** Seien $z_1=4-5i$ und $z_2=-1+6i$. Man bestimme $z_1+z_2$, $z_1-z_2$, $3z_1$ und $-z_2$.

*Lösung.*

$$\begin{aligned}
z_1+z_2&=(4-5i)+(-1+6i)=(4-1)+(-5+6)i=3+i\\
z_1-z_2&=(4-5i)-(-1+6i)=(4+1)+(-5-6)i=5-11i\\
3z_1&=3(4-5i)=12-15i\\
-z_2&=(-1)z_2=(-1)(-1+6i)=1-6i.
\end{aligned}$$

Die bisher eingeführten Operationen ließen sich aus der Vektorarithmetik auf $R^2$ herleiten. Wir werden jetzt die Multiplikation komplexer Zahlen definieren, die kein entsprechendes Analogon besitzt. Um die Definition zu begründen, multiplizieren wir

$$(a+bi)(c+di)$$

nach den reellen Rechenregeln aus. Unter Beachtung von $i^2=-1$ ergibt sich

$$\begin{aligned}
(a+bi)(c+di)&=ac+bdi^2+adi+bci\\
&=(ac-bd)+(ad+bc)i,
\end{aligned}$$

wir *definieren* also

$$(a+bi)(c+di)=(ac-bd)+(ad+bc)i. \tag{4}$$

**Beispiel 4**

$$\begin{aligned}
(3+2i)(4+5i)&=(3\cdot 4-2\cdot 5)+(3\cdot 5+2\cdot 4)i\\
&=2+23i\\
(4-i)(2-3i)&=[4\cdot 2-(-1)(-3)]+[(4)(-3)+(-1)(2)]i\\
&=5-14i\\
i^2=(0+i)(0+i)&=(0\cdot 0-1\cdot 1)+(0\cdot 1+1\cdot 0)i=-1.
\end{aligned}$$

Wir überlassen dem Leser die Beweise folgender Rechenregeln:

$$\begin{aligned} z_1 + z_2 &= z_2 + z_1 \\ z_1 z_2 &= z_2 z_1 \\ z_1 + (z_2 + z_3) &= (z_1 + z_2) + z_3 \\ z_1(z_2 z_3) &= (z_1 z_2) z_3 \\ z_1(z_2 + z_3) &= z_1 z_2 + z_1 z_3 \\ 0 + z &= z \\ z + (-z) &= 0 \\ 1 \cdot z &= z. \end{aligned}$$

Damit können wir komplexe Zahlen multiplizieren, ohne Formel (4) zu verwenden, indem wir wie mit reellen Zahlen rechnen und $i^2 = -1$ beachten.

**Beispiel 5**

$$\begin{aligned} (3 + 2i)(4 + i) &= 12 + 3i + 8i + 2i^2 = 12 + 11i - 2 = 10 + 11i \\ (5 - \tfrac{1}{2}i)(2 + 3i) &= 10 + 15i - i - \tfrac{3}{2}i^2 = 10 + 14i + \tfrac{3}{2} = \tfrac{23}{2} + 14i \\ i(1 + i)(1 - 2i) &= i(1 - 2i + i - 2i^2) = i(3 - i) = 3i - i^2 = 1 + 3i. \end{aligned}$$

**Bemerkung.** Anders als die reellen Zahlen lassen sich komplexe Zahlen nicht anordnen. Die Relationen $<, \leq, >, \geq$ ergeben hier keinen Sinn.

Nachdem wir die Grundrechenarten für komplexe Zahlen beherrschen, können wir Matrizen mit komplexen Elementen addieren, subtrahieren und multiplizieren. Die Definitionen und Schreibweisen aus Kapitel 1 lassen sich ohne Änderung übertragen; auf die Details gehen wir hier nicht ein.

**Beispiel 6** Für

$$A = \begin{bmatrix} 1 & -i \\ 1 + i & 4 - i \end{bmatrix} \quad \text{und} \quad B = \begin{bmatrix} i & 1 - i \\ 2 - 3i & 4 \end{bmatrix}$$

sind

$$A + B = \begin{bmatrix} 1 + i & 1 - 2i \\ 3 - 2i & 8 - i \end{bmatrix}, \quad A - B = \begin{bmatrix} 1 - i & -1 \\ -1 + 4i & -i \end{bmatrix}$$

$$iA = \begin{bmatrix} i & -i^2 \\ i + i^2 & 4i - i^2 \end{bmatrix} = \begin{bmatrix} i & 1 \\ -1 + i & 1 + 4i \end{bmatrix}$$

$$\begin{aligned} AB &= \begin{bmatrix} 1 & -i \\ 1 + i & 4 - i \end{bmatrix} \begin{bmatrix} i & 1 - i \\ 2 - 3i & 4 \end{bmatrix} \\ &= \begin{bmatrix} 1 \cdot i + (-i) \cdot (2 - 3i) & 1 \cdot (1 - i) + (-i) \cdot 4 \\ (1 + i) \cdot i + (4 - i) \cdot (2 - 3i) & (1 + i) \cdot (1 - i) + (4 - i) \cdot 4 \end{bmatrix} \\ &= \begin{bmatrix} -3 - i & 1 - 5i \\ 4 - 13i & 18 - 4i \end{bmatrix}. \end{aligned}$$

## Übungen zu 10.1

**1.** Man zeichne die gegebene Zahl als Punkt und als Vektor in die komplexe Ebene ein.

a) $2+3i$ b) $-4$ c) $-3-2i$ d) $-5i$

**2.** Man schreibe die komplexen Zahlen aus Aufgabe 1 als geordnete Paare.

**3.** Man bestimme die reellen Zahlen $x$ und $y$.

a) $x - iy = -2 + 3i$ b) $(x+y)+(x-y)i = 3+i$

**4.** Seien $z_1 = 1-2i$ und $z_2 = 4+5i$. Man berechne

a) $z_1+z_2$ b) $z_1-z_2$ c) $4z_1$ d) $-z_2$ e) $3z_1+4z_2$ f) $\frac{1}{2}z_1 - \frac{3}{2}z_2$.

**5.** Man löse die Gleichungen nach $z$ auf.

a) $z+(1-i) = 3+2i$ b) $-5z = 5+10i$ c) $(i-z)+(2z-3i) = -2+7i$

**6.** Man skizziere die Vektoren $z_1$, $z_2$, $z_1+z_2$, $z_1-z_2$.

a) $z_1 = 3+i,\ z_2 = 1+4i$ b) $z_1 = -2+2i,\ z_2 = 4+5i$

**7.** Man skizziere die Vektoren $z$ und $kz$.

a) $z = 1+i,\ k=2$ b) $z = -3-4i, k=-2$ c) $z = 4+6i,\ k = \frac{1}{2}$

**8.** Man bestimme die reellen Zahlen $k_1$ und $k_2$.

a) $k_1 i + k_2(1+i) = 3-2i$ b) $k_1(2+3i)+k_2(1-4i) = 7+5i$

**9.** Man berechne $z_1z_2$, $z_1^2$ und $z_2^2$.

a) $z_1 = 3i,\ z_2 = 1-i$ b) $z_1 = 4+6i,\ z_2 = 2-3i$

c) $z_1 = \frac{1}{3}(2+4i),\ z_2 = \frac{1}{2}(1-5i)$

**10.** Seien $z_1 = 2-5i$ und $z_2 = -1-i$. Man berechne

a) $z_1 - z_1z_2$ b) $(z_1+3z_2)^2$ c) $[z_1+(1+z_2)]^2$ d) $iz_2 - z_1^2$.

Man schreibe die Ausdrücke in den Aufgaben 11–18 in der Form $a+bi$.

**11.** $(1+2i)(4-6i)^2$

**12.** $(2-i)(3+i)(4-2i)$

**13.** $(1-3i)^3$

**14.** $i(1+7i)-3i(4+2i)$

**15.** $[(2+i)(\frac{1}{2}+\frac{3}{4}i)]^2$

**16.** $(\sqrt{2}+i) - i\sqrt{2}(1+\sqrt{2}i)$

**17.** $(1+i+i^2+i^3)^{100}$

**18.** $(3-2i)^2-(3+2i)^2$

**19.** Seien

$$A = \begin{bmatrix} 1 & i \\ -i & 3 \end{bmatrix}, \quad B = \begin{bmatrix} 2 & 2+i \\ 3-i & 4 \end{bmatrix}.$$

Man berechne

a) $A+3iB$ b) $BA$ c) $AB$ d) $B^2 - A^2$.

**20.** Seien

$$A = \begin{bmatrix} 3+2i & 0 \\ -i & 2 \\ 1+i & 1-i \end{bmatrix}, \quad B = \begin{bmatrix} -i & 2 \\ 0 & i \end{bmatrix}, \quad C = \begin{bmatrix} -1-i & 0 & -i \\ 3 & 2i & -5 \end{bmatrix}.$$

Man bestimme

a) $A(BC)$ b) $(BC)A$ c) $(CA)B^2$ d) $(1+i)(AB)+(3-4i)A$.

**21.** Man zeige

a) $\operatorname{Im}(iz) = \operatorname{Re}(z)$ b) $\operatorname{Re}(iz) = -\operatorname{Im}(z)$.

**22.** Man löse die quadratischen Gleichungen mit der $pq$-Formel und überprüfe die Ergebnisse durch Einsetzen.

a) $z^2 + 2z + 2 = 0$ b) $z^2 - z + 1 = 0$

**23.** a) Sei $n$ eine natürliche Zahl. Man zeige, daß $i^n$ nur die Werte $1, -1, i$ und $-i$ annimmt.

b) Man berechne $i^{2509}$. [*Hinweis.* $i^n = i^r$ für den Rest $r$, der bei der Division von $n$ durch 4 entsteht.]

**24.** Man beweise: Aus $z_1 z_2 = 0$ folgt $z_1 = 0$ oder $z_2 = 0$.

**25.** Man zeige mit Aufgabe 24: Aus $zz_1 = zz_2$ mit $z \neq 0$ folgt $z_1 = z_2$.

**26.** Man beweise für alle komplexen Zahlen $z_1, z_2$ und $z_3$:

a) $z_1 + z_2 = z_2 + z_1$ b) $z_1 + (z_2 + z_3) = (z_1 + z_2) + z_3$.

**27.** Man beweise für alle komplexen Zahlen $z_1, z_2$ und $z_3$:

a) $z_1 z_2 = z_2 z_1$ b) $z_1(z_2 z_3) = (z_1 z_2) z_3$.

**28.** Man zeige $z_1(z_2 + z_3) = z_1 z_2 + z_1 z_3$ für alle komplexen Zahlen $z_1, z_2$ und $z_3$.

**29.** Die ***Dirac-Matrizen****** der Quantenmechanik sind

$$\beta = \begin{bmatrix} 1 & 0 & 0 & 0 \\ 0 & 1 & 0 & 0 \\ 0 & 0 & -1 & 0 \\ 0 & 0 & 0 & -1 \end{bmatrix}, \quad \alpha_x = \begin{bmatrix} 0 & 0 & 0 & 1 \\ 0 & 0 & 1 & 0 \\ 0 & 1 & 0 & 0 \\ 1 & 0 & 0 & 0 \end{bmatrix},$$

$$\alpha_y = \begin{bmatrix} 0 & 0 & 0 & -i \\ 0 & 0 & i & 0 \\ 0 & -i & 0 & 0 \\ i & 0 & 0 & 0 \end{bmatrix}, \quad \alpha_z = \begin{bmatrix} 0 & 0 & 1 & 0 \\ 0 & 0 & 0 & -1 \\ 1 & 0 & 0 & 0 \\ 0 & -1 & 0 & 0 \end{bmatrix}.$$

a) Man zeige $\beta^2 = \alpha_x^2 = \alpha_y^2 = \alpha_z^2 = I$.

b) Zwei Matrizen $A$ und $B$ mit $AB = -BA$ heißen ***antikommutativ***. Man zeige, daß zwei beliebige Dirac-Matrizen antikommutativ sind.

---

**Paul Adrien Maurice Dirac* (1902–1984), britischer Theoretischer Physiker. Er entwickelte eine neue Formulierung der Quantenmechanik und eine Theorie, mit der er den Elektronenspin und die Existenz eines neuen Elementarteilchens (des sogenannten Positrons) voraussagte. 1933 erhielt er den Nobelpreis für Physik, 1939 eine Auszeichnung der Royal Society.

# 10.2 Betrag, Konjugation, Division

*Wir wollen in erster Linie die Division komplexer Zahlen definieren.*

## Konjugation komplexer Zahlen

Wir führen zunächst einen neuen Begriff ein.

Sei $z = a + bi$ eine komplexe Zahl. Wir definieren ihre ***Konjugierte*** $\bar{z}$ (lies „$z$ quer") als

$$\bar{z} = a - bi,$$

$\bar{z}$ ist also die komplexe Zahl, die man durch Änderung der Vorzeichens von $\mathrm{Im}(z)$ erhält. Geometrisch ergibt sich $\bar{z}$ aus $z$ durch Spiegelung an der reellen Achse (Abbildung 10.5).

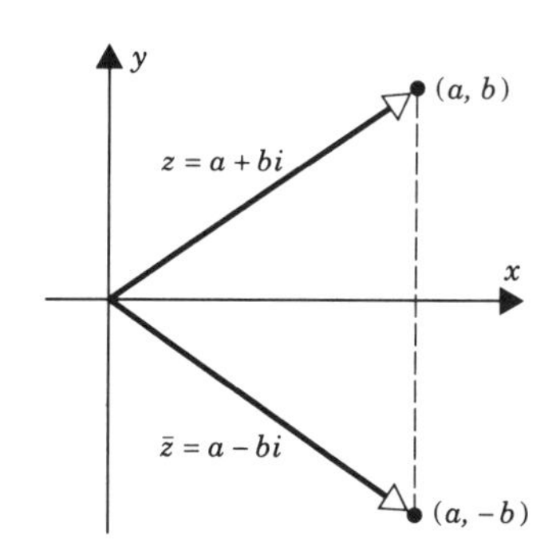


**Abb. 10.5** Die Konjugierte einer komplexen Zahl

**Beispiel 1**

$z = 3 + 2i \qquad \bar{z} = 3 - 2i$

$z = -4 - 2i \qquad \bar{z} = -4 + 2i$

$z - i \qquad \bar{z} = -i$

$z = 4 \qquad z = 4.$

**Bemerkung.** Wie man im letztcn Beispiel sieht, stimmt eine reelle Zahl mit ihrer Konjugierten überein. Man kann sogar zeigen, daß $z$ und $\bar{z}$ *genau dann* gleich sind, wenn $z$ reell ist (siehe Übung 22).

## Betrag einer komplexen Zahl

Identifizieren wir eine komplexe Zahl $z$ mit einem Vektor aus $R^2$, so bezeichnen wir dessen Länge oder Norm als *Betrag* von $z$.

**Definition.** Der ***Betrag*** $|z|$ der komplexen Zahl $z = a + bi$ wird definiert als

$$|z| = \sqrt{a^2 + b^2}. \tag{1}$$

Für $b = 0$ ist $z = a$ eine reelle Zahl mit

$$|z| = \sqrt{a^2 + 0^2} = \sqrt{a^2} = |a|,$$

also verallgemeinert der soeben definierte Betrag den bekannten Absolutbetrag einer reellen Zahl.

**Beispiel 2** Man bestimme $|z|$ für $z = 3 - 4i$.

*Lösung.* Nach (1) sind $a = 3$ und $b = -4$, also $|z| = \sqrt{(3)^2 + (-4)^2} = \sqrt{25} = 5$.

Der folgende Satz liefert eine wichtige Beziehung zwischen der Konjugierten und dem Betrag einer komplexen Zahl.

**Satz 10.2.1.** *Für jede komplexe Zahl z gilt*

$$z\bar{z} = |z|^2.$$

**Beweis.** Mit $z = a + bi$ ist

$$\begin{aligned} z\bar{z} = (a + bi)(a - bi) &= a^2 - abi + bai - b^2i^2 \\ &= a^2 + b^2 = |z|^2. \quad \square \end{aligned}$$

## Division komplexer Zahlen

Wir können uns jetzt der Division komplexer Zahlen widmen, die wir als inverse Operation der Multiplikation einführen wollen. Wir möchten also für $z_2 \neq 0$ den Quotienten $z = z_1/z_2$ so definieren, daß er die Gleichung

$$z_1 = z_2 z \tag{2}$$

erfüllt. Dazu werden wir zeigen, daß (2) für $z_2 \neq 0$ eindeutig nach $z$ auflösbar ist, und den Quotienten $z_1/z_2$ dann als diese Lösung definieren. Ebenso wie bei reellen Zahlen ist die Division durch null nicht erlaubt.

**Satz 10.2.2.** *Für $z_2 \neq 0$ hat (2) die eindeutig bestimmte Lösung*

$$z = \frac{1}{|z_2|^2} z_1 \bar{z}_2. \tag{3}$$

**Beweis.** Mit $z = x + iy$, $z_1 = x_1 + iy_1$ und $z_2 = x_2 + iy_2$ ergibt sich aus (2)

$$x_1 + iy_1 = (x_2 + iy_2)(x + iy)$$

oder

$$x_1 + iy_1 = (x_2 x - y_2 y) + i(y_2 x + x_2 y).$$

Durch Vergleich von Real- und Imaginärteil erhalten wir die Gleichungen

$$\begin{aligned} x_2 x - y_2 y &= x_1 \\ y_2 x + x_2 y &= y_2 \end{aligned}$$

oder in Matrixschreibweise

$$\begin{bmatrix} x_2 & -y_2 \\ y_2 & x_2 \end{bmatrix} \begin{bmatrix} x \\ y \end{bmatrix} = \begin{bmatrix} x_1 \\ y_1 \end{bmatrix}. \tag{4}$$

Wegen $z_2 = x_2 + iy_2 \neq 0$ ist $x_2 \neq 0$ oder $y_2 \neq 0$, also

$$\begin{vmatrix} x_2 & -y_2 \\ y_2 & x_2 \end{vmatrix} = x_2^2 + y_2^2 \neq 0.$$

Nach der Cramerschen Regel (Satz 2.4.3) hat das Gleichungssystem (4) dann die eindeutig bestimmte Lösung

$$x = \frac{\begin{vmatrix} x_1 & -y_2 \\ y_1 & x_2 \end{vmatrix}}{\begin{vmatrix} x_2 & -y_2 \\ y_2 & x_2 \end{vmatrix}} = \frac{x_1 x_2 + y_1 y_2}{x_2^2 + y_2^2} = \frac{x_1 x_2 + y_1 y_2}{|z_2|^2}$$

$$y = \frac{\begin{vmatrix} x_2 & x_1 \\ y_2 & y_1 \end{vmatrix}}{\begin{vmatrix} x_2 & -y_2 \\ y_2 & x_2 \end{vmatrix}} = \frac{y_1 x_2 - x_1 y_2}{x_2^2 + y_2^2} = \frac{y_1 x_2 - x_1 y_2}{|z_2|^2}.$$

Also ist

$$\begin{aligned} z = x + iy &= \frac{1}{|z_2|^2} \left[ (x_1 x_2 + y_1 y_2) + i(y_1 x_2 - x_1 y_2) \right] \\ &= \frac{1}{|z_2|^2} (x_1 + iy_1)(x_2 - iy_2) \\ &= \frac{1}{|z_2|^2} z_1 \bar{z}_2. \quad \square \end{aligned}$$

Wir definieren jetzt für $z_2 \neq 0$

$$\frac{z_1}{z_2} = \frac{1}{|z_2|^2} z_1 \bar{z}_2. \tag{5}$$

**Bemerkung.** Um sich diese Formel zu merken, erweitert man den Bruch $z_1/z_2$ mit $\bar{z}_2$ und erhält

$$\frac{z_1}{z_2} = \frac{z_1\bar{z}_2}{z_2\bar{z}_2} = \frac{z_1\bar{z}_2}{|z_2|^2} = \frac{1}{|z_2|^2} z_1\bar{z}_2.$$

**Beispiel 3** Man schreibe

$$\frac{3+4i}{1-2i}$$

in der Form $a + bi$.

*Lösung.* Aus (5) ergibt sich mit $z_1 = 3 + 4i$ und $z_2 = 1 - 2i$

$$\begin{aligned}\frac{3+4i}{1-2i} &= \frac{1}{|1-2i|^2}(3+4i)(\overline{1-2i}) = \frac{1}{5}(3+4i)(1+2i)\\ &= \frac{1}{5}(-5+10i) = -1+2i.\end{aligned}$$

*Alternative Lösung.* Wir erweitern den Quotienten mit der Konjugierten des Nenners:

$$\frac{3+4i}{1-2i} = \frac{3+4i}{1-2i} \cdot \frac{1+2i}{1+2i} = \frac{-5+10i}{5} = -1+2i.$$

In vielen Anwendungen begegnet man linearen Gleichungssystemen mit komplexen Koeffizienten. Ohne auf die Einzelheiten einzugehen, wollen wir festhalten, daß sich die entsprechenden Ergebnisse aus Kapitel 1 und 2 ohne Änderungen auf komplexe Systeme anwenden lassen.

**Beispiel 4** Man löse mit der Cramerschen Regel das System

$$\begin{aligned} ix + 2y &= 1 - 2i\\ 4x - iy &= -1 + 3i.\end{aligned}$$

*Lösung.*

$$x = \frac{\begin{vmatrix} 1-2i & 2 \\ -1+3i & -i \end{vmatrix}}{\begin{vmatrix} i & 2 \\ 4 & -i \end{vmatrix}} = \frac{(-i)(1-2i) - 2(-1+3i)}{i(-i) - 2(4)} = \frac{-7i}{-7} = i$$

$$y = \frac{\begin{vmatrix} i & 1-2i \\ 4 & -1+3i \end{vmatrix}}{\begin{vmatrix} i & 2 \\ 4 & -i \end{vmatrix}} = \frac{(i)(-1+3i) - 4(1-2i)}{i(-i) - 2(4)} = \frac{-7+7i}{-7} = 1 - i$$

Damit ergibt sich die Lösung $x = i, \;\; y = 1 - i$.

## Eigenschaften der Konjugierten einer komplexen Zahl

Wir beenden den Abschnitt mit einer Reihe von Rechenregeln für konjugiert komplexe Zahlen, die wir später noch verwenden werden.

**Satz 10.2.3.** *Für komplexe Zahlen $z_1$, $z_2$ und $z$ gilt*

*a)* $\overline{z_1 + z_2} = \bar{z}_1 + \bar{z}_2$

*b)* $\overline{z_1 - z_2} = \bar{z}_1 - \bar{z}_2$

*c)* $\overline{z_1 z_2} = \bar{z}_1 \bar{z}_2$

*d)* $\overline{(z_1/z_2)} = \bar{z}_1/\bar{z}_2$

*e)* $\bar{\bar{z}} = z.$

Wir beweisen Teil a) und überlassen den restlichen Beweis dem Leser als Übungsaufgabe.

**Beweis a).** Mit $z_1 = a_1 + b_1 i$ und $z_2 = a_2 + b_2 i$ gilt

$$\begin{aligned} \overline{z_1 + z_2} &= \overline{(a_1 + a_2) + (b_1 + b_2)i} \\ &= (a_1 + a_2) - (b_1 + b_2)i \\ &= (a_1 - b_1 i) + (a_2 - b_2 i) \\ &= \bar{z}_1 + \bar{z}_2. \quad \square \end{aligned}$$

**Bemerkung.** Man kann Teil a) auf $n$ Summanden und Teil c) auf $n$ Faktoren übertragen. Dann gelten

$$\begin{aligned} \overline{z_1 + z_2 + \cdots + z_n} &= \bar{z}_1 + \bar{z}_2 + \cdots + \bar{z}_n \\ \overline{z_1 z_2 \cdots z_n} &= \bar{z}_1 \bar{z}_2 \cdots \bar{z}_n. \end{aligned}$$

## Übungen zu 10.2

**1.** Man berechne $\bar{z}$.

a) $z = 2 + 7i$ b) $z = -3 - 5i$ c) $z = 5i$

d) $z = -i$ e) $z = -9$ f) $z = 0$

**2.** Man berechne $|z|$.

a) $z = i$ b) $z = -7i$ c) $z = -3 - 4i$

d) $z = 1 + i$ e) $z = -8$ f) $z = 0$

**3.** Man verifiziere die Gleichung $z\bar{z} = |z|^2$ für

a) $z = 2 - 4i$ b) $z = -3 + 5i$ c) $z = \sqrt{2} - \sqrt{2}i.$

**4.** Seien $z_1 = 1 - 5i$ und $z_2 = 3 + 4i$. Man bestimme

a) $z_1/z_2$ b) $\bar{z}_1/z_2$ c) $z_1/\bar{z}_2$ d) $\overline{(z_1/z_2)}$ e) $z_1/|z_2|$ f) $|z_1/z_2|$.

**5.** Man berechne $1/z$.

a) $z = i$ b) $z = 1 - 5i$ c) $z = \dfrac{-i}{7}$

**6.** Seien $z_1 = 1 + i$ und $z_2 = 1 - 2i$. Man bestimme

a) $z_1 - \left(\dfrac{z_1}{z_2}\right)$ b) $\dfrac{z_1 - 1}{z_2}$ c) $z_1^2 - \left(\dfrac{iz_1}{z_2}\right)$ d) $\dfrac{z_1}{iz_2}$.

Man schreibe die Ausdrücke in den Aufgaben 7–14 in der Form $a + bi$.

**7.** $\dfrac{i}{1+i}$

**8.** $\dfrac{2}{(1-i)(3+i)}$

**9.** $\dfrac{1}{(3+4i)^2}$

**10.** $\dfrac{2+i}{i(-3+4i)}$

**11.** $\dfrac{\sqrt{3}+i}{(1-i)(\sqrt{3}-i)}$

**12.** $\dfrac{1}{i(3-2i)(1+i)}$

**13.** $\dfrac{i}{(1-i)(1-2i)(1+2i)}$

**14.** $\dfrac{1-2i}{3+4i} - \dfrac{2+i}{5i}$

**15.** Man löse nach $z$ auf:

a) $iz = 2 - i$ b) $(4 - 3i)\bar{z} = i$.

**16.** Man beweise mit Satz 10.2.3 die folgenden Identitäten:

a) $\overline{\bar{z} + 5i} = z - 5i$ b) $\overline{iz} = -i\bar{z}$ c) $\dfrac{\overline{i + \bar{z}}}{i - z} = -1$.

**17.** Man skizziere die Menge der Punkte in der komplexen Ebene, die die gegebene Gleichung erfüllen.

a) $|z| = 2$ b) $|z - (1 + i)| = 1$ c) $|z - i| = |z + i|$ d) $\operatorname{Im}(\bar{z} + i) = 3$

**18.** Man skizziere die Menge aller Punkte in der komplexen Ebene, die die gegebene Ungleichung erfüllen.

a) $|z + i| \leq 1$ b) $1 < |z| < 2$ c) $|2z - 4i| < 1$ d) $|z| \leq |z + i|$

**19.** Sei $z = x + iy$. Man bestimme

a) $\operatorname{Re}(\overline{iz})$ b) $\operatorname{Im}(\overline{iz})$ c) $\operatorname{Re}(i\bar{z})$ d) $\operatorname{Im}(i\bar{z})$.

**20.** a) Man zeige, daß $(1/i)^n$ für jede natürliche Zahl $n$ nur die Werte $1, -1, i, -i$ annehmen kann.

b) Man berechne $(1/i)^{2509}$. [*Hinweis.* Man vergleiche Abschnitt 10.1, Übungsaufgabe 23 b).]

**21.** Man beweise:

a) $\dfrac{1}{2}(z + \bar{z}) = \operatorname{Re}(z)$ b) $\dfrac{1}{2i}(z - \bar{z}) = \operatorname{Im}(z)$.

**22.** Man zeige, daß genau dann $z = \bar{z}$ gilt, wenn $z$ reell ist.

**23.** Seien $z_1 = x_1 + iy_1$ und $z_2 = x_2 + iy_2$. Man berechne

a) $\operatorname{Re}\left(\frac{z_1}{z_2}\right)$ b) $\operatorname{Im}\left(\frac{z_1}{z_2}\right)$.

**24.** Man beweise: Ist $(\bar{z})^2 = z^2$, so ist $z$ entweder reell oder rein imaginär.

**25.** Man beweise $|\bar{z}| = |z|$.

**26.** Man zeige:

a) $\overline{z_1 - z_2} = \bar{z}_1 - \bar{z}_2$ b) $\overline{z_1 z_2} = \bar{z}_1 \bar{z}_2$ c) $\overline{(z_1/z_2)} = \bar{z}_1/\bar{z}_2$ d) $\bar{\bar{z}} = z$.

**27.** a) Man zeige $\overline{z^2} = (\bar{z})^2$.
b) Man beweise für alle natürlichen Zahlen $n$ die Gleichung $\overline{z^n} = (\bar{z})^n$.
c) Gilt das Ergebnis aus b) auch für negative ganze Zahlen $n$? Man begründe die Antwort.

Man löse in den Aufgaben 28–31 die Gleichungssysteme mit der Cramerschen Regel.

**28.**
$$\begin{aligned} ix_1 - ix_2 &= -2 \\ 2x_1 + x_2 &= i \end{aligned}$$

**29.**
$$\begin{aligned} x_1 + x_2 &= 2 \\ x_1 - x_2 &= 2i \end{aligned}$$

**30.**
$$\begin{aligned} x_1 + x_2 + x_3 &= 3 \\ x_1 + x_2 - x_3 &= 2 + 2i \\ x_1 - x_2 + x_3 &= -1 \end{aligned}$$

**31.**
$$\begin{aligned} ix_1 + 3x_2 + (1+i)x_3 &= -i \\ x_1 + ix_2 + 3x_3 &= -2i \\ x_1 + x_2 + x_3 &= 0 \end{aligned}$$

Man löse die linearen Systeme der Aufgaben 32 und 33 durch Gauß-Jordan-Elimination.

**32.** $\begin{bmatrix} -1 & -1-i \\ -1+i & -2 \end{bmatrix} \begin{bmatrix} x_1 \\ x_2 \end{bmatrix} = \begin{bmatrix} 0 \\ 0 \end{bmatrix}$ **33.** $\begin{bmatrix} 2 & -1-i \\ -1+i & 1 \end{bmatrix} \begin{bmatrix} x_1 \\ x_2 \end{bmatrix} = \begin{bmatrix} 0 \\ 0 \end{bmatrix}$

**34.** Man löse das lineare Gleichungssystem durch Gauß-Jordan-Elimination.

$$\begin{aligned} x_1 + ix_2 - ix_3 &= 0 \\ -x_1 + (1-i)x_2 + 2ix_3 &= 0 \\ 2x_1 + (-1+2i)x_2 - 3ix_3 &= 0 \end{aligned}$$

**35.** Man berechne $A^{-1}$ mit der Formel aus Satz 1.4.5 und überprüfe das Ergebnis durch Verifikation von $A^{-1}A = AA^{-1} = I$.

a) $A = \begin{bmatrix} i & -2 \\ 1 & i \end{bmatrix}$ b) $A = \begin{bmatrix} 2 & i \\ 1 & 0 \end{bmatrix}$

**36.** Sei $p(x) = a_0 + a_1 x + a_2 x^2 + \cdots + a_n x^n$ ein Polynom mit reellen Koeffizienten $a_0, a_1, a_2, \ldots, a_n$. Man zeige, daß mit $z$ auch $\bar{z}$ die Gleichung $p(x) = 0$ löst.

**37.** Man zeige, daß für jede komplexe Zahl $z$ die Ungleichungen $|\mathrm{Re}(x)| \leq |z|$ und $|\mathrm{Im}(z)| \leq |z|$ gelten.

**38.** Man beweise

$$\frac{|\mathrm{Re}(z)| + |\mathrm{Im}(z)|}{\sqrt{2}} \leq |z|.$$

[*Hinweis.* Man setze $z = x + iy$ und verwende die Ungleichung $(|x| - |y|)^2 \geq 0$.]

**39.** Man bestimme $A^{-1}$ mit der Methode aus Abschnitt 1.5, Beispiel 4, und überprüfe das Ergebnis durch Verifikation von $AA^{-1} = A^{-1}A = I$.

a) $A = \begin{bmatrix} 1 & 1+i & 0 \\ 0 & 1 & i \\ -i & 1-2i & 2 \end{bmatrix}$ b) $A = \begin{bmatrix} i & 0 & -i \\ 0 & 1 & -1-4i \\ 2-i & i & 3 \end{bmatrix}$

# 10.3 Polarkoordinaten, Satz von DeMoivre

*Wir entwickeln eine Darstellung für komplexe Zahlen aus ihren trigonometrischen Eigenschaften; damit erhalten wir eine wichtige Formel für die Potenzen komplexer Zahlen und eine Methode, ihre n-ten Wurzeln zu bestimmen.*

## Polarkoordinatendarstellung

Ist $z = x + iy$ eine von Null verschiedene komplexe Zahl, $r = |z|$ und $\theta$ der Winkel zwischen der positiven $x$-Achse und dem Vektor $z$, so gilt nach Abbildung 10.6

$$\begin{aligned} x &= r\cos\theta \\ y &= r\sin\theta. \end{aligned} \tag{1}$$

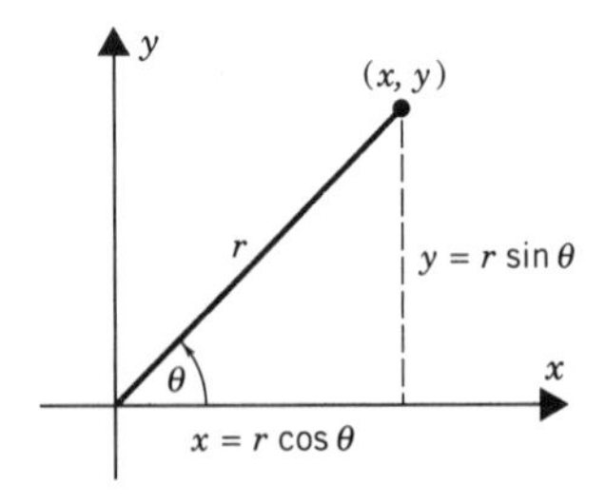


**Abb. 10.6**

Wir können damit $z = x + iy$ als

$$z = r\cos\theta + ir\sin\theta$$

oder

$$z = r(\cos\theta + i\sin\theta) \tag{2}$$

schreiben. Diese Form heißt ***Polarkoordinatendarstellung*** von $z$.

## Argument einer komplexen Zahl

Der Winkel $\theta$ heißt ***Argument*** von $z$ und wird mit

$$\theta = \arg z$$

bezeichnet. Dieser Wert ist nicht eindeutig bestimmt, da sich durch Addition beliebiger ganzzahliger Vielfache von $2\pi$ dieselbe Zahl $z$ ergibt. Mit der zusätzlichen Bedingung

$$-\pi < \theta \leq \pi$$

beseitigen wir diese Nichteindeutigkeit; diese Zahl heißt ***Hauptargument*** von $z$ und wird mit

$$\theta = \operatorname{Arg} z$$

bezeichnet.

**Beispiel 1** Man schreibe die komplexen Zahlen in Polarkoordinaten mit Hauptargument.

a) $z = 1 + \sqrt{3}i$ b) $z = -1 - i$

*Lösung a).* Als Betrag $r$ erhalten wir

$$r = |z| = \sqrt{1^2 + (\sqrt{3})^2} = \sqrt{4} = 2.$$

Wegen $x = 1$ und $y = \sqrt{3}$ folgt nach (1)

$$1 = 2\cos\theta$$

$$\sqrt{3} = 2\sin\theta,$$

also gilt $\cos\theta = \frac{1}{2}$ und $\sin\theta = \frac{\sqrt{3}}{2}$. Der einzige Winkel $\theta \in (-\pi, \pi]$, der diese Gleichungen erfüllt, ist $\theta = \pi/3 (= 60^\circ)$ (Abbildung 10.7a). Damit ergibt sich die Polarkoordinatendarstellung

$$z = 2\left(\cos\frac{\pi}{3} + i\sin\frac{\pi}{3}\right).$$

*Lösung b).* Für $r$ erhalten wir

$$r = |z| = \sqrt{(-1)^2 + (-1)^2} = \sqrt{2}.$$

Mit $x = -1$ und $y = -1$ gilt

$$-1 = \sqrt{2} \cos \theta$$
$$-1 = \sqrt{2} \sin \theta$$

oder $\cos \theta = \sin \theta = -\frac{1}{\sqrt{2}}$. Der eindeutig bestimmte Winkel $\theta \in (-\pi, \pi]$, der diese Gleichungen erfüllt, ist $\theta = -3\pi/4 (= -135°)$ (Abbildung 10.7b). Also hat $z$ die Darstellung

$$z = \sqrt{2}\left(\cos \frac{-3\pi}{4} + i \sin \frac{-3\pi}{4}\right).$$

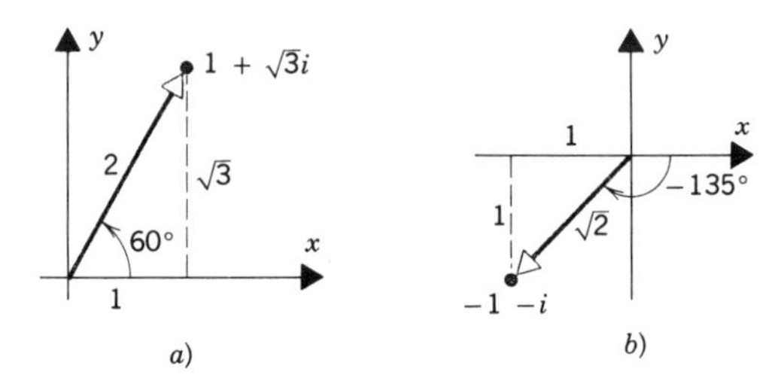


**Abb. 10.7**

## Geometrische Bedeutung der Multiplikation und Division

Wir werden jetzt sehen, daß durch die Polarkoordinatendarstellung eine geometrische Interpretation der Multiplikation und Division komplexer Zahlen ermöglicht wird. Seien dazu

$$z_1 = r_1(\cos \theta_1 + i \sin \theta_1) \quad \text{und} \quad z_2 = r_2(\cos \theta_2 + i \sin \theta_2).$$

Das Produkt

$$z_1 z_2 = r_1 r_2[(\cos \theta_1 \cos \theta_2 - \sin \theta_1 \sin \theta_2) + i(\sin \theta_1 \cos \theta_2 + \cos \theta_1 \sin \theta_2)]$$

können wir wegen der Additionstheoreme

$$\cos(\theta_1 + \theta_2) = \cos \theta_1 \cos \theta_2 - \sin \theta_1 \sin \theta_2$$
$$\sin(\theta_1 + \theta_2) = \sin \theta_1 \cos \theta_2 + \cos \theta_1 \sin \theta_2$$

als

$$z_1 z_2 = r_1 r_2[\cos(\theta_1 + \theta_2) + i \sin(\theta_1 + \theta_2)] \tag{3}$$

schreiben; $z_1 z_2$ hat also den Betrag $r_1 r_2$ und das Argument $\theta_1 + \theta_2$. Wir erhalten damit die Formeln

$$|z_1 z_2| = |z_1||z_2| \tag{4}$$

und

$$\arg(z_1 z_2) = \arg z_1 + \arg z_2.$$

(Warum?)

Folglich *ergibt sich das Produkt zweier komplexer Zahlen durch Multiplikation ihrer Beträge und Addition ihrer Argumente* (Abbildung 10.8).

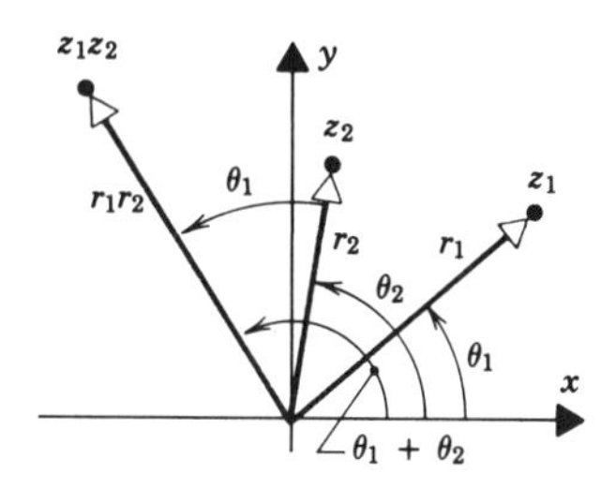


**Abb. 10.8** Das Produkt von zwei komplexen Zahlen

Analog ergibt sich für $z_2 \neq 0$

$$\frac{z_1}{z_2} = \frac{r_1}{r_2}[\cos(\theta_1 - \theta_2) + i \sin(\theta_1 - \theta_2)], \tag{5}$$

woraus

$$\left|\frac{z_1}{z_2}\right| = \frac{|z_1|}{|z_2|} \quad \text{für} \quad z_2 \neq 0$$

und

$$\arg\left(\frac{z_1}{z_2}\right) = \arg z_1 - \arg z_2$$

folgen; den Beweis überlassen wir dem Leser als Übungsaufgabe.

Wir *erhalten also den Quotienten zweier komplexer Zahlen durch Division ihrer Beträge und Subtraktion ihrer Argumente.*

**Beispiel 2** Die komplexen Zahlen

$$z_1 = 1 + \sqrt{3}i \quad \text{und} \quad z_2 = \sqrt{3} + i$$

haben die Polarkoordinatendarstellung

$$z_1 = 2\left(\cos\frac{\pi}{3} + i \sin\frac{\pi}{3}\right)$$
$$z_2 = 2\left(\cos\frac{\pi}{6} + i \sin\frac{\pi}{6}\right)$$

(der Leser möge das nachrechnen), also ist nach (3)

$$z_1 z_2 = 4\left[\cos\left(\frac{\pi}{3} + \frac{\pi}{6}\right) + i \sin\left(\frac{\pi}{3} + \frac{\pi}{6}\right)\right]$$
$$= 4\left[\cos\frac{\pi}{2} + i \sin\frac{\pi}{2}\right] = 4[0 + i] = 4i$$

und nach (5)

$$\frac{z_1}{z_2} = 1 \cdot \left[\cos\left(\frac{\pi}{3} - \frac{\pi}{6}\right) + i \sin\left(\frac{\pi}{3} - \frac{\pi}{6}\right)\right]$$
$$= \cos \frac{\pi}{6} + i \sin \frac{\pi}{6} = \frac{\sqrt{3}}{2} + \frac{1}{2} i.$$

Zur Probe berechnen wir $z_1 z_2$ und $z_1/z_2$ direkt:

$$z_1 z_2 = (1 + \sqrt{3}i)(\sqrt{3} + i) = (\sqrt{3} - \sqrt{3}) + (3 + 1)i = 4i$$
$$\frac{z_1}{z_2} = \frac{1 + \sqrt{3}i}{\sqrt{3} + i} \cdot \frac{\sqrt{3} - i}{\sqrt{3} - i} = \frac{(\sqrt{3} + \sqrt{3}) + (-i + 3i)}{4} = \frac{\sqrt{3}}{2} + \frac{1}{2} i.$$

Die imaginäre Einheit $i$ hat den Betrag 1 und das Argument $\pi/2 = 90°$. Damit stimmt für das Produkts $iz$ der Betrag mit dem von $z$ überein, sein Argument ist um 90° größer als das von $z$. Folglich *entspricht die Multiplikation von $z$ mit $i$ einer Rotation von $z$ um 90° entgegen dem Uhrzeigersinn* (Abbildung 10.9).

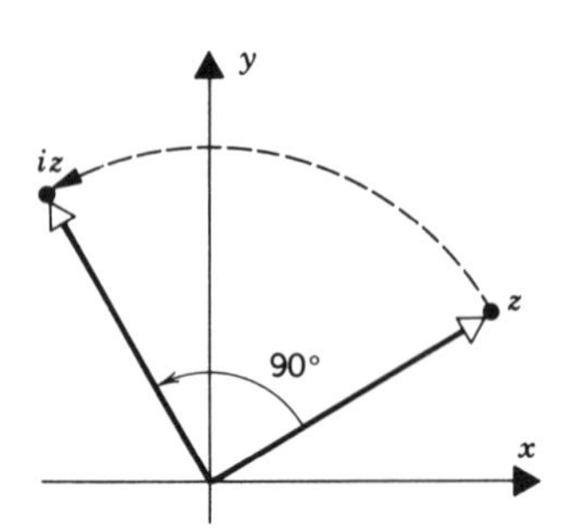


**Abb. 10.9** Die Multiplikation mit $i$ dreht $z$ um 90° entgegen dem Uhrzeigersinn.

## Formel von DeMoivre

Für eine natürliche Zahl $n$ und $z = r(\cos\theta + i \sin\theta)$ gilt nach (3)

$$z^n = \underbrace{z \cdot z \cdot z \cdots z}_{\text{n Faktoren}} = r^n[\cos\underbrace{(\theta + \theta + \cdots + \theta)}_{n\ Summanden} + i \sin\underbrace{(\theta + \theta + \cdots + \theta)}_{n\ Summanden}]$$

oder

$$z^n = r^n(\cos n\theta + i \sin n\theta). \tag{6}$$

Zusätzlich definieren wir $z^{-n} = 1/z^n$ für $z \neq 0$.

Im Fall $r = 1$ ist $z = \cos\theta + i\sin\theta$, dann ergibt sich aus (6) die ***Formel von DeMoivre****

$$(\cos\theta + i\sin\theta)^n = \cos n\theta + i\sin n\theta. \tag{7}$$

Wir haben sie zwar hier nur für natürliche Zahlen $n$ bewiesen, werden aber in den Übungen sehen, daß sie für alle ganzen Zahlen $n$ gilt.

## Berechnung *n*-ter Wurzeln

Wir werden mit der DeMoivreschen Formel Wurzeln aus komplexen Zahlen ziehen. Dazu definieren wir für eine natürliche Zahl $n$ und eine komplexe Zahl $z$ eine ***n-te Wurzel*** von $z$ als Lösung $w$ der Gleichung

$$w^n = z \tag{8}$$

und bezeichnen sie mit $z^{1/n}$. Für $z \neq 0$ können wir diese Wurzeln folgendermaßen berechnen: Wir schreiben

$$w = \rho(\cos\alpha + i\sin\alpha) \quad \text{und} \quad z = r(\cos\theta + i\sin\theta),$$

für eine Lösung $w$ von (8), und erhalten mit (7)

$$\rho^n(\cos n\alpha + i\sin n\alpha) = r(\cos\theta + i\sin\theta). \tag{9}$$

Durch Vergleich der Beträge folgt

$$\rho = \sqrt[n]{r},$$

wobei $\sqrt[n]{r}$ die positive reelle $n$-te Wurzel von $r$ ist. Außerdem müssen $\cos n\alpha = \cos\theta$ und $\sin n\alpha = \sin\theta$ gelten, also unterscheiden sich die Winkel $n\alpha$ und $\theta$ höchstens um ganzzahlige Vielfache von $2\pi$; das bedeutet

$$n\alpha = \theta + 2k\pi, \quad k = 0, \pm 1, \pm 2, \ldots$$

oder

$$\alpha = \frac{\theta}{n} + \frac{2k\pi}{n}, \quad k = 0, \pm 1, \pm 2, \ldots .$$

Wir erhalten damit die Lösungen $w = \rho(\cos\alpha + i\sin\alpha)$ von (8) als

$$w = \sqrt[n]{r}\left[\cos\left(\frac{\theta}{n} + \frac{2k\pi}{n}\right) + i\sin\left(\frac{\theta}{n} + \frac{2k\pi}{n}\right)\right], \quad k = 0, \pm 2, \pm 2, \ldots .$$

Obwohl $k$ unendlich viele Werte annehmen kann, ergeben sich nur für $k = 0, 1, 2, \ldots, n-1$ unterschiedliche Lösungen $w$ von (8), die sich für andere

---

**Abraham DeMoivre* (1667–1754) war ein französischer Mathematiker, der wesentliche Beiträge zur Wahrscheinlichkeitstheorie, Statistik und Geometrie leistete. Er entwickelte das Konzept der statistisch unabhängigen Ereignisse, veröffentlichte eine bedeutende Abhandlung zur Wahrscheinlichkeitsrechnung und verhalf der Trigonometrie durch die Verbindung mit komplexen Zahlen zu ihrem Platz in der Analysis. Trotz dieser wichtigen Arbeit konnte er als Lehrer und Versicherungsberater nur ein sehr bescheidenes Leben führen.

Werte von $k$ wiederholen (siehe Übung 16). Damit hat $z = r(\cos\theta + i\sin\theta)$ genau die $n$ verschiedenen $n$-ten Wurzeln

$$z^{1/n} = \sqrt[n]{r}\left[\cos\left(\frac{\theta}{n} + \frac{2k\pi}{n}\right) + i\sin\left(\frac{\theta}{n} + \frac{2k\pi}{n}\right)\right], \quad k = 0, 1, 2, \ldots, n-1. \tag{10}$$

**Beispiel 3** Man bestimme die dritten Wurzeln von $-8$.

*Lösung.* Da $-8$ auf der negativen reellen Achse liegt, können wir als Argument $\theta = \pi$ wählen. Weiter ist $r = |z| = |-8| = 8$, also erhalten wir die Polarkoordinatendarstellung

$$-8 = 8(\cos\pi + i\sin\pi).$$

Aus (10) folgt mit $n = 3$

$$(-8)^{1/3} = \sqrt[3]{8}\left[\cos\left(\frac{\pi}{3} + \frac{2k\pi}{3}\right) + i\sin\left(\frac{\pi}{3} + \frac{2k\pi}{3}\right)\right], \quad k = 0, 1, 2,$$

also hat $-8$ die dritten Wurzeln

$$2\left(\cos\frac{\pi}{3} + i\sin\frac{\pi}{3}\right) = 2\left(\frac{1}{2} + \frac{\sqrt{3}}{2}i\right) = 1 + \sqrt{3}i$$

$$2(\cos\pi + i\sin\pi) = 2(-1) = -2$$

$$2\cos\left(\frac{5\pi}{3} + i\sin\frac{5\pi}{3}\right) = 2\left(\frac{1}{2} - \frac{\sqrt{3}}{2}i\right) = 1 - \sqrt{3}i.$$

Wie in Abbildung 10.10 dargestellt, sind die Kubikwurzeln aus $-8$ gleichmäßig auf einem Kreis mit Radius 2 um den Ursprung verteilt, wobei je zwei von ihnen den Winkel $2\pi/3 (= 120°)$ einschließen. Das ist kein Zufall, denn aus Formel (10) läßt sich ableiten, daß die $n$-ten Wurzeln einer Zahl $z$ im Abstand von $2\pi/n$ auf einem Kreis mit dem Radius $\sqrt[n]{r} (= \sqrt[n]{|z|})$ liegen (warum?). Man braucht also tatsächlich nur *eine* $n$-te Wurzel von $z$ zu bestimmen und erhält die restlichen $n-1$ durch sukzessive Rotation um $2\pi/n$.

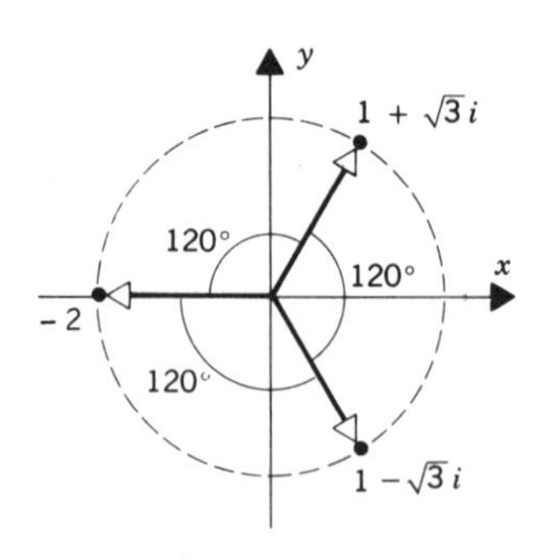


**Abb. 10.10** Die Kubikwurzeln von $-8$

**Beispiel 4** Man bestimme die vierten Wurzeln von 1.

*Lösung*. Offenbar ist $w = 1$ eine vierte Wurzel von 1, also erhalten wir die restlichen durch sukzessives Drehen um den Winkel $2\pi/4 = \pi/2 (= 90°)$. Nach Abbildung 10.11 ergeben sich die Wurzeln

$$1, \quad i, \quad -1, \quad -i.$$

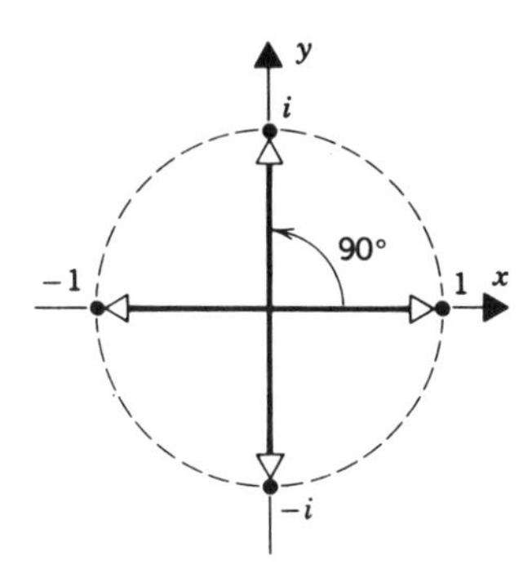


**Abb. 10.11** Die vierten Wurzeln von 1.

## Komplexe Exponenten

Wir beenden unsere Ausführungen über komplexe Zahlen mit einigen Anmerkungen zur Notation.

Beschäftigt man sich eingehender mit komplexen Zahlen, so kann man auch Potenzen mit komplexen Exponenten definieren. Mit Methoden aus der Analysis kann man dann die Gleichung

$$\cos\theta + i \sin = e^{i\theta} \tag{11}$$

beweisen (siehe Übung 18), wobei die irrationale *Eulersche Zahl* $e$ ungefähr den Wert $e \approx 2,71828\ldots$ hat.

Mit (11) können wir eine in Polarkoordinaten gegebene Zahl

$$z = r(\cos\theta + i \sin\theta)$$

kurz als

$$z = re^{i\theta} \tag{12}$$

schreiben.

**Beispiel 5** Aus Beispiel 1 kennen wir die Polarkoordinatendarstellung

$$1 + \sqrt{3}i = 2\left(\cos\frac{\pi}{3} + i \sin\frac{\pi}{3}\right),$$

die wir wegen (12) als

$$1+\sqrt{3}i = 2e^{i\pi/3}$$

schreiben können.

Man kann beweisen, daß viele der reellen Potenzgesetze auch für komplexe Zahlen gelten. So erhält man für

$$z_1 = r_1 e^{i\theta_1} \quad \text{und} \quad z_2 = r_2 e^{i\theta_2}$$

mit $z_1 \neq 0$ und $z_2 \neq 0$

$$z_1 z_2 = r_1 r_2 e^{i\theta_1 + i\theta_2} = r_1 r_2 e^{i(\theta_1+\theta_2)}$$

$$\frac{z_1}{z_2} = \frac{r_1}{r_2} e^{i\theta_1 - i\theta_2} = \frac{r_1}{r_2} e^{i(\theta_1-\theta_2)},$$

wobei es sich um die Formeln (5) und (6) in Exponentenschreibweise handelt. Zum Schluß geben wir eine nützliche Formel für die Konjugierte $\bar{z}$ an. Für

$$z = re^{i\theta} = r(\cos\theta + i\sin\theta)$$

ist

$$\bar{z} = r(\cos\theta - i\sin\theta). \tag{13}$$

Mit den trigonometrischen Gleichungen

$$\sin(-\theta) = -\sin\theta \quad \text{und} \quad \cos(-\theta) = \cos\theta$$

ergibt sich

$$\bar{z} = r[\cos(-\theta) + i\sin(-\theta)] = re^{i(-\theta)}$$

oder äquivalent dazu

$$\bar{z} = re^{-i\theta}. \tag{14}$$

Für $r = 1$ ist $z = e^{i\theta}$, also gilt nach (14)

$$\overline{e^{i\theta}} = e^{-i\theta}. \tag{15}$$

## Übungen zu 10.3

**1.** Man bestimme das Hauptargument von $z$.

a) $z = 1$ b) $z = i$ c) $z = -i$

d) $z = 1+i$ e) $z = -1+\sqrt{3}i$ f) $z = 1-i$

**2.** Man bestimme $\theta = \arg(1-\sqrt{3}i)$ mit

a) $0 < \theta \leq 2\pi$ b) $-\pi < \theta \leq \pi$ c) $-\frac{\pi}{6} \leq \theta < \frac{11\pi}{6}$.

**3.** Man schreibe die gegebenen Zahlen in Polarkoordinaten mit Hauptargument.

a) $2i$ b) $-4$ c) $5+5i$ d) $-6+6\sqrt{3}i$ e) $-3-3i$ f) $2\sqrt{3}-2i$

**4.** Seien $z_1 = 2(\cos \pi/4 + i \sin \pi/4)$ und $z_2 = 3(\cos \pi/6 + i \sin \pi/6)$. Man berechne eine Polarkoordinatendarstellung folgender Zahlen:

a) $z_1 z_2$ b) $\frac{z_1}{z_2}$ c) $\frac{z_2}{z_1}$ d) $\frac{z_1^5}{z_2^2}$.

**5.** Man stelle $z_1 = i$, $z_2 = 1 - \sqrt{3}i$ und $z_3 = \sqrt{3} + i$ in Polarkoordinaten dar und bestimme damit $z_1 z_2 / z_3$. Man überprüfe das Ergebnis durch direkte Berechnung ohne Polarkoordinaten.

**6.** Man berechne mit Formel (6) :

a) $(1+i)^{12}$ b) $\left(\frac{1}{\sqrt{2}} - \frac{1}{\sqrt{2}}i\right)^{-6}$ c) $(\sqrt{3}+i)^7$ d) $(1 - i\sqrt{3})^{-10}$.

**7.** Man bestimme alle Wurzeln und skizziere sie als Vektoren in der komplexen Ebene.

a) $(-1)^{1/2}$ b) $(1+\sqrt{3}i)^{1/2}$ c) $(-27)^{1/3}$
d) $(i)^{1/3}$ e) $(-1)^{1/4}$ f) $(-8+8\sqrt{3}i)^{1/4}$

**8.** Man berechne die dritten Wurzeln von 1 mit der Methode aus Beispiel 4.

**9.** Man berechne die sechsten Wurzeln von 1 mit der Methode aus Beispiel 4.

**10.** Man bestimme Polarkoordinatendarstellungen der Quadratwurzeln von $1 + i$.

**11.** Man berechne alle Lösungen der Gleichung

a) $z^4 - 16 = 0$ b) $z^{4/3} = -4$.

**12.** Man bestimme die vier Lösungen der Gleichung $z^4 + 8 = 0$ und zerlege damit $z^4 + 8$ in zwei quadratische Polynome mit reellen Koeffizienten.

**13.** Wir haben gezeigt, daß die Multiplikation einer komplexen Zahl $z$ mit $i$ einer Drehung von $z$ um 90° entgegen dem Uhrzeigersinn entspricht. Wie läßt sich die Division von $z$ durch $i$ geometrisch interpretieren?

**14.** Man berechne die Potenzen mit Formel (6).

a) $(1+i)^8$ b) $(-2\sqrt{3}+2i)^{-9}$

**15.** Man bestimme $\mathrm{Re}(z)$ und $\mathrm{Im}(z)$.

a) $z = 3e^{i\pi}$ b) $z = 3e^{-i\pi}$ c) $\bar{z} = \sqrt{2}e^{\pi i/2}$ d) $\bar{z} = -3e^{-2\pi i}$

**16.** a) Man zeige, daß sich nach Formel (10) $n$ unterschiedliche Werte für $z^{1/n}$ ergeben.
b) Man zeige, daß andere Werte für $k$ als $0, 1, 2, \ldots, n-1$ in Formel (10) keine neuen $n$-ten Wurzeln von $z$ liefern.

**17.** Man zeige, daß (7) auch für nichtpositive ganze Zahlen $n$ gilt.

**18.** (*Für Leser mit Analysiskenntnissen.*) Die Funktion $e^x$ hat die Taylorreihe

$$e^x = 1 + x + \frac{x^2}{2!} + \cdots + \frac{x^n}{n!} + \cdots .$$

a) Man zeige durch Einsetzen von $x = i\theta$ in die Reihenentwicklung

$$e^{i\theta} = \left(1 - \frac{\theta^2}{2!} + \frac{\theta^4}{4!} - \frac{\theta^6}{6!} + \cdots\right) + i\left(\theta - \frac{\theta^3}{3!} + \frac{\theta^5}{5!} - \frac{\theta^7}{7!} + \cdots\right).$$

b) Man beweise mit Teil a) Formel (11).

**19.** Man gebe eine Herleitung für Formel (5) an.

# 10.4 Komplexe Vektorräume

*Wir entwickeln die grundlegenden Eigenschaften komplexer Vektorräume, wobei wir besonders die Unterschiede zu reellen Räumen untersuchen. Es empfiehlt sich, vorher die in Abschnitt 5.1 gegebene Vektorraumdefinition zu wiederholen.*

## Grundlegende Eigenschaften komplexer Vektorräume

Linearkombinationen werden genauso wie in reellen Räumen definiert, außer daß wir jetzt komplexe Skalare zulassen. Ein Vektor $\mathbf{w}$ heißt also ***Linearkombination*** der Vektoren $\mathbf{v}_1, \mathbf{v}_2, \ldots, \mathbf{v}_r$, wenn komplexe Zahlen $k_1, k_2, \ldots, k_r$ mit

$$\mathbf{w} = k_1\mathbf{v}_1 + k_2\mathbf{v}_2 + \cdots + k_r\mathbf{v}_r$$

existieren.

Die Begriffe ***lineare Unabhängigkeit***, ***Erzeugendensystem***, ***Basis***, ***Dimension*** und ***Unterraum*** lassen sich aus den reellen Vektorräumen übertragen, ebenso die in Kapitel 5 bewiesenen Sätze.

Der wichtigste reelle Vektorraum ist die Menge $R^n$ aller $n$-Tupel reeller Zahlen mit komponentenweiser Addition und Skalarmultiplikation. Ihm entspricht der Raum $C^n$, der $n$-Tupel komplexer Zahlen enthält, mit den gleichen Operationen. Ein Element $\mathbf{u}$ aus $C^n$ kann als Vektor

$$\mathbf{u} = (u_1, u_2, \ldots, u_n)$$

oder als Matrix

$$\mathbf{u} = \begin{bmatrix} u_1 \\ u_2 \\ \vdots \\ u_n \end{bmatrix}$$

mit den Komponenten

$$u_1 = a_1 + b_1 i, \quad u_2 = a_2 + bI2i, \quad \ldots, \quad u_n = a_n + b_n i$$

geschrieben werden.

**Beispiel 1** Für

$$\mathbf{u} = (i, 1+i, -2) \quad \text{und} \quad \mathbf{v} = (2+i, 1-i, 3+2i)$$

ist

$$\mathbf{u} + \mathbf{v} = (i, 1+i, -2) + (2+i, 1-i, 3+2i) = (2+2i, 2, 1+2i)$$

und

$$i\mathbf{u} = i(i, 1+i, -2) = (i^2, i+i^2, -2i) = (-1, -1+i, -2i)$$

Genau wie in $R^n$ bilden die Vektoren

$$\mathbf{e}_1 = (1, 0, 0, \ldots, 0), \quad \mathbf{e}_2 = (0, 1, 0, \ldots, 0), \quad \ldots, \quad \mathbf{e}_n = (0, 0, 0, \ldots, 1)$$

eine Basis des $C^n$, die als ***Standardbasis*** bezeichnet wird. Da sie $n$ Vektoren enthält, ist $C^n$ ein $n$-dimensionaler Vektorraum.

**Bemerkung.** Wir warnen davor, die komplexe Zahl $i = \sqrt{-1}$ mit dem Standardbasisvektor $\mathbf{i} = (1, 0, 0)$ aus $R^3$ (siehe Abschnitt 3.4, Beispiel 3) zu verwechseln. Wie üblich bezeichnen wir den Vektor mit dem fetten Kleinbuchstaben **i**, die Zahl mit dem kursiven Buchstaben *i*.

**Beispiel 2** In Abschnitt 5.1, Beispiel 3, haben wir dem Raum $M_{mn}$ der $m \times n$-Matrizen mit reellen Elementen eingeführt. Analog definieren wie den *komplexen* $M_{mn}$ als Vektorraum der $m \times n$-Matrizen mit komplexen Elementen, den wir mit der gewöhnlichen Matrixaddition und Multiplikation mit Skalaren versehen.

**Beispiel 3** Seien $f_1(x)$ und $f_2(x)$ reellwertige Funktionen der reellen Variablen $x$. Die Summe

$$f(x) = f_1(x) + if_2(x)$$

ist dann eine ***komplexwertige Funktion der reellen Variablen*** $x$; Beispiele dafür sind

$$f(x) = 2x + ix^3 \quad \text{und} \quad g(x) = 2 \sin x + i \cos x. \tag{1}$$

Sei $V$ die Menge aller auf $R$ definierten komplexwertigen Funktionen. Für $\mathbf{f} = f_1(x) + if_2(x)$ und $\mathbf{g} = g_1(x) + ig_2(x)$ aus $V$ und eine komplexe Zahl $k$ definieren wir die ***Summe*** $\mathbf{f} + \mathbf{g}$ und das ***skalare Vielfache*** $k\mathbf{f}$ durch

$$(\mathbf{f} + \mathbf{g})(x) = [f_1(x) + g_1(x)] + i[f_2(x) + g_2(x)]$$
$$(k\mathbf{f})(x) = kf_1(x) + ikf_2(x).$$

Folglich erhält man die Summe $\mathbf{f} + \mathbf{g}$ durch Addieren der Real- und der Imaginärteile von **f** und **g** sowie das skalare Vielfache $k\mathbf{f}$ durch Multiplizieren des Real- und des Imaginärteils von **f** mit $k$. Beispielsweise gilt für die Funktionen

$\mathbf{f} = f(x)$ und $\mathbf{g} = g(x)$ aus (1)

$$(\mathbf{f} + \mathbf{g})(x) = (2x + 2\sin x) + i(x^3 + \cos x)$$
$$(i\mathbf{f})(x) = 2xi + i^2x^3 = -x^3 + 2xi.$$

Man kann zeigen, daß $V$ mit den soeben eingeführten Operationen ein komplexer Vektorraum ist. Er entspricht dem reellen Raum $F(-\infty, \infty)$, den wir in Abschnitt 5.1, Beispiel 4, untersucht haben.

**Beispiel 4** *(Für Leser mit Analysiskenntnissen.)* Eine komplexwertige Funktion $f(x) = f_1(x) + if_2(x)$ mit der reellen Variablen $x$ heißt ***stetig***, wenn $f_1(x)$ und $f_2(x)$ stetig sind. Die Menge der stetigen komplexwertigen Funktionen einer reellen Variablen ist ein Unterraum des in Beispiel 3 definierten Raumes $V$. (Den Beweis überlassen wir dem Leser als Übungsaufgabe.) Er ist das komplexe Analogon des in Abschnitt 5.2, Beispiel 7, untersuchten Raumes $C(-\infty, \infty)$ und wird als *komplexer* $C(-\infty, \infty)$ bezeichnet. Auf ähnliche Weise ergibt sich der *komplexe* $C[a, b]$ als Vektorraum der komplexwertigen, auf $[a, b]$ stetigen Funktionen.

Wir hatten das euklidische innere Produkt zweier Vektoren

$$\mathbf{u} = (u_1, u_2, \ldots, u_n) \quad \text{und} \quad \mathbf{v} = (v_1, v_2, \ldots, v_n)$$

aus $R^n$ als

$$\mathbf{u} \cdot \mathbf{v} = u_1v_1 + u_2v_2 + \cdots + u_nv_n \tag{2}$$

definiert, womit sich die euklidische Norm (oder Länge) von $\mathbf{u}$

$$\|\mathbf{u}\| = (\mathbf{u} \cdot \mathbf{u})^{1/2} = \sqrt{u_1^2 + u_2^2 + \cdots + u_n^2} \tag{3}$$

ergab. Diese Formeln lassen sich nicht auf den $C^n$ übertragen. Beispielsweise liefert (3) für $\mathbf{u} = (i, 1) \in C^2$

$$\|\mathbf{u}\| = \sqrt{i^2 + 1} = \sqrt{0} = 0.$$

Damit hätte der von Null verschiedene Vektor $\mathbf{u}$ die Länge null, was sich nicht mit unserem Verständnis des Begriffs verträgt.

## Komplexe euklidische Räume

Um Norm, Abstand und Winkel auf $C^n$ zu definieren, müssen wir das aus $R^n$ bekannte Skalarprodukt abwandeln.

**Definition.** Das ***komplexe euklidische innere Produkt*** der Vektoren $\mathbf{u} = (u_1, u_2, \ldots, u_n)$ und $\mathbf{v} = (v_1, v_2, \ldots, v_n)$ aus $C^n$ wird definiert durch

$$\mathbf{u} \cdot \mathbf{v} = u_1\bar{v}_1 + u_2\bar{v}_2 + \cdots + u_n\bar{v}_n$$

wobei $\bar{v}_1, \bar{v}_2, \ldots, \bar{v}_n$ die Konjugierten von $v_1, v_2, \ldots, v_n$ sind.

**Bemerkung.** Das euklidische innere Produkt von Vektoren aus $C^n$ ist – im Unterschied zum euklidischen Produkt auf $R^n$ – eine komplexe Zahl.

**Beispiel 5** Das komplexe euklidische innere Produkt der Vektoren

$$\mathbf{u} = (-i, 2, 1 + 3i) \quad \text{und} \quad \mathbf{v} = (1 - i, 0, 1 + 3i)$$

ist

$$\begin{aligned}\mathbf{u} \cdot \mathbf{v} &= (-i)\overline{(1 - i)} + (2)(\bar{0}) + (1 + 3i)\overline{(1 + 3i)} \\ &= (-i)(1 + i) + (2)(0) + (1 + 3i)(1 - 3i) \\ &= -i - i^2 + 1 - 9i^2 = 11 - i.\end{aligned}$$

Analog zu Satz 4.1.2 liefert der folgende Satz die wichtigsten Rechenregeln für das komplexe euklidische innere Produkt.

**Satz 10.4.1.** *Für alle Vektoren* $\mathbf{u}$, $\mathbf{v}$ *und* $\mathbf{w}$ *aus* $C^n$ *und jede komplexe Zahl* $k$ *gelten:*

*a)* $\mathbf{u} \cdot \mathbf{v} = \overline{\mathbf{v} \cdot \mathbf{u}}$
*b)* $(\mathbf{u} + \mathbf{v}) \cdot \mathbf{w} = \mathbf{u} \cdot \mathbf{w} + \mathbf{v} \cdot \mathbf{w}$
*c)* $(k\mathbf{u}) \cdot \mathbf{v} = k(\mathbf{u} \cdot \mathbf{v})$
*d)* $\mathbf{v} \cdot \mathbf{v} \geq 0$. *Außerdem ist genau dann* $\mathbf{v} \cdot \mathbf{v} = 0$, *wenn* $\mathbf{v} = \mathbf{0}$.

Man beachte den Unterschied zwischen Teil a) dieses Satzes und Teil a) des Satzes 4.1.2. Wir werden a) und d) beweisen und überlassen die restlichen Beweise dem Leser als Übungsaufgabe.

**Beweis a).** Mit $\mathbf{u} = (u_1, u_2, \ldots, u_n)$ und $\mathbf{v} = (v_1, v_2, \ldots, v_n)$ ist

$$\mathbf{u} \cdot \mathbf{v} = u_1\bar{v}_1 + u_2\bar{v}_2 + \cdots + u_n\bar{v}_n$$

und

$$\mathbf{u} \cdot \mathbf{v} = v_1\bar{u}_1 + v_2\bar{u}_2 + \cdots + v_n\bar{u}_n,$$

also

$$\begin{aligned}\overline{\mathbf{v} \cdot \mathbf{u}} &= \overline{v_1\bar{u}_1 + v_2\bar{u}_2 + \cdots + v_n\bar{u}_n} \\ &= \bar{v}_2\bar{\bar{u}}_1 + \bar{v}_2\bar{\bar{u}}_2 + \cdots + \bar{v}_n\bar{\bar{u}}_2 \quad &&\text{[Satz 10.2.3 a) und c)]} \\ &= \bar{v}_1 u_1 + \bar{v}_2 u_2 + \cdots + \bar{v}_n u_n \quad &&\text{[Satz 10.2.3 e)]} \\ &= u_1\bar{v}_1 + u_2\bar{v}_2 + \cdots + u_n\bar{v}_n \\ &= \mathbf{u} \cdot \mathbf{v}.\end{aligned}$$

**Beweis d).**

$$\mathbf{v} \cdot \mathbf{v} = v_1\bar{v}_1 + v_2\bar{v}_2 + \cdots + v_n\bar{v}_n = |v_n|^2 + |v_2|^2 + \cdots + |v_n|^2 \geq 0$$

Weiterhin ist genau dann $\mathbf{v} \cdot \mathbf{v} = 0$, wenn $|v_1| = |v_2| = \ldots = |v_n| = 0$ gilt. Das ist äquivalent zu $v_1 = v_2 = \ldots = v_n = 0$, also zu $\mathbf{v} = \mathbf{0}$. □

**Bemerkung.** Als Folgerung ergibt sich die Gleichung

$$\mathbf{u} \cdot (k\mathbf{v}) = \bar{k}(\mathbf{u} \cdot \mathbf{v}),$$

deren Beweis wir dem Leser überlassen. Man beachte den Unterschied zur entsprechenden Formel

$$\mathbf{u} \cdot (k\mathbf{v}) = k(\mathbf{u} \cdot \mathbf{v}),$$

die für Vektoren aus $R^n$ gilt.

## Norm und Abstand in $C^n$

Analog zu (3) definieren wir die ***euklidische Norm*** (oder ***Länge***) eines Vektors $\mathbf{u} = (u_1, u_2, \ldots, u_n)$ aus $C^n$ durch

$$\|\mathbf{u}\| = (\mathbf{u} \cdot \mathbf{u})^{1/2} = \sqrt{|u_1|^2 + |u_2|^2 + \cdots + |u_n|^2}.$$

Als ***euklidischer Abstand*** der Punkte $\mathbf{u} = (u_1, u_2, \ldots, u_n)$ und $\mathbf{v} = (v_1, v_2, \ldots, v_n)$ ergibt sich dann

$$d(\mathbf{u}, \mathbf{v}) = \|\mathbf{u} - \mathbf{v}\| = \sqrt{|u_1 - v_1|^2 + |u_2 - v_2|^2 + \cdots + |u_n - v_n|^2}.$$

**Beispiel 6** Für $\mathbf{u} = (i, 1+i, 3)$ und $\mathbf{v} = (1-i, 2, 4i)$ sind

$$\|\mathbf{u}\| = \sqrt{|i|^2 + |1+i|^2 + |3|^2} = \sqrt{1+2+9} = \sqrt{12} = 2\sqrt{3}$$

und

$$\begin{aligned} d(\mathbf{u}, \mathbf{v}) &= \sqrt{|i-(1-i)|^2 + |(1+i)-2|^2 + |3-4i|^2} \\ &= \sqrt{|-1+2i|^2 + |-1+i|^2 + |3-4i|^2} \\ &= \sqrt{5+2+25} = \sqrt{32} = 4\sqrt{2}. \end{aligned}$$

Der Vektorraum $C^n$ mit dem gerade definierten komplexen euklidischen inneren Produkt heißt ***komplexer n-dimensionaler euklidischer Raum***.

## Übungen zu 10.4

**1.** Seien $\mathbf{u} = (2i, 0, -1, 3)$, $\mathbf{v} = (-i, i, 1+i, -1)$ und $\mathbf{w} = (1+i, -i, -1+2i, 0)$. Man berechne

a) $\mathbf{u} - \mathbf{v}$ b) $i\mathbf{v} + 2\mathbf{w}$ c) $-\mathbf{w} + \mathbf{v}$

d) $3(\mathbf{u} - (1+i)\mathbf{v})$ e) $-i\mathbf{v} + 2i\mathbf{w}$ f) $2\mathbf{v} - (\mathbf{u} + \mathbf{w})$.

**2.** Seien **u**, **v** und **w** Vektoren wie in Aufgabe 1. Man löse die Gleichung $\mathbf{u} - \mathbf{v} + i\mathbf{x} = 2i\mathbf{x} + \mathbf{w}$ nach dem Vektor **x** auf.

**3.** Seien $\mathbf{u}_1 = (1-i, i, 0)$, $\mathbf{u}_2 = (2i, 1+i, 1)$ und $\mathbf{u}_3 = (0, 2i, 2-i)$. Man bestimme Skalare $c_1$, $c_2$ und $c_3$ mit $c_1\mathbf{u}_1 + c_2\mathbf{u}_2 + c_3\mathbf{u}_3 = (-3+i, 3+2i, 3-4i)$.

**4.** Man zeige, daß die Gleichung

$$c_1(i, 2-i, 2+i) + c_2(1+i, -2i, 2) + c_3(3, i, 6+i) = (i, i, i)$$

für alle Skalare $c_1, c_2, c_3$ falsch ist.

**5.** Man berechne die euklidische Norm von $\mathbf{v}$.

a) $\mathbf{v} = (1, i)$ b) $\mathbf{v} = (1+i, 3i, 1)$
c) $\mathbf{v} = (2i, 0, 2i+1, -1)$ d) $\mathbf{v} = (-i, i, i, 3, 3+4i)$

**6.** Seien $\mathbf{u} = (3i, 0, -i)$, $\mathbf{v} = (0, 3+4i, -2i)$ und $\mathbf{w} = (1+i, 2i, 0)$. Man bestimme

a) $\|\mathbf{u}+\mathbf{v}\|$ b) $\|\mathbf{u}\| + \|\mathbf{v}\|$ c) $\|-i\mathbf{u}\| + i\|\mathbf{u}\|$
d) $\|3\mathbf{u} - 5\mathbf{v} + \mathbf{w}\|$ e) $\dfrac{1}{\|\mathbf{w}\|}\mathbf{w}$ f) $\left\|\dfrac{1}{\|\mathbf{w}\|}\mathbf{w}\right\|$.

**7.** Sei $\mathbf{v}$ ein von Null verschiedener Vektor aus $C^n$. Man zeige, daß $(1/\|\mathbf{v}\|)\mathbf{v}$ die euklidische Norm 1 hat.

**8.** Sei $\mathbf{v} = (3i, 4i)$. Man bestimme alle Skalare $k$ mit $\|k\mathbf{v}\| = 1$.

**9.** Man bestimme das euklidische innere Produkt $\mathbf{u} \cdot \mathbf{v}$.

a) $\mathbf{u} = (-i, 3i), \mathbf{v} = (3i, 2i)$
b) $\mathbf{u} = (3-4i, 2+i, -6i), \mathbf{v} = (1+i, 2-i, 4)$
c) $\mathbf{u} = (1-i, 1+i, 2i, 3), \mathbf{v} = (4+6i, -5i, -1+i, i)$

In den Aufgaben 10 und 11 ist jeweils eine nichtleere Menge mit einer Addition und einer Multiplikation mit Skalaren angegeben. Man entscheide, ob dadurch ein komplexer Vektorraum definiert wird. Gegebenenfalls sind alle Vektorraumaxiome anzugeben, die nicht erfüllt sind.

**10.** Die Menge aller komplexen Tripel $(z_1, z_2, z_3)$ mit den Operationen

$$(z_1, z_2, z_3) + (z_1', z_2', z_3') = (z_1 + z_1', z_2 + z_2' + z_3 + z_3')$$

und

$$k(z_1, z_2, z_3) = (\bar{k}z_1, \bar{k}z_2, \bar{k}z_3).$$

**11.** Die Menge aller $2 \times 2$-Matrizen der Form

$$\begin{bmatrix} z & 0 \\ 0 & \bar{z} \end{bmatrix}$$

mit den Standardoperationen des komplexen $M_{22}$.

**12.** Ist $R^n$ ein Unterraum von $C^n$? Man begründe die Antwort.

**13.** Man entscheide mit Satz 5.2.1, ob die folgenden Mengen Unterräume von $C^3$ sind:

a) die Vektoren der Form $(z, 0, 0)$,
b) die Vektoren der Form $(z, i, i)$,
c) die Vektoren der Form $(z_1, z_2, z_3)$ mit $z_3 = \bar{z}_1 + \bar{z}_2$,
d) die Vektoren der Form $(z_1, z_2, z_3)$ mit $z_3 = z_1 + z_2 + i$.

**14.** Man entscheide mit Satz 5.2.1, ob die folgenden Mengen Unterräume des komplexen $M_{22}$ sind:

a) Alle komplexen Matrizen

$$\begin{bmatrix} z_1 & z_2 \\ z_3 & z_4 \end{bmatrix},$$

wobei $z_1$ und $z_2$ reell sind.
b) Alle komplexen Matrizen

$$\begin{bmatrix} z_1 & z_2 \\ z_3 & z_4 \end{bmatrix}$$

mit $z_1 + z_4 = 0$.
c) Alle komplexen $2 \times 2$-Matrizen $A$ mit $(\bar{A})^T = A$, wobei sich $\bar{A}$ durch Konjugieren der Elemente von $A$ ergibt.

**15.** Man entscheide mit Satz 5.2.1, ob die folgenden Mengen Unterräume des Raums aller komplexwertigen Funktionen einer reellen Variablen sind:

a) alle $f$ mit $f(1) = 0$,
b) alle $f$ mit $f(0) = i$,
c) alle $f$ mit $f(-x) = \overline{f(x)}$,
d) alle $f$ der Form $k_1 + k_2 e^{ix}$ mit komplexen Skalaren $k_1$ und $k_2$.

**16.** Welche der folgenden Vektoren lassen sich als Linearkombinationen von $\mathbf{u} = (i, -i, 3i)$ und $\mathbf{v} = (2i, 4i, 0)$ darstellen?

a) $(3i, 3i, 3i)$ b) $(4i, 2i, 6i)$ c) $(i, 5i, 6i)$ d) $(0, 0, 0)$

**17.** Man schreibe die Vektoren als Linearkombination von $\mathbf{u} = (1, 0, -i)$, $\mathbf{v} = (1 + i, 1, 1 - 2i)$ und $\mathbf{w} = (0, i, 2)$.

a) $(1, 1, 1)$ b) $(i, 0, -i)$ c) $(0, 0, 0)$ d) $(2 - i, 1, 1 + i)$

**18.** Man entscheide, ob die gegebenen Vektoren $C^3$ erzeugen:

a) $\mathbf{v}_1 = (i, i, i)$, $\mathbf{v}_2 = (2i, 2i, 0)$, $\mathbf{v}_3 = (3i, 0, 0)$
b) $\mathbf{v}_1 = (1 + i, 2 - i, 3 + i)$, $\mathbf{v}_2 = (2 + 3i, 0, 1 - i)$
c) $\mathbf{v}_1 = (1, 0, -i)$, $\mathbf{v}_2 = (1 + i, 1, 1 - 2i)$, $\mathbf{v}_3 = (0, i, 2)$
d) $\mathbf{v}_1 = (1, i, 0)$, $\mathbf{v}_2 = (0, -i, 1)$, $\mathbf{v}_3 = (1, 0, 1)$.

**19.** Welche der folgenden Funktionen liegen im von

$$\mathbf{f} = e^{ix} \quad \text{und} \quad \mathbf{g} = e^{-ix}$$

aufgespannten Vektorraum?

a) $\cos x$ b) $\sin x$ c) $\cos x + 3i \sin x$

**20.** Warum sind die gegebenen Vektoren offensichtlich linear abhängig?

a) $\mathbf{u}_1 = (1-i, i)$ und $\mathbf{u}_2 = (1+i, -1)$ aus $C^2$

b) $\mathbf{u}_1 = (1, -i)$, $\mathbf{u}_2 = (2+i, -1)$, $\mathbf{u}_3 = (4, 0)$ aus $C^2$

c) $A = \begin{bmatrix} i & 3i \\ 2i & 0 \end{bmatrix}$ und $B = \begin{bmatrix} 1 & 3 \\ 2 & 0 \end{bmatrix}$ im komplexen $M_{22}$

**21.** Welche der folgenden Teilmengen von $C^3$ sind linear unabhängig?

a) $\mathbf{u}_1 = (1-i, 1, 0)$, $\mathbf{u}_2 = (2, 1+i, 0)$, $\mathbf{u}_3 = (1+i, i, 0)$

b) $\mathbf{u}_1 = (1, 0, -i)$, $\mathbf{u}_2 = (1+i, 1, 1-2i)$, $\mathbf{u}_3 = (0, i, 2)$

c) $\mathbf{u}_1 = (i, 0, 2-i)$, $\mathbf{u}_2 = (0, 1, i)$, $\mathbf{u}_3 = (-i, -1-4i, 3)$

**22.** Sei $V$ der Vektorraum aller komplexwertigen Funktionen einer reellen Variablen. Man zeige, daß

$$\mathbf{f} = 3 + 3i\cos 2x, \quad \mathbf{g} = \sin^2 x + i\cos^2 x, \quad \mathbf{h} = \cos^2 x - i\sin^2 x$$

linear abhängig sind.

**23.** Warum bilden die folgenden Vektoren offensichtlich keine Basis?

a) $\mathbf{u}_1 = (i, 2i)$, $\mathbf{u}_2 = (0, 3i)$, $\mathbf{u}_3 = (1, 7i)$ für $C^2$

b) $\mathbf{u}_1 = (-1+i, 0, 2-i)$, $\mathbf{u}_2 = (1, -i, 1+i)$ für $C^3$

**24.** Welche der Vektoren bilden eine Basis von $C^2$?

a) $(2i, -i), (4i, 0)$ b) $(1+i, 1), (1+i, i)$

c) $(0, 0), (1+i, 1-i)$ d) $(2-3i, i), (3+2i, -1)$

**25.** Welche der Vektoren bilden eine Basis von $C^3$?

a) $(i, 0, 0), (i, i, 0), (i, i, i)$ b) $(1, 0, -1), (1+i, 1, 1-2i), (0, i, 2)$

c) $(i, 0, 2-i), (0, 1, i), (-i, -1-4i, 3)$ d) $(1, 0, i), (2-i, 1, 2+i), (0, 3i, 3i)$

Man bestimme für die Gleichungssysteme in den Aufgaben 26–29 eine Basis und die Dimension des Lösungsraumes.

**26.**
$$\begin{aligned} x_1 + (1+i)x_2 &= 0 \\ (1-i)x_1 + \quad 2x_2 &= 0 \end{aligned}$$

**27.**
$$\begin{aligned} 2x_1 - (1+i)x_2 &= 0 \\ (-1+i)x_1 + \quad x_2 &= 0 \end{aligned}$$

**28.**
$$\begin{aligned} x_1 + (2-i)x_2 \qquad\quad &= 0 \\ x_2 + 3ix_3 &= 0 \\ ix_1 + (2+2i)x_2 + 3ix_3 &= 0 \end{aligned}$$

**29.**
$$\begin{aligned} x_1 + ix_2 - 2ix_3 + \quad x_4 &= 0 \\ ix_1 + 3x_2 + 4x_3 - 2ix_4 &= 0 \end{aligned}$$

**30.** Man beweise für Vektoren $\mathbf{v}$ und $\mathbf{w}$ aus dem komplexen $n$-dimensionalen euklidischen Raum

$$\mathbf{u} \cdot (k\mathbf{v}) = \bar{k}(\mathbf{u} \cdot \mathbf{v}).$$

**31.** a) Man beweise Satz 10.4.1 b).
b) Man beweise Satz 10.4.1 c).

**32.** (*Für Leser mit Analysiskenntnissen.*) Man zeige, daß der komplexe $C(-\infty, \infty)$ ein Unterraum des Vektorraumes $V$ aus Beispiel 3 ist.

**33.** Man beweise für Vektoren $\mathbf{u}$ und $\mathbf{v}$ aus dem komplexen $n$-dimensionalen euklidischen Raum

$$\mathbf{u} \cdot \mathbf{v} = \frac{1}{4}\|\mathbf{u} + \mathbf{v}\|^2 - \frac{1}{4}\|\mathbf{u} - \mathbf{v}\|^2 + \frac{i}{4}\|\mathbf{u} + i\mathbf{v}\|^2 - \frac{i}{4}\|\mathbf{u} - i\mathbf{v}\|^2.$$

# 10.5 Skalarprodukte auf komplexen Vektorräumen

*In Abschnitt 6.1 haben wir Skalarprodukte auf reellen Vektorräumen definiert, indem wir einige Eigenschaften des euklidischen inneren Produkts auf $R^n$ als Axiome benutzt haben. Auf analoge Weise werden wir jetzt Skalarprodukte auf komplexen Räumen einführen.*

## Unitäre Vektorräume

Ausgehend von Satz 10.4.1 erhalten wir folgende Definition.

**Definition.** Ein ***Skalarprodukt auf einem komplexen Vektorraum*** $V$ ist eine Funktion, die je zwei Vektoren $\mathbf{u}$ und $\mathbf{v}$ aus $V$ eine komplexe Zahl $\langle \mathbf{u}, \mathbf{v} \rangle$ zuordnet, so daß für alle $\mathbf{u}, \mathbf{v}, \mathbf{w} \in V$ und jeden Skalar $k$ folgende Axiome erfüllt sind:

1. $\langle \mathbf{u}, \mathbf{v} \rangle = \overline{\langle \mathbf{v}, \mathbf{u} \rangle}$
2. $\langle \mathbf{u} + \mathbf{v}, \mathbf{w} \rangle = \langle \mathbf{u}, \mathbf{w} \rangle + \langle \mathbf{v}, \mathbf{w} \rangle$
3. $\langle k\mathbf{u}, \mathbf{v} \rangle = k\langle \mathbf{u}, \mathbf{v} \rangle$
4. $\langle \mathbf{v}, \mathbf{v} \rangle \geq 0$, und $\langle \mathbf{v}, \mathbf{v} \rangle = 0 \Leftrightarrow \mathbf{v} = \mathbf{0}$.

$V$ heißt dann ***komplexer Vektorraum mit Skalarprodukt*** oder ***unitärer Raum***.

Aus den Skalarproduktaxiomen ergeben sich unmittelbar die folgenden Eigenschaften:

a) $\langle \mathbf{0}, \mathbf{v} \rangle = \langle \mathbf{v}, \mathbf{0} \rangle = 0$

b) $\langle \mathbf{u}, \mathbf{v} + \mathbf{w} \rangle = \langle \mathbf{u}, \mathbf{v}, \rangle + \langle \mathbf{u}, \mathbf{w} \rangle$

c) $\langle \mathbf{u}, k\mathbf{v} \rangle = \bar{k}\langle u, v \rangle$.

Wir werden c) beweisen, da sich dieses Ergebnis von der entsprechenden Gleichung in reellen Vektorräumen mit Skalarprodukt unterscheidet; die übrigen

Beweise sollen als Übungsaufgabe erbracht werden.

$$\begin{aligned} \langle \mathbf{u}, k\mathbf{v}\rangle &= \overline{\langle k\mathbf{v}, \mathbf{u}\rangle} && \text{[Axiom 1]} \\ &= \overline{k\langle \mathbf{v}, \mathbf{u}\rangle} && \text{[Axiom 3]} \\ &= \bar{k}\,\overline{\langle \mathbf{v}, \mathbf{u}\rangle} && \text{[Eigenschaft der Konjugierten]} \\ &= \bar{k}\langle \mathbf{u}, \mathbf{v}\rangle && \text{[Axiom 1]} \end{aligned}$$

**Beispiel 1** Seien $\mathbf{u} = (u_1, u_2, \ldots, u_n)$ und $\mathbf{v} = (v_1, v_2, \ldots, v_n)$ Vektoren aus $C^n$. Wegen Satz 10.4.1 erfüllt das euklidische innere Produkt $\langle \mathbf{u}, \mathbf{v}\rangle = \mathbf{u} \cdot \mathbf{v} = u_1\bar{v}_1 + u_2\bar{v}_2 + \cdots + u_n\bar{v}_n$ die Skalarproduktaxiome.

**Beispiel 2** Sind

$$U = \begin{bmatrix} u_1 & u_2 \\ u_3 & u_4 \end{bmatrix} \quad \text{und} \quad V = \begin{bmatrix} v_1 & v_2 \\ v_3 & v_4 \end{bmatrix}$$

komplexe $2 \times 2$-Matrizen, so wird durch

$$\langle U, V\rangle = u_1\bar{v}_1 + u_2\bar{v}_2 + u_3\bar{v}_3 + u_4\bar{v}_4$$

ein Skalarprodukt auf dem komplexen $M_{22}$ definiert. (Den Beweis überlassen wir dem Leser.)

Beispielsweise ergibt sich für

$$U = \begin{bmatrix} 0 & i \\ 1 & 1+i \end{bmatrix} \quad \text{und} \quad V = \begin{bmatrix} 1 & -i \\ 0 & 2i \end{bmatrix}$$

das Skalarprodukt

$$\begin{aligned} \langle U, V\rangle &= (0)(\bar{1}) + i(\overline{-i}) + (1)(\bar{0}) + (1+i)(\overline{2i}) \\ &= (0)(1) + i(i) + (1)(0) + (1+i)(-2i) \\ &= 0 + i^2 + 0 - 2i - 2i^2 \\ &= 1 - 2i. \end{aligned}$$

**Beispiel 3** (*Für Leser mit Analysiskenntnissen.*) Sei $f(x) = f_1(x) + if_2(x)$ eine komplexwertige Funktion einer reellen Variablen, die auf $[a, b]$ stetig ist. Wir definieren dann

$$\int_a^b f(x)\mathrm{d}x = \int_a^b [f_1(x) + if_2(x)]\mathrm{d}x = \int_a^b f_1(x)\mathrm{d}x + i\int_a^b f_2(x)\mathrm{d}x.$$

*Das Integral von $f(x)$ ist also die komplexe Zahl, deren Realteil das Integral des Realteils von $f$ und deren Imaginärteil das Integral des Imaginärteils von $f$ ist.*

Wir überlassen es dem Leser, zu beweisen, daß die folgenden Gleichungen für $\mathbf{f} = f_1(x) + if_2(x)$ und $\mathbf{g} = g_1(x) + ig_2(x)$ ein Skalarprodukt auf dem komplexen

$C[a,b]$ definieren:

$$\begin{aligned}\langle \mathbf{f}, \mathbf{g} \rangle &= \int_a^b [f_1(x) + if_2(x)]\overline{[g_1(x) + ig_2(x)]}\mathrm{d}x \\ &= \int_a^b [f_1(x) + if_2(x)][g_1(x) - ig_2(x)]\mathrm{d}x \\ &= \int_a^b [f_1(x)g_1(x) + f_2(x)g_2(x)]\mathrm{d}x + i\int_a^b [f_2(x)g_1(x) - f_1(x)g_2(x)]\mathrm{d}x.\end{aligned}$$

In unitären Räumen definiert man (genau wie in reellen Vektorräumen mit Skalarprodukt) die ***Norm*** (oder ***Länge***) eines Vektors $\mathbf{u}$ durch

$$\|\mathbf{u}\| = \langle \mathbf{u}, \mathbf{u} \rangle^{1/2}$$

und den ***Abstand*** zwischen den Vektoren $\mathbf{u}$ und $\mathbf{v}$ durch

$$d(\mathbf{u}, \mathbf{v}) = \|\mathbf{u} - \mathbf{v}\|.$$

Mit diesen Definitionen lassen sich Satz 6.2.2 und 6.2.3 auf komplexe Vektorräume mit Skalarprodukt übertragen (siehe Übung 35).

**Beispiel 4** Für Vektoren $\mathbf{u} = (u_1, u_2, \ldots, u_n)$ und $\mathbf{v} = (v_1, v_2, \ldots, v_n)$ aus dem euklidischen Raum $C^n$ sind

$$\|\mathbf{u}\| = \langle \mathbf{u}, \mathbf{u} \rangle^{1/2} = \sqrt{|u_1|^2 + |u_2|^2 + \cdots + |u_n|^2}$$

und

$$\begin{aligned}d(\mathbf{u}, \mathbf{v}) &= \|\mathbf{u} - \mathbf{v}\| = \langle \mathbf{u} - \mathbf{v}, \mathbf{u} - \mathbf{v} \rangle^{1/2} \\ &= \sqrt{|u_1 - v_1|^2 + |u_2 - v_2|^2 + \cdots + |u_n - v_n|^2}.\end{aligned}$$

Die euklidische Norm und der euklidische Abstand aus Abschnitt 10.4 ergeben sich also als Spezialfälle aus den neuen Definitionen.

**Beispiel 5** (*Für Leser mit Analysiskenntnissen.*) Wir versehen den komplexen $C[0, 2\pi]$ mit dem Skalarprodukt aus Beispiel 3. Ist $m$ eine beliebige ganze Zahl, so gilt für die Funktion $\mathbf{f} = e^{imx}$ nach Abschnitt 10.3, Formel (15),

$$\begin{aligned}\|\mathbf{f}\| = \langle \mathbf{f}, \mathbf{f} \rangle^{1/2} &= \left[\int_0^{2\pi} e^{imx}\overline{e^{imx}}\mathrm{d}x\right]^{1/2} \\ &= \left[\int_0^{2\pi} e^{imx}e^{-imx}\mathrm{d}x\right]^{1/2} = \left[\int_0^{2\pi} \mathrm{d}x\right]^{1/2} = \sqrt{2\pi}.\end{aligned}$$

## Orthogonale Mengen

Die Begriffe ***orthogonale Vektoren***, ***orthogonale Menge***, ***orthonormale Menge*** und ***Orthonormalbasis*** lassen sich ohne Änderungen auf unitäre Räume übertragen. Satz 6.2.4, die Sätze aus Abschnitt 6.3 und Satz 6.5.4 gelten auch in komplexen Räumen, außerdem läßt sich das Gram-Schmidt-Verfahren anwenden.

**Beispiel 6** Die Vektoren

$$\mathbf{u} = (i, 1) \quad \text{und} \quad \mathbf{v} = (1, i)$$

aus $C^2$ sind orthogonal bezüglich des euklidischen inneren Produkts, da

$$\mathbf{u} \cdot \mathbf{v} = (i)(\bar{1}) + (1)(\bar{i}) = (i)(1) + (1)(-i) = 0.$$

**Beispiel 7** $\mathbf{u}_1 = (i, i, i)$, $\mathbf{u}_2 = (0, i, i)$ und $\mathbf{u}_3 = (0, 0, i)$ bilden eine Basis des euklidischen Raumes $C^3$. Man konstruiere mit dem Gram-Schmidt-Verfahren eine Orthonormalbasis aus diesen Vektoren.

*Lösung.*

**Schritt 1.** $\mathbf{v}_1 = \mathbf{u}_1 = (i, i, i)$

**Schritt 2.** $$\mathbf{v}_2 = \mathbf{u}_2 - \text{proj}_{W_1}\mathbf{u}_2 = \mathbf{u}_2 - \frac{\langle \mathbf{u}_2, \mathbf{v}_1 \rangle}{\|\mathbf{v}_1\|^2}\mathbf{v}_1$$

$$= (0, i, i) - \frac{2}{3}(i, i, i) = \left(-\frac{2}{3}i, \frac{1}{3}i, \frac{1}{3}i\right)$$

**Schritt 3.** $$\mathbf{v}_3 = \mathbf{u}_3 - \text{proj}_{W_2}\mathbf{u}_3 = \mathbf{u}_3 - \frac{\langle \mathbf{u}_3, \mathbf{v}_1 \rangle}{\|\mathbf{v}_1\|^2}\mathbf{v}_1 - \frac{\langle \mathbf{u}_3, \mathbf{v}_2 \rangle}{\|\mathbf{v}_2\|^2}\mathbf{v}_2$$

$$= (0, 0, i) - \frac{1}{3}(i, i, i) - \frac{1/3}{2/3}\left(-\frac{2}{3}i, \frac{1}{3}i, \frac{1}{3}i\right)$$

$$= \left(0, -\frac{1}{2}i, \frac{1}{2}i\right).$$

Damit bilden

$$\mathbf{v}_1 = (i, i, i), \quad \mathbf{v}_2 = \left(-\frac{2}{3}i, \frac{1}{3}i, \frac{1}{3}i\right), \quad \mathbf{v}_3 = \left(0, -\frac{1}{2}i, \frac{1}{2}i\right)$$

eine Orthogonalbasis des $C^3$; wegen

$$\|\mathbf{v}_1\| = \sqrt{3}, \quad \|\mathbf{v}_2\| = \frac{\sqrt{6}}{3}, \quad \|\mathbf{v}_3\| = \frac{1}{\sqrt{2}}$$

ergibt sich daraus die Orthonormalbasis

$$\frac{\mathbf{v}_1}{\|\mathbf{v}_1\|} = \left(\frac{i}{\sqrt{3}}, \frac{i}{\sqrt{3}}, \frac{i}{\sqrt{3}}\right), \quad \frac{\mathbf{v}_2}{\|\mathbf{v}_2\|} = \left(-\frac{2i}{\sqrt{6}}, \frac{i}{\sqrt{6}}, \frac{i}{\sqrt{6}}\right),$$

$$\frac{\mathbf{v}_3}{\|\mathbf{v}_3\|} = \left(0, -\frac{i}{\sqrt{2}}, \frac{i}{\sqrt{2}}\right).$$

**Beispiel 8** (*Für Leser mit Analysiskenntnissen.*) Sei $W$ die Menge aller Funktionen aus dem komplexen $C[0, 2\pi]$ der Form

$$e^{imx} = \cos mx + i \sin mx$$

mit einer ganzen Zahl $m$. $W$ ist bezüglich des Skalarprodukts aus Beispiel 3 orthogonal, denn für zwei verschiedene Vektoren

$$\mathbf{f} = e^{ikx} \quad \text{und} \quad \mathbf{g} = e^{ilx}$$

von $W$ ist

$$\begin{aligned}
\langle \mathbf{f}, \mathbf{g} \rangle &= \int_0^{2\pi} e^{ikx}\overline{e^{ilx}} \mathrm{d}x = \int_0^{2\pi} e^{ikx} e^{-ilx} \mathrm{d}x = \int_0^{2\pi} e^{i(k-l)x} \, \mathrm{d}x \\
&= \int_0^{2\pi} \cos(k-l)x \, \mathrm{d}x + i \int_0^{2\pi} \sin(k-l)x \, \mathrm{d}x \\
&= \left[\frac{1}{k-l} \sin(k-l)x\right]_0^{2\pi} - i\left[\frac{1}{k-l} \cos(k-l)x\right]_0^{2\pi} \\
&= (0) - i(0) = 0.
\end{aligned}$$

Durch Normalisieren der Vektoren in $W$ erhalten wir eine orthonormale Menge. Nun haben nach Beispiel 5 alle Vektoren aus $W$ die Länge $\sqrt{2\pi}$, also bilden

$$\frac{1}{\sqrt{2\pi}} e^{imx} \qquad m = 0, \pm 1, \pm 2, \ldots$$

eine orthonormale Menge im komplexen $C[0, 2\pi]$.

## Übungen zu 10.5

**1.** Seien $\mathbf{u} = (u_1, u_2)$ und $\mathbf{v} = (v_1, v_2)$. Man zeige, daß $\langle \mathbf{u}, \mathbf{v} \rangle = 3u_1\bar{v}_1 + 2u_2\bar{v}_2$ ein Skalarprodukt auf $C^2$ definiert.

**2.** Man berechne $\langle \mathbf{u}, \mathbf{v} \rangle$ für das Skalarprodukt aus Aufgabe 1.

a) $\mathbf{u} = (2i, -i), \quad \mathbf{v} = (-i, 3i)$
b) $\mathbf{u} = (0, 0), \quad \mathbf{v} = (1 - i, 7 - 5i)$
c) $\mathbf{u} = (1 + i, 1 - i), \quad \mathbf{v} = (1 - i, 1 + i)$
d) $\mathbf{u} = (3i, -1 + 2i), \quad \mathbf{v} = (3i, -1 + 2i)$

**3.** Seien $\mathbf{u} = (u_1, u_2)$ und $\mathbf{v} = (v_1, v_2)$. Man zeige, daß

$$\langle \mathbf{u}, \mathbf{v} \rangle = u_1\bar{v}_1 + (1 + i)u_1\bar{v}_2 + (1 - i)u_2\bar{v}_1 + 3u_2\bar{v}_2$$

ein Skalarprodukt auf $C^2$ ist.

**4.** Man berechne $\langle \mathbf{u}, \mathbf{v} \rangle$ für das Skalarprodukt aus Aufgabe 3.

a) $\mathbf{u} = (2i, -i), \mathbf{v} = (-i, 3i)$

b) $\mathbf{u} = (0, 0), \mathbf{v} = (1 - i, 7 - 5i)$

c) $\mathbf{u} = (1 + i, 1 - i), \mathbf{v} = (1 - i, 1 + i)$

d) $\mathbf{u} = (3i, -1 + 2i), \mathbf{v} = (3i, -1 + 2i)$

**5.** Welche der folgenden Gleichungen definieren für $\mathbf{u} = (u_1, u_2)$ und $\mathbf{v} = (v_1, v_2)$ ein Skalarprodukt auf $C^2$? Man gebe gegebenenfalls die Axiome an, die verletzt sind.

a) $\langle \mathbf{u}, \mathbf{v} \rangle = u_1 \bar{v}_1$

b) $\langle \mathbf{u}, \mathbf{v} \rangle = u_1 \bar{v}_1 - u_2 \bar{v}_2$

c) $\langle \mathbf{u}, \mathbf{v} \rangle = |u_1|^2 |v_1|^2 + |u_2|^2 |v_2|^2$

d) $\langle \mathbf{u}, \mathbf{v} \rangle = 2u_1 \bar{v}_1 + iu_1 \bar{v}_2 + iu_2 \bar{v}_1 + 2u_2 \bar{v}_2$

e) $\langle \mathbf{u}, \mathbf{v} \rangle = 2u_1 \bar{v}_1 + iu_1 \bar{v}_2 - iu_2 \bar{v}_1 + 2u_2 \bar{v}_2$

**6.** Man berechne das Skalarprodukt $\langle U, V \rangle$ aus Beispiel 2 für

$$U = \begin{bmatrix} -i & 1+i \\ 1-i & i \end{bmatrix} \quad \text{und} \quad V = \begin{bmatrix} 3 & -2-3i \\ 4i & 1 \end{bmatrix}.$$

**7.** Seien $\mathbf{u} = (u_1, u_2, u_3)$ und $\mathbf{v} = (v_1, v_2, v_3)$. Definiert $\langle \mathbf{u}, \mathbf{v} \rangle = u_1 \bar{v}_1 + u_2 \bar{v}_2 + u_3 \bar{v}_3 - iu_3 \bar{v}_1$ ein Skalarprodukt auf $C^3$? Gegebenenfalls sind die Axiome anzugeben, die nicht erfüllt sind.

**8.** Sei $V$ der Vektorraum der komplexwertigen Funktionen einer reellen Variablen. Definiert

$$\langle \mathbf{f}, \mathbf{g} \rangle = (f_1(0) + if_2(0))\overline{(g_1(0) + ig_2(0))}$$

für $\mathbf{f} = f_1(x) + if_2(x)$ und $\mathbf{g} = g_1(x) + ig_2(x)$ ein Skalarprodukt auf $V$? Gegebenenfalls sind die Axiome anzugeben, die verletzt sind.

**9.** Man berechne $\|\mathbf{w}\|$ für das Skalarprodukt aus Aufgabe 1.

a) $\mathbf{w} = (-i, 3i)$ b) $\mathbf{w} = (1 - i, 1 + i)$ c) $\mathbf{w} = (0, 2 - i)$ d) $\mathbf{w} = (0, 0)$

**10.** Man berechne die euklidische Norm $\|\mathbf{w}\|$ der Vektoren aus Aufgabe 9.

**11.** Man berechne $\|\mathbf{w}\|$ mit dem Skalarprodukt aus Aufgabe 3.

a) $\mathbf{w} = (1, -i)$ b) $\mathbf{w} = (1 - i, 1 + i)$ c) $\mathbf{w} = (3 - 4i, 0)$ d) $\mathbf{w} = (0, 0)$

**12.** Man berechne $\|A\|$ mit dem Skalarprodukt aus Beispiel 2.

a) $A = \begin{bmatrix} -i & 7i \\ 6i & 2i \end{bmatrix}$ b) $A = \begin{bmatrix} -1 & 1+i \\ 1-i & 3 \end{bmatrix}$

**13.** Man bestimme $d(\mathbf{x}, \mathbf{y})$ für das Skalarprodukt aus Aufgabe 1.

a) $\mathbf{x} = (1, 1),\ \mathbf{y} = (i, -i)$ b) $\mathbf{x} = (1 - i, 3 + 2i),\ \mathbf{y} = (1 + i, 3)$

**14.** Man wiederhole Aufgabe 13 für das euklidische innere Produkt auf $C^2$.

**15.** Man wiederhole Aufgabe 13 mit dem Skalarprodukt aus Aufgabe 3.

**16.** Man berechne $d(A, B)$ für das Skalarprodukt aus Beispiel 2.

a) $A = \begin{bmatrix} i & 5i \\ 8i & 3i \end{bmatrix}$ und $B = \begin{bmatrix} -5i & 0 \\ 7i & -3i \end{bmatrix}$

b) $A = \begin{bmatrix} -1 & 1-i \\ 1+i & 2 \end{bmatrix}$ und $B = \begin{bmatrix} 2i & 2-3i \\ i & 1 \end{bmatrix}$

**17.** Für welche komplexen Skalare $k$ sind $\mathbf{u}$ und $\mathbf{v}$ im euklidischen Raum $C^3$ orthogonal?

a) $\mathbf{u} = (2i, i, 3i)$, $\mathbf{v} = (i, 6i, k)$ b) $\mathbf{u} = (k, k, 1+i)$, $\mathbf{v} = (1, -1, 1-i)$

**18.** Sei

$$A = \begin{bmatrix} 2i & i \\ -i & 3i \end{bmatrix}.$$

Welche der folgenden Matrizen sind bezüglich des Skalarprodukts aus Beispiel 2 orthogonal zu $A$?

a) $\begin{bmatrix} -3 & 1-i \\ 1-i & 2 \end{bmatrix}$ b) $\begin{bmatrix} 1 & 1 \\ 0 & -1 \end{bmatrix}$ c) $\begin{bmatrix} 0 & 0 \\ 0 & 0 \end{bmatrix}$ d) $\begin{bmatrix} 0 & 1 \\ 3-i & 0 \end{bmatrix}$

**19.** Man zeige, daß $\mathbf{x} = e^{i\theta}(\frac{i}{\sqrt{3}}, \frac{1}{\sqrt{3}}, \frac{1}{\sqrt{3}})$ für alle reellen Zahlen $\theta$ im euklidischen Raum $C^3$ die Norm 1 hat sowie orthogonal zu $(1, i, 0)$ und $(0, i, -i)$ ist.

**20.** Welche der folgenden Mengen sind orthonormal im euklidischen Raum $C^2$?

a) $(i, 0), (0, 1-i)$ b) $\left(\frac{i}{\sqrt{2}}, -\frac{i}{\sqrt{2}}\right), \left(\frac{i}{\sqrt{2}}, \frac{i}{\sqrt{2}}\right)$

c) $\left(\frac{i}{\sqrt{2}}, \frac{i}{\sqrt{2}}\right), \left(-\frac{i}{\sqrt{2}}, -\frac{i}{\sqrt{2}}\right)$ d) $(i, 0), (0, 0)$

**21.** Welche der folgenden Mengen sind orthonormal im euklidischen Raum $C^3$?

a) $\left(\frac{i}{\sqrt{2}}, 0, \frac{i}{\sqrt{2}}\right), \left(\frac{i}{\sqrt{3}}, \frac{i}{\sqrt{3}}, -\frac{i}{\sqrt{3}}\right), \left(-\frac{i}{\sqrt{2}}, 0, \frac{i}{\sqrt{2}}\right)$

b) $\left(\frac{2}{3}i, -\frac{2}{3}i, \frac{1}{3}i\right), \left(\frac{2}{3}i, \frac{1}{3}i, -\frac{2}{3}i\right), \left(\frac{1}{3}i, \frac{2}{3}i, \frac{2}{3}i\right)$

c) $\left(\frac{i}{\sqrt{6}}, \frac{i}{\sqrt{6}}, -\frac{2i}{\sqrt{6}}\right), \left(\frac{i}{\sqrt{2}}, -\frac{i}{\sqrt{2}}, 0\right)$

**22.** Man zeige, daß

$$\mathbf{x} = \left(\frac{i}{\sqrt{5}}, -\frac{i}{\sqrt{5}}\right) \quad \text{und} \quad \mathbf{y} = \left(\frac{2i}{\sqrt{30}}, \frac{3i}{\sqrt{30}}\right)$$

bezüglich des Skalarprodukts

$$\langle \mathbf{u}, \mathbf{v} \rangle = 3u_1\bar{v}_1 + 2u_2\bar{v}_2$$

auf $C^2$ orthonormal sind, aber bezüglich des euklidischen inneren Produkts nicht.

**23.** Man zeige, daß

$$\mathbf{u}_1 = (i, 0, 0, i), \quad \mathbf{u}_2 = (-i, 0, 2i, i), \quad \mathbf{u}_3 = (2i, 3i, 2i, -2i), \quad \mathbf{u}_4 = (-i, 2i, -i, i)$$

im euklidischen Raum $C^4$ eine orthogonale Menge bilden, und konstruiere daraus eine orthonormale Menge.

**24.** Man konstruiere mit dem Gram-Schmidt-Verfahren eine Orthonormalbasis aus der gegebenen Basis $\{\mathbf{u}_1, \mathbf{u}_2\}$ des euklidischen Raumes $C^2$.

a) $\mathbf{u}_1 = (i, -3i)$, $\mathbf{u}_2 = (2i, 2i)$ b) $\mathbf{u}_1 = (i, 0)$, $\mathbf{u}_2 = (3i, -5i)$

**25.** Man konstruiere mit dem Gram-Schmidt-Verfahren eine Orthonormalbasis aus der gegebenen Basis $\{\mathbf{u}_1, \mathbf{u}_2, \mathbf{u}_3\}$ des euklidischen Raumes $C^3$.

a) $\mathbf{u}_1 = (i, i, i)$, $\mathbf{u}_2 = (-i, i, 0)$, $\mathbf{u}_3 = (i, 2i, i)$

b) $\mathbf{u}_1 = (i, 0, 0)$, $\mathbf{u}_2 = (3i, 7i, -2i)$, $\mathbf{u}_3 = (0, 4i, i)$

**26.** Man konstruiere mit dem Gram-Schmidt-Verfahren eine Orthonormalbasis aus der gegebenen Basis $\{\mathbf{u}_1, \mathbf{u}_2, \mathbf{u}_3, \mathbf{u}_4\}$ des euklidischen Raumes $C^4$.

$$\mathbf{u}_1 = (0, 2i, i, 0), \quad \mathbf{u}_2 = (i, -i, 0, 0), \quad \mathbf{u}_3 = (i, 2i, 0, -i), \quad \mathbf{u}_4 = (i, 0, i, i)$$

**27.** Man bestimme eine Orthonormalbasis für den von $(0, i, 1-i)$ und $(-i, 0, 1+i)$ im euklidischen Raum $C^3$ aufgespannten Unterraum.

**28.** Sei $W$ der von $\mathbf{u}_1 = (-i, 0, i, 2i)$ und $\mathbf{u}_2 = (0, i, 0, i)$ im euklidischen Raum $C^4$ aufgespannte Unterraum. Man schreibe $\mathbf{w} = (-i, 2i, 6i, 0)$ als $\mathbf{w} = \mathbf{w}_1 + \mathbf{w}_2$ mit $\mathbf{w}_1 \in W$ und $\mathbf{w}_2 \perp W$.

**29.** a) Sei $\langle \mathbf{u}, \mathbf{v} \rangle$ ein Skalarprodukt auf einem komplexen Vektorraum und $k$ eine komplexe Zahl. Man beweise die Gleichung $\langle \mathbf{u} - k\mathbf{v}, \mathbf{u} - k\mathbf{v} \rangle = \langle \mathbf{u}, \mathbf{u} \rangle - \bar{k}\langle \mathbf{u}, \mathbf{v} \rangle - k\overline{\langle \mathbf{u}, \mathbf{v} \rangle} + k\bar{k}\langle \mathbf{v}, \mathbf{v} \rangle$.

b) Man zeige mit Hilfe von Teil a) die Ungleichung $0 \leq \langle \mathbf{u}, \mathbf{u} \rangle - \bar{k}\langle \mathbf{u}, \mathbf{v} \rangle - k\overline{\langle \mathbf{u}, \mathbf{v} \rangle} + k\bar{k}\langle \mathbf{v}, \mathbf{v} \rangle$.

**30.** Man beweise die ***Cauchy-Schwarzsche Ungleichung auf unitären Räumen***:

$$|\langle \mathbf{u}, \mathbf{v} \rangle|^2 \leq \langle \mathbf{u}, \mathbf{u} \rangle \langle \mathbf{v}, \mathbf{v} \rangle.$$

Im Unterschied zum reellen Analogon (Satz 6.2.1) können wir hier nicht auf die Betragsstriche verzichten. [*Hinweis.* Man setze in Aufgabe 29 b) $k = \langle \mathbf{u}, \mathbf{v} \rangle / \langle \mathbf{v}, \mathbf{v} \rangle$.]

**31.** Man beweise für $\mathbf{u} = (u_1, u_2, \ldots, u_n)$ und $\mathbf{v} = (v_1, v_2, \ldots, v_n)$ aus $C^n$ die komplexe Cauchy-Schwarzsche Ungleichung

$$|u_1\bar{v}_1 + u_2\bar{v}_2 + \cdots + u_n\bar{v}_n| \leq (|u_1|^2 + |u_2|^2 + \cdots + |u_n|^2)^{1/2} \cdot (|v_1|^2 + |v_2|^2 + \cdots + |v_n|^2)^{1/2}$$

(vergleiche Satz 4.1.3). [*Hinweis.* Man verwende Aufgabe 30.]

**32.** Man zeige, daß in der Cauchy-Schwarzschen Ungleichung genau dann Gleichheit gilt, wenn $\mathbf{u}$ und $\mathbf{v}$ linear abhängig sind.

**33.** Man zeige für ein Skalarprodukt $\langle \mathbf{u}, \mathbf{v} \rangle$ auf einem komplexen Vektorraum:

$$\langle \mathbf{0}, \mathbf{v} \rangle = \langle \mathbf{v}, \mathbf{0} \rangle = 0.$$

**34.** Man zeige für ein Skalarprodukt $\langle \mathbf{u}, \mathbf{v} \rangle$ auf einem komplexen Vektorraum:

$$\langle \mathbf{u}, \mathbf{v} + \mathbf{w} = \langle \mathbf{u}, \mathbf{v} \rangle + \langle \mathbf{u}, \mathbf{w} \rangle.$$

**35.** Man zeige, daß die Sätze 6.2.2 und 6.2.3 auch für unitäre Räume gelten.

**36.** Nach Beispiel 7 bilden

$$\mathbf{v}_1 = \left( \frac{i}{\sqrt{3}}, \frac{i}{\sqrt{3}}, \frac{i}{\sqrt{3}} \right), \quad \mathbf{v}_2 = \left( -\frac{2i}{\sqrt{6}}, \frac{i}{\sqrt{6}}, \frac{i}{\sqrt{6}} \right), \quad \mathbf{v}_3 = \left( 0, -\frac{i}{\sqrt{2}}, \frac{i}{\sqrt{2}} \right)$$

eine Orthonormalbasis des euklidischen Raumes $C^3$. Man stelle mit Satz 6.3.1 $\mathbf{u} = (1 - i, 1 + i, 1)$ als Linearkombination dieser Basisvektoren dar.

**37.** Man zeige für Elemente $\mathbf{u}$ und $\mathbf{v}$ eines unitären Vektorraumes:

$$\langle \mathbf{u}, \mathbf{v} \rangle = \frac{1}{4} \|\mathbf{u} + \mathbf{v}\|^2 - \frac{1}{4} \|\mathbf{u} - \mathbf{v}\|^2 + \frac{i}{4} \|\mathbf{u} + i\mathbf{v}\|^2 - \frac{i}{4} \|\mathbf{u} - i\mathbf{v}\|^2.$$

**38.** Sei $\{\mathbf{v}_1, \mathbf{v}_2, \ldots, \mathbf{v}_n\}$ eine Orthonormalbasis des unitären Raumes $V$. Man zeige, daß für alle Vektoren $\mathbf{u}$ und $\mathbf{w}$ aus $V$

$$\langle \mathbf{u}, \mathbf{w} \rangle = \langle \mathbf{u}, \mathbf{v}_1 \rangle \langle \overline{\mathbf{w}, \mathbf{v}_1} \rangle + \langle \mathbf{u}, \mathbf{v}_2 \rangle \langle \overline{\mathbf{w}, \mathbf{v}_2} \rangle + \cdots + \langle \mathbf{u}, \mathbf{v}_n \rangle \langle \overline{\mathbf{w}, \mathbf{v}_n} \rangle$$

gilt. [*Hinweis.* Man schreibe mit Satz 6.3.1 $\mathbf{u}$ und $\mathbf{w}$ als Linearkombination der Basisvektoren.]

**39.** (*Für Leser mit Analysiskenntnissen.*) Man zeige, daß

$$\langle \mathbf{f}, \mathbf{g} \rangle = \int_a^b [f_1(x) + if_2(x)]\overline{[g_1(x) + ig_2(x)]} \mathrm{d}x$$

für $\mathbf{f} = f_1(x) + if_2(x)$ und $\mathbf{g} = g_1(x) + ig_2(x)$ ein Skalarprodukt auf dem komplexen $C[a, b]$ definiert.

**40.** (*Für Leser mit Analysiskenntnissen.*)

a) Auf dem komplexen $C[0, 1]$ wird für $\mathbf{f} = f_1(x) + if_2(x)$ und $\mathbf{g} = g_1(x) + ig_2(x)$ durch

$$\langle \mathbf{f}, \mathbf{g} \rangle = \int_0^1 [f_1(x) + if_2(x)]\overline{[g_1(x) + ig_2(x)]} \mathrm{d}x$$

ein Skalarprodukt definiert. Man zeige, daß die Vektoren

$$e^{2\pi imx}, \quad m = 0, \pm 1, \pm 2, \ldots$$

eine orthogonale Menge bilden.

b) Man konstruiere mit den Vektoren aus Teil a) eine orthonormale Menge.

# 10.6 Unitäre, normale und hermitesche Matrizen

*Bei der Diagonalisierung reeller Matrizen spielen die orthogonalen ($A^{-1} = A^T$) und die symmetrischen ($A = A^T$) Matrizen eine wichtige Rolle (Abschnitt 7.3). Gehen wir zu komplexen Matrizen über, so verlieren Symmetrie und Orthogonalität ihre Bedeutung, sie werden durch* ***unitäre*** *und* ***hermitesche*** *Matrizen ersetzt.*

## Unitäre Matrizen

Die ***konjugiert Transponierte*** $A^*$ einer komplexen Matrix $A$ ist definiert durch

$$A^* = \bar{A}^T,$$

wobei $\bar{A}$ durch Konjugieren der einzelnen Elemente von $A$ entsteht, und $\bar{A}^T$ die Transponierte von $\bar{A}$ ist.

**Beispiel 1** Für

$$A = \begin{bmatrix} 1+i & -i & 0 \\ 2 & 3-2i & i \end{bmatrix}$$

ist

$$\bar{A} = \begin{bmatrix} 1-i & i & 0 \\ 2 & 3+2i & -i \end{bmatrix},$$

also

$$A^* = \bar{A}^T = \begin{bmatrix} 1-i & 2 \\ i & 3+2i \\ 0 & -i \end{bmatrix}.$$

Die konjugiert Transponierte verhält sich ähnlich wie die Transponierte einer Matrix:

**Satz 10.6.1.** *Seien $A$ und $B$ Matrizen mit komplexen Elementen und $k$ eine komplexe Zahl. Dann gelten:*

*a)* $(A^*)^* = A$

*b)* $(A+B)^* = A^* + B^*$

*c)* $(kA)^* = \bar{k}A^*$

*d)* $(AB)^* = B^*A^*$.

Den Beweis überlassen wir dem Leser als Übungsaufgabe.

Reelle Matrizen heißen *orthogonal*, wenn sie $A^{-1} = A^T$ erfüllen. Das komplexe Analogon sind die *unitären* Matrizen, die folgendermaßen definiert sind:

**Definition.** Eine quadratische Matrix $A$ mit komplexen Elementen heißt ***unitär***, wenn

$$A^{-1} = A^*$$

gilt.

Es ergibt sich analog zu Satz 6.5.1:

**Satz 10.6.2.** *Für eine komplexe $n \times n$-Matrix $A$ sind folgende Aussagen äquivalent:*

*a) $A$ ist unitär.*
*b) Die Zeilenvektoren von $A$ bilden eine orthonormale Teilmenge des euklidischen Raumes $C^n$.*
*c) Die Spaltenvektoren von $A$ bilden eine orthonormale Teilmenge des euklidischen Raumes $C^n$.*

**Beispiel 2** Die Matrix

$$A = \begin{bmatrix} \dfrac{1+i}{2} & \dfrac{1+i}{2} \\ \dfrac{1-i}{2} & \dfrac{-1+i}{2} \end{bmatrix} \tag{1}$$

besteht aus den Zeilenvektoren

$$\mathbf{r}_1 = \left(\frac{1+i}{2}, \frac{1+i}{2}\right), \quad \mathbf{r}_2 = \left(\frac{1-i}{2}, \frac{-1+i}{2}\right).$$

Bezüglich des euklidischen inneren Produkts auf $C^2$ sind

$$\|\mathbf{r}_1\| = \sqrt{\left|\frac{1+i}{2}\right|^2 + \left|\frac{1+i}{2}\right|^2} = \sqrt{\frac{1}{2} + \frac{1}{2}} = 1$$

$$\|\mathbf{r}_2\| = \sqrt{\left|\frac{1-i}{2}\right|^2 + \left|\frac{-1+i}{2}\right|^2} = \sqrt{\frac{1}{2} + \frac{1}{2}} = 1$$

und

$$\begin{aligned} \mathbf{r}_1 \cdot \mathbf{r}_2 &= \left(\frac{1+i}{2}\right)\overline{\left(\frac{1-i}{2}\right)} + \left(\frac{1+i}{2}\right)\overline{\left(\frac{-1+i}{2}\right)} \\ &= \left(\frac{1+i}{2}\right)\left(\frac{1+i}{2}\right) + \left(\frac{1+i}{2}\right)\left(\frac{-1-i}{2}\right) \\ &= \frac{i}{2} - \frac{i}{2} = 0, \end{aligned}$$

also sind die Zeilenvektoren orthonormal. Folglich ist $A$ unitär mit

$$A^{-1} = A^* = \begin{bmatrix} \frac{1-i}{2} & \frac{1+i}{2} \\ \frac{1-i}{2} & \frac{-1-i}{2} \end{bmatrix}. \tag{2}$$

Der Leser sollte sich durch Verifizieren der Gleichungen $AA^* = A^*A = I$ davon überzeugen, daß (2) die Inverse von (1) ist.

## Unitäre Diagonalisierung

Wir haben uns in Abschnitt 7.3 mit reellen quadratischen Matrizen $A$ befaßt, die durch eine orthogonale Matrix $P$ diagonalisiert werden können. Dieses Konzept übertragen wir auf komplexe Matrizen.

**Definition.** Eine quadratische Matrix $A$ heißt ***unitär diagonalisierbar***, wenn es eine unitäre Matrix $P$ gibt, so daß $P^{-1}AP(= P^*AP)$ Diagonalform hat. Diese Diagonalisierung von $A$ wird als ***Hauptachsentransformation*** bezeichnet.

Wir behandeln jetzt die folgenden Fragen:

- Welche Matrizen sind unitär diagonalisierbar?
- Wie berechnet man eine unitäre Matrix $P$ für die Hauptachsentransformation?

Zunächst wollen wir bemerken, daß sich die Begriffe ***Eigenvektor***, ***Eigenwert***, ***Eigenraum***, ***charakteristische Gleichung*** und ***charakteristisches Polynom*** ohne Änderung auf komplexe Vektorräume übertragen lassen.

## Hermitesche Matrizen

In Abschnitt 7.3 haben wir festgestellt, daß die reellen symmetrischen Matrizen bei der Diagonalisierung mit einer orthogonalen Matrix eine besondere Rolle spielen. In komplexen Vektorräumen müssen wir sie durch *hermitesche** Matrizen ersetzen, die folgendermaßen definiert sind:

**Definition.** Eine quadratische Matrix mit komplexen Elementen heißt ***hermitesch***, wenn sie die Gleichung

$$A = A^*$$

erfüllt.

---

**Charles Hermite* (1822–1901) war ein französischer Mathematiker, der wichtige Beiträge zur Algebra, Matrixtheorie und verschiedenen Gebieten der Analysis leistete. Auf ihn geht die Methode zurück, polynomiale Gleichungen fünften Grades mit Hilfe von Integralen zu lösen. Außerdem lieferte er einen Transzendenzbeweis für die Eulersche Zahl $e$.

**Beispiel 3** Für

$$A = \begin{bmatrix} 1 & i & 1+i \\ -i & -5 & 2-i \\ 1-i & 2+i & 3 \end{bmatrix}$$

ist

$$\bar{A} = \begin{bmatrix} 1 & -i & 1-i \\ i & -5 & 2+i \\ 1+i & 2-i & 3 \end{bmatrix},$$

also

$$A^* = \bar{A}^T = \begin{bmatrix} 1 & i & 1+i \\ -i & -5 & 2-i \\ 1-i & 2+i & 3 \end{bmatrix} = A,$$

so daß $A$ hermitesch ist.

Hermitesche Matrizen sind leicht daran zu erkennen, daß ihre Hauptdiagonalelemente reell (Übung 17) und die übrigen Elemente konjugiert zu ihren „Spiegelbildern" bezüglich der Diagonalen sind (Abbildung 10.12).

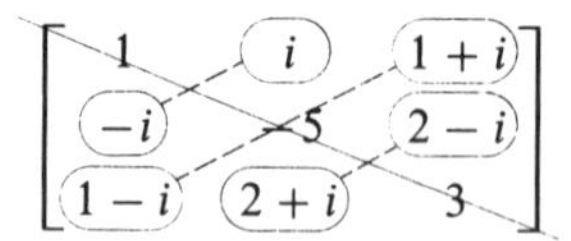


**Abb. 10.12**

## Normale Matrizen

Hermitesche Matrizen gleichen in vielen Eigenschaften den reellen symmetrischen Matrizen. Sie sind unitär diagonalisierbar, was der Hauptachsentransformation für reelle symmetrische Matrizen entspricht. Allerdings sind nach Satz 7.3.1 nur die symmetrischen Matrizen mit einer orthogonalen Matrix diagonalisierbar, während die hermiteschen Matrizen nicht als hauptachsentransformierbar charakterisiert werden können. Es gibt also nichthermitesche Matrizen, die sich unitär diagonalisieren lassen. Um das einzusehen, benötigen wir folgende Definition:

**Definition.** Eine quadratische Matrix mit komplexen Elementen heißt ***normal***, wenn

$$AA^* = A^*A$$

gilt.

**Beispiel 4** Jede hermitesche Matrix $A$ ist wegen $AA^* = AA = A^*A$ normal; mit $AA^* = I = A^*A$ ist eine unitäre Matrix $A$ normal.

Die folgenden Sätze ergeben sich analog zu Satz 7.3.1 und 7.3.2; die Beweise lassen wir weg.

**Satz 10.6.3.** *Ist $A$ eine quadratische Matrix mit komplexen Elementen, so sind folgende Aussagen äquivalent:*

*a) $A$ ist unitär diagonalisierbar.*
*b) $A$ hat $n$ orthonormale Eigenvektoren.*
*c) $A$ ist normal.*

**Satz 10.6.4.** *Die Eigenvektoren einer normalen Matrix $A$ aus verschiedenen Eigenräumen sind orthogonal.*

Nach Satz 10.6.3 ist eine komplexe Matrix genau dann unitär diagonalisierbar, wenn sie normal ist. Satz 10.6.4 liefert uns ein Konstruktionsverfahren für eine unitäre Matrix, die eine gegebene normale Matrix diagonalisiert.

## Hauptachsentransformation

Aus Abschnitt 7.3 wissen wir, daß eine symmetrische Matrix $A$ durch eine orthogonale Matrix, deren Spalten aus Eigenvektoren von $A$ gebildet werden, diagonalisiert wird. Ähnlich erhalten wir eine unitäre Diagonalisierungsmatrix einer normalen Matrix $A$ aus Eigenvektoren von $A$. Im einzelnen sind folgende Schritte durchzuführen:

**Schritt 1.** Man bestimme für jeden Eigenraum von $A$ eine Basis.

**Schritt 2.** Man orthonormalisiere jede dieser Basen mit dem Gram-Schmidt-Verfahren.

**Schritt 3.** Man konstruiere eine Matrix $P$, deren Spalten die in Schritt 2 berechneten Vektoren sind. Diese Matrix liefert die Hauptachsentransformation für $A$.

Es liegt auf der Hand, daß dieses Verfahren zum Ziel führt. Wegen Satz 10.6.4 sind Eigenvektoren aus verschiedenen Eigenräumen orthogonal und nach dem Gram-Schmidt-Verfahren ist gesichert, daß die Eigenvektoren innerhalb desselben Eigenraumes orthonormal sind, so daß schließlich alle Eigenvektoren eine orthonormale Menge bilden. Mit Satz 10.6.3 folgt, daß diese Menge eine Basis des $C^n$ ist.

**Beispiel 5** Die Matrix

$$A = \begin{bmatrix} 2 & 1+i \\ 1-i & 3 \end{bmatrix}$$

ist hermitesch, also normal und somit unitär diagonalisierbar. Man bestimme eine unitäre Diagonalisierungsmatrix $P$ für $A$.

*Lösung.* Für $A$ ergibt sich das charakteristische Polynom

$$\det(\lambda I - A) = \det\begin{bmatrix} \lambda - 2 & -1-i \\ -1+i & \lambda - 3 \end{bmatrix} = (\lambda - 2)(\lambda - 3) - 2 = \lambda^2 - 5\lambda + 4,$$

womit wir die Eigenwerte $\lambda = 1$ und $\lambda = 4$ als Lösungen der charakteristischen Gleichung

$$\lambda^2 - 5\lambda + 4 = (\lambda - 1)(\lambda - 4) = 0$$

erhalten.

Nach Definition ist

$$\mathbf{x} = \begin{bmatrix} x_1 \\ x_2 \end{bmatrix}$$

genau dann ein Eigenvektor von $A$ zu $\lambda$, wenn $\mathbf{x}$ eine nichttriviale Lösung von

$$\begin{bmatrix} \lambda - 2 & -1-i \\ -1+i & \lambda - 3 \end{bmatrix}\begin{bmatrix} x_1 \\ x_2 \end{bmatrix} = \begin{bmatrix} 0 \\ 0 \end{bmatrix} \tag{3}$$

ist.

Für $\lambda = 1$ erhalten wir aus (3) das Gleichungssystem

$$\begin{bmatrix} -1 & -1-i \\ -1+i & -2 \end{bmatrix}\begin{bmatrix} x_1 \\ x_2 \end{bmatrix} = \begin{bmatrix} 0 \\ 0 \end{bmatrix},$$

also mit dem Gauß-Jordan-Verfahren

$$x_1 = (-1-i)s, \quad x_2 = s$$

(der Leser möge das nachrechnen). Damit haben die Eigenvektoren von $A$ zum Eigenwert $\lambda = 1$ die Form

$$\mathbf{x} = \begin{bmatrix} (-1-i)s \\ s \end{bmatrix} = s\begin{bmatrix} -1-i \\ 1 \end{bmatrix}$$

mit $s \neq 0$. Der zugehörige Eigenraum ist eindimensional und hat die Basis

$$\mathbf{u} = \begin{bmatrix} -1-i \\ 1 \end{bmatrix}. \tag{4}$$

Das Gram-Schmidt-Verfahren besteht hier nur aus der Normalisierung dieses Vektors. Mit

$$\|\mathbf{u}\| = \sqrt{|-1-i|^2 + |1|^2} = \sqrt{2+1} = \sqrt{3}$$

ergibt sich

$$\mathbf{p}_1 = \frac{\mathbf{u}}{\|\mathbf{u}\|} = \begin{bmatrix} \dfrac{-1-i}{\sqrt{3}} \\ \dfrac{1}{\sqrt{3}} \end{bmatrix}$$

als Orthonormalbasis des Eigenraumes zu $\lambda = 1$.

Mit $\lambda = 4$ ergibt sich aus (3) das System

$$\begin{bmatrix} 2 & -1-i \\ -1+i & 1 \end{bmatrix} \begin{bmatrix} x_1 \\ x_2 \end{bmatrix} = \begin{bmatrix} 0 \\ 0 \end{bmatrix},$$

dessen Lösungen als

$$x_1 = \left(\frac{1+i}{2}\right)s, \quad x_2 = s$$

darstellbar sind. (Der Leser möge auch das verifizieren.) Die Eigenvektoren von $A$ zum Eigenwert $\lambda = 4$ sind also die von Null verschiedenen Vektoren der Gestalt

$$\mathbf{x} = \begin{bmatrix} \left(\dfrac{1+i}{2}\right)s \\ s \end{bmatrix} = s \begin{bmatrix} \dfrac{1+i}{2} \\ 1 \end{bmatrix},$$

so daß der eindimensionale Eigenraum die Basis

$$\mathbf{u} = \begin{bmatrix} \dfrac{1+i}{2} \\ 1 \end{bmatrix}$$

besitzt. Mit dem Gram-Schmidt-Verfahren ergibt sich

$$\mathbf{p}_2 = \frac{\mathbf{u}}{\|\mathbf{u}\|} = \begin{bmatrix} \dfrac{1+i}{\sqrt{6}} \\ \dfrac{2}{\sqrt{6}} \end{bmatrix}$$

und damit

$$P = [\mathbf{p}_1 \mid \mathbf{p}_2] = \begin{bmatrix} \dfrac{-1-i}{\sqrt{3}} & \dfrac{1+i}{\sqrt{6}} \\ \dfrac{1}{\sqrt{3}} & \dfrac{2}{\sqrt{6}} \end{bmatrix}$$

als Diagonalisierungsmatrix für $A$:

$$P^{-1}AP = \begin{bmatrix} 1 & 0 \\ 0 & 4 \end{bmatrix}.$$

## Eigenwerte symmetrischer und hermitescher Matrizen

Nach Satz 7.3.2 sind die Eigenwerte einer symmetrischen reellen Matrix reell. Dieses Ergebnis erhält man als Spezialfall des folgenden Satzes:

**Satz 10.6.5.** *Die Eigenwerte einer hermiteschen Matrix sind reell.*

**Beweis.** Sei $\lambda$ ein Eigenwert der hermiteschen $n \times n$-Matrix $A$. Für einen zugehörigen Eigenvektor $\mathbf{v}$ gilt

$$A\mathbf{v} = \lambda\mathbf{v},$$

woraus durch Multiplikation mit der konjugiert Transponierten von $\mathbf{v}$

$$\mathbf{v}^*A\mathbf{v} = \mathbf{v}^*(\lambda\mathbf{v}) = \lambda\mathbf{v}^*\mathbf{v} \tag{5}$$

folgt. Wir werden zeigen, daß die $1 \times 1$-Matrizen $\mathbf{v}^*A\mathbf{v}$ und $\mathbf{v}^*\mathbf{v}$ reell sind; mit (5) ist dann $\lambda$ eine reelle Zahl.

Wegen

$$(\mathbf{v}^*A\mathbf{v})^* = \mathbf{v}^*A^*(\mathbf{v}^*)^* = \mathbf{v}^*A\mathbf{v}$$

und

$$(\mathbf{v}^*\mathbf{v})^* = \mathbf{v}^*(\mathbf{v}^*)^* = \mathbf{v}^*\mathbf{v}$$

sind $\mathbf{v}^*A\mathbf{v}$ und $\mathbf{v}^*\mathbf{v}$ hermitesch, also sind ihre Hauptdiagonalelemente reell; mit der Tatsache, daß die Matrizen das Format $1 \times 1$ haben, folgt daraus die Behauptung. □

**Satz 10.6.6.** *Die Eigenwerte einer reellen symmetrischen Matrix sind reell.*

**Beweis.** Sei $A$ eine symmetrische Matrix mit reellen Elementen. Dann ist

$$\bar{A} = A,$$

also

$$A^* = (\bar{A})^T = A^T = A,$$

so daß $A$ hermitesch ist. Wegen Satz 10.6.5 folgt daraus, daß die Eigenwerte von $A$ reell sind. □

## Übungen zu 10.6

**1.** Man bestimme $A^*$.

a) $A = \begin{bmatrix} 2i & 1-i \\ 4 & 3+i \\ 5+i & 0 \end{bmatrix}$ b) $A = \begin{bmatrix} 2i & 1-i & -1+i \\ 4 & 5-7i & -i \\ i & 3 & 1 \end{bmatrix}$

c) $A = [7i \quad 0 \quad -3i]$ d) $A = \begin{bmatrix} a_{11} & a_{12} & a_{13} \\ a_{21} & a_{22} & a_{23} \end{bmatrix}$

**2.** Welche der folgenden Matrizen sind hermitesch?

a) $\begin{bmatrix} 0 & i \\ i & 2 \end{bmatrix}$ b) $\begin{bmatrix} 1 & 1+i \\ 1-i & -3 \end{bmatrix}$ c) $\begin{bmatrix} i & i \\ -i & i \end{bmatrix}$

d) $\begin{bmatrix} -2 & 1-i & -1+i \\ 1+i & 0 & 3 \\ -1-i & 3 & 5 \end{bmatrix}$ e) $\begin{bmatrix} 1 & 0 & 0 \\ 0 & 1 & 0 \\ 0 & 0 & 1 \end{bmatrix}$

**3.** Man bestimme $k$, $l$ und $m$ so, daß $A$ hermitesch ist.

$$A = \begin{bmatrix} -1 & k & -i \\ 3-5i & 0 & m \\ l & 2+4i & 2 \end{bmatrix}$$

**4.** Man entscheide mit Satz 10.6.2, ob die Matrizen unitär sind.

a) $\begin{bmatrix} i & 0 \\ 0 & i \end{bmatrix}$ b) $\begin{bmatrix} \frac{i}{\sqrt{2}} & \frac{1}{\sqrt{2}} \\ -\frac{i}{\sqrt{2}} & \frac{1}{\sqrt{2}} \end{bmatrix}$

c) $\begin{bmatrix} 1+i & 1+i \\ 1-i & -1+i \end{bmatrix}$ d) $\begin{bmatrix} -\frac{i}{\sqrt{2}} & \frac{i}{\sqrt{6}} & \frac{i}{\sqrt{3}} \\ 0 & -\frac{i}{\sqrt{6}} & \frac{i}{\sqrt{3}} \\ \frac{i}{\sqrt{2}} & \frac{i}{\sqrt{6}} & \frac{i}{\sqrt{3}} \end{bmatrix}$

**5.** Man verifiziere, daß die Matrix unitär ist, und bestimme ihre Inverse.

a) $\begin{bmatrix} \frac{3}{5} & \frac{4}{5}i \\ -\frac{4}{5} & \frac{3}{5}i \end{bmatrix}$ b) $\begin{bmatrix} \frac{1}{\sqrt{2}} & \frac{1}{\sqrt{2}} \\ -\frac{1+i}{2} & \frac{1+i}{2} \end{bmatrix}$

c) $\begin{bmatrix} \frac{1}{2\sqrt{2}}(\sqrt{3}+i) & \frac{1}{2\sqrt{2}}(1-i\sqrt{3}) \\ \frac{1}{2\sqrt{2}}(1+i\sqrt{3}) & \frac{1}{2\sqrt{2}}(i-\sqrt{3}) \end{bmatrix}$ d) $\begin{bmatrix} \frac{1+i}{2} & -\frac{1}{2} & \frac{1}{2} \\ \frac{i}{\sqrt{3}} & \frac{1}{\sqrt{3}} & -\frac{i}{\sqrt{3}} \\ \frac{3+i}{2\sqrt{15}} & \frac{4+3i}{2\sqrt{15}} & \frac{5i}{2\sqrt{15}} \end{bmatrix}$

**6.** Man zeige, daß

$$\frac{1}{\sqrt{2}}\begin{bmatrix} e^{i\theta} & e^{-i\theta} \\ ie^{i\theta} & -ie^{-i\theta} \end{bmatrix}$$

für alle reellen Zahlen $\theta$ unitär ist.

Man bestimme in den Aufgaben 7–12 eine unitäre Matrix $P$, die $A$ diagonalisiert, und berechne $P^{-1}AP$.

**7.** $A = \begin{bmatrix} 4 & 1-i \\ 1+i & 5 \end{bmatrix}$ **8.** $A = \begin{bmatrix} 3 & -i \\ i & 3 \end{bmatrix}$ **9.** $A = \begin{bmatrix} 6 & 2+2i \\ 2-2i & 4 \end{bmatrix}$

**10.** $\begin{bmatrix} 0 & 3+i \\ 3-i & -3 \end{bmatrix}$ **11.** $A = \begin{bmatrix} 5 & 0 & 0 \\ 0 & -1 & -1+i \\ 0 & -1-i & 0 \end{bmatrix}$

**12.** $A = \begin{bmatrix} 2 & \frac{i}{\sqrt{2}} & -\frac{i}{\sqrt{2}} \\ -\frac{i}{\sqrt{2}} & 2 & 0 \\ \frac{i}{\sqrt{2}} & 0 & 2 \end{bmatrix}$

**13.** Man zeige, daß die Eigenwerte der symmetrischen Matrix

$$A = \begin{bmatrix} 1 & 4i \\ 4i & 3 \end{bmatrix}$$

nicht reell sind. Widerspricht diese Tatsache Satz 10.6.6?

**14.** Man bestimme eine nicht-reelle $2 \times 2$-Matrix, die hermitesch und unitär ist.

**15.** Man zeige: Für eine komplexe $n \times n$-Matrix $A$ gilt $\det(\bar{A}) = \overline{\det(A)}$. [*Hinweis.* Man zeige zuerst, daß die vorzeichenbehafteten elementaren Produkte von $\bar{A}$ konjugiert zu denen von $A$ sind.]

**16.** a) Man zeige mit Aufgabe 15 für eine komplexe $n \times n$-Matrix $A$ die Gleichung $\det(A^*) = \overline{\det(A)}$.
b) Man zeige, daß die Determinante einer hermiteschen Matrix reell ist.
c) Man beweise, daß für eine unitäre Matrix $A$ $|\det(A)| = 1$ gilt.

**17.** Man beweise, daß die Hauptdiagonalelemente einer hermiteschen Matrix reell sind.

**18.** Seien

$$A = \begin{bmatrix} a_{11} & a_{12} & a_{13} \\ a_{21} & a_{22} & a_{23} \\ a_{31} & a_{32} & a_{33} \end{bmatrix} \quad \text{und} \quad B = \begin{bmatrix} b_{11} & b_{12} & b_{13} \\ b_{21} & b_{22} & b_{23} \\ b_{31} & b_{32} & b_{33} \end{bmatrix}$$

komplexe Matrizen. Man zeige:

a) $(A^*)^* = A$ b) $(A+B)^* = A^* + B^*$ c) $(kA)^* = \bar{k}A^*$ d) $(AB)^* = B^*A^*$.

**19.** Man zeige: Mit $A$ ist auch $A^*$ invertierbar, und es gilt $(A^*)^{-1} = (A^{-1})^*$.

**20.** Man zeige, daß für eine unitäre Matrix $A$ auch $A^*$ unitär ist.

**21.** Man zeige, daß eine komplexe $n \times n$-Matrix $A$ genau dann unitär ist, wenn ihre Zeilenvektoren im euklidischen Raum $C^n$ orthonormal sind.

**22.** Man zeige mit den Aufgaben 20 und 21, daß eine $n \times n$-Matrix $A$ genau dann unitär ist, wenn ihre Spalten im euklidischen Raum $C^n$ orthonormal sind.

**23.** Man zeige: Ist $A = A^*$, so ist die $1 \times 1$-Matrix $\mathbf{x}^*A\mathbf{x}$ für jeden Vektor $\mathbf{x}$ aus $C^n$ reell.

**24.** Seien $\lambda$ und $\mu$ unterschiedliche Eigenwerte einer hermiteschen Matrix $A$.

a) Man zeige: Ist $\mathbf{x}$ ein Eigenvektor zu $\lambda$ und $\mathbf{y}$ ein Eigenvektor zu $\mu$, so gelten $\mathbf{x}^*A\mathbf{y} = \lambda\mathbf{x}^*\mathbf{y}$ und $\mathbf{x}^*A\mathbf{y} = \mu\mathbf{x}^*\mathbf{y}$.

b) Man beweise Satz 10.6.4. [*Hinweis.* Man subtrahiere die Gleichungen aus Teil a).]

## Ergänzende Übungen zu Kapitel 10

**1.** Seien $\mathbf{u} = (u_1, u_2, \ldots, u_n)$, $\mathbf{v} = (v_1, v_2, \ldots, v_n)$ Vektoren aus dem euklidischen Raum $C^n$ und $\bar{\mathbf{u}} = (\bar{u}_1, \bar{u}_2, \ldots, \bar{u}_n)$, $\mathbf{v} = (\bar{v}_1, \bar{v}_2, \ldots, \bar{v}_n)$ ihre Konjugierten.

a) Man zeige $\overline{\mathbf{u} \cdot \mathbf{v}} = \bar{\mathbf{u}} \cdot \bar{\mathbf{v}}$.

b) Man beweise, daß $\mathbf{u}$ und $\mathbf{v}$ genau dann orthogonal sind, wenn $\bar{\mathbf{u}}$ und $\bar{\mathbf{v}}$ orthogonal sind.

**2.** Man zeige, daß die von Null verschiedene Matrix

$$\begin{bmatrix} a & b \\ -\bar{b} & -\bar{a} \end{bmatrix}$$

invertierbar ist.

**3.** Man bestimme eine Basis des Lösungsraumes:

$$\begin{bmatrix} -1 & -i & 1 \\ -i & 1 & i \\ 1 & i & -1 \end{bmatrix} \begin{bmatrix} x_1 \\ x_2 \\ x_3 \end{bmatrix} = \begin{bmatrix} 0 \\ 0 \\ 0 \end{bmatrix}.$$

**4.** Seien $a$ und $b$ komplexe Zahlen mit $|a|^2 + |b|^2 = 1$, und sei $\theta$ eine reelle Zahl. Man zeige, daß

$$A = \begin{bmatrix} a & b \\ -e^{i\theta}\bar{b} & e^{i\theta}\bar{a} \end{bmatrix}$$

unitär ist.

**5.** Man berechne die Eigenwerte von

$$\begin{bmatrix} 0 & 0 & 1 \\ 1 & 0 & \omega + 1 + \dfrac{1}{\omega} \\ 0 & 1 & -\omega - 1 - \dfrac{1}{\omega} \end{bmatrix}$$

für $\omega = e^{2\pi i/3}$.

**6.** a) Man zeige für eine komplexe Zahl $z \neq 1$

$$1 + z + z^2 + \cdots + z^n = \frac{1 - z^{n+1}}{1 - z}.$$

[*Hinweis.* Sei $S$ die Summe auf der linken Seite der Gleichung. Man betrachte den Ausdruck $S - zS$.]

b) Sei $z \in C$ mit $z^n = 1$ und $z \neq 1$. Man beweise mit Teil a) die Gleichung $1 + z + z^2 + \cdots + z^{n-1} = 0$.

c) Man zeige mit Teil a) Lagranges trigonometrische Gleichung

$$1 + \cos\theta + \cos 2\theta + \cdots + \cos n\theta = \frac{1}{2} + \frac{\sin[(n + \frac{1}{2})\theta]}{2\sin(\theta/2)}$$

für $0 < \theta < 2\pi$. [*Hinweis.* Man setze $z = \cos\theta + i\sin\theta$.]

**7.** Sei $\omega = e^{2\pi i/3}$. Man zeige, daß die Vektoren $\mathbf{v}_1 = \frac{1}{\sqrt{3}}(1, 1, 1)$, $\mathbf{v}_2 = \frac{1}{\sqrt{3}}(1, \omega, \omega^2)$ und $\mathbf{v}_3 = \frac{1}{\sqrt{3}}(1, \omega^2, \omega^4)$ eine Orthonormalbasis des $C^3$ bilden. [*Hinweis.* Man nutze Aufgabe 6 b).]

**8.** Man zeige, daß für eine unitäre $n \times n$-Matrix $U$ und $|z_1| = |z_2| = \cdots = |z_n| = 1$ das Produkt

$$U \begin{bmatrix} z_1 & 0 & 0 & \cdots & 0 \\ 0 & z_2 & 0 & \cdots & 0 \\ \vdots & \vdots & \vdots & & \vdots \\ 0 & 0 & 0 & \cdots & z_n \end{bmatrix}$$

unitär ist.

**9.** Sei $A^* = -A$.

a) Man zeige, daß $iA$ hermitesch ist.

b) Man zeige, daß $A$ unitär diagonalisierbar ist und rein imaginäre Eigenwerte hat.

**10.** a) Man zeige, daß die Menge der komplexen Zahlen mit den Operationen

$$(a + bi) + (c + di) = (a + c) + (b + d)i \quad \text{und} \quad k(a + bi) = ka + kbi$$

ein *reeller* Vektorraum ist. Hierbei ist $k$ eine reelle Zahl.

b) Welche Dimension hat der Raum?

# Lösungen der Übungsaufgaben

## Übungen zu 1.1

**1.** a), c), f) **2.** a), b), c)

**3.** a) $x = \frac{3}{7} + \frac{5}{7}t$
$y = t$

b) $x_1 = \frac{5}{3}s - \frac{4}{3}t + \frac{7}{3}$
$x_2 = s$
$x_3 = t$

$x_1 = \frac{1}{4}r - \frac{5}{8}s + \frac{3}{4}t - \frac{1}{8}$
$x_2 = r$
$x_3 = s$
$x_4 = t$

$v = \frac{8}{3}q - \frac{2}{3}r + \frac{1}{3}s - \frac{4}{3}t$
$w = q$
$x = r$
$y = s$
$z = t$

**4.** a) $\begin{bmatrix} 3 & -2 & -1 \\ 4 & 5 & 3 \\ 7 & 3 & 2 \end{bmatrix}$ b) $\begin{bmatrix} 2 & 0 & 2 & 1 \\ 3 & -1 & 4 & 7 \\ 6 & 1 & -1 & 0 \end{bmatrix}$

c) $\begin{bmatrix} 1 & 2 & 0 & -1 & 1 & 1 \\ 0 & 3 & 1 & 0 & -1 & 2 \\ 0 & 0 & 1 & 7 & 0 & 1 \end{bmatrix}$ d) $\begin{bmatrix} 1 & 0 & 0 & 1 \\ 0 & 1 & 0 & 2 \\ 0 & 0 & 1 & 3 \end{bmatrix}$

**5.** a) $\begin{aligned} 2x_1 \phantom{{}-4x_2} &= 0 \\ 3x_1 - 4x_2 &= 0 \\ x_2 &= 1 \end{aligned}$ b) $\begin{aligned} 3x_1 \phantom{{}+x_2} - 2x_3 &= 5 \\ 7x_1 + x_2 + 4x_3 &= -3 \\ -2x_2 + x_3 &= 7 \end{aligned}$

c) $\begin{aligned} 7x_1 + 2x_2 + x_3 - 3x_4 &= 5 \\ x_1 + 2x_2 + 4x_3 &= 1 \end{aligned}$ d) $\begin{aligned} x_1 &= 7 \\ x_2 &= -2 \\ x_3 &= 3 \\ x_4 &= 4 \end{aligned}$

**6.** a) $x - 2y = 5$
b) Mit $x = t$ ist $t - 2y = 5$. Auflösen nach $y$ liefert $y = \frac{1}{2}t - \frac{5}{2}$.

**8.** $k = 6$: unendlich viele Lösungen;
$k \neq 6$: keine Lösung.
Das System ist nie eindeutig lösbar.

**9.** a) Die Geraden haben keinen gemeinsamen Schnittpunkt.
b) Die Geraden schneiden sich in genau einem Punkt.
c) Die drei Geraden stimmen überein.

## Übungen zu 1.2

**1.** a), b), c), d), h), i), j) **2.** a), b), d)

**3.** a) Reduzierte Zeilenstufenform b) Keine Zeilenstufenform
c) Reduzierte Zeilenstufenform d) Zeilenstufenform
e) Keine Zeilenstufenform f) Reduzierte Zeilenstufenform

**4.** a) $x_1 = -3,\ x_2 = 0,\ x_3 = 5$
b) $x_1 = 7t + 8, x_2 = -3t + 2, x_3 = -t - 5, x_4 = t$
c) $x_1 = 6s - 3t - 2, x_2 = s, x_3 = -4t + 7, x_4 = -5t + 8, x_5 = t$
d) Das System ist inkonsistent.

**5.** a) $x_1 = -37, x_2 = -8, x_3 = 5$
b) $x_1 = 13t - 10, x_2 = 13t - 5, x_3 = -t + 2, x_4 = t$
c) $x_1 = -7s + 2t - 11, x_2 = s, x_3 = -3t - 4, x_4 = -3t + 9, x_5 = t$
d) Das System ist inkonsistent.

**6.** a) $x_1 = 3, x_2 = 1, x_3 = 2$
b) $x_1 = -\frac{1}{7} - \frac{3}{7}t, x_2 = \frac{1}{7} - \frac{4}{7}, x_3 = t$
c) $x = t - 1,\ y = 2s,\ z = s,\ w = t$
d) Das System ist inkonsistent.

**8.** a) Das System ist inkonsistent.
b) $x_1 = -4, x_2 = 2, x_3 = 7$
c) $x_1 = 3 + 2t, x_2 = t$
d) $x = \frac{8}{5} - \frac{3}{5}t - \frac{3}{5}s, y = \frac{1}{10} + \frac{2}{5}t - \frac{1}{10}s, z = t, w = s$

**10.** a) $x_1 = 2 - 12t, x_2 = 5 - 27t, x_3 = t$
b) Das System ist inkonsistent.
c) $u = -2s - 3t - 6, v = s, w = -t - 2, x = t + 3, y = t$

**12.** a), c), d)

**13.** a) $x_1 = 0,\ x_2 = 0,\ x_3 = 0$
b) $x_1 = -s, x_2 = -t - s, x_3 = 4s, x_4 = t$
c) $w = t, x = -t, y = t, z = 0$

**14.** a) $x = y = z = 0.$
b) $u = 7s - 5t, v = -6s + 4t, w = 2s, x = 2t$
c) $x_1 = x_2 = x_3 = x_4 = 0.$

**15.** $I_1 = -1, I_2 = 0, I_3 = 1, I_4 = 2$

**16.** a) $x = \frac{2}{3}a - \frac{1}{9}b, y = -\frac{1}{3}a + \frac{2}{9}b$
b) $x_1 = a - \frac{1}{3}c, x_2 = a - \frac{1}{2}b, x_3 = -a + \frac{1}{2}b + \frac{1}{3}c$

**17.** $a = -4$: keine Lösung; $a \neq \pm 4$: genau eine Lösung; $a = 4$: unendlich viele Lösungen.

**19.** Zum Beispiel $\begin{bmatrix} 1 & 3 \\ 0 & 1 \end{bmatrix}$ und $\begin{bmatrix} 1 & 0 \\ 0 & 1 \end{bmatrix}$.

**20.** $\alpha = \pi/2, \beta = \pi, \gamma = 0$

**21.** $x = \pm 1, y = \pm\sqrt{3}, z = \pm\sqrt{2}$

**23.** $\lambda = 4, \lambda = 2$ **25.** $a = 1, b = -6, c = 2, d = 10$

**26.** $x^2 + y^2 - 2x + 4y - 29 = 0$

**30.** a) $x_1 = x_2 = -\frac{1}{2}s, x_3 = s$ b) $x_1 = -\frac{1}{2}s, x_2 = 0, x_3 = s$

**34.** Zum Beispiel $x + y + z = 0,\ x + y + z = 1$.

## Übungen zu 1.3

**1.** a) Nicht definiert b) $4 \times 2$ c) Nicht definiert d) Nicht definiert e) $5 \times 5$ f) $5 \times 2$ g) Nicht definiert h) $5 \times 2$

**2.** $a = 5,\ b = -3,\ c = 4,\ d = 1$

**3.** a) $\begin{bmatrix} 7 & 6 & 5 \\ -2 & 1 & 3 \\ 7 & 3 & 7 \end{bmatrix}$ b) $\begin{bmatrix} -5 & 4 & -1 \\ 0 & -1 & -1 \\ -1 & 1 & 1 \end{bmatrix}$ c) $\begin{bmatrix} 15 & 0 \\ -5 & 10 \\ 5 & 5 \end{bmatrix}$

d) $\begin{bmatrix} -7 & -28 & -14 \\ -21 & -7 & -35 \end{bmatrix}$ e) Nicht definiert f) $\begin{bmatrix} 22 & -6 & 8 \\ -2 & 4 & 6 \\ 10 & 0 & 4 \end{bmatrix}$

g) $\begin{bmatrix} -39 & -21 & -24 \\ 9 & -6 & -15 \\ -33 & -12 & -30 \end{bmatrix}$ h) $\begin{bmatrix} 0 & 0 \\ 0 & 0 \\ 0 & 0 \end{bmatrix}$ i) 5 j) $-25$ k) 168

l) Nicht definiert

**4.** a) $\begin{bmatrix} 7 & 2 & 4 \\ 3 & 5 & 7 \end{bmatrix}$ b) $\begin{bmatrix} -5 & 0 & -1 \\ 4 & -1 & 1 \\ -1 & -1 & 1 \end{bmatrix}$ c) $\begin{bmatrix} -5 & 0 & -1 \\ 4 & -1 & 1 \\ -1 & -1 & 1 \end{bmatrix}$

d) Nicht definiert e) $\begin{bmatrix} -\frac{1}{4} & \frac{3}{2} \\ \frac{9}{4} & 0 \\ \frac{3}{4} & \frac{9}{4} \end{bmatrix}$ f) $\begin{bmatrix} 0 & -1 \\ 1 & 0 \end{bmatrix}$ g) $\begin{bmatrix} 9 & 1 & -1 \\ -13 & 2 & -4 \\ 0 & 1 & -6 \end{bmatrix}$

h) $\begin{bmatrix} 9 & -13 & 0 \\ 1 & 2 & 1 \\ -1 & -4 & -6 \end{bmatrix}$

**5.** a) $\begin{bmatrix} 12 & -3 \\ -4 & 5 \\ 4 & 1 \end{bmatrix}$ b) Nicht definiert c) $\begin{bmatrix} 42 & 108 & 75 \\ 12 & -3 & 21 \\ 36 & 78 & 63 \end{bmatrix}$

d) $\begin{bmatrix} 3 & 45 & 9 \\ 11 & -11 & 17 \\ 7 & 17 & 13 \end{bmatrix}$ e) $\begin{bmatrix} 3 & 45 & 9 \\ 11 & -11 & 17 \\ 7 & 17 & 13 \end{bmatrix}$ f) $\begin{bmatrix} 21 & 17 \\ 17 & 35 \end{bmatrix}$

g) $\begin{bmatrix} 0 & -2 & 11 \\ 12 & 1 & 8 \end{bmatrix}$ h) $\begin{bmatrix} 12 & 6 & 9 \\ 48 & -20 & 14 \\ 24 & 8 & 16 \end{bmatrix}$ i) 61 j) 35 k) 28

**6.** a) $\begin{bmatrix} -6 & -3 \\ 36 & 0 \\ 4 & 7 \end{bmatrix}$ b) Nicht definiert c) $\begin{bmatrix} 2 & -10 & 11 \\ 13 & 2 & 5 \\ 4 & -3 & 13 \end{bmatrix}$

d) $\begin{bmatrix} 10 & -6 \\ -14 & 2 \\ -1 & -8 \end{bmatrix}$ e) $\begin{bmatrix} 40 & 72 \\ 26 & 42 \end{bmatrix}$ f) $\begin{bmatrix} 0 & 0 & 0 \\ 0 & 0 & 0 \\ 0 & 0 & 0 \end{bmatrix}$

**7.** a) $[67 \quad 41 \quad 41]$ b) $[63 \quad 67 \quad 57]$ c) $\begin{bmatrix} 41 \\ 21 \\ 67 \end{bmatrix}$

d) $\begin{bmatrix} 6 \\ 6 \\ 63 \end{bmatrix}$ e) $[24 \quad 56 \quad 97]$ f) $\begin{bmatrix} 76 \\ 98 \\ 97 \end{bmatrix}$

**8.** a) $\begin{bmatrix} 67 \\ 64 \\ 63 \end{bmatrix} = 6\begin{bmatrix} 3 \\ 6 \\ 0 \end{bmatrix} + 0\begin{bmatrix} -2 \\ 5 \\ 4 \end{bmatrix} + 7\begin{bmatrix} 7 \\ 4 \\ 9 \end{bmatrix}$ b) $\begin{bmatrix} 6 \\ 6 \\ 63 \end{bmatrix} = 3\begin{bmatrix} 6 \\ 0 \\ 7 \end{bmatrix} + 6\begin{bmatrix} -2 \\ 1 \\ 7 \end{bmatrix} + 0\begin{bmatrix} 4 \\ 3 \\ 5 \end{bmatrix}$

$\begin{bmatrix} 41 \\ 21 \\ 67 \end{bmatrix} = -2\begin{bmatrix} 3 \\ 6 \\ 0 \end{bmatrix} + 1\begin{bmatrix} -2 \\ 5 \\ 4 \end{bmatrix} + 7\begin{bmatrix} 7 \\ 4 \\ 9 \end{bmatrix}$ $\begin{bmatrix} -6 \\ 17 \\ 41 \end{bmatrix} = -2\begin{bmatrix} 6 \\ 0 \\ 7 \end{bmatrix} + 5\begin{bmatrix} -2 \\ 1 \\ 7 \end{bmatrix} + 4\begin{bmatrix} 4 \\ 3 \\ 5 \end{bmatrix}$

$\begin{bmatrix} 41 \\ 59 \\ 57 \end{bmatrix} = 4\begin{bmatrix} 3 \\ 6 \\ 0 \end{bmatrix} + 3\begin{bmatrix} -2 \\ 5 \\ 4 \end{bmatrix} + 5\begin{bmatrix} 7 \\ 4 \\ 9 \end{bmatrix}$ $\begin{bmatrix} 70 \\ 31 \\ 122 \end{bmatrix} = 7\begin{bmatrix} 6 \\ 0 \\ 7 \end{bmatrix} + 4\begin{bmatrix} -2 \\ 1 \\ 7 \end{bmatrix} + 9\begin{bmatrix} 4 \\ 3 \\ 5 \end{bmatrix}$

**10.** a) $[67 \quad 41 \quad 41] = 3[6 \quad -2 \quad 4] - 2[0 \quad 1 \quad 3] + 7[7 \quad 7 \quad 5]$
$[64 \quad 21 \quad 59] = 6[6 \quad -2 \quad 4] + 5[0 \quad 1 \quad 3] + 4[7 \quad 7 \quad 5]$
$[63 \quad 67 \quad 57] = 0[6 \quad -2 \quad 4] + 4[0 \quad 1 \quad 3] + 9[7 \quad 7 \quad 5]$

b) $[6 \quad -6 \quad 70] = 6[3 \quad -2 \quad 7] - 2[6 \quad 5 \quad 4] + 4[0 \quad 4 \quad 9]$
$[6 \quad 17 \quad 31] = 0[3 \quad -2 \quad 7] + 1[6 \quad 5 \quad 4] + 3[0 \quad 4 \quad 9]$
$[63 \quad 41 \quad 122] = 7[3 \quad -2 \quad 7] + 7[6 \quad 5 \quad 4] + 5[0 \quad 4 \quad 9]$

**13.** a) $A = \begin{bmatrix} 2 & -3 & 5 \\ 9 & -1 & 1 \\ 1 & 5 & 4 \end{bmatrix}, \ \mathbf{x} = \begin{bmatrix} x_1 \\ x_2 \\ x_3 \end{bmatrix}, \ \mathbf{b} = \begin{bmatrix} 7 \\ -1 \\ 0 \end{bmatrix}$

b) $A = \begin{bmatrix} 4 & 0 & -3 & 1 \\ 5 & 1 & 0 & -8 \\ 2 & -5 & 9 & -1 \\ 0 & 3 & -1 & 7 \end{bmatrix}, \ \mathbf{x} = \begin{bmatrix} x_1 \\ x_2 \\ x_3 \\ x_4 \end{bmatrix}, \ \mathbf{b} = \begin{bmatrix} 1 \\ 3 \\ 0 \\ 2 \end{bmatrix}$

**14.** a) $\begin{aligned} 3x_1 - x_2 + 2x_3 &= 2 \\ 4x_1 + 3x_2 + 7x_3 &= -1 \\ -2x_1 + x_2 + 5x_3 &= 4 \end{aligned}$ b) $\begin{aligned} 3w - 2x + z &= 0 \\ 5w + 2y - 2z &= 0 \\ 3w + x + 4y + 7z &= 0 \\ -2w + 5x + y + 6z &= 0 \end{aligned}$

**15.** $\begin{bmatrix} -1 & 23 & -10 \\ 37 & -13 & 8 \\ 29 & 23 & 41 \end{bmatrix}$

**16.** a) $\begin{bmatrix} -3 & -15 & -11 \\ 21 & -15 & 44 \end{bmatrix}$ b) $\begin{bmatrix} 4 & -7 & -19 & -43 \\ 2 & 2 & 18 & 17 \\ 0 & 5 & 25 & 35 \\ 2 & 3 & 23 & 24 \end{bmatrix}$ c) $\begin{bmatrix} 3 & 3 \\ -1 & 4 \\ 1 & 5 \\ 4 & -4 \\ 0 & 14 \end{bmatrix}$

**17.** a) $A_{11}$ ist eine $2 \times 3$-Matrix, $B_{11}$ eine $2 \times 2$-Matrix; $A_{11}B_{11}$ existiert nicht.

b) $\begin{bmatrix} -1 & 23 & -10 \\ 37 & -13 & 8 \\ 29 & 23 & 41 \end{bmatrix}$

**21.** a) $\begin{bmatrix} a_{11} & 0 & 0 & 0 & 0 & 0 \\ 0 & a_{22} & 0 & 0 & 0 & 0 \\ 0 & 0 & a_{33} & 0 & 0 & 0 \\ 0 & 0 & 0 & a_{44} & 0 & 0 \\ 0 & 0 & 0 & 0 & a_{55} & 0 \\ 0 & 0 & 0 & 0 & 0 & a_{66} \end{bmatrix}$ b) $\begin{bmatrix} a_{11} & a_{12} & a_{13} & a_{14} & a_{15} & a_{16} \\ 0 & a_{22} & a_{23} & a_{24} & a_{25} & a_{26} \\ 0 & 0 & a_{33} & a_{34} & a_{35} & a_{36} \\ 0 & 0 & 0 & a_{44} & a_{45} & a_{46} \\ 0 & 0 & 0 & 0 & a_{55} & a_{56} \\ 0 & 0 & 0 & 0 & 0 & a_{66} \end{bmatrix}$

c) $\begin{bmatrix} a_{11} & 0 & 0 & 0 & 0 & 0 \\ a_{21} & a_{22} & 0 & 0 & 0 & 0 \\ a_{31} & a_{32} & a_{33} & 0 & 0 & 0 \\ a_{41} & a_{42} & a_{43} & a_{44} & 0 & 0 \\ a_{51} & a_{52} & a_{53} & a_{54} & a_{55} & 0 \\ a_{61} & a_{62} & a_{63} & a_{64} & a_{65} & a_{66} \end{bmatrix}$ d) $\begin{bmatrix} a_{11} & a_{12} & 0 & 0 & 0 & 0 \\ a_{21} & a_{22} & a_{23} & 0 & 0 & 0 \\ 0 & a_{32} & a_{33} & a_{34} & 0 & 0 \\ 0 & 0 & a_{43} & a_{44} & a_{45} & 0 \\ 0 & 0 & 0 & a_{54} & a_{55} & a_{56} \\ 0 & 0 & 0 & 0 & a_{65} & a_{66} \end{bmatrix}$

**22.** a) $\begin{bmatrix} 2 & 3 & 4 & 5 \\ 3 & 4 & 5 & 6 \\ 4 & 5 & 6 & 7 \\ 5 & 6 & 7 & 8 \end{bmatrix}$ b) $\begin{bmatrix} 1 & 1 & 1 & 1 \\ 1 & 2 & 4 & 8 \\ 1 & 3 & 9 & 27 \\ 1 & 4 & 16 & 64 \end{bmatrix}$ c) $\begin{bmatrix} -1 & -1 & 1 & 1 \\ -1 & -1 & -1 & 1 \\ 1 & -1 & -1 & -1 \\ 1 & 1 & -1 & -1 \end{bmatrix}$

## Übungen zu 1.4

**4.** $A^{-1} = \begin{bmatrix} 2 & -1 \\ -5 & 3 \end{bmatrix}$, $B^{-1} = \begin{bmatrix} \frac{1}{5} & \frac{3}{20} \\ -\frac{1}{5} & \frac{1}{10} \end{bmatrix}$, $C^{-1} = \begin{bmatrix} \frac{1}{2} & 0 \\ 0 & \frac{1}{3} \end{bmatrix}$ **6.** Nein

**7.** a) $A = \begin{bmatrix} \frac{5}{13} & \frac{1}{13} \\ -\frac{3}{13} & \frac{2}{13} \end{bmatrix}$ b) $A = \begin{bmatrix} \frac{2}{7} & 1 \\ \frac{1}{7} & \frac{3}{7} \end{bmatrix}$ c) $A = \begin{bmatrix} -\frac{2}{5} & 1 \\ -\frac{1}{5} & \frac{3}{5} \end{bmatrix}$ d) $A = \begin{bmatrix} -\frac{9}{13} & \frac{1}{13} \\ \frac{2}{13} & -\frac{6}{13} \end{bmatrix}$

**8.** $A^3 = \begin{bmatrix} 8 & 0 \\ 28 & 1 \end{bmatrix}$, $A^{-3} = \begin{bmatrix} \frac{1}{8} & 0 \\ -\frac{7}{2} & 1 \end{bmatrix}$, $A^2 - 2A + I = \begin{bmatrix} 1 & 0 \\ 4 & 0 \end{bmatrix}$

**9.** a) $p(A) = \begin{bmatrix} 1 & 1 \\ 2 & -1 \end{bmatrix}$ b) $p(A) = \begin{bmatrix} 20 & 7 \\ 14 & 6 \end{bmatrix}$ c) $p(A) = \begin{bmatrix} 39 & 13 \\ 26 & 13 \end{bmatrix}$

**11.** $\begin{bmatrix} \cos\theta & -\sin\theta \\ \sin\theta & \cos\theta \end{bmatrix}$ **12.** c) $(A+B)^2 = A^2 + AB + BA + B^2$

**13.** $A^{-1} = \begin{bmatrix} \frac{1}{a_{11}} & 0 & \cdots & 0 \\ 0 & \frac{1}{a_{22}} & \cdots & 0 \\ \vdots & \vdots & & \vdots \\ 0 & 0 & \cdots & \frac{1}{a_{nn}} \end{bmatrix}$

**18.** $0A$ und $A0$ können verschiedenes Format haben. **19.** $\begin{bmatrix} \pm 1 & 0 & 0 \\ 0 & \pm 1 & 0 \\ 0 & 0 & \pm 1 \end{bmatrix}$

**20.** a) Zum Beispiel $\begin{bmatrix} 1 & 2 & 3 \\ 2 & 1 & 4 \\ 3 & 4 & 5 \end{bmatrix}$.

b) Zum Beispiel $\begin{bmatrix} 0 & -1 & -1 \\ 1 & 0 & -1 \\ 1 & 1 & 0 \end{bmatrix}$.

## Übungen zu 1.5

**1.** c), d), f)

**2.** a) Addition des Dreifachen der ersten Zeile zur zweiten.
b) Multiplikation der dritten Zeile mit $\frac{1}{3}$.
c) Vertauschen der ersten und vierten Zeile.
d) Addition des $\frac{1}{7}$fachen der dritten Zeile zur ersten.

**3.** a) $\begin{bmatrix} 0 & 0 & 1 \\ 0 & 1 & 0 \\ 1 & 0 & 0 \end{bmatrix}$ b) $\begin{bmatrix} 0 & 0 & 1 \\ 0 & 1 & 0 \\ 1 & 0 & 0 \end{bmatrix}$ c) $\begin{bmatrix} 1 & 0 & 0 \\ 0 & 1 & 0 \\ -2 & 0 & 1 \end{bmatrix}$ d) $\begin{bmatrix} 1 & 0 & 0 \\ 0 & 1 & 0 \\ 2 & 0 & 1 \end{bmatrix}$

**4.** Nein; $C$ ergibt sich nicht durch eine elementare Zeilenumformung aus $B$.

**5.** a) $\begin{bmatrix} -7 & 4 \\ 2 & -1 \end{bmatrix}$ b) $\begin{bmatrix} -\frac{5}{39} & \frac{2}{13} \\ \frac{4}{39} & \frac{1}{13} \end{bmatrix}$ c) Nicht invertierbar.

**6.** a) $\begin{bmatrix} \frac{3}{2} & -\frac{11}{10} & -\frac{6}{5} \\ -1 & 1 & 1 \\ -\frac{1}{2} & \frac{7}{10} & \frac{2}{5} \end{bmatrix}$ b) Nicht invertierbar. c) $\begin{bmatrix} \frac{1}{2} & -\frac{1}{2} & \frac{1}{2} \\ -\frac{1}{2} & \frac{1}{2} & \frac{1}{2} \\ \frac{1}{2} & \frac{1}{2} & -\frac{1}{2} \end{bmatrix}$

d) $\begin{bmatrix} \frac{7}{2} & 0 & -3 \\ -1 & 1 & 0 \\ 0 & -1 & 1 \end{bmatrix}$ e) $\begin{bmatrix} \frac{1}{2} & -\frac{1}{2} & \frac{1}{2} \\ 0 & 0 & 1 \\ \frac{1}{2} & \frac{1}{2} & -\frac{1}{2} \end{bmatrix}$

**7.** a) $\begin{bmatrix} 1 & 3 & 1 \\ 0 & 1 & -1 \\ -2 & 2 & 0 \end{bmatrix}$ b) $\begin{bmatrix} \frac{\sqrt{2}}{26} & \frac{-3\sqrt{2}}{26} & 0 \\ \frac{4\sqrt{2}}{26} & \frac{\sqrt{2}}{26} & 0 \\ 0 & 0 & 1 \end{bmatrix}$

c) $\begin{bmatrix} 1 & 0 & 0 & 0 \\ -\frac{1}{3} & \frac{1}{3} & 0 & 0 \\ 0 & -\frac{1}{5} & \frac{1}{5} & 0 \\ 0 & 0 & -\frac{1}{7} & \frac{1}{7} \end{bmatrix}$ d) Nicht invertierbar.

**8.** a) $\begin{bmatrix} \frac{1}{k_1} & 0 & 0 & 0 \\ 0 & \frac{1}{k_2} & 0 & 0 \\ 0 & 0 & \frac{1}{k_3} & 0 \\ 0 & 0 & 0 & \frac{1}{k_4} \end{bmatrix}$ b) $\begin{bmatrix} 0 & 0 & 0 & \frac{1}{k_4} \\ 0 & 0 & \frac{1}{k_3} & 0 \\ 0 & \frac{1}{k_2} & 0 & 0 \\ \frac{1}{k_1} & 0 & 0 & 0 \end{bmatrix}$ c) $\begin{bmatrix} \frac{1}{k} & 0 & 0 & 0 \\ -\frac{1}{k^2} & \frac{1}{k} & 0 & 0 \\ \frac{1}{k^3} & -\frac{1}{k^2} & \frac{1}{k} & 0 \\ -\frac{1}{k^4} & \frac{1}{k^3} & -\frac{1}{k^2} & \frac{1}{k} \end{bmatrix}$

**9.** a) $E_1 = \begin{bmatrix} 1 & 0 \\ 5 & 1 \end{bmatrix}$, $E_2 = \begin{bmatrix} 1 & 0 \\ 0 & \frac{1}{2} \end{bmatrix}$ b) $A^{-1} = E_2 E_1$ c) $A = E_1^{-1} E_2^{-1}$

**11.** $\begin{bmatrix} 1 & 0 & 0 \\ 0 & 1 & 0 \\ 0 & -2 & 1 \end{bmatrix} \begin{bmatrix} 1 & 0 & 0 \\ 0 & 1 & 0 \\ 1 & 0 & 1 \end{bmatrix} \begin{bmatrix} 0 & 1 & 0 \\ 1 & 0 & 0 \\ 0 & 0 & 1 \end{bmatrix} \begin{bmatrix} 1 & 3 & 3 & 8 \\ 0 & 1 & 7 & 8 \\ 0 & 0 & 0 & 0 \end{bmatrix}$

**16.** b) Addition des (−1)fachen der ersten Zeile zur dritten;
Addition des (−1)fachen der ersten Zeile zur zweiten;
Addition des (−1)fachen der zweiten Zeile zur ersten;
Addition der zweiten Zeile zur dritten.

## Übungen zu 1.6

**1.** $x_1 = 3, x_2 = -1$ **2.** $x_1 = -3, x_2 = -3$ **3.** $x_1 = -1, x_2 = 4, x_3 = -7$

**4.** $x_1 = 1, x_2 = -11, x_3 = 16$ **5.** $x_1 = 1, x_2 = 5, x_3 = -1$

**6.** $w = -6, x = 1, y = 10, z = -7$ **7.** $x_1 = 2b_1 - 5b_2, x_2 = -b_1 + 3b_2$

**8.** $x_1 = -\frac{15}{2}b_1 + \frac{1}{2}b_2 + \frac{5}{2}b_3, x_2 = \frac{1}{2}b_1 + \frac{1}{2}b_2 - \frac{1}{2}b_3, x_3 = \frac{5}{2}b_1 - \frac{1}{2}b_2 - \frac{1}{2}b_3$

**9.** a) $x_1 = \frac{16}{3}, x_2 = -\frac{4}{3}, x_3 = -\frac{11}{3}$ b) $x_1 = -\frac{5}{3}, x_2 = \frac{5}{3}, x_3 = \frac{10}{3}$

c) $x_1 = 3, x_2 = 0, x_3 = -4$

**11.** a) $x_1 = \frac{22}{17}, x_2 = \frac{1}{17}$
b) $x_1 = \frac{21}{17}, x_2 = \frac{11}{17}$

**12.** a) $x_1 = -18, x_2 = -1, x_3 = -14$
b) $x_1 = -\frac{421}{2}, x_2 = -\frac{25}{2}, x_3 = -\frac{327}{2}$

**13.** a) $x_1 = \frac{7}{15}, x_2 = \frac{4}{15}$
b) $x_1 = \frac{34}{15}, x_2 = \frac{28}{15}$
c) $x_1 = \frac{19}{15}, x_2 = \frac{13}{15}$
d) $x_1 = -\frac{1}{5}, x_2 = \frac{3}{5}$

**14.** a) $x_1 = 18, x_2 = -9, x_3 = 2$
b) $x_1 = -23, x_2 = 11, x_3 = -2$
c) $x_1 = 5, x_2 = -2, x_3 = 0$

**15.** a) $x_1 = -12 - 3t, x_2 = -5 - t, x_3 = t$
b) $x_1 = 7 - 3t, x_2 = 3 - t, x_3 = t$

**16.** $b_1 = 2b_2$

**17.** $b_1 = b_2 + b_3$ **18.** Das System ist immer konsistent.

**19.** $b_1 = b_3 + b_4, b_2 = 2b_3 + b_4$ **21.** $X = \begin{bmatrix} 11 & 12 & -3 & 27 & 26 \\ -6 & -8 & 1 & -18 & -17 \\ -15 & -21 & 9 & -38 & -35 \end{bmatrix}$

**22.** a) Das System hat nur die triviale Lösung $x_1 = x_2 = x_3 = x_4 = 0$; die Matrix ist invertierbar.
b) Unendlich viele Lösungen; die Matrix ist nicht invertierbar.

## Übungen zu 1.7

**1.** a) $\begin{bmatrix} \frac{1}{2} & 0 \\ 0 & -\frac{1}{5} \end{bmatrix}$ b) Nicht invertierbar. c) $\begin{bmatrix} -1 & 0 & 0 \\ 0 & \frac{1}{2} & 0 \\ 0 & 0 & 3 \end{bmatrix}$

**2.** a) $\begin{bmatrix} 6 & 3 \\ 4 & -1 \\ 4 & 10 \end{bmatrix}$ b) $\begin{bmatrix} -24 & -10 & 12 \\ 3 & -10 & 0 \\ 60 & 20 & -16 \end{bmatrix}$

**3.** a) $A^2 = \begin{bmatrix} 1 & 0 \\ 0 & 4 \end{bmatrix}$, $A^{-2} = \begin{bmatrix} 1 & 0 \\ 0 & \frac{1}{4} \end{bmatrix}$, $A^{-k} = \begin{bmatrix} 1 & 0 \\ 0 & 1/(-2)^k \end{bmatrix}$

b) $A^2 = \begin{bmatrix} \frac{1}{4} & 0 & 0 \\ 0 & \frac{1}{9} & 0 \\ 0 & 0 & \frac{1}{16} \end{bmatrix}$, $A^{-2} = \begin{bmatrix} 4 & 0 & 0 \\ 0 & 9 & 0 \\ 0 & 0 & 16 \end{bmatrix}$, $A^{-k} = \begin{bmatrix} 2^k & 0 & 0 \\ 0 & 3^k & 0 \\ 0 & 0 & 4^k \end{bmatrix}$

**4.** b), c) **5.** a) **6.** $a = 11, b = -9, c = -13$ **7.** $a = 2, b = -1$

**8.** a) Die Matrizen kommutieren nicht. b) Die Matrizen kommutieren.

**10.** a) $\begin{bmatrix} 1 & 0 & 0 \\ 0 & -1 & 0 \\ 0 & 0 & -1 \end{bmatrix}$ b) $\begin{bmatrix} \frac{1}{3} & 0 & 0 \\ 0 & \frac{1}{2} & 0 \\ 0 & 0 & 1 \end{bmatrix}$

**11.** a) $\begin{bmatrix} a_{11} & a_{12} & a_{13} \\ a_{21} & a_{22} & a_{23} \\ a_{31} & a_{32} & a_{33} \end{bmatrix} \begin{bmatrix} 3 & 0 & 0 \\ 0 & 5 & 0 \\ 0 & 0 & 7 \end{bmatrix}$ b) Nein **19.** $\frac{n}{2}(1+n)$

**20.** a) A ist symmetrisch. b) A ist nicht symmetrisch.
c) A ist symmetrisch. d) A ist nicht symmetrisch.

**21.** a) $x_1 = \frac{7}{4}, x_2 = 1, x_3 = -\frac{1}{2}$ b) $x_1 = -\frac{3}{2}, x_2 = -\frac{5}{2}, x_3 = -3$

## Ergänzende Übungen zu Kapitel 1

**1.** $x' = \frac{3}{5}x + \frac{4}{5}y, y' = -\frac{4}{5}x + \frac{3}{5}y$

**2.** $x' = x\cos\theta + y\sin\theta$, $y' = -x\sin\theta + y\cos\theta$

**3.** Zum Beispiel

$$\begin{aligned} x_1 - 2x_2 - x_3 - x_4 &= 0 \\ x_1 + 5x_2 \qquad + 2x_4 &= 0 \end{aligned}$$

**4.** 3 Einpfennig-, 4 Fünfpfenning-, 6 Zehnpfennigstücke.

**5.** $x = 4, y = 2, z = 3$

**6.** Das System hat für $a = 2$ und $a = -\frac{3}{2}$ unendlich viele Lösungen, für alle anderen Werte von $a$ keine Lösungen.

**7.** a) $a \neq 0, b \neq 2$ b) $a \neq 0, b = 2$ c) $a = 0, b = 2$ d) $a = 0, b \neq 2$

**8.** $x = \frac{5}{9}, y = 9, z = \frac{1}{3}$

**9.** $K = \begin{bmatrix} 0 & 2 \\ 1 & 1 \end{bmatrix}$

**10.** $a = 2, b = -1, c = 1$

**11.** a) $X = \begin{bmatrix} -1 & 3 & -1 \\ 6 & 0 & 1 \end{bmatrix}$ b) $X = \begin{bmatrix} 1 & -2 \\ 3 & 1 \end{bmatrix}$ c) $X = \begin{bmatrix} -\frac{113}{37} & -\frac{160}{37} \\ -\frac{20}{37} & -\frac{46}{37} \end{bmatrix}$

**12.** a) $\mathbf{z} = \begin{bmatrix} -1 & -7 & 11 \\ 14 & 10 & -26 \end{bmatrix} \mathbf{x}$ b) $z_1 = -x_1 - 7x_2 + 11x_3$

$z_2 = 14x_1 + 10x_2 - 26x_3$

**13.** $mpn$ Multiplikationen und $mp(n-1)$ Additionen.

**15.** $a = 1, b = -2, c = 3$ **16.** $a = 1, b = -4, c = -5$

**26.** $A = -\frac{7}{5}, B = \frac{4}{5}, C = \frac{3}{5}$

## Übungen zu 2.1

**1.** a) 5 b) 9 c) 6 d) 10 e) 0 f) 2

**2.** a) Ungerade b) Ungerade c) Gerade d) Gerade e) Gerade f) Gerade

**3.** 22 **4.** 0 **5.** 52 **6.** $-3\sqrt{6}$ **7.** $a^2 - 5a + 21$ **8.** 0

**9.** $-65$ **10.** $-4$ **11.** $-123$ **12.** $-c^4 + c^3 - 16c^2 + 8c - 2$

**13.** a) $\lambda = 1, \lambda = -3$ b) $\lambda = -2, \lambda = 3, \lambda = 4$

**16.** 275 **17.** a) $= -120$ b) $= -120$ **18.** $x = \dfrac{3 \pm \sqrt{33}}{4}$

## Übungen zu 2.2

**1.** a) $-30$ b) $-2$ c) 0 d) 0 **3.** a) $-5$ b) $-1$ c) 1 **4.** 30

**5.** 5 **6.** $-17$ **7.** 33 **8.** 39 **9.** 6 **10.** $-\frac{1}{6}$ **11.** $-2$

**12.** a) $-6$ b) 72 c) $-6$ d) 18

## Übungen zu 2.3

**1.** a) $\det(2A) = -40 = 2^2 \det(A)$ b) $\det(-2A) = -208 = (-2)^3 \det(A)$

**2.** $\det AB = -170 = (\det A)(\det B)$

**4.** a) Invertierbar b) Nicht invertierbar c) Nicht invertierbar d) Nicht invertierbar

**5.** a) $-189$ b) $-\frac{1}{7}$ c) $-\frac{8}{7}$ d) $-\frac{1}{56}$ e) 7

**6.** Für $x = 0$ sind die erste und dritte Zeile proportional, für $x = 2$ die erste und zweite Zeile.

**12.** a) $k = \dfrac{5 \pm \sqrt{17}}{2}$ b) $k = -1$

**14.** a) $\begin{bmatrix} \lambda - 1 & -2 \\ -2 & \lambda - 1 \end{bmatrix} \begin{bmatrix} x_1 \\ x_2 \end{bmatrix} = \begin{bmatrix} 0 \\ 0 \end{bmatrix}$

b) $\begin{bmatrix} \lambda - 2 & -3 \\ -4 & \lambda - 3 \end{bmatrix} \begin{bmatrix} x_1 \\ x_2 \end{bmatrix} = \begin{bmatrix} 0 \\ 0 \end{bmatrix}$

c) $\begin{bmatrix} \lambda - 3 & -1 \\ 5 & \lambda + 3 \end{bmatrix} \begin{bmatrix} x_1 \\ x_2 \end{bmatrix} = \begin{bmatrix} 0 \\ 0 \end{bmatrix}$

**15.** a) $\lambda^2 - 2\lambda - 3 = 0$ b) $\lambda = -1, \lambda = 3$ c) $\begin{bmatrix} -t \\ t \end{bmatrix}, \begin{bmatrix} t \\ t \end{bmatrix}$

a) $\lambda^2 - 5\lambda - 6 = 0$ b) $\lambda = -1, \lambda = 6$ c) $\begin{bmatrix} -t \\ t \end{bmatrix}, \begin{bmatrix} \frac{3}{4}t \\ t \end{bmatrix}$

a) $\lambda^2 - 4 = 0$ b) $\lambda = -2, \lambda = 2$ c) $\begin{bmatrix} \frac{t}{5} \\ t \end{bmatrix}, \begin{bmatrix} -t \\ t \end{bmatrix}$

## Übungen zu 2.4

**1.** a) $M_{11} = 29, M_{12} = 21, M_{13} = 27, M_{21} = -11, M_{22} = 13,$
$M_{23} = -5, M_{31} = -19, M_{32} = -19, M_{33} = 19$

b) $C_{11} = 29, C_{12} = -21, C_{13} = 27, C_{21} = 11, C_{22} = 13,$
$C_{23} = 5, C_{31} = -19, C_{32} = 19, C_{33} = 19$

**2.** a) $M_{13} = 0, C_{13} = 0$ b) $M_{23} = -96, C_{23} = 96$
c) $M_{22} = -48, C_{22} = -48$ d) $M_{21} = 72, C_{21} = -72$

**3.** 152

**4.** a) $\operatorname{adj}(A) = \begin{bmatrix} 29 & 11 & -19 \\ -21 & 13 & 19 \\ 27 & 5 & 19 \end{bmatrix}$ b) $A^{-1} = \begin{bmatrix} \frac{29}{152} & \frac{11}{152} & -\frac{19}{152} \\ -\frac{21}{152} & \frac{13}{152} & \frac{19}{152} \\ \frac{27}{152} & \frac{5}{152} & \frac{19}{152} \end{bmatrix}$

**5.** $-40$ **6.** $-66$ **7.** 0 **8.** $k^3 - 8k^2 - 10k + 95$ **9.** $-240$

**10.** 0 **11.** $A^{-1} = \begin{bmatrix} 3 & -5 & -5 \\ -3 & 4 & 5 \\ 2 & -2 & -3 \end{bmatrix}$ **12.** $A^{-1} = \begin{bmatrix} 2 & 0 & \frac{3}{2} \\ \frac{2}{3} & \frac{1}{3} & \frac{2}{3} \\ -1 & 0 & -1 \end{bmatrix}$

**13.** $A^{-1} = \begin{bmatrix} \frac{1}{2} & \frac{3}{2} & 1 \\ 0 & 1 & \frac{3}{2} \\ 0 & 0 & \frac{1}{2} \end{bmatrix}$ **14.** $A^{-1} = \begin{bmatrix} \frac{1}{2} & 0 & 0 \\ -4 & 1 & 0 \\ \frac{29}{12} & -\frac{1}{2} & \frac{1}{6} \end{bmatrix}$

**15.** $A^{-1} = \begin{bmatrix} -4 & 3 & 0 & -1 \\ 2 & -1 & 0 & 0 \\ -7 & 0 & -1 & 8 \\ 6 & 0 & 1 & -7 \end{bmatrix}$ **16.** $x_1 = 1, x_2 = 2$

**17.** $x = \frac{3}{11}, y = \frac{2}{11}, z = -\frac{1}{11}$ **18.** $x = -\frac{144}{55}, y = -\frac{61}{55}, z = \frac{46}{11}$

**19.** $x_1 = -\frac{30}{11}, x_2 = -\frac{38}{11}, x_3 = -\frac{40}{11}$ **20.** $x_1 = 5, x_2 = 8, x_3 = 3, x_4 = -1$

**21.** Die Cramersche Regel läßt sich nicht anwenden.

**22.** $A^{-1} = \begin{bmatrix} \cos\theta & -\sin\theta & 0 \\ \sin\theta & \cos\theta & 0 \\ 0 & 0 & 1 \end{bmatrix}$ **23.** $y = 0$ **24.** $x = 1, y = 0, z = 2, w = 0$

## Ergänzende Übungen zu Kapitel 2

**1.** $x' = \frac{3}{5}x + \frac{4}{5}y, y' = -\frac{4}{5}x + \frac{3}{5}y$

**2.** $x' = x\cos\theta + y\sin\theta, y' = -x\sin\theta + y\cos\theta$ **4.** 2

**5.** $\cos\beta = \dfrac{c^2 + a^2 - b^2}{2ac}$, $\cos\gamma = \dfrac{a^2 + b^2 - c^2}{2ab}$ **10.** b) $\frac{19}{2}$

**12.** $\det(B) = -1^{n(n-1)/2} > \det(A)$

**13.** a) Die $i$-te und $j$-te Spalte werden vertauscht.
b) Die $i$-te Spalte wird durch $c$ dividiert.
c) Das $(-c)$fache der $j$-ten Spalte wird zur $i$-ten addiert.

**15.** a) $\lambda^3 + (-a_{11} - a_{22} - a_{33})\lambda^2$
$+ (a_{11}a_{22} + a_{11}a_{33} + a_{22}a_{33} - a_{12}a_{21} - a_{13}a_{31} - a_{23}a_{32})\lambda$
$+ (a_{11}a_{23}a_{32} + a_{12}a_{21}a_{33} + a_{13}a_{22}a_{31} - a_{11}a_{22}a_{33} - a_{12}a_{23}a_{31} - a_{13}a_{21}a_{32})$

**18.** a) $\lambda = -5, \lambda = 2, \lambda = 4;$ $\begin{bmatrix} -2t \\ t \\ t \end{bmatrix}, \begin{bmatrix} 5t \\ t \\ t \end{bmatrix}, \begin{bmatrix} 7t \\ 19t \\ t \end{bmatrix}$ b) $\lambda = 1;$ $\begin{bmatrix} \frac{1}{2}t \\ -\frac{1}{2}t \\ t \end{bmatrix}$

## Übungen zu 3.1

**3.** a) $\overrightarrow{P_1P_2} = (-1, -1)$ b) $\overrightarrow{P_1P_2} = (-7, -2)$ c) $\overrightarrow{P_1P_2} = (2, 1)$
d) $\overrightarrow{P_1P_2} = (a, b)$ e) $\overrightarrow{P_1P_2} = (-5, 12, -6)$ f) $\overrightarrow{P_1P_2} = (1, -1, -2)$
g) $\overrightarrow{P_1P_2} = (-a, -b, -c)$ h) $\overrightarrow{P_1P_2} = (a, b, c)$

**4.** a) Zum Beispiel $Q(5, 10, -8)$
b) Zum Beispiel $Q(-7, -4, -2)$

**5.** a) Zum Beispiel $P(-1, 2, -4)$
b) Zum Beispiel $P(7, -2, -6)$

**6.** a) $(-2, 1, -4)$ b) $(-10, 6, 4)$ c) $(-7, 1, 10)$
d) $(80, -20, -80)$ e) $(132, -24, -72)$ f) $(-77, 8, 94)$

**7.** $\mathbf{x} = (-\frac{8}{3}, \frac{1}{2}, \frac{8}{3})$

**8.** $c_1 = 2, c_2 = -1, c_3 = 2$

**10.** $c_1 = c_2 = c_3 = 0$

**11.** a) $(\frac{9}{2}, -\frac{1}{2}, -\frac{1}{2})$ b) $(\frac{23}{4}, -\frac{9}{4}, \frac{1}{4})$

**12.** a) $x' = 5, y' = 8$ b) $x = -1, y = 3$

**14.** $\mathbf{u} = \left(\frac{\sqrt{3}}{2}, \frac{1}{2}\right)$, $\mathbf{v} = \left(-\frac{1}{2}, -\frac{\sqrt{3}}{2}\right)$, $\mathbf{u} + \mathbf{v} = \left(\frac{\sqrt{3} - 1}{2}, \frac{1 - \sqrt{3}}{2}\right)$,

$\mathbf{u} - \mathbf{v} = \left(\frac{\sqrt{3} + 1}{2}, \frac{\sqrt{3} + 1}{2}\right)$

## Übungen zu 3.2

**1.** a) 5 b) $\sqrt{13}$ c) 5 d) $2\sqrt{3}$ e) $3\sqrt{6}$ f) 6

**2.** a) $\sqrt{13}$ b) $2\sqrt{26}$ c) $\sqrt{209}$ d) $3\sqrt{2}$

**3.** a) $\sqrt{83}$ b) $\sqrt{17} + \sqrt{26}$ c) $4\sqrt{17}$ d) $\sqrt{466}$

e) $\left(\frac{3}{\sqrt{61}}, \frac{6}{\sqrt{61}}, -\frac{4}{\sqrt{61}}\right)$ f) 1

**4.** $k = \pm\frac{4}{\sqrt{30}}$

**8.** Eine Kugeloberfläche um $(x_0, y_0, z_0)$ mit Radius 1.

## Übungen zu 3.3

**1.** a) $-11$ b) $-24$ c) 0 d) 0

**2.** a) $-\dfrac{11}{\sqrt{13}\sqrt{74}}$ b) $-\dfrac{3}{\sqrt{10}}$ c) 0 d) 0

**3.** a) Orthogonal
b) Stumpfer Winkel
c) Spitzer Winkel
d) Stumpfer Winkel

**4.** a) $(0,0)$ b) $(\frac{8}{13},-\frac{12}{13})$ c) $(-\frac{16}{13},0,-\frac{80}{13})$ d) $(\frac{16}{89},\frac{12}{89},\frac{32}{89})$

**5.** a) $(6,2)$ b) $(-\frac{24}{13},-\frac{14}{13},)$ c) $(\frac{55}{13},1,-\frac{11}{13})$ d) $(\frac{73}{89},-\frac{12}{89},-\frac{32}{89})$

**6.** a) $\dfrac{2}{5}$ b) $\dfrac{4\sqrt{5}}{5}$ c) $\dfrac{18}{\sqrt{22}}$ d) $\dfrac{43}{\sqrt{54}}$

**9.** a) 102 b) $125\sqrt{2}$ c) 170 d) 170

**11.** $\cos\theta_1 = \dfrac{\sqrt{10}}{10}, \cos\theta_2 = \dfrac{3\sqrt{10}}{10}, \cos\theta_3 = 0$

**12.** Der rechte Winkel liegt bei $B$.

**13.** Nein. Die Gleichung gilt auch, wenn **b** und **c** senkrecht zu **a** sind und $\mathbf{b} \neq \mathbf{c}$ ist.

**15.** a) 1 b) $\dfrac{1}{\sqrt{17}}$ c) $\dfrac{6}{\sqrt{10}}$

**19.** b) $\cos\beta = \dfrac{b}{\|\mathbf{v}\|}, \cos\gamma = \dfrac{c}{\|\mathbf{v}\|}$

**20.** $\theta_1 \approx 71°, \theta_2 \approx 61°, \theta_3 \approx 36°$

## Übungen zu 3.4

**1.** a) $(32,-6,-4)$ b) $(-14,-20,-82)$ c) $(27,40,-42)$
d) $(0,176,-264)$ e) $(-44,55,-22)$ f) $(-8,3,-8)$

**2.** a) $(18,36,-18)$ b) $(-3,9,-3)$ **3.** a) $\sqrt{59}$ b) $\sqrt{101}$ c) 0

**4.** a) $\dfrac{\sqrt{374}}{2}$ b) $\sqrt{285}$

**9.** a) $-3$ b) 3 c) 3 d) $-3$ e) $-3$ f) 0 **10.** a) 16 b) 45

**11.** a) Nein
b) Ja
c) Nein

**12.** $\pm\left(0, \frac{2}{\sqrt{5}}, \frac{1}{\sqrt{5}}\right)$

**13.** $\left(\frac{6}{\sqrt{61}}, -\frac{3}{\sqrt{61}}, \frac{4}{\sqrt{61}}\right), \left(-\frac{6}{\sqrt{61}}, \frac{3}{\sqrt{61}}, -\frac{4}{\sqrt{61}}\right)$ **15.** $2(\mathbf{v} \times \mathbf{u})$ **16.** $\frac{12\sqrt{13}}{49}$

**17.** a) $\frac{\sqrt{26}}{2}$ b) $\frac{\sqrt{26}}{3}$ **19.** a) $\frac{2\sqrt{141}}{\sqrt{29}}$ b) $\frac{\sqrt{137}}{3}$

**21.** a) $\sqrt{122}$ b) $\theta \approx 40°19''$

**23.** a) $\mathbf{m} = (0,1,0)$ und $\mathbf{n} = (1,0,0)$ b) $(-1,0,0)$ c) $(0,0,-1)$

**28.** $(-8,0,-8)$ **31.** a) $\frac{2}{3}$ b) $\frac{1}{2}$

## Übungen zu 3.5

**1.** a) $-2(x+1)+(y-3)-(z+2)=0$
b) $(x-1)+9(y-1)+8(z-4)=0$
c) $2z-0$
d) $x+2y+3z=0$

**2.** a) $-2x+y-z-7=0$
b) $x+9y+8z-42=0$
c) $2z-0$
d) $x+2y+3y=0$

**3.** a) $(0,0,5)$ liegt auf der Ebene, $\mathbf{n} = (-3,7,2)$ steht senkrecht zu ihr, also ist $-3(x-0)+7(y-0)+2(z-5)=0$ eine Punkt-Normalen-Form; weitere Gleichungen erhält man durch Wahl anderer Punkte und Normalenvektoren.

**4.** a) $2y-z+1=0$ b) $x+9y-5z-26=0$

**5.** a) Nicht parallel
b) Parallel
c) Parallel

**6.** a) Parallel
b) Nicht parallel

**7.** a) Nicht senkrecht
b) Senkrecht

**8.** a) Senkrecht
b) Nicht senkrecht

**9.** a) $x = 3 + 2t, y = -1 + t, z = 2 + 3t$
b) $x = -2 + 6t, y = 3 - 6t, z = -3 - 2t$
c) $x = 2, y = 2 + t, z = 6$
d) $x = t, y = -2t, z = 3t$

**10.** a) $x = 5 + t, y = -2 + 2t, z = 4 - 4t$ b) $x = 2t, y = -t, z = -3t$

**11.** a) $x = -12 - 7t, y = -41 - 23t, z = t$ b) $x = \frac{5}{2}t, y = 0, z = t$

**12.** a) $(-2, 4, 1) \cdot (x + 1, y - 2, z - 4) = 0$
b) $(-1, 4, 3) \cdot (x - 2, y, z + 5) = 0$
c) $(-1, 0, 0) \cdot (x - 5, y + 2, z - 1) = 0$
d) $(a, b, c) \cdot (x, y, z) = 0$

**13.** a) Parallel
b) Nicht parallel

**14.** a) Senkrecht
b) Nicht senkrecht

**15.** a) $(x, y, z) = (-1, 2, 3) + t(7, -1, 5)$ $(-\infty < t < +\infty)$
b) $(x, y, z) = (2, 0, -1) + t(1, 1, 1)$ $(-\infty < t < +\infty)$
c) $(x, y, z) = (2, -4, 1) + t(0, 0, -2)$ $(-\infty < t < +\infty)$
d) $(x, y, z) = (0, 0, 0) + t(a, b, c)$ $(-\infty < t < +\infty)$

**17.** $2x + 3y - 5z + 36 = 0$ **18.** a) $z = 0$ b) $y = 0$ c) $x = 0$

**19.** a) $z - z_0 = 0$ b) $x - x_0 = 0$ c) $y - y_0 = 0$ **20.** $7x + 4y - 2z = 0$

**21.** $5x - 2y + z - 34 = 0$ **22.** $(-\frac{173}{3}, -\frac{43}{3}, \frac{49}{3})$ **23.** $y + 2z - 9 = 0$

**24.** $x - y - 4z - 2 = 0$ **26.** $x = \frac{11}{5}t - 2, y = -\frac{2}{5}t + 5, z = t$

**27.** $x + 5y + 3z - 18 = 0$ **28.** $(x - 2) + (y + 1) - 3(z - 4) = 0$

**29.** $4x + 13y - z - 17 = 0$ **30.** $3x + 10y + 4z - 53 = 0$

**31.** $3x - y - z - 2 = 0$ **32.** $5x - 3y + 2z - 5 = 0$

**33.** $2x + 4y + 8z + 13 = 0$ **36.** $x - 4y + 4z + 9 = 0$

**37.** a) $x = \frac{11}{23} + \frac{7}{23}t, y = -\frac{41}{23} - \frac{1}{23}t, z = t$ b) $x = -\frac{2}{3}t, y = 0, z = t$

**39.** a) $\frac{5}{3}$ b) $\frac{1}{\sqrt{29}}$ c) $\frac{4}{\sqrt{3}}$ **40.** a) $\frac{1}{2\sqrt{26}}$ b) 0 c) $\frac{2}{\sqrt{6}}$

**42.** a) $\dfrac{x-3}{2} = y + 1 = \dfrac{z-2}{3}$ b) $\dfrac{x+2}{6} = -\dfrac{y-3}{6} = -\dfrac{z+3}{2}$

**43.** a) Zum Beispiel $x - 2y - 17 = 0$ und $x + 4z - 27 = 0$.
b) Zum Beispiel $x - 2y = 0$ und $-7y + 2z = 0$.

**44.** a) $\theta \approx 35°$ b) $\theta \approx 79°$ **45.** $\theta \approx 75°$

## Übungen zu 4.1

**1.** a) $(-1, 9, -11, 1)$ b) $(22, 53, -19, 14)$ c) $(-13, 13, -36, -2)$
d) $(-90, -114, 60, -36)$ e) $(-9, -5, -5, -3)$ f) $(27, 29, -27, 9)$

**2.** $(\frac{6}{5}, \frac{2}{3}, \frac{2}{3}, \frac{2}{5})$ **3.** $c_1 = 1, c_2 = 1, c_3 = -1, c_4 = 1$

**5.** a) $\sqrt{29}$ b) 3 c) 13 d) $\sqrt{31}$

**6.** a) $\sqrt{133}$ b) $\sqrt{30} + \sqrt{77}$ c) $4\sqrt{30}$
d) $\sqrt{1811}$ e) $\dfrac{1}{\sqrt{2}}, \dfrac{1}{3\sqrt{2}}, \dfrac{2}{3\sqrt{2}}, \dfrac{2}{3\sqrt{2}}$ f) 1

**8.** $= \pm\frac{5}{7}$ **9.** a) 7 b) 14 c) 7 d) 11 **10.** a) $\left(\frac{1}{\sqrt{10}}, \frac{3}{\sqrt{10}}\right), \left(-\frac{1}{\sqrt{10}}, -\frac{3}{\sqrt{10}}\right)$

**11.** a) $\sqrt{10}$ b) $2\sqrt{14}$ c) $\sqrt{59}$ d) 10

**14.** a) Ja b) Nein c) Ja d) Nein e) Nein f) Ja

**15.** a) $k = -3$ b) $k = -2, k = -3$ **16.** $\pm\frac{1}{37}(-34, 44, -6, 11)$

**19.** $x_1 = 1, x_2 = -1, x_3 = 2$ **20.** $-6$

**33.** a) $a_1 a_2 \cdots a_n$
b) Die Diagonale hat die Länge $\sqrt{a_1^2 + a_2^2 + \cdots + a_n^2}$

## Übungen zu 4.2

**1.** a) Linear, $R^3 \to R^2$
b) Nichtlinear, $R^2 \to R^3$
c) Linear, $R^3 \to R^3$
d) Nichtlinear, $R^4 \to R^2$

**2.** a) $\begin{bmatrix} 2 & -3 & 0 & 1 \\ 3 & 5 & 0 & -1 \end{bmatrix}$ b) $\begin{bmatrix} 7 & 2 & 8 \\ 0 & -1 & 5 \\ 4 & 7 & -1 \end{bmatrix}$ c) $\begin{bmatrix} 1 & 1 \\ 3 & -2 \\ 5 & -7 \end{bmatrix}$

d) $\begin{bmatrix} 1 & 0 & 0 & 0 \\ 1 & 1 & 0 & 0 \\ 1 & 1 & 1 & 0 \\ 1 & 1 & 1 & 1 \end{bmatrix}$

**3.** $\begin{bmatrix} 3 & 5 & -1 \\ 4 & -1 & 1 \\ 3 & 2 & -1 \end{bmatrix}$; $T(-1, 2, 4) = (3, -2, -3)$

**4.** a) $\begin{bmatrix} 2 & -1 \\ 1 & 1 \end{bmatrix}$ b) $\begin{bmatrix} 1 & 0 \\ 0 & 1 \end{bmatrix}$ c) $\begin{bmatrix} 1 & 2 & 1 \\ 1 & 5 & 0 \\ 0 & 0 & 1 \end{bmatrix}$ d) $\begin{bmatrix} 4 & 0 & 0 \\ 0 & 7 & 0 \\ 0 & 0 & -8 \end{bmatrix}$

**5.** a) $\begin{bmatrix} 0 & 1 \\ -1 & 0 \\ 1 & 3 \\ 1 & -1 \end{bmatrix}$ b) $\begin{bmatrix} 7 & 2 & -1 & 1 \\ 0 & 1 & 1 & 0 \\ -1 & 0 & 0 & 0 \end{bmatrix}$ c) $\begin{bmatrix} 0 & 0 & 0 \\ 0 & 0 & 0 \\ 0 & 0 & 0 \\ 0 & 0 & 0 \\ 0 & 0 & 0 \end{bmatrix}$

d) $\begin{bmatrix} 0 & 0 & 0 & 1 \\ 1 & 0 & 0 & 0 \\ 0 & 0 & 1 & 0 \\ 0 & 1 & 0 & 0 \\ 1 & 0 & -1 & 0 \end{bmatrix}$

**6.** a) $\begin{bmatrix} -1 \\ 1 \end{bmatrix}$ b) $\begin{bmatrix} 3 \\ 13 \end{bmatrix}$ c) $\begin{bmatrix} -2x_1 + x_2 + 4x_3 \\ 3x_1 + 5x_2 + 7x_3 \\ 6x_1 \quad - x_3 \end{bmatrix}$ d) $\begin{bmatrix} -x_1 + x_2 \\ 2x_1 + 4x_2 \\ 7x_1 + 8x_2 \end{bmatrix}$

**7.** a) $T(-1,4) = (5,4)$ b) $T(2,1,-3) = (0,-2,0)$

**8.** a) $(-1,-2)$ b) $(1,2)$ c) $(2,-1)$

**9.** a) $(2,-5,-3)$ b) $(2,5,3)$ c) $(-2,-5,3)$

**10.** a) $(2,0)$ b) $(0,-5)$ **11.** a) $(-2,1,0)$ b) $(-2,0,3)$ c) $(0,1,3)$

**12.** a) $\left(\frac{3\sqrt{3}+4}{2}, \frac{3-4\sqrt{3}}{2}\right)$ b) $\left(\frac{3-4\sqrt{3}}{2}, \frac{-3\sqrt{3}-4}{2}\right)$

c) $\left(\frac{7\sqrt{2}}{2}, \frac{-\sqrt{2}}{2}\right)$ d) $(4,3)$

**13.** a) $\left(-2, \frac{\sqrt{3}-2}{2}, \frac{1+2\sqrt{3}}{2}\right)$ b) $(0,1,2\sqrt{2})$ c) $(-1,-2,2)$

**14.** a) $\begin{bmatrix} 1 & 0 & 0 \\ 0 & 1/2 & \sqrt{3}/2 \\ 0 & -\sqrt{3}/2 & 1/2 \end{bmatrix}$ b) $\begin{bmatrix} 1/2 & 0 & -\sqrt{3}/2 \\ 0 & 1 & 0 \\ \sqrt{3}/2 & 0 & 1/2 \end{bmatrix}$

c) $\begin{bmatrix} 1/2 & \sqrt{3}/2 & 0 \\ -\sqrt{3}/2 & 1/2 & 0 \\ 0 & 0 & 1 \end{bmatrix}$

**15.** a) $\left(-2, \frac{\sqrt{3}+2}{2}, \frac{-1+2\sqrt{3}}{2}\right)$ b) $(-2\sqrt{2},1,0)$ c) $(1,2,2)$

**16.** a) $\begin{bmatrix} 1 & 0 \\ 0 & -1 \end{bmatrix}$ b) $\begin{bmatrix} 0 & 0 \\ 0 & \frac{1}{2} \end{bmatrix}$ c) $\begin{bmatrix} 3 & 0 \\ 0 & -3 \end{bmatrix}$

**17.** a) $\begin{bmatrix} 0 & 0 \\ 1/2 & -\sqrt{3}/2 \end{bmatrix}$ b) $\begin{bmatrix} -\sqrt{2} & \sqrt{2} \\ \sqrt{2} & \sqrt{2} \end{bmatrix}$ c) $\begin{bmatrix} -1 & 0 \\ 0 & -1 \end{bmatrix}$

**18.** a) $\begin{bmatrix} -1 & 0 & 0 \\ 0 & 0 & 0 \\ 0 & 0 & 1 \end{bmatrix}$ b) $\begin{bmatrix} 1 & 0 & 1 \\ 0 & \sqrt{2} & 0 \\ -1 & 0 & 1 \end{bmatrix}$ c) $\begin{bmatrix} -1 & 0 & 0 \\ 0 & 1 & 0 \\ 0 & 0 & 0 \end{bmatrix}$

**19.** a) $\begin{bmatrix} \sqrt{3}/8 & -\sqrt{3}/16 & 1/16 \\ 1/8 & 3/16 & -\sqrt{3}/16 \\ 0 & 1/8 & \sqrt{3}/8 \end{bmatrix}$ b) $\begin{bmatrix} 0 & 0 & 0 \\ 0 & -1 & 0 \\ 0 & 0 & -1 \end{bmatrix}$ c) $\begin{bmatrix} 0 & 1 & 0 \\ 0 & 0 & -1 \\ -1 & 0 & 0 \end{bmatrix}$

**20.** a) Ja
b) Ja
c) Ja
d) Nein

**21.** a) Ja
b) Nein

**22.** a) $\begin{bmatrix} 1 & 0 & 0 \\ 0 & 0 & 0 \\ 0 & 0 & 0 \end{bmatrix} \begin{bmatrix} 0 & 0 & 0 \\ 0 & 1 & 0 \\ 0 & 0 & 0 \end{bmatrix} \begin{bmatrix} 0 & 0 & 0 \\ 0 & 0 & 0 \\ 0 & 0 & 1 \end{bmatrix}$

**24.** $$\begin{bmatrix} \frac{1}{3}(1-\cos\theta)+\cos\theta & \frac{1}{3}(1-\cos\theta)-\frac{1}{\sqrt{3}}\sin\theta & \frac{1}{3}(1-\cos\theta)-\frac{1}{\sqrt{3}}\sin\theta \\ \frac{1}{3}(1-\cos\theta)-\frac{1}{\sqrt{3}}\sin\theta & \frac{1}{3}(1-\cos\theta)+\cos\theta & \frac{1}{3}(1-\cos\theta)-\frac{1}{\sqrt{3}}\sin\theta \\ \frac{1}{3}(1-\cos\theta)-\frac{1}{\sqrt{3}}\sin\theta & \frac{1}{3}(1-\cos\theta)-\frac{1}{\sqrt{3}}\sin\theta & \frac{1}{3}(1-\cos\theta)+\cos\theta \end{bmatrix}$$

**26.** 135° **28.** c) 90°

## Übungen zu 4.3

**1.** a) Nicht injektiv
b) Injektiv
c) Injektiv
d) Injektiv
e) Injektiv
f) Injektiv
g) Injektiv

**2.** a) $\begin{bmatrix} 8 & 4 \\ 2 & 1 \end{bmatrix}$; nicht injektiv

b) $\begin{bmatrix} 2 & -3 \\ 5 & 1 \end{bmatrix}$; injektiv

c) $\begin{bmatrix} -1 & 3 & 2 \\ 2 & 0 & 4 \\ 1 & 3 & 6 \end{bmatrix}$; nicht injektiv

d) $\begin{bmatrix} 1 & 2 & 3 \\ 2 & 5 & 3 \\ 1 & 0 & 5 \end{bmatrix}$; injektiv

**3.** Zum Beispiel der Vektor $(1,3)$.

**4.** Zum Beispiel der Vektor $(1,6,2)$.

**5.** a) Injektiv; $[T^{-1}] = \begin{bmatrix} \frac{1}{3} & -\frac{2}{3} \\ \frac{1}{3} & \frac{1}{3} \end{bmatrix}$; $T^{-1}(w_1, w_2) = (\frac{1}{3}w_1 - \frac{2}{3}w_2, \frac{1}{3}w_1 + \frac{1}{3}w_2)$

b) Nicht injektiv

c) Injektiv; $[T^{-1}] = \begin{bmatrix} 0 & -1 \\ -1 & 0 \end{bmatrix}$; $T^{-1}(w_1, w_2) = (-w_2, -w_1)$

d) Nicht injektiv

**6.** a) Injektiv; $[T^{-1}] = \begin{bmatrix} 1 & -2 & 4 \\ -1 & 2 & -3 \\ -1 & 3 & -5 \end{bmatrix}$;

$$T^{-1}(w_1, w_2, w_3) = (w_1 - 2w_2 + 4w_3, -w_1 + 2w_2 - 3w_3, -w_1 + 3w_2 - 5w_3)$$

b) Injektiv; $[T^{-1}] = \begin{bmatrix} \frac{1}{2} & \frac{1}{2} & -\frac{1}{2} \\ -\frac{5}{14} & \frac{5}{14} & \frac{3}{14} \\ -\frac{1}{7} & \frac{1}{7} & \frac{1}{7} \end{bmatrix}$;

$$T^{-1}(w_1, w_2, w_3) = \left(\frac{w_1 + w_2 - w_3}{2}, \frac{-5w_1 + 5w_2 + 3w_3}{14}, \frac{-w_1 + w_2 + w_3}{2}\right)$$

c) Injektiv; $[T^{-1}] = \begin{bmatrix} -\frac{3}{2} & -\frac{3}{2} & \frac{11}{2} \\ \frac{1}{2} & \frac{1}{2} & -\frac{3}{2} \\ -\frac{1}{2} & \frac{1}{2} & -\frac{1}{2} \end{bmatrix}$;

$$T^{-1}(w_1, w_2, w_3) = \left(\frac{-3w_1 - 3w_2 + 11w_3}{2}, \frac{w_1 + w_2 - w_3}{2}, \frac{-w_1 + w_2 - w_3}{2}\right)$$

d) Nicht injektiv

**7.** a) Spiegelung an der $x$-Achse

b) Rotation um $-\frac{\pi}{4}$

c) Kontraktion mit Faktor $\frac{1}{3}$

d) Spiegelung an der $yz$-Ebene

e) Dilation mit Faktor 5

**8.** a) Linear

b) Nichtlinear

c) Linear

d) Linear

**9.** a) Linear

b) Nichtlinear

c) Linear
d) Nichtlinear

**10.** a) Linear
b) Nichtlinear

**11.** a) Linear
b) Nichtlinear

**12.** a) Reflexion an der $y$-Achse: $T(\mathbf{e}_1) = \begin{bmatrix} -1 \\ 0 \end{bmatrix}$, $T(\mathbf{e}_2) = \begin{bmatrix} 0 \\ 1 \end{bmatrix}$,
also $[T] = \begin{bmatrix} -1 & 0 \\ 0 & 1 \end{bmatrix}$

b) Reflexion an der $xz$-Ebene: $T(\mathbf{e}_1) = \begin{bmatrix} 1 \\ 0 \\ 0 \end{bmatrix}$, $T(\mathbf{e}_2) = \begin{bmatrix} 0 \\ -1 \\ 0 \end{bmatrix}$, $T(\mathbf{e}_3) = \begin{bmatrix} 0 \\ 0 \\ -1 \end{bmatrix}$,

also $[T] = \begin{bmatrix} 1 & 0 & 0 \\ 0 & -1 & 0 \\ 0 & 0 & -1 \end{bmatrix}$.

c) Orthgonalprojektion auf die $x$-Achse: $T(\mathbf{e}_1) = \begin{bmatrix} 1 \\ 0 \end{bmatrix}$, $T(\mathbf{e}_2) = \begin{bmatrix} 0 \\ 0 \end{bmatrix}$,

also $[T] = \begin{bmatrix} 1 & 0 \\ 0 & 0 \end{bmatrix}$.

d) Orthogonalprojektion auf die $yz$-Ebene:

$T(\mathbf{e}_1) = \begin{bmatrix} 0 \\ 0 \\ 0 \end{bmatrix}$, $T(\mathbf{e}_2) = \begin{bmatrix} 0 \\ 1 \\ 0 \end{bmatrix}$, $T(\mathbf{e}_3) = \begin{bmatrix} 0 \\ 0 \\ 1 \end{bmatrix}$, also $[T] = \begin{bmatrix} 0 & 0 & 0 \\ 0 & 1 & 0 \\ 0 & 0 & 1 \end{bmatrix}$.

e) Rotation um den Winkel $\theta$: $T(\mathbf{e}_1) = \begin{bmatrix} \cos\theta \\ \sin\theta \end{bmatrix}$, $T(\mathbf{e}_2) = \begin{bmatrix} -\sin\theta \\ \cos\theta \end{bmatrix}$,

also $[T] = \begin{bmatrix} \cos\theta & -\sin\theta \\ \sin\theta & \cos\theta \end{bmatrix}$.

f) Dilation mit Faktor $k > 1$: $T(\mathbf{e}_1) = \begin{bmatrix} k \\ 0 \\ 0 \end{bmatrix}$, $T(\mathbf{e}_2) = \begin{bmatrix} 0 \\ k \\ 0 \end{bmatrix}$, $T(\mathbf{e}_3) = \begin{bmatrix} 0 \\ 0 \\ k \end{bmatrix}$,

also $[T] = \begin{bmatrix} k & 0 & 0 \\ 0 & k & 0 \\ 0 & 0 & k \end{bmatrix}$.

**13.** a) $T(\mathbf{e}_1) = \begin{bmatrix} -1 \\ 0 \end{bmatrix}$, $T(\mathbf{e}_2) = \begin{bmatrix} 0 \\ 0 \end{bmatrix}$, also $[T] = \begin{bmatrix} -1 & 0 \\ 0 & 0 \end{bmatrix}$.

b) $T(\mathbf{e}_1) = \begin{bmatrix} 0 \\ -1 \end{bmatrix}$, $T(\mathbf{e}_2) = \begin{bmatrix} 1 \\ 0 \end{bmatrix}$, also $[T] = \begin{bmatrix} 0 & 1 \\ -1 & 0 \end{bmatrix}$.

c) $T(\mathbf{e}_1) = \begin{bmatrix} 0 \\ 3 \end{bmatrix}$, $T(\mathbf{e}_2) = \begin{bmatrix} 0 \\ 0 \end{bmatrix}$, also $[T] = \begin{bmatrix} 0 & 0 \\ 3 & 0 \end{bmatrix}$.

**14.** a) $T(\mathbf{e}_1) = \begin{bmatrix} \frac{1}{5} \\ 0 \\ 0 \end{bmatrix}$, $T(\mathbf{e}_2) = \begin{bmatrix} 0 \\ -\frac{1}{5} \\ 0 \end{bmatrix}$, $T(\mathbf{e}_3) = \begin{bmatrix} 0 \\ 0 \\ \frac{1}{5} \end{bmatrix}$, also $[T] = \begin{bmatrix} \frac{1}{5} & 0 & 0 \\ 0 & -\frac{1}{5} & 0 \\ 0 & 0 & \frac{1}{5} \end{bmatrix}$.

b) $T(\mathbf{e}_1) = \begin{bmatrix} 1 \\ 0 \\ 0 \end{bmatrix}$, $T(\mathbf{e}_2) = T(\mathbf{e}_3) = \begin{bmatrix} 0 \\ 0 \\ 0 \end{bmatrix}$, also $[T] = \begin{bmatrix} 1 & 0 & 0 \\ 0 & 0 & 0 \\ 0 & 0 & 0 \end{bmatrix}$.

c) $T(\mathbf{e}_1) = \begin{bmatrix} -1 \\ 0 \\ 0 \end{bmatrix}$, $T(\mathbf{e}_2) = \begin{bmatrix} 0 \\ -1 \\ 0 \end{bmatrix}$, $T(\mathbf{e}_3) = \begin{bmatrix} 0 \\ 0 \\ -1 \end{bmatrix}$,

also $[T] = \begin{bmatrix} -1 & 0 & 0 \\ 0 & -1 & 0 \\ 0 & 0 & -1 \end{bmatrix}$.

**15.** a) $T_A(\mathbf{e}_1) = \begin{bmatrix} -1 \\ 2 \\ 4 \end{bmatrix}$, $T_A(\mathbf{e}_2) = \begin{bmatrix} 3 \\ 1 \\ 5 \end{bmatrix}$, $T_A(\mathbf{e}_3) = \begin{bmatrix} 0 \\ 2 \\ -3 \end{bmatrix}$

b) $T_A(\mathbf{e}_1 + \mathbf{e}_2 + \mathbf{e}_3) = T_A(\mathbf{e}_1) + T_A(\mathbf{e}_2) + T_A(\mathbf{e}_3) = \begin{bmatrix} 2 \\ 5 \\ 6 \end{bmatrix}$

c) $T_A(7\mathbf{e}_3) = 7T_A(\mathbf{e}_3) = \begin{bmatrix} 0 \\ 14 \\ -21 \end{bmatrix}$

**16.** a) Injektive lineare Transformation von $R^2$ nach $R^3$
b) Nichtinjektive lineare Transformation von $R^3$ nach $R^2$

**17.** a) $\left(\frac{1}{2}, \frac{1}{2}\right)$ b) $\left(\frac{3}{4}, \frac{\sqrt{3}}{4}\right)$ c) $\left(\frac{1-5\sqrt{3}}{4}, \frac{15-\sqrt{3}}{4}\right)$

**18.** a) $\lambda = 1; \begin{bmatrix} t \\ 0 \end{bmatrix}$ b) $\lambda = 1; \begin{bmatrix} t \\ t \end{bmatrix}$ c) $\lambda = 1; \begin{bmatrix} t \\ 0 \end{bmatrix}$

$\lambda = -1; \begin{bmatrix} 0 \\ t \end{bmatrix}$ $\lambda = -1; \begin{bmatrix} t \\ -t \end{bmatrix}$ $\lambda = 0; \begin{bmatrix} 0 \\ t \end{bmatrix}$

d) $\lambda = \frac{1}{2}$; jeder von Null verschiedene Vektor aus $R^2$ ist Eigenvektor von $T$.

**19.** a) $\lambda = 1$ mit Eigenvektoren $\begin{bmatrix} 0 \\ t \\ 0 \end{bmatrix}$ und $\begin{bmatrix} 0 \\ 0 \\ t \end{bmatrix}$; $\lambda = -1$ mit Eigenvektor $\begin{bmatrix} t \\ 0 \\ 0 \end{bmatrix}$

b) $\lambda = 1$ mit den Eigenvektoren $\begin{bmatrix} t \\ 0 \\ 0 \end{bmatrix}$ und $\begin{bmatrix} 0 \\ 0 \\ t \end{bmatrix}$;

$\lambda = 0$ mit dem Eigenvektor $\begin{bmatrix} 0 \\ t \\ 0 \end{bmatrix}$

c) $\lambda = 2$; alle von Null verschiedenen Vektoren aus $R^3$ sind Eigenvektoren.

d) $\lambda = 1$ mit dem Eigenvektor $\begin{bmatrix} 0 \\ 0 \\ t \end{bmatrix}$

**20.** a) Ja b) Nein

**23.** a) $\begin{bmatrix} \cos 2\theta & \sin 2\theta \\ \sin 2\theta & -\cos 2\theta \end{bmatrix}$ b) $\left(\frac{1+5\sqrt{3}}{2}, \frac{\sqrt{3}-5}{2}\right)$

## Übungen zu 5.1

**1.** Kein Vektorraum, Axiom 8 ist verletzt.

**2.** Kein Vektorraum, Axiom 10 ist verletzt.

**3.** Kein Vektorraum, Axiome 9 und 10 sind verletzt.

**4.** Vektorraum. **5.** Vektorraum.

**6.** Kein Vektorraum, Axiome 5 und 6 sind verletzt.

**7.** Vektorraum.

**8.** Kein Vektorraum, Axiome 7 und 8 sind verletzt.

**9.** Kein Vektorraum, Axiome 1, 4, 5 und 6 sind verletzt.

**10.** Vektorraum. **11.** Vektorraum. **12.** Vektorraum. **13.** Vektorraum.

## Übungen zu 5.2

**1.** a), c) **2.** b) **3.** a) b), d) **4.** a), b) **5.** a), b)

**6.** a) Gerade; $x = -\frac{1}{2}t, y = -\frac{3}{2}t, z = t$
b) Gerade; $x = 2t, y = t, z = 0$
c) Ursprung
d) Ursprung
e) Gerade; $x = -3t, y = -2t, z = t$
f) Ebene; $x - 3y + z = 0$

**7.** a), b), d)

**8.** a) $(-9, -7, -15) = -2\mathbf{u} + \mathbf{v} - 2\mathbf{w}$
b) $(6, 11, 6) = 4\mathbf{u} - 5\mathbf{v} + \mathbf{w}$
c) $(0, 0, 0) = 0\mathbf{u} + 0\mathbf{v} + 0\mathbf{w}$
d) $(7, 8, 9) = 0\mathbf{u} - 2\mathbf{v} + 3\mathbf{w}$

**9.** a) $-9 - 7x - 15x^2 = -2\mathbf{p}_1 + \mathbf{p}_2 - 2\mathbf{p}_3$

b) $6 + 11x + 6x^2 = 4\mathbf{p}_1 - 5\mathbf{p}_2 + \mathbf{p}_3$

c) $0 = 0\mathbf{p}_1 + 0\mathbf{p}_2 + 0\mathbf{p}_3$

d) $7 + 8x + 9x^2 = 0\mathbf{p}_1 - 2\mathbf{p}_2 + 3\mathbf{p}_3$

**11.** a) Erzeugendensystem b) Kein Erzeugendensystem
c) Kein Erzeugendensystem d) Erzeugendensystem

**12.** a), c), e) **13.** Nein

**14.** a), b), d) **15.** $y = z$

**16.** $x = 3t, y = -2t, z = 5t$ mit $-\infty < t < \infty$

## Übungen zu 5.3

**1.** a) $\mathbf{u}_2$ ist ein skalares Vielfaches von $\mathbf{u}_1$.
b) Die Vektoren sind nach Satz 5.1.3 linear abhängig.
c) $\mathbf{p}_2$ ist ein skalares Vielfaches von $\mathbf{p}_1$.
d) $B$ ist ein skalares Vielfaches von $A$.

**2.** d) **3.** Keine **4.** d)

**5.** a) Nein
b) Ja

**6.** a) Nein
b) Nein
c) Ja

**7.** b) $\mathbf{v}_1 = \frac{2}{7}\mathbf{v}_2 - \frac{3}{7}\mathbf{v}_3, \mathbf{v}_2 = \frac{7}{2}\mathbf{v}_1 + \frac{3}{2}\mathbf{v}_3, \mathbf{v}_3 = -\frac{7}{3}\mathbf{v}_1 + \frac{2}{3}\mathbf{v}_2$ **8.** $\lambda = -\frac{1}{2}, \lambda = 1$

**17.** Genau dann, wenn der Vektor nicht null ist.

**18.** a) Verlegt man $\mathbf{v}_1$, $\mathbf{v}_2$ und $\mathbf{v}_3$ in den Ursprung als gemeinsamen Anfangspunkt, so liegen sie nicht in derselben Ebene. Folglich sind sie linear unabhängig.
b) $\mathbf{v}_1$, $\mathbf{v}_2$ und $\mathbf{v}_3$ sind linear abhängig, da sie nach Verschieben ihrer Anfangspunkte in den Ursprung in einer Ebene liegen.

**19.** a), d), e), f)

## Übungen zu 5.4

**1.** a) Eine Basis des $R^2$ enthält zwei linear unabhängige Vektoren.
b) Eine Basis des $R^3$ enthält drei linear unabhängige Vektoren.
c) Eine Basis des $P_2$ enthält drei linear unabhängige Vektoren.
d) Eine Basis des $M_{22}$ enthält vier linear unabhängige Vektoren.

**2.** a), b) **3.** a), b) **4.** c), d)

**6.** b) $\{\mathbf{v}_1, \mathbf{v}_2\}$, $\{\mathbf{v}_1, \mathbf{v}_3\}$ und $\{\mathbf{v}_2, \mathbf{v}_3\}$ sind Basen von $V$.

**7.** $(\mathbf{w})_S = (3, -7)$ b) $(\mathbf{w})_S = (\frac{5}{28}, \frac{3}{14})$ c) $(\mathbf{w})_S = \left(a, \frac{b-a}{2}\right)$

**8.** a) $(\mathbf{v})_S = (3, -2, 1)$ b) $(\mathbf{v})_S = (-2, 0, 1)$

**9.** a) $(\mathbf{p})_S = (4, -3, 1)$ b) $(\mathbf{p})_S = (0, 2, -1)$ **10.** $(A)_S = (-1, 1, -1, 3)$

**11.** Basis: $(1, 0, 1)$, Dimension: 1

**12.** Basis: $(-\frac{1}{4}, -\frac{1}{4}, 1, 0), (0, -1, 0, 1)$; Dimension: 2

**13.** Basis: $(4, 1, 0, 0), (-3, 0, 1, 0), (1, 0, 0, 1)$; Dimension: 3

**14.** Basis: $(3, 1, 0), (-1, 0, 1)$; Dimension: 2

**15.** Keine Basis; Dimension: 0

**16.** Basis: $(4, -5, 1)$; Dimension: 1

**17.** a) $(\frac{2}{3}, 1, 0), (-\frac{5}{3}, 0, 1)$ b) $(1, 1, 0), (0, 0, 1)$

c) $(2, -1, 4)$ d) $(1, 1, 0), (0, 1, 1)$

**18.** a) dreidimensional b) zweidimensional c) eindimensional

**19.** dreidimensional

**20.** a) $\{\mathbf{v}_1, \mathbf{v}_2, \mathbf{e}_1\}$ or $\{\mathbf{v}_1, \mathbf{v}_2, \mathbf{e}_2\}$ b) $\{\mathbf{v}_1, \mathbf{v}_2, \mathbf{e}_1\}$ or $\{\mathbf{v}_1, \mathbf{v}_2, \mathbf{e}_2\}$ or $\{\mathbf{v}_1, \mathbf{v}_2, \mathbf{e}_3\}$

**21.** $\{\mathbf{v}_1, \mathbf{v}_2, \mathbf{e}_2, \mathbf{e}_3\}$ or $\{\mathbf{v}_1, \mathbf{v}_2, \mathbf{e}_2, \mathbf{e}_4\}$ or $\{\mathbf{v}_1, \mathbf{v}_2, \mathbf{e}_3, \mathbf{e}_4\}$

**26.** a) Zum Beispiel $\{-1 + x - 2x^2, 3 + 3x + 6x^2, 9\}$
b) Zum Beispiel $\{1 + x, x^2, -2 + 2x^2\}$
c) Zum Beispiel $\{1 + x - 3x^2\}$

**27.** a) $(0, \sqrt{2})$ b) $(1, 0)$ c) $(-1, \sqrt{2})$ d) $(a - b, \sqrt{2}b)$

**28.** a) $(2, 0)$ b) $\left(\frac{2}{\sqrt{3}}, -\frac{1}{\sqrt{3}}\right)$ c) $(0, 1)$ d) $\left(\frac{2}{\sqrt{3}}a, b - \frac{a}{\sqrt{3}}\right)$

## Übungen zu 5.5

**1.** $\mathbf{r}_1 = (2, -1, 0, 1), \mathbf{r}_2 = (3, 5, 7, -1), \mathbf{r}_3 = (1, 4, 2, 7)$;

$$\mathbf{c}_1 = \begin{bmatrix} 2 \\ 3 \\ 1 \end{bmatrix}, \mathbf{c}_2 = \begin{bmatrix} -1 \\ 5 \\ 4 \end{bmatrix}, \mathbf{c}_3 = \begin{bmatrix} 0 \\ 7 \\ 2 \end{bmatrix}, \mathbf{c}_4 = \begin{bmatrix} 1 \\ -1 \\ 7 \end{bmatrix}$$

**2.** a) $1\begin{bmatrix} 2 \\ -1 \end{bmatrix} + 2\begin{bmatrix} 2 \\ 4 \end{bmatrix} = \begin{bmatrix} 8 \\ 7 \end{bmatrix}$ b) $-2\begin{bmatrix} 4 \\ 3 \\ 0 \end{bmatrix} + 3\begin{bmatrix} 0 \\ 6 \\ -1 \end{bmatrix} + 5\begin{bmatrix} -1 \\ 2 \\ 4 \end{bmatrix} = \begin{bmatrix} -13 \\ 22 \\ 17 \end{bmatrix}$

c) $-1\begin{bmatrix}-3\\5\\2\\1\end{bmatrix}+2\begin{bmatrix}6\\-4\\3\\8\end{bmatrix}+5\begin{bmatrix}2\\0\\-1\\3\end{bmatrix}=\begin{bmatrix}25\\-13\\-1\\30\end{bmatrix}$

d) $3\begin{bmatrix}2\\6\end{bmatrix}+0\begin{bmatrix}1\\3\end{bmatrix}+(-5)\begin{bmatrix}5\\-8\end{bmatrix}=\begin{bmatrix}-19\\58\end{bmatrix}$

**3.** a) $\begin{bmatrix}-2\\10\end{bmatrix}=\begin{bmatrix}1\\4\end{bmatrix}-\begin{bmatrix}3\\-6\end{bmatrix}$ b) **b** liegt nicht im Spaltenraum von $A$.

c) $\begin{bmatrix}1\\9\\1\end{bmatrix}-3\begin{bmatrix}-1\\3\\1\end{bmatrix}+\begin{bmatrix}1\\1\\1\end{bmatrix}=\begin{bmatrix}5\\1\\-1\end{bmatrix}$

d) $\begin{bmatrix}2\\0\\0\end{bmatrix}=\begin{bmatrix}1\\1\\-1\end{bmatrix}+(t-1)\begin{bmatrix}-1\\1\\-1\end{bmatrix}+t\begin{bmatrix}1\\-1\\1\end{bmatrix}$

e) $\begin{bmatrix}4\\3\\5\\7\end{bmatrix}=-26\begin{bmatrix}1\\0\\1\\0\end{bmatrix}+13\begin{bmatrix}2\\1\\2\\1\end{bmatrix}-7\begin{bmatrix}0\\2\\1\\2\end{bmatrix}+4\begin{bmatrix}1\\1\\3\\2\end{bmatrix}$

**4.** a) $r\begin{bmatrix}-3\\1\\1\\0\end{bmatrix}+s\begin{bmatrix}4\\-1\\0\\1\end{bmatrix}$ b) $\begin{bmatrix}-1\\2\\4\\-3\end{bmatrix}+r\begin{bmatrix}-3\\1\\1\\0\end{bmatrix}+s\begin{bmatrix}4\\-1\\0\\1\end{bmatrix}$

**5.** a) $\begin{bmatrix}1\\0\end{bmatrix}+t\begin{bmatrix}3\\1\end{bmatrix}; t\begin{bmatrix}3\\1\end{bmatrix}$ b) $\begin{bmatrix}-2\\7\\0\end{bmatrix}+t\begin{bmatrix}-1\\-1\\1\end{bmatrix}; t\begin{bmatrix}-1\\-1\\1\end{bmatrix}$

c) $\begin{bmatrix}-1\\0\\0\\0\end{bmatrix}+r\begin{bmatrix}2\\1\\0\\0\end{bmatrix}+s\begin{bmatrix}-1\\0\\1\\0\end{bmatrix}+t\begin{bmatrix}-2\\0\\0\\1\end{bmatrix}; r\begin{bmatrix}2\\1\\0\\0\end{bmatrix}+s\begin{bmatrix}-1\\0\\1\\0\end{bmatrix}+t\begin{bmatrix}-2\\0\\0\\1\end{bmatrix}$

d) $\begin{bmatrix}\frac{6}{5}\\\frac{7}{5}\\0\\0\end{bmatrix}+s\begin{bmatrix}\frac{7}{5}\\\frac{4}{5}\\1\\0\end{bmatrix}+t\begin{bmatrix}\frac{1}{5}\\-\frac{3}{5}\\0\\1\end{bmatrix}; s\begin{bmatrix}\frac{7}{5}\\\frac{4}{5}\\1\\0\end{bmatrix}+t\begin{bmatrix}\frac{1}{5}\\-\frac{3}{5}\\0\\1\end{bmatrix}$

**6.** a) $\begin{bmatrix} 16 \\ 19 \\ 1 \end{bmatrix}$ b) $\begin{bmatrix} 1 \\ 0 \\ 2 \end{bmatrix}, \begin{bmatrix} 0 \\ 1 \\ 0 \end{bmatrix}$ c) $\begin{bmatrix} -1 \\ -1 \\ 1 \\ 0 \end{bmatrix}, \begin{bmatrix} 2 \\ -4 \\ 0 \\ 7 \end{bmatrix}$

d) $\begin{bmatrix} -1 \\ -1 \\ 1 \\ 0 \\ 0 \end{bmatrix}, \begin{bmatrix} -2 \\ -1 \\ 0 \\ 1 \\ 0 \end{bmatrix}, \begin{bmatrix} -1 \\ -2 \\ 0 \\ 0 \\ 1 \end{bmatrix}$ e) $\begin{bmatrix} -2 \\ 0 \\ 0 \\ 1 \\ 0 \end{bmatrix}, \begin{bmatrix} -16 \\ 2 \\ 5 \\ 0 \\ 12 \end{bmatrix}$

**7.** a) $\mathbf{r}_1 = [1 \quad 0 \quad 2], \mathbf{r}_2 = [0 \quad 0 \quad 1], \mathbf{c}_1 = \begin{bmatrix} 1 \\ 0 \\ 0 \end{bmatrix}, \mathbf{c}_2 = \begin{bmatrix} 2 \\ 1 \\ 0 \end{bmatrix}$

b) $\mathbf{r}_1 = [1 \quad -3 \quad 0 \quad 0], \mathbf{r}_2 = [0 \quad 1 \quad 0 \quad 0], \mathbf{c}_1 = \begin{bmatrix} 1 \\ 0 \\ 0 \\ 0 \end{bmatrix}, \mathbf{c}_2 = \begin{bmatrix} -3 \\ 1 \\ 0 \\ 0 \end{bmatrix}$

c) $\mathbf{r}_1 = [1 \quad 2 \quad 4 \quad 5], \mathbf{r}_2 = [0 \quad 1 \quad -3 \quad 0],$

$\mathbf{r}_3 = [0 \quad 0 \quad 1 \quad -3], \quad \mathbf{r}_4 = [0 \quad 0 \quad 0 \quad 1],$

$$\mathbf{c}_1 = \begin{bmatrix} 1 \\ 0 \\ 0 \\ 0 \\ 0 \end{bmatrix}, \mathbf{c}_2 = \begin{bmatrix} 2 \\ 1 \\ 0 \\ 0 \\ 0 \end{bmatrix}, \mathbf{c}_3 = \begin{bmatrix} 4 \\ -3 \\ 1 \\ 0 \\ 0 \end{bmatrix}, \mathbf{c}_4 = \begin{bmatrix} 5 \\ 0 \\ -3 \\ 1 \\ 0 \end{bmatrix}$$

d) $\mathbf{r}_1 = [1 \quad 2 \quad -1 \quad 5], \mathbf{r}_2 = [0 \quad 1 \quad 4 \quad 3],$

$\mathbf{r}_3 = [0 \quad 0 \quad 1 \quad -7], \mathbf{r}_4 = [0 \quad 0 \quad 0 \quad 1],$

$$\mathbf{c}_1 = \begin{bmatrix} 1 \\ 0 \\ 0 \\ 0 \end{bmatrix}, \mathbf{c}_2 = \begin{bmatrix} 2 \\ 1 \\ 0 \\ 0 \end{bmatrix}, \mathbf{c}_3 = \begin{bmatrix} -1 \\ 4 \\ 1 \\ 0 \end{bmatrix}, \mathbf{c}_4 = \begin{bmatrix} 5 \\ 3 \\ -7 \\ 1 \end{bmatrix}$$

**8.** a) $(1, -1, 3), (0, 1, -19)$ b) $(1, 0, -\frac{1}{2})$ c) $(1, 4, 5, 2), (0, 1, 1, \frac{4}{7})$

d) $(1, 4, 5, 6, 9), (0, 1, 1, 1, 2)$ e) $(1, -3, 2, 2, 1), (0, 1, 2, 0, -1)(0, 0, 1, 0, -\frac{5}{12})$

**9.** a) $\begin{bmatrix} 1 \\ 5 \\ 7 \end{bmatrix}, \begin{bmatrix} -1 \\ -4 \\ -6 \end{bmatrix}$ b) $\begin{bmatrix} 2 \\ 4 \\ 0 \end{bmatrix}$ c) $\begin{bmatrix} 1 \\ 2 \\ -1 \end{bmatrix} \begin{bmatrix} 4 \\ 1 \\ 3 \end{bmatrix}$ d) $\begin{bmatrix} 1 \\ 3 \\ -1 \\ 2 \end{bmatrix}, \begin{bmatrix} 4 \\ -2 \\ 0 \\ 3 \end{bmatrix}$

e) $\begin{bmatrix} 1 \\ 0 \\ 2 \\ 3 \\ -2 \end{bmatrix}, \begin{bmatrix} -3 \\ 3 \\ -3 \\ -6 \\ 9 \end{bmatrix}, \begin{bmatrix} 2 \\ 6 \\ -2 \\ 0 \\ 2 \end{bmatrix}$

**10.** a) $(1,-1,3),(5,-4,-4)$ b) $(2,0,-1)$ c) $(1,4,5,2),(2,1,3,0)$
d) $(1,4,5,6,9),(3,-2,1,4,-1)$
e) $(1,-3,2,2,1),(0,3,6,0,-3),(2,-3,-2,4,4)$

**11.** a) $(1,1,-4,-3),(0,1,-5,-2),(0,0,1,-\frac{1}{2})$
b) $(1,-1,2,0),(0,1,0,0),(0,0,1,-\frac{1}{6})$
c) $(1,1,0,0),(0,1,1,1),(0,0,1,1),(0,0,0,1)$

**12.** a) $\{\mathbf{v}_1,\mathbf{v}_2\}; \mathbf{v}_3 = 2\mathbf{v}_1+\mathbf{v}_2, \mathbf{v}_4 = -2\mathbf{v}_1+\mathbf{v}_2$
b) $\{\mathbf{v}_1,\mathbf{v}_3\}; \mathbf{v}_2 = 2\mathbf{v}_1, \mathbf{v}_4 = \mathbf{v}_1+\mathbf{v}_3$
c) $\{\mathbf{v}_1,\mathbf{v}_2,\mathbf{v}_4\}; \mathbf{v}_3 = 2\mathbf{v}_1-\mathbf{v}_2, \mathbf{v}_5 = -\mathbf{v}_1+3\mathbf{v}_2+2\mathbf{v}_4$

**14.** b) $\begin{bmatrix} 0 & 0 & 0 \\ 0 & 1 & 0 \\ 0 & 0 & 1 \end{bmatrix}$

## Übungen zu 5.6

**1.** $\text{gerade}(A) = \text{gerade}(A^T) = 2$

**2.** a) Defekt 1, Rang 2; $n = 3$
b) Defekt 2, Rang 1; $n = 3$
c) Defekt 2, Rang 2; $n = 4$
d) Defekt 3, Rang 2; $n = 5$
e) Defekt 2, Rang 3; $n = 5$

**3.** a) 2; 1 b) 1; 2 c) 2; 2 d) 2; 3 e) 3; 2

**4.** a) 3; 3; 0; 0 b) 2; 2; 1; 1 c) 1; 1; 2; 2
d) 2; 2; 7; 3 e) 2; 2; 3; 7 f) 0; 0; 4; 4 g) 2; 2; 0; 4

**5.** a) Rang 4, Defekt 0
b) Rang 3, Defekt 2
c) Rang 3, Defekt 0

**6.** Rang$= \min(m,n)$, Defekt$= n - \min(m,n)$

**7.** a) Ja; keine Parameter
b) Nein
c) Ja, zwei Parameter
d) Ja, sieben Parameter
e) Nein

f) Ja, vier Parameter
g) Ja, keine Parameter

**8.** a) $\operatorname{def}(A) = 0$, keine Parameter
b) $\operatorname{def}(A) = 1$, ein Parameter
c) $\operatorname{def}(A) = 2$, zwei Parameter
d) $\operatorname{def}(A) = 7$, sieben Parameter
e) $\operatorname{def}(A) = 7$, sieben Parameter
f) $\operatorname{def}(A) = 4$, vier Parameter
g) $\operatorname{def}(A) = 0$, keine Parameter

**9.** $b_1 = r, b_2 = s, b_3 = 4s - 3r, b_4 = 2r - s, b_5 = 8s - 7r$

**12.** a) $\operatorname{rang}(A) = 1$ für $t = 1$; $\operatorname{rang}(A) = 2$ für $t = -2$; $\operatorname{rang}(A) = 3$ sonst
b) $\operatorname{rang}(A) = 2$ für $t = 1$ und $t = \frac{2}{3}$; $\operatorname{rang}(A) = 3$ sonst

**13.** Rang 2 für $r = 2$ und $s = 1$

## Ergänzende Übungen zu Kapitel 5

**1.** a) $R^3$
b) Ebene $2x - 3y + z = 0$
c) Gerade $x = 2t, y = t, z = 0$ d) Ursprung $(0, 0, 0)$

**2.** Für $s = -2$ eine Gerade durch den Ursprung, für $s = 1$ eine Ebene durch den Ursprung, sonst nur der Ursprung

**3.** a) $a(4, 1, 1) + b(0, -1, 2)$ b) $(a + c)(3, -1, 2) + b(1, 4, 1)$
c) $a(2, 3, 0) + b(-1, 0, 4) + c(4, -1, 1)$

**5.** a) $\mathbf{v} = (-1 + r)\mathbf{v}_1 + (\frac{2}{3} - r)\mathbf{v}_2 + r\mathbf{v}_3$, $r$ beliebig

**6.** $A$ muß invertierbar sein.

**7.** Nein

**8.** a) Rang 2, Defekt 1
b) Rang 2, Defekt 2
c) Rang 2, Defekt $n - 2$

**9.** a) Rang 2, Defekt 1
b) Rang 3, Defekt 2
c) Rang $n + 1$, Defekt $n$

**11.** $\{1, x^2, x^3, x^4, x^5, x^6, \ldots, x^n\}$

**12.** a) 2 b) 1 c) 2 d) 3

**13.** 0, 1, oder 2

## Übungen zu 6.1

**1.** a) 2 b) 11 c) − 13 d) − 8 e) 0

**2.** a) − 2 b) 62 c) − 74 d) 8 e) 0

**3.** a) 3 b) 56 **4.** a) − 29 b) − 15 **5.** a) 29 **6.** b) − 42

**7.** a) $\begin{bmatrix} \sqrt{3} & 0 \\ 0 & \sqrt{5} \end{bmatrix}$ b) $\begin{bmatrix} 2 & 0 \\ 0 & \sqrt{6} \end{bmatrix}$

**9.** a) Axiom 4 ist nicht erfüllt.
b) Axiome 2 und 3 sind nicht erfüllt.
c) Alle Axiome sind erfüllt.
d) Axiom 4 ist nicht erfüllt.

**10.** a) $\sqrt{10}$ b) $\sqrt{21}$ c) $5\sqrt{5}$ **11.** a) $3\sqrt{2}$ b) $3\sqrt{5}$ c) $3\sqrt{13}$

**12.** a) $\sqrt{17}$ b) 5 **13.** a) $\sqrt{74}$ b) 0 **14.** $3\sqrt{2}$ **15.** a) $\sqrt{105}$ b) $\sqrt{47}$

**16.** a) 8 b) − 113 c) − 40 d) 3 e) $2\sqrt{53}$ f) $\sqrt{881}$

**17.** a) $\sqrt{2}, \frac{1}{3}\sqrt{6}, \frac{1}{5}\sqrt{10}$ b) $\frac{2}{3}\sqrt{6}$

**18.** a) $\frac{x^2}{4} + \frac{y^2}{16} = 1$ b) $\frac{x^2}{\frac{1}{2}} + \frac{y^2}{1} = 1$

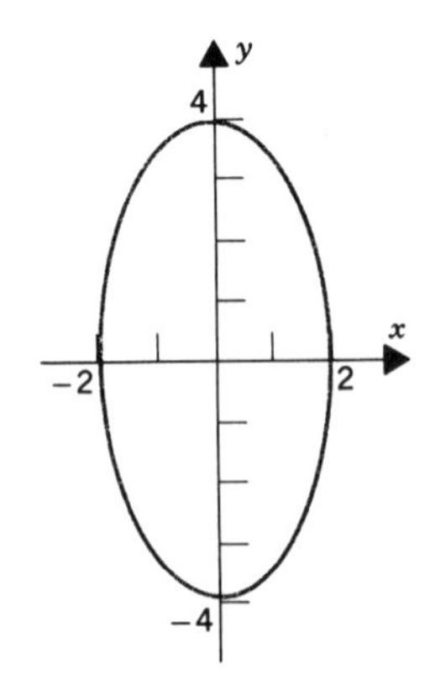


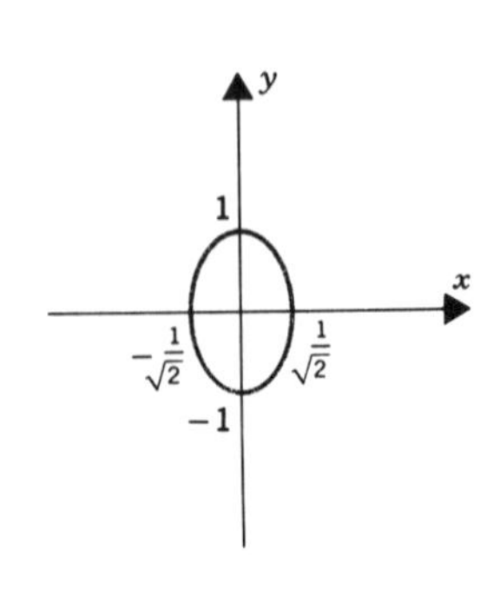


**19.** $\langle \mathbf{u}, \mathbf{v} \rangle = \frac{1}{9}\mathbf{u}_1\mathbf{v}_1 + \mathbf{u}_2\mathbf{v}_2$

**22.** Axiom 4 ist verletzt.

**27.** a) $-\frac{28}{15}$ b) 0 **28.** a) 0 b) 1

## Übungen zu 6.2

**1.** a) Ja b) Nein c) Ja d) Nein e) Nein f) Ja

**2.** Nein

**3.** a) $-\frac{1}{\sqrt{2}}$ b) $-\frac{3}{\sqrt{73}}$ c) 0 **4.** a) 0 b) 0

**6.** a) $\frac{19}{10\sqrt{7}}$ b) 0 d) $-\frac{20}{9\sqrt{10}}$ e) $-\frac{1}{\sqrt{2}}$ f) $\frac{2}{\sqrt{55}}$

**7.** a) Orthogonal b) Orthogonal c) Orthogonal d) Nicht orthogonal

**8.** a) $k=-3$ b) $k=-2, k=-3$ **9.** $\pm\frac{1}{57}(-34, 44, -6, 11)$

**12.** $y=-\frac{1}{2}x$ **13.** a) $x=t, y=-2t, z=-3t$ b) $2x-5y+4z=0$

**14.** a) $(1,2,-1,2), (0,1,-3,2)$; $\begin{bmatrix}-5\\3\\1\\0\end{bmatrix}, \begin{bmatrix}2\\-2\\0\\1\end{bmatrix}$ **15.** a) $\begin{bmatrix}1\\3\\1\end{bmatrix}, \begin{bmatrix}0\\1\\1\end{bmatrix}; \begin{bmatrix}2\\-1\\1\end{bmatrix}$

**16.** a) $\begin{bmatrix}16\\19\\1\end{bmatrix}$ b) $\begin{bmatrix}0\\1\\0\end{bmatrix}, \begin{bmatrix}\frac{1}{2}\\0\\1\end{bmatrix}$ c) $\begin{bmatrix}-1\\-1\\1\\0\end{bmatrix}, \begin{bmatrix}\frac{2}{7}\\-\frac{4}{7}\\0\\1\end{bmatrix}$ d) $\begin{bmatrix}-1\\-1\\1\\0\\0\end{bmatrix}, \begin{bmatrix}-2\\-1\\0\\1\\0\end{bmatrix}, \begin{bmatrix}-1\\-2\\0\\0\\1\end{bmatrix}$

**33.** $\langle \mathbf{u}, \mathbf{v}\rangle = \frac{1}{2}\mathbf{u}_1\mathbf{v}_1 + \frac{1}{6}\mathbf{u}_2\mathbf{v}_2$

## Übungen zu 6.3

**1.** a), b), d) **2.** b) **3.** b), d) **4.** b), d) **5.** a) **6.** a)

**7.** a) $\left(-\frac{1}{\sqrt{5}}, \frac{2}{\sqrt{5}}\right), \left(\frac{2}{\sqrt{5}}, \frac{1}{\sqrt{5}}\right)$ b) $\left(\frac{1}{\sqrt{2}}, 0, -\frac{1}{\sqrt{2}}\right), \left(\frac{1}{\sqrt{2}}, 0, \frac{1}{\sqrt{2}}\right), (0,1,0)$

c) $\left(\frac{1}{\sqrt{3}}, \frac{1}{\sqrt{3}}, \frac{1}{\sqrt{3}}\right), \left(-\frac{1}{\sqrt{2}}, \frac{1}{\sqrt{2}}, 0\right), \left(\frac{1}{\sqrt{6}}, \frac{1}{\sqrt{6}}, -\frac{2}{\sqrt{6}}\right)$

**9.** a) $-\frac{7}{5}\mathbf{v}_1 + \frac{1}{5}\mathbf{v}_2 + 2\mathbf{v}_3$ b) $-\frac{37}{5}\mathbf{v}_1 - \frac{9}{5}\mathbf{v}_2 + 4\mathbf{v}_3$ c) $-\frac{3}{7}\mathbf{v}_1 - \frac{1}{7}\mathbf{v}_2 + \frac{5}{7}\mathbf{v}_3$

**10.** a) $\frac{1}{7}\mathbf{v}_1 + \frac{5}{21}\mathbf{v}_2 + \frac{1}{3}\mathbf{v}_3 + \mathbf{v}_4$ b) $\frac{15\sqrt{2}}{7}\mathbf{v}_1 + \frac{5\sqrt{2}}{21}\mathbf{v}_2 - \frac{2\sqrt{2}}{3}\mathbf{v}_3$

c) $-\frac{3}{7}\mathbf{v}_1 + \frac{11}{63}\mathbf{v}_2 - \frac{1}{18}\mathbf{v}_3 + \frac{1}{2}\mathbf{v}_4$

**11.** a) $(\mathbf{w})_S = (-2\sqrt{2}, 5\sqrt{2}), [\mathbf{w}]_S = \begin{bmatrix}-2\sqrt{2}\\5\sqrt{2}\end{bmatrix}$ b) $(\mathbf{w})_S = (0,-2,1), [\mathbf{w}]_S = \begin{bmatrix}0\\-2\\1\end{bmatrix}$

**12.** a) $\mathbf{u} = (\frac{7}{5}, -\frac{1}{5}), \mathbf{v} = (\frac{13}{5}, \frac{16}{5})$ b) $\|\mathbf{u}\| = \sqrt{2}, d(\mathbf{u}, \mathbf{v}) = \sqrt{13}, \langle \mathbf{u}, \mathbf{v}\rangle = 3$

**13.** a) $\mathbf{u} = (1, \frac{14}{5}, -\frac{2}{5}), \mathbf{v} = (0, -\frac{17}{5}, \frac{6}{5}), \mathbf{w} = (-4, -\frac{11}{5}, \frac{23}{5})$

b) $\|\mathbf{v}\| = \sqrt{13}, d(\mathbf{u}, \mathbf{v}) = 5\sqrt{3}, \langle \mathbf{w}, \mathbf{v}\rangle = 13$

**14.** a) $\|\mathbf{u}\| = \sqrt{15}, \|\mathbf{v}-\mathbf{w}\| = 5, \|\mathbf{v}+\mathbf{w}\| = \sqrt{105}, \langle \mathbf{v}, \mathbf{w}\rangle = 20$

b) $\|\mathbf{u}\| = \sqrt{2}, \|\mathbf{v}-\mathbf{w}\| = \sqrt{34}, \|\mathbf{v}+\mathbf{w}\| = \sqrt{118}, \langle \mathbf{v}, \mathbf{w}\rangle = 21$

**15.** b) $\mathbf{u} = -\frac{4}{5}\mathbf{v}_1 - \frac{11}{10}\mathbf{v}_2 + 0\mathbf{v}_3 + \frac{1}{2}\mathbf{v}_4$

**16.** a) $\left(\frac{1}{\sqrt{10}}, -\frac{3}{\sqrt{10}}\right), \left(\frac{3}{\sqrt{10}}, \frac{1}{\sqrt{10}}\right)$ b) $(1,0),(0,-1)$

**17.** a) $\left(\frac{1}{\sqrt{3}}, \frac{1}{\sqrt{3}}, \frac{1}{\sqrt{3}}\right), \left(-\frac{1}{\sqrt{2}}, \frac{1}{\sqrt{2}}, 0\right), \left(\frac{1}{\sqrt{6}}, \frac{1}{\sqrt{6}}, -\frac{2}{\sqrt{6}}\right)$

b) $(1,0,0), \left(0, \frac{7}{\sqrt{53}}, -\frac{2}{\sqrt{53}}\right), \left(0, \frac{2}{\sqrt{53}}, \frac{7}{\sqrt{53}}\right)$

**18.** $\left(0, \frac{2}{\sqrt{5}}, \frac{1}{\sqrt{5}}, 0\right), \left(\frac{5}{\sqrt{30}}, -\frac{1}{\sqrt{30}}, \frac{2}{\sqrt{30}}, 0\right), \left(\frac{1}{\sqrt{10}}, \frac{1}{\sqrt{10}}, -\frac{2}{\sqrt{10}}, -\frac{2}{\sqrt{10}}\right),$
$\left(\frac{1}{\sqrt{15}}, \frac{1}{\sqrt{15}}, -\frac{2}{\sqrt{15}}, \frac{3}{\sqrt{15}}\right)$

**19.** $\left(0, \frac{1}{\sqrt{5}}, \frac{2}{\sqrt{5}}\right), \left(-\frac{\sqrt{5}}{\sqrt{6}}, -\frac{2}{\sqrt{30}}, \frac{1}{\sqrt{30}}\right)$

**20.** $\left(\frac{1}{\sqrt{6}}, \frac{1}{\sqrt{6}}, \frac{1}{\sqrt{6}}\right), \left(\frac{1}{\sqrt{6}}, \frac{1}{\sqrt{6}}, -\frac{1}{\sqrt{6}}\right), \left(\frac{2}{\sqrt{6}}, -\frac{1}{\sqrt{6}}, 0\right)$

**21.** $\mathbf{w}_1 = (-\frac{4}{5}, 2, \frac{3}{5}), \mathbf{w}_2 = (\frac{9}{5}, 0, \frac{12}{5})$ **22.** $\mathbf{w}_1 = (\frac{39}{42}, \frac{93}{42}, \frac{120}{42})), \mathbf{w}_2 = (\frac{3}{42}, -\frac{9}{42}, \frac{6}{42})$

**23.** $\mathbf{w}_1 = (-\frac{5}{4}, -\frac{1}{4}, \frac{5}{4}, \frac{9}{4}), \mathbf{w}_2 = (\frac{1}{4}, \frac{9}{4}, \frac{19}{4}, -\frac{9}{4})$

**24.** a) $\begin{bmatrix} \frac{1}{\sqrt{5}} & -\frac{2}{\sqrt{5}} \\ \frac{2}{\sqrt{5}} & \frac{1}{\sqrt{5}} \end{bmatrix} \begin{bmatrix} \sqrt{5} & \sqrt{5} \\ 0 & \sqrt{5} \end{bmatrix}$ b) $\begin{bmatrix} \frac{1}{\sqrt{2}} & -\frac{1}{\sqrt{3}} \\ 0 & \frac{1}{\sqrt{3}} \\ \frac{1}{\sqrt{2}} & \frac{1}{\sqrt{3}} \end{bmatrix} \begin{bmatrix} \sqrt{2} & 3\sqrt{2} \\ 0 & \sqrt{3} \end{bmatrix}$

c) $\begin{bmatrix} \frac{1}{3} & \frac{8}{\sqrt{234}} \\ -\frac{2}{3} & \frac{11}{\sqrt{234}} \\ \frac{2}{3} & \frac{7}{\sqrt{234}} \end{bmatrix} \begin{bmatrix} 3 & \frac{1}{3} \\ 0 & \frac{26}{\sqrt{234}} \end{bmatrix}$ d) $\begin{bmatrix} \frac{1}{\sqrt{2}} & -\frac{1}{\sqrt{3}} & \frac{1}{\sqrt{6}} \\ 0 & \frac{1}{\sqrt{3}} & \frac{2}{\sqrt{6}} \\ \frac{1}{\sqrt{2}} & \frac{1}{\sqrt{3}} & -\frac{1}{\sqrt{6}} \end{bmatrix} \begin{bmatrix} \sqrt{2} & \sqrt{2} & \sqrt{2} \\ 0 & \sqrt{3} & -\frac{1}{\sqrt{3}} \\ 0 & 0 & \frac{4}{\sqrt{6}} \end{bmatrix}$

e) $\begin{bmatrix} \frac{1}{\sqrt{2}} & \frac{\sqrt{2}}{2\sqrt{19}} & -\frac{3}{\sqrt{19}} \\ \frac{1}{\sqrt{2}} & -\frac{\sqrt{2}}{2\sqrt{19}} & \frac{3}{\sqrt{19}} \\ 0 & \frac{3\sqrt{2}}{\sqrt{19}} & \frac{1}{\sqrt{19}} \end{bmatrix} \begin{bmatrix} \sqrt{2} & \frac{3}{\sqrt{2}} & \sqrt{2} \\ 0 & \frac{\sqrt{19}}{\sqrt{2}} & \frac{3\sqrt{2}}{\sqrt{19}} \\ 0 & 0 & \frac{1}{\sqrt{19}} \end{bmatrix}$

f) Die Spalten der Matrix sind nicht linear unabhängig.

**29.** $\mathbf{v}_1 = \frac{1}{\sqrt{2}}, \mathbf{v}_2 \sqrt{\frac{3}{2}}x, \mathbf{v}_3 = \frac{\sqrt{5}}{2\sqrt{2}}(3x^2 - 1)$

**30.** a) $1 + x + 4x^2 = \frac{7}{3}\sqrt{2}\mathbf{v}_1 + \frac{1}{3}\sqrt{6}\mathbf{v}_2 + \frac{8}{15}\sqrt{10}\mathbf{v}_3$

b) $2 - 7x^2 = -\frac{\sqrt{2}}{3}\mathbf{v}_1 - \frac{28}{15}\sqrt{\frac{5}{2}}\mathbf{v}_3$ c) $4 + 3x = 4\sqrt{2}\mathbf{v}_1 + \sqrt{6}\mathbf{v}_2$

**31.** $\mathbf{v}_1 = 1, \mathbf{v}_2 = \sqrt{3}(2x - 1), \mathbf{v}_3 = \sqrt{5}(6x^2 - 6x + 1)$

## Übungen zu 6.4

**1.** a) $\begin{bmatrix} 21 & 25 \\ 25 & 35 \end{bmatrix}\begin{bmatrix} x_1 \\ x_2 \end{bmatrix} = \begin{bmatrix} 20 \\ 20 \end{bmatrix}$ b) $\begin{bmatrix} 15 & -1 & 5 \\ -1 & 22 & 30 \\ 5 & 30 & 45 \end{bmatrix}\begin{bmatrix} x_1 \\ x_2 \\ x_3 \end{bmatrix} = \begin{bmatrix} -1 \\ 9 \\ 13 \end{bmatrix}$

**2.** a) $\det(A^T A) = 0$; die Spalten von $A$ sind linear abhängig.
b) $\det(A^T A) = 0$; die Spalten von $A$ sind linear abhängig.

**3.** a) $x_1 = 3, x_2 = \frac{9}{2}$; $\begin{bmatrix} \frac{15}{2} \\ \frac{3}{2} \\ 6 \end{bmatrix}$ b) $x_1 = \frac{3}{7}, x_2 = -\frac{2}{3}$; $\begin{bmatrix} \frac{46}{21} \\ -\frac{5}{21} \\ \frac{13}{21} \end{bmatrix}$

c) $x_1 = 12, x_2 = -3, x_3 = 9$; $\begin{bmatrix} 3 \\ 3 \\ 9 \\ 0 \end{bmatrix}$ d) $x_1 = 14, = x_2 = 30, x_3 = 26$; $\begin{bmatrix} 2 \\ 6 \\ -2 \\ 4 \end{bmatrix}$

**4.** a) $(\frac{16}{15}, \frac{29}{15}, \frac{13}{15})$ b) $(-5, -4, -9)$ **5.** a) $(7, 2, 9, 5)$ b) $(-\frac{12}{5}, -\frac{4}{5}, \frac{12}{5}, \frac{16}{5})$

**6.** $(0, -1, 1, 1)$ **7.** a) $\begin{bmatrix} 1 & 0 \\ 0 & 0 \end{bmatrix}$ b) $\begin{bmatrix} 0 & 0 \\ 0 & 1 \end{bmatrix}$

**8.** a) $\begin{bmatrix} 1 & 0 & 0 \\ 0 & 0 & 0 \\ 0 & 0 & 1 \end{bmatrix}$ b) $\begin{bmatrix} 0 & 0 & 0 \\ 0 & 1 & 0 \\ 0 & 0 & 1 \end{bmatrix}$

**9.** a) $\mathbf{v}_1 = (1, 0, -5), \mathbf{v}_2 = (0, 1, 3)$

b) $\begin{bmatrix} \frac{10}{35} & \frac{15}{35} & -\frac{5}{35} \\ \frac{15}{35} & \frac{26}{35} & \frac{3}{35} \\ -\frac{5}{35} & \frac{3}{35} & \frac{34}{35} \end{bmatrix}$ c) $\begin{bmatrix} \frac{10}{25}x_0 + \frac{15}{35}y_0 - \frac{5}{35}z_0 \\ \frac{15}{35}x_0 + \frac{25}{35}y_0 + \frac{3}{35}z_0 \\ -\frac{5}{35}x_0 + \frac{3}{35}y_0 + \frac{34}{35}z_0 \end{bmatrix}$ d) $\dfrac{15}{\sqrt{35}}$

**10.** a) $\mathbf{v}_1 = (2, -1, 4)$ b) $\begin{bmatrix} \frac{4}{21} & -\frac{2}{21} & \frac{8}{21} \\ -\frac{2}{21} & \frac{1}{21} & -\frac{4}{21} \\ \frac{8}{21} & -\frac{4}{21} & \frac{16}{21} \end{bmatrix}$ c) $\begin{bmatrix} \frac{4}{21}x_0 - \frac{2}{21}y_0 + \frac{8}{21}z_0 \\ -\frac{2}{21}x_0 + \frac{1}{21}y_0 - \frac{4}{21}z_0 \\ \frac{8}{21}x_0 - \frac{4}{21}y_0 + \frac{16}{21}z_0 \end{bmatrix}$

**15.** $P = A^T(AA^T)^{-1}A$

## Übungen zu 6.5

**2.** $\begin{bmatrix} \frac{4}{5} & -\frac{9}{25} & \frac{12}{25} \\ 0 & \frac{4}{5} & \frac{3}{5} \\ -\frac{3}{5} & -\frac{12}{25} & \frac{16}{25} \end{bmatrix}$

**3.** a) $\begin{bmatrix} 1 & 0 \\ 0 & 1 \end{bmatrix}$ b) $\begin{bmatrix} \frac{1}{\sqrt{2}} & \frac{1}{\sqrt{2}} \\ -\frac{1}{\sqrt{2}} & \frac{1}{\sqrt{2}} \end{bmatrix}$

d) $\begin{bmatrix} -\frac{1}{\sqrt{2}} & 0 & \frac{1}{\sqrt{2}} \\ \frac{1}{\sqrt{6}} & -\frac{2}{\sqrt{6}} & \frac{1}{\sqrt{6}} \\ \frac{1}{\sqrt{3}} & \frac{1}{\sqrt{3}} & \frac{1}{\sqrt{3}} \end{bmatrix}$ e) $\begin{bmatrix} \frac{1}{2} & \frac{1}{2} & \frac{1}{2} & \frac{1}{2} \\ \frac{1}{2} & -\frac{5}{6} & \frac{1}{6} & \frac{1}{6} \\ \frac{1}{2} & \frac{1}{6} & \frac{1}{6} & -\frac{5}{6} \\ \frac{1}{2} & \frac{1}{6} & -\frac{5}{6} & \frac{1}{6} \end{bmatrix}$

**5.** a) $(\mathbf{w})_S = (3, -7), [\mathbf{w}]_S = \begin{bmatrix} 3 \\ -7 \end{bmatrix}$ b) $(\mathbf{w})_S = (\frac{5}{28}, \frac{3}{14}), [\mathbf{w}]_S = \begin{bmatrix} \frac{5}{28} \\ \frac{3}{14} \end{bmatrix}$

c) $(\mathbf{w})_S = \left(a, \dfrac{b-a}{2}\right), [\mathbf{w}]_S = \begin{bmatrix} a \\ \frac{b-a}{2} \end{bmatrix}$

**6.** a) $(\mathbf{v})_S = (3, -2, 1), [\mathbf{v}]_S = \begin{bmatrix} 3 \\ -2 \\ 1 \end{bmatrix}$ b) $(\mathbf{v})_S = (-2, 0, 1), [\mathbf{v}]_s = \begin{bmatrix} -2 \\ 0 \\ 1 \end{bmatrix}$

**7.** a) $(\mathbf{p})_S = (4, -3, 1), [\mathbf{p}]_S = \begin{bmatrix} 4 \\ -3 \\ 1 \end{bmatrix}$ b) $(\mathbf{p})_S = (0, 2, -1), [\mathbf{p}]_S = \begin{bmatrix} 0 \\ 2 \\ -1 \end{bmatrix}$

**8.** $(A)_S = (-1, 1, -1, 3), [A]_S = \begin{bmatrix} -1 \\ 1 \\ -1 \\ 3 \end{bmatrix}$

**9.** a) $\mathbf{w} = (16, 10, 12)$ b) $\mathbf{q} = 3 + 4x^2$ c) $B = \begin{bmatrix} 15 & -1 \\ 6 & 3 \end{bmatrix}$

**10.** a) $\begin{bmatrix} 2 & -3 \\ 1 & 4 \end{bmatrix}$ b) $\begin{bmatrix} \frac{4}{11} & \frac{3}{11} \\ -\frac{1}{11} & \frac{2}{11} \end{bmatrix}$ c) $[\mathbf{w}]_B = \begin{bmatrix} 3 \\ -5 \end{bmatrix}, [\mathbf{w}]_{B'} = \begin{bmatrix} -\frac{3}{11} \\ -\frac{13}{11} \end{bmatrix}$

**11.** a) $\begin{bmatrix} \frac{13}{10} & -\frac{1}{2} \\ -\frac{2}{5} & 0 \end{bmatrix}$ b) $\begin{bmatrix} 0 & -\frac{5}{2} \\ -2 & -\frac{13}{2} \end{bmatrix}$ c) $[\mathbf{w}]_B = \begin{bmatrix} -\frac{17}{10} \\ \frac{8}{5} \end{bmatrix}, [\mathbf{w}]_{B'} = \begin{bmatrix} -4 \\ -7 \end{bmatrix}$

**12.** a) $\begin{bmatrix} \frac{3}{4} & \frac{3}{4} & \frac{1}{12} \\ -\frac{3}{4} & -\frac{17}{12} & -\frac{17}{12} \\ 0 & \frac{2}{3} & \frac{2}{3} \end{bmatrix}$ b) $\begin{bmatrix} \frac{19}{12} \\ -\frac{43}{12} \\ \frac{4}{3} \end{bmatrix}$ **13.** a) $\begin{bmatrix} 3 & 2 & \frac{5}{2} \\ -2 & -3 & -\frac{1}{2} \\ 5 & 1 & 6 \end{bmatrix}$ b) $\begin{bmatrix} -\frac{7}{2} \\ \frac{23}{2} \\ 6 \end{bmatrix}$

**14.** a) $\begin{bmatrix} -\frac{2}{9} & \frac{7}{9} \\ \frac{1}{3} & -\frac{1}{6} \end{bmatrix}$ b) $\begin{bmatrix} \frac{3}{4} & \frac{7}{2} \\ \frac{3}{2} & 1 \end{bmatrix}$ c) $[\mathbf{p}]_B = \begin{bmatrix} 1 \\ -1 \end{bmatrix}$ d) $[\mathbf{p}]_{B'} = \begin{bmatrix} -\frac{11}{4} \\ \frac{1}{2} \end{bmatrix}$

**15.** b) $\begin{bmatrix} 2 & 0 \\ 1 & 3 \end{bmatrix}$ c) $\begin{bmatrix} \frac{1}{2} & 0 \\ -\frac{1}{6} & \frac{1}{3} \end{bmatrix}$ d) $[\mathbf{h}]_B = \begin{bmatrix} 2 \\ -5 \end{bmatrix}, [\mathbf{h}]_{B'} = \begin{bmatrix} 1 \\ -2 \end{bmatrix}$

**16.** a) $(4\sqrt{2}, -2\sqrt{2})$ b) $(-\frac{7}{2}\sqrt{2}, \frac{3}{2}\sqrt{2})$

**17.** a) $(-1+3\sqrt{3}, 3+\sqrt{3})$ b) $(\frac{5}{2}-\sqrt{3}, \frac{5}{2}\sqrt{3}+1)$

**18.** a) $(\frac{1}{2}\sqrt{2}, \frac{3}{2}\sqrt{2}, 5)$ b) $(-\frac{5}{2}\sqrt{2}, \frac{7}{2}\sqrt{2}, -3)$

**19.** a) $(-\frac{1}{2}-\frac{5}{2}\sqrt{3}, 2, \frac{5}{2}-\frac{1}{2}\sqrt{3})$ b) $(\frac{1}{2}-\frac{3}{2}\sqrt{3}, 6, -\frac{3}{2}-\frac{1}{2}\sqrt{3})$

**20.** a) $(-1, \frac{3}{2}\sqrt{2}, -\frac{7}{2}\sqrt{2})$ b) $(1, -\frac{3}{2}\sqrt{2}, \frac{9}{2}\sqrt{3})$

**21.** a) $A = \begin{bmatrix} \cos\theta & 0 & -\sin\theta \\ 0 & 1 & 0 \\ \sin\theta & 0 & \cos\theta \end{bmatrix}$ b) $A = \begin{bmatrix} 1 & 0 & 0 \\ 0 & \cos\theta & \sin\theta \\ 0 & -\sin\theta & \cos\theta \end{bmatrix}$

**22.** $\begin{bmatrix} \frac{\sqrt{2}}{4} & \frac{\sqrt{6}}{4} & -\frac{\sqrt{2}}{2} \\ -\frac{\sqrt{3}}{2} & \frac{1}{2} & 0 \\ \frac{\sqrt{2}}{4} & \frac{\sqrt{6}}{4} & \frac{\sqrt{2}}{2} \end{bmatrix}$ **23.** $a^2+b^2=\frac{1}{2}$

**26.** a) Rotation um $\theta = 45° = \frac{\pi}{4}$ b) Rotation um $\theta = 30° = \frac{\pi}{6}$

**27.** a) Rotation mit anschließender Reflexion b) Rotation

## Ergänzende Übungen zu Kapitel 6

**1.** a) $(0, a, a, 0)$ mit $a \neq 0$ b) $\pm\left(0, \frac{2}{\sqrt{5}}, \frac{1}{\sqrt{5}}, 0\right)$

**6.** $\pm\left(\frac{1}{\sqrt{2}}, 0, \frac{1}{\sqrt{2}}\right)$ **7.** $w_k = \frac{1}{k}, k = 1, 2, \ldots, n$

**8.** Nein **11.** b) $\theta$ konvergiert gegen $\pi/2$.

**12.** b) Die Diagonalen eines Parallelogramms stehen genau dann senkrecht aufeinander, wenn seine Seiten gleich lang sind.

**16.** $a = 0, b = -\frac{2}{\sqrt{6}}, c = \frac{1}{\sqrt{3}}$; die Zahlen sind nicht eindeutig bestimmt.

## Übungen zu 7.1

**1.** a) $\lambda^2 - 2\lambda - 3 = 0$ b) $\lambda^2 - 8\lambda + 16 = 0$ c) $\lambda^2 - 12 = 0$
d) $\lambda^2 + 3 = 0$ e) $\lambda^2 = 0$ f) $\lambda^2 - 2\lambda + 1 = 0$

**2.** a) $\lambda = 3, \lambda = -1$ b) $\lambda = 4$ c) $\lambda = \sqrt{12}, \lambda = -\sqrt{12}$
d) Keine reellen Eigenwerte e) $\lambda = 0$ f) $\lambda = 1$

**3.** a) Basis des Eigenraumes zu $\lambda = 3$: $\begin{bmatrix} \frac{1}{2} \\ 1 \end{bmatrix}$;

Basis des Eigenraumes zu $\lambda = -1$: $\begin{bmatrix} 0 \\ 1 \end{bmatrix}$

b) Basis des Eigenraumes zu $\lambda = 4$: $\begin{bmatrix} \frac{3}{2} \\ 1 \end{bmatrix}$

c) Basis des Eigenraumes zu $\lambda = \sqrt{12}$: $\begin{bmatrix} \frac{3}{\sqrt{12}} \\ 1 \end{bmatrix}$;

Basis des Eigenraumes zu $\lambda = -\sqrt{12}$: $\begin{bmatrix} -\frac{3}{\sqrt{12}} \\ 1 \end{bmatrix}$

d) Keine Eigenräume

e) Basis des Eigenraumes zu $\lambda = 0$: $\begin{bmatrix} 1 \\ 0 \end{bmatrix}, \begin{bmatrix} 0 \\ 1 \end{bmatrix}$

f) Basis des Eigenraumes zu $\lambda = 1$: $\begin{bmatrix} 1 \\ 0 \end{bmatrix}, \begin{bmatrix} 0 \\ 1 \end{bmatrix}$

**4.** a) $\lambda^3 - 6\lambda^2 + 11\lambda - 6 = 0$ b) $\lambda^3 - 2\lambda = 0$

c) $\lambda^3 + 8\lambda^2 + \lambda + 8 = 0$ d) $\lambda^3 - \lambda^2 - \lambda - 2 = 0$

e) $\lambda^3 - 6\lambda^2 + 12\lambda - 8 = 0$ f) $\lambda^3 - 2\lambda^2 - 15\lambda + 36 = 0$

**5.** a) $\lambda = 1, \lambda = 2, \lambda = 3$ b) $\lambda = 0, \lambda = \sqrt{2}, \lambda = -\sqrt{2}$ c) $\lambda = -8$

d) $\lambda = 2$ e) $\lambda = 2$ f) $\lambda = -4, \lambda = 3$

**6.** a) $\lambda = 1$: $\begin{bmatrix} 0 \\ 1 \\ 0 \end{bmatrix}$; $\lambda = 2$: $\begin{bmatrix} -\frac{1}{2} \\ 1 \\ 1 \end{bmatrix}$; $\lambda = 3$: $\begin{bmatrix} -1 \\ 1 \\ 1 \end{bmatrix}$

b) $\lambda = 0$: $\begin{bmatrix} \frac{5}{3} \\ \frac{1}{3} \\ 1 \end{bmatrix}$; $\lambda = \sqrt{2}$: $\begin{bmatrix} \frac{1}{7}(15 + 5\sqrt{2}) \\ \frac{1}{7}(-1 + 2\sqrt{2}) \\ 1 \end{bmatrix}$; $\lambda = -\sqrt{2}$: $\begin{bmatrix} \frac{1}{7}(15 - 5\sqrt{2}) \\ \frac{1}{7}(-1 - 2\sqrt{2}) \\ 1 \end{bmatrix}$

c) $\lambda = -8$: $\begin{bmatrix} -\frac{1}{6} \\ -\frac{1}{6} \\ 1 \end{bmatrix}$

d) $\lambda = 2$: $\begin{bmatrix} \frac{1}{3} \\ \frac{1}{3} \\ 1 \end{bmatrix}$

e) $\lambda = 2$: $\begin{bmatrix} -\frac{1}{3} \\ -\frac{1}{3} \\ 1 \end{bmatrix}$

f) $\lambda = -4$: $\begin{bmatrix} -2 \\ \frac{8}{3} \\ 1 \end{bmatrix}$; $\lambda = 3$: $\begin{bmatrix} 5 \\ -2 \\ 1 \end{bmatrix}$

**7.** a) $(\lambda - 1)^2(\lambda + 2)(\lambda + 1) = 0$ b) $(\lambda - 4)^2(\lambda^2 + 3) = 0$

**8.** a) $\lambda = 1, \lambda = -2, \lambda = -1$ b) $\lambda = 4$

**9.** a) $\lambda = 1$: $\begin{bmatrix} 0 \\ 0 \\ 0 \\ 1 \end{bmatrix}$ und $\begin{bmatrix} 2 \\ 3 \\ 1 \\ 0 \end{bmatrix}$; $\lambda = -2$: $\begin{bmatrix} -1 \\ 0 \\ 1 \\ 0 \end{bmatrix}$; $\lambda = -1$: $\begin{bmatrix} -2 \\ 1 \\ 1 \\ 0 \end{bmatrix}$

b) $\lambda = 4$: $\begin{bmatrix} \frac{3}{2} \\ 1 \\ 0 \\ 0 \end{bmatrix}$

**10.** a) $\lambda = -1, \lambda = 5$ b) $\lambda = 3, \lambda = 7, \lambda = 1$ c) $\lambda = -\frac{1}{3}, \lambda = 1, \lambda = \frac{1}{2}$

**11.** $\lambda = 1, \lambda = \frac{1}{512}, \lambda = 512, \lambda = 0$

**12.** $A^{25}$ hat die Eigenwerte $\lambda = 1$ und $\lambda = -1$; Basis für $\lambda = 1$: $\begin{bmatrix} -1 \\ 1 \\ 0 \end{bmatrix}, \begin{bmatrix} -1 \\ 0 \\ 1 \end{bmatrix}$;

Basis für $\lambda = -1$: $\begin{bmatrix} 2 \\ -1 \\ 1 \end{bmatrix}$

**13.** a) $y = x$ und $y = 2x$
b) Keine
c) $y = 0$

**14.** *a*) $-5$ *b*) $7$

**22.** a) $\lambda_1 = 1 : \begin{bmatrix} 1 \\ 0 \\ 1 \end{bmatrix}; \lambda_2 = \frac{1}{2} : \begin{bmatrix} 1 \\ \frac{1}{2} \\ 0 \end{bmatrix}; \lambda_3 = \frac{1}{3} : \begin{bmatrix} 1 \\ 1 \\ 1 \end{bmatrix}$

b) $\lambda_1 = -2 : \begin{bmatrix} 1 \\ 0 \\ 1 \end{bmatrix}; \lambda_2 = -1 : \begin{bmatrix} 1 \\ \frac{1}{2} \\ 0 \end{bmatrix}; \lambda_3 = 0 : \begin{bmatrix} 1 \\ 1 \\ 1 \end{bmatrix}$

c) $\lambda_1 = 3 : \begin{bmatrix} 1 \\ 0 \\ 1 \end{bmatrix}; \lambda_2 = 4 : \begin{bmatrix} 1 \\ \frac{1}{2} \\ 0 \end{bmatrix}; \lambda_3 = 5 : \begin{bmatrix} 1 \\ 1 \\ 1 \end{bmatrix}$

## Übungen zu 7.2

**1.** 1, 2, oder 3

**2.** a) $\lambda = 3,\ \lambda = 5$ b) $\text{rang}(3I - A) = 1$, $\text{rang}(3I - A) = 2$;
$\text{rang}(5I - A) = 2$, $\text{rang}(5I - A) = 1$

c) $A$ ist diagonalisierbar.

**3.** Nicht diagonalisierbar

**4.** Nicht diagonalisierbar

**5.** Nicht diagonalisierbar

**6.** Nicht diagonalisierbar

**7.** Nicht diagonalisierbar

**8.** $P = \begin{bmatrix} \frac{4}{5} & \frac{3}{4} \\ 1 & 1 \end{bmatrix}; P^{-1}AP = \begin{bmatrix} 1 & 0 \\ 0 & 2 \end{bmatrix}$ **9.** $P = \begin{bmatrix} \frac{1}{3} & 0 \\ 1 & 1 \end{bmatrix}; P^{-1}AP = \begin{bmatrix} 1 & 0 \\ 0 & -1 \end{bmatrix}$

**10.** $P = \begin{bmatrix} 0 & 1 & 0 \\ 1 & 0 & 1 \\ -1 & 0 & 1 \end{bmatrix}; P^{-1}AP = \begin{bmatrix} 0 & 0 & 0 \\ 0 & 1 & 0 \\ 0 & 0 & 2 \end{bmatrix}$

**11.** $P = \begin{bmatrix} -2 & 0 & 1 \\ 0 & 1 & 0 \\ 1 & 0 & 0 \end{bmatrix}; P^{-1}AP = \begin{bmatrix} 3 & 0 & 0 \\ 0 & 3 & 0 \\ 0 & 0 & 2 \end{bmatrix}$

**12.** Nicht diagonalisierbar

**13.** $P = \begin{bmatrix} 1 & 2 & 1 \\ 1 & 3 & 3 \\ 1 & 3 & 4 \end{bmatrix}; P^{-1}AP = \begin{bmatrix} 1 & 0 & 0 \\ 0 & 2 & 0 \\ 0 & 0 & 3 \end{bmatrix}$

**14.** Nicht diagonalisierbar

**15.** $P = \begin{bmatrix} -\frac{1}{3} & 0 & 0 \\ 0 & 1 & 0 \\ 1 & 0 & 1 \end{bmatrix}; P^{-1}AP = \begin{bmatrix} 0 & 0 & 0 \\ 0 & 0 & 0 \\ 0 & 0 & 1 \end{bmatrix}$

**16.** Nicht diagonalisierbar

**17.** $P = \begin{bmatrix} 1 & 1 & 0 & 0 \\ 0 & 1 & 1 & 0 \\ 0 & 0 & 1 & 1 \\ 0 & 0 & 0 & 1 \end{bmatrix}; P^{-1}AP = \begin{bmatrix} -2 & 0 & 0 & 0 \\ 0 & -2 & 0 & 0 \\ 0 & 0 & 3 & 0 \\ 0 & 0 & 0 & 3 \end{bmatrix}$ **18.** $\begin{bmatrix} 1 & 0 \\ -1023 & 1024 \end{bmatrix}$

**19.** $\begin{bmatrix} -1 & 10237 & -2047 \\ 0 & 1 & 0 \\ 0 & 10245 & -2048 \end{bmatrix}$

**20.** a) $\begin{bmatrix} 1 & 0 & 0 \\ 0 & 1 & 0 \\ 0 & 0 & 1 \end{bmatrix}$ b) $\begin{bmatrix} 1 & 0 & 0 \\ 0 & 1 & 0 \\ 0 & 0 & 1 \end{bmatrix}$ c) $\begin{bmatrix} 1 & -2 & 8 \\ 0 & -1 & 0 \\ 0 & 0 & -1 \end{bmatrix}$ d) $\begin{bmatrix} 1 & -2 & 8 \\ 0 & -1 & 0 \\ 0 & 0 & -1 \end{bmatrix}$

**21.** $A^n = PD^nP^{-1} = \begin{bmatrix} 1 & 1 & 1 \\ 2 & 0 & -1 \\ 1 & -1 & 1 \end{bmatrix} \begin{bmatrix} 1^n & 0 & 0 \\ 0 & 3^n & 0 \\ 0 & 0 & 4^n \end{bmatrix} \begin{bmatrix} \frac{1}{6} & \frac{1}{3} & \frac{1}{6} \\ \frac{1}{2} & 0 & -\frac{1}{2} \\ \frac{1}{3} & -\frac{1}{3} & \frac{1}{3} \end{bmatrix}$

## Übungen zu 7.3

**1.** a) $\lambda^2 - 5\lambda = 0$; $\lambda = 0$: eindimensional, $\lambda = 5$: eindimensional
b) $\lambda^3 - 27\lambda - 54 = 0$; $\lambda = 6$: eindimensional, $\lambda = -3$: zweidimensional
c) $\lambda^3 - 3\lambda^2 = 0$; $\lambda = 3$: eindimensional, $\lambda = 0$: zweidimensional
d) $\lambda^3 - 12\lambda^2 + 36\lambda - 32 = 0$; $\lambda = 2$: zweidimensional, $\lambda = 8$: eindimensional

e) $\lambda^4 - 8\lambda^3 = 0$; $\lambda = 0$: dreidimensional, $\lambda = 8$: eindimensional
f) $\lambda^4 - 8\lambda^3 + 22\lambda^2 - 24\lambda + 9 = 0$; $\lambda = 1$: zweidimensional, $\lambda = 3$: zweidimensional

**2.** $\begin{bmatrix} \frac{1}{\sqrt{2}} & -\frac{1}{\sqrt{2}} \\ \frac{1}{\sqrt{2}} & \frac{1}{\sqrt{2}} \end{bmatrix}$; $P^{-1}AP = \begin{bmatrix} 4 & 0 \\ 0 & 2 \end{bmatrix}$ **3.** $P = \begin{bmatrix} -\frac{2}{\sqrt{7}} & \frac{\sqrt{3}}{\sqrt{7}} \\ \frac{\sqrt{3}}{\sqrt{7}} & \frac{2}{\sqrt{7}} \end{bmatrix}$, $P^{-1}AP = \begin{bmatrix} 3 & 0 \\ 0 & 10 \end{bmatrix}$

**4.** $P = \begin{bmatrix} -\frac{2}{\sqrt{5}} & \frac{1}{\sqrt{5}} \\ \frac{1}{\sqrt{5}} & \frac{2}{\sqrt{5}} \end{bmatrix}$; $P^{-1}AP = \begin{bmatrix} 7 & 0 \\ 0 & 2 \end{bmatrix}$

**5.** $P = \begin{bmatrix} -\frac{4}{5} & 0 & \frac{3}{5} \\ 0 & 1 & 0 \\ \frac{3}{5} & 0 & \frac{4}{5} \end{bmatrix}$; $P^{-1}AP = \begin{bmatrix} 25 & 0 & 0 \\ 0 & -3 & 0 \\ 0 & 0 & -50 \end{bmatrix}$ **6.** $\begin{bmatrix} \frac{1}{\sqrt{2}} & \frac{1}{\sqrt{2}} & 0 \\ \frac{1}{\sqrt{2}} & -\frac{1}{\sqrt{2}} & 0 \\ 0 & 0 & 1 \end{bmatrix}$

**7.** $\begin{bmatrix} \frac{1}{\sqrt{3}} & \frac{1}{\sqrt{6}} & \frac{1}{\sqrt{2}} \\ \frac{1}{\sqrt{3}} & -\frac{2}{\sqrt{6}} & 0 \\ \frac{1}{\sqrt{3}} & \frac{1}{\sqrt{6}} & -\frac{1}{\sqrt{2}} \end{bmatrix}$ **8.** $\begin{bmatrix} 0 & 0 & \frac{1}{\sqrt{2}} & \frac{1}{\sqrt{2}} \\ 0 & 0 & \frac{1}{\sqrt{2}} & -\frac{1}{\sqrt{2}} \\ 1 & 0 & 0 & 0 \\ 0 & 1 & 0 & 0 \end{bmatrix}$

**9.** $P = \begin{bmatrix} -\frac{4}{5} & \frac{3}{5} & 0 & 0 \\ \frac{3}{5} & \frac{4}{5} & 0 & 0 \\ 0 & 0 & -\frac{4}{5} & \frac{3}{5} \\ 0 & 0 & \frac{3}{5} & \frac{4}{5} \end{bmatrix}$; $P^{-1}AP = \begin{bmatrix} -25 & 0 & 0 & 0 \\ 0 & 25 & 0 & 0 \\ 0 & 0 & -25 & 0 \\ 0 & 0 & 0 & 25 \end{bmatrix}$

**10.** $\begin{bmatrix} \frac{1}{\sqrt{2}} & -\frac{1}{\sqrt{2}} \\ \frac{1}{\sqrt{2}} & \frac{1}{\sqrt{2}} \end{bmatrix}$ **12.** b) $\begin{bmatrix} \frac{1}{\sqrt{2}} & 0 & \frac{1}{\sqrt{2}} \\ 0 & 1 & 0 \\ -\frac{1}{\sqrt{2}} & 0 & \frac{1}{\sqrt{2}} \end{bmatrix}$

## Ergänzende Übungen zu Kapitel 7

**1.** b) $A$ beschreibt eine Rotation um den Winkel $\theta$; für $0 < \theta < \pi$ wird kein von Null verschiedener Vektor auf ein skalares Vielfaches abgebildet.

**2.** $\lambda = k$ mit Vielfachheit 3 **3.** c) $\begin{bmatrix} 1 & 1 & 0 \\ 0 & 2 & 1 \\ 0 & 0 & 3 \end{bmatrix}$

**8.** $A^2 = \begin{bmatrix} 15 & 30 \\ 5 & 10 \end{bmatrix}$, $A^3 = \begin{bmatrix} 75 & 150 \\ 25 & 50 \end{bmatrix}$,

$A^4 = \begin{bmatrix} 375 & 750 \\ 625 & 250 \end{bmatrix}$ $A^5 = \begin{bmatrix} 1875 & 3750 \\ 625 & 1250 \end{bmatrix}$

**9.** $A^3 = \begin{bmatrix} 1 & -3 & 3 \\ 3 & -8 & 6 \\ 6 & -15 & 10 \end{bmatrix}, \quad A^4 = \begin{bmatrix} 3 & -8 & 6 \\ 6 & -15 & 10 \\ 10 & -24 & 15 \end{bmatrix}$ **11.** $\begin{bmatrix} 0 & 0 & 0 & -1 \\ 1 & 0 & 0 & 2 \\ 0 & 1 & 0 & -1 \\ 0 & 0 & 1 & -3 \end{bmatrix}$

**14.** $\begin{bmatrix} 1 & 0 & 0 \\ -1 & -\frac{1}{2} & -\frac{1}{2} \\ 1 & -\frac{1}{2} & -\frac{1}{2} \end{bmatrix}$ **15.** a) 18 b) $-1$

## Übungen zu 8.1

**3.** Nicht linear **4.** Linear **5.** Linear **6.** Linear **7.** Linear

**8.** a) Linear b) Nicht linear **9.** a) Linear b) Nicht linear

**10.** a) Nicht linear b) Linear

**12.** $T(x_1, x_2) = (-4x_1 + 5x_2, x_1 - 3x_2)$; $T(5, -3) = (-35, 14)$

**13.** $T(x_1, x_2) = \frac{1}{7}(3x_1 - x_2, -9x_1 - 4x_2, 5x_1 + 10x_2)$; $T(2, -3) = (\frac{9}{7}, -\frac{6}{7}, -\frac{20}{7})$

**14.** $T(x_1, x_2, x_3) = (-x_1 + 4x_2 - x_3, 5x_1 - 5x_2 - x_3, x_1 + 3x_3)$;
$T(2, 4, -1) = (15, -9, -1)$

**15.** $T(x_1, x_2, x_3) = (-41x_1 + 9x_2 + 24x_3, 14x_1 - 3x_2 - 8x_3)$; $T(7, 13, 7) = (-2, 3)$

**16.** $T(2\mathbf{v}_1 - 3\mathbf{v}_2 + 4\mathbf{v}_3) = (-10, -7, 6)$

**17.** a) Definitionsbereich: $R^2$, Wertebereich: $R^2$, $(T_2 \circ T_1)(x, y) = (2x - 3y, 2x + 3y)$

b) Definitionsbereich: $R^2$, Wertebereich: die Gerade $y = \frac{3}{4}x$, $(T_2 \circ T_1)(x, y) = (4x - 12y, 3x - 9y)$

c) Definitionsbereich: $R^2$, Wertebereich: $R^2$, $(T_2 \circ T_1)(x, y) = (2x + 3y, x - 2y)$

d) Definitionsbereich: $R^2$, Wertebereich: die Gerade $x = 0$, $(T_2 \circ T_1)(x, y) = (0, 2x)$

**18.** a) Definitionsbereich: $R^2$, Wertebereich: $R^2$, $(T_3 \circ T_2 \circ T_1)(x, y) = (3x - 2y, x)$

b) Definitionsbereich: $R^2$, Wertebereich: die Gerade $y = \frac{3}{2}x$, $(T_3 \circ T_2 \circ T_1)(x, y) = (4y, 6y)$

**19.** a) $a + d$ b) $(T_2 \circ T_1)(A)$ existiert nicht, da $T_1(A)$ keine $2 \times 2$-Matrix ist.

**20.** $(T_1 \circ T_2)(p(x)) = p(x)$; $(T_2 \circ T_1)(p(x)) = p(x)$ **21.** $T_2(\mathbf{v}) = \frac{1}{2}\mathbf{v}$

**22.** $(T_2 \circ T_1)(a_0 + a_1x + a_2x^2) = (a_0 + a_1 + a_2)x + (a_1 + 2a_2)x^2 + a_2x^3$

**26.** b) $(3T)(x_1, x_2) = (6x_1 - 3x_2, 3x_2 + 3x_1)$

**27.** b) $(T_1 + T_2)(x, y) = (3y, 4x)$; $(T_2 - T_1)(x, y) = (y, 2x)$

**28.** Nicht linear **29.** a) 4 b) .8415 c) 1

## Übungen zu 8.2

**1.** a), c) **2.** a) **3.** a), b), c) **4.** a) **5.** b) **6.** c)

**7.** a) $\begin{bmatrix} \frac{1}{2} \\ 1 \end{bmatrix}$ b) $\begin{bmatrix} \frac{3}{2} \\ -4 \\ 1 \\ 0 \end{bmatrix}$

c) Es gibt keine Basis.

**8.** a) $\begin{bmatrix} 1 \\ -4 \end{bmatrix}$ b) $\begin{bmatrix} 2 \\ 4 \\ 6 \end{bmatrix}, \begin{bmatrix} 1 \\ 1 \\ 0 \end{bmatrix}, \begin{bmatrix} -3 \\ -4 \\ 9 \end{bmatrix}$ c) $\begin{bmatrix} x \\ x^2 \\ x^3 \end{bmatrix}$

**10.** a) $\begin{bmatrix} 1 \\ 5 \\ 7 \end{bmatrix}, \begin{bmatrix} 0 \\ 1 \\ 1 \end{bmatrix}$ b) $\begin{bmatrix} -\frac{14}{11} \\ \frac{19}{11} \\ 1 \end{bmatrix}$ c) $\operatorname{rang}(T) = 2$, $\operatorname{def}(T) = 1$

**11.** a) $\begin{bmatrix} 1 \\ 2 \\ 0 \end{bmatrix}$ b) $\begin{bmatrix} \frac{1}{2} \\ 0 \\ 1 \end{bmatrix}, \begin{bmatrix} 0 \\ 1 \\ 0 \end{bmatrix}$ c) $\operatorname{rang}(T) = 1$, $\operatorname{def}(T) = 2$

**12.** a) $\begin{bmatrix} 1 \\ \frac{1}{4} \end{bmatrix} \begin{bmatrix} 0 \\ 1 \end{bmatrix}$ b) $\begin{bmatrix} -1 \\ -1 \\ 1 \\ 0 \end{bmatrix}, \begin{bmatrix} -\frac{4}{7} \\ \frac{2}{7} \\ 0 \\ 1 \end{bmatrix}$

c) $\operatorname{rang}(T) = 2$, $\operatorname{def}(T) = 2$

**13.** a) $\begin{bmatrix} 1 \\ 3 \\ -1 \\ 2 \end{bmatrix} \begin{bmatrix} 0 \\ 1 \\ -\frac{2}{7} \\ \frac{5}{14} \end{bmatrix}, \begin{bmatrix} 0 \\ 0 \\ 0 \\ 1 \end{bmatrix}$ b) $\begin{bmatrix} -1 \\ -1 \\ 1 \\ 0 \\ 0 \end{bmatrix}, \begin{bmatrix} -1 \\ -2 \\ 0 \\ 0 \\ 1 \end{bmatrix}$

c) $\operatorname{rang}(T) = 3$, $\operatorname{def}(T) = 2$

**14.** a) Wertebereich: $xy$-Ebene, Nullraum: $y$-Achse
b) Wertebereich: $yz$-Ebene, Nullraum: $x$-Achse
c) Wertebereich: die Ebene $y = x$, Nullraum: die Gerade $x = -t, y = t, z = 0$

**16.** a) $\operatorname{def}(T) = 2$
b) $\operatorname{def}(T) = 4$
c) $\operatorname{def}(T) = 3$
d) $\operatorname{def}(T) = 1$

**17.** $\operatorname{def}(T) = 0$, $\operatorname{rang}(T) = 6$

**18.** a) Dimension $3 = \operatorname{def}(T)$
b) Nein, wegen $\operatorname{rang}(T) = \dim R(T) = 4$ ist $R(T) \neq R^5$.

**21.** a) $x = -t,\ y = -t,\ z = t,\ -\infty < t < +\infty$ b) $14x - 8y - 5z = 0$

**25.** $K(D)$ enthält alle konstanten Polynome.

**26.** $K(J)$ enthält alle Polynome $kx$.

**27.** $K(D \circ D)$ enthält alle Funktionen $ax + b$.

## Übungen zu 8.3

**1.** a) $K(T) = \{\mathbf{0}\}$; $T$ ist injektiv.

b) $K(T) = \left\{k\begin{bmatrix} -\frac{3}{2} \\ 1 \end{bmatrix}\right\}$; $T$ ist nicht injektiv.

c) $K(T) = \{\mathbf{0}\}$; $T$ ist injektiv.
d) $K(T) = \{\mathbf{0}\}$; $T$ ist injektiv.

e) $K(T) = \left\{k\begin{bmatrix} 1 \\ 1 \end{bmatrix}\right\}$; $T$ ist nicht injektiv.

f) $K(T) = \left\{k\begin{bmatrix} 0 \\ 1 \\ -1 \end{bmatrix}\right\}$; $T$ ist nicht injektiv.

**2.** a) $T^{-1}\begin{bmatrix} x_1 \\ x_2 \end{bmatrix} = \begin{bmatrix} x_1 - 2x_2 \\ -2x_1 + 5x_2 \end{bmatrix}$ b) $T$ hat keine Inverse.

c) $T^{-1}\begin{bmatrix} x_1 \\ x_2 \end{bmatrix} = \begin{bmatrix} \frac{3}{19}x_1 - \frac{7}{19}x_2 \\ \frac{1}{19}x_1 + \frac{4}{19}x_2 \end{bmatrix}$

**3.** a) $T$ hat keine Inverse.

b) $T^{-1}\begin{bmatrix} x_1 \\ x_2 \\ x_3 \end{bmatrix} = \begin{bmatrix} \frac{1}{8}x_1 + \frac{1}{8}x_2 - \frac{3}{4}x_3 \\ \frac{1}{8}x_1 + \frac{1}{8}x_2 + \frac{1}{4}x_3 \\ -\frac{3}{8}x_1 + \frac{5}{8}x_2 + \frac{1}{4}x_3 \end{bmatrix}$ c) $T^{-1}\begin{bmatrix} x_1 \\ x_2 \\ x_3 \end{bmatrix} = \begin{bmatrix} \frac{1}{2}x_1 - \frac{1}{2}x_2 + \frac{1}{2}x_3 \\ -\frac{1}{2}x_1 + \frac{1}{2}x_2 + \frac{1}{2}x_3 \\ \frac{1}{2}x_1 + \frac{1}{2}x_2 - \frac{1}{2}x_3 \end{bmatrix}$

d) $T^{-1}\begin{bmatrix} x_1 \\ x_2 \\ x_3 \end{bmatrix} = \begin{bmatrix} 3x_1 + 3x_2 - x_3 \\ -2x_1 - 2x_2 + x_3 \\ -4x_1 - 5x_2 + 2x_3 \end{bmatrix}$

**4.** a) Nicht injektiv
b) Nicht injektiv
c) Injektiv

**5.** a) $K(T) = \left\{k\begin{bmatrix} -1 \\ 1 \end{bmatrix}\right\}$

b) $T$ ist wegen $K(T) \neq \{\mathbf{0}\}$ nicht injektiv.

**6.** a) $K(T) = \{\mathbf{0}\}$
b) $T$ ist nach Satz 8.3.2 injektiv.

**7.** a) $T$ ist injektiv. b) $T$ ist nicht injektiv.
c) $T$ ist nicht injektiv. d) $T$ ist injektiv.

**8.** a) $T$ ist injektiv. b) $T$ ist injektiv.

**9.** Nein; $A$ ist nicht invertierbar.

**10.** a) $T$ ist nicht injektiv. b) $T^{-1}(x_1, x_2, x_3, \ldots, x_n) = (x_n, x_{n-1}, x_{n-2}, \ldots, x_n)$
c) $T^{-1}(x_1, x_2, x_3, \ldots, x_n) = (x_n, x_1, x_2, \ldots, x_{n-1})$

**11.** a) $a_i \neq 0$ für $i = 1, 2, 3, \ldots, n$
b) $T^{-1}(x_1, x_2, x_3, \ldots, x_n) = (\frac{1}{a_1}x_1, \frac{1}{a_2}x_2, \frac{1}{a_3}x_3, \ldots, \frac{1}{a_n}x_n)$

**12.** b) $T_1^{-1}(x, y) = (\frac{1}{2}x + \frac{1}{2}y, \frac{1}{2}x - \frac{1}{2}y)$;
$T_2^{-1}(x, y) = (\frac{2}{5}x + \frac{1}{5}y, \frac{1}{5}x - \frac{2}{5}y)$;
$(T_2 \circ T_1)^{-1}(x, y) = (\frac{3}{10}x - \frac{1}{10}y, \frac{1}{10}x + \frac{3}{10}y)$

**13.** b) $T_1^{-1}(p(x)) = \dfrac{p(x)}{x}$; $T_2^{-1}(p(x)) = p(x-1)$; $(T_2 \circ T_1)^{-1}(p(x)) = \dfrac{1}{x}p(x-1)$

**15.** a) $(1, -1)$ d) $T^{-1}(2, 3) = 2 + x$

**17.** a) $T$ ist nicht injektiv.
b) $T$ ist injektiv, $T^{-1}\begin{bmatrix} a & b \\ c & d \end{bmatrix} = \begin{bmatrix} a & c \\ b & d \end{bmatrix}$.
c) $T$ ist injektiv, $T^{-1}\begin{bmatrix} a & b \\ c & d \end{bmatrix} = \begin{bmatrix} d & -b \\ -c & a \end{bmatrix}$.

**20.** $J$ ist wegen $J(x) = J(x^3) = 0$ nicht injektiv.

## Übungen zu 8.4

**1.** a) $\begin{bmatrix} 0 & 0 & 0 \\ 1 & 0 & 0 \\ 0 & 1 & 0 \\ 0 & 0 & 1 \end{bmatrix}$ **2.** a) $\begin{bmatrix} 1 & 1 & 0 \\ 0 & -2 & -3 \end{bmatrix}$

**3.** a) $\begin{bmatrix} 1 & -1 & 1 \\ 0 & 1 & -2 \\ 0 & 0 & 1 \end{bmatrix}$ **4.** a) $\begin{bmatrix} 2 & -1 \\ 2 & 0 \end{bmatrix}$

**5.** a) $\begin{bmatrix} 0 & 0 \\ -\frac{1}{2} & 1 \\ \frac{8}{3} & \frac{4}{3} \end{bmatrix}$ **6.** a) $\begin{bmatrix} 1 & -\frac{3}{2} & \frac{1}{2} \\ -1 & \frac{1}{2} & \frac{1}{2} \\ 0 & \frac{1}{2} & -\frac{1}{2} \end{bmatrix}$ **7.** a) $\begin{bmatrix} 1 & 1 & 1 \\ 0 & 2 & 4 \\ 0 & 0 & 4 \end{bmatrix}$ b) $3 + 10x + 16x^2$

**8.** a) $\begin{bmatrix} 0 & 0 & 0 \\ 1 & -3 & 9 \\ 0 & 1 & -6 \\ 0 & 0 & 1 \end{bmatrix}$ b) $-11x + 7x^2 - x^3$

**9.** a) $[T(\mathbf{v}_1)]_B = \begin{bmatrix} 1 \\ -2 \end{bmatrix}, [T(\mathbf{v}_2)]_B = \begin{bmatrix} 3 \\ 5 \end{bmatrix}$ b) $T(\mathbf{v}_1) = \begin{bmatrix} 3 \\ -5 \end{bmatrix}, T(\mathbf{v}_2) = \begin{bmatrix} -2 \\ 29 \end{bmatrix}$

c) $T\left(\begin{bmatrix} x_1 \\ x_2 \end{bmatrix}\right) = \begin{bmatrix} \frac{18}{7} & \frac{1}{7} \\ -\frac{107}{7} & \frac{24}{7} \end{bmatrix} \begin{bmatrix} x_1 \\ x_2 \end{bmatrix}$ d) $\begin{bmatrix} \frac{19}{7} \\ -\frac{83}{7} \end{bmatrix}$

**10.** a) $[T(\mathbf{v}_1)]_{B'} = \begin{bmatrix} 3 \\ 1 \\ -3 \end{bmatrix}, [T(\mathbf{v}_2)]_{B'} = \begin{bmatrix} -2 \\ 6 \\ 0 \end{bmatrix}, [T(\mathbf{v}_3)]_{B'} = \begin{bmatrix} 1 \\ 2 \\ 7 \end{bmatrix}, [T(\mathbf{v}_4)]_{B'} = \begin{bmatrix} 0 \\ 1 \\ 1 \end{bmatrix}$

b) $T(\mathbf{v}_1) = \begin{bmatrix} 11 \\ 5 \\ 22 \end{bmatrix}, T(\mathbf{v}_2) = \begin{bmatrix} -42 \\ 32 \\ -10 \end{bmatrix}, T(\mathbf{v}_3) = \begin{bmatrix} -56 \\ 87 \\ 17 \end{bmatrix}, T(\mathbf{v}_4) = \begin{bmatrix} -13 \\ 17 \\ 2 \end{bmatrix}$

c) $T\left(\begin{bmatrix} x_1 \\ x_2 \\ x_3 \\ x_4 \end{bmatrix}\right) = \begin{bmatrix} -\frac{253}{10} & \frac{49}{5} & \frac{241}{10} & -\frac{229}{10} \\ \frac{115}{2} & -39 & -\frac{65}{2} & \frac{153}{2} \\ 66 & -60 & -9 & 91 \end{bmatrix} \begin{bmatrix} x_1 \\ x_2 \\ x_3 \\ x_4 \end{bmatrix}$ c) $\begin{bmatrix} -31 \\ 37 \\ 12 \end{bmatrix}$

**11.** a) $[T(\mathbf{v}_1)]_B = \begin{bmatrix} 1 \\ 2 \\ 6 \end{bmatrix}, [T(\mathbf{v}_2)]_B = \begin{bmatrix} 3 \\ 0 \\ -2 \end{bmatrix}, [T(\mathbf{v}_3)]_B = \begin{bmatrix} -1 \\ 5 \\ 4 \end{bmatrix}$

b) $T(\mathbf{v}_1) = 16 + 51x + 19x^2, T(\mathbf{v}_2) = -6 - 5x + 5x^2, T(\mathbf{v}_3) = 7 + 40x + 15x^2$

c) $$T(a_0 + a_1x + a_2x^2) = \frac{239a_0 - 161a_1 + 289a_2}{24} + \frac{201a_0 - 111a_1 + 247a_2}{8}x + \frac{61a_0 - 31a_1 + 107a_2}{12}x^2$$

d) $T(1 + x^2) = 22 + 56x + 14x^2$

**12.** a) $[T_2 \circ T_1]_{B',B} = \begin{bmatrix} 1 & 1 \\ 2 & 4 \\ 0 & 4 \end{bmatrix}, [T_2]_{B'} = \begin{bmatrix} 1 & 1 & 1 \\ 0 & 2 & 4 \\ 0 & 0 & 4 \end{bmatrix}, [T_1]_{B',B} = \begin{bmatrix} 0 & 0 \\ 1 & 0 \\ 0 & 1 \end{bmatrix}$

b) $[T_2 \circ T_1]_{B',B} = [T_2]_{B'}[T_1]_{B',B}$

**13.** a) $[T_2 \circ T_1]_{B',B} = \begin{bmatrix} 0 & 0 \\ 6 & 0 \\ 0 & 0 \\ 0 & -9 \end{bmatrix}, [T_2]_{B',B''} = \begin{bmatrix} 0 & 0 & 0 \\ 3 & 0 & 0 \\ 0 & 3 & 0 \\ 0 & 0 & 3 \end{bmatrix}, [T_1]_{B'',B} = \begin{bmatrix} 2 & 0 \\ 0 & 0 \\ 0 & -3 \end{bmatrix}$

b) $[T_2 \circ T_1]_{B',B} = [T_2]_{B',B''}[T_1]_{B'',B}$

**16.** $\begin{bmatrix} 0 & 0 & 0 & 1 \\ 1 & 0 & 0 & 0 \\ 0 & 1 & 0 & 0 \\ 0 & 0 & 1 & 0 \end{bmatrix}$

**17.** a) $\begin{bmatrix} 0 & 1 & 0 \\ 0 & 0 & 2 \\ 0 & 0 & 0 \end{bmatrix}$ b) $\begin{bmatrix} 0 & -\frac{3}{2} & \frac{23}{6} \\ 0 & 0 & -\frac{16}{3} \\ 0 & 0 & 0 \end{bmatrix}$ c) $-6+48x$

**18.** a) $\begin{bmatrix} 0 & 0 & 0 \\ 0 & 0 & -1 \\ 0 & 1 & 0 \end{bmatrix}$ b) $\begin{bmatrix} 0 & 0 & 0 \\ 0 & 0 & 0 \\ 0 & 0 & 2 \end{bmatrix}$ c) $\begin{bmatrix} 2 & 1 & 0 \\ 0 & 2 & 2 \\ 0 & 0 & 2 \end{bmatrix}$

## Übungen zu 8.5

**1.** $[T]_B = \begin{bmatrix} 1 & -2 \\ 0 & -1 \end{bmatrix}, [T]_{B'} = \begin{bmatrix} -\frac{3}{11} & -\frac{56}{11} \\ -\frac{2}{11} & \frac{3}{11} \end{bmatrix}$

**2.** $[T]_B = \begin{bmatrix} \frac{4}{5} & \frac{61}{10} \\ \frac{18}{5} & -\frac{19}{5} \end{bmatrix}, [T]_{B'} \begin{bmatrix} -\frac{31}{2} & \frac{9}{2} \\ -\frac{75}{2} & \frac{25}{2} \end{bmatrix}$

**3.** $[T]_B = \begin{bmatrix} \frac{1}{\sqrt{2}} & -\frac{1}{\sqrt{2}} \\ \frac{1}{\sqrt{2}} & \frac{1}{\sqrt{2}} \end{bmatrix}, [T]_{B'} = \begin{bmatrix} \frac{13}{11\sqrt{2}} & -\frac{25}{11\sqrt{2}} \\ \frac{5}{11\sqrt{2}} & \frac{9}{11\sqrt{2}} \end{bmatrix}$

**4.** $[T]_B = \begin{bmatrix} 1 & 2 & -1 \\ 0 & -1 & 0 \\ 1 & 0 & 7 \end{bmatrix}, [T]_{B'} = \begin{bmatrix} 1 & 4 & 3 \\ -1 & -2 & -9 \\ 1 & 1 & 8 \end{bmatrix}$

**5.** $[T]_B = \begin{bmatrix} 1 & 0 & 0 \\ 0 & 1 & 0 \\ 0 & 0 & 0 \end{bmatrix}, [T]_{B'} = \begin{bmatrix} 1 & 0 & 0 \\ 0 & 1 & 1 \\ 0 & 0 & 0 \end{bmatrix}$

**6.** $[T]_B = \begin{bmatrix} 5 & 0 \\ 0 & 5 \end{bmatrix}, [T]_{B'} = \begin{bmatrix} 5 & 0 \\ 0 & 5 \end{bmatrix}$ **7.** $[T]_B = \begin{bmatrix} \frac{2}{3} & -\frac{2}{9} \\ \frac{1}{2} & \frac{4}{3} \end{bmatrix}, [T]_{B'} = \begin{bmatrix} 1 & 1 \\ 0 & 1 \end{bmatrix}$

**8.** a) $\det(T) = 17$ b) $\det(T) = 0$ c) $\det(T) = 1$

**10.** a) $[T]_B = \begin{bmatrix} 1 & 1 & 1 & 1 & 1 \\ 0 & 2 & 4 & 6 & 8 \\ 0 & 0 & 4 & 12 & 24 \\ 0 & 0 & 0 & 8 & 32 \\ 0 & 0 & 0 & 0 & 16 \end{bmatrix}$ für die Standardbasis $B$ von $P_4$, $\text{rang}(T) = 5$, $\text{def}(T) = 0$

b) $T$ ist injektiv.

**11.** a) $\mathbf{u}'_1 = \begin{bmatrix} -1 \\ 1 \end{bmatrix}, \mathbf{u}'_2 = \begin{bmatrix} 1 \\ -2 \end{bmatrix}$ b) $\mathbf{u}'_1 = \begin{bmatrix} 1 \\ \frac{3-\sqrt{21}}{2} \end{bmatrix}, \mathbf{u}'_2 = \begin{bmatrix} 1 \\ \frac{3+\sqrt{21}}{2} \end{bmatrix}$

**12.** a) $\mathbf{u}'_1 = \begin{bmatrix} -1 \\ 1 \\ 0 \end{bmatrix}, \mathbf{u}'_2 = \begin{bmatrix} 1 \\ 0 \\ 1 \end{bmatrix}, \mathbf{u}'_3 = \begin{bmatrix} -1 \\ -1 \\ 0 \end{bmatrix}$

b) $\mathbf{u}_1' = \begin{bmatrix} -1 \\ 1 \\ 0 \end{bmatrix}, \mathbf{u}_2' = \begin{bmatrix} 1 \\ 0 \\ 1 \end{bmatrix}, \mathbf{u}_3' = \begin{bmatrix} -1 \\ -1 \\ 1 \end{bmatrix}$ c) $\mathbf{u}_1' = \begin{bmatrix} 1 \\ 2 \\ 1 \end{bmatrix}, \mathbf{u}_2' = \begin{bmatrix} 0 \\ 1 \\ 0 \end{bmatrix}, \mathbf{u}_3' = \begin{bmatrix} -1 \\ 0 \\ 1 \end{bmatrix}$

**13.** a) $\lambda = -4, \lambda = 3$ b) Basis des Eigenraumes zu $\lambda = -4$: $-2 + \frac{8}{3}x + x^2$; Basis des Eigenraumes zu $\lambda = 3$: $5 - 2x + x^2$

**14.** a) $\lambda = 1, \lambda = -2, \lambda = -1$

b) Basis des Eigenraumes zu $\lambda = 1$: $\begin{bmatrix} 0 & 0 \\ 0 & 1 \end{bmatrix}, \begin{bmatrix} 2 & 3 \\ 1 & 0 \end{bmatrix}$;

Basis des Eigenraumes zu $\lambda = -2$: $\begin{bmatrix} -1 & 0 \\ 1 & 0 \end{bmatrix}$;

Basis des Eigenraumes zu $\lambda = -1$: $\begin{bmatrix} -2 & 1 \\ 1 & 0 \end{bmatrix}$

**18.** b) $\left(\frac{3 + 5\sqrt{3}}{4}, \frac{\sqrt{3} + 5}{4}\right)$

## Ergänzende Übungen zu Kapitel 8

**1.** Nein. $T(\mathbf{x}_1 + \mathbf{x}_2) = A(\mathbf{x}_1 + \mathbf{x}_2) + B \neq (A\mathbf{x}_1 + B) + (A\mathbf{x}_2 + B) = T(\mathbf{x}_1) + T(\mathbf{x}_2)$ und $T(c\mathbf{x}) = cA\mathbf{x} + B \neq c(A\mathbf{x} + B) = cT(\mathbf{x})$ für $c \neq 1$.

**2.** b) $A^n = \begin{bmatrix} \cos n\theta & -\sin n\theta \\ \sin n\theta & \cos n\theta \end{bmatrix}$

**5.** a) $T(\mathbf{e}_3)$ und zwei beliebige Elemente von $\{T(\mathbf{e}_1), T(\mathbf{e}_2), T(\mathbf{e}_4)\}$ sind eine Basis des Wertebereichs; $(-1, 1, 0, 1)$ ist eine Basis für den Kern

b) Rang 3, Defekt 1

**6.** a) $(-\frac{1}{3}, -\frac{13}{6}, 1)$, b) $\{(1, 0, 0), (-2, 1, 0)\}$

**7.** a) $\text{rang}(T) = 2$, $\text{def}(T) = 2$

**11.** Rang 3, Defekt 1

**13.** $\begin{bmatrix} 1 & 0 & 0 & 0 \\ 0 & 0 & 1 & 0 \\ 0 & 1 & 0 & 0 \\ 0 & 0 & 0 & 1 \end{bmatrix}$

**14.** a) $\mathbf{v}_1 = 2\mathbf{u}_1 + \mathbf{u}_2, \mathbf{v}_2 = -\mathbf{u}_1 + \mathbf{u}_2 + \mathbf{u}_3, \mathbf{v}_3 = 3\mathbf{u}_1 + 4\mathbf{u}_2 + 2\mathbf{u}_3$

b) $\mathbf{u}_1 = -2\mathbf{v}_1 - 2\mathbf{v}_2 + \mathbf{v}_3, \mathbf{u}_2 = 5\mathbf{v}_1 + 4\mathbf{v}_2 - 2\mathbf{v}_3, \mathbf{u}_3 = -7\mathbf{v}_1 - 5\mathbf{v}_2 + 3\mathbf{v}_3$

**15.** $[T]_{B'} = \begin{bmatrix} -4 & 0 & 9 \\ 1 & 0 & -2 \\ 0 & 1 & 1 \end{bmatrix}$ **17.** $[T]_B = \begin{bmatrix} 1 & -1 & 1 \\ 0 & 1 & 0 \\ 1 & 0 & -1 \end{bmatrix}$ **19.** b) $x$ c) $e^x$

**20.** a) $\begin{bmatrix} 2 \\ 6 \\ 12 \end{bmatrix}$ d) $-3x^2+3$ e)

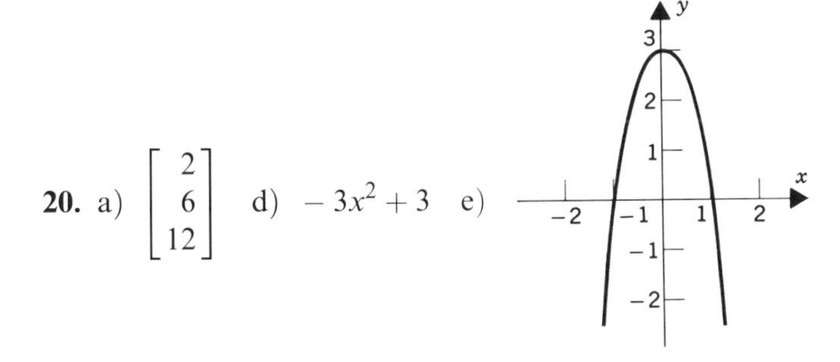


**24.** $\begin{bmatrix} 0 & 1 & 0 & 0 & \cdots & 0 \\ 0 & 0 & 1 & 0 & \cdots & 0 \\ 0 & 0 & 0 & 1 & \cdots & 0 \\ \vdots & \vdots & \vdots & \vdots & & \vdots \\ 0 & 0 & 0 & 0 & \cdots & 1 \\ 0 & 0 & 0 & 0 & \cdots & 0 \end{bmatrix}$ **25.** $\begin{bmatrix} 0 & 0 & 0 & \cdots & 0 \\ 1 & 0 & 0 & \cdots & 0 \\ 0 & \frac{1}{2} & 0 & \cdots & 0 \\ 0 & 0 & \frac{1}{3} & \cdots & 0 \\ \vdots & \vdots & \vdots & & \vdots \\ 0 & 0 & 0 & \cdots & \frac{1}{n+1} \end{bmatrix}$

## Übungen zu 9.1

**1.** a) $y_1 = c_1e^{5x} - 2c_2e^{-x}$, $y_2 = c_1e^{5x} + c_2e^{-x}$ b) $y_1 = 0$, $y_2 = 0$

**2.** a) $y_1 = c_1e^{7x} - 3c_2e^{-x}$, $y_2 = 2c_1e^{7x} + 2c_2e^{-x}$ b) $y_1 = -\frac{1}{40}e^{7x} + \frac{81}{40}e^{-x}$, $y_2 = -\frac{1}{20}e^{7x} - \frac{27}{20}e^{-x}$

**3.** a) $y_1 = -c_2e^{2x} + c_3e^{3x}$, $y_2 = c_1e^{x} + 2c_2e^{2x} - c_3e^{3x}$, $y_3 = 2c_2e^{2x} - c_3e^{3x}$ b) $y_1 = e^{2x} - 2e^{3x}$, $y_2 = e^{x} - 2e^{2x} + 2e^{3x}$, $y_3 = -2e^{2x} + 2e^{3x}$

**4.** $y_1 = (c_1 + c_2)e^{2x} + c_3e^{8x}$, $y_2 = -c_2e^{2x} + c_3e^{8x}$, $y_3 = -c_1e^{2x} + c_3e^{8x}$ **5.** $y = c_1e^{3x} + c_2e^{-2x}$ **6.** $y = c_1e^{x} + c_2e^{2x} + c_3e^{3x}$

## Übungen zu 9.2

**1.** a) $\begin{bmatrix} 0 & -1 \\ -1 & 0 \end{bmatrix}$ b) $\begin{bmatrix} -1 & 0 \\ 0 & -1 \end{bmatrix}$ c) $\begin{bmatrix} 1 & 0 \\ 0 & 0 \end{bmatrix}$ d) $\begin{bmatrix} 0 & 0 \\ 0 & 1 \end{bmatrix}$

**2.** a) $(-1,-2)$ b) $(-2,-1)$ c) $(2,0)$ d) $(0,1)$

**3.** a) $\begin{bmatrix} 1 & 0 & 0 \\ 0 & 1 & 0 \\ 0 & 0 & -1 \end{bmatrix}$ b) $\begin{bmatrix} 1 & 0 & 0 \\ 0 & -1 & 0 \\ 0 & 0 & 1 \end{bmatrix}$ c) $\begin{bmatrix} -1 & 0 & 0 \\ 0 & 1 & 0 \\ 0 & 0 & 1 \end{bmatrix}$

**4.** a) $(1, 1, -1)$ b) $(1, -1, 1)$ c) $(-1, 1, 1)$

**5.** a) $\begin{bmatrix} 0 & -1 & 0 \\ 1 & 0 & 0 \\ 0 & 0 & 1 \end{bmatrix}$ b) $\begin{bmatrix} 1 & 0 & 0 \\ 0 & 0 & -1 \\ 0 & 1 & 0 \end{bmatrix}$ c) $\begin{bmatrix} 0 & 0 & 1 \\ 0 & 1 & 0 \\ -1 & 0 & 0 \end{bmatrix}$

**6.** a) Rechteck mit Eckpunkten $(0,0), (1,0), (1,-2), (0,-2)$
b) Rechteck mit Eckpunkten $(0,0), (-1,0), (-1,2), (0,2)$
c) Rechteck mit Eckpunkten $(0,0), (1,0), (1,\frac{1}{2}), (0,\frac{1}{2})$
d) Quadrat mit Eckpunkten $(0,0), (2,0), (2,2), (0,2)$
e) Parallelogramm mit Eckpunkten $(0,0), (1,0), (7,2), (6,2)$
f) Parallelogramm mit Eckpunkten $(0,0), (1,-2), (1,0), (0,2)$

**7.** Rechteck mit Eckpunkten $(0,0), (-3,0), (0,1), (-3,1)$

**8.** a) $\begin{bmatrix} \frac{1}{\sqrt{2}} & -\frac{1}{\sqrt{2}} \\ \frac{1}{\sqrt{2}} & \frac{1}{\sqrt{2}} \end{bmatrix}$ b) $\begin{bmatrix} 0 & -1 \\ 1 & 0 \end{bmatrix}$ c) $\begin{bmatrix} -1 & 0 \\ 0 & -1 \end{bmatrix}$

d) $\begin{bmatrix} 0 & 1 \\ -1 & 0 \end{bmatrix}$ e) $\begin{bmatrix} \frac{\sqrt{3}}{2} & \frac{1}{2} \\ -\frac{1}{2} & \frac{\sqrt{3}}{2} \end{bmatrix}$

**9.** a) $\begin{bmatrix} 1 & 0 \\ 4 & 1 \end{bmatrix}$ b) $\begin{bmatrix} 1 & -2 \\ 0 & 1 \end{bmatrix}$ **10.** a) $\begin{bmatrix} 1 & 0 \\ 0 & \frac{1}{3} \end{bmatrix}$ b) $\begin{bmatrix} 6 & 0 \\ 0 & 1 \end{bmatrix}$

**11.** a) Expansion in $x$-Richtung mit Faktor 3
b) Expansion in $y$-Richtung mit Faktor $-5$
c) Scherung in $x$-Richtung mit Faktor 4

**12.** a) $\begin{bmatrix} 2 & 0 \\ 0 & 1 \end{bmatrix}\begin{bmatrix} 3 & 0 \\ 0 & 1 \end{bmatrix}$; Expansion in $y$-Richtung mit Faktor 3, dann Expansion in $x$-Richtung mit Faktor 2.

b) $\begin{bmatrix} 1 & 0 \\ 2 & 1 \end{bmatrix}\begin{bmatrix} 1 & 4 \\ 0 & 1 \end{bmatrix}$; Scherung in $x$-Richtung mit Faktor 4, dann Scherung in $y$-Richtung mit Faktor 2.

c) $\begin{bmatrix} 0 & 1 \\ 1 & 0 \end{bmatrix}\begin{bmatrix} 4 & 0 \\ 0 & 1 \end{bmatrix}\begin{bmatrix} 1 & 0 \\ 0 & -2 \end{bmatrix}$; Expansion in $y$-Richtung mit Faktor $-2$, Expansion in $x$-Richtung mit Faktor 4 und dann Spiegelung an $y = x$.

d) $\begin{bmatrix} 1 & 0 \\ 4 & 1 \end{bmatrix}\begin{bmatrix} 1 & 1 \\ 0 & 18 \end{bmatrix}\begin{bmatrix} 1 & -3 \\ 0 & 1 \end{bmatrix}$; Scherung in $x$-Richtung mit Faktor $-3$, dann Expansion in $y$-Richtung mit Faktor 18 und Scherung in $y$-Richtung mit Faktor 4.

**13.** a) $\begin{bmatrix} \frac{1}{2} & 0 \\ 0 & 5 \end{bmatrix}$ b) $\begin{bmatrix} 1 & 0 \\ 2 & 5 \end{bmatrix}$ c) $\begin{bmatrix} 0 & -1 \\ -1 & 0 \end{bmatrix}$

**14.** a) $\begin{bmatrix} 0 & 1 \\ -5 & 0 \end{bmatrix}$ b) $\frac{1}{2}\begin{bmatrix} \sqrt{3} & -1 \\ -6\sqrt{3}+3 & 6+3\sqrt{3} \end{bmatrix}$ **16.** $16y - 11x - 3 = 0$

**17.** a) $y = \frac{2}{7}x$ b) $y = x$ c) $y = \frac{1}{2}x$ d) $y = -2x$ **18.** $\begin{bmatrix} 1 & -2 \\ 0 & 1 \end{bmatrix}$

**19.** b) Nein, $A$ ist nicht invertierbar.

**22.** a) $\begin{bmatrix} 1 & 0 & 0 \\ 0 & 0 & 1 \\ 0 & 1 & 0 \end{bmatrix}$ b) $\begin{bmatrix} 0 & 0 & 1 \\ 0 & 1 & 0 \\ 1 & 0 & 1 \end{bmatrix}$ c) $\begin{bmatrix} 0 & 1 & 0 \\ 1 & 0 & 0 \\ 0 & 0 & 1 \end{bmatrix}$

**23.** a) $\begin{bmatrix} 1 & 0 & k \\ 0 & 1 & k \\ 0 & 0 & 1 \end{bmatrix}$ b) $xz$-Richtung: $\begin{bmatrix} 1 & k & 0 \\ 0 & 1 & 0 \\ 0 & k & 1 \end{bmatrix}$; $yz$-Richtung: $\begin{bmatrix} 1 & 0 & 0 \\ k & 1 & 0 \\ k & 0 & 1 \end{bmatrix}$

**24.** a) $\lambda_1 = 1 : \begin{bmatrix} 1 \\ 0 \end{bmatrix}; \lambda_2 = -1 : \begin{bmatrix} 0 \\ 1 \end{bmatrix}$ b) $\lambda_1 = 1 : \begin{bmatrix} 0 \\ 1 \end{bmatrix}; \lambda_2 = -1 : \begin{bmatrix} 1 \\ 0 \end{bmatrix}$

c) $\lambda_1 = 1 : \begin{bmatrix} 1 \\ 1 \end{bmatrix}; \lambda_2 = -1 : \begin{bmatrix} -1 \\ 1 \end{bmatrix}$ d) $\lambda = 1 : \begin{bmatrix} 1 \\ 0 \end{bmatrix}$ e) $\lambda = 1 : \begin{bmatrix} 0 \\ 1 \end{bmatrix}$

f) Für $\theta = (2k+1)\pi$: $\lambda = -1$ mit Basis $\begin{bmatrix} 1 \\ 0 \end{bmatrix}$; für $\theta = 2k\pi$: $\lambda = 1$ mit Basis $\begin{bmatrix} 1 \\ 0 \end{bmatrix}, \begin{bmatrix} 0 \\ 1 \end{bmatrix}$; für andere Werte von $\theta$ existieren keine reellen Eigenwerte.

## Übungen zu 9.3

**1.** a) $y = \frac{1}{2} + \frac{7}{2}x$ **2.** $y = \frac{2}{3} + \frac{1}{6}x$

**3.** $y = 2 + 5x - 3x^2$ **4.** $y = -5 + 3x - 4x^2 + 2x^3$

**8.** $y = 4000 - 200x + 200x^2$, für $x = 12$ ist $y = 30400$

## Übungen zu 9.4

**1.** a) $(1+\pi) - 2 \sin x - \sin 2x$

b) $(1+\pi) - 2\left[\sin x + \frac{\sin 2x}{2} + \frac{\sin 3x}{3} + \cdots + \frac{\sin nx}{n}\right]$

**2.** a) $\frac{4}{3}\pi^2 + 4 \cos x + \cos 2x + \frac{4}{9} \cos 3x - 4\pi \sin x - 2\pi \sin 2x - \frac{4\pi}{3} \sin 3x$

b) $\frac{4}{3}\pi^2 + 4\sum_{k=1}^{n} \frac{\cos kx}{k^2} - 4\pi \sum_{k=1}^{n} \frac{\sin kx}{k}$

**3.** a) $-\frac{1}{2}+\frac{1}{e-1}e^x$ b) $\frac{1}{12}-\frac{3-e}{2e-2}$

**4.** a) $(4e-10)+(18-6e)x$ b) $\frac{(3-e)(7e-19)}{2}$

**5.** a) $\frac{3}{\pi}x$ b) $1-\frac{6}{\pi^2}$ **8.** $\sum_{k=1}^{\infty}\frac{2}{k}\sin(kx)$

## Übungen zu 9.5

**1.** a), c), e), g), h)

**2.** a) $A=\begin{bmatrix}3 & 0\\ 0 & 7\end{bmatrix}$ b) $A=\begin{bmatrix}4 & -3\\ -3 & -9\end{bmatrix}$ c) $=\begin{bmatrix}5 & \frac{5}{2}\\ \frac{5}{2} & 0\end{bmatrix}$ d) $A=\begin{bmatrix}0 & -\frac{7}{2}\\ -\frac{7}{2} & 0\end{bmatrix}$

**3.** a) $A=\begin{bmatrix}9 & 3 & -4\\ 3 & -1 & \frac{1}{2}\\ -4 & \frac{1}{2} & 4\end{bmatrix}$ b) $\begin{bmatrix}1 & -\frac{5}{2} & \frac{9}{2}\\ -\frac{5}{2} & 1 & 0\\ \frac{9}{2} & 0 & -3\end{bmatrix}$ c) $A=\begin{bmatrix}0 & \frac{1}{2} & \frac{1}{2}\\ \frac{1}{2} & 0 & \frac{1}{2}\\ \frac{1}{2} & \frac{1}{2} & 0\end{bmatrix}$

d) $A=\begin{bmatrix}\sqrt{2} & \sqrt{2} & -4\sqrt{3}\\ \sqrt{2} & 0 & 0\\ -4\sqrt{3} & 0 & -\sqrt{3}\end{bmatrix}$ e) $\begin{bmatrix}1 & 1 & 0 & -5\\ 1 & 1 & 0 & 0\\ 0 & 0 & -1 & 2\\ -5 & 0 & 2 & -1\end{bmatrix}$

**4.** a) $2x^2+5y^2-6xy$ b) $7x_1^2+5x_1x_2$ c) $x^2-3y^2+5z^2$

d) $-2x_1^2+3x_3^2+7x_1x_2+x_1x_3+12x_2x_3$

e) $2x_1x_2+2x_1x_3+2x_1x_4+2x_2x_3+2x_2x_4+2x_3x_4$

**5.** a) Maximum 5 wird bei $\pm(1,0)$ angenommen, Minimum $-1$ bei $\pm(0,1)$

b) Maximum $\frac{11+\sqrt{10}}{2}$ bei $\pm(\frac{-1}{\sqrt{20-6\sqrt{6}}},\frac{3-\sqrt{10}}{\sqrt{20-6\sqrt{6}}})$,

Minimum $\frac{11-\sqrt{10}}{2}$ bei $\pm(\frac{-1}{\sqrt{20+6\sqrt{6}}},\frac{3+\sqrt{10}}{\sqrt{20+6\sqrt{6}}})$

c) Maximum $\frac{7+\sqrt{10}}{2}$ bei $\pm(\frac{1}{\sqrt{20-6\sqrt{6}}},\frac{3-\sqrt{10}}{\sqrt{20-6\sqrt{6}}})$,

Minimum $\frac{7-\sqrt{10}}{2}$ bei $\pm(\frac{1}{\sqrt{20+6\sqrt{6}}},\frac{3+\sqrt{10}}{\sqrt{20+6\sqrt{6}}})$

d) Maximum $\frac{7}{2}$ bei $\pm(\frac{1}{\sqrt{2}},\frac{1}{\sqrt{2}})$, Minimum $\frac{1}{2}$ bei $\pm(\frac{1}{\sqrt{2}},-\frac{1}{\sqrt{2}})$

**6.** a) Maximum 4 bei $\pm(\frac{1}{\sqrt{6}},\frac{1}{\sqrt{6}},\frac{2}{\sqrt{6}})$, Minimum $-2$ bei $\pm(-\frac{1}{\sqrt{3}},-\frac{1}{\sqrt{3}},\frac{1}{\sqrt{3}})$

b) Maximum 3 bei $\pm(\frac{2}{\sqrt{6}},\frac{1}{\sqrt{6}},\frac{1}{\sqrt{6}})$, Minimum 0 bei $\pm(\frac{1}{\sqrt{3}},-\frac{1}{\sqrt{3}},-\frac{1}{\sqrt{3}})$

c) Maximum 4 bei $\pm(\frac{1}{\sqrt{2}},0,\frac{1}{\sqrt{2}})$, Minimum 2 bei $\pm(\frac{1}{\sqrt{2}},0,-\frac{1}{\sqrt{2}})$ und $\pm(0,1,0)$

**7.** b) **9.** a)

**11.** a) Positiv definit b) Negativ definit c) Positiv semidefinit
d) Negativ semidefinit e) Indefinit f) Indefinit

**12.** a) Indefinit b) Indefinit c) Positiv definit d) Indefinit
e) Positiv und negativ semidefinit f) Positiv definit

**13.** c) Nein, da im allgemeinen $T(k\mathbf{x}) \neq kT(\mathbf{x})$ ist.

**14.** a) $k > 4$ b) $k > 2$ c) $-\frac{1}{3}\sqrt{15} < k < \frac{1}{3}\sqrt{15}$

**15.** $$A = \begin{bmatrix} c_1^2 & c_1c_2 & c_1c_3 & \cdots & c_1c_n \\ c_1c_2 & c_2^2 & c_2c_3 & \cdots & c_2c_n \\ \vdots & \vdots & \vdots & & \vdots \\ c_1c_n & c_2c_n & c_3c_n & \cdots & c_n^2 \end{bmatrix}$$

**16.** $$A = \begin{bmatrix} \frac{1}{n} & \frac{-1}{n(n-1)} & \frac{-1}{n(n-1)} & \cdots & \frac{-1}{n(n-1)} \\ \frac{-1}{n(n-1)} & \frac{1}{n} & \frac{-1}{n(n-1)} & \cdots & \frac{-1}{n(n-1)} \\ \vdots & \vdots & \vdots & & \vdots \\ \frac{-1}{n(n-1)} & \frac{-1}{n(n-1)} & \frac{-1}{n(n-1)} & \cdots & \frac{1}{n} \end{bmatrix}$$ b) Positiv semidefinit

## Übungen zu 9.6

**1.** a) $$\begin{bmatrix} x_1 \\ x_2 \end{bmatrix} = \begin{bmatrix} \frac{1}{\sqrt{2}} & \frac{1}{\sqrt{2}} \\ \frac{1}{\sqrt{2}} & -\frac{1}{\sqrt{2}} \end{bmatrix} \begin{bmatrix} y_1 \\ y_2 \end{bmatrix}; y_1^2 + 3y_2^2$$

b) $$\begin{bmatrix} x_1 \\ x_2 \end{bmatrix} = \begin{bmatrix} \frac{1}{\sqrt{5}} & \frac{2}{\sqrt{5}} \\ -\frac{2}{\sqrt{5}} & \frac{1}{\sqrt{5}} \end{bmatrix} \begin{bmatrix} y_1 \\ y_2 \end{bmatrix}; y_1^2 + 6y_2^2$$

c) $$\begin{bmatrix} x_1 \\ x_2 \end{bmatrix} = \begin{bmatrix} \frac{1}{\sqrt{2}} & \frac{1}{\sqrt{2}} \\ \frac{1}{\sqrt{2}} & -\frac{1}{\sqrt{2}} \end{bmatrix} \begin{bmatrix} y_1 \\ y_2 \end{bmatrix}; y_1^2 - y_2^2$$

d) $$\begin{bmatrix} x_1 \\ x_2 \end{bmatrix} = \begin{bmatrix} \frac{\sqrt{17}-4}{\sqrt{34-8\sqrt{17}}} & \frac{\sqrt{17}-4}{\sqrt{34+8\sqrt{17}}} \\ \frac{1}{\sqrt{34-8\sqrt{17}}} & \frac{-1}{\sqrt{34+8\sqrt{17}}} \end{bmatrix} \begin{bmatrix} y_1 \\ y_2 \end{bmatrix}; (1+\sqrt{17})y_1^2 + (1-\sqrt{17})y_2^2$$

**2.** a) $$\begin{bmatrix} x_1 \\ x_2 \\ x_3 \end{bmatrix} = \begin{bmatrix} \frac{2}{3} & \frac{1}{3} & \frac{2}{3} \\ -\frac{2}{3} & \frac{2}{3} & \frac{1}{3} \\ -\frac{1}{3} & -\frac{2}{3} & \frac{2}{3} \end{bmatrix} \begin{bmatrix} y_1 \\ y_2 \\ y_3 \end{bmatrix}; y_1^2 + 7y_2^2 + 4y_3^2$$

b) $$\begin{bmatrix} x_1 \\ x_2 \\ x_3 \end{bmatrix} = \begin{bmatrix} \frac{1}{3} & \frac{2}{3} & \frac{2}{3} \\ \frac{2}{3} & \frac{1}{3} & -\frac{2}{3} \\ -\frac{2}{3} & \frac{2}{3} & -\frac{1}{3} \end{bmatrix} \begin{bmatrix} y_1 \\ y_2 \\ y_3 \end{bmatrix}; 7y_1^2 + 4y_2^2 + y_3^2$$

c) $\begin{bmatrix} x_1 \\ x_2 \\ x_3 \end{bmatrix} = \begin{bmatrix} \frac{1}{\sqrt{14}} & \frac{1}{\sqrt{6}} & -\frac{4}{\sqrt{21}} \\ -\frac{2}{\sqrt{14}} & \frac{2}{\sqrt{6}} & \frac{1}{\sqrt{21}} \\ \frac{3}{\sqrt{14}} & \frac{1}{\sqrt{6}} & \frac{2}{\sqrt{21}} \end{bmatrix} \begin{bmatrix} y_1 \\ y_2 \\ y_3 \end{bmatrix}; 2y_2^2 - 7y_3^2$

d) $\begin{bmatrix} x_1 \\ x_2 \\ x_3 \end{bmatrix} = \begin{bmatrix} \frac{3}{\sqrt{10}} & \frac{1}{\sqrt{20}} & \frac{1}{\sqrt{20}} \\ -\frac{1}{\sqrt{10}} & \frac{3}{\sqrt{20}} & \frac{3}{\sqrt{20}} \\ 0 & \frac{1}{\sqrt{2}} & -\frac{1}{\sqrt{2}} \end{bmatrix} \begin{bmatrix} y_1 \\ y_2 \\ y_3 \end{bmatrix}; \sqrt{10}y_2^2 - \sqrt{10}y_3^2$

**3.** a) $2x^2 - 3xy + 4y^2$ b) $x^2 - xy$ c) $5xy$ d) $4x^2 - 2y^2$ e) $y^2$

**4.** a) $\begin{bmatrix} 2 & -\frac{3}{2} \\ -\frac{3}{2} & 4 \end{bmatrix}$ b) $\begin{bmatrix} 1 & -\frac{1}{2} \\ -\frac{1}{2} & 0 \end{bmatrix}$ c) $\begin{bmatrix} 0 & \frac{5}{2} \\ \frac{5}{2} & 0 \end{bmatrix}$ d) $\begin{bmatrix} 4 & 0 \\ 0 & -2 \end{bmatrix}$ e) $\begin{bmatrix} 0 & 0 \\ 0 & 1 \end{bmatrix}$

**5.** a) $[x \quad y] \begin{bmatrix} 2 & -\frac{3}{2} \\ -\frac{3}{2} & 0 \end{bmatrix} \begin{bmatrix} x \\ y \end{bmatrix} + [-7 \quad 2] \begin{bmatrix} x \\ y \end{bmatrix} + 7 = 0$

b) $[x \quad y] \begin{bmatrix} 1 & -\frac{1}{2} \\ -\frac{1}{2} & 0 \end{bmatrix} \begin{bmatrix} x \\ y \end{bmatrix} + [5 \quad 8] \begin{bmatrix} x \\ y \end{bmatrix} - 3 = 0$

c) $[x \quad y] \begin{bmatrix} 0 & \frac{5}{2} \\ \frac{5}{2} & 0 \end{bmatrix} \begin{bmatrix} x \\ y \end{bmatrix} - 8 = 0$ d) $[x \quad y] \begin{bmatrix} 4 & 0 \\ 0 & -2 \end{bmatrix} \begin{bmatrix} x \\ y \end{bmatrix} - 7 = 0$

e) $[x \quad y] \begin{bmatrix} 0 & 0 \\ 0 & 1 \end{bmatrix} \begin{bmatrix} x \\ y \end{bmatrix} + [7 \quad -8] \begin{bmatrix} x \\ y \end{bmatrix} - 5 = 0$

**6.** a) Ellipse b) Ellipse c) Hyperbel d) Hyperbel e) Kreis
f) Parabel g) Parabel h) Parabel i) Parabel j) Kreis

**7.** a) $9x'^2 + 4y'^2 = 36$, Ellipse b) $x'^2 - 16y'^2 = 16$, Hyperbel
c) $y'^2 = 8x'$, Parabel d) $x'^2 + y'^2 = 16$, Kreis
e) $18y'^2 - 12x'^2 = 419$, Hyperbel f) $y' = -\frac{1}{7}x'^2$, Parabel

**8.** a) Hyperbel
$3x'^2 - 2y'^2 + 8 = 0, -2x'^2 + 3y'^2 + 8 = 0$
b) Parabel
$2\sqrt{2}x'^2 + 9x' - 7y' = 0, 2\sqrt{2}y'^2 + 7x' + 9y' = 0$
$2\sqrt{2}y'^2 - 7x' - 9y' = 0, 2\sqrt{2}x'^2 - 9x' + 7y' = 0$
c) Ellipse
$7x'^2 + 3y'^2 = 9, 3x'^2 + 7y'^2 = 9$
d) Hyperbel
$4x'^2 - y'^2 = 3, 4y'^2 - x'^2 = 3$

**9.** $2x''^2 + y''^2 = 6$, Ellipse

**10.** $13y''^2 - 4x''^2 = 81$, Hyperbel

**11.** $2x''^2 - 3y''^2 = 24$, Hyperbel

**12.** $6x''^2 + 11y''^2 = 66$, Ellipse

**13.** $4y''^2 - x''^2 = 0$, Hyperbel

**14.** $\sqrt{29}x'^2 - 3y' = 0$, Parabel

**15.** a) Zwei sich schneidende Geraden $y = x$ und $y = -x$
b) Kein Graph
c) Der Punkt $(0, 0)$
d) Die Gerade $y = x$
e) Die parallelen Geraden $\frac{3}{\sqrt{13}}x + \frac{2}{\sqrt{13}}y = \pm 2$
f) Der Punkt $(1, 2)$

## Übungen zu 9.7

**1.** a) $x^2 + 2y^2 - z^2 + 4xy - 5yz$ b) $3x^2 + 7z^2 + 2xy - 3xz + 4yz$
c) $xy + xz + yz$ d) $x^2 + y^2 - z^2$ e) $3z^2 + 3xz$ f) $2z^2 + 2xz + y^2$

**2.** a) $\begin{bmatrix} 1 & 2 & 0 \\ 2 & 2 & -\frac{5}{2} \\ 0 & -\frac{5}{2} & -1 \end{bmatrix}$ b) $\begin{bmatrix} 3 & 1 & -\frac{3}{2} \\ 1 & 0 & 2 \\ -\frac{3}{2} & 2 & 7 \end{bmatrix}$ c) $\begin{bmatrix} 0 & \frac{1}{2} & \frac{1}{2} \\ \frac{1}{2} & 0 & \frac{1}{2} \\ \frac{1}{2} & \frac{1}{2} & 0 \end{bmatrix}$

d) $\begin{bmatrix} 1 & 0 & 0 \\ 0 & 1 & 0 \\ 0 & 0 & -1 \end{bmatrix}$ e) $\begin{bmatrix} 0 & 0 & \frac{3}{2} \\ 0 & 0 & 0 \\ \frac{3}{2} & 0 & 3 \end{bmatrix}$ f) $\begin{bmatrix} 0 & 0 & 1 \\ 0 & 1 & 0 \\ 1 & 0 & 2 \end{bmatrix}$

**3.** a) $[x \quad y \quad z]\begin{bmatrix} 1 & 2 & 0 \\ 2 & 2 & -\frac{5}{2} \\ 0 & -\frac{5}{2} & -1 \end{bmatrix}\begin{bmatrix} x \\ y \\ z \end{bmatrix} + [7 \quad 0 \quad 2]\begin{bmatrix} x \\ y \\ z \end{bmatrix} - 3 = 0$

b) $[x \quad y \quad z]\begin{bmatrix} 3 & 1 & -\frac{3}{2} \\ 1 & 0 & 2 \\ -\frac{3}{2} & 2 & 7 \end{bmatrix}\begin{bmatrix} x \\ y \\ z \end{bmatrix} + [-3 \quad 0 \quad 0]\begin{bmatrix} x \\ y \\ z \end{bmatrix} - 4 = 0$

c) $[x \quad y \quad z]\begin{bmatrix} 0 & \frac{1}{2} & \frac{1}{2} \\ \frac{1}{2} & 0 & \frac{1}{2} \\ \frac{1}{2} & \frac{1}{2} & 0 \end{bmatrix}\begin{bmatrix} x \\ y \\ z \end{bmatrix} - 1 = 0$

d) $[x \quad y \quad z]\begin{bmatrix} 1 & 0 & 0 \\ 0 & 1 & 0 \\ 0 & 0 & -1 \end{bmatrix}\begin{bmatrix} x \\ y \\ z \end{bmatrix} - 7 = 0$

e) $[x \quad y \quad z]\begin{bmatrix} 0 & 0 & \frac{3}{2} \\ 0 & 0 & 0 \\ \frac{3}{2} & 0 & 3 \end{bmatrix}\begin{bmatrix} x \\ y \\ z \end{bmatrix} + [0 \quad -14 \quad 0]\begin{bmatrix} x \\ y \\ z \end{bmatrix} + 9 = 0$

f) $[x \quad y \quad z]\begin{bmatrix} 0 & 0 & 1 \\ 0 & 1 & 0 \\ 1 & 0 & 2 \end{bmatrix}\begin{bmatrix} x \\ y \\ z \end{bmatrix} + [2 \quad -1 \quad 3]\begin{bmatrix} x \\ y \\ z \end{bmatrix} = 0$

**4.** a) Ellipsoid
b) Einschaliges Hyperboloid
c) Zweischaliges Hyperboloid
d) Elliptischer Kegel
e) Elliptisches Paraboloid
f) Hyperbolisches Paraboloid
g) Kugel

**5.** a) $9x'^2 + 36y'^2 + 4z'^2 = 36$, Ellipsoid
b) $6x'^2 + 3y'^2 - 2z'^2 = 18$, Einschaliges Hyperboloid
c) $3x'^2 + 3y'^2 - z'^2 = 3$, Zweischaliges Hyperboloid
d) $4x'^2 + 9y'^2 - z'^2 = 0$, Elliptischer Kegel
e) $x'^2 + 16y'^2 - 16z'^2 = 0$, Elliptisches Paraboloid
f) $7x'^2 - 3y'^2 + z'^2 = 0$, Hyperbolisches Paraboloid
g) $x'^2 + y'^2 + z'^2 = 25$, Kugel

**6.** a) $25x'^2 - 3y'^2 - 50z'^2 - 150 = 0$, Zweischaliges Hyperboloid
b) $2x'^2 + 2y'^2 + 8z'^2 - 5 = 0$, Ellipsoid
c) $9x'^2 + 4y'^2 - 36z' = 0$, Elliptisches Paraboloid
d) $x'^2 - y'^2 + z' = 0$, Hyperbolisches Paraboloid

**7.** $x''^2 + y''^2 - 2z''^2 = -1$, Zweischaliges Hyperboloid

**8.** $x''^2 + y''^2 + 2z''^2 = 4$, Ellipsoid

**9.** $x''^2 - y''^2 + z'' = 0$, Hyperbolisches Paraboloid

**10.** $6x''^2 - 3y''^2 - 8\sqrt{2}z'' = 0$, Elliptisches Paraboloid

## Übungen zu 9.8

**1.** $mpn$ Multiplikationen, $mp(n-1)$ Additionen

**2.** $(k-1)n^3$ Multiplikationen, $(k-1)(n^3 - n^2)$ Additionen

**3.**

| | $n=5$ | $n=10$ | $n=100$ | $n=1000$ |
|---|---|---|---|---|
| Lösen von $A\mathbf{x}=\mathbf{b}$ mit Gauß-Jordan-Elimination | $+: 50$<br>$\times: 65$ | $+: 375$<br>$\times: 430$ | $+: 382\,250$<br>$\times: 343\,300$ | $+: 333\,832\,500$<br>$\times: 334\,333\,000$ |
| Lösen von $A\mathbf{x}=\mathbf{b}$ mit Gauß-Elimination | $+: 50$<br>$\times: 65$ | $+: 375$<br>$\times: 430$ | $+: 383\,250$<br>$\times: 343\,300$ | $+: 333\,832\,500$<br>$\times: 334\,333\,000$ |
| Berechnung von $A^{-1}$ durch Reduktion von $[A \mid I]$ auf $[I \mid A^{-1}]$ | $+: 80$<br>$\times: 125$ | $+: 810$<br>$\times: 1000$ | $+: 980\,100$<br>$\times: 1\,000\,000$ | $+: 998\,001\,000$<br>$\times: 1\,000\,000\,000$ |
| Lösen von $A\mathbf{x}=\mathbf{b}$ durch $\mathbf{x}=A^{-1}\mathbf{b}$ | $+: 100$<br>$\times: 150$ | $+: 900$<br>$\times: 1100$ | $+: 990\,000$<br>$\times: 1\,010\,000$ | $+: 999\,000\,000$<br>$\times: 1\,001\,000\,000$ |
| Berechnung von $\det(A)$ durch Zeilenreduktion | $+: 30$<br>$\times: 44$ | $+: 285$<br>$\times: 339$ | $+: 328\,350$<br>$\times: 333\,399$ | $+: 332\,833\,500$<br>$\times: 333\,333\,999$ |
| Lösen von $A\mathbf{x}=\mathbf{b}$ mit der Cramerschen Regel | $+: 180$<br>$\times: 264$ | $+: 3135$<br>$\times: 3729$ | $+: 33\,163\,350$<br>$\times: 33\,673\,399$ | $+: 33\,316\,633 \times 10^4$<br>$\times: 33\,366\,733 \times 10^4$ |

| | $n=5$<br>Rechenzeit (in Sekunden) | $n=10$<br>Rechenzeit (in Sekunden) | $n=100$<br>Rechenzeit (in Sekunden) | $n=1000$<br>Rechenzeit (in Sekunden) |
|---|---|---|---|---|
| Lösen von $A\mathbf{x}=\mathbf{b}$ mit Gauß-Jordan-Elimination | $1,55 \times 10^{-4}$ | $1,05 \times 10^{-3}$ | 0,878 | 836 |
| Lösen von $A\mathbf{x}=\mathbf{b}$ mit Gauß-Elimination | $1,55 \times 10^{-4}$ | $1,05 \times 10^{-3}$ | 0,878 | 836 |
| Berechnung von $A^{-1}$ durch Reduktion von $[A \mid I]$ auf $[I \mid A^{-1}]$ | $2,84 \times 10^{-4}$ | $2,41 \times 10^{-3}$ | 2,49 | 2499 |
| Lösen von $A\mathbf{x}=\mathbf{b}$ durch $\mathbf{x}=A^{-1}\mathbf{b}$ | $3,50 \times 10^{-4}$ | $2,65 \times 10^{-3}$ | 2,52 | 2502 |
| Berechnung von $\det(A)$ durch Zeilenreduktion | $1,03 \times 10^{-4}$ | $8,21 \times 10^{-4}$ | 0,831 | 833 |
| Lösen von $A\mathbf{x}=\mathbf{b}$ mit der Cramerschen Regel | $6,18 \times 10^{-4}$ | $90,3 \times 10^{-4}$ | 83,9 | $834 \times 10^3$ |

## Übungen zu 9.9

**1.** $x_1 = 2, x_2 = 1$

**2.** $x_1 = -2, x_2 = 1, x_3 = -3$

**3.** $x_1 = 3, x_2 = -1$

**4.** $x_1 = 4, x_2 = -1$

**5.** $x_1 = -1, x_2 = 1, x_3 = 0$

**6.** $x_1 = 1, x_2 = -1, x_3 = 1$

**7.** $x_1 = -1, x_2 = 1, x_3 = 0$ **8.** $x_1 = -1, x_2 = 1, x_3 = 1$

**9.** $x_1 = -3, x_2 = 1, x_3 = 2, x_4 = 1$ **10.** $x_1 = 2, x_2 = -1, x_3 = 0, x_4 = 0$

**11.** a) $A = L\mathbf{u} = \begin{bmatrix} 2 & 0 & 0 \\ -2 & 1 & 0 \\ 2 & 1 & 1 \end{bmatrix} \begin{bmatrix} 1 & \frac{1}{2} & -\frac{1}{2} \\ 0 & 0 & 1 \\ 0 & 0 & 0 \end{bmatrix}$

b) $A = L_1 DU = \begin{bmatrix} 1 & 0 & 0 \\ -1 & 1 & 0 \\ 1 & 1 & 1 \end{bmatrix} \begin{bmatrix} 2 & 0 & 0 \\ 0 & 1 & 0 \\ 0 & 0 & 1 \end{bmatrix} \begin{bmatrix} 1 & \frac{1}{2} & -\frac{1}{2} \\ 0 & 0 & 1 \\ 0 & 0 & 0 \end{bmatrix}$

c) $A = L_2 U_2 = \begin{bmatrix} 1 & 0 & 0 \\ -1 & 1 & 0 \\ 1 & 1 & 1 \end{bmatrix} \begin{bmatrix} 2 & 1 & -1 \\ 0 & 0 & 1 \\ 0 & 0 & 0 \end{bmatrix}$

**13.** b) $\begin{bmatrix} a & b \\ b & d \end{bmatrix} = \begin{bmatrix} 1 & 0 \\ \frac{c}{a} & 1 \end{bmatrix} \begin{bmatrix} a & b \\ 0 & \frac{ad-bc}{a} \end{bmatrix}$

**14.** $\frac{n^3}{3} + \frac{n^2}{2} + \frac{5n}{6}$ Additionen, $\frac{n^3}{3} + n^2 - \frac{n}{3}$ Multiplikationen

**18.** $A = PLU = \begin{bmatrix} 1 & 0 & 0 \\ 0 & 0 & 1 \\ 0 & 1 & 0 \end{bmatrix} \begin{bmatrix} 3 & 0 & 0 \\ 0 & 2 & 0 \\ 3 & 0 & 1 \end{bmatrix} \begin{bmatrix} 1 & -\frac{1}{3} & 0 \\ 0 & 1 & \frac{1}{2} \\ 0 & 0 & 1 \end{bmatrix}$

## Übungen zu 10.1

**1.** $(a-d)$

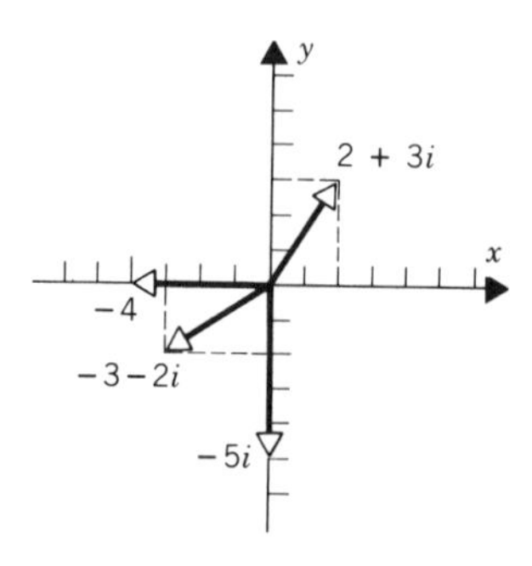


**2.** a) $(2,3)$ b) $(-4,0)$ c) $(-3,-2)$ d) $(0,-5)$

**3.** a) $x = -2, y = -3$ b) $x = 2, y = 1$

**4.** a) $5 + 3i$ b) $-3 - 7i$ c) $4 - 8i$ d) $-4 - 5i$ e) $19 + 14i$ f) $-\frac{11}{2} - \frac{17}{2}i$

**5.** a) $2 + 3i$ b) $-1 - 2i$ c) $-2 + 9i$

**6.** a)

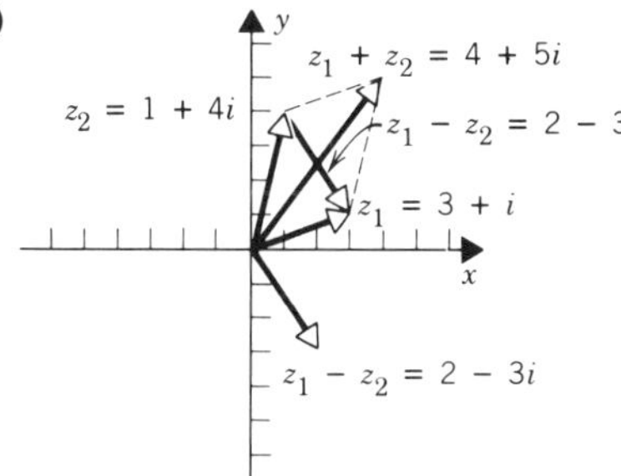


b)

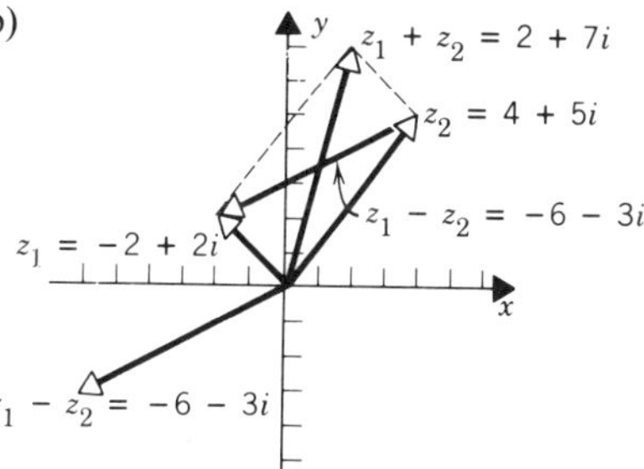


**7.** a)

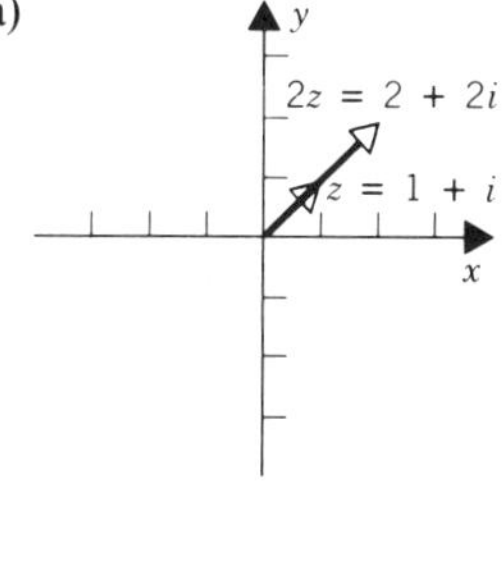


b)

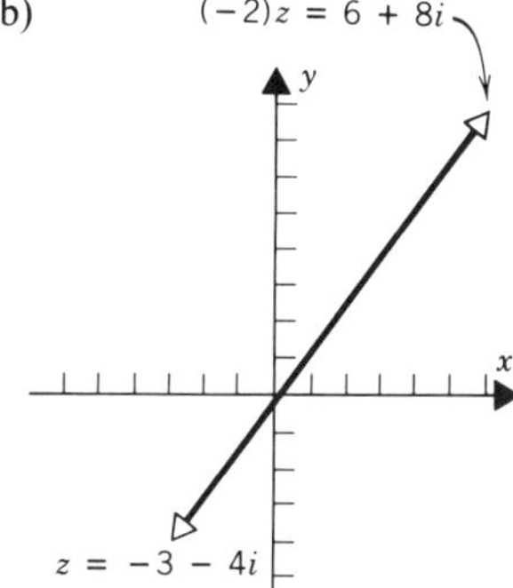


c)

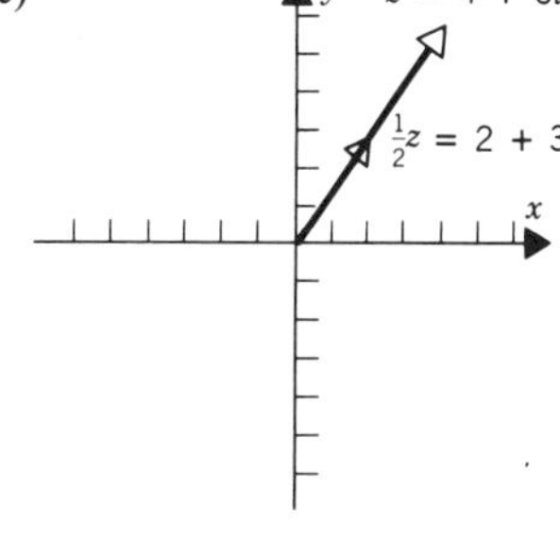


**8.** a) $k_1 = -5, k_2 = 3$
b) $k_1 = 3, k_2 = 1$

**9.** a) $z_1 z_2 = 3 + 3i, z_1^2 = -9, z_2^2 = -2i$
b) $z_1 z_2 = 26, z_1^2 = -20 + 48i, z_2^2 = -5 - 12i$
c) $z_1 z_2 = \frac{11}{3} - i, z_1^2 = \frac{4}{9}(-3 + 4i), z_2^2 = -6 - \frac{5}{2}i$

**10.** a) $9 - 8i$ b) $-63 + 16i$ c) $-32 - 24i$ d) $22 + 19i$ **11.** $76 - 88i$

**12.** $26 - 18i$ **13.** $-26 + 18i$ **14.** $-1 - 11i$ **15.** $-\frac{63}{16} + i$

**16.** $(2 + \sqrt{2}) + i(1 - \sqrt{2})$ **17.** 0 **18.** $-24i$

**19.** a) $\begin{bmatrix} 1 + 6i & -3 + 7i \\ 3 + 8i & 3 + 12i \end{bmatrix}$ b) $\begin{bmatrix} 3 - 2i & 6 + 5i \\ 3 - 5i & 13 + 3i \end{bmatrix}$

c) $\begin{bmatrix} 3 + 3i & 2 + 5i \\ 9 - 5i & 13 - 2i \end{bmatrix}$ d) $\begin{bmatrix} 9 + i & 12 + 2i \\ 18 - 2i & 13 + i \end{bmatrix}$

**20.** a) $\begin{bmatrix} 13 + 13i & -8 + 12i & -33 - 22i \\ 1 + i & 0 & i \\ 7 + 9i & -6 + 6i & -16 - 16i \end{bmatrix}$ b) $\begin{bmatrix} 6 + 2i & -11 + 19i \\ -1 + 6i & -9 - 5i \end{bmatrix}$

c) $\begin{bmatrix} 6i & 1 + i \\ -6 - i & 5 - 9i \end{bmatrix}$ d) $\begin{bmatrix} 22 - 7i & 2 + 10i \\ -5 - 4i & 6 - 8i \\ 9 - i & -1 - i \end{bmatrix}$

**22.** a) $z = -1 \pm i$ b) $z = \frac{1}{2} \pm \frac{\sqrt{3}}{2} i$ **23.** b) $i$

## Übungen zu 10.2

**1.** a) $2 - 7i$ b) $-3 + 5i$ c) $-5i$ d) $i$ e) $-9$ f) $0$

**2.** a) 1 b) 7 c) 5 d) $\sqrt{2}$ e) 8 f) 0

**4.** a) $-\frac{17}{25} - \frac{19}{25} i$ b) $\frac{23}{25} + \frac{11}{25} i$ c) $\frac{23}{25} - \frac{11}{25} i$ d) $-\frac{17}{25} + \frac{19}{25} i$ e) $\frac{1}{5} - i$ f) $\frac{\sqrt{26}}{5}$

**5.** a) $-i$ b) $\frac{1}{26} + \frac{5}{26} i$ c) $7i$

**6.** a) $\frac{6}{5} + \frac{2}{5} i$ b) $-\frac{2}{5} + \frac{1}{5} i$ c) $\frac{3}{5} + \frac{11}{5} i$ d) $\frac{3}{5} + \frac{1}{5} i$

**7.** $\frac{1}{2} + \frac{1}{2} i$ **8.** $\frac{2}{5} + \frac{1}{5} i$ **9.** $-\frac{7}{625} - \frac{24}{625} i$ **10.** $-\frac{11}{25} + \frac{2}{25} i$ **11.** $\frac{1-\sqrt{3}}{4} + \frac{1+\sqrt{3}}{4} i$

**12.** $-\frac{1}{26} - \frac{5}{26} i$ **13.** $-\frac{1}{10} + \frac{1}{10} i$ **14.** $-\frac{2}{5}$ **15.** a) $-1 - 2i$ b) $-\frac{3}{25} - \frac{4}{25} i$

**17.**

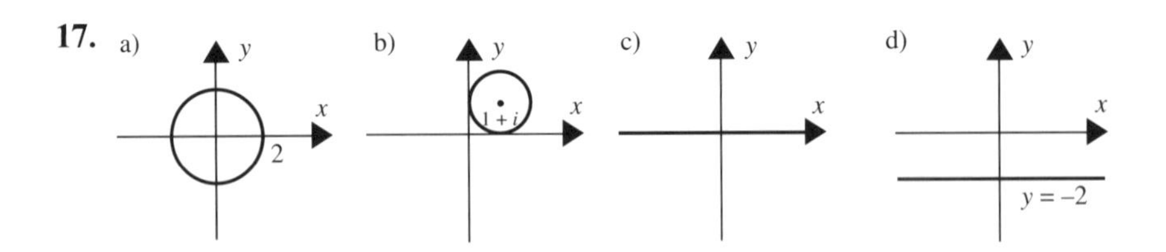


**18.**

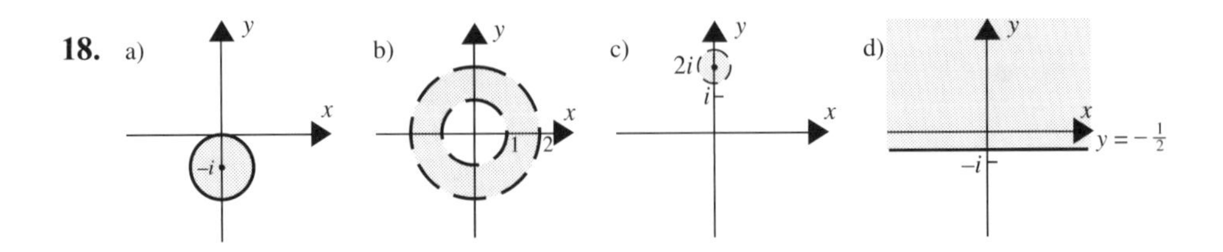


**19.** a) $-y$ b) $-x$ c) $y$ d) $x$ **20.** b) $-i$

**23.** $\frac{x_1 x_2 + y_1 y_2}{x_2^2 + y_2^2}$ b) $\frac{x_2 y_1 - x_1 y_2}{x_2^2 + y_2^2}$ **27.** Ja, für $z \neq 0$ **28.** $x_1 = i, x_2 = -i$

**29.** $x_1 = 1 + i, x_2 = 1 - i$ **30.** $x_1 = \frac{1}{2} + i, x_2 = 2, x_3 = \frac{1}{2} - i$

**31.** $x_1 = i, x_2 = 0, x_3 = -i$ **32.** $x_1 = -(1 + i)t, x_2 = t$ **33.** $x_1 = (1 + i)t, x_2 = 2t$

**34.** $x_1 = -(1 - i)t, x_2 = -it, x_3 = t$ **35.** a) $\begin{bmatrix} i & 2 \\ -1 & i \end{bmatrix}$ b) $\begin{bmatrix} 0 & 1 \\ -i & 2i \end{bmatrix}$

**38.** a) $\begin{bmatrix} -i & -2-2i & -1+i \\ 1 & 2 & -i \\ i & i & 1 \end{bmatrix}$ b) $\begin{bmatrix} 1+i & -i & 1 \\ -7+6i & 5-i & 1+4i \\ 1+2i & -i & 1 \end{bmatrix}$

## Übungen zu 10.3

**1.** a) 0 b) $\pi/2$ c) $-\pi/2$ d) $\pi/4$ e) $2\pi/3$ f) $-\pi/4$

**2.** a) $5\pi/3$ b) $-\pi/3$ c) $5\pi/3$

**3.** a) $2\left[\cos\left(\frac{\pi}{4}\right) + i\sin\left(\frac{\pi}{2}\right)\right]$ b) $4[\cos\pi + i\,\sin\pi]$

c) $5\sqrt{2}\left[\cos\left(\frac{\pi}{4}\right) + i\sin\left(\frac{\pi}{4}\right)\right]$ d) $12\left[\cos\left(\frac{2\pi}{3}\right) + i\sin\left(\frac{2\pi}{3}\right)\right]$

e) $3\sqrt{2}\left[\cos\left(-\frac{3\pi}{4}\right) + i\sin\left(-\frac{3\pi}{4}\right)\right]$ f) $4\left[\cos\left(-\frac{\pi}{6}\right) + i\sin\left(-\frac{\pi}{6}\right)\right]$

**4.** a) $6\left[\cos\left(\frac{5\pi}{12}\right) + i\sin\left(\frac{5\pi}{12}\right)\right]$ b) $\frac{2}{3}\left[\cos\left(\frac{\pi}{12}\right) + i\sin\left(\frac{\pi}{12}\right)\right]$

c) $\frac{3}{2}\left[\cos\left(-\frac{\pi}{12}\right) + i\sin\left(-\frac{\pi}{12}\right)\right]$ d) $\frac{32}{9}\left[\cos\left(\frac{11\pi}{12}\right) + i\sin\left(\frac{11\pi}{12}\right)\right]$

**5.** 1 **6.** a) $-64$ b) $-i$ c) $-64\sqrt{3}-64i$ d) $-\dfrac{1+\sqrt{3}i}{2048}$

**7.**

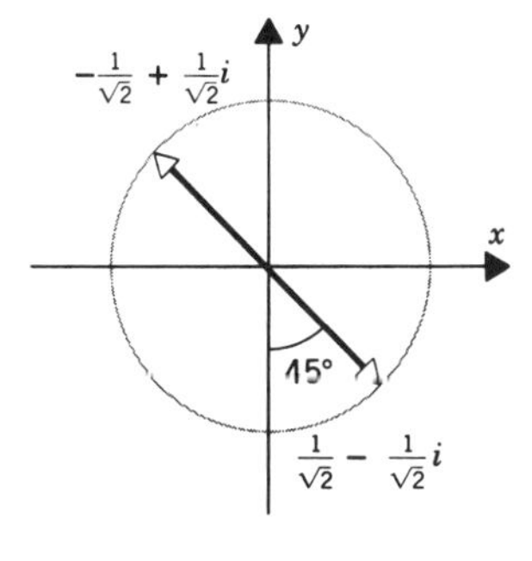


b)

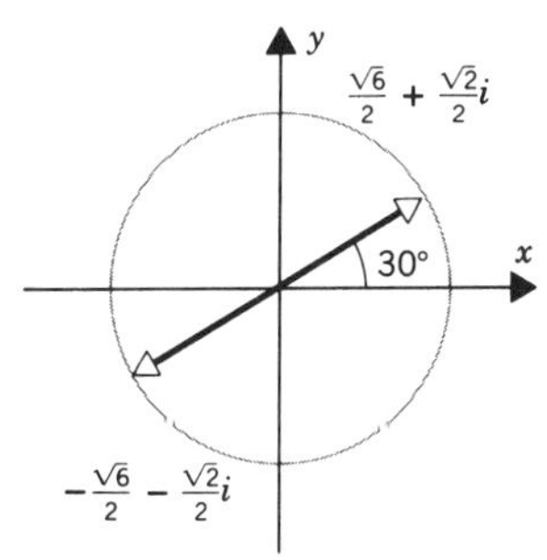


c)

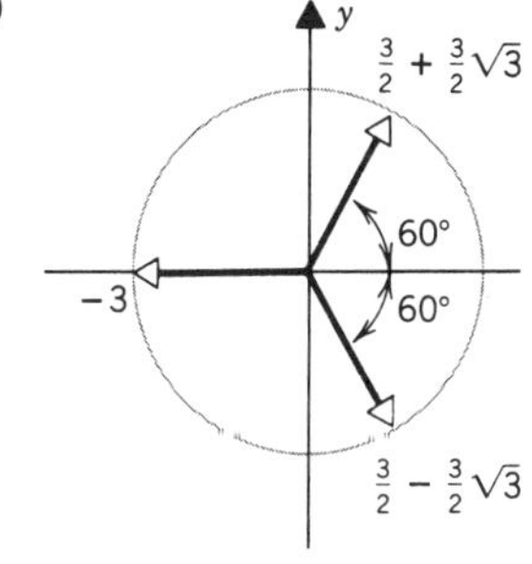


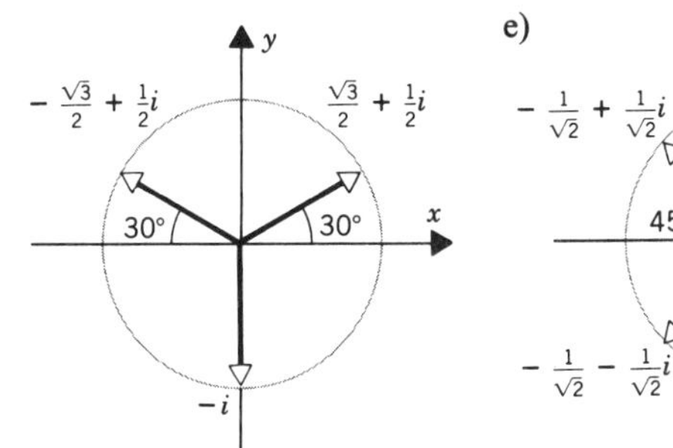


e)

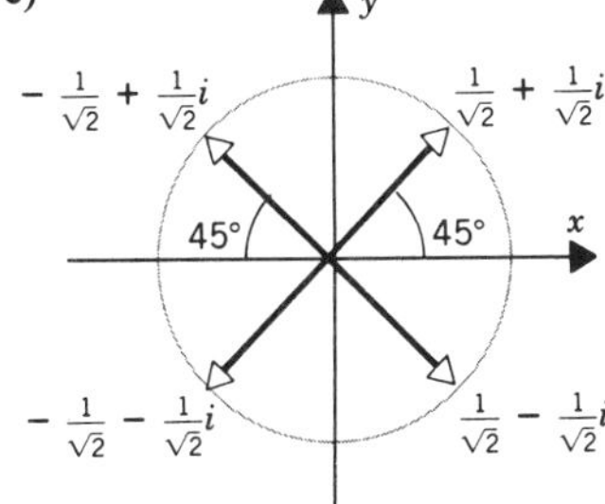


f)

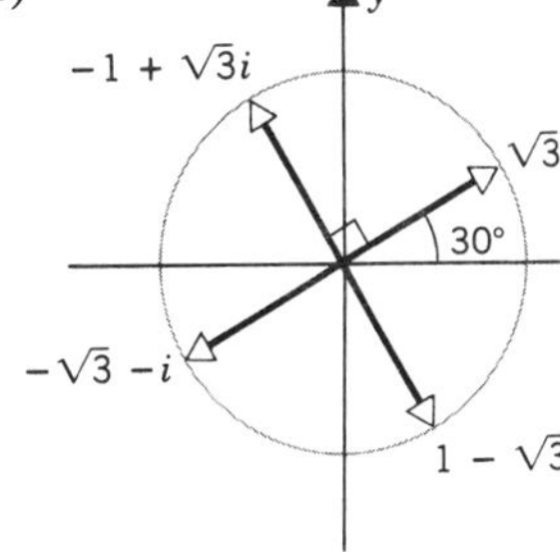

**8.**

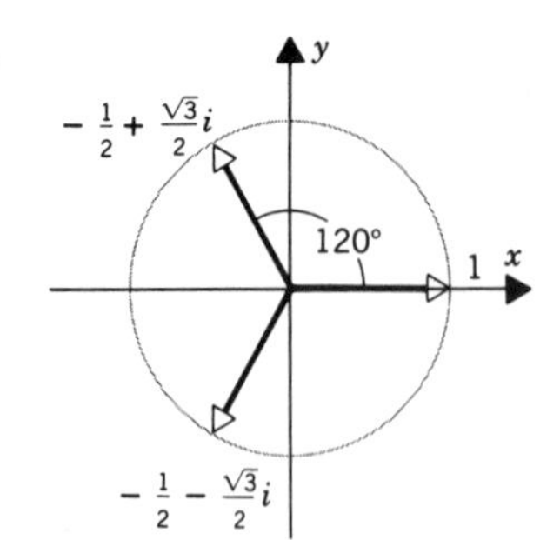


**9.**

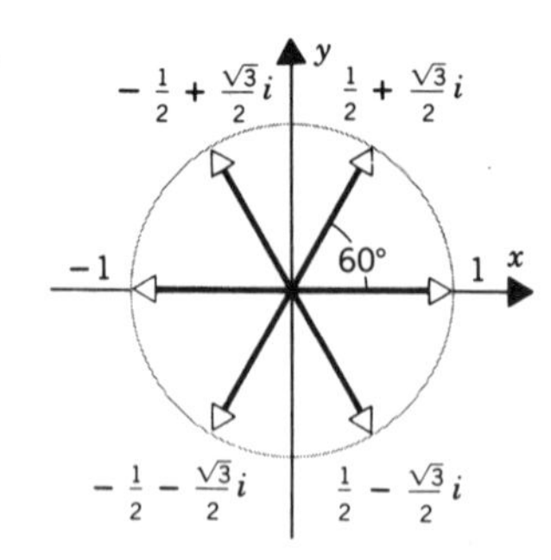


**10.** $\sqrt[4]{2}\left[\cos\left(\frac{\pi}{8}\right)+i\,\sin\left(\frac{\pi}{8}\right)\right], \sqrt[4]{2}\left[\cos\left(\frac{9\pi}{8}\right)+i\,\sin\left(\frac{9\pi}{8}\right)\right]$

**11.** a) $\pm 2, \pm 2i$ b) $\pm(2+2i), \pm(2-2i)$

**12.** Aus den Nullstellen $\pm(2^{1/4}+2^{1/4}i)$ und $\pm(2^{1/4}-2^{1/4}i)$ ergibt sich die reelle Faktorisierung $z^4+8=(z^2-2^{4/5}z+2^{3/2})\cdot(z^2+2^{4/5}z+2^{3/2})$.

**13.** Rotation von $z$ um 90° im Uhrzeigersinn **14.** a) 16 b) $\frac{i}{4^9}$

**15.** a) $\mathrm{Re}(z)=-3, \mathrm{Im}(z)=0$ b) $\mathrm{Re}(z)=-3, \mathrm{Im}(z)=0$
c) $\mathrm{Re}(z)=0, \mathrm{Im}(z)=-\sqrt{2}$ d) $\mathrm{Re}(z)=-3, \mathrm{Im}(z)=0$

## Übungen zu 10.4

**1.** a) $(3i, -i, -2-i, 4)$ b) $(3+2i, -1-2i, -3+5i, -i)$
c) $(-1-2i, 2i, 2-i, -1)$ d) $(-3+9i, 3-3i, -3-6i, 12+3i)$
e) $(-3+2i, 3, -3-3i, i)$ f) $(-1-5i, 3i, 4, -5)$

**2.** $(2+i, 0, -3+i, -4i)$

**3.** $c_1=-2-i, c_2=0, c_3=2-i$ **5.** a) $\sqrt{2}$ b) $2\sqrt{3}$ c) $\sqrt{10}$ d) $\sqrt{37}$

**6.** a) $\sqrt{43}$ b) $\sqrt{10}+\sqrt{29}$ c) $\sqrt{10}+\sqrt{10}i$ d) $\sqrt{669}$ e) $\left(\frac{1+i}{\sqrt{6}}, \frac{2i}{\sqrt{6}}, 0\right)$ f) 1

**8.** Alle $k$ mit $|k|=\frac{1}{5}$ **9.** a) 3 b) $2-27i$ c) $-5-10i$

**10.** Die Menge ist ein Vektorraum.

**11.** Kein Vektorraum, Axiom 6 ist verletzt.

**12.** Nein, $R^n$ ist nicht abgeschlossen unter Skalarmultiplikation.

**13.** a) **14.** b) **15.** a), d) **16.** a), b), d)

**17.** a) $(3-2i)\mathbf{u}+(3-i)\mathbf{v}+(1+2i)\mathbf{w}$ b) $(2+i)\mathbf{u}+(-1+i)\mathbf{v}+(-1-i)\mathbf{w}$
c) $0\mathbf{u}+0\mathbf{v}+0\mathbf{w}$ d) $(-5-4i)\mathbf{u}+(5+2i)\mathbf{v}+(2+4i)\mathbf{w}$

**20.** a) $\mathbf{u}_2 = i\mathbf{u}_1$
b) Drei Vektoren in einem zweidimensionalen Raum sind immer linear abhängig.
c) $A$ ist ein skalares Vielfaches von $B$.

**21.** b) c) **22.** $\mathbf{f} - 3\mathbf{g} - 3\mathbf{h} = \mathbf{0}$

**23.** a) Drei Vektoren in einem zweidimensionalen Raum.
b) Zwei Vektoren in einem dreidimensionalen Raum.

**24.** a), b) **25.** a), b), c), d)

**26.** $(-1 - i, 1)$, Dimension 1

**27.** $(1, 1 - i)$, Dimension 1

**28.** $(3 + 6i, -3i, 1)$, Dimension 1

**29.** $(\frac{5}{2}i, -\frac{1}{2}, 1, 0), (-\frac{1}{4}, \frac{3}{4}i, 0, 1)$, Dimension 2

## Übungen zu 10.5

**2.** a) $-12$ b) 0 c) $2i$ d) 37 **4.** a) $-4 + 5i$ b) 0 c) $4 - 4i$ d) 42

**5.** a) Kein Skalarprodukt, Axiom 4 ist verletzt.
b) Kein Skalarprodukt, Axiom 4 ist verletzt.
c) Kein Skalarprodukt, die Axiome 2 und 3 sind verletzt.
d) Kein Skalarprodukt, die Axiome 1 und 4 sind verletzt.
e) Skalarprodukt.

**6.** $-9 - 5i$

**7.** Die Axiome 1 und 4 sind verletzt.

**9.** a) $\sqrt{21}$ b) $\sqrt{10}$ c) $\sqrt{10}$ d) 0 **10.** a) $\sqrt{10}$ b) 2 c) $\sqrt{5}$ d) 0

**11.** a) $\sqrt{2}$ b) $2\sqrt{3}$ c) 5 d) 0 **12.** a) $3\sqrt{10}$ b) $\sqrt{14}$

**13.** a) $\sqrt{10}$ b) $2\sqrt{5}$ **14.** a) 2 b) $2\sqrt{2}$ **15.** a) $2\sqrt{3}$ b) $2\sqrt{2}$

**16.** a) $7\sqrt{2}$ b) $2\sqrt{3}$ **17.** a) $-\frac{8}{3}i$ b) Keine **18.** a) b) c)

**20.** b) **21.** b), c)

**23.** $$\left(\frac{i}{\sqrt{2}}, 0, 0, \frac{i}{\sqrt{2}}\right), \left(-\frac{i}{\sqrt{6}}, 0, \frac{2i}{\sqrt{6}}, \frac{i}{\sqrt{6}}\right),$$
$$\left(\frac{2i}{\sqrt{21}}, \frac{3i}{\sqrt{21}}, \frac{2i}{\sqrt{21}}, \frac{-2i}{\sqrt{21}}\right), \left(-\frac{i}{\sqrt{7}}, \frac{2i}{\sqrt{7}}, -\frac{i}{\sqrt{7}}, \frac{i}{\sqrt{7}}\right)$$

**24.** a) $\mathbf{v}_1 = \left(\frac{i}{\sqrt{10}}, -\frac{3i}{\sqrt{10}}\right), \mathbf{v}_2 = \left(\frac{3i}{\sqrt{10}}, \frac{i}{\sqrt{10}}\right)$ b) $\mathbf{v}_1 = (i, 0), \mathbf{v}_2 = (0, -i)$

**25.** a) $\mathbf{v}_1 = \left(\frac{i}{\sqrt{3}}, \frac{i}{\sqrt{3}}, \frac{i}{\sqrt{3}}\right), \mathbf{v}_2 = \left(-\frac{i}{\sqrt{2}}, \frac{i}{\sqrt{2}}, 0\right), \mathbf{v}_3 = \left(\frac{i}{\sqrt{6}}, \frac{i}{\sqrt{6}}, -\frac{2i}{\sqrt{6}}\right)$

b) $\mathbf{v}_1 = (i, 0, 0), \mathbf{v}_2 = \left(0, \frac{7i}{\sqrt{53}}, \frac{-2i}{\sqrt{53}}\right), \mathbf{v}_3 = \left(0, \frac{2i}{\sqrt{53}}, \frac{7i}{\sqrt{53}}\right)$

**26.** $\left(0, \frac{2i}{\sqrt{5}}, \frac{i}{\sqrt{5}}, 0\right), \left(\frac{5i}{\sqrt{30}}, -\frac{i}{\sqrt{30}}, \frac{2i}{\sqrt{30}}, 0\right),$
$\left(\frac{i}{\sqrt{10}}, \frac{i}{\sqrt{10}}, -\frac{2i}{\sqrt{10}}, -\frac{2i}{\sqrt{10}}\right), \left(\frac{i}{\sqrt{15}}, \frac{i}{\sqrt{15}}, -\frac{2i}{\sqrt{15}}, \frac{3i}{\sqrt{15}}\right)$

**27.** $\mathbf{v}_1 = \left(0, \frac{i}{\sqrt{3}}, \frac{1-i}{\sqrt{3}}\right), \mathbf{v}_2 = \left(-\frac{3i}{\sqrt{15}}, \frac{2}{\sqrt{15}}, \frac{1+i}{\sqrt{15}}\right)$

**28.** $\mathbf{w}_1 = \left(-\frac{5i}{4}, -\frac{i}{4}, \frac{5i}{4}, \frac{9i}{4}\right), \mathbf{w}_2 = \left(\frac{i}{4}, \frac{9i}{4}, \frac{19i}{4}, -\frac{9i}{4}\right)$

**36.** $\mathbf{u} = -\sqrt{3}i\mathbf{v}_1 + \frac{3}{\sqrt{6}}\mathbf{v}_2 - \frac{1}{\sqrt{2}}\mathbf{v}_3$

## Übungen zu 10.6

**1.** a) $\begin{bmatrix} -2i & 4 & 5-i \\ 1+i & 3-i & 0 \end{bmatrix}$ b) $\begin{bmatrix} -2i & 4 & -i \\ 1+i & 5+7i & 3 \\ -1-i & i & 1 \end{bmatrix}$

c) $\begin{bmatrix} -7i \\ 0 \\ 3i \end{bmatrix}$ d) $\begin{bmatrix} \bar{a}_{11} & \bar{a}_{21} \\ \bar{a}_{12} & \bar{a}_{22} \\ \bar{a}_{13} & \bar{a}_{23} \end{bmatrix}$

**2.** b), d), e) **3.** $k = 3 + 5i, l = i, m = 2 - 4i$ **4.** a), b)

**5.** a) $A^{-1} = \begin{bmatrix} \frac{3}{5} & -\frac{4}{5} \\ -\frac{4}{5}i & -\frac{3}{5}i \end{bmatrix}$ b) $A^{-1} = \begin{bmatrix} \frac{1}{\sqrt{2}} & \frac{-1+i}{2} \\ \frac{1}{\sqrt{2}} & \frac{1-i}{2} \end{bmatrix}$

c) $A^{-1} = \begin{bmatrix} \frac{1}{4}(\sqrt{3}-i) & \frac{1}{4}(1-i\sqrt{3}) \\ \frac{1}{4}(1+\sqrt{3}i) & \frac{1}{4}(1+\sqrt{3}i) \end{bmatrix}$ d) $A^{-1} = \begin{bmatrix} \frac{1-i}{2} & -\frac{i}{\sqrt{3}} & \frac{3-i}{2\sqrt{15}} \\ -\frac{1}{2} & \frac{1}{\sqrt{3}} & \frac{4-3i}{2\sqrt{15}} \\ \frac{1}{2} & \frac{i}{\sqrt{3}} & -\frac{5i}{2\sqrt{15}} \end{bmatrix}$

**7.** $P = \begin{bmatrix} \frac{-1+i}{\sqrt{3}} & \frac{1-i}{\sqrt{6}} \\ \frac{1}{\sqrt{3}} & \frac{2}{\sqrt{6}} \end{bmatrix}; P^{-1}AP = \begin{bmatrix} 3 & 0 \\ 0 & 6 \end{bmatrix}$

**8.** $P = \begin{bmatrix} -\frac{i}{\sqrt{2}} & \frac{i}{\sqrt{2}} \\ \frac{1}{\sqrt{2}} & \frac{1}{\sqrt{2}} \end{bmatrix}; P^{-1}AP = \begin{bmatrix} 4 & 0 \\ 0 & 2 \end{bmatrix}$

**9.** $P = \begin{bmatrix} -\frac{1+i}{\sqrt{6}} & \frac{1+i}{\sqrt{3}} \\ \frac{2}{\sqrt{6}} & \frac{1}{\sqrt{3}} \end{bmatrix}; P^{-1}AP = \begin{bmatrix} 2 & 0 \\ 0 & 8 \end{bmatrix}$

**10.** $P = \begin{bmatrix} -\frac{2}{\sqrt{14}} & \frac{5}{\sqrt{35}} \\ \frac{3-i}{\sqrt{14}} & \frac{3-i}{\sqrt{35}} \end{bmatrix}; P^{-1}AP = \begin{bmatrix} -5 & 0 \\ 0 & 2 \end{bmatrix}$

**11.** $P = \begin{bmatrix} 0 & 1 & 0 \\ -\frac{1-i}{\sqrt{6}} & 0 & \frac{1-i}{\sqrt{3}} \\ \frac{2}{\sqrt{6}} & 0 & \frac{1}{\sqrt{3}} \end{bmatrix}; P^{-1}AP = \begin{bmatrix} 1 & 0 & 0 \\ 0 & 5 & 0 \\ 0 & 0 & -2 \end{bmatrix}$

**12.** $P = \begin{bmatrix} \frac{i}{\sqrt{2}} & 0 & -\frac{i}{\sqrt{2}} \\ -\frac{1}{2} & \frac{1}{\sqrt{2}} & -\frac{1}{2} \\ \frac{1}{2} & \frac{1}{\sqrt{2}} & \frac{1}{2} \end{bmatrix}; P^{-1}AP = \begin{bmatrix} 1 & 0 & 0 \\ 0 & 2 & 0 \\ 0 & 0 & 3 \end{bmatrix}$

**13.** $\lambda = 2 \pm i\sqrt{15}$. Nein, da $A$ komplex ist.

**14.** Zum Beispiel $\begin{bmatrix} 0 & i \\ -i & 0 \end{bmatrix}$.

## Ergänzende Übungen zu Kapitel 10

**3.** Zum Beispiel $\begin{bmatrix} -i \\ 1 \\ 0 \end{bmatrix}, \begin{bmatrix} 1 \\ 0 \\ 1 \end{bmatrix}$

**5.** $\lambda = 1, \omega, \omega^2 (= \bar{\omega})$

**10.** b) Dimension $= 2$

# Sachwortverzeichnis